길잡이
建築施工技術士

공종별 기출문제 下

金宇植 著

建築施工 技術士
建築構造 技術士
建設安全 技術士
土木施工 技術士
土質基礎 技術士
品質試驗 技術士

7장 철골공사 및 초고층공사
8장 마감공사 및 기타공사
9장 총론
10장 공정관리

머 리 말

국가 고시의 모든 시험이 그러하듯이 건축시공기술사 자격시험도 기출문제를 파악하고 분석하는 것이 매우 중요하다.

근래에 출제된 문제를 살펴보면 기출문제의 출제 확률이 50~70%를 차지하고 있음으로 기출문제의 분석이 필수라 하겠다.

본인이 건축시공기술사 강의를 하면서 알 수 있듯이 수험생 여러분이 스스로 기출문제를 분석하면서 많은 시간을 소요하고, 문제의 핵심을 오류하거나 광범위한 해석으로 인하여 많은 어려움을 겪고 있는 것을 보면서 기출문제의 분석 및 정리의 필요성을 깊이 느끼고 있었다. 본서는 수험생 여러분들을 위하여 유사 문제를 함께 묶어서 문제의 핵심 파악이 보다 쉽고 수험생들의 부담을 줄이기 위해 구성하였으며, 어떤 문제가 출제되어도 해결할 수 있도록 집결하여 정리해 두었다.

앞으로의 출제될 문제도 본서의 범주에서 크게 벗어날 수가 없음으로, 본서를 통하여 수험생 여러분의 합격의 영광이 조금 더 가까워지기를 축원합니다.

➡ 본서의 특징
1. 기출문제의 공종별 정리
2. 문제의 핵심 요구사항을 정확히 파악
3. 유사 문제와 유사 답안을 함께 묶어 학습의 편의 제공
4. 문제의 애매한 문구에 대한 명쾌한 풀이
5. 최단 시간에 정리가 가능하도록 요점 정리

아무쪼록 수험생 여러분들의 합격의 영광을 기원하며, 끝으로 본서를 발간하기까지 도와 주신 주위의 여러분들과 도서출판 예문사 정용수 사장님 그리고, 편집부 직원들의 노고에 감사드리며, 이 책이 출간되도록 허락하신 하나님께 영광을 돌린다.

저자 金 宇 植

건축시공기술사 출제 경향 분석

1. 출제 방법

구분		'94년(41회까지)	'99년(59회까지)	'00년(60회부터)
1교시 (단답형)	문제수	3~4문제	7~10문제	13문제
	답안수	3문제(필수 및 선택형)	5문제(선택형)	10문제(선택형)
	배점	25~40점	각 20점	각 10점
	특징	논문형(논술형) → 단답형(약술형)으로 변경(답안수가 10문제로 증가)		
2, 3, 4교시 (논문형)	문제수	3~4문제	3~4문제	6문제
	답안수	3~4문제	3문제(필수 및 선택형)	4문제(선택형)
	배점	25~50점	30~40점	각 25점
	특징	실무응용문제가미(답안수가 12문제로 증가)		
1, 2, 3, 4교시	답안수	10문제	14문제	22문제

2. 채점 기준

채점기준에 적합한 답안 작성의 양(量)에 있는 것이 아니고, 답안 내용이 문제의 요구사항에 대하여 얼마만큼 충실하게 작성되어 채점 기준에 적합한가에 따라서 출제위원을 포함한 학계와 산업계 인사 등이 혼합 위촉되어 교시별로 엄정공정하게 답안지를 채점한 후 국가기술자격법 시행령 제23조에 의거, 평균 60점 이상 득점자를 합격자로 결정한다.(절대평가 방식)

3. 시험 기간

※ 입실 시간은 08 : 30까지이며, 중식 시간은 12 : 40~13 : 30(50분)

제1교시	제2교시	제3교시	제4교시
09 : 00~10 : 40 (100분)	11 : 00~12 : 40 (100분)	13 : 40~15 : 20 (100분)	15 : 40~17 : 20 (100분)

4. 분석

1) 논문형 문제의 배점이 (최고) 25점이므로 문제별 2~3 page 분량을 소화할 수 있도록 훈련
2) 출제 문제가 늘어남에 따라 깊이 공부하는 것보다 폭넓게 이해위주로 공부하는 것이 중요
3) 출제 문제 중 토목분야 등 관련 분야의 출제 문항수가 늘어남으로 이에 대비할 대책 강구

기술사 시험준비 요령

기술사를 준비하는 수험생 여러분들의 영광된 합격을 위해 시험준비 요령 몇 가지를 조언하겠으니 참조하여 도움이 되었으면 한다.

1. 평소 paper work의 생활화
    ① 기술사 시험은 논술형이 대부분이기 때문에 서론·본론·결론이 명쾌해야 한다.
    ② 따라서 평소 업무와 관련하여 paper work를 생활화하여 기록·정리가 남보다도 앞서야 시험장에서 당황하지 않고 답안을 정리할 수 있다.

2. 시험준비 시간의 할애
    ① 학교를 졸업한 후 현장실무 및 관련 업무 부서에서 현장감으로 근무하기 때문에 지속적으로 책을 접할 수 있는 시간이 부족하며, 이론을 정립시키기에는 아직 준비가 미비한 상태이다.
    ② 따라서 현장실무 및 관련 업무의 경험을 토대로 이론을 정립, 정리하고 확인하는 최소한의 시간이 필요하다. 단, 공부를 쉬지 말고 하루에 단 몇 시간이든 지속적으로 할애하겠다는 마음의 각오와 준비가 필요하며, 대략적으로 400~600시간은 필요하다고 생각한다.

3. 과년도 및 출제경향 문제를 총괄적으로 정리
    ① 먼저 시험답안지를 동일하게 인쇄한 후 과년도문제를 자기 나름대로 자신이 좋아하고 평소 즐겨 쓰는 미사여구를 사용하여 point가 되는 item 정리작업을 공종별로 정리한다.
    ② 단, 정리시 관련 참고서적을 모두 읽으면서 모범 답안을 자신의 것으로 만들어낸다. 처음에는 엄두가 나지 않고 진도가 나가지 않지만, 한문제 한문제 모범답안이 나올 때는 자신감과 뿌듯함을 느끼게 된다.

4. Sub-note의 정리 및 item의 정리
    ① 각 공종별로 모범답안이 끝나고 나면, 기술사의 1/2은 합격한 것과 마찬가지이다. 그러나 워낙 방대한 양의 정리를 끝낸 상태라 다 알 것 같지만 막상 쓰려고 하면 '내가 언제 이런 답안을 정리했지' 하는 의구심과 실망에 접하게 된다. 여기서 실망하거나 포기하는 사람은 기술사가 되기 위한 관문을 영원히 통과할 수 없게 된다.
    ② 자! 이제 1차 정리된 모범답안을 전반적으로 약 10일간 정서한 후 각 문제의 item을 토대로 sub-note를 정리하여 전반적인 문제의 lay-out을 자신의 머리에 입력시킨다. 이 sub-note를 직장에서 또는 전철이나 버스에서 수시로 꺼내 보며 지속적으로 암기한다.

5. 시험답안지에 직접 답안작성 시도

① 자신이 정리작업한 모범답안과 sub-note의 item 작성이 끝난 상태라 자신도 모르게 문제제목에 맞는 item이 떠오르고 생각이 나게 된다.
이 상태에서 한 문제당 서너 번씩 쓰기를 반복하면 암기하지 못 하는 부분이 어디이며, 그 이유는 무엇인지를 알게 된다.

② 예를 들어 '콘크리트의 내구성에 영향을 주는 원인 및 방지대책에 대하여 논하라'라는 문제를 외운다고 할 때 크게 그 원인은 중성화, 동해, 알칼리 골재반응, 염해, 온도변화, 진동, 화재, 기계적 마모 등을 들 수 있다. 이때 중, 동, 알, 염, 온, 진, 화, 기로 외우고, 그 단어를 상상하여 '중동에 홍해바닥 있어 알칼리와 염분이 많고 날씨가 더우니 온진화기'라는 문장을 생각해 낸다. 이렇듯 자신이 말을 만들어 외우는 것도 한 방법이라 하겠다. 그 다음 그 방지대책은 술술 생각이 나서 답안정리가 자연히 부드럽게 서술된다.

6. 시험 전일 준비사항

① 그동안 앞서 설명한 수험준비요령에 따라 또는 개인적 차이를 보완한 방법으로 갈고 닦은 실력을 최대한 발휘해야만 시험에 합격할 수 있다.

② 그러기 위해서는 시험 전일 일찍 취침에 들어가 다음날 맑은 정신으로 시험에 응시해야 함을 잊어서는 안 되며, 시험 전일 준비해야 할 사항은 수검표, 신분증, 필기도구(검은색 볼펜), 자(30cm 정도), 연필(샤프), 지우개, 도시락, 음료수(녹차 등), 그리고 그동안 공부했던 모범답안 및 sub-note철 등이다.

7. 시험 당일 수험요령

① 수험 당일 시험입실 시간보다 1시간~1시간 30분 전에 현지교실에 도착하여 시험대비 워밍업을 해보고 책상상태 등을 파악하여 파손상태가 심하면 교체 등을 해야 한다. 그리고 차분한 마음으로 sbu-note를 눈으로 읽으며 시험시간을 기다린다.

② 입실시간이 되면 시험관이 시험안내, 답안지 작성요령, 수검표, 신분증검사 등을 실시한다. 이때 시험관의 설명을 귀담아 듣고 그대로 시행하면 된다.
시험종이 울리면 문제를 파악하고 제일 자신있는 문제부터 답안작성을 하되, 시간배당을 반드시 고려해야 한다. 즉 100점을 만점이라고 할 때 25점짜리 4문제를 작성한다고 하면 각 문제당 25분에 완성해야지, 많이 안다고 30분까지 활용한다면 어느 한 문제는 5분을 잃게 되어 답안지가 허술하게 된다.

③ 따라서 점수와 시간배당은 최적배당에 의해 효과적으로 운영해야만 합격의 영광을 안을 수 있다. 그리고 1교시가 끝나면 휴식시간이 다른 시험과 달리 길게 주어지는데, 그때 매 교시 출제문제를 기록하고(시험종료 후 집에서 채점) 예상되는 시험문제를 sub-note에서 반복하여 읽는다.

④ 2교시가 끝나면 점심시간이지만 밥맛이 별로 없고 신경이 날카로워지는 것을 느끼게 된다. 그러나 식사를 하지 않으면 체력유지가 되지 않아 오후 시험을 망치게 될 확률이 높다. 따라서 준비해온 식사는 반드시 해야 하며, 식사가 끝나면 sub-note를 뒤적이며 오전에 출제되지 않았던 문제 위주로 유심히 눈여겨 본다.
⑤ 특히 공정관리 시험에서 서술형이 아닌 계산 도표문제가 출제되면 답안은 연필과 자를 이용하여 1차적으로 작성하고 검산을 해본 뒤 완벽하다고 판단될 때 볼펜으로 작성해야 답안지가 깨끗하게 되어 채점자에게 피곤함을 주지 않는다. 그리고 공정관리 문제는 만점을 받을 수 있는 유일한 문제이기 때문에 반드시 정답을 맞추어야 합격할 수 있다.
⑥ 답안작성시 고득점을 할 수 있는 요령은 일단은 깨끗한 글씨체로 그림, 영어, 한문, 비교표, flow-chart 등을 골고루 사용하여 지루하지 않게 작성하되, 반드시 써야 할 item, key point는 빠뜨리지 않아야 채점자의 눈에 들어오는 답안지가 될 수 있다.
⑦ 만일 시험준비를 많이 했는데도 전혀 모르는 문제가 나왔을 때는 문제를 서너 번 더 읽고 출제자의 의도가 무엇이며, 왜 이런 문제를 출제했을까 하는 생각을 하면서, 자료정리시 여러 관련 책자를 읽으면서 생각했던 예전으로 잠시 돌아가 시야를 넓게 보고 관련된 비슷한 답안을 생각해 보고 새로운 답안을 작성하면 된다. 이것은 자료정리시 열심히 한 수험생과 대충 남의 자료만 달달 외운 사람과 반드시 구별되는 부분이라 생각된다.
⑧ 1차 합격이 되고 나면 2차 경력서류, 면접 등의 준비를 해야 하는데, 면접관 앞에서는 단정하고, 겸손하게 응해야 하며, 묻는 질문에 또렷하고 정확하게 답변해야 한다. 만일 모르는 사항을 질문하면, 대충 대답하는 것보다 솔직히 모른다고 하고, 그와 유사한 관련사항에 대해 아는 대로 답한 뒤 좀더 공부하겠다고 하는 것도 한 방법이라 하겠다.
⑨ 이상으로 본인이 기술사 시험준비할 때의 과정을 대략적으로 설명했는데, 개인차에 따라 맞지 않는 부분도 있겠으나, 상기 방법에 의해 본인은 단 한번의 응시로 합격했음을 참고하여 크게 어긋남이 없다고 판단되면 상기 방법을 시도해 보기 바라며, 수험생 여러분 모두가 합격의 영광이 있기를 바란다.

국가기술자격검정수험원서 인터넷 접수(견본)

※ **종로기술사학원** 홈페이지(http://www.jr3.co.kr)
  (구)용산건축·토목학원
※ 한국산업인력공단 홈페이지(http://www.hrdkorea.or.kr)

1. 원서 접수   바로가기   클릭

2. 회원가입

   1) 회원가입 약관   ⦿ 동의   클릭

   2) 실명인증
      ① 주민등록번호 123456 - 1234567
      ② 이름(한글성명) 홍길동
      ③ 개인정보입력, 사진등록 후 확인 클릭
         ※ 사진등록을 하기 위해서는 먼저 반명함 사진을 스캔한 다음 PC에 그림파일 확장명인 JPG로 저장 후 사진등록 클릭 → 찾는 위치 → 열기로 하면 사진이 붙여집니다.

3. 학력정보 입력

4. 경력정보 입력

5. 추가정보 입력

6. 응시자격 진단결과 "응시가능" 여부 확인

7. 접수내역 리스트

8. 개인접수

   1) 응시하고자 하는 시험장 학교 선택 후 장소 확인
   2) 검정수수료(결제수단 : 신용카드, 계좌이체, 가상계좌, 핸드폰결제 中 선택)
   3) 결제하기

9. 수험표, 영수증 출력

【수험표 견본】

	0000년 정기 기술사 00회			
수험번호	12345678	시험구분	필기	사진
종목명	건축시공기술사			
성 명	홍길동	생년월일	0000년 00월 00일	

시험일시 및 장소	일시 : 0000년 00월 00일 (일) 08:30까지 입실완료
	장소 : 000000학교(주차불가)
	   - 주소 : 00 000구 00동
	   - 위치 : 0호선지하철 00역 0번 출구
	접수기관 : 00지역본부 0000년 00월 00일
	인터넷 : http://www.Q-Net.or.kr 한국산업인력공단 이사장			

응시자격 안내	① 응시자격 항목 : 기사 자격 취득 후 동일직무분야에서 4년 이상 실무에 종사한 자
	② 응시자격 제출서류 : 해당 없음, 경력(재직) 증명서
	   ※ 자가진단 결과에 관계없이 시험에는 응시할 수 있으나 응시자격서류 심사시 증빙
	      서류를 제출하지 못하면 필기시험 합격이 무효처리됩니다.
	   ※ 외국학력취득자의 경우 응시자격 서류제출 시 공증절차가 필요하오니 다음 사항을
	      반드시 확인바랍니다.
	      (http://www.Q-Net.or.kr > 원서접수 > 필기시험안내 > 외국학력서류제출 안내)
	③ 응시자격 서류제출기간 : 0000년 00월 00일(월) ~ 0000년 00월 00일(수)
	④ 응시자격 서류제출장소 : 공단 24개 지부(사)로 방문하여 제출			

합격(예정)자 발표일자	0000년 00월 00일			
검정수수료 환불안내	① 0000년 00월 00일 09:00 ~ 0000년 00월 00일 23:59 [100% 환불] ② 0000년 00월 00일 00:00 ~ 0000년 00월 00일 23:59 [50% 환불] ※ 환불기간은 이후에는 수수료 환불이 불가합니다.			
실기시험 접수기간	0000년 00월 00일 09:00 ~ 0000년 00월 00일 18:00			
	기타				

	◎ 선택과목 : [필기시험 : 해당 없음]
	◎ 면제과목 : [필기시험 : 해당 없음]
	
	◎ 장애 여부 및 편의요청 사항 : 해당없음/없음(장애 응시 편의사항 요청자는 원서접수기간 내에
	   장애인 수첩 등 관련 증빙서류를 응시 시험장 관할지부(사)에 제출하여야 함)
	   ※ 장애인 수험자 편의제공은 관련증빙서류 심사결과에 따라 달라질 수 있음				

응시자 유의사항

1. 수험자는 수험(필기/실기시험)시부터 자격증 교부 시까지 수험표를 보관하여야 하며, 필기시험 합격자는 당해 필기시험 합격자발표일로부터 2년간 필기시험을 면제받게 됩니다.
2. 시험일시 및 장소는 수험표에 기재된 내용을 반드시 확인하여 시험응시에 착오가 없도록 하시기 바랍니다.
3. 수험자는 필기시험 (1)수험표 (2)주민등록증 등 신분증 (3)흑색 또는 청색볼펜 (4)흑색 또는 청색사인펜 (5)계산기 등을 지참하여 시험시작 30분 전에 지정된 시험실에 입실완료하여야 합니다.
4. 기술사 필기시험 답안 작성시 홈(구멍)이나 도형 등 그림이 없는 직선자만 사용할 수 있으며, 템플릿(모형자)은 사용하실 수 없습니다.
5. 수험자는 시험시간 중에 필기도구 및 계산기를 남에게 빌리거나 빌려주지 못하며, 계산기는 입력용량이 큰 휴대용 개인정보 단말기(PDA), 휴대용 멀티미디어 재생장치(PMP), 음성파일 변환기(MP3), 전자사전 등은 지참, 사용할 수 없습니다.
6. 기술자격검정을 받는 자가 검정에 관하여 부정한 행위를 한 때에는 당해 검정이 중지 또는 무효되며, 앞으로 3년간 국가기술자격검정을 받을 수 있는 자격이 정지됩니다.
7. 부정행위 방지 및 시험실 내 질서유지를 위하여 필기(필답)시험 시간중에는 화장실 출입을 전면 금지하오니 유의하시기 바랍니다.(시험시간 1/2경과 후 퇴실 가능)
8. 실기시험 응시자는 당해 실기시험의 발표전까지는 동일종목의 실기시험에 중복하여 응시할 수 없습니다.

- **합격자발표(발표일 09:00부터), 실기(면접)시험 일시 및 장소 안내(회별 시험시작일 10일전부터)**
  - 인터넷 : http://www.Q-Net.or.kr
  - ARS : 060-700-2009(유료)
  - 개별통보하지 않음

※ 시험장에는 차량출입이 불가한 경우가 많으므로 가급적 대중교통수단을 이용하시기 바랍니다.
※ 통신기기 및 전자기기를 이용한 부정행위 방지를 위해 금지물품 휴대의혹 수험자에 대해 금속탐지기를 사용하여 검색할 수 있으니 시험응시에 참고하시기 바랍니다.

견본

제◯◯회
국가기술자격검정 기술사 필기시험 답안지(제 교시)

○　　　　　○　　　　　○

※ 10권 이상은 분철(최대 10권 이내)

자 격 종 목	

답안지 작성시 유의사항

1. 답안지는 총 7매(14면)이며 교부받는 즉시 매수, 페이지 등 정상 여부를 반드시 확인하고 1매라도 분리되거나 훼손하여서는 안됩니다.
2. 시행회, 자격종목, 수험번호, 성명을 정확하게 기재하여야 합니다.
3. 수험자 인적사항 및 답안작성은 반드시 흑색 또는 청색필기구 중 한 가지 필기구만을 계속 사용하여야 하며, 연필, 굵은 사인펜, 기타 유색필기구로 작성된 답안은 0점 처리됩니다.
4. 답안 정정시에는 두 줄(=)을 긋고 다시 기재 가능하며, 수정테이프(액) 등을 사용했을 경우 채점상의 불이익을 받을 수 있으므로 사용하지 마시기 바랍니다.
5. 답안지에 답안과 관계없는 특수한 표시, 특정인임을 암시하는 답안은 0점 처리됩니다.
6. 답안작성 시 홈(구멍)이나 도형 등 그림이 없는 직선자(템플릿 사용금지)만 사용할 수 있으며, 지정도구 외의 자를 사용할 시에는 불이익을 받을 수도 있습니다.
7. 문제의 순서에 관계없이 답안을 작성하여도 되나 주어진 문제번호와 문제를 기재한 후 답안을 작성하고 전문용어는 원어로 기재하여도 무방합니다.
8. 요구한 문제수 보다 많은 문제를 답하는 경우 기재 순으로 요구한 문제수까지 채점하고 나머지 문제는 채점대상에서 제외됩니다.
9. 답안 작성시 답안지 양면의 페이지 순으로 작성하시기 바랍니다.
10. 기 작성한 문제 전체를 삭제하고자 할 경우 반드시 해당 문항의 답안 전체에 대하여 명확하게 X표시(X표시한 답안은 채점대상에서 제외)하시기 바랍니다.
11. 시험시간이 종료되면 즉시 답안작성을 멈춰야 하며, 종료시간 이후 계속 답안을 작성하거나 감독위원의 답안제출 지시에 불응할 때에는 채점대상에서 제외될 수 있습니다.
12. 각 문제의 답안작성이 끝나면 "끝"이라고 쓰고 다음 문제는 두 줄을 띄워 기재하여야 하며 최종 답안작성이 끝나면 그 다음 줄에 "이하여백"이라고 써야 합니다.
13. 비번호란은 기재하지 않습니다.

※ 부정행위 처리규정은 뒷면 참조

비 번 호	

부정행위 처리규정

국가기술자격법 제10조 제4항 및 제11조에 의거 국가기술자격검정에서 부정행위를 한 응시자에 대하여는 당해 검정을 정지 또는 무효로 하고 3년간 이 법에 의한 검정에 응시할 수 있는 자격이 정지됩니다.

1. 시험 중 다른 수험자와 시험과 관련된 대화를 하는 행위
2. 답안지를 교환하는 행위
3. 시험 중에 다른 수험자의 답안지 또는 문제지를 엿보고 자신의 답안지를 작성하는 행위
4. 다른 수험자를 위하여 답안을 알려주거나 엿보게 하는 행위
5. 시험 중 시험문제 내용과 관련된 물건을 휴대하여 사용하거나 이를 주고받는 행위
6. 시험장 내외의 자로부터 도움을 받고 답안지를 작성하는 행위
7. 사전에 시험문제를 알고 시험을 치른 행위
8. 다른 수험자와 성명 또는 수험번호를 바꾸어 제출하는 행위
9. 대리시험을 치르거나 치르게 하는 행위
9의2. 수험자가 시험시간 중에 통신기기 및 전자기기[휴대용 전화기, 휴대용 개인정보단말기(PDA), 휴대용 멀티미디어 재생장치(PMP), 휴대용 컴퓨터, 휴대용 카세트, 디지털 카메라, 음성파일 변환기(MP3), 휴대용 게임기, 전자사전, 카메라 펜, 시각표시 외의 기능이 부착된 시계]를 사용하여 답안지를 작성하거나 다른 수험자를 위하여 답안을 송신하는 행위
10. 그 밖에 부정 또는 불공정한 방법으로 시험을 치르는 행위

수 검 번 호	성 명
감독확인	㉑

전체 목차

1장 계약제도   [상권]

- 계약제도 기출문제 ··· 1-2
1. 건축시공 계약제도 ··· 1-5
2. 공동도급(Joint venture) ··· 1-9
3. 실비정산식 계약제도 ··· 1-16
4. 설계시공 일괄계약방식(Turn Key 방식) ······································ 1-18
5. SOC(Social Overhead Capital) ·· 1-27
6. 성능발주방식 ··· 1-31
7. 건설현장에 신공법을 적용할 경우 사전 검토사항 ······················· 1-34
8. 기술개발 보상금제도 ··· 1-38
9. 제한경쟁입찰 ··· 1-40
10. 부대 입찰제도 ··· 1-42
11. 대안입찰 ·· 1-45
12. 사전자격심사제도(PQ 제도) ·· 1-46
13. 최저가 낙찰제도의 장단점과 발전방안 ·· 1-48
14. 적격 심사제도 ··· 1-51
15. 공사 도급제도상의 문제점과 개선대책 ·· 1-53
16. 공사도급 계약내용 ··· 1-56
17. 하도급업체의 선정 및 관리 ··· 1-59
18. 담합 ··· 1-63
19. 파트너링(Partnering) 공사 수행 방식 ··· 1-63
20. 물가변동에 의한 계약금액 조정방법 ·· 1-65
21. 전자 입찰제도 ··· 1-69
22. 입찰제도중 TES ·· 1-71
23. 시공능력 평가제도 ··· 1-72
24. 순수내역 입찰제도 ··· 1-74
25. 최고가치(Best Value) 낙찰제도 ·· 1-76
26. Letter of Intent(계약의향서) ·· 1-77
27. Cost plus time 계약 ·· 1-78
28. Lane Rental 계약방식 ·· 1-79
29. 절대공기 ·· 1-80
30. 건설공사비 지수 ·· 1-81

永生의 길잡이-하나 / 1-82

2장　가설공사　　　　　　　　　　　　　　　　　　　　　　　　[상권]

- 가설공사 기출문제 ··· 2-2
1. 가설공사 계획수립 ·· 2-3
2. 가설공사 항목 ··· 2-9
3. 가설공사비 구성 ·· 2-16
4. 가설비계 ··· 2-21
5. 가설공사의 안전시설 ··· 2-24
6. 가설공사가 전체 공사에 미치는 영향 ·· 2-25

3장　토공사　　　　　　　　　　　　　　　　　　　　　　　　　　[상권]

- 토공사 기출문제 ··· 3-2
1. 토공사 계획 ·· 3-9
2. 토공사 계획수립을 위한 사전조사사항 ··· 3-15
3. 지반(地盤)조사의 종류와 방법 ··· 3-18
4. 보링(Boring) 방법에 의한 지반조사 ·· 3-39
5. 지내력 시험 ·· 3-42
6. 지반개량공법 ··· 3-44
7. 흙파기공법 ·· 3-58
8. 흙막이공법 ·· 3-63
9. 흙막이 벽체에 작용하는 토압 ·· 3-73
10. Earth Anchor 공법 ·· 3-80
11. Soil Nailing 공법 ·· 3-89
12. Slurry Wall 공법 ·· 3-93
13. 지하 토공사에서 사용하는 안정액(安定液) ······································· 3-111
14. 주열식 흙막이 공법 ··· 3-117
15. 역타공법(Top Down) ··· 3-123
16. SPS(Strut as a Permanent System)공법 ·· 3-129
17. 웰 포인트(Well Point) 공법 ·· 3-136
18. 강제 배수시 문제점과 대책 ··· 3-137
19. 지하영구배수(Dewatering) 공법 ·· 3-141
20. 주변 지반 침하의 주요원인과 방지대책 ·· 3-147
21. 계측관리 ··· 3-152
22. 지하수 대책 및 굴착방법 ·· 3-157
23. 근접시공 ··· 3-160

24. 지하외벽의 합벽처리공사 ·· 3-165
25. 보강토 옹벽 ··· 3-168
26. Heaving과 Boiling 현상 ··· 3-171
27. 사질지반의 액상화(Quick Sand, Boiling 현상) ······················ 3-175
28. 샌드 벌킹(Sand Bulking) ·· 3-176
29. 흙의 연경도(Consistency) ······································· 3-178
30. 지반의 압밀 ··· 3-180
31. 흙의 간극비, 예민비 ··· 3-184
32. 토사의 안식각(安息角) ··· 3-186
33. GPS 측량기법 ·· 3-187
34. Dam Up 현상 ·· 3-188

4 장 기초공사 [상권]

■ 기초공사 기출문제 ·· 4-2
1. 건축물 기초공법 ··· 4-5
2. 기성콘크리트 말뚝공사 ··· 4-14
3. 선행굴착(Pre-Boring) 공법 ······································· 4-20
4. SIP(Soil Cement Injected Precast Pile)공법 ······················ 4-22
5. 기성 콘크리트말뚝박기 공사의 지지력판단방법 ······················ 4-25
6. 파일 항타시 발생하는 결함의 유형과 대책 ·························· 4-33
7. 현장타설 콘크리트말뚝 ··· 4-39
8. Prepacked Con'c Pile ·· 4-51
9. Caisson 기초 ·· 4-54
10. 피어(Pier) 기초공법 ··· 4-56
11. 말뚝의 부마찰력 ·· 4-58
12. 부상방지 대책 ·· 4-61
13. 부동침하 발생원인과 대책 ······································· 4-65
14. Underpinning공법 ··· 4-69
15. 부력기초(Floating Foundation) ·································· 4-75
16. Micro Pile ··· 4-76
17. DRA ·· 4-77

5 장　철근콘크리트공사　　　　　　　　　　　　　　　　　[상권]

1 절　철근공사

- 철근공사 기출문제 ·· 5-2
1. 철근표준공작도 ·· 5-4
2. 철근의 이음과 정착, 피복두께 ·· 5-6
3. 철근의 가스압접 ·· 5-20
4. 철근 Pre-Fabrication 공법 ·· 5-21
5. 철근공사의 문제점과 개선 방안 ·· 5-26
6. 철근콘크리트보의 구조원리 ·· 5-31
7. 철근의 부착강도 ·· 5-34
8. 고강도 철근 ·· 5-36

2 절　거푸집공사

- 거푸집공사 기출문제 ·· 5-40
1. 거푸집의 종류 ·· 5-43
2. 대형 시스템과 거푸집 ·· 5-49
3. Flying Form ·· 5-61
4. Sliding 공법(슬라이딩 폼) ··· 5-62
5. Pecco Beam ·· 5-68
6. 콘크리트의 측압 ·· 5-73
7. 거푸집 및 동바리의 존치기간 ·· 5-79
8. 거푸집공사의 안전성 검토방법 ·· 5-97
9. 거푸집공법의 문제점과 그 개선책 ·· 5-104
10. 거푸집 박리제 ·· 5-112
11. 기둥 밑잡이 ·· 5-113

3 절　콘크리트공사

- 콘크리트공사 기출문제 ·· 5-116
1. 철근콘크리트공사 계획 ··· 5-124
2. 시멘트를 사용한 콘크리트의 현장 타설 ·· 5-131
3. 시멘트 모르타르 시공에 미치는 영향 ·· 5-136

4. 콘크리트에 사용되는 혼화 재료 ·· 5-142
5. 콘크리트 배합설계 ·· 5-155
6. 콘크리트의 물시멘트비 ·· 5-160
7. 시공연도에 영향을 주는 요인 ·· 5-161
8. Remicon의 품질관리 ··· 5-165
9. VH(수직, 수평) 분리타설공법 ·· 5-171
10. 건축물의 기둥 콘크리트 타설 ·· 5-175
11. 콘크리트 펌프공법 ·· 5-181
12. 콘크리트의 줄눈(Joint) ·· 5-189
13. Cold Joint ··· 5-201
14. 콘크리트의 양생방법 ·· 5-203
15. 콘크리트의 품질시험방법 ·· 5-209
16. 콘크리트의 압축강도를 공시체로 추정하는 방법 ······································ 5-217
17. 콘크리트 구조물의 비파괴시험 ·· 5-221
18. 철근콘크리트의 강도에 영향을 주는 요인 ·· 5-224
19. 콘크리트 내구성에 영향을 주는 원인 ·· 5-228
20. 콘크리트의 염해 ·· 5-241
21. Concrete 중성화 ··· 5-246
22. 콘크리트의 수축 ·· 5-250
23. 콘크리트의 균열원인과 대책 ·· 5-263
24. 콘크리트 표면에 발생하는 결함 ·· 5-280
25. 콘크리트 구조물의 균열 보수·보강대책 ·· 5-283
26. 철근콘크리트 구조물의 누수발생원인 ·· 5-288
27. 굵은 골재의 재료분리 원인 ·· 5-291
28. 콘크리트 공사가 부실시공되는 원인 및 대책 ·· 5-295
29. 옥상 Parapet콘크리트 타설시 바닥 콘크리트와의 타설구획방법 ·········· 5-298
30. 공사중지로 방치된 구조체 공사를 다시 시공할 때 고려사항 ················ 5-301
31. 우기(雨期)시 지하 골조공사의 시공관리 ·· 5-304
32. 거푸집공사로 인하여 발생하는 콘크리트하자 ·· 5-307
33. 철근콘크리트공사에서 체적 변화의 요인 및 방지대책 ···························· 5-309
34. 콘크리트 수화열 ·· 5-311
35. Bleeding, Water Gain, Laitance ··· 5-315
36. Creep 현상 ··· 5-319
37. 콘크리트의 적산온도 ·· 5-320
38. Concrete Kicker ·· 5-323

4 절　특수콘크리트공사

- 특수 콘크리트공사 기출문제 ·· 5-326
1. 레미콘공장의 선정기준 ··· 5-331
2. 레미콘 운반시간 ··· 5-338
3. 레미콘의 호칭강도와 설계기준강도 ·· 5-346
4. PSC(Pre-Stressed Con'c) ··· 5-348
5. 한중 콘크리트 ··· 5-352
6. 서중(暑中) 콘크리트 ·· 5-358
7. Mass 콘크리트 ·· 5-367
8. 경량(輕量) 콘크리트 ·· 5-375
9. 중량 콘크리트 ··· 5-379
10. 수밀(水密) 콘크리트 ··· 5-381
11. 진공콘크리트(Vacuum Con'c) ··· 5-382
12. 프리팩트 콘크리트(prepacked Con'c) ·· 5-385
13. 유동화 콘크리트 ·· 5-386
14. 고강도 콘크리트 ·· 5-395
15. AE 콘크리트 ·· 5-412
16. 섬유보강 콘크리트 ·· 5-413
17. 수중(水中) 콘크리트 ··· 5-415
18. 제치장 콘크리트 ·· 5-418
19. 고성능 콘크리트(High Performance Con'c) ·· 5-423
20. 팽창 콘크리트 ·· 5-428
21. 폴리머 콘크리트 ·· 5-429
22. 환경친화형 콘크리트 ·· 5-430

5 절　콘크리트의 일반구조

- 콘크리트의 일반구조 기출문제 ··· 5-434
1. 철근콘크리트 구조의 원리 ··· 5-436
2. 콘크리트용 조골재의 부족현상 ·· 5-437
3. 슬래브 시공의 문제점과 개선책 ·· 5-439
4. 플랫 슬래브(Flat Slab) ··· 5-442
5. 내진대책 ··· 5-451
6. 안전진단 ··· 5-457
7. 철근콘크리트보의 균열 ·· 5-462
8. 막 구조(Membrane Structure) ·· 5-465
9. 온도철근(Temperature Bar) ··· 5-469

10. 기둥철근에서의 Tie Bar ··· 5-471
11. 균형 철근비 ··· 5-472
12. 포아송비(Poisson's ratio) ·· 5-473
13. 전단벽(shear wall) ··· 5-475
14. 단면 2차 모멘트 ··· 5-477
15. 건축자재의 연성(延性) ·· 5-478
16. 고정하중과 활하중 ··· 5-480

　　　永生의 길잡이-셋 / 5-482

6장 PC 및 Curtain wall공사 [상권]

1절 PC 공사

- PC 공사 기출문제 ·· 6-2
1. Precast Concrete 설치공사 ·· 6-4
2. 공업화 건축 ·· 6-7
3. PC 공법의 문제점과 개선방향 ·· 6-13
4. PC 공법 ·· 6-19
5. PC 공법에서 Open System과 Closed System ··································· 6-23
6. 조립식 건축시공방법 ··· 6-26
7. PC판 접합공법 ·· 6-29
8. PC판 접합부의 방수처리 ·· 6-34
9. PC벽 패널 접합부의 결함과 대책 ··· 6-36
10. 프리캐스트 대형 벽판공법 ··· 6-38
11. 합성 Slab 공법 ··· 6-40
12. 리프트 슬래브(Lift Slab) 공법 ·· 6-46
13. Hollow Core Slab ·· 6-49
14. Preflex Beam ·· 6-50

　　　永生의 길잡이-넷 / 6-52

2절 Curtain wall공사

- C/W 공사 기출문제 ·· 6-54
1. 커튼 월 공사의 계획 ··· 6-56
2. 커튼 월(Curtain Wall)의 종류 ·· 6-60

3. PC 커튼 월 ··· 6-67
4. 커튼 월(Curtain Wall)의 파스너(Fastener) 방식 ·· 6-75
5. Curtain Wall의 누수발생원인 및 대책 ·· 6-80
6. 커튼 월의 시험방법 ·· 6-86
7. Curtain Wall 공사에서 발생하는 하자의 원인과 대책 ·································· 6-91
8. 층간변위(層間變位) ··· 6-95

7 장 철골공사 및 초고층공사 [하권]

1 절 철골공사

- 철골공사 기출문제 ·· 7-2
1. 철골공사 공정계획 ·· 7-8
2. 철골공작도(Shop Drawing) ·· 7-12
3. 철골공사시 공장제작 순서 ·· 7-15
4. 세우기 작업 ·· 7-21
5. 철골조의 기초에서 Base Plate와 Anchor Bolt의 설치 ····························· 7-35
6. 철골공사 시공과정에 관한 각 검사순서와 필요기기 ································· 7-41
7. 지붕 철골세우기 공법 ·· 7-44
8. 철골 구조물 PEB(Pre-Engineered Beam) System ······································ 7-47
9. 철골공사에서 부재의 접합공법 ·· 7-51
10. 고장력 볼트 ·· 7-55
11. 용접접합 ·· 7-65
12. 용접부에 발생하는 결함과 대책 ·· 7-76
13. 용접 검사방법 ·· 7-82
14. 철골공사의 용접부위 변형 ·· 7-86
15. 철골공사 시공 ·· 7-94
16. Box Column과 H형강 Column 용접방법 ·· 7-103
17. 철골 내화피복공법 ·· 7-108
18. 건축물의 층간 방화구획방법 ·· 7-120
19. 철골조 건축물의 가새(Bracing) ··· 7-125
20. Metal Touch ·· 7-128
21. 하이브리드 빔(Hybrid Beam) ··· 7-130
22. Hi-beam ·· 7-131
23. 철골 Smart Beam ·· 7-133
24. Stiffener(스티프너) ··· 7-134

25. Mill Sheet ·· 7-136
26. TMCP 강재 ·· 7-137
27. 스페이스 프레임(Space Frame) ·· 7-138
28. Taper Steel Frame ··· 7-139
29. Ferro Stair (시스템 철골계단) ·· 7-141

永生의 길잡이 - 다섯 / 7-142

2절 초고층공사

■ 초고층공사 기출문제 ·· 7-144
1. 초고층 건축의 시공관리 ··· 7-147
2. 초고층 건축의 공정계획 ··· 7-155
3. 고층 건축공사에서의 안전관리 ·· 7-162
4. 초고층 건물의 양중계획 ··· 7-165
5. 초고층 철골철근콘크리트조 철근배근 및 콘크리트 타설방법 ························ 7-171
6. 초고층 건물의 시공상의 문제점과 대책 ·· 7-177
7. 초고층 건축물 바닥공법의 종류와 시공방법 ·· 7-181
8. 초고층 건물시공에서 기둥의 부등축소(不等縮小) ·· 7-189
9. CFT(Concrete Filled Tube)공법 ·· 7-193
10. 초고층 건물의 Core 선행공법 ·· 7-197
11. 초고층 건물의 거푸집 공법 ··· 7-203
12. 고층건물 연돌효과(Stack Effect)의 발생원인, 문제점 및 대책 ·················· 7-208
13. Super Frame ·· 7-211
14. 횡력지지 시스템(Out Rigger) ·· 7-212
15. 고층 건물의 지수층(Water Stop Floor) ··· 7-214
16. 초고층 공사의 Phased Occupancy ·· 7-216

8장 마감공사 및 기타공사 [하권]

1절 조적공사

■ 조적공사 기출문제 ·· 8-2
1. 벽돌쌓기 공법 ··· 8-4
2. 벽돌벽의 균열발생 원인과 대책 ··· 8-6
3. 조적조 벽체의 누수원인과 방수공법 ·· 8-12

4. 백화현상의 발생원인과 방지대책 ·· 8-15
  5. 조적조의 공간 쌓기(Cavity Wall) ·· 8-21
  6. 외벽체에서 방습층의 설치목적과 구조공법 ·· 8-24
  7. 조적 벽체의 줄눈(Joint) ·· 8-27
  8. 철근콘크리트 보강블록(Block) ·· 8-36
  9. ALC 블록(Block) ·· 8-39
  10. ALC 패널 ·· 8-41
  11. 테두리보 ·· 8-44
  12. Bond Beam ··· 8-47
  13. 내력벽(Bearing Wall) ··· 8-49
  14. 조적조의 부축벽 ·· 8-51

   永生의 길잡이-여섯 / 8-52

2 절   석·타일공사

  ■ 석공사·타일공사 기출문제 ·· 8-54
  1. 돌공사 ·· 8-56
  2. 돌 붙임공법 ·· 8-64
  3. 타일(Tile) 붙임공법의 종류 ·· 8-78
  4. 타일의 동해 방지 ·· 8-91
  5. 타일 분할도 ·· 8-93
  6. 전도성 타일 ·· 8-94

3 절   미장·도장공사

  ■ 미장·도장공사 기출문제 ·· 8-96
  1. 미장공사 결함의 종류 및 원인과 방지대책 ·· 8-98
  2. 단열 모르타르 ·· 8-103
  3. 내식 모르타르 ·· 8-104
  4. Dry Packed Mortar ··· 8-105
  5. 셀프 레벨링 ·· 8-106
  6. 수지 미장 ·· 8-108
  7. 엷은 바름재 ·· 8-109
  8. 바닥강화재(Hardner) ·· 8-110
  9. Corner Bead ··· 8-114
  10. 칠공사(도장공사) ··· 8-116
  11. 도장공사에 발생하는 결함의 종류와 특성 ·· 8-123

   永生의 길잡이-일곱 / 8-128

4 절　방수공사

- 방수공사 기출문제 ······ 8-130
1. 방수 시스템에 필요한 성능과 방수공법 ······ 8-133
2. 시멘트 액체 방수 ······ 8-140
3. Asphalt 방수공사 ······ 8-141
4. 지붕방수공사 ······ 8-146
5. 지하실 방수공법 ······ 8-157
6. 시트(Sheet) 방수공법 ······ 8-162
7. 도막방수공법 ······ 8-168
8. 개량형 아스팔트 시트 방수 ······ 8-173
9. 침투성 방수 ······ 8-176
10. 실링(Sealing)재와 코킹(Caulking)재 ······ 8-179
11. 철근콘크리트조 산업폐수 처리 구조물의 방수대책 ······ 8-184
12. 단열층의 방수·방습 방법 ······ 8-186
13. Membrane 방수공사 ······ 8-188
14. 공동주택의 부위별 방수공법 ······ 8-192
15. 공동주택에서 지하 저수조의 방수시공법 ······ 8-195
16. 벤토나이트 방수공법 ······ 8-201
17. 금속판 방수공법 ······ 8-202
18. 복합방수공법 ······ 8-203
19. 지수판(Water Stop) ······ 8-206

5 절　목·유리·내장공사

- 목공사·유리공사·내장공사 기출문제 ······ 8-208
1. 목구조의 이음과 맞춤 공법 ······ 8-210
2. 목재의 품질 검사 ······ 8-213
3. 강제 창호의 현장 설치공법 ······ 8-221
4. 건축용 유리의 종류 ······ 8-226
5. 유리의 열파손 ······ 8-238
6. 합성수지재의 재료 특성 ······ 8-241
7. 내장재의 현황 ······ 8-245

6 절　단열·소음공사

- 단열·소음공사 기출문제 ·· 8-266
1. 건축물의 단열공법 ·· 8-268
2. 건물 결로의 원인과 방지대책 ··· 8-276
3. 공동주택의 소음방지 ·· 8-284
4. 차음공법 ·· 8-297
5. 건축의 방진 계획 ·· 8-303
6. Trombe Wall ·· 8-305

　　　　永生의 길잡이 - 아홉 / 8-306

7 절　공해·해체·폐기물·기타공사

- 공해·해체·폐기물·기타공사 기출문제 ·· 8-308
1. 환경공해의 종류와 대책 ·· 8-311
2. 소음과 진동의 원인과 대책 ·· 8-316
3. 공동주택에서 발생하는 실내공기 오염물질 ··· 8-319
4. 건축구조물 해체공법 ·· 8-324
5. 건설 폐기물 ·· 8-330
6. 콘크리트 폐기물 ·· 8-339
7. 건축공사용 재료의 저장과 관리 ·· 8-346
8. 건축물의 Remodeling ··· 8-348
9. 현장 기술자로서 경험한 기술적 특기 사항 ··· 8-356
10. 홈통공사 ·· 8-358
11. 옥내주차장 바닥 마감재 ·· 8-360
12. 공동주택의 온돌공사 ·· 8-363
13. 공동주택에서 기준층 화장실 공사 ··· 8-366
14. 공동주택 현장에서 1개층 공사의 1Cycle 공정 순서(Flow Chart) ······· 8-368
15. 클린룸(Clean Room) ··· 8-371
16. 방화재료(防火材料) ·· 8-374

8 절　친환경 건축

- 친환경 건축 기출문제 ·· 8-376
1. 환경친화적 건축물 ·· 9-377
2. 주택성능표시제도 ·· 9-394

3. 신재생 에너지 ·· 9-397
4. 옥상녹화방수 ··· 8-401

9 절 건설기계

- 건설기계 기출문제 ··· 8-406
1. 현장기계화 시공 ··· 8-408
2. 토공사용 건설장비 선정 ··· 8-416
3. 철골철근콘크리트조 건물에서 사용되는 중기 ··· 8-420
4. 양중기 장비의 종류 ··· 8-426
5. Tower Crane 양중작업 ··· 8-430
6. 건설 로봇의 활용 전망 ·· 8-442
7. 건설용 기계공구류 ··· 8-445
8. MCC(Mast Climbing Construction) ··· 8-447

　　　　　永生의 길잡이-열 / 8-448

10 절 적산

- 적산 기출문제 ·· 8-450
1. 공사비 예측방법 ··· 8-452
2. 개산 견적 ··· 8-455
3. 부분별 적산 내역서 ··· 8-458
4. 실적공사비에 의한 적산방식 ··· 8-461
5. 공사비 구성요소 ··· 8-466
6. 현행 적산제도의 문제점 및 개선방향 ··· 8-471
7. 현장실행예산서 ··· 8-473
8. 고층건축과 저층건축의 공사비 동향 ··· 8-477
9. 비계면적 산출방법 ··· 8-479
10. 판유리 수량 산출방법 ··· 8-480

9장 총론 [하권]

1절 공사관리

- 공사관리 기출문제 ·· 9-2
1. 시공계획을 위한 사전조사 ··· 9-9
2. 시공계획서 ··· 9-12
3. 공사관리 ··· 9-18
4. 공사 관리자의 자질과 책임 ··· 9-24
5. 감리제도의 문제점 및 대책 ··· 9-35
6. CM 제도 ··· 9-41
7. 컴퓨터를 이용한 현장관리 ··· 9-50
8. 부실시공의 원인 및 방지대책 ··· 9-52
9. 종합품질관리(TQC) ··· 9-61
10. 건축시공에서 품질관리의 필요성 ·· 9-63
11. 품질관리 7가지 도구 ··· 9-66
12. 품질경영(Quality Management) ·· 9-72
13. 설계품질과 시공품질 ··· 9-77
14. 품질시험 ··· 9-82
15. 품질관리적 평가를 위한 자료 분석 ·· 9-87
16. 공사관리 ··· 9-89
17. 품질관리 ··· 9-91
18. 건축공사에서 원가절감(Cost Down) ·· 9-97
19. VE(Value Engineering) ··· 9-103
20. Life Cycle Cost ··· 9-112
21. 원가관리의 MBO(Management By Objective) 기법 ······················ 9-121
22. 건축공사의 안전관리 ··· 9-124
23. 산업안전 보건관리비 ··· 9-132
24. 건설기능 인력난의 원인 및 대책 ·· 9-147
25. 현장 사무소의 조직도 ··· 9-149
26. 건축시공도의 종류 ··· 9-153
27. 시공계획도 ··· 9-158
28. 건축공사 시방서 ··· 9-162
29. 건설 리스크(Risk) ··· 9-172
30. 건설공사 클레임(Claim) ··· 9-178
31. 시설물을 발주자에게 인도할 때의 유의사항 ································ 9-183
32. 아파트 분양가 자율화가 건설업체에 미치는 영향 ······················ 9-186
33. 건축물의 유지관리 ··· 9-188

34. RC조 아파트 현장에서 설계도서 검토시에 유의해야 할 요점 ·················· 9-195
35. 공법 개선의 대상으로 우선시되는 공종의 특성 ···································· 9-198
36. 주5일 근무제 시행에 따른 현장관리의 문제점과 대책 ························· 9-200
37. 도심지 공사에서 현장 인근 민원문제의 대응방안 ································ 9-203
38. 재개발과 재건축 ·· 9-206
39. SCM(Supply Chain Management) ·· 9-207

永生의 길잡이 - 열하나 / 9-208

2 절 시공의 근대화

- 시공의 근대화 기출문제 ··· 9-210
1. 시공법의 발전 추세 ··· 9-213
2. 복합화 공법 ··· 9-224
3. ISO 9000 ·· 9-229
4. 건설표준화 ··· 9-232
5. 척도조정(MC;Modular Coordination) ··· 9-236
6. EC화 ·· 9-239
7. 적시 생산(just in time) 시스템 ·· 9-242
8. 웹(Web)기반 공사 관리체계 ··· 9-245
9. BIM(Building Information Modeling) ·· 9-252
10. Intelligent Building ·· 9-255
11. CIC(Computer Integrated Construction) ··· 9-256
12. Work Breakdown Structure ·· 9-257
13. 건설 CALS ·· 9-261
14. Business Reengineering ··· 9-263
15. Lean Construction(린 건설) ··· 9-266
16. PMIS(Project Management Information System) ································ 9-270
17. UBC(Universal Building Code) ··· 9-274
18. Project Financing ·· 9-275
19. 유비쿼터스(Ubiquitous) ··· 9-277
20. 데이터 마이닝(Data Mining) ·· 9-280

10장 공정관리 [하권]

- 공정관리 기출문제 ·· 10-2
1. 공정관리기법 ··· 10-6
2. 네트워크 공정표(network progress chart)의 작성요령 ················· 10-27
3. Network 공정표의 공기조정기법 ··· 10-36
4. 공정관리시 자원배당(Resource Allocation) ······························· 10-43
5. 진도관리(Follow Up) ··· 10-52
6. EVMS(Earned Value Management System) ····························· 10-55
7. 시공속도 ·· 10-60
8. 공정마찰(공정간섭) ··· 10-64
9. 공기지연 ·· 10-67
10. 사이클타임(Cycle Time) ·· 10-73
11. 공정관리의 계획단계, 실시와 통제단계 ·································· 10-81
12. 공정계획시 공사가동률 산정방법 ··· 10-84

▶ 영생의 길잡이

하나 : 가장 큰 선물 ··· 1-82
둘 : 어쩌면 당신은······ ·· 5-324
셋 : 천국에는 어떻게 가는가? ··· 5-482
넷 : 불교 ·· 6-52
다섯 : 선행으로 천국에 못가는 이유 ··· 7-142
여섯 : 하나님께 이르는 길 ·· 8-52
일곱 : 예수 그리스도는 누구십니까? ·· 8-128
여덟 : 성경은 무슨 책입니까? ·· 8-264
아홉 : 어느 사형수의 편지 ·· 8-306
열 : 엄연한 사실 ··· 8-448
열하나 : 죽음 저편 ·· 9-208

상세 목차

7장 1절 철골공사

1	철골공사 공정계획		
	1-1. 고층 사무소 건축의 철골공사 공정계획 [91전(30)]	7-8
	1-2. 철골조 건물의 공기단축방안 [98중후(30)]	
2	철골공작도(Shop Drawing)		
	2-1. 철골공작도(shop drawing)의 검토시 확인하여야 할 사항 [88전(25)]	7-12
	2-2. 철골공사에서 철골시공도 작성시 필요한 내용과 유의사항 [99중(30)]	
3	철골공사시 공장제작 순서		
	3-1. 철골공사시 공장제작의 작업순서를 설명하고, 현장작업의 공정 [76(25)]	7-15
	3-2. 철골공사시 공장제작순서 및 제작공정별 품질관리방법 [92후(30)]	
	3-3. 철골공사시 공장제작순서 설명과 제작에 따른 품질확보방안 [96후(30)]	
	3-4. 철골공사의 작업순서와 공정을 철골의 공장가공·제작후 현장 반입에서부터 건립 완료시 기술하고 flow chart를 작성 [79(25)]	
	3-5. 철골공사의 품질관리 주안점 [90전(30)] ㉮ 공장제작시 ㉯ 현장설치시	
	3-6. 철골공사에서 단계별 시공시 유의사항 [04중(25)]	
	3-7. 리밍(Reaming) [00후(10)]	
	3-8. Reaming [02후(10)]	
4	세우기 작업		
	4-1. 철골공사 시공에 있어서 세우기 작업 [81후(25)]	7-21
	4-2. 철골세우기 작업의 공정순서 [90후(30)]	
	4-3. 철골세우기 공사의 공정과 품질관리 요점 [92전(30)]	
	4-4. 철골공사에서 철골기둥의 정착, 철골세우기 공정 및 품질관리 [93전(40)]	
	4-5. 공장에서 가공된 철골부재를 현장에서 조립 설치시 고려해야 할 사항 [94후(25)]	
	4-6. 철골조 건물의 철골세우기 작업 시 유의해야 할 사항 [97중후(30)] ㉮ 일반사항　㉯ 기둥　㉰ 보　㉱ 계측 및 수정	7-25
	4-7. 철골 세우기 공사 시 수직도 관리 방안 [08중(25)]	
	4-8. 대규모 단층공장 철골세우기 및 제작 운반에 대한 검토사항 [01후(25)]	7-30
	4-9. 단층 철골공장 철골세우기 및 제작 운반에 대한 검토사항 [08후(25)]	
	4-10. 철골공사에 현장 접합시공에서 부재간의 결합부위 및 시공시 유의사항 [99전(30)]	7-32

5	철골조의 기초에서 Base Plate와 Anchor Bolt의 설치		
	5-1. 철골조의 기초에서 base plate와 anchor bolt의 설치 시공요령 [78전(25)]		7-35
	5-2. 철골기둥과 기초콘크리트를 고정하는 앵커볼트의 위치와 Base Plate Level을 정확하게 시공하는 방법 [00중(25)]		
	5-3. 철골구조의 주각부 공사에서 앵커볼트 설치와 주각 모르타르 시공의 공법별 품질관리 요점 [91후(30)]		
	5-4. Anchor bolt에서부터 주각부 시공까지의 시공 품질관리 개선방안 [94후(25)]		
	5-5. Anchor bolt에서 주각부 시공단계까지 품질관리방안 [07중(25)]		
	5-6. 철골세우기 공사에서 주각 고정방식과 순서 [96중(30)]		
	5-7. 철골기초의 앵커볼트 매입 및 주각부 시공시 고려할 사항 [00전(25)]		
	5-8. 철골조의 주각부 시공시 유의할 사항 [97중전(30)]		
	5-9. 철골세우기 공사의 주각부 시공계획 [04후(25)]		
	5-10. 철골공사 앵커볼트 매입 방법 [10전(10)]		
6	철골공사 시공과정에 관한 각 검사순서와 필요기기		
	6. 철골공사 시공과정에서 각 검사 순서를 열거하고, 각 과정에서 필요 기기 [80(25)]		7-41
7	지붕 철골세우기 공법		
	7. 대공간 구조물(체육관, 격납고 등) 지붕철골세우기 공법 [98후(30)]		7-44
8	철골 구조물 PEB(Pre-Engineered Beam) System		
	8-1. 철골 구조물 PEB(Pre-Engineered Beam) system [02전(25)]		7-47
	8-2. PEB(Prefabricated Engineered Build) [05중(10)]		
	8-3. PEB(Pre-Engineering Building System) [08중(10)]		
9	철골공사에서 부재의 접합공법		
	9-1. 철골공사에서 부재의 접합공법 [81전(25)]		7-51
	9-2. 철골접합공법 [05전(25)]		
	9-3. 철골구조의 접합의 종류 및 현장검사방법 [05중(25)]		

10	고장력 볼트	
	10-1. 철골구조에서 H-형강보(beam) 고장력 볼트로 접합 시공할 때 시공순서에 따른 품질관리 방안 [01중(25)]	7-55
	10-2. 철골부재에 쓰이고 있는 고장력 볼트 접합의 종류와 방법 [95중(30)]	
	10-3. 고장력 볼트 접합공법의 재료관리, 접합 및 검사 [82후(50)]	

	10-4. 고장력 Bolt의 현장 관리 [03중(25)]
	  1) 반입
	  2) 보관
	  3) 사용관리	

	10-5. 철골부재의 접합 시 마찰면 처리방법 [03중(25)]
	  1) 마찰면의 처리방법
	  2) 마찰면 처리의 유의사항	

	10-6. 철골 공사에서 고장력 볼트 체결 시 유의 사항 [00중(25)]	
	10-7. 철골공사 고력볼트의 조임 방법과 검사 [98중전(30)]	
	10-8. 철골공사의 고력볼트 조임 검사 항목 및 방법 [05후(25)]	
	10-9. 철골부재 접합면의 품질 확보방법, 고력볼트 조임 방법 및 조임 시 유의사항 [06후(25)]	
	10-10. 고장력 볼트 현장 반입 시 품질검사와 조임 시공 시 유의사항 [09중(25)]	
	10-11. 고장력 볼트(high tension bolt) 조이기 [88(20)]	
	10-12. 고장력 Bolt 조임방법 [05중(10)]	
	10-13. 고장력 볼트의 조임방법과 검사법 [07중(10)]	
	10-14. 고장력 볼트(high tension bolt)에서의 토크값(torque치) [78후(5)]	
	10-15. 고장력 볼트 1군(群)의 볼트 개수에 따른 Torque 검사기준 [07전(10)]	
	10-16. Impact wrench [84(5)]	
	10-17. 고장력 볼트(high tension bolt) [81전(7)]	
	10-18. 고장력 볼트 [90후(10)]	
	10-19. TS bolt (Torque Shear bolt) [95중(10)]	
	10-20. TS(Torque Shear) Bolt [04중(10)]	
	10-21. TC(Tension Control) bolt [98중전(20)]	

11	용접접합		
	11-1. 용접기구 및 용접재료에 따른 용접의 종류	[84(25)]	7-65
	11-2. 철골공사의 피복금속 아크 용접작업의 현장품질관리 유의사항	[93후(30)]	
	11-3. 용접시공(welding)에서의 작업전 준비사항과 안전대책	[76(10)]	
	11-4. 철골공사 현장용접시 품질관리 요점	[07전(25)]	
	11-5. 철골공사에서 용접방법의 종류 및 유의사항	[06전(25)]	
	11-6. 현장 철골 용접 방법, 용접공 기량검사 및 합격 기준	[10후(25)]	7-70
	11-7. 모살용접(fillet welding)	[98전(20)]	
	11-8. 목두께의 방향이 모재의 면과 45°의 각을 이루는 용접은?	[94후(5)]	
	11-9. 맞댄용접과 모살용접의 주의사항	[82전(10)]	
	11-10. Stud Welding	[10전(10)]	7-74
	11-11. 스컬럽(Scallop)	[85(5)]	7-75
	11-12. Scallop 가공	[00후(10)]	
	11-13. Scallop	[03전(10)]	
	11-14. Scallop	[07전(10)]	
12	용접부에 발생하는 결함과 대책		
	12-1. 철골공사의 현장에서 피복(被覆) 아크(arc) 수용접(手鎔接)작업시 용접부에 발생하는 결함과 대책	[77(25)]	7-76
	12-2. 철골공사에서 용접시 용접부에 발생하는 결함과 방지책	[82후(20)]	
	12-3. 용접결함의 종류를 들고 그 원인과 대책	[97전(30)]	
	12-4. 철골조 접합부의 용접결함 종류 및 방지대책	[02전(25)]	
	12-5. 철골공사 용접결함의 원인과 방지대책	[10전(25)]	
	12-6. Under cut	[03후(10)]	
	12-7. 언더 컷(under cut)	[92전(8)]	
	12-8. Fish eye 용접불량	[02중(10)]	
	12-9. Blow hole	[02후(10)]	
	12-10. 각장 부족	[92전(8)]	
	12-11. 철골 용접의 각장부족	[10후(10)]	
	12-12. Lamellar Tearing 현상	[04전(10)]	
	12-13. 라멜라 티어링(Lamellar Tearing) 현상	[06후(10)]	
13	용접 검사방법		
	13-1. 철골용접공사의 검사방법과 앞으로의 전망	[83(25)]	7-82
	13-2. 철골공사의 용접 시공과정에 따른 검사방법	[95전(30)]	
	13-3. 용접 검사방법	[97후(20)]	
	13-4. 용접 접합부위의 비파괴 용접검사 종류와 장단점	[87(25)]	
	13-5. 철골용접부의 비파괴검사법	[00후(25)]	
	13-6. 철골공사 용접부의 비파괴검사방법의 종류와 특성	[05후(25)]	
	13-7. 철골용접의 비파괴시험(Non-Destructive Test)	[08후(10)]	
	13-8. 초음파탐상법	[01전(10)]	

14	철골공사의 용접부위 변형		
	14-1. 철골공사의 용접부위 변형발생 원인, 용접불량 방지대책 [93전(30)]		7-86
	14-2. 철골공사시 발생되는 변형 1) 원인, 2) 종류, 3) 대책방안 [03후(25)]		
	14-3. 철골공사 용접변형의 종류 및 억제대책 [11전(25)]		
	14-4. 철골제작시 부재변형을 방지하기 위한 방안 [03전(25)]		
	14-5. 철골부재 온도변화에 대응하기 위한 공법 및 그 검사방법 [10전(25)]		7-90
15	철골공사 시공		
	15-1. 철골공사 시공에 있어 다음에 관하여 설명 [82전(50)] ㉮ 제품 정도의 검사 ㉯ 용접부의 검사 ㉰ 조립시공의 정도		7-94
	15-2. 건설 구조물의 기둥 수직도의 시공오차 허용범위 [97중후(20)]		7-97
	15-3. 철골부재의 현장반입시 검사항목 [00후(25)]		7-99
	15-4. 공장에서 제작된 철골부재의 현장 인수검사 항목과 내용 [05후(25)]		
	15-5. 철골 공장제작시 검사계획(ITP ; Inspection Test Plan) [06후(25)]		
16	Box Column과 H형강 Column 용접방법		
	16. 초고층 철골철근콘크리트 건축물의 box column과 H형강 column에 대한 접합방법 [94전(30)]		7-103
17	철골 내화피복공법		
	17-1. 철골 내화피복공법의 종류 및 특징 [85(25)]		7-108
	17-2. 철골공사에 있어서 내화피복의 공법별 특성 및 시공방법 [91후(30)]		
	17-3. 철골 내화피복공법의 종류 [00후(25)]		
	17-4. 철골공사 내화피복의 종류 [07중(25)]		
	17-5. 철골공사 내화피복의 종류와 시공상의 유의사항 [09중(25)]		
	17-6. 철골공사에 내화피복공법의 종류와 내화성능 향상을 위한 품질관리 방안 [97후(30)]		
	17-7. 철골 내화피복공법중 습식공법 [04후(25)]		
	17-8. 철골 내화피복의 요구성능 및 내화기준 [02후(25)]		
	17-9. 건축 내화재료의 요구성능 및 종류와 내화피복공법 [02후(25)]		
	17-10. 철골재의 내화피복 [89(5)]		
	17-11. 철골 피복 중 건식 내화피복공법 [05중(10)]		
	17-12. 내화피복공사의 현장품질관리 항목 [07전(10)]		
	17-13. 철골 내화피복 검사 [99중(20)]		
	17-14. 철골공사의 습식 내화피복에서 뿜칠공법의 시공방법과 문제점 [94후(25)]		7-116
	17-15. 철골공사 뿜칠내화피복의 종류 및 품질 향상 방안 [10후(25)]		
18	건축물의 층간 방화구획방법		
	18-1. 건축물의 층간 방화구획방법 [04전(25)]		7-120
	18-2. 건축물 커튼월 부위의 층간 방화 구획 방법 [08중(25)]		
	18-3. 초고층 건축물에서 층간 방화구획을 위한 구법 및 재료의 종류별 특징 [10후(25)]		

19		철골조 건축물의 가새(Bracing)		
	19-1. 철골조 건축물의 가새(bracing)		[84(15)]	7-125
	19-2. 좌굴(Buckling)현상		[09후(10)]	7-126
20		Metal Touch		
	20-1. Metal touch		[78후(5)]	7-128
	20-2. 메탈 터치(metal touch)		[91후(8)]	
	20-3. Metal Touch		[99전(20)]	
	20-4. Metal Touch		[03중(10)]	
	20-5. Metal Touch		[05후(10)]	
	20-6. 철골공사의 Metal Touch		[10중(10)]	
21		하이브리드 빔(Hybrid Beam)		
	21-1. 하이브리드 빔(hybrid beam)		[85(5)]	7-130
	21-2. Hybrid Beam		[05후(10)]	
22		Hi-beam		
	22. Hi-beam		[02중(10)]	7-131
23		철골 Smart Beam		
	23. 철골 Smart Beam		[08후(10)]	7-133
24		Stiffener(스티프너)		
	24-1. Stiffener(스티프너)		[99후(20)]	7-134
	24-2. 스티프너(Stiffener)		[06전(10)]	
25		Mill Sheet		
	25-1. Mill sheet		[83(5)]	7-136
	25-2. Mill Sheet(밀 시트)		[99후(20)]	
26		TMCP 강재		
	26. TMCP 강재		[01전(10)]	7-137
27		스페이스 프레임(Space Frame)		
	27-1. 스페이스 프레임(space frame)		[90전(5)]	7-138
	27-2. Space Frame		[02전(10)]	
	27-3. Space Frame		[05중(10)]	
28		Taper Steel Frame		
	28-1. Taper steel frame		[97전(15)]	7-139
	28-2. Taper steel frame		[05전(10)]	
29		Ferro Stair (시스템 철골계단)		
	29. Ferro Stair (시스템 철골계단)		[10중(10)]	7-141

7장 2절 초고층공사

1	**초고층 건축의 시공관리**		
	1-1. 초고층 건축의 시공관리	[91후(40)]	7-147
	1-2. 초고층 건축공사의 시공계획서 작성시 주요관리항목과 내용	[02후(25)]	
	1-3. 초고층 공사시 가설계획	[05전 25)]	
	1-4. 초고층 건물	[98중전(20)]	
	1-5. 초고층 건축 공사시 측량관리	[08후(25)]	7-151
2	**초고층 건축의 공정계획**		
	2-1. 초고층 건축의 공정계획	[90전(30)]	7-155
	2-2. 초고층 건축에서 공기에 영향을 미치는 요인 및 공정계획방법	[97중후(40)]	
	2-3. 초고층 건축공사의 공정에 영향을 주는 원인과 공정운영방식	[11전(25)]	
	2-4. 초고층 건물의 공기단축방안(설계, 공법, 관리측면)	[01전(25)]	
	2-5. RC조 20층 이상 고층 공동주택의 골조 공기단축방안	[07후(25)]	
	2-6. 초고층 건축의 공정운영방식	[03전(25)]	
	① 병행시공방식　② 단별시공방식		
	③ 연속반복방식　④ 고속궤도방식(Fast track)		
	2-7. Fast Track Method	[01후(25)]	
	2-8. Fast track method	[92후(8)]	
	2-9. Fast Track Construction	[00중(10)]	
3	**고층 건축공사에서의 안전관리**		
	3-1. 철골조 고층 건축공사에서의 안전관리의 요점	[92전(30)]	7-162
	3-2. 초고층 건축공사시 산재 발생요인과 그 개선방향	[96후(40)]	
4	**초고층 건물의 양중계획**		
	4-1. 도심지 고층건물 신축에서 시공계획서 작성시 유의해야할 자재양중계획	[78후(25)]	7-165
	4-2. 초고층 건축물의 시공계획서를 작성할 때 자재양중계획	[00전(25)]	
	4-3. 초고층 건물의 양중방식과 양중계획	[99중(30)]	
	4-4. 초고층 건축물의 고속시공을 위한 양중계획	[08중(25)]	
	4-5. Tower crane 양중계획 수립절차	[08전(25)]	
	4-6. 양중장비 계획시의 고려사항	[00후(25)]	
	4-7. 초고층공사의 특수성과 양중계획시 고려사항	[05후(25)]	
	4-8. 고층공사 양중계획시 고려사항	[07중(25)]	
	4-9. 철골공사 양중장비의 선정과 설치 및 해체시 유의사항	[10전(25)]	
5	**초고층 철골철근콘크리트조 철근배근 및 콘크리트 타설방법**		
	5-1. 초고층 철골철근콘크리트조 건물시공에 적합한 철근배근 및 콘크리트 타설방법	[98전(40)]	7-171
	5-2. 철골철근콘크리트(SRC)조 시공시 부위별 철근배근공사의 유의사항	[01전(25)]	
	5-3. SRC구조에서 철근과 철골재 접합부의 철근정착방법	[06중(25)]	

6	초고층 건물의 시공상의 문제점과 대책		
	6-1. 초고층 벽식 구조의 공동주택 골조공사시 문제점과 대책	[91후(30)]	7-177
	6-2. 도심 밀집지역의 초고층 건물 시공시 문제점 및 대책	[98중후(40)]	
	6-3. 도심지 고층 건축공사의 시공상 제약조건 및 문제점	[82후(20)]	
7	초고층 건축물 바닥공법의 종류와 시공방법		
	7-1. 초고층 건축물에서 바닥공법의 종류와 시공방법	[95중(30)]	7-181
	7-2. 고층 건물에서 바닥판공법의 종류와 시공방법	[00중(25)]	
	7-3. 초고층 건물의 바닥판시공법	[05전(25)]	
	7-4. 철골 건물의 슬래브 공법의 종류	[08전(25)]	
	7-5. 철골조 slab의 Deck plate 시공시 유의사항	[05중(25)]	
	7-6. Deck plate 시공법 및 시공상 고려사항	[07후(25)]	
	7-7. 초고층 건축에서 Deck Plate의 종류 및 특성	[09후(25)]	
	7-8. 고층건물 바닥 시스템중 보-슬래브 방식, 플랫슬래브 방식 및 메탈테크 위 콘크리트 슬래브 방식의 개요 및 장단점 비교	[09중(25)]	
8	초고층 건물시공에서 기둥의 부등축소(不等縮小)		
	8-1. 초고층 건물시공에서 기둥의 부등축소(不等縮小) 원인과 대책	[98후(30)]	7-189
	8-2. 초고층건축 기둥 부등축소현상(Column Shortening)의 발생원인과 문제점 및 대책	[09후(25)]	
	8-3. Column shortening에서 탄성변형과 비탄성변형	[03후(25)]	
	8-4. 콘크리트 Column Shortening 발생원인	[04후(25)]	
	8-5. Column shortening	[97중후(20)]	
	8-6. 기둥축소량	[03전(10)]	
	8-7. Column Shortening	[06후(10)]	
9	CFT(Concrete Filled Tube)공법		
	9-1. CFT(Concrete Filled Tube)공법 (공법개요, 장단점, 시공시 유의사항, 시공프로세스 중 하부 압입공법 및 트레미관공법)	[06중(25)]	7-193
	9-2. 충전 강관 콘크리트(concrete filled steel tube)	[97후(20)]	
	9-3. 콘크리트 채움강관(conncrete filled tube)	[98후(20)]	
	9-4. CFT(Concrete Filled Tube)	[01중(10)]	
	9-5. CFT	[05중(10)]	
10	초고층 건물의 Core 선행공법		
	10-1. RC조 Core Wall 선행공사 시공계획시 주요관리 항목	[10후(25)]	7-197
	10-2. 고층 건축물 코어 선행공법 시공시 유의사항	[02중(25)]	
	10-3. 고층 건축공사에서 Core 선행(先行)시공방법	[00중(10)]	
	10-4. 코아(Core) 선행공법	[04전(10)]	
	10-5. 코어부의 Concrete 벽체에 매입철물(Embed Plate) 설치방법	[03중(25)]	
	10-6. 매립철물(Embedded Plate)	[09중(10)]	
	10-7. Core 선행공법에서 구조체(Core Wall)와 철골 접합부 시공상 유의사항	[09전(25)]	7-201

11	초고층 건물의 거푸집 공법		
	11-1. 초고층 건물 Core Wall 거푸집 공법 계획시 종류별 장단점 비교 [09전(25)]		7-203
	11-2. 초고층 건축공사의 거푸집 공법 선정시 고려사항 [10전(25)]		
12	고층건물 연돌효과(Stack Effect)의 발생원인, 문제점 및 대책		
	12-1. 고층건물 연돌효과(Stack Effect)의 발생원인, 문제점 대책 [07전(25)]		7-208
	12-2. 연돌 효과(Stack Effect) [02후(10)]		
13	Super Frame		
	13. Super Frame [03중(10)]		7-211
14	횡력지지 시스템(Out Rigger)		
	14-1. 횡력지지 시스템(Out Rigger) [04전(10)]		7-212
	14-2. Out Rigger [09후(10)]		
15	고층 건물의 지수층(Water Stop Floor)		
	15. 고층 건물의 지수층 (Water Stop Floor) [09전(10)]		7-214
16	초고층 공사의 Phased Occupancy		
	16. 초고층공사의 Phased Occupancy [10중(10)]		7-216

8장 1절 조적공사

1	벽돌쌓기 공법	
	1-1. 벽돌쌓기공법에서 유의할 점을 열거하고(10점), 두께 2B일때 영식 및 불식쌓기의 첫 번째 층과 벽돌 배열방식을 도시 [87(15)]	8-4
	1-2. 벽돌쌓기에서 모서리에 반절이 들어가는 쌓기방법은? [94후(5)]	
2	벽돌벽의 균열발생 원인과 대책	
	2-1. 벽돌벽의 균열발생 원인과 대책 [89(25)]	8-6
	2-2. 조적 벽체의 균열발생 원인과 방지대책 [97중전(40)]	
	2-3. 조적공사의 벽체 균열 원인과 대책 [03중(25)]	
	2-4. 벽돌 벽체에서 발생하는 균열의 원인(계획·설계 측면과 시공측면) [11전(25)]	
	2-5. 고층 벽식구조 APT 공사에서 구조물의 바닥처짐 원인과 조적조 내·외벽에 발생하는 균열 원인과 사전예방 대책 [96전(30)]	
	2-6. 콘크리트 블록(concrete block) 벽체의 시공에 있어서 균열방지공법 [81후(25)]	
	2-7. 벽돌조적공사의 재료 및 시공상 관점에서의 품질 개선방안 [85(25)]	8-10
3	조적조 벽체의 누수원인과 방수공법	
	3. 조적조 벽체의 누수원인과 방수공법 [81전(25)]	8-12
4	백화현상의 발생원인과 방지대책	
	4-1. 백화현상과 그 방지대책(공종별) [78전(25)]	8-15
	4-2. 건축물의 백화(efflorescence)의 발생원인과 방지책 [84(15)]	
	4-3. 백화 발생의 원리와 원인 분석 및 공종별 방지대책 [08중(25)]	
	4-4. 백화 현상과 관련된 특성요인도 작성 및 방지대책 [09후(25)]	

5	조적조의 공간 쌓기(Cavity Wall)			
	5-1. 조적조에서 공간쌓기(cavity wall) 　㉮ 공간쌓기의 재료 및 구조방법 　㉯ 쌓기 공법 　㉰ 방화·방습·방로 방법	[80(20)]	8-21
	5-2. Cavity wall	[83(5)]	
6	외벽체에서 방습층의 설치목적과 구조공법			
	6-1. 외벽체에서 방습층의 설치목적과 구조공법	[87(25)]	8-24
	6-2. 조적외부 벽체에서 방습층의 설치목적과 구성공법	[08후(25)]	
	6-3. Vapor Barrier	[00후(10)]	
7	조적 벽체의 줄눈(Joint)			
	7-1. 조적벽체에 쓰이는 Control Joint의 설치위치 및 공법	[82후(50)]	8-27
	7-2. 조적벽체 신축줄눈(Expansion Joint)의 설치목적과 설치위치 및 시공시 유의사항 [09후(25)]		8-32
8	철근콘크리트 보강블록(Block)			
	8. 철근 콘크리트 보강블록(block) 노출면 쌓기	[03후(25)]	8-36
9	ALC 블록(Block)			
	9-1. 공동주택 ALC 블록(block) 내벽, 외벽의 시공 및 마감방법	[94전(30)]	8-39
	9-2. ALC	[92후(8)]	
10	ALC 패널			
	10-1. 철골조 외벽에 ALC 패널을 설치하는 공법 및 특성	[99후(30)]	8-41
	10-2. 외벽 ALC Panel 설치공법의 종류와 시공방법	[03전(25)]	
	10-3. 에이엘시판(ALC판)	[81전(6)]	
11	테두리보			
	11-1. 조적조의 테두리보, 인방보 상세도 도해 및 시공시 유의사항	[05중(25)]	8-44
	11-2. 테두리보(wall girder)	[93전(8)]	
	11-3. Wall girder	[06중(10)]	
	11-4. 테두리보와 인방보	[98전(20)]	
12	Bond Beam			
	12-1. Bond Beam의 기능과 그 설치	[87(5)]	8-47
	12-2. Bond Beam	[00전(10)]	
13	내력벽(Bearing Wall)			
	13. 내력벽(Bearing wall)	[00전(10)]	8-49
14	조적조의 부축벽			
	14. 조적조의 부축벽	[05전(10)]	8-51

8장 2절 석공사 · 타일공사

1	돌공사		
	1-1. 최근의 석재공법 [85(25)] ㉮ 채석(5점)　㉯ 가공(5점)　㉰ 시공법(10점)　㉱ 양생(5점)		8-56
	1-2. 돌붙임공사에서 제품 공정·공법·검사 및 보양	[82후(30)]	
	1-3. 석공사의 양생방법	[97전(15)]	
	1-4. 화강석 표면가공의 종류와 공법 및 표면오염 발생원인과 방지대책	[78전(25)]	8-59
	1-5. 건축물 외부 석재면의 변색원인과 방지대책	[98후(30)]	
	1-6. 석재가공시 석재의 결함, 원인 및 대책	[06후(25)]	
	1-7. GPC(Granite Veneer Precast Concrete)	[10후(10)]	8-63
2	돌 붙임공법		
	2-1. 돌 외장공사	[83(25)]	8-64
	2-2. 외벽 돌 붙이기 공사 공법의 종류별 도시 및 품질관리 요점	[92전(30)]	
	2-3. 돌 공사에서 붙임 공법과 시공시 주의사항	[97후(30)]	
	2-4. 석재붙임공법	[82전(10)]	
	2-5. 최근 사용되고 있는 석재외장 건식 공법	[87(25)]	
	2-6. 건축물 외벽을 석재로 마감할 경우의 건식 붙임공법	[95후(40)]	
	2-7. 돌 공사 건식공법의 장점과 하자발생 방지 및 시공시 유의사항	[98중후(30)]	
	2-8. 외벽의 건식 돌 공사에 있어서 Anchor 긴결 공법	[03중(25)]	
	2-9. 석공사의 강재 Truss(Metal truss) 공법	[02전(25)]	
	2-10. 외부 돌 공사의 건식공법에서 핀홀(pin hole) 방식의 문제점과 품질 확보 방안	[99중(30)]	8-69
	2-11. 석재공사 Open Joint 공법의 장단점과 시공시 유의사항	[09후(25)]	8-72
	2-12. 돌공사 건식공법 및 습식공법의 시공법, 장단점 및 공사비를 비교 설명	[90후(30)]	8-75
	2-13. 석공사에서 습식과 건식공법의 특징 비교	[10중(25)]	

3	타일(Tile) 붙임공법의 종류		
	3-1. 타일(tile) 붙임공법의 종류 및 타일 붙임후 발생하는 하자 원인	[81전(25)]	8-78
	3-2. 타일공법의 종류 및 부착강도 저하요인	[94후(25)]	
	3-3. 타일의 접착방식을 제시하고 부착강도 저해요인과 방지대책	[06후(25)]	
	3-4. 내벽타일 부착강도 저해요인 및 방지대책	[10전(25)]	
	3-5. 타일붙임공법의 종류별 특징과 공법의 선정절차 및 품질기준	[05후(25)]	
	3-6. 타일붙임공법의 종류 및 시공시 유의사항	[09중(25)]	
	3-7. 타일공사시 발생하는 하자요인 및 방지대책	[07중(25)]	
	3-8. 타일공사의 하자원인과 대책	[11전(25)]	
	3-9. 외장 타일의 들뜸의 원인 및 대책	[82전(50)]	
	3-10. 외벽 타일시공시 타일의 박리 및 탈락의 원인과 방지대책	[95전(30)]	
	3-11. 외벽타일의 박리·탈락의 원인 및 대책(설계, 시공, 유지 관리측면)	[99중(30)]	
	3-12. 외벽 타일 붙임 공법의 종류 및 박리·탈락 방지 대책과 시공시 고려사항		
		[00전(25)]	
	3-13. 옥내에 시공한 타일이 박리되는 원인 및 방지대책	[05전(25)]	
	3-14. 타일공사의 품질관리 유의사항	[93후(30)]	
	3-15. 타일 거푸집 선부착공법 및 적용사례	[08후(25)]	
	3-16. 다음 공법을 설명하고, 일반적인 공장생산방식의 현황	[02중(25)]	
	1) 철근 선조립 공법 2) 타일 선부착 공법		
	3-17. 타일의 압착공법(壓着工法)	[78후(5)]	
	3-18. 타일압착공법	[81전(8)]	
	3-19. 타일의 유기질 접착제 공법	[97중전(20)]	
	3-20. 타일공사시 시멘트 모르타르의 open time	[02중(10)]	
	3-21. 타일 접착 모르타르 Open Time	[04후(10)]	
	3-22. 모르타르 Open Time	[07후(10)]	
	3-23. 타일접착 검사법	[09중(10)]	
	3-24. 타일붙임 공법중 습식공법과 건식공법을 비교 및 시공시 유의사항	[99후(30)]	8-88
4	타일의 동해 방지		
	4-1. 도기질 타일공법의 동해 방지책	[86(25)]	8-91
	4-2. 타일의 동해 방지	[95중(10)]	
5	타일 분할도		
	5. 타일 분할도	[03전(10)]	8-93
6	전도성 타일		
	6. 전도성 타일 (Conductive Tile)	[01후(10)]	8-94

8장 3절 미장·도장공사

1	미장공사 결함의 종류 및 원인과 방지대책		
	1-1. 시멘트 모르타르계 미장공사에 있어서 결함의 종류 및 원인과 방지대책	[95전(30)]	8-98
	1-2. 미장공사의 하자유형과 방지대책	[06중(25)]	
	1-3. 공동주택 방바닥 미장공사의 균열 발생요인과 대책	[09전(25)]	
	1-4. 모르타르미장면의 균열 방지대책	[00후(25)]	
	1-5. 미장공사에서 일반적인 유의사항	[81전(25)]	
	1-6. 미장공사 시공에 유의할 사항	[83(25)]	
	1-7. Mortar 미장공사시 보양, 바탕처리, 한랭기, 서중기 시공시 유의사항	[03중(25)]	
2	단열 모르타르		
	2-1. 단열 모르타르	[95후(15)]	8-103
	2-2. 단열(斷熱) mortar	[00중(10)]	
	2-3. 단열 모르타르	[09후(10)]	
3	내식 모르타르		
	3-1. 내식 모르타르(mortar)	[80(5)]	8-104
	3-2. 耐蝕(내식) 모르타르(Mortar)	[03후(10)]	
4	Dry Packed Mortar		
	4. Dry packed mortar	[89(5)]	8-105
5	셀프 레벨링		
	5-1. 셀프 레벨링(self leveling)재 공법	[95전(10)]	8-106
	5-2. Self Levelling	[03중(10)]	
	5-3. Self Levelling 모르타르	[09후(10)]	
6	수지 미장		
	6. 수지(樹脂)미장	[00중(10)]	8-108
7	엷은 바름재		
	7. 엷은 바름재(thin wall coating)	[01전(10)]	8-109
8	바닥강화재(Hardner)		
	8-1. 바닥강화재(Hardner)의 종류 및 시공법	[03후(25)]	8-110
	8-2. 바닥강화재(Floor Hardner)의 특성과 시공법	[07후(25)]	
	8-3. 콘크리트 바닥 강화재 바름	[96후(15)]	
9	Corner Bead		
	9-1. 코너비드(corner bead)	[97중전(20)]	8-114
	9-2. Corner bead	[03중(10)]	

10	칠공사(도장공사)		
	10-1. 시멘트 제품에 칠할 수 있는 도료는?	[94후(5)]	8-116
	10-2. 유제(乳劑, emulsion)	[79(5)]	
	10-3. 기능성 도장	[98후(20)]	
	10-4. 천연(天然) paint	[00중(10)]	
	10-5. 내화도료	[99후(20)]	
	10-6. 도장재료의 요구 성능	[97후(20)]	
	10-7. 철공사에 있어서 금속재, 목재 및 콘크리트에 대한 바탕처리	[76(25)]	
	10-8. 도장공사중 금속계 피도장재의 바탕처리방법	[09전(25)]	
	10-9. 목재와 철재 표면에 유성 페인트 도장시 시공법	[82전(50)]	
11	도장공사에 발생하는 결함의 종류와 특성		
	11-1. 도장공사에 발생하는 결함의 종류와 특성	[96후(15)]	8-123
	11-2. 도장공사 건조과정에서의 도막 결함의 발생원인 및 방지대책	[02전(25)]	
	11-3. 도장공사에서 재료별 바탕처리와 균열 및 박리원인, 대책	[04중(25)]	
	11-4. 도료의 구성요소와 도장시에 발생하는 하자와 대책	[06후(25)]	

8장 4절 방수공사

1	방수 시스템에 필요한 성능과 방수공법		
	1-1. 방수 시스템에 필요한 성능과 방수공법 및 누수방지를 위한 현장관리 방안 [97후(30)]		8-133
	1-2. 방수공법선정시 검토사항	[02전(25)]	
	1-3. 방수층의 요구성능	[03전(25)]	
	1-4. 방수공사 시행전 방수성능 향상을 위한 사전 조치사항	[10중(25)]	
	1-5. 방수공사시 설계 및 시공상의 품질관리 요령	[07중(25)]	
	1-6. 방수층 시공후 누수시험	[08중(10)]	8-139
2	시멘트 액체 방수		
	2. Polymer Cement Mortar 방수	[10후(10)]	8-140
3	Asphalt 방수공사		
	3-1. 슬래브 평지붕의 Asphalt 방수 시공법 보호층 및 단열층의 시공요령	[78후(25)]	8-141
	3-2. 아스팔트 지붕방수의 단면을 도시하고, 품질관리 요점	[92전(30)]	
	3-3. 아스팔트 재료의 침입도(Penetration Index)	[09후(10)]	8-145

4	지붕방수공사		
	4-1. 콘크리트 슬래브 지붕방수 시공계획	[04후(25)]	8-146
	4-2. 지붕방수공사의 공사 하자요인과 그 대책	[94후(25)]	
	4-3. 벽식 APT의 외벽 및 옥상 Parapet에서의 누수하자 방지대책	[07전(25)]	8-150
	4-4. 지붕 방수층 위에 타설한 누름콘크리트 신축줄눈의 시공목적과 방법	[01중(25)]	8-152
	4-5. 후레싱(Flashing)	[01후(10)]	8-155
5	지하실 방수공법		
	5-1. 지하실 방수공법의 종류와 특징	[77(25)]	8-157
	5-2. 지하실 방수공법의 종류와 특징	[81전(25)]	
	5-3. 지하구조물 방수공법 선정 시 조사할 사항, 방수의 요구성능, 발전방향	[05중(25)]	
	5-4. 지하구조물 방수공사 시 재료 선정의 유의사항, 조사대상 항목, 기술 개발 방향	[09전(25)]	
	5-5. 지하실 외방수가 불가능한 경우의 내방수 또는 다른 방수공법	[07후(25)]	
6	시트(Sheet) 방수공법		
	6-1. 시트(sheet) 방수공법의 시트의 종류, 특성 및 시공법	[90후(30)]	8-162
	6-2. 시트 방수공사에서의 하자원인과 예방책	[00후(25)]	
	6-3. 합성 고분자계 쉬트 방수층에서 발생하는 부풀음 방지대책	[00중(25)]	
	6-4. 철근콘크리트 평지붕 합성수지 sheet 방수공법의 시공상 유의사항	[84(25)]	
	6-5. 시트(Sheet) 방수공법의 재료적 특징, 시공과정, 시공시 유의사항	[06중(25)]	
	6-6. Sheet 방수공법(고분자 루핑 방수공법)	[82전(25)]	
	6-7. Sheet 방수	[98전(20)]	
7	도막방수공법		
	7-1. 도막방수공법 ㉮ 재료의 특성 ㉯ 시공방법 ㉰ 시공시 유의사항	[93후(30)]	8-168
	7-2. 옥상 도막 방수공사에서 방수 하자 원인과 방지 대책	[01전(25)]	
	7-3. 도막방수의 방수재료 및 시공방법	[04중(25)]	
	7-4. 도막 방수	[98중전(20)]	
	7-5. 도막(Membrane) 방수	[07후(10)]	
8	개량형 아스팔트 시트 방수		
	8-1. 개량형 아스팔트 시트 방수	[95후(30)]	8-173
	8-2. 개량 아스팔트 방수공법의 장단점과 시공방법 및 주의사항	[08후(25)]	
9	침투성 방수		
	9-1. 침투성 방수 메커니즘(Mechanism)과 시공과정	[05중(25)]	8-176
	9-2. 실베스터(sylvester) 방수공법	[95전(10)]	

10	실링(Sealing)재와 코킹(Caulking)재		
	10-1. 실링(sealing)재와 코킹(caulking)재의 시공법과 장단점	[86(25)]	8-179
	10-2. 부정형 실링재의 요구성능과 시공시 유의사항	[03중(25)]	
	10-3. Sealant 요구성능 및 선정시 고려사항	[07전(25)]	
	10-4. Sealing 공법	[82(10)]	
	10-5. 실링(sealing) 방수	[95중(10)]	
	10-6. 본드 브레이크(Bond Breaker)	[01전(10)]	8-183
	10-7. Bond Breaker	[10전(10)]	
11	철근콘크리트조 산업폐수 처리 구조물의 방수대책		
	11. 철근 콘크리트조 산업 폐수처리 구조물의 방수대책	[02전(25)]	8-184
12	단열층의 방수·방습 방법		
	12. 단열층의 방수·방습방법의 종류 및 장단점	[02중(25)]	8-186
13	Membrane 방수공사		
	13. Membrane 방수공사의 사용재료별 시공방법	[06전(25)]	8-188
14	공동주택의 부위별 방수공법		
	14. 공동주택의 다음 부위별 방수공법 선정 및 시공 시 유의사항 1) 지붕 2) 욕실 및 화장실 3) 지하실	[02후(25)]	8-192
15	공동주택에서 지하 저수조의 방수시공법		
	15-1. 공동주택에서 지하 저수조의 방수시공법과 시공시 유의사항	[06후(25)]	8-195
	15-2. 분말형 재료를 사용한 콘크리트 구체방수의 문제점 및 대책	[10후(25)]	8-198
16	벤토나이트 방수공법		
	16-1. 벤토나이트 방수공법	[99중(20)]	8-201
	16-2. 벤토나이트 방수공법	[04중(10)]	
17	금속판 방수공법		
	17. 금속판 방수공법	[11전(10)]	8-202
18	복합방수공법		
	18-1. 복합방수의 재료별 종류 및 시공 시 유의사항	[09중(25)]	8-203
	18-2. 복합방수공법	[05후(10)]	
	18-3. 복합방수	[10중(10)]	
19	지수판(Water Stop)		
	19. 지수판(Water Stop)	[06전(10)]	8-206

8장 5절 목공사 · 유리공사 · 내장공사

1	목구조의 이음과 맞춤 공법		
	1-1. 목구조의 이음과 맞춤 공법(각각 5가지씩 설명)	[82후(30)]	8-210
	1-2. 목구조 접합의 이음, 맞춤, 쪽매	[03후(25)]	
2	목재의 품질 검사		
	2-1. 목재의 품질검사 항목	[98후(20)]	8-213
	2-2. 목재건조의 목적 및 방법	[06중(10)]	8-215
	2-3. 목재 함수율	[98중후(20)]	8-216
	2-4. 목재의 함수율	[07중(10)]	
	2-5. 목재의 함수율과 흡수율	[10전(10)]	
	2-6. 수장용 목재의 적정 함수율	[06전(10)]	
	2-7. 생목(生木)이 건조하여 수분(水分)이 30%로 될 때는?	[94후(5)]	
	2-8. 목재 방부제 종류 및 방부처리법	[04후(25)]	8-218
	2-9. 목재의 방부처리	[02전(10)]	
	2-10. 목재(木材)에 칠하는 방부제의 대표적인 것 한가지는?	[94후(5)]	
	2-11. 목재의 내화공법	[08전(10)]	8-220
3	강제 창호의 현장 설치공법		
	3-1. 강제 창호의 외주 관리시 유의사항과 현장설치공법	[99후(30)]	8-221
	3-2. 강제창호의 현장설치방법	[04후(25)]	
	3-3. 창호의 성능평가방법	[98후(20)]	
	3-4. 방화문 구조 및 부착 창호 철물	[10후(10)]	8-225
4	건축용 유리의 종류		
	4-1. 건축용 유리의 종류를 열거하고, 각각의 특성및 용도	[84(25)]	8-226
	4-2. 건축공사에서 유리공사의 시공방법의 종류와 유의할 사항	[97전(30)]	
	4-3. 유리공사의 종류별 특징 및 시공시 유의사항	[04중(25)]	
	4-4. 공동주택 발코니 확장시 창호공사의 요구성능 및 유의사항	[07전(25)]	
	4-5. 로이유리(Low-Emissivity Glass)	[06전(10)]	8-231
	4-6. 열선 반사유리 (Solar Reflective Glass)	[09중(10)]	8-233
	4-7. 복층 유리(Pair Glass)	[10중(10)]	8-234
	4-8. SPG(Structural Point Grazing) 공법	[07후(10)]	8-235
	4-9. 유리공사에서 SSG 공법과 DPG 공법	[05후(10)]	
5	유리의 열파손		
	5-1. 유리의 열에 의한 깨짐현상의 요인과 방지대책	[03전(25)]	8-238
	5-2. 유리의 열파손	[07중(10)]	
	5-3. 유리 열 파손 방지대책	[10후(10)]	
6	합성수지재의 재료 특성		
	6-1. 합성수지재의 재료 특성	[86(25)]	8-241
	6-2. 플라스틱류(類) 건설재료의 특징과 현장적용시 고려사항	[04전(25)]	8-243

7	내장재의 현황		
	7-1. 우리나라의 건축에서 내장재의 현황과 바람직한 개발방향 [89(25)]		8-245
	7-2. 사무실 건물 내부 바닥마감재(5종을 열거)의 시공법과 특성 [78후(25)]		
	7-3. 온돌마루판 공사의 시공순서 및 시공시 유의사항 [09후(25)]		8-249
	7-4. 천장재의 재질과 요구 성능 [01전(25)]		8-251
	7-5. 건축물의 바닥·벽·천장 마감재에서 요구되는 성능을 구분 설명 [11전(25)]		
	7-6. 이중 천장공사에서의 고려 사항 [00후(25)]		
	7-7. 천장공사 시 시공도면 작성 방법과 시공순서 및 유의사항 [02후(25)]		8-256
	7-8. 목공사의 마감부분(수장) 공사에서 유의할 점 [90후(30)]		8-258
	7-9. Access Floor [00전(10)]		8-260
	7-10. FRP(Fiber Reinforced Plastics) [80(5)]		8-261
	7-11. Joiner [92후(8)]		8-262
	7-12. Dry Wall Partition의 구성요소 [09전(10)]		8-263

8장 6절 단열·소음공사

1	건축물의 단열공법		
	1-1. 건축물의 방서시공법 [81후(30)]		8-268
	1-2. 외벽의 단열시공법 [82후(20)]		
	1-3. 건설공사시 단열공법의 유형과 시공방법 [98후(30)]		
	1-4. 벽돌 벽체의 외단열 시공시 단열효과를 높이기 위한 시공성 [84(25)]		
	1-5. 건축물 외벽 단열에 대한 시공방법과 효과 [98전(30)]		
	1-6. 건축물 벽체의 단열공법중 내단열벽 공법과 외단열벽 공법도시 문제점 [90전(20)]		
	1-7. 건축물의 단열구조를 위한 효율적인 시공방법(단, 지붕, 외벽, 바닥, 유리 및 창호에 대하여) [80(20)]		
	1-8. 건축물 부위별 단열공법 [08전(25)]		
	1-9. 건축물의 열적 성능을 높이기 위한 각 부위별 단열공법 [94전(30)]		
	1-10. 에너지 절약을 위한 건축물의 부위별 단열공법 [98중전(30)]		
	1-11. 단열공법 적용시 고려사항과 각 부위(벽체, 바닥, 지붕)별 시공방법 [04전(25)]		
	1-12. 단열공사에서 고려사항과 단열공법의 종류 [11전(25)]		
	1-13. Heat bridge [02중(10)]		8-275

2	건물 결로의 원인과 방지대책		
	2-1. 건물결로의 원인과 그 방지책	[85(25)]	8-276
	2-2. 건축물에서 발생되는 결로의 원인과 방지대책	[07중(25)]	
	2-3. 공동주택에서 결로 발생원인과 방지대책	[00중(25)]	
	2-4. 건축물의 표면결로 ㉮ 결로발생의 원인(8점) ㉯ 결로부위(8점) ㉰ 결로방지대책(9점)	[88(25)]	
	2-5. 지하구조물에서 결로 발생원인과 예방대책	[96전(30)]	
	2-6. 공동주택의 부위별 결로 발생원인과 원인별 방지대책	[01전(25)]	
	2-7. 공동주택 지하주차장에 하절기에 발생하는 결로 원인과 대책	[04후(25)]	
	2-8. 건축물 결로 현상을 부위별, 계절별 요인으로 구분하여 원인 및 해결방안	[08후(25)]	
	2-9. 지하층 외벽과 바닥의 결로 방지방법과 시공상 유의사항	[01후(25)]	
	2-10. 내부 결로 방지대책	[82전(10)]	
	2-11. 건축물 벽체의 내부 결로	[90전(5)]	
	2-12. 표면 결로	[02전(10)]	
	2-13. 고층건축물 커튼 월 결로발생의 원인 및 대책	[02중(25)]	8-281
	2-14. 커튼 월의 결로발생과 대책	[07후(25)]	
	2-15. 금속 커튼월로 시공한 고층 건물 외벽에 결로가 발생하는 원인과 방지대책	[96중(30)]	
	2-16. Aluminium Frame과 복층유리를 사용한 Curtain Wall의 결로 방지대책	[10후(25)]	
3	공동주택의 소음방지		
	3-1. 공동주택에서 각 실의 소음방지를 위한 재료의 품질 및 공법상의 개선책	[86(25)]	8-284
	3-2. 공동주택의 바닥충격음 방지를 위한 공법	[91전(30)]	
	3-3. 공동주택 바닥충격음 차단성능 향상방안	[07후(25)]	
	3-4. 공동주택에서 발생하는 소음의 종류와 저감대책	[00중(25)]	
	3-5. 공동주택의 층간 소음원인 및 그 소음 방지대책	[96중(40)]	
	3-6. 공동주택에서 발생하는 층간 소음의 원인 및 저감 대책	[10전(25)]	
	3-7. 건축물의 흡음공사와 차음공사를 비교	[08전(25)]	
	3-8. 공동주택의 층간 소음방지를 위한 시공상 고려할 사항	[00전(25)]	
	3-9. 소음전달방지에 대한 원리와 시공상 유의할 실제문제	[87(25)]	
	3-10. 공동주택 바닥 차음을 위한 제반 기술(技術)	[05후(25)]	
	3-11. 공동주택에 발생하는 충격소음에 대한 원인 및 대책	[05전(25)]	
	3-12. 층간 소음방지	[01후(10)]	
	3-13. 층간 소음 방지재	[08중(10)]	
	3-14. 토공사의 암반파쇄 공사시 소음 방지대책과 시공 유의사항	[03후(25)]	8-291
	3-15. 소음·진동을 저감하기 위한 방안을 사업 추진단계별로 구분	[07후(25)]	8-294

4	차음공법		
	4-1. 차음성능에 관한 이론으로 벽식 아파트의 고체 전파음 [08후(25)]		8-297
	4-2. 건축 차음 재료를 벽체와 바닥으로 구분 설명 및 시공방법 [04중(25)]		
	4-3. 벽체의 차음공법 [05중(25)]		
	4-4. 차음계수(STC)와 흡음률(NRC) [98중후(20)]		8-301
5	건축의 방진 계획		
	5. 건축의 방진계획 [90전(30)]		8-303
	㉮ 방진원리 ㉯ 방진재료 ㉰ 방진계획		
6	Trombe Wall		
	6. Trombe Wall [90전(5)]		8-305

8장 7절 공해·해체·폐기물·기타

1	환경공해의 종류와 대책	
	1-1. 환경공해를 유발하는 공종과 공해 종류 및 공해발생 방지대책 [98중후(30)]	8-311
	1-2. 건축공사 현장에서 발생하는 환경공해의 종류와 그 대책 [91전(30)]	
	1-3. 건설공해의 종류와 방지대책 [07중(25)]	
	1-4. 건설공해의 유형과 그 방지대책 [97중전(40)]	
	1-5. 건설공사에 의한 공해유발 및 대책 [94후(25)]	
	1-6. 도심밀집지에서 공사진행시 유의해야 할 환경공해 [00후(25)]	
	1-7. 도심지에서 대형 건축공사 시공시 발생하는 건설공해 대책 [91후(30)]	
	1-8. 건축 시공현장의 환경관리 [98전(30)]	
	1-9. 해체공사시 발생하는 공해종류 및 방지대안, 안전대책 [05중(25)]	
	1-10. 주변 민원으로 공정에 영향을 받는 작업 종류와 대책 [02후(25)]	
	1-11. 건설공해의 예방을 위한 현장환경관리의 요소별 대책 [02후(25)]	
	1) 소음, 진동 2) 대기오염 3) 수질오염 4) 폐기물	
2	소음과 진동의 원인과 대책	
	2-1. 건축 시공 공사시 발생되는 소음과 진동의 원인과 대책 [95후(40)]	8-316
	2-2. 밀집 시가지에 건축할 고층 건물의 무진동·무소음 공법단, 지표하 15m에 풍화암층이 있으며, 30층 이상의 건물임. [76(10)]	
3	공동주택에서 발생하는 실내공기 오염물질	
	3-1. 공동주택에서 발생하는 실내공기 오염 물질 및 대책 [04전(25)]	8-319
	3-2. 실내공기질 권고기준 및 유해물질대상의 관리방안 [06전(25)]	
	3-3. 실내공기질 개선방안에 대하여 다음 각 시점에서의 조치사항 [07전(25)]	
	1) 시공시 2) 마감공사후 3) 입주전 4) 입주후	
	3-4. 새집증후군의 설명 및 실내 공기질 향상 방안 [08후(25)]	
	3-5. VOC (Volatile Organic Compounds) [04후(10)]	
	3-6. 새집증후군 해소를 위한 베이크아웃(Bake Out) [05전(10)]	

4	건축구조물 해체공법		
	4-1. 건축 구조물 해체공법	[93전(30)]	8-324
	4-2. 건축 구조물 해체공법	[05전(25)]	
	4-3. 건축물 해체공사 작업 계획	[02중(25)]	
	4-4. 건축물 해체공법의 종류와 그 내용	[98중전(30)]	
	4-5. 도심지 RC조 고층건물을 해체할 경우 고려할 사항	[00전(25)]	
	4-6. 비폭성 파쇄재	[94전(8)]	
	4-7. 해체공사시 고려해야 할 안전대책	[96전(10)]	
	4-8. 노후 공동주택 해체시 공해 방지 대책과 친환경적 철거방안	[09전(25)]	
5	건설 폐기물		
	5-1. 건설현장에서 발생되는 폐기물의 종류와 처리 및 재활용 방안	[99중(40)]	8-330
	5-2. 건설현장에서 발생되는 폐기물의 종류와 재활용방안	[07중(25)]	
	5-3. 건축공사에서 발생하는 폐기물의 종류와 활용방안	[95후(30)]	
	5-4. 재건축 현장에서 발생되는 폐기물의 종류와 활용방안	[98전(30)]	
	5-5. 건설 폐기물의 종류와 처리방법	[09후(25)]	
	5-6. 건설현장에서 발생되는 폐기물의 발생현황과 그 재활용의 필요성 및 대책	[96중(30)]	
	5-7. 현장에서 발생하는 건설폐기물의 저감방안	[00후(25)]	
	5-8. 고층건물 시공에서 건설폐기물 발생에 대한 저감대책	[04중(25)]	
	5-9. 건축물 해체 시 발생하는 폐기물 문제의 해결을 위한 분별 해체	[10중(25)]	
	5-10. 건축물 철거 현장에서 발생하는 폐석면의 문제점 및 처리 방안	[09전(25)]	
	5-11. 건설 산업의 제로에미션(Zero Emission)	[05전(10)]	8-338
6	콘크리트 폐기물		
	6-1. 콘크리트 기본 재료인 강모래, 강자갈의 고갈 및 부족현상과 콘크리트 폐기물의 적정처리 및 재활용 방안	[97후(30)]	8-339
	6-2. 콘크리트 재생골재의 특징과 사용상의 문제점	[01중(25)]	8-342
	6-3. 재생골재의 사용가능범위를 제시하고 시공시 조치사항	[06전(25)]	
7	건축공사용 재료의 저장과 관리		
	7. 건축공사용 재료의 저장과 관리	[83(25)]	8-346
8	건축물의 Remodeling		
	8-1. 건축물의 Remodeling 사업의 개요와 향후 발전전망	[00중(25)]	8-348
	8-2. 고층 사무실 건물의 리모델링시 검토사항 및 시공상의 유의점	[02중(25)]	
	8-3. 공동주택 리모델링(Remodeling) 공사의 시공계획	[02후(25)]	
	8-4. 리모델링 공사범위를 유형별로 분류하고 세부공사 대상 항목 및 개선 내용	[09중(25)]	
	8-5. 건축물 Remodelling 공사의 성능개선 종류와 파급효과	[04중(25)]	
	8-6. 리모델링 공사시 보수 및 보강공사	[08전(25)]	

9	현장 기술자로서 경험한 기술적 특기 사항		
	9-1. 현장 기술자로서 경험한바 건축시공 분야에서 기술적으로 특기할 사항 [81후(30)]		8-356
	9-2. 건축공사 현장관리 경험중 특기할 사항	[82후(50)]	
	9-3. 귀하의 특기할 만한 시공 기술경험	[83(25)]	
	9-4. 귀하의 특기할 만한 시공 관리경험	[87(25)]	
	9-5. 귀하의 시공 경험 [90전(30)] ① 귀하가 시공한 현장 중 가장 큰 규모의 공사 개요 ② 특기할 만한 시공사항 ③ 타현장에 활용, 효용이 있고 신공법의 기술적 사항 및 문제점		
10	홈통공사		
	10. 홈통공사에 관한 재료, 시공, 검사	[83(25)]	8-358
11	옥내주차장 바닥 마감재		
	11. 옥내 주차장 바닥 마감재의 종류와 특징	[00중(25)]	8-360
12	공동주택의 온돌공사		
	12. 공동주택 온돌공사의 시공순서, 유의사항, 하자유형 및 개선사항	[98후(40)]	8-363
13	공동주택에서 기준층 화장실 공사		
	13. 공동주택공사에서 기준층 화장실공사의 시공순서와 유의사항	[00중(25)]	8-366
14	공동주택 현장에서 1개층 공사의 1Cycle 공정 순서(Flow Chart)		
	14. 공동주택 1개층 공사의 1Cycle 공정순서와 그 중점 관리사항	[01중(25)]	8-368
15	클린룸(Clean Room)		
	15. Clean Room의 종류 및 요구조건과 시공시 유의사항	[05후(25)]	8-371
16	방화재료(防火材料)		
	16-1. 방화재료 (防火材料)	[03후(10)]	8-374
	16-2. 건축용 방화재료(防火材料)	[09전(10)]	

8장 8절 친환경 건축

1	환경친화적 건축물		
	1-1. 환경 친화적 건축물	[00중(25)]	9-377
	1-2. 지속가능건설(Sustainable Construction)	[11전(25)]	
	1-3. 친환경 건축물의 정의와 구성요소	[09후(25)]	
	1-4. 환경 친화적 주거환경을 조성하기 위한 대책(5가지 이상)	[02전(25)]	
	1-5. 친환경 건설(Green Construction)의 활성화 방안	[10후(25)]	
	1-6. 환경친화 건축	[01중(10)]	
	1-7. Green-building	[03후(10)]	
	1-8. 콘크리트 구조물에서 탄산가스(CO_2)발생 저감방안	[11전(25)]	9-383
	1-9. 건설사업 추진 시 환경보존계획 (1) 계획 및 설계시 (2) 시공시	[04후(25)]	9-385
	1-10. 건설현장에서 공사중 환경관리업무의 종류와 내용	[06중(25)]	
	1-11. 환경영향평가제도	[05후(10)]	
	1-12. Passive House	[11전(10)]	9-388
	1-13. 생태면적	[04중(10)]	9-390
	1-14. 환경관리비	[02전(10)]	9-392
	1-15. 이중외피(Double skin)	[08전(10)]	8-393
2	주택성능표시제도		
	2-1. 공동주택 친환경 인증기준에 의한 부문별 평가 범주 및 인증등급	[10전(25)]	9-394
	2-2. 친환경 건축물 인증대상과 평가항목	[07전(10)]	
	2-3. 주택성능표시제도	[05전(10)]	
	2-4. 주택성능평가제도	[06전(10)]	
	2-5. 아파트 성능 등급	[09전(10)]	
3	신재생 에너지		
	3-1. 공동주택에서 신재생 에너지 적용 방안	[10전(25)]	9-397
	3-2. BIPV(Building Integrated Photovoltaic)	[10전(10)]	
4	옥상녹화방수		
	4-1. 옥상 녹화 시스템의 필요성 및 시공방안	[09중(25)]	8-401
	4-2. 옥상녹화방수의 개념 및 시공시 고려사항	[06전(25)]	
	4-3. 옥상 및 주차장 상부조경에 따른 시공시 검토사항	[08중(25)]	

8장 9절 건설기계

1	현장기계화 시공			
	1-1. 현장기계화 시공의 장단점	[86(25)]	8-408
	1-2. 건설기계화 시공의 현황과 전망	[93전(30)]	
	1-3. 시멘트 모르타르 공사 기계화 시공의 체크 포인트	[08중(25)]	8-412
	1-4. 건설기계의 경제적 수명	[04전(10)]	8-415
2	토공사용 건설장비 선정			
	2-1. 토공사용 건설장비 선정에서 고려할 사항	[98후(30)]	8-416
	2-2. 그라우트(grout)공법에 필요한 기계의 종류 및 용도와 특징	[88전(25)]	8-418
3	철골철근콘크리트조 건물에서 사용되는 중기			
	3-1. 도심지에 지하 2층, 지상 18층, 연건평 10,000평 규모의 SRC조 건물 ㉮ 공사비 내역서 작성시 고려해야 할 가설공사비의 항목 ㉯ 사용이 예상되는 각종 시공기계 및 장비의 종류를 용량, 규격별	[77전(25)]	8-420
	3-2. 다음 공사에 사용되는 건설중기 ㉮ 철근콘크리트조 공사(20점) ㉯ 철골 공사(20점) ㉰ Prefab apartment 건축공사(10점)	[83(50)]	8-423
4	양중기 장비의 종류			
	4-1. 양중기 장비의 종류와 시공 운용계획	[82후(50)]	8-426
	4-2. 건축현장의 수직 운반기 종류 및 특징	[94전(30)]	
5	Tower Crane 양중작업			
	5-1. SRC조 공사시 Tower crane 작업의 효율화를 위한 양중자재별 대책	[02전(25)]	8-430
	5-2. 대형 건축현장에서 고정식 타워크레인의 배치계획 및 기초시공	[86전(25)]	
	5-3. 초고층 건축물 공사시 Tower Crane의 설치계획	[06후(25)]	
	5-4. 고정식 타워 크레인(Tower Crane)의 배치방법 및 기초 시공상 고려할 사항	[00전(25)]	
	5-5. 공동주택 현장에서 Tower Crane 설치계획과 운영관리	[01중(25)]	
	5-6. 초고층 건축물에서 Tower Crane의 설치 및 해체시 유의사항	[03전(25)]	
	5-7. 현장 타워 크레인의 기종 선정시 고려사항과 운용시의 유의사항	[99후(40)]	
	5-8. 현장 Tower Crane 운용시 유의사항	[10중(25)]	
	5-9. 고층건축 철골 조립용 크레인 선정시 고려해야 할 요인	[02중(25)]	
	5-10. Tower Crane의 재해 유형과 설치, 운영, 해체시의 점검사항	[03후(25)]	
	5-11. 타워 크레인(tower crane)	[79(5)]	
	5-12. 타워 크레인(tower crane)	[85전(5)]	
	5-13. Tower Crane 상승 방식과 Bracing 방식	[09후(25)]	8-438
	5-14. Telescoping	[08후(10)]	
	5-15. Luffing Crane	[10후(10)]	8-441

6	건설 로봇의 활용 전망		
	6-1. 건설 로봇의 활용전망	[00후(25)]	8-442
	6-2. 건축시공에 있어 로봇(Robot)화	[05후(25)]	
	6-3. 건축공사에서 robot화 할 수 있는 작업분야	[96전(10)]	
	6-4. 로봇(robot) 시공	[98중후(20)]	
7	건설용 기계공구류		
	7. 다음 건설용 기계공구류를 간단히 기술 ㉮ 포크 리프트(fork lift) ㉯ 가솔린 래머(gasoline rammer) ㉰ 애지터이터 트럭(agitator truck) ㉱ 배처 플랜트(batcher plant) ㉲ 타워 크레인(tower crane) ㉳ 수중 모터펌프 ㉴ 드래그 셔블(drag shovel) ㉵ 콘크리트 펌프(concrete pump) ㉶ 슈미트 해머(schumit hammer) ㉷ 가이 데릭(guy derrick)	[78후(30)]	8-445
8	MCC(Mast Climbing Construction)		
	8. MCC (Mast Climbing Construction)	[04중(10)]	8-447

8장 10절 적 산

1	공사비 예측방법		
	1-1. 설계단계에서 적정공사비 예측방법	[06후(25)]	8-452
	1-2. 기획 및 설계 단계별 공사비 예측방법	[08전(25)]	
2	개산 견적		
	2-1. 건축공사에 있어서 개산 견적방법(수량, 면적, 체적, 가격, 기타)	[81후(25)]	8-455
	2-2. 건설공사 개산 견적의 방법과 목적	[10전(25)]	
	2-3. 개산 견적방법	[85(25)]	
	2-4. 개산(概算) 견적	[99전(20)]	
3	부분별 적산 내역서		
	3-1. 건축물의 공사비 산출을 위한 부분별 적산방법	[93전(30)]	8-458
	3-2. 철골공사의 적산 항목을 분류하고 부위별 수량 산출방법	[99전(30)]	
	3-3. 부위별(부분별) 적산내역서	[78후(5)]	

4	실적공사비에 의한 적산방식			
	4-1. 표준품셈 개선에 추진방향으로 논의되고 있는 실적공사비에 의한 적산방식 ㉮ 실적 공사비에 의한 적산방식의 개념에 대하여 설명하시오. ㉯ 표준품셈 및 실적공사비에 의한 적산방식의 특징과 기대효과의 비교 ㉰ 실적공사비 도입에 대비하여 국내 건설업체가 준비할 대책	[97후(30)]	8-461
	4-2. 실적공사비 자료를 활용한 예정가격 산정방법 1) 실적공사비를 활용한 견적방법 정의 2) 도입의 필요성 3) 예정가격 산정방법 4) 도입시 예상되는 문제점	[03중(25)]	
	4-3. 실적공사비 적산제도 도입에 따른 문제점 및 대책	[04전(25)]	
	4-4. 현행 실적 공사비 적산제도 시행에 따른 문제점 및 대책	[10후(25)]	
	4-5. 실적공사비	[01후(10)]	
5	공사비 구성요소			
	5-1. 원가계산방식에 의한 공사비 구성요소	[88(15)]	8-466
	5-2. 간접공사비	[05전(10)]	
	5-3. 현장관리비의 구성항목과 운영상의 유의사항	[97전(40)]	8-468
6	현행 적산제도의 문제점 및 개선방향			
	6-1. 현행 적산방법에 개선방향을 제시하시오.	[94후(25)]	8-471
	6-2. 표준품셈제도의 존폐와 관련하여 다음 사항 ㉮ 표준품셈에 기초한 현행 적산제도의 문제점 ㉯ 현행 적산제도의 보완 및 개선방안	[95전(30)]	
7	현장실행예산서			
	7-1. 현장실행예산서(본사 관리비 제외)의 작성	[85(25)]	8-473
	7-2. 실행예산 작성시 검토할 사항	[01중(25)]	
	7-3. 실행예산	[90후(10)]	
8	고층건축과 저층건축의 공사비 동향			
	8. 고층 건축과 저층 건축의 공사비 동향을 비교	[94후(25)]	8-477
9	비계면적 산출방법			
	9. 건물 주위에 강관(鋼管)비계 설치시 비계면적 산출방법	[00중(10)]	8-479
10	판유리 수량 산출방법			
	10. 유리공사에서 판유리 수량 산출방법	[00중(10)]	8-480

9장 1절 공사관리

1	시공계획을 위한 사전조사		
	1. 건축공사 착공시 시공계획을 위한 시공관리자로서 사전조사 준비사항 [88(25)]		9-9
2	시공계획서		
	2-1. 도심지에 대규모 고층건물 설립시 시공 준비작업	[80(20)]	9-12
	2-2. 시공계획의 기본사항	[81(25)]	
	2-3. 현장 시공계획에 포함되는 내용	[85(25)]	
	2-4. 건축현장 시공계획에 포함되어야 할 내용	[09전(25)]	
	2-5. 현장에서 시공계획서 작성 항목(열거) 시공관리 측면에서 기술	[99중(30)]	
	2-6. 시공계획서 작성시 기본방향과 계획에 포함되는 내용	[04중(25)]	
	2-7. 시공계획서 작성의 목적, 내용 및 작성시 고려사항	[07후(25)]	
	2-8. 건축공사 착공전 현장 책임자로서 공사계획의 준비항목과 내용	[06후(25)]	
3	공사관리		
	3-1. 공사관리에 대하여 다음 각항을 설명 ㉮ 품질관리(10점)　　㉯ 공정관리(10점) ㉰ 원가관리(5점)	[87(25)]	9-18
	3-2. 건설업에서 공사관리의 중요성	[95중(30)]	
	3-3. 시공성(constructability)	[98중후(20)]	9-22
	3-4. 시공성 분석(constructability)	[01중(10)]	
	3-5. 시공성(constructability)	[02중(10)]	
	3-6. 시공 실명제	[98전(20)]	9-23
4	공사 관리자의 자질과 책임		
	4-1. 공사관리자의 자질과 책임	[89(25)]	9-24
	4-2. 건설 기술자의 현장 배치에 관한 규정을 설명하고, 공사책임 기술자의 역할	[90후(30)]	
	4-3. 공사 착수전 현장 대리인으로서 수행해야 할 인·허가 업무	[04중(25)]	
	4-4. 건축공사현장에서 공무담당자의 역할과 주요업무	[11전(25)]	
	4-5. 책임 감리자로서 기술적 지도검사의 역할 및 책임	[95전(40)]	9-29
	4-6. 공사감리자의 역할 및 책임과 시공자의 역할 및 책임을 비교	[91후(30)]	
	4-7. 관리적 감독 및 감리적 감독	[03후(10)]	9-33
5	감리제도의 문제점 및 대책		
	5-1. 감리제도의 문제점 및 대책	[92후(30)]	9-35
	5-2. 현행 감리제도의 방식을 논하고, 그 문제점과 개선방향	[96후(30)]	
	5-3. 책임 감리와 CM(건설 사업관리)의 유사점 및 차이점과 개선방안	[99후(40)]	9-38

6	CM 제도		
	6-1. CM제도의 단계별 업무 내용	[92후(30)]	9-41
	6-2. 건설프로젝트 단계별 CM 업무	[06후(25)]	
	6-3. 건설사업 관리(CM)의 주요업무	[00전(10)]	
	6-4. 우리나라 건설업의 CM 필요성, 현황 및 발전방안	[98중후(40)]	
	6-5. CM의 계약방식 및 향후 발전 방향	[09중(25)]	
	6-6. CM계약의 유형	[97후(20)]	
	6-7. 시공 책임형 사업관리(CM at Risk)의 특징과 국내 도입시 기대효과	[10전(25)]	
	6-8. XCM(eXtended Construction Management)	[10중(10)]	
	6-9. CM(Construction Management)	[88(5)]	
	6-10. Construction Management	[96중(10)]	
	6-11. 사업관리(project management)의 업무내용	[98중후(40)]	9-48
7	컴퓨터를 이용한 현장관리		
	7. 컴퓨터를 이용한 현장 관리	[85(25)]	9-50
8	부실시공의 원인 및 방지대책		
	8-1. 부실시공의 원인과 방지대책	[05전(25)]	9-52
	8-2. 최근 국내 건축물의 도괴사고에 대한 일반적인 원인과 방지대책	[93전(40)]	
	8-3. 설계 및 시공 측면에서 본 부실공사 방지대책	[94전(30)]	
	8-4. 근래 건축물의 시공의 질이 저하되고 있는데 그 개선대책	[79(25)]	
	8-5. 인력부족, 인건비 상승에 따른 품질저하, 공기문제에 대한 대책	[90전(40)]	
	8-6. 부실공사와 하자의 차이점	[06중(10)]	9-59
9	종합품질관리(TQC)		
	9. 종합품질관리(TQC)의 주안점과 품질관리에 쓰이는 기법(tool)	[86(25)]	9-61
10	건축시공에서 품질관리의 필요성		
	10-1. 품질관리를 단계적으로 설명 및 건축시공에서 품질관리 필요성	[85(25)]	9-63
	10-2. 건축공사의 품질관리방법(순서대로 기술)	[95중(40)]	
11	품질관리 7가지 도구		
	11-1. 건축공사 품질관리 1) 생산성에 미치는 효과 2) 품질관리 Tool	[03후(25)]	9-66
	11-2. 품질관리의 7가지 도구	[97중전(20)]	
	11-3. 건축 품질관리시에 사용되는 관리도 및 산포도	[94후(25)]	
	11-4. 관리도	[85(5)]	
	11-5. 히스토그램(Histogram)	[08전(10)]	
	11-6. Pareto	[00후(10)]	
	11-7. 특성 요인도	[85(5)]	
	11-8. 특성 요인도	[92전(8)]	
	11-9. 산포도(산점도 : Scatter Diagram)	[01전(10)]	

12	품질경영(Quality Management)		
	12-1. 품질경영(Quality Management)을 구성하는 3단계 활동	[99전(30)]	9-72
	12-2. 건설 프로젝트에 있어서 quality-management	[01후(25)]	
	12-3. 건설공사 품질보증 　　1) 도급계약서상의 품질보증 　　2) TQC에 의한 품질보증 　　3) ISO9000규격에 의한 품질보증	[02후(25)]	
	12-4. 품질보증(Quality Assurance)	[01후(10)]	
	12-5. TQM(Total Quality Management)	[98중전(20)]	9-76
13	설계품질과 시공품질		
	13-1. 국내 공사현장에서 설계품질이 시공품질에 미치는 영향	[96전(30)]	9-77
	13-2. 설계품질과 시공품질	[01후(25)]	
	13-3. 공사현장 책임자로서 시공품질 보증을 하기 위한 운영계획	[96전(40)]	
14	품질시험		
	14-1. 건설기술관리법상 현장에서 하여야 할 품질시험 업무 　　㉮ 종류와 각각의 내용 　　㉯ 현장 수행 업무과정에서 문제점과 개선방안	[97후(30)]	9-82
	14-2. 건축 현장에서 수행하는 품질시험과 시험 관리업무	[99후(30)]	
	14-3. 품질관리시 표준이 지켜지지 않는 원인과 대책	[95후(30)]	
15	품질관리적 평가를 위한 자료 분석		
	15. 다음 값은 10개의 콘크리트 압축강도시험을 한 결과이다. 　　(단위 : kgf/cm²) 품질 관리적 평가를 하기 위한 자료를 분석 　　305, 400, 310, 350, 365, 325, 330, 360, 355, 320	[88(30)]	9-87
16	공사관리		
	16. 공사관리에 있어서 다음 각 항에 대하여 설명 　　㉮ 공사의 질적 향상(10점) 　　㉯ 시공 정밀도(15점)	[83(25)]	9-89
17	품질관리		
	17-1. 품질관리가 건축공사비에 미치는 영향	[98후(30)]	9-91
	17-2. 품질비용(Quality Cost)	[04전(10)]	9-93
	17-3. 품질비용	[07중(10)]	
	17-4. 품질 특성	[94전(8)]	9-94
	17-5. 품질 특성	[97중후(20)]	
	17-6. 6-시그마(Sigma)	[07후(10)]	9-95

18		건축공사에서 원가절감(Cost Down)		
	18-1.	건축공사에서 원가절감(cost down)을 할 수 있는 요소 및 방법	[91전(30)]	9-97
	18-2.	건축마감공사에서 노력, 재료, 공기를 절감할 수 있는 방안	[91전(30)]	
	18-3.	현장공사 경비절감방안	[98전(30)]	
	18-4.	공사원가 관리의 필요성 및 원가절감 방안	[06중(25)]	
	18-5.	건설공사 원가 구성요소 및 원가관리의 문제점 및 대책	[09중(25)]	
19		VE(Value Engineering)		
	19-1.	건설VE(Value Engineering)의 개념과 적용시기 및 효과	[01중(25)]	9-103
	19-2.	현장건설 활동에 있어서 VE(Value Engineering) 적용대상	[98중전(25)]	
	19-3.	건축공사의 설계 및 시공과정에서 VE 적용상 문제점 및 활성화 방안	[00전(25)]	
	19-4.	VE의 개념과 시공상에 있어 건설 VE의 필요성과 효과	[04중(25)]	
	19-5.	공동주택 건축설계단계에서의 VE적용방법과 절차	[06전(25)]	
	19-6.	LCC 측면에서 효과적인 VE 활동기법	[07전(25)]	
	19-7.	VE(Value Engineering)	[88(5)]	
	19-8.	Value Engineering	[94전(8)]	
	19-9.	Value Engineering	[96중(10)]	
	19-10.	VE(Value Engineering)	[11전(10)]	
	19-11.	VECP(Value Engineering Change Proposal) 제도	[01전(10)]	
	19-12.	FAST(Function Analysis System Technique)	[06중(10)]	9-110
20		Life Cycle Cost		
	20-1.	Life Cycle Cost	[93전(30)]	9-112
	20-2.	건축의 Life Cycle Cost	[94후(25)]	
	20-3.	건축물 LCC를 설명하고 LCC분석 전(全)단계의 VE효과	[09후(25)]	
	20-4.	건설 프로젝트의 진행 단계별 LCC(Life Cycle Cost) 분석방안	[02중(25)]	
	20-5.	Life Cycle 단계별 (설계, 시공, 사용단계) 설명	[10후(25)]	
	20-6.	건축생산의 라이프사이클	[95중(10)]	
	20-7.	LCC(Life Cycle Cost)	[01중(10)]	
	20-8.	시멘트 액체방수공법의 문제점과 LCC 관점에서의 대책	[99중(30)]	9-118
21		원가관리의 MBO(Management By Objective) 기법		
	21-1.	원가관리의 이점과 MBO 기법의 필요성	[97중전(30)]	9-121
	21-2.	공사원가관리의 MBO 기법 적용상 유의사항	[00전(25)]	
	21-3.	공사원가관리의 MBO(Management By Objective) 기법	[05전(25)]	

22	건축공사의 안전관리		
	22-1. 건축공사에 있어 안전관리	[82전(30)]	9-124
	22-2. 건설현장에서 발생하는 안전사고의 발생유형과 예방대책	[02후(25)]	
	22-3. 건축공사 현장에서 발생하는 안전사고의 유형과 예방대책	[04전(25)]	
	22-4. 고층 사무실 건물을 건설함에 있어 시공상의 안전관리 조건 : ① 도심지, 대로변 ② 철골철근콘크리트 라멘구조 ③ 대지 2,000평, 건평 500평, 지하 3층, 지상 18층, 옥탑 2층	[79(25)]	
	22-5. 철골조 건축공사(사례 : 지하 5층, 지상 20층)의 사전안전계획 수립	[96전(30)]	
	22-6. 우기시 건설현장에서 점검해야 할 사항	[07후(25)]	9-129
23	산업안전 보건관리비		
	23-1. 일반 건설공사의 안전관리비 구성항목과 사용내역	[01전(25)]	9-132
	23-2. 현장안전관리비 사용계획서, 작성 및 집행시 문제점 및 개선방안	[06전(25)]	
	23-3. 건축공사 표준 안전관리비의 적정 사용방안	[08중(25)]	
	23-4. 건축현장의 유해 위험방지 계획서의 작성요령	[99후(30)]	9-136
	23-5. 유해 위험방지 계획서 제출서류 항목 및 세부내용(높이 31m 이상인 건축공사) 	[01전(25)]	
	23-6. 재해율(災害率)	[97전(10)]	9-140
	23-7. Tool Box Meeting	[01전(10)]	9-141
	23-8. PL法(제조물 책임법)	[03중(10)]	9-143
	23-9. 품질관리, 공정관리, 원가관리 및 안전관리의 상호 연관관계	[05후(25)]	9-145
24	건설기능 인력난의 원인 및 대책		
	24. 최근 건설기능인력난의 원인 및 대책	[02중(25)]	9-147
25	현장 사무소의 조직도		
	25-1. 대규모 공사장에서 현장 사무소 조직도 작성 및 인원편성계획	[82전(30)]	9-149
	25-2. 초등학교 신축공사에 직종별 기능인력 투입계획 및 문제점	[01후(25)]	9-151
26	건축시공도의 종류		
	26-1. 철근콘크리트조 및 철골조에 있어서 건축시공도의 종류와 작성의 의의	[78전(25)]	9-153
	26-2. 현장 시공에 사용되는 시공도면(shop drawing) ㉮ 시공도면의 의의 및 역할 ㉯ 활용에 관한 문제점 및 대책	[95전(30)]	
	26-3. 시공도	[78후(5)]	
	26-4. 시공도와 제작도(Shop Drawing)	[99전(20)]	
27	시공계획도		
	27-1. 시공계획도	[78후(5)]	9-158
	27-2. 작업표준	[02전(10)]	9-160

28	건축공사 시방서		
	28-1. 건축공사 시방서에 기재되어야 할 사항	[79(25)]	9-162
	28-2. 건축공사 시방서에 관한 기재사항 및 작성절차	[00전(25)]	
	28-3. 현행 건축공사 표준시방서의 개선방안	[96후(40)]	
	28-4. 시방서의 종류 및 포함되어야 할 주요사항	[11전(10)]	
	28-5. 성능시방과 공법시방	[96중(10)]	
	28-6. 국내 건축공사 표준시방서와 미국 시방서(16 division) 체제의 차이점	[96전(30)]	9-167
	28-7. 건축표준시방서상의 현장관리항목	[06중(10)]	9-170
29	건설 리스크(Risk)		
	29-1. 건설사업 추진과정에서 예상되는 리스크(Risk) 인자(기획, 설계, 시공, 유지관리 단계별)	[01후(25)]	9-172
	29-2. 건설사업 단계별(기획, 입찰 및 계약, 시공) 위험관리 중점사항	[09전(25)]	
	29-3. 계약 및 시공단계에서의 리스크요인별 대응방안	[02중(25)]	
	29-4. 건축사업 시행시 예상되는 리스크의 요인별 대응방안	[03후(25)]	
	29-5. 초고층건축공사의 공정리스크(Risk) 관리방안	[06전(25)]	
	29-6. 위험 약화전략(Risk Mitigation Strategy)	[09전(10)]	
30	건설공사 클레임(Claim)		
	30-1. 건설공사 시 클레임(claim)의 유형 및 예방대책과 분쟁해결방안	[98후(30)]	9-178
	30-2. 국내건설 클레임 및 분쟁해결방법	[01중(25)]	
	30-3. 공기지연 유발원인의 유형 및 클레임 제기에 필요한 사전 조치 사항	[01전(25)]	
	30-4. 건설공사에 발생하는 클레임(Claim)의 발생유형과 사전대책	[04전(25)]	
	30-5. 건설 클레임(Claim)의 유형 및 해결방안과 예방대책	[05후(25)]	
	30-6. 클레임 발생의 직접 요인과 클레임 예방 및 최소화 방안	[09중(25)]	
	30-7. 공동주택 하자로 인한 분쟁 발생의 저감방안	[10중(25)]	
	30-8. 건설공사 공기지연 클레임(Claim)의 원인별 대응방안	[06전(25)]	
	30-9. 건축시공자의 입장에서 클레임(Claim) 추진절차 및 방법	[06후(25)]	
31	시설물을 발주자에게 인도할 때의 유의사항		
	31-1. 시설물을 발주자에게 인도할 때의 유의사항	[97전(30)]	9-183
	31-2. 공사완료 후 시설물을 발주자에게 인도시 준비사항과 제반사항	[03전(25)]	
32	아파트 분양가 자율화가 건설업체에 미치는 영향		
	32. 아파트 분양가 자율화가 건설업체에 미치는 영향	[97전(30)]	9-186
33	건축물의 유지관리		
	33-1. 건축물의 유지관리에 있어서 사후보전과 예방보전	[02중(25)]	9-188
	33-2. 철근콘크리트 구조물의 유지관리방법	[06중(25)]	
	33-3. 건물 시설물 통합관리시스템(FMS)의 개요 및 목적과 구성요소	[08전(25)]	9-192
	33-4. FM(facility management)	[02중(10)]	
34	RC조 아파트 현장에서 설계도서 검토시에 유의해야 할 요점		
	34. RC조 아파트 현장에서 자주 발생하는 문제점중 설계와 관련된 사항을 예방하기 위하여 설계도서 검토시에 유의해야 할 요점	[99전(40)]	9-195

35	공법 개선의 대상으로 우선시되는 공종의 특성		
	35. 공법 개선의 대상으로 우선시 되는 공종의 특성	[98중후(30)]	9-198
36	주5일 근무제 시행에 따른 현장관리의 문제점과 대책		
	36. 주5일 근무제 시행에 따른 현장관리 문제점과 대책 　　1) 생산성　　2) 공정관리 구분	[04후(25)]	9-200
37	도심지 공사에서 현장 인근 민원문제의 대응방안		
	37. 도심지 공사에서 현장 인근 민원문제의 대응방안	[05전(25)]	9-203
38	재개발과 재건축		
	38. 재개발과 재건축의 구분	[08후(10)]	9-206
39	SCM(Supply Chain Management)		
	39. SCM(Supply Chain Management)	[05중(10)]	9-207

9장 2절 시공의 근대화

1	시공법의 발전 추세		
	1-1. 시공법의 발전 추세	[83(25)]	9-213
	1-2. 건축 생산의 금후 동향	[85(25)]	
	1-3. UR협상에서 건설업이 개방될 경우 건설업계의 문제점과 대응 방안	[90후(30)]	
	1-4. 건축 생산의 특수성과 건축 생산을 근대화하기 위한 방안	[96중(40)]	
	1-5. 건축산업의 특성과 관련하여 우리나라 건축산업의 총생산성 향상방안	[97중전(40)]	
	1-6. 현재와 같은 IMF 시점에서 건설산업의 위기극복을 위한 대처방안	[98중전(40)]	
	1-7. 우리나라 해외건설의 침체원인과 활성화 방안	[01전(25)]	
	1-8. 최근 건설업의 환경변화에 대한 건설업의 경쟁력 향상을 위한 방안	[04중(25)]	
	1-9. 건설업의 기술경쟁력 방안을 위한 전략의 방향	[99전(30)]	9-218
	1-10. 건축생산성 향상을 위한 다음 3과제 　　① 계획설계의 합리화　② 생산기술의 공업화 　　③ 생산기술의 과학화	[99전(40)]	9-221
2	복합화 공법		
	2-1. 복합화 공법의 목적과 적용사례	[98중후(30)]	9-224
	2-2. 복합 공법적용현장의 효율적인 공정관리 System	[00중(25)]	
	2-3. 복합화 공법에서 최적 System 선정방법	[03전(25)]	
	2-4. 철근콘크리트 구체공사의 합리화를 위한 공법 및 Hard 요소 기술과 Soft 요소 기술	[99전(40)]	
	2-5. 복합화 공법	[07중(10)]	

3	ISO 9000		
	3-1. ISO 9000	[94전(8)]	9-229
	3-2. ISO 14000	[00후(10)]	9-230
4	건설표준화		
	4-1. 건설표준화 추진방법 및 그 예상 효과 ㉮ 기술표준의 정의, 목적 및 종류　㉯ 표준화 방법 ㉰ 기술표준화 효과	[97중후(30)]	9-232
	4-2. 건설산업에서 건축물의 표준화 설계가 건축시공에 미치는 영향	[98전(40)]	
	4-3. 건설표준화의 설명과 시공에 미치는 영향	[01중(25)]	
5	척도조정(MC ; Modular Coordination)		
	5-1. 공업화 공법에서의 척도조정(Modular Coordination)	[04중(25)]	9-236
	5-2. MC(Modular Coordination)	[10전(10)]	
6	EC화		
	6-1. EC화의 설명 및 단계적 추진방향	[90전(40)]	9-239
	6-2. 종합건설업 제도	[93후(35)]	
7	적시 생산(just in time) 시스템		
	7-1. 현장 소운반 최소화 방안을 적시생산(just in time) 시스템	[97중전(30)]	9-242
	7-2. 현장 소운반을 최소화하기 위한 적시생산 방식(Just-In time)	[06중(25)]	
	7-3. 적시생산방식(just in time)	[98중후(20)]	
8	웹(Web)기반 공사 관리체계		
	8-1. Web기반 공사 관리체계를 도입시 　1) 필요성　　　　　　2) 초기도입시 예상되는 문제점 　3) 변화가 예상되는 공사관리의 범위와 대상　4) 현장 준비사항	[03중(25)]	9-245
	8-2. High tech	[89(5)]	9-248
	8-3. 건축시공의 지식관리시스템 추진방안	[02중(25)]	9-249
9	BIM(Building Information Modeling)		
	9-1. 건축공사에서 BIM(Building Information Modeling)의 필요성과 활용방안	[08중(25)]	9-252
	9-2. BIM(Building Information Modeling)의 적용방안	[11전(25)]	
	9-3. BIM(Building Information Modeling)	[10전(10)]	
10	Intelligent Building		
	10-1. Intelligent building	[88(5)]	9-255
	10-2. IBS(Intelligent Building System)	[96전(10)]	

11	CIC(Computer Integrated Construction)			
	11-1. CIC(Computer Integrated Construction)	[96전(10)]	9-256
	11-2. 건축산업의 정보통합화 생산(computer integrated construction)	[98중후(20)]	
12	Work Breakdown Structure			
	12-1. Work breakdown structure	[94후(25)]	9-257
	12-2. 작업분류의 목적, 방법 및 그 활용방안과 범위	[02중(25)]	
	12-3. 건설공사의 통합관리를 위한 WBS와 CBS의 연계방안	[06전(25)]	
	12-4. WBS(Work Breakdown Structure)	[00전(10)]	
13	건설 CALS			
	13-1. 건설 CALS	[97중후(20)]	9-261
	13-2. 건설 CALS(Continuous Acquisition & Life Cycle Support)	[00전(10)]	
14	Business Reengineering			
	14-1. Business Reengineering에 의한 건설경영 혁신방안	[03전(25)]	9-263
	14-2. 경영혁신의 기법으로서의 벤처마킹	[97후(20)]	
15	Lean Construction(린 건설)			
	15-1. Lean Construction의 기본개념, 목표, 적용요건, 활용방안	[04전(25)]	9-266
	15-2. Lean Construction 생산방식의 개념 및 특징	[11전(25)]	
	15-3. 린 건설(Lean Construction)	[06후(10)]	
16	PMIS(Project Management Information System)			
	16-1. Web 기반 PMIS(Project Management Information System)의 내용, 장점 및 문제점 [07중(25)]		9-270
	16-2. PMIS(Project Management Information System)	[01중(10)]	
	16-3. PMDB(Project Management Data Base)	[00전(10)]	
17	UBC(Universal Building Code)			
	17-1. UBC(Universal Building Code)	[96전(10)]	9-274
	17-2. UBC(Universal Building Code)	[98중전(20)]	
18	Project Financing			
	18. Project Financing	[04후(10)]	9-275
19	유비쿼터스(Ubiquitous)			
	19-1. 유비쿼터스에 대응하기 위한 건설업계의 전략	[09전(25)]	9-277
	19-2. 무선인식기술(RFID)	[05전(10)]	
	19-3. RFID(Radio Frequency Identification)	[10중(10)]	
20	데이터 마이닝(Data Mining)			
	20. Data Mining	[07후(10)]	9-280

10장 공정관리

1	공정관리기법		
	1-1. 새로운 공정관리기법 [81후(25)] 1-2. PERT-CPM 공정표의 현장 활용 실태와 적용 활성화 방안 [99중(30)] 1-3. PERT/CPM의 차이 [95후(15)] 1-4. CPM과 PERT의 비교 [05전(25)] 1-5. PDM(Precedence Diagramming Method) [99중(20)] 1-6. 공정관리의 overlapping 기법 [05전(10)] 1-7. 공정관리에서 LOB(Line of Balance) [02전(10)] 1-8. LOB(Line of Balance) [06전(10)]		10-6
	1-9. TACT 공정관리 [05중(25)] 1-10. Tack 공정관리기법 [08중(10)] 1-11. TACK 기법 [10후(10)]		10-13
	1-12. 공정관리기법 [76(25)] ㉮ Gantt식 공정관리와 PERT/CPM식의 공정관리의 장단점 비교 ㉯ 다음 공정망(network)의 소요일수 및 주공정선(Critical path) 1-13. 연 60평의 주택을 신축하기 위한 공정표를 Gantt식과 PERT식으로 작성하고 공정관리상의 장단점 비교 설명 [78전(25)] 단, 공기 : 10일　　구조계획 : 임의　　지반 : 견고		10-16
	1-14. Network 공정표와 bar chart 공정표의 실례 및 그 장단점 [97중후(30)]		10-19
	1-15. CPM 공정표 작성기법 중 ADM 기법과 PDM 기법의 장단점 비교 [00중(25)] 1-16. 네트워크 공정관리 기법 중 화살형 기법과 노드형 기법의 설명 및 특징 비교 [05중(25)] 1-17. ADM기법에서 Overlapping Relationships를 갖는 PDM기법으로 변화하는 원인과 건설 현장의 대책 [09전(25)]		10-22

2	네트워크 공정표(network progress chart)의 작성요령		
	2-1. 네트워크 공정표(network progress chart)의 작성요령	[78전(25)]	10-27
	2-2. Network 공정표에서 사용되는 작업을 표시하는 화살선은?	[94후(5)]	10-29
	2-3. 공정표에서 dummy	[93후(8)]	10-30
	2-4. Network 공정표에서 시간의 요소가 없고 공사의 상호관계를 점선 화살표로 표시하는 것은?	[94후(8)]	
	2-5. Critical path(주공정선)	[02후(10)]	10-31
	2-6. Network 공정표에서 여유가 없는 경로는?	[94후(5)]	
	2-7. 간섭여유(Dependent Float or Interfering Float)	[11전(10)]	10-32
	2-8. Node time	[83(5)]	10-33
	2-9. Lead time	[99중(20)]	10-34
	2-10. Milestone	[01후(10)]	10-35
	2-11. Milestone(중간관리시점)	[06전(10)]	
3	Network 공정표의 공기조정기법		
	3-1. Network 공정표의 공기 단축을 위하여는 작업 순서의 변형과 작업소요시간 단축 등 사용기법의 현장 사례에 따른 구체적인 방법	[95전(40)]	10-36
	3-2. MCX나 SAM기법 등에 의한 공기 단축에 앞서 실시하는 Network 조정기법	[09후(25)]	
	3-3. MCX(Minimum Cost Expediting) 기법	[00후(10)]	10-40
	3-4. 비용 구배	[95중(10)]	
	3-5. Cost slope(비용 구배)	[99중(20)]	
	3-6. Cost slope(비용 구배)	[00중(10)]	
	3-7. Cost slope(비용 구배)	[05후(10)]	
	3-8. 공기단축과 공사비와의 관계	[98전(20)]	
	3-9. 특급점(Crash Point)	[92전(8)]	
	3-10. 특급점(Crash Point)	[00후(10)]	
	3-11. 급속점(Crash Point)	[09중(10)]	
	3-12. 총비용(total cost)	[91전(8)]	
	3-13. 최적공기	[94전(8)]	
	3-14. 최적공기	[95중(10)]	

4	공정관리시 자원배당(Resource Allocation)		
	4-1. 공정관리시 자원배당의 정의와 방법 및 순서 [96후(40)]	10-43
	4-2. 인력부하도와 균배도 [99전(20)]	
	4-3. 자원분배(resource allocation) [01후(10)]	
	4-4. 자원량이 한정 되었을 때와 공사기간이 한정 되었을 때를 구분한 자원 관리 방법 [10전(25)]	10-46
	4-5. 일일 작업에 공급될 수 있는 최대 동원자원이 3명일 경우, 자원할당(Resource Allocation)에 의한 최소 공사기간 [04전(25)]	10-49
5	진도관리(Follow Up)	
	5-1. 네트워크(network) 기법에서 진도관리(follow up) [92전(30)]	10-52
	5-2. 건설공사의 진도관리 방법 [00전(10)]	
	5-3. 공정관리에서 바나나형(S-curve) 곡선을 이용한 진도관리 방안 [95전(10)]	
	5-4. 진도관리 [02중(10)]	
	5-5. 네트워크 공정표를 바탕으로 공사 진행시 공정표를 수정해야 하는 시기는? [94후(5)]	
6	EVMS(Earned Value Management System)	
	6-1. 건설공사의 공정관리에 밀접한 관계를 갖고 있는 시간(Time)과 비용(Cost)의 통합관리방안 [98후(40)]	10-55
	6-2. 공정-공사비 통합관리체계 기법인 EVM의 개념 및 적용 절차 [04전(25)]	
	6-3. 공정-원가 통합관리의 저해요인과 해결방안 [02전(25)]	
	6-4. 건설공사 원가 측정(Cost Measurement)방법 [08중(25)]	
	6-5. EVMS(Earned Value Management System) [01전(10)]	
	6-6. EVM(Earned Value Management)에서의 Cost Baseline [07중(10)]	
	6-7. CPI(Cost Performance Index) [08전(10)]	
	6-8. SPI(Schedule Performance Index) [10전(10)]	
7	시공속도	
	7-1. 시공속도 [95후(15)]	10-60
	7-2. 공기와 시공속도 관리 [89(25)]	
	7-3. 시공속도와 공사비와의 관계 [92후(30)]	
	7-4. 최적 시공속도 [96중(10)]	
	7-5. 최적 시공속도 [07전(10)]	
	7-6. 경제속도 [97중후(20)]	

8	공정마찰(공정간섭)		
	8-1. 공정마찰(또는 공정간섭)의 발생원인과, 사례, 공사에 미치는 영향과 그 해소방안 [97중전(30)]		10-64
	8-2. 초고층 건축공사에서 공정 마찰(공정간섭)이 공사에 미치는 영향과 해소기법 [00전(25)]		
	8-3. 공정마찰이 공사수행에 영향을 주는 요인과 개선방안	[07후(25)]	
	8-4. 건축공사에서 공정간섭과 해소방법	[01중(25)]	
9	공기지연		
	9-1. 공기지연의 유형별 발생원인과 대책	[02중(25)]	10-67
	9-2. 공기지연의 유형(발주, 설계, 시공)별 발생원인	[03후(25)]	
	9-3. 공기와 비용의 관점에서 공기지연 유형의 분류	[10중(25)]	
	9-4. 동시지연(Concurrent Delay)	[09전(10)]	
10	사이클타임(Cycle Time)		
	10-1. CT의 정의 및 단축 시 기대효과	[06중(25)]	10-73
	10-2. 고층 철근콘크리트 공사의 공정 사이클 및 공기단축방안	[06후(25)]	10-77
11	공정관리의 계획단계, 실시와 통제단계		
	11. 공정관리를 계획 단계, 실시와 통제 단계로 구분하여 예시 및 설명	[97중후(30)]	10-81
12	공정계획시 공사가동률 산정방법		
	12. 공정계획 시 공사가동률 산정방법	[08전(25)]	10-84

7장

철골공사 및 초고층공사

1절 철골공사

7장 1절 철골공사

1	철골공사 공정계획		
	1-1. 고층 사무소 건축의 철골공사 공정계획 [91전(30)]	7-8
	1-2. 철골조 건물의 공기단축방안 [98중후(30)]	
2	철골공작도(Shop Drawing)		
	2-1. 철골공작도(shop drawing)의 검토시 확인하여야 할 사항 [88전(25)]	7-12
	2-2. 철골공사에서 철골시공도 작성시 필요한 내용과 유의사항 [99중(30)]	
3	철골공사시 공장제작 순서		
	3-1. 철골공사시 공장제작의 작업순서를 설명하고, 현장작업의 공정 [76(25)]	7-15
	3-2. 철골공사시 공장제작순서 및 제작공정별 품질관리방법 [92후(30)]	
	3-3. 철골공사시 공장제작순서 설명과 제작에 따른 품질확보방안 [96후(30)]	
	3-4. 철골공사의 작업순서와 공정을 철골의 공장가공·제작후 현장 반입에서부터 건립 완료시 기술하고 flow chart를 작성 [79(25)]	
	3-5. 철골공사의 품질관리 주안점 [90전(30)] ㉮ 공장제작시 ㉯ 현장설치시	
	3-6. 철골공사에서 단계별 시공시 유의사항 [04중(25)]	
	3-7. 리밍(Reaming) [00후(10)]	
	3-8. Reaming [02후(10)]	
4	세우기 작업		
	4-1. 철골공사 시공에 있어서 세우기 작업 [81후(25)]	7-21
	4-2. 철골세우기 작업의 공정순서 [90후(30)]	
	4-3. 철골세우기 공사의 공정과 품질관리 요점 [92전(30)]	
	4-4. 철골공사에서 철골기둥의 정착, 철골세우기 공정 및 품질관리 [93전(40)]	
	4-5. 공장에서 가공된 철골부재를 현장에서 조립 설치시 고려해야 할 사항 [94후(25)]	
	4-6. 철골조 건물의 철골세우기 작업 시 유의해야 할 사항 [97중후(30)] ㉮ 일반사항　㉯ 기둥　㉰ 보　㉱ 계측 및 수정 4-7. 철골 세우기 공사 시 수직도 관리 방안 [08중(25)]	7-25
	4-8. 대규모 단층공장 철골세우기 및 제작 운반에 대한 검토사항 [01후(25)] 4-9. 단층 철골공장 철골세우기 및 제작 운반에 대한 검토사항 [08후(25)]	7-30
	4-10. 철골공사에 현장 접합시공에서 부재간의 결합부위 및 시공시 유의사항 [99전(30)]	7-32

5	철골조의 기초에서 Base Plate와 Anchor Bolt의 설치		
	5-1. 철골조의 기초에서 base plate와 anchor bolt의 설치 시공요령 [78전(25)]		7-35
	5-2. 철골기둥과 기초콘크리트를 고정하는 앵커볼트의 위치와 Base Plate Level을 정확하게 시공하는 방법 [00중(25)]		
	5-3. 철골구조의 주각부 공사에서 앵커볼트 설치와 주각 모르타르 시공의 공법별 품질관리 요점 [91후(30)]		
	5-4. Anchor bolt에서부터 주각부 시공까지의 시공 품질관리 개선방안 [94후(25)]		
	5-5. Anchor bolt에서 주각부 시공단계까지 품질관리방안 [07중(25)]		
	5-6. 철골세우기 공사에서 주각 고정방식과 순서 [96중(30)]		
	5-7. 철골기초의 앵커볼트 매입 및 주각부 시공시 고려할 사항 [00전(25)]		
	5-8. 철골조의 주각부 시공시 유의할 사항 [97중전(30)]		
	5-9. 철골세우기 공사의 주각부 시공계획 [04후(25)]		
	5-10. 철골공사 앵커볼트 매입 방법 [10전(10)]		
6	철골공사 시공과정에 관한 각 검사순서와 필요기기		
	6. 철골공사 시공과정에서 각 검사 순서를 열거하고, 각 과정에서 필요 기기 [80(25)]		7-41
7	지붕 철골세우기 공법		
	7. 대공간 구조물(체육관, 격납고 등) 지붕철골세우기 공법 [98후(30)]		7-44
8	철골 구조물 PEB(Pre-Engineered Beam) System		
	8-1. 철골 구조물 PEB(Pre-Engineered Beam) system [02전(25)]		7-47
	8-2. PEB(Prefabricated Engineered Build) [05중(10)]		
	8-3. PEB(Pre-Engineering Building System) [08중(10)]		
9	철골공사에서 부재의 접합공법		
	9-1. 철골공사에서 부재의 접합공법 [81전(25)]		7-51
	9-2. 철골접합공법 [05전(25)]		
	9-3. 철골구조의 접합의 종류 및 현장검사방법 [05중(25)]		

10	고장력 볼트	
	10-1. 철골구조에서 H-형강보(beam) 고장력 볼트로 접합 시공할 때 시공순서에 따른 품질관리 방안 [01중(25)]	7-55
	10-2. 철골부재에 쓰이고 있는 고장력 볼트 접합의 종류와 방법 [95중(30)]	
	10-3. 고장력 볼트 접합공법의 재료관리, 접합 및 검사 [82후(50)]	
	10-4. 고장력 Bolt의 현장 관리 [03중(25)] 　　1) 반입 　　2) 보관 　　3) 사용관리	
	10-5. 철골부재의 접합 시 마찰면 처리방법 [03중(25)] 　　1) 마찰면의 처리방법 　　2) 마찰면 처리의 유의사항	
	10-6. 철골 공사에서 고장력 볼트 체결 시 유의 사항 [00중(25)]	
	10-7. 철골공사 고력볼트의 조임 방법과 검사 [98중전(30)]	
	10-8. 철골공사의 고력볼트 조임 검사 항목 및 방법 [05후(25)]	
	10-9. 철골부재 접합면의 품질 확보방법, 고력볼트 조임 방법 및 조임 시 유의사항 [06후(25)]	
	10-10. 고장력 볼트 현장 반입 시 품질검사와 조임 시공 시 유의사항 [09중(25)]	
	10-11. 고장력 볼트(high tension bolt) 조이기 [88(20)]	
	10-12. 고장력 Bolt 조임방법 [05중(10)]	
	10-13. 고장력 볼트의 조임방법과 검사법 [07중(10)]	
	10-14. 고장력 볼트(high tension bolt)에서의 토크값(torque치) [78후(5)]	
	10-15. 고장력 볼트 1군(群)의 볼트 개수에 따른 Torque 검사기준 [07전(10)]	
	10-16. Impact wrench [84(5)]	
	10-17. 고장력 볼트(high tension bolt) [81전(7)]	
	10-18. 고장력 볼트 [90후(10)]	
	10-19. TS bolt (Torque Shear bolt) [95중(10)]	
	10-20. TS(Torque Shear) Bolt [04중(10)]	
	10-21. TC(Tension Control) bolt [98중전(20)]	

11	용접접합		
	11-1. 용접기구 및 용접재료에 따른 용접의 종류	[84(25)]	7-65
	11-2. 철골공사의 피복금속 아크 용접작업의 현장품질관리 유의사항	[93후(30)]	
	11-3. 용접시공(welding)에서의 작업전 준비사항과 안전대책	[76(10)]	
	11-4. 철골공사 현장용접시 품질관리 요점	[07전(25)]	
	11-5. 철골공사에서 용접방법의 종류 및 유의사항	[06전(25)]	
	11-6. 현장 철골 용접 방법, 용접공 기량검사 및 합격 기준	[10후(25)]	7-70
	11-7. 모살용접(fillet welding)	[98전(20)]	
	11-8. 목두께의 방향이 모재의 면과 45°의 각을 이루는 용접은?	[94후(5)]	
	11-9. 맞댄용접과 모살용접의 주의사항	[82전(10)]	
	11-10. Stud Welding	[10전(10)]	7-74
	11-11. 스컬럽(Scallop)	[85(5)]	7-75
	11-12. Scallop 가공	[00후(10)]	
	11-13. Scallop	[03전(10)]	
	11-14. Scallop	[07전(10)]	
12	용접부에 발생하는 결함과 대책		
	12-1. 철골공사의 현장에서 피복(被覆) 아크(arc) 수용접(手鎔接)작업시 용접부에 발생하는 결함과 대책	[77(25)]	7-76
	12-2. 철골공사에서 용접시 용접부에 발생하는 결함과 방지책	[82후(20)]	
	12-3. 용접결함의 종류를 들고 그 원인과 대책	[97전(30)]	
	12-4. 철골조 접합부의 용접결함 종류 및 방지대책	[02전(25)]	
	12-5. 철골공사 용접결함의 원인과 방지대책	[10전(25)]	
	12-6. Under cut	[03후(10)]	
	12-7. 언더 컷(under cut)	[92전(8)]	
	12-8. Fish eye 용접불량	[02중(10)]	
	12-9. Blow hole	[02후(10)]	
	12-10. 각장 부족	[92전(8)]	
	12-11. 철골 용접의 각장부족	[10후(10)]	
	12-12. Lamellar Tearing 현상	[04전(10)]	
	12-13. 라멜라 티어링(Lamellar Tearing) 현상	[06후(10)]	
13	용접 검사방법		
	13-1. 철골용접공사의 검사방법과 앞으로의 전망	[83(25)]	7-82
	13-2. 철골공사의 용접 시공과정에 따른 검사방법	[95전(30)]	
	13-3. 용접 검사방법	[97후(20)]	
	13-4. 용접 접합부위의 비파괴 용접검사 종류와 장단점	[87(25)]	
	13-5. 철골용접부의 비파괴검사법	[00후(25)]	
	13-6. 철골공사 용접부의 비파괴검사방법의 종류와 특성	[05후(25)]	
	13-7. 철골용접의 비파괴시험(Non-Destructive Test)	[08후(10)]	
	13-8. 초음파탐상법	[01전(10)]	

14		철골공사의 용접부위 변형		
	14-1.	철골공사의 용접부위 변형발생 원인, 용접불량 방지대책	[93전(30)]	7-86
	14-2.	철골공사시 발생되는 변형 1) 원인, 2) 종류, 3) 대책방안	[03후(25)]	
	14-3.	철골공사 용접변형의 종류 및 억제대책	[11전(25)]	
	14-4.	철골제작시 부재변형을 방지하기 위한 방안	[03전(25)]	
	14-5.	철골부재 온도변화에 대응하기 위한 공법 및 그 검사방법	[10전(25)]	7-90
15		철골공사 시공		
	15-1.	철골공사 시공에 있어 다음에 관하여 설명 ㉮ 제품 정도의 검사 ㉯ 용접부의 검사 ㉰ 조립시공의 정도	[82전(50)]	7-94
	15-2.	건설 구조물의 기둥 수직도의 시공오차 허용범위	[97중후(20)]	7-97
	15-3.	철골부재의 현장반입시 검사항목	[00후(25)]	7-99
	15-4.	공장에서 제작된 철골부재의 현장 인수검사 항목과 내용	[05후(25)]	
	15-5.	철골 공장제작시 검사계획(ITP ; Inspection Test Plan)	[06후(25)]	
16		Box Column과 H형강 Column 용접방법		
	16.	초고층 철골철근콘크리트 건축물의 box column과 H형강 column에 대한 접합방법	[94전(30)]	7-103
17		철골 내화피복공법		
	17-1.	철골 내화피복공법의 종류 및 특징	[85(25)]	7-108
	17-2.	철골공사에 있어서 내화피복의 공법별 특성 및 시공방법	[91후(30)]	
	17-3.	철골 내화피복공법의 종류	[00후(25)]	
	17-4.	철골공사 내화피복의 종류	[07중(25)]	
	17-5.	철골공사 내화피복의 종류와 시공상의 유의사항	[09중(25)]	
	17-6.	철골공사에 내화피복공법의 종류와 내화성능 향상을 위한 품질관리 방안	[97후(30)]	
	17-7.	철골 내화피복공법중 습식공법	[04후(25)]	
	17-8.	철골 내화피복의 요구성능 및 내화기준	[02후(25)]	
	17-9.	건축 내화재료의 요구성능 및 종류와 내화피복공법	[02후(25)]	
	17-10.	철골재의 내화피복	[89(5)]	
	17-11.	철골 피복 중 건식 내화피복공법	[05중(10)]	
	17-12.	내화피복공사의 현장품질관리 항목	[07전(10)]	
	17-13.	철골 내화피복 검사	[99중(20)]	
	17-14.	철골공사의 습식 내화피복에서 뿜칠공법의 시공방법과 문제점	[94후(25)]	7-116
	17-15.	철골공사 뿜칠내화피복의 종류 및 품질 향상 방안	[10후(25)]	
18		건축물의 층간 방화구획방법		
	18-1.	건축물의 층간 방화구획방법	[04전(25)]	7-120
	18-2.	건축물 커튼월 부위의 층간 방화 구획 방법	[08중(25)]	
	18-3.	초고층 건축물에서 층간 방화구획을 위한 구법 및 재료의 종류별 특징	[10후(25)]	

19	철골조 건축물의 가새(Bracing)			
	19-1. 철골조 건축물의 가새(bracing)		[84(15)]	7-125
	19-2. 좌굴(Buckling)현상		[09후(10)]	7-126
20	Metal Touch			
	20-1. Metal touch		[78후(5)]	7-128
	20-2. 메탈 터치(metal touch)		[91후(8)]	
	20-3. Metal Touch		[99전(20)]	
	20-4. Metal Touch		[03중(10)]	
	20-5. Metal Touch		[05후(10)]	
	20-6. 철골공사의 Metal Touch		[10중(10)]	
21	하이브리드 빔(Hybrid Beam)			
	21-1. 하이브리드 빔(hybrid beam)		[85(5)]	7-130
	21-2. Hybrid Beam		[05후(10)]	
22	Hi-beam			
	22. Hi-beam		[02중(10)]	7-131
23	철골 Smart Beam			
	23. 철골 Smart Beam		[08후(10)]	7-133
24	Stiffener(스티프너)			
	24-1. Stiffener(스티프너)		[99후(20)]	7-134
	24-2. 스티프너(Stiffener)		[06전(10)]	
25	Mill Sheet			
	25-1. Mill sheet		[83(5)]	7-136
	25-2. Mill Sheet(밀 시트)		[99후(20)]	
26	TMCP 강재			
	26. TMCP 강재		[01전(10)]	7-137
27	스페이스 프레임(Space Frame)			
	27-1. 스페이스 프레임(space frame)		[90전(5)]	7-138
	27-2. Space Frame		[02전(10)]	
	27-3. Space Frame		[05중(10)]	
28	Taper Steel Frame			
	28-1. Taper steel frame		[97전(15)]	7-139
	28-2. Taper steel frame		[05전(10)]	
29	Ferro Stair (시스템 철골계단)			
	29. Ferro Stair (시스템 철골계단)		[10중(10)]	7-141

> **문 1-1** 고층 사무소 건축의 철골공사 공정계획에 대하여 기술하여라. [91전(30)]
> **문 1-2** 철골조 건물의 공기단축 방안에 대하여 기술하시오. [98중후(30)]

Ⅰ. 개 요

철골공사의 공정계획은 크게 공장가공과 현장세우기 작업에 따라 분류되며, 고소작업에 따른 양중계획을 철저히 수립하여 공기단축 방안을 모색하여야 한다.

Ⅱ. 공정계획

1. 공정계획 flow chart

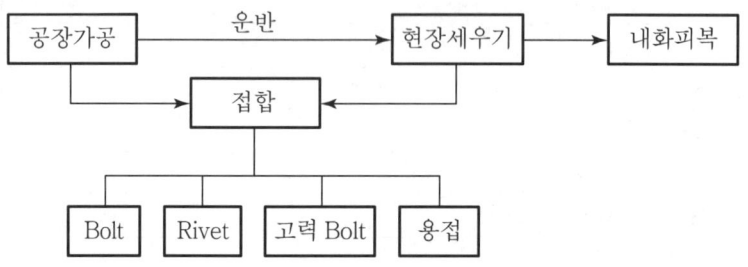

2. 공장가공

① 철골의 공장가공은 완성품에 가깝도록 하고, 현장에서는 세우기 작업만을 하도록 한다.
② 공장가공 flow chart

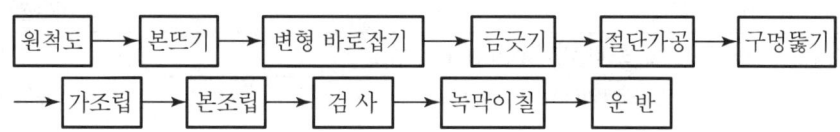

3. 운반

① 가공공장과 세우기 현장의 위치
② 수송시간 및 교통규제
③ 중량제한(교량, 도로)

4. 현장세우기

① 건축물의 규모, 구조, 입지조건, 사용기계 등을 고려하여 계획을 수립한다.

② 현장세우기 flow chart

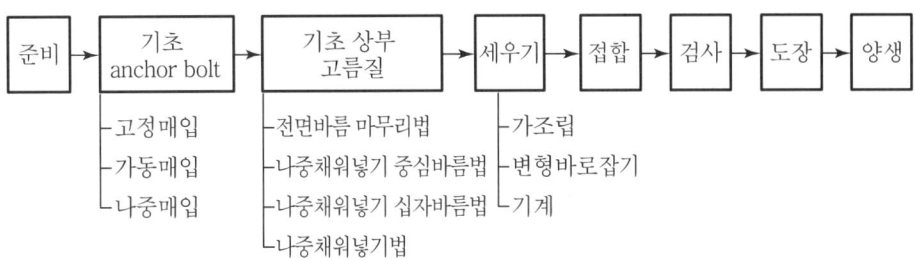

5. 접합

철골의 접합은 강도가 확보되고 시공이 용이하며, 경제성·안정성이 있고, 소음·진동 등의 공해가 적어야 한다.

1) Bolt 접합
   ① 부재를 지압접합하여 응력이 전달되도록 하는 접합방식
   ② 간단하고, 소음이 없고, 시공이 용이함

2) Rivet 접합
   ① 강재에 구멍을 뚫고, 900~1,000℃에서 가열된 리벳을 joe riveter 등으로 때려서 접합하는 방식
   ② 소음·진동이 크고, 숙련도에 따라 품질이 좌우된다.

3) 고장력 볼트(high tension bolt) 접합
   ① 고탄소강 또는 합금강을 열처리하여 만든 고력볼트를 사용하며, 주로 마찰접합으로 접합하는 방식
   ② 소음이 없고, 접합강도가 크나 정밀검사가 필요함

4) 용접접합
   ① 강재와 용접봉의 상호간을 녹여서 용착시켜 접합하는 방식이다.
   ② 응력 전달이 확실하고 철골 중량이 감소되나, 결함의 검사가 어렵다.

6. 내화피복

1) 철골의 온도가 500℃ 이상이면 강도가 50% 저하되므로 고온으로부터 철골을 보호하기 위하여 내화피복을 한다.

2) 종류
   ① 습식 공법
   ② 건식 공법
   ③ 합성 공법

Ⅲ. 공기단축 방안

1. 지상

1) 철근 prefab 공법
   ① 기둥·보 철근의 prefab화
   ② 벽·바닥 철근의 prefab화
   ③ 철근 pointing 공법

2) Deck plate
   ① 하부 거푸집 패널 대신에 사용
   ② Deck plate 사용으로 동바리 사용을 생략할 수 있어 공기단축 가능

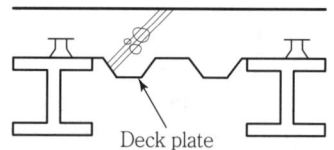

3) Ferro deck
   ① 철근과 거푸집을 동시에 작업하는 prefab 공법
   ② 노무절감 및 공기단축

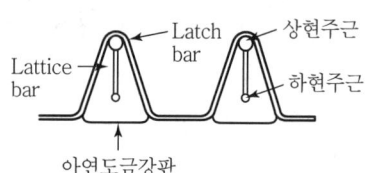

4) Half PC(합성 slab)
   ① 공장에서 PC판을 제작하여 현장 topping Con'c를 타설
   ② 가설재 절약 및 공기단축 가능

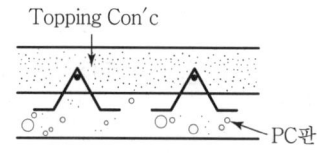

5) 복합화 공법
   ① 설계의 MC화·unit화·표준화·규격화
   ② 재래공법과 PC 공법을 복합한 공법
   ③ 성력화·기계화·시공의 system화로 공기단축

6) PC 공법
   ① 공장에서 PC판을 제작하여 현장에서 시공
   ② 공장제작으로 품질향상 도모
   ③ Just in time system을 도모하여 공기단축

7) 마감 건식화
   ① 재래의 습식공법에서 탈피하여 마감의 건식화 도모
   ② 생산성 향상과 공기단축 가능
   ③ 시공의 용이성과 품질향상

2. 지하

1) Top down 공법
   ① 지상과 지하작업을 동시에 실시하므로 공기를 단축
   ② 안전성과 품질향상의 기대

2) System form
   ① 지하에 system form 사용으로 공기 단축
   ② 시공성 향상, 양중작업 필요

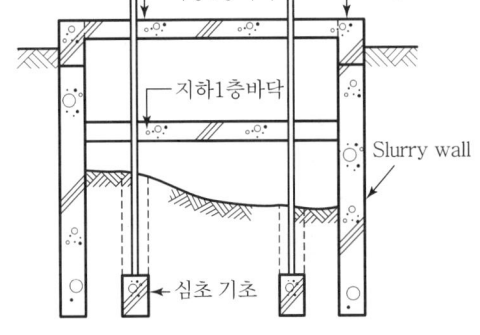

3) SPS 공법
   ① SPS(strut as permanent system : 영구 구조물 흙막이)지하로 철골기둥과 철골보를 설치하여 내려간 후 지상과 지하 동시에 구조체공사를 시공하는 공법
   ② 철골보를 strut로 이용하므로 별도의 가설공사가 필요 없음
   ③ Top down 공법에 비해 환기·채광 우수
   ④ 가설 strut 해체시 발생하는 구조적 불안정 해소

3. 기타

1) 고속궤도방식(fast track method)
   ① 건물의 설계도서가 완성되지 않은 상태에서 기본설계에 의해 부분적인 공사 진행
   ② 설계작성에 필요한 시간절약 및 공기단축
   ③ 건축주·설계자·시공자의 협조 필요

2) 공정관리기법 활용
   ① 철골공사의 병행시공방식·단별시공방식·연속반복방식 활용
   ② MCX 진도관리 활용
   ③ CPM 및 PDM 기법 활용

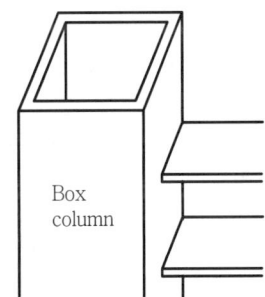

3) Box column
   ① 철골중량 감소와 일체성 확보
   ② 시공성이 우수하며 시간절약 및 공기단축이 가능

Ⅳ. 결 론

철골조 건물은 대형화로 공기가 길고 고층인 경우가 많으므로 공정계획의 수립이 매우 중요하며, 공기 단축의 여지가 다른 구조체에 비해 충분하므로 이를 잘 활용하여야 한다.

> **문 2-1** 철골공작도(shop drawing)의 검토시 확인하여야 할 사항을 열거하여라.
> [88전(25)]
>
> **문 2-2** 철골공사에서 철골시공도를 작성할 때 필요한 내용과 유의사항을 설명하시오.
> [99중(30)]

Ⅰ. 개 요

건축물이 복잡화로 마무리 재료의 설치, 설비·전기공사와의 관련성 등 검토사항이 많아져 공작도 작성 및 검토의 중요성이 증대되고 있다.

Ⅱ. 검토시 확인하여야 할 사항(시공도 작성시 필요한 내용)

1) 공작도 작성시
   ① 설계도 및 설계도서에 준하여 작성여부 검토
   ② 제작, 운반, 양중 및 현장세우기 작업시 용이해야 하므로 사전조사 철저

2) 공작도의 종류, 축척
   ① 심선도, 각 평면도 및 골조도는 1/100~1/200로 축척할 것
   ② 상세도는 기둥, 보 등 중요한 곳에는 상세도를 작성해야 하며, 1/10~1/2 축척으로 할 것
   ③ 조립부호도, 각종 부속철물 설치 관계도 작성

3) Anchor bolt 설치계획도
   ① Anchor bolt 길이, 굵기, 간격, 위치, level 표시
   ② 매입공법 표기

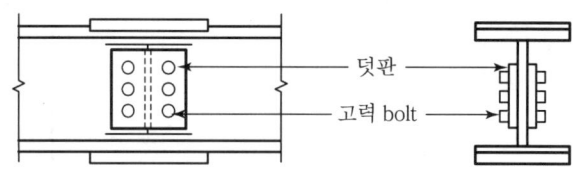

4) 관통구멍 상세
   기계설비 도면과 비교분석, 용량계산 후 작성

5) 중도리 설치, 띠장 나누기
   ① 응력의 최소지점인 띠장 나누기부 및 처마 마무리부
   ② 접합방법, 작업가능 여부

6) 타공정과 연관성
   ① 후속 공정과의 작업순서, 작업가능 여부
   ② 가설물 설치, 해체

7) 분할 가공시
   중량물의 치수·부피, 접합방법, 접합시기, 운반시 주의사항 기록 여부

8) 접합
   ① 접합관계, 방법, 위치
   ② 부속철물 치수, 사용방법

9) 현척도
   ① 작성순서와 공정순서 파악
   ② 기본 가구 검토

10) 층고 차이 부분
    접합관계, 마감공정 작업관계

11) 치수검사
    ① 각층 기준높이, 기둥이음 위치
    ② Span, 보 상단 위치

12) 부재위치 치수
    ① 기둥 중심으로 각면의 치수
    ② 보 상단에서 하단의 치수 및 haunch 치수
    ③ 보강판 접합 부속재 위치 치수

13) 각부의 clearance
    ① 기둥 또는 보의 flange면과 tie-plate 등의 단부
    ② 기둥 flange면과 flange재 단부

14) 각 부위별 마무리 정도
    ① 각 부위별로 마무리 공정 표기
    ② 내화피복부위, 도장부위 등을 구분하여 표기

Ⅲ. 유의사항

1) 설계도서와의 철저한 확인
   ① 설계도 및 시방서에 준하여 작성 여부 검토
   ② 설계도 누락 및 오기부분은 반드시 확인 후 수정

2) 시공도의 종류 및 축적
   ① 심선도, 각 평면도 및 골조도는 1/100~1/200로 축척할 것
   ② 상세도는 기둥·보 등 중요한 곳에서는 반드시 작성해야 하며 축척은 1/2~1/10로 할 것
   ③ 조립부호도, 각종 부속철물 설치 관계도 작성이 누락되지 않도록 유의할 것
3) 타공정과의 연계성 확인
   ① 후속 공정과의 작업마찰 여부 파악
   ② 가설물의 설치·해체기간 선정
4) 층고 차이 부분 검토
   층고 차이 발생시 접합관계 마감공정 관계에 유의
5) 치수검사
   ① 각 부위별로 치수 누락부위 검사
   ② 각층의 기준높이, 기둥이음 위치를 확인
6) 증축 예상부위 확인
   차후 증축이 예상되는 부위의 시공 확인
7) 운반 관계 검토
   ① 제작→운반→양중 및 현장세우기 작업의 적정성 확인
   ② Stock yard의 확보
8) 마감공사의 작업 가능성 여부를 필히 확인

Ⅳ. 결 론

철골 시공도(shop drawing)의 정밀도는 철골 구조체 전체 품질과 직결되므로 면밀한 사전계획과 검토를 해야 한다.

> **문 3-1** 철골공사에서 공장제작 작업순서를 설명하고 현장작업의 공정을 열거하여 설명하라. [76(25)]
> **문 3-2** 철골공사시 공장제작순서 및 제작공정별 품질관리방법에 대하여 기술하여라. [92후(30)]
> **문 3-3** 철골공사에 있어 공장제작순서를 설명하고 제작에 따른 품질확보방안을 기술하시오. [96후(30)]
> **문 3-4** 철골공사의 작업순서와 공정을 철골의 공장가공·제작 후 현장반입에서부터 건립 완료시까지 빠짐없이 기술하고 flow chart를 작성하라.(단, 접합방법은 주로 용접과 고장력 볼트(high tension bolt)를 사용하고 부득이한 곳만 리벳을 사용할 수 있다) [79(25)]
> **문 3-5** 철골공사의 품질관리 주안점에 대하여 논하여라.
>   ㉮ 공장제작시   ㉯ 현장설치시 [90전(30)]
> **문 3-6** 철골공사에서 단계별 시공시 유의사항에 대하여 기술하시오. [04중(25)]
> **문 3-7** 리밍(Reaming) [00후(10)]
> **문 3-8** Reaming [02후(10)]

Ⅰ. 개 요

철골공사 현장작업의 용이성 여부와 품질관리는 공작제작시 품질관리의 양부에 의해 결정되므로, 공정 단계별로 철저한 검토, 분석 및 제작이 필요하다.

Ⅱ. 철골공사 flow chart

1) 공장작업순서

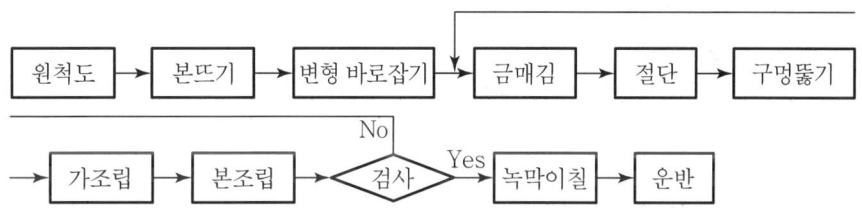

2) 현장작업순서

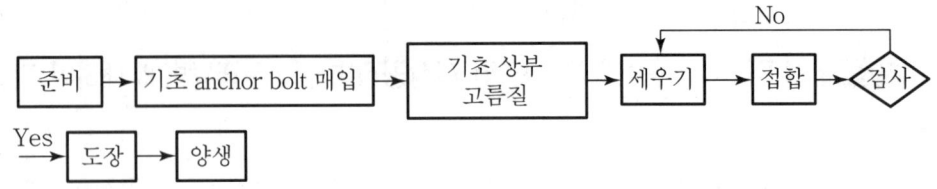

Ⅲ. 공장제작시 작업순서(제작공정별 품질확보방안)

1. 원척도

1) 설계도서, 시방서 기준으로 모재면에 각 부재에 상세 및 재의 길이 등을 원칙으로 그린다.
2) 원척시 주의사항
   ① 층높이, 기둥높이, 기둥 중심간의 치수, 층보의 간사이, 보와 바닥 마무리재의 관계 치수
   ② 강재의 형상, 치수, 물매, 구부림 정도
   ③ 리벳피치, 개수, gauge line, clearance
   ④ 강재 검측용 자(steel tape, rule)의 확인

2. 본뜨기

① 원척도에서 얇은 강판으로 본뜨기하여 본판을 정밀하게 작성
② 본판의 종류는 절단본과 구멍뚫기본
③ 본판에 용재의 두께, 장수, 부호, 기타 주의사항 기록

3. 변형 바로잡기

① 강재에 변형이 있으면 공작이 곤란
② 강판 변형
   플레이트 스트레이닝 롤(plate straining roll)
③ 형강 변형
   스트레이트닝 머신(straightening machine)
④ 기타 경미한 부재
   쇠메(hammer)

4. 금매김
① 강필로 리벳구멍 위치와 절단 개소를 그림
② 정확, 명료하게 하여 원척도와 일치되고, 가공 조립에 지장이 없게 함
③ 리벳위치는 center punch로 표시

5. 절단
① 절단의 종류에는 전단절단, 톱절단, 가스절단이 있음
② 자동가스절단기 사용시 정확성 확보
③ 개선가공과 절단은 동시 작업

6. 구멍뚫기
1) 펀칭(punching)
   ① 송곳뚫기에 비해 속도가 빠름
   ② 구멍 주위 변형에 주의
   ③ 두께 13mm 이하
2) 송곳뚫기(drilling)
   ① 느린 속도
   ② 기계설비 필요
   ③ 두께 13mm 이상
3) 구멍가심(reaming)
   ① 철골공사에서 구멍뚫기를 한 부재를 조립할 때 각재의 구멍이 일치하지 않을 경우 reamer를 사용하여 구멍주위를 보기 좋게 가심(clearing)하는 작업이다.
   ② 부재를 3장 이상 겹칠 때에는 소요구멍 지름보다 1.5mm 정도 작게 뚫고 reamer로 조정하기도 한다.

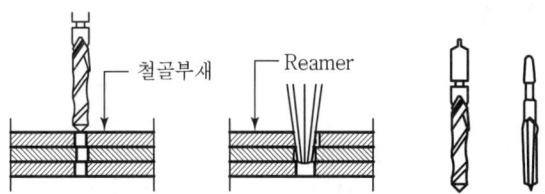

7. 가조립
① 각 부재를 1~2개의 bolt 또는 pin으로 가조립
② 가조립 bolt수는 전체 bolt수의 1/2~1/3 이상 또는 2개 이상

8. 본조립

1) 리벳치기(riveting)
   ① 공장 리벳치기는 현장 리벳치기보다 능률이 좋고, 품질관리가 쉽다.
   ② 수송, 양중에 지장이 없는 한 최대한 공장작업

2) 고력 bolt 조임
   ① 합금강을 열처리하며 만든 항복점 $7tonf/cm^2$ 이상, 인장강도 $9tonf/cm^2$ 이상인 bolt 사용
   ② 현장세우기 후 bolt 접합을 제외한 공장 bolt 작업

3) 용접
   ① 용접 전 수분, 기름, 녹 제거
   ② 자동용접 최대화

9. 검사

① 부재의 치수, 각도 확인
② 맞춤, 이음 부분 및 비틀림, 편심 등을 검사
③ 접합상태 검사(고력 bolt, rivet, 용접)

10. 녹막이칠

① 조립이 완료된 부재는 mill scale, slag, spatter, 기름, 녹, 오염제거
② 현장에 운반 전 1회, 필요한 부위는 2회까지 녹막이칠한다.
③ 다음과 같은 부분에는 통상 녹막이칠을 하지 않는다.
   ㉮ Con'c에 밀착, 매입되는 부분
   ㉯ 조립, 접합에 의해 밀착되는 부분
   ㉰ 현장 용접부위의 양측 100mm 이내
   ㉱ 고력 bolt 마찰면

11. 운반

① 현장세우기 순서대로 운반
② 조립부호도에 따라 부재의 부호, 접합부호 등을 기입하고, 부재표를 작성하여 반출
③ 포장된 부속 철물은 내용을 명기할 것

Ⅳ. 현장 작업공정(단계별 시공시 유의사항)

1. 준비
① 제작공정과 협의 후 공정계획서를 작성한다.
② 세우기 숙련공 확보 및 양중장비 설치
③ 진입로, 야적장 계획 및 확보
④ 주각부 중심 먹매김

2. 기초 anchor bolt 매입

1) 고정매입공법

기초 철근 조립시 anchor bolt를 정확히 묻고 콘크리트를 타설

2) 가동매입공법

Anchor bolt 매입은 고정매입공법과 동일하나 anchor bolt 상부를 조정할 수 있도록 콘크리트 타설 전 사전 조치해 두는 공법

3) 나중매입공법

Anchor bolt 위치에 사전에 묻을 구멍을 조치해 두거나, 콘크리트 타설 후 anchor bolt 자리를 천공하여 나중에 고정하는 방법

3. 기초 상부 고름질

1) 전면바름 마무리법

기둥 저면의 주위보다 3cm 이상 넓게 하고, level checking한 후에 된비빔 1 : 2 모르타르로 마무리하는 방법

2) 나중채워넣기 중심바름법

기둥 저면 중심부만 지정높이만큼 수평으로 바르고, 기둥을 세운 후 나중에 잔여부분을 채워넣기 하는 방법

3) 나중채워넣기 십자(+)바름법

기둥 저면에서 대각선 방향 +자형으로 지정높이만큼 모르타르를 바르고, 기둥을 세운 후 그 주위를 채워넣기하는 방법

4) 나중채워넣기법

Base plate 중앙에 구멍을 내고, 4귀에 철판을 괴어 수평조절하고, 기둥을 세운 후 모르타르를 다져넣는 방법

4. 세우기

1) 가조립
   ① Bolt수의 1/3~1/2, 2개 이상 조립
   ② 전체 rivet수의 1/5이 표준
   ③ 외력에 의해 전도되지 않도록 조립시 주의할 것

2) 변형 바로잡기
   ① 기준이 되는 요소에 수시로 변형 측정을 할 수 있도록 기준선 설치
   ② 와이어 로프, 턴 버클 등으로 수정
   ③ 본조립이 완료될 때까지 풀지 말 것

5. 접합
   ① 현장에서 사용하고 있는 부재의 접합방법은 bolt, rivet, 고장력 bolt, 용접 등이 있고, 두 종류를 함께 혼용하는 방법이 있다.
   ② 접합시 강도, 안전성, 경제성, 시공성, 공해 등을 고려해야 한다.

6. 검사
   ① 부재의 변형 여부 및 건립의 정도 여부 확인
   ② 접합부 응력 여부를 판단하기 위한 육안검사 및 비파괴검사 실시

7. 도장
   ① 운반세우기 중 손상된 곳, 남겨둔 곳에 녹막이칠을 함
   ② 필요에 따라 전체 1회 녹막이칠

8. 양생
   ① 폭풍, 기타 하중에 대하여 임시가새, 당김줄로 보강 고정한다.
   ② 외력, 집중하중으로부터 보호

V. 결 론

철골공사의 품질관리를 위해서는 공장의 관리자, 기능공의 품질관리의 단합된 의지가 요구되며, 제작 및 시공의 합리화를 위해 robot 및 정밀한 검사기기의 개발이 필요하다.

| 문 4-1 | 철골공사 시공에 있어서 세우기 작업에 관하여 설명하여라. [81후(25)]
| 문 4-2 | 철골세우기 작업을 공정순서에 따라 기술하여라. [90후(30)]
| 문 4-3 | 철골세우기 공사의 공정과 품질관리 요점을 설명하여라. [92전(30)]
| 문 4-4 | 철골공사에서 철골기둥의 정착, 철골세우기 공정 및 품질관리에 대하여 설명하여라. [93전(40)]
| 문 4-5 | 공장에서 가공된 철골부재를 현장에서 조립 설치시 고려해야 할 사항을 설명하시오. [94후(25)]

I. 개 요

철골세우기 공사란 공장에서 제작된 부재를 운반하여 현장여건에 적절한 건립공법에 의해 접합하는 것이다.

II. 철골세우기 공정 순서

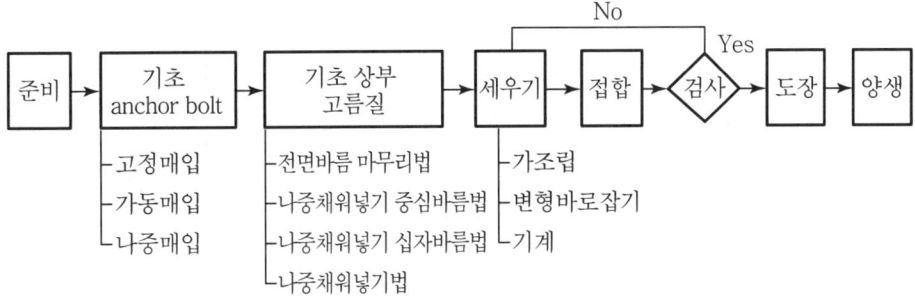

III. 철골세우기 작업 공정별 품질관리(조립 설치시 고려사항)

1. 준비
   ① 제작공장과 협의 후 공정계획서를 작성
   ② 세우기 숙련공 확보 및 양중장비 설치
   ③ 진입로, 야적장 계획 및 확보
   ④ 주각부 중심 먹매김

2. 기초 anchor bolt 매입

1) 고정매입공법
    ① 기초 철근 조립시 동시에 anchor bolt를 정확히 묻고 Con'c 타설하는 공법
    ② 위치 수정 불가능, 정밀 시공 필요
    ③ 대규모의 중요공사에 적용

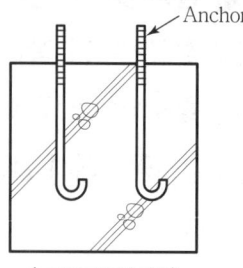
〈고정매입공법〉

2) 가동매입공법
    ① Anchor bolt 매입은 고정매입공법과 동일하나 anchor bolt 상부 부분을 조정할 수 있도록 Con'c 타설 전 사전 조치해 두는 공법
    ② Bolt 지름이 25mm 이하 중규모 공사에 적용

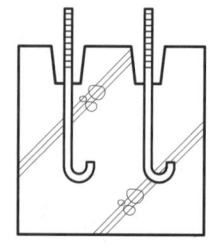
〈가동매입공법〉

3) 나중매입공법
    ① Anchor bolt 위치에 사전에 묻을 구멍을 조치해 두거나, Con'c 타설 후 core 장비로 anchor bolt 자리를 천공, 나중에 고정하는 방법
    ② 경미한 공사나 기계 기초에 적당

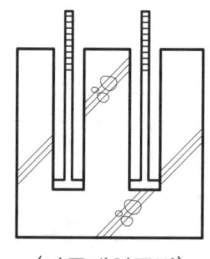
〈나중매입공법〉

3. 기초 상부 고름질

1) 전면바름 마무리법
    기둥저면의 주위보다 3cm 이상 넓게 하고, level checking한 후에 된비빔 1 : 2 모르타르로 마무리 하는 방법

2) 나중채워넣기 중심바름법
    기둥 저면 중심부만 지정높이만큼 수평으로 바르고, 기둥을 세운 후 나중에 잔여부분을 채워넣기 하는 방법

3) 나중채워넣기 십자(+)바름법
    기둥저면에서 대각선 방향 +자형으로 지정높이만큼 모르타르를 바르고, 기둥을 세운 후 그 주위를 채워넣기 하는 방법

4) 나중채워넣기법
    Base plate 중앙에 구멍을 내고, 4귀에 철판을 괴어 수평조절하고, 기둥을 세운 후 모르타르를 다져넣는 방법

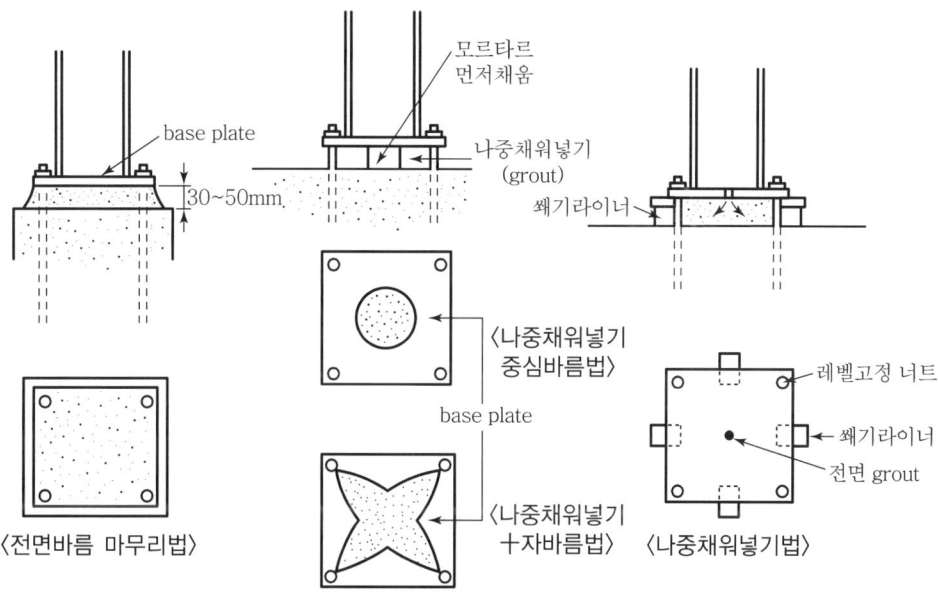

4. 세우기

1) 가조립
① Bolt수의 1/3~1/2, 2개 이상 조립
② 전체 rivet 수의 1/5이 표준
③ 외력에 의해 전도되지 않도록 조립시 주의할 것

2) 변형 바로잡기
① 기준이 되는 요소에 수시로 변형 측정을 할 수 있도록 기준선 설치
② 와이어 로프, 턴 버클 등으로 수정
③ 본조립이 완료될 때까지 풀지 말 것

5. 접합
① 현장에서 사용하고 있는 부재의 접합방법은 bolt, rivet, 고장력 bolt, 용접 등이 있고, 두 종류를 함께 혼용하는 방법이 있다.
② 접합시 강도, 안전성, 경제성, 시공성, 공해 등을 고려해야 한다.

6. 검사
① 부재의 변형 여부 및 건립의 정도 여부 확인
② 접합부 응력 여부를 판단하기 위한 육안검사 및 비파괴검사 실시

7. 도장

① 운반이나 세우기작업중 손상된 곳, 남겨둔 곳에 녹막이칠을 함
② 필요에 따라 전체 1회 녹막이칠

8. 양생

① 폭풍, 기타 하중에 대하여 임시가새, 당김줄로 보강 고정한다.
② 외력, 집중하중으로부터 보호

Ⅳ. 결 론

철골공사 현장세우기 작업은 고소작업으로 인한 재해예방대책을 수립하여 안전관리에 만전을 기하고, 건설공해에 대한 대책을 세워야 한다.

문 4-6 철골조 건물의 철골세우기 작업시 유의해야 할 사항에 대하여 아래 항목에 의거 기술하시오. 〔97중후(30)〕
㉮ 일반사항 ㉯ 기둥 ㉰ 보 ㉱ 계측 및 수정

문 4-7 철골 세우기 공사시 수직도 관리방안에 대하여 설명하시오. 〔08중(25)〕

Ⅰ. 개 요

철골세우기 작업시에는 부재 반입도로, 야적장 확보, 양중 작업계획 등 충분한 사전조사와 후속공사를 파악하여 시공에 임해야 한다.

Ⅱ. 항목별 유의해야 할 사항

1. 일반사항

1) 준비
   ① 제작공정과 협의 후 공정계획서 작성
   ② 진입로, 야적장, 숙련공확보, 양중장비 설치

2) 가설
   ① 세우기용 기계 및 배치상황 확인
   ② 진입로 가설, stock yard 확보

3) 기초 anchor bolt 매입
   ① 주각부 중심 먹메김후 anchor bolt 설치
   ② 고정매입, 가동매입, 나중매입공법 등이 있다.

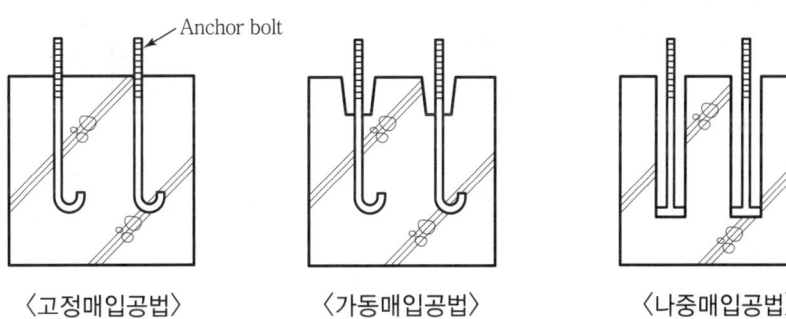

〈고정매입공법〉 〈가동매입공법〉 〈나중매입공법〉

4) 기초 상부 고름질
   ① 전면바름 마무리법, 나중채워넣기 중심바름법, 나중채워넣기 십자바름법, 나중채워넣기법이 있다.
   ② 기초 상부 고름질할 모르타르는 수축이 있으면 안 되므로 팽창 시멘트를 사용한다.

5) 세우기(가조립)
   ① 외력에 의해 전도되지 않도록 조립시 주의할 것
   ② Bolt 수의 1/3~1/2, 2개 이상 조립

6) 변형 바로잡기
   ① 와이어로프, 턴 버클 등으로 수정
   ② 본조립이 완료될 때까지 풀지 말 것

7) 접합
   ① 접합방법에는 bolt, rivet, 고력 bolt 용접 등이 있음
   ② 접합시 강도, 안전성, 경제성, 시공성, 공해 등을 고려

8) 검사
   ① 부재의 변형 여부 및 건립의 정도 여부 확인
   ② 접합부 응력 여부 판단을 위한 육안검사, 비파괴검사 등

9) 도장
   ① 운반세우기 중 손상된 곳, 남겨둔 곳에 녹막이칠을 함
   ② 필요에 따라 전체 녹막이 1회 칠

10) 양생
    ① 폭풍, 기타 하중에 대하여 임시가새, 당김줄로 보강
    ② 외력, 집중하중으로부터 보호

2. 기둥

1) 기둥길이
   ① 관리허용오차 $\Delta L : \pm 3mm$
   ② 한계허용오차 $\Delta L : \pm 5mm$

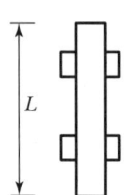

2) 기둥의 휨
   ① 관리허용오차 $e : \dfrac{L}{1,500}$
   ② 한계허용오차 $e : \dfrac{L}{1,000}$

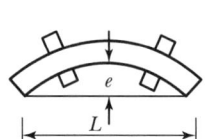

3) 기둥 기울기
   ① 관리허용오차 $e \leq \dfrac{H}{1,000},\ 10mm$
   ② 한계허용오차 $e \leq \dfrac{H}{700},\ 15mm$

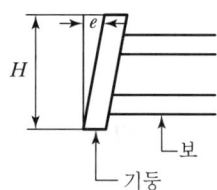

3. 보

  1) 보의 길이

   ① 관리허용오차 $\varDelta L$: ±3mm
   ② 한계허용오차 $\varDelta L$: ±5mm

   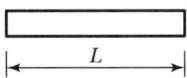

  2) 보의 휨

   ① 관리허용오차 $e: \dfrac{L}{1,000}$
   ② 한계허용오차 $e: \dfrac{1.5L}{1,000}$

   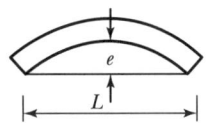

  3) 보의 수평도

   ① 관리허용차 $e \leq \dfrac{L}{1,000} + 3mm,\ 10mm$
   ② 한계허용차 $e \leq \dfrac{L}{700} + 5mm,\ 15mm$

   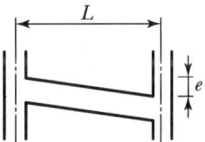

4. 계측 및 수정

  1) 계측
   ① 내림추 혹은 광학기기 사용
   ② 바람영향 없도록 추를 pipe 내부로 할 것
   ③ 기둥중심 선정

  2) 수정
   ① 열팽창이 적은 아침에 작업
   ② Wire rope를 설치하고 turn buckle로 수정

Ⅲ. 수직도 관리방안

  1) 기초 anchor bolt 매입시 정밀도 유지
   ① Anchor bolt는 기둥 중심에서 2mm 이상 벗어나지 않을 것

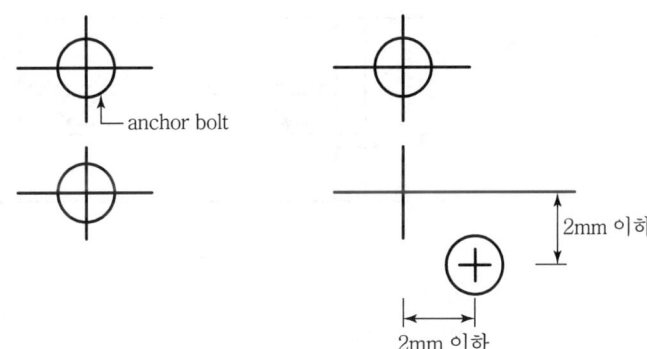

② Base plate 하단은 기준높이 및 인접기둥의 높이에서 3mm 이상 벗어나지 않을 것

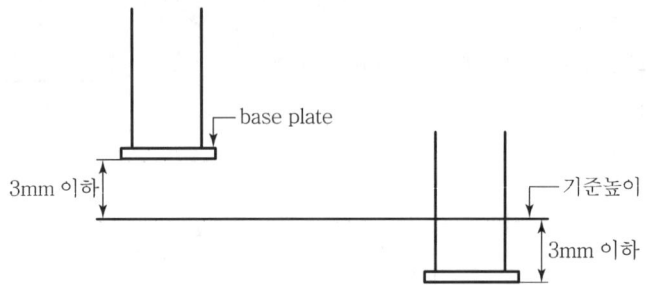

2) 현장 건립시 level 확보

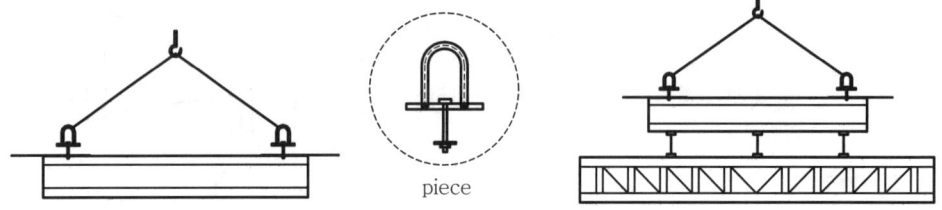

① 기둥의 중심선, level을 정확히 할 것
② 기둥은 독립이 되지 않고, 보로 연결하여 가조립
③ 양중시 건립 구조체에 충격 금지
④ 양중장비 하부지지력 확보
⑤ 건립시 가설재를 활용하여 철골변형 방지

3) 가조립후 수직도 check

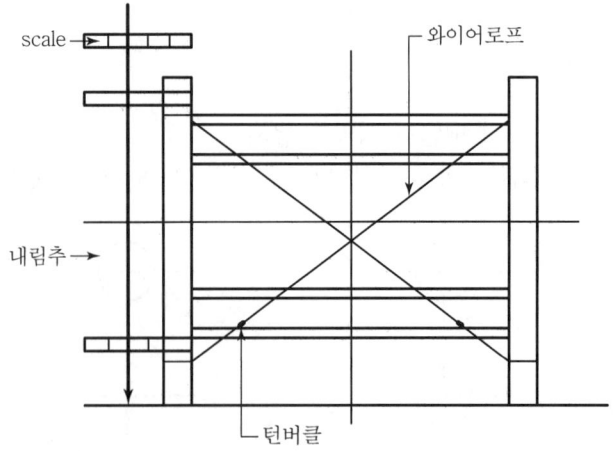

① 철골 가조립후 cale과 내림추를 이용하여 철골의 수직도 유지
② 수직도 조절은 턴버클을 이용

4) 용접시 수직도 관리
   ① 용접면 바탕 청소 철저
   ② 눈, 비 등으로 습도가 90% 초과시나 풍속 10m/sec 이상시 작업금지
   ③ -5~5℃인 경우 접합부에서 10cm 범위까지 예열
   ④ 기둥은 변형방지를 위해 상호 대칭 용접
   ⑤ 용접 실명제 실시
5) 최종 확인
   ① 철골 수직재를 모두 check
   ② 광파기, transit 등을 이용하여 수직도 check

Ⅳ. 결 론

철골공사의 세우기시 mill sheet 검사에서부터 제품의 조립 및 건립의 오차를 허용오차 이내로 유지하는 것이 중요하다.

> **문 4-8** 대규모인 단층 공장 철골세우기 및 제작운반에 대한 검토사항을 기술하시오.
> [01후(25)]
>
> **문 4-9** 단층 철골공장의 철골 세우기 및 제작운반에 대한 검토사항을 설명하시오.
> [08후(25)]

Ⅰ. 개 요

철골세우기는 공장에서 제작된 부재를 운반하여 현장 여건에 적절한 공법을 선정하여 접합시공 하는 것이다.

Ⅱ. 철골세우기

1. 기초 anchor bolt 매입

1) 고정매입공법
   ① Anchor bolt 설치 후 콘크리트 타설하는 공법
   ② 위치의 수정 불가능, 정밀시공 필요
   ③ 대규모의 중요공사에 적용

2) 가동매입공법
   Anchor bolt 상부 부분을 조정할 수 있도록 한 공법

3) 나중매입공법
   Anchor bolt를 콘크리트 타설 후 설치하는 공법

2. 기초 상부 고름질

① 전면바름 마무리법   ② 나중채워넣기 중심바름법
③ 나중채워넣기 십자(+)바름법   ④ 나중채워넣기법

3. 세우기

1) 가조립
   ① Bolt수의 1/3~1/2 또는 2개 이상 조립
   ② 전체 rivet수의 1/5이 표준
   ③ 외력에 의해 전도되지 않도록 유의

2) 변형 바로잡기
   ① 기준이 되는 요소에 수시로 변형 측정을 할 수 있도록 기준선 설치

② Wire rope, 턴 버클 등으로 수정
③ 본조립이 완료될 때까지 유지

4. 접합

접합시 강도·안전성·경제성·시공성·공해 요소 등을 고려하여 접합공법 선정

Ⅲ. 제작운반에 대한 검토사항

1. 제작시 검토사항

1) 원척도 작성
   ① 설계 도서 및 시방서를 기준할 것
   ② 모재면에 각 부재에 상세 및 재의 길이 검토

2) 본뜨기
   얇은 강판으로 본뜨기하여 본판을 정밀하게 작성

3) 변형 바로잡기
   ① 강재에 변형이 있으면 공작 곤란
   ② 경미한 부재는 hammer로 가공

4) 금매김
   ① 강필로 bolt 구멍과 절단 개소 표시
   ② 가공, 조립에 지장이 없도록 함
   ③ Bolt의 위치는 center punch로 표시

5) 구멍뚫기
   ① 펀칭(punching)
   ② 송곳뚫기(drilling)
   ③ 구멍 가심(reaming)

2. 운반시 검토사항

① 가공 공장과 세우기 현장의 위치   ② 수송시간 및 교통 규제
③ 도로 및 교량의 중량 제한 여부   ④ 도로 및 육교의 길이·폭 제한 여부
⑤ 도로 운송법 숙지

Ⅳ. 결 론

철골 부재의 제작 및 운반은 현장과의 연계로 적재적소에 운반되어야 한다.

문 4-10 철골공사에 현장접합 시공에서 부재간의 결합부위를 분류하고 시공시 유의사항을 기술하시오. [99전(30)]

I. 개 요

철골공사에서는 구조 설계상의 의도를 충분히 실현하여 건축물의 안전을 확보하는 것이 중요하며, 공장제작 및 현장시공에 있어서 시공 지침을 정하여 공사의 표준화를 도모해야 한다.

II. 부재간의 결합부위

1) 기둥과 주각의 접합
   ① 주각과 base plate를 고정매입, 가동매입 등으로 매설
   ② 기둥과 base plate의 접합은 용접, 리벳, 고력 bolt를 이용

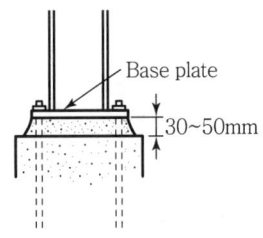

2) 기둥과 기둥의 접합
   고력 bolt와 용접을 이용하여 접합
   ① 고력 bolt에 의한 접합

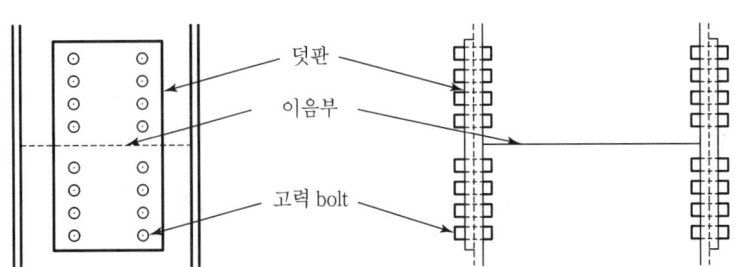

   ② 용접 접합
      ㉮ 상하 기둥의 치수차이가 경미한 경우 metal touch를 이용한 직접 용접
      ㉯ 상하 기둥의 치수차이가 큰 경우 기둥 사이에 덧판을 이용하여 용접

3) 보와 보의 접합

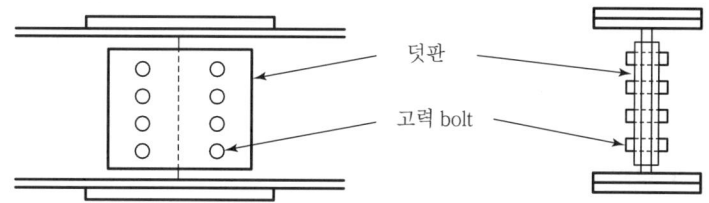

① 동일 치수 보와 보의 접합
    ㉮ 덧판을 붙여서 고력 bolt로 연결
    ㉯ 덧판과 모재 사이는 1mm 이상의 간격이 생기지 않도록 할 것
② 큰보와 작은보의 접합
    ㉮ Clip angle을 사용하여 web만을 상호 접합
    ㉯ 작은 보를 연속보로 할 경우 flange에 덧판을 대고 web를 밀착

4) 기둥과 보의 접합

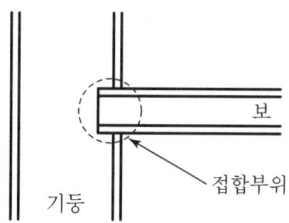

① Braket형 접합
    공장 용접으로 현장에 반입하므로 공기단축에 유리
② 현장 용접 접합
    용접에 따른 수축오차의 누적을 줄이도록 노력
③ 현장 bolt 접합

Ⅲ. 시공시 유의사항

1) 기둥과 기초의 접합
    ① Base plate의 넓이는 충분히 확보한다.
    ② 철골조의 기초는 지반보다 높게 한다.
    ③ Anchor bolt는 지름 16~36mm를 사용한다.
    ④ 기초 콘크리트 윗면과 base plate 밑면 사이는 30~50mm의 조정간격을 둔다.

2) 기둥과 기둥의 접합
    ① 상하 기둥의 마구리는 기계 가공 후 완전 밀착 시공한다.
    ② 상하 기둥의 크기가 서로 다른 경우에는 끼움판(filler plate)을 설치한다.
    ③ 상하 기둥의 차이가 너무 클 때에는 base plate를 사용한다.
    ④ 이음방법은 주로 고력 bolt를 사용한다.

3) 보와 보의 접합
    ① 동일 치수의 보와 보의 접합
        ㉮ 덧판과 모재 사이는 1mm 이상의 간격이 생기지 않도록 밀착한다.
        ㉯ 두모재는 조립이 용이하게 하기 위하여 5~10mm의 간격을 유지한다.
    ② 큰보와 작은보의 접합
        작은보를 연속보로 하고자 할 때에는 flange에 덧판을 대고 web은 밀착시킨다.

4) 기둥과 보의 접합
    ① Breaket형 접합
        ㉮ H형강의 기둥과 보의 접합은 상당히 복잡하므로 주의를 요한다.
        ㉯ 기둥에는 작업하는 사람이 오르내릴 수 있는 사다리를 설치한다.
        ㉰ 반곡점 근처의 휨 moment가 적은 곳에서 접합한다.
    ② 현장 용접 접합
        ㉮ Panel zone 부분은 수평 stiffener와 보강판을 용접하여 보강한다.
        ㉯ 평면상에서 본 건물 전체의 중앙에서 좌우 가장자리 외부를 향하여 대칭용접을 실시한다.
    ③ 현장 bolt 접합
        Split T 또는 top angle 등의 부속 철물을 사용한다.

IV. 결 론

철골공사 부재간의 연결부위인 접합은 건축물의 강도 및 내구성에 큰 영향을 미치므로, 구조적으로 요구하는 내력에 대한 검사를 실시하여 충분한 내력을 확보하여야 한다.

```
문 5-1  철골조의 기초에서 base plate와 Anchor bolt의 설치 시공요령을 기술하
         여라.                                                        [78전(25)]
문 5-2  철골기둥과 기초 콘크리트를 고정하는 앵커볼트의 위치와 Base Plate
         Level을 정확하게 시공하는 방법을 설명하시오.                   [00중(25)]
문 5-3  철골 구조의 주각부 공사에서 앵커볼트 설치와 주각 모르타르 시공의 공법별
         품질관리 요점을 설명하여라.                                    [91후(30)]
문 5-4  철골공사에서 anchor bolt에서부터 주각부 시공까지의 시공 품질관리 개선
         방안을 제시하시오.                                             [94후(25)]
문 5-5  철골의 현장설치시 anchor bolt에서 주각부 시공단계까지 품질관리방안에
         대하여 기술하시오.                                             [07중(25)]
문 5-6  철골세우기 공사에서 주각 고정방식과 순서에 대하여 설명하시오.
                                                                       [96중(30)]
문 5-7  철골공사에서 철골기초의 앵커볼트(Anchor bolt) 매입 및 주각부 시공시
         고려할 사항을 기술하시오.                                      [00전(25)]
문 5-8  철골공사 주각부 시공시 유의할 사항을 기술하시오.              [97중전(30)]
문 5-9  철골세우기 공사의 주각부 시공계획에 대하여 설명하시오.         [04후(25)]
문 5-10 철골공사의 앵커볼트 매입방법                                    [10전(10)]
```

I. 개 요

철골공사의 주각부 시공은 구조물 전체의 집중하중을 지탱하는 중요한 부분이므로 정밀 시공을 통하여 품질을 확보하여야 한다.

II. Anchor bolt 시공시 품질관리(매입방법)

1. 고정매입공법

1) 정의

기초 철근 배근과 동시에 anchor bolt를 기초 상부에 정확히 묻고, Con'c를 타설하는 공법

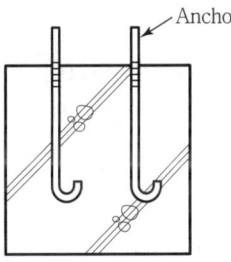

〈고정매입공법〉

2) 특징
① 구조적으로 중요한 대규모 공사에 적합하다.
② 불량시공시 보수가 어렵다.
③ 구조 안정도가 양호하다.
④ 시공관리가 어렵다.

3) 시공순서

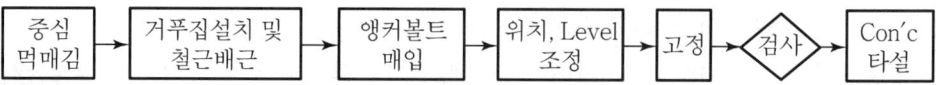

2. 가동매입공법

1) 정의

고정매입공법과 유사하나 anchor bolt 상부 부분을 조정할 수 있도록 Con'c 타설전 사전 조치해 두는 공법

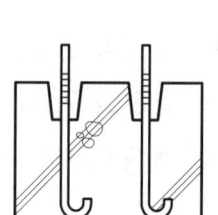

〈가동매입공법〉

2) 특징
① 일반적인 중규모 공사 적합
② 시공오차의 수정 용이
③ 부착강도 저하

3) 시공순서

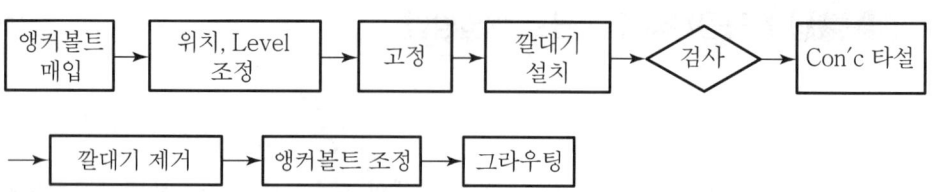

3. 나중매입공법

1) 정의

Anchor bolt 위치에 콘크리트 타설 전 bolt를 묻을 구멍을 조치해 두거나, 콘크리트 타설 후 core 장비로 천공하여 나중에 고정하는 공법

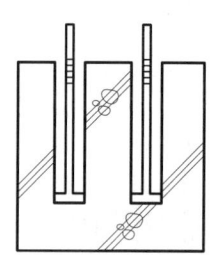

〈나중매입공법〉

2) 특징
① 구조적으로 중요치 않은 경미한 공사에 적합
② 시공이 간단하고, 보수가 쉽다.

③ 기계기초에 사용
④ 장비 사용시 비경제적
⑤ Anchor bolt 깊이 제한

3) 시공순서

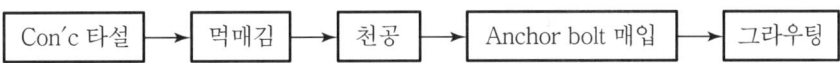

Ⅲ. 주각부 모르타르 시공시 품질관리

1. 전면바름 마무리법

1) 정의

기둥 저면을 주위보다 3cm 이상 넓게 하고, level checking한 후에 된비빔 1:2 모르타르로 마무리하는 방법

2) 특징

① 시공 간단
② 시공시 높은 정밀도 요구
③ 일반적으로 경미한 구조물에 사용

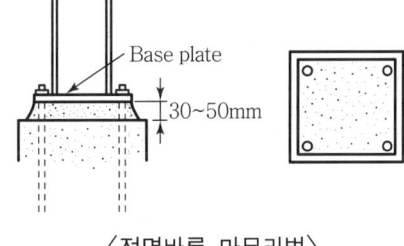

〈전면바름 마무리법〉

3) 시공순서

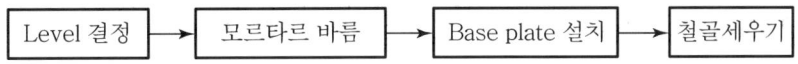

2. 나중채워넣기 중심바름법

1) 정의

기둥 저면 중심부만 지정높이만큼 수평으로 바르고, 기둥을 세운 후 나중에 잔여부분을 채워넣기 하는 방법

2) 특징

① 수정할 때 작업이 용이
② 나중 채워넣기시 모르타르 시공 어려움
③ Level 조절이 쉬움
④ Anchor bolt 수가 많고, 넓은 대규모 공사시 적당
⑤ Base plate 중앙부 pad 모르타르가 자중 및 압축력에 견딜 수 있어야 함

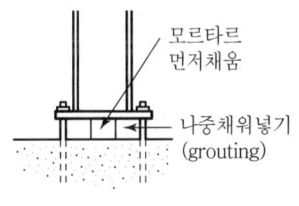

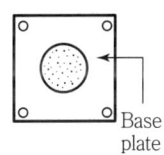

〈나중채워넣기 중심바름법〉

3) 시공순서

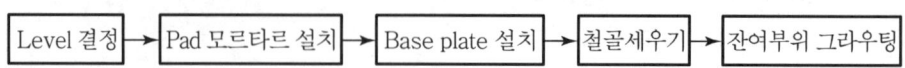

3. 나중채워넣기 십자(+)바름법

1) 정의

   기둥 저면에서 대각선 방향 +자형으로 지정높이만큼 모르타르를 바르고, 기둥을 세운 후 그 주위를 채워넣기 하는 방법

2) 특징

   ① 구조체의 하중이 크고, 높은 고층 구조체 철골 시공시 적용
   ② Base plate 중앙부 +형 pad 모르타르 설치
   ③ 그라우팅시 base plate 하부에 공극 발생이 쉬움

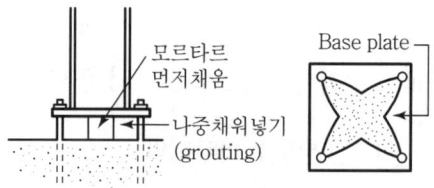

〈나중채워넣기 십자(+)바름법〉

3) 시공순서

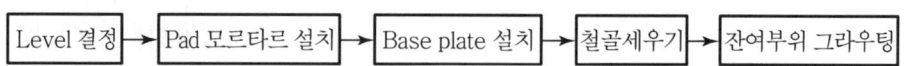

4. 나중채워넣기법

1) 정의

   Base plate 중앙에 구멍을 내고 4귀에 철판을 괴어 수평조절하고, 기둥을 세운 후 모르타르를 다져넣는 방법

2) 특징

   ① 비교적 자중이 가볍고, 경미한 공사에 적합
   ② Level의 수정이 쉽고, 시공속도가 빠름
   ③ Base plate 중앙부에 공기구멍 확보
   ④ Nut로 level 조절가능

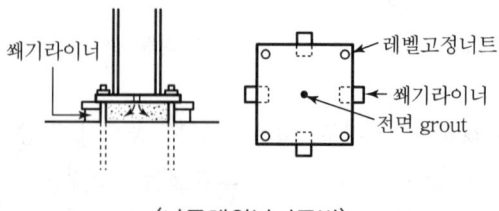

〈나중채워넣기공법〉

3) 시공순서

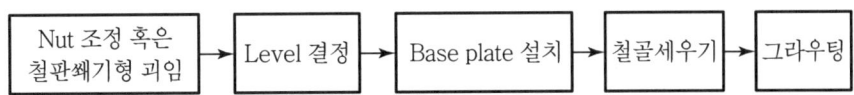

Ⅳ. 시공시 고려(유의)할 사항(주각부 시공계획)

1) Anchor bolt의 조임
   ① 조임시 균일한 장력 분포가 되도록 함
   ② 풀림 방지 목적으로 이중 nut 사용 및 용접

2) Anchor bolt 파손에 주의
   녹, 휨, 충격에 의한 손상 방지를 위해 비닐테이프, 염화비닐파이프, 천 등을 이용하여 양생

3) Anchor bolt의 정밀도 유지
   ① 중심선은 콘크리트 타설시 계속 확인하여 이동을 방지할 것
   ② 허용한계 범위 내에서 시공오차 허용

4) Base mortar 시공시
   ① 모르타르와 접하는 콘크리트면은 laitance 제거
   ② 모르타르와 콘크리트의 일체성 확보

5) 모르타르 배합시
   ① 배합비 1:1 ~ 1:2
   ② 무수축 모르타르 혹은 팽창 모르타르 사용하여 건조수축 방지

6) 모르타르 양생
   ① 3일 이상 충분한 양생
   ② 충격·진동금지, 상부작업 중단

7) 주각부 level 검사
   ① 모르타르 바름면 시공시 기둥세우기 전 검사
   ② Pad mortar 크기는 200×200mm 정도가 적정

8) 바름 모르타르 두께
   바름두께는 30~50mm 정도로 하고, 철골 자중 압축력을 견디어야 한다.

9) 바름 모르타르 그라우팅 시기
   ① 리벳치기 전 혹은 완료 후 작업할 것
   ② 모르타르 경화시까지 진동 충격 금지

10) 검사
　① 제품의 정밀도 검사
　② 조립의 정밀도 검사
　③ 시공의 정밀도 검사

V. 결 론

철골공사의 주각부는 철골조로부터 전달된 압축력을 하부 구조물에 전달하는 역할을 하므로 품질관리에 유의하여 시공하여야 한다.

문 6 철골공사 시공과정에 관한 각 검사순서를 열거하고, 각 과정에서 필요로 하는 기기를 설명하여라. [80(25)]

I. 개 요

공장제작부터 현장설치까지 각 시공과정별 품질확보를 위한 검사과정이 필요하며, 장비 또는 기계는 철골공정 및 후속 공정에 미치는 영향이 대단히 크므로 공사계획시 기기의 종류 및 활용, 사용방법, 사용 후 분석 등의 충분한 교육이 요구된다.

II. 시공과정 flow chart

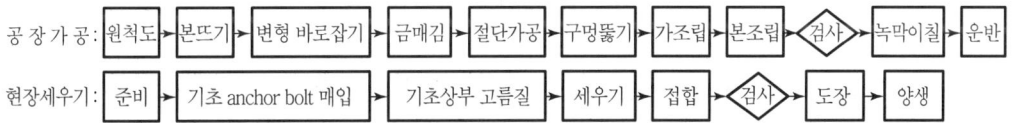

III. 검사순서와 기기

1. 공장가공

1) 원척도
   ① 기본치수 검사, 세부마감과 비교, 각 부재 치수 실측
   ② Steel tape : 각 부재 치수

2) 변형 바로잡기
   ① 정밀한 제작을 위해 금매김 전에 변형잡기
   ② Plate straining roll : 강판 변형잡기
   ③ Straightening machine, friction press, power press : 형강 변형잡기
   ④ 쇠메 : 경미한 변형잡기

3) 절단
   ① 절단의 종류에는 전단절단, 톱절단, 가스절단으로 구분
   ② Shearing machine, plate shearing machine : 전단절단
   ③ Angle cutter, hack saw, friction saw : 톱절단
   ④ 가스절단기(자동, 반자동) : 가스절단

4) 구멍뚫기
   ① 두께 13mm에서 구분하여 punching과 drill로 구분
   ② Punching hammer : 13mm 이하의 부재에 구멍뚫기

③ Drill : 13mm 이상의 부재에 구멍뚫기
④ Reamer : 틀림이 있는 구멍을 수정·정리 작업

5) 가조립
① 접합 및 세우기 목적으로 형상 유지할 수 있도록 가조립
② Torque wrench, impact wrench : bolt 조임용 및 검사용

6) 본조립
① Joe riveter, pneumatic rivetting hammer : 리벳치기
② Drift pin : 리벳구멍 맞추기
③ Chipping hammer, rivet cutter : 불량리벳 수정 절단
④ Impact wrench, torque wrench : 볼트 조이기용
⑤ 직류 아크용접기, 교류 아크용접기, 자동·반자동 용접기 : welding

7) 검사
① Micro meter calipers, steel tape : 강재치수, 판두께
② 피아노선, 다림추 : 수직도, 기준선
③ Universal level protractor, steel protractor : 휨 각도

2. 현장세우기

1) 세우기
① Guy derrick
가장 많이 사용하는 양중장비로 boom의 회전은 360°
② Stiffleg derrick
층수가 낮은 긴 평면의 건물 유리, 회전범위 270°, 작업범위 180°
③ Gin pole
간단한 양중설비 winch와 함께 사용
④ Truck crane
이동이 용이한 양중장비
⑤ Crawler crane
부재가 무겁고, 이동일수가 많은 곳에 적용
⑥ Tower crane
주행부가 궤도로 되어 있어 작업능률 최대

2) 접합
① Steel protractor : 각도 측정
② Steel square : 직각도
③ Thickness gauge, taper gauge 간격, 치수 측정

④ Nagger gauge, angle gauge : 개선형상, 용접치수
⑤ 온도 check : 예열온도
⑥ 열전도 온도계 : 용접온도
⑦ 전류전압계 : 전류전압 측정

3) 도장
① 막두께계, 전자두께계 : 도장두께
② Scraper : 경도

4) 양생
① Level, steel tape : 조립정밀도
② 다림추(plumb), 피아노선 : 조립연직도

5) 기타
① Dial gauge : 미세 치수 측정
② Transit, level : 앵커볼트 위치 확인

Ⅳ. 결 론

철골공사에서 장비의 선정은 공사규모와 대지 여건에 따라 적정한 장비를 채택하여 장비의 효율성을 증대시킴으로써 원가절감은 물론 철골 구조체의 품질확보가 가능하다.

문 7 대공간 구조물(체육관, 격납고 등) 지붕 철골세우기 공법을 열거하고 시공시 주의사항을 기술하시오. 〔98후(30)〕

I. 개 요

대공간 구조물의 지붕 철골세우기 공법은 각 항목에 대한 조사 및 검토에 의해 실시되는 세우기방법, 수송방법, 부재반입방법 등의 기본적인 대책을 세워 추진해야 한다.

II. 지붕 철골세우기 공법

1. Lift-up 공법

1) 정의

지붕바닥 등을 지상에서 조립 접합하여 jack 등으로 들어올려서 건립한다.

2) 장점

① 고소작업이 적어 재해예방에 적합
② 시공오차 수정이 용이
③ 철골공사 이외의 공사도 함께 병행하여 lift-up 가능함
④ 지지점이 적을수록 경제적

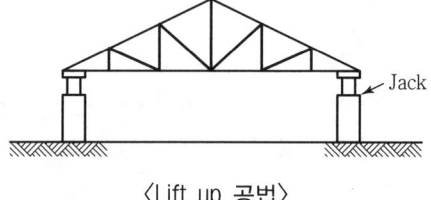
〈Lift up 공법〉

3) 단점

① Lift 부재가 필요
② 인원 투입이 불규칙(숙련공)

2. Stage 조립공법

1) 정의

접합부 위가 전체 용접으로 양중이 불가능할 때 가설 구조체를 truss와 같이 조립하여 stage를 만들고, 각 부분을 stage에 지지하여 접합하고, 전체 조립하는 공법

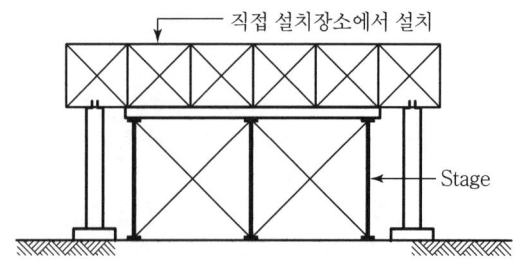
〈Stage 조립공법〉

2) 장점
- ① Stage가 작업발판이므로 안전
- ② 맞춤시 용접 조정이 용이
- ③ Stage를 타공정에 이용

3) 단점
- ① 가설비 증대
- ② Stage 조립, 해체 공기 확보
- ③ Stage 하부 작업곤란

3. 지주공법

1) 정의

   길이 및 중량, 부재자체 강성부족 등으로 설치가 불가능할 때는 접합부에 지주를 세워 지주 위에서 접합·설치하고, 지주를 해체함으로써 완료하는 공법

2) 장점
- ① 운반취급 용이
- ② 양중장비 용량에 유리

3) 단점
- ① 지주로 인한 동선 방해
- ② 지주상부에서 작업의 어려움
- ③ 추가공정 발생으로 공기 지연

4. Space Frame

1) 정의

   여러 부재를 입체적으로 결합하여 구성하는 pin 구조

2) 용도
- ① 체육관, 대형 스포츠 센터
- ② 전람회장, 동·식물원
- ③ 공장, 모델하우스
- ④ 격납고 등

Ⅲ. 시공시 주의사항

1) 유압 잭(jack) 압력관리
   ① Life up 시공시 동일한 압력관리가 요구
   ② 적정속도 유지

2) 마감처리
   ① Life up 시공시 도장 등의 마감이나 마무리 후에 설치
   ② 마감 보양대책 강구

3) 안전관리
   ① 외부비계가 없으므로 안전에 유의
   ② 장비 작업반경내 무용자 출입금지

4) 양중장비
   ① 철골중량, 크기 등을 고려하여 양중장비 선정
   ② 양중장비 설치전 구간의 다짐철저로 침하 방지

5) 현장용접 철저
   ① 적정 재질의 용접봉 사용 및 개선정밀도 확보
   ② 적정전류, 전압 및 용접속도 필요

6) 정도관리 철저
   시공시 허용오차 내에서 건립

Ⅳ. 결 론

대공간 구조물 지붕 철골세우기 공사시 공사 규모와 여건에 따른 적정한 공법이 선정되어야 하며, 양중장비 및 신건립공법의 개발이 필요하다.

문 8-1	철골 구조물 PEB(Pre-Engineered Beam) system에 대하여 기술하시오.	[02전(25)]
문 8-2	PEB(Prefabricated Engineered Build)	[05중(10)]
문 8-3	PEB(Pre-Engineering Builiding System)	[08중(10)]

I. 개 요

PEB는 Pre Engineered Building system의 약어로 최첨단 computer 프로그램에 의해 설계, 제작되는 철골구조물 건축공법이다.

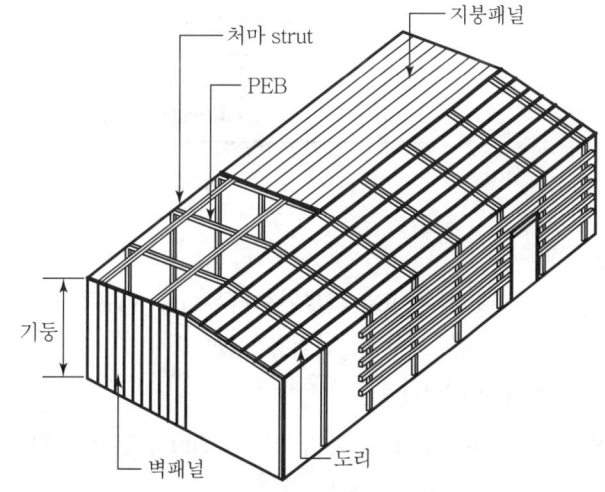

II. 특 징

① CAD, 고강도철판 사용으로 신뢰성 우수
② 고력 bolt 접합으로 인한 작업량 감소로 공기단축
③ Long span이 가능하므로 대공간 활용가능
④ 경량성 자재의 사용과 용접접합이 불필요하므로 경제성 우수
⑤ 설계시 computer로 인한 simulation이 가능하므로 구조적 안정성 우수

III. 시공순서 flow chart

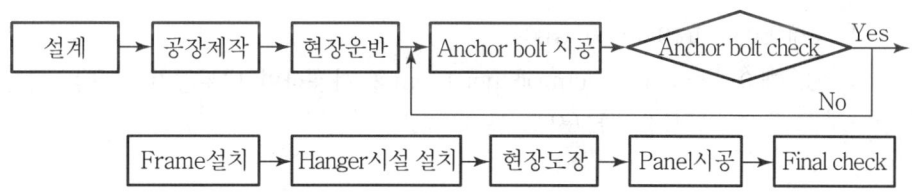

Ⅳ. 공법 종류 및 용도

1) Rigid Frame(RF) type
   ① 개요 : 최대 90m까지 장span 확보가 가능한 공법으로 크레인 및 각종 부가 하중처리기능 우수
   ② 용도 : 공장, 체육관, 격납고, 창고 등에 활용
2) Crane 설치 type
   ① 개요 : Column에 crane bracket을 설치하여 별도의 crane 기둥과 주행 beam을 설치하지 않아도 되는 공법
   ② 용도 : 중량물 취급공장, 창고, 판매장 등

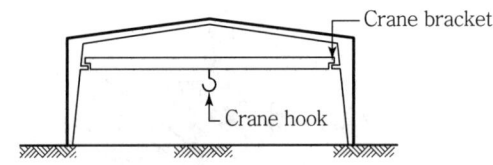

3) 중 2층 type
   ① 개요 : 공장 내 전체 또는 일부를 사무실로 이용하고자 할 때 채택
   ② 용도 : 이층 공장, 사무실, 산업용 건물 등
4) Modular Frame(MF) type
   ① 개요 : MF공법은 용도에 따라 내부 column 간격을 자유롭게 선택 가능하며 특히, 최대 240m의 내부공간 활용 가능
   ② 용도 : 물류센터, 산업용 건물, 슈퍼마켓, 쇼핑센터 등 대규모 건축물 시공 가능

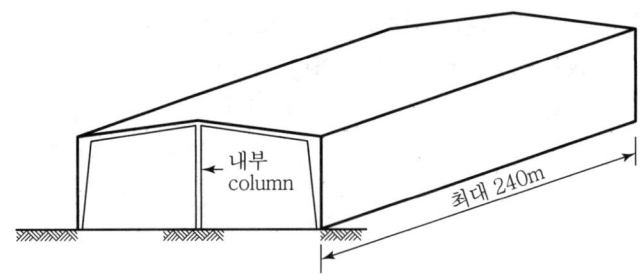

5) Uni Beam frame(UB) type
   ① 개요 : straight column과 uni beam을 사용하여 내부공간 활용을 극대화
   ② 용도 : 전시장, 학교사무 등

6) Single Slope frame(SS) type
   ① 개요 : 지붕면을 평면으로 하는 단조롭고 simple한 감각미를 살리는 건축공법
   ② 용도 : 소매점, 사무실, 쇼핑센터, 휴게소, 부속건물 등

V. 시공시 주의사항

1) Anchor bolt의 시공시 위치 및 치수관리 철저
   ① Anchor bolt 나사산에 cap을 씌워 Con'c 묻지 않도록 함
   ② Base plate level 준수

2) Anchor bolt level check
   ① Transit, level기 등을 이용해 anchor bolt 높이, base plate 높이 등 check
   ② Column 중심간격 및 대각선 길이 check

3) Frame 설치시 안전에 유의
   ① Main frame을 안전시공하고 sub frame은 나중에 설치
   ② Anchor bolt는 충분히 조여 column이 흔들리지 않도록 함
   ③ Frame의 수직, 수평을 확인후 수정한 다음 각 부재의 고정작업 실시

4) Hanger 시설 설치시 편심 방지
   ① 서까래(rafter) 내 시설물을 매달 때는 frame 한쪽에 편심이 작용하지 않도록 함
   ② 서까래에 용접 등에 의해 열변형이 생기지 않도록 함

5) 바탕처리후 현장도장 실시
   ① 바탕처리후(이물질제거 등) 도장작업 실시
   ② 바탕은 touch-up후 도장 마감

6) Panel 하부지지 철저
   ① Panel의 하단은 바닥에 지지하거나, end cap을 사용하여 바닥에 지지
   ② 고정 bolt는 screw bolt나 tapping bolt를 사용

7) Final check시 확인사항
   ① 각 부분의 처짐이 허용치 이내인지 확인
   ② 모든 frame의 bolt의 조임상태
   ③ 보강 bracing의 조임상태

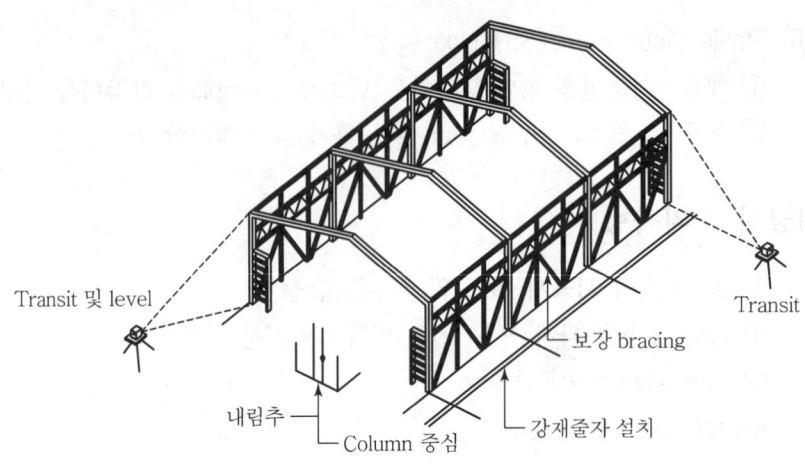

VI. 결 론

PEB system은 대공간의 창출로 실활용도가 높고, 공장에서 모든 부재를 제작하고 현장에서 bolt에 의한 접합으로만 가능해 성력화, 공기단축, 공기절감 등이 가능해 그 수요가 늘어날 것으로 예상되는 공법이다.

> **문 9-1** 철골공사에서 부재의 접합공법을 분류하여 설명하여라. [81전(25)]
> **문 9-2** 철골접합공법에 대하여 기술하시오. [05전(25)]
> **문 9-3** 철골구조의 접합의 종류 및 현장검사방법에 대하여 기술하시오.
>   [05중(25)]

Ⅰ. 개 요

건축물이 대형화·고층화됨에 따라 접합부의 소요강도 확보와 응력이 무엇보다 중요하므로, 접합시 충분한 강도, 시공성, 안전성, 경제성을 고려하여 적절한 공법을 선정해야 한다.

Ⅱ. 접합공법의 종류

접합공법
- Bolt
- Rivet
- 고력 bolt
- 용접

Ⅲ. 접합공법

1. Bolt 접합

1) 정의

   지압접합에 의해 응력이 전달되는 접합으로 주요 구조부에는 사용되지 않고 가설건물이나 지붕의 처마 중도리 등의 접합에 사용한다.

2) 장점

   ① 해체가 용이하며 시공이 간편하다.
   ② 가설건물, 소규모 공사, 가접합시 사용한다.

3) 단점

   ① 진동시 풀리는 경우 있음
   ② 볼트축과 구멍 사이에 공극 발생

2. Rivet 접합

1) 정의

   미리 부재에 구멍을 뚫고, 가열된 rivet을 joe riveter나 pneumatic riveter로 충격을 주어 접합하는 방법

2) 장점

   ① 인성이 큼
   ② 보통 구조에 사용하기 간편

3) 단점

   ① 소음 발생, 화재 위험
   ② 노력에 비해 적은 효율
   ③ 공장과 현장품질의 현저한 차이

3. 고력 bolt 접합

1) 정의

   고탄소강 또는 합금강을 열처리한 항복강도 $7tonf/cm^2$ 이상, 인장강도 $9tonf/cm^2$ 이상의 고력 bolt를 조여서 부재간의 마찰력으로 접합하는 방식

2) 장점

   ① 접합부 강도가 크다.
   ② 강한 조임으로 nut 풀림이 없다.
   ③ 응력집중이 적고, 반복응력이 강하다.
   ④ 성력화 및 공기단축이 되며 시공이 간단하다.

3) 단점

   ① 접촉면 관리와 나사 마무리 정도가 어렵다.
   ② 숙련공이 필요하며, 고가이다.

4. 용접접합

1) 정의

   2개의 물체를 국부적으로 원자간 결합에 의해 접합하는 방식

2) 장점

   ① 소음이 없고, 하중을 감소할 수 있다.
   ② 단면처리 이음이 쉽다.
   ③ 응력전달에 신뢰성이 있다.

3) 단점
　① 재질에 영향이 크다.
　② 확인이 어렵고, 변형·왜곡이 발생한다.
　③ 숙련공에 의존한다.
　④ 응력집중이 민감하고, 검사가 복잡하다.

Ⅳ. 현장검사방법

1. 고력볼트검사

1) 토크 관리법(torque control법)
　① 조임 완료 후, 모든 볼트에 대해 1차 조임 후에 표시한 금매김에 의한 볼트와 너트의 동시 회전 유무를 check
　② Nut 회전량 및 nut 여장의 길이를 육안 검사
　③ 규정 torque 값의 ±10% 이내의 것은 합격
　④ 조임부족 bolt는 규정 torque 값까지 추가로 조임
　⑤ 볼트 여장은 nut 면에서 돌출된 나사산이 1~6개 범위이면 합격

2) 너트(nut) 회전법
　① 조임 완료 후, 모든 볼트에 대해 1차 조임 후에 표시한 금매김에 의한 볼트와 너트의 동시 회전 유무를 check
　② Nut 회전량 및 nut 여장의 길이를 육안 검사
　③ 1차 조임 후 nut 회전량이 120°±30°의 범위에 있는 것은 합격
　④ Nut의 회전량이 부족한 nut는 규정 nut 회전량까지 추가로 조임
　⑤ 볼트 여장은 nut 면에서 돌출된 나사산이 1~6개 범위이면 합격

2. 용접검사

1) 용접 착수 전
　① 용접하기 전 단면의 형상과 용접부재의 직선도 및 청소상태를 검사한다.
　② 용접결함에 영향을 미치는 사항으로는 트임새 모양, 구속법, 모아대기법, 자세의 적정 여부 등이 있다.

2) 용접 작업 중
　① 용접 작업시 재료와 장비로 인한 결함 발생을 용접 중에 검사한다.
　② 용접봉, 운봉, 적절한 전류 등을 파악하며 용입상태, 용접폭, 표면형상 및 root 상태는 정확하여야 한다.

3) 외관검사(육안검사)
   ① 용접부의 구조적 손상을 입히지 않은 상태에서 용접부 표면을 육안으로 분석하는 방법이다.
   ② 외관검사만으로 용접결함의 70~80%까지 분석·수정 가능하므로 숙련된 기술자의 철저한 검사가 필요하다.
4) 절단검사
   ① 구조적으로 주요 부위, 비파괴검사로 확실한 결과를 분석하기 어려운 부위 등을 절단하여 검사하는 방법이다.
   ② 절단된 부분의 용접상태를 분석하여, 결함을 추정·예상하고 수정한다.
5) 비파괴검사
   ① 방사선투과법(RT ; Radiographic Test)
   가장 널리 사용하는 검사방법으로서 X선, γ선을 용접부에 투과하고, 그 상태를 필름에 형상을 담아 내부결함을 검출하는 방법이다.
   ② 초음파탐상법(UT ; Ultrasonic Test)
   용접부위에 초음파를 투입과 동시에 브라운관 화면에 용접상태가 형상으로 나타나며, 결함의 종류, 위치, 범위 등을 검출하는 방법으로, 현장에서 주로 사용하는 검사법이다.
   ③ 자기분말탐상법
   용접부위 표면이나 표면 주변 결함, 표면 직하의 결함 등을 검출하는 방법으로 결함부의 자장에 의해 자분이 자화되어 흡착되면서, 결함을 발견하는 방법이다.
   ④ 침투탐상법
   용접부위에 침투액을 도포하여 결함부위에 침투를 유도하고, 표면을 닦아낸 후 판단하기 쉬운 검사액을 도포하여 검출하는 방법이다.

V. 결 론

접합부 소요강도를 확보하기 위하여 시공의 기계화, robot화가 필요하며, 신속한 검사가 가능한 기기를 개발해야 한다.

문 10-1 철골구조에서 H-형강보(beam) 고장력 볼트로 접합 시공할 때 시공순서에 따라 품질관리방안을 기술하시오. [01중(25)]

문 10-2 철골부재에 쓰이고 있는 고장력 볼트 접합의 종류를 들고, 그 방법을 설명하라. [95중(30)]

문 10-3 고장력 볼트 접합공법의 재료관리, 접합 및 검사에 대하여 기술하여라. [82후(50)]

문 10-4 고장력 bolt의 현장관리에 있어서 다음 사항을 기술하시오.
    1) 반입   2) 보관   3) 사용관리 [03중(25)]

문 10-5 철골부재의 접합시 마찰면 처리방법에서 다음을 설명하시오.
    1) 마찰면의 처리방법   2) 마찰면 처리의 유의사항 [03중(25)]

문 10-6 철골공사 고장력 볼트 체결시 유의사항을 기술하시오. [00중(25)]

문 10-7 철골공사 고력볼트의 조임방법과 검사에 대하여 기술하시오. [98중전(20)]

문 10-8 철골공사의 고력볼트 조임검사 항목 및 방법에 대하여 기술하시오. [05후(25)]

문 10-9 철골공사에서 철골부재 접합면의 품질확보방법을 설명하고, 고력볼트 조임방법 및 조임시 유의사항에 대하여 기술하시오. [06후(25)]

문 10-10 철골공사에서 고장력 볼트의 현장반입시 품질검사와 조임시공시 유의사항에 대하여 기술하시오. [09중(25)]

문 10-11 고장력 볼트(high tension bolt) 조이기에 대하여 설명하여라. [88(20)]

문 10-12 고장력 bolt 조임방법 [05중(10)]

문 10-13 고장력 볼트(high tension bolt)에서의 토크값(torque치) [78후(5)]

문 10-14 고장력 볼트 인장체결시 1군(群)의 볼트 개수에 따른 torque 검사기준 [07전(10)]

문 10-15 고장력 볼트의 조임방법과 검사법 [07중(10)]

문 10-16 Impact wrench [84(5)]

문 10-17 고장력 볼트(high tension bolt) [81전(7)]

문 10-18 고장력 볼트	[90후(10)]
문 10-19 TS bolt(Torque Shear bolt)	[95중(10)]
문 10-20 TS(Torque Shear) bolt	[04중(10)]
문 10-21 TC(Tension Control) bolt	[98중전(20)]

Ⅰ. 개 요

고장력 bolt 접합이란, 고탄소강 또는 합금강을 열처리한 항복강도 $7tonf/cm^2$ 이상, 인장강도 $9tonf/cm^2$ 이상의 고장력 bolt를 죄여서 부재간의 마찰력을 이용한 접합방식이다.

Ⅱ. 고력 bolt의 현장관리(재료관리)

1. 반입(현장반입시 품질검사)

   1) 미개봉 상태로 반입
      종이상자 또는 포대에 약 30kg정도로 포장

   2) 규격확인(포장 외측)
      ① 고장력 볼트의 강도 구분
      ② 세트종류, 직경 및 길이
      ③ 로트 번호, 수량 등이 표시

   3) 반입확인 및 검사
      ① 납품시 제품의 상태, 외관의 파손 유무확인
      ② 발주명세서와 사내 검사성적서의 내용일치검사

   4) KS 표시 허가공장 제품 확인

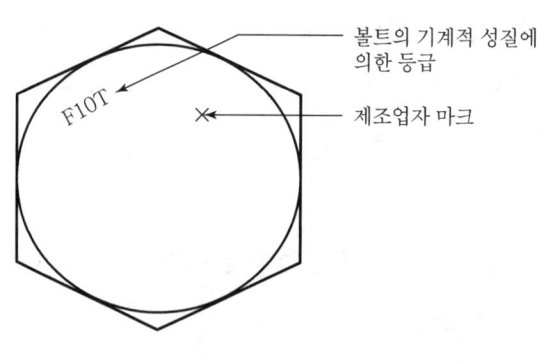

〈볼트머리부분의 표시 예〉

2. 보관

① 종류 및 등급에 따라 보관
② 볼트의 지름과 번호마다 구분
③ 온도변화가 적은 곳에 보관
④ 먼지 등이 없는 청결한 장소에 보관
⑤ 취급이 용이 하도록 정리
⑥ 포장상자의 강도를 고려하여 쌓을 수 있는 상자의 숫자를 제한

3. 사용관리

1) 당일 사용분만 반출
   보관장소로부터 반출은 당일 사용하는 필요 수량만 한정하여 반출

2) 작업장 방치 금지
   ① 공사 사정에 따라 그날 사용치 않은 볼트의 방치 금지
   ② 사용후 남은 볼트는 정리하여 보관장소에 둠

3) 양생철저
   ① 작업중의 강우에 대해서는 즉시 방수시트 등으로 보호
   ② 먼지, 오염 등이 닿지 않도록 주의

4) 체결 확인
   ① 체결시에는 등급, 구멍, 길이 확인
   ② 너트는 등급의 표시 기호가 체결 후 외측방향으로 보이도록 부착

5) 와셔 설치
   ① 와셔의 내측 면처리부가 볼트 머리밑과 맞도록 부착
   ② 볼트 머리밑 곡선부와 와셔 내경부가 간섭치 않도록 주의
   ③ 공회전 방지

6) 볼트의 교환
   ① 너트, 볼트, 와셔 등이 동시 회전을 일으킨 경우
   ② 너트 회전량에 이상이 인정되는 경우

7) 볼트의 재사용 금지
   한번 사용한 볼트는 절대로 재사용할 수 없다.

Ⅲ. 접합시 마찰면 처리방법

1. 마찰면의 처리방법

1) 보관시 이물질 제거

   자연방치 상태에서 붉은 녹이 발생한 것을 표준으로 한다.

2) 마찰면 청소

   ① 와셔지름의 2배만큼 청소(녹, 오염, 기름, 먼지)

   ② Scale(검정녹) 제거

3) Filler 사용

   ① 틈이 있으면 filler 사용

   ② 면의 기울기 발생시 level washer 사용

4) Bolt 구멍 보정

   ① Bolt 구멍주위의 변형을 방지하기 위해 reaming함

   ② Reaming시 나사파손에 주의

5) Bolt의 허용내력 확보

$$R = \frac{1}{V} \cdot n \cdot \mu \cdot N$$

V : 미끄럼에 대한 안전율(장기 1.5, 단기 1.0)
n : 전단면의 수
μ : 미끄럼계수(0.45)
N : 볼트의 축력(t)

2. 마찰면 처리의 유의사항

1) 흑피 제거

   ① 뜬 녹, 기름, 흑피

   ② 용접불똥, 도료

   ③ 철골의 제작, 조립 전 적절한 시기에 제거

2) 부재변형 방지

   ① 운반시에 부재의 변형을 최대한 방지

   ② 장비선정에 적정성 확보

3) 미끄럼 계수확보

   ① 접합면의 미끄럼계수는 0.45 이상이 되도록 할 것

   ② 부재, 이음판 등의 구멍가공 후 평 grinder로 평 와셔(washer)의 2배 이상 범위의 흑피를 제거

③ 흑피 제거시 면이 파이지 않도록 할 것
4) 설계볼트 장력확보
① 설계볼트 장력에 약 10%를 할증한 표준볼트 장력으로 체결
② 설계볼트 장력과 표준볼트 장력 제시
5) 마찰내력 시험
마찰내력을 확인하기 위한 시험 실시

Ⅳ. 접합방식(접합의 종류)

1) 마찰접합
① Bolt 조임력에 의해 생기는 접착면에 마찰 내력으로 힘을 전달하는 방식
② Bolt축과 직각방향으로 응력전달
③ 내벽이 밀착되지 않으면 전단접합과 같은 힘 전달

〈마찰접합〉

2) 인장접합
① Bolt축 방향의 응력을 전달하는 소위 인장형의 접합 방식
② Bolt의 인장내력으로 힘 전달

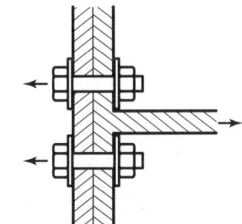
〈인장접합〉

3) 지압접합
① 재 사이의 마찰력과 bolt의 지압 내력에 의해 힘 전달
② Bolt축과 직각으로 응력작용

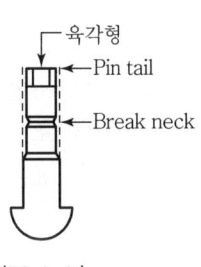
〈지압접합〉

Ⅴ. 고장력 bolt의 종류

1) TS(Torque Shear) bolt
① 나사부 선단에 6각형 단면의 pintail과 break neck으로 형성된 bolt로 TC(Torque Control) bolt라고도 한다.
② 조임토크가 적당한 값에서 break neck 파단
③ 특징
㉮ 사용간편
㉯ 온도의 영향을 받기 쉬움
㉰ 검사곤란

〈TS bolt〉

2) TS형 nut
   ① 표준 너트와 짧은 너트가 break neck으로 결합된 nut
   ② 특수 socket을 사용, 짧은 너트 쪽에 토크를 가하면 break neck 파단

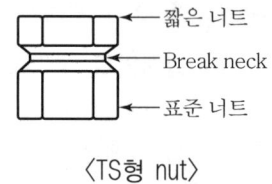
〈TS형 nut〉

3) Grip bolt
   ① 큰 인장홈을 가진 pin tail과 break neck으로 형성된 bolt
   ② 나사가 아니라 바퀴모양의 홈으로 bolt와 다름
   ③ 조임의 확실성, 검사 용이

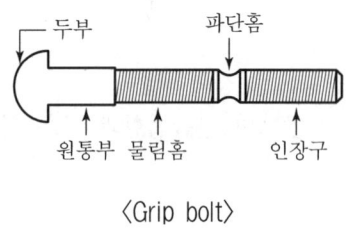
〈Grip bolt〉

4) 지압형 bolt
   ① 축부에 파진 홈이 붙은 bolt
   ② 축경보다 약간 작은 bolt 구멍에 끼우며 너트를 강하게 조이는 방식

Ⅵ. 조임방법(품질관리방안)

1. 조임방법

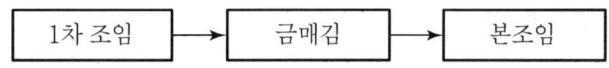

① 조임순서는 1차 조임, 금매김, 본조임 순으로 함
② 조임(접합)은 표준 bolt 장력을 얻을 수 있도록 조임
③ 조임은 impact wrench를 사용하여 규정 torque 값이 나오도록 nut를 회전시킴
④ 표준 bolt 장력(시방서 기준)

Bolt 호칭	표준 bolt 장력(ton·f)
M 12	6.26
M 16	11.7
M 20	18.2
M 22	22.6
M 24	26.2
M 27	34.1
M 30	41.7

1) **1차 조임**
   ① 표준 bolt 장력의 80% 정도의 값이 나오도록 impact wrench로 조임
   ② 표준 bolt 장력에 의해 torque 값(T=k·d·N)으로 산정
   일반적으로 현장시공시 시방서에 주어진 1차 조임 torque 값으로 검사
   ③ Torque 값(torque 치)

   $T = k \times d \times N$

       T : torque 값(kgf·cm)
       k : torque 계수(한국·미국 0.2, 일본 0.17)
       d : bolt 직경(mm, cm)
       N : 표준 bolt 장력(tonf, kgf)

   ④ 1차 조임 torque 값(시방서 기준)
   원칙적으로 계산(T=k·d·N)에 의해 torque 값을 구하여야 하나 현장에서는 다음의 값으로 검사

Bolt 호칭	1차 조임 torque 값(kgf·cm)
M 12	500
M 16	1,000
M 20, M 22	1,500
M 24	2,000
M 27	3,000
M 30	4,000

   ⑤ Impact wrench로 조임 후, 축력계를 붙인 torque meter가 달린 torque wrench로 표준 bolt 장력의 80%에 해당하는 torque 값 도달 여부를 검사
   ⑥ 덜 조여진 bolt는 규정 torque 값까지 추가로 impact wrench로 조임

2) **금매김**
   ① 1차 조임 후(표준 bolt, 장력의 80%) 모든 bolt는 금매김을 함

② 금매김은 볼트, 너트, 와셔 및 부재를 지나도록 할 것
③ 아연 도금된 고력 bolt에는 붉은 색, 일반 고력 bolt에는 흰색의 금매김을 함

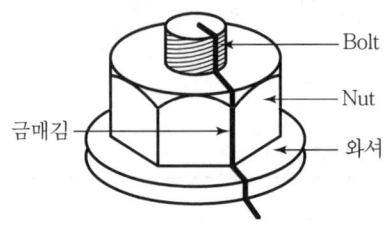

3) 본조임
    ① 토크관리(torque control)법
        ㉮ 표준 bolt 장력의 100% 값이 얻어질 수 있도록 impact wrench로 조임
        ㉯ Torque wrench로 표준 bolt 장력의 100%에 해당하는 torque 값을 산정($T = k \cdot d \cdot N$)하여 표준 bolt 장력 100% 여부를 검사하여야 하나, 시방서에서 값이 주어질 경우에는 그 값을 이용
    ② Nut 회전법
        ㉮ 1차 조임 후 금매김을 기점으로 nut를 120° 회전시킴 즉, nut의 금매김이 bolt 조임 방향으로 120° 이동되게 조임을 함
        ㉯ Nut가 120° 회전시 표준 bolt 장력의 100% 값과 거의 동일

2. 조임시공시 유의사항(체결시 유의사항)

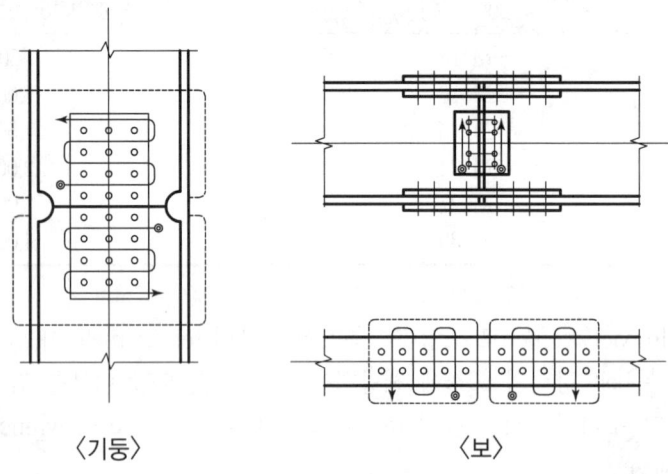

〈기둥〉   〈보〉

1) 조임순서 준수
   ① [   ] 부분은 조임 시공용 볼트의 군(群)
   ② ●─→ 는 조이는 순서
2) 기기의 정밀도 확보(impact wrench)
   ① 전체 bolt를 균등하게 조임할 수 있음
   ② Bolt 체결력이 우수하며, 작업효율이 높아 bolt 체결시 널리 사용
   ③ 고력 bolt 조임시 1차 조임 및 본 조임시에 사용
   ④ 조임에 필요한 소요시간이 단축됨
   ⑤ 조임에 대한 신뢰성 우수
   ⑥ Torque wrench 및 축력계 등 사용기기는 검증 및 교정된 것 사용
   ⑦ 정밀도는 3% 오차범위 내로 정비
3) 마찰면 처리
   ① 와샤지름의 2배만큼 청소 녹, 오염, 기름, 먼지 등을 제거
   ② Scale 제거

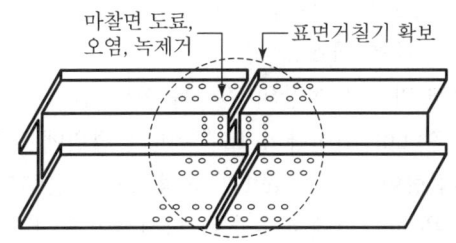

4) 시공의 정밀도 확보
   틈이 있는 경우 끼움판을 시공하여 시공의 정밀도 확보

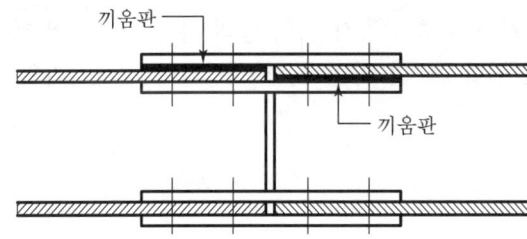

5) 볼트구멍 수정
   ① 철골공사에서 구멍뚫기를 한 부재를 조립할 때, 각 재의 구멍이 일치하지 않을 경우 reamer로 구멍 주위를 보기 좋게 가심(reaming)하는 작업
   ② 부재를 3장 이상 겹칠 때에는 소요 구멍의 지름보다 1.5mm 정도 작게 뚫고 reamer로 조정하기도 함

③ Reaming 작업시 구멍의 최대편심거리는 1.5mm 이하로 유지
6) 기상 작용
① 기온이 5℃ 이하인 경우 작업중지
② 최종 체결은 강우, 강풍시 금지

Ⅶ. 조임검사(접합면 품질확보방법)

1) 토크 관리법(torque control법)
① 조임 완료 후, 모든 볼트에 대해 1차 조임 후에 표시한 금매김에 의한 볼트와 너트의 동시 회전 유무를 check
② Nut 회전량 및 nut 여장의 길이를 육안 검사
③ 규정 torque 값의 ±10% 이내의 것은 합격
④ 조임부족 bolt는 규정 torque 값까지 추가로 조임
⑤ 볼트 여장은 nut 면에서 돌출된 나사산이 1~6개 범위이면 합격

2) 너트(nut) 회전법
① 조임 완료 후, 모든 볼트에 대해 1차 조임 후에 표시한 금매김에 의한 볼트와 너트의 동시 회전 유무를 check
② Nut 회전량 및 nut 여장의 길이를 육안 검사
③ 1차 조임 후 nut 회전량이 120°±30°의 범위에 있는 것은 합격
④ Nut의 회전량이 부족한 nut는 규정 nut 회전량까지 추가로 조임
⑤ 볼트 여장은 nut 면에서 돌출된 나사산이 1~6개 범위이면 합격

Ⅷ. 결 론

고장력 bolt 접합은 소음 공해 해소와 접합부 소요강도 확보는 충분하나, 고소작업으로 인한 능률저하 및 확인검사 미비 등의 문제점이 있어 현장에서의 철저한 품질관리 노력과 함께 접합상태의 확인이 쉽고 정확한 검사기기의 개발이 무엇보다 시급하다.

> **문 11-1** 용접기구 및 용접재료에 따른 용접의 종류를 열거하고, 각각 간단히 설명하여라.(단, 피용접재를 제외함) [84(25)]
> **문 11-2** 철골공사 피복 금속 아크 용접작업의 현장 품질관리 유의사항을 들고, 기술하여라. [93후(30)]
> **문 11-3** 용접시공(welding)에서의 작업전 준비사항과 안전대책 [76(10)]
> **문 11-4** 철골공사 현장용접시 품질관리 요점을 기술하시오. [07전(25)]
> **문 11-5** 철골공사에서 용접방법의 종류 및 유의사항에 대하여 기술하시오. [06전(25)]

Ⅰ. 개 요

용접은 짧은 시간 내에 국부적으로 두 강재를 원자결합에 의해 접합하는 방식으로 접합 속도가 빠르다.

Ⅱ. 용접작업전 준비사항

1) 설계 및 시방서 검토
   재료의 규격준수 및 용접순서, 용접방법 등을 숙지
2) 용접 숙련정도 시험
   용접시공 숙련정도를 check하여 숙련정도에 맞는 현장배치계획 및 용접교육 실시
3) 개선부 관리
   개선부의 청소상태 사전점검 및 개선부 각도, 폭, 간격 등의 개선 정밀도 확보
4) 용접재료 관리
   용접봉의 건조상태 및 보관함 속의 온도를 적정하게 관리
5) 예열관리
   강재의 종류에 따른 예열계획 및 예열방법, 예열시 온도 등의 검토
6) 천후관리
   강우, 강설, 강풍, 습도가 90% 초과시 및 기온이 0℃ 이하일 경우 작업중단

Ⅲ. 용접의 종류(용접방법의 종류)

1. 용접기구에 따른 종류

1) 직류 arc 용접기
   ① 교류전원이 있을 때는 보통 3상 교류 유도전동기를 직결하여 사용
   ② 전원이 없을 때에는 가솔린 또는 디젤 엔진과 직류 발전기를 직결하여 사용

2) 교류 arc 용접기
   ① 교류전원(220V, 110V 단상)을 용접작업에 적당한 특성을 가진 저전압 전류로 바꾸는 일종의 변압기
   ② 교류기는 값이 싸고, 고장이 적어 많이 사용

3) 반자동 arc 용접기
   ① 용접봉은 용접숙련공의 손으로 운봉하는 것은 수동용접과 유사하나 봉의 내밀기를 자동화한 것으로서 코일상의 와이어 사용
   ② 플럭스(flux)를 와이어의 심에 혼합시킨 복합 와이어 사용
   ③ 플럭스를 쓰지 않고, 실체 와이어를 쓰고, 탄산가스 등의 불활성 가스로 shield

4) 자동 arc 용접기
   ① 자동 arc 용접기는 용접봉의 내밀기, 이동 등을 기계로 작동
   ② Submerged arc welding method에 사용
   ③ 용접봉은 coil로 되어 있는 것을 사용
   ④ 피복재 대용으로 분말 플럭스(flux) 이용

2. 용접재료에 따른 종류

1) 피복 arc 용접(수동용접, 손용접)
   ① 모재와 전기의 전극과의 사이에 발생시킨 arc 열에 의해 용접봉을 용융시켜 모재를 용접해 가는 방법이다.
   ② 설비비가 싸고, 간편하다.
   ③ 작업능률이 나쁘고, 용접봉을 갈아 끼워야 한다.
   ④ 기계화 작업이 어렵다.

2) CO_2 arc 용접(반자동용접)
   ① CO_2 shield해서 작업하는 능률적인 반자동 용접방법으로 자동용접에 비하여 기계설치가 비교적 간단한 방법이다.
   ② 용입이 깊고, 용접속도가 비교적 빠르다.
   ③ 용접시공이 용이하며, 결함 발생률이 낮다.
   ④ 경제적이다.

3) Submerged arc 용접(자동용접)
   ① 이음 표면 선상에 플럭스(flux)를 쌓아올려 그 속에 전극 와이어를 연속하여 공급하면서 용접하는 방법으로 공장에서 주로 사용한다.
   ② 대전류를 사용하여 용융속도를 높여 고능률 용접이 가능하다.
   ③ 자동용접이므로 안정된 용접과 이음의 신뢰도가 향상된다.
   ④ 설비비가 많이 들며, 용접의 양부를 확인하면서 작업진행이 곤란하다.

Ⅳ. 안전대책

1) 이상 기후
   ① 강풍·강설·우천시 작업중단
   ② 강풍에 의한 추락사고와 부재의 전도에 유의
2) 차광
   용접용 색 글라스 사용 및 야간 작업시 옆으로의 빛에 주의
3) 화상예방
   피부의 노출을 막고 가죽장갑, 가죽 에이프런, 가죽구두 등을 착용
4) 추락
   낙하물 방지망 설치 및 개인 추락방지용 안전장구 착용
5) 화재예방
   용접용 전선의 합선 및 용접부근에 가연성 물질, 인화성 물질을 두지 말 것
6) 감전
   누전차단기 및 전격방지기 부착 및 신체에 습기 등을 제거 후 작업실시
7) 환기
   좁은 공간에서 작업시 발생 gas에 의한 질식, 중독 등의 방지를 위해 환기시설 설치

Ⅴ. 품질관리 유의사항(품질관리 요점)

1) 예열
   ① 용접 열영향부의 터짐, 강도, 취성 등 재질변화를 사전에 예열함으로써 결함, 변형을 최소화 한다.
   ② 진동을 감소시켜 인성을 증가시키고, 확산성 수소의 방출을 촉진하여 냉간 터짐의 발생을 방지한다.

2) 용접재료 건조
   ① 손용접봉의 플럭스가 대기 중에 수분을 흡수하면 작업성 저하 및 터짐이 발생한다.
   ② 보통 30~40℃에서 30~60분 정도 건조시키고, 그 후 10~15℃의 보관함에 보관한다.
3) 개선의 정밀도 및 청소
   ① 자동용접의 개선부 정밀도는 정확해야 하며, 손용접은 용접속도로 개선부의 제어가 가능하다.
   ② 개선부의 녹, 페인트, 유류, 먼지, 수분 등 기타 불순물을 제거하고, 각 용접층마다 slag를 매회 깨끗이 청소해야 한다.
4) 뒤깎기
   ① 플럭스 패킹이나 특수 뒷댐철을 안 쓴 경우 완전용입이 안 되어, 맞댄 용접은 제1층의 루트부에 용입불량 혹은 터짐이 발생한다.
   ② 뒤쪽에서 새로운 용접이 필요하다.
5) Arc strike
   ① 압열량이 적고, 터짐이나 공기구멍이 발생할 수 있으므로 특히 주의해야 한다.
   ② 모재에 순간적으로 접촉시켜 아크를 발생시키는 것은 결함의 원인이 된다.
6) 돌림용접
   ① 모살용접일 경우 완전히 돌림용접으로 작업한다.
   ② 모서리에는 비드(bead)의 이음매를 만들지 않고 연속이음한다.
7) End tab
   ① 용접의 시작지점과 끝지점에는 결함발생이 특히 크므로 end tab를 연결시켜 용접한다.
   ② 돌림용접을 할 수 없는 모살용접이나 맞댐용접에 적용한다.
   ③ 용접 후 절단하여 시험편으로 이용한다.
8) 기후·온도
   ① 기온이 0℃ 이하에서는 용접결함이 발생할 수 있으므로 작업을 중단하는 것이 좋다.
   ② 우천시나 강풍시에는 작업을 중단한다.
   ③ 습도가 90% 이상시 결함이 발생하므로 작업을 중단한다.
9) 리벳, 고력볼트와 병용
   ① 고력볼트나 리벳으로 선작업 후 용접을 하면 변형 및 결함을 예방할 수 있으며, 용접열에 의한 건조수축을 최소화할 수 있다.
   ② 두 가지 이상의 접합공법을 병용 사용시는 응력의 분포가 비슷한 것이 유리하다.

10) 잔류응력
   ① 잔류응력은 용접의 품질에 미치는 영향이 크므로 용접순서의 개선을 통하여 최소화 해야 한다.
   ② 먼저 용접한 것의 용접열이 팽창수축의 영향을 주므로 전체 가열법을 적용하는 것이 잔류응력을 해소시킬 수 있다.

Ⅵ. 결 론

용접은 구조체의 응력을 접합 및 연결하는 중요한 작업으로 철저한 품질관리가 요구되며, 이를 위하여 무인 용접 system의 개발이 필요하다.

> **문 11-6** 현장 철골 용접방법, 용접공 기량검사 및 합격기준에 대하여 설명하시오. [10후(25)]
> **문 11-7** 모살용접(fillet welding) [98전(20)]
> **문 11-8** 용접에서 목두께의 방향이 모재의 면과 45°의 각을 이루는 용접을 무엇이라 하는가? [94후(5)]
> **문 11-9** 맞댄용접과 모살용접의 주의사항 [82전(10)]

Ⅰ. 개 요

용접의 이음형식에는 맞댄용접과 모살용접으로 분류할 수 있으며, 모재의 청소상태·개선부 정밀도·용접재료 및 용접봉 건조상태 등에 유의하여 용접시 미치는 영향을 최소화해야 한다.

Ⅱ. 용접방법

1. 모살용접

1) 의의

   목두께의 방향이 모재의 면과 45°의 각을 이루는 용접으로 가공하기 쉽고 적응성과 경제성이 높아 널리 사용되는 용접방법

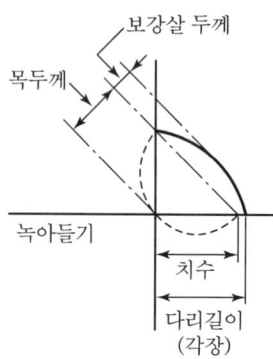

2) 모살용접의 기본형태

   ① 겹침 이음(lap joint)
      현장용접으로 많이 사용되며 접합부재의 맞춤과 가공이 쉽다.
   ② T형 이음(tee joint)
      조립평판보에서 flange와 web의 이음, web에 stiffener의 이음 등에 널리 쓰인다.

③ 모서리 이음(corner joint)
    상자형 단면의 모서리 부분을 접합하는데 주로 사용된다.
④ 끝동이음(단부이음, edge joint)
    구조적으로 사용되는 일은 거의 없고 부재의 가접합에 많이 사용된다.

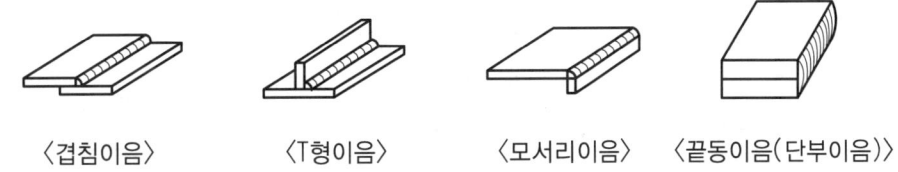

〈겹침이음〉   〈T형이음〉   〈모서리이음〉   〈끝동이음(단부이음)〉

3) 모살용접의 형식

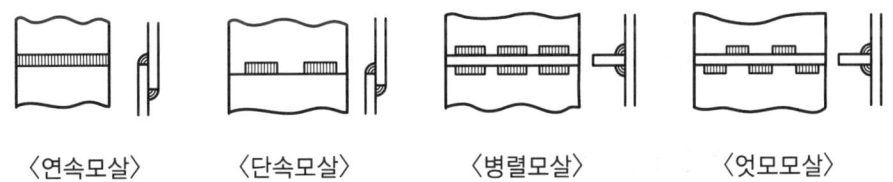

〈연속모살〉   〈단속모살〉   〈병렬모살〉   〈엇모모살〉

2. 맞댐용접

1) 의의

   접합재의 끝을 적당한 각도로 개선하여, 서로 접합부재를 맞대어 홈에 용착금속을 용융해서 접합하는 방식이다.

2) 개선(앞벌림, 홈, groove)의 형태

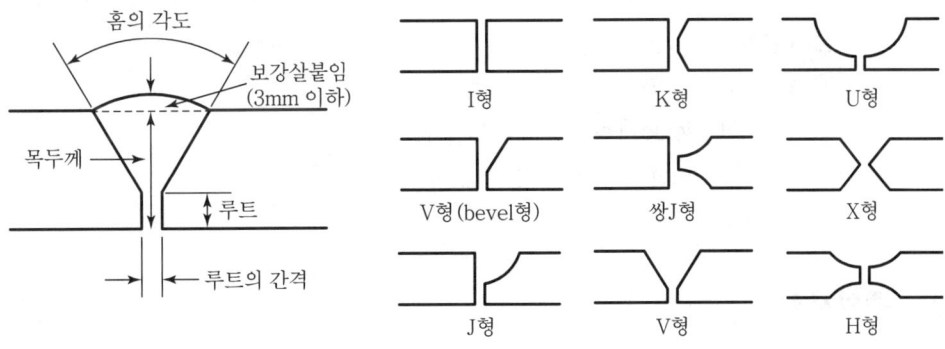

Ⅲ. 용접공 기량검사 및 합격기준

1. 기량검사

1) 기량 Test 대상 품목
   ① 전체가 관통되는 용접물
   ② 두께 25mm 이상의 후판 Fillet 용접되는 구조물
   ③ 도면사양에 RT, UT검사를 요구하는 구조물
   ④ 관련 Code 및 법규에 적용되는 제품
      ㉮ 고압 Gas
      ㉯ 한국산업안전
      ㉰ 에너지 관리공단 등
   ⑤ 유해 Gas가 흐르는 용접관
   ⑥ 응력제거를 필요로 하는 구조물

2) 기량인정
   ① 국가검정기관에서 승인한 용접사
   ② 건축주가 인정하는 기량보유자
   ③ 용접을 6개월 이상 작업하지 않은 자는 기량을 인정하지 않음

2. 합격기준

1) 합격자 판정과정
   ① 기량 Test 시 합격여부 판정자가 입회한다.
   ② 기량 Test한 제품을 검사한다.
   ③ 검사후 합격여부를 판정한다.

2) 검사방법
   ① 외관검사
   ② UT(Ultrasonic Test, 초음파탐상법)
   ③ RT(Radiographic Test, 방사선 투과법)
   ④ Bending Test

Ⅳ. 주의사항

① 용접할 소재는 용접에 의한 수축변형이 생기고 마무리 작업도 고려해야 되므로 치수에 여분을 두어야 한다.
② 용접봉의 flux가 대기 중에 수분을 흡수하면 작업성 저하 및 터짐이 발생하므로 용접재료를 건조시켜야 한다.

③ 모재의 개선면과 그 주변의 slag, 녹, 기름, 먼지, 수분 등의 불순물을 제거한다.
④ 용접부 이음의 개선은 공작도에서 승인된 형상으로 하고 개선의 정밀도 및 부재의 조립정밀도는 정확해야 한다.
⑤ 용접열 영향부의 터짐, 강도, 취성 등 재질변화를 사전에 예열함으로써 결함 및 터짐의 발생을 방지한다.
⑥ 맞댄 양측 용접을 하는 경우 배면 초층 용접 전에 gouging(밑면따내기)한 후 용접한다.
⑦ 맞댄용접에서 뒷댐재를 사용하는 경우 충분한 루트 간격을 확보하여 뒷댐재를 밀착시킨다.
⑧ 용접의 시작과 끝지점에는 결함발생이 크므로 end tab을 연결시켜 용접한다.

V. 결 론

① 용접접합은 작업자의 숙련도에 의해 품질이 좌우되며, 고소작업시 검측이 어렵다는 단점이 있어서 마찰 접합으로 대체되는 경우가 많다.
② 그러나 용접접합은 가장 신뢰성 있는 접합방법 중 하나이므로 품질관리가 용이하도록 발전시켜야 한다.

문 11-10 스터드 용접(Stud Welding) [10전(10)]

I. 정 의

① Stud bolt를 모재에 용접하는 방식이며, 스터드 용접은 일종의 자동식 arc 용접으로 용접시에는 대기(大氣)를 차단시키기 위해 도기질의 테두리(휠)를 사용한다.
② Stud gun에 용접될 stud를 꽂은 후 모재와 약간 사이를 두고 위치하여 전류를 통하게 하면 stud가 용접봉과 같은 역할을 하여, stud의 끝과 모재 사이에서 전기 arc가 발생하면서 stud를 모재에 용착시키는 방법이다.

II. 시공도해

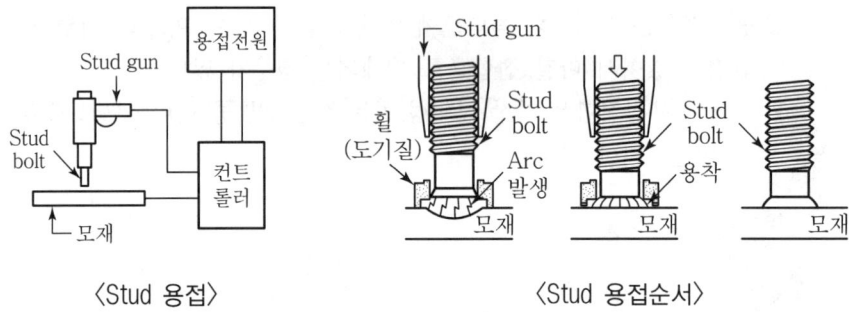

〈Stud 용접〉   〈Stud 용접순서〉

III. 특 징

① 용접 속도가 빠르며 고능률이다.
② 용접 비틀림이 적다.
③ 철골구조물 보의 전단연결재(shear connector)로 사용된다.
④ Composite beam(합성보) 공사에서 전단연결재인 stud bolt를 형강보에 용접하는데 매우 조작이 간편하고 능률적이다.
⑤ 모재에 대한 열영향이 적다.
⑥ 각종 형상의 bolt 용식이 가능하다.
⑦ 건축, 교량, 기계, 조선, 전기, 자동차 등 광범위하게 응용된다.

IV. Stud bolt 용접시 유의사항

① 용접부의 수분, 녹 등의 불순물을 제거한다.
② Stud 지름에 따라 적절한 전류, arc 길이, arc time을 선정한다.
③ 작업 개시 전 또는 용접장치를 이동하는 경우 시험용 stud재로 용접시험한다.
④ Deck plate상에서 용접할 때 deck plate의 배치는 stud 용접 직전에 배치한다.

문 11-11 스컬럽(scallop)	[85(5)]
문 11-12 Scallop 가공	[00후(10)]
문 11-13 Scallop	[03전(10)]
문 11-14 Scallop	[07전(10)]

Ⅰ. 정 의

철골부재 용접시 이음 및 접합부위의 용접선이 교차되어, 재용접된 부위가 열영향을 받아 취약해지기 때문에 모재에 부채꼴 모양의 모따기를 한 것을 말한다.

Ⅱ. 도 해

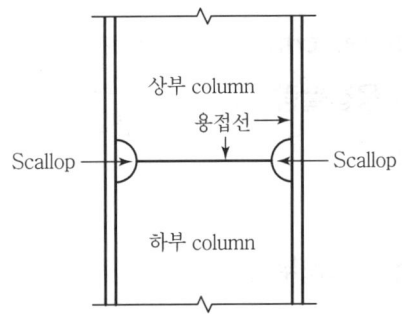

Ⅲ. Scallop의 목적

　　　① 용접선의 교차를 방지
　　　② 열영향으로 인한 취약 방지
　　　③ 용접균열, slag 혼입 등의 용접결함 방지

문 12-1 철골공사의 현장에서 피복(被覆) 아크(arc) 수용접(手鎔接) 작업시에 용접부에 발생하는 여러 결함과 그 대책을 기술하여라. [77(25)]

문 12-2 철골공사에서 용접시 용접부에 발생하는 결함을 열거하고, 그 방지책을 설명하여라. [82(후)20]

문 12-3 용접결함의 종류를 들고 그 원인과 대책에 관하여 설명하시오. [97전(30)]

문 12-4 철골조 접합부의 용접결함 종류를 나열하고, 방지대책을 기술하시오. [02전(25)]

문 12-5 철골공사 용접결함의 원인과 방지대책에 대하여 설명하시오. [10전(25)]

문 12-6 Under cut [03후(10)]

문 12-7 언더 컷(under cut) [92전(8)]

문 12-8 Fish eye 용접불량 [02중(10)]

문 12-9 Blow hole [02후(10)]

문 12-10 각장 부족 [92전(8)]

문 12-11 철골용접의 각장부족 [10후(10)]

문 12-12 Lamellar tearing 현상 [04전(10)]

문 12-13 라멜라 티어링(Lamellar tearing) 현상 [06후(10)]

I. 개 요

용접부의 결함은 건물 구조체의 내구성을 저하시키므로 시공시 결함의 종류를 파악하고 원인을 분석하여 품질관리를 철저히 해야 한다.

II. 결함의 종류

1) Crack

용착금속과 모재에 생기는 균열로서 용접결함의 대표적인 결함

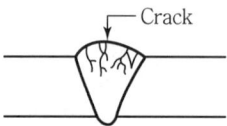

2) Blow hole

Blow hole은 용융금속 응고시 방출 gas가 남아 기포가 발생하는 현상으로 용접결함의 일종이다.

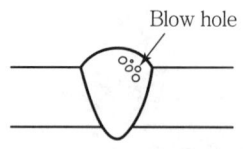

① 원인
　㉮ 용접방법, 순서에 의한 변형 발생시
　㉯ 용접속도가 일정치 못하고 기능이 미숙할 때
　㉰ 모재와 용접재료의 불일치
　㉱ 개선정밀도 및 청소상태 불량
② 대책
　㉮ 각 구조물에 대한 적절한 용접방법
　㉯ 적당한 용접속도 유지
　㉰ 적정용접봉 및 weeping 속도 유지
　㉱ 개선정밀도 확보, 용접부 청소 철저
　㉲ 용접 숙련공의 적절 배치

3) Slag 감싸돌기
용접봉의 피복제 심선과 모재가 변하여 slag가 용착금속 내에 혼입된 것

4) Crater
용접시 bead 끝에 항아리 모양처럼 오목하게 파인 현상

5) Under cut
과대전류 혹은 용입불량으로 모재 표면과 용접 표면이 교차되는 점에 모재가 녹아 용착 금속이 채워지지 않은 현상

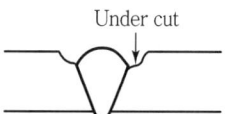

① Under cut의 원인
　㉮ 용접봉의 지지각도와 운봉속도가 적당하지 않을 때
　㉯ 용접전류가 너무 클 때
　㉰ 부적당한 용접봉을 사용할 때
　㉱ 용접자세가 맞지 않을 때
② 대책
　㉮ 용접봉의 지지각도와 운봉속도의 적정 유지
　㉯ 용접전류 적정 유지
　㉰ 적정 용접봉 사용
　㉱ 적정 용접자세 유지
　㉲ Under cut이 심할 경우 용착금속을 보충

6) Pit
작은 구멍이 용접부 표면에 생기는 현상

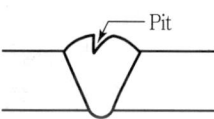

7) 용입불량
용입깊이가 불량하거나, 모재와의 융합이 불량한 것

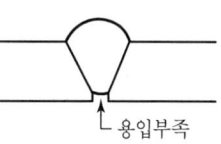

8) Fish eye

Fish eye는 blow hole과 slag가 모여 반점이 발생하는 현상으로 용착금속의 파면에 나타나는 은백색의 생선눈 모양으로 은점이라고도 불리는 용접결함의 일종이다.

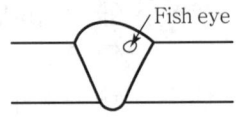

① 원인
 ㉮ 용접속도 부적절
 ㉯ 예열부족 및 개선정밀도 불량
 ㉰ 용접방법 및 순서의 부적절
 ㉱ 기능공의 숙련도 부족

② 대책
 ㉮ 적당한 용접속도 유지
 ㉯ 충분한 예열 및 개선정밀도 준수
 ㉰ 용접방법 및 순서의 정확한 준수
 ㉱ 기능공의 숙련도를 측정하여 적절히 배치
 ㉲ 적정 wepping 속도 유지

9) Overlap

겹침이 형성되는 현상으로서 용접금속의 가장자리에 모재와 융합되지 않고 겹쳐지는 것

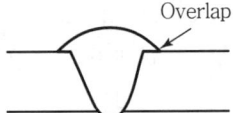

10) Over hung

상향 용접시 용착금속이 아래로 흘러내리는 현상

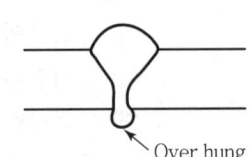

11) 각장 부족

각장(다리길이 : leg)이란 모살용접(fillet welding)에서 모재 표면의 만난 점에서 다리 끝까지의 길이를 말하며, 각장 부족이란 한쪽 용착면의 다리길이가 부족한 현상으로 용접결함의 일종이다.

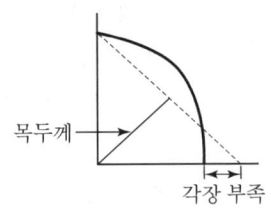

① 각장 부족의 원인
 ㉮ 용접전류가 적을 때   ㉯ 용접속도가 빠를 때
 ㉰ 부적당한 용접봉을 사용할 때   ㉱ 용접자세가 맞지 않을 때

② 대책
 ㉮ 용접전류 적정 유지   ㉯ 적정 용접속도
 ㉰ 저수소계 용접봉 사용   ㉱ 적정 용접자세 유지

12) Lamellar tearing

Lamellar tearing이란 용접시 열영향부(thermal effective zone)의 국부 열변형으로 모재 내부에 구속응력이 생겨 미세한 균열이 발생되는 현상으로, T형 용접시 흔히 발생한다.

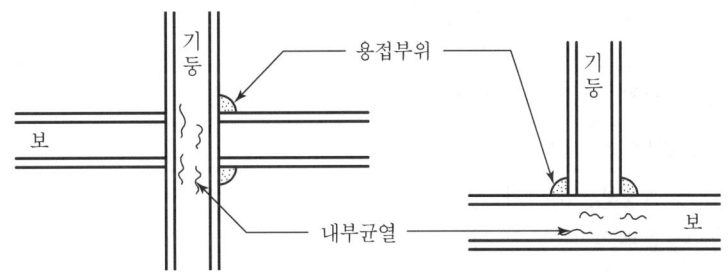

〈Lamellar tearing〉

① 원인
  ㉮ SiO와 MnS 등의 비금속 기재물과 판두께의 구속응력
  ㉯ 모재의 국부적인 열변형
  ㉰ 확산성 수소(H_2) 등의 영향
  ㉱ 부재의 구속력에 의한 열영향부의 변형
② 방지대책
  ㉮ 이음형상을 변경한다.
  ㉯ 적정한 개선(groove)의 형태를 유지한다.
  ㉰ 구속도 감소 및 이음위치를 분산한다.
  ㉱ 구조설계상 미리 배려하여 설계한다.
  ㉲ 용접 접합부에 예열과 후열 시공 실시

Ⅲ. 결함의 원인

1) 전류변화
  ① 용접전 충분한 예열 부족
  ② 용접시 전류의 높낮이가 고르지 못할 경우
  ③ 과대전류, 과소전류

2) 용접속도
  ① 용접속도가 일정하지 못할 경우
  ② 용접각도의 불일치

3) 용접봉
    ① 용접봉 재료의 잘못 선정
    ② 현장의 재료관리 부족

4) 용접부 개선
    ① 용접부 개선 정밀도 불량
    ② 용접부에 이물질, 녹 등이 발생
    ③ 용접부 청소상태 불량

5) 용접방법
    ① 용접방법, 순서가 부적정
    ② 용접부의 변형 발생

6) 미숙련공 고용
    용접기능이 부족

7) 기후조건
    ① 0℃ 이하에서 작업
    ② 고습도, 강풍시의 작업
    ③ 기타 기후조건에 대한 용접부위 보강 불량

Ⅳ. 방지대책

1) 용접재료
    ① 적정한 용접봉을 선택하여 사용
    ② 용접봉은 저수소계 제품을 사용, 보관·취급에 주의, 용접봉 건조

2) 용접방법
    ① 각 구조물에 대한 적절한 용접성을 고려하여 용접방법 선정
    ② 용접자세 및 개선부 유지

3) 기능인력의 숙련도
    ① 기능공의 숙련도를 측정하여 적절한 배치
    ② 용접기술 교육 및 작업전에 용접시 유의사항에 대한 지침 전달

4) 환경대책
    ① 고온, 저온, 고습도, 강풍, 야간시 작업중단
    ② 0℃ 이하는 작업중단이 원칙이며, 0~15℃일 경우 모재의 용접부위에 10cm 이내에서 36℃ 이상 가열이 원칙

5) 적정 전류
    ① 전류의 과도한 흐름을 막기 위하여 안전상 과전류 방지기를 설치함
    ② 용접부위는 육안으로 전류의 과도를 판단할 수 있어, 주의만 하면 쉽게 막을 수 있음
6) 용접속도
    ① 일정한 속도로 운봉하되 용접방향이 서로 엇갈리게 용접
    ② 빠른 운봉속도는 용입불량이 발생할 우려가 있으므로 적정속도 유지
7) 용접봉의 선택
    ① 용접봉은 모재의 일부와 융합하여 접합부를 일체화시켜 모재와 동질화하는 것이 중요
    ② 모재의 특성에 맞는 적정한 재질의 용접봉 사용
8) 개선 정밀도 확보
    ① 도면의 표기에 맞게 개선하고, 기타 필요한 모양으로 만들어 그라인더로 갈아 평활도 유지
    ② 개선부의 정밀도가 좋지 못하면 용접이 힘들고, 결함발생이 큼
9) 청소상태
    ① 용접부위의 녹 제거 및 오염, 청소상태를 점검하고, 개선부의 적정간격 유지
    ② 용접부분에서 200mm 이내(얇은 판의 경우 50mm 이내)는 용접완료 후 도장
    ③ 용접면에 slag, 수분 제거
10) 예열
    ① 급격한 용접에 의하여 용접변형, 팽창, 수축 발생
    ② 미리 용접부위에 예열하여 응력에 의한 변형 방지
11) 잔류응력
    ① 용접 후 잔류응력은 용접의 품질에 지대한 영향을 미침
    ② 용접작업의 방법·순서는 잔류응력을 최소화해야 함
12) 돌림 용접
    돌림용접은 모재의 변형을 최소화하여 잔류응력의 영향을 분산함으로써, 결함인 crack 방지

V. 결 론

용접결함을 최소화하기 위해서는 생산의 자동화, 용접시공의 robot화가 필요하며, 정확한 검사 기기의 개발로 결함을 파악 및 분석하는 것이 필요하다.

| 문 13-1 | 철골용접공사의 검사방법과 앞으로의 전망에 대하여 논하여라. [83(25)]
| 문 13-2 | 철골공사의 용접시공과정에 따른 검사방법에 대하여 설명하시오. [95전(30)]
| 문 13-3 | 용접검사방법 [97후(20)]
| 문 13-4 | 철골 구조물의 용접접합부위를 검사하는 데 있어 시행하는 비파괴용접 검사에 대하여 그 종류를 기술하고, 장단점을 설명하여라. [87(25)]
| 문 13-5 | 철골용접부의 비파괴검사법 [00후(25)]
| 문 13-6 | 철골공사 용접부의 비파괴검사방법의 종류와 그 특성에 대하여 기술하시오. [05후(25)]
| 문 13-7 | 철골용접의 비파괴시험(Non-Destructive Test) [08후(10)]
| 문 13-8 | 초음파탐상법 [01전(10)]

I. 개 요

철골공사의 용접검사방법에는 용접 전, 용접 중, 용접 후로 구분되나 그중 용접 후의 비파괴검사가 매우 중요하며, 각 부분에 따른 철저한 검사로 용접결함이 없도록 해야 한다.

II. 용접검사방법

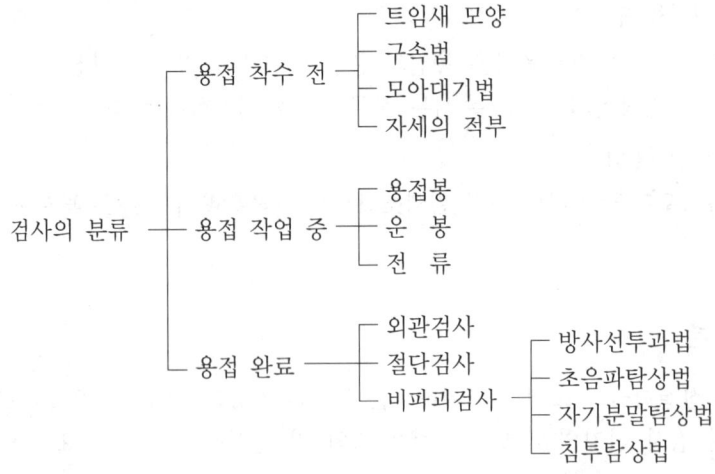

1. 용접 착수전

① 용접전 단면의 형상과 용접부재의 직선도 및 청소상태를 검사한다.

② 용접결함에 영향을 미치는 사항으로는 트임새 모양, 구속법, 모아대기법, 자세의 적정 여부 등이 있다.

2. 용접 작업중
① 용접 작업시 재료와 장비로 인한 결함발생을 용접중에 검사한다.
② 용접봉, 운봉, 적절한 전류 등을 파악하며 용입상태, 용접폭, 표면형상 및 root 상태는 정확하여야 한다.

3. 외관검사(육안검사)
① 용접부의 구조적 손상을 입히지 않은 상태에서 용접부 표면을 육안으로 분석하는 방법이다.
② 외관검사만으로 용접결함의 70~80%까지 분석·수정 가능하므로 숙련된 기술자의 철저한 검사가 필요하다.

4. 절단검사
① 구조적으로 주요 부위, 비파괴 검사로 확실한 결과를 분석하기 어려운 부위 등을 절단하여 검사하는 방법이다.
② 절단된 부분의 용접상태를 분석하여, 결함을 추정·예상하고 수정한다.

5. 비파괴용접검사(종류 및 특성), 비파괴시험(Non-Destructive Test)

1) 방사선투과법(RT ; Radiographic Test)
   ① 정의
   가장 널리 사용하는 검사방법으로서 X선, γ선을 용접부에 투과하고, 그 상태를 필름에 형상을 담아 내부결함을 검출하는 방법이다.
   ② 결함분석
   ㉮ 균열, blow hole, under cut, 용입불량
   ㉯ Slag 감싸돌기, 융합불량
   ③ 특성
   ㉮ 검사 장소에 제한
   ㉯ 검사한 상태를 기록으로 보존 가능
   ㉰ 두꺼운 부재의 검사 가능
   ㉱ 방사선은 인체 유해
   ㉲ 검사관의 판단에 개인판정 차이가 큼

2) 초음파탐상법(UT ; Ultrasonic Test)
   ① 정의
   용접부위에 초음파를 투입과 동시에 브라운관 화면에 용접상태가 형상으로 나타나며, 결함의 종류, 위치, 범위 등을 검출하는 방법으로, 현장에서 주로 사용하는 검사법이다.
   ② 특성
   ㉮ 넓은 면을 판단할 수 있으므로 빠르고, 경제적
   ㉯ T형 접합부 검사는 가능하나, 복잡한 형상의 검사는 불가능
   ㉰ 기록성이 없음
   ㉱ 검사관의 기량에 판정 의존
   ③ 검사시 유의사항
   ㉮ 검사 기술자는 초음파 기사에 합격한 자
   ㉯ 주파수는 1~5MHz를 사용
   ㉰ 작업 시작 30분 전에 감도의 안정 여부 확인
   ㉱ 검사할 용접부 주위를 깨끗이 손질 및 청소
   ㉲ 결함이 나타날 때는 그 주위를 정밀히 탐상하고 결함의 위치, 종류, 깊이 등을 기록

3) 자기분말탐상법
   ① 정의
   용접부위 표면이나 표면 주변결함, 표면직하의 결함 등을 검출하는 방법으로 결함부의 자장에 의해 자분이 자화되어 흡착되면서, 결함을 발견하는 방법이다.
   ② 특성
   ㉮ 육안으로 외관검사시 나타나지 않은 균열, 흠집 검출가능
   ㉯ 용접부위의 깊은 내부에 결함분석이 미흡
   ㉰ 검사 결과의 신뢰성 양호

4) 침투탐상법
   ① 정의
   용접부위에 침투액을 도포하여 결함부위에 침투를 유도하고, 표면을 닦아낸 후 판단하기 쉬운 검사액을 도포하여 검출하는 방법이다.
   ② 특성
   ㉮ 검사가 간단하며, 1회에 넓은 범위를 검사할 수 있음
   ㉯ 비철금속 가능
   ㉰ 표면결함 분석이 용이

Ⅲ. 전 망

1) 비파괴 검사
   ① 모든 용접부위의 품질상태 확인
   ② 검사과정 및 검사시간의 단축
   ③ 내력 전달의 정도 확인
   ④ 용접시공의 대외 신인도 상승

2) 검사기관의 육성
   ① 영세성인 검사기관의 대형화
   ② 검사장비의 현대화
   ③ 검사원에 대한 처우 개선

3) 용접의 자동화
   ① Robot을 통한 용접 자동화
   ② 용접봉의 coil 생산
   ③ 용접에 대한 품질 향상
   ④ 용접검사의 간편성 확보

4) 철골 부재의 표준화
   ① 부재의 표준화를 통하여 용접시공의 편리성 추구
   ② 용접검사의 용이성 확보

5) 철골의 경량화
   ① 건축물의 자중 경감
   ② 경량 철골의 고강도화로 용접 접합부의 강성 확보
   ③ 용접방법 및 검사방법의 개선

Ⅳ. 결 론

철골공사 용접시공은 건축물의 강도·내구성에 영향을 미치므로, 구조적으로 요구하는 내력에 대한 검사를 정확히 할 수 있어야 한다.

> **문 14-1** 철골공사의 용접부위 변형 발생원인, 용접불량 방지대책을 기술하여라.
> [93전(30)]
>
> **문 14-2** 철골공사시 발생되는 변형에 대하여 1) 원인, 2) 종류, 3) 대책방안을 기술하시오.
> [03후(25)]
>
> **문 14-3** 철골공사 용접변형의 종류 및 억제대책에 대하여 설명하시오. [11전(25)]
>
> **문 14-4** 철골제작시 부재변형을 방지하기 위한 방안을 기술하시오. [03전(25)]

I. 개 요

용접변형은 용접시 외력 및 온도변화에 의한 이음부의 응력변화를 말하며, 용융금속의 응고시 모재의 열팽창과 소성변형, 용착금속의 냉각과정 동안의 수축 등이 용접변형의 발생원인이 된다.

II. 용접변형의 발생원인

1) 모재의 열팽창
   ① 강재의 용융점은 1,500℃이므로 용접시 용융금속의 영향으로 팽창
   ② 팽창된 모재가 응고시 원상태로 회복하지 못할 경우

2) 모재의 소성변형
   ① 용접열에 의한 굳는 과정의 온도차이로 인한 변형
   ② 용접열의 cycle의 차이로 인한 발생

3) 냉각과정의 수축
   ① 용착금속이 냉각할 때 수축하여 변형
   ② 외기의 영향 또는 인접 용접시 온도의 영향으로 수축상태 변화

4) 모재의 영향
   ① 개선정밀상태에서 용착금속의 두께, 면적 등의 차이
   ② 모재의 강성 여부, 모재가 얇을수록 변형이 큼

5) 용접시공의 영향
   ① 용접시공시 숙련상태에 따라 변화
   ② 동일한 자세로 열의 변화를 최소화하고, 동일한 속도로 용접속도 유지

6) 잔류응력
   용접순서, 자세, 방법 등에 의한 선작업된 용접부의 잔류응력이 연결된 후작업에 미치는 영향으로 변형 발생

7) 용접순서·방법
   ① 용접순서와 방법에 따라 응력 발생이 변화
   ② 변형의 영향이 큼
8) 환경의 영향
   ① 외기온에 의한 용접열 cycle 과정에서 모재의 소성변형
   ② 모재 자체와 용접부위와의 온도차이로 인한 응력 발생

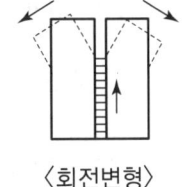
〈회전변형〉

Ⅲ. 용접변형의 종류

1) 종수축
   ① 길이가 긴 부재를 용접할 때 용접선 방향으로 수축하는 현상
   ② 교량공사시 부재, 철골조 공사시 기둥, 장보 등에서 발생
   ③ 변형의 범위가 경미함

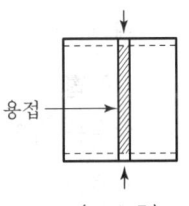

〈종수축〉

2) 횡수축
   용접선에 따라 직각방향으로 수축변형하는 것으로, 개선 정밀상태가 나쁘거나 용접층수가 많을수록 크게 발생

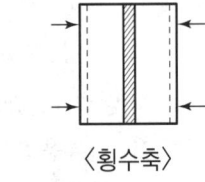
〈횡수축〉

3) 각변형
   용접시 온도가 일정치 못할 경우 이음부의 가장자리가 상부로 변형하는 것

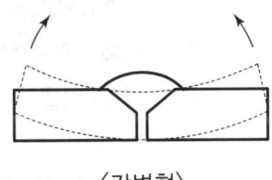
〈각변형〉

4) 종굽힘변형
   길이가 긴 T형이나 I형 부재 용접시 좌우 용접선의 종수축량의 차이에 의해 발생

〈종굽힘변형〉

5) 비틀림변형
   부재의 기본구조 설계시 자체 강도 부족으로 용접과 동시에 비틀림 현상 발생

6) 좌굴변형
   수축응력 때문에 중앙부에 파도모양으로 변형이 발생하는 현상

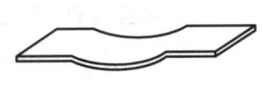
〈좌굴변형〉

7) 회전변형
   부재를 용접할 때 용접되지 않은 개선부의 개선간격이 커지거나 좁아지는 현상을 말함

Ⅳ. 방지대책(억제대책, 대책방안)

1) 억제법
   ① 응력이 발생할 우려가 있는 부위에 미리 보강재 또는 보조판을 부착
   ② 부재가 변형이 발생치 못하도록 장비, 기구를 이용하여 구속시킴
2) 역변형법
   용접상태를 분석하고, 응력발생 분포도를 작성하여, 부재제작시 미리 역변형을 주어 발생할 수 있는 변형을 예측하여 용접하는 방법
3) 냉각법
   살수를 하거나 수냉동판 등을 사용하여 용접시 온도를 낮추어 변형을 최소화하는 방법
4) 가열법
   ① 일부분의 가열을 피하고, 전체를 가열하여, 용접시 변형을 흡수할 수 있도록 하는 방법
   ② 변형 여부를 파악하여 부분 가열도 가능
5) 피닝법(peening method)
   ① 잔류응력을 완화시키기 위하여 용접시 용접부위를 두들겨 충격을 줌으로써 응력을 분산하거나 완화하는 방법
   ② 정밀한 부재 요구시 적용하지 말 것
6) 용접순서를 바꾸는 공법
   ① 대칭법
      용접부위를 대칭으로 용접
   ② 후퇴법
      구간방향은 정상용접을 하나, 전체 용접방향은 후진하면서 용접
   ③ 비석법
      구간방향, 전체 용접방향은 정상으로 하나, 한 구간 건너 뛰어 용접하는 방법
   ④ 교호법
      구간방향은 정상, 전체 용접방향은 후진하면서 용접하나 각 구간의 용접은 용접부위의 가장자리에서 중심으로 대칭 용접하는 방법
7) 재료보관, 재료, 전류, 자세
   ① 적정한 용접봉, 전류를 사용함으로써 용접결함 및 변형방지
   ② 용접봉은 건조하게 보관

③ 기능공의 숙련도 측정하여 적절한 배치가 필요하며, 작업 전 용접시 유의사항 및 지침전달
8) 예열
① 급격한 용접에 의하여 용접변형, 팽창수축 발생
② 미리 용접부위에 예열하여 응력에 의한 변형방지
9) 잔류응력
① 잔류응력을 완전히 해소시켜 용접결함에 대비
② 용접시 용접방법, 순서 준수
10) 돌림용접
① 돌림용접은 모재의 변형을 최소화하며, 잔류응력의 영향을 분산
② 부재의 특성을 분석한 후 적용

V. 결 론

용접변형은 세우기 정도뿐만 아니라 강도저하, 내구성까지 영향을 미치므로 변형을 방지하기 위해서는 설계 당시부터 부재의 응력형태를 분석하여 분산 및 해소방법을 연구해야 한다.

문 14-5 철골부재의 온도변화에 대응하기 위한 공법 및 그 검사방법에 대하여 설명하시오. [10전(25)]

Ⅰ. 개 요
철골 부재의 온도에 대한 변화는 크게 외기 온도에 의한 변화와 용접시 온도 변화에 의한 변화로 구분할 수 있다.

Ⅱ. 온도변화에 대응하기 위한 공법
1. 외기 온도변화에 대한 대응공법
   1) 내화피복 공법

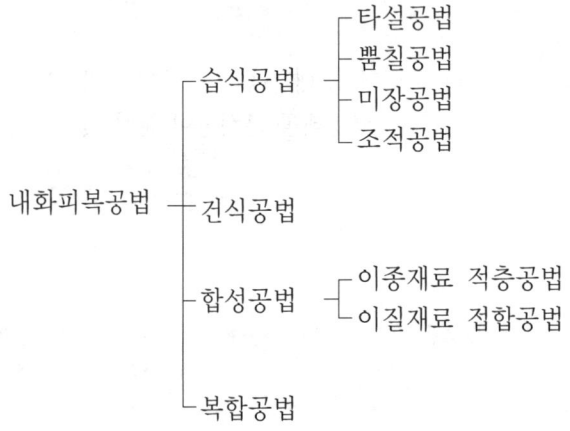

공법	시공방법
타설공법	철골 주위에 거푸집을 설치하고 경량 콘크리트나 mortar 등을 타설하는 공법
뿜칠공법	철골 표면에 접착제를 도포하고 내화재료를 뿜어서 도포하는 공법
미장공법	철골에 metal lath나 용접철망을 부착한 후 단열 mortar로 미장하는 공법
조적공법	철골 주위에 콘크리트 block, 벽돌, 석재 등을 조적하는 공법
건식공법	철골 주위에 내화 단열이 우수한 성형판을 부착하는 공법
이종재료 적층공법	철골 부착면에는 석면성형판을 부착하고 그위에 질석 plaster를 부착하여 마무리하는 공법
이질재료 접합공법	철골면에 서로 다른 내화성이 뛰어난 재료를 부착하여 마감하는 공법
복합공법	하나의 제품으로 2개의 기능을 충족시키는 공법

2) Column shortening
   ① 철골 수직 부재는 온도변화에 따라 변위가 발생하므로 이를 보정하기 위해서는 변위량 조절이 필요하다.

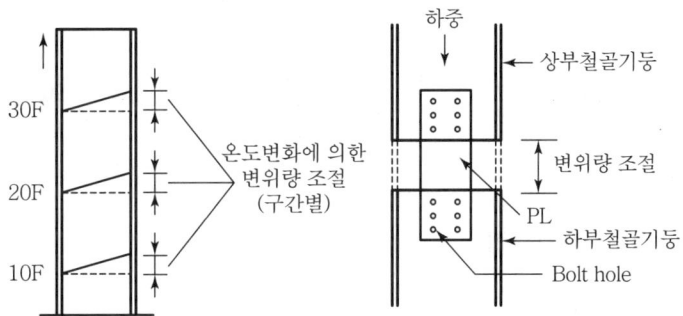

   ② 변위량 최소화
      ㉮ 구간별로 나누어진 발생 변위량을 등분 조절하여 변위치수를 최소화함
      ㉯ 변위가 일어날 수 있는 곳을 미리 예측하여 변위를 조절

2. 용접시 온도변화에 의한 대응공법

1) **억제법**
   ① 응력이 발생할 우려가 있는 부위에 미리 보강재 또는 보조판을 부착
   ② 부재가 변형이 발생치 못하도록 장비, 기구를 이용하여 구속시킴

2) **역변형법**
   용접상태를 분석하고, 응력 발생 분포도를 작성하여, 부재제작시 미리 역변형을 주어 발생할 수 있는 변형을 예측하여 용접하는 방법

3) **냉각법**
   살수를 하거나 수냉동판 등을 사용하여 용접시 온도를 낮추어 변형을 최소화하는 방법

4) **가열법**
   ① 일부분의 가열을 피하고, 전체를 가열하여, 용접시 변형을 흡수할 수 있도록 하는 방법
   ② 변형 여부를 파악하여 부분 가열도 가능

5) **피닝법**(peening method)
   ① 잔류응력을 완화시키기 위하여 용접시 용접부위를 두들겨 충격을 줌으로써 응력을 분산하거나 완화하는 방법
   ② 정밀한 부재 요구시 적용하지 말 것

6) 용접순서를 바꾸는 공법
   ① 대칭법 : 용접부위를 대칭으로 용접
   ② 후퇴법 : 구간방향은 정상용접을 하나, 전체 용접방향은 후진하면서 용접
   ③ 비석법 : 구간방향, 전체 용접방향은 정상으로 하나, 한 구간 건너 뛰어 용접하는 방법
   ④ 교호법 : 구간방향은 정상, 전체 용접방향은 후진하면서 용접하나 각 구간의 용접은 용접부위의 가장자리에서 중심으로 대칭 용접하는 방법

Ⅲ. 검사 방법

1. 외기에 대한 온도 변화

1) 내화피복공법
   ① 미장·뿜칠공법의 경우
      ㉮ 시공시 5m²당 1개소로 두께를 확인하면서 시공한다.
      ㉯ 뿜칠시공시 시공후 코아를 채취하여 두께 및 비중을 측정한다.
      ㉰ 측정빈도는 각 층마다 또는 1,500m²마다 각 부위별로 1회씩 실시한다.
      ㉱ 1회에 5개소로 한다.
      ㉲ 연면적 1,500m² 미만의 건물은 2회 이상 측정한다.
   ② 조적·붙임·멤브레인 공법의 경우
      ㉮ 재료반입시 두께 및 비중을 확인한다.
      ㉯ 확인빈도는 각 층마다 또는 1,500m² 마다 각 부위별로 1회씩 실시한다.
      ㉰ 1회에 3개소로 한다.
      ㉱ 연면적 1,500m² 미만의 건물은 2회 이상 검사한다.
   ③ 검사에 불합격시 덧뿜칠 또는 재시공에 의하여 보수한다.

2) Column shortening
   ① 변위량 예측

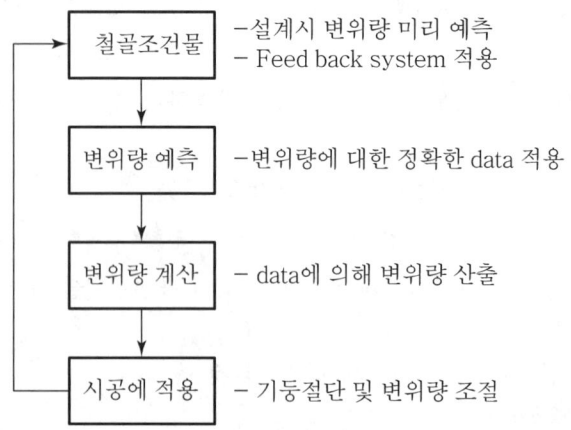

㉮ 설계시 변위량을 미리 예측
㉯ 변위량에 대한 정확한 data 필요
㉰ Data에 의한 변위량 산출 및 적용
② 계측
㉮ 계측 기구를 이용하여 시공시 변위 발생량을 정확히 측정
㉯ 구간별로 변위량을 검사하여 변위 발생후 본조립 실시

2. 용접시 온도 변화

1) **방사선 투과법(RT ; Radiographic Test)**
   가장 널리 사용하는 검사방법으로서 X선, γ선을 용접부에 투과하고, 그 상태를 필름에 형상을 담아 내부결함을 검출하는 방법이다.

2) **초음파 탐상법(UT ; Ultrasonic Test)**
   용접부위에 초음파를 투입과 동시에 브라운관 화면에 용접상태가 형상으로 나타나며, 결함의 종류, 위치, 범위 등을 검출하는 방법으로, 현장에서 주로 사용하는 검사법이다.

3) **자기분말 탐상법**
   용접부위 표면이나 표면 주변 결함, 표면 직하의 결함 등을 검출하는 방법으로 결함부의 자장에 의해 자분이 자화되어 흡착되면서, 결함을 발견하는 방법이다.

4) **침투 탐상법**
   용접부위에 침투액을 도포하여 결함부위에 침투를 유도하고, 표면을 닦아낸 후 판단하기 쉬운 검사액을 도포하여 검출하는 방법이다.

Ⅳ. 결 론

철골부재는 온도 변화에 의해 그 변위량이 크므로 시공전후 철저한 검사를 통하여 이에 대한 대책을 마련하여야 한다.

문 15-1 철골공사 시공에 있어 다음에 관하여 설명하여라. [82전(50)]
㉮ 제품 정도의 검사 ㉯ 용접부의 검사 ㉰ 조립시공의 정도

I. 개 요

철골 구조물의 품질을 확보하기 위하여 제품, 용접부, 조립의 허용오차를 정함으로써 구조적 안전성 및 경제성 등이 확보된다.

II. 허용오차의 종류

1) 관리 허용오차
   ① 95% 이상의 제품이 만족하도록 제작 또는 시공상의 목표값이다.
   ② 치수 정밀도의 반입검사시 검사 10Lot의 합격 판정을 위해 개개의 제품 합격, 불합격 판정값으로 이용된다.

2) 한계 허용오차
   ① 이것을 초과하는 오차는 원칙적으로 허용되지 않은 개개의 제품에 대한 합격판정을 위한 값이다.
   ② 개개의 제품이 한계허용오차를 초과할 경우 불량품으로 처리하고, 재제작하는 것을 원칙으로 한다.

III. 제품 정도의 검사

명 칭	그 림	관리 허용오차	한계 허용오차
보의 길이		$\Delta L : \pm 3mm$	$\Delta L : \pm 5mm$
기둥의 길이		$\Delta L : \pm 3mm$	$\Delta L : \pm 5mm$
보의 휨		$e : \dfrac{L}{1,000}$	$e : \dfrac{1.5L}{1,000}$
기둥의 휨		$e : \dfrac{L}{1,500}$	$e : \dfrac{L}{1,000}$

명 칭	그 림	관리 허용오차	한계 허용오차
단면의 폭		$\Delta B : \pm 2\text{mm}$	$\Delta B : \pm 3\text{mm}$

Ⅳ. 용접부의 검사

명 칭	그 림	관리 허용오차	한계 허용오차
T 이음의 틈새		$e \leq 2\text{mm}$	$e \leq 3\text{mm}$
겹침이음의 틈새		$e \leq 2\text{mm}$	$e \leq 3\text{mm}$
맞댐이음면 차이		$e \leq 1\sim 2\text{mm},\ \dfrac{t}{15}$	$e \leq 1.5\sim 3\text{mm},\ \dfrac{t}{10}$
베벨 각도		$\Delta a \geq -2.5°$	$\Delta a \geq -5°$
개선 각도		$\Delta a_1 \geq -5°$	$\Delta a \geq -10°$

Ⅴ. 조립 시공의 정도

명 칭	그 림	관리 허용오차	한계 허용오차
건물의 기울기		$e \leq \dfrac{H}{4,000} + 7\text{mm},\ 30\text{mm}$	$e \leq \dfrac{H}{2,500} + 10\text{mm},\ 50\text{mm}$
건물의 굴곡		$e \leq \dfrac{L}{4,000},\ 20\text{mm}$	$e \leq \dfrac{L}{2,500},\ 25\text{mm}$
보의 수평도		$e \leq \dfrac{L}{1,000} + 3\text{mm},\ 10\text{mm}$	$e \leq \dfrac{L}{700} + 5\text{mm},\ 15\text{mm}$

명 칭	그 림	관리 허용오차	한계 허용오차
기둥의 기울기		$e \leq \dfrac{H}{1,000}$, 10mm	$e \leq \dfrac{H}{700}$, 15mm

Ⅵ. 결 론

철골공사의 품질확보를 위해서는 mill sheet 검사에서부터 제품의 조립 및 건립시 오차를 허용오차 이내로 유지시켜야 한다.

문 15-2 건설 구조물의 기둥 수직도의 시공오차 허용범위 [97중후(20)]

Ⅰ. 개 요

철골 구조물의 정밀도는 철골조의 제작 및 시공에 있어서의 치수정밀도의 허용범위를 말한다.

Ⅱ. 기둥 수직도의 시공오차 허용범위

1) 기둥의 길이

   ① 관리 허용오차

   $L < 10m : -3mm \leq \Delta L \leq 3mm$

   $L \geq 10m : -4mm \leq \Delta L \leq 4mm$

   ② 한계 허용오차

   $L < 10m : -5mm \leq \Delta L \leq 5mm$

   $L \geq 10m : -6mm \leq \Delta L \leq 6mm$

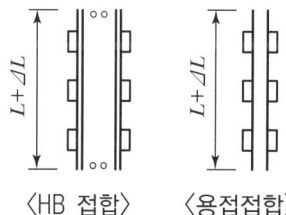

⟨HB 접합⟩   ⟨용접접합⟩

2) 기둥의 휨

   ① 관리 허용오차

   $e \leq \dfrac{L}{1,500}$ 또한 $e \leq 5mm$

   ② 한계 허용오차

   $e \leq \dfrac{L}{1,000}$ 또한 $e \leq 8mm$

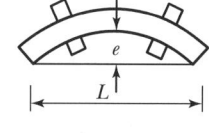

3) 기둥의 비틀림

   ① 관리 허용오차

   $\delta \leq \dfrac{6H}{1,000}$ 또한 $\delta \leq 5mm$

   ② 한계 허용오차

   $\delta \leq \dfrac{9H}{1,000}$ 또한 $\delta \leq 8mm$

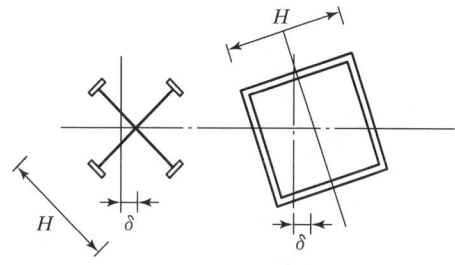

4) 메탈 터치

   ① 관리 허용오차 $e \leq \dfrac{1.5H}{1,000}$

   ② 한계 허용오차 $e \leq \dfrac{2.5H}{1,000}$

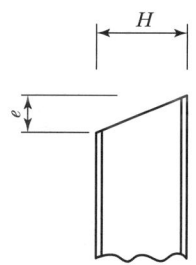

5) 기둥 끝에 붙은 면의 높이
    ① 관리 허용오차 $-3mm \leq H \leq 3mm$
    ② 한계 허용오차 $-5mm \leq H \leq 5mm$

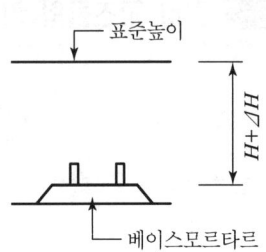

6) 기둥의 기울기
    ① 관리 허용오차 $e \leq \dfrac{H}{1,000}$ 또한 $e \leq 10m/m$
    ② 한계 허용오차 $e \leq \dfrac{H}{700}$ 또한 $e \leq 15m/m$

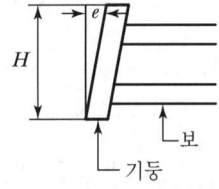

> **문 15-3** 철골부재의 현장반입시 검사항목　　　　　　　　　　　[00후(25)]
>
> **문 15-4** 공장에서 제작된 철골부재의 현장 인수검사 항목과 내용에 대하여 기술하시오.
> 　　　　　　　　　　　　　　　　　　　　　　　　　　　　[05후(25)]
>
> **문 15-5** 철골 공장제작시 검사계획(ITP ; Inspection Test Plan)에 대하여 기술하시오.　　　　　　　　　　　　　　　　　　　　　　[06후(25)]

Ⅰ. 개　요

공장에서 시험완료된 부재도 현장반입시 확인 및 검사를 거쳐 합격된 자재만 시공에 투입해야 한다.

Ⅱ. 검사계획(ITP ; Inspection Test Plan)

1) 검사계획 flow chart

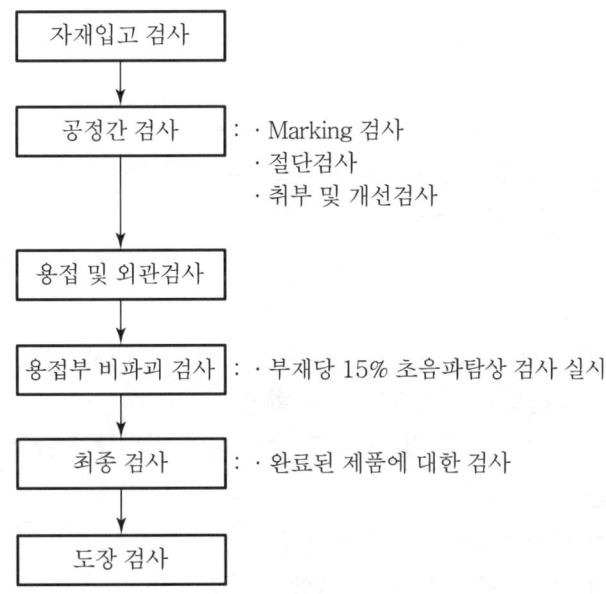

철골 자재의 공장 입고시부터 반출전 도장까지 철저한 검사로 적정품질 유지

2) 자재입고 검사
    ① 입고되는 자재는 자재입고 검사시 손상, 부식 또는 변형의 유무 확인
    ② 자재시험 성적서가 제품의 화학분석 및 기계시험 결과와 적합한지 확인
    ③ KS 규격품으로 규격 증명서가 있는 재료는 재료시험 생략 가능

3) 공정간 검사

Marking 검사	• 자재의 규격 및 marking이 제작도와 일치 여부 확인 • 제작도와 대조하여 기준 치수확인
절단 검사	• 치수 및 절단선에 따른 정확한 절단 여부 확인 • 절단후 자재의 변형 유무 확인
조립 및 개선 검사	• 부재의 조립상태에서 치수 검사 실시 • 용접 개선 각도 및 root면의 간격 확인 • 용접 부위 이물질 유무 확인

4) 용접 및 외관 검사
    ① 용접중 수시로 용접작업의 수행 정도 확인
    ② 용접부 외관검사는 육안검사 실시

5) 용접부 비파괴 검사
    ① 검사대상은 모든 안전 용입 용접부가 대상
    ② 비파괴 검사는 초음파 탐상 검사가 원칙
    ③ 기둥과 보의 접합부는 flange 상하부 각 1개소 검사
    ④ Box형 기둥은 1면당 1개소 이상 검사
    ⑤ 각 용접부분에 대해서는 부재당 15%는 초음파탐상 검사 실시

6) 최종 검사
    ① 가공, 조립, 용접 및 변형 등 완료된 제품을 검사
    ② 제품이 승인된 도면과의 치수 확인
    ③ 제품의 치수, 부재 번호, 외관 상태 등이 적절한지 확인

7) 도장 검사
    ① 검사 측정기기에 대한 검사 실시
    ② 도장부위 표면처리상태의 적합성 여부 확인

Ⅲ. 현장 반입시 검사항목(현장 인수 검사항목과 내용)

1) Mill sheet 검사

검사 항목	검사 내용
역학적 시험내용	• 압축강도, 인장강도, 휨강도, 전단강도, 휨moment 등
화학성분 시험내용	• Fe(철), S(황), Si(규소), C(탄소), Pb(납) 등
규격표시	• 길이, 두께, 직경, 단위중량, 크기 및 형상 제품번호 등

시방서나 KS규준에 맞는 시험규준 검사

2) 외관 검사
   ① 부재의 변형, 뒤틀림
   ② 부재의 손상, 단면 결손
   ③ Bolt 구멍, reaming 상태 등

3) 용접부 상태검사

종 류	도 해	주요인
Crack		• 용착금속과 모재에 생기는 균열로 대표적인 용접결함
Slag 감싸돌기		• 용접봉의 피복재인 심선과 모재가 변하여 slag가 용착금속 내에 혼입된 현상
Under cut		• 과대전류 혹은 용입불량으로 모재표면과 용접표면이 교차된 점에 용착금속이 채워지지 않는 현상

4) 제품의 정밀도 검사

명 칭	그 림	관리 허용오차	한계 허용오차
보의 길이	L	$\Delta L : \pm 3mm$	$\Delta L : \pm 5mm$
기둥의 길이	L	$\Delta L : \pm 3mm$	$\Delta L : \pm 5mm$

각 부재별로 제품이 관리 허용오차 내로 관리

5) 접합부 정밀도 검사

명 칭	그 림	관리 허용오차	한계 허용오차
T이음의 틈새		$e \leq 2mm$	$e \leq 3mm$
겹친이음의 틈새		$e \leq 2mm$	$e \leq 3mm$

6) 목두께 검사

모재와 면과 45°의 각으로 용접의 최소 두께 확보

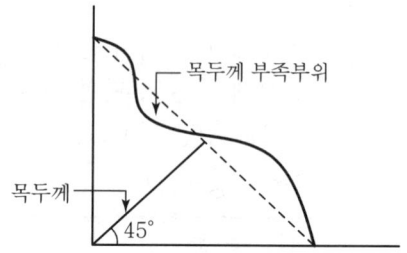

7) 각장 검사

한쪽 용착면의 다리 길이가 부족한지 여부를 검사

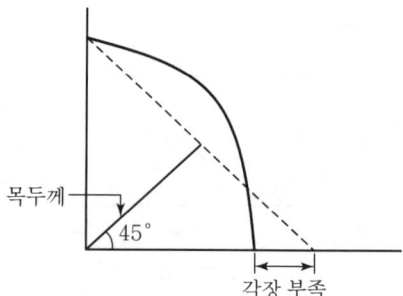

8) 도장 검사

막두께계, 전자두께계 등으로 도장두께 검사

IV. 결 론

철골부재의 현장반입계획은 공장과 현장과의 충분한 협의가 필요하며 설치 순서별 반입 및 적재가 중요하다.

문 16 초고층 철골 철근콘크리트 건축물의 box column과 H형강 column에 대한 용접방법을 각각 기술하시오. 〔94전(30)〕

I. 개 요

초고층 건축물 column의 용접방법은 column의 형태, 구조적 역학, 작업의 용이성 등을 고려한 공법의 적용이 요구된다.

II. Box column 용접

1. 제작방법

1) 원형강관 제작방법
   원형강관으로 공장 생산하여 box column으로 제작하는 방법
2) Plate 휨 가공방법
   Plate 강판을 대형 절곡장비를 이용하여 휨 가공하여 box column을 제작하는 방법
3) 각형 강판 제작방법
   4개의 plate로 각형 강판을 각각 용접하여 현장에서 요구하는 box column을 제작하는 방법

2. 기둥·보의 접합방법

1) 관통형 diaphragm
   ① 보의 관통하는 부위에 diaphragm을 용접하는 접합방식
   ② 접합부 plate 두께의 임의 조정 가능
   ③ 조립이 용이
   ④ 고층에 적용
   ⑤ 기둥을 절단하여 관통형 diaphragm(보)을 관통시킨 후 기둥을 용접

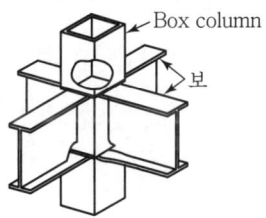
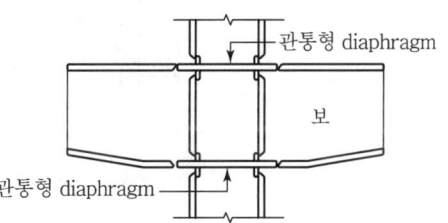

2) 안쪽 diaphragm
   ① 각형 강판 제작시 내부 접합부위에 강성을 증가시킨 접합방식
   ② 시공성이 복잡
   ③ 기둥내부에 보와 만나는 부위를 용접보강

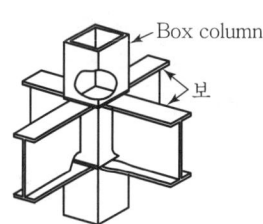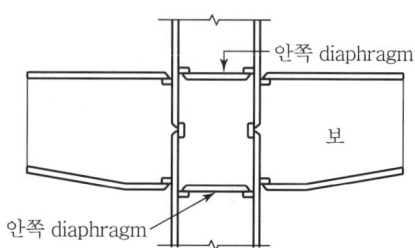

3) 바깥쪽 diaphragm
   ① 각형 강판의 외부 접합부위에 강성을 증가시킨 접합방식
   ② 보의 양쪽에 덧붙인(보강) 형태

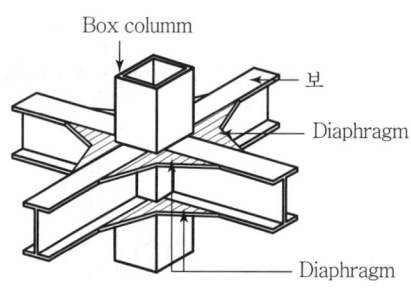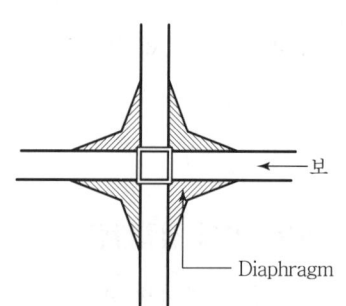

3. Box column(기둥＋기둥) 간의 용접방법

   1) 용접부 개선

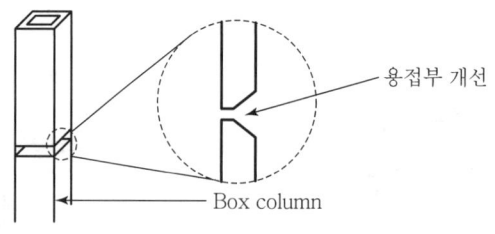

2) 용접 순서

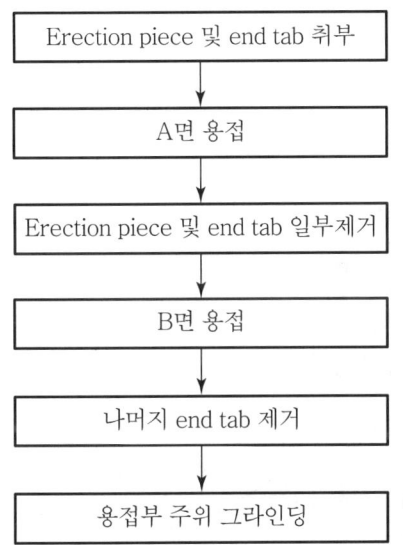

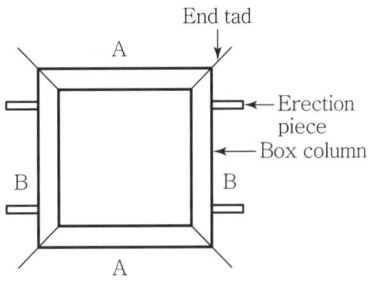

Erection piece : box column 용접전 상하 부재를 고정시키기 위해 설치하며 bolt로 조임

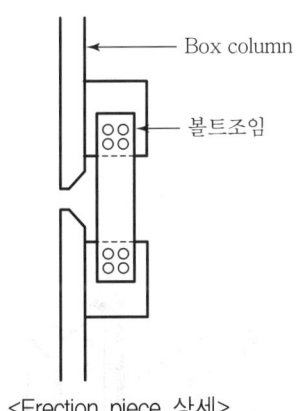

<Erection piece 상세>

Ⅲ. H-column 용접

1. 제작방법

1) H형 column 공장 제작방법
   H-column을 공장에서 주문 생산하는 방식

2) H형 column 현장 제작방법
   3개의 plate로 H형 column를 현장에서 제작하는 방식

2. 기둥·보의 접합방법

1) 기둥 관통식
    ① 조립이 용이
    ② 용접시 수평입향 자세로 용접이 곤란
    ③ 고층건물에 적용

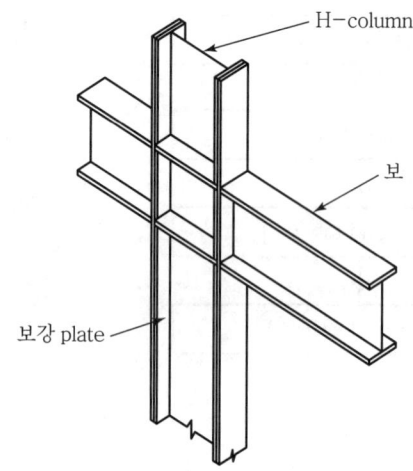

2) Beam 관통식
    ① 조립이 복잡
    ② 용접시 하향자세이므로 용접이 용이
    ③ 중층 건물에 적용

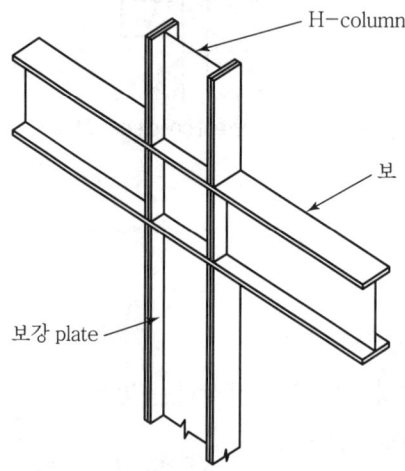

3. H-column(기둥+기둥) 간의 용접방법

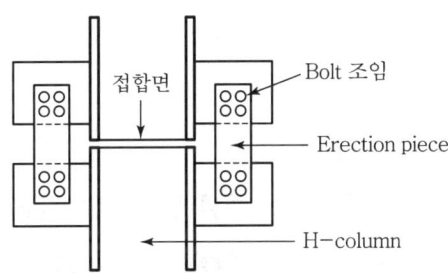

① 용접부 개선은 공장 가공으로 box column과 동일
② 용접전 erection piece로 상하 기둥 고정
③ Web 용접후 erection piece 제거
④ 용접선 교차 방지를 위한 scallop 설치
⑤ 용접후 용접부 주위 면 처리
⑥ 용접부 주위 면 처리시 bead 손상에 유의

Ⅳ. 결 론

철골 철근콘크리트 구조체가 외력과 하중에 대하여 하나의 힘으로 대응할 수 있는 접합공법의 개발이 필요하다.

문 17-1 철골 내화피복공법의 종류를 들고, 각각의 특징에 대하여 기술하여라.
[85(25)]

문 17-2 철골공사에 있어서 내화피복의 공법별 특성 및 시공방법을 설명하여라.
[91후(30)]

문 17-3 철골 내화피복공법의 종류 [00후(25)]

문 17-4 철골공사의 내화피복의 종류에 대하여 기술하시오. [07중(25)]

문 17-5 철골공사의 내회피복의 종류와 시공상의 유의사항에 대하여 기술하시오.
[09중(25)]

문 17-6 철골공사에 있어서 내화피복공법의 종류를 열거하고, 내화 성능향상을 위한 품질관리 향상방안에 대하여 기술하시오. [97후(30)]

문 17-7 철골 내화피복공법 중 습식공법에 대하여 기술하시오. [04후(25)]

문 17-8 철골 내화피복의 요구성능 및 내화기준에 대하여 기술하시오. [02후(25)]

문 17-9 건축 내화재료의 요구성능 및 종류와 내화피복공법에 대하여 기술하시오.
[02후(25)]

문 17-10 철골재의 내화피복 [89(5)]

문 17-11 철골 피복 중 건식 내화피복공법 [05중(10)]

문 17-12 내화 피복공사의 편장품질관리항목 [07전(10)]

문 17-13 철골 내화피복검사 [99중(20)]

I. 개 요

철골구조는 외력에 의한 높은 온도에 약하므로 화재열로 인한 내력저하를 최소화하기 위해서는 내화피복이 필요하며 내화시험 규준에 맞는 충분한 내화성능을 가져야 한다.

II. 내화재료 요구성능

1) 불연성
① 내화재료는 불연성이어야 하므로 광물섬유, 모르타르, 플라스터, 콘크리트 같은 무기질 재료를 사용한다.
② 무기질 성형판의 대표적인 것은 석면규산칼슘판이다.

2) 부착성
   ① 균열, 탈락의 발생을 방지하기 위해서는 모래 대신 질석이나 펄라이트 등의 경량골재를 이용한다.
   ② 철골면에는 라스 등의 바탕을 시공한다.
3) 경량성
   내부에 공극이 작고 많을수록 좋다.
4) 단열성
   ① 고온시의 열전도율이 낮고 열용량이 큰 것을 사용한다.
   ② 열적 성질이 같은 경우 두꺼운 것이 유리하다.
5) 경량성
   ① 상온에서는 경량일수록 단열성이 높지만 고온에서는 그렇지 않으므로 유의해야 한다.
   ② 경량일지라도 내부의 공극이 큰 재료는 고온에서 단열성이 저하하며, 내부의 공극이 작고 많을수록 고온시에 단열성이 좋다.
6) 시공성
   건식의 경우 습식에 비해 약 2배 정도 능률적이다.
7) 무공해성
   내화피복 재료로서 석면은 공해방지 측면에서 암면 등으로 대체 사용되고 있다.
8) 연소생성가스의 유해성(발연성)
   재료로부터 발연, 가스 발생량이 적어야 한다.

Ⅲ. 내화피복공법 종류

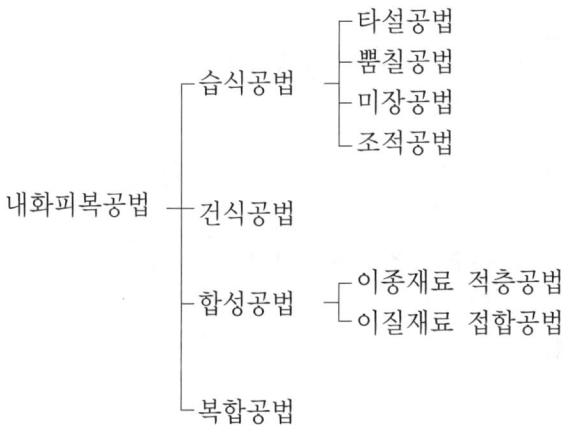

Ⅳ. 공법별 특성 및 시공방법

1. 습식공법

1) 타설공법
   ① 철골구조체 주위에 거푸집을 설치하고, 경량 Con'c 및 모르타르 등을 타설하는 공법
   ② 특징
      ㉮ 필요치수 제작이 용이하며, 구조체와 일체화로 시공성 양호
      ㉯ 표면 마감 용이, 강도 확보 및 내충격성
      ㉰ 시공시간이 길고 소요중량이 큼

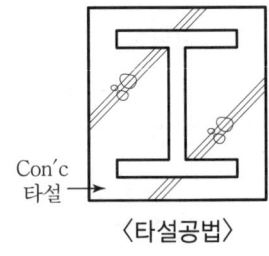
〈타설공법〉

2) 뿜칠공법
   ① 철골강재 표면에 접착제를 도포 후 내화재를 도포하는 공법
   ② 특징
      ㉮ 복잡형상에도 시공성 간단
      ㉯ 내열성 및 간접적인 단열 흡음효과
      ㉰ 재료의 손실이 큼
      ㉱ 피복 두께, 비중 등 관리 곤란

〈뿜칠공법〉

3) 미장공법
   ① 철골에 부착력 증대를 위해 metal lath 및 용접철망을 부착하여 단열모르타르로 미장하는 공법
   ② 특징
      ㉮ 비교적 높은 신뢰성
      ㉯ 작업 소요기간이 길다.
      ㉰ 기계화 시공 곤란
      ㉱ 넓은 면적의 시공 곤란, 부분시공

4) 조적공법
   ① 콘크리트 블록, 벽돌, 석재 등으로 조적하는 방법
   ② 특징
      ㉮ 충격에 비교적 강함
      ㉯ 박리 우려 없음
      ㉰ 시공시간이 길고, 중량

2. 건식공법(성형판 붙임공법)

1) 정의

   내화단열이 우수한 경량의 성형판을 접착제나 연결철물을 이용하여 부착하는 공법

2) 재료

   PC판, ALC, 석면규산 칼슘판, 석면성형판

3) 특징

   ① 재료, 품질관리 및 작업환경이 양호함
   ② 부분보수 용이하나, 접합부의 내화성능이 불리함
   ③ 충격에 비교적 약함
   ④ 보양기간이 길다.

4) 시공시 유의사항

   ① 내화피복두께 및 내화시험규준에 맞는지 여부 확인
   ② 부착판재의 맞춤시 접착부의 내화성능확보
   ③ 제품 주문시 규격분석하여 시공 여부 확인
   ④ 잔여 자재의 처리방안 검토(산업폐기물 처리업체에 위탁)
   ⑤ 우수에 대한 보양처리 및 지수층 형성

3. 합성공법

1) 정의

   이종재료를 적층하거나, 이질재료의 접합으로 일체화하여 내화성능을 발휘하는 공법

2) 종류 및 특성

   ① 이종재료 적층공법
      ㉮ 건식·습식 공사의 단점 보완
      ㉯ 바탕에는 석면성형판, 상부에는 질석 plaster 마무리
      ㉰ 건축물 마감의 평탄성 유지
      ㉱ 바름층의 탈락, 균열방지 방법을 검토
      ㉲ 부착성 검토
   ② 이질재료 접합공법
      ㉮ 초고층 건물의 외벽공사를 경량화 목적으로 공업화 제품을 사용하여 내부 마감제품과 이질재료를 접합

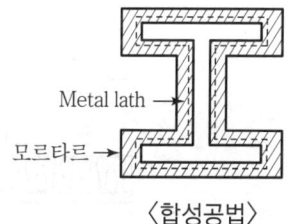

〈합성공법〉

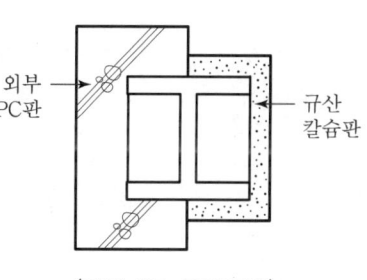

〈이질재료 접합공법〉

㉯ 외부의 내화피복공정 재료절약
㉰ 내화성능 사전검토 후 시공

3) 시공시 유의사항
① 내화피복성능을 사전에 파악하여 시공
② Joint 부분 결함 여부 확인
③ 접합방법 및 강도 검토

4. **복합공법**

1) 정의

하나의 제품으로 2개의 기능을 충족시키는 공법으로 외부 커튼 월과 내화피복, 천장공사의 천장마감과 내화피복기능을 충족하는 공법

2) 종류
① 외벽 ALC 패널(외벽마감과 내화피복 성능)
② 천장, 멤브레인 공법(흡음성과 내화피복 성능)

3) 시공시 유의사항
① 시공계획 전 관련법규와 문제점 파악
② 공사시공중 내화성능 역할
③ 시공순서의 사전계획
④ 지수층 형성으로 우수로 인한 피해방지

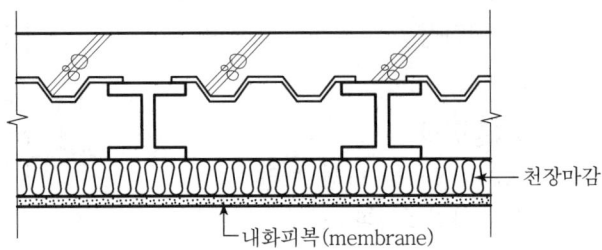

〈복합공법〉

V. 품질관리 방안(현장 품질관리 항목, 시공상 유의사항)

1) 시공전

시공계획수립
- Mixing plant 설치를 위한 space 확보
- 주변에 비산, 비래, 낙하, 추락에 대한 방지시설 확보
- 동력, 용수확보
- 소요자재 확보

2) 바탕처리 철저
① 바탕면 이물질 제거
② 방청도장면 뿜칠시 접착제를 혼입하여 뿜칠

3) 프라이머 도포
① 내화피복재의 부착성 향상
② 프라이머 도포시 Open Time 준수
③ 시험을 통해 최적의 부착성 확보

4) 재료 혼합 철저
① Mixing에 의해 충분한 재료 혼합
② 시험을 통한 혼합비율 결정
③ 내화피복재의 부착성 강조

5) 피복두께 충족
① 1회 뿜칠두께 25~30mm 이하
② 뿜칠두께가 30mm 이상일 경우 2회로 분할시공

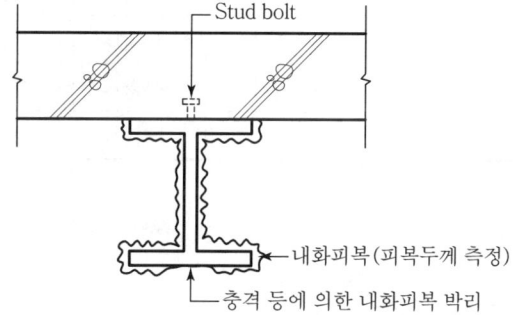

6) 박리에 대한 대책수립
① 시공중 박리 → 1회에 과다한 두께로 뿜칠시
② 시공후 박리 → 진동, 충격에 의해 발생
③ 박리부위는 재시공조치

7) 소요비중 check

10cm의 각 9개로 비중 측정

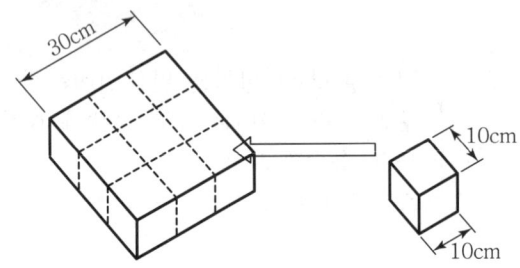

① 불합격시 두께 확보시까지 덧시공
② 이음부 불량의 경우 보강 시공

8) 극한기 동결방지

① 한냉기시 보양 처리
② 경화전 동결융해하면서 박리 발생

Ⅵ. 내화기준

구 분	층수/최고높이		기 둥	보	Slab	내력벽
일반시설	12/50	초과	3시간	3시간	2시간	3시간
		이하	2시간	2시간	2시간	2시간
	4/20 이하		1시간	1시간	1시간	1시간
주거시설	12/50	초과	3시간	3시간	2시간	2시간
		이하	2시간	2시간	2시간	2시간
	4/20 이하		1시간	1시간	1시간	1시간
공장·창고	12/50	초과	3시간	3시간	2시간	2시간
		이하	2시간	2시간	2시간	2시간
	4/20 이하		1시간	1시간	1시간	1시간

Ⅶ. 내화피복 검사

1) 미장·뿜칠공법의 경우

① 시공시 5m²당 1개소로 두께를 확인하면서 시공한다.
② 뿜칠시공시 시공후 코아를 채취하여 두께 및 비중을 측정한다.
③ 측정빈도는 각 층마다 또는 1,500m²마다 각 부위별로 1회씩 실시한다.
④ 1회에 5개소로 한다.

⑤ 연면적 1,500m² 미만의 건물은 2회 이상 측정한다.

2) 조적 · 붙임 · 멤브레인 공법의 경우
① 재료반입시 두께 및 비중을 확인한다.
② 확인빈도는 각 층마다 또는 1,500m²마다 각 부위별로 1회씩 실시한다.
③ 1회에 3개소로 한다.
④ 연면적 1,500m² 미만의 건물은 2회 이상 검사한다.

3) 검사에 불합격시 덧뿜칠 또는 재시공에 의하여 보수한다.

Ⅷ. 결 론

철골구조의 내화피복은 외부 온도변화의 영향으로부터 구조체를 보호하는 역할로서 시공시 정밀한 품질이 확보되어야 하며, 품질의 양부가 화재 등의 외력으로부터 건물을 보호하여 오랜 수명을 확보할 수 있다.

> **문 17-14** 철골공사의 습식 내화피복에서 뿜칠공법의 시공방법과 문제점을 설명하시오. [94후(25)]
>
> **문 17-15** 철골공사에서 뿜칠내화피복의 종류 및 품질향상 방안에 대하여 설명하시오. [10후(25)]

I. 개요

철골 구조물의 내력저하를 최소화하기 위해서는 내화피복이 필요하며, 내화피복공법 중 뿜칠공법이 가장 일반적으로 사용되고 있다.

II. 습식 내화피복공법의 분류

공법 분류 ─┬─ 뿜칠 공법
　　　　　　├─ 타설 공법
　　　　　　├─ 미장 공법
　　　　　　└─ 조적 공법

III. 뿜칠공법의 시공방법

1) 바탕 만들기
   ① 강재면에 들뜬 녹, 기름, 먼지 등이 부착되어 있는 경우는 제거하여 부착성을 좋게 한다.
   ② 강재면에 녹막이칠의 여부 및 재료선정에 유의한다.

2) 재료의 보관
   ① 현장에 반입된 재료의 보관에 대해서는 흡수와 오염 및 파손이 없도록 팔레트를 깔고 시트를 덮어둔다.
   ② 재료는 지정된 재고기간 내에 사용해야 한다.

3) 뿜칠시공
   ① 바탕처리후 신속하게 시공한다.
   ② 시공중 내화피복재에 물이 묻지 않도록 주의한다.

4) 검사
   ① 시공 후 두께나 비중은 코아를 채취하여 측정한다.
   ② 시공면적 $5m^2$ 당 1개소 단위로 핀 등을 이용하여 두께를 확인한다.
   ③ 각 층마다 또는 바닥면적 $1500m^2$마다 부위별 1회를 원칙으로 한다.

5) 보수

불합격의 경우는 덧뿜칠 또는 재시공에 의해 보수한다.

6) 시공형태

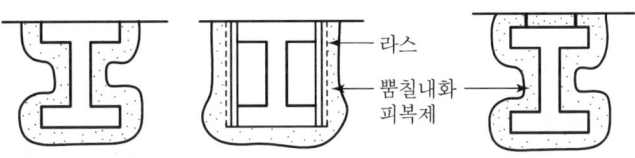

Ⅳ. 뿜칠 공법(뿜칠 내화피복 공법)의 종류

1) 습식 공법

① 정의

공장에서 일정비율로 혼합하여 만든 제품을 현장에서 물을 첨가하여 분사기로 뿜칠하는 공법

② 시공도

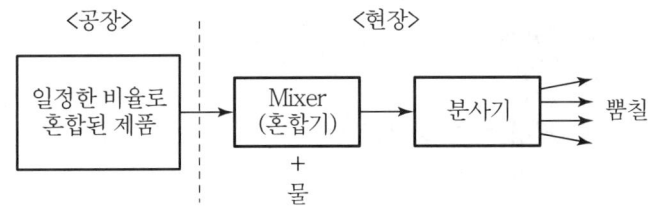

2) 반습식 공법

① 정의

공장에서는 혼합전 재료를 제공하고 현장에서 시멘트와 물을 혼합하여 분사기로 뿜칠하는 공법

② 시공도

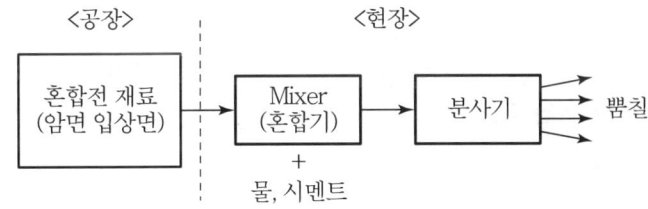

③ 공법의 비교

항목	습식 공법	반습식 공법
사용제품	질석계, 석고계	암면계
내화두께	1시간 내화 : 16mm 이상 2시간 내화 : 27mm 이상 3시간 내화 : 38mm 이상	1시간 내화 : 27mm 이상 2시간 내화 : 42mm 이상 3시간 내화 : 57mm 이상
분진발생	적다.	많다.
유지관리	용이	다소 어려움

V. 문제점

1) 공해
   ① 뿜칠 재료인 석면, 암면 등은 인체 유해
   ② 작업시 비산에 의한 공해문제 발생
   ③ 전 공정의 작업진행에 지장 초래

2) 비경제적
   ① Spray 작업으로 비산되는 자재가 많음
   ② 비산 자재의 재활용 불가
   ③ 자재의 효율적 측면에서의 낭비요소 과다

3) 시공성 저하
   ① 두께 및 적정 비중 확보 곤란
   ② 기둥, 보 등의 각내기 곤란
   ③ 전체 평활성 유지 불리

4) 품질관리 난해
   ① 시공중 검사가 난해
   ② 일정한 두께 확보가 사실상 불가능

5) 접착성 저하
   ① 접착제의 접착성능 저하
   ② 시공시 리바운드에 의한 탈락 발생

VI. 품질향상방안

1) 시공계획 수립
2) 바탕처리 철저

3) Primer 도포시 Open Time 준수
4) 재료혼합 철저
5) 피복두께 확보
6) 박리대책 수립
7) 소요비중 Check
8) 극한기 동결방지

Ⅶ. 결 론

습식 내화피복에서의 뿜칠공법은 인체에 유해한 재료인 석면, 암면 등을 사용하므로 시공전반에 걸쳐 관리가 어렵고, 인력시공으로 인한 정확한 설계 두께 확보가 어려우므로 이에 대한 대처방안이 마련되어야 한다.

> **문 18-1** 건축물의 층간 방화구획방법에 대하여 설명하시오. [04전(25)]
> **문 18-2** 건축물 커튼월(Curtain-wall) 부위의 층간방화구획 방법에 대하여 설명하시오. [08중(25)]
> **문 18-3** 초고층 건축물에서 층간 방화구획을 위한 구법 및 재료의 종류별 특징에 대하여 설명하시오. [10후(25)]

I. 개 요

① 건축물에서 화재가 발생하면 건물 내외의 온도와 압력 차이로 인한 연돌효과(stack effect) 때문에 각종 개구부를 통하여 급속하게 전층으로 확대된다.
② 따라서 건물 내부를 관통하는 각종 개구부를 효과적으로 밀폐시켜 화재로부터 재산과 인명을 보호하기 위해서는 층간방화구획이 필요하다.

II. 층간방화구획의 목적

① 연소확대 방지
② 화재확산 방지
③ 피난시 안전성 확보
④ 소화활동의 원활화

III. 방화구획의 법적기준

구획 종류	구획 단위
면적별 구획	• 10층 이하의 층은 바닥면적 1,000m² 이내마다 구획 • 11층 이상의 층은 층내 바닥면적 200m²(내장재가 불연재인 경우 500m²) 이내마다 구획 • 스프링클러 등 자동식 소화설비 설치부분은 상기면적의 3배 이내마다 구획
층별 구획	• 3층 이상의 모든 층은 층마다 구획 • 지하층은 층마다 구획
용도별 구획	• 주요 구조부를 내화구조로 하여야 하는 대상 부분과 기타 부분 사이의 구획 • 주요 구조부를 내화구조로 하여야 하는 대상 부분과 기타 부분

Ⅳ. 층간방화구획방법(층간 방화구획을 위한 구법)

1) 창호화 slab 연결부
    철판 위 유리면 시공
2) 각종 배관 관통부
    ① 방화 우레아폼 충진
    ② 철판 위 Con'c 충진
3) Pit부
    ① 거푸집 위 콘크리트 타설
    ② 철판 취부
4) 계단실
    ① 계단실 출입 방화문은 갑종방화문 시공
    ② 화재시 연기나 열에 의해 자동적으로 닫히도록 한다.
    ③ 자동 폐쇄장치 해제 절대 금지
5) 설비 샤프트
    ① 샤프트의 벽체는 내화구조로 상층바닥 slab까지 축조
    ② 관통부 주위 틈새를 모르타르, 내화충전재로 밀폐
    ③ 점검구 문은 갑종방화문의 구조
6) 설비 덕트
    ① 덕트가 수직 샤프트 벽체를 관통하는 경우 방화 댐퍼를 벽체에 매립·고정
    ② 방화구획을 관통하는 댐퍼(damper) 주위 벽체는 밀폐
7) 방화문
    ① 방화문의 문틀은 불연재로 한다.
    ② 문을 닫은 경우에 방화에 지장이 있는 틈이 생기지 않도록 한다.
    ③ 문의 부착 철문은 문을 닫은 후에 화재에 노출되지 않아야 한다.
8) 자동방화 셔터의 설치
    ① 전동 및 수동으로 수시로 작동하여야 함
    ② 임의 위치에서 정지시킬 수 있고 자중에 의해 개폐가 가능한 구조
    ③ 직근 3m 이내에 갑종방화문이 설치된 곳에 설치
9) 외벽과 slab 틈새 구획
    ① Slab를 커튼 월까지 가능한 한 접근시킨다.
    ② 팬코일 박스 후면의 단열판을 내화성능이 있는 벽으로 구획
    ③ 틈새는 충전재료, 충전깊이, 시공방법을 고려하여 효과 극대화

Ⅴ. 재료의 종류별 특징

1) 방화 mortar 시공
   ① 시공기준 : 두께 1.6 이상 철판+암면 또는 두께 35 이상 방화 mortar 사춤
   ② 특징 : 습식 공법, AL-bar 부식, mortar 균열

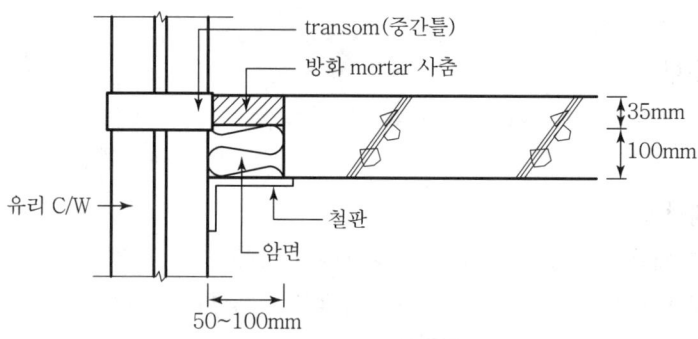

2) 방화 sealant
   ① 시공기준 : 두께 1.6 이상 철판+암면+방화 sealant
   ② 내화시간 : 2시간
   ③ 특징 : 상온시공가능, 변위 추종성능 우수, 시공 용이

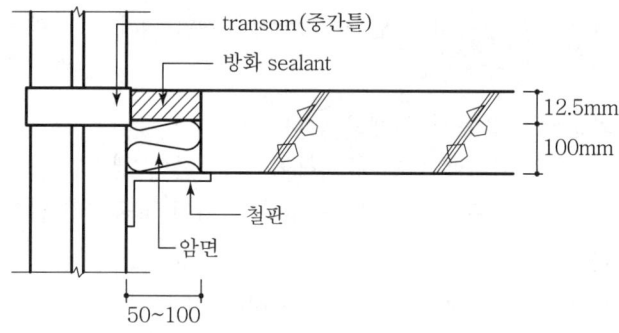

3) 방화 spray 뿜칠공법
   ① 시공기준 : 두께 1.6 이상 철판+암면+방화 spray
   ② 내화시간 : 2시간
   ③ 특징 : 층간변위 추종성 우수, 기밀성 우수

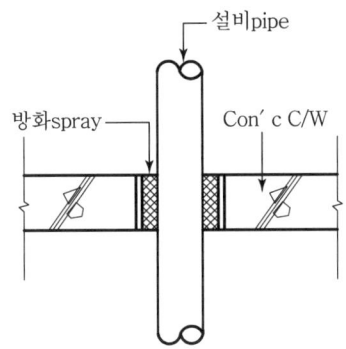

4) 내화보드 시공
   ① 시공기준 : 두께 9.5 이상 내화보드+발포성 방화 sealant
   ② 내화시간 : 2시간
   ③ 건식시공, 시공 용이

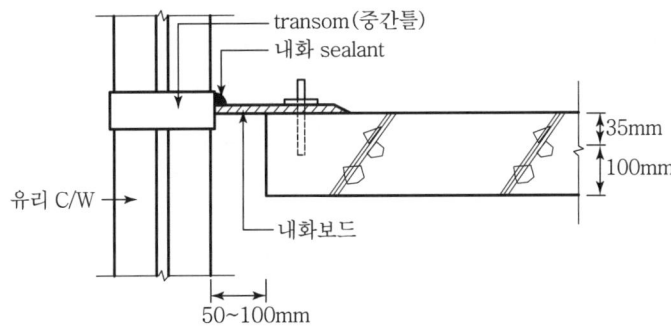

5) 발포성형재
   ① 시공기준 : 발포성형재
   ② 내화시간 : 2시간
   ③ 특징 : spray건으로 시공편리, pipe 충전용으로 사용

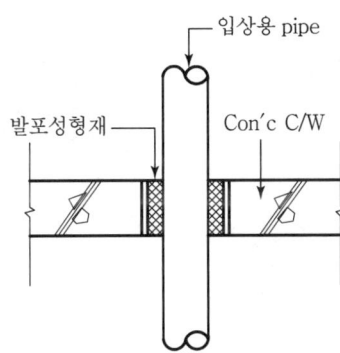

Ⅵ. 층간방화 시공시 주위사항

① 시공부위별 적합한 재료 및 시공법 선택
② 밀실, 기밀 시공이 중요
③ 층간방화구획 시공부 기밀 test 실시
④ 두께 1.6 이상 철판 사용시 녹막이 처리
⑤ 시공복잡한 설비 입상매관용 sleeve는 골조 공사시 선매입
⑥ 미시공 부위 최종 check

Ⅶ. 결 론

건축물에서 화재가 발생하면 건물 내부에 수용되어 있는 각종 가연성 물질의 연소로 인해 많은 유독성 연기와 화염을 발생시키면서 확산되므로 건물화재시 연소확대 경로를 철저히 차단해야 한다.

문 19-1 철골조 건축물의 가새(bracing)에 대하여 설명하여라. [84(15)]

Ⅰ. 정 의

철골 골조에 대각선 방향으로 설치하는 부재를 가새(bracing)라 하며, 보나 기둥의 휨강성에 의한 수평력을 가새의 축강성으로 지지하기 때문에 구조성능이 뛰어나다.

Ⅱ. 가새의 역할

① 수직·수평재의 변형방지
② 직압력에 의한 좌굴방지
③ 철골구조체의 안전성 확보

Ⅲ. 가새의 종류

1) 용도별 분류
  ① 수평가새 : 지붕면(truss), 바닥면에 사용
  ② 수직가새 : 지붕 truss의 수직부, 벽면에 사용

2) 형태별 분류

① 단일 대각가새
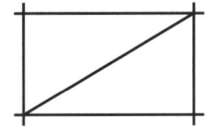

② 2중 대각가새

③ K형 가새
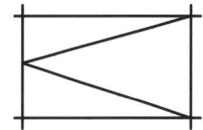

④ ㅅ형 가새
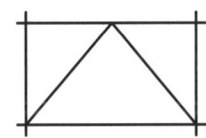

⑤ 마름모 가새
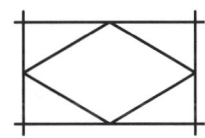

⑥ 귀잡이 가새
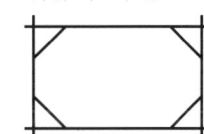

문 19-2 좌굴(Buckling)현상 [09후(10)]

Ⅰ. 정 의

① 압축재에 압축력을 가하면 재료의 불균일성에 의한 하중의 집중으로 압축력이 허용강도에 도달하기 전에 휨모멘트에 의해 미리 휘어져 파괴되는 현상을 말한다.
② 좌굴은 보통 단면적에 비해 재장(材長)이 긴 경우에 발생하기 쉬우며, 좌굴의 종류에는 압축좌굴·국부좌굴·횡좌굴이 있다.

Ⅱ. 좌굴의 종류

1) 압축좌굴(compressive buckling)
   ① 기둥의 압축력 작용위치 또는 기둥재의 결함 등에 의하여 발생하는 좌굴현상
   ② 기둥길이가 길수록 하중을 많이 못받아 압축좌굴이 발생하기 쉽다.
   ③ 좌굴길이
      ㉮ 양단 pin 지지일 때의 좌굴을 기준
      ㉯ 다른 상태일 때는 좌굴상황을 고려하여 재료의 길이를 수정

지지상태	양단 pin	양단 고정	일단 고정 타단 pin	일단 고정 타단 자유
도해	부재길이(l)	l	l	l, l_k
좌굴길이(l_k)	l	$0.5l$	$0.7l$	$2l$

2) 국부좌굴(local buckling)
   ① 판재(plate) 및 형강과 같은 부재에서 두께에 비하여 폭이 넓을 경우 부재 전체가 좌굴하기 전에 부재의 구성재 일부가 먼저 좌굴을 일으키는 현상
   ② 폭, 두께의 비(比)가 일정 한도 이내에 있도록 부재를 제조하여 국부좌굴 방지
   ③ 평판보의 경우 폭, 두께의 비가 일정 한도를 넘을 경우 stiffener 등으로 보강

3) 횡좌굴(lateral buckling)
    ① 철골보에 휨모멘트가 작용시 처음에는 휨변형을 하게 되지만 모멘트가 한계값에 도달하면 압축측 flange가 압축재와 같이 횡방향으로 좌굴하는 현상
    ② 가새(bracing), slab 등으로 횡방향의 변형을 구속하여 횡좌굴 방지

문 20-1 Metal touch	[78후(5)]
문 20-2 메탈 터치(Metal touch)	[91후(8)]
문 20-3 Metal Touch	[99전(20)]
문 20-4 Metal Touch	[03중(10)]
문 20-5 Metal Touch	[05후(10)]
문 20-6 철골공사의 Metal Touch	[10중(10)]

I. 정 의

Metal touch란 철골 기둥의 이음부를 가공하므로 상하부 기둥 밀착을 좋게 하여, 축력의 25%까지 하부 기둥 밀착면에 직접 전달시키는 이음방법이다.

II. Metal touch면의 가공

1) 절단면 직각도
   ① 절단 직각도의 오차는 100mm에 0.1~0.2mm 정도
   ② 정밀 측정기구로 측정

2) 표면상태
   ① 접합면이 많아지도록 정밀 가공한다.
   ② 상하부재의 접합면을 미리 측정 후에 접합
   ③ 접합면의 부족시 재가공 실시

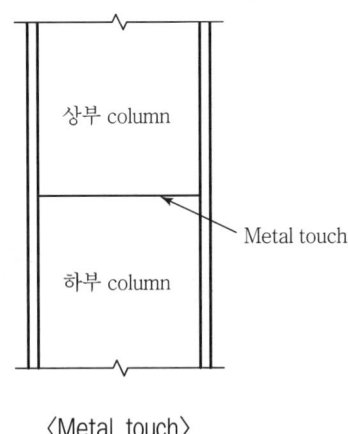

〈Metal touch〉

Ⅲ. 특   징

1) 응력 전달
   ① 상하부 기둥의 밀착으로 축력의 25%까지 전달가능
   ② 나머지 응력은 접합방법(고력 bolt, 용접 등)으로 응력을 전달한다.

2) 구조적 안전성
   고력 bolt나 용접 접합만으로 부재를 연결시키는 방법에 비해 구조적 안전성이 뛰어나다.

3) 시공성
   ① 일반 접합방법에 비해 시공성 우수
   ② 작업시 작업중의 작업자에 대한 안전성 우수

4) 경제성
   접합면 가공에 대한 부담이 증가되나 전체적으로는 경제성이 있다.

5) 이음 위치
   ① 인장력이 발생하지 않는 곳 선정
   ② 이음면은 절삭가공기로 정밀시공

문 21-1 하이브리드 빔(hybrid beam) [85(5)]
문 21-2 Hybrid beam [05후(10)]

I. 정 의

하이브리드 빔이란 flange와 web의 재질을 다르게 하여 조합시켜 휨성능을 높인 조립보이다.

II. 특 징

① 진동과 충격저항에 강하다.
② 예상 이외의 하중에 대하여 안전성이 높다.
③ 강재의 절감으로 시공비용이 적게 든다.
④ 보의 춤높이가 낮다.

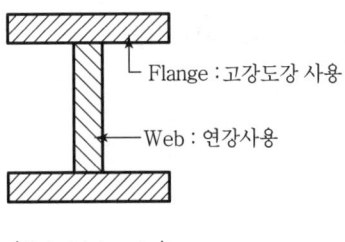

〈 Hybrid beam 〉

III. 적 용

① 체육관이나 강당과 같이 넓은 공간을 기둥 없이 보로 지지하는 경우
② 과도한 집중하중을 보로 받는 경우

문 22 Hi-beam [02중(10)]

I. 정 의

Hi-beam이란 장span의 철골보로서 양단부는 철근콘크리트로, 중앙부는 철골로 제작한 복합보이다.

1) Hi-beam의 형상

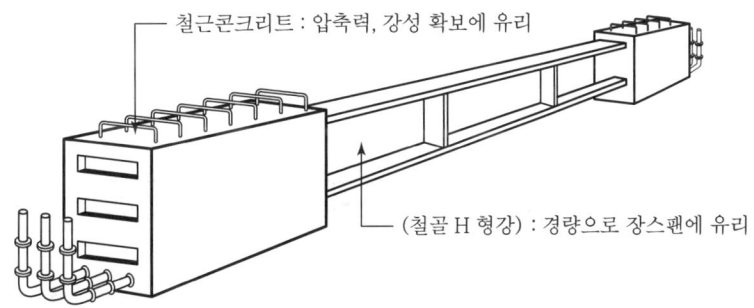

〈Hi-beam의 형상〉

2) 시공 도해

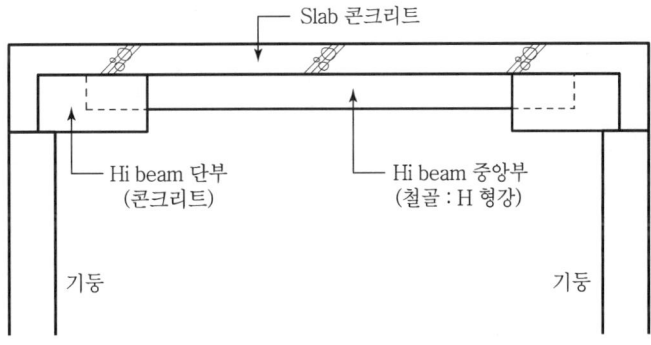

〈Hi-beam의 구성〉

Ⅱ. Hi-beam의 시공형태

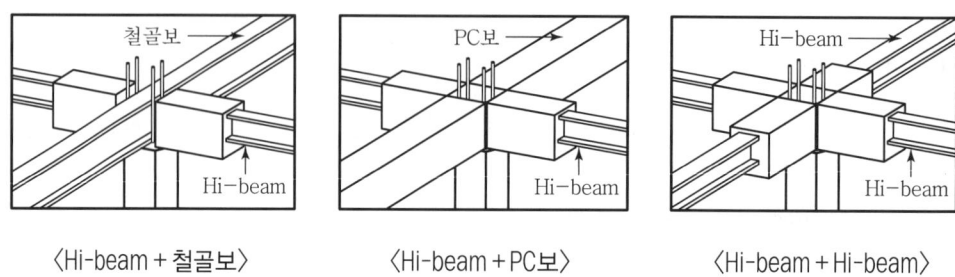

〈Hi-beam + 철골보〉　　〈Hi-beam + PC보〉　　〈Hi-beam + Hi-beam〉

Ⅲ. 시공순서 flow chart

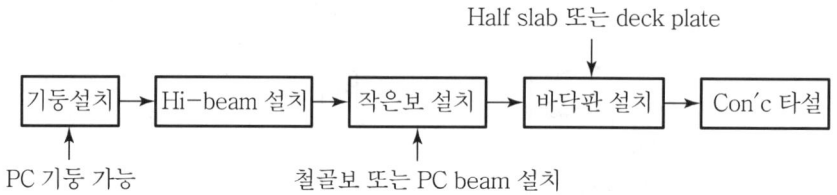

Ⅳ. 특 징

① 철근콘크리트와 철골의 구조적인 장점 적용
② 12~20m의 장span 가능
③ 철골구조에 비해 원가절감 가능
④ 공장생산으로 공기단축
⑤ 현장투입인원 및 가설공사 감소

문 23 철골 Smart Beam   [08후(10)]

I. 정 의

철골 smart beam이란 철골구조물 시공시 철골보의 높은 춤으로 인한 건축물 층고 증가로 발생하는 경제성 및 시공성 저하를 해결하기 위한 층고 절감형 바닥 system을 위한 보 부재를 말한다.

II. 철골 smart beam의 개념도

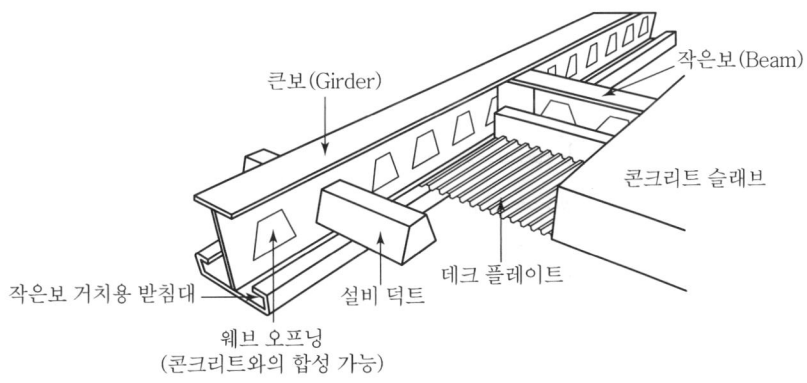

III. 특징

1) **층고절감**
   ① H형강을 사용한 기존 철골공법에 비해 100~200mm 이상의 층고 절감이 가능하다.
   ② Web에 설치된 오프닝(opening)을 설비 공간으로 활용하여 추가적인 층고 절감이 가능하다.

2) **경제성 향상**
   ① 콘크리트와의 합성효과를 극대화하고, 소요응력 만큼의 다양한 단면 제작이 가능하여 철골물량이 감소한다.
   ② 내화피복면적이 감소한다.

3) **시공성 향상**
   완제품 형태로 현장에 납품되고, 스터드 볼트 등의 설치가 불필요하므로 시공속도가 향상된다.

4) **거주성능 향상**
   콘크리트와의 합성효과로 인해 처짐, 진동 성능이 향상된다.

문 24-1 Stiffener(스티프너)　　　　　　　　　　　　　　[99후(20)]
문 24-2 스티프너(Stiffener)　　　　　　　　　　　　　　[06전(10)]

I. 정 의

철골보의 web 부분의 전단보강과 좌굴을 방지하기 위해서 설치하는 보강재를 stiffener 라 하며, 종류는 수직 stiffener와 수평 stiffener가 있다.

II. Stiffener의 종류별 특징

1) 수평 stiffener

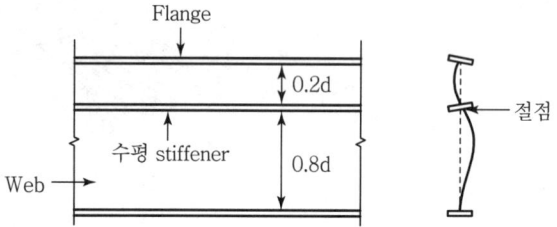

① 철골보의 flange와 평행하게 설치하여 좌굴을 방지
② Stiffener의 설치위치는 보춤(d)의 1/5(0.2d) 거리가 보강효과가 가장 높음
③ Stiffener의 단면적은 web 단면적의 1/20 이상

2) 수직 stiffener

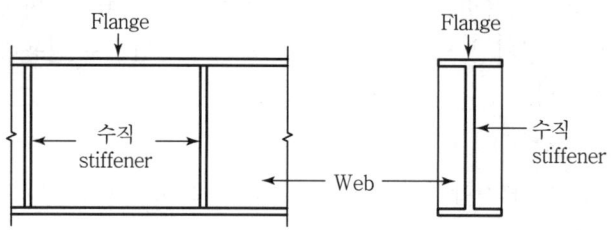

① 철골보의 flange에 수직방향으로 stiffener를 사용하여 전단좌굴강도를 크게 하여 좌굴 및 지압파괴를 방지하는 stiffener
② 수직 stiffener의 분류
　㉮ 하중점 stiffener
　　집중하중이 작용하는 곳에 사용하는 stiffener
　㉯ 중간 stiffener
　　보의 중간에 사용하는 stiffener

Ⅲ. 시공시 유의사항

① 보의 춤이 web판 두께의 60배 이상일 때 stiffener를 사용하며, 간격은 보 춤의 1.5배 이하로 함
② Stiffener의 재료는 앵글을 많이 사용하며, 사용시 web판의 양면에 대칭적으로 설치
③ 하중점 stiffener는 좌굴의 우려가 있으므로 큰 stiffener를 사용
④ 수직·수평 stiffener 2개를 사용할 경우는 동일 단면을 사용

| 문 25-1 | Mill Sheet | [83(5)] |
| 문 25-2 | Mill Sheet(밀 시트) | [99후(20)] |

Ⅰ. 정 의

Mill sheet란 철강 제품의 품질을 보증하기 위해 재료성분 및 제원을 기록하여, maker가 규격품에 대하여 발행하는 증명서이다.

Ⅱ. 용 도

① 철강제품의 품질보증
② 제품 반입처에서의 실험여부 결정
③ 정도 관리의 자료로 활용
④ 성분 및 제원의 표시로 사용처 결정
⑤ 반입 강재의 특성 파악

Ⅲ. 기록 내용

1) 제품의 역학적 시험 내용
   ① 압축강도
   ② 인장강도
   ③ 휨(bending)강도
   ④ 전단강도 등

2) 화학성분 시험 내용
   ① Fe(철)
   ② S(황)
   ③ Si(규소)
   ④ Pb(납)
   ⑤ C(탄소) 등의 구성비

3) 규격 표시
   ① 길이
   ② 두께
   ③ 직경
   ④ 단위중량
   ⑤ 크기 및 형상
   ⑥ 제품번호 등

4) 시험규준의 명시
   ① 시방서(specification)
   ② KS(한국공업규격 : Korea Standards)
   ③ DIN(독일공업규격 : Deutsche Industrie Norm)
   ④ AS(미국공업규격 : America Standards)
   ⑤ BS(영국공업규격 : British Standards)
   ⑥ JIS(일본공업규격 : Japanese Industrial Standards) 등

문 26 TMCP 강재   [01전(10)]

Ⅰ. 개 요

① TMCP(Thermo Mechanical Control Process) 강재는 새로운 생산공정을 통해 고강도·고인성화가 요구되는 고장력 건축 구조용 후판(厚板)이 가능한 강재이다.
② 대형화된 초고층 빌딩에 사용되는 우수한 강재로서, 탄소당량을 낮게 하여 용접성이 우수하고 취성파괴에 대해서도 우수한 저항성을 나타내는 신소재이다.

Ⅱ. 제조원리

① 압연가공 과정중 열처리 공정을 동시에 실행
② 압연온도나 냉각조건의 제어를 통해 고강도 강재 제조
③ 합금원소의 첨가량을 적게 함(탄소당량이 낮아짐)

Ⅲ. 개발배경

① 현대 건축물의 고층화 및 장 span화
② 구조체에 대한 고강도·고성능 요구
③ 기존 강재의 문제점(후판제조시 강도저하, 용접성 저하) 해결

Ⅳ. 특 징

① 용접부위 열영향 감소
② 소성능력이 우수하여 내진설계에 유리
③ 탄소당량이 낮아 용접성 우수
④ 철근콘크리트조에 비해 건축물의 수명 증대
⑤ 철근콘크리트조에 비해 공사비는 증대되나 시공시 공기단축 가능
⑥ 건축물의 철거시 강재의 재활용 가능
⑦ 환경친화적인 건축물의 축조 가능
⑧ 두께가 40mm를 초과해도 기계적 성질이나 용접성이 저하되지 않음
⑨ 고강도와 고내구성화를 동시에 추구 가능
⑩ 일반강재에 비해 두께를 10% 감소 가능

Ⅴ. 적용분야

① 초고층 철골조 아파트   ② 오피스텔
③ 교량(영종대교, 거가대교, 서해대교 등)

문 27-1	스페이스 프레임(space frame)	[90전(5)]
문 27-2	Space frame	[02전(10)]
문 27-3	Space frame	[05중(10)]

I. 정 의

스페이스 프레임(space frame)은 여러 부재를 입체적으로 결합하여 구성하는 pin 구조로, 경량 형강이나 pipe 등을 사용하는 입체구조이다.

II. 용 도

① 체육관, 대형 스포츠센터
② 전람회장, 동식물원
③ 공장, 모델하우스
④ 격납고 등

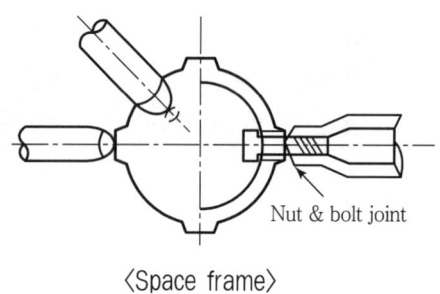

〈Space frame〉

III. 특 징

① 해체 및 조립이 용이하다.
② Truss 높이를 1/2로 낮출 수 있으며, 강재량이 절약된다.(25% 이상)
③ 동일 형태를 반복하므로 시공이 용이하다.
④ 지진, 횡력에 대한 저항이 크다.
⑤ 규격재로 공기단축이 용이하다.
⑥ 입체 구성이 자유로워 대형 공간확보가 용이하다.
⑦ 절판 또는 곡면 구조로도 이용이 가능하다.

> **문 28-1** Taper steel frame [97전(15)]
> **문 28-2** Taper steel frame [05전(10)]

I. 정 의

기둥과 지붕보(경사보)를 공장에서 기성재로 만들어 현장에서 조립하는 것으로 고력 bolt로 접합하며, 해체 및 이설이 용이하다.

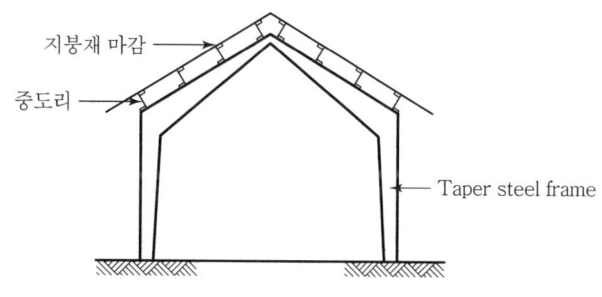

〈Taper steel frame〉

II. 용 도

① 창고
② 공장
③ 체육관

III. 특 징

① 공장생산제품으로 정밀도가 높다.
② 접합은 고력 bolt를 사용하므로 세우기품이 절약된다.
③ 공사기간이 단축된다.
④ Flange나 web의 응력상태에 따라 재두께를 선정할 수 있어 경제적이다.
⑤ 간사이가 7~30m까지 가능하므로 대형 공간확보가 용이하다.
⑥ 해체 및 이설이 용이하다.

IV. 시공순서 flow chart

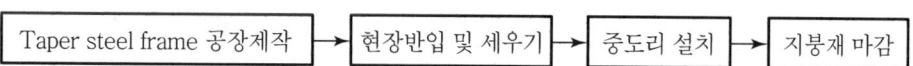

V. 시공시 유의사항

① 중도리는 경량 Z형강을 사용한다.
② Submerged arc 용접(자동용접)으로 가공한다.
③ 지붕재는 deck plate, 함석 등을 bolt 또는 고강도 못으로 견고하게 고정한다.
④ 세우기 및 조립작업시 안전에 유의한다.

문 29 Ferro Stair(시스템 철골계단) [10중(10)]

Ⅰ. 정 의

① 기존 RC계단의 공정은 복잡한 공정관리와 숙련공을 필요로 하고 있으며, 품질 또한 숙련공의 숙련도와 시공정도에 따라 좌우되고 있다.
② 철골 시스템계단은 RC계단의 단점을 보완하고 품질이 우수한 계단형성이 가능하므로 이에 대한 시공이 늘어나고 있는 추세이다.

Ⅱ. 현장 시공도

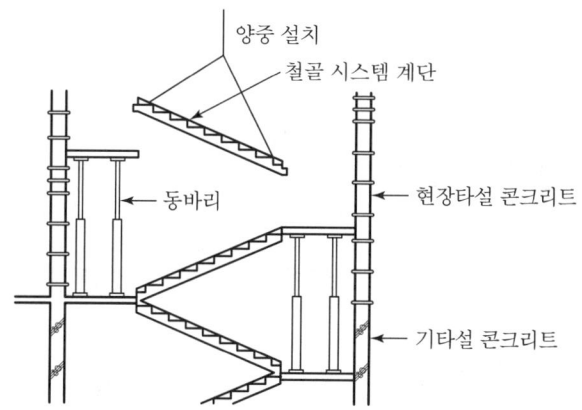

Ⅲ. 단위 시공상세도

① 디딤판의 강성을 크게 하여 진동과 소음의 최소화
② 디딤판 상부 Mortar시공후 미끄럼 방지막 설치

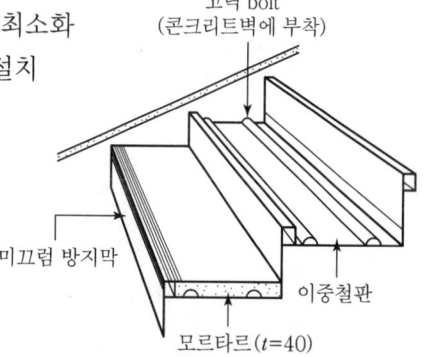

Ⅳ. 특징

1) 장점
   ① 마감비용 절감
   ② 기존 RC공정에 비해 공정 및 공기 단축
   ③ 미숙련자의 시공 가능
   ④ 시공의 정밀도 및 마감 공정의 시공 용이

2) 단점
   ① 재료비 고가
   ② 소음 및 진동이 다소 발생

永生의 길잡이 — 다섯

■ 선행으로 천국에 못가는 이유

"모든 사람이 죄를 범하였으매 하나님의 영광에 이르지 못하더니"라고 했습니다. (로마서 3 : 23)

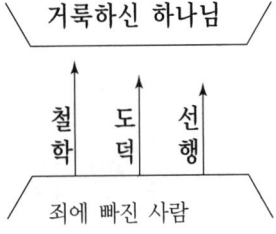

하나님은 거룩하시고 사람은 죄에 빠졌습니다. 그리하여 서로 사이에는 큰 간격이 생기게 되었습니다. 사람들은 철학이나 도덕 또는 선행 등 자기 힘으로 하나님께 도달하여 풍성한 삶을 누려 보려고 애쓰고 있으나 이것은 불가능한 것입니다. 하나님께 도달하는 길은 오직 예수 그리스도를 통하여야 합니다.

7장

철골공사 및 초고층공사

2절 초고층공사

7장 2절 초고층공사

1	초고층 건축의 시공관리		
	1-1. 초고층 건축의 시공관리 [91후(40)]		7-147
	1-2. 초고층 건축공사의 시공계획서 작성시 주요관리항목과 내용 [02후(25)]		
	1-3. 초고층 공사시 가설계획 [05전 25)]		
	1-4. 초고층 건물 [98중전(20)]		
	1-5. 초고층 건축 공사시 측량관리 [08후(25)]		7-151
2	초고층 건축의 공정계획		
	2-1. 초고층 건축의 공정계획 [90전(30)]		7-155
	2-2. 초고층 건축에서 공기에 영향을 미치는 요인 및 공정계획방법 [97중후(40)]		
	2-3. 초고층 건축공사의 공정에 영향을 주는 원인과 공정운영방식 [11전(25)]		
	2-4. 초고층 건물의 공기단축방안(설계, 공법, 관리측면) [01전(25)]		
	2-5. RC조 20층 이상 고층 공동주택의 골조 공기단축방안 [07후(25)]		
	2-6. 초고층 건축의 공정운영방식 [03전(25)]		
	① 병행시공방식 ② 단별시공방식		
	③ 연속반복방식 ④ 고속궤도방식(Fast track)		
	2-7. Fast Track Method [01후(25)]		
	2-8. Fast track method [92후(8)]		
	2-9. Fast Track Construction [00중(10)]		
3	고층 건축공사에서의 안전관리		
	3-1. 철골조 고층 건축공사에서의 안전관리의 요점 [92전(30)]		7-162
	3-2. 초고층 건축공사시 산재 발생요인과 그 개선방향 [96후(40)]		
4	초고층 건물의 양중계획		
	4-1. 도심지 고층건물 신축에서 시공계획서 작성시 유의해야할 자재양중계획 [78후(25)]		7-165
	4-2. 초고층 건축물의 시공계획서를 작성할 때 자재양중계획 [00전(25)]		
	4-3. 초고층 건물의 양중방식과 양중계획 [99중(30)]		
	4-4. 초고층 건축물의 고속시공을 위한 양중계획 [08중(25)]		
	4-5. Tower crane 양중계획 수립절차 [08전(25)]		
	4-6. 양중장비 계획시의 고려사항 [00후(25)]		
	4-7. 초고층공사의 특수성과 양중계획시 고려사항 [05후(25)]		
	4-8. 고층공사 양중계획시 고려사항 [07중(25)]		
	4-9. 철골공사 양중장비의 선정과 설치 및 해체시 유의사항 [10전(25)]		
5	초고층 철골철근콘크리트조 철근배근 및 콘크리트 타설방법		
	5-1. 초고층 철골철근콘크리트조 건물시공에 적합한 철근배근 및 콘크리트 타설방법 [98전(40)]		7-171
	5-2. 철골철근콘크리트(SRC)조 시공시 부위별 철근배근공사의 유의사항 [01전(25)]		
	5-3. SRC구조에서 철근과 철골재 접합부의 철근정착방법 [06중(25)]		

6	초고층 건물의 시공상의 문제점과 대책		
	6-1. 초고층 벽식 구조의 공동주택 골조공사시 문제점과 대책	[91후(30)]	7-177
	6-2. 도심 밀집지역의 초고층 건물 시공시 문제점 및 대책	[98중후(40)]	
	6-3. 도심지 고층 건축공사의 시공상 제약조건 및 문제점	[82후(20)]	
7	초고층 건축물 바닥공법의 종류와 시공방법		
	7-1. 초고층 건축물에서 바닥공법의 종류와 시공방법	[95중(30)]	7-181
	7-2. 고층 건물에서 바닥판공법의 종류와 시공방법	[00중(25)]	
	7-3. 초고층 건물의 바닥판시공법	[05전(25)]	
	7-4. 철골 건물의 슬래브 공법의 종류	[08전(25)]	
	7-5. 철골조 slab의 Deck plate 시공시 유의사항	[05중(25)]	
	7-6. Deck plate 시공법 및 시공상 고려사항	[07후(25)]	
	7-7. 초고층 건축에서 Deck Plate의 종류 및 특성	[09후(25)]	
	7-8. 고층건물 바닥 시스템중 보-슬래브 방식, 플랫슬래브 방식 및 메탈테크 위 콘크리트 슬래브 방식의 개요 및 장단점 비교	[09중(25)]	
8	초고층 건물시공에서 기둥의 부등축소(不等縮小)		
	8-1. 초고층 건물시공에서 기둥의 부등축소(不等縮小) 원인과 대책	[98후(30)]	7-189
	8-2. 초고층건축 기둥 부등축소현상(Column Shortening)의 발생원인과 문제점 및 대책	[09후(25)]	
	8-3. Column shortening에서 탄성변형과 비탄성변형	[03후(25)]	
	8-4. 콘크리트 Column Shortening 발생원인	[04후(25)]	
	8-5. Column shortening	[97중후(20)]	
	8-6. 기둥축소량	[03전(10)]	
	8-7. Column Shortening	[06후(10)]	
9	CFT(Concrete Filled Tube)공법		
	9-1. CFT(Concrete Filled Tube)공법 (공법개요, 장단점, 시공시 유의사항, 시공프로세스 중 하부 압입공법 및 트레미관공법)	[06중(25)]	7-193
	9-2. 충전 강관 콘크리트(concrete filled steel tube)	[97후(20)]	
	9-3. 콘크리트 채움강관(conncrete filled tube)	[98후(20)]	
	9-4. CFT(Concrete Filled Tube)	[01중(10)]	
	9-5. CFT	[05중(10)]	
10	초고층 건물의 Core 선행공법		
	10-1. RC조 Core Wall 선행공사 시공계획시 주요관리 항목	[10후(25)]	7-197
	10-2. 고층 건축물 코어 선행공법 시공시 유의사항	[02중(25)]	
	10-3. 고층 건축공사에서 Core 선행(先行)시공방법	[00중(10)]	
	10-4. 코아(Core) 선행공법	[04전(10)]	
	10-5. 코어부의 Concrete 벽체에 매입철물(Embed Plate) 설치방법	[03중(25)]	
	10-6. 매립철물(Embedded Plate)	[09중(10)]	
	10-7. Core 선행공법에서 구조체(Core Wall)와 철골 접합부 시공상 유의사항	[09전(25)]	7-201

11	초고층 건물의 거푸집 공법		
	11-1. 초고층 건물 Core Wall 거푸집 공법 계획시 종류별 장단점 비교	[09전(25)]	7-203
	11-2. 초고층 건축공사의 거푸집 공법 선정시 고려사항	[10전(25)]	
12	고층건물 연돌효과(Stack Effect)의 발생원인, 문제점 및 대책		
	12-1. 고층건물 연돌효과(Stack Effect)의 발생원인, 문제점 대책	[07전(25)]	7-208
	12-2. 연돌 효과(Stack Effect)	[02후(10)]	
13	Super Frame		
	13. Super Frame	[03중(10)]	7-211
14	횡력지지 시스템(Out Rigger)		
	14-1. 횡력지지 시스템(Out Rigger)	[04전(10)]	7-212
	14-2. Out Rigger	[09후(10)]	
15	고층 건물의 지수층(Water Stop Floor)		
	15. 고층 건물의 지수층 (Water Stop Floor)	[09전(10)]	7-214
16	초고층 공사의 Phased Occupancy		
	16. 초고층공사의 Phased Occupancy	[10중(10)]	7-216

> **문 1-1** 초고층 건축의 시공관리에 대하여 설명하여라. [91후(40)]
> **문 1-2** 도심지 초고층 건축공사의 시공계획서 작성시 주요관리항목과 내용을 기술하시오. [02후(25)]
> **문 1-3** 초고층 공사시 가설계획에 대하여 기술하시오. [05전(25)]
> **문 1-4** 초고층 건물 [98중전(20)]

I. 개 요

초고층 건축의 시공은 양중 능률 또는 안전관리 등의 관점에서 시공의 능률성, 경제성, 안전성 등을 추구하기 위하여 면밀한 관리가 실시되어야 한다.

II. 시공관리(주요관리항목)

1) 사전조사 실시
   ① 설계도서 파악
   ② 계약조건 파악
   ③ 현장조사
   ④ 건설공해
   ⑤ 관계법규

2) 공법선정계획
   ① 시공성
   ② 경제성
   ③ 안전성
   ④ 무공해성

3) 공정계획
   ① 면밀한 시공계획에 의하여 경제성 있는 공정표 작성
   ② 초고층 건축의 공정계획은 중요한 사항으로 어떤 방식을 채택할 것인가 검토

4) 품질관리계획
   ① 품질관리 시행
      Plan → Do → Check → Action
   ② 하자발생 방지계획 수립

5) 원가관리계획
   ① 실행예산 분석
   ② VE, LCC 개념 도입

6) 안전관리계획
    ① 상하층간의 안전관리 계획
    ② 안전교육을 철저히 시행하고, 안전사고시 응급조치 등 계획
7) 건설공해계획
    ① 무소음·무진동 공법선택
    ② 폐기물의 합법적인 처리와 재활용 대책
8) 기상 고려
    ① 공사현장에 영향을 주는 기상조건은 온도, 습도 및 풍우설
    ② 현장사무실에는 온도와 습도 등의 천후표를 작성하여 공사의 통계치로 활용
9) 노무계획
    ① 인력배당계획에 적정인원을 계산
    ② 과학적이고, 합리적인 노무관리계획 수립
10) 자재계획
    ① 적기에 구입하여 공급토록 계획
    ② 가공을 요하는 재료는 사전에 주문 제작하여 공사진행에 차질을 주지 말 것
11) 장비계획
    ① 최적의 기종을 선택하여 적기에 사용함으로써 장비의 효율성을 극대화
    ② 경제성, 속도성, 안전성 확보
12) 공법계획
    ① 주어진 시공조건 중에서 공법을 최적화하기 위한 계획 수립
    ② 품질, 안전, 생산성 및 위험을 고려하여 선택
13) 가설계획
    ① 동력 및 용수계획
    ② 수송 및 양중계획
14) 동력·용수계획
    ① 간선으로부터의 인입거리, 배선 등을 파악하고, 정압(110V, 220V, 380V) 선택
    ② 상수도와 지하수 사용에 대한 검토와 충분한 용수량 확보
15) 수송계획
    ① 수송장비, 운반로, 수송방법 및 시기 파악
    ② 부재 포장방법, 장척재 및 중량재의 수송계획 검토
16) 양중계획
    ① 수직운반장비의 적정용량 파악
    ② 양중장비 안전 및 해체 고려

Ⅲ. 가설계획

1) 비산 및 비래 낙하 양생
   ① 외부 양생
      ㉮ 비산에 대한 양생
         ㉠ 고층부에서는 작업장 주변에 광범위하게 비산된다.
         ㉡ 양생 철망 설치
         ㉢ 양생 sheet 설치
      ㉯ 낙하물에 대한 보양
         ㉠ 고층부에서의 낙하물은 엄청난 피해 초래
         ㉡ 양생 선반, 양생 구대 설치
   ② 내부 수평 양생
      ㉮ 수평 양생 위치를 몇 층으로 설치할 것인지에 대한 고려
      ㉯ 작업자의 고층작업에 대한 불안감 제거
      ㉰ 장내에 deck plate 깐다.

2) 비계계획
   ① 외부 비계
      ㉮ 상층에의 교체가 간단할 것
      ㉯ 수평 방향의 이동이 용이할 것
      ㉰ 가설 해체가 안전, 신속히 되는 것
      ㉱ 비계 형식-달비계, 내민비계
   ② 내부 비계
      ㉮ 수평 방향의 이동이 간단할 것
      ㉯ 상층에의 교체 이동이 가능할 것
      ㉰ 해체가 간단하고 신속히 이루어질 것
      ㉱ 각종 공사에서 사용이 가능한 보편성이 있을 것
   ③ 샤프트내 비계
      ㉮ 샤프트내 작업인 내화피복, 엘리베이터, 설비공사 등이 용이하게 되도록 할 것
      ㉯ 작업성 좋고 안전성이 높을 것
      ㉰ 설치, 해체가 용이하며 간단 신속할 것

3) 동선계획
   ① 고층부터 공정을 우선으로 하여 연속적으로 되풀이 공사를 추진토록 한다.
   ② 공사의 각 단계에 있어서 정리된 동선 확보
   ③ 각 공사를 지체 없이 진행되도록 하는 것을 원칙으로 한다.

4) 가설 건물
   ① 가설 건물은 조립 해체가 쉬운 구조로 한다.
   ② 경량이며 불연성의 것으로 한다.
   ③ 공사의 진척에 따라 설치장소가 이동된다.

5) 가설 연락방송 설치
   ① 호출 및 구내전화 설비
   ② 양중 사무의 전화 및 연락방송 설비
   ③ 긴급연락방법
      ㉮ 각층 엘리베이터 승강구 옆에 누름 버튼 설치
      ㉯ 양중 사무실에서는 버저와 호출중 표시램프 설치

6) 가설 전기 설비 계획
   ① 전력회사의 신청 계약
   ② 통신국과의 관련 사항 검토
   ③ 가설 변전소의 증설 및 본설 수전 후의 가설동력 설치
   ④ 배선 계획 실시

7) 가설 급배수 설비 계획
   ① 직접 가설공사
      컴프레서 배관, 토공사, 배수공사, 각종 공사용 급배수 공사, 소화용 배관 설비 공사 등
   ② 간접 가설공사
      가설용의 변소, 수세장, 샤워실 및 이용실 등의 급배수 공사, 기타 현장 사무소 급배수 공사 등

Ⅳ. 결 론

초고층 건축의 시공관리는 사전조사를 철저히 하여 공사규모, 설계조건, 공기 등을 감안해서 관리하여야 한다.

문 1-5 초고층 건축공사시 측량관리에 대하여 설명하시오. [08후(25)]

I. 개 요

① 초고층 건물의 측량은 core와 외주부의 축소 현상(shortening)으로 인하여 골조공사 기간 중에 코아 및 철골에 해당층의 축소 예상치만큼 보정을 하여 시공을 하게 된다.
② 그러나, 시공 중에는 인지할 수 없는 제반 조건의 변화로 예측한 골조 수축량과 현장의 실발생 수축량 사이에 상당한 차이를 보일 수 있으며, 심한 경우 30~40%의 오차가 발생할 수도 있다.
③ 이러한 오차는 층별 마감선 결정에 문제점이 발생하게 되며, 이러한 문제점을 최소화하기 위해서는 현장 실측을 통한 shortening 값의 재보정이 필요하게 된다.

II. 초고층 건축공사의 측량 개념도

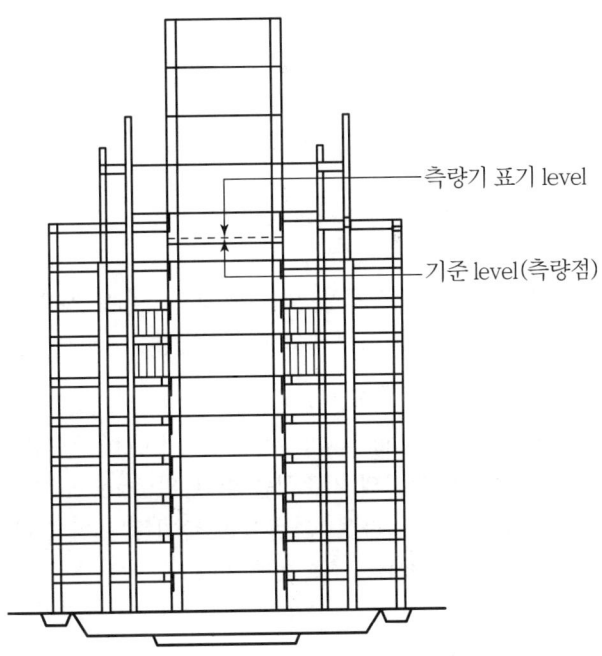

측량기 표기 level
기준 level(측량점)

III. 코아 및 기둥의 축소 진행으로 인한 문제점

① 골조공사시 하중의 누적 및 시간 경과로 축소현상은 지속적으로 발생하므로 최하부의 기준점으로부터 높이 측량은 축소량만큼 차이 발생
② 부등 축소로 인하여 골조공사시 사용한 코아의 마감기준선과 외주부 마감기준선 불일치 발생

③ 시간이 경과함에 따라 코아월 및 기둥의 마감 기준선이 부재의 하중분담률 및 부위에 따라 변경

Ⅳ. 초고층 건축공사시 측량관리

1. 골조공사시 기준선 관리

1) Core wall
   ① 코아월에 대한 보정은 직하층에 설정된 기준선에서 정해진 축소량을 반영한 높이를 측정하여 당해층 level 적용(지하층부터의 누적치가 아님)
   ② 임의의 층의 코아월이 타설된 이후, 그 상부층을 타설함에 따라 시공중에도 수축이 발생하나, 그 수축량은 보정하지 않음
   ③ 매층마다 적용한 보정값은 그 양이 작으므로 약 3개층마다 시공된 길이를 측정하여 설정된 보정값과 비교한 후 차이가 있을 경우는 그 상부층에 반영함
   ④ 3개층의 타설 중에도 수축이 발생하나 그 양이 미미하므로 이는 무시함

2) 철골 제작 및 설치
   ① Shortening값을 보정한 치수로 철골 기둥 공장 제작
   ② 현장 설치시 mill touch로 철골 기둥을 설치하고 공장에서 부착된 connection plate에 beam과 girder 연결
   ③ Core 연결부는 core wall Con'c 타설시 core level로 connection plate를 선 설치하여 level 조정
   ④ 공장제작 오차 및 현장제작 오차에 의한 gap을 향후 공장 제작시 반영
   ⑤ 철골 설치 후 플랜지 하부에서 FL+1.0m의 높이에 기준선 표시

3) 기둥 및 바닥 콘크리트 타설
   ① Con'c 타설 level은 beam과 girder 상부에서 Con'c 두께만큼 level봉을 설치하여 타설
   ② 기둥 형틀 설치전 철골의 기준선을 타 부위(core wall이나 타설완료 기둥)에 임시로 marking 후 콘크리트 타설 후 콘크리트 기둥 표면에 다시 marking 함으로써 SRC 기둥의 축소량 측량시 기준점으로 사용

2. 마감기준선 결정을 위한 shortening 측량 계획

측량의 구분 ─┬─ 기준점 확인 측량
　　　　　　├─ Shortening 검사 측량
　　　　　　└─ 마감기준선 측량

1) 측정 위치
   ① 기준점 확인 측량
      지상에 설치된 기준점의 위치를 정기적으로 측정함
   ② Shortening 검사 측량
      Core 및 column 부분을 5개층 단위로 측정하되 측정층당 core 부분 1개소, column 부분 6개소 등 7개소를 측정하여 성과표를 작성하고 각각 core 및 column 의 설계 성과와 비교표 작성
   ③ 마감기준선 측량
      각 층마다 Column 6개소의 Actual (SFL+1.0)을 측정하여 그 평균값을 구한 후 총 6개소의 Column에 실선으로 표기

2) 측정 방법
   ① 기준점 확인 측량

트래버스 측량	트래버스 측량은 기준점 CP.2 및 CP.3을 기선으로 하여 기존 기준점 8개소 및 신설 기준점 3개소에 대하여 결합 트래버스로 실시하며 최종 성과를 이용하여 건축물 중앙부에 Marking된 기점을 측정하여 변위를 Check한다.
TBM 측량	동 기준점 11 개소에 대하여 정기적으로 표고측량을 실시하여 Elevation의 변동을 Check한다.

   ② Shortening 검사 측량
      ㉮ 종단측량은 측정하고자 하는 기준층의 core홀 내 측정위치에 TBM을 설치(콘크리트못 또는 라인마킹)한 후 최저층으로부터 최신형 정밀 광파거리 측정기를 이용하여 수회 측정하고 그 평균값을 취하여 층고를 산정한다.
      ㉯ 측정점은 최저층에 setting되는 광파거리측정기 중심의 수직선으로부터 수평거리 0.4~0.8M 이내의 위치에 선점하며, 선점한 해당층의 TBM의 위치는 동시에 횡단측정을 위하여 level로 시준할 수 있는 지점으로 선점한다.
      ㉰ 종단측량을 위해서 오픈되는 코아홀 내의 측정공은 최소 D=150mm이어야 하며, 이후 shortening 측정 종료시까지 유지되어야 한다.
      ㉱ 각 기준층별 횡단측량은 종단측량으로부터 측정 완료된 기준층의 TBM을 기준하여 해당층 SFL+1.0 에 기 표기된 위치를 직접수준측량으로 측정하며, 사용장비는 정밀 digital level 또는 자동정밀 level을 사용하여 1/10 mm까지 측정한다.
      ㉲ 각 기준층의 횡단측정은 core 부분 1개소 및 column 부분 6개소 등 7개소를 정밀측정하여 각각 평균값으로 기준층별 표고를 산정한다.
   ③ 마감기준선 측량
      마감기준선 측량은 매 층마다 시행되며, 각층, deck 공정이 완료된 시점에 철골의 하단으로부터 SFL+1.0m선을 check하여 각 column의 평균 마감 EL(Earth Level)

을 산정하고 해당층 천정 철골로부터의 거리를 실측, column의 Con'c 타설이 완료된 후 기 측정된 위치의 천정철골로부터 EL을 산정하여 column 벽면에 마감 기준선을 측설한다.

V. 측량의 목적

① 본 측량은 지상의 기설 기준점을 주기적으로 체크하여 기준점 변동사항을 점검한다.
② 주어진 현장 Benchmark(TBM)로부터 광파거리 측정기를 이용하여 수직, 간접 수준측량을 실시하여 각 기준층별로 표고차를 실측하고, 층별 절대표고를 산출한다.
③ Shortening 진행상황을 파악함과 함께 층별 Column에 대한 마감기준선을 Marking 한다.
④ 원활하고 정밀한 시공이 될 수 있도록 한다.

VI. 결론

Shortening 값의 재보정을 위한 측량은 공사 초기 단계부터 측량 계획에 의한 정확한 측량이 이루어지는 것이 바람직하다.

> **문 2-1** 초고층 건축의 공정계획을 도시하여라. 〔90전(30)〕
> **문 2-2** 초고층 건축에서 공기에 영향을 미치는 요인을 들고 공정계획방법에 대하여 기술하시오. 〔97중후(40)〕
> **문 2-3** 초고층 건축공사의 공정에 영향을 주는 원인과 공정운영방식에 대하여 설명하시오. 〔11전(25)〕
> **문 2-4** 초고층 건물의 공기단축방안을 설계, 공법, 관리측면에서 기술하시오. 〔01전(25)〕
> **문 2-5** 철근콘크리트 구조 20층 이상 고층 공동주택의 골조공기 단축방안을 설명하시오. 〔07후(25)〕
> **문 2-6** 초고층 건축의 공정운영방식에 대하여 아래의 항목들에 따라서 설명하시오. 〔03전(25)〕
>   ① 병행시공방식   ② 단별시공방식
>   ③ 연속반복방식   ④ 고속궤도방식(fast track)
> **문 2-7** Fast Track Method에 대하여 기술하시오. 〔01후(25)〕
> **문 2-8** Fast Track Method 〔92후(8)〕
> **문 2-9** Fast Track Construction 〔00중(10)〕

Ⅰ. 개 요

초고층 건물은 고소화에 따른 작업능률 저하 및 위험의 증대, 작업내용의 복잡, 기상조건, 양중작업 등을 종합적으로 고려하여 공정계획을 수립해야 한다.

Ⅱ. 공기에 영향을 미치는 요인(공정에 영향을 주는 요인)

1) 도심지 교통규제
   ① 도심지 교통 번잡
   ② 대형 차량의 도심지 운행 제약
2) 고소작업
   ① 고소작업에 따른 안전성, 능률향상, 시공 정밀도 등을 확보할 수 있는 공법 강구
   ② 작업원 추락, 기재의 낙하, 기후변화 등의 재해대비책 수립

3) 기능공 확보
  ① 기계화 시공, 현장작업 단순화로 안정된 노동력 확보
  ② 동일작업 반복, 공정속도 균일화로 기능공 분산 방지
4) 건설공해
  ① 소음, 진동으로 인한 공해로 민원 발생
  ② 인접 건물 균열
  ③ 지중매설물의 이설

Ⅲ. 공정계획(공정계획방법)

1. Network 작성순서 flow chart

작성준비 → 내용검토 → 시간견적 → 일정계산 → 공기조정 → 공정표 작성

2. 공기단축기법

  1) 목적
    ① 공기 만회
    ② 공비 증가 최소화
  2) 공기에 영향을 주는 요소
    ① 사전조사
    ② 공법선정
    ③ 6요소(공정관리, 품질관리, 원가관리, 안전관리, 공해, 기상)
    ④ 6M(Man, Material, Machine, Money, Method, Memory)

3. 자원배당

  1) 목적
    ① 자원변동의 최소화
    ② 자원의 효율화
    ③ 시간낭비 제거
    ④ 공사비 감소
  2) 대상
    4M(Man, Material, Machine, Money)

4. 진도관리

   1) 주기

      ① 공사의 종류, 난이도, 공기 등에 따라 다름
      ② 통상 2~4주 기준 실시

   2) 진도관리곡선(공정관리곡선)

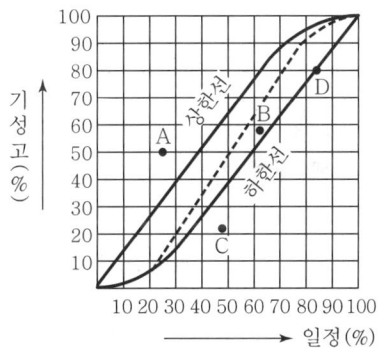

   A점 : 공정이 예정보다 너무 진행되어 허용한계 외에 있으니 비경제적인 시공
   B점 : 공정이 예정에 가까우니 그 속도로 진행하면 됨
   C점 : 허용한계를 벗어나 공정이 많이 지연되었으므로 공기단축을 위한 근본적인 대책이 필요함
   D점 : 허용한계선에 있으므로 공정의 촉진을 요함

Ⅳ. 공정운영방식

1. 병행시공방식

   1) 의의

      공정상에서 기본이 되는 선행작업이 하층에서 상층으로 진행될 때 후속되는 다음 작업이 시작 가능한 시점에서 후속작업을 하층에서부터 상층으로 시공해 나가는 방식

      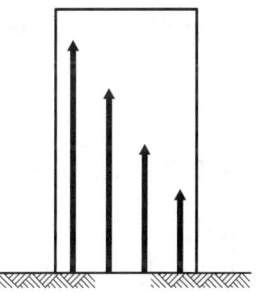

   2) 문제점

      ① 작업 위험도 증대
      ② 양중설비 증대
      ③ 시공속도 조절 곤란
      ④ 작업동선 혼란
      ⑤ 빗물, 작업용수 등이 하층으로 흘러들어 작업방해 및 오염 초래

2. 단별시공방식

1) 의의

   철골공사가 완료된 후 후속공사를 최하층과 중간층에서 몇 단으로 나누어 동시에 시공하는 방식

2) 문제점

   ① 작업관리 복잡
   ② 양중설비 증대
   ③ 가설동력 증대
   ④ 작업자, 관리자 증대
   ⑤ 상부층의 재하중에 대한 가설보강 필요

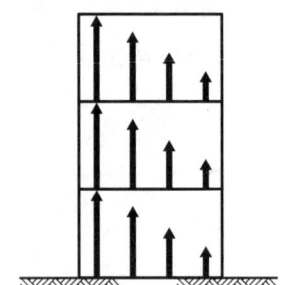

3. 연속반복방식

1) 의의

   병행 및 단별시공방식을 개선하여 기준층의 기본공정을 편성하여 작업 상호간에 균형을 유지하면서 연속 되풀이하여 반복 시공하는 방식

2) 필요조건

   ① 재료의 부품화
   ② 공법의 단순화
   ③ 시공의 기계화
   ④ 양중 및 시공계획의 합리화

3) 특징

   ① 전체 작업의 연속적인 시공 가능
   ② 합리적인 공정작업 가능
   ③ 일정한 시공속도에 따라 일정한 작업인원 확보 가능
   ④ 시공성 양호

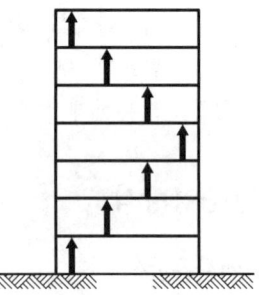

4. 고속궤도방식(fast track method)

1) 의의

   건물의 설계도서가 완성되지 않은 상태에서 첫단계의 기초적인 도서에 의하여 부분적인 공사를 진행시켜 나가면서
   ① 다음 단계의 설계도서를 작성하고
   ② 작성 완료된 설계도서에 의해 공사를 계속 진행시켜 나가는 시공방식

2) 특징
   ① 설계 작성에 필요한 시간절약 및 공기단축
   ② 건축주, 설계자, 시공자의 협조 필요
   ③ 계약조건에 따른 문제 발생 우려

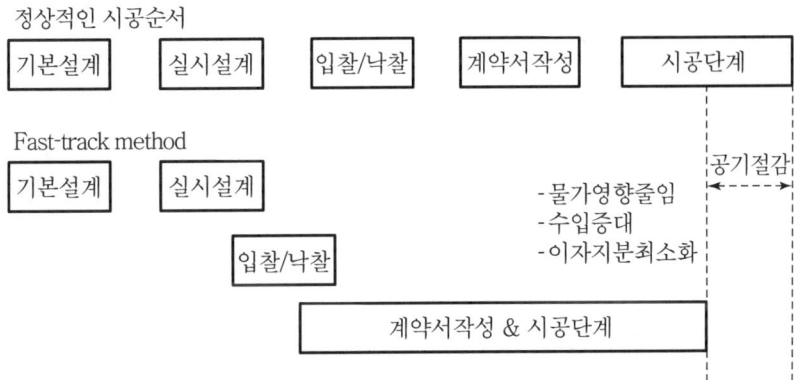

V. 공기단축방안(골조 공기단축방안)

1. 설계 측면

   1) 설계의 단순화
      ① 시공성을 고려하여 설계
      ② Modular coordination의 적용
      ③ 규격화·표준화된 자재의 사용

   2) CAD화(설계 자동화)
      ① 설계 제작기간 단축
      ② 도면의 작성 및 수정용이로 품질 우수

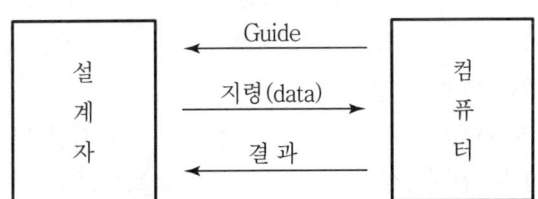

   3) Ferro deck
      ① 철근과 거푸집을 동시에 작업하는 prefab 공법
      ② 노무절감, 현장작업감소

4) Half PC 공법
    ① 공장에서 PC판을 제작하여 현장에서 설치후 topping Con'c 타설
    ② 가설재 절약 및 공기단축
    ③ Slab 하부에 거푸집·동바리 불필요
5) 마감의 건식화
    ① 재래의 습식공법에서 탈피
    ② 생산성 향상과 양생기간 축소
    ③ 시공용이 및 품질향상

2. 공법 측면
    1) Top down 공법
        ① 지하와 지상을 동시에 시공

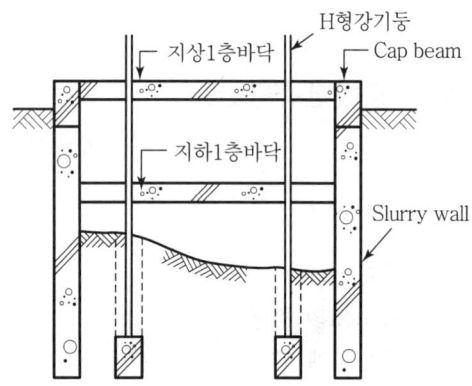

        ② 지하 시공이 끝나는 시점에 지상도 마감
    2) Core 선행공법
        ① 초고층 SRC조에서 RC조 core를 철골공사 보다 선행 시공
        ② 공기단축 및 구조적 안전성 확보
    3) 대형 system form 공법
        ① System form 사용으로 거푸집 설치 및 해체시간 단축
        ② 시공성 및 품질향상
    4) 철근 prefab 공법
        ① 용접 철망의 사용
        ② 주근은 미리 배근하여 현장에서 접합만 시공
        ③ 배력근은 현장 시공

3. 관리 측면

1) 고속궤도방식
   ① 설계작성에 필요한 시간절약으로 공기단축
   ② 시공사의 시공능력 전제
   ③ 건축주, 설계자, 시공자의 협조 필요
   ④ 계약조건에 따른 문제 발생 우려

2) 진도관리
   ① 각 공정이 계획공정과의 차질여부 파악
   ② 2~4 주를 주기로 진도파악

3) 양중량 분석을 통한 양중관리

4) EVMS(Earned Value Management System)
   원가와 공정을 동시관리

Ⅵ. 결 론

고층 건물은 고소작업으로 인한 위험증대와 양중작업에 따른 안전관리계획을 공정 계획 수립시 염두에 두어 합리적인 공정계획을 세워야 한다.

문 3-1 철골조 고층 건축공사에서의 안전관리의 요점을 기술하여라. [92전(30)]
문 3-2 초고층 건축공사시 산재 발생요인과 그 개선방향에 대하여 기술하시오.
[96후(40)]

Ⅰ. 개 요

초고층 건축의 안전사고는 중대 재해로 연결되어 인적·물적으로 많은 손실을 가져다 주므로, 공사의 성격에 따른 계획수립과 안전에 대한 검토가 사전에 이루어져야 한다.

Ⅱ. 산재발생요인

1. 직접원인

1) 불안전한 상태(물적 원인)
   ① 물(物) 자체 결함   ② 안전방호장치 결함
   ③ 복장·보호구의 결함   ④ 기계의 배치 및 작업장소의 결함
   ⑤ 작업환경의 결함   ⑥ 공정의 결함
   ⑦ 경계표시의 결함

2) 불안전한 행동(인적 원인)
   ① 위험장소 접근   ② 안전장치의 기능 제거
   ③ 복장·보호구의 잘못 사용   ④ 기계·기구 잘못 사용
   ⑤ 운전중인 기계장치의 손질   ⑥ 불안전한 속도조작
   ⑦ 위험물 취급 부주의   ⑧ 불안전한 상태 방치
   ⑨ 불안전한 자세동작   ⑩ 연락 및 감독 불충분

2. 관리적 원인

1) 기술적 원인
   ① 건물·기계장치의 설계 불량   ② 구조·재료의 부적합
   ③ 시공 공정의 부적당   ④ 점검 및 보존 불량

2) 교육적 원인
   ① 안전지식의 부족   ② 안전수칙의 오해
   ③ 경험훈련의 미숙   ④ 작업방법의 교육 불충분
   ⑤ 유해위험작업의 교육 불충분

3) 작업관리상의 원인
    ① 안전관리조직 결함
    ② 안전수칙 미지정
    ③ 작업준비 불충분
    ④ 인원배치 부적당
    ⑤ 작업지시 부적당

Ⅲ. 개선방향(안전관리 요점)

1) 안전대책 3E 수립 및 실시
    ① 기술적 대책(Engineering)
    ② 교육적 대책(Education)
    ③ 관리적 대책(Enforcement)

2) 조직·운영계획
    ① 조직·계통도를 작성하여 보고체제 확립
    ② 안전관리 기구의 조직체계로 안전시설 유지관리

3) 산업안전보건관리비
    집행은 현장의 안전관리 조직에 의하여 시행되며 적정 금액의 사용으로 재해를 예방한다.

공사분류	재료비+직접노무비 5억원 미만	5억~50억원 미만		50억원 이상
		비율(%)	기초액(원)	
일반건설공사(갑)	2.48%	1.81%	3,294,000	1.88%
일반건설공사(을)	2.66%	1.95%	3,498,000	2.02%
중건설공사	3.18%	2.15%	5,148,000	2.26%
철도·궤도신설공사	2.33%	1.49%	4,211,000	1.58%

4) 안전시설계획
    ① 추락방지망(안전 net)
    ② 안전난간
    ③ 낙하방지망(보호철망)
    ④ 낙하방지선반
    ⑤ 방호구대(보호방호구대)

5) 적정공기계획
    무리한 공기는 재해요인을 증가시키므로 적정공기 확보를 위해 공정관리, 노무계획 등을 세운다.

6) 안전한 공법계획

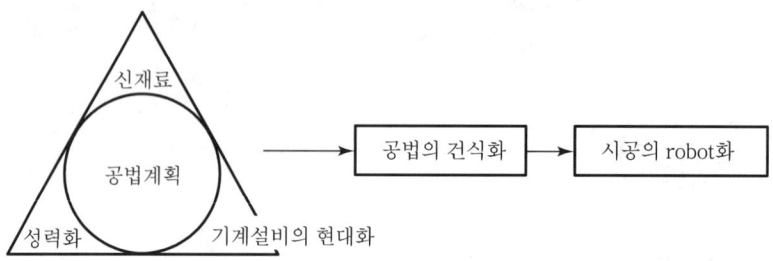

7) 양중설비계획
   ① 장비의 적정성과 효율적 배치
   ② 정기점검·임시점검 등 점검계획표 작성
8) 상하작업계획
   ① 상하 동시작업은 되도록 지양하며 낙하물에 대한 상호연락 철저
   ② 상하 동시작업시 상하 안전관리자 배치 및 상호연락

Ⅳ. 결 론

건축물이 초고층화되어 감에 따라 현장에서의 안전확보는 공사관리의 중요한 요소이므로 현장 여건에 맞는 합리적이고 과학적인 안전관리에 힘써야 한다.

> **문 4-1** 도심지에 위치한 고층 건물의 신축에 있어서 시공계획서 작성시 유의해야 할 자재양중계획에 대하여 기술하라. [78후(25)]
>
> **문 4-2** 초고층 건축물의 시공 계획서를 작성할 때 자재 양중계획에 관하여 기술하시오. [00전(25)]
>
> **문 4-3** 초고층 건물의 양중방식과 양중계획에 대하여 기술하시오. [99중(30)]
>
> **문 4-4** 초고층 건축물의 고속시공을 위한 양중계획에 대하여 설명하시오. [08중(25)]
>
> **문 4-5** T/C(Tower crane)에 대하여 다음을 설명하시오. [08전(25)]
> 　　1) 양중계획 수립절차를 Flow Chart로 작성하고
> 　　2) 수립된 절차를 구체적으로 검토할 Check List를 작성하시오.
>
> **문 4-6** 양중장비 계획시의 고려사항 [00후(25)]
>
> **문 4-7** 초고층공사의 특수성과 양중 계획시 고려사항에 대하여 기술하시오. [05후(25)]
>
> **문 4-8** 도심지 고층공사의 양중계획시 고려사항에 대하여 기술하시오. [07중(25)]
>
> **문 4-9** 철골공사 양중장비의 선정과 설치 및 해체시 유의사항에 대하여 설명하시오. [10전(25)]

I. 개 요

초고층 건물의 양중계획은 양중내용의 파악과 형식을 설정하여 양중기계를 선정해야 하며, 적재적소에 배치하여 최적의 양중 system이 이루어지도록 계획해야 한다.

II. 초고층공사의 특수성

1) 도심지에 건축
   도심지 교통 및 통행 인구의 과다로 공사진행에 지장 초래
2) 지하깊이 증대
   ① 기초 보강대책 필요
   ② 지반의 지내력 확보
   ③ 인접건물 피해 우려
   ④ 소음, 진동 등 공해 발생
   ⑤ 지하수대책 마련

3) 양중높이 및 작업원 동선 증대
   ① 상하 동시작업 진행
   ② 작업원간의 연락체계 확립
   ③ 작업능률 저하
4) 공기 증대
   공기단축을 위한 돌관작업시 품질저하 우려
5) 공사비 증대
   ① 공사기간 증대로 인한 전체 공사비 증가
   ② 안전작업으로 인한 무리한 시공 배제
6) 안전대책
   ① 3-5운동의 생활화
   ② 안전당번제 실시
   ③ 위험요소 신고함 설치
   ④ 개구부, EV 출입구 등의 장소에 점검요원 지정

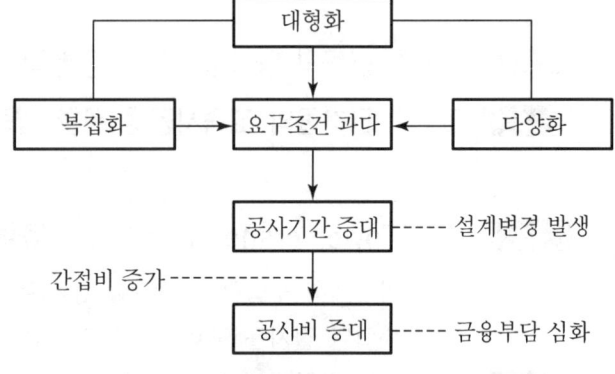

작업전 5분	안전교육
작업중 5분	검사
작업후 5분	정리정돈

Ⅲ. 양중방식

1) 수직운반
   ① 대형 양중
      ㉮ 크기 및 중량은 길이 4m 이상, 폭 1.8m 이상, 중량 2t 이상
      ㉯ 철골부재, 철근, PC판, curtain wall 등을 양중
      ㉰ 종류
         Tower crane, jib crane, truck crane 등
   ② 중형 양중
      ㉮ 크기 및 중량은 길이 1.8~4m, 폭 1.8m 미만, 중량 2t 미만
      ㉯ 창호, 유리, 석재, 천장재, ALC판 등을 양중
      ㉰ 종류
         Hoist, 화물전용 lift 등
   ③ 소형 양중
      ㉮ 크기 및 중량은 길이 1.8m 미만, 폭 1.8m 미만, 중량 2t 미만
      ㉯ 소형 마감재, 작업인원 등을 양중

㉰ 종류
　　인화물용 elevator, universal lift 등
2) 수평운반
　① 양중기에 의한 반입시간 절약, 화물내리기 노력 절감을 위해 운반형식 통일
　② 전용 컨테이너 또는 팔레트를 사용하면 효과적
　③ 운반장비는 fork lift, hand lift, 손수레

Ⅳ. 양중계획

1. 양중계획 수립절차 flow chart

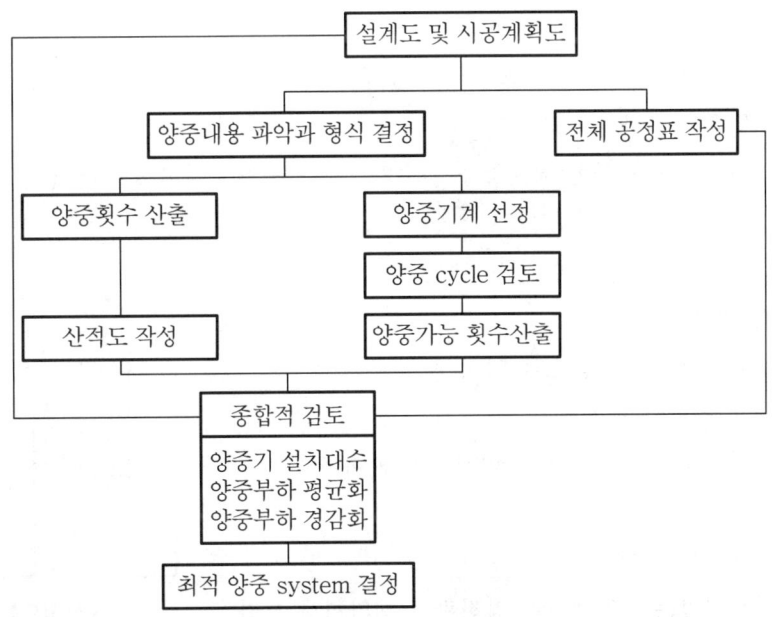

2. 자재 양중계획(계획시 고려사항, 양중장비 선정)

1) 설계도서 검토
　설계도면과 시방서에서 대지면적, 층수, 건물높이 등을 파악
2) 주변 교통 사정
　대형 차량의 도심지 운행 제약 및 교통 번잡 파악
3) 배치계획
　외부 반입로와 stock yard의 위치 및 내부 동선과의 관계를 고려하여 결정

4) 가설계획

   Tower crane 기초, 당김줄 기초, Con'c 타설 및 양생

5) 양중자재 구분

   기중할 자재를 대, 중, 소로 분류하여 각층별로 필요 기중량 산출

6) Stock yard

   각 직종이 취급하는 자재의 반입, 반출에서 혼란을 일으키기 쉬우므로 stock yard의 넓이 확보

7) 양중기계 종류

   ① 대형 양중기 : tower crane, jib crane, truck crane 등
   ② 중형 양중기 : hoist, 화물전용 lift 등
   ③ 소형 양중기 : 인·화물용 elevator, universal lift 등

8) 양중기계 선정

   양중내용 파악, 양중형식의 결정 및 안전성을 고려하여 선정

9) 양중기계 대수

   산적도에서 구한 최대양중 횟수와 1일 양중가능 횟수로부터 결정

10) 양중 cycle

    1일 양중가능 횟수 산출

11) 양중횟수

    기본주기를 기본으로 하여 산적도 작성

12) 양중부하 평준화

    양중량을 대, 중, 소로 구분하여 계획적으로 수송하기 위한 양중량의 평균화

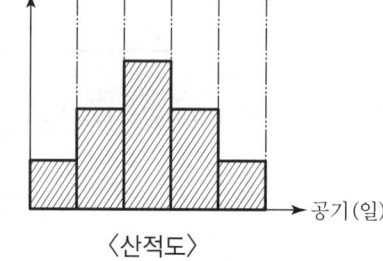

〈산적도〉

13) 안전관리계획

    무리없는 공정계획과 안전관리 책임체제 확립

14) 운전자 교육

    장비의 1일 점검 및 과대중량 양중 배제로 안전예방

V. 설치 및 해체시 유의사항

1. 설치시 유의사항

1) 기초판과 지면의 미끄럼유의

   지반을 수평으로 정리한 다음 기초를 시공할 것

2) 기초의 anchor설치시
   ① 기초에 매입되는 anchor는 1m 이상 기초판에 묻힐 것
   ② 기초판의 깊이는 1.5m 이상으로 시공
3) Mast의 수직도 유지
   수직도 1/1000 이내로 관리
4) 지지용 wire rope의 각도 유지
   ① 지지용 wire rope의 각도는 60° 이내로 유지
   ② 지지용 wire rope는 3개 이상 설치하여 안전성 유지
5) Wire rope의 상태 확인
   ① 인양시 wire rope 안전계수 확인
   ② 비틀림, 꼬임, 변형, 부식 등 확인
6) 트롤리운행상태 확인
   ① 도르래마찰 등 작동 유연성 확인
   ② 도르래는 소모품이므로 수시확인 및 교체

2. 해체시 유의사항

1) 기후조건 검토
   풍속 10m/sec 이상시 해체작업 불가

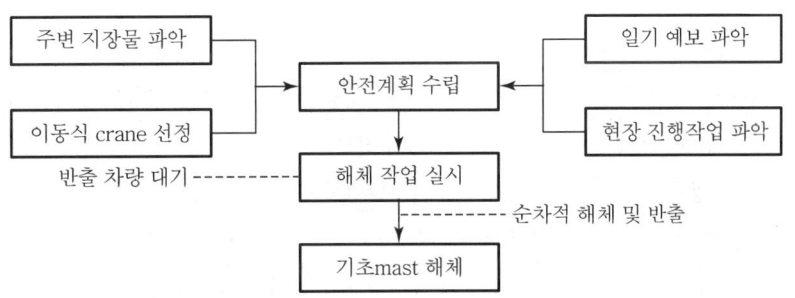

2) 사전 준비철저
   고소작업이므로 낙하물에 대한 안전조치가 필요하며, 해체당일 현장의 중대작업 금지
3) 해체작업순서 준수
4) 반출차량 운행통로 확보
   대형차량이므로 해체와 동시에 반출이 용이하도록 관리

5) 안전교육철저

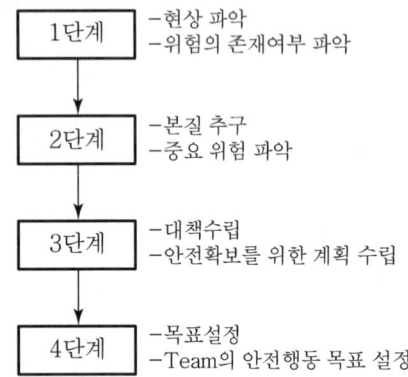

VI. Check list

구 분	Check 사항
설계도서 검토	설계도면과 시방서에서 대지면적, 층수, 건물높이 등을 파악
주변 교통 사정	대형 차량의 도심지 운행 제약 및 교통 번잡 파악
배치계획	외부 반입로와 stock yard의 위치 및 내부 동선과의 관계를 고려하여 결정
가설계획	Tower crane 기초, 당김줄 기초, Con'c 타설 및 양생
양중자재 구분	기중할 자재를 대, 중, 소로 분류하여 각층별로 필요 기중량 산출
Stock yard	각 직종이 취급하는 자재의 반입, 반출에서 혼란을 일으키기 쉬우므로 stock yard의 넓이 확보
양중기계 선정	양중내용 파악, 양중형식의 결정 및 안전성을 고려하여 선정
양중기계 대수	산적도에서 구한 최대양중 횟수와 1일 양중가능 횟수로부터 결정
양중 cycle	1일 양중가능 횟수산출
양중횟수	기본주기를 기본으로 하여 산적도 작성
양중부하 평준화	양중량을 대, 중, 소로 구분하여 계획적으로 수송하기 위한 양중량의 평균화
안전관리계획	무리 없는 공정계획과 안전관리 책임체제 확립
운전자 교육	장비의 1일 점검 및 과대중량 양중 배제로 안전예방

VII. 결 론

공사의 특성에 맞는 양중 방식의 선정과 양중량의 평균화와 양중 부하의 경감을 도모하여 체계적이고 종합적인 양중 계획을 수립해야 한다.

> **문 5-1** 초고층 철골철근콘크리트조 건물시공에 적합한 철근배근 및 콘크리트 타설방법에 대하여 논하시오. 〔98전(40)〕
>
> **문 5-2** 철골철근콘크리트(SRC)조 건물 시공시 부위별 철근배근공사의 유의사항을 기술하시오. 〔01전(25)〕
>
> **문 5-3** SRC구조에서 철근과 철골재 접합부의 철근정착방법을 도시하여 기술하시오. 〔06중(25)〕

I. 개 요

초고층 철골철근콘크리트(SRC)조 건물시공에 적합한 철근배근 및 콘크리트 타설 방법에 대한 시공의 능률성·경제성·안전성을 추구하기 위한 면밀한 관리가 실시되어야 한다.

II. 철근배근방법

1) Prefab 공법
   ① 기둥·보철근의 prefab
      ㉮ 철근 선조립 공법
      ㉯ 철근 후조립 공법
   ② 벽·바닥 철근의 prefab
   ③ 철근 pointing 공법

2) 용접철망공법
   ① 용접철망이란 철선을 직교시켜 배열하고 교차점을 전기저항 용접시켜 제조한 철망
   ② 철근공사의 신뢰성 향상·공기단축·성력화를 위한 공법

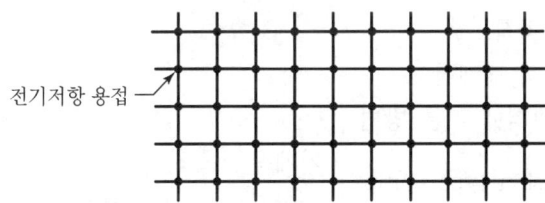

전기저항 용접

3) Ferro deck 공법
   철근작업을 공장에서 대신하고 현장에서는 설치작업만 하므로 노무절감 및 공기단축 가능

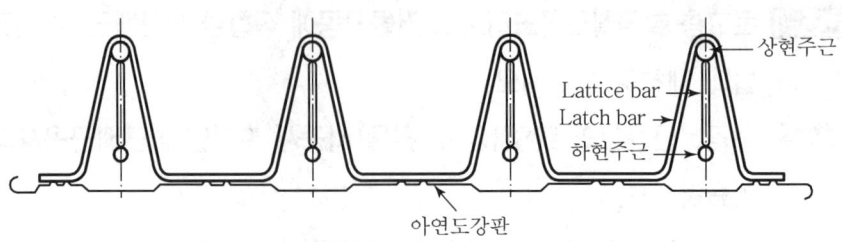

4) Half slab 공법

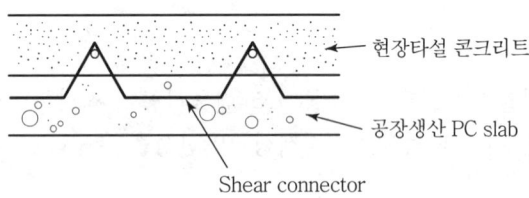

5) Deck plate 공법

철골보에 deck plate를 걸쳐대고 철근배근한 후 콘크리트를 타설하는 공법

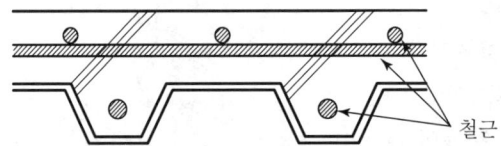

Ⅲ. 콘크리트 타설방법

1) 콘크리트 펌프공법
   ① 가설장치에 따른 공법
      ㉮ 정치식
      ㉯ 트럭 탑재식
   ② 압송방식에 따른 방법
      ㉮ Piston type pump ─┬─ 기계식
                            └─ 수압식 또는 유압식
      ㉯ Squeeze type pump

2) Press 공법
   Pump 공법과 비슷하며 좁은 장소에서의 운반에 사용

3) Bucket 공법

고층용 crane을 이용하여 bucket에 콘크리트를 담아 타설하는 공법

4) VH 분리타설

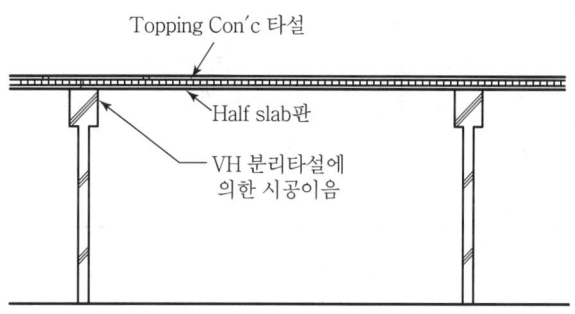

〈Shuttering form을 이용한 VH 분리타설〉

5) Pocket 타설공법

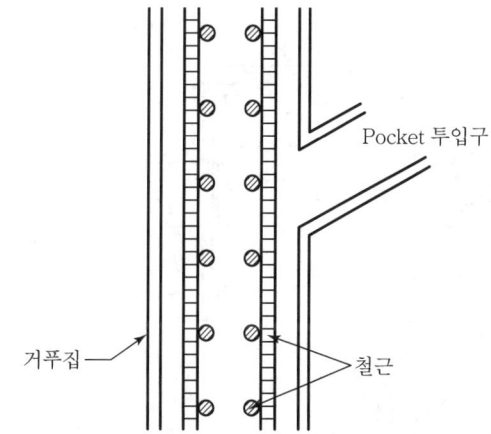

① 자유낙하 타설이 곤란할 경우 수직 거푸집 측면의 투입구에 포켓을 만들어 타설하는 공법
② 벽이 높거나 경사진 경우에 채택

6) 근접타설공법

① 접근하여 수직타설하고 1.5~2m 이내로 낙하높이 유지
② 재료분리가 생기지 않게 하고, 취급단계는 가능한 한 줄임

Ⅳ. 철근정착방법(철근배근공사의 유의사항)

1) Shop drawing 검토
   ① 철근 시공 상세도의 사전 검토
   ② 철골에 관통하는 배근도는 사전에 가공조립
   ③ Shop drawing을 검토하여 전체 철근량 산출
   ④ 구간별 양중량 산출로 양중계획 수립

2) 피복두께 확보
   ① 철골의 피복두께

부 위	기 둥	보
피복두께	10cm 이상	12~15cm

   ② 시공을 단순하게 하여 피복두께 확보

3) 기둥과 보의 접합부

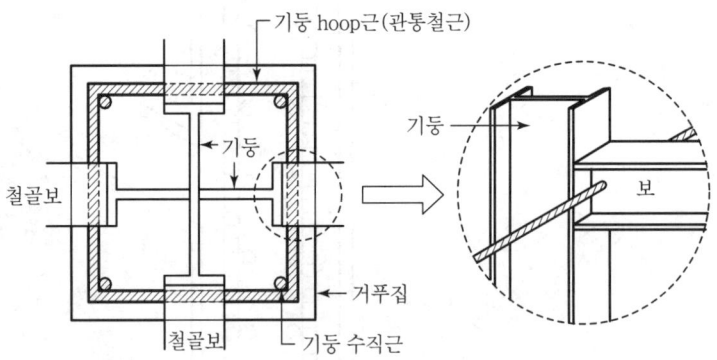

   ① 기둥의 hoop근은 보를 관통하여 배근하며 이 hoop근을 할당 hoop라 함
   ② 보 상하로 지나가는 hoop근은 보에 용접 접합
   ③ 보의 춤에 따라 관통철근 개수 산정

4) 벽 철근 부위
   ① 벽철근은 외벽의 경우에는 기둥콘크리트 속에 정착시킴
   ② 내벽의 경우는 철골 기둥에 용접하며 외벽철근을 따로 독립가능

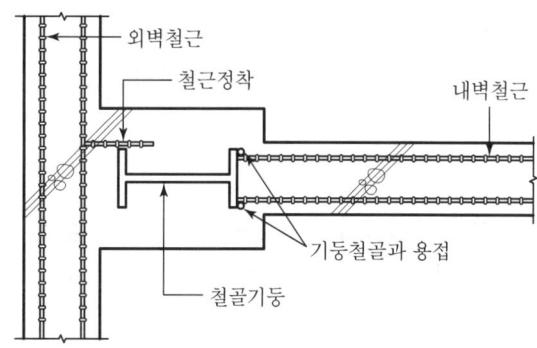

5) 큰보와 작은보가 만나는 부위
　① 작은보의 철근은 큰보에 정착

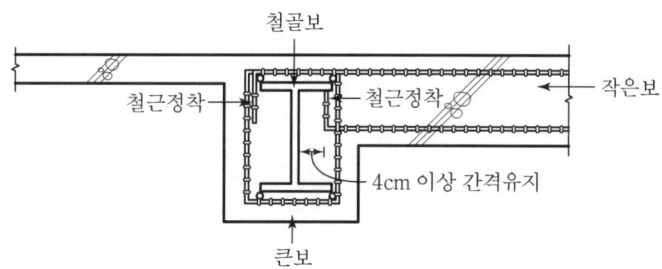

　② 작은보 하부철근은 큰보의 철골에 닿지 않도록 유의(4cm 이상 간격유지)

6) 보와 Slab가 만나는 부위
　① Slab의 하부철근은 보에 정착

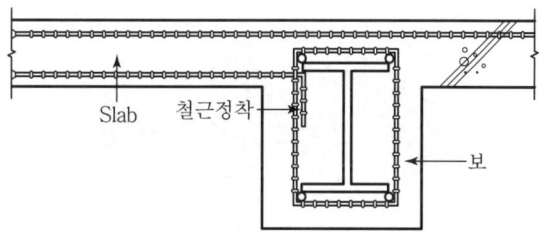

　② 상부철근은 용접 철망 대체 가능

7) 기둥 및 보와 벽의 접합부
　① 설계시 철근 정착부의 마무리 검토
　② 원칙적으로 구부림이 없도록 배근
　③ 정착길이 확보를 위한 방안 마련
　④ 콘크리트의 밀실한 충전이 될 수 있도록 유의

8) 기둥과 기초의 접합
   철골 주각부의 철근을 구부리지 않고 기둥철근을 배근할 수 있도록 할 것

V. 결 론

초고층 건물 시공은 현장여건에 맞는 공법의 선정과 문제점을 철저히 파악하여 대책을 세우며, 신기술 개발 등의 지속적인 연구개발이 필요하다.

문 6-1	초고층 벽식 구조의 공동주택 골조공사에 있어서 시공상의 문제점과 대책을 설명하여라. [91후(30)]
문 6-2	도심 밀집지역의 초고층 건물 시공시 문제점 및 대책에 대하여 기술하시오. [98중후(40)]
문 6-3	도심지 고층 건축공사의 시공상 제약조건 및 문제점에 대하여 기술하여라. [82후(20)]

Ⅰ. 개 요

초고층 건물은 공사의 다양화, 고소작업, 양중작업 등에 따른 문제점이 발생되고 있으나, 경제성·안전성·능률성 등을 검토한 시공계획의 수립으로 문제점을 최소화하여야 한다.

Ⅱ. 시공상 제약 조건

① 도심지에 건축
② 지하구조물의 깊이 증대
③ 작업원의 수직동선 및 양중높이 증대
④ 조립 정밀도의 중요성 증대(공기 증대)
⑤ 고소작업으로 인한 안전대책
⑥ 공사비 증대

Ⅲ. 문제점

1) 현장가공·시공
   ① 현장가공·시공으로 인한 품질저하 및 공기연장
   ② 기능인력 부족 및 기능도 저하

2) 습식 공법
   ① 재료의 습식으로 인한 공기지연, 노무비 증가, 안전사고 증가, 품질저하 등 초래
   ② 3S(표준화·단순화·규격화) 부족

3) 복잡화
   ① 대형화, 다양화에 따른 공사내용 복잡
   ② 공사의 복잡화에 따른 품질저하 및 공기연장

4) 저강도
   ① 초고층 건축의 콘크리트 강도가 저강도 상태에서 단면 증가
   ② 고성능 감수제나 유동화제의 불신으로 고강도 콘크리트 제조의 어려움
5) 비내화성
   ① 열팽창 흡수성능 저하
   ② 화재시 내화성능 저하로 건물 전체 전소
6) 비강재
   ① 동적 안전성과 인성이 약함
   ② 가구식이 아니고, 일체식 구조인 철근콘크리트의 층간변위에 대한 유연성 부족
7) 공해시공
   ① 소음, 진동, 분진, 악취, 교통장애 등에 대한 민원 발생
   ② 토공사시 우물고갈, 지하수 오염, 지반의 침하와 균열 등 발생
8) 공기지연
   ① 현장제작 시공으로 인한 공기지연
   ② 노동력 저하와 기능인력 부족
9) 기상영향
   ① 강우기, 한냉기 등에 공정속도 저조
   ② 엄동기인 12월~2월의 3개월간은 작업 곤란
10) 노무위주
   ① 노동집약의 시공위주로 공기지연
   ② 현장제작 시공으로 인한 품질저하

IV. 대 책

1. 설계 측면

1) 골조의 PC화
   ① 공업화에 의한 대량생산으로 공기단축, 품질향상, 안전관리, 경제성 확보
   ② 기계화·자동화·robot화에 의한 노무절감 기대
2) 마감의 건식화
   ① 부재의 표준화·단순화·규격화에 의한 경비 절감
   ② 공기단축, 동해방지, 기상변화 대응, 보수·유지관리 편리

3) 천장의 unit화
① 건축공사와 설비공사의 상호관계를 고려하여 module과 line을 일치시킴
② M-bar 또는 T-bar 등을 통하여 천장의 unit화

2. 재료 측면

1) 건식화
① 부재의 표준화로 호환성을 높이는 open system의 개발
② 대량생산이 가능하도록 재래의 습식공법에서 건식공법의 재료 개발

2) 3S화
① 건축재료의 단순화·표준화·전문화에 의한 생산
② 공업화 생산으로 품질향상 및 대량생산으로 원가절감

3) 경량화
① 경량 거푸집재의 개발 및 재료의 경량화로 건물 자중 감소
② 경량화로 인한 시공기계의 소형화와 성력화

3. 시공 측면

1) 가설공사
① 가설공사 양부에 따라 공사 전반에 걸쳐 영향을 미침
② 강재화·경량화·표준화를 통한 합리적인 공사관리

2) 토공사의 계측관리(정보화 시공)
① 현장 토공사의 제반정보 입수와 향후 거동을 사전에 파악
② 응력과 변위측정으로 굴착에 따른 인접건물의 안전과 토류벽의 거동 파악

3) 기초공사의 무소음·무진동공법
① 기초공사의 기성 Con'c pile 타격시 소음과 진동 유발에 대비
② 방음 cover나 저소음 hammer를 사용하거나 현장타설 Con'c pile 적용

4. 공사관리적 측면

1) 공정관리
① 건축물을 지정된 공사기간 내에 공사예산에 맞추어 정밀도가 높은 양질의 시공을 확보
② 공정계획시 면밀한 시공계획에 의하여 각 세부공사에 필요한 시간과 순서, 자재, 노무 및 기계설비 등을 적정하고, 경제성 있게 공정표로 작성

2) 품질관리(QC)
　① LCC
　② 하자발생 방지계획 수립
3) LCC, VE
　① LCC
　　종합적인 관리차원의 total cost(총비용)로 경제성 유도
　② VE
　　원가절감, 조직력 강화, 기술력 축적, 경쟁력 제고, 기업의 체질개선 등의 효과를 기대

V. 결 론

초고층 건축의 시공은 설계조건, 공사계획, 공기 등의 감안과 현장 여건에 맞는 적정공법의 선정 등으로 문제점을 해소하여야 한다.

문 7-1 초고층 건축물에서 바닥공법의 종류를 들고 각각의 시공에 대하여 간략히 기술하시오. [95중(30)]

문 7-2 고층 건물에서 바닥판공법의 종류와 시공방법을 설명하시오. [00중(25)]

문 7-3 초고층 건물의 바닥판시공법에 대하여 기술하시오. [05전(25)]

문 7-4 철골 건물의 슬래브 공법에 대해서 종류별로 설명하시오. [08전(25)]

문 7-5 철골조 slab의 deck plate 시공시 유의사항에 대하여 기술하시오.
[05중(25)]

문 7-6 강구조 slab에 사용하는 deck plate의 시공법을 기술하고, deck plate 시공상 고려사항을 설명하시오. [07후(25)]

문 7-7 초고층 건축에서 데크플레이트(Deck Plate)의 종류를 들고, 그 특성에 대하여 설명하시오. [09후(25)]

문 7-8 고층건물 바닥시스템 중에서 보-슬래브 방식, 플랫슬래브 방식 및 메탈데크 위 콘크리트 슬래브 방식의 개요 및 장단점을 비교하여 서술하시오. [09중(25)]

Ⅰ. 개 요

초고층 건물의 바닥판은 바닥의 강도, 내화성능 등의 성능과 시공성·작업성·경제성·안전성을 고려한 종합적인 검토가 필요하다.

Ⅱ. 바닥판공법의 분류

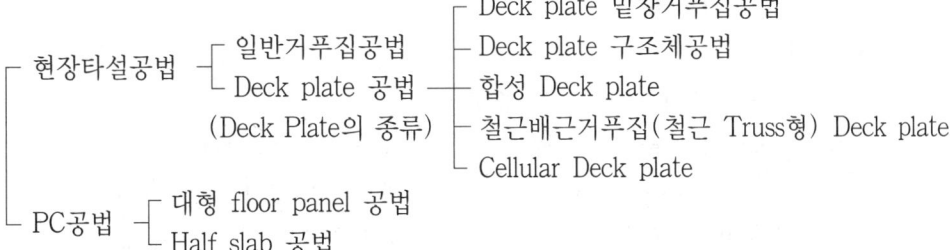

Ⅲ. 바닥판시공방법

1. 일반거푸집공법

1) 정의

합판, 철제 등의 일반거푸집을 사용하는 종래의 시공방법

2) 문제점
- ① 지보공 필요
- ② 하층 완료 후 상층작업을 하므로 Con'c 타설공사와 거푸집공사가 단속(斷續)
- ③ 작업자의 연속 채용이 불리
- ④ 가설재가 많아 기중량 증대 및 공기 지연
- ⑤ 고소작업에 따른 낙하, 비산의 위험

3) 개선대책
- ① 각 작업의 단순화, 전문화
- ② 거푸집의 unit화
  Table form, flying shore form, tunnel form 등
- ③ 거푸집 운반의 합리화
- ④ 공정의 일체화

2. Deck plate 밑창거푸집공법

1) 정의
- ① Deck plate를 거푸집 대용으로만 사용하며 하중은 상부 Con'c와 그 속의 보강 철근이 부담하는 공법
- ② 지보공이 불필요하며, 수개층 동시 시공 가능

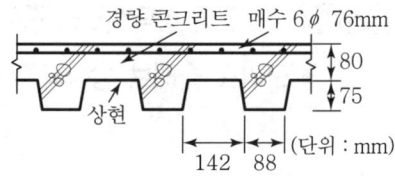

〈Deck plate 밑창거푸집 공법〉

2) 문제점
- ① 재래식 배근법 사용으로 철근 배근의 안정성이 나쁘고, Con'c 타설 난잡화
- ② 홈형으로 3면에서 가열시 내화적으로 불리
- ③ Deck plate의 거푸집으로서의 강도 확보 문제

3) 개선대책
- ① 철근배근의 합리화와 단순화 도모
- ② Deck plate의 골을 따라 1방향 배근 실시, 특수 spacer 사용
- ③ 내화성능을 갖도록 deck plate 산 위에 80mm 이상의 Con'c 두께 확보
- ④ 두께 1.2mm 이상의 deck plate를 사용하여 강도 확보
- ⑤ 경량 Con'c 타설

3. Deck plate 구조체공법

1) 정의

Deck plate를 구조체의 일부로 보고, 그 위에 타설하는 Con'c와 강도적으로 일체가 되도록 하는 공법

2) 문제점
    ① 내화피복 필요
    ② 배선·배관처리 문제
3) 개선대책
    ① 내화피복뿜칠공법
        Deck plate에 직접 석면, 펄라이트, 모르타르 등을 뿜칠하는 공법
    ② Membrane 공법
        천장에 불연재를 사용하여 바닥과 천장의 양쪽에서 내화성능 발휘
    ③ Cellular floor 공법
        ㉮ Deck plate 하면에 plate를 용접하여 중공부를 만드는 방법
        ㉯ 2장의 deck plate를 겹쳐서 중공부를 만들어 배선, 배관하는 방법

4. 합성 Deck Plate
1) 정의
    ① 합성 deck plate는 콘크리트와 일체가 되어 압축응력은 Con'c가 부담하고 인장응력은 deck plate가 부담하는 구조체이다.
    ② 합성 deck plate는 시공시에는 거푸집 용도로, 콘크리트 양생 후에는 구조적으로 휨응력에 저항할 수 있는 철근 대용으로 사용되는 여러 가지 형상으로 만들어진 구조재료이다.
    ③ 별도의 철근 배근이 필요없으며 내화성능을 겸비한 구조재료로 내화피복은 필요하다.

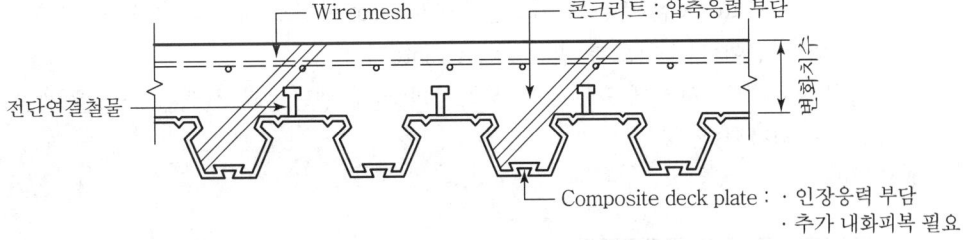

2) 특징
    ① 공장생산 및 현장설치로 공기단축
    ② 작업의 단순화로 노무비 절감
    ③ 여러 층의 연속작업 가능
    ④ Deck plate 하부의 전기배선작업 용이
    ⑤ 주철근이 없으므로 단면성능 저하 우려
    ⑥ 콘크리트의 균열방지를 위해 wire mesh 설치

5. 철근 배근 거푸집(철근 Truss형) Deck Plate

1) 정의
① 공장에서 일체화된 바닥구성재(거푸집 대용 아연도강판+slab용 철근주근)를 현장에서는 배력근·연결근만 시공함으로써, 철근과 거푸집공사를 동시에 pre-fab화한 공법이다.
② 철근작업을 공장에서 대신하고 현장에서는 설치작업만 하므로, 노무절감 및 공기단축을 할 수 있는 공법이다.

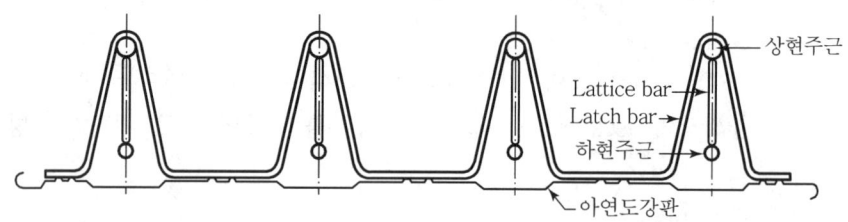

2) 특징
① 시공의 정밀도 향상
② 공기단축(생산성 향상)
③ 공사비 절감
④ 시공이 단순
⑤ 안전성이 높음
⑥ 설계범위가 넓음

6. Cellular Deck Plate

1) 정의
① Deck Plate 요철 부분의 일부를 막아서 Box형태로 제작하여 전기·통신·전자 등의 배선이 가능하도록 만든 Deck Plate이다.
② Deck Plate 하부에도 Duct를 부착시켜 실내 냉난방과 신선한 공기를 제공할 수 있게 제작된다.

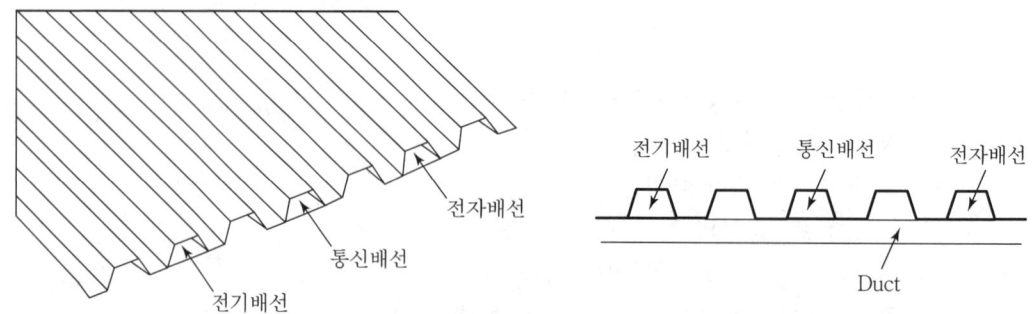

2) 특징
   ① 전기·통신·전자 등의 배선공사 용이
   ② 층고를 낮출 수 있어 경제적
   ③ Deck Plate 하부에 내화피복공사 용이
   ④ 상부 Duct의 시공으로 철근배근공사의 시공성 저하
   ⑤ Deck Plate의 크기가 대형화될 우려가 있음

7. 대형 floor panel 공법

   1) 정의
      대형의 공장제작 PC 바닥판을 현장에서 조립 설치하는 공법
   2) 특징
      ① 보와 바닥의 기능 함께 확보
      ② 안전한 바닥의 조기 확보로 작업능률 및 안정성 확보
      ③ Panel의 내부에 설비배관 가능
      ④ 양중횟수 감소

8. Half slab(합성 slab) 공법

   1) 정의
      ① Half slab란 하부는 공장생산된 PC판을 사용하고, 상부는 현장타설 Con'c로 일체화하여 바닥 slab를 구축하는 공법이다.
      ② PC와 현장타설 Con'c의 장점을 취한 공법으로 기능인력의 해소와 안전시공을 확보할 수 있는 공법이다.
   2) 특징
      ① 장점
         ㉮ 보 없는 slab 가능
         ㉯ 거푸집 불필요
         ㉰ 장 span 가능
         ㉱ 공기단축
      ② 단점
         ㉮ 타설 접합면 일체화 부족
         ㉯ 공인된 구조설계 기준 미흡
         ㉰ 수직·수평(VH) 분리타설시 작업공정의 증가

Ⅳ. Deck Plate의 특성

1) 공기 단축

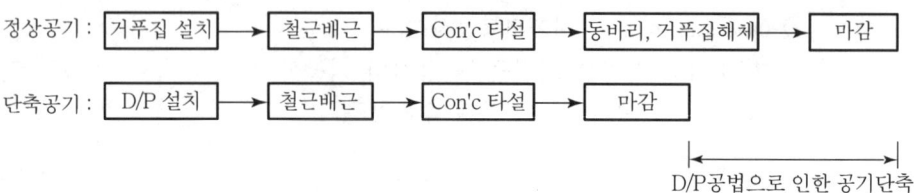

① 철골공사(주공정)와 병행설치 가능
② 철골조의 경우 별도의 연결철근 불필요

2) 시공성 양호

① 각종 sleeve 및 duct의 단순화 가능
② 시공중 자재 야적 및 보행 가능

3) Total cost 절감

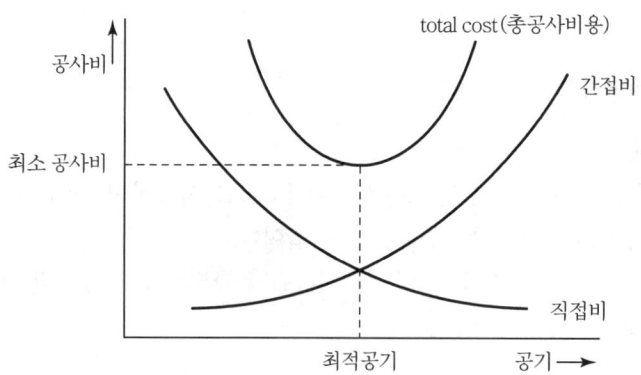

공기단축 및 자재비 절감으로 total cost 절감

4) 안전관리 유리

① Deck plate 하부의 안전 확보
② Deck plate 상부에서의 작업 및 콘크리트타설시 안전에 유리

5) 이음부 콘크리트 유출

① 보에 걸쳐지는 Deck plate의 끝부분에는 콘크리트 유출 방지판 설치
② 각 부분에 용접으로 접합

6) 내화공법 필요

Deck plate 하부는 적정 내화공법 시공

V. Deck plate 시공시 유의사항(시공상 고려사항)

1) 마구리 막기
   ① 철물을 사용하여 현장막기
   ② 공장가공 마구리 막기
      공장에서 부재의 양단부를 특별가공하여 현장막기를 불필요하게 처리한다.

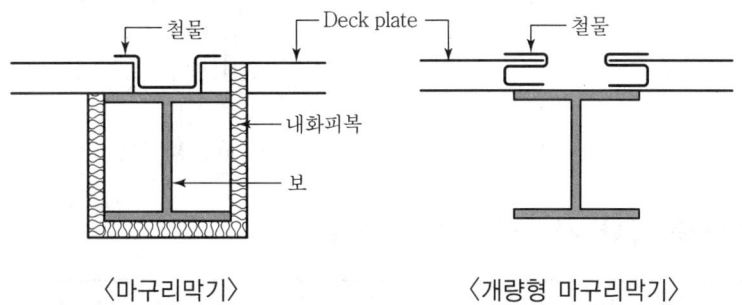

〈마구리막기〉   〈개량형 마구리막기〉

2) 개구부 보강
   ① ϕ100mm 이하 : 보강 불필요
   ② ϕ100~ϕ300mm : 형강을 사용하여 보강
   ③ ϕ300mm 초과 : 작은 보를 사용, 구조용 보에 연결

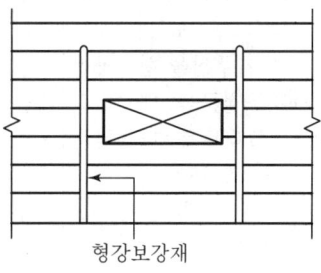

3) 콘크리트 타설시
   ① Con'c에 물이 빠지는 것이 어려우므로 가급적 W/C가 낮은 것
   ② 잔균열의 발생이 쉽다.

4) Shear connector
   ① 모자형이나 이형철근 꺾어휨방법은 현장작업상 곤란하므로 공장용접이 필요
   ② Stud bolt를 현장에서 용접 시공

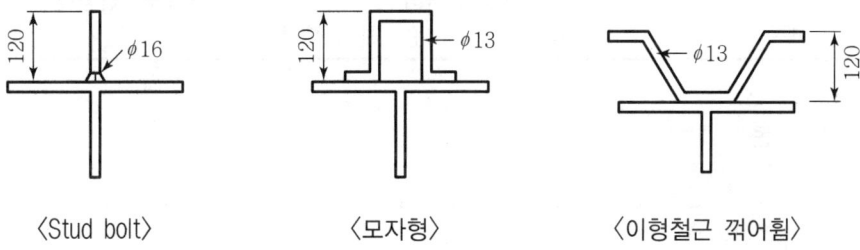

〈Stud bolt〉   〈모자형〉   〈이형철근 꺾어휨〉

5) 폭 조절용 철물설치

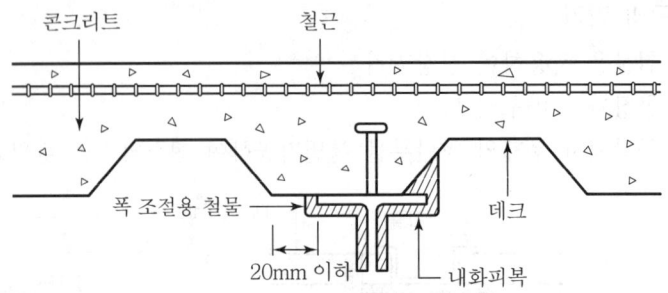

보와의 사이에 간격이 생기는 경우에는 폭 조절용 철물을 설치

Ⅵ. 고층건물 바닥 시스템 장단점 비교

구분	보-슬래브 방식	Flat slab 방식	Metal Deck 방식
개요	보-슬래브 방식은 RC 방식으로 보와 슬래브의 거푸집을 선시공한 후, 철근을 배근하고 콘크리트를 타설하는 라멘조 구조방식	• 평바닥 구조라고도 하며, 건축물의 외부 보를 제외하고는 내부에는 보가 없이 바닥판으로 되어 있어, 그 하중을 직접 기둥에 전달하는 구조이다. • 기둥 상부는 주두모양으로 확대하고, 그 위에 받침판(drop panel)을 두어 바닥판을 지지하는 구조로 보가 없으므로 층고를 낮출 수 있고, 공간이용률이 높아진다.	• 건축물의 보에 metal deck를 걸치고 철근배근을 한 후 콘크리트를 타설하는 방식이다. • Deck 하부에 동바리가 없거나 줄어들어 하부층의 작업이 용이하고, 공기단축이 가능해 고층건물에 많이 적용된다.
장점	• 가장 일반적인 방식으로 시공성우수 • 구조적 안정성 우수 • 경제성이 양호 • Slab의 진동이 적음	• 층고 저감 가능 • 공간이용률 상승 • 공사비가 저렴	• 공기단축이 가능한 공법 • 거푸집 해체공정이 없어 노무비가 절감 • 작업 하층부의 공간활용도가 높음 • 자중이 적어 고층건물에 적합
단점	• 공기지연 우려 • 거푸집의 전용성 떨어짐	• 철근배근에 대한 구조계산이 필요 • 뼈대 강성에 난점 • 자중이 높아 고층건물에 불리	• 재료비가 고가 • 소음, 진동에 취약

Ⅶ. 결 론

초고층 건축의 바닥판공법은 설계단계에서부터 신중히 검토해야 하며, 현장조건에 맞는 적정한 공법을 선택해야 한다.

문 8-1 초고층 건물시공에서 기둥의 부등축소(不等縮小)의 원인과 대책을 기술하시오.
　　　　　　　　　　　　　　　　　　　　　　　　　　　　　　　　　[98후(30)]

문 8-2 초고층 건축공사에서 기둥 부등축소현상(Column Shortening)의 발생원인, 문제점 및 대책에 대하여 설명하시오.　　　　　　　　　　　　　[09후(25)]

문 8-3 Column shortening에 있어서 탄성변형과 비탄성 변형에 대하여 설명하시오.
　　　　　　　　　　　　　　　　　　　　　　　　　　　　　　　　　[03후(25)]

문 8-4 콘크리트 Column shortening 발생원인을 요인별로 설명하시오.
　　　　　　　　　　　　　　　　　　　　　　　　　　　　　　　　　[04후(25)]

문 8-5 Column shortening　　　　　　　　　　　　　　　　　[97중후(20)]

문 8-6 기둥축소량　　　　　　　　　　　　　　　　　　　　　　[03전(10)]

문 8-7 Column shortening　　　　　　　　　　　　　　　　　　[06후(10)]

Ⅰ. 개 요

Column shortening이란 철골조 초고층건축을 축조시, 내·외부의 기둥구조가 다를 경우 또는 철골재료의 재질 및 응력 차이로 인한 신축량이 발생하는데, 이때 발생하는 기둥의 축소변위를 말한다.

Ⅱ. 발생형태(탄성변형과 비탄성변형)

1) 분류
   - 탄성 shortening
     구조물의 상부하중에 의해 발생하는 변위
   - 비탄성 shortening
     구조물의 응력이나 하중의 차이에 의해 발생하는 변위

2) 발생형태

탄성 shortening	비탄성 shortening
• 기둥부재의 재질이 상이할 때 • 기둥부재의 단면적이 상이할 때 • 기둥부재의 높이가 다를 때 • 상부에 작용하는 하중의 차이가 날 때	• 방위에 따른 건조수축에 의한 차이 • 콘크리트 장기하중에 따른 응력 차이 • 철근비, 체적, 부재크기 등에 의한 차이

Ⅲ. Column shortening의 원인

1) 온도차이
   ① 내·외부 온도차에 의해 변위가 다를 경우
   ② 온도차로 인한 발생
   ③ 태양열에 의한 철골 신축은 100m에 4~6cm 발생

2) 기둥구조가 다를 때
   ① 초고층건물에서 내외부 기둥구조의 차이로 인해 부등축소가 발생
   ② 코아부분과 기둥과의 level 차이로 발생

3) 재질 상이
   ① 기둥의 재질이 다를 경우
   ② 상하층 기둥 재질이 다를 경우

4) 압축 응력차
   내외부 기둥 부재의 응력차이로 인한 변위가 다른 경우

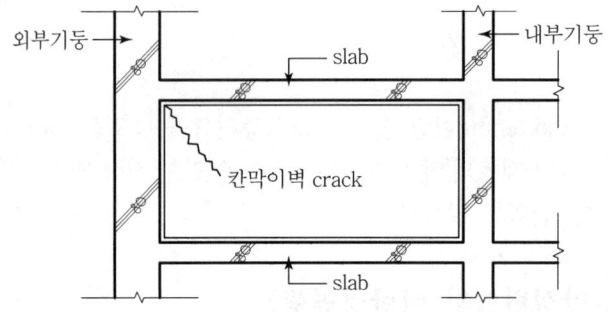

5) 기초 상부고름질 불량

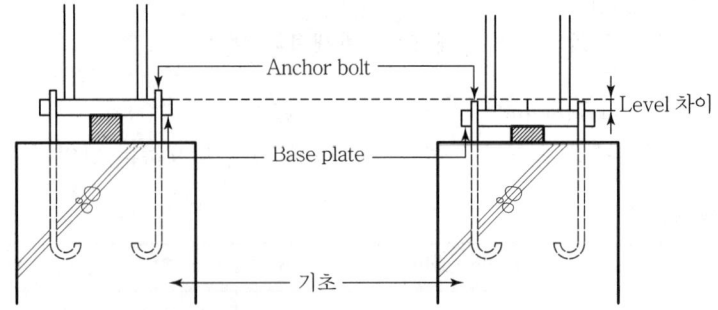

6) 신축량 차이
   부재간의 신축량의 차이가 심하게 발생하여 변위 발생

Ⅳ. 문제점

1) 내부 마감재의 파손
   ① Column shortening으로 인한 수평부재(Slab, 보)의 침하현상 발생
   ② 내부 마감재의 파손 발생

2) EV의 오작동
   ① EV shaft의 기울기 발생
   ② EV의 고장 및 오작동 발생

3) 구조체 균열발생
   보, slab 등 구조체에 균열발생

4) 마감재의 하자발생
   ① 마감재의 균열 및 뒤틀림 발생
   ② 마감재의 재시공

5) 외부 Curtain Wall의 하자발생

Ⅴ. 대 책

1) 변위량 예측

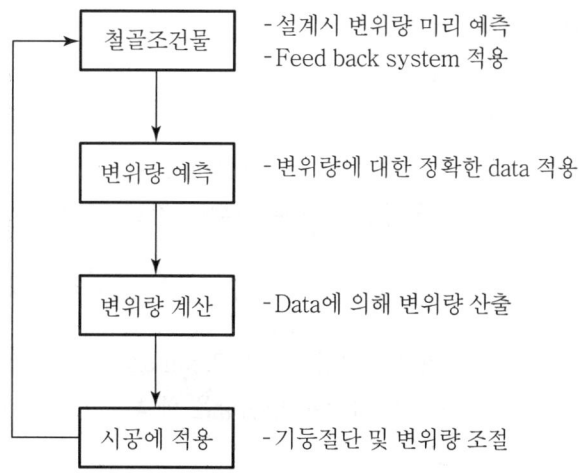

2) 변위량 최소화
   ① 구간별로 나누어진 발생변위량을 등분조절하여 변위치수를 최소화함
   ② 변위가 일어날 수 있는 곳을 미리 예측하여 변위를 조절

3) 변위 발생후 본조립
변위가 발생된 후에 가조립 상태에서 본조립 상태로 완전조립함

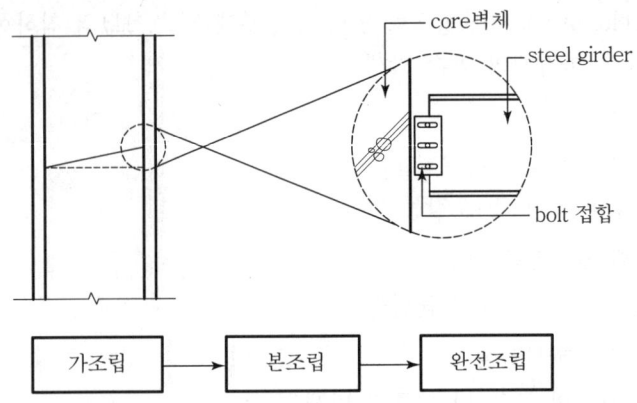

4) 구간별 변위량 조절
발생되는 변위량을 조절하기 위하여 전체층을 몇 개의 구간으로 구분

5) 계측 철저
① 시공시 변위발생량을 정확히 측정
② 계측기구 사용

6) Level 관리 철저
기초상부 고름질시 level 관리 철저

7) 콘크리트 채움강관 적용
① 초고층의 기둥을 콘크리트 채움강관(concrete filled tube)으로 시공
② 국부 좌굴 방지, 휨강성 증대로 변위량 감소

VI. 결 론

초고층건물 시공시 기둥의 부등 축소(column shortening)로 인하여 보, slab 등 다른 부재의 균열이 발생되므로, 사전에 변위량을 예측하여 이를 감안한 시공이 되어야 한다.

문 9-1	CFT(Concrete Filled Tube)공법에 대하여 다음 사항에 기술하시오.
	(공법개요, 장단점, 시공시 유의사항, 시공프로세스, 중하부 압입공법 및 트레미관공법)
	[06중(25)]
문 9-2	충전 강관 콘크리트(concrete filled steel tube) [97후(20)]
문 9-3	콘크리트 채움강관(concrete filled tube) [98후(20)]
문 9-4	CFT(concrete filled tube) [01중(10)]
문 9-5	CFT [05중(10)]

I. 개 요

1) 정의
   ① 최근에 건축물이 초고층화되면서 강재와 콘크리트의 특성을 겸비한 CFT와 같은 합성복합구조 system의 도입이 증가하고 있다.
   ② CFT공법은 원형이나 각형 강관내부에 콘크리트를 충전하여 강관과 콘크리트가 상호 구속하는 특성에 의해 강성, 내력, 변형방지 및 내화 등에 뛰어난 성능을 발휘하는 공법이다.

2) CFT공법의 작용원리

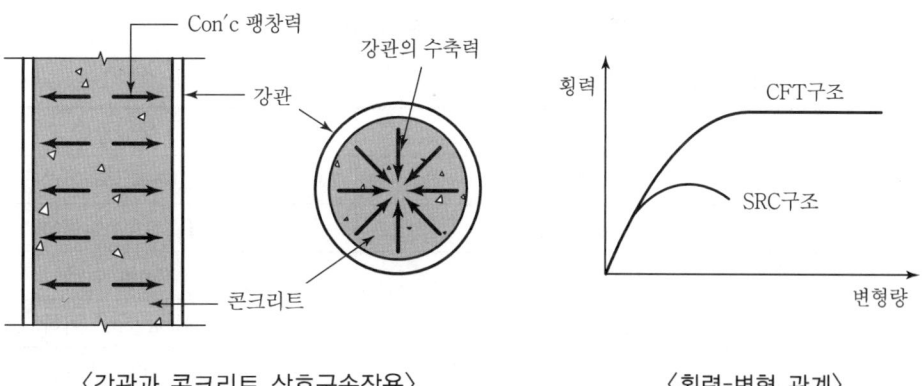

〈강관과 콘크리트 상호구속작용〉 〈횡력-변형 관계〉

콘크리트의 팽창력(밀어내는 힘)을 강관이 구속하며, 강관의 수축력(오므려드는 힘)을 콘크리트가 구속하는 상호구속작용

Ⅱ. 장단점

1) 장점
   ① 강관의 국부좌굴이 충전콘크리트에 의해 억제되어 연성 향상
   ② 충전콘크리트에 의해 강성 증대
   ③ 충전콘크리트의 축압축내력 및 열용량에 의해 내화성능 향상
   ④ 강관을 충전콘크리트로 치환함으로써 비용 절감
   ⑤ 판두께가 얇은 강관을 사용할 수 있어 시공성과 경제성 향상
   ⑥ 충전콘크리트가 강관 내부의 방청(녹방지)효과 발휘

2) 단점
   ① 강관 내부에 충전될 콘크리트를 적절하게 조합하는 설계법 확립 미비
   ② 강관의 공장제작규격에 의해 강관기둥을 선택하는데 제약
   ③ 내화성능이 우수하나 별도의 내화피복 필요
   ④ 보와 기둥의 연속접합시공 곤란
   ⑤ 콘크리트의 충전성에 대한 품질검사 곤란

Ⅲ. 시공시 유의사항

1) 철저한 시공계획서 필요
   ① Shop drawing 작성후 시공계획서 수립
   ② 1회 타설 높이, 콘크리트의 충전공법 선정

2) 콘크리트 품질관리

구 분	품질관리
목표 공기량	2.0~4.5% 이하
Bleeding 수	0.1cc/cm^2 이하
침하량	2mm 이하
단위수량	175kg/m^3 이하
물시멘트비	50% 이하

3) 콘크리트 충전
   ① CFT 내부에 밀실한 콘크리트가 되도록 관리
   ② 공기구멍 및 배수구멍 확인 철저

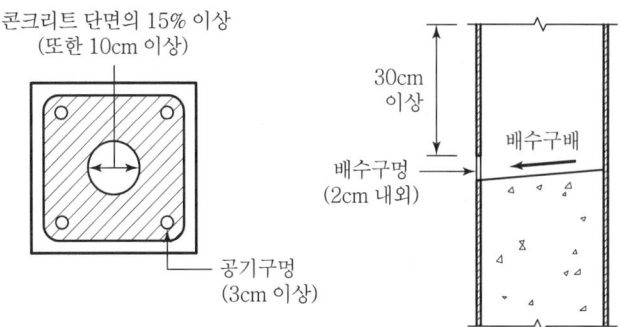

4) 적정 타설속도 유지

　① 타설속도가 빠르면 강관에 과다응력 발생

　② 타설속도가 너무 빠를 경우 콘크리트에 air pocket 발생

5) Construction joint 위치

　① 강관의 이음 위치에서 30cm 이상 간격을 두고 시공이음면 설치

　② 배수구멍으로의 원활한 배수를 위해 콘크리트를 경사지게 마감

6) 타설높이 관리

　① 원칙적으로 타설높이는 구조계산에 의해 산출

　② 최고 타설높이는 60m 이하

7) 접합부 응력전달 확보

Ⅳ. 시공 process

1) 하부압입공법

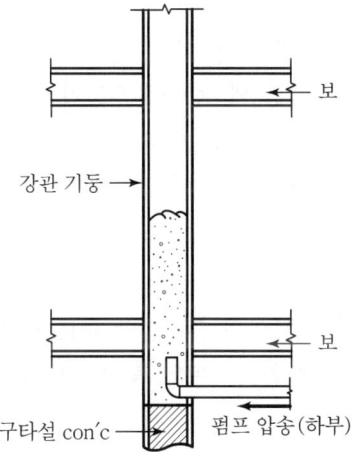

① 강관하부에 콘크리트 압송관을 설치하고 하부로부터 콘크리트를 밀어올리는 공법
② 압입 개시후에는 연속적으로 소정의 높이까지 타설
③ 콘크리트 타설중 상승높이를 check하여 적정 상승속도 유지
④ 압입높이는 60m 이내로 할 것
⑤ 콘크리트 압입후 강관 상부에 sheet 등으로 보호 양생

2) Tremie관 공법
① 강관 상부로부터 tremie관($\phi 100$ 이하)을 설치하여 콘크리트 타설
② 콘크리트 타설후 배수구멍으로 배수가 원활하도록 콘크리트 상부면에 구배 설치
③ 콘크리트 타설후 강관상부에 보호막으로 양생
④ 강관기둥에 과도한 응력이 발생하지 않도록 타설높이 조정
⑤ 콘크리트 시공 이음부는 강관 용접시 열영향을 받지 않도록 강관기둥 이음위치보다 30cm 이상 아래쪽에 둠
⑥ 콘크리트 타설순서

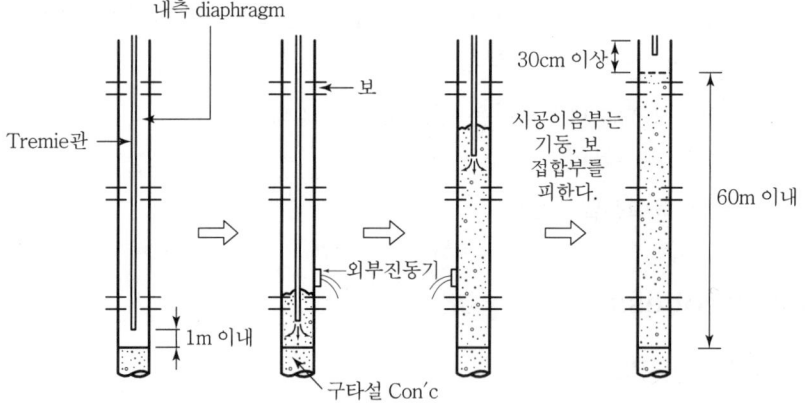

㉮ Tremie관을 강관 내에 설치
㉯ 콘크리트 타설 개시와 동시에 진동기 작동
㉰ 진동기는 외부 진동기를 주로 사용
㉱ Tremie관을 들어 올리면서 콘크리트 타설

V. 결 론

CFT기둥과 연결되는 보와의 응력전달 확보 및 시공성이 더욱 용이하도록 연구 개발하여야 하며, 강관 내에 콘크리트의 충전성이 높아지도록 노력하여야 한다.

문 10-1	초고층 건축물의 RC조(Reinforced Concrete Structure) Core Wall 선행공사의 시공계획시 주요관리 항목에 대하여 설명하시오. [10후(25)]
문 10-2	고층 건축물 코아 선행공법 시공시 유의사항 [02중(25)]
문 10-3	고층 건축공사에서 Core 선행(先行)시공방법 [00중(10)]
문 10-4	코아(Core) 선행공법 [04전(10)]
문 10-5	건축물 코아부의 concrete 벽체에 철골 beam 설치를 위한 매입철물(Embed plate)의 설치방법을 기술하시오. [03중(25)]
문 10-6	매립철물(Embedded Plate) [09중(10)]

I. 개 요

고층 건축공사에서 고강도 부분인 core를 벽식구조로 선행시공하고, 저강도 부분인 기타 부분을 라멘구조로 후시공하여, 벽식구조와 라멘구조의 변위량 차이에 의한 건축물의 안전을 도모하는 공법이다.

II. Core 선행시공방법

1) One cycle 공정

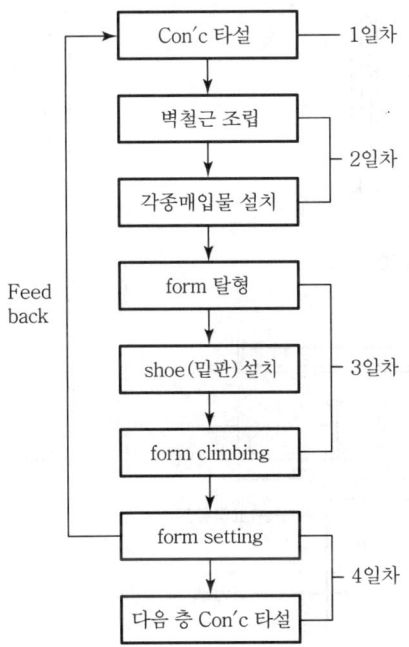

Core 선행 시공시 one cycle 공정이 약 10일 정도 소요

2) 특징

장 점	단 점
• Core를 선행시키므로 공사관계가 원활 • 전용횟수 증가로 초고층일수록 원가절감 • 기상조건 영향 최소화 • 양중장비(T/C) 없이 거푸집 상승 가능하므로 장비 효율성 증대 • 철근이 prefab시공에 유리	• 초기검토기간 필요(2개월 정도) • 초기투자비용 과다 • 구조물 연결부위 시공정밀도 • 각 unit별 분할상승되므로 안전사고 위험

Ⅲ. 매입철물(embed plate) 설치방법

1) Embed plate

   콘크리트 벽체와 철골보 또는 각종 bracket을 연결하기 위해 콘크리트에 매입되는 철재 plate

2) Embed plate 설치방법

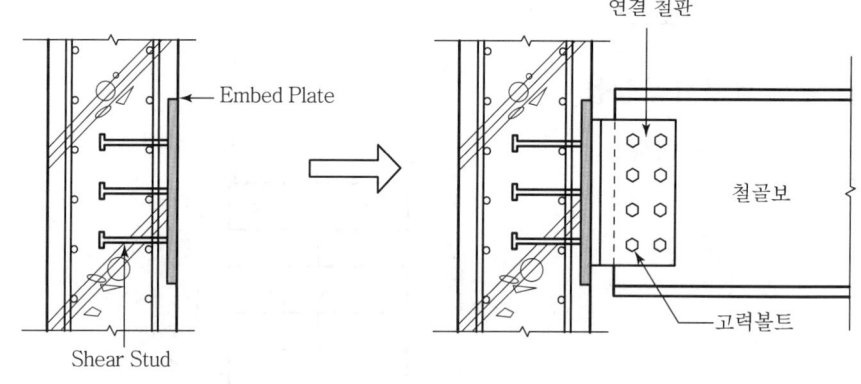

〈Embed plate 설치〉　　　　　〈철골보 연결〉

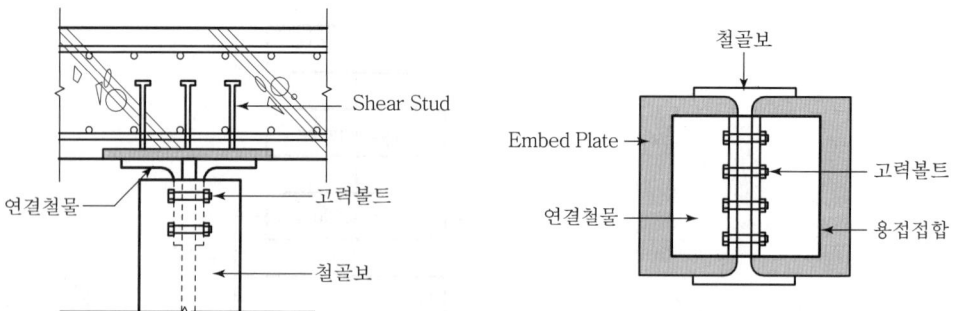

〈철골보 연결 상세도〉

① Embed plate 후면에 shear stud 설치
② 콘크리트면과 철판(plate)면이 일치되도록 철근배근부위에 정착하여 설치
③ 콘크리트 타설시 위치변동이 없도록 견고하게 설치
④ Embed plate와 연결철판은 용접으로 접합
⑤ 연결철판과 철골보는 고력bolt로 접합
⑥ 연결철판의 bolt 구멍은 slot hole로 가공

3) 설치시 유의사항
① Embed plate의 시공오차 고려
② 오차범위 20mm 이내로 관리
③ Embed plate의 위치 및 수량 확인후 콘크리트 타설
④ Embed plate의 shear stud는 form tie 등에 간섭되지 않도록 설치
⑤ Embed plate와 콘크리트가 일체화되도록 유의

Ⅳ. 시공시 유의사항(주요관리항목)

1) 벽철근 조립시 피복두께 유지
① 철근 선조립장 확보
② Dowel bar와 후속 철근의 결속부 시공에 유의
③ 공기가 1.5~2일이므로 시공에 차질이 없도록 유의
④ 적정 피복두께 확보

2) 매입물 누락 유의
① 철근 조립후 각종 sleeve 설치를 즉시 실시
② 각종 매입물 도면으로 철근 조립전에 설치 위치, 개수 등 숙지

3) Form 탈형시 콘크리트 파손 주의

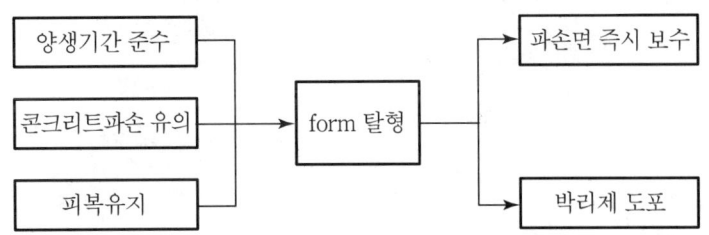

Form 탈형시 콘크리트의 일부 파손에 유의하여 파손부 보수시 미색에 유의

4) Form climbing 속도 유지
① Sliding form 규정 climbing 속도를 준수하며 작업속도 조절
② Climbing후 거푸집의 수직도 check

5) Embed Plate Box 시공 철저
   ① Core에서 연결되는 구조체의 시공을 위해 Embed Plate Box 매입
   ② Core부 Con'c 타설시 위치변동에 유의
   ③ 후시공 구조체에 연결될 때까지 관리 철저
6) 콘크리트 타설시 측압 유의

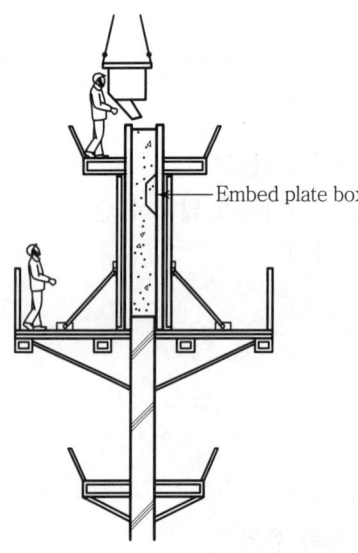

① 밀실한 콘크리트를 위해 철저한 다짐으로 충전
② Embed plate box 주위에 공간이 발생하지 않도록 유의
③ 과대 측압발생에 유의

V. 결 론

Core 선행시공시 거푸집 상승방법, 철근 선조립 장소, 고소에서 작업자의 작업 및 콘크리트 타설이 이어지므로 이에 대한 안전관리를 철저하게 한다.

문 10-7 고층건축물의 코아선행공법에서 구조체(Core wall)와 철골접합부 시공상 유의사항을 기술하시오. 〔09전(25)〕

I. 개 요

코아 구조체와 철골과의 접합을 위해서는 embed plate를 이용하며, 코아 벽체콘크리트 타설전에 미리 embed plate를 설치하여야 한다.

II. 시공상 유의사항

1) Embed plate판의 수직유지
   ① Embed plate판 설치시 수직 check
   ② 코아벽면과 embed plate면의 일치
   ③ 콘크리트타설시 embed plate판이 움직이지 않도록 고정

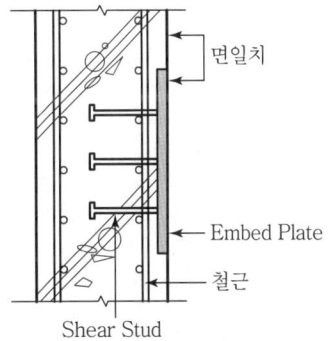

2) Shear stud와 벽체 철근과의 용접접합 금지
   ① Shear stud와 코아벽체 철근은 결속선으로 긴결

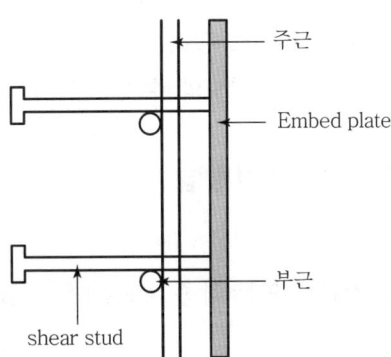

   ② Shear stud와 코아벽체 철근과의 간격이 클 경우 보조철근 설치
   ③ 벽체 주철근과 용접시 주철근의 내력저하 우려
   ④ Shear stud와 plate판은 용접으로 접합

3) Embed plate판의 level 관리
   ① Embed plate의 시공오차 고려
   ② 오차범위가 20mm 이내로 관리
   ③ Embed plate의 shear stud는 form tie 등에 간섭되지 않도록 설치

4) Embed plate판의 유동 금지
   ① 콘크리트 타설시 embed plate판의 위치변동이 없도록 유의
   ② Embed plate판을 견고히 설치할 것
5) Embed plate판과 콘크리트 일체화
   ① 콘크리트 타설시 다짐 철저
   ② Embed plate판이 콘크리트 속에 완전 매입되도록 할 것
6) 철골보와 embed plate의 연결

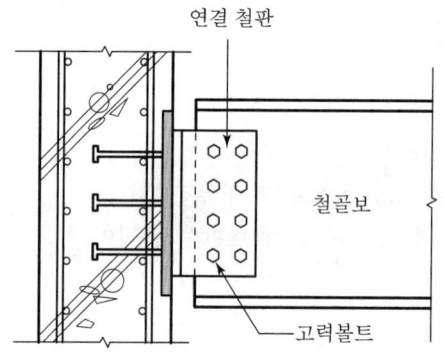

   ① Embed plate와 철골보의 연결은 연결철판을 사용
   ② 연결철판에 slot hole을 가공하여 고력 bolt로 철골보와 접합
   ③ 철골보와 embed plate와의 연결 위치에 유의
7) 거푸집 및 콘크리트의 수직도 관리
   거푸집 공사시 거푸집의 수직도와 수밀성 관리

Ⅲ. 코아벽체부의 매입철물 설치방법

1) Embed plate
   콘크리트 벽체와 철골보 또는 각종 bracket을 연결하기 위해 콘크리트에 매입되는 철재 plate
2) Halfen box
   콘크리트 벽체와 콘크리트 slab 콘크리트 벽체 등을 연결하기 위한 연결철근이 내장된 box

Ⅳ. 결 론

초고층건축의 시공이 빈번해짐에 따라 core 선행공법은 필수적이며, 후속 철골보의 연결을 위한 embed plate의 병행시공이 중요한 사항이 되었다.

> **문 11-1** 초고층건물 코아월(Core wall) 거푸집공법 계획시 종류별 장단점을 비교하여 기술하시오. 〔09전(25)〕
>
> **문 11-2** 초고층 건축공사의 거푸집 공법 선정시 고려사항에 대하여 설명하시오. 〔10전(25)〕

Ⅰ. 개 요

Gang form, Auto climbing system form, Sliding form등은 system form의 일종으로 건축물의 벽체용으로 사용되며, 특히 초고층 공사시 공기단축을 위해 적용된다.

Ⅱ. 초고층 건물의 거푸집 공법

1. Gang form

1) 정의

① 주로 외벽에 사용되는 거푸집으로서, 대형 panel 및 멍에·장선 등을 일체화시켜 해체하지 않고 반복 사용하도록 한 것을 gang form 또는 대형 panel form이라 한다.

② 건축물의 고층화 및 양중기계의 발달로 gang form의 사용이 늘어나고 있으며, 재래식 공법에 비하여 경제성 및 안전성이 유리하다.

2) 구성

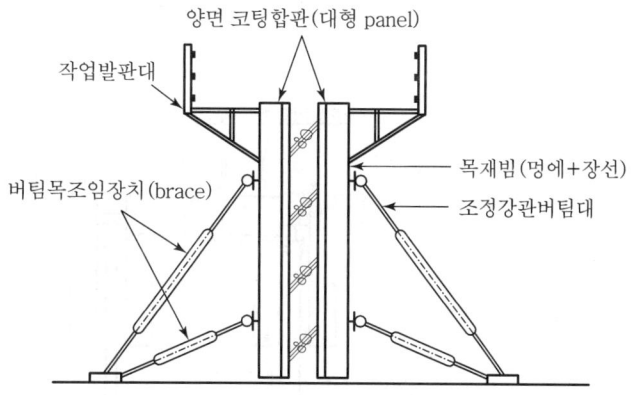

2. Auto Climbing System Form

1) 정의

① Auto Climbing System Form은 1개층 높이로 제작된 system form을 hidraulic jack

과 climbing profile을 이용하여 상승시키며 1개층 높이의 콘크리트를 타설하는 거푸집 공법이다.
② 양중장비가 필요없고, 스스로 상승하므로 self climbing form이라고도 한다.

2) 구성

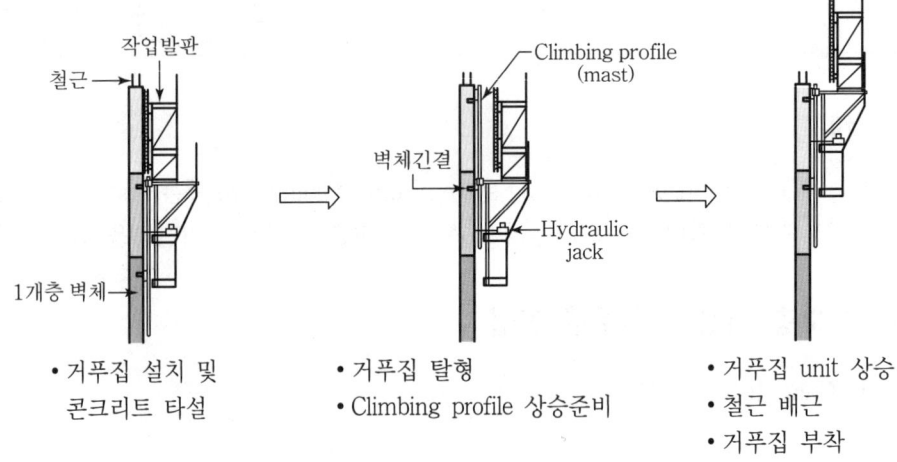

- 거푸집 설치 및 콘크리트 타설
- 거푸집 탈형
- Climbing profile 상승준비
- 거푸집 unit 상승
- 철근 배근
- 거푸집 부착

3. Sliding Form

1) 정의
① 일정한 평면을 가진 구조물에 적용되며, 연속하여 Con'c를 타설하므로 joint가 발생하지 않는 수직활동 거푸집공법이다.
② 단면의 변화가 없는 구조물에 적용되며, 주야 연속작업을 위한 인원·장비·자재(콘크리트)에 대한 세심한 계획이 필요하다.

2) 구성

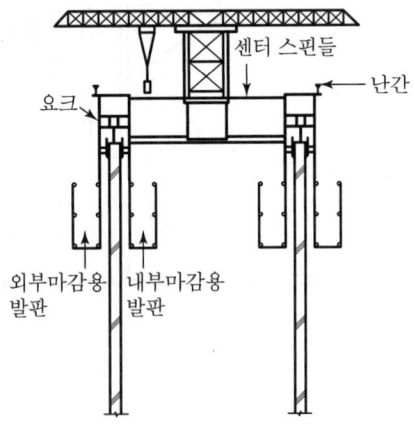

Ⅲ. 초고층 거푸집 공법의 비교

대형 거푸집공법 중 Gang form, ACS form, Sliding form은 초고층공법에서 널리 사용된다.

공법	특징	장점	단점
Gang form	Tower crane 또는 별도의 장비를 이용하여 1개층씩 인양하여 타설하는 방식임	① 초기투자비가 비교적 저렴 ② 타장비의 도움을 받아야 한다는 것 이외는 ACS form과 동일 ③ 숙련된 작업자 확보가능	① Tower crane를 주로 사용하므로 tower crane부하에 대한 면밀한 검토가 요구됨 ② 기타 사항은 ACS form과 동일
ACS form	Core 선 타설후 slab가 따라오는 방식으로 1개층 단위로 Climbing함	① 자체적으로 구동되므로 타장비의 도움 불필요 ② Core가 3~4개층 선행되므로 slab공사는 언제든지 start할 수 있음 ③ Wall form이 계속 올라가므로 형틀공사의 형틀목공 인원축소로 비용절감 ④ 코아벽과 바닥분리 시공으로 공기단축	① Survey에 대한 세심한 주의요망 ② Wall과 slab를 분할 시공함으로써 1일 Con'c 타설량에 세심한 주의가 필요 ③ 상, 하 작업층이 벌어져 있어 안전관리 및 동절기 공사에 불리 ④ 초기투자비가 많이 소용된다.
Sliding form	단면변화가 없는 일정한 평면을 가진 구조물에 적용되며, 연속으로 콘크리트를 타설하므로 joint 발생이 없는 수직 활동 공법	① 자체적으로 구동되므로 타장비의 도움 불필요 ② 시공 조인트 없는 콘크리트의 수밀성 확보 ③ Wall form이 sliding되어 올라가므로 형틀공사의 형틀 목공 인원 축소로 비용절감 ④ 공정의 단순화 및 마감작업이 동시에 진행	① 1일 Con'c 타설량에 대한 사전 주의 요망 ② 주야로 연속작업을 하여야 하므로 2배의 인원을 필요로 한다. ③ 철야 작업으로 인하여 콘크리트의 연속공급에 어려움 ④ 각종 매립물 수량 많음 ⑤ 돌출부분이 많은 작업에 부적합

Ⅳ. 선정시 고려사항

1) 구조적 안정성

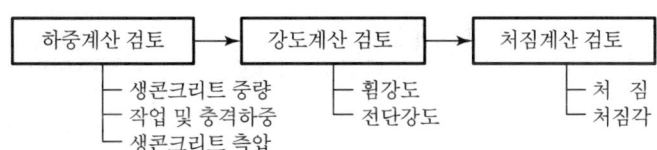

신뢰할 수 있고 재료에 의해 성능이 확인된 자재 사용

2) 전용성 검토

	기준층(N층)	N+1층	N+2층	N+3층	N+4층
벽 form	○ ―	▶○ ―	▶○ ―	▶○ ―	▶○
기둥 form	□ ―	▶□		▶□	
보옆 form		□ ―		▶□	
보밑 form	△ ―			▶△ ―	▶△
slab form		△ ―	△ ―		

① 벽 form은 1벌, 기둥 및 보옆 form은 2벌, 보밑 및 slab form은 3벌을 준비
② 품질에 영향을 미치지 않은 범위에서 최대한 전용성 활용

3) 부재별 전용횟수 고려

부재	일반합판	철재 form	일호 form	유로 form	AL form
전용횟수	3~5회	100회 이상	25회	15~20회	150회

건축물의 형상, 크기 등에 따라 거푸집부재 결정

4) 양중 계획

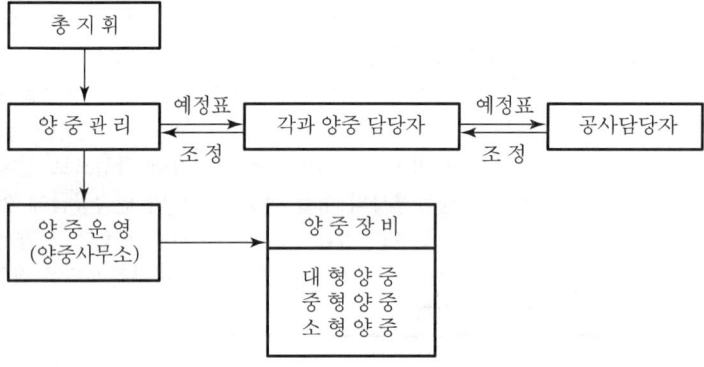

System form의 중량(50~100kg/m²)을 확인하고 tower crane 설치

5) 콘크리트 측압

측압에 의한 거푸집의 변형이 발생하지 않도록 계획

6) 수밀성

조립후 공간이 있어 Con'c 타설시에 모르타르나 시멘트 paste가 누출되면 Con'c 품질 손상

7) 경제성

① 거푸집 공사비는 골조 공사비의 15~30% 차지
② 합리화의 여하에 의하여 공비 절감의 여지가 큰 비목임

8) 성력화

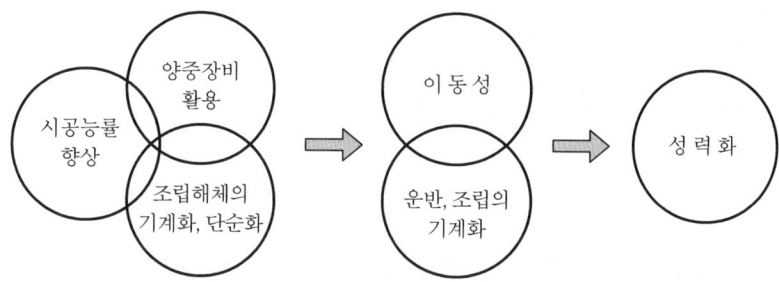

9) 구조체 미관

목재의 나뭇결이 반영되고, 메탈폼을 사용하여 철판의 녹이 갈색으로 변색

10) 시공 오차

① 각 부재의 unit화 및 접합의 기계화로 시공정도가 동일하여 오차가 축소됨
② 강성이 높은 거푸집으로 변형 방지

V. 결 론

초고층 건축공사에서의 거푸집의 선정은 system거푸집의 사용이 원칙이며, 콘크리트의 조기강도 발현이 용이한 거푸집이어야 한다.

문 12-1 고층건물 연돌효과(Stack Effect)의 발생원인, 문제점 대책을 설명하시오.
[07전(25)]

문 12-2 연돌효과(Stack Effect)
[02후(10)]

Ⅰ. 개 요

연돌효과(Stack Effect)란 굴뚝으로 연기를 내보내는 원리로, 고층건축물의 맨 아래층에서 최상층으로 향하는 강한 기류의 형성을 말한다.

Ⅱ. 발생원인

1) 겨울
   ① 난방시 실내공기가 외기보다 온도가 높고 밀도가 적기 때문에 부력이 발생
   ② 건물 위쪽에서는 밖으로, 아래쪽에서는 안쪽으로 향하는 압력 발생

2) 여름
   ① 냉방시 실내공기가 외기보다 온도가 낮고 밀도가 크기 때문에 발생
   ② 겨울철 난방시와 역방향의 압력 발생

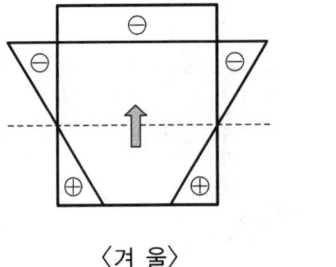
〈겨 울〉

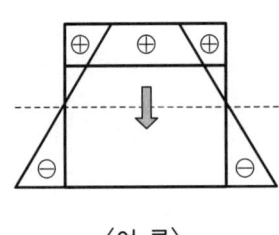
〈여 름〉

Ⅲ. 문제점

1) 화재시 1층에서 최상층으로 강한 통기력 발생

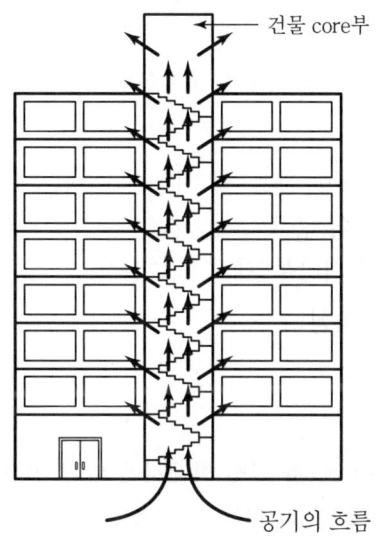

2) 공기 유출입에 따른 건물 내 에너지 손실
   ① 공기의 유출입으로 겨울 난방시 난방비용 증가
   ② 여름 냉방시 냉방사용료 증가
3) EV문 오작동 발생
   ① 틈새 바람으로 인한 EV문 오작동 발생 우려
   ② EV문 개폐시 강한 바람으로 불안감 유발
4) 실내 강한 바람으로 인한 불쾌감 유발

Ⅳ. 대 책

1) 1층 출입구 회전 방풍문 설치
   건물의 주출입구에는 회전 방풍문을 설치하여 공기유입 억제

2) 아래층에서 공기의 유입을 최대한 억제
   무테문 등으로 외부의 공기유입을 최대로 막아 쾌적한 환경 조성
3) 건물 기밀성 유지와 현관의 방풍실 설치
   ① 건물 출입구의 밀실한 시공 철저
   ② 현관의 방풍실을 설치하여 내·외부 온도 및 압력차이 감소
4) 방화구획 철저
   ① 시공부위별 적합한 재료 및 시공법 선택
   ② 밀실, 기밀시공이 중요
   ③ 층간 방화구획 시공부 기밀 test 실시
5) 공기통로의 미로 형성

V. 결 론

연돌효과(stack effect)로 인해 화재시에 따른 인명 손실 및 재산상 피해가 많이 예상되는바, 방화구획설치 등의 방법으로 최대한의 억제책을 강구하여야 한다.

문 13 Super Frame [03중(10)]

I. 정 의

Super frame 구조는 횡하중과 연직하중에 모두 저항하기 위하여 대형기둥(수직truss)과 전달보(수평truss)형식의 수직 및 수평 truss 부재를 초대형의 가구(架構)로 조합한 구조이다.

II. 시공실례

① 국내 상업은행 본점
② Posco 사원임대아파트
③ 일본 동경 도청사
④ 일본 전기 본사

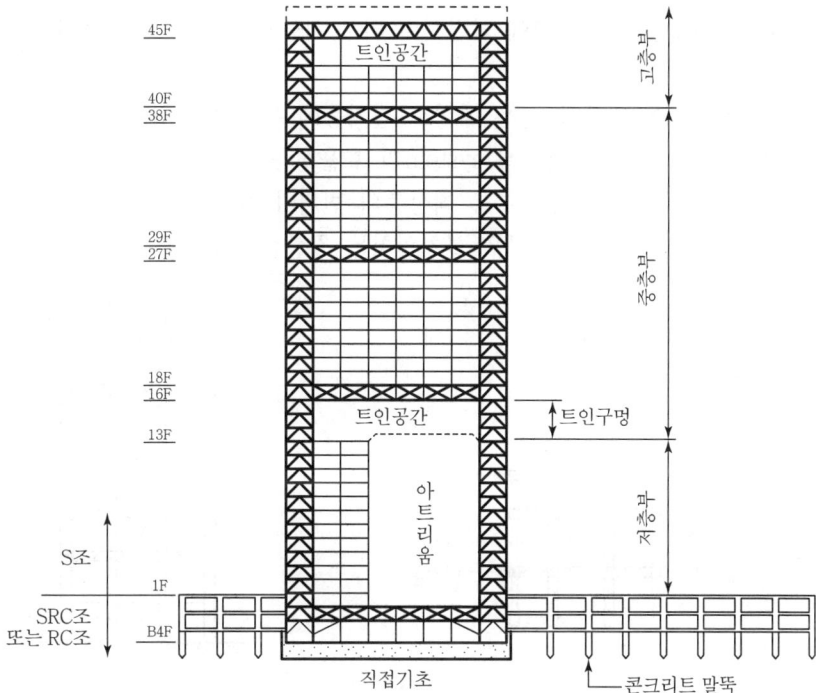

III. 특 징

① Super frame 부재의 영구적 사용 가능
② 중간층은 조립식이므로 공기단축 가능
③ System 구조기능 확보
④ 평면계획에 제약을 받음
⑤ 공사비 증가

문 14-1 횡력지지 시스템(Out rigger) [04전(10)]
문 14-2 아웃 리거(Out Rigger) [09후(10)]

I. 정 의

고층 건축물에 작용하는 풍하중·지진 등의 횡하중을 제어할 목적으로, 건물 내부에 있는 core를 외부 기둥에 보로 연결시켜 횡강성을 증대시킨 것을 out rigger system이라 한다.

II. Out rigger system의 분류

1) 집중 out rigger system
   ① 대형보를 core 외벽에 연결시켜 외부 기둥과 core를 일부 층(4~5개층마다)에 집중 배치
   ② 풍하중이 발생할 경우 대형보 설치층에 부재력이 집중
   ③ 기둥의 강성이 클수록 system의 효율성 증대
   ④ 보의 위치가 적절할수록 최상층의 변위가 감소
   ⑤ 보의 강성이 적을 경우 설치위치는 최상층 쪽으로 이동

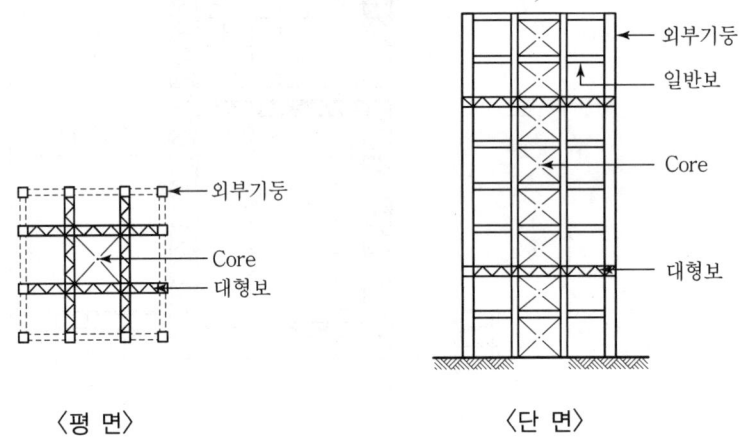

〈평 면〉   〈단 면〉

2) 등분포 out rigger system
   ① 일반보를 core 외벽에 연결시켜 외부 기둥과 core를 전층에 걸쳐서 배치
   ② 부재력의 집중 현상이 나타나지 않고 전층에 골고루 분포
   ③ 구조체보의 강성이 클 경우 비경제적인 system이 됨
   ④ Core 부위, 외부기둥, 보의 moment에 대한 급격한 변위가 생기지 않음
   ⑤ 구조적으로 안정된 system

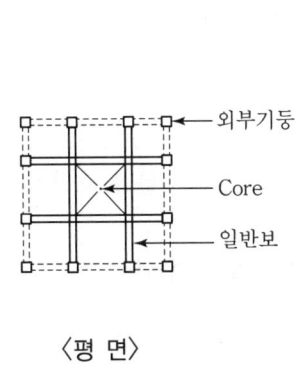 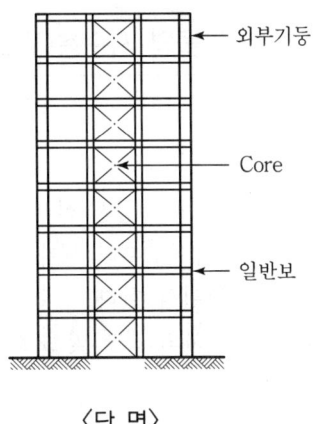

〈평 면〉　　〈단 면〉

Ⅲ. 효 과

① Out rigger 보가 위치한 곳에서 구속력에 의해 변위의 불연속점 발생
② Out rigger 보와 기둥의 강성이 클수록 횡하중에 대한 저항성 증가
③ Out rigger 보가 최적의 위치에 있을 경우 지진에 대한 효율성 유지
④ 구조적 효율성 및 횡강성 증대
⑤ 층간 변위에 대한 제어기능

문 15 고층 건물의 지수층(Water stop floor)   [09전(10)]

I. 정 의

① 고층 건물 시공시 하부층의 마감공사 진행을 위하여, 10~20개층 사이에 우수 및 외부 유입수로부터 세대 내부 건식 벽체 및 마감재를 보호하기 위해 설치되는 층을 지수층이라 한다.
② 마감공사의 진행 및 보호를 위하여 지수층을 설치하며, 고층건물의 공기단축 효과가 발생한다.

II. 도해설명

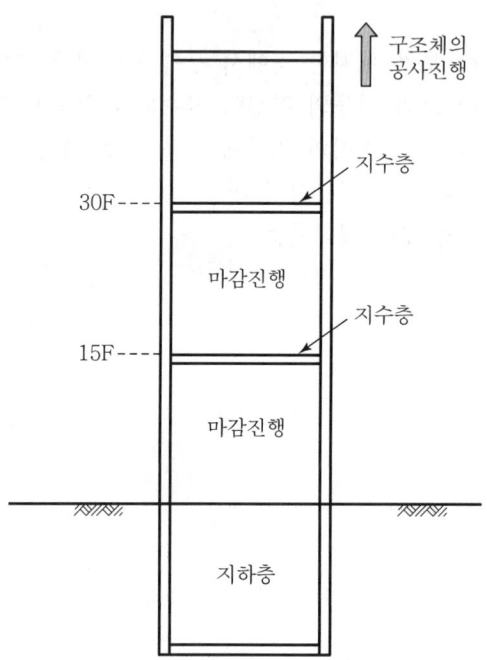

고층공사시 하부층에 대한 마감공사 진행 및 보호를 위해 지수층 설치

III. 검토사항

① 우천시 조치방법
② 각 부위별 유입수에 대한 지수 detail 및 문제점 파악
③ 비용분석
④ 지수실패 사례 및 개선안
⑤ 골조 및 외장 작업분석을 통한 지수층 위치선정

Ⅳ. 지수층 위치

① 유리설치 및 층간방화 완료층을 최초 지수층으로 설정
② 최초 드라이월 석고 취부 작업시 지수층 설치
③ 태풍이나 우기시에는 지수층을 복층으로 시공
④ 유입된 물은 설비 배수라인으로 유도할 수 있는 층
⑤ 커튼월작업 cycle에 맞추어 지수층 설치(10~20개층마다)

Ⅴ. 우천시 대응방안

① 내부 고인 물은 양수기 및 쓰레받기로 배수
② 신속한 외부창호 닫기 실시
③ 강우시에 지수층 및 마감 작업층으로 우수가 유입되는지를 감시
④ 태풍 및 장마기에는 야간에 비상인원 상주
⑤ 우수 유입시 비상대기 인원을 즉시 투입하여 신속조치

문 16 초고층공사의 Phased Occupancy [10중(10)]

I. 정 의

① 초고층 공사시 전체공종이 완공되기 이전에 일부 완공시킨 부분을 발주처에게 인도하여 사용하게 하는 것이다.

② 초고층 건축물의 상부에서는 공사가 진행중이나 하부에는 공사완료후 입주하여 사용하는 방식으로 일본에서 사용중인 방식이다.

II. 개념도

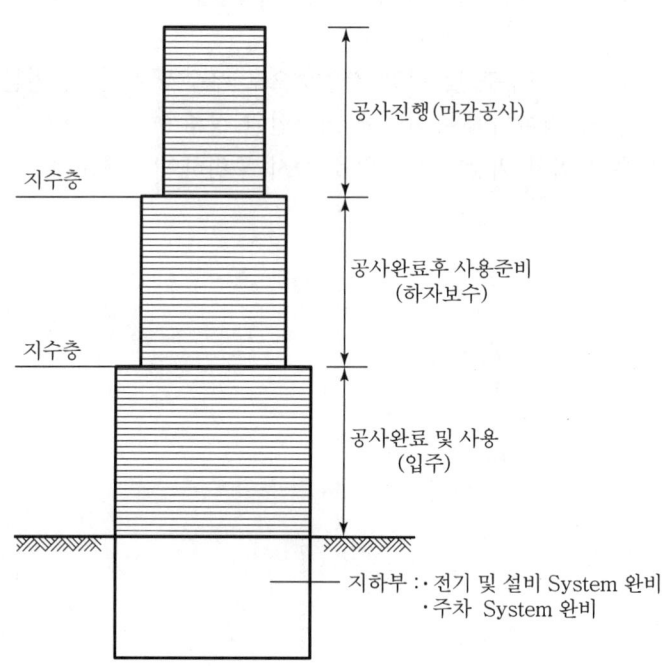

III. 특징

1) 장점

① 건물의 조속한 사용 가능

② 조기 입주로 인한 경제적 이익 발생

③ 발주처에서의 조속한 정상 업무 가능

2) 단점

① 제도적 절차의 개선 필요(일부 사용 승인)

② 조기 입주로 인한 추가 하자 발생

③ 입주자들의 안전 및 공해 문제 발생 우려

④ 전체 공기의 지연 우려

8장

마감 및 기타공사

1절 조적공사

8장 1절 조적공사

1	벽돌쌓기 공법		
	1-1. 벽돌쌓기공법에서 유의할 점을 열거하고(10점), 두께 2B일때 영식 및 불식쌓기의 첫번째 층과 벽돌 배열방식을 도시 [87(15)]		8-4
	1-2. 벽돌쌓기에서 모서리에 반절이 들어가는 쌓기방법은? [94후(5)]		
2	벽돌벽의 균열발생 원인과 대책		
	2-1. 벽돌벽의 균열발생 원인과 대책	[89(25)]	8-6
	2-2. 조적 벽체의 균열발생 원인과 방지대책	[97중전(40)]	
	2-3. 조적공사의 벽체 균열 원인과 대책	[03중(25)]	
	2-4. 벽돌 벽체에서 발생하는 균열의 원인(계획·설계 측면과 시공측면)	[11전(25)]	
	2-5. 고층 벽식구조 APT 공사에서 구조물의 바닥처짐 원인과 조적조 내·외벽에 발생하는 균열 원인과 사전예방 대책	[96전(30)]	
	2-6. 콘크리트 블록(concrete block) 벽체의 시공에 있어서 균열방지공법	[81후(25)]	
	2-7. 벽돌조적공사의 재료 및 시공상 관점에서의 품질 개선방안	[85(25)]	8-10
3	조적조 벽체의 누수원인과 방수공법		
	3. 조적조 벽체의 누수원인과 방수공법	[81전(25)]	8-12
4	백화현상의 발생원인과 방지대책		
	4-1. 백화현상과 그 방지대책(공종별)	[78전(25)]	8-15
	4-2. 건축물의 백화(efflorescence)의 발생원인과 방지책	[84(15)]	
	4-3. 백화 발생의 원리와 원인 분석 및 공종별 방지대책	[08중(25)]	
	4-4. 백화 현상과 관련된 특성요인도 작성 및 방지대책	[09후(25)]	
5	조적조의 공간 쌓기(Cavity Wall)		
	5-1. 조적조에서 공간쌓기(cavity wall) [80(20)] ㉮ 공간쌓기의 재료 및 구조방법 ㉯ 쌓기 공법 ㉰ 방화·방습·방로 방법		8-21
	5-2. Cavity wall	[83(5)]	
6	외벽체에서 방습층의 설치목적과 구조공법		
	6-1. 외벽체에서 방습층의 설치목적과 구조공법	[87(25)]	8-24
	6-2. 조적외부 벽체에서 방습층의 설치목적과 구성공법	[08후(25)]	
	6-3. Vapor Barrier	[00후(10)]	
7	조적 벽체의 줄눈(Joint)		
	7-1. 조적벽체에 쓰이는 Control Joint의 설치위치 및 공법	[82후(50)]	8-27
	7-2. 조적벽체 신축줄눈(Expansion Joint)의 설치목적과 설치위치 및 시공시 유의사항 [09후(25)]		8-32
8	철근콘크리트 보강블록(Block)		
	8. 철근 콘크리트 보강블록(block) 노출면 쌓기	[03후(25)]	8-36

9	ALC 블록(Block)		
	9-1. 공동주택 ALC 블록(block) 내벽, 외벽의 시공 및 마감방법	[94전(30)]	8-39
	9-2. ALC	[92후(8)]	
10	ALC 패널		
	10-1. 철골조 외벽에 ALC 패널을 설치하는 공법 및 특성	[99후(30)]	8-41
	10-2. 외벽 ALC Panel 설치공법의 종류와 시공방법	[03전(25)]	
	10-3. 에이엘시판(ALC판)	[81전(6)]	
11	테두리보		
	11-1. 조적조의 테두리보, 인방보 상세도 도해 및 시공시 유의사항	[05중(25)]	8-44
	11-2. 테두리보(wall girder)	[93전(8)]	
	11-3. Wall girder	[06중(10)]	
	11-4. 테두리보와 인방보	[98전(20)]	
12	Bond Beam		
	12-1. Bond Beam의 기능과 그 설치	[87(5)]	8-47
	12-2. Bond Beam	[00전(10)]	
13	내력벽(Bearing Wall)		
	13. 내력벽(Bearing wall)	[00전(10)]	8-49
14	조적조의 부축벽		
	14. 조적조의 부축벽	[05전(10)]	8-51

> **문 1-1** 벽돌쌓기 공법에서 유의할 점을 열거하고(10점) 두께 2B일 때 영식 및 불식쌓기의 첫 번째 층과 벽돌 배열방식을 도시하여라.(반드시 우각부를 도시할 것)
> [87(15)]
>
> **문 1-2** 벽돌쌓기에서 모서리에 반절이 들어가는 쌓기방법은? [94후(5)]

Ⅰ. 개 요

벽돌쌓기 시공시에는 균열, 누수, 백화 등의 결함이 발생되지 않도록 시공관리를 철저히 하여야 한다.

Ⅱ. 유의할 점

1) 설계시
   ① 지질조사에 의한 기초 결정으로 부동침하 예방
   ② 소요벽량 확보 및 균등한 벽의 배치

2) 재료
   ① 벽돌의 강도와 흡수율이 KS규정 이상인 것
   ② 반입시 검수하고, 쌓기전 물축임할 것

3) 시공
   ① 1일 쌓기량 및 시방사항 준수
   ② 쌓기가 끝난 후 곧 줄눈시공할 것

4) 양생
   ① 벽돌을 쌓은 후 mortar의 미경화 상태에서 움직임이 없게 할 것
   ② 급격한 건조를 피할 것

5) 균열
   ① 기초의 지내력을 확보하여 부동침하 등 방지
   ② 창호 등 개구부 배치의 균형 유지

6) 누수
   ① 처마, 창대, 차양 등에 물끊기 홈 설치
   ② Parapet 상부, 발코니 등의 방수처리 철저

7) 백화방지
   ① 바탕 콘크리트의 시공품질 확보
   ② 줄눈의 밀실한 시공으로 수분이 유입되지 않게 할 것

Ⅲ. 영식 및 불식쌓기의 배열

1) 영식쌓기
    ① 모서리에 반절 또는 이오토막을 사용
    ② 통줄눈이 생기지 않음
    ③ 가장 튼튼한 쌓기 공법
    ④ 내력벽으로 사용

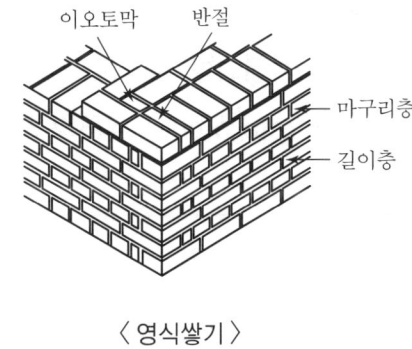

〈 영식쌓기 〉

2) 불식쌓기
    ① 매 켜마다 길이와 마구리가 번갈아 나오도록 쌓기 하는 공법
    ② 외관이 미려
    ③ 통줄눈이 생겨 강도상 취약

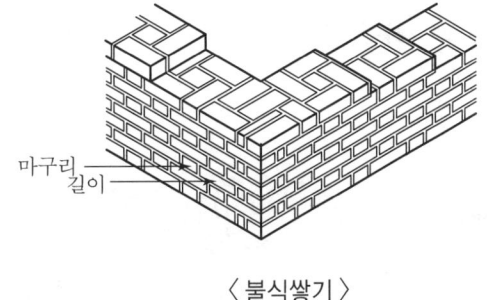

〈 불식쌓기 〉

> **문 2-1** 벽돌벽의 균열발생 원인과 대책에 대하여 설명하여라. [89(25)]
> **문 2-2** 조적 벽체의 균열발생 원인과 방지대책을 기술하시오. [97중전(40)]
> **문 2-3** 조적공사의 벽체 균열 원인과 대책을 기술하시오. [03중(25)]
> **문 2-4** 조적조 벽돌벽체에서 발생하는 균열의 원인을 계획, 설계측면과 시공측면에서 설명하시오. [11전(25)]
> **문 2-5** 고층 벽식구조 APT공사에서 구조물의 바닥처짐 원인과 조적조 내외벽에 발생하는 균열 원인과 사전예방 대책에 대하여 기술하시오. [96전(30)]
> **문 2-6** 콘크리트 블록(concrete block) 벽체의 시공에 있어서 균열방지공법을 설명하여라. [81후(25)]

I. 개요

조적 벽체에 나타나는 균열은 설계, 재료, 시공불량으로 인해 발생하므로 설계 및 시공에 있어서의 철저한 품질관리가 필요하다.

II. 바닥 처짐 원인

1) 설계상 원인
   ① 설계하중보다 과다하중
   ② Slab 두께 부족
   ③ 장 span
   ④ 처짐계산 미비

2) 재료·배합의 원인
   ① 물시멘트비가 65% 넘을 경우
   ② Slump 값이 18cm 넘을 경우
   ③ 굵은 골재 최대치수가 작을 경우
   ④ 잔골재율이 너무 클 경우

3) 시공상 원인
   ① 운반시간이 길어져 slump 저하 등으로 장기침하 우려
   ② 타설 높이가 1m를 넘을 경우 재료분리에 의한 처짐
   ③ 다짐 간격 및 깊이가 많거나 적을 경우
   ④ 초기양생이 충분하지 못할 경우

Ⅲ. 균열 발생원인

1. 설계원인(계획·설계측면)

1) 기초 부동침하
   ① 지질조사에 의한 이질지층 및 경사지반의 지내력 확보 미비
   ② 동결심도, 이질기초를 고려한 건물자중 배치 결여

2) 불합리한 벽배치
   ① 개구부·문꼴 등의 배치 불균형
   ② 벽돌벽 두께에 대한 강도 부족

3) 벽량 부족
   ① 벽체 길이에 따른 벽량 미확보
   ② 소요벽량은 시방서에 준하여 시공

4) 이질재 접합부
   ① 접합부 빈틈이 있거나 밀실한 이음매 시공이 안될 때
   ② 벽 상단이나 세로쌓기 부분에 충전이 잘 안된 경우

2. 재료결함

1) 조적재
   ① 벽돌이나 블록이 소요강도가 부족하거나 흡수율이 클 경우
   ② 쌓기 전 물축임하지 않았을 경우

2) 시멘트
   ① 풍화된 시멘트를 사용한 경우
   ② 가용 성분이 많은 시멘트를 사용한 경우

3) 골재
   ① 골재에 염류나 불순물이 포함된 경우
   ② 강도가 부족한 골재 사용

3. 시공상 문제(시공측면)

1) 골조 자체
   ① 이어치기 불확실로 인한 결함발생
   ② 물시멘트비 과다로 밀실하지 못한 구조체의 시공

2) 테두리보
   ① 벽돌벽 상단부 테두리보 미설치
   ② 개구부 및 창호 상부 인방보 미설치
3) 줄눈시공
   ① 벽돌벽 쌓기후 너무 오랜 시간이 지나서 시공한 경우
   ② 통줄눈 시공으로 구조적으로 강성이 약한 경우
4) 양생
   모르타르가 굳기 전에 큰 압력이 가해지거나 모서리 등의 모양이 불량한 경우

Ⅳ. 방지대책(사전 예방대책, 균열 방지공법)

1) 설계대책
   ① 지반조사에 의한 기초 결정으로 부동침하 예방
   ② 벽량 확보 및 균등한 벽의 배치
2) 재료
   ① 소요강도와 흡수율 등 품질이 확보된 것 사용
   ② 당분, 염화물 등 불순물이 포함되지 않은 것

등 급	강 도(kgf/cm²)	흡수율(%)
1급	150 이상	20% 이하
2급	100 이상	23% 이하

3) 시공요소
   ① 1일 쌓기량 및 쌓기법 준수
   ② 쌓기 전에 벽돌 및 바탕을 물축임할 것
4) Control joint
   ① 접합부, 교차부 및 벽 높이, 두께가 변화되는 곳
   ② 창문, 개구부, 출입구 등의 양쪽
5) 보강근 설치
   ① 건물 모서리, 개구부 등에 보강근을 설치
   ② 하중 분포가 한곳에 집중되는 곳
6) Wall girder(테두리 보)
   ① 벽체의 상부에 일체식 개념으로 설치
   ② 철근콘크리트로서 폭은 벽두께와 동일, 춤은 벽두께의 1.5배

7) 신축줄눈
   ① 시멘트의 수축작용 감소 및 방지
   ② 배수시설 고려
8) 줄눈
   ① 시멘트 흡수작용 방지
   ② Weeping hole 고려
9) 쌓기
   ① 1일 쌓기 높이를 1.2m로 하고, 충분히 건조한 다음 이어 쌓는다.
   ② 매설물 설치 및 배관시 충격을 주지 않는다.
10) 양생
   모르타르가 굳기 전에 움직여서는 안 되며, 매설물 설치시 충격을 받지 않게 한다.

V. 결 론

조적 벽체에 발생하는 결점 중 가장 비중이 큰 것은 균열이며, 이것을 방지하기 위해서는 설계에서 시공까지의 전 공정을 통한 품질관리가 필요하다.

문 2-7 벽돌 조적공사의 품질 개선방안을 재료 및 시공상의 관점에서 기술하여라.

[85(25)]

I. 개 요

조적공사는 균열, 누수, 백화 등의 하자가 많이 발생하나, 재료의 선정 및 철저한 시공관리로 품질시공이 될 수 있도록 해야 한다.

II. 품질 개선방안

1. 재료상의 관점

1) 조적재
   ① 소요강도와 흡수율 등 품질이 확보된 것 사용
   ② 당분, 염화물 등 불순물이 포함되지 않은 것

등 급	강 도(kgf/cm²)	흡수율(%)
1급	150 이상	20% 이하
2급	100 이상	23% 이하

2) 시멘트
   ① 풍화되지 않은 시멘트의 사용
   ② 가용 성분이 적은 시멘트의 사용

3) 골재
   ① 염류나 불순물이 포함되지 않을 것
   ② 충분한 강도의 골재 사용
   ③ 모가 나지 않고 둥근 것을 사용

4) 재료 검수
   ① 재료는 적기에 구입하여 공급
   ② 가공을 요하는 재료는 사전에 주문 제작

2. 시공상의 관점

1) Control joint 설치
   ① 접합부, 교차부 및 벽 높이, 두께가 변화되는 곳
   ② 창문, 개구부, 출입구 등의 양쪽

2) 보강근 설치
    ① 건물 모서리, 개구부 등에 보강근을 설치
    ② 하중 분포가 한곳에 집중되는 곳
3) Wall girder(테두리 보)
    ① 벽체의 상부에 일체식 개념으로 설치
    ② 철근콘크리트로서 폭은 벽두께와 동일, 춤은 벽두께의 1.5배
4) 신축줄눈 시공
    ① 시멘트의 수축작용 감소 및 방지
    ② 배수시설 고려
5) 쌓기
    ① 1일쌓기 높이를 1.2m로 하고, 충분히 건조한 다음 이어 쌓는다.
    ② 매설물 설치 및 배관시 충격을 주지 않는다.

Ⅲ. 결 론

조적공사의 품질을 확보하기 위해서는 설계에서부터 시공까지의 전 과정을 통하여 품질관리를 하여야 한다.

문 3 조적조 벽체의 누수원인을 들고, 방수공법에 대하여 기술하여라. [81전(25)]

I. 개 요

조적조 벽체의 누수원인은 설계불량, 재료불량, 시공불량 등이며, 이를 방지하기 위해서는 전 공정에 대한 품질관리 계획이 필요하다.

II. 누수원인

1) 설계불량
   ① 조적벽체의 높이, 두께, 길이의 허용치를 초과시
   ② 테두리보 미설치나 기초의 부동침하

2) 재료불량
   ① 벽돌 자체의 강도가 부족하거나 흡수율이 너무 클 때
   ② 모르타르의 강도나 배합의 불량

3) 시공
   ① 규준틀 설치의 부적당
   ② 부적합한 쌓기공법 선정

4) 양생
   ① 진동이나 충격으로 인한 균열
   ② 쌓기 후 직사광선이나 동결
   ③ 모서리부 보양대책 미흡

5) 공기단축
   급속 시공으로 인하여 시공상 품질관리가 어려워지게 되면 균열이 발생하여 누수

6) 기능공 미숙
   기능공의 기능 부족에 의한 시공품질의 저하로 벽체가 강도 저하하여 누수

7) 이질재 접합부
   이질재 접합부에서 침하나 진동 등으로 인하여 균열 발생

8) 줄눈의 시공불량
   ① 줄눈의 폭이나 깊이가 너무 넓거나 깊을 때
   ② 줄눈의 사춤이 밀실하지 않을 때

9) 균열
    ① 벽돌 자체의 균열
    ② 줄눈 부분의 균열
10) 투수
    ① 조적벽체의 공극 투과가 클 때
    ② 모세관 현상이 발생할 때

Ⅲ. 방수공법

1) 벽돌 투수성
   ① 재료의 선정시 투수성 시험을 통하여 양질의 재료 선정
   ② 벽돌 및 줄눈부에 투수성이 적은 공법 시공
2) 비막이 설계
   ① 벽돌 벽면에 우수의 침입 방지를 위해 물끊기 홈 설치
   ② 이질재 접합부에 코킹
3) 방수막 도포
   ① 조적조 벽면에 발수성 방수제 도포
   ② 이질재와의 접합부에는 caulking 충전

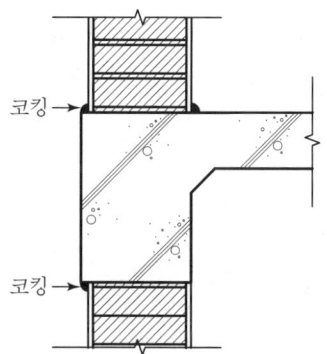

4) 방수처리
   ① 시멘트 paste와 mortar 도장으로 투수 저지
   ② Portland cement에 방수제를 첨가하여 방수처리
5) 발수제 도포
   ① 조적조 표면에 발수제를 도포하여 물의 침투 저지
   ② 조인트 및 줄눈부에는 빠짐없이 시공하여 연속성 유지

6) 줄눈시공
   ① 조절줄눈 설치 위치에 빠짐없이 시공
   ② 줄눈은 밀실하게 사춤하며, 방수제 혼합
   ③ Mortar 강도는 벽돌강도 이상

Ⅳ. 결 론

조적공사는 재료의 경량화, 규격화, 고강도화를 통하여 완성된 제품의 정밀도 및 강도 확보가 용이하도록 하여 누수발생을 방지해야 한다.

문 4-1	백화현상과 그 방지대책을 공종별로 구별하여 기술하라. [78전(25)]
문 4-2	건축물의 백화(efflorescence) 발생원인과 방지책에 대하여 설명하여라. [84(15)]
문 4-3	백화발생의 원리와 원인 분석 및 공종별(타일, 벽돌, 미장, 석재, 콘크리트 등) 방지대책에 대해 설명하시오. [08중(25)]
문 4-4	조적조 벽체에 발생하는 백화현상과 관련된 특성요인도를 작성하고, 그 방지대책을 설명하시오. [09후(25)]

I. 개 요

백화현상은 시멘트 중의 수산화칼슘이 공기 중의 탄산가스와 반응해서 생기므로 방지를 위해서는 재료의 선택과 철저한 시공관리가 필요하다.

II. 백화발생의 원리

$$Ca(OH)_2 + CO_2 \rightarrow CaCO_3 + H_2O \rightarrow 수분\ 침투 \rightarrow 백화발생$$

1) 1차 백화

   혼합수 중에 용해된 가용 성분이 시멘트 경화제의 표면 건조에 의해 수분이 증발함으로써 백화발생

2) 2차 백화

   건조된 시멘트 경화제에 2차수인 우수, 지하수 또는 양생수가 침입하여 건조됨에 따라 시멘트 경화제 내의 가용 성분이 용출하여 백화발생

3) 발생 조건

   ① 그늘진 북측면
   ② 우기 등 습기가 많을 때
   ③ 기온이 낮을 때

III. 발생원인(원인 분석)

1. 설계미비

1) 기초 부동침하
   ① 지질조사에 의한 기초형식 불량, 지내력 확보 미비
   ② 동결심도, 이질기초, 이질지반에 따른 건물자중 배치의 부적합

2) 우수처리
   ① Parapet 상부, 창대, 차양 등의 방수처리 미비
   ② 차양, 돌림띠를 설치하여 빗물이 벽면을 타고 흐르는 경우
3) 연결부분
   ① 벽과 기둥, 보의 연결부분 균열 발생
   ② 미장하기전 metal lath 미설치

2. 재료결함

1) 시멘트
   ① 시멘트 중의 가용 성분 CaO가 물에 녹아 증발되면서 백화 발생
   ② $Ca(OH)_2 + CO_2 \rightarrow CaCO_3 + H_2O \rightarrow$ 수분침투 → 백화 발생
2) 골재
   ① 가용성 물질인 염류나 불순물이 포함시
   ② 흡수율이 많은 골재를 사용할 때
3) 물
   ① 깨끗하지 못하거나 불순물 포함시
   ② 규정 이상의 많은 물을 사용할 때

3. 시공불량

1) 바탕골조
   ① 이어치기 시공의 불확실로 결함 발생
   ② W/C비 과다
2) Mortar
   ① 배합, 비빔이 충분하지 못한 경우
   ② 강도와 W/C비가 적당하지 못한 경우
3) 줄눈시공
   ① 쌓기 후 너무 오랜 시간이 지나서 시공한 경우
   ② 통줄눈시공으로 우수의 통로가 될 경우

Ⅳ. 설계 및 시공상 방지대책

1. 설계상

1) 균열방지
   ① 기초의 부실로 부동침하 방지
   ② 건물 자중을 균등하게 배치하고, 개구부 보강 실시

2) 빗물처리
   ① 처마, 창대, 차양 등에 물끊기 홈 설치
   ② Parapet 상부, 캐노피 등의 방수처리 철저

3) 이질재 접촉부
   ① 콘크리트 골조와 연결부의 조절줄눈을 시공하여 균열방지
   ② 미장전에 metal lath 설치후 시공

2. 재료상

1) 벽돌
   ① 소요강도와 흡수율 등 품질이 확보된 것
   ② 쌓기 전에 충분히 물에 축여 사용

2) 골재
   ① 당분, 염화물 등 가용 성분이 포함되지 않은 것
   ② 흡수율이 적은 골재
   ③ 바닷모래는 가용성 염류가 포함되어 있기 때문에 사용 금지

3) 물
   ① 가능한 소량 사용
   ② 염분, 당분 등 불순물이 포함되지 않은 깨끗한 물

3. 시공상 대책

1) 콘크리트 골조
   ① 이어치기 불량 방지대책으로 lap bar 설치
   ② W/C비를 적게 하여 밀실한 바탕 골조 시공

2) Mortar
   ① 강도는 벽돌강도 이상으로 하며, 적정한 배합강도 유지를 위해 물 비빔한 후 1시간 이내에 사용한다.
   ② 굳기 시작한 mortar는 사용하지 않는다.

3) 줄눈시공
   ① 쌓기가 끝나는 대로 가능한 한 빨리 시공한다.
   ② 통줄눈은 우수의 통로가 되므로 피한다.

V. 공종별 방지대책

1. 타일

1) 방수 mortar 시공
   ① 타일 시공을 위한 부착 mortar의 수밀성 확보
   ② 부착 mortar에 방수제를 혼입하여 시공
   ③ 빗물이 mortar의 가용성분 CaO와 반응이 일어나지 않도록 유의

2) 줄눈시공 철저
   ① 줄눈을 통한 우수의 침입을 방지
   ② 줄눈시공은 작업 완료후 눌러서 방수 처리

3) 타일 표면
   유약처리된 타일의 사용으로 물과의 친화력 배제

2. 벽돌

1) 재료의 품질 확보
   ① 소요강도와 흡수율 등 품질이 확보된 것
   ② 쌓기 전에 충분히 물에 축여 사용

등급	압축강도(kgf/cm^2)	흡수율(%)
1급	150 이상	20 이하
2급	100 이상	23 이하

2) 빗물처리
   ① 처마, 창대, 차양 등에 물끊기 홈 설치
   ② Parapet 상부, 캐노피 등의 방수처리 철저

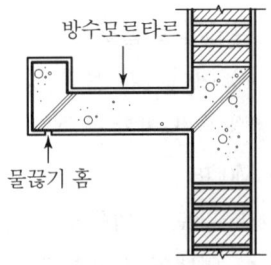

〈빗물처리〉

3. 미장

1) 이질재 접촉부
   ① 콘크리트 골조와 연결부의 조절 줄눈시공하여 균열방지
   ② 미장하기 전 metal lath 설치 후 시공
2) Mortar
   ① 강도는 벽돌강도 이상으로 하며, 적정한 배합강도 유지를 위해 물 비빔한 후 1시간 이내에 사용한다.
   ② 굳기 시작한 mortar는 사용하지 않는다.

4. 석재

1) 줄눈시공
   ① 쌓기가 끝나는 대로 가능한 빨리 시공한다.
   ② 통줄눈은 우수 통로가 되므로 피한다.
2) 건식공법 활용
   ① 접착용 mortar를 사용하지 않는 건식공법으로 시공
   ② 백화발생의 우려가 없다.

5. 콘크리트

1) 골재의 품질확보
   ① 당분, 염화물 등 가용 성분이 포함되지 않은 것
   ② 흡수율이 적은 골재
   ③ 바닷모래는 가용성 염류가 포함되어 있기 때문에 사용 금지
2) 콘크리트 골조
   ① 이어치기 불량 방지대책으로 lap bar 설치
   ② W/C비 적게 하여 밀실한 바탕 골조 시공

Ⅵ. 백화현상 특성요인도

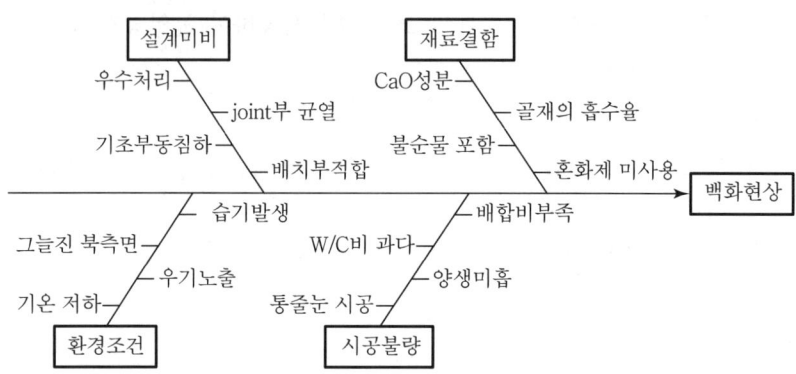

Ⅶ. 결 론

백화방지를 위해서는 본 구조물의 강성 확보와 우수한 재료의 선정 및 적정한 시공법이 매우 중요하다.

> **문 5-1** 조적조에서 공간 쌓기(cavity wall)에 관하여 다음 각 항을 설명하여라.
>   ㉮ 공간 쌓기의 재료 및 구조방법   [80(20)]
>   ㉯ 쌓기 공법
>   ㉰ 방화·방습·방로 방법
>
> **문 5-2** Cavity wall   [83(5)]

Ⅰ. 개 요

건축물의 외벽 쌓기에서 벽돌벽의 방습, 단열을 위하여 벽돌벽 중간에 공간을 두는 것이 공간 쌓기(cavity wall)이다.

Ⅱ. 공간 쌓기

1. 공간 쌓기의 재료 및 구조방법

1) 재료

　① 단열재
　　㉮ 스티로폼, 우레아폼
　　㉯ 석고판, 인슐레이션

　② 연결 철물
　　㉮ #8 아연도금 철선
　　㉯ ø6mm 철근을 꺾쇠형으로 구부린 것
　㉰ 벽돌에 걸쳐대고, 끝에는 토막을 씀

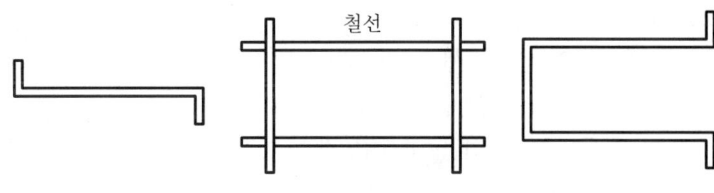

〈연결 철물〉

2) 구조방법
   ① 구조도

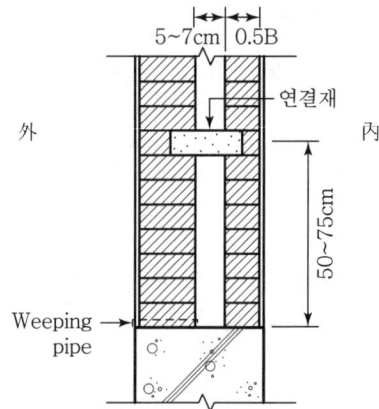

   ② 외벽을 주벽체로 하고 연결재의 간격은 수직 40cm 이하, 수평 90cm 이하로 내벽과 연결하여 서로 지탱시킨다.

2. 쌓기 공법

1) 주벽체
   ① 바깥쪽을 주벽체로 하고 규정된 두께로 시공한다.
   ② 공간은 5~7cm로 한다.

2) 안벽체
   ① 0.5B 시멘트 벽돌 쌓기
   ② 주벽체와 연결

3) 연결재
   ① 간격은 가로 90cm, 세로 40cm 이하
   ② 위·아래 서로 엇갈리게 설치
   ③ 토막 벽돌, #8 철선을 구부린 것

3. 방화·방습·방로 방법

1) 공간
   ① 쌓기 작업시 공간에 모르타르가 떨어지지 않게 할 것
   ② 폭은 50~75mm 정도로 함

2) 단열재

공간에 모르타르 등 불순물의 유입을 방지하고 스티로폼이나 우레아폼, 인슐레이션 같은 단열재를 설치하면 단열, 방습 효과가 증가한다.

3) 물빼기 시설

① ϕ20mm의 weeping pipe를 2m 간격으로 설치한다.
② 배수시설이 불완전하면 방수·방습 효과가 감소한다.

4) 방습층

① GL 위 10~20cm 정도에 시공한다.
② 단열성능 저하를 방지한다.

> **문 6-1** 외벽체에서 방습층의 설치목적과 구조공법에 대하여 설명하여라.
> [87(25)]
>
> **문 6-2** 조적 외부벽체에서 방습층 설치목적과 구성공법에 대하여 설명하시오.
> [08후(25)]
>
> **문 6-3** Vapor Barrier [00후(10)]

I. 개 요

지면에 접하는 벽돌벽은 지중습기가 조적벽체 상부로 상승하는 것을 방지하기 위하여 적당한 위치에 수평으로 방습층을 설치해야 한다.

II. 방습층(vapor barrier)의 설치 목적

1) 결로방지
   ① 지중의 습기가 조적벽을 따라 상승하는 것을 방지
   ② 모세관현상 차단

2) 방습
   지반면에 접한 부위를 따라 습한 기운의 이동을 방지하여 건조한 실내조성

3) 단열성능 확보
   ① 투습에 의한 단열성능 저하 방지
   ② 방습재료, asphalt 재료, 폴리에틸렌 필름

4) 재료부식 방지
   ① 목질계 재료의 부패·부식 방지, 내구성 저하 방지
   ② 금속재료의 녹, 오염방지

5) 내구성 증대
   ① 재료의 건조상태 유지로 내구성 증대
   ② 방습에 의한 재료의 파손, 마모의 방지

6) 실내 쾌적
   ① 실내 습도를 낮게 유지하여 쾌적한 실내 유지
   ② 외부 습기차단, 내부 건조공기 유출 방지

7) 오염 방지
   외부로부터의 습기를 차단하여야 실내 마감재와 구조재의 부패 및 오염을 방지할 수 있다.

8) 균열 방지

벽체의 건조상태를 유지하고, 동결융해를 방지하면 균열현상도 방지할 수 있다.

9) 강도 확보

① 목질계 재료 건조유지로 강도 확보
② 마감재의 내구강도 향상

10) 방습재료

① 금속판 방수, 아연판, 동판
② Asphalt felt, asphalt 루핑, 비닐
③ 방수 모르타르, 아스팔트 모르타르

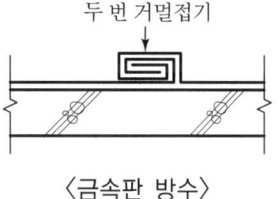

〈금속판 방수〉

Ⅲ. 구성공법(구조공법)

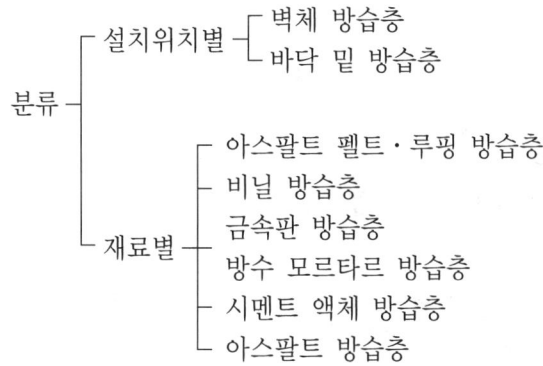

1) 벽체 방습층

① Con'c 블록, 벽돌 등의 벽체가 지면에 접하는 곳
② 지상 10~20cm 위에 수평으로 설치

2) 바닥 밑 방습층

① Con'c 다짐바닥이나 벽돌깔기 등의 바닥면에 방습층을 둘 때에는 잡석다짐이나 모래다짐 위에 방습층 시공 후 Con'c나 벽돌로 시공
② Asphalt, 비닐지의 이음은 10cm 이상 겹치고, 접착제로 교착시킨다.

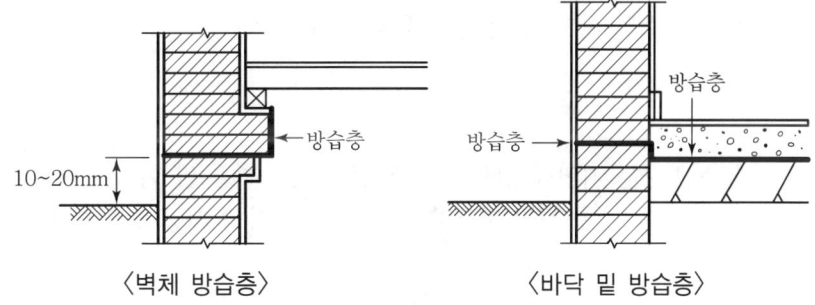

〈벽체 방습층〉　　〈바닥 밑 방습층〉

3) 아스팔트 펠트·루핑 방습층
   ① 바탕면은 수평하게 바르고, asphalt로 교착한다.
   ② 펠트·루핑의 나비는 벽체보다 1cm 정도 높게 하고, 직선으로 잘라 쓴다.
   ③ 이음은 10cm 이상 겹쳐서 교착시킨다.
4) 비닐 방습층
   ① 품질의 두께가 있는 재료 선정
   ② 교착제는 동종의 비닐수지계 교착제 또는 asphalt 사용
5) 금속판 방습층
   ① 지정하는 재질의 품질 선정
   ② 이음은 거멀접기·납땜하거나 겹치고 수밀도장
6) 방수모르타르 방습층
   ① 바탕면을 충분히 물씻기 청소
   ② 방수모르타르 두께는 1.5cm 내외 1회 바름
7) 시멘트 액체 방습층
   ① 시공성, 경제성에서 유리
   ② 바탕이 매끄러울 때는 거칠게 하여 시공
8) 아스팔트 방습층
   아스팔트는 방수적으로 접착은 좋으나, 압축에 대하여 불완전하다.

Ⅳ. 시공시 주의사항

① 돌출부 및 공사에 지장이 있는 곳은 청소
② 빈 공간은 잘 메우고 이음부분은 충전
③ 신축 이음시 주의
④ 비흘림과 모서리 우각부 시공시 특히 주의
⑤ 설치된 방습층 상부를 보행 등의 통로로 사용해선 안 됨
⑥ 설치시 구멍이 생기거나 하자가 생기지 않도록 주의
⑦ 이상 기후시 작업 금지
⑧ 유독가스의 환기 및 안전에 유의

Ⅴ. 결 론

방습층 공사는 지면에 접하는 콘크리트 블록, 벽돌 및 이와 유사한 재료로 벽체 또는 바닥판의 습기상승을 방지하기 위한 것으로 성실 시공이 요구된다.

문 7-1 조적 벽체에 쓰이는 컨트롤 조인트(control joint)의 설치 위치 및 공법에 대하여 기술하여라. [82후(50)]

I. 개 요

조적 벽체의 control joint는 균열이 예상되는 곳에 미리 줄눈을 설치하여 균열을 예방하는 것으로 설치 위치의 파악 및 공법이 중요하다.

II. Control joint의 필요성

1) 균열 방지
   ① 벽체의 수축에 의한 구조체의 움직임 흡수
   ② 조절줄눈 위치에서 균열이 일어나도록 유도
   ③ 다른 부분의 균열발생 억제

2) 누수 방지
   ① 벽체 균열을 통한 빗물의 누수방지
   ② 온도, 습기의 영향으로 벽체 수축방지

3) 백화발생 억제
   물이 침투되는 벽의 틈이나 균열을 예방하여 백화의 발생 억제

4) 미관상 고려
   ① 균열을 일정한 위치로 유도하여 미관불량을 방지
   ② Joint 마감상태를 일정하게 시공

5) 마감재 손상방지
   ① 균열로 인해 발생하는 내부 마감재의 손상이나 오염방지
   ② 오염이나 부패방지로 내구성 확보

Ⅲ. 설치위치

1) 벽높이가 변화하는 곳

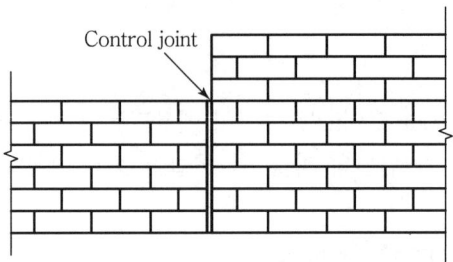

2) 벽두께가 변하는 곳

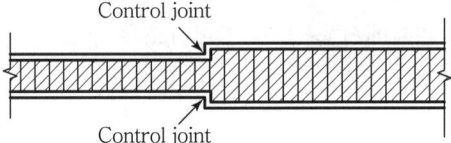

3) 벽체와 기둥의 접합부

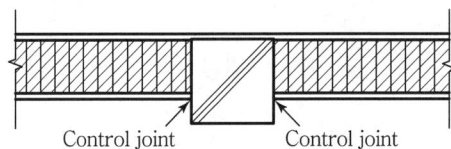

4) 붙임 기둥의 접합부

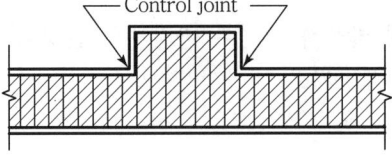

5) 내력벽과 비내력벽의 접합부

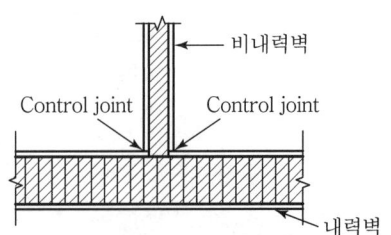

6) 약한 기초의 상부벽

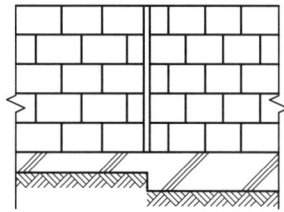

7) 벽체의 요철부

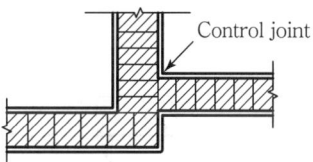

8) 교차되는 벽의 길이가 3.6m 이상인 접합부에 설치

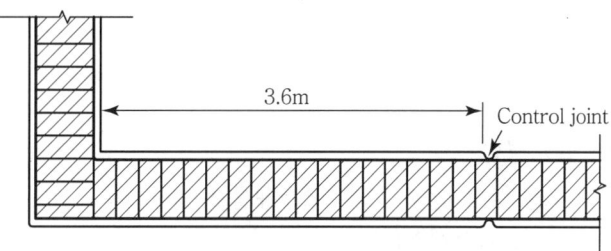

9) 줄눈보강을 하지 않을 때의 조절줄눈의 설치
   ① 1급 block에서 4.5m 이내마다 설치
   ② 2급 block에서 9.0m마다 설치

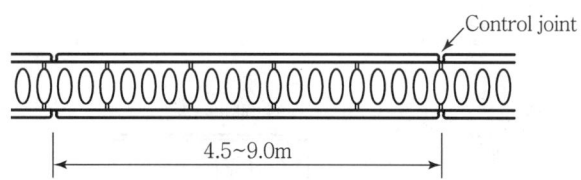

10) 창호 및 개구부의 양측

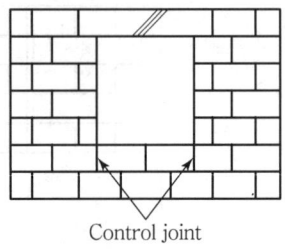

11) 건축물 벽체(L형, T형, U형) 설치 공법

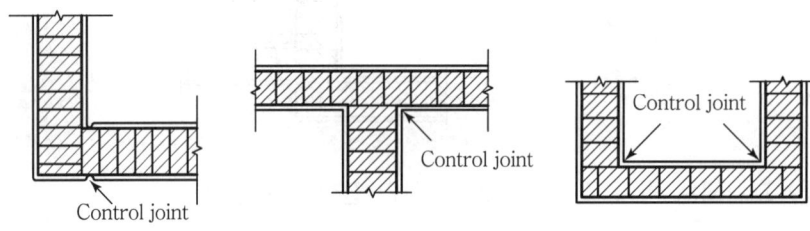

Ⅳ. 설치공법

1) 줄눈대 설치공법
   ① 줄눈대는 back up재 또는 고무재를 이용
   ② 줄눈 bead는 기성 제품 사용
   ③ 줄눈 bead는 접합용 못으로 조적벽체에 고정

2) 줄눈 파기 공법
   ① 줄눈용 mortar는 좋은 배합(1:1 ~ 1:2)을 사용
   ② 줄눈 작업은 기능공의 기능 정도에 따라 차이가 남

3) 줄눈 block 설치공법

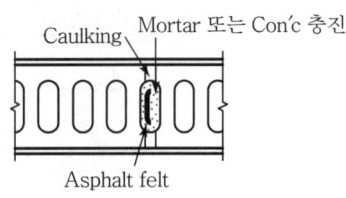

① Block 사이에 asphalt felt를 설치한 후 mortar 충전
② Block과 block 사이에는 caulking 처리
③ 조적벽체의 길이가 긴 경우 적용

Ⅴ. 시공시 주의사항

1) 재료

   반입시마다 모양, 치수, 강도 검사

2) 물축임

   ① 기초 또는 바닥판 윗면은 청소한 후 물축임
   ② 블록의 mortar 접착면은 적당한 물축임

3) 모르타르

   ① 배합한 mortar는 적당히 반죽하여 사용
   ② 응결된 모르타르 사용금지
   ③ W/C비 60%, slump 8cm 정도

4) 쌓기

   ① 규준틀을 설치하고, 벽돌나누기를 하여, 토막벽돌이 생기지 않도록 함
   ② Block은 살 두께가 두꺼운 쪽이 위로 향하도록 쌓음
   ③ 하루쌓기 기준 1.2m, 1.5m 이상 금지
   ④ 쌓은 후 조적면을 청소하고 줄눈파기 실시

5) 줄눈

   ① 치장줄눈의 줄눈파기는 줄눈을 가만히 눌러서 2~3단 쌓은 후 줄눈파기를 한다.
   ② 줄눈나비는 10mm가 표준이다.

Ⅵ. 결 론

Control joint는 균열을 유도하여 유도된 균열 부위에 적정한 재료로 마감함으로써 구조체 전체의 품질을 확보할 수 있다.

문 7-2 조적조 벽체에서 신축줄눈(Expansion Joint)의 설치목적, 설치위치 및 시공시 유의사항에 대하여 설명하시오. [09후(25)]

I. 개요

조적조 벽체의 신축줄눈(Expansion Joint)은 벽체의 거동(movement)에 의한 균열을 방지하기 위해 설치한다.

II. 신축줄눈 설치

1) 신축줄눈의 폭과 간격
   ① 신축줄눈의 폭 : 10mm 내외
   ② 신축줄눈의 간격 : 9m 이내

2) 신축줄눈의 설치방법

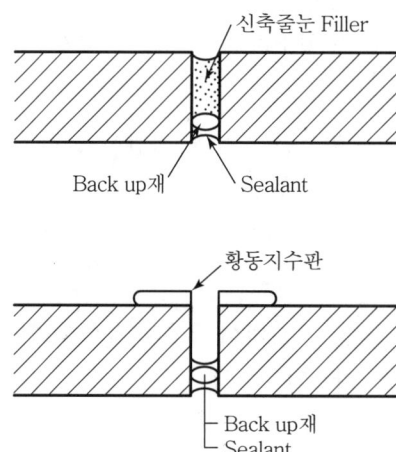

III. 신축줄눈 설치목적

1) 균열 방지
   ① 조적조 벽체의 수축과 팽창에 의한 거동 흡수
   ② 벽체의 수평응력을 흡수

2) 구조체 보호

신축줄눈 미설치시 조적조 벽체에 관통균열 발생

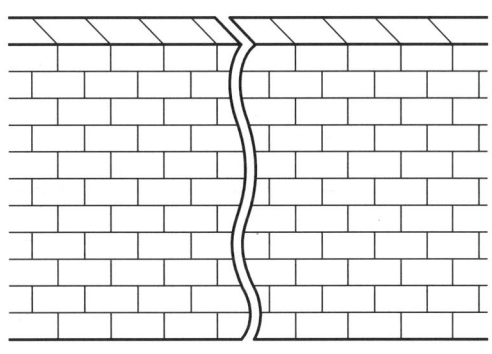

〈조적조 벽체의 관통균열〉

3) 백화현상 억제

① 물이 침투되는 벽의 틈이나 균열을 예방하여 백화의 발생 억제
② 조적조에 물침입을 사전에 예방

4) 누수방지

① 벽체 균열을 통한 빗물의 누수 방지
② 습기에 의한 벽체의 누수 방지

5) 마감재 손상 방지

① 균열로 인한 내부 마감재의 손상 및 오염방지
② 오염이나 부패방지로 내구성 확보

Ⅳ. 설치 위치

1) Corner부

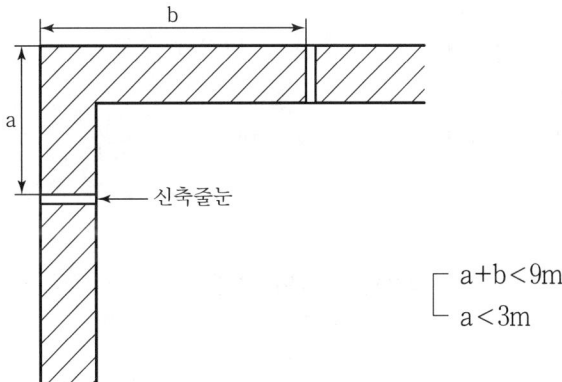

① 조적조 벽체 Corner부의 거동을 흡수하기 위해 설치
　　② 설치간격은 9m 이내(a+b>9m)
　　③ 한쪽은 3m 이내로 설치(a<3m)
2) 벽의 후퇴부

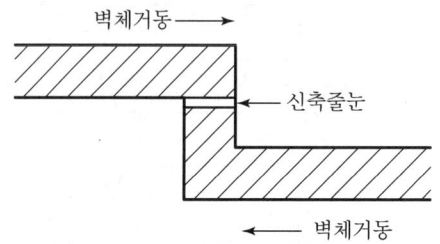

① 벽체가 일직선상에 배치되지 않고 거리를 두고 평행배치될 경우
② 벽체의 거동이 반대로 작용하므로 신축줄눈 설치

3) 벽높이가 다를 때

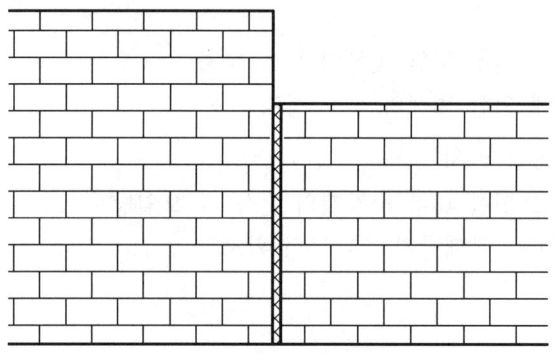

벽체의 높이에 따른 거동차이에서 오는 변형량 흡수

4) 벽두께가 다를 때
① 벽체 두께 차이에서 오는 벽체 거동의 차이를 흡수
② 신축줄눈의 폭은 10mm 내외

5) 개구부 주위
① 개구부로 인한 벽체 팽창량의 차이 발생
② 팽창량 차이로 인한 벽체의 거동 흡수

Ⅴ. 시공시 유의사항

1) Joint 처리 철저
   ① 신축줄눈은 확실하게 끊어줄 것
   ② Joint에 발생하는 변형량을 충분히 흡수할 것

2) Joint부 방수처리
   ① 신축줄눈부에 누수가 발생하지 않도록 유의
   ② Sealant는 적정기간에 보수공사를 실시하여 누수예방
   ③ 신축줄눈 filler는 방수성능을 확인한 후 시공

3) 신축줄눈의 폭과 간격 준수
   폭 10mm 내외, 간격 9m 이내 준수

4) 신축재료의 신장률
   ① 고탄성 재료를 사용
   ② 신축재료의 신장률은 25~50% 범위를 사용

5) 유지관리
   ① 유리관리가 용이한 재료 사용
   ② 신축줄눈부의 누수를 방지하기 위한 적정 보수 시행
   ③ 신축줄눈부에 대한 유지관리 장기계획서 마련

Ⅵ. 결 론

① 조적조 벽체의 신축줄눈은 벽체의 거동에 의한 대형균열을 방지하기 위해 설치하므로 설치간격과 줄눈폭의 규정을 준수하여 설치하여야 한다.
② 시공계획서 작성시 사전에 신축줄눈의 설치위치와 간격을 검토하여 균열발생에 의한 벽체의 내구성 저하를 방지하여야 한다.

문 8 철근 콘크리트 보강블록(block) 노출면 쌓기에 대하여 기술하시오.

[03후(25)]

Ⅰ. 개 요

블록구조는 단순조적식 블록조, 장막식 블록조, 보강 블록조 등으로 구분되며 블록조는 횡력에 약하므로 보강대책이 필요하다.

Ⅱ. 특 징

① 구조 및 강도상 유리
② 횡력에 대한 대응력 우수
③ 3~4층 구조물까지도 시공 가능
④ 철근 배근 및 조립 용이
⑤ 노출면에 대한 마감 가능

Ⅲ. 보강블록 노출면 쌓기

1) 시공순서

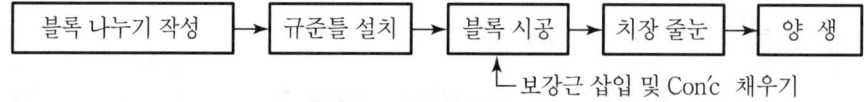

블록 나누기 작성 → 규준틀 설치 → 블록 시공 → 치장 줄눈 → 양 생
                                   ↑ 보강근 삽입 및 Con'c 채우기

2) 블록 쌓기
   ① 모서리, 중간부 등의 기준부위를 먼저 쌓은 후, 수평실에 맞춰 모서리부부터 차례로 쌓는다.
   ② 블록은 살두께가 두꺼운 편이 위로 가도록 쌓는다.
   ③ 쌓기전 충분히 살수 및 습윤한다.

3) 철근 시공
   ① 철근은 굵은 것보다 가는 것을 많이 넣는 것이 좋다.
   ② 철근의 정착은 기초 보나 테두리 보에 정착한다.
   ③ 철근 배근이 된 곳은 피복이 충분히 되도록 한다.
   ④ 모서리부나 개구부에는 보강근을 둔다.

4) 세로근 시공
- ① 벽 끝, 교차부, 모서리부, 개구부
- ② 철근은 D10, D13을 사용하며 간격은 40~80cm이다.
- ③ 기초보, 테두리보의 정착 길이는 40d 이상으로 한다.

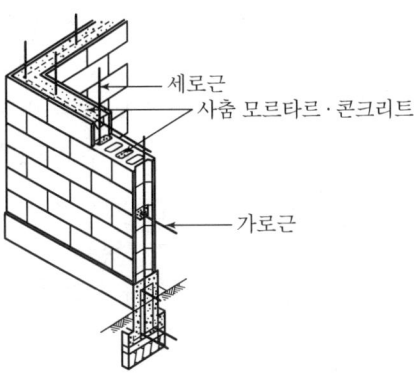

5) 가로근 시공
- ① 이음길이는 25d 이상으로 한다.
- ② 간격은 3~4켜마다 넣는다.
- ③ 모서리는 서로 물려 40d 이상 정착한다.

6) 사춤
- ① 사춤을 2켜 이내마다 실시한다.
- ② 사춤 높이는 블록윗면보다 5cm 아래에 두고 줄눈과 일치시키지 않는다.

7) Joint 설치
이질재 접합부와 쌓기 길이가 긴 경우에는 control joint를 둔다.

8) 줄눈
- ① 원칙적으로 통줄눈으로 한다.
- ② 줄눈용 모르타르는 1:1 배합을 사용한다.
- ③ 줄눈 모르타르를 쌓은 후 줄눈 누르기 및 줄눈 파기를 실시한다.

Ⅳ. 시공시 유의사항

1) 재료
- ① 재료의 반입시 오차를 측정하여 검사한다.
- ② 오차와 모양, 치수, 강도를 먼저 시공된 것과 비교한다.

2) 물축임
- ① 블록 쌓기 바닥을 청소한 뒤 물축임한다.
- ② 블록은 쌓기 전에 적당히 물축임하며, 과다한 물축임은 수축을 일으킨다.

3) 모르타르
- ① 건비빔하여 두었다가 사용하기 전에 물비빔하여 사용
- ② 응결 시작된 모르타르는 사용 금지

4) 쌓기
- ① 모서리, 중간부분 등 기준을 먼저 쌓는다.
- ② 블록은 살두께가 두꺼운 편이 위로 향하게 쌓는다.

③ 1일 쌓기 높이는 1.2~1.5m 정도로 한다.
④ 쌓은 후 이동을 금지한다.
⑤ 철근을 보강한 빈 속은 콘크리트로 충전한다.

5) 사춤
① 보강블록조의 블록 빈 공간은 콘크리트로 사춤한다.
② 사춤 후 다져 주고 보양한다.

6) 줄눈
① 수평, 수직 줄눈은 빈틈없이 시공한다.
② 줄눈폭은 10mm를 표준으로 한다.

V. 결 론

보강블록조는 대공간의 건축 외벽 및 2~3층 정도의 건물에도 쓰이므로 보강블록조에 대한 공법 개발이 이루어져야 한다.

> **문 9-1** 공동주택 ALC 블록(block) 내벽, 외벽의 시공 및 그 마감방법에 대하여 기술하시오. 〔94전(30)〕
> **문 9-2** ALC 〔92후(8)〕

Ⅰ. 개 요

ALC(Autoclaved Lightweight Concrete)는 다공질 콘크리트로서 block형과 panel형이 있으며, 경량화가 가능하고 단열성과 내화성이 우수하다.

Ⅱ. 시 공

1) 재료
   ① 균열이 없고, KS 규격품 사용
   ② 보강철물 및 접합철물은 방청처리된 것

2) 쌓기
   ① 블록에 모르타르를 수직, 수평에 맞추어 설치한다.
   ② 쌓기 모르타르는 배합 후 가급적 1시간 이내에 사용해야 한다.

3) 줄눈
   ① 두께는 1~3mm 정도로 하고 요철 블록의 경우에는 특기 시방에 따른다.
   ② 수직줄눈은 통줄눈이 되지 않도록 한다.

4) 공간쌓기
   규정에 없으면 바깥쪽을 주벽체로 하고 내부 공간은 50~90mm로 하며 연결재를 사용하여 연결시킨다.

5) 보강작업
   ① 모서리 부위는 원형 또는 45° 각도로 가공하거나 별도로 보강한다.
   ② 개구부 상부 인방길이는 양쪽에 20cm 이상 걸치게 한다.

6) 테두리보
   내력벽 상부에 설치하며 폭은 블록벽 두께 이상으로 하고 춤은 벽두께의 1.5배 이상으로 한다.

7) 절단, 홈파기
   ① 절단시에는 전기 톱 또는 수동 톱을 사용
   ② 관통부위 홈파기가 30cm 이상 되는 경우 보강철물을 설치한다.
   ③ 홈파기 깊이는 파이프 매설 후 사춤두께가 5mm 이상 되게 한다.

8) 충전작업
   ① 충전재의 충전은 블록의 고정부위가 충분히 양생된 후에 한다.
   ② 처짐이 예상되는 부위는 10~20mm 틈을 두고 충전재로 충전한다.

Ⅲ. 마감방법

1) 블록보수
   블록의 보수작업은 설치후 1일 이상 경과 후 시행

2) 보수 모르타르
   보수 모르타르는 필요한 양만큼 배합해서 사용

3) 파손된 표면
   파손된 표면은 거친 솔로 문지른 후 물로 청소

4) 습윤 보수
   보수작업시 표면이 건조하면 물을 뿌려 습윤 유지

5) 내·외부 마감
   내·외부마감은 보수를 완료하고 확인 후 마감

6) 양생
   면이 고르지 않거나 줄눈 부위가 균일하지 않으면 미장후 양생하여 마감

7) 도배
   도배는 벽면이 충분히 건조된 후 작업

Ⅳ. 결 론

ALC 블록은 경량성, 단열성, 내화성이 뛰어나므로 공장제작부터 현장 시공까지 철저한 품질관리를 통하여 건축물의 질을 높여 나가야 한다.

문 10-1 철골조 외벽에 ALC 패널을 설치하는 공법에 대하여 기술하고 특성을 설명하시오. [99후(30)]
문 10-2 외벽 ALC Panel 설치공법의 종류와 시공방법을 기술하시오. (ALC - Autoclaved Lightweight Con'c) [03전(25)]
문 10-3 에이엘시판(ALC판) [81전(6)]

Ⅰ. 개 요

ALC(Autoclaved Lightweight Concrete) 패널 설치공법으로는 수직철근공법, slide 공법, 볼트조임공법, cover plate 공법 등이 있으며, 특성은 경량, 단열, 차음 성능 등이 우수하다.

Ⅱ. ALC 패널(ALC판) 설치공법 종류와 시공방법

1) 수직철근 공법(보강근 삽입공법)
   ① Panel의 수직 접합부에 수직보강 철근(D10)을 삽입하고 모르타르를 충전하여 panel 간을 연결시키는 공법이다.
   ② Panel 수직 이음 부위에 홈이 형성되어 있어 이곳에 철근을 삽입할 수 있다.

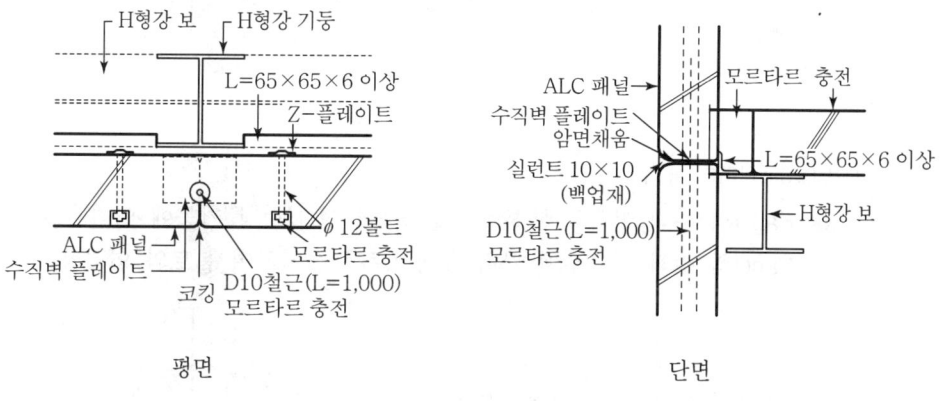

〈수직철근 공법〉

2) 슬라이드(slide) 공법
   ① 수직철근 공법에서 H형강 보 하부에 수평으로 sliding 할 수 있는 sliding 앵글을 부착한다.
   ② ALC panel 수평부에 설치되는 plate는 고정용이 아닌 받침용으로 설치하여 함께 sliding 되게 한다.

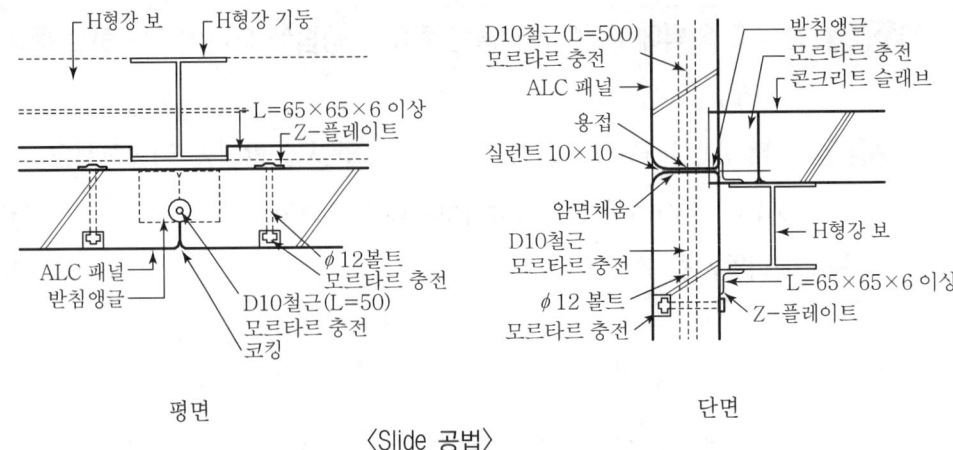

〈Slide 공법〉

3) 볼트조임 공법
① Panel 상하 양끝에 구멍을 뚫고 볼트를 삽입한다.
② 훅볼트의 끝과 H형강 기둥을 조여서 연결시킨다.

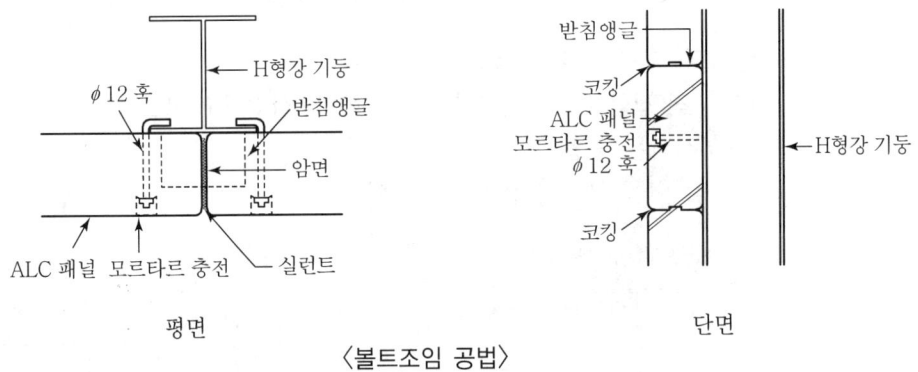

〈볼트조임 공법〉

4) Cover plate 공법
① Panel의 수직 이음부에 훅볼트를 삽입하여 H형강 기둥에 연결시킨다.
② Panel의 수직 이음부에 커버 플레이트를 설치하여 볼트와 연결한다.

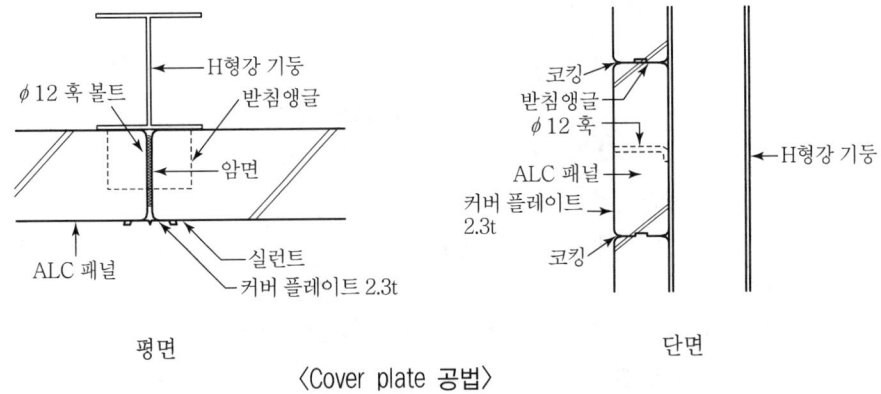

〈Cover plate 공법〉

Ⅲ. 특 성

1) 장점
   ① 경량기포 콘크리트로 가벼워 취급 용이
   ② 열전도율이 낮아 우수한 단열성능 발휘
   ③ 다공질 재료로 방음성 우수
   ④ 우수한 내화 성능 발휘
   ⑤ 운반·설치가 용이하여 시공성 양호
   ⑥ ALC 모르타르를 사용하여 보수가 쉽다.

2) 단점
   ① 강도 및 탄성이 부족
   ② 충격에 약하고 모서리 파손이 많음
   ③ 흡수성·투수성이 크다.
   ④ 포수상태에서 비중증가, 단열성능 저하 등
   ⑤ 표면 풍화 방지용 primer 처리 및 방수처리 필요

Ⅳ. 결 론

ALC 패널은 시공성은 우수하나 강도 부족 및 투수성이 크므로, 이를 보완하기 위한 지속적인 연구개발과 철저한 품질관리가 필요하다.

> **문 11-1** 조적조의 테두리보, 인방보의 상세도(Detail) 도해 및 시공시 유의사항에 대하여 기술하시오. [05중(25)]
> **문 11-2** 테두리보(wall girder) [93전(8)]
> **문 11-3** Wall girder [06중(10)]
> **문 11-4** 테두리보와 인방보 [98전(20)]

I. 테두리보(wall girder)

1) 정 의
   ① 조적조 벽체를 일체화하고, 하중을 균등히 분포시키기 위해서, 조적벽의 상부에 설치하는 철골 또는 철근콘크리트 보를 말한다.
   ② 테두리보는 연직하중 및 집중하중을 수평적으로 전달할 수 있게 한 보를 말한다.

2) 시공 상세도

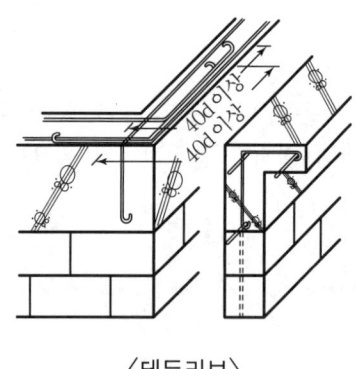

〈테두리보〉

3) 설치목적
   ① 횡력에 대한 보강
   ② 하중의 균등한 분포
   ③ 세로철근의 끝을 정착하기 위해
   ④ 집중하중에 대한 보강

4) 설치위치 및 보의 춤·너비   (단위 : cm)

보의 위치	춤		너비		비 고
	단층집	2·3층집	단층집	2·3층집	
전체벽 상부	25 이상	30 이상, 1.5t 이상	t 이상	l/30 이상	t는 블록벽 두께 l은 span 다설지방 l/30을 l/25로 한다.
문꼴너비 2m 미만	25 이상	30 이상, 1.5t 이상	t 이상		
문꼴너비 2m 이상	단부 고정된 보로서 구조계산한다.			l/25 이상	

Ⅱ. 인방보

1) 정의
   ① 창·문꼴 위에 가로질러 설치하여, 상부의 수직 및 집중하중을 좌우 벽체로 분산하여 전달하는 역할을 하는 보이다.
   ② 문꼴너비가 1m 이내는 목재 또는 석재로 하고, 1m를 넘는 경우는 철골 또는 콘크리트보로 한다.

2) 시공 상세도

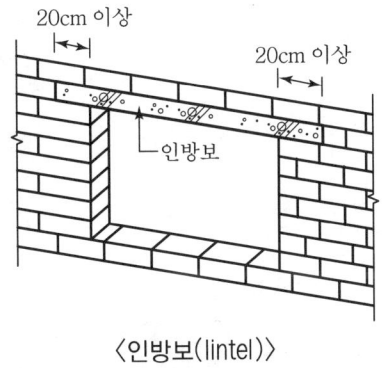

〈인방보(lintel)〉

3) 설치목적
   ① 상부하중을 분산하여 균등하게 벽체에 전달
   ② 창·문꼴의 장기처짐 방지
   ③ 벽체의 강성 확보

4) 분류
   ① 기성 철근콘크리트 인방보
   ② 제자리 철근콘크리트 인방보
   ③ 인방블록에 의한 인방보

Ⅲ. 시공시 유의사항

1) 테두리보 시공시 유의사항
   ① 보의 나비는 내력벽 두께보다 커야 한다.
   ② 정착철근은 서로 맞닿지 않게 휘어 감도록 한다.
   ③ 정착길이는 40d 이상으로 한다.
   ④ 인장철근의 이음길이는 25d 이상(작은 인장을 받는 곳) 또는 40d 이상(큰 인장을 받는 곳)으로 한다.
   ⑤ 압축철근의 이음길이는 25d 이상으로 한다.

2) 인방보 시공시 유의사항
   ① 인방블록은 좌우벽에 20~40cm까지 물림한다.
   ② 인방보 위에 테두리보가 있을 때는 늑근을 테두리보에 정착한다.
   ③ 기성 철근콘크리트 인방보는 블록벽에 20cm 이상 물림한다.
   ④ 제자리 콘크리트 인방보의 철근은 옆벽에 40d 이상 정착한다.
   ⑤ 보의 밑에 있는 블록의 빈 속은 철판마개 또는 모르타르 막음한 블록을 사용한다.

| 문 12-1 | Bond beam의 기능과 그 설치 | [87(5)] |
| 문 12-2 | Bond Beam | [00전(10)] |

Ⅰ. 정 의

조적 벽체에서 벽을 일체화시키고 집중하중 또는 국부적인 하중을 균등히 분포시키기 위한 철근 콘크리트보를 bond beam이라 한다.

Ⅱ. Bond beam의 종류

① 테두리보
② 벽돌 보강보
③ 기초보

Ⅲ. Bond beam의 기능

1) 벽체의 일체화
   조적조 벽체간의 일체성 확보

2) 벽체의 강성증대 및 균열방지
   ① 수평하중에 약한 조적조의 단점 보완
   ② 벽체의 균열 발생을 방지

3) 하중분포
   상부에서 작용하는 수직하중 중에서 집중하중과 국부하중을 균등히 벽체에 전달하여 분산

4) 수평하중에 저항
   ① 횡력에 약한 조적조 벽체를 철근콘크리트보로 일체화
   ② 풍하중·지진하중 등에 대한 저항성 증대

5) 부동침하 방지
   상부의 수직부재(벽체, 기둥 등)에 전달되어 오는 수직하중 중에서 집중하중과 국부하중을 균등히 기초판에 전달

Ⅳ. 설치위치

1) 벽체 상단(테두리보)
   조적조 벽체 상단에 설치하여 횡력저항, 일체성 확보
2) 벽돌벽 중간(벽돌 보강보)
   벽돌 벽체의 높이 3.6m마다 설치하여 횡력저항 및 강성 확보
3) 기초판위(기초보)
   조적벽의 일체성 및 부동침하 방지

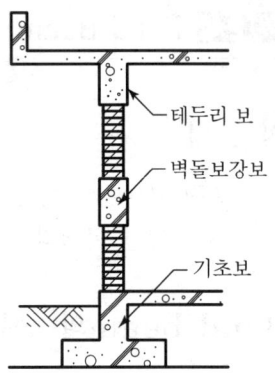

문 13 내력벽(Bearing wall) [00전(10)]

Ⅰ. 정 의

벽체, 바닥, 지붕 등이 자중, 수직하중, 수평하중 등의 외력을 받아 기초에 그 힘을 전달하는 역할을 하는 벽체이다.

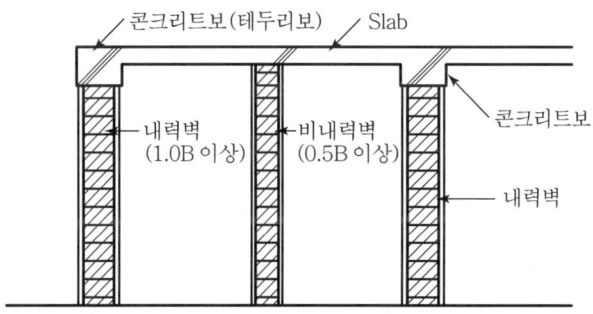

Ⅱ. 내력벽의 종류

1) 대린벽
    ① 서로 직각으로 교차되는 내력벽
    ② 수평하중에는 약하나 수직하중에는 대단히 강함

2) 부축력
    ① 내력벽이 외력에 쓰러지지 않게 부축하기 위해 달아낸 벽
    ② 상부의 집중하중 또는 횡압력에 대항

Ⅲ. 내력벽과 비내력벽

1) 내력벽(耐力壁)
    상부의 하중을 기초에 전달하는 구조체

2) 비내력벽(非耐力壁)
    ① 상·하부의 응력전달에 관계없이 자유로이 설치 및 해체할 수 있는 비구조체
    ② Curtain wall이라고도 함

Ⅳ. 내력벽의 배치

① 평면상 균형 있게 배치
② 윗층의 내력벽은 밑층의 내력벽 바로 위에 배치
③ 문꼴 등은 상하층이 수직선상에 오게 배치
④ 내력벽 상부는 테두리보 또는 철근콘크리트 라멘조로 함
⑤ 내력벽은 보(큰보, 작은보) 밑에 배치

문 14 조적조의 부축벽　　　　[05전(10)]

I. 정 의
측압에 충분히 견딜 수 있도록 외벽에 돌출하여 설치하는 보강용의 벽 또는 기둥모양의 구조물을 말한다.

II. 특 징
① 벽돌벽체의 횡력에 대한 보강
② 상부의 집중하중이나 횡압력에 저항
③ 옹벽의 밑쌓기를 넓히는 경우 사용
④ 옹벽 후면에 보강용으로 설치하기도 함
⑤ 형태는 평면적으로 좌우대칭(左右對稱)으로 함

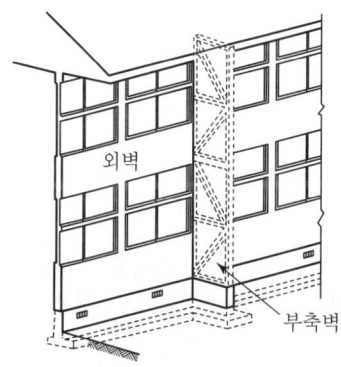

III. 시공방법
① 부축벽의 길이는 층높이의 1/3 정도
② 단층에서는 1m 이상
③ 형태는 전후좌우 대칭형으로 함
④ 2층의 아래에서는 2m 이상으로 함
⑤ 지붕 트러스에 연결하여 주형(柱形)으로 함
⑥ $\ell \leq 4m$, $\ell \geq H/3$, $L \leq 10m$

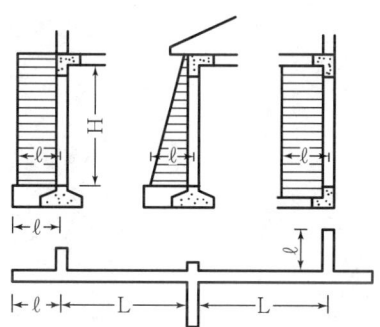

永生의 길잡이 — 여섯

■ 하나님께 이르는 길

"내가 곧 길이요 진리요 생명이니 나로 말미암지 않고는 아버지께로 올 자가 없느니라"(요 14 : 6)

하나님은 2천년 전에 그의 외아들 예수 그리스도를 이 세상에 보내어 우리를 대신해서 십자가에 못박혀 죽게 하심으로써 하나님과 사람 사이에 구원의 다리를 놓아주셨습니다.

사람의 죄를 해결할 수 있는 분은 오직 예수 그리스도이십니다.

8장

마감 및 기타공사

2절 석공사·타일공사

8장 2절 석공사 · 타일공사

1	돌공사		
	1-1. 최근의 석재공법 [85(25)]		8-56
	㉮ 채석(5점) ㉯ 가공(5점) ㉰ 시공법(10점) ㉱ 양생(5점)		
	1-2. 돌붙임공사에서 제품 공정·공법·검사 및 보양	[82후(30)]	
	1-3. 석공사의 양생방법	[97전(15)]	
	1-4. 화강석 표면가공의 종류와 공법 및 표면오염 발생원인과 방지대책	[78전(25)]	8-59
	1-5. 건축물 외부 석재면의 변색원인과 방지대책	[98후(30)]	
	1-6. 석재가공시 석재의 결함, 원인 및 대책	[06후(25)]	
	1-7. GPC(Granite Veneer Precast Concrete)	[10후(10)]	8-63
2	돌 붙임공법		
	2-1. 돌 외장공사	[83(25)]	8-64
	2-2. 외벽 돌 붙이기 공사 공법의 종류별 도시 및 품질관리 요점	[92전(30)]	
	2-3. 돌 공사에서 붙임 공법과 시공시 주의사항	[97후(30)]	
	2-4. 석재붙임공법	[82전(10)]	
	2-5. 최근 사용되고 있는 석재외장 건식 공법	[87(25)]	
	2-6. 건축물 외벽을 석재로 마감할 경우의 건식 붙임공법	[95후(40)]	
	2-7. 돌 공사 건식공법의 장점과 하자발생 방지 및 시공시 유의사항	[98중후(30)]	
	2-8. 외벽의 건식 돌 공사에 있어서 Anchor 긴결 공법	[03중(25)]	
	2-9. 석공사의 강재 Truss(Metal truss) 공법	[02전(25)]	
	2-10. 외부 돌 공사의 건식공법에서 핀홀(pin hole) 방식의 문제점과 품질 확보 방안 [99중(30)]		8-69
	2-11. 석재공사 Open Joint 공법의 장단점과 시공시 유의사항	[09후(25)]	8-72
	2-12. 돌공사 건식공법 및 습식공법의 시공법, 장단점 및 공사비를 비교 설명	[90후(30)]	8-75
	2-13. 석공사에서 습식과 건식공법의 특징 비교	[10중(25)]	

3	타일(Tile) 붙임공법의 종류		8-78
	3-1. 타일(tile) 붙임공법의 종류 및 타일 붙임후 발생하는 하자 원인	[81전(25)]	
	3-2. 타일공법의 종류 및 부착강도 저하요인	[94후(25)]	
	3-3. 타일의 접착방식을 제시하고 부착강도 저해요인과 방지대책	[06후(25)]	
	3-4. 내벽타일 부착강도 저해요인 및 방지대책	[10전(25)]	
	3-5. 타일붙임공법의 종류별 특징과 공법의 선정절차 및 품질기준	[05후(25)]	
	3-6. 타일붙임공법의 종류 및 시공시 유의사항	[09중(25)]	
	3-7. 타일공사시 발생하는 하자요인 및 방지대책	[07중(25)]	
	3-8. 타일공사의 하자원인과 대책	[11전(25)]	
	3-9. 외장 타일의 들뜸의 원인 및 대책	[82전(50)]	
	3-10. 외벽 타일시공시 타일의 박리 및 탈락의 원인과 방지대책	[95전(30)]	
	3-11. 외벽타일의 박리·탈락의 원인 및 대책(설계, 시공, 유지 관리측면)	[99중(30)]	
	3-12. 외벽 타일 붙임 공법의 종류 및 박리·탈락 방지 대책과 시공시 고려사항	[00전(25)]	
	3-13. 옥내에 시공한 타일이 박리되는 원인 및 방지대책	[05전(25)]	
	3-14. 타일공사의 품질관리 유의사항	[93후(30)]	
	3-15. 타일 거푸집 선부착공법 및 적용사례	[08후(25)]	
	3-16. 다음 공법을 설명하고, 일반적인 공장생산방식의 현황 1) 철근 선조립 공법 2) 타일 선부착 공법	[02중(25)]	
	3-17. 타일의 압착공법(壓着工法)	[78후(5)]	
	3-18. 타일압착공법	[81전(8)]	
	3-19. 타일의 유기질 접착제 공법	[97중전(20)]	
	3-20. 타일공사시 시멘트 모르타르의 open time	[02중(10)]	
	3-21. 타일 접착 모르타르 Open Time	[04후(10)]	
	3-22. 모르타르 Open Time	[07후(10)]	
	3-23. 타일접착 검사법	[09중(10)]	
	3-24. 타일붙임 공법중 습식공법과 건식공법을 비교 및 시공시 유의사항	[99후(30)]	8-88
4	타일의 동해 방지		8-91
	4-1. 도기질 타일공법의 동해 방지책	[86(25)]	
	4-2. 타일의 동해 방지	[95중(10)]	
5	타일 분할도		
	5. 타일 분할도	[03전(10)]	8-93
6	전도성 타일		
	6. 전도성 타일 (Conductive Tile)	[01후(10)]	8-94

> **문 1-1** 최근의 석재공법을 다음 사항에 대하여 기술하여라. [85(25)]
>   ㉮ 채석(5)   ㉯ 가공(5)   ㉰ 시공법(10)   ㉱ 양생(5)
>
> **문 1-2** 돌붙임 공사에서 제품공정 · 공법 · 검사 및 보양에 대하여 기술하여라.
>   [82후(30)]
>
> **문 1-3** 석공사의 양생방법 [97전(15)]

Ⅰ. 개 요

석재는 외관이 장중하고 치밀하며, 불연성으로 압축강도가 크므로 건축물의 내외장재 등의 다양한 용도로 사용된다.

Ⅱ. 채 석

1) 발파
   석산에서 다이너마이트를 사용하여 발파시켜 채석

2) 부리쪼갬(wedging)
   발파된 돌에 구멍을 뚫어 부리(철쐐기)를 처박아 쪼갬

Ⅲ. 가공(제품 공정)

1) 혹떼기
   ① 거친 돌이나 마름돌의 돌출부 등을 쇠메로 쳐서 비교적 평탄하게 마무리하는 것이다.
   ② 돌의 표면은 평탄하되 중간부가 우묵하지 않게 한다.

2) 정다듬
   ① 정으로 쪼아 평평하게 다듬은 것으로 거친 다듬, 중다듬, 고운 다듬으로 구분한다.
   ② 정자국의 거리간격은 균등하고, 깊이는 일정해야 하며, 정다듬기는 보통 2~3회 정도로 한다.

3) 도드락 다듬
   ① 도드락 망치는 날의 면이 약 5cm 각에 돌기된 이빨이 돋힌 것이다.
   ② 정다듬 위에 더욱 평탄히 할 때 쓰인다.

4) 잔다듬
   ① 날망치 날의 나비는 5cm 정도의 자귀모양의 공구이다.
   ② 잔다듬 줄은 건물의 가중방향(加重方向)에 직각 되게 한다.

5) 물갈기
① 잔다듬한 면을 각종 숫돌, 수동기계 갈기하여 마무리하는 것이다.
② 갈기한 다음 광내기 마무리한다.

Ⅳ. 공법(시공법)

1) 습식 공법
① 시공 실적이 많아 신뢰할 수 있는 공법
② 구체와 석재 사이에 모르타르를 채워 일체화
2) Anchor 긴결공법(conventional system)
① 구체와 석재 사이에 공간을 두고 연결 철물을 사용하여 부착
② 상부하중이 하부로 전달되지 않음
3) 강재 truss 공법(paneling system)
① 강재 truss에 석판재를 지상에서 짜 맞추어 설치
② 품질이 우수하고, 공기단축이 가능
4) GPC 공법(Granite veneer Precast Concrete)
① 거푸집에 화강석 판재를 배치하고, Con'c를 타설하여 PC를 제작해서 설치
② 규격화하면 대량생산 가능
5) Open joint 줄눈공법
석재의 외벽 건식공법에서 석재와 석재 사이의 줄눈을 sealant로 처리하지 않고 틈을 통해 이동시켜 압력차를 없애는 등압이론을 적용하여 open시키는 방법

Ⅴ. 검 사

① 마무리 치수의 정도
② 모서리와 면의 마무리 정도
③ 면의 평탄성
④ 석재의 재질과 색조
⑤ 석리의 유무

Ⅵ. 양생 방법(양생, 보양)

1) 운반시 양생
① 운반시의 충격에 대해 면·모서리 등을 보양한다.
㉮ 면 : 벽지·하드롱지·두꺼운 종이 등으로 보양한다.
㉯ 모서리 : 판자·포장지·거적 등으로 보양한다.

② 모서리 돌출부는 널판지로 보양한다.

2) 청소
① 석재면의 모르타르 등의 이물질은 물로 흘러 내리지 않게 닦아 낸다.
② 염산·유산 등의 사용을 금한다.
③ 물갈기 면은 마른 걸레로 얼룩이 지지 않게 닦아 낸다.
④ 원칙적으로 물청소를 해야 하나, 부득이한 경우 염산을 사용한다.
⑤ 염산의 사용시에는 희석시켜 사용하고 물로 깨끗이 씻어 낸다.

3) 작업후 양생
① 1일 작업 후 검사가 완료되면 호분이나 벽지 등으로 보양한다.
② 창대·문틀·바닥 등에는 모포덮기·톱밥 등으로 보양한다.
③ 양생중 보행금지를 위한 조치를 취한다.
④ 파손의 우려가 많은 곳은 철저히 보양한 후 확인한다.
⑤ 동절기 시공시 동해 방지를 위한 조치를 취한다.

VII. 결 론

석재는 외관이 장중·미려하여 외장재로 많이 사용되어 왔으나, 중량물이고 압축재로만 사용되는 한계점이 있으므로 개선의 노력이 필요하다.

> **문 1-4** 화강석 표면가공(끝마감)의 종류 및 그 공법을 열거하고 표면오염(表面汚染, 불순물의 표면노출) 발생원인과 그 방지대책에 대하여 기술하여라.
> 〔78전(25)〕
>
> **문 1-5** 건축물 외부 석재면의 변색원인과 방지대책에 대하여 기술하시오.
> 〔98후(30)〕
>
> **문 1-6** 석재가공시 석재의 결함, 원인 및 대책에 대하여 기술하시오. 〔06후(25)〕

Ⅰ. 개 요

외부 석재는 시공의 부실 여부에 따라 오염 및 변색될 수 있으므로 이에 대한 대비책을 강구하여 내구성이 우수하도록 시공해야 한다.

Ⅱ. 표면가공의 종류 및 공법

1) 분사법(sand blasting method)
   고압공기의 압력으로 모래를 분출시켜 석재면을 곱게 벗겨내는 방법
2) 버너마감(화염방사법, burner finish method)
   Propane gas(LPG) 버너 등으로 석재면을 달군 후 찬물로 급랭시키면 박리층이 형성되어 떨어지면서 거친면 마무리하는 방법
3) 착색돌(coloured stone)
   석재의 흡수성을 이용하여 염료·색소안료 등으로 석재의 내부를 착색시키는 방법

Ⅲ. 표면 오염원인(변색원인, 석재 결함의 원인)

1) 표면 요철
   ① 석재의 다듬가공시 표면 평탄작업 부족
   ② 물갈기 등 작업 정밀도 부족
2) 파손
   ① 석재 가공시 모서리부 파손이 흔히 발생
   ② 모서리부에 대한 가공시 배려 부족
   ③ 얇은 석재판의 경우 가공시 파손 발생

3) 균열
   ① 가공의 정도 부족으로 표면에 균열 발생
   ② 확인이 어려운 잔 균열의 경우 시공에 사용될 수 있으므로 유의

4) 백화
   ① 가공시 표면처리 불량으로 발생
   ② 시멘트 중의 가용성분 CaO가 물에 녹아 증발되면서 발생
   ③ $CaO + H_2O \rightarrow Ca(OH)_2$
      $Ca(OH)_2 + CO_2 \rightarrow CaCO_3 + H_2O$

5) 녹 발생
   ① Fastener의 방청처리 불량
   ② 석재에 포함되어 있는 성분중 철분의 성분이 많은 경우
   ③ 석재 표면에 적절한 보호재 시공 누락

6) 염산 사용
   ① 석재 시공후 외부청소시 염산 사용의 불량에 의해 부분적 변색 현상
   ② 염산 : 물 = 1 : 10~20

7) 산소 아세틸렌 및 용접
   ① 용접시 불똥에 의해 석재면 탈락
   ② 산소 아세틸렌 사용으로 fastener 및 기타 재료 절단시 변색

8) Sealing재
   ① 줄눈용 sealing재 사용 불량
   ② 외부 석재면에 오염

9) 석재의 불량
   ① 석재의 불량에 따른 외부 침투수 유입
   ② 흡수율의 차이가 심할 때

10) Pin hole 부정확
   ① Fastener 설치시 pin hole부 파손
   ② Pin hole의 강도 및 간격 부적절

IV. 방지 대책

1) 석재의 반입 및 보관
   ① 석재와 석재 사이는 보호용 cushion재 설치
   ② 석재끼리 마찰에 의한 파손 방지

2) 가공시 유의사항

가공 공정	유의 사항
혹 떼기	• 돌의 표면은 평탄하게 함 • 돌의 중간부가 우묵하지 않게 유의
정다듬	• 정자국의 거리간격을 일정하게 유지 • 깊이를 일정하게 하며 2~3회 정도 실시
도드락다듬	• 도드락 망치의 날이 일정하도록 관리
잔다듬	• 잔다듬 줄은 건물의 가중방향(加重方向)에 직각되게 가공할 것
물갈기	• 돌 면의 평탄성을 최종 마무리하는 과정 • 물갈기후 돌 표면의 보호조치를 할 것

3) 청소
① 석재면의 모르타르 등의 이물질은 물로 흘러내리지 않게 닦아 낸다.
② 염산·유산 등의 사용을 금한다.
③ 물갈기 면은 마른 걸레로 얼룩이 지지 않게 닦아 낸다.
④ 원칙적으로 물청소를 해야 하나, 부득이한 경우 염산을 사용한다.
⑤ 염산의 사용시에는 희석시켜 사용하고 물로 깨끗이 씻어 낸다.

4) 작업후 양생
① 1일 작업후 검사가 완료되면 호분이나 벽지 등으로 보양한다.
② 창대·문틀·바닥 등은 모포덮기·톱밥 등으로 보양한다.
③ 양생중 보행금지를 위한 조치를 취한다.
④ 파손의 우려가 많은 곳은 철저히 보양한후 확인한다.
⑤ 동절기 시공시 동해 방지를 위한 조치를 취한다.

5) 운반시 양생
① 운반시의 충격에 대해 면·모서리 등을 보양한다.
　㉮ 면 : 벽지·하드롱지·두꺼운 종이 등으로 보양한다.
　㉯ 모서리 : 판자·포장지·거적 등으로 보양한다.
② 모서리 돌출부는 널빤지로 보양한다.

6) 습식공법 지양
부득이한 경우를 제외하고 가능한 건식공법 사용

7) Fastener 방청
① 건식공법 사용시 fastener의 방청처리
② 시공 후 현장에서 1회 도색처리

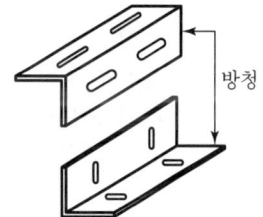
방청

8) Back up재
   ① 규격에 맞는 back up재 삽입
   ② Bond breaker 방지
9) Sealing 철저
   ① Sealing 시공과 masking tape의 정밀부착
   ② Sealing 재료 충전 후 경화될 때까지 표면 오염방지

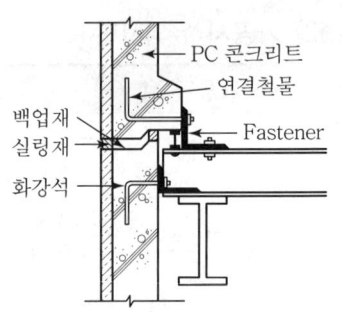

10) 철물의 외부노출 방지
    ① 구조체에서 나온 철물의 외부노출 금지
    ② 철물 제거후 바탕 방수처리 시공
11) 재료적 대책
    ① 석재의 강도·흡수율 등 재질이 동등하여야 한다.
    ② 가공한 석재 균열이 없어야 한다.
    ③ 운반 및 저장시 모서리 보양 철저
12) 보양 철저
    ① 석재 시공후 sheet·호분지 등으로 보양한다.
    ② 석재 주변에서 용접시 보양후에 작업을 실시한다.

V. 결 론

석재는 fastener의 방청, sealing의 철저한 시공 및 보양으로 오염과 변색을 방지하여 내구성과 중후함을 유지하도록 해야 한다.

문 1-7 GPC(Granite Veneer Precast Concrete) [10후(10)]

I. 정 의

① 화강석을 외장재로 사용하는 방법의 하나로, 거푸집에 화강석 판재를 배열한 후 석재 뒷면에 철근조립 후 Con´c 타설하여 제작한다.
② GPC 공법은 구조체의 변형·균열의 영향을 받지 않고, 공장제작이 가능하고, 설치공법의 기계화로 시공의 효율성을 높일 수 있다.

II. 시공 상세도

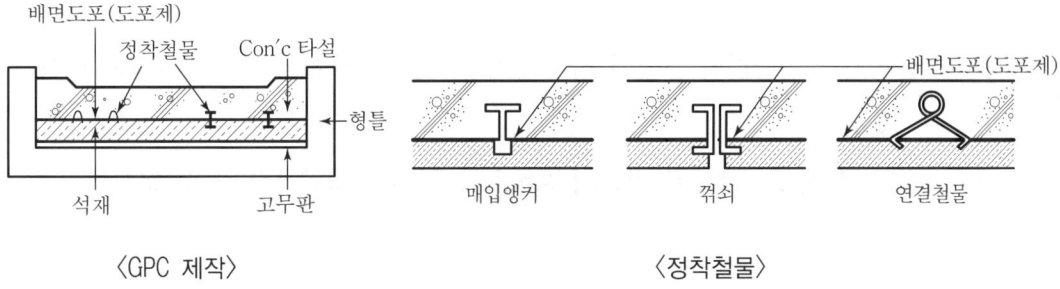

〈GPC 제작〉　　　　　　　　　　〈정착철물〉

III. 특 징

장점	단점
• 공기단축 가능 • 품질관리 용이 • 석재의 두께감소	• 양중장비 필요 • 백화발생 우려

IV. 유의사항

① GPC 배면도포 작업 전에 필히 석재의 오염 및 건조상태 점검할 것
② GPC 배면도포 작업시 외기온도는 5℃ 이상이어야 함
③ GPC 설치시 수평·수직의 정확도를 기하는 것이 가장 중요함
④ 현장설치후 교정 및 보정을 고려하여 양생시 물 사용을 금함

| 문 2-1 | 돌 외장공사에 대하여 기술하여라. [83(25)]
| 문 2-2 | 외벽 돌붙이기 공사의 공법을 종류별로 도시 설명하고, 품질관리 요점을 설명하여라. [92전(30)]
| 문 2-3 | 돌공사에서 붙임공법을 열거하고 시공시 주의사항에 대하여 기술하시오. [97후(30)]
| 문 2-4 | 석재 붙임공법 [82전(10)]
| 문 2-5 | 최근 사용되고 있는 석재 외장 건식공법에 대하여 상술하여라. [87(25)]
| 문 2-6 | 건축물 외벽을 석재로 마감할 경우 건식붙임공법에 대하여 기술하시오. [95후40)]
| 문 2-7 | 돌공사 건식공법의 장점과 하자 발생방지를 위한 시공시 유의사항에 대하여 기술하시오. [98중후(30)]
| 문 2-8 | 외벽의 건식돌공사에 있어서 Anchor 긴결 공법에 대하여 기술하시오. [03중(25)]
| 문 2-9 | 석공사의 강재 Truss(Metal truss) 공법에 대해 기술하시오. [02전(25)]

Ⅰ. 개 요

붙임공법은 mortar의 사용 여부에 따라 습식공법과 건식공법으로 분류되며, 종래에는 주로 습식공법이 사용되었으나, 최근 건식화되고 있는 추세이다.

Ⅱ. 돌붙임공법 분류

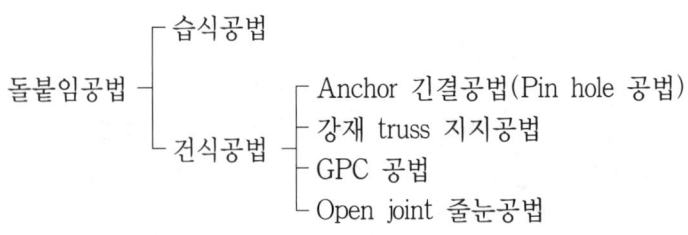

Ⅲ. 습식공법

1) 의의

   가장 오래된 공법으로 구체와 석재 사이를 연결 철물과 모르타르 채움에 의해 일체화시키는 공법

2) 장점

   ① 공사 시공 실적이 많음

   ② 정밀하게 시공하면 신뢰할 수 있는 공법

3) 단점

   ① 모르타르의 충전불량으로 누수, 백화현상 발생

   ② 모르타르 경화시간 소요로 시공능률 저하

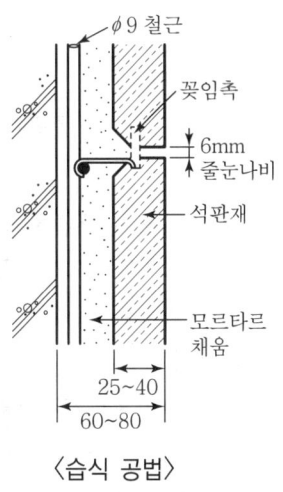

〈습식 공법〉

Ⅳ. 건식공법

1. Anchor 긴결공법(pin hole 공법)

1) 의의

   구체와 석재 사이에 공간을 두고, 각종 anchor를 사용하여 단위재를 벽체에 부착하는 공법

2) 장점

   ① 백화현상의 우려가 없다.

   ② 상부하중이 하부로 전달되지 않는다.

   ③ 단열효과 및 결로방지 효과가 큼

3) 단점

   ① 충격에 약하다.

   ② 긴결철물에 녹이 발생할 수 있다.

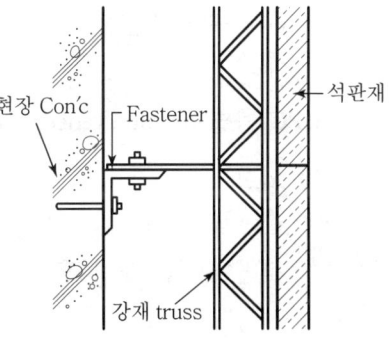

〈Anchor 긴결공법〉

4) 품질관리

   ① 설치 및 위치조정 용이해야 함

   ② 중력·지진·풍압·팽창에 대응하는 강도를 확보해야 함

   ③ 수평 및 수직 방향의 sliding 성능 고려

   ④ 성능저하 없이 50년 이상의 내구성을 유지해야 함

   ⑤ 수평 및 수직 방향의 변위에 추종하는 성능이 있어야 함

   ⑥ 열팽창 흡수성능이 있어야 함

2. 강재 Truss 지지공법(paneling system)

1) 의의

   미리 조립된 강재 truss에 여러 장의 석판재를 지상에서 짜 맞춘 후 이를 조립식으로 설치해 나가는 공법

2) 장점

   ① 품질이 우수하며, 비계가 불필요하다.
   ② 공기단축이 되며, 전천후 공법이다.
   ③ 안전관리 용이

3) 단점

   ① 설치용 양중 장비 필요
   ② 화강석끼리의 사이에 줄눈설계가 미흡

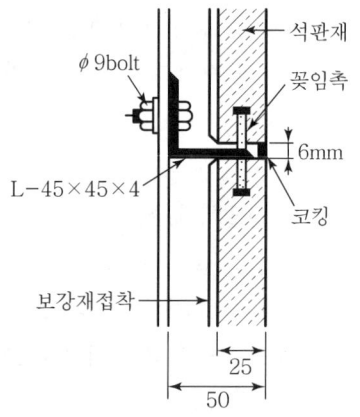

〈강재 truss 지지공법〉

4) 품질관리

   ① 트러스 제작 및 지상 설치, 판재의 부착, 줄눈시공 등의 정밀도에 유의할 것
   ② 강재 트러스와 구조체의 응력전달체계 검토
   ③ 트러스 사이에 설치되는 창호가 하중의 영향으로 처짐이 일어날 수 있으므로 유의
   ④ 풍하중 등에 대한 안전성·수밀성·기밀성 등을 확인할 것
   ⑤ 타워크레인에 의한 양중은 spreader beam과 와이어 등을 사용할 것

3. GPC 공법(Granite veneer Precast Concrete)

1) 의의

   화강석을 외장재로 사용하는 방법의 하나로 거푸집에 화강석 판재를 배열한 후 석재 뒷면에 철근 조립 후 Con'c 타설하여 제작

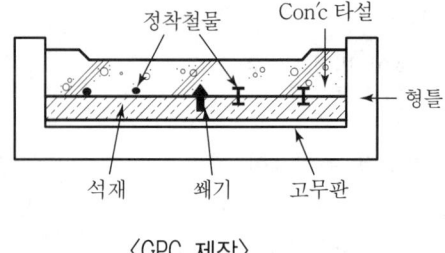

〈GPC 제작〉

2) 장점

   ① 공기단축이 가능하고, 석재를 얇게 하므로 원가절감
   ② 석재 숙련도를 요하지 않으며, 품질관리 용이

3) 단점
   ① 중량이 무겁고, 양중 장비 필요
   ② 석재와 Con'c 사이의 백화현상 발생이 우려

4. Open joint 줄눈공법

   1) 의의
      석재의 외벽 건식 공법에서 석재와 석재 사이의 줄눈을 sealant로 처리하지 않고 틈을 통해 물을 이동시켜 압력차를 없애는 등압이론을 적용하여 open시키는 공법

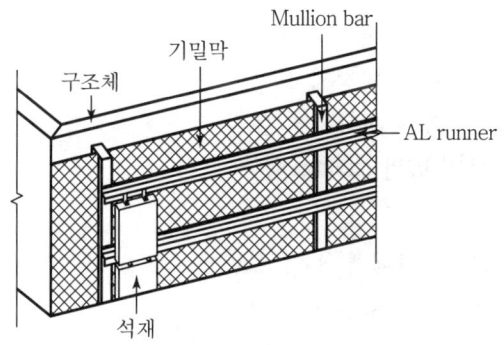

〈Open joint 줄눈공법〉

   2) 시공순서

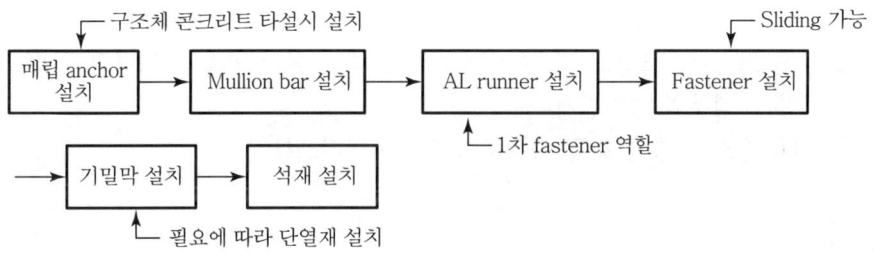

V. 품질관리 요점(시공시 주의사항)

   1) 수평, 수직의 정확도
      ① 돌공사전 수평·수직도 check 철저
      ② 창문 등 개구부 주위에 관리 철저
      ③ 차양막 등은 외부로 약간 구배를 줄 것

2) 운반 및 설치시 파손 유의
   ① Stock yard 야적시 세워서 보관
   ② 운반시 모서리 보강
   ③ 설치시 파손에 주의하여 시공

3) Sealing 방수처리
   ① 시방서 규준에 맞게 배합(2액형 사용시)
   ② Sealing 밀실하게 시공
   ③ Sealing 시공시 오염방지

4) Fastener
   ① 고강도화 및 경량화
   ② 부식방지를 위해 방청제 도포
   ③ Fastener 규격은 정확하게 유지
   ④ 수평·수직방향의 sliding 성능 고려

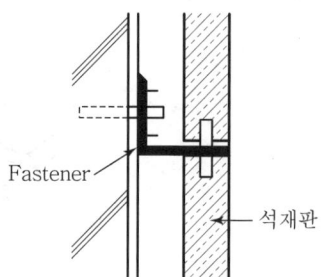

5) 시공도 작성
   ① 시공전 하수급자에게 shop drawing 수령
   ② Shop drawing 검토후 시공 실시
   ③ 개구부, 창 등을 고려하여 시공도 작성

6) 석재 재질 검토
   ① 반입되는 석재가 동일한 석재인지 또는 규격이 맞는지를 정확히 검토
   ② 석재의 휨정도를 검토

7) 청소
   ① 교정 및 보정을 고려하여 시공·양생시 물 사용을 금지하고 왁스 사용
   ② 오염부위 청소철저
   ③ 청소시 염산 등을 사용하여 탈색시키지 말 것

Ⅵ. 결 론

돌붙임 공사의 품질을 확보하기 위해서는 fastener의 내구성과 조립 작업의 강성증대 등의 방안이 모색되어야 한다.

문 2-10 외부 돌공사의 건식공법에서 핀홀(pin hole) 방식을 설명하고 문제점과 품질 확보방안을 기술하시오. [99중(30)]

I. 개 요

건식공법인 핀홀(pin hole) 방식은 습식공법의 단점인 누수와 백화현상을 방지할 수 있고 시공속도가 빠르므로 근래에 많이 시공되고 있다.

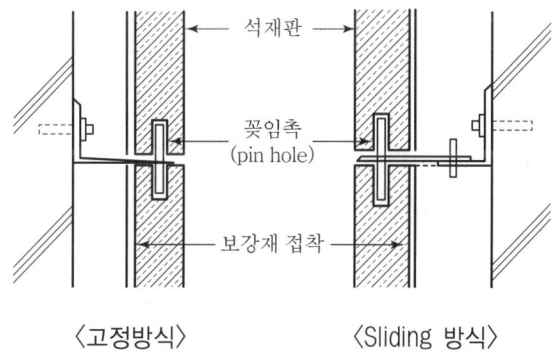

〈고정방식〉   〈Sliding 방식〉

II. 핀홀(pin hole) 방식

1) 정의

건식공법의 pin hole 방식은 꽂임촉을 이용하여 돌을 연결시키고 fastener를 사용하여 구조체에 지지하는 방식이다.

2) 특징

① 백화현상의 우려가 없다.
② 비처리 방식은 돌의 줄눈에 코킹시공 여부에 따라 open system과 closed system으로 구분한다.
③ 건식공법으로 품질이 우수하며 시공속도가 빠르다.

3) 시공시 유의사항

① 수직·수평의 정확도를 기해야 함
② 운반·설치시 파손이나 탈락에 유의
③ 교정 및 보정을 고려하여 시공
④ Fastener 재질은 비철금속을 사용
⑤ 결로방지를 위한 대책마련

Ⅲ. 문제점

1) 긴결철물(fastener)의 녹 발생
   ① 우수, 결로에 의해 긴결철물에 녹 발생
   ② 녹 발생으로 내구성 저하 및 구조적으로 안전성에 저해
   ③ 녹이 발생하지 않는 비철금속류 사용

2) 석재 두께 과다
   ① Pin hole 시공으로 인한 석재 두께 확보
   ② 얇은 석판 사용시 모서리 파손 우려
   ③ 두께 과다로 fastener에 응력 부담 가중
   ④ Fastener의 시공량이 많아지므로 시공확인 업무 증가

3) 충격에 의한 파손 우려
   ① 충격에 의한 저항성이 낮음
   ② 파손에 의한 박락시 안전사고 우려
   ③ 특히 pin hole 설치 부근 파손이 많음

4) 설치용 양중장비 필요
   ① 석판재 크기에 따른 양중장비 준비
   ② 양중 작업시 주변 작업 진행 곤란
   ③ 도심지 작업시 행인통제에 문제점 발생

5) 구조체 정밀시공 요함
   ① 구조체에 배부름 발생시 전체 시공에 영향을 줌
   ② 조적조의 경우 anchor의 부착 내력 확보 곤란
   ③ 시공전 구조체의 수직 여부 필히 확인

6) 변색・오염
   ① 부속철물, sealant 등에 의한 석재 변색 우려
   ② 석재 절단 가공시 철분 부착에 의한 녹 오염
   ③ 청소시 염산이나 황산 사용
   ④ 공업지대에 건축시 공기오염에 의해 변색

Ⅳ. 품질 확보방안

1) Fastener의 강도 확보
   ① 강도 부족시 처짐 및 fastener 파손
   ② 구조물 본체와의 긴결 철저
   ③ Fastener의 재질에 대한 지속적 연구 진행

2) 시공의 정밀도 확보
   ① 수직·수평 시공관리 철저
   ② 한쪽 fastener에 집중하중시 파손 우려

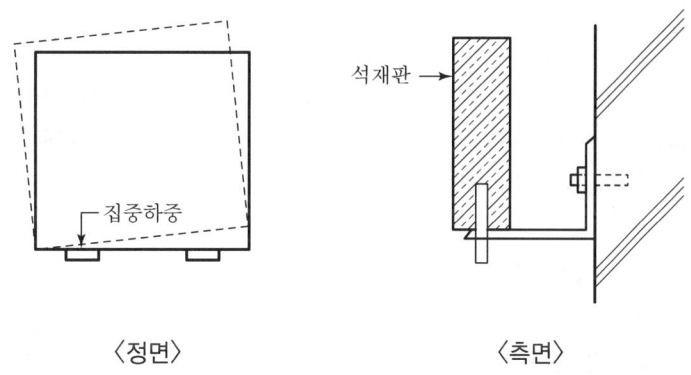

〈정면〉   〈측면〉

3) 층간 변위에 대한 추종성 확보
   ① Pin hole 방식 중 sliding 방식은 층간 변위에 대한 추종성을 확보할 수 있는 방안이다.
   ② 고정방식의 시공시 이에 대한 연구가 필요하다.

4) 충분한 공기 확보
   ① 충분한 공기를 통해 품질확보의 교두보 마련
   ② 1일 시공 계획서를 통해 무리한 작업 방지

5) Closed system 선정시 sealing 처리 철저
   ① Sealing 재료에 의한 석재오염 방지
   ② 층간 변위에 대한 추종성이 있는 재료 선정
   ③ 충분한 내구성(20년 이상)이 있는 재료 선정

6) 구조체 정밀시공
   구조체 공사시 수직도를 기하여야 한다.

V. 결 론

Pin hole 공법은 공기면에서 유리하고 시공 정도도 양호한 공법이나 연결철물(fastener)에 의한 신뢰가 부족하므로 이에 대한 연구·개발이 지속되어야 한다.

문 2-11 석재공사의 오픈조인트(Open Joint) 공법의 장단점과 시공시 유의사항에 대하여 설명하시오. [09후(25)]

I. 개 요

석재의 open joint줄눈공법은 석재의 외벽 건식공법에서 석재와 석재 사이의 줄눈을 sealant로 처리하지 않고 틈을 통해 물을 이동시키는 압력차를 없애는 등압 이론을 적용하여 open시키는 공법이다.

II. 시공순서 flow chart

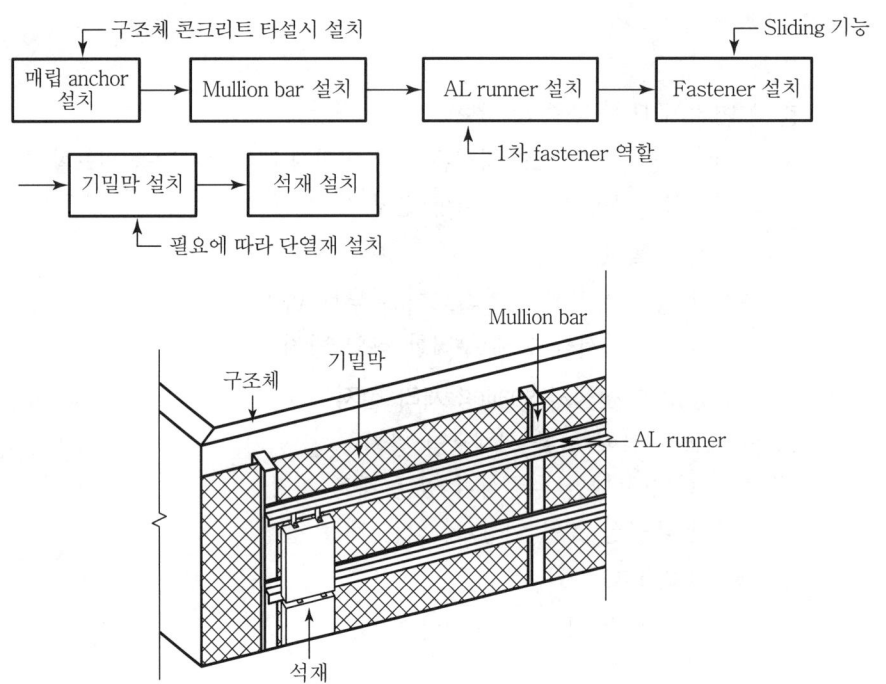

III. 장단점

1) 장점
   ① Sealant로 인한 석재의 오염방지
   ② Sealant 미설치로 인한 유지보수공사 불필요
   ③ 미적효과 우수
   ④ 시공속도 및 시공성 양호
   ⑤ 단열성능 향상

⑥ 연결철물의 내식성 향상
⑦ 층간변위에 대한 추종성 우수
⑧ 공장생산으로 품질 우수

2) 단점
① 기밀막 설치 곤란
② 용접시 화재발생 위험 존재
③ 시공비가 다소 고가
④ 구조체에 매립 anchor 설치시 시공의 정밀성 요함
⑤ 실내의 환기 곤란

Ⅳ. 시공시 유의사항

1) 매립 anchor 설치위치 정확
① 구조체공사시(콘크리트 타설시) anchor를 매립
② 매립 anchor를 이용하여 mullion bar를 용접 시공
③ 매립 anchor 설치시 거푸집에 먹매김을 하여 설치위치를 정확히 할 것

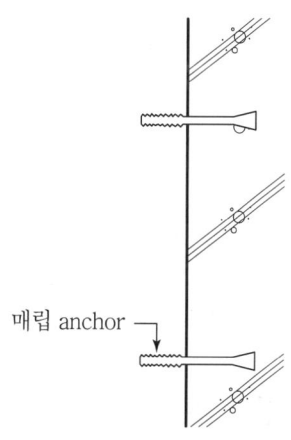
매립 anchor

2) Mullion bar 설치간격 유지

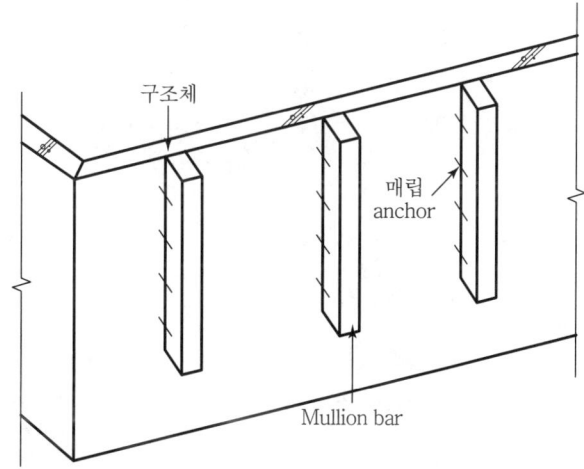

① 구조체에 매립된 매립 anchor와 mullion bar를 용접접합
② Mullion bar의 설치위치, 설치간격에 유의

3) AL runner 수평 유지
   ① Mullion bar에 수평으로 설치
   ② 석재의 높이에 따라 설치간격 조정
4) Fastener 설치
   ① Fastener를 이용하여 AL runner와 석재를 연결
   ② Fastener의 한 곳은 고정, 1곳은 sliding되게 함
   ③ Sliding측은 열팽창 흡수
5) 기밀막 설치시 내부 기밀성 유지
   ① Mullion bar에 연결시켜 기밀막 설치
   ② 석재의 내측에 기압이 발생하도록 내부기밀 유지
6) 석재판 고정 철저
   ① AL runner 사이에 석재판 설치
   ② 석재판 사이의 줄눈은 open 줄눈
   ③ 석재판 상하로 4곳 고정

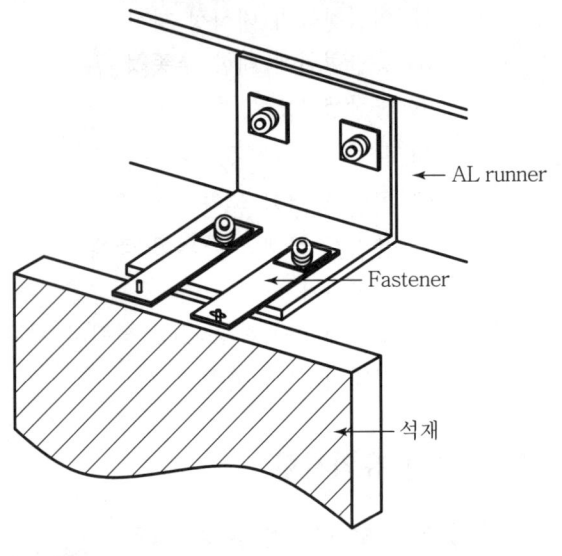

V. 결 론

석재의 open joint공법은 줄눈 사이에 시공되는 sealant의 시공을 생략시키므로 sealant에 의한 석재의 오염과 sealant 내구성 부족으로 인한 각종 문제점을 해결할 수 있는 공법으로 근래에 적용이 점차 늘어나고 있다.

문 2-12 돌공사에서 건식공법 및 습식공법의 시공법, 장단점 및 공사비에 대하여 비교 설명하여라. 〔90후(30)〕

문 2-13 석공사에서 습식과 건식공법의 특징을 비교하여 설명하시오. 〔10중(25)〕

I. 개 요

석공사의 붙임공법은 Mortar의 사용 여부에 따라 습식 공법과 건식 공법으로 분류되며, 종래에는 주로 습식 공법이 사용되었으나, 최근 건식화되고 있는 추세이다.

II. 돌붙임공법 분류

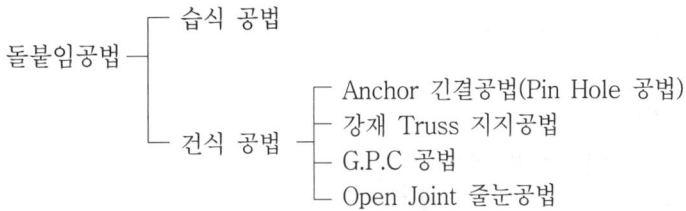

III. 건식공법 및 습식공법 비교 설명

1. 시공법

1) 건식공법

   ① Anchor 긴결공법
   구체와 석재 사이에 공간을 두고 각종 anchor(fastener)를 사용하여 석재를 부착하는 방법

   ② 강재 truss 지지공법
   미리 조립된 강재 truss에 여러 장의 석재판을 지상에서 짜 맞춘 후 이를 조립식으로 설치해 나가는 공법

   ③ GPC 공법
   ㉮ 거푸집에 화강석 판재를 배열한 후 석재 뒷면에 철근 조립하여 콘크리트를 타설
   ㉯ 석재가 마감이 된 PC판을 현장에 설치하는 공법

   ④ Open Joint 줄눈공법
   석재의 외벽 건식공법에서 석재와 석재 사이의 줄눈을 Sealant로 처리하지 않고 틈을 통해 물을 이동시키는 압력차를 없애는 등압이론을 적용하여 Open시키는 공법

2) 습식공법
   ① 석재와 구조체 사이에 연결철물과 모르타르를 채워서 일체화시켜 시공하는 방법
   ② 모르타르를 사용하므로 습식공법이라 함

2. 장단점

1) 건식공법
   ① 장점
      ㉮ 품질이 우수하다.
      ㉯ 백화현상의 우려가 없다.
      ㉰ 상부 하중이 하부로 전달되지 않는다.
      ㉱ 공기가 단축된다.
      ㉲ 계절에 관계없는 전천후 공법이다.
   ② 단점
      ㉮ 충격에 약하다.
      ㉯ 설치용 양중장비가 필요하다.
      ㉰ 긴결철물에 녹이 발생할 수 있다.

2) 습식공법
   ① 장점
      ㉮ 공사 실적이 많아 시공 경험이 축적되어 있다.
      ㉯ 정밀 시공시 신뢰할 수 있다.
      ㉰ 양중장비가 필요없다.
   ② 단점
      ㉮ 모르타르 충전불량시 누수·백화현상이 발생한다.
      ㉯ 모르타르 경화시간의 소요로 시공능률이 저하한다.
      ㉰ 구조체의 마감 상태에 따라 품질이 좌우된다.
      ㉱ 상부 하중의 하부 전달로 붕괴의 우려가 있다.

3. 공사비

1) 건식공법
   ① 시공시 양중장비의 사용으로 공사비가 추가된다.
   ② 시공속도가 빠르므로 인건비가 줄어든다.
   ③ 공기가 단축되어 total cost 측면에서 유리하다.

2) 습식공법
① 특별한 장비가 필요 없으며, 기능공의 기능도 여하에 따라 시공속도가 달라져 공사비에 영향을 준다.
② 모르타르 경화시간에 의해 공기가 증대된다.
③ 공기 증대로 인해 인건비, 간접비가 많이 소요된다.
④ Total cost 측면에서 공사비가 많이 소요된다.

Ⅳ. 습식공법과 건식공법의 특징 비교

특징	습식공법	건식공법
장점	• 시공경험 축적 • 정밀시공시 시공도 우수 • 양중장비가 필요없음	• 품질 우수 • 백화현상 미발생 • 공기 단축 • 전천후 공법
단점	• 누수 및 백화현상 발생 • 시공능률 저하 • 상부 하중의 하부 전달로 붕괴 우려	• 충격에 약함 • 긴결철물에 녹 발생 우려 • 양중장비 필요
공사비	• 양중장비 사용으로 공사비 추가 • 시공속도가 빨라 인건비 감소 • 공기단축으로 Total Cost 유리	• 모르타르 경화시간에 의해 공기 증대 • 인건비, 간접비가 많이 소요 • Total Cost 측면에서 불리

Ⅴ. 결 론

돌공사의 건식공법은 공기단축에 의해 간접비, 인건비가 줄어들어 습식공법에 비해 total cost 측면에서 유리하며, 또한 품질이 우수하므로 습식공법에 대처하여 앞으로 사용될 전망이다.

문 3-1 타일(tile) 붙임공법의 종류를 설명하고, 타일 붙임후에 발생하는 하자의 원인에 대하여 설명하여라. [81전(25)]

문 3-2 타일 공법의 종류 및 부착강도 저하요인에 대하여 설명하시오. [94후(25)]

문 3-3 타일의 접착방식을 제시하고 부착강도의 저해요인과 방지대책에 대하여 기술하시오. [06후(25)]

문 3-4 내벽타일공사의 부착강도를 저해하는 요인 및 방지대책에 대하여 설명하시오. [10전(25)]

문 3-5 타일 붙임공법의 종류별 특징과 공법의 선정절차 및 품질기준을 기술하시오. [05후(25)]

문 3-6 타일 붙임공법의 종류 및 시공시 유의사항을 기술하시오. [09중(25)]

문 3-7 타일공사에서 발생하는 주요 하자요인 및 방지대책을 기술하시오. [07중(25)]

문 3-8 타일공사의 하자원인과 대책에 대하여 설명하시오. [11전(25)]

문 3-9 외장 타일의 들뜸의 원인을 들고, 그 대책을 써라. [82전(50)]

문 3-10 외벽 타일시공시에 있어서 타일의 박리 및 탈락에 대하여 그 원인과 방지대책에 대하여 설명하시오. [95전(30)]

문 3-11 외벽타일의 박리·탈락에 대한 원인 및 대책을 설계, 시공, 유지 관리측면에서 기술하시오. [99중(30)]

문 3-12 외벽 타일 붙임공법의 종류 및 박리·탈락 방지 대책에 관하여 시공시 고려사항을 기술하시오. [00전(25)]

문 3-13 옥내에 시공한 타일이 박리되는 원인 및 방지대책에 대하여 기술하시오. [05전(25)]

문 3-14 타일공사의 품질관리 유의사항을 기술하여라. [93후(30)]

문 3-15 타일거푸집 선부착공법 및 적용사례에 대하여 설명하시오. [08후(25)]

문 3-16 다음 공법을 설명하고, 일반적인 공장생산방식의 현황에 대하여 기술하시오.
1) 철근 선조립 공법   2) 타일 선부착 공법 [02중(25)]

문 3-17 타일의 압착공법(壓着工法) [78후(5)]

문 3-18	타일압착공법	[81전(8)]
문 3-19	타일의 유기질 접착제 공법	[97중전(20)]
문 3-20	타일공사시 시멘트 모르타르의 open time	[02중(10)]
문 3-21	타일 접착 모르타르 Open Time	[04후(10)]
문 3-22	모르타르 Open Time	[07후(10)]
문 3-23	타일접착 검사법	[09중(10)]

I. 개 요

타일의 공법은 그 용도에 따라 여러 가지로 분류되며, 현장 여건에 따른 적합한 공법을 선정하여 결함이 없게 시공해야 한다.

II. 타일 붙임공법의 종류

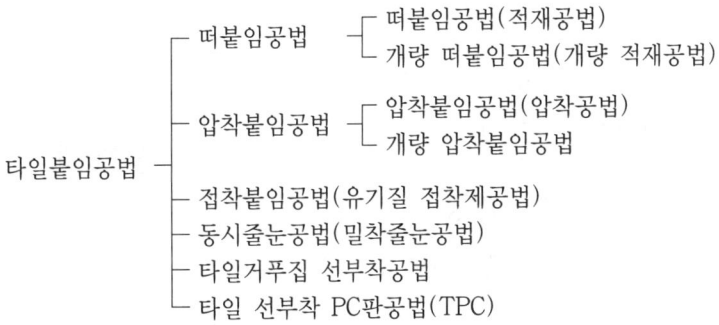

1. 떠붙임공법(적재공법)

1) 의의

   타일 이면에 붙임 모르타르를 두껍게 발라 바탕면에 그냥 붙여대는 공법

2) 장점

   ① 비교적 접착성이 좋아 박리가 적다.
   ② 시공관리가 간편하다.

3) 단점

   ① 타일 이면에 공극이 발생되기 쉬워 동해와 백화의 우려가 있다.
   ② 1장씩 부착하므로 능률이 저하되고 숙련도가 요구된다.

2. 개량 떠붙임공법(개량 적재공법)

1) 의의

바탕면에 바탕면 고름 모르타르를 흙손바름한 후 타일 이면에 얇게 붙임 모르타르를 발라 붙여대는 공법

2) 장점

① 타일 이면의 공극이 적고, 백화현상이 감소한다.
② 접착성이 좋고, 시공속도는 적재 붙임보다 빠르다.

3) 단점

바탕면에 모르타르 바름 공종이 추가된다.

3. 압착붙임공법(압착공법)

1) 의의

바탕면에 바탕면 고름 모르타르를 흙손바름한 후 붙임 모르타르를 얇게 바르고 타일을 한 장씩 또는 unit화한 타일을 압착붙임하는 공법

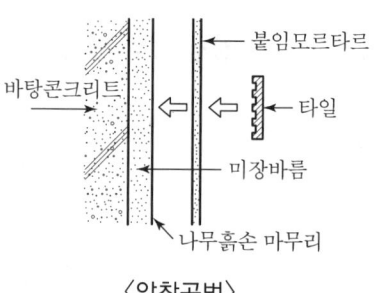

〈압착공법〉

2) 장점

① 타일 이면에 공극이 적어 동해, 백화가 적다.
② 작업속도가 빠르고 고능률이다.

3) 단점

① 적재붙임공법에 비해 기술을 요한다.
② 모르타르 바름 후 시간이 경과하면 강도가 저하되어 박리의 원인이 된다.

4. 개량 압착붙임공법

1) 의의

바탕면에 모르타르를 흙손바름한 후 타일 이면과 흙손바름 면에 붙임 모르타르를 발라 눌러 붙여 타일 주변에 모르타르가 빠져나오게 하는 공법

2) 장점

① 타일의 접착성이 좋고, 신뢰도가 높다.
② 백화현상이 적어 외장타일붙임에 적합하다.

3) 단점

① 압착붙임에 비해 작업속도가 늦다.
② 능률이 저하되어 고가시공이 된다.

5. 접착붙임공법(유기질 접착제공법)

1) 의의
   ① 유기질 접착제 또는 수지 모르타르를 바탕면에 바르고 그 위에 타일을 붙여대는 공법
   ② 내수, 내구성 문제로 주로 내벽에 시공

2) 장점
   ① 숙련이 필요 없고, 작업속도가 빠르다.
   ② 적용 바탕이 콘크리트, 석고판, 합판 등 다양하다.

3) 단점
   ① 내열성이 적다.
   ② 작업환경에 민감하여 바탕재 함수·함습에 따라 접착성이 좌우된다.

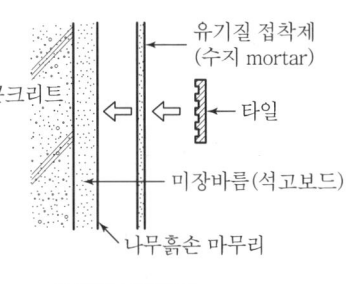
〈접착붙임공법〉

6. 동시줄눈공법(밀착줄눈공법)

1) 의의
   압착붙임에서 붙임 모르타르의 건조현상을 방지하기 위하여 진동기로 진동밀착시켜 솟아오른 모르타르로 줄눈시공하는 방법

2) 장점
   ① 진동기로 밀착시켜 접착성이 강화된다.
   ② 타일 이면의 공극을 최소화할 수 있다.

3) 단점
   줄눈시공을 따로 하지 않기 때문에 줄눈에 의한 지지효과가 감소된다.

7. 타일 거푸집 선부착 공법

타일거푸집 선부착공법 ┬ 유닛(unit)타일 공법
                    ├ 줄눈틀 공법
                    └ 졸대법

1) 유닛(unit)타일 공법
   ① 시공
      ㉮ 유닛 타일을 거푸집에 설치 및 고정
      ㉯ 콘크리트를 타설하고 거푸집을 제거
      ㉰ 45×45×95mm의 모자이크 타일과 109~227×60mm의 외장 타일에 적용

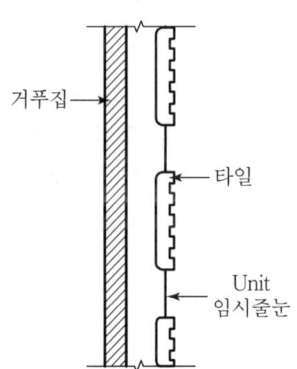

② 특징
　㉮ 타일 배열 및 고정능률 우수
　㉯ 건물 형상에 따른 유닛수 증가로 비경제적일 우려
③ 유의점
　㉮ 타일의 유닛 선정
　㉯ 유닛 타일 수를 적도록 계획

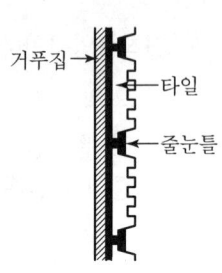

2) 줄눈틀 공법
① 시공
　㉮ 거푸집 내부에 줄눈틀 설치
　㉯ 줄눈틀에 타일 끼운 후 콘크리트 타설
　㉰ 줄눈틀 재료는 고무줄눈, 탄성수지, 스티로폼 등이 있다.
　㉱ 108~227×60mm의 외장타일에 적용
② 특징
　㉮ 줄눈의 상태, 마무리 양호
　㉯ 유닛 타일 공법에 비해 작업 능률 저하
　㉰ 5회 이상 전용할 수 없으면 비경제적

3) 졸대법
① 시공
　㉮ 타일 나누기에 맞추어 졸대(버팀목)설치
　㉯ 타일 배열 후 머리 없는 못으로 고정 후 타설
　㉰ 유닛 타일공법이나 줄눈틀 공법을 사용할 수 없을 때 시공

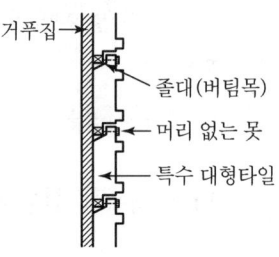

② 특징
　㉮ 표준 타일에 적용시 원가 상승
　㉯ 태형 타일이나 특수 형상의 타일에 적합

4) 적용사례
　예시) 적용사례의 경우 다음과 같이 기술한다.
　① 건물명 : ○○시(도) ○○○ 건물
　② 타일거푸집 선부착공법 적용부위 : 측벽, 전면, 후면 등
　③ 타일거푸집 선부착공법 적용면적 : ○○○ m²
　④ 적용시 유의사항

8. 타일 선부착 PC판 공법(TPC)

1) 의의
① PC판 제작시에 bed 거푸집 위에 미리 타일을 배치하고 콘크리트를 타설·양생하여 완료하는 공법
② 공업화 공법으로 커튼 월에 주로 이용

2) 장점
① 타일의 접착이 확실하고 변색·퇴색이 없다.
② 비계가 필요 없고, 공기가 단축된다.

3) 단점
① 부재의 무게가 무거워 수송·양중이 어렵다.
② 치수 정확도가 금속 커튼 월에 비해 저하된다.

Ⅲ. 타일공법 선정절차

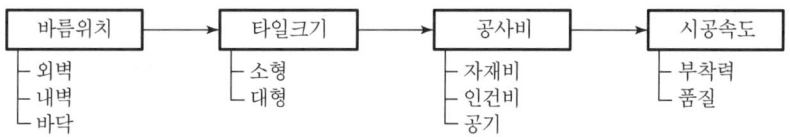

타일공법의 선정은 바름위치와 타일크기에 따라 크게 좌우되며, 공사비를 포함한 시공속도를 감안하여 타일공법을 선정한다.

Ⅳ. 하자원인(부착강도 저하요인, 들뜸의 원인, 박리·탈락의 원인)

1) 설계 미비
① 건축구조물의 변위가 발생하는 경우
② 신축줄눈 미설치

2) 재료불량
① 타일 접착면적이 지나치게 좁은 경우
② 붙임재료의 강도, 입도, 흡수율 등이 부적당

3) 부실시공
① 급속건조에 의한 경화불량, 접착력 약화
② 모르타르 충전 불충분

4) 양생 미흡
   ① 직사광선, 비, 바람 등에 노출된 경우
   ② 바닥타일 보양 후 최소 3일 보행 금지
5) 바탕면 건조수축
   ① 붙임모르타르에 피막발생의 경우
   ② 바탕 모르타르 바름 후 압착시기가 부적절한 경우
6) 바탕면 열팽창
   ① 남측벽이 태양열에 의해 열팽창
   ② 초기 직사광선 차단 불량시
7) 타일불량
   ① 타일의 접착면적이 좁은 타일
   ② 강도가 약하거나 재령이 짧은 경우
8) 모르타르 배합불량
   ① 배합비가 맞지 않은 경우
   ② 모르타르 open time 미준수
9) 공법선정 미흡
   ① 하자가 발생하기 쉬운 공법선정시
   ② 압착, 적재, 밀착 순서로 하지 않아 접착력이 약한 경우
10) 줄눈시공 불량
   ① 타일 붙임 후 과다한 시간이 지나 줄눈을 시공한 경우
   ② 줄눈을 밀실하게 시공하지 않아 구멍이 생긴 경우

V. 방지대책(품질기준, 시공시 고려사항, 품질관리 유의사항, 시공시 유의사항)

1. 설계상

1) Control joint
   ① 콘크리트와 조적벽체의 접속부위에 설치
   ② 벽체의 두께, 길이, 높이가 변하는 곳
2) 팽창줄눈 설치
   ① 균열 유발줄눈 설치
   ② 이질기초로 균열이 예상되는 접합부에 설치

2. 재료상

1) 타일 흡수성
   ① 흡수성이 지나치게 큰 타일을 피함
   ② 접착성이 향상되는 흡수 정도를 가진 타일

2) 타일크기
   ① 접착력이 증가되는 정도의 크기를 선택한다.
   ② 작은 것보다는 큰 타일이 접착성에 강하다.

3) 뒷발모양
   ① 타일 뒷발모양에 따라 접착성이 크게 좌우된다.
   ② Flat형이나 press형보다는 압출형이 접착성에 우수하다.

4) 모르타르 배합비
   ① 배합비는 1 : 2 정도로 하며 혼화제를 섞어 사용한다.
   ② 모르타르 두께와 open time을 준수한다.

3. 시공상

1) 바탕처리
   ① 바탕면을 평활하게 한다.
   ② 충분히 양생한 후 청소한다.

2) 붙임 모르타르
   ① 비빔한 모르타르는 1시간 내에 사용한다.
   ② 두께 5.5mm에 강도가 가장 좋다.

3) 접착제
   ① 유기질 접착제는 바탕을 완전히 건조시킨 후 바른다.
   ② 접착제 바르기 할 때 두께를 일정하게 한다.

4) Open time
   ① 접착 mortar나 접착제를 바탕면 또는 타일면에 발라 타일붙임하기에 적당한 상태가 되기까지의 시간을 말한다.
   ② 타일의 종류 및 타일의 뒷발모양에 따라 차이가 있다.
   ③ 보통 open time(붙임시간)은 15분 이내로 할 것
   ④ Open time이 길어지면 박리의 원인이 되므로 유의할 것
   ⑤ 바탕 mortar 함수율 · 온도 · 습도 · 환경에 따라 open time이 달라짐
   ⑥ 개량압착붙임공법의 open time은 30분 이내임

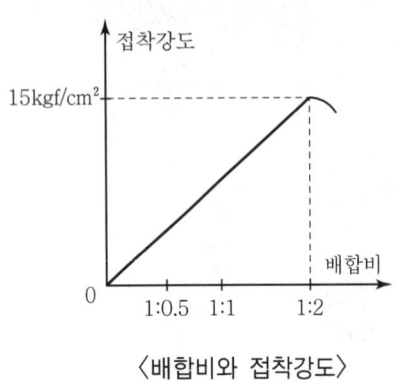 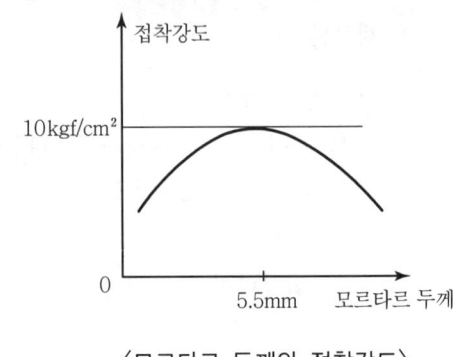

〈배합비와 접착강도〉　　〈모르타르 두께와 접착강도〉

　⑦ Open time과 접착강도와의 관계
　　㉮ Open time이 길어지면 타일의 탈락원인이 됨
　　㉯ 모르타르 비빔 후 15분 이내에 시공하여 접착강도를 크게 한다.

5) 공법선정

압착공법 > 떠붙임 공법 > 접착공법 순으로 하자발생이 적다.

4. 시공관리

1) 충분한 공기
　① 무리한 공기단축은 타일 하자의 큰 원인이다.
　② 마감공정에서는 공기단축을 지나치게 하지 않는다.

2) 품질향상
충분히 공사비와 공기를 확보하고, 우수한 자재의 적기공급으로 하자 없는 시공을 해야 한다.

3) 숙련된 노무
숙련된 노무자를 확보하여 시공시기에 맞추어 투입하여 안정된 작업을 수행해야 한다.

Ⅵ. 타일접착 검사법

1) 시공중 검사
하루 작업이 끝난 후 비계발판의 높이로 보아 눈높이 이상 부분과 무릎 이하 부분의 타일을 임의로 떼어 뒷면에 붙임 모르타르가 충분히 채워졌는지를 확인하여 탈락을 방지하여야 한다.

2) 두들김 검사
　① 붙임 모르타르의 경화 후 검사봉으로 전면적을 두들겨 본다.
　② 들뜸, 균열 등이 발견된 부위는 줄눈부분을 잘라내어 다시 붙인다.

3) 접착력 시험
① 타일의 접착력 시험은 600m²당 한 장씩 시험한다. 시험위치는 담당원의 지시에 따른다.
② 시험할 타일은 먼저 줄눈부분을 콘크리트면까지 절단하여 주위의 타일과 분리시킨다.
③ 시험할 타일을 부속장치(attachment)의 크기로 하되, 그 이상은 180mm×60mm 크기로 콘크리트면까지 절단한다. 다만, 40mm 미만의 타일은 4매를 1개조로 하여 부속장치를 붙여 시험한다.
④ 시험은 타일시공 후 4주 이상일 때 행한다.
⑤ 시험 결과의 판정은 접착강도가 4kgf/cm² 이상이어야 한다.

Ⅶ. 결 론

타일의 박리, 박락, 동해 등을 방지하기 위해서는 unit의 대형화, PC화 및 건식화 등 기술 개발이 이루어져야 한다.

문 3-24 타일 붙임공법 중 습식공법과 건식공법을 비교하고 시공시 유의사항에 대하여 설명하시오. [99후(30)]

I. 개 요

타일의 습식공법은 오랜 경험이 축적되어 시공성은 양호하나 백화발생, 공기면에서 불리하며, 건식공법은 구조체와의 일체성 및 공기단축에는 유리하나 마감의 정도관리가 어렵다.

II. 타일 붙임공법 분류

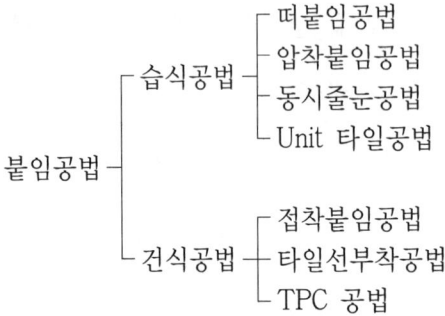

III. 습식공법과 건식공법의 비교

1) 습식공법

   타일 습식공법이란 바탕면 또는 타일면에 모르타르를 이용하여 붙이는 공법이다.
   ① 특징
      ㉮ 시공관리가 간편
      ㉯ 접착성이 비교적 우수하고 박리가 적음
      ㉰ 시공경험이 축적되어 작업이 용이
      ㉱ 작업능률이 떨어지고 공기에 영향을 줌
   ② 시공도

떠붙임공법	개량떠붙임공법	압착붙임공법	개량압착붙임공법	비 고
C↓ ←m	CM m ↓ ↓	CM m ↓ ↓ 타일	CM m ↓ ↓	C : 콘크리트 M : 바탕면 고름 모르타르 m : 붙임 모르타르 R : 배합비

2) 건식공법

모르타르를 사용하지 않고 유기질 접착제로 시공하거나 콘크리트 타설시 미리 거푸집에 부착시키는 공법이다.

① 특징
- ㉮ 숙련이 필요 없고 작업속도가 빠름
- ㉯ 접착 성능이 우수하고 신뢰성이 높음
- ㉰ 부재의 무게가 무거워 양중장비 필요

② 시공도(TPC 공법)

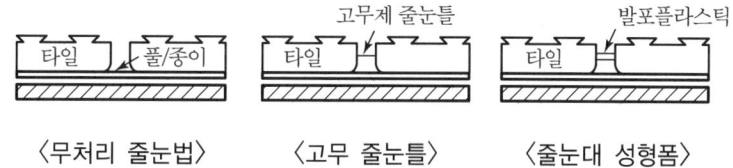

〈무처리 줄눈법〉 〈고무 줄눈틀〉 〈줄눈대 성형품〉

3) 비교표

구 분	습식공법	건식공법
용도	내외장용, 바닥용	내외장용
시공성	공정이 많다.	단순하다.
내구성	다소 불리	우수
동해	영향이 많음	영향을 받지 않음
기온영향	크다.	거의 없다.
백화	발생	발생하지 않음
박리현상	탈락률이 크다.	탈락률이 적다.
공기	공기에 영향을 줌	공기단축에 유리

Ⅳ. 시공시 유의사항

1) 모르타르 배합비

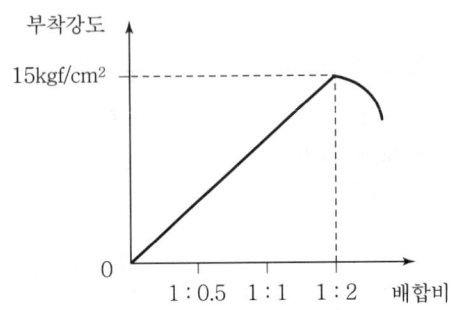

2) Control joint 설치

   바탕재의 신축에 대응하기 위해 설치

3) 바름두께 확보

   ① 바름 두께에 따라 접착강도가 차이남

   ② 적정 바름 두께(5.5mm) 확보

4) Open time 준수

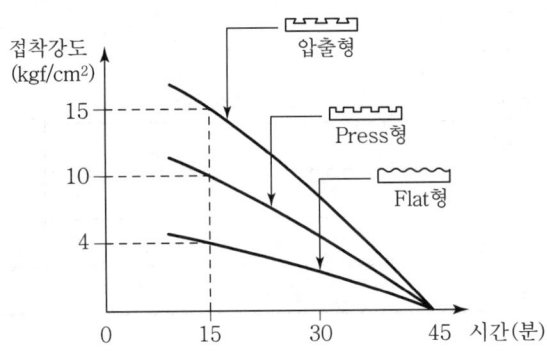

① Open time에 의해 접착 강도가 크게 차이난다
② 최소 접착강도 4kgf/cm² 이상 확보

Ⅴ. 결 론

종래에는 습식공법이 주류를 이루어 시공하였으나, 점차 건식공법의 시공이 늘어나고 있으므로 이에 대하여 공기, 경제적인 면에서 더욱 유리할 수 있도록 해야 한다.

문 4-1 도자기질 타일공법의 동해 방지책에 대하여 기술하여라. [86(25)]
문 4-2 타일의 동해 방지 [95중(10)]

Ⅰ. 정 의

타일의 동해는 미경화 mortar의 온도가 0℃ 이하일 때, mortar 중의 물이 얼어 있다가 외기온도에 의해 얼었던 물이 녹으면서 타일이 탈락하는 것이다.

Ⅱ. 동해 방지책

1) Mortar 배합
    ① Mortar의 단위수량을 적게 할 것
    ② Mortar의 물시멘트비를 낮게 배합
    ③ Mortar의 수밀성을 높이기 위해 방수제 첨가
2) 물 침입 방지
    ① 타일 시공면에 우수 등의 물 침입 방지
    ② 상부에 물 끊기, 물 흐름 구배 등을 설치
    ③ 타일 줄눈 사이로 물 침투 방지
3) 타일 시공
    ① 타일과 바탕면의 접착을 좋게 할 것
    ② 타일은 면적이 큰 것을 사용
    ③ 타일 이면의 공극이 없도록 시공
    ④ 타일 줄눈은 방수제를 섞어 시공
4) 보양
    ① 시공후 진동, 충격 등에 주의
    ② 특히 초기 보양 철저
5) 두들김 검사
    ① 붙임 모르타르의 경화후 검사봉으로 전면적을 두들겨 본다.
    ② 들뜸, 균열 등이 발견된 부위는 줄눈 부분을 잘라내어 다시 붙여 동해 방지
6) 접착력 시험
    ① 타일의 접착력 시험은 600m^2당 한 장씩 시험한다.
    ② 시험할 타일은 먼저 줄눈 부분을 콘크리트면까지 절단하여 주위의 타일과 분리시킨다.
    ③ 시험할 타일을 부속장치(attachment)의 크기로 하되, 그 이상은 180mm×60mm 크기로 콘크리트면까지 절단한다.

④ 시험은 타일시공 후 4주 이상일 때 행한다.
⑤ 시험 결과의 판정은 접착강도가 4kgf/cm² 이상이어야 한다.
⑥ 접착강도가 높을수록 동해에 대해 안전하다.

Ⅲ. 결 론

타일의 동해를 방지하기 위해서는 타일 및 타일 unit의 대형화, TPC 공법 활용 및 건식화 등의 기술개발이 지속되어야 한다.

문 5 타일 분할도   [03전(10)]

I. 정 의

타일 분할도(타일 나누기)는 정확하게 하여 전체가 온장이 쓰일 수 있도록 계획하는 것이 바람직하다.

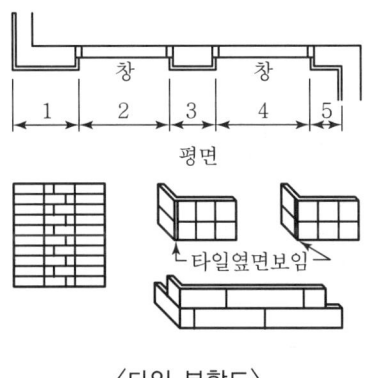

〈타일 분할도〉

II. 타일 분할도(타일 나누기)

① 타일치수와 줄눈치수를 합하여 타일 한 장의 기준치수를 정함
② 시공면의 높이가 타일의 정배수로 나누어지도록 할 것
③ 중간의 개구부(開口部) 및 상·하부도 정배수가 되도록 할 것
④ 가로방향 나누기
  ㉮ 교차되는 벽의 바름두께를 가감하고, 중간 정배수로 나누어지도록 할 것
  ㉯ 부득이 토막 타일을 쓸 경우 너무 작은 조각은 피할 것
⑤ 세로방향 나누기
  ㉮ 세로줄눈은 통줄눈 또는 막힌줄눈으로 할 것
  ㉯ 모서리 타일을 사용하지 않을 때는 타일을 직교시킬 것

III. 시공시 유의사항

① 타일 분할도는 외관에 영향을 주므로 세밀히 계획할 것
② 벽과 바닥의 접촉부·구석·모서리 또는 면 내의 구획부는 특수 타일을 정할 것
③ 수도전 등의 위치는 타일이 十자로 교차하는 부분에 두어야 구멍뚫기가 유리함
④ 새시(sash)의 치수결정 후 타일 나누기하여야 시공에 무리가 없음
⑤ 타일 분할도시 약간 부족할 때는 줄눈을 조절하여 맞출 것

문 6 전도성 타일(Conductive Tile)   [01후(10)]

I. 정 의

전도성 tile은 전도성물질이 균일하게 분포되어 있어, 정전기 발생에 따른 모든 문제점을 해결하여 쾌적한 공간을 목적으로 사용하는 tile이다.

II. 용 도

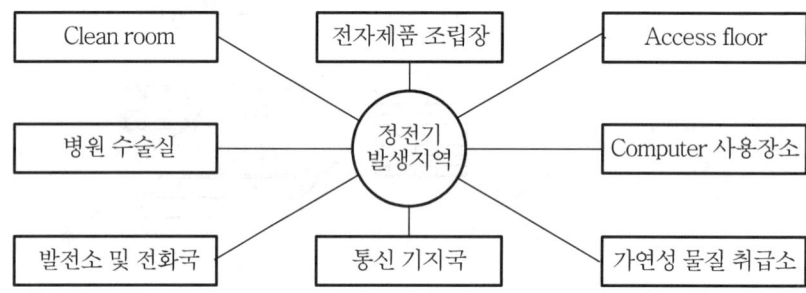

정전기 발생으로 인한 피해가 예상되는 지역에 사용

III. 특 징

① 영구적인 전도성 기능 보유
② 바닥재의 경우에는 신축성으로 보행감 우수
③ 다양한 의장으로 미관 우수
④ 시공이 간편하고 가격이 저렴
⑤ 유지보수에 유리

IV. 생산 규격

1) 규격품

크 기	600 × 600mm, 610 × 610mm
두 께	2mm, 3mm

2) 주문생산품

크 기	450 × 450mm, 900 × 900mm
두 께	2.5mm, 3.2mm

8장

마감 및 기타공사

3절 미장·도장공사

8장 3절 미장·도장공사

1	미장공사 결함의 종류 및 원인과 방지대책		
	1-1. 시멘트 모르타르계 미장공사에 있어서 결함의 종류 및 원인과 방지대책	[95전(30)]	8-98
	1-2. 미장공사의 하자유형과 방지대책	[06중(25)]	
	1-3. 공동주택 방바닥 미장공사의 균열 발생요인과 대책	[09전(25)]	
	1-4. 모르타르미장면의 균열 방지대책	[00후(25)]	
	1-5. 미장공사에서 일반적인 유의사항	[81전(25)]	
	1-6. 미장공사 시공에 유의할 사항	[83(25)]	
	1-7. Mortar 미장공사시 보양, 바탕처리, 한랭기, 서중기 시공시 유의사항	[03중(25)]	
2	단열 모르타르		
	2-1. 단열 모르타르	[95후(15)]	8-103
	2-2. 단열(斷熱) mortar	[00중(10)]	
	2-3. 단열 모르타르	[09후(10)]	
3	내식 모르타르		
	3-1. 내식 모르타르(mortar)	[80(5)]	8-104
	3-2. 耐蝕(내식) 모르타르(Mortar)	[03후(10)]	
4	Dry Packed Mortar		
	4. Dry packed mortar	[89(5)]	8-105
5	셀프 레벨링		
	5-1. 셀프 레벨링(self leveling)재 공법	[95전(10)]	8-106
	5-2. Self Levelling	[03중(10)]	
	5-3. Self Levelling 모르타르	[09후(10)]	
6	수지 미장		
	6. 수지(樹脂)미장	[00중(10)]	8-108
7	엷은 바름재		
	7. 엷은 바름재(thin wall coating)	[01전(10)]	8-109
8	바닥강화재(Hardner)		
	8-1. 바닥강화재(Hardner)의 종류 및 시공법	[03후(25)]	8-110
	8-2. 바닥강화재(Floor Hardner)의 특성과 시공법	[07후(25)]	
	8-3. 콘크리트 바닥 강화재 바름	[96후(15)]	
9	Corner Bead		
	9-1. 코너비드(corner bead)	[97중전(20)]	8-114
	9-2. Corner bead	[03중(10)]	

10	칠공사(도장공사)		
	10-1. 시멘트 제품에 칠할 수 있는 도료는?	[94후(5)]	8-116
	10-2. 유제(乳劑, emulsion)	[79(5)]	
	10-3. 기능성 도장	[98후(20)]	
	10-4. 천연(天然) paint	[00중(10)]	
	10-5. 내화도료	[99후(20)]	
	10-6. 도장재료의 요구 성능	[97후(20)]	
	10-7. 철공사에 있어서 금속재, 목재 및 콘크리트에 대한 바탕처리	[76(25)]	
	10-8. 도장공사중 금속계 피도장재의 바탕처리방법	[09전(25)]	
	10-9. 목재와 철재 표면에 유성 페인트 도장시 시공법	[82전(50)]	
11	도장공사에 발생하는 결함의 종류와 특성		
	11-1. 도장공사에 발생하는 결함의 종류와 특성	[96후(15)]	8-123
	11-2. 도장공사 건조과정에서의 도막 결함의 발생원인 및 방지대책	[02전(25)]	
	11-3. 도장공사에서 재료별 바탕처리와 균열 및 박리원인, 대책	[04중(25)]	
	11-4. 도료의 구성요소와 도장시에 발생하는 하자와 대책	[06후(25)]	

> **문 1-1** 시멘트 모르타르계 미장공사에 있어서 발생될 수 있는 결함의 종류를 들고 그 원인과 방지대책에 대하여 설명하시오. [95전(30)]
> **문 1-2** 미장공사의 하자유형과 방지대책에 대하여 기술하시오. [06중(25)]
> **문 1-3** 공동주택 방바닥 미장공사의 균열 발생요인과 대책에 대하여 기술하시오. [09전(25)]
> **문 1-4** 모르타르 미장면의 균열 방지 대책 [00후(25)]
> **문 1-5** 미장공사에서 일반적인 유의사항에 대하여 설명하여라. [81전(25)]
> **문 1-6** 미장공사 시공에 유의할 사항을 기술하여라. [83(25)]
> **문 1-7** Mortar 바르기 미장공사에서의 보양, 바탕처리, 한냉기, 서중기 시공에 대한 유의사항을 기술하시오. [03중(25)]

I. 개 요

미장공사에서는 균열, 박락 등 여러가지 결함이 발생하므로, 이들의 결함은 설계시부터 control joint 설치와 재료선정, 시공, 양생 과정에서 유의하여야만 방지할 수 있다.

II. 결함 종류(하자 유형)

1) 균열
   ① 재료의 수축이나 건조가 불충분할 때
   ② 미장면의 수분이 급속히 증발할 때

2) 박락
   ① 바탕면이 낙하하거나 초벌 또는 정벌에서 벗겨지는 경우
   ② 범위는 미장면의 전면 또는 일부분이다.

3) 미경화
   수일이 지나도록 미장면이 경화되지 않거나, 경화되어도 강도가 나지 않는 부분

4) 변화
   ① 석회가 재료 중에 포함되어 미장면 내에서 체적팽창하여 생기는 점
   ② 팥 정도의 크기로 팽창돌출한 결함

5) 오염
   바탕에 수지분이 많은 졸대 혹은 미장재료에 유기질 재료를 사용한 경우 생기는 결함

6) 색반

정벌바름 재료의 색조 불균질이며 정벌바름재의 비빔 부족으로 착색안료가 균일하게 분포되지 않은 경우 생기는 결함

7) 곰팡이반점

미장면에 곰팡이가 발생해서 생기는 반점으로 빨리 건조시키면 막을 수 있다.

8) 흙손반점

쇠흙손의 사용법에 의해 생기는 반점으로 기능공의 숙련도에 기인한다.

9) 백화

① 석회질 재료에서 볼 수 있는 흰 반점이다.
② 내부로 수분이 침투되면 심하게 발생한다.

10) 초화

① 유기분에 고온다습한 조건이 갖추어지면 박테리아가 번식한다.
② 유기물을 사용한 경우와 고온다습의 조건이 원인이다.

11) 동해·동결

① 미장면이 한 번 동결되면 아무리 오래 지나도 강도가 나지 않는다.
② 3℃ 이하에서 작업한 경우 발생

Ⅲ. 결함의 원인(균열 발생요인)

1) 구조적 원인
    ① 외력에 의한 변형　　② 구조체의 진동
    ③ 부재의 내구력 부족　　④ 기초의 부동 침하

2) 재료적 원인
    ① Mortar 배합 부적절　　② 유기 불순물의 혼합
    ③ 모래의 입도 불량

3) 바탕처리 불량
    ① 표면 상태 불량　　② 바탕 건조 불충분
    ③ 수축과 팽창 증가

4) 시공적 원인
    ① 흙손 누르기 부족　　② 바름 두께 과소
    ③ 급격한 건조　　④ 미장면 양생 불량

Ⅳ. 방지대책(균열 방지대책, 시공시 유의사항)

1. 설 계

1) 바탕구조체
   ① 바탕구조체의 균열을 방지할 것
   ② 변형이 적은 구조공법으로 설계

2) Control joint
   ① 접합부, 교차부 및 벽높이와 두께가 변하는 곳
   ② 창문, 개구부, 출입구 등의 양쪽

3) 팽창이음
   ① 벽체의 수축균열방지
   ② 교차되는 벽길이가 긴 경우 설치

4) 개구부 응력분산
   ① 개구부 주위는 철근보강으로 응력 분산
   ② 필요한 곳에 줄눈 설치

2. 재료 선정

1) 청정수 사용
   ① 음료수 정도의 물 사용
   ② 산, 알칼리, 염분 등이 포함되지 않은 것

2) 보통 portland cement
   ① 풍화가 안 된 시멘트 사용
   ② 분말도가 높으면 좋지 않음

3) 거친모래
   ① 염분, 당분이 함유되지 않은 것
   ② 너무 굵거나 가늘면 안됨

4) 혼화제
   미장 모르타르 배합시 사용하는 혼화제는 AE제, 포졸란 등이 있다.

3. 바탕처리

1) 콘크리트
   ① 바탕의 결함은 메우고 청소한다.
   ② 매끈한 부분은 거칠게 하여 부착을 좋게 한다.

2) 벽돌벽면
　① 우묵진 곳 구멍 등을 메우고 덧바르기 한다.
　② 건조상태에 따라 물축임한다.
3) 접합부
　① Metal lath를 설치하여 부착을 좋게 한다.
　② 틈 사이가 벌어진 곳 등을 덧바르기 한다.
4) 목모시멘트판
　① 바탕면에 이물질을 제거하여 초벌바르기가 잘 부착되게 한다.
　② 시공중 진동이나 충격을 예방한다.

4. 시공(한냉기, 서중기 시공시 유의사항)

1) 충분히 누름
　① 덧바름은 두껍지 않게 눌러 바른다.
　② 바탕면은 모르타르 부착이 좋게 거칠게 한다.
2) Open time
　① 모르타르를 배합한 후 15분 정도에서 시공하도록 한다.
　② 접착성이 최대가 되는 시점에서 시공한다.
3) 얇은 두께
　① 초벌은 5~6mm 정도로 하고 알이 굵은 모래를 쓴다.
　② 재벌은 6~7mm 정도이며 평활하게 바른다.
　③ 정벌은 3~4mm로 하며 면이 얼룩지지 않게 바른다.
4) 소요두께 확보
　① 바르기는 얇게 여러 번 바르는 것이 좋다.
　② 천장은 15mm 정도, 내벽은 18mm 정도, 바깥벽 및 바닥은 24mm 정도이다.
5) 동해, 동결 유의
　① 기온 5℃ 이하가 되지 않게 보온철저
　② 미장면이 동결되면 강도 상실
6) 물축임
　① 미장 바탕면에 물축임하여 접착성능 최대 확보
　② 벽돌벽 등에 물축임하므로 이물질을 씻어준다.

5. 양생(보양)

1) 직사광선, 동결
   ① 미장바름 후 통풍과 직사광선을 막는다.
   ② 기온이 5℃ 이하가 되지 않게 보온한다.

2) 진동, 충격
   ① 경화되기까지 진동이나 충격으로 손상을 입지 않게 한다.
   ② 심한 충격을 받은 경우 확인하여야 한다.

3) 모서리
   경화되기 전에는 모서리 부분의 모양에 특히 주의하며, sheet, 보양지 등을 사용한다.

4) 오염
   ① 다른 마감공사로 인한 오염을 방지한다.
   ② 보양지나 sheet로 보양하는 것이 필요하다.

V. 결 론

미장 공사에서 결함이 적은 시공을 위해서는 하도급 계열화 정착과 함께 숙련 노무자를 철저히 관리하고, 기계화에 대한 연구 개발도 지속적으로 진행되어야 한다.

> **문 2-1** 단열 모르타르에 대해 간단히 기술하시오. [95후(15)]
> **문 2-2** 단열(斷熱) Mortar [00중(10)]
> **문 2-3** 단열 모르타르 [09후(10)]

I. 정 의

건축물의 바닥·벽·천장 및 지붕 등의 열손실 방지를 목적으로 경량골재를 주재료로 하여 만든 mortar를 말하며, 방음성·내동해성·시공연도가 우수하다.

II. 특 징

① 단열 및 방음성이 좋음
② 비중이 가벼움(경량골재)
③ 내동해성 및 시공연도가 좋음
④ 흡음 및 내화성이 좋음

III. 재 료

① Cement는 보통 portland cement, 고로 slag cement, fly ash cement 등을 사용
② 경량골재는 펄라이트, 석회석, 화성암 및 인공골재(고온에서 발포) 등을 사용
③ 보강재료는 유리섬유, 부직포 등을 사용함
④ Pozzolan, 석회석분, 폴리머 분산제, 감수제 등을 사용
⑤ 착색제는 합성분말 착색제로서 내알칼리성의 퇴색하지 않은 것 사용

IV. 시공순서 flow chart

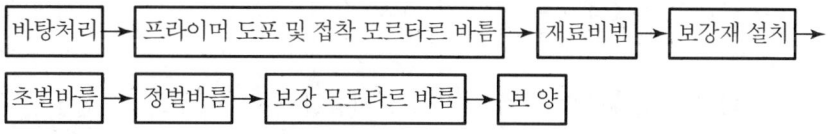

V. 시공시 유의사항

① 바름두께는 1회에 25mm 이하를 표준으로 함
② 재료는 비빔 후 1시간이 경과한 후에는 사용할 수가 없음
③ 초벌바름의 두께는 10mm 이하를 표준으로 함
④ 지붕에 단열층으로 바름할 경우는 신축줄눈을 설치할 것
⑤ 보양기간은 7일 이상 자연건조하며, 급격한 건조·진동·충격·동결 등을 방지할 것

문 3-1 내식 모르타르(mortar) [80(5)]
문 3-2 耐蝕(내식) 모르타르(mortar) [03후(10)]

I. 정 의

대기중의 수분·기온의 영향·화학약품·부식·침식 등에 대하여, 충분히 견딜 수 있도록 한 mortar를 말한다.

II. 화학적 침식에 의한 피해

① 열화원인   ② 구조체의 강도저하
③ 백화발생의 원인   ④ 균열 및 누수원인

III. 발생조건

① 탄산가스의 농도가 클 경우
② Cement의 분말도가 높을 경우
③ 물시멘트비가 클 경우
④ 단위 시멘트량이 너무 많은 경우
⑤ 단위수량이 클 경우
⑥ 알칼리 반응성 골재의 사용

IV. 원인 및 대책(내식 모르타르)

1) 원인
   ① 염해, 중성화, 알칼리 골재반응, 동결융해
   ② 온도변화, 건조수축, 황산염 반응, 전식

2) 대책
   ① 알칼리 골재반응이 적은 골재를 사용할 것
   ② 저알칼리형의 cement 사용
   ③ Pozzolan(고로 slag, fly ash, silica fume 등) 사용
   ④ 동결융해를 방지하기 위해서는 AE제, AE감수제 등을 적절히 혼합할 것
   ⑤ 온도변화를 최소화하기 위하여 중용열 portland cement(저열용 cement) 사용
   ⑥ 건조수축을 방지하기 위해서는 분말도가 낮은 cement와 입도가 좋은 골재 사용
   ⑦ 전식을 방지하기 위해서는 표면을 항상 건조상태로 유지할 것

문 4 Dry packed mortar [89(5)]

I. 정 의

Dry packed mortar란 된 비빔의 mortar로서 재료 중에 수량을 적게 혼입함으로써, 되게 비벼지게 한 mortar를 말한다.

II. 특 징

1) 장점
   ① 강도가 증대됨
   ② 내구성이 향상됨
   ③ 수밀성이 좋아 방수·방동의 효과가 있음
   ④ 열화에 대한 저항성이 증대되며, 건조수축이 적음

2) 단점
   ① 시공성이 좋지 못함
   ② 다짐의 정도에 따라 제품의 품질이 좌우됨

III. 용 도

① 균열부위 및 각종 구멍의 채움재
② 결함부위의 보수 및 보강
③ 벽돌쌓기용 모르타르

IV. 시공시 유의사항

① 물은 염화물 등의 유해량이 적은 것을 사용할 것
② 물의 정확한 계량은 품질에 큰 영향을 주므로 유의할 것
③ 해사 사용시 염분 함유량이 유해량 이하가 되는 것을 사용할 것

문 5-1	셀프 레벨링(self leveling)재 공법	[95전(10)]
문 5-2	Self Leveling	[03중(10)]
문 5-3	셀프 레벨링(Self Leveling) 모르타르	[09후(10)]

I. 정 의

바닥 바탕 mortar의 대용으로 사용되는 공법으로서, 석고계 등의 유동 재료를 흘려 넣기만 하면 표면이 평탄해지면서 수평면을 만드는 공법이다.

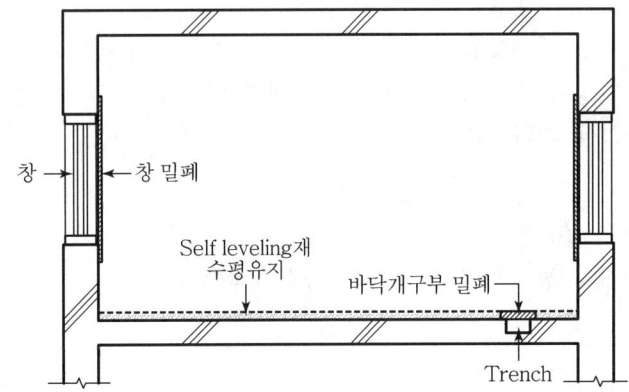

II. 종류별 특성

1) 석고계

   석고에 모래, 경화지연제, 유동화제 등을 혼합하여 사용함

2) 시멘트계

   Portland cement에 모래, 분산제, 유동화제 등을 혼합하여 사용하며, 필요할 경우는 팽창성 혼화재료를 사용하기도 함

III. 특 징

① 공기가 단축됨
② 시공관리가 용이하며, 숙련공을 필요로 하지 않음
③ 표면강도가 큼
④ 석고계는 내구성이 약하고, 이상팽창이 발생하기 쉬움
⑤ 시멘트계는 강도발현이 늦고, 수축균열이 큼

Ⅳ. 시공순서 flow chart

Ⅴ. 시공시 유의사항

① 석고계는 물이 닿지 않는 실내에서만 사용할 것
② 재료는 밀봉하여 보관하고, 직사광선을 피할 것
③ 실러 바름은 제조업자가 정하는 합성수지 에멀션을 이용하여 1회 바름하고 건조시킬 것
④ 실러 바름후 수밀하지 못한 부분은 2회 이상 도포하고, self leveling재 붓기 2시간 전에 완료할 것
⑤ 시공중이나 시공 후 기온이 5℃ 이하가 되지 않도록 할 것

문 6 수지(樹脂)미장 [00중(10)]

I. 정 의

대리석분말 또는 세라믹 분말제에 특수 혼화제(아크릴 폴리머)를 첨가한 ready mixed mortar를 현장에서 물과 혼합하여 뿜칠로 전체 표면을 1~3mm 두께로 얇게 미장하는 것이다.

II. 시공순서 flow chart

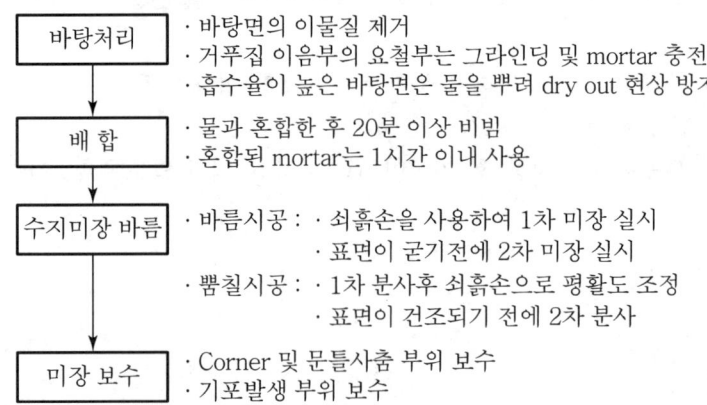

III. 특 징

① 바탕면 전면을 시공하므로 평활성 확보
② Ready mixed mortar로 균일한 품질 확보
③ 균열 발생률이 낮음
④ 바탕면과의 부착성 양호
⑤ 도배공사시 초배지 시공이 필요 없음

IV. 적용부위

① 벽지 및 도장 바탕면 ② 계단실 벽체 미장 대체용
③ ALC 내외부 미장

V. 시공시 유의사항

① 온도가 3℃ 이하시 작업 금지 ② 자체 기포가 발생되는 부위는 눌러서 시공
③ 자재가 흘러내리지 않도록 밑에서 위로 쇠흙손질할 것

문 7 엷은 바름재(thin wall coating) [01전(10)]

I. 정 의
엷은 바름재는 세골재에 합성수지 결합재를 주원료로 하는 두께 3mm 이하의 엷은 바름재료이다.

II. 요구성능

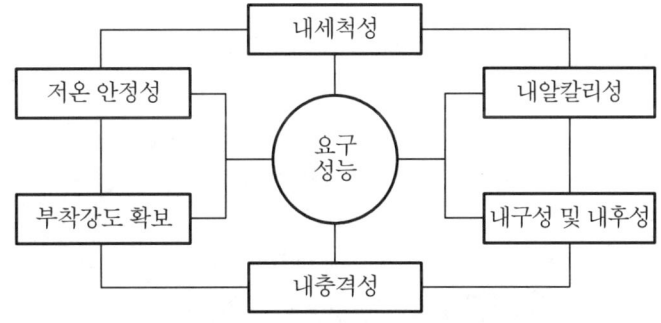

반복적인 기온 변화에 대한 저항성과 초기 건조시 잔갈라짐이 없을 것

III. 분류별 특징

1) 시멘트계 바탕 바름재
   ① 시멘트에 세골재나 무기질 혼화재 또는 수용성 수지 등을 공장에서 배합한 분말체
   ② 현장에서 물을 첨가하여 사용

2) 엷게 바름용 모르타르
   시멘트에 용적비 1~3배의 경량 모래 등을 혼합

3) 유색 시멘트
   ① 백색시멘트에 안료, 골재, 혼화재료 등을 배합
   ② 시험 등에 의해 품질 인정

4) 거친 마무리재
   ① 시멘트에 골재 혼화재료 등을 공장 배합
   ② 시험 또는 자료에 의해 품질 인정

5) Self leveling재
   석고계 및 시멘트계 self leveling 중에서 특기시방기준에 적합한 것

> **문 8-1** 바닥강화재(Hardner)의 종류 및 시공법을 설명하시오. [03후(25)]
> **문 8-2** 바닥강화재(Floor Hardner)의 특성과 시공법을 설명하시오. [07후(25)]
> **문 8-3** 콘크리트 바닥강화재 바름 [96후(15)]

Ⅰ. 개 요

금강사·규사·철분·광물성 골재·시멘트 등을 주재료로 하여, 콘크리트 등의 시멘트계 바닥 바탕의 내마모성·내화학성 및 분진방지성 증진을 목적으로 한 바름공법이다.

Ⅱ. 현장시공도

Ⅲ. 재 료

① 금강사
② 광물성 골재
③ 규사 및 철분
④ 규화물 마그네슘

Ⅳ. 배 합

① 분말형 바닥강화재 : 사용량 3~7.5kg/m², 두께 3mm 이상
② 액상 바닥강화재 : 사용량 0.3~1.0kg/m², 물로 희석하여 사용
③ 합성 고분자 바닥 강화재 : 사용량 0.2~0.3kg/m², 두께 1.5~2.2mm 이상(에폭시계, 폴리우레탄계)

V. 바닥강화재 특성

1) 바닥표면 강도 향상
   ① 바닥표면의 강도가 높아져 중량물의 적재 및 운행에 유리
   ② 공장 등 중량물의 운행이 많은 곳이나 주차장 바닥 등에 유리

2) 내마모성 향상
   ① 구조체 바닥의 내마모성 향상으로 내구성 증가
   ② 구조물의 유지관리 및 전체 수명에 유리

3) 평탄성 향상
   전체 바닥의 평탄성 향상

외관조건	허용오차
미관용 노출마감	3mm 이내
다른 마감이 있는 경우	6mm 이내
미관 무시 노출콘크리트	13mm 이내

4) 수밀성 향상
   ① 바닥강화재가 방수 성능을 발휘
   ② 전체 바닥의 수밀성 및 내약품성 향상

5) 균열 등 결함 방지
   ① 기존 균열의 보수 역할
   ② 바닥의 강도 강화로 균열 발생 억제
   ③ 중량물의 충격 및 진동발생에 대한 내력 향상

6) 보수 및 유지관리 필요
   시간의 경과에 따른 유지관리 필요

VI. 종류 및 시공법

1. 분말형 hardner 시공법

1) 시공순서 flow chart

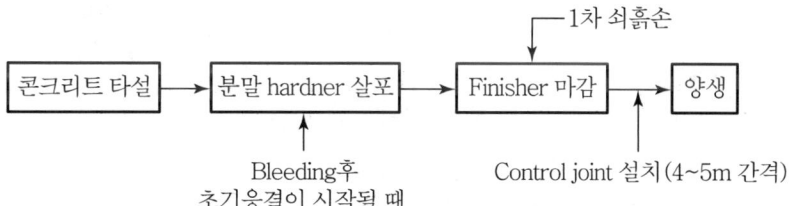

2) 분말 hardner 살포
   ① 콘크리트면에 균일하게 살포
   ② 살포량은 3~7kg/m²
   ③ 바름두께 3mm 이상 확보
   ④ 경화된 콘크리트에 살포시에는 배합비 1 : 2 mortar에 혼입하여 두께 30mm 이상 확보

3) Finisher 마감

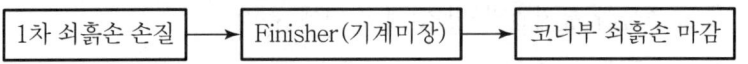

   ① Hardner 살포후 쇠흙손으로 골고루 분포하면서 1차로 면고르기
   ② Finisher(기계미장)로 바닥전체를 미장
   ③ Finisher이 닿지 않는 벽모서리부는 쇠흙손으로 인력 마감

4) Control joint 설치
   ① 수축 및 팽창에 의한 마무리면의 균열 방지를 위해 실시
   ② 균열유도줄눈의 일종

5) 양생
   ① 수분의 증발 방지
   ② 양생포로 보양하여 7일 이상 양생

2. 액상형 hardner 시공법

1) 시공순서

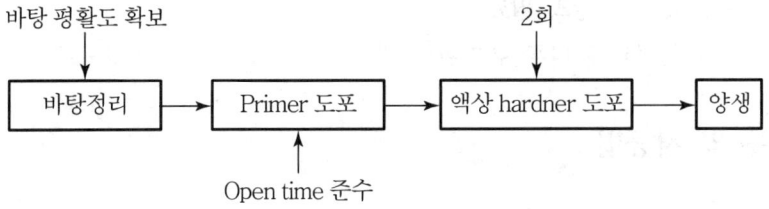

2) 바탕 정리
   ① 바탕의 이물질 제거 및 패인 곳을 보수하여 평활도 유지
   ② 경화된 콘크리트에 적용

3) Primer 도포
   ① 바탕과 hardner의 접착성 증진
   ② 바탕정리의 평활도가 선행되어야 함
   ③ Primer의 open time 준수

4) 액상형 hardner 도포
　① 적당량을 물로 희석
　② 1회 도포분 바탕면에 완전히 흡수 및 건조된 후(24시간 정도 소요) 2차 도포
　③ 표면에 골고루 침투되도록 롤러나 뿜칠기계로 시공
　④ 도포량 0.3~1.0kg/m² 정도

5) 양생
　① 콘크리트 바탕면에 완전히 침투될 때까지 양생 (20일 이상 필요)
　② 표면건조를 위해 직사광선을 피할 것

Ⅶ. 시공시 유의사항

① 바닥강화재는 시공시나 시공완료후 기온이 5℃ 이하가 되면 작업을 중단할 것
② 콘크리트 또는 모르타르 바탕은 평탄하게 마무리할 것
③ 분말상 바닥강화 바탕은 물기 및 laitance를 제거할 것
④ 액상 바닥강화 바탕은 최소 21일 이상 양생하여 완전 건조시킬 것
⑤ 액상 바닥강화재를 물로 희석하여 사용하는 경우에는 초벌바름 전에 바탕 표면을 물로 깨끗하게 씻어낼 것

Ⅷ. 결 론

바닥강화 시공시나 시공완료 후 기온이 5℃ 이하가 되면 작업을 중지해야 하며 타설된 면에 비나 눈의 피해가 없도록 보양 조치해야 한다.

문 9-1 코너비드(corner bead) [97중전(20)]
문 9-2 Corner bead [03중(10)]

Ⅰ. 정 의

Corner bead란 기둥·벽 등의 모서리 부분의 미장바름을 보호하기 위하여 묻어 붙인 것으로서, 모서리 쇠라고도 하며 벽체나 기둥의 corner 부위를 보호하고 시공의 정밀도(수직·수평)를 향상시키기 위해 사용한다.

Ⅱ. Corner bead의 형상

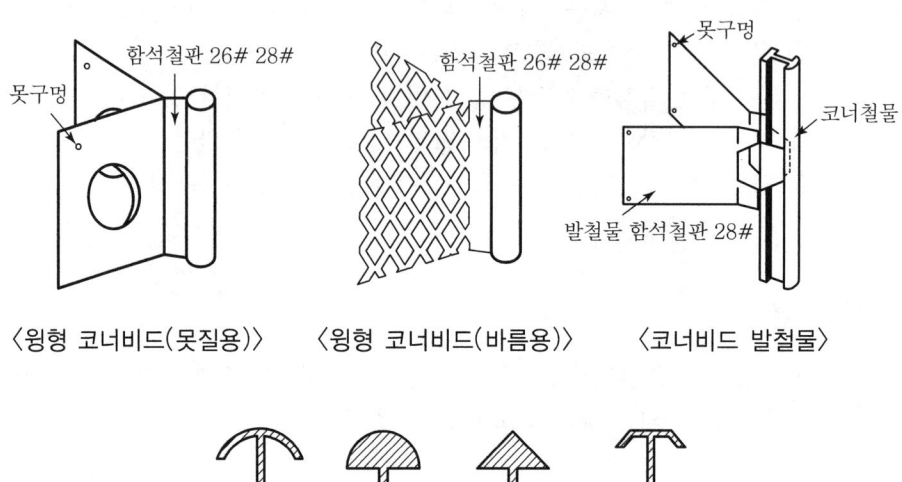

〈윙형 코너비드(못질용)〉   〈윙형 코너비드(바름용)〉   〈코너비드 발철물〉

〈단면형상(황동제)〉

Ⅲ. 설치목적

① 벽체의 파손, 마모에 대한 보호
② 수직·수평의 기준
③ 마감면 품질 정도의 향상

Ⅳ. 재료의 종류

① 아연도금 철재　　② 황동재
③ 스테인리스강재　　④ 경질 비닐계

V. 시공 순서

1) 위치 확정
   기둥이나 벽모서리에 미장 마무리 위치 확인
2) 먹매김
   코너비드 표면의 중심 위치를 정확히 정하고 확정된 위치에 먹매김 함
3) 수직실 치기
   다림추를 사용하여 수직 유지
4) 코너비드 설치
   수직실에 맞추어 설치하고 나사못으로 고정
5) 미장면 시공
   코너비드 마감면에 맞추어 면바르게 시공
6) 양생
   진동, 충격에 의한 코너비드 이동 금지

VI. 시공시 유의사항

① 철판두께는 birmingham wire gauge(BWG) #26~28을 사용할 것
② 길이는 1.8m, 2.7m, 3.6m 등이 있음
③ 콘크리트, 벽돌 등에 고정시 고정위치마다 시멘트 : 모래=1 : 2의 된비빔 모르타르로 눌러 바를 것
④ Lath면에 고정시에는 초벌바름이 건조된 후 된비빔 모르타르로 눌러 붙일 것
⑤ 목부분에 붙여 댈 때는 못이나 스테이플로 고정시킴

문 10-1	시멘트 제품에 칠할 수 있는 도료는 어느 것인가?	[94후(5)]
문 10-2	유제(乳制, emulsion)	[79(5)]
문 10-3	기능성 도장	[98후(20)]
문 10-4	천연(天然) Paint	[00중(10)]
문 10-5	내화도료	[99후(20)]
문 10-6	도장재료의 요구 성능	[97후(20)]
문 10-7	칠공사에 있어서 금속재, 목재 및 콘크리트면에 대한 바탕처리에 대하여 설명하라.	[76(25)]
문 10-8	도장공사중 금속계 피도장재의 바탕처리방법을 기술하시오.	[09전(25)]
문 10-9	목재와 철재 표면에 유성페인트를 도장시 그 시공법에 대하여 써라.	[82전(50)]

Ⅰ. 개 요

도장 공사(칠공사)는 두께가 아주 얇아 바탕처리에 대한 중요성이 강조되며, 피도장물의 부식방지와 보존을 도모함과 동시에 아름답게 장식하는 공사이다.

Ⅱ. 도장의 종류

1) 수성페인트(water paint)
   ① 내부용으로 주로 사용
   ② 내수성이 약하나 내알칼리성이 있음
   ③ 아교, 전분, 카세인, 물, 안료 등을 혼합 제조
   ④ 콘크리트면, 미장면 등의 시멘트 제품에 칠할 수 있으며, 석고보드면과 텍스면 등에도 칠할 수 있음

2) 에멀션 페인트(emulsion paint)
   ① 물에 용해되지 않는 유성도료·니스·래커·수지 등을 에멀션화제(유화제, 유제)의 작용에 의해 물속에 분산시킨 도료
   ② 시멘트 제품에 칠할 수 있음
   ③ 유제(乳制, emulsion)
      ㉮ 물에 융해되지 않는 유성 paint와 asphalt 등을 물속에서 분산시키기 위해 사용
      ㉯ 유성과 수성의 특징을 겸비하도록 함

㉰ 종류

- 에멀션 도료
- 에멀션 유성 paint
- 에멀션 래커
- 에멀션 수지 paint
- 에멀션 asphalt
- 에멀션 도막 방수

3) 유성페인트(oil paint)
　① 산성이며 내수, 내구, 내후성이 좋음
　② 건물 외벽, 욕실, 부엌 등 물을 많이 사용하는 곳
　③ 광물질과 안료와 건성유지, 그리고 건조제를 혼합하여 제조

4) 바니시 페인트(varnish paint)
　① 유성 바니시, 휘발성 바니시
　② 투명 피막 형성

5) 래커 페인트(lacquer paint)
　① 건조가 빠르고, 도막이 견고하며, 광택이 있고, 내후·내유·내수성이 좋다.
　② 에나멜 래커는 클리어 래커에 안료를 혼합한 것
　③ $3.5 kg/cm^2$ 압력의 스프레이 건 사용

6) 녹막이 페인트(rust proofing paint)
　① 광명단, 역청질 도료
　② 산화철녹막이, 아연 분말도료, 알루미늄 분말도료
　③ 이온교환 수지도료 등

7) 합성 수지 페인트
　① 시멘트 제품에 칠할 수 있음
　② 건조가 빠르고 도막이 견고함
　③ 방화 성능이 있음
　④ 내산, 내알칼리성 및 투광성

Ⅲ. 기능성 도장

1) 천연(天然) paint
　① 순수 식물에서 원료를 추출하여, 인체나 환경에 해로움이 없는 환경 친화적 제품
　② 석유 화학 paint에서 유발되는 환경 호르몬 제거
　③ 환경 오염과 인체의 악영향이 없음
　④ 바닥과 합성수지로 만든 가구에서 발생하는 정전기 방지

⑤ 은은한 자연의 향이 나옴
⑥ 사람이나 동물이 직접 몸에 닿아도 무해
⑦ 토양에서 다시 분해될 수 있는 성분 사용
⑧ Paint의 덧칠이나 손질이 용이

2) 내화도료
　① 정의
　　내화도료란 철골조에 두께 1~6mm 정도 도포하여 화재시 발포에 의해 단열층이 형성됨으로써, 철골을 화재로부터 보호하는 가열 발포형 고기능 내화피복제이다.
　② 작용원리
　　평상시에는 분자 상호간의 배열상태가 안정적이나 화재로 인하여 표면온도가 200~250℃ 정도 상승하게 되면, 불연성 기체의 방출과 동시에 체적이 50~100배 팽창되어 단열 탄화층을 형성시켜 열전도를 차단하여 1,000℃ 이상의 고온에서도 철골 구조물을 화재로부터 보호할 수 있다.

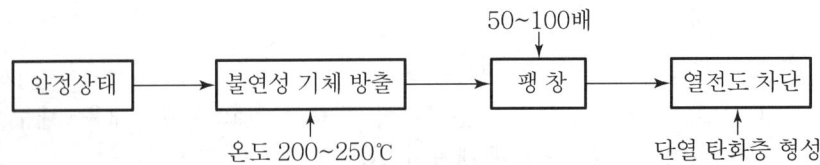

　③ 시공순서 flow chart

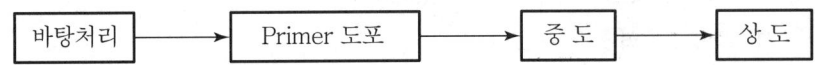

3) 발광도료
　① 어두운 곳에서 안전 식별 또는 선전·광고 등의 기능을 가진 도료이다.
　② 종류에는 형광도료·인광도료 등이 있다.

4) 방균도료
　① 곰팡이균 등의 발생을 억제하는 기능을 가진 생물학적 바이오 도료이다.
　② 목재의 방수에는 크레오소트·아스팔트 등이 사용되고 금속재의 방균에는 프탈산수지·페놀수지·초산비닐수지 등이 있다.

5) 다채 무늬 도료
　도장면 색의 표면상태에 변화를 주어 미장효과를 목적으로 사용된다.

6) 기타
　내산성 도료·내알칼리성 도료·전기절연 도료·내열 도료 등이 있다.

Ⅳ. 도장 재료의 요구 성능

1. 요구 성능 분류

1) 물체의 보호
   방습 · 방청 · 방식
2) 미화
   색 · 광택의 변화 · 미관
3) 내구성
   내구성 · 내식성 · 내화학적 성능 등

2. 요구 성능

1) 방습 성능
   구조물의 투수성 방지 및 불투수층 형성
2) 방청 성능
   철재 등에 녹이 슬지 않게 하는 성능
3) 방식 성능
   ① 견고한 콘크리트도 공업지역이나 대도시의 부식성 가스로 침식
   ② 이러한 침식에 대한 보호 성능
4) 미적 성능
   표면에 색 · 광택 · 모양 등으로 미적 성능 부여
5) 내열 · 내전도성
   열 · 전기 등이 물체를 통해 이동하는 현상을 차단
6) 생물부착 방지
   벌레 · 먼지 · 이끼 등 외부 생물체 및 오염물 부착 방지
7) 온도조절 성능
   색에 의한 온도의 흡수 및 반사 조절 성능
8) 재료의 안정성
   재료의 성능을 손상시키지 않는 안정성

Ⅴ. 바탕처리

1. 금속재(금속계) 바탕처리

1) 철재면
   ① 기계적 방법
      ㉮ 수동식 : 주걱, 와이어 브러시, 연마지 등을 사용하여 청소
      ㉯ 동력식 : 동력이나 기계력을 이용하여 청소
      ㉰ 분사식 : 모래를 분사하여 녹 제거
      ㉱ 불꽃·열에 의한 방법 : 산소 아세틸렌 불꽃으로 제거
   ② 화학적 방법
      ㉮ 용제에 의한 방법 : 헝겊에 용제를 묻혀 닦아내는 방법
      ㉯ 알칼리에 의한 방법
      ㉰ 산처리법 : 인산을 사용하여 닦아내는 방법
      ㉱ 인산 피막법 : 인산염을 열용액에 침지시켜 인산철의 피막을 형성하는 방법

2) 아연도금 철판면
   ① 초산 희석용액으로 도장
   ② Wash primer 후 도장

3) Aluminum plate면
   ① 전기화학적으로 처리하여 산화물 형성
   ② 부식부분은 wire brush로 닦아낼 것

2. 목재면
   ① 충분히 건조시켜 함수율이 13~18% 이내로 유지할 것
   ② 옹이의 진
      ㉮ 가열하여 진을 빼고, 휘발유로 닦아낼 것
      ㉯ 셀락 바니시, 래커 등으로 옹이를 메울 것

3. 콘크리트면
   ① 곰보, 균열 등 보수
   ② 3~6개월 방치
   ③ 중성화(中性化) 후 시공

Ⅵ. 시공법

1. 칠공법

1) 솔칠
   ① 솔에 칠을 충분히 묻혀 손이 닿을 수 있는 범위 내에서 이음새, 틈서리 등에 먼저 눌러 바른다.
   ② 솔칠은 가장 널리 쓰이지만 초기 건조가 빠른 래커 등에는 부적당하다.

2) 롤러칠
   ① 롤러는 스폰지나 털이 깊은 롤러를 써서 일정한 누름으로 칠하고 균일하게 넓혀 칠한다.
   ② 주로 평활하고 넓은 면을 칠할 때 쓴다.

3) 문지름칠
   ① 헝겊에 솜을 싸서 칠을 듬뿍 품게 하여 문질러 바르는 것
   ② 칠의 건조가 진행되는 도중에 마찰을 주어 도막을 평활히 하고 광택이 나게 하는 것이다.

4) 뿜칠
   ① 칠을 압축공기로 분무상으로 만들어 뿜어 칠하는 방법이다.
   ② 작업능률이 좋고 균등한 도막이 되므로 래커 이외의 칠에도 많이 이용된다.

5) 정전(靜電) 공법
   ① 이슬 모양으로 미립화된 도료를 고전압의 정전장(靜電場)에 분산시켜 물체의 표면에 도료를 부착시키는 공법이다.
   ② 도료의 손실이 적고 위생적이다.
   ③ 피도물의 표리(表裏)를 동시에 도장할 수 있어 효율이 좋다.

2. 시공시 주의사항

1) 작업사항
   ① 보관장소를 설치하여 화기 등으로부터 격리
   ② 밀폐공간 보관시 환기시킬 것
   ③ 바탕처리의 철저한 시공

2) 바탕처리
   ① 모재에 녹, 오염 등 제거
   ② 모르타르면은 충분히 건조 후 보수한다.

3) 도장방법
① 초벌, 재벌, 정벌의 순으로 칠한다.
② 초벌 도료의 충분한 건조 후 재벌, 정벌한다.
③ 기후가 다습하거나 기온 5℃ 이하일 때 작업을 중단한다.

Ⅶ. 결 론

도장 공사의 결함 방지를 위해서는 바탕처리, 시공시 주의사항을 철저히 준수하여야 품질 시공을 할 수 있다.

> **문 11-1** 도장공사에 발생하는 결함의 종류와 특성 [96후(15)]
>
> **문 11-2** 도장공사후 건조과정에서 발생하는 도막 결함의 발생원인 및 방지대책을 기술하시오. [02전(25)]
>
> **문 11-3** 도장공사에서 재료별 바탕처리와 균열 및 박리원인을 들고 대책에 대하여 기술하시오. [04중(25)]
>
> **문 11-4** 도료의 구성요소와 도장시에 발생하는 하자와 대책에 대하여 기술하시오. [06후(25)]

Ⅰ. 개 요

① 도장은 건축물의 최종 마감공사로 시공 성과에 따라 건축물의 내구성, 가치, 기능, 품위 및 성능에 영향을 미친다.
② 도료는 기본적인 내구성과 건물 보호의 요소를 가지고 미적 효과와 동시에 인체에 무해한 요소를 갖추어야 한다.

Ⅱ. 도료의 구성요소

1) 방습
   구조물의 투수성 방지 및 불투수층 형성

2) 방청
   철재 등에 녹슬지 않게 하는 성능

3) 방식
   ① 견고한 콘크리트도 공업지역이나 대도시의 부식성 가스로 침식
   ② 이러한 침식에 대한 보호 성능

4) 미화성
   표면에 색·광택·모양 등으로 미적 성능 부여

5) 내열·내전도성
   열·전기 등이 물체를 통해 이동하는 현상을 차단

6) 생물부착 방지
   벌레·먼지·이끼 등 외부 생물체 및 오염물 부착 방지

7) 온도조절
   색에 의한 온도의 흡수 및 반사 조절 성능

8) 재료의 안정성
   재료의 성능을 손상시키지 않는 안정성

Ⅲ. 재료별 바탕처리

1) 목재면
   ① 충분히 건조시킨 후 평활하게 한다.
   ② 옹이나 틈은 퍼티로 눈먹임한다.
   ③ 연마지로 닦는다.

2) 콘크리트면
   ① 곰보·균열·결손부위 보수, 오목한 곳은 석고 퍼티로 땜질한다.
   ② 3~6개월 방치하여 중성화 유발 후 중성도료 칠하는 것이 원칙이나 방치할 수 없다.
   ③ 산성염류의 수용액을 도포하여 표면 중성화시킨다.

3) 철강재
   ① 녹, 먼지, 기타 오염된 부분을 제거한다.
   ② 기계적인 방법과 화학적인 방법이 있다.

4) 경금속재
   ① 경금속의 바탕면은 칠의 부착이 나쁘고, 대기 중에서 풍화되기 쉬우며, 제거청소가 곤란하여 칠의 부착이 불량해진다.
   ② 먼지, 기름 등은 용제를 묻혀 닦아내기 한다.

5) 아연 도금판
   ① 새 철판은 칠의 부착이 불량하므로 풍화시킨 후 칠한다.
   ② 초산 희석수 용액이나 wash primer를 칠한다.

Ⅳ. 발생하는 하자(결함의 종류, 결함의 발생원인, 균열 및 박리원인)

1) 균열
   수축 팽창에 의해 균열 발생

2) 결로현상
   ① 습도가 높은 때 기온이 내려가 수증기가 응축하는 현상
   ② 도장후 기온 강하되어 공기중의 수증기가 응축하는 현상

3) 박리현상
   ① 기존 도장면 위에 재도장했을 경우
   ② 피도장면 위에 기름 등 불순물이 부착되어 있는 경우
   ③ 도료의 화학성분 차이

4) 건조불량
   ① 기온이 너무 낮거나 높을 때
   ② 통풍이 안되어 희석제의 증발이 늦을 때

5) 주름현상
   ① 건조수축 건조시 온도 상승
   ② 초벌칠 건조불량

6) 번짐, 스며 나옴
   ① 바탕처리 불량
   ② Thinner 사용 과다

7) 팽창현상
   ① 급격한 용제 가열로 가용성 물질이 용해되어 부풀어오름
   ② 도막 밑의 녹 발생

8) 칠 받지 않음
   ① 도료의 부적합, 바탕처리 불량
   ② Spray-air 속에 물, 기름이 있을 때

9) 흘러내림
   ① 도막이 지나치게 두꺼울 때
   ② 희석제 과다 사용, retarder thinner의 지나친 사용

10) 황색화
    ① 고온 다습한 기상에서 도장하는 경우
    ② 오동나무 기름을 전색제로 사용할 때

V. 방지대책

1. 설계

1) 바탕시공
   ① 바탕재의 균열을 예방하는 구조
   ② 조절줄눈 및 신축줄눈 설치

2) 물침투 방지
   ① 물끊기, parapet, 배수구 설치
   ② Parapet 및 balcony 방수처리

2. 재료

1) 수성 paint
   ① 내부에 사용하여 물의 침입으로부터 멀리한다.
   ② 내수성 있는 도료 개발

2) 유성 paint
   ① 내후, 내수성이 우수한 재료이다.
   ② 물을 많이 사용하는 곳에 칠한다.

3) 녹막이 페인트
   ① 철부 등의 녹 발생이 우려되는 곳에 칠한다.
   ② 산화철 녹막이, 아연 분말도료가 있다.

3. 바탕처리

1) 목재면
   ① 건조를 잘 시킨 뒤 면을 평활히 한 후 도장한다.
   ② 오목진 곳, 틈서리 등은 퍼티로 눈먹임한다.

2) 콘크리트면
   ① 결함을 둔 채 도장하면 경화후 그대로 나타나므로 보수하고 땜질한다.
   ② 중성화후 도료를 칠한다.

3) 경금속면
   ① 기름, 먼지 등을 깨끗이 닦아낸다.
   ② 신재료는 부착이 불량하므로 풍화시킨다.

4. 시공

1) 솔칠
   ① 솔에 칠을 충분히 묻혀 손이 닿는 부분을 먼저 바른다.
   ② 조기 건조가 빠른 재료는 부적당하다.

2) 롤러 칠
   ① 롤러는 스폰지나 털이 깊은 롤러로 일정한 누름으로 칠한다.
   ② 넓은 면 작업에 유리하다.

3) 뿜칠
   ① 작업 능률이 좋고 균등한 도막이 된다.
   ② 압축 공기로 분무상태로 뿜어 칠한다.

5. 양생

   1) 건조

   칠한 후 건조되기 전에 다른 마감재에 의한 도장면의 오염을 방지한다.

   2) 환기

   시너 및 희석제의 증발을 위해 환기 등을 한다.

Ⅵ. 결 론

도장의 품질관리는 재료의 검사, 외기조건 검토 및 철저한 품질검사로 소요 성능을 확보하여야 한다.

永生의 길잡이-일곱

■ 예수 그리스도는 누구십니까?

우리의 구주(救主)가 되시며(마태복음 1 : 21), 살아계신 하나님의 아들이십니다.(마태복음 16 : 16)

예수님은 유대땅 베들레헴 말구유에서 태어나셨습니다. 30년 동안은 가정에서 가사를 돕는 일을 하셨고, 마지막 3년은 구속사업(救贖事業)을 완성하셨습니다.

예수님은 우리의 죄를 대신 짊어지고 십자가에 못박혀 죽으셨습니다.(마태복음 27 : 35)

예수님은 장사 지낸 후 3일 만에 다시 살아나셔서 40일 동안 10여 차례에 걸쳐 제자들에게 나타나 보이셨다가 하늘로 올라가셨습니다.(사도행전 1 : 11)

우리는 예수 그리스도를 믿음으로 구원을 받을 수 있습니다.(사도행전 4 : 12)

8장

마감 및 기타공사

4절 방수공사

8장 4절 방수공사

1	방수 시스템에 필요한 성능과 방수공법		
	1-1. 방수 시스템에 필요한 성능과 방수공법 및 누수방지를 위한 현장관리 방안 [97후(30)]		8-133
	1-2. 방수공법선정시 검토사항	[02전(25)]	
	1-3. 방수층의 요구성능	[03전(25)]	
	1-4. 방수공사 시행전 방수성능 향상을 위한 사전 조치사항	[10중(25)]	
	1-5. 방수공사시 설계 및 시공상의 품질관리 요령	[07중(25)]	
	1-6. 방수층 시공후 누수시험	[08중(10)]	8-139
2	시멘트 액체 방수		
	2. Polymer Cement Mortar 방수	[10후(10)]	8-140
3	Asphalt 방수공사		
	3-1. 슬래브 평지붕의 Asphalt 방수 시공법 보호층 및 단열층의 시공요령	[78후(25)]	8-141
	3-2. 아스팔트 지붕방수의 단면을 도시하고, 품질관리 요점	[92전(30)]	
	3-3. 아스팔트 재료의 침입도(Penetration Index)	[09후(10)]	8-145
4	지붕방수공사		
	4-1. 콘크리트 슬래브 지붕방수 시공계획	[04후(25)]	8-146
	4-2. 지붕방수공사의 공사 하자요인과 그 대책	[94후(25)]	
	4-3. 벽식 APT의 외벽 및 옥상 Parapet에서의 누수하자 방지대책	[07전(25)]	8-150
	4-4. 지붕 방수층 위에 타설한 누름콘크리트 신축줄눈의 시공목적과 방법	[01중(25)]	8-152
	4-5. 후레싱(Flashing)	[01후(10)]	8-155
5	지하실 방수공법		
	5-1. 지하실 방수공법의 종류와 특징	[77(25)]	8-157
	5-2. 지하실 방수공법의 종류와 특징	[81전(25)]	
	5-3. 지하구조물 방수공법 선정 시 조사할 사항, 방수의 요구성능, 발전방향	[05중(25)]	
	5-4. 지하구조물 방수공사 시 재료 선정의 유의사항, 조사대상 항목, 기술 개발 방향	[09전(25)]	
	5-5. 지하실 외방수가 불가능한 경우의 내방수 또는 다른 방수공법	[07후(25)]	
6	시트(Sheet) 방수공법		
	6-1. 시트(sheet) 방수공법의 시트의 종류, 특성 및 시공법	[90후(30)]	8-162
	6-2. 시트 방수공사에서의 하자원인과 예방책	[00후(25)]	
	6-3. 합성 고분자계 쉬트 방수층에서 발생하는 부풀음 방지대책	[00중(25)]	
	6-4. 철근콘크리트 평지붕 합성수지 sheet 방수공법의 시공상 유의사항	[84(25)]	
	6-5. 시트(Sheet) 방수공법의 재료적 특징, 시공과정, 시공시 유의사항	[06중(25)]	
	6-6. Sheet 방수공법(고분자 루핑 방수공법)	[82전(25)]	
	6-7. Sheet 방수	[98전(20)]	

7	도막방수공법			
	7-1. 도막방수공법	[93후(30)]	8-168
	㉮ 재료의 특성 ㉯ 시공방법 ㉰ 시공시 유의사항		
	7-2. 옥상 도막 방수공사에서 방수 하자 원인과 방지 대책	[01전(25)]	
	7-3. 도막방수의 방수재료 및 시공방법	[04중(25)]	
	7-4. 도막 방수	[98중전(20)]	
	7-5. 도막(Membrane) 방수	[07후(10)]	
8	개량형 아스팔트 시트 방수		
	8-1. 개량형 아스팔트 시트 방수	[95후(30)]	8-173
	8-2. 개량 아스팔트 방수공법의 장단점과 시공방법 및 주의사항	[08후(25)]	
9	침투성 방수		
	9-1. 침투성 방수 메커니즘(Mechanism)과 시공과정	[05중(25)]	8-176
	9-2. 실베스터(sylvester) 방수공법	[95전(10)]	
10	실링(Sealing)재와 코킹(Caulking)재		
	10-1. 실링(sealing)재와 코킹(caulking)재의 시공법과 장단점	[86(25)]	8-179
	10-2. 부정형 실링재의 요구성능과 시공시 유의사항	[03중(25)]	
	10-3. Sealant 요구성능 및 선정시 고려사항	[07전(25)]	
	10-4. Sealing 공법	[82(10)]	
	10-5. 실링(sealing) 방수	[95중(10)]	
	10-6. 본드 브레이크(Bond Breaker)	[01전(10)]	8-183
	10-7. Bond Breaker	[10전(10)]	
11	철근콘크리트조 산업폐수 처리 구조물의 방수대책		
	11. 철근 콘크리트조 산업 폐수처리 구조물의 방수대책	[02전(25)]	8-184
12	단열층의 방수・방습 방법		
	12. 단열층의 방수・방습방법의 종류 및 장단점	[02중(25)]	8-186
13	Membrane 방수공사		
	13. Membrane 방수공사의 사용재료별 시공방법	[06전(25)]	8-188
14	공동주택의 부위별 방수공법		
	14. 공동주택의 다음 부위별 방수공법 선정 및 시공 시 유의사항	[02후(25)]	8-192
	1) 지붕 2) 욕실 및 화장실 3) 지하실		
15	공동주택에서 지하 저수조의 방수시공법		
	15-1. 공동주택에서 지하 저수조의 방수시공법과 시공시 유의사항	[06후(25)]	8-195
	15-2. 분말형 재료를 사용한 콘크리트 구체방수의 문제점 및 대책	[10후(25)]	8-198
16	벤토나이트 방수공법		
	16-1. 벤토나이트 방수공법	[99중(20)]	8-201
	16-2. 벤토나이트 방수공법	[04중(10)]	

17	금속판 방수공법		
	17. 금속판 방수공법	[11전(10)]	8-202
18	복합방수공법		
	18-1. 복합방수의 재료별 종류 및 시공 시 유의사항	[09중(25)]	8-203
	18-2. 복합방수공법	[05후(10)]	
	18-3. 복합방수	[10중(10)]	
19	지수판(Water Stop)		
	19. 지수판(Water Stop)	[06전(10)]	8-206

> **문 1-1** 방수 시스템에 필요한 성능에 대하여 간단히 설명하고 방수 공법에 관하여 약술한 후 누수 방지를 위한 현장관리 방안에 대하여 설명하시오.
> 〔97후(30)〕
>
> **문 1-2** 방수공법선정시 검토사항을 기술하시오. 〔02전(25)〕
>
> **문 1-3** 방수층의 요구성능을 기술하시오. 〔03전(25)〕
>
> **문 1-4** 방수공사의 시행 전에 방수성능향상을 위해 행해야 할 사전 조치사항에 대하여 설명하시오. 〔10중(25)〕
>
> **문 1-5** 방수공사시 설계 및 시공상의 품질관리 요령에 대하여 기술하시오.
> 〔07중(25)〕

Ⅰ. 개 요

최근 건축물들이 다양화, 복잡화됨에 따라 지하심도가 깊어져 방수공사의 중요성이 확대되고 있으며, 다양한 방수 성능이 요구되고 있다.

Ⅱ. 방수층의 요구성능(필요한 성능, 방수공법 선정시 검토사항)

1) 충분한 투수(투습) 저항

   재료의 투수(투습) 저항은 사용 목적에 대한 충분한 성능을 갖추어야 한다.

2) 멤브레인(membrane)의 연속성

   ① 시트 재료의 사용시 겹친 부분의 연속성 및 접합성을 확보한다.
   ② 기둥·보 및 벽이 복잡하게 조합된 목조 및 철골조 시공시 특히 유의한다.

3) 내기계적 손상성

   ① 강풍에 의한 노출 방수층의 날림
   ② 태양열에 의한 바탕재 습윤공기의 팽창압력에 의한 방수층의 부풀음
   ③ 조류에 쪼여 발생한 구멍
   ④ 작업자의 부주의에 의한 외상

4) 내화학적 열화성

   ① 유기재료로 장기적인 열화의 가능성이 높다.
   ② 태양열과 자외선 작용에 의한 노출 방수층의 화학적 열화
   ③ 콘크리트에 접하는 방습층은 알칼리의 작용 고려

5) 시공성
   ① 품질관리가 용이한 시공성
   ② 구조체와의 접착 성능
6) 경제성
   ① 전체 공사비와 원가관리를 고려한 방수 공사비의 선정
   ② 공사규모·품질·공기를 고려한 방수공법의 선정
7) 접착성
   ① 접착성이 우수하여 박리가 되지 않아야 한다.
   ② 방수공법의 특징에 따라 고무계, 합성수지계, 아스팔트계 중 적절한 접착제 선택
8) 내구성
   ① 내후성, 내열성, 내알칼리성, 내충격성 등을 고려
   ② 필요한 경우 보호층 시공
9) 안전성
   ① 시공중의 안전사고는 인명피해, 경제적인 손실 및 건설회사의 신용저하 등을 유발
   ② 표준 안전 관리비를 효율적으로 사용하는 계획과 안전조직 검토
10) 공기 및 품질
    ① 공정 계획시 면밀한 시공계획에 의하여 방수공사에 필요한 시간과 순서, 자재, 노무 및 기계설비 등을 적정하고 경제성 있게 공정표로 작성
    ② 시험 및 검사의 조직적인 계획
    ③ 하자발생 방지계획 수립

Ⅲ. 방수성능 향상을 위한 사전 조치사항

1) 바탕처리 철저
   ① 바탕에 패인 부분 등은 Mortar로 보수
   ② 구조체 콘크리트 타설시 제물마감으로 구배시공 철저
2) 구배 확보

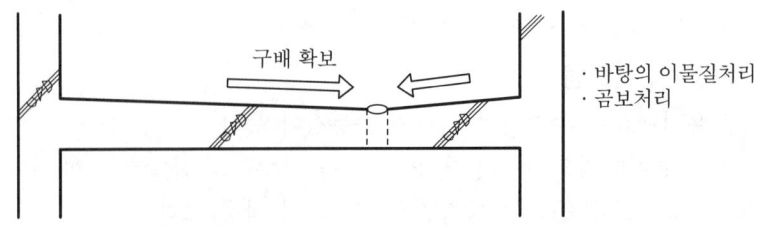

Roof Drain 주위로 구배시공을 철저히 하여 물이 고이지 않게 한다.

3) Corner 부위 면접기

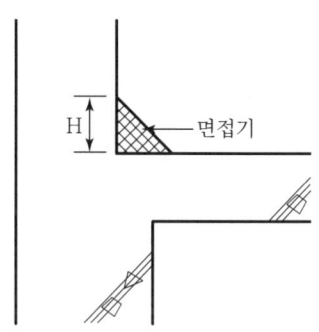

면접기 높이(H)는 누름콘크리트의 두께 1/2이하로 설치

4) **신축줄눈 계획**
   ① 방수층 위에 설치되는 보호 모르타르 누름콘크리트의 신축줄눈 계획을 사전에 실시
   ② 방수층 보호를 위해 필요

5) **방수층 밀착 접착**
   구조체와의 접착력 향상을 위한 면처리 철저

6) **관통 sleeve부 보강**
   우수침입 방지 및 수축, 팽창의 흡수를 위해 내구성이 좋은 구조용 코킹으로 시공

7) **바탕건조 철저**
   ① 바탕 건조율이 95% 이상 될 때까지 건조 시킴
   ② 기온 상승에 따른 수증기압 발생 금지
   ③ 바탕 건조의 검사 철저

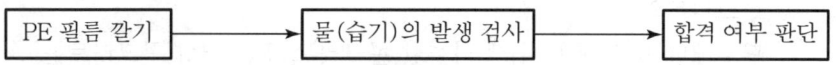

PE 필름 내부에 습기가 고이지 않아야 한다.

Ⅳ. 방수공법

1) **시멘트액체 방수**
   방수재를 모르타르와 혼합하여 콘크리트면에 사용한다.

2) **아스팔트 방수**
   아스팔트 방수는 경제성이 높고 신뢰성이 높아 오래 전부터 많이 시공되어 왔다.

3) Sheet 방수

Sheet 방수는 합성고무계·합성수지계·고무화 아스팔트계의 sheet 방수제를 사용하여 바탕과 접착시키는 공법이다.

4) 도막방수

합성고무와 합성수지의 용액을 도포해서 소요 두께의 방수층을 형성하는 공법이다.

5) 침투방수

노출된 부위나 실내의 콘크리트, 조적조, 석재 및 미장 표면에 방수제를 침투시켜 방수층을 형성하는 공법이다.

Ⅴ. 설계상 품질관리 요령

1) 건물의 거동
   ① Expansion joint(50m 이하)의 설치
   ② 수평력(지진·바람·충격력)에 의한 지붕판의 변형을 작게 한다.
   ③ Creep·처짐·적재하중의 변화에 따른 변형을 고려한다.
   ④ 지붕판의 균질한 강도·강성을 유지한다.
   ⑤ PC판 및 지붕판의 처짐을 고려하여 방수공법을 선택한다.
   ⑥ 지붕판 설비기기의 하중 및 기계진동을 고려한다.

2) 지붕 구배 및 배수
   ① 구배는 1/50 이상
   ② 지붕면적과 강우량에 적당한 drain 설치
   ③ Drain 및 수직홈통의 청소가 용이하도록 한다.

3) 바탕의 종류별
   ① 콘크리트의 경우
      단열재나 deck plate 위에 타설한 콘크리트 또는 경량 콘크리트는 건조되기 어려우므로 방수층 선택시 유의한다.
   ② PC판, ALC판의 경우
      이동하지 않도록 견고히 설치한다.
   ③ 금속판의 경우
      접합부의 expansion joint를 설치한다.

4) 방수층 선택시 고려사항
   ① 지역   ② 시공시기 및 공기
   ③ 구조체의 종류   ④ 건물의 중요도
   ⑤ 지붕의 형상과 구배   ⑥ 지붕의 사용조건

5) 단열층의 선택
   ① 지붕 단열층의 기능
   ② 치수(크기·두께)가 큰 단열재는 피한다.
   ③ 탄력성이 있는 단열재
   ④ 보행할 경우에는 압축강도 2kg/cm²
   ⑤ 바탕의 움직임을 흡수할 수 있을 것

6) 마감
   ① 방수층 치켜올림부 처리
   ② Parapet cap
      신축·균열·박리·탈락·물구배·물끊기·이음처리·접합부 처리 등
   ③ Expansion joint
      ㉮ Joint 신축의 크기와 방향
      ㉯ 접합부 상세

Ⅵ. 시공상 품질관리 요령(현장관리 방안)

1) 준비
   ① 방수의 종류 및 수량 확인
   ② 방수공법의 적합성 검토
   ③ 방수공사의 기능 및 실적 검토

2) 시공도 및 시방서
   ① 설계도서(특기 시방서 포함)의 확인
   ② 시공도의 작성
      ㉮ 모서리 및 코너부
      ㉯ Drain 주위, 관통부, 마감부
      ㉰ 콘크리트 타설 이음부
      ㉱ Expansion joint부

3) 공정표 작성
   준비·보양·시험 등을 포함

4) 시공 계획
   ① 시공 계획 순서

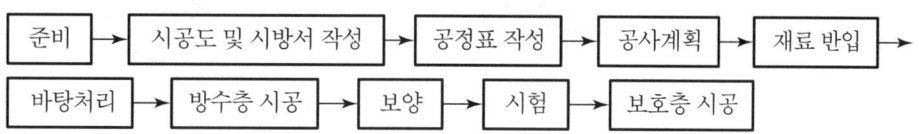

② 설비공사·마감공사와 관련성의 검토
③ 가설공사
　　재료 저장 및 반·출입, 비계작업 여부, 가설통로 설치 및 보양, 환기·소화 설비, 조명·동력·배수계획 등

5) 재료 반입
① 소정 재료 반입 유무 확인
② 보관방법의 타당성 확인
③ 품질보증서 확인

6) 시공 직전의 점검
① 바탕건조 및 청소 상태
② 기상 조건
③ 소화용 설비의 준비

Ⅶ. 결 론

방수 시스템에 필요한 성능과 시공 및 보수의 용이성을 충족시키기 위해서는 새로운 재료의 개발과 시공법의 연구가 지속되어야 한다.

문 1-6 방수층 시공후 누수시험 [08중(10)]

Ⅰ. 정 의

① 방수층 누수시험이란 방수한 부분에 대해 물을 채워 누수 여부를 확인하는 방법이다.
② 방수층 시공부분에 물을 채워 48시간 이상 물이 새지 않으며, 일단 합격한 것으로 간주한다.

Ⅱ. 현장시공도

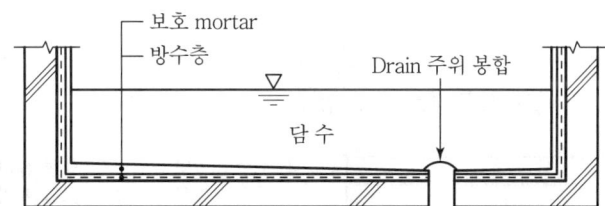

누수시험은 48시간 이상 경과를 지켜본 후 합격여부를 판단한다.

Ⅲ. 방수재료의 평가 항목

① Membrane의 연속성
② 내기계적 손상성
③ 내화학적 열화성

Ⅳ. 시험시 유의사항

① 배수구멍(drain) 주위는 고급 방수재로 방수처리한다.
② Drain 주위에 누수가 되지 않도록 시험시 임시 봉합을 철저히 한다.
③ 시험시 즉시 누수가 발견되는 곳은 시험을 중단하고 보수공사를 한다.
④ 방수층 담수후 수시로(3~5회/일) 누수 여부를 확인한다.
⑤ 누수시험 시간(48시간 이상)을 준수하며 누수시험후 마감공사로 인한 방수층 파손에 유의한다.

문2 폴리머 시멘트 모르타르(Polymer Cement Mortar) 방수 [10후(10)]

I. 정 의

① 건축물의 옥상 및 실내 등의 방수시공에 사용하는 방수공법으로, 수축 및 균열발생이 적고, 시공성이 좋은 방수공법이다.
② 1종과 2종으로 구분되며, 방수시공후 방수층의 보호층 및 마감층이 필요하다.
③ 폴리머 혼화재는 시멘트 모르타르양의 5~30% 혼입

II. 종 류

1) 1종

폴리머 시멘트 모르타르 3층 방수

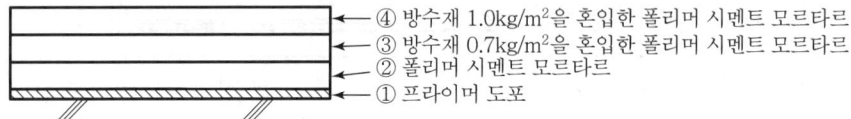
④ 방수재 1.0kg/m²을 혼입한 폴리머 시멘트 모르타르
③ 방수재 0.7kg/m²을 혼입한 폴리머 시멘트 모르타르
② 폴리머 시멘트 모르타르
① 프라이머 도포

2) 2종

폴리머 시멘트 모르타르 2층 방수

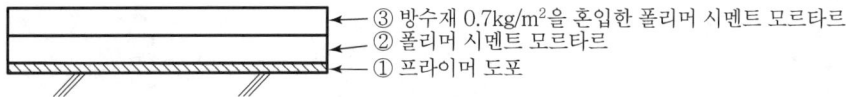
③ 방수재 0.7kg/m²을 혼입한 폴리머 시멘트 모르타르
② 폴리머 시멘트 모르타르
① 프라이머 도포

III. 특 징

① 무수축, 무균열
② 내구성 우수
③ 시공이 간편하고 작업성이 우수함
④ 바탕에 부착성이 좋음
⑤ 방수에 대한 신뢰도는 낮음

IV. 용 도

① 현장 타설 콘크리트의 방수에 적용
② 콘크리트 구조물의 보수공사

> **문 3-1** 철근 콘크리트 슬래브 평지붕의 asphalt 방수공사 시공법에 대하여 설명하고, 방수보호층 및 단열층의 시공 요령을 기술하라. 〔78후(25)〕
>
> **문 3-2** 아스팔트 지붕 방수의 단면을 도시하고, 품질관리요점을 설명하여라.
> (단, slab와 parapet 포함) 〔92전(30)〕

I. 개 요

아스팔트 지붕 방수는 경제성 및 신뢰성이 높아 오래 전부터 많이 시공되어 왔으며, 그 시공 방법은 아스팔트 펠트, 아스팔트 루핑류를 용해한 아스팔트로 여러 겹 접합하여 방수층을 형성하는 것이다.

II. 단면 도시

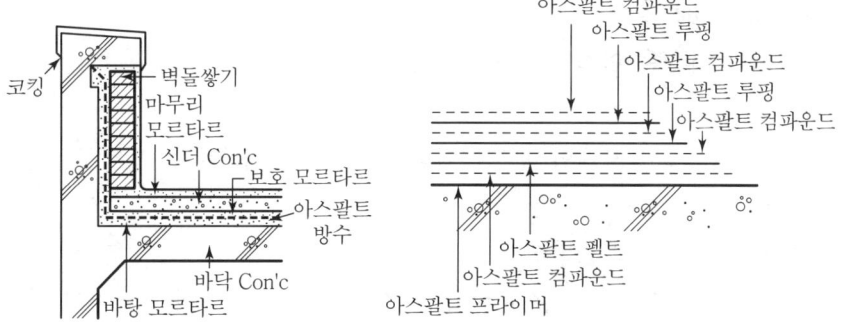

〈아스팔트 방수〉

III. 시공법(품질관리요점)

1) 바탕처리
   ① 방수층의 바탕을 청소 정리하고 돌출물은 제거하며, 결손부분은 보수한다.
   ② 아스팔트에 기포가 발생하거나 냉각후 벗겨지지 않게 한다.

2) 아스팔트 프라이머 바름
   ① 바탕이 충분히 건조된후 청소하고 아스팔트 프라이머를 바른다.
   ② PC판에 시공시 joint 사이로 침투되지 않게 한다.

3) 아스팔트 바름
   ① 아스팔트가 바탕층 조인트, 틈 등에 침투되지 않게 한다.
   ② Joint나 굳은 아스팔트에 바름을 할 경우 조인트에서 5cm 이상 이격시킨다.

4) 아스팔트 루핑 붙여대기
   ① 아스팔트 루핑은 사용하기 전 안팎에 묻은 먼지, 흙 등을 청소한다.
   ② 루핑의 이음새는 엇갈리게 하고 90mm 이상 겹쳐 붙인다.

5) 방수층 보호, 마감
   ① 방수층 누름을 자갈뿌리기로 할 때 자갈의 크기는 지름 10mm 내외를 표준으로 한다.
   ② 자갈깔기는 경사도가 1/60 초과시 피한다.

6) 모서리 치켜올림
   방수층 치켜올림의 끝부분에는 물끊기 등을 적당히 만들고 뒷면에 우수가 침투하지 않도록 한다.

7) 신축줄눈
   ① 방수층 누름에서 신축줄눈을 설치할 때는 가로 세로 3~5m마다 설치한다.
   ② 줄눈나비는 15mm, 깊이는 방수층까지 자르고, 아스팔트 컴파운드나 블로운 아스팔트를 주입한다.

8) Roof drain 설치
   루프드레인은 아스팔트 용제가 주위에 충분히 침투되게 한다.

9) 매설철물과 접합부
   골 홈통, 루프 드레인, 벤틸레이터 등의 철물과 접합부는 망상루핑을 사용하여 세밀히 시공한다.

10) 신·구 건물의 접합부
    신·구 건물의 접합부는 부동침하에 의하여 방수층이 끊어지기 쉬우므로 신축 줄눈 또는 신축 방수층을 둔다.

11) 비흘림의 설치
    ① 방수층 끝단이나 경사진 부위에는 비흘림을 설치한다.
    ② 비흘림은 바탕으로부터 15cm 이상 튀어나오게 한다.

12) 통로의 설치
    ① 루핑이 완성된 층은 표면마감용의 자갈을 깔기 전에 통로부위를 보강한다.
    ② 추가 루핑폭은 통로폭보다 15cm 이상 넓게 한다.

13) 방수층 단부처리
    비흘림 설치와 방수 끝단의 줄눈 설치가 끝난 후 방수층 끝단에 아스팔트나 자갈을 깐다.

14) 마감층 보호
    마감층에 아스팔트가 묻지 않게 주의한다.

Ⅳ. 방수 보호층 및 단열재 시공 요령

1. 종래 공법

1) 단일 방수층

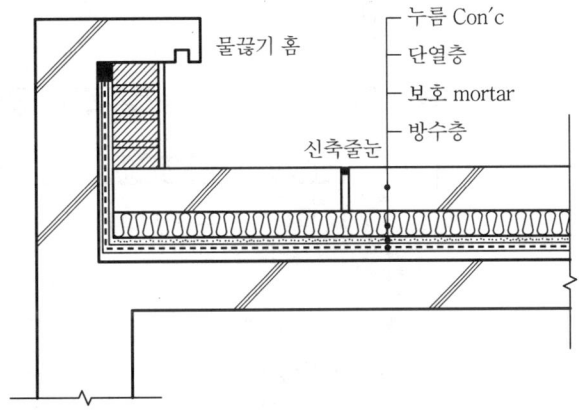

① 시공이 빠르고 간편하다.
② 단열재는 지역에 따라 50~60mm를 사용한다.
③ 보행용 옥상에 시공되며, 비보행용일 경우에는 도장 마감이 가능하다.
④ 누름 Con'c 타설시 단열층이 훼손될 우려가 있다.
⑤ 단열층의 흡수로 인하여 단열 성능이 저하된다.

2) 2중 방수층

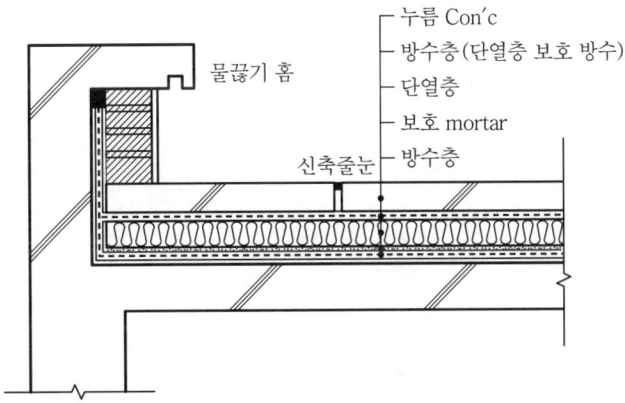

① 공정이 증가되어 시공이 번거롭다.
② 단열층 보호 방수 시공으로 단열층에 물의 흡수가 차단되어 단열효과가 뛰어나다.
③ 누름 콘크리트 타설시 단열층 보호 방수의 훼손이 우려되므로 유의한다.
④ 방수층 누수시 보수가 불가능하다.
⑤ 비보행용일 경우 누름 Con'c 대신 도장 마감, 모래 및 자갈 깔기로 할 수 있다.

2. 근래 공법

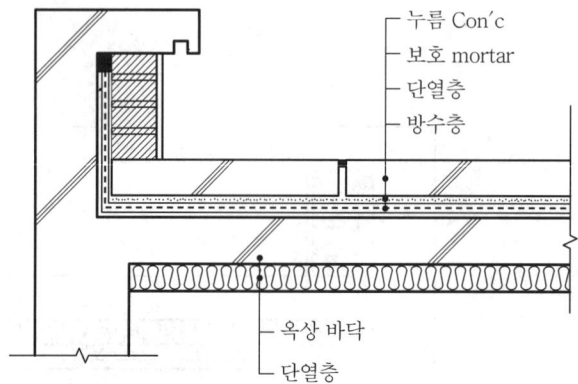

① 옥상 바닥 Con'c 타설시 거푸집에 단열재를 설치한다.
② 단열재와 콘크리트와의 부착성이 뛰어나다.
③ 단열 성능이 높고, 옥상 방수 시공에 지장을 주지 않는다.
④ 방수 시공 공정이 줄어들어 시공이 간편해진다.
⑤ 단열층 하부에 따로 천장 마감이 시공된다.

V. 결 론

아스팔트 방수공법은 방수의 신뢰성이 크고 경제성이 높아 많이 시공되고 있으나, 시공시 악취·화재 등의 문제점이 발생되므로 새로운 자재 및 공법의 개발로 이를 해소하여야 한다.

문 3-3 아스팔트 재료의 침입도(Penetration Index) [09후(10)]

I. 정 의

침입도란 플라스틱(plastic)한 역청재의 반죽질기(Consistency)를 표시하는 것으로 25℃의 시료를 유기용기내에 넣고, 100g의 표준침을 놓아 5초 동안 관입하는 깊이를 말하며, 단위는 0.1mm를 1로 한다.

II. PI(Penetration Index ; 침입도 지수)의 산정식

$$PI = \frac{30}{1+50A} - 10$$

$$\begin{cases} A : \dfrac{\log 800 - \log P_{25}}{\text{연화점} - 25} \\ P_{25} : 25℃, 100g, 5초시의 침입도 \end{cases}$$

① PI가 클수록 Gel형의 감수성이 적은 아스팔트이다.
② 침입도가 클수록 PI가 커지므로 우수한 아스팔트이다.
③ 한냉기의 PI는 20~30, 온난기의 PI는 10~20 정도이다.

III. 침입도의 범위

① 석유아스팔트의 침입도 : 보통 20~180
② 아스팔트 콘크리트 포장용 : 40~60
③ 아스팔트 macadam 포장용 : 80~150

IV. 침입도 시험방법(KS M 2252)

항목	내용
정의	• 사용목적에 적합한 아스팔트의 굳기 유무를 판단하기 위한 시험을 말한다.
시험기구	• 침입도 시험기 : 침입도계, 표준침, 시료용기, 시료이동용 접시, 3각형 금속대 • 수조용 온도계 • 스톱 워치(stop watch) : 0.1초의 눈금이 있는 것 • 항온수조 • 가열기
시험방법	• 아스팔트를 가열하여 용기 속에 넣고, 21~29.5℃의 온도로 대기중에서 1~1.5시간 방치한다. • 시료를 이동용 접시와 함께 항온수조에 넣어 1~1.5시간 보관한다. • 침입도계를 수평으로 놓은 후 삼각대 위에 물을 채운 시료용기를 놓는다. • 25℃의 온도에서 100g의 중량을 가진 표준침을 5초 동안 침입시킨다. • 침입량 0.1mm를 침입도 1로 표시하고, 3회 이상 실시하여 평균값을 취한다.

문 4-1 콘크리트 슬래브 지붕방수 시공계획에 대하여 설명하시오. [04후(25)]

문 4-2 지붕 방수공사의 공사 하자요인을 열거하고, 그 대책을 설명하시오.
[94후(25)]

Ⅰ. 개 요

지붕 방수의 하자는 slab, parapet 등에서 주로 발생하며, 적정한 방수 공법의 선정 및 시공시 철저한 품질관리로 이를 방지해야 한다.

Ⅱ. 지붕방수 시공계획

1) 공법선정
   ① 아스팔트 방수
   ② Sheet 방수
   ③ 도막 방수

2) 바탕처리 철저

   ① 바탕에 패인 부분 등은 mortar로 보수
   ② 구조체 콘크리트 타설시 제물마감으로 구배시공 철저

3) 구배 확보
   Roof drain 주위로 구배시공

4) Corner 부위 면접기
   면접기높이(H)는 누름콘크리트의 두께 1/2 이하로 설치

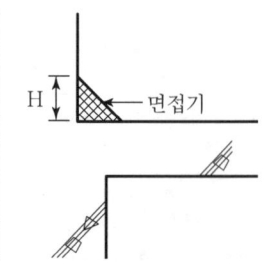

5) 방수층 시공
   ① 구조체와 밀착 정착
   ② 이음은 10cm 이상

6) 관통 sleeve부 보강
   우수침입 방지 및 수축, 팽창의 흡수를 위해 내구성이 좋은 구조용 코킹으로 시공

7) 보호 mortar 시공
   3~4cm 방수층 보호용 mortar 타설

8) 신축줄눈 설치
   노출된 누름콘크리트의 수축과 팽창을 흡수하기 위해 설치

9) 누름콘크리트 타설
   두께 60cm 이상의 무근 콘크리트 타설

10) 양생
    노출콘크리트로서 외기에 직접 접하므로 이에 대한 양생대책 수립

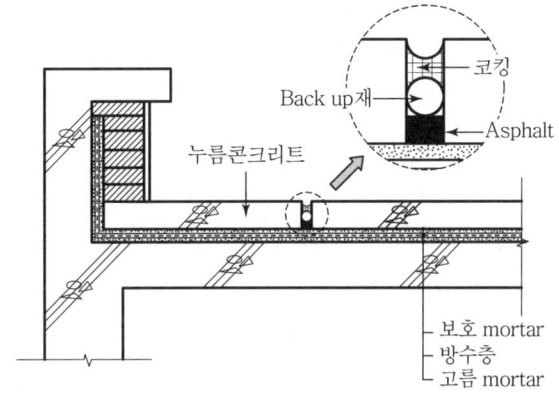

Ⅲ. 하자요인

1) Slab의 균열
   ① 기초의 부동침하
   ② 지진, 풍력 등 수평력에 의한 변위

2) Parapet 마감처리 불량
   ① 물흘림 구배 및 물끊기의 미설치로 우수의 침입
   ② Sealing 작업의 시공불량

3) 치켜올림부 시공불량
   ① 면접기의 미시공이나 시공불량
   ② 치켜올림 길이의 부족

4) 루프드레인 주위 시공불량
   ① 방수작업 불량과 밀실하지 못한 시공
   ② 보강깔기 및 망상루핑의 미시공

5) 방수보호층 시공불량
   ① 신축줄눈의 처리 불량
   ② 보호층 두께 부족 및 부적당한 보호층

6) 바탕건조 불량
   ① 방수층의 습기로 들뜸현상 발생
   ② 접착력 약화로 방수능력 저하

7) 물흘림 경사
    ① 아스팔트 1/100, 액체방수 1/200, 도막방수 1/50
    ② 물흘림, 경사불량, 요철로 항상 물이 고이게 된다.

8) 방수층 시공 부적절
    ① 접착제 open time이 부적당할 경우
    ② 한중기 공사로 동결 융해에 의한 파손

9) 바탕처리 불량
    ① 균열·곰보부위 충전 부족
    ② Laitance, 먼지, 녹, 이물질, 오염처리 불량

10) 보양양생 불량
    방수막 건조시 오염

Ⅳ. 대 책

1) 옥상바닥에 맞는 공법 선정
    ① 변위에 추종성 있고, 신장력을 가진 재료
    ② 장소·위치에 적합한 공법 선정

2) Parapet 상단 flashing 처리
    ① 물흘림 경사, 물끊기 설치
    ② 방수층 끝단 sealing 처리

3) 루프드레인은 parapet과 일정거리 유지
    ① 보강시트에 망상루핑을 깔고, 밀실하게 충전
    ② 배수시설은 철저히

4) Parapet 방수 치켜올림
    30cm 이상 치켜올림

5) Flashing 처리
    ① 지붕재와 벽체의 접합부
    ② Expansion joint 부위

6) 바탕처리 철저
    ① Laitance, 녹, 먼지, 오염 등의 철저한 청소
    ② 균열, 파손, 곰보부위 충전

7) 물흘림 구배 확보
    ① 우수가 고여 있지 않도록 적당한 구배 확보
    ② 배수처리를 철저히 할 것
8) 방수층 밀실 접착
    ① 공극, 기포, 주름이 생기지 않게 함
    ② 접착제의 open time 준수
9) 내수, 투수 접착, 신축 있는 재료 선정
    ① 내후, 내약품성, 변형의 추종성
    ② 유지관리 및 보수가 적은 공법 선정
10) 구조체의 변형방지
    ① 콘크리트 배합과 타설시 품질관리로 균열방지
    ② 상부 과하중이나 기계진동에 의한 균열방지
11) 시공시 동해방지
    ① 지나친 고온·저온시 작업중지
    ② 단열 보온양생
12) 보호층 시공
    ① 보호 모르타르 위에 cinder Con'c 타설하고 그 상부에 모르타르 마감
    ② 보호층 균열방지 위해 wire mesh 삽입

V. 결 론

방수공사는 본 구조체의 강성을 확보하지 못하게 되면 방수의 효과가 지속될 수 없으므로 전 공정에 걸쳐 철저한 품질관리가 필요하다.

문 4-3 벽식구조 APT의 외벽 및 옥상 parapet에서 발생하는 누수하자 방지대책을 설명하시오. [07전(25)]

I. 개 요

콘크리트 구조물의 강성유지와 부동침하를 방지하여 균열을 억제하고 시공이음부분의 접합 및 정밀시공으로 누수를 방지하여야 한다.

II. 누수하자 원인

① 구조체의 균열 발생
② 콘크리트의 시공불량으로 재료분리 발생
③ Joint부 방수 불량
④ 염해 및 알칼리 골재 반응
⑤ 시공이음부의 시공 불량
⑥ Cold joint 발생
⑦ 개구부주위 사춤시공 누락
⑧ 벽체 관통부 주위의 시공 불량

III. 방지 대책

1) 일반적 대책

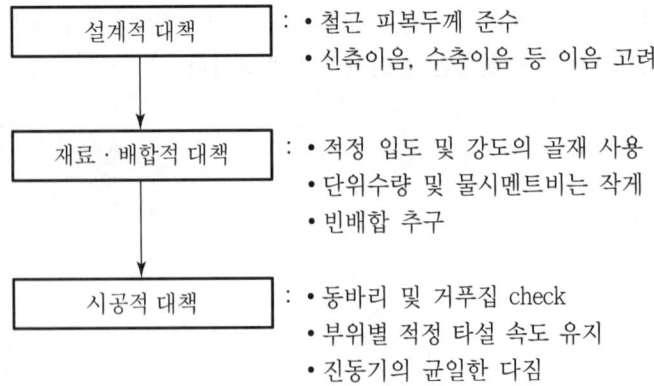

2) Cold joint 방지
① 콘크리트 비빔에서 타설종료까지 90분 이내가 되도록 관리
② 타설접합면은 콘크리트타설 직전 습윤상태 유지
③ 거푸집에 살수하여 수분증발 방지

3) 다짐철저
    ① 벽체의 다짐 불량으로 재료분리에 의해 균열 발생
    ② 콘크리트 내부의 곰보 발생에 의해 균열

4) Joint부 방수철저
    ① 시공이음, cold joint 등에 방수시공 철저
    ② 불량콘크리트를 제거한 후 방수시공
    ③ 누수가 가장 많이 발생하는 부위이므로 정밀 시공할 것

5) 개구부 주위 사춤시공 철저
    개구부 주위의 밀실 시공으로 누수 방지

6) 옥상 parapet의 flashing 처리

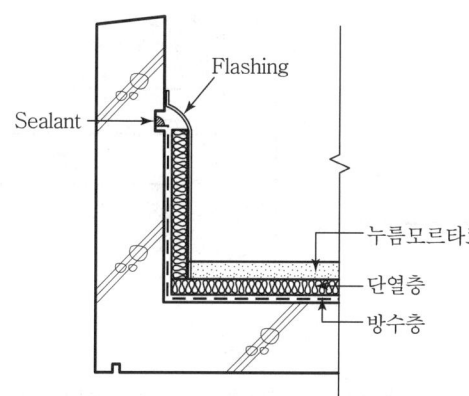

건물옥상의 방수층이 끝나는 부분에 sealant 마감후 우수 침입으로 인한 누수를 사전에 방지하기 위한 flashing 설치

7) Control joint 시공
    ① 6~8m 간격으로 control joint 시공
    ② Sealing 시공 철저

8) 화학적 반응 방지
    ① 염해 및 알칼리 골재 반응 방지
    ② 중성화 및 동결 융해 방지

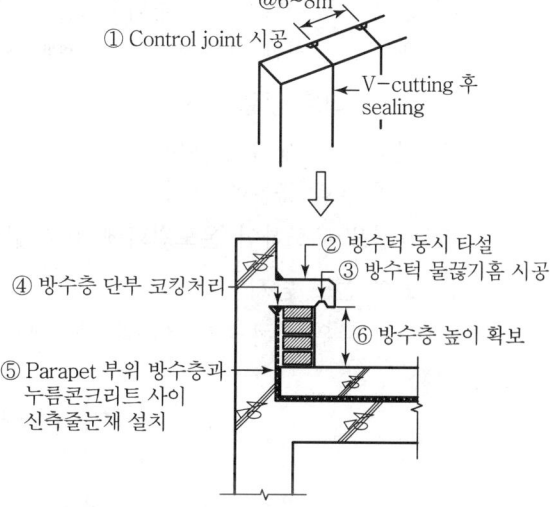

Ⅳ. 결 론

외벽 및 parapet의 누수원인은 cold joint, 개구부 주위 사춤불량, 콘크리트의 재료 분리 등에 의해 주로 발생되므로 이에 대한 시공상 대책을 사전에 수립하고 수밀 시공이 되어 구조체 자체의 방수 성능을 확보하여야 한다.

문 4-4 지붕 방수층 위에 타설한 누름 콘크리트 신축줄눈에 대하여 그 시공 목적과 시공방법에 대하여 설명하시오. [01중(25)]

I. 개 요

누름 콘크리트의 신축 줄눈은 노출된 콘크리트의 수축과 팽창 등의 거동을 흡수하기 위해 설치된다.

II. 시공전 검토사항

검 토 사 항	
누름 Con'c 두께	60mm 이상
신축줄눈 폭	20~25mm
신축줄눈 깊이	누름 Con'c 두께
신축줄눈 간격	누름 Con'c 두께의 30배 이하
줄눈재 하단	절연 film

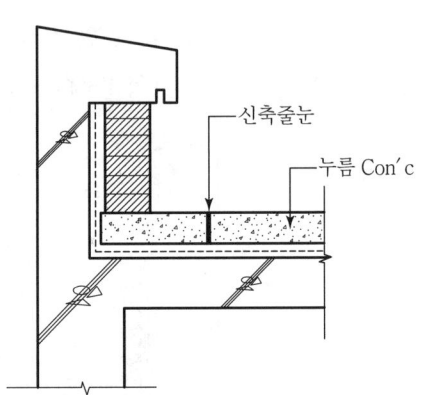

III. 시공 목적

1) 콘크리트 거동(movement) 흡수
   ① 콘크리트가 외기에 노출되어 온도 변화에 따른 수축과 팽창이 많음
   ② 태양열에 의한 콘크리트의 팽창에 대비

2) 누름 콘크리트 균열 방지
   ① 건조 수축 균열에 대비
   ② 균열 유발 줄눈에 대행
   ③ 균열을 유도하여 온도변화에 따른 균열 제어

3) Parapet 전도 방지
   Parapet 주위는 콘크리트의 과도한 팽창으로 인하여 parapet 전도의 위험성 내포

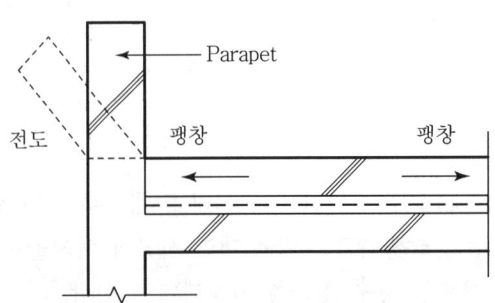

4) 누름 콘크리트 내구성 향상
    균열 제어로 누름 콘크리트 내구성 향상
5) 방수층 내구성 증대
    누름 콘크리트의 거동(movement) 확보로 하부 방수층 보호

Ⅳ. 신축줄눈 시공방법

1) 줄눈 나누기

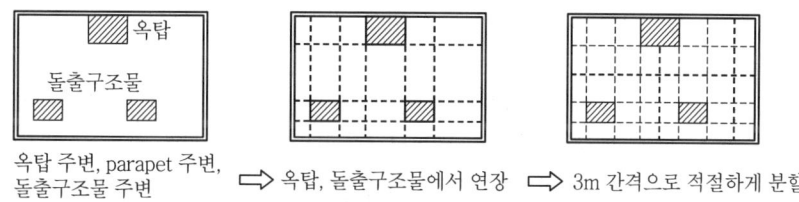

2) 줄눈 간격

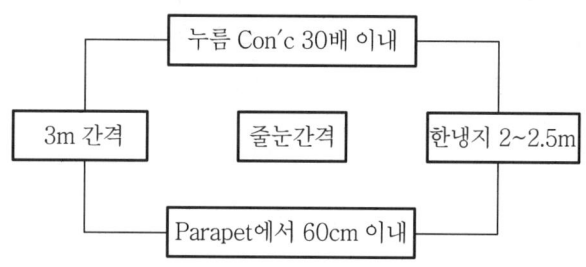

원칙적으로 누름 Con'c의 30배 이내 또는 3m 정도로 설치

3) 외곽 trench 설치
   ① 외곽의 trench가 신축줄눈의 역할 담당
   ② Trench의 구배시공으로 원활한 배수 유도

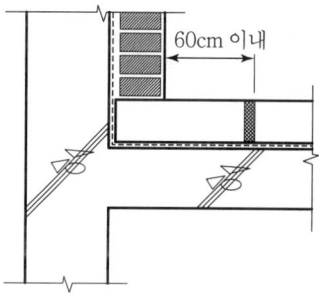

4) 외곽 신축줄눈 설치
   ① Parapet으로부터 60cm 이내 설치
   ② Parapet의 균열 및 전도 방지

5) 신축줄눈 설치

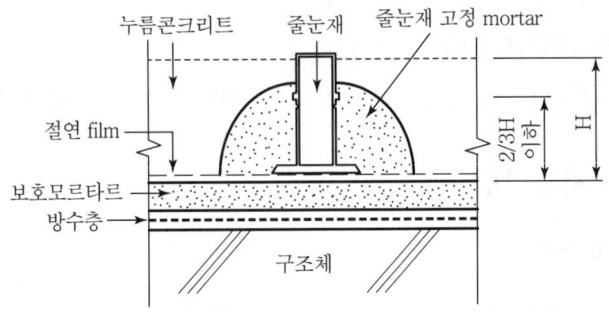

① 줄눈재 고정 mortar의 바름 높이는 누름 Con'c 높이의 2/3 이하
② 신축 줄눈재 하부는 보호 mortar와의 분리를 위해 절연 film 설치

V. 결 론

① 옥상 방수층의 마감에는 보행용과 비보행용이 있으며, 비보행용에는 자갈이나 도장 마감이 가능하나, 보행용에는 누름 콘크리트를 타설한다.
② 지붕 방수층 신축 줄눈은 누름 콘크리트의 수축과 팽창에 대응하며, parapet 보호 및 균열을 방지한다.

문 4-5 후레싱(Flashing) [01후(10)]

I. 정 의

① 후레싱(flashing)이란 우수가 건물의 외부에서 내부로 스며들지 못하게 막는 금속판 재료이다.
② 옥상부의 수평경사면과 수직면이 만나는 곳은 우수의 침입이 용이하므로 벽체를 구성할 때 미리 flashing 설치 준비를 한다.

II. 시공도

1) 옥상 flashing

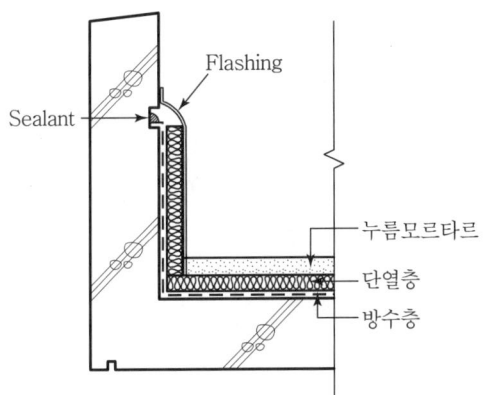

건물옥상의 방수층이 끝나는 부분에 sealant 마감후 우수 침입방지를 위한 flashing설치

2) 창대 내쌓기부 flashing

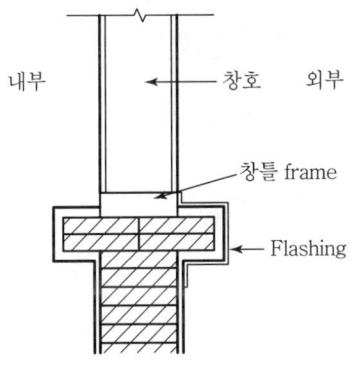

창대하부 내쌓기부로 인해 발생되는 모서리부의 우수 침입을 막기 위해 flashing설치

Ⅲ. 특 징

① 건축물 corner부의 우수 침입 방지
② 금속재 자재의 시공으로 내구성 우수
③ 건축물 외부에 설치시 미관 고려
④ 근래에는 잘 사용되지 않음
⑤ 타재료의 접합부에도 사용 가능

4절 방수공사 **8-157**

> 문 5-1 지하실 방수공법의 종류를 열거하고, 각각 그 특징을 설명하라. 〔77(25)〕
> 문 5-2 지하실 방수공법의 종류를 열거하고, 각각 그 특징을 설명하라.
>   〔81전(25)〕
> 문 5-3 지하구조물 방수공법 선정시 조사할 사항, 방수의 요구성능, 발전방향에 대하여 기술하시오.   〔05중(25)〕
> 문 5-4 건축지하구조물의 방수공사시 재료선정의 유의사항, 조사대상항목, 기술개발방향을 기술하시오.   〔09전(25)〕
> 문 5-5 지하실에서 외방수가 불가능할 경우 채택하는 내방수 또는 다른 방수공법에 대하여 설명하시오.   〔07후(25)〕

I. 개 요

지하실은 항상 수압의 영향을 받아 누수발생의 우려가 많으므로 공법 선정시 재료, 시공 등의 충분한 검토를 통해 적정한 공법을 선정해야 한다.

II. 방수의 요구성능(재료선정의 유의사항)

1) 충분한 투수(투습) 저항
   재료의 투수(투습) 저항은 사용 목적에 대한 충분한 성능을 갖추어야 한다.

2) 멤브레인(membrane)의 연속성
   ① 시트 재료의 사용시 겹친 부분의 연속성 및 접합성을 확보한다.
   ② 기둥·보 및 벽이 복잡하게 조합된 목조 및 철골조 시공시 특히 유의한다.

3) 내기계적 손상성
   ① 강풍에 의한 노출 방수층의 날림
   ② 태양열에 의한 바탕재 습윤공기의 팽창압력에 의한 방수층의 부풀음
   ③ 조류에 쪼여 발생한 구멍
   ④ 작업자의 부주의에 의한 외상

4) 내화학적 열화성
   ① 유기재료로 장기적인 열화의 가능성이 높다.
   ② 태양열과 자외선 작용에 의한 노출 방수층의 화학적 열화
   ③ 콘크리트에 접하는 방습층은 알칼리의 작용 고려

5) 접착성
  ① 접착성이 우수하여 박리가 되지 않아야 한다.
  ② 방수공법의 특징에 따라 고무계, 합성수지계, 아스팔트계 중 적절한 접착제 선택

Ⅲ. 조사대상항목(조사할 사항)

1) 시공성
  ① 품질관리가 용이한 시공성
  ② 구조체와의 접착 성능
2) 경제성
  ① 전체 공사비와 원가관리를 고려한 방수 공사비의 선정
  ② 공사규모 · 품질 · 공기를 고려한 방수공법의 선정
3) 내구성
  ① 내후성, 내열성, 내알칼리성, 내충격성 등을 고려
  ② 필요한 경우 보호층 시공
4) 안전성
  ① 시공중의 안전사고는 인명피해, 경제적인 손실 및 건설회사의 신용저하 등을 유발
  ② 표준 안전 관리비를 효율적으로 사용하는 계획과 안전조직 검토
5) 공기 및 품질
  ① 공정 계획시 면밀한 시공계획에 의하여 방수공사에 필요한 시간과 순서, 자재, 노무 및 기계설비 등을 적정하고 경제성 있게 공정표로 작성
  ② 시험 및 검사의 조직적인 계획
  ③ 하자발생 방지계획 수립
6) 안방수와 바깥방수공법의 조사항목

항 목	안방수공법	바깥방수공법
적용대상	수압 적고 얕은 지하실	수압 크고 깊은 지하실
시공시기	구체 완료 후 언제나	되메우기 전
공사비	저가	고가
시공성	용이	곤란
본공사 진행	지장 없다.	지장 있다.
보호층	필요시	필요
하자보수	용이	곤란
수압처리	곤란	용이

Ⅳ. 지하실 방수공법의 종류

1. 안방수공법(내방수공법)

1) 바탕청소
   ① 지하실공사 완료 후 결함부 보수 및 청소를 한다.
   ② 콘크리트면의 모래, 자갈, laitance, 돌출물을 제거한다.

2) 지하수 처리
   ① 지하수가 유입되는 경우에는 배수처리한다.
   ② 집수통을 설치하고 완전히 건조시켜 밀착이 잘 되게 한다.

3) 방수층 시공
   ① 내부에 접속되는 부분, 창틀, pit 주위는 연속하여 감싼 부분이라도 단절되지 않게 한다.
   ② 지하실 내부의 문 및 창틀은 방수층 시공 후 설치한다.

4) 집수통
   ① 방수공사 시공 전에 미리 설치한다.
   ② 집수정을 미리 설치하여 지하용수 및 배수처리에 이용한다.

5) 보호누름
   ① 아스팔트 방수층은 벽, 바닥 모두 방수층 보호누름을 한다.
   ② 벽의 누름은 벽돌이나 콘크리트 등으로 하고, 바닥은 모르타르나 wire mesh Con'c 등으로 한다.

2. 바깥방수공법

1) 바탕처리
   ① 기초파기 및 말뚝지정이 완성되면 방수층 바탕을 축조한다.
   ② 콘크리트 표면에 이물질이나 돌출물을 제거하여 평탄하게 한다.

2) 지하용수
   ① 지하용수는 배수하여 건조상태를 유지한다.
   ② 배수된 물은 가급적 멀리서 처리한다.

3) 방수층시공
   ① 잡석, 자갈다짐을 한 위에 wire mesh Con'c나 철근 Con'c로 밑창을 만들고 방수층을 시공한다.
   ② 밑창을 평탄히 하고 아스팔트나 sheet 방수층을 시공한다.

4) 치켜올림부
   바닥방수층을 시공할 때 치켜올림을 고려하여 밑창 Con'c는 60cm 이상 넓게 한다.
5) 보호누름벽
   ① 방수층 시공후 곧 바로 보호층을 시공하여 방수층의 손상을 방지한다.
   ② 보호누름벽의 모르타르가 방수층을 손상시키지 않게 주의한다.

V. 특 징

1) 안방수공법
   ① 수압이 적고 얕은 지하실에 적용된다.
   ② 구조체 완료후 언제든지 시공이 가능하다.
   ③ 공사비가 저렴하다.
   ④ 시공이 쉽다.
   ⑤ 방수 보호층이 필요 없다.
   ⑥ 하자 발생시 보수가 용이하다.

2) 바깥방수공법
   ① 수압이 크고 깊은 지하실에 적용된다.
   ② 공사비가 고가이다.
   ③ 방수 효과가 양호하다.
   ④ 방수시공이 본공사에 지장을 준다.
   ⑤ 방수보호층이 필요하다.
   ⑥ 하자 발생시 보수가 난해하다.

VI. 다른 방수공법(이중벽공법)

1) 의의
   내방수가 수명을 다하여 누수된 경우를 대비하여 시공하는 영구 방수 system

2) 시공법
   지하 외벽에서 누수 발생시 trench로 물을 집수정으로 유도하여 외부로 pumping하는 공법

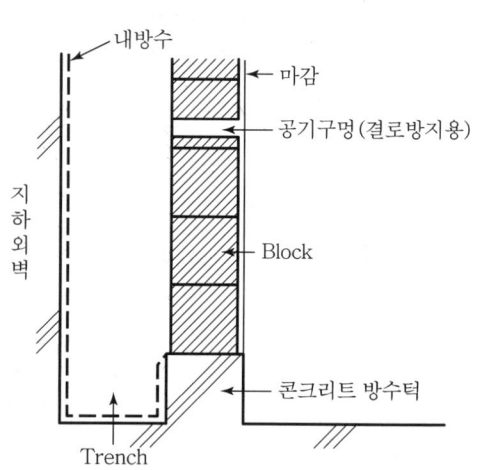

3) 시공시 유의사항
① 지하실 내방수와 겸용으로 시공
② Block 쌓기시 mortar에 의한 trench 막힘 방지
③ 콘크리트 방수턱은 구조체 시공시 일체화 시공
④ Block 결로 방지용 공기 구멍 설치
⑤ 영구 유도 방수이므로 trench의 구배 철저

Ⅶ. 발전방향(기술개발방향)

1) 수밀성 확보

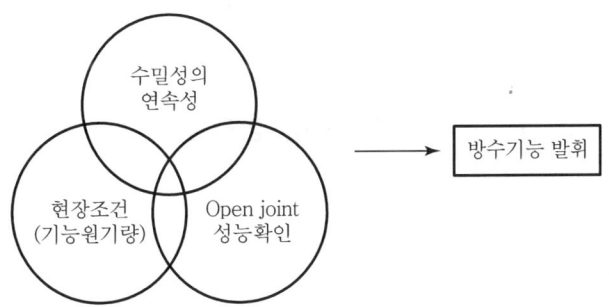

방수의 가장 기본적인 성능으로 방수기능을 발휘하는 필수 성능

2) 자체 보수성(self-sealing) 겸비
고팽창으로 3mm 이내의 균열은 자체 팽창으로 메꿈

3) 회복성 증대
체적이 팽창된 방수재료가 물이 제거되면 다시 본래 체적으로 수축하는 성질

4) 치밀성 개선

방수재료의 치밀한 조직으로 불투수층 확보

5) 시공성 용이
구조체와의 접착 용이

Ⅷ. 결 론

지하실 방수 시공시에는 안방수와 바깥방수공법의 특징을 파악하여 공법을 선정하며, 하자에 대한 예측 및 사전조치가 요구된다.

> **문 6-1** 시트(sheet) 방수공법의 시트의 종류, 특성 및 시공법에 대하여 기술하여라.
> [90후(30)]
> **문 6-2** 시트 방수 공사에서의 하자 원인과 예방책 [00후(25)]
> **문 6-3** 합성고분자계 쉬트 방수층에서 발생하는 부풀음 방지대책을 기술하시오.
> [00중(25)]
> **문 6-4** 철근 콘크리트 평지붕의 합성 수지 sheet 방수공법에서 방수 성능을 높이기 위한 시공상 유의사항에 대하여 설명하여라. [84(25)]
> **문 6-5** 시트(Sheet)방수공법의 재료적 특징, 시공과정, 시공시 유의사항에 대하여 기술하시오. [06중(25)]
> **문 6-6** Sheet 방수공법(고분자 루핑 방수공법) [82전(10)]
> **문 6-7** Sheet 방수 [98전(20)]

Ⅰ. 개 요

시트 방수는 합성 고무계, 합성 수지계, 고무화 아스팔트의 시트 방수제를 사용하여 바탕에 접합시키는 공법으로 지하철 및 지하방수공법으로 널리 이용된다.

Ⅱ. 시트의 종류(재료적 특징)

```
        ┌ 합성고무계 ┬ 가황고무계
        │           └ 비가황고무계
        ├ 합성수지계 ┬ 염화비닐수지계
        │           └ 에틸렌수지계
        └ 고무화 아스팔트계
```

1. 합성고무계

   1) 가황고무계

   ① EPDM과 부틸고무가 주원료이며, 보강재와 가황제를 가해서 가황시킨 것이다.
   ② 내후성이 우수하며, 노출공법에 이용한다.

2) 비가황고무계
① EPDM과 재생부틸고무에 보강재와 노화방지제를 가한 것이다.
② 접착성은 좋으나 인장강도가 적다.

2. 합성수지계

1) 염화비닐수지계
① 외력이나 열 등으로 소성변형되기 쉽다.
② 용착되면 경보행이 가능하다.

2) 에틸렌수지계
아크릴, 에틸렌 등으로 현재는 사용하지 않는다.

3. 고무화 아스팔트계

① 천연고무, 합성고무, 합성수지 등과 아스팔트를 혼합
② 부직포와 같은 보강재를 삽입하여 적층으로 제조

Ⅲ. 특 성

1) 장점
① 신장성, 내후성, 접착성이 우수하다.
② 상온 시공으로 복잡한 장소의 시공이 용이하다.
③ 공기가 짧으며 내약품성이 우수하다.

2) 단점
① 바탕과 시트 사이의 접착 불완전에 따른 균열, 박리 우려
② 시트 두께가 얇으므로 파손될 우려가 있다.
③ 내구성 있는 보호층이 필요하다.
④ 복잡한 형상의 바탕에 대한 시공성이 낮다.

Ⅳ. 시공법(시공과정)

1) 바탕처리
① 바탕은 요철이 없도록 쇠흙손으로 마무리하고 건조한다.
② 모서리는 30mm 이상 면접기 한다.

2) Primer 도포
① 청소 후 primer를 바탕면에 충분히 도포
② Primer는 접착제와 동질의 재료를 녹여서 사용

3) Sheet 접착

① 접착공법

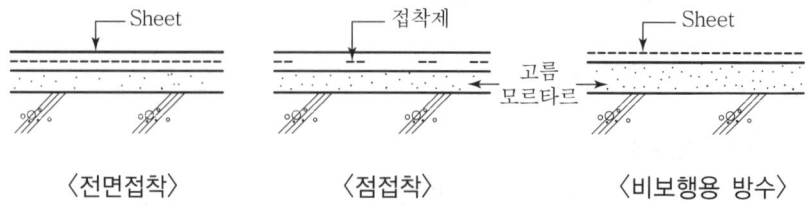

〈전면접착〉　　　〈점접착〉　　　〈비보행용 방수〉

② 접착시 겹침이음은 5cm 이상, 맞댄 이음은 10cm 이상

4) 보호층 시공

① 직사일광에 의한 시트보호를 위해 경량콘크리트, 모르타르 등을 사용
② 신축줄눈은 3~4m 간격으로 설치

V. 하자원인

1) 부풀음 현상

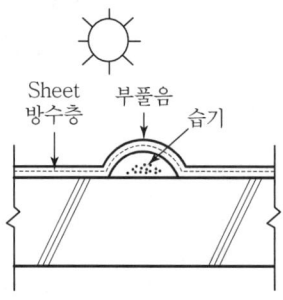

① 바탕 건조 미흡으로 sheet 하부에 습기가 있을 경우
② 태양열, 온도상승 등에 의한 수증기 발생으로 부풀음 발생

2) 기포 및 공극

① Primer칠 일부 누락
② 바탕에 요철 처리 미흡
③ Sheet 접착제의 성능 부족
④ 시공시 기후조건에 의함(습기과다, 기온저하)

3) Sheet재 신장

시공시 sheet재의 지나친 신장

4) 벽체 부위 탈락

① 시트재의 벽체 접착 시공 불량
② 코너부 면접기 미시공

③ 벽체 상부 끝부분 코킹 시공 누락
④ 벽체에 외부로부터의 습기 침입
⑤ 시공시 sheet재의 지나친 신장

5) 누수
① 이음부 접착시공 부족
② 이음길이(10cm 이상) 부족
③ 시공 완료후 담수 test(3일 이상) 누락

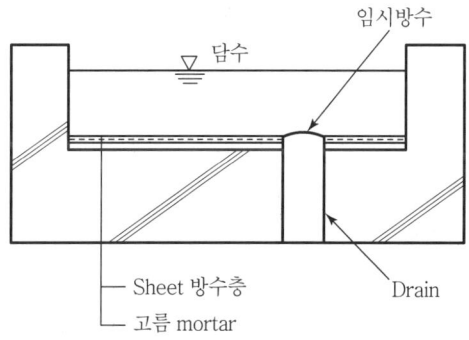

Ⅵ. 예방책(부풀음 방지대책, 시공시 유의사항)

1) 바탕처리 철저
① 바탕의 요철부위는 좋은 배합의 mortar로 처리 후 완전건조
② PE(polyethylene)필름을 깔아 바닥 전 부위의 건조상태 확인
③ 바닥구배 시공 철저
④ 균열 부위는 V-cutting 후 보수
⑤ 이물질 제거, 곰보부위 면처리
⑥ 바탕면 물청소로 불순물 제거

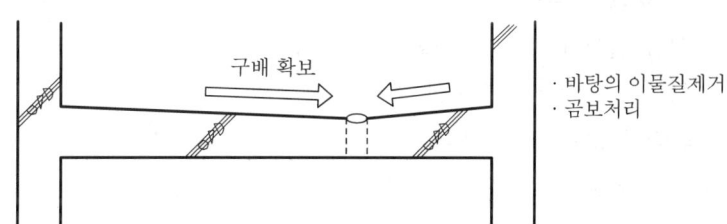

2) 바탕건조
① 바탕은 습기가 완전히 제거될 때까지 건조
② 바탕의 요철이 없도록 쇠흙손 마무리
③ 모서리는 30mm 이상 면접기

3) 재료보관 철저
    ① 사용재료는 직사광선을 피하여 보관
    ② 운반중 파손에 특히 유의
    ③ 방수재와 프라이머, 접착재 등은 품질변화가 발생하지 않도록 보관 철저
    ④ 파손된 재료는 사용하지 말고 즉시 반출
4) 시공방법
    ① 벽은 아래에서 위로 붙임
    ② 바닥은 중앙에서 양쪽 가장자리로 붙임
5) 프라이머 시공 철저
    ① 바닥 프라이머 칠은 골고루 충분히 칠함
    ② 프라이머 건조시간 준수
    ③ 프라이머는 접착제와 동일재료 사용
    ④ 프라이머 시공 전 바탕 청소 철저
6) 바탕과의 밀착
    ① 접착제 칠은 빠짐없이 충분히 칠할 것
    ② Sheet 붙인 후 roller로 밀착
    ③ 밀착시 공극이 발생하지 않도록 유의
7) 벽체 단부 sealing 처리

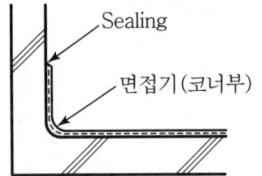

    ① 벽체 단부, sheet재가 끝나는 부위에는 sealing 처리 철저
    ② 벽 코너부는 면접기 시공

8) Sheet 이음부 누름
    ① 이음 길이(10cm 이상)를 충분히 확보
    ② 이음부는 충분히 눌러서 접착 정도 확인
9) 시공 후 부풀음 부위 보강
    ① 작업 완료 후 부풀음 검사
    ② 부풀음 부위는 +형으로 절단후 보강
    ③ 보강한 주위의 부풀음에 대한 검사 철저
10) 누름 콘크리트의 조기타설
    ① 방수공사 완료후 3일간 담수 test 실시
    ② 담수 test 후 곧바로 누름 콘크리트 타설

③ 보행 및 자재운반에 따른 방수층 파손에 유의
④ 누름 콘크리트 타설 중 방수층 훼손에 유의

11) 일사광선 차단
① 방수층 시공후 직사광선으로부터 노출 금지
② 방수층 하부 습기에 의한 부풀음 방지

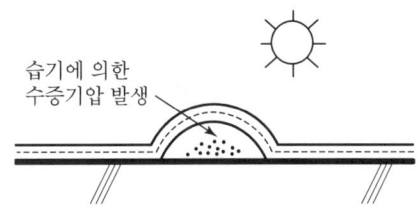

12) Parapet 보호 벽돌 시공

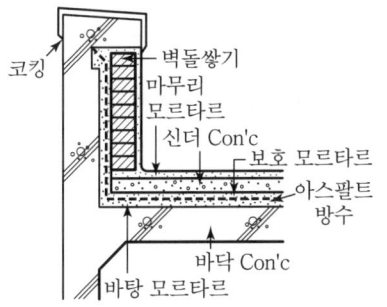

① 벽돌 시공 전 모르타르 또는 콘크리트로 방수층을 벽에 밀착시킴
② 보호 벽돌은 벽에 밀착시켜 시공
③ 벽과 보호벽돌 사이의 틈은 사춤으로 메울 것

Ⅶ. 결 론

시트(sheet) 방수 공법은 시공이 용이하고 방수 성능이 뛰어난 공법이나, 하자 발생시 발견 부위 및 보수가 곤란하므로 이에 대한 연구개발이 필요하다.

> **문 7-1** 도막방수공법에 대하여 다음을 설명하여라. [93후(30)]
>   ㉮ 재료의 특성
>   ㉯ 시공 방법
>   ㉰ 시공시 유의사항
>
> **문 7-2** 옥상 도막방수공사에서 방수 하자원인과 방지대책을 기술하시오.
> [01전(25)]
>
> **문 7-3** 도막방수의 방수재료에 대하여 설명하고, 시공방법에 대하여 기술하시오.
> [04중(25)]
>
> **문 7-4** 도막방수 [98중전(20)]
> **문 7-5** 도막(Membrane)방수 [07후(10)]

Ⅰ. 개 요

도막방수공법은 주로 노출공법에 사용되며, 합성고무나 합성수지의 용액을 도포하여 소요 두께의 방수층을 형성하는 공법이다.

Ⅱ. 방수재료

1) 용제형(solvent)
   ① 합성고무를 주재료로 한 네오플렌 고무계, 하이파론계, 클로로프렌계 등
   ② 용제의 증발에 의해 피막을 만든다.

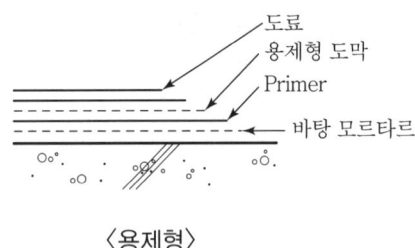

〈용제형〉

2) 유제형(emulsion)
   ① 아크릴수지, 초산비닐계 등의 수지유제
   ② 수중에 확산하여 수분증발에 의해 피막을 형성한다.

3) 에폭시계(epoxy)

　① 에폭시 수지를 발라 도막을 형성하는 것
　② 신축성은 약하나 내약품성, 내마모성이 우수하다.

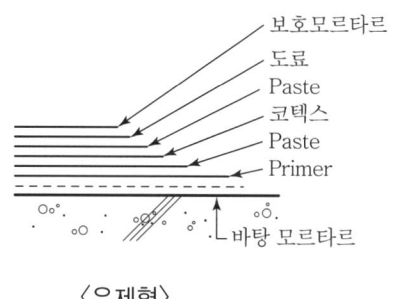

〈유제형〉

Ⅲ. 재료의 특성

1) 장점

　① 신장능력이 크다.
　② 경량이다.
　③ 내수, 내후, 내약품성이 우수하다.
　④ 시공이 간단하고, 보수가 용이하다.
　⑤ 노출공법이 가능하다.

2) 단점

　① 균일한 두께의 시공이 곤란하다.
　② 방수층 두께가 얇아 손상이 우려된다.
　③ 바탕의 균열에 의한 파단이 우려된다.
　④ 화재발생의 우려가 크다.
　⑤ 단열 방수공법의 처리가 크다.
　⑥ 방수 신뢰성이 적다.
　⑦ 바탕 추종성이 적다.

Ⅳ. 시공 방법

1) 바탕처리

　① 쇠흙손으로 평활하게 마감하며 laitance, 기름, 녹 제거
　② 균열, 흠집, 구멍은 보수 후 건조

2) Primer 도포
   ① 제조회사의 시방에 준하여 시공
   ② 도막제에 primer 도포

3) 방수층 시공
   ① 방수제 2~3회 도포
   ② 모서리, 구석 부분은 보강 mesh 사용
   ③ 보행용 지붕에는 보호모르타르 시공

4) 보양
   ① 동결에 대비
   ② 강우에 대한 보양

V. 하자 원인

1) 기포 및 공극 발생
   ① 바탕의 요철 처리 미흡
   ② 바탕 건조 불량
   ③ Primer 칠의 일부 누락
   ④ 재료의 접착성 부족
   ⑤ 시공시 기후 조건(기온 저하, 습기 과다 등)

2) 재료의 신장 부족
   바탕 거동에 대한 재료의 추종성 미흡

3) 부풀음 현상

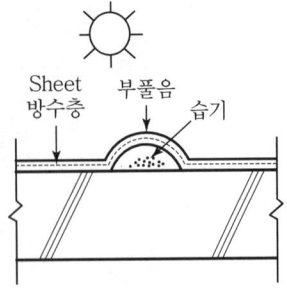

   ① 바탕 건조 미흡으로 하부에 습기 존재
   ② 태양열, 온도 상승 등에 의한 수증기 발생으로 부풀음
   ③ 부풀음으로 인한 방수층의 손상 발생

4) Parapet 벽체 부위 탈락
   ① 방수재의 parapet 벽체 접착 시공 불량
   ② Corner부 면접기 미시공
   ③ 벽체 상부 끝부분 코킹 시공 누락
   ④ 벽체에 외부로부터의 물 침투

5) 누수
    ① 이음부 이음 길이 및 겹침 시공 불량
    ② 시공 완료 후 담수 test 누락

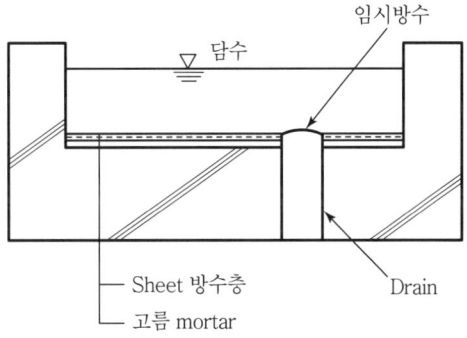

Ⅵ. 방지대책

1) 철저한 바탕처리
    ① 바탕의 요철 처리는 좋은 배합의 mortar로 처리한 후 완전 건조 처리
    ② PE(polyethylene) 필름을 깔아 바닥 전 부위의 건조 상태 확인
    ③ 바닥 구배 시공 철저
    ④ 바닥의 균열 부위는 V-cutting 후 보수
    ⑤ 이물질 제거, 곰보 부위 면처리

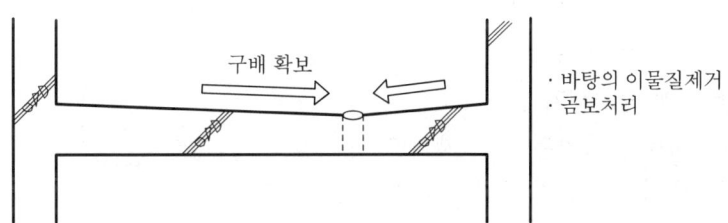

2) 바탕과의 밀착
    ① Primer칠은 빠짐없이 충분히 칠할 것
    ② 공극 발생에 유의
3) Roof drain 주위 보강
    벽체나 바닥을 관통하는 배관 주위는 철저 시공

4) Parapet 벽체 단부 sealing 처리

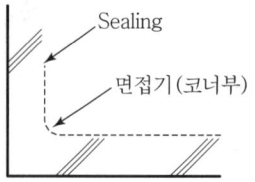

① 벽체 단부 방수가 끝나는 부위는 sealing 처리
② 벽 코너부는 면접기 시공

5) 이음부 처리
① 이음부의 접착성 확보
② 충분한 이음 길이(10cm 이상) 확보

6) 담수 test 실시
48시간 이상 담수 test를 할 것

Ⅶ. 시공시 유의사항

1) 바탕에 밀착
① 바탕에 프라이머 칠을 골고루 함
② 프라이머 칠 후 open time 준수
③ 기포, 주름, 공극이 발생하지 않도록 바탕에 밀착

2) 보강 부위
① 모서리부는 면접기 실시
② Drain과 배관 주위는 기름, 녹 등을 제거 후 보강
③ 치켜올림부의 단부는 접착제를 보강한 후 시공
④ 치켜올림부의 상부는 sealing 처리

3) 바탕에 습기제거
① 바탕에 습기는 완전 제거할 것
② 습기는 수증기 발생에 의한 공극 생성

4) 기후 조건
① 규정된 온도내에서 작업 실시
② 온도 5℃ 이하, 습도 85% 이상시 작업 중지

Ⅷ. 결 론

도막 방수는 시공성이 우수하며 재료비가 저렴하여 많이 시공되고 있으나, 시공 기간이 많이 소요되므로 충분한 공기가 필요하다.

문 8-1 개량형 아스팔트 시트 방수에 관하여 기술하시오. [95후(30)]

문 8-2 개량 아스팔트 공법의 장, 단점과 시공방법 및 주의사항에 대하여 설명하시오. [08후(25)]

Ⅰ. 개 요

개량형 아스팔트 시트 방수는 sheet 뒷면에 asphalt를 도포하여 현장에서 torch로 구워 용융시킨 뒤 primer 바탕 위에 밀착시키는 방수공법이다.

Ⅱ. 특징(장단점)

1) 장점
   ① 신장성, 내후성, 접착성이 우수하다.
   ② 시공이 간단하고 공기가 단축된다.
   ③ 이음부처리가 용이하다.
   ④ 환경오염이 적다.

2) 단점
   ① 결함부위의 발견이 어렵다.
   ② 화기사용으로 화재위험이 있다.
   ③ 복잡한 바탕에서는 시공성이 낮다.
   ④ 내구성 있는 보호층이 필요하다.

Ⅲ. 시공(시공방법)

1) 시공순서

2) 바탕처리
   ① 균열, 곰보는 보수하고 청소한 뒤 충분히 건조시킨다.
   ② Laitance, 녹, 오염 등 이물질을 제거하고, 모서리는 면접기를 실시한다.

3) Primer
   ① Primer 도포는 바탕건조 후 균일 도포한다.
   ② 얼룩지지 않게 침투시킨다.

4) Sheet 붙이기
   ① 뒷면을 torch로 바탕을 균일하게 용융시킨다.
   ② 개량 아스팔트를 용융시킨 후 밀착한다.

5) 특수부위 마무리
   ① 모서리 요철부는 200mm 보강깔기용으로 시트 처리한다.
   ② Pipe 주변 보강깔기용 시트를 파이프 주위의 100mm 이상 바닥면에 붙인 후 개량 아스팔트 시트를 겹쳐 깐다.

6) 단열재 붙이기
   ① 단열재용 접착제를 균일하게 바르고 빈틈없이 붙인다.
   ② 단열재 위에 접착층 부착시트를 붙인다.

7) 보호층 시공
   ① 시트 방수층 위에 15mm 이상 보호 모르타르를 시공한 후 기타 마감층을 시공한다.
   ② 누름 콘크리트를 타설한다.

8) 치켜올림부
   ① 방수층에서 20mm 이상 감아 올린다.
   ② 0.5B 벽돌쌓기한다.

Ⅳ. 주의사항

1) 바탕처리 철저

   ① 바탕에 패인 부분 등은 mortar로 보수
   ② 구조체 콘크리트 타설시 제물마감으로 구배시공 철저

2) 구배 확보

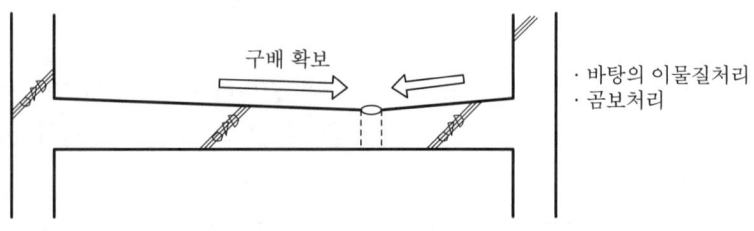

3) Corner 부위 면접기

    면접기높이(H)는 누름콘크리트의 두께 1/2 이하로 설치

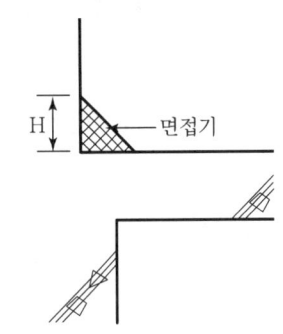

4) 신축줄눈 설치

    노출된 누름콘크리트의 수축과 팽창을 흡수하기 위해 설치

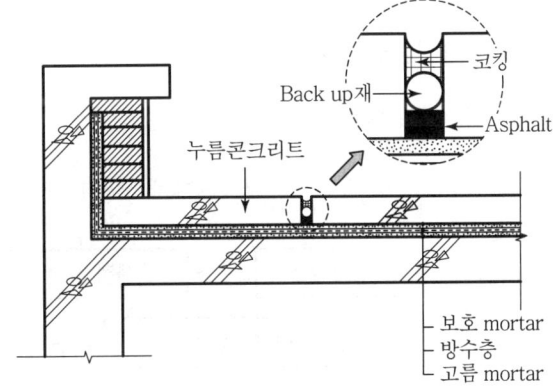

5) 방수층 밀착 접착

    구조체와의 접착력 향상

6) 관통 sleeve부 보강

    우수침입 방지 및 수축, 팽창의 흡수를 위해 내구성이 좋은 구조용 코킹으로 시공

V. 결 론

개량형 아스팔트 시트 방수공법은 종전의 시트 방수 및 아스팔트 방수공법보다 시공성이 좋고 공기단축이 가능하므로 근래에 많이 채택되는 공법이다.

문 9-1 침투성 방수 메커니즘(Mechanism)과 시공과정을 기술하시오.
[05중(25)]

문 9-2 실베스터(Sylvester) 방수 공법
[95전(10)]

Ⅰ. 개 요

노출된 부위나 실내의 콘크리트, 조적조, 석재 및 미장 표면에 방수제를 침투시켜 방수층을 형성하는 공법을 말한다.

Ⅱ. 침투성 방수 mechanism

1) Mechanism

```
                    모체의 내부 습기와 유리 석회의 화학 반응
                              ↓
  방수제 도포 → 연쇄적 화학 반응 → 불투수 방수 결정체 생성
       ↓
  → 모체의 공극 메움 → 모체의 방수층 형성
           ↑          방수결정체에 의해 물분자의 이동 방지
  모체의 내부 모세관을 방수 결정체가 메움
```

2) 사용범위
   ① 노출된 외부 콘크리트면
   ② 노출된 실내(페인트가 안 된 곳) 콘크리트 표면
   ③ 외부 제치장 콘크리트 표면
   ④ 실내 제치장 콘크리트 표면
   ⑤ 외부 조적 벽돌 표면

Ⅲ. 시공과정

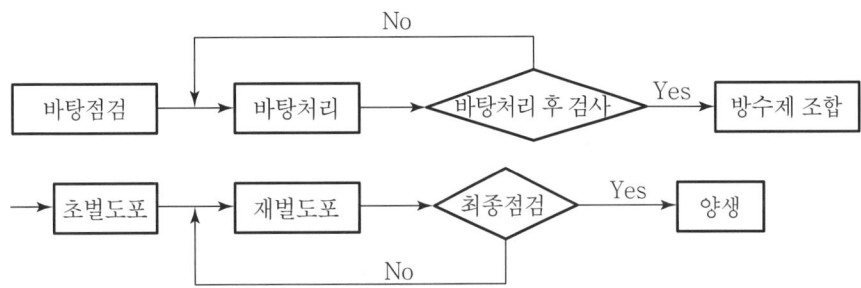

1. 바탕

1) 유기질
   ① 방수공사 착수 전에 예정된 성능의 최종 효과를 알기 위해 시험 사용해 본다.
   ② 바탕면의 이물질은 방수제의 침투 및 접착을 방해하지 않게 깨끗하게 청소한다.
   ③ 표면이 충분히 건조되었는가를 확인해야 한다.
   ④ 방수재료 코팅될 부분에 있는 이음부가 완전히 실링재로 채워질 때까지 방수제의 사용을 연기한다.
   ⑤ 방수제가 떨어질 가능성이 있는 알루미늄이나 유리의 표면은 덮어 두어야 한다.

2) 무기질재
   ① 평탄하고 굽은 면, 돌출면, 들뜸, laitance, 취약부 등의 결함이 없을 것
   ② 곰보, 균열부분이 없을 것
   ③ 바닥면은 물이 고여 있지 않을 것
   ④ 접착에 방해가 되는 먼지, 오염, 녹 등이 없을 것
   ⑤ 콘크리트 이음매 부분의 줄눈막대기는 제거할 것

2. 시공

1) 유기질
   ① 저압력의 분사기구를 사용하여 방수제를 필요한 표면에 조밀하게 분사 코팅한다.
   ② 일반적으로 공기 없는 분사방식을 사용한다.
   ③ 고밀도의 표면에는 적용치 않는다.

2) 무기질
   ① 콘크리트의 거푸집 제거 후에 바탕 전반에 대해 점검한다.
   ② 이음매 부분은 물청소하고 시멘트 모르타르를 충전할 것
   ③ 거푸집 긴결을 위한 콘크리트는 물청소하고 시멘트 모르타르를 충전한 뒤 된비빔이나 폴리머 시멘트 모르타르를 충전한다.

3) 실베스터법(sylvester method)
① 모르타르 또는 콘크리트에 명반과 비눗물의 뜨거운 용액을 일정한 간격을 두고 여러번 바름하여 방수층을 구성하는 공법으로 침투성 방수의 일종이다.
② 구조체의 표면 손상이 발생하지 않는다.
③ 재료구입이 용이하다.
④ 구조체의 흡수방지 효과로 동해·백화·풍화를 방지할 수 있다.
⑤ 구체 결함에 따라 방수성능이 파괴된다.
⑥ 장시간 경과 후에는 방수효과가 떨어진다.
⑦ 시공
  ㉮ 바탕면의 이물질, 들뜸, laitance 등을 제거한다.
  ㉯ 명반 5% 용액＋비누 7% 용액을 혼합한다.
  ㉰ 뜨거운 용액을 시간간격을 두고 여러 번 바른다.
  ㉱ 침투상태를 확인하고 시험한다.
  ㉲ 48시간 이상 초기 양생한다.

3. 양생
① 도포 완료 후 48시간 이상의 적절한 양생을 한다.
② 직사광선, 바람 등에 의해 급격한 건조 우려시 물을 뿌리고 시트를 깔아 양생한다.
③ 폐쇄된 장소에는 환기, 통풍, 제습 등의 조치를 강구한다.
④ 저온에 의한 동결의 우려가 있는 경우는 보온, 시트 깔기 등의 양생을 한다.

Ⅳ. 결 론

침투성 방수공법은 콘크리트 구체, 모르타르, 벽돌벽과 같이 흡수성을 갖는 모재에 고분자 유기질이나 무기질 방수제를 도포하여 물의 침투를 억제시켜 방수하는 공법으로 성실 시공하면 방수효과를 극대화할 수 있다.

> **문 10-1** 실링(sealing)재와 코킹(caulking)재의 시공법과 그 장단점에 대하여 기술하여라. 〔86(25)〕
> **문 10-2** Sealing 공사에 있어서 부정형 실링재의 요구성능과 시공시 유의사항을 기술하시오. 〔03중(25)〕
> **문 10-3** Sealing 공사의 Sealant 요구성능 및 선정시 고려사항을 기술하시오. 〔07전(25)〕
> **문 10-4** Sealing 공법 〔82(10)〕
> **문 10-5** 실링(sealing) 방수 〔95중(10)〕

Ⅰ. 개 요

Putty, gasket, caulking 및 sealant재 등을 접합부에 충전하여 수밀성, 기밀성을 확보하는 공법을 sealing 방수 공법이라 한다.

Ⅱ. Sealant의 요구성능 및 선정시 고려사항

1) 접착성
   ① 피착재에 sealant가 접착되어 외부하중 작용시에도 분리되지 않고 저항하는 성질
   ② 접착성 test

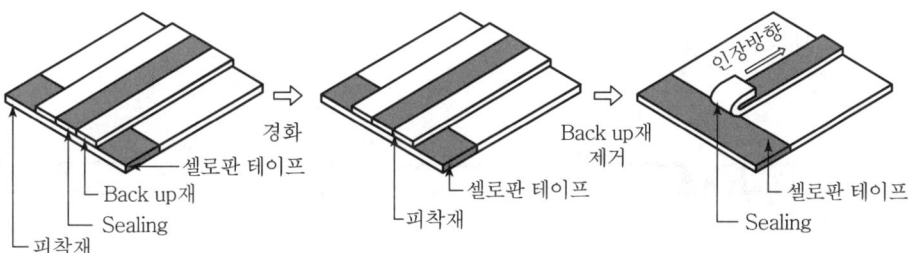

2) Movement에 대한 추종성

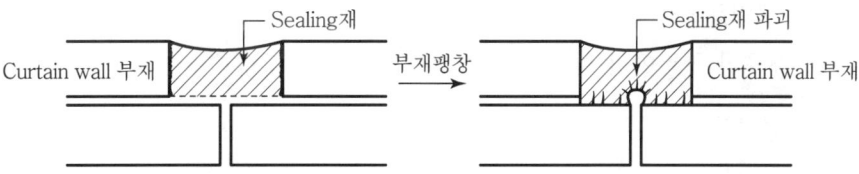

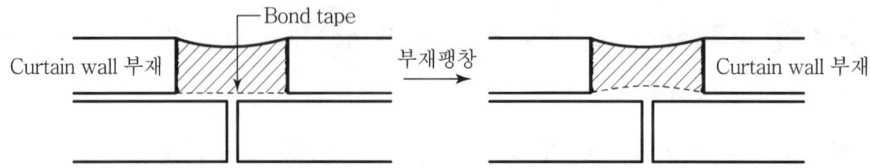

3) 내구성
    ① 피도물의 내구성능 이상의 내구성 요구
    ② 일반적으로 20년 이상의 내구성능 요구
4) 시공의 용이성
    ① 일반적 상황에서 작업이 가능하고 작업성이 용이할 것
    ② 5℃ 이하, 30℃ 이상시 작업 금지
    ③ 습도 80% 이상시 작업금지
5) 경화시간
    경화시간이 짧을 것
6) 비오염성
    ① Sealant 표면에 곰팡이가 발생되지 않을 것
    ② 접합부 주변에 기름 등이 침투하여 오염발생이 되지 않을 것
7) 내후, 내약품성이 클 것
    화학적 반응에 의한 변형이 없을 것
8) 가격이 저렴할 것
9) 신축시 원상회복성

신축에 대한 추종성 및 원상회복 기능 확보

10) 구입용이성
    재료의 구입이 용이할 것

Ⅲ. 시공법

1. 시공순서

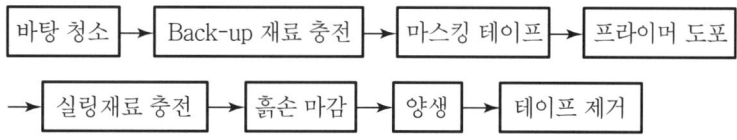

2. 시공시 품질관리

1) 표면건조
   ① 바탕면 청소 후 표면은 완전 건조
   ② 충전 전에 습기·먼지 제거

2) Back-up 재료 충전
   ① 3면 전단 발생 방지
   ② Bond breaker용 tape 설치

3) 마스킹 테이프 정밀부착
   주변 오염 방지 및 줄눈선 살리기

4) 프라이머 도포
   비산되거나 접합부 외에 부착되는 것 방지

5) 실링재료 충전
   경화될 때까지 표면이 오염되지 않게 양생

6) 흙손 마감
   마무리면은 평탄하게 하고 마무리 후 보양 필요

7) 테이프 제거
   표면 경화후 테이프 제거

IV. 장단점

구 분	실 링 재	코 킹 재
가격	다소 비싸다.	저렴
용도	유리끼우기, 싱크대, 욕조	외벽 창호 주변
액형	1액형	주로 2액형
경화시간	짧다.	길다.
접착력	우수하다.	다소 신빙성이 적다.
추종성	우수하다.	다소 적다.
하자발생	적다.	비교적 많다.
시공성	좋다.	약간 불편하다.
내구성	우수하다.	다소 저하된다.
색상	다양하다.	단순(회색·밤색)
피착면 오염	적다.	심하다.

V. 시공시 유의사항

1) 표면 건조
   ① 바탕면 청소후 표면은 완전히 건조
   ② 충진전에 습기·먼지 제거

2) Back-up 재료 충진
   3면 전단발생금지, bond breaker용 tape 설치

3) 마스킹 테이프 정밀 부착
   주변오염방지 및 줄눈선 살리기

4) 프라이머 도포
   비산되거나 접합부 외에 부착되는것 방지

5) 실링재료 충진
   경화될 때까지 표면이 오염되지 않게 양생

6) 흙손 마감
   마무리면은 평탄하게 하고 마무리 후 보양 필요

7) 테이프 제거
   표면 경화 후에는 테이프를 제거한다.

VI. 결 론

실링재와 코킹재의 시공은 재질과 장소에 따라 적합한 설계가 중요하며, 전 작업과정에서 철저한 품질관리가 이루어져야 한다.

문 10-6 본드 브레이커(Bond Breaker) [01전(10)]
문 10-7 Bond Breaker [10전(10)]

I. 정 의

① Bond breaker는 고층 curtain wall 공사의 접합부에서 U자형 줄눈에 충전하는 sealing재를 줄눈 밑면에 접착시키기 위해 붙이는 tape로 3면 접착을 방지하기 위해서 사용된다.
② Sealing재의 접합은 3면 접합의 경우 curtain wall 부재의 온도 변화로 인한 팽창으로 sealing재가 파괴되므로 2면 접합으로 이를 방지해야 한다.

II. 목 적

① Sealing재의 파괴 방지
② 외부 미관 저해 방지
③ 접합부 수밀성 유지
④ 누수로부터 본 구조체 보호

III. 원 리

1) 3면 접착시(문제점)

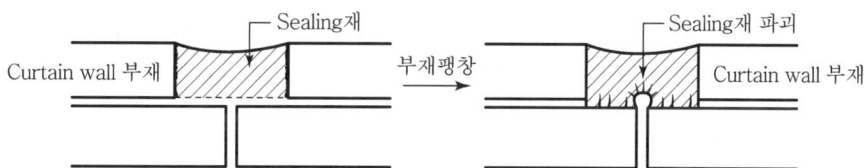

2) 2면 접착시(대책)

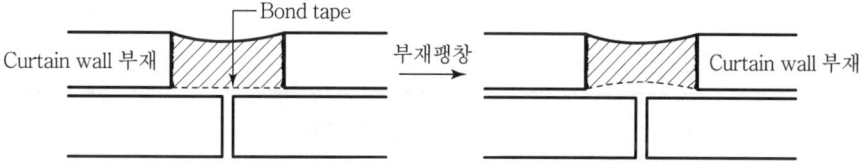

문 11 철근 콘크리트조로 시공되는 산업폐수(또는 오수) 처리 구조물의 방수대책(골조공사, 방수공법 및 시공)에 대하여 기술하시오. 〔02전(25)〕

I. 개 요

산업폐수 및 오수는 환경오염을 유발시키므로 방수공사의 중요성이 확대되며 다양한 방수성능이 요구되고 있다.

II. 방수대책

1. 골조공사

1) 철근배근상태
   ① 구부림 차수 준수
   ② 이음 및 정착길이 확보
   ③ 철근 간격유지

2) 공사중 부력 검토
   ① 수압
   $$P_w = k_w \cdot \gamma_w \cdot h_2$$
   ② 부력
   $$V = \Sigma A \cdot P_w$$
   V : 부력, A : 건축물 바닥면적(m^2)

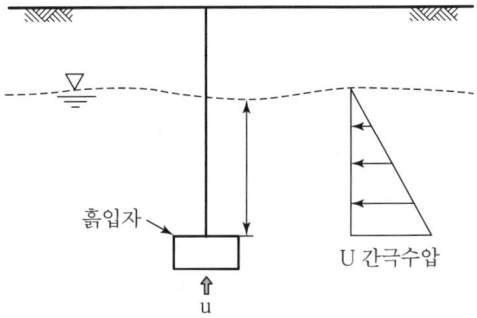

3) Cold joint 방지
   ① 공사중 construction joint에 의한 이어치기시 주의
   ② 레이턴스 및 이물질 제거

4) 수밀 콘크리트 타설
   물시멘트비 55% 이하 사용

5) 지주 존치기간 확보

부 재	콘크리트 압축강도
확대기초, 보옆, 기둥, 벽 등의 측면	5MPa 이상
슬래브 및 보의 밑면, 아치 내면	설계기준강도 100% 이상

6) 지수판 설치

2. 방수공법

1) 안방수

   액체방수 또는 도막방수

2) 안방수와 바깥방수 겸용시공

   - 안방수 : 액체방수
   - 바깥방수 : 아스팔트 방수

3. 방수시공

1) 바탕처리
   ① 균열부위 보수후 시공
   ② 이물질 제거 곰보부위 면처리

2) 적정공법 선정

   시공에 맞는 적정공법을 선정하여 환경오염이 없어야 한다.

3) 들뜸 박리 방지
   ① 완전한 건조후 시공
   ② 접착성능 약화로 방수성능 저하

4) 매설철물과 접합부
   ① 수면 이하에는 접합부를 만들지 말 것
   ② 시공중 철저한 검사

5) 코너부위 시공철저

6) 환기철저

   습기의 잔류방지, 건조하게 유지할 것

7) 가설조명확보

   최소 75Lux 확보

8) 장비 반입후 안전시설 설치

9) 점검 사다리 시공

Ⅲ. 결 론

방수공사는 본 구조체의 강성을 확보하지 못하게 되면 방수의 효과가 지속될 수 없으므로 전 공정에 걸쳐 철저한 품질관리가 필요하다.

문 12 단열층의 방수·방습 방법의 종류와 각각의 장단점을 기술하시오.

[02중(25)]

I. 개 요

단열방수 공법은 건물 각 부위의 열손실을 방지하여 에너지 절감효과를 높이며, 동시에 방수성능이 있는 재료를 사용하여 방수성을 갖게 한 공법이다.

II. 분 류

```
          ┌ 내단열 : 구조체의 내부에 단열재 설치
단열방수 ─┤         ┌ 종래공법 : 구조체 + 단열재 + 방수층
          └ 외단열 ─┤
                    └ 역전공법 : 구조체 + 방수층 + 단열재 + 보호누름
```

III. 방수·방습방법의 종류

1) 내단열

   단열층을 슬래브 하부에 설치

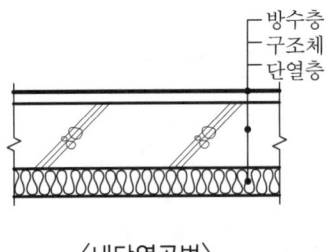

〈내단열공법〉

2) 외단열(종래공법)

   지붕 슬래브 위에 단열재를 바름

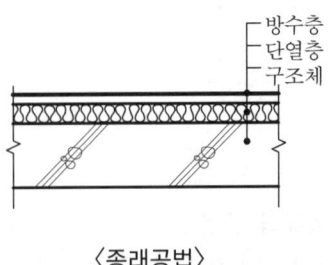

〈종래공법〉

3) 외단열(역전공법)

　　방수층 위에 단열재를 깔고 보호누름 시공

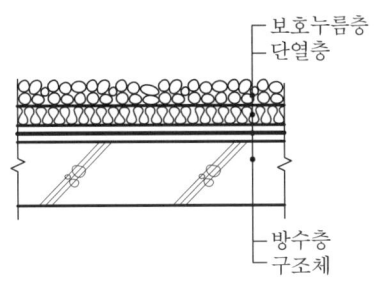

〈역전공법〉

4) 시공시 유의사항

　① 노출방수층 시공시 방수재의 내구성 검토
　② 설계시부터 단열재 종류, 공법 등을 고려
　③ 시공 정밀도 유지 철저

Ⅳ. 장단점

1) 내단열공법

　① 단열층을 슬래브 하부에 설치
　② 냉·난방시의 마무리 효과가 좋음
　③ 일사에 의한 지붕 슬래브의 열 거동이 커짐
　④ 방수층 파단이 쉬움

2) 외단열 종래공법

　① 지붕 슬래브 위에 단열재를 바름
　② 방수층 표면온도 상승으로 열화발생
　③ 단열재 하부 방습층 필요(내부결로)

3) 외단열 역전공법

　① 방수층 위에 단열재를 깔고, 보호누름 시공
　② 방수층 보호, 내구성 유지에 이상적인 방법
　③ 자갈, 철망보강보호 콘크리트 시공

Ⅴ. 결 론

단열방수에서는 특히 노출 방수층 시공시 방수재의 내구성을 검토하여야 하며 가급적 설계시부터 단열재의 종류, 공법 등을 고려하여야 한다.

문 13 Membrane 방수공사의 사용재료별 시공방법을 기술하시오. [06전(25)]

I. 개 요

지붕·차양·발코니·외벽·수조 등에 얇은 피막상의 방수층으로 전면을 덮는 방수를 membrane 방수라 한다.

II. 분 류

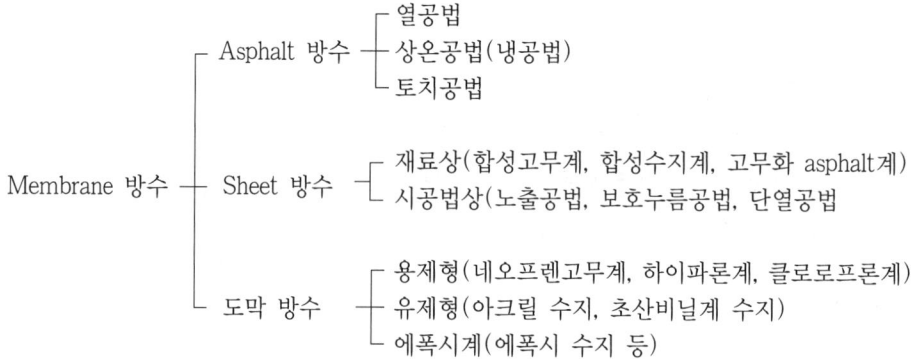

III. 사용재료별 시공방법

1. Asphalt 방수

1) 정의

① Asphalt felt · asphalt roofing류를 용해한 asphalt로 여러 층을 접합하여 방수층을 형성하게 하는 방수 공법이다.

② Asphalt 방수는 경제성 및 신뢰성이 높아 오래 전부터 많이 시공되어 왔으며, 앞으로도 많이 사용될 전망이다.

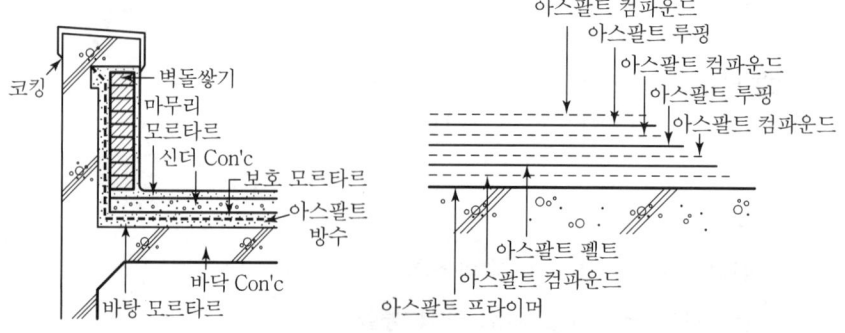

2) 시공방법
   ① 시공순서

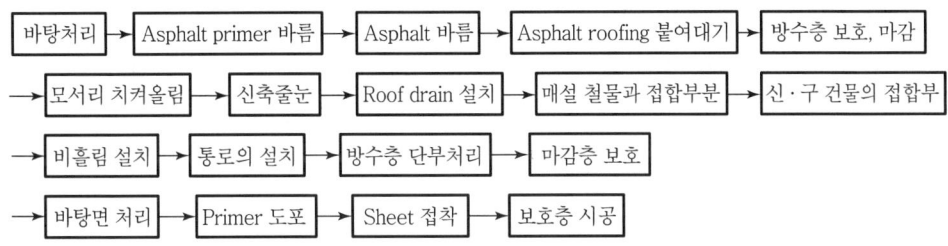

   ② 바탕처리
      ㉮ 방수층의 바탕을 청소 정리하고, 돌출물은 제거하며, 결손부분은 보수한다.
      ㉯ Asphalt에 기포가 발생하거나 냉각 후 벗겨지지 않게 한다.
   ③ Asphalt primer 바름
      ㉮ 바탕이 충분히 건조된 후 청소하고 asphalt primer를 바른다.
      ㉯ PC판에 시공시 joint 사이로 침투되지 않게 한다.
   ④ Asphalt 바름
      ㉮ Asphalt 바탕층 joint, 틈 등에 침투되지 않게 한다.
      ㉯ Joint나 굳은 asphalt에 칠을 할 경우 joint에서 5cm 이상 이격시킨다.
   ⑤ Asphalt roofing 붙여대기
      ㉮ Asphalt roofing은 사용하기 전 안팎에 묻은 먼지, 흙 등을 청소한다.
      ㉯ Roofing의 이음새는 엇갈리게 하고 90mm 이상 겹쳐 붙인다.
   ⑥ 모서리 치켜올림
      방수층 치켜올림의 끝부분에는 물끊기 등을 적당히 만들고 뒷면에 우수가 침투하지 않도록 한다.
   ⑦ 신축줄눈
      ㉮ 방수층 누름에서 신축줄눈을 설치할 때는 가로 세로 3~5m마다 설치한다.
      ㉯ 줄눈나비는 15mm, 깊이는 방수층까지 자르고, asphalt compound나 blown asphalt를 주입한다.

2. Sheet 방수

1) 정의
   ① Sheet 방수는 합성고무 또는 합성수지를 주성분으로 하는 두께 0.8~2.0mm 정도의 합성고분자 roofing을 접착재로 바탕에 붙여서 방수층을 형성하는 공법이다.
   ② 접합부 처리 및 복잡한 부위의 마감이 어렵고 값이 비싼 단점이 있으나, 시공이 간단하고 바탕균열에 대한 신장력이 크며, 내구성·내후성이 좋다.

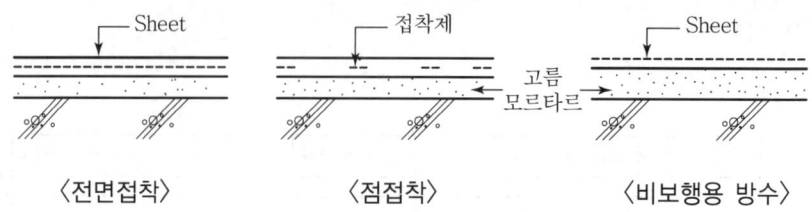

⟨전면접착⟩　　⟨점접착⟩　　⟨비보행용 방수⟩

2) 시공방법

① 시공순서

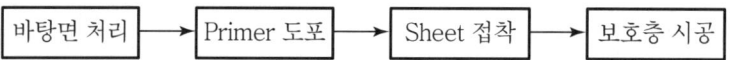

② 바탕처리
  ㉮ 바탕은 요철이 없도록 쇠흙손으로 마무리하고 건조한다.
  ㉯ 모서리는 30mm 이상 면접기 한다.
③ Primer를 도포
  ㉮ 청소후 primer를 바탕면에 충분히 도포
  ㉯ Primer는 접착제와 동질의 재료를 녹여서 사용
④ Sheet 접착
  접착시 겹침 이음은 5cm 이상, 맞댄이음은 10cm 이상
⑤ 보호층 시공
  ㉮ 직사일광에 의한 sheet 보호를 위해 경량콘크리트, 모르타르 등을 사용
  ㉯ 신축줄눈은 3~4m 간격으로 설치

3. 도막방수

1) 정의
  ① 도막방수는 액체로 된 방수도료를 한 번 또는 여러 번 칠하여 상당한 두께의 방수막을 형성하는 방수공법이다.
  ② 시공은 간편하나 균일두께의 시공이 곤란하며, 방수의 신뢰성이 떨어지므로 간단한 방수성능이 필요한 부위에 사용된다.

2) 시공방법
  ① 바탕처리
    ㉮ 쇠흙손으로 평활하게 마감, laitance, 거름, 녹 제거
    ㉯ 균열, 흠집, 구멍은 보수후 건조

② Primer 도포
   ㉮ 제조회사의 시방에 준하여 시공
   ㉯ 도막제에 primer 도포
③ 방수층 시공
   ㉮ 방수제 2~3회 도포
   ㉯ 모서리, 구석부분은 보강 mesh 사용
   ㉰ 보행용 지붕에는 보호모르타르 시공
④ 보양
   ㉮ 동결에 대비
   ㉯ 강우에 대한 보양

IV. 결 론

Membrane 방수공법은 재료에 따라 시공방법과 방수의 지속성이 다르므로 재료의 특성을 감안하여 적재적소에 시공하여야 한다.

> **문 14** 공동주택의 다음 부위별 방수공법 선정 및 시공시 유의사항을 기술하시오.
> 1) 지붕   2) 욕실 및 화장실   3) 지하실   [02후(25)]

I. 개 요

공동주택의 방수 부위는 지붕(옥상), 욕실, 발코니 및 지하실이 있으며, 공기 및 경제성을 고려하여 적정 방수공법을 선정하여야 한다.

II. 방수공법 선정

1. 지붕

1) Asphalt 방수

① Asphalt felt, asphalt roofing류를 용해한 asphalt로 여러 층을 접합하여 방수층을 형성하는 공법

② 특징

장 점	• 오랜 시공 실적에 의해 경험 풍부 • 경제성이 있음 • 액상으로 굴곡면에 시공 용이 • 섬유 보강으로 강한 피복 형성
단 점	• 결함부 발견이 난해 • 화기에 대한 안전 대책 마련

2) 우레탄 도막방수

① 우레탄을 액상 상태에서 여러번 도포하여 일정한 두께(3mm 이상)를 확보하여 방수층을 형성하는 공법

② 신축성이 뛰어난 옥상 및 목욕탕 등에 시공됨

③ 섬유 보강시 강성 확보 가능

2. 욕실 및 화장실

1) 시멘트 액체방수

① 시멘트 paste에 방수액을 첨가하여 바름으로써 방수층을 형성하는 공법으로 결함 발생이 많음

② 특징

장 점	• 시공이 간편하고 용이 • 경제적인 공법 • 보수 작업 용이
단 점	• 방수층의 신축성이 부족하여 실외는 부적당 • 균열 및 하자 발생이 많음 • 방수의 신뢰성이 낮음

2) 도막방수

① 합성고무나 합성수지의 용액을 도포하여 방수층을 형성하는 공법으로 간단한 방수 성능이 필요한 곳에 시공
② 경량이며 시공 및 보수 용이
③ 바탕 변화에 대한 추종성 부족

3. 지하실

1) Sheet 방수

① 합성고무계, 합성수지계 및 고무화 asphalt계의 sheet 방수재를 바탕과 접착시켜 방수층 형성
② 특징

장 점	• 시공이 용이하며 시공속도가 빠름 • 방수의 신뢰성이 양호 • 방수층의 신축성 양호
단 점	• 방수 보호층이 필요 • 하자 발생부위의 발견 곤란

2) 볼텍스 방수

① Sheet 속에 bentonite 알갱이를 충전시켜 구조체 외부에 접합시켜 방수층을 형성하는 공법
② 물을 흡수하면 팽창하여 주위 공극을 막아 버리는 bentonite의 성질을 이용한 방수 재료
③ 시공이 매우 간편
④ 재료비는 고가

Ⅲ. 시공시 유의사항

1) Asphalt 방수
   ① 화기 등 안전에 유의
   ② 치켜올림부, 관통 pipe부 및 drain 주위 시공시 유념하여 시공
   ③ 보호 모르타르 타설시 방수층 손상에 유의

2) 도막 방수
   ① 바탕처리 철저
   ② 규정된 온도내에서 시공할 것
   ③ 모서리는 둥글게 둔간 처리
   ④ 이어 바름부는 10cm 이상 겹친 시공

3) 시멘트 액체 방수
   ① 기온 및 습도에 따라 배합비 조정
   ② 혹서기나 혹한기시에는 시공 금지
   ③ 악천후시에는 시공을 하지 않으며, 시공부위의 확인 철저

4) Sheet 방수
   ① Sheet는 기포, 주름 및 공극이 없도록 roller로 충분히 바탕면과 밀착시킴
   ② 시공 과정에서의 sheet의 신장 제거
   ③ 모서리부는 보강 필요
   ④ 접합부는 10cm 이상 접합하며 보강 필요

5) 볼텍스 방수
   ① 시공시기를 조정
   ② 기초부의 연결부 처리 철저
   ③ 보호층 누락 없이 철저 시공할 것

Ⅳ. 결 론

공동주택의 부위별 방수는 시공 시점에 따라 방수를 시행하여야 하며, 지하실 방수의 경우에는 지하 수량의 유무에 따라 안방수 또는 바깥방수 공법을 결정한후 시공에 임하여야 한다.

문 15-1 공동주택에서 지하 저수조의 방수시공법을 설명하고, 시공시 유의사항에 대하여 기술하시오. [06후(25)]

I. 개 요

① 지하저수조는 일반적으로 층고가 높고 규모가 크므로 저수조의 옹벽 및 바닥콘크리트에 균열, cold joint, 재료분리 현상의 발생이 많다.
② 밀폐된 공간에서의 방수작업은 안전사고의 위험이 크므로 충분한 조명, 환기, 급기 및 안전시설을 준비하고 작업하여야 한다.

II. 방수시공법

1) 밀실한 구조체 형성

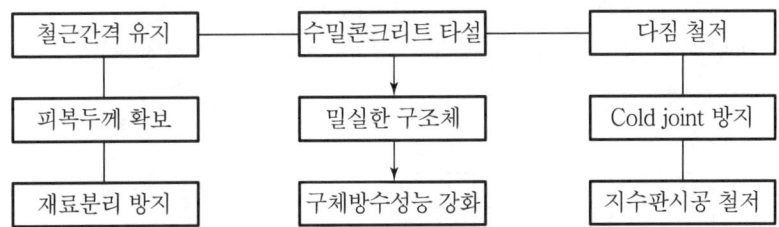

콘크리트 타설과정에서 철저한 품질관리로 구조체의 방수성능 강화

2) 구조체 결함부 보수
① 구조체 자체에 형성되어 있는 각종 결함을 완전 보수
② 바탕처리 작업전에 균열부위나 form tie 부분의 보수 선행

3) Corner부 면접기

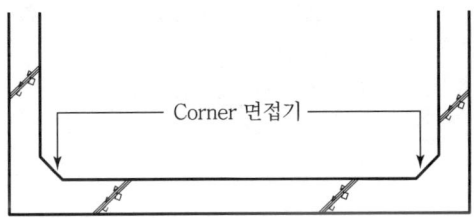

① 구조체 콘크리트 타설시 corner부면 처리가 일체화되도록 타설

② 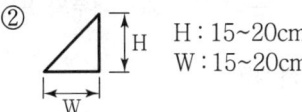 H : 15~20cm
W : 15~20cm

4) 면 고르기
거푸집 이음면, 콘크리트 표준면 등 면의 평활도 확보

5) 방수층 시공

> 공법1 : 시멘트 액체방수 2차 + epoxy 도막방수
> 공법2 : 구조체 침투방수 + epoxy 도막방수

① 조명시설 및 환기시설 준비
② 바탕면의 건조후 epoxy 도막방수 시공

6) 바닥구배 형성
① 저수조청소를 위해 중앙부에 open trench 설치
② 1/50 이상의 구배시공

Ⅲ. 시공시 유의사항

1) 바탕처리 철저
   바탕면의 청소와 평활도 확보
2) 외기온도 검토

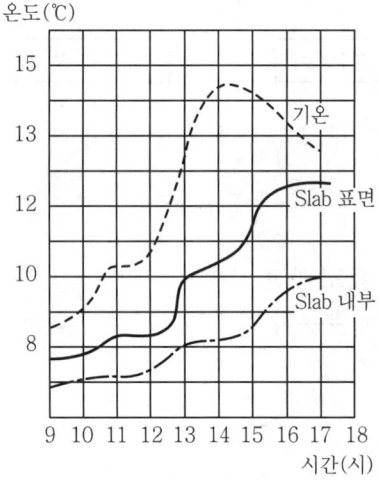

① 기온이 낮으면 콘크리트면의 온도가 외기온 보다 저하됨
② 저기온시 구조체와 방수층의 접착불량
③ 5℃ 이하는 작업 금지

〈기온에 따른 slab 내부와 표면도〉

3) 안전설비 구비
   조명시설, 환기시설 구비
4) 점검사다리 설치
   ① 저수조 천장부위에 점검사다리 설치
   ② 방수층 훼손방지를 위해 벽에 anchor 시공 금지

5) 결로 제거

결로수를 제거하고 표면 건조후 작업

6) 방수층 파손유의

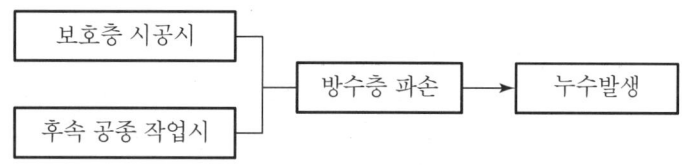

보호층 시공후 후속공종에 의한 보호층 파손 유무를 확인

IV. 결 론

① 지하저수조 방수는 수압에 충분히 견딜 수 있고 물을 오염시키지 않는 방수공법의 선정 및 시공이 중요하므로 공법선정에 유의해야 한다.

② 지하저수조는 특성상 안방수공법을 적용하므로 구조체 시공시 이음부가 없게 일체 타설하여야 하며 내벽의 바탕처리를 철저히 해야 한다.

문 15-2 분말형 재료를 사용한 콘크리트 구체방수의 문제점 및 대책에 대하여 설명하시오. 〔10후(25)〕

I. 개 요

① 콘크리트의 구체방수는 콘크리트면에 기존의 멤브레인계의 방수를 하지 않고, 수중이나 지하구조물 콘크리트의 강도 증진, 수밀성 및 내구성 향상 등의 콘크리트의 성능 개선 효과를 얻기 위해 시공하는 방수 공법이다.
② 분말형 재료를 사용한 콘크리트의 구체방수는 콘크리트와 동일 물성의 포졸란 활성재를 주성분으로 하여, 콘크리트의 모세공극을 충전함으로써, 콘크리트의 성능 개선과 우수한 방수효과를 얻을 수 있는 공법이다.

II. 특 징

① 시공이 간편하여 시공성 우수
② 공기 단축 가능
③ 내약품성과 내식성 우수
④ 하자 보수 용이
⑤ 철근의 부식 방지
⑥ 국내 실적 미비
⑦ 시공비가 고가
⑧ 방수 성능의 확인 부족

III. 용 도

① 건물 외곽 및 노출 부위
② 지하실, 상하수도 콘크리트 구조물
③ 공동구, 지하철, 터널, 교량, 댐 등 열화방지용
④ 수영장, 경기장, 주유소 등
⑤ 내염성이 요구되는 해변가 주변 구조물

IV. 분말형 재료

① 무기계 포졸란 활성재
② 유기계 고분자 화합물

V. 문제점

1) 거푸집 시공의 제한
   ① 거푸집 긴결방법을 Flat Tie에서 Form Tie로 변경
   ② 콘크리트 타설후 긴결재의 일부 제거 필요

③ 거푸집의 수밀성이 강조되므로 정밀시공 필요
2) 거푸집의 시공 단가 상승
   ① 밀실하고 정확한 치수의 거푸집 요구
   ② 거푸집 조립시 사용되는 부속 철물이 고가
   ③ 거푸집 조립의 소요시간 및 인건비 상승
3) 이음부 누수
   ① 콘크리트 타설시 Cold Joint 발생시 누수의 원인
   ② 시공 이음부에 대한 방수대책 마련
   ③ 지하 구조물에서는 Expansion Joint 부에서 누수 발생
4) 시공연도 저하
   ① 구체 방수효과를 높이기 위한 물시멘트비 저하로 시공연도 저하
   ② 소요 Slump를 15cm 이하로 제한
5) 재료비 고가
   ① 대량 생산이 되지 않아 재료비 고가
   ② 콘크리트의 시공 단가 상승
   ③ 콘크리트 타설을 위한 전체 비용이 일반콘크리트에 비해 크게 상승
6) 사용실적 저조
   ① 국내 사용실적 미비
   ② 시공 경험이 적어서 신뢰도 저하
7) 방수에 대한 신뢰성 미흡
   사용실적이 적어 시공된 구조물에 대한 신뢰성 미구축

Ⅵ. 대 책

1) 이음부 처리 철저
   ① 콘크리트 타설 계획시 Cold Joint가 발생하지 않도록 유의
   ② 시공이음부에는 지수판 시공 철저
   ③ Expansion Joint부는 탄력성 있는 지수판 사용
2) 시험 배합 실시
   ① 방수성능이 최상으로 발휘되면서 시공연도가 확보되는 배합 선정
   ② Slump치, 물시멘트비 등을 조정
3) 균열저감 대책 마련
   ① 단위 시멘트량을 적게하여 균열 발생 억제
   ② 타설 높이, 타설 속도 등을 조절

4) Form Tie 구멍 처리 철저
   ① 콘크리트 표면에서 25mm 이상 Form Tie 제거
   ② Form Tie 구멍에 무수축 Mortar로 충전
   ③ 누수가 되지 않도록 시공 관리 철저

5) 시공 매뉴얼 배포
   ① 방수성능 Test를 통한 시공 매뉴얼 결정
   ② 시공 부위별 적정 시공방법 선정
   ③ 적극적인 홍보 및 현장시공 실적을 높임

6) 보조방수 병행
   ① Mortar 방수, 침투방수, 도막방수 등 보조방수 공법 병행
   ② 방수의 확실성 및 방수 성능 발휘 기간 연장

7) 습윤양생 철저
   양생 초기에 포졸란 반응이 충분히 이루어질 수 있도록 습윤 양생 철저

8) 혼합 철저
   ① 현장에서 혼합시 혼합이 불충분하면 오히려 콘크리트의 강도나 수밀성이 저하되는 경우 발생
   ② 콘크리트 트럭 믹스에서 3분 이상 혼합 실시

Ⅶ. 결 론

분말형 콘크리트 구체방수 공법은 아직 국내에서 시공 실적이 적어 신뢰성이 다소 낮으나, 공법의 우수성은 검증되고 있으므로 시공 실적을 쌓아 신뢰도 높은 공법이 되어야겠다.

문 16-1 벤토나이트 방수 공법 [99중(20)]
문 16-2 벤토나이트 방수 공법 [04중(10)]

I. 정 의

벤토나이트가 물을 많이 흡수하면 팽창하고, 건조하면 극도로 수축하는 성질을 이용한 방수공법이다.

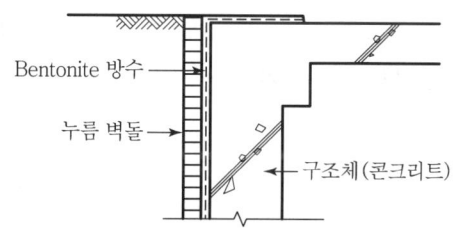

II. 벤토나이트 방수재의 구조

1) 바탕층

Sheet · panel · mat

2) 벤토나이트층

압밀 벤토나이트

3) 보호층

그물망사

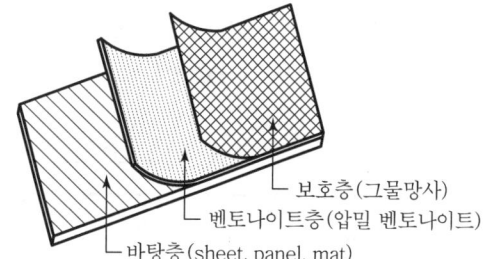

III. 특 징

① 시공이 간편하고 신속하다.
② 자동 보수 기능(self-sealing) 겸비
③ 방수에 대한 신뢰도가 높다.
④ 까다로운 구조물에는 뿜칠로 시공이 가능하다.
⑤ 외방수 공법으로 이상적인 공법이다.
⑥ 재료선택에 따라 시공가격이 달라진다.
⑦ 지중에 시공될 경우 보호층이 필요하다.
⑧ 시공 후 보수가 어렵다.

문 17 금속판 방수공법   [11전(10)]

I. 정 의

① 금속판 방수는 납판·동판·알루미늄·스테인리스강판 등을 이용하여, 바닥·벽 등의 방수에 사용되는 공법이다.
② 각종 사용재료에 대한 시방이 상이하므로 각 부위에 적합한 공법을 선정하고, 이음부 처리에 각별히 유의해야 한다.
③ 금속판 방수는 바탕면 공사와 배관·배수 등의 관통공사가 끝나기 전에 진행하면 안되며, 방수공사의 노출기간을 최소한으로 줄여야 한다.

II. 금속판 방수공사의 종류

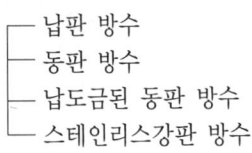
- 납판 방수
- 동판 방수
- 납도금된 동판 방수
- 스테인리스강판 방수

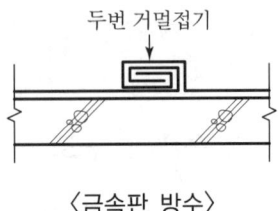

〈금속판 방수〉

III. 시공순서 Flow Chart

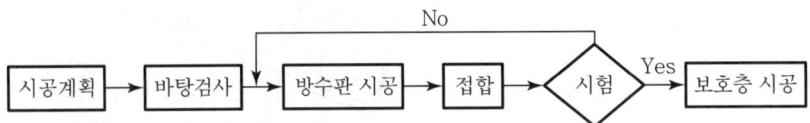

IV. 공법별 특성

공 법	특 성
납판방수	• 은이 제거된 납덩이로 성형된 납판 사용 • 판의 크기는 허용한도 내에서는 크게, 무게 29.3kg/m² 이상
동판방수	• 냉간압연된 동판으로 담금질 표시가 1,000인 것 사용 • 판의 크기는 허용한도 내에서는 크게, 무게 6.0kg/m² 이상
납도금된 동판	• 냉간압연된 동판으로 양면이 0.6~0.7kg/m²의 납으로 도금
스테인리스 강판 방수	• 연성 : 극연성이 담금질로 처리된 것으로써 두께는 0.4mm 이상 • 강성 : 제조공장에서 달구어 식혀진 것으로써 두께는 1.6mm 이상
기타 재료	• 용접봉, 땜납, 못, 나사못, 리벳 • 방수지, 아스팔트 코팅

문 18-1 복합방수의 재료별 종류 및 시공시 유의사항에 대하여 기술하시오.
[09중(25)]

문 18-2 복합방수공법 [05후(10)]

문 18-3 복합방수 [10중(10)]

Ⅰ. 개 요

복합방수공법은 방수성능의 향상을 위하여 2가지 이상의 방수재료를 사용하여 방수층을 형성하는 공법이다.

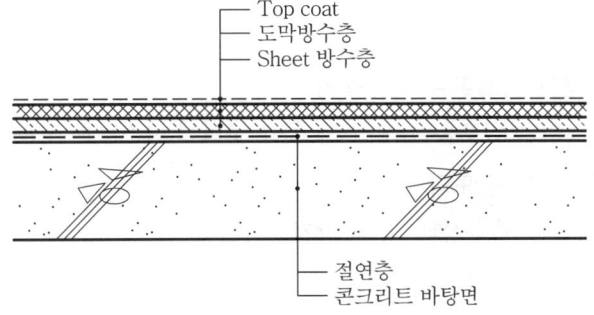

Ⅱ. 복합방수의 개념도

```
┌─────────────────┐
│   Sheet 방수    │
└─────────────────┘
         ⊕        · Sheet 상호간 접착력에 의해 방수 품질 좌우
┌─────────────────┐· 바탕면 균열발생시 접합부 겹침 시공으로 인한 방수층 파단현상 발생
│     도막방수    │
└─────────────────┘
         ↓        · 바탕면 상태에 따라 품질 좌우
                  · 바탕면 수분 증발에 의한 수증기압으로 들뜸현상 발생
┌─────────────────┐
│ Sheet·도막 복합 방수 │
└─────────────────┘
                  · Sheet와 도막의 장점을 취한 복합방수
                  · 하부는 sheet, 상부는 도막방수 시공
                  · 바탕면의 균열 및 수증기압으로부터 방수층 보호
```

Ⅲ. 특 징

① 부착성능 우수
② 콘크리트 바탕과 방수층과의 절연성 우수

③ 바탕면의 수분에 의한 하자(부풀음, 접착성저하) 미발생
④ 구조체의 내구성 향상
⑤ Top coat재의 시공으로 방수층의 내후성 및 내구성 향상

Ⅳ. 재료별 종류

1) 도막방수 + 하층 깔기 시트 접착공법
   도막두께 불균일 및 무브먼트(Movement) 개선

2) 도막방수 + 하층 깔기 시트 기계 고정공법
   시트. 도막 방수공법과 같은 공법으로 하층 깔기 시트를 기계적으로 고정

3) 도막방수 + 합성 섬유매트 접착공법
   내거동성 개선

4) 적층중후형 아스팔트 상온공법
   도막재료와 부직포를 심재로 하여 그 양면에 아스팔트 루핑을 복수 상호 적층하는 공법

5) 무기유기혼합형 도막방수
   방수 바탕재 습윤상태 영향 방지

6) 시멘트액체계 복합방수 공법
   염화칼슘, 규산나트륨, 지방 산, 금속 비누계 등의 방수제를 콘크리트 표면 도포후 방수제와 모르타르를 번갈아 바르는 공법

Ⅴ. 시공시 유의사항

1) 준비
   ① 방수의 종류 및 수량 확인
   ② 방수공법의 적합성 검토
   ③ 방수공사의 기능 및 실적 검토

2) 시공도 및 시방서
   ① 설계도서(특기 시방서 포함)의 확인
   ② 시공도의 작성
      ㉮ 모서리 및 코너부
      ㉯ Drain 주위, 관통부, 마감부
      ㉰ 콘크리트 타설 이음부
      ㉱ Expansion joint부

3) 공정표 작성

　　준비·보양·시험 등을 포함

4) 시공 계획

　　① 시공 계획 순서

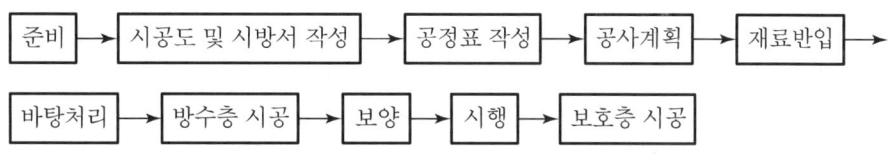

　　② 설비공사·마감공사와 관련성의 검토
　　③ 가설공사

　　　재료 저장 및 반·출입, 비계작업 여부, 가설통로 설치 및 보양, 환기·소화 설비, 조명·동력·배수계획 등

5) 재료 반입

　　① 소정 재료 반입 유무 확인
　　② 보관방법의 타당성 확인
　　③ 품질보증서 확인

6) 시공 직전의 점검

　　① 바탕건조 및 청소 상태
　　② 기상 조건
　　③ 소화용 설비의 준비

VI. 결론

방수 system에 필요한 성능과 시공 및 보수의 용이성을 충족시키기 위해서는 새로운 방수 재료의 개발과 복합방수 기법의 연구가 지속되어야 한다.

문 19 지수판(Water Stop) [06전(10)]

Ⅰ. 정 의

지수판은 콘크리트 이음부에서의 수밀을 위하여, 콘크리트 속에 묻어서 누수방지나 지수효과를 얻는 판모양의 재료이다.

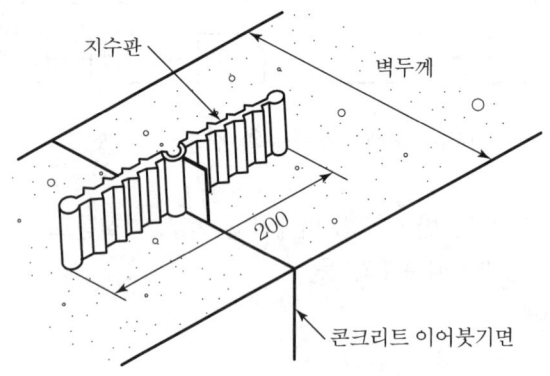

Ⅱ. 요구 성능

① 인장강도 및 인열강도가 크고, 유연성이 풍부할 것
② 흡수 및 투수에 대한 저항성이 클 것
③ 내알칼리성·내수성 및 내약품성이 양호할 것
④ 노화되지 않고, 내구성이 좋을 것
⑤ 시공시에 용접 등의 가공이 용이할 것

Ⅲ. 종 류

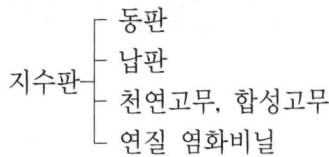

- 동판
- 납판
- 천연고무, 합성고무
- 연질 염화비닐

Ⅳ. 시공시 유의사항

① 재료선정시 콘크리트에 대한 밀착성이 좋은 것 선정
② 철근이 있는 곳은 피하고, 구조체 중앙부에 설치
③ 미리 콘크리트 타설높이를 설정후 수평에 맞춰서 설치
④ 콘크리트 타설시 구부러지지 않게 보조철물로 고정
⑤ 타설 직후나 양생 전에 충격을 주면 지수성능 저하

8장

마감 및 기타공사

5절 목공사·유리공사·내장공사

8장 5절 목공사 · 유리공사 · 내장공사

1	목구조의 이음과 맞춤 공법		
	1-1. 목구조의 이음과 맞춤 공법(각각 5가지씩 설명)	[82후(30)]	8-210
	1-2. 목구조 접합의 이음, 맞춤, 쪽매	[03후(25)]	
2	목재의 품질 검사		
	2-1. 목재의 품질검사 항목	[98후(20)]	8-213
	2-2. 목재건조의 목적 및 방법	[06중(10)]	8-215
	2-3. 목재 함수율	[98중후(20)]	8-216
	2-4. 목재의 함수율	[07중(10)]	
	2-5. 목재의 함수율과 흡수율	[10전(10)]	
	2-6. 수장용 목재의 적정 함수율	[06전(10)]	
	2-7. 생목(生木)이 건조하여 수분(水分)이 30%로 될 때는?	[94후(5)]	
	2-8. 목재 방부제 종류 및 방부처리법	[04후(25)]	8-218
	2-9. 목재의 방부처리	[02전(10)]	
	2-10. 목재(木材)에 칠하는 방부제의 대표적인 것 한가지는?	[94후(5)]	
	2-11. 목재의 내화공법	[08전(10)]	8-220
3	강제 창호의 현장 설치공법		
	3-1. 강제 창호의 외주 관리시 유의사항과 현장설치공법	[99후(30)]	8-221
	3-2. 강제창호의 현장설치방법	[04후(25)]	
	3-3. 창호의 성능평가방법	[98후(20)]	
	3-4. 방화문 구조 및 부착 창호 철물	[10후(10)]	8-225
4	건축용 유리의 종류		
	4-1. 건축용 유리의 종류를 열거하고, 각각의 특성및 용도	[84(25)]	8-226
	4-2. 건축공사에서 유리공사의 시공방법의 종류와 유의할 사항	[97전(30)]	
	4-3. 유리공사의 종류별 특징 및 시공시 유의사항	[04중(25)]	
	4-4. 공동주택 발코니 확장시 창호공사의 요구성능 및 유의사항	[07전(25)]	
	4-5. 로이유리(Low-Emissivity Glass)	[06전(10)]	8-231
	4-6. 열선 반사유리 (Solar Reflective Glass)	[09중(10)]	8-233
	4-7. 복층 유리(Pair Glass)	[10중(10)]	8-234
	4-8. SPG(Structural Point Grazing) 공법	[07후(10)]	8-235
	4-9. 유리공사에서 SSG 공법과 DPG 공법	[05후(10)]	
5	유리의 열파손		
	5-1. 유리의 열에 의한 깨짐현상의 요인과 방지대책	[03전(25)]	8-238
	5-2. 유리의 열파손	[07중(10)]	
	5-3. 유리 열 파손 방지대책	[10후(10)]	
6	합성수지재의 재료 특성		
	6-1. 합성수지재의 재료 특성	[86(25)]	8-241
	6-2. 플라스틱류(類) 건설재료의 특징과 현장적용시 고려사항	[04전(25)]	8-243

7	내장재의 현황		
	7-1. 우리나라의 건축에서 내장재의 현황과 바람직한 개발방향	[89(25)]	8-245
	7-2. 사무실 건물 내부 바닥마감재(5종을 열거)의 시공법과 특성	[78후(25)]	
	7-3. 온돌마루판 공사의 시공순서 및 시공시 유의사항	[09후(25)]	8-249
	7-4. 천장재의 재질과 요구 성능	[01전(25)]	8-251
	7-5. 건축물의 바닥·벽·천장 마감재에서 요구되는 성능을 구분 설명	[11전(25)]	
	7-6. 이중 천장공사에서의 고려 사항	[00후(25)]	
	7-7. 천장공사 시 시공도면 작성 방법과 시공순서 및 유의사항	[02후(25)]	8-256
	7-8. 목공사의 마감부분(수장) 공사에서 유의할 점	[90후(30)]	8-258
	7-9. Access Floor	[00전(10)]	8-260
	7-10. FRP(Fiber Reinforced Plastics)	[80(5)]	8-261
	7-11. Joiner	[92후(8)]	8-262
	7-12. Dry Wall Partition의 구성요소	[09전(10)]	8-263

> **문 1-1** 목구조의 이음과 맞춤 공법에 대하여 각각 5가지씩을 설명하여라.
> [82후(30)]
>
> **문 1-2** 목공사에 있어서 목구조 접합의 이음, 맞춤, 쪽매에 대하여 기술하시오.
> [03후(25)]

I. 개 요

이음은 부재와 부재 사이를 길이방향으로 접합하는 것을 말하고, 맞춤은 서로 직각되게, 쪽매는 섬유방향과 평행으로 옆대어 붙이는 것이다.

II. 접합의 종류

1) 이음
   ① 부재의 길이방향으로 두 부재를 길게 접합한다.
   ② 위치에 따른 이음으로 심이음과 낸이음이 있다.
   ③ 모양에 따른 이음으로 맞댄이음 등이 있다.

2) 맞춤
   ① 부재와 부재를 서로 직각으로 접합한다.
   ② 맞댄, 반턱, 걸침턱, 통넣기, 연귀, 주먹장 맞춤 등이 있다.

3) 쪽매
   ① 부재를 섬유방향과 평행으로 옆대어 붙이는 것이다.
   ② 맞댄, 반턱, 빗, 오니, 제혀, 딴혀 쪽매 등이 있다.

III. 이음공법

1) 맞댄이음
   ① 부재를 서로 맞대어 덧판(널 또는 철판)을 써서 볼트조임 또는 못치기로 한다.
   ② 특별히 강한 인장을 받는 것은 산지나 듀벨 등을 사용한다.

2) 빗이음
   ① 경사로 맞대어 잇는 방법이다.
   ② 서까래, 지붕널 등에 쓰인다.

3) 반턱이음
   ① 부재를 겹쳐 대고 못·볼트 또는 산지를 친 것
   ② 두 부재만으로 할 때에는 편심이 생겨 좋지 않음

4) 주먹장이음
   ① 가장 손쉽고 비교적 좋은 이음이며, 걸침턱 주먹장, 두겁주먹장, 내림주먹장 등이 있다.
   ② 강력한 휨응력을 받는 곳은 사용할 수 없고 토대, 멍에, 도리 등에 쓰인다.

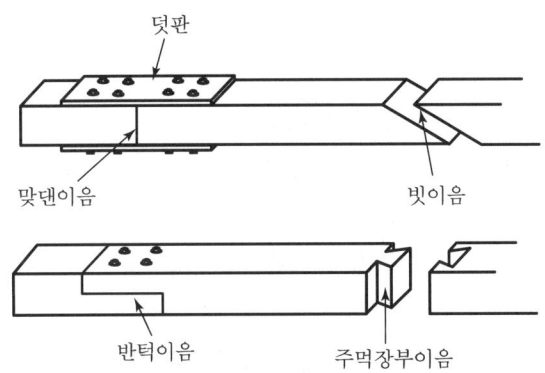

5) 메뚜기장이음
   ① 주먹장보다 다소 인장에 유리하고, 토대, 멍에 등에 쓰인다.
   ② 걸침턱 메뚜기장, 내림턱 메뚜기장이 있다.

6) 엇걸이이음
   ① 튼튼한 이음으로 중요 가로재 이음에 사용한다.
   ② 이음길이는 춤의 3~3.5배이다.
   ③ 엇걸이 산지, 엇걸이 촉, 엇걸이 홈, 엇걸이 이음이 있다.

Ⅳ. 맞춤공법

1) 턱맞춤
   한 부재의 턱을 따내고 다른 부재의 마구리를
   물려지게 하는 맞춤

2) 빗턱맞춤
   한 부재를 빗자르고 다른 부재 중간을 경사지게 파내고 물려지게 하는 맞춤

3) 반턱맞춤
   가장 튼튼한 직교재의 일반적 맞춤

4) 주먹장맞춤
   ① 두 부재가 주먹장으로 맞춰지는 것이고 인장에도 쓰인다.
   ② 두겁주먹장, 내림주먹장, 턱솔주먹장이 있다.

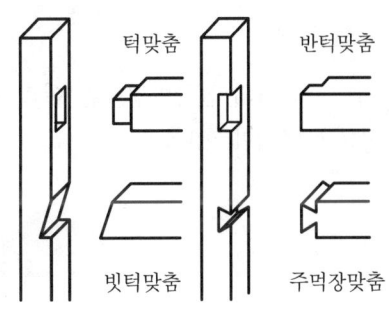

5) 안장맞춤
    ① 평보와 ㅅ자보의 이음
    ② 작은 부재를 두 갈래로 중간을 오려내고, 큰 부재의 쌍구멍에 끼워 맞추는 맞춤

V. 쪽 매

1) 맞댄쪽매
   경미한 널대기, 툇마루 등에 틈서리가 있게 되어 있음
2) 빗쪽매
   간단한 지붕, 반자널 쪽매에 사용
3) 반턱쪽매
   15mm 미만 두께의 널의 세밀한 공작물에 사용
4) 오니쪽매
   솔기를 살촉모양하여 흙막이 널말뚝에 사용
5) 제혀쪽매
   ① 널 한쪽에 홈을 파고 다른 쪽에 혀를 내어 물리는 방법
   ② 혀 위에서 빗 못질하여 진동 있는 마루널에 사용
6) 딴혀쪽매
   널의 양옆에 홈을 파서 혀를 딴쪽으로 끼워대고 홈 속으로 못질

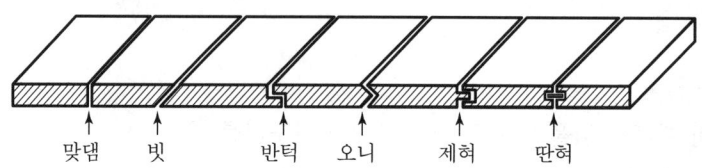

VI. 결 론

목재의 접합방법에는 여러 가지가 있으나, 응력의 종류와 크기에 따라 적당한 것을 선택해야 한다.

문 2-1 목재의 품질 검사 항목 [98후(20)]

I. 개 요

목재는 품질 여하에 따라 내구성·내후성 등에 큰 영향을 미치므로, 품질검사를 철저히 하여 변형·균열 등을 방지해야 한다.

II. 품질검사 항목

1) 외관검사
   ① 주문 치수와 반입 목재의 치수 확인
   ② 갈라짐·휨 등을 검사

2) 함수율
   ① 전 건재 중량에 대한 함수량의 백분율이다.
   ② 함수율이 약 30%일 때를 섬유 포화점이라 한다.
   ③ 섬유 포화점 이하가 되면 강도가 급속도로 증가한다.

3) 목재의 흠
   ① 옹이 : 나뭇가지의 밑동이 남은 것
   ② 갈램 : 건조 수축에 의해 발생
   ③ 썩음 : 목재가 썩은 것
   ④ 혹 : 섬유가 집중되어 볼록한 부분
   ⑤ 죽·껍질박이·송진구멍·엇 결 등이 있다.

4) 비중
   ① $비중 = \dfrac{W}{V}$

   W : 공시체의 중량(g)
   V : 공시체의 용량(cm³)

   ② 함수율에 따라 차이가 있다.

5) 수축률
   ① 목재의 균열·비틀림 측정에 사용된다.
   ② 목재의 수축변화는 함수율 변화에 기인된다.

6) 흡수량
   ① 목재는 유기 재료인 다공질 재료이므로 흡수량이 크다.
   ② $$흡수량 = \frac{W_2 - W_1}{A} \, (g/cm^2)$$
   W_1 : 방수 후의 공시체 중량
   W_2 : 침수완료 직후의 공시체 중량
   A : 흡수면의 총면적

7) 압축강도
   ① 목재의 강도 및 물리적 성질과 목재의 흠 판정
   ② $$압축강도 = \frac{P}{A} \, (kgf/cm^2)$$
   P : 최대하중
   A : 단면적

8) 마모시험
   ① 마모저항은 비중에 비례한다.
   ② 마모저항은 침엽수가 크다.

문 2-2 목재건조의 목적 및 방법 [06중(10)]

I. 정 의
목재는 건조 여하에 따라 휨변형, 강도 및 가공성이 달라지며 또한 건조후 표면처리에 따라 내구성이 좌우된다.

II. 목재건조의 목적
① 부패나 충해를 방지한다.
② 강도를 증가시킨다.
③ 목재의 중량을 가볍게 한다.
④ 사용후 신축·휨 등의 변형을 방지한다.
⑤ 도장이나 약재 처리가 용이하게 한다.

III. 목재건조의 방법

1) 자연 건조법
  ① 목재를 실외에 야적하여 자연의 힘으로 건조
  ② 야적장이 필요하며, 건조시간이 많이 소요
  ③ 건조에 의한 목재의 손상이 적고 경비가 적게 듦

2) 인공 건조법
  ① 건조실에서 증기나 열풍 등으로 건조하며 건조시간이 짧음
  ② 침재(沈材)법 : 수중에 담궜다가 꺼내어 건조하는 방법
  ③ 증재(烝材)법 : 스팀으로 건조하는 방법, 설비비와 유지비 과다
  ④ 훈재(熏材)법 : 연기로 건조하는 방법
  ⑤ 자재(煮材)법 : 용기에 넣고 쪄서 건조하는 방법
  ⑥ 열기 건조법 : 강제 열풍으로 건조하는 방법, 건조속도가 빠름

3) 자연 건조법과 인공 건조법의 비교

구 분	자연 건조법	인공 건조법
의 의	• 자연의 힘으로 건조	• 건조실에서 증기나 열풍으로 건조
건조시간	• 많이 소요	• 짧다.
비 용	• 저렴	• 다소 고가
목재의 손상	• 손상이 적음	• 뒤틀림 등 손상 발생
건조장소	• 넓은 장소 필요	• 건조실(비교적 소규모)

문 2-3 목재 함수율	[98중후(20)]
문 2-4 목재의 함수율	[07중(10)]
문 2-5 목재의 함수율과 흡수율	[10전(10)]
문 2-6 수장용 목재의 적정 함수율	[06전(10)]
문 2-7 생목(生木)이 건조하여 수분(水分)이 30%로 될 때를 무엇이라 하는가?	[94후(5)]

I. 정 의

① 함수율이란 전건재 중량에 대한 함수량의 백분율로써 섬유포화점 이상에서는 강도가 일정하나, 섬유포화점 이하가 되면 강도가 급속도로 증가한다.
② 수장용 목재는 그 등급에 따라 함수율의 차이가 나며 최대 24% 이하이다.

II. 목재의 함수율

$$함수율(\%) = \frac{목재의\ 함수량}{전건재\ 중량} \times 100(\%)$$

$$= \frac{W_2 - W_1}{W_1} \times 100(\%)$$

W_1 : 전건재 중량
W_2 : 함수된 상태의 목재 중량

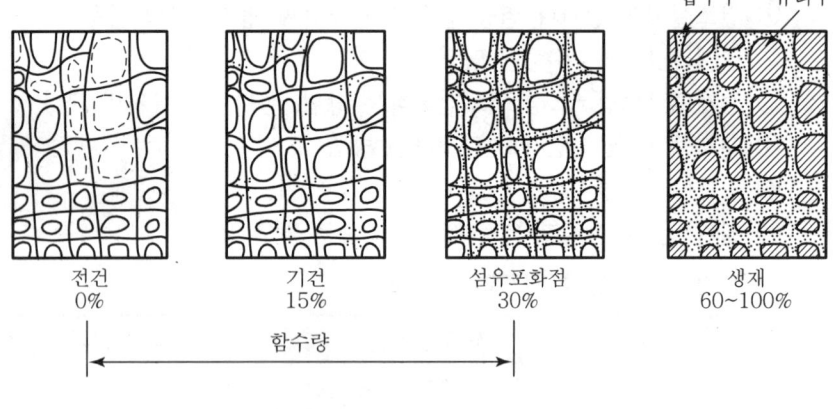

〈목재 함수상태의 변화〉

Ⅲ. 수장용 목재의 적정 함수율

수장재 목재 분류		적정 함수율
수장재	A종	18% 이하
	B종	20% 이하
	C종	24% 이하

Ⅳ. 함수율이 목재에 미치는 영향(수축과 팽창)

① 생목이 건조하여 수분이 30%로 될 때를 섬유포화점이라고 함
② 목재의 함수율이 섬유포화점 이하가 되면 세포수(細胞水)의 증발로 목재의 수축이 시작됨
③ 섬유포화점 이상의 함수율의 변화에서는 수축·팽창이 일어나지 않음
④ 널결방향 : 곧은결방향 : 섬유방향의 수축률의 비=20 : 10 : 1~0.5임
⑤ 일반적으로 밀도가 크고 견고한 수종일수록 수축량이 큼

Ⅴ. 목재의 흡수율

$$흡수율(\%) = \frac{흡수후\ 체적 - 흡수전\ 체적}{흡수전\ 체적} \times 100(\%)$$

구분	방부목, 적삼목	일반 고밀도목재	합성목재	고강도 외장용목재
흡수율(%)	13	2	1.2	1

흡수율 1%의 경우는 목재속에 수분이 거의 없는 것을 뜻함

> **문 2-8** 목재 방부제 종류 및 방부처리법에 대하여 기술하시오. [04후(25)]
> **문 2-9** 목재의 방부처리 [02전(10)]
> **문 2-10** 목재(木材)에 칠하는 방부제의 대표적인 것 한가지는? [94후(5)]

Ⅰ. 개 요

① 목재의 부패원인은 적당한 온도(20~40℃)·습도(90% 이상)·공기 및 양분이 적절한 상태에서 부패균에 의해 lignin과 cellulose가 용해되는 것이다.
② 방부처리는 이러한 부패균에 대하여 양분을 부적당하게 처리하는 방법으로서, 방부제를 목재 표면에 도포하는 방법과 목재중에 주입하는 방법이 있다.

Ⅱ. 목재의 구비조건

① 부패나 충해를 방지한다.
② 강도를 증가시킨다.
③ 목재의 중량을 가볍게 한다.
④ 사용후 신축·휨 등의 변형을 방지한다.
⑤ 도장이나 약재 처리가 용이하게 한다.

Ⅲ. 방부제의 종류

1) 유성(油性)
    ① Creosote
    ② Coaltar
    ③ Asphalt
    ④ 유성 paint

2) 수용성(水溶性)
    ① 황산염용액(1%)
    ② 염화아연용액(4%)
    ③ 염화제2수은용액(1%)
    ④ 불화소다용액(2%)

3) 방부제의 요구 성능
    ① 목재에 침투가 잘 되어야 한다.
    ② 목재에 접촉되는 금속이나 인체에 피해가 없어야 한다.
    ③ 화학적 작용에 의해 목재을 변색시키지 않아야 한다.
    ④ 방부제 시공 후 목재에 유해한 냄새가 나지 않아야 한다.

Ⅳ. 목재 방부처리

1) 도포법(塗布法)

   목재를 충분히 건조시킨 다음 균열이나 이음부 등에 솔 등으로 방부제를 도포하는 방법으로 가장 일반적인 방법이다.

2) 주입법(注入法)

   방부제 용액 중에 목재를 침지하는 상압주입법(常壓注入法)과 압력용기 속에 목재를 넣어 7~12기압의 고압하에서 방부제를 주입하는 가압주입법(加壓注入法)이 있다.

3) 침지법(浸漬法)

   방부제 용액 중에 목재를 몇 시간 또는 며칠 동안 침지하는 것으로서, 용액을 가열하면 15mm 정도까지 침투한다.

4) 표면탄화법

   ① 목재의 표면을 두께 3~10mm 정도 태워서 탄화시키는 방법이다.
   ② 가격이 싸고 간편하지만 효과의 지속성이 부족하다.

5) 생리주입법

   ① 벌목 전 나무뿌리에 약액을 주입하여 수간(樹幹)에 이행시키는 방법이다.
   ② 별로 효과가 없다.

Ⅴ. 결 론

목재의 방부제는 인체에 무해하여야 하며, 불쾌한 냄새나 인체에 자극을 주어서는 안되며, 방부효과가 지속적이어야 한다.

문 2-11 목재의 내화공법　　　　　　　　　　　　[08전(10)]

I. 정 의
화재시에는 가연성 가스가 발생하고 일시에 불꽃이 확대되기 때문에, 이것을 막아 온도 상승을 억제하는 내화공법이 필요하다.

II. 목재의 연소

① 목재를 가열하게 되면 수분이 증발하고, 열분해 하여 $CO \cdot H_2$ 등의 가연가스가 발생한다.
② 약 240℃에서 가연가스에 불꽃을 근접하게 되면 가연가스에 인화된다.(인화점)
③ 약 260℃에서 목재자체에 착화한다.(착화점)
④ 약 450℃에서는 불꽃이 없어도 연소가 가능하다.(발화점)
⑤ 260℃에서도 장시간 가열하면 자연 발화되는데 이 온도를 화재위험온도라 한다.
⑥ 수종에 따라 차이가 있으며, 밀도가 큰 수종일수록 착화하기 어렵다.

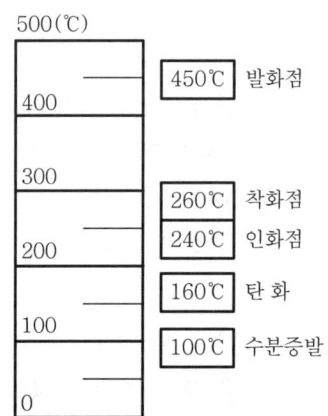

III. 내화공법

공 법	내 용
난연처리	• 인산암모늄 10%액 또는 인산암모늄과 붕산 5%의 혼합액을 주입한다. • 화재시 방화약제가 열분해되어 불연성 가스를 발생하므로 방화효과를 가진다. • 가연성 가스 발생을 억제하고 인화를 어렵게 하는 효과가 있다.
표면처리	• 목재 표면에 모르타르 · 금속판 · 플라스틱으로 피복한다. • 방화 페인트를 도포한다.(연소시 산소를 차단하여 방화를 어렵게 한다.)
대단면화	• 목재의 대단면은 화재시 온도상승하기 어렵다. • 착화시 표면으로부터 1~2cm의 정도 탄산층이 형성되어 차열효과를 낸다. • 단면손실에 의한 강도저하 비율이 작아 안전하다. • 난연처리한 대단면 집성재(15×30cm 이상)로 대규모 구조물 시공이 가능하다.

> **문 3-1** 강제 창호의 외주 관리시 유의사항과 현장 설치공법에 대하여 설명하시오.
> 〔99후(30)〕
> **문 3-2** 강제창호의 현장설치방법에 대하여 설명하시오. 〔04후(25)〕
> **문 3-3** 창호의 성능 평가방법 〔98후(20)〕

Ⅰ. 개 요

창호는 공장 제작하여 현장에서는 설치만 하므로 시공기간이 짧으며, 창호의 성능은 보통창·방음창·단열창으로 구분되며, 성능평가 항목은 내풍압성·기밀성·수밀성·방음성·단열성·개폐력 등을 실시한다.

Ⅱ. 창호의 성능평가방법

1) 내풍압성
   ① 가압 중 파괴되지 않을 것
   ② 압력 제거후 창틀재·장식물 이외에 기능상 지장이 있는 잔류 변형이 없을 것
   ③ 가압중 창호 중앙의 최대 처짐을 스팬의 1/70 이하로 할 것

2) 기밀성
   ① 창호 내·외부에 압력차에 의한 통기량 정도 측정
   ② 기밀성 시험방법(KSF 2292)에 규정된 기밀 등급선을 초과하지 않을 것

3) 수밀성
   ① 가압 중(KSF 2293 시험규정)에 창틀 밖으로의 유출·물보라 발생·내뿜음·물의 넘침이 일어나지 않을 것
   ② 실내측으로 현저한 물의 유입발생이 없을 것
   ③ 등급은 압력차에 따라 $10 \sim 50 kg/m^2$의 5단계

4) 방음성
   ① 실간 평균 음벽 레벨차 등 측정

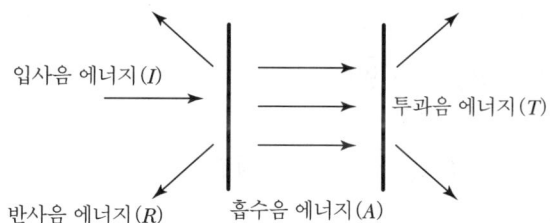

② 투과율$(\tau) = \dfrac{T}{I}$

T : 투과음 에너지 I : 입사음 에너지

5) 단열성
① 시험체에 열을 가하여 규정된 열관류 저항치에 적합성 측정
② 열관류 저항($m^3h℃/kcal$) 측정은 0.25~0.4 이상 4단계
③ 결로 및 열손실 방지

6) 개폐력
① 개폐 하중 5kg에 대하여 원활하게 작동될 것
② 창 및 문의 개폐력 및 반복 횟수에 의한 상태 측정

7) 문틀 끝 강도
① 재하 하중 5kg에 대하여 문틀의 휨의 적합성 측정
② 문틀의 휨 표

면 안쪽 방향의 휨	1mm 이하
면 바깥쪽 방향의 휨	3mm 이하

8) 기타 성능 평가
① Mock-up test(실물대시험)
  ㉮ 풍동시험을 근거로 설계한 실물모형을 만들어 건축예정지에서 최악의 조건으로 시험하는 것을 말한다.
  ㉯ 시험종목은 예비시험, 기밀시험, 정압수밀시험, 동압수밀시험, 구조시험, 층간변위 등이 있다.
② 내충격성
  가해지는 외력에 대한 성능을 평가
③ 방화성
  화재시 일정한 시간 동안 화재의 확대 방지 성능을 평가

Ⅲ. 현장 설치공법

1) 먼저 설치공법(先 설치방법)
① 용접법
  ㉮ 철근콘크리트 및 철골조에 사용
  ㉯ 소정의 위치에 앵글로 용접하여 창문틀 설치
  ㉰ 콘크리트 치기시 변형이 없어야 한다.

㉣ 콘크리트가 창틀 주위에 밀실하게 충전
㉤ 설치 후 창틀의 움직임이 없고 견고함
② 지지법
㉮ RC조, 벽돌, 블록조 등에 사용
㉯ 가설지지틀로 창문틀을 먼저 설치하고 벽체 구성
㉰ 벽체 또는 상부의 하중이 창문틀에 직접 가해지지 않도록 보강
㉱ 공기단축이 가능하지만 변형·이동 염려 발생

2) 나중 설치공법(後 설치공법)
① 벽체를 먼저 시공하고 창문틀을 나중에 설치하는 공법
② 시공순서

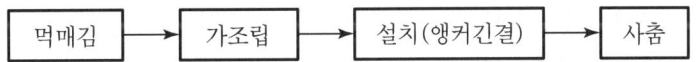

③ 먹매김
　외부창호의 경우 피아노선 설치
④ 가조립
　수평·수직을 맞추어 변형되지 않게 견고하게 설치
⑤ 설치
　미리 준비된 벽체 앵커와 용접
⑥ 사춤
　좋은 배합의 모르타르로 밀실하게 채움

Ⅳ. 외주 관리시 유의사항

1) 설계도서 검토
① 창틀의 치수, 모양 등을 검토
② 창틀의 크기·두께 등을 미리 결정
③ 구조체 공사의 시공 정도 확인
④ 다른 마감공사와의 공정마찰 요소 제거

2) 제품의 품질 및 성능확인
① 시방서에 규정된 품질 및 성능확보
② 견본을 이용하여 성능 test 실시

3) 외주업체 선정시 평가 항목
① 시공능력 및 시공경험
② 기술자, 기능공의 보유현황

③ 재무사항 및 대외 신인도
④ 공장 규모 및 가공기계 보유
⑤ 품질 관리 능력

4) 제작 공장 방문
① 공장의 창호제작 line 검토
② 특수 도장 부분의 자동 line 검토
③ 공장의 폐기물 처리 설비 유무 확인

5) 반입시기 결정
현장공정과 연계하여 반입시기 결정

6) 도막 성능 test
① 반입품 전량에 대해 도막상태의 육안 검사
② 도막 두께 측정 및 성능 test 실시

7) Shop drawing 작성 및 현장 시공관리
① 시공전 미리 shop drawing을 작성
② Shop drawing에 의한 정밀 시공관리

V. 결 론

강제창호는 비중이 크고 취급이 까다로워 알미늄 창호 등으로 변경되고 있으며, 근래에는 경제적이고 시공이 용이한 합성 수지 창호의 개발 및 보급이 되고 있다.

문 3-4 방화문 구조 및 부착 창호철물 〔10후(10)〕

I. 정 의

① 화재발생시 대피시간을 확보하기 위하여 화재를 차단하며, 화염에 일정시간 견디도록 만들어진 문을 방화문이라 한다.
② 방화문의 종류에는 갑종 방화문과 을종 방화문이 있으며, 갑종 방화문은 비차열(比遮熱) 1시간 이상, 을종 방화문은 비차열 30분 이상으로 불에 견디는 시간과 철판의 두께 기준으로 분류된다.

II. 방화문의 구조

1) 갑종 방화문
   ① 양면에 두께 0.5mm 이상의 철판을 붙인 구조
   ② 한 면(옥내면)에 두께 1.5mm 이상의 철판을 붙인 구조
   ③ 품질시험에서 성능이 확인된 제품

2) 을종 방화문
   ① 한 면(옥내면)에 두께 0.8mm 이상, 1.5mm 미만의 철판을 붙인 구조
   ② 철재 또는 철망이 들어있는 유리 제품
   ③ 프레임을 방화목재로 하고 옥내면은 두께 1.2cm 이상의 석고판을 붙이고 옥외면은 철판을 붙인 제품

III. 부착 창호 철물

1) 밀폐용 Gasket
   화염이나 연기가 새어나가지 않게 하는 부착 철물

2) Pivot Hinge
   ① 방화문의 여닫음을 가능하게 하는 부착 철물
   ② 일반문에도 설치됨

3) 옥내면 개폐 도어록
   ① 옥내면에서는 항상 개폐할 수 있는 도어록
   ② 옥외면에서는 개폐 불가능

> **문 4-1** 건축용 유리의 종류를 열거하고, 각각의 특성과 용도를 간단히 설명하여라.
> [84(25)]
>
> **문 4-2** 건축공사에서 유리공사의 시공방법의 종류와 유의할 사항에 대하여 기술하시오.
> [97전(30)]
>
> **문 4-3** 유리공사의 종류별 특징 및 시공시 유의사항에 대하여 기술하시오.
> [04중(25)]
>
> **문 4-4** 공동주택 발코니 확장에 따른 창호공사의 요구성능 및 유의사항을 기술하시오.
> [07전(25)]

I. 개 요

유리의 발달로 인하여 현대 건축물의 외형이 획기적으로 변화하여 다양하게 발전해 왔으며, 채광 목적 외에 건물의 외벽으로도 이용되는 현대 건축의 주요 재료 중 하나이다.

II. 창호공사의 요구성능

1) 내풍압성
   ① 가압 중 파괴되지 않을 것
   ② 압력 제거 후 창틀재·장식물 이외에 기능상 지장이 있는 잔류 변형이 없어야 한다.
   ③ 가압중 창호 중앙의 최대 처짐이 span의 1/70 이하로 되어야 한다.

2) 기밀성
   ① 창호 내·외부의 압력차에 의한 통기량 정도 측정
   ② 기밀성 시험방법(KS F 2292)에 규정된 기밀 등급선을 초과하지 않을 것

3) 수밀성
   ① 가압 중(KS F 2293 시험규정)에 창틀 밖으로의 유출·물보라 발생·내뿜음·물의 넘침이 일어나지 않을 것
   ② 실내측 면에로의 현저한 유출발생이 없을 것
   ③ 등급은 압력차에 따라 $10 \sim 50 kg/m^2$의 5단계

4) 방음성
   ① 실간 평균 음벽 레벨차 등 측정

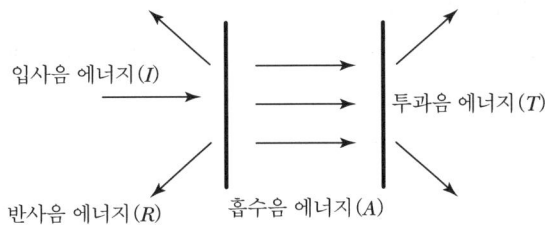

② 투과율$(\tau) = \dfrac{T}{I}$

　　T : 투과음 에너지　I : 입사음 에너지

5) 단열성

① 시험체에 열을 가하여 규정된 열관류 저항치에 적합성 측정
② 열관류 저항($m^3h℃/kcal$) 측정은 0.25~0.4 이상 4단계
③ 결로 및 열손실 방지

6) 개폐력

① 개폐 하중 5kg에 대하여 원활하게 작동될 것
② 창 및 문의 개폐력 및 반복횟수에 의한 상태 측정

7) 문틀 끝 강도

① 재하 하중 5kg에 대하여 문틀의 휨의 적합성 측정
② 문틀의 휨 표

면 안쪽 방향의 휨	1mm 이하
면 바깥쪽 방향의 휨	3mm 이하

Ⅲ. 유리의 종류 및 특성

1) 보통유리

① 보통 일반 건축물에 사용되는 두께 2~3mm의 유리
② 기포 함유량에 의해 등급 결정

2) 후판유리

① 두께 6mm 이상인 유리이다.
② 유리물을 roller로 압축 통과시켜 만든다.

3) 강화유리(tempered glass)

① 강도가 보통판유리보다 3~5배 크다.
② 내충격성, 내압강도, 휨성이 크고, 내열성 200℃에서도 깨지지 않는다.
③ 파손시 파편에 의한 부상이 거의 없다.

4) 접합유리(laminated glass)
   ① 2장 또는 그 이상의 판유리를 합성수지로 겹 붙여댄 것으로 파손이 되어도 비산하지 않는 안전유리이다.
   ② 두껍게 하여 방탄유리로 사용하기도 한다.

5) 복층유리(pair glass)
   ① 판과 판 사이를 6mm 정도 띄워 두 장의 유리를 납살로 누르고, 사이에 건조공기를 밀봉하여 만든 것이다.
   ② 보온·방음·단열용으로 사용한다.

6) 열반사유리
   ① 유리에 금속코팅하여 가시광선을 차단한다.
   ② 외장재로 사용하며, 여름에 효과적이다.

7) 열흡수유리
   ① 유리에 산화철, 코발트, 니켈을 첨가하여 열선을 흡수한다.
   ② 태양복사 에너지 흡수 및 가시광선을 부드럽게 한다.
   ③ 겨울에 효과적이다.

8) 망입유리(wire glass)
   ① 유리판 중간에 금속망을 넣은 것이다.
   ② 방범용, 방화용, 기타 파손시 산란방지에 사용한다.

9) Glass block
   ① 투명유리로서 상자형으로 만들어 내부공기가 감압되어 열전도율이 낮다.
   ② 채광과 의장을 겸한 구조용 유리블록이다.

10) 무늬유리
    ① 유리의 한쪽 면에 요철을 넣어 만든 눈가림용으로 확산광선을 얻음
    ② Privacy 보호 목적

11) 착색유리
    ① 유리제조시에 각종 착색제를 넣어 만든 판유리
    ② Stained glass가 대표적인 착색유리이다.

12) 로이유리(Low-emissivity Glass)
    ① 일반 유리 내부에 적외선 반사율이 높은 특수 금속막을 Coating시킨 유리
    ② 건축물의 단열성능 향상

Ⅳ. 유리공사 시공방법

1. Putty

일반적으로 창호의 내부에서 유리를 끼우고, 유리를 바꾸어 끼우기 위해서나 도난관계로 안 퍼티 대기를 한다.

2. Gasket

① 고무나 합성수지 제품으로 sash의 유리홈에 끼워 고정한다.
② 나무퍼티나 반죽퍼티 대신에 사용한다.
③ 지퍼(zipper)는 개스킷을 꽉 죄는 쪽을 말한다.

3. Sealing

① Setting block으로 유리를 고정하고, 양쪽에서 sealing하는 방법이다.
② 유리 끼우기 위한 clearance를 적당히 하는 것이 중요하다.
③ Thiokol이 sealing재로 주로 쓰인다.

4. Suspended glazing system(suspension 공법)

① 벽체 전체에 유리를 매달아 설치하여 개방감을 주고자 할 때 사용한다.
② 자중에 의해 완전한 평면이 되어 광학적 성능을 저해하지 않는다.
③ 유리 내부에 응력이 발생하지 않고, 굴곡이 없다.
④ 종래보다 두껍고, 대형의 유리를 사용한다.

5. Structural sealant glazing system(structural glazing system)

1) 정의

외벽 창호공사 curtain wall에서 AL frame에 구조용 접착제를 사용하여 유리를 고정하는 방법이다.

2) 특징

① Structural sealant에는 내력이 요구된다.
② 외벽의 평활성이 있어야 한다.
③ 열선 반사형 유리를 사용할 경우 미려한 외관이 표현된다.

6. Structural point grazing system(Dot point glazing system)

1) 정의

유리 curtain wall 시공시 유리설치를 위한 frame 없이 강화유리판에 구멍을 뚫어 특수

시스템볼트를 사용하여 유리를 점 지지형태로 고정하는 공법으로 대형 유리설치시 많이 사용한다.

2) 특징
① 부재의 내진 및 내풍압성 향상
② 자유로운 공간 구성 가능
③ 부품의 간소화 및 개방감 효과 우수
④ 자유로운 공간구성 가능
⑤ 건물내 채광 효과 우수
⑥ 대형 유리벽면의 설치 가능
⑦ 개구부에 설치 편리
⑧ 시각적 design 우수

V. 시공시 유의사항

1) 운반 및 보관
① 자재 반입시 stock yard를 준비하고 자재반입, 양중 및 설치계획 마련
② 복층유리는 20매 이상 적재금지

2) Bar 내민길이 확보
Bar의 강도 및 내민길이(유리두께+2mm)의 확보로 유리의 안정성 유지

3) Setting block 시공
Setting block의 크기 및 설치위치에 유의하여 setting block에 의한 silicon의 변색 방지

4) 열파손 방지
유리의 중앙부와 주변부의 온도차이로 인한 팽창력 차이로 유리가 파손되는 현상

5) Sealing 철저
태양열과 풍력에 의해 안정성을 유지하기위하여 clearance 내 sealing 철저

6) 보양철저
① 유리면에 종이 부착
② 유리에 묻은 이물질 제거

VI. 결 론

유리는 시공하기 전후에 걸쳐 보양에 주의하여 sealant가 오염되거나 파손되지 않게 하고, 고층에는 풍하중을 고려한 유리두께 및 고정방법이 선정되어야 한다.

문 4-5 로이유리(Low-emissivity Glass) [06전(10)]

I. 정 의

① 로이 유리란 일반 유리 내부에 적외선 반사율이 높은 특수금속막(일반적으로 은사용)을 coating시킨 유리로 건축물의 단열성능을 높이는 유리이다.
② 특수 금속막은 가시광선을 투과시켜 실내의 채광성을 높여주고, 적외선은 반사하므로 실내외 열의 이동을 극소화시켜 실내의 온도 변화를 작게 만들어주는 에너지 절약형 유리이다.

II. 로이 유리의 개념

1) 방사율

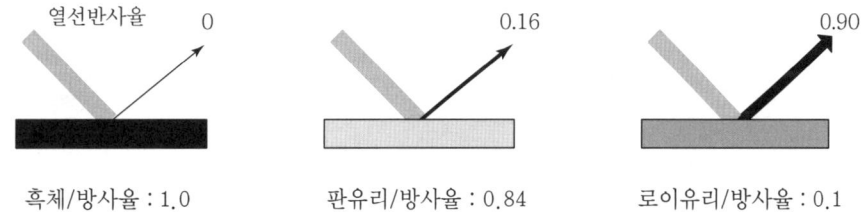

① 적외선 에너지(열선)를 반사하는 척도
② 방사율이 낮을수록 단열성능 우수

2) 에너지 절약

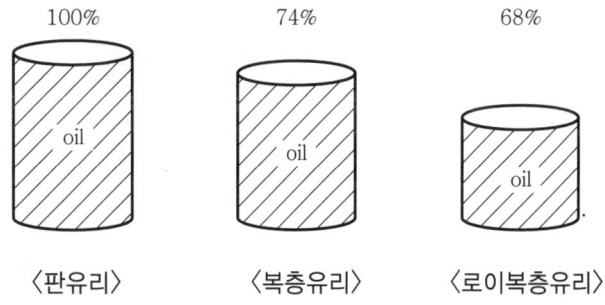

① 판유리나 복층유리에 비해 에너지 절약성이 우수
② 로이 복층유리는 판유리에 비해 32%, 복층유리에 비해 6% 정도 에너지 절약됨

Ⅲ. 로이 유리의 장점

① 에너지 절약
② 우수한 단열성능 효과
③ 소음 차단효과 우수
④ 유리면에 발생하는 결로 저감
⑤ 다양한 색상 가능

문 4-6 열선 반사유리(Solar Reflective Glass)　　　〔09중(10)〕

Ⅰ. 정 의

① 열선 반사유리(Solar Reflective Glass)란 태양열의 차폐가 주목적이며, 유리표면에 얇은 막을 형성시킨 반사성 유리를 말한다.
② 판유리의 한쪽 면 표면에 열선반사막을 코팅하여 얇은 막을 형성시킴으로써 태양열의 반사성능을 높인다.
③ 열선반사막의 재료는 크롬, 철, 코발트 등의 금속산화물로 구성되어 있다.

Ⅱ. 종 류

종 류	태양열 반사율
1 종	30% 이상
2 종	45% 이상
3 종	60% 이상

Ⅲ. 품질 확인사항

① 겉모양
② 내광성
③ 내마모성
④ 내알칼리성

Ⅳ. 특 징

① 실내에서는 외부를 볼 수 있다.
② 외부에서는 실내가 보이지 않고 거울처럼 보인다.
③ 거울효과로 주변 경관이 투영된다.
④ 주변 건축물의 내부가 비치므로 민원발생 여지가 있다.

Ⅴ. 적용시 유의사항

① 코팅면에 인체에 유해한 성분이 있으므로 직접 닿지 않도록 적절한 보양 필요
② 단층유리의 경우에는 코팅면이 실내측에 오도록 설치한다.
③ 2중유리(복층유리)를 사용할 경우에는 외측유리의 안쪽에 설치한다.
④ 색유리 사용시는 유리의 열파손에 유의한다.
⑤ 저반사 유리의 경우에는 반사율이 15% 이하이다.

문 4-7 Pair Glass(복층유리) [10중(10)]

I. 정 의

① 유리판 사이를 6mm 정도 띄워 두 장의 유리를 납살로 누르고, 사이에 건조공기를 밀봉하여 만든 것이다.
② 단열성이 뛰어나고 결로가 생기기 어려우며, 열관류율은 단판의 1/2이고, 방음성도 뛰어나다.

II. 용 도

① 공조설비를 지닌 건물
② 한랭지의 건물
③ 항온·항습을 필요로 하는 공장
④ 연구소
⑤ 건축법에서 거실의 외기에 면한 창(열관류율 3.0kcal/m^2h℃ 이하)

III. 특 성

① 단열성 우수
② 방서 및 방음 효과가 큼
③ 차음성 우수
④ 사용유리에 따른 다양한 효과

IV. 복층유리 가공재료

1) 스페이서(Spacer)
   ① 공간확보, 건조제의 용기
   ② 알루미늄(95% 이상)·유리 등

2) 건조제
   ① 기공을 수억개 갖고 있는 입자
   ② 밀폐공간의 건조상태 유지

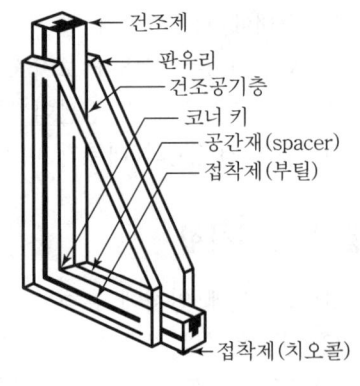

〈복층유리〉

문 4-8 SPG(Structural Point Glazing) 공법 [07후(10)]

문 4-9 유리공사에서 SSG(Structural Sealant Glazing System) 공법과 DPG(Dot Point Glazing system) 공법 [05후(10)]

I. SSG(Structural Sealant Glazing System) 공법

1) 정의
   ① 외벽 창호공사 curtain wall에서 glass mullion에 구조용 접착제를 사용하여 유리를 고정하는 방법이다.
   ② 종래의 방식과는 달리 유리의 frame을 유리 뒷면에 배치하여 고정하는 공법으로 미려한 외관이 표현된다.

2) 공법분류

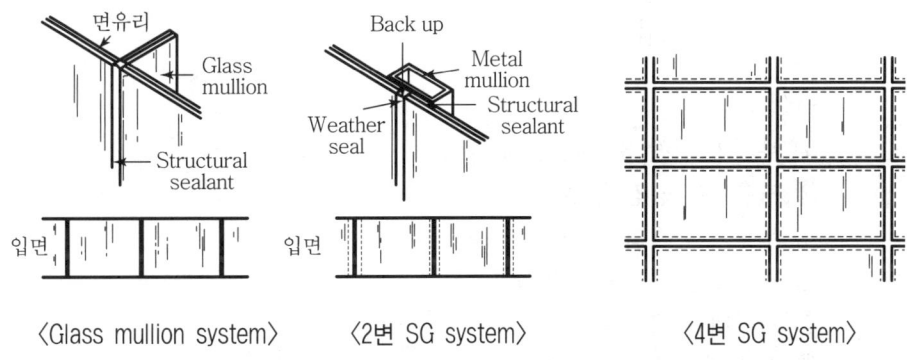

3) 특징
   ① Structural sealant에는 내력이 요구된다.
   ② Frame이 감추어져 미관 및 예술성이 표현된다.
   ③ 건축물 외벽면의 평활성이 있어야 한다.
   ④ 방화구획의 곤란함이 있다.
   ⑤ 층간변위에 대한 고려를 해야 한다.

4) 적용대상
   ① 유리 curtain wall
   ② 유리 칸막이(비내력벽)

Ⅱ. DPG(Dot Point Glazing system) 공법

1) 정의
   ① 유리 curtain wall 시공시 유리설치를 위한 frame 없이 강화유리판에 구멍을 뚫어 특수 시스템볼트를 사용하여 유리를 점 지지형태로 고정하는 공법이다.
   ② 대형 유리설치시 많이 사용하며, SPG(Structural Point Grazing System) 공법이라고도 한다.

2) 시공도

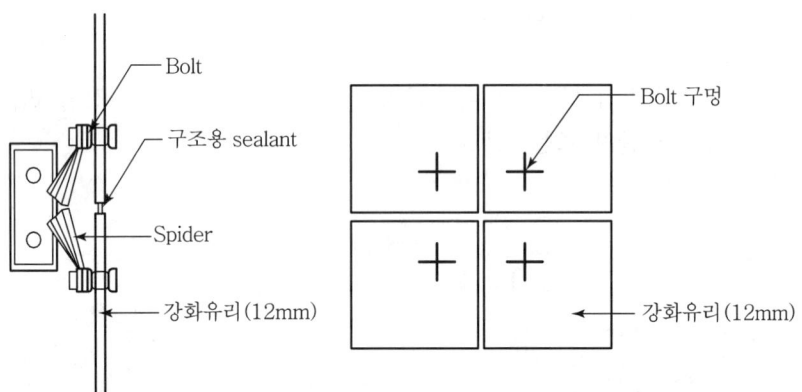

3) 특징
   ① 부재의 내진 및 내풍압성 향상
   ② 자유로운 공간 구성 가능
   ③ 부품의 간소화 및 개방감 효과 우수
   ④ 자유로운 공간구성 가능
   ⑤ 건물내 채광 효과 우수
   ⑥ 대형 유리벽면의 설치 가능
   ⑦ 개구부에 설치 편리
   ⑧ 시각적 design 우수

4) 종류
   ① Angle형   ② X형   ③ H형

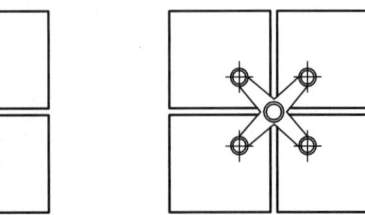
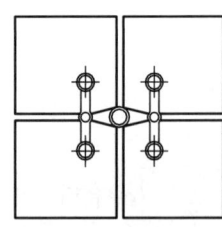

5) 적용대상
   ① 유리 curtain wall
   ② Sunken garden
   ③ Atrium, lobby
   ④ 연결통로(walkway, 연결다리)
   ⑤ 전시장 및 유리 피라미드
   ⑥ 기타 디자인 요소가 요구되는 곳

> **문 5-1** 초고층 건물에서 유리의 열에 의한 깨짐현상의 요인과 방지대책에 대하여 기술하시오. [03전(25)]
> **문 5-2** 유리의 열파손 [07중(10)]
> **문 5-3** 유리 열파손(熱破損) 방지대책 [10후(10)]

I. 개 요

대형유리의 경우 유리의 중앙부와 주변부의 온도차이로 인한 열팽창력의 차이로 유리가 파손되는 경우가 발생하므로 이에 대한 대책이 필요하다.

II. 열깨짐(열파손) 현상 요인

1) 태양의 복사열

   유리의 중앙부와 주변부의 온도차이로 인한 팽창력 차이로 유리가 파손되는 현상

2) 유리의 두께

   유리가 두꺼울수록 열축적이 크므로 파손의 우려 증대

3) 유리의 국부적 결함

   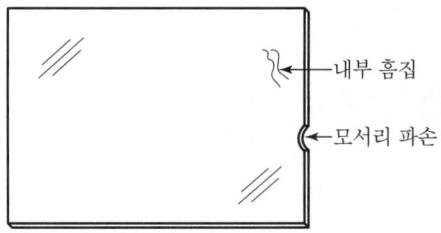

   유리 내부의 결함이나 가장자리의 일부 파손의 경우

4) 공기순환 부족

   건물 내부의 벽체나 curtain 등에 의해 유리와 벽체 사이의 공간에 고온공기의 순환 부족으로 인한 공기의 팽창

5) 유리의 내력 부족

   열에 의해 유리에 발생되는 인장 및 압축응력에 대한 유리의 내력이 부족한 경우

   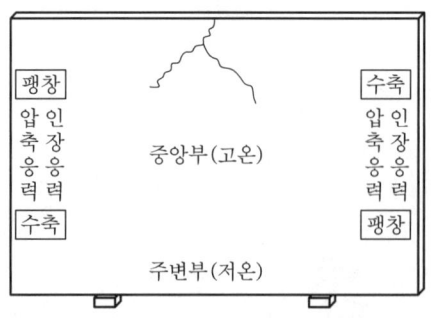

Ⅲ. 방지대책

1) 유리의 가공 철저
   ① 유리에 국부적 결함발생 방지
   ② 유리 절단면은 매끄럽게 연마 처리

2) 유리와 차양막의 간격 유지
   ① 유리와 차양막 사이의 간격은 10cm 이상을 유지할 것
   ② 차양막 상부에 공간 설치

3) 공기 순환통로 설치
   유리 bar에 공기순환구를 설치하여 고온의 공기를 순환시킴

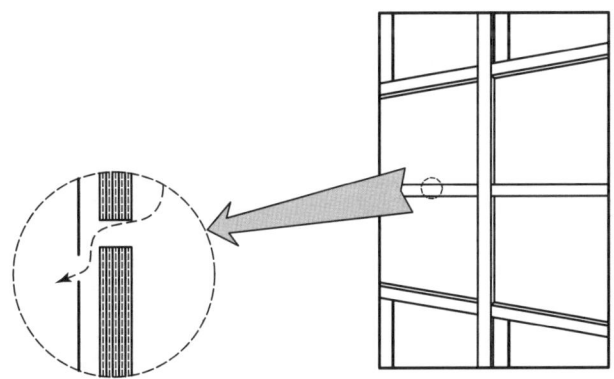

4) 유리면 보호재 부착 금지
   유리에 film, paint 등의 부착 금지

5) 유리의 허용응력 강화

〈열깨짐 방지를 위한 유리 단부의 파괴에 대한 허용응력〉

종 류	두 께(mm)	허용응력
판유리	3~12	18kgf/cm²
	15/19	15kgf/cm²
강화유리	4~15	50kgf/cm²
망입유리	6/8/10	10kgf/cm²

6) 적정 clearance 유지
   유리 두께의 1/2 이상의 clearance 유지

Ⅳ. 결 론

① 유리는 두꺼울수록 열축적이 크고 가공으로 인한 결함이 있는 경우와 유리배면에서의 공기 순환이 부족할 경우 열깨짐현상이 발생한다.

② 초고층건물에서의 유리파손시 유리조각의 낙하로 인한 대형사고의 위험이 크므로 유리의 열파손에 의한 대책을 마련후 시공에 임해야 한다.

문 6-1 합성수지재의 재료 특성에 대하여 기술하여라. [86(25)]

Ⅰ. 개 요

합성수지란 석탄, 석유, 목재 등을 원료로 하여 화학적으로 가공한 것으로 열경화성과 열가소성으로 분류된다.

Ⅱ. 재료 특성

1. **열경화성 수지**

   1) 에폭시 수지
      ① 내약품성이 크다.
      ② 접착성과 내열성이 있다.

   2) 실리콘 수지
      ① 내열성이 크다.
      ② 발수성이 있다.

   3) 페놀 수지
      ① 견고하여 강도가 크다.
      ② 내약품성, 내열성이 있다.
      ③ 색상은 흑색 또는 흑갈색이다.

   4) 요소 수지
      ① 강도 및 내약품성이 크다.
      ② 투명성으로 착색이 자유롭다.

   5) 멜라닌 수지
      ① 표면 경도가 크다.
      ② 내약품성과 내열성이 좋아 표면 치장재로 쓴다.
      ③ 투명색이다.

2. **열가소성 수지**

   1) 아크릴 수지
      ① 투명도와 착색성이 우수하다.
      ② 고가이다.

2) 염화 비닐수지
　① 약품에 침식되지 않고 성형이 용이하다.
　② 착색이 자유롭다.
　③ 온도에 의한 신축이 크다.

3) 초산 비닐 수지
　에멀션 또는 염화비닐 수지의 중합체로 사용한다.

4) 폴리에틸렌 수지
　① 저온에서 탄성이 풍부하며 내약품성이 크다.
　② 노화가 비교적 되지 않는다.

5) 폴리아미드 수지
　인장강도와 내마모성이 우수하다.

Ⅲ. 결 론

합성수지는 건축물의 마감재료나 접착재료로 사용되고 있으나, 내화성이 있고 수축 팽창이 작은 구조재로 사용이 가능한 제품이 개발되어야 한다.

문 6-2 플라스틱류(類) 건설재료의 특징과 현장적용시 고려사항을 기술하시오.

[04전(25)]

Ⅰ. 개 요

플라스틱은 고분자 화합물의 대표적인 것으로 그의 외관이나 성질이 천연수지와 유사한 것에 붙여진 명칭으로 합성수지는 가열하면 가소성이 생기므로 플라스틱이라고 한다.

Ⅱ. 분 류

① 열가소성 플라스틱
② 열경화성 플라스틱

Ⅲ. 플라스틱 건설재료의 특징

1. 장점

1) 경량으로서 고강도
   평균 알루미늄의 1/3, 철·동·구리 등의 1/3~1/8로 극히 경량

2) 우수한 가공성
   성형과 주형에 있어서 치수나 복잡한 모양에 관계없이 정확한 치수로 가공이 용이

3) 내수성, 내투습성
   폴리초산 비닐 등 일부를 제외하고는 극히 양호

4) 내약품성
   알칼리 및 부식성 가스 등에 대하여 Con'c보다 우수

5) 내마모성
   극히 우수하여 바닥재료 등에 이용

6) 채색의 자유성 및 투명성

7) 계면 접착성 및 전기절연성 양호
   상호간 계면접착이 잘되며, 다른 재료에도 잘 부착

2. 단점

1) 강도
   강도는 목재와 비슷, 인장강도가 압축강도보다 작다.

2) 응력, 강도 및 소성변형
   어느 부분이 소성변형을 일으킴, 강도계산시 온도환경 고려
3) 탄성
   쉽게 휠 수 있는 구조재로서 치명적인 결함
4) 내열성 및 가열성
   하중에 의한 변형과 열에 의한 변형
5) 팽창 및 수축과 노화현상

Ⅳ. 현장 적용시 고려사항

1) 열에 의한 팽창 및 수축여유 고려
   ① 열팽창계수가 크므로 경질판의 정착시 고려
   ② 비닐평판에서는 0.7~0.8mm 신축여유를 표준
2) 열가소성 재료
   열에 의한 정도(精度)의 변화가 있으므로 50℃ 이하 유지
3) 열경화성 재료
   ① 경화폴리에스테르 요소는 80℃ 초과 금지
   ② 페놀, 멜라민은 100℃ 초과 금지
4) 양생
   ① 표면의 흠, 얼룩 변형이 생기지 않도록 종이, 천 등으로 보호
   ② 양생후 부드러운 헝겊에 물, 비눗물 및 휘발유 등을 적셔 청소
5) 열가소성 평판의 곡면 가공
   ① 반지름을 판두께의 300배 이내로 한다.
   ② 휠 때에는 가열온도 110~130℃ 준수
6) 접착
   ① 재의 표면을 적절한 방법으로 처리
   ② 작업시 높은 온도를 피하고 시공후 박리 및 탈락이 없도록 함
   ③ 에멀션 접착제는 겨울에 얼지 않도록 보온
   ④ 인화되지 않도록 주의하고 작업장 환기를 충분히 실시
   ⑤ 피착재를 침식하지 않는 용매 또는 비눗물 등으로 청소
   ⑥ 혼합시 규정량을 엄수하고 적정량의 배합 실시

Ⅴ. 결 론

플라스틱 소재는 직사광선에 의한 자외선 폭로나 열적변화의 영향 등에 따라 강도저하, 노화 발생에 특히 유의하여 현장시공하여야 한다.

> **문 7-1** 우리나라의 건축에서 내장재의 현황과 바람직한 개발 방향에 대하여 설명하여라.   [89(25)]
>
> **문 7-2** 사무실 건물 내부 바닥 마감재 5종을 열거하고, 그 시공법과 특성을 기술하라.   [78후(25)]

Ⅰ. 개 요

내장재는 충격과 마감에 대한 충분한 내력이 있어야 함과 동시에 사용하는 사람의 개성과 심리적 욕구에 만족하여야 한다.

Ⅱ. 내장재의 현황

1) 바닥 마감재
   ① 아스팔트 타일, 비닐 타일   ② Carpet 깔기
   ③ 자연석 및 인조석 돌 깔기   ④ Free access floor
   ⑤ 온돌 마루판

2) 벽 마감재
   ① 도배   ② 도장(무늬코트)
   ③ 금속재 마감   ④ 타일
   ⑤ 쿠션재(운동장소)

3) 천장 마감재
   ① 도배 및 도장   ② 목재 마감
   ③ 경량 천장틀 위 기성재 마감

Ⅲ. 바닥 마감재의 시공법과 특성

1. 아스팔트 타일

1) 시공법

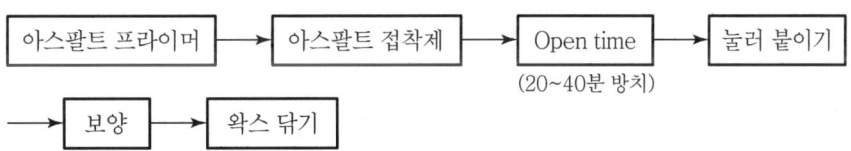

2) 특성
    ① 내수성은 있으나, 내유성은 없음
    ② 내마모성은 비닐타일의 1/5
    ③ 난연성 우수

2. 비닐 타일

1) 시공법

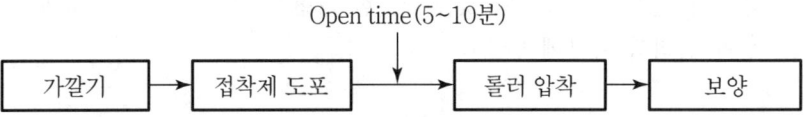

① 가깔기 7~10일 방치하여 재료의 신축변화
② 깔기후 모래주머니, 졸대 등으로 5~7일간 누르기

2) 특성
    ① 쾌적한 탄성감이 있고, 내구성이 강하다.
    ② 내산성이 크고, 내알칼리성은 약하다.
    ③ 내마모성, 방음성 우수

3. Carpet 깔기

1) 모양
    ① Wall to wall(전체깔기)   ② 방의 중앙부만 깔기
2) 공법
    ① Clipper 공법   ② 접착공법
3) 시공법
    ① 바탕처리 : 건조, 강도확보
    ② Under lay 깔기 : 흡음, 단열, cushion
    ③ 접합 : hidden bond tape

4. 인조석

1) 시공법

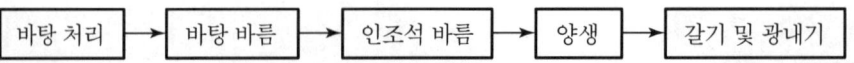

2) 특성

　① 내구성, 내마모성 우수, 내수성이 좋으며 물청소 가능

　② 안료와 종석을 사용하고, 색감 우수

5. Free access floor

1) 정의

　최근 OA기기 보급과 intelligent building, EDPS실, 전화교환실 및 통신실 바닥에 이중바닥 시스템으로 전선의 배관이 바닥에서 자유롭게 배치될 수 있도록 떠 있는 바닥구조

2) 분류

　① 깔아두는 type　　② 지지각 분리 type　　③ 배선, 바닥 기능분리 type

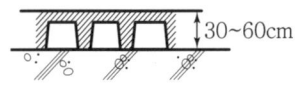 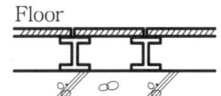 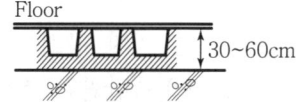

3) 시공

　① 주벽체, 가장자리 부분의 바탕처리부터 시작

　② 지지각 분리형은 다리를 세워 바닥면에 접착제나 앵커로 고정하여 바닥면과 수평 유지

6. 온돌 마루판

1) 정의

　온돌 마루판은 내수합판 위에 무늬목을 입혀 목재의 내마모성, 내오염성, 내수성 등이 우수하도록 제작된 마루판이다.

2) 시공법

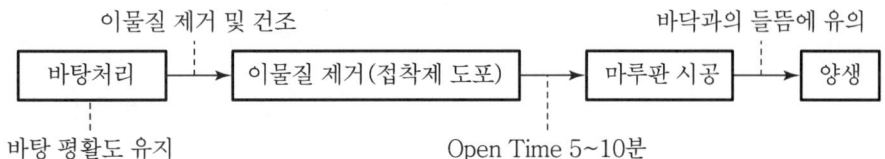

3) 특성

　① 내마모성 및 내긁힘성 우수

　② 내오염성 및 내수성 우수

　③ 습기에 약하므로 사용시 유의

Ⅳ. 내장재 개발 방향

1) 방재기능 강화
   ① 초고층 방재대책에 적합한 성능, 내화성능 향상, 유독가스 최소화
   ② 방화공법과 병행하여 연구 개발

2) 경량화 추구
   ① 구조상 경량화 도모
   ② 시공상 운반·취급의 효율화

3) Prefab화
   ① 초고층 건축에서의 반복 시공
   ② 작업단순화를 위한 prefab 유도

4) 내진성
   ① 지진, 풍화의 변형에 대응
   ② 층간변위 추종성은 15~20mm 정도

5) 시공성
   ① 건식화, unit화, 표준화
   ② 경량화, 단순화, 고강도화

Ⅴ. 결 론

소비자의 요구조건이 다양해짐에 따라 내장재의 개발이 급속히 진행되고 있으나, 기본 성능의 강화가 중요한 연구 과제이다.

문 7-3 온돌 마루판 공사의 시공순서 및 시공시 유의사항에 대하여 설명하시오.

[09후(25)]

I. 개 요
① 최근 공동주택의 거실 바닥 마감으로 온돌 마루판의 시공이 일반화되어 있으며, 근래에는 거실 바닥 뿐 아니라 방바닥의 마감도 온돌마루판으로 시공되고 있다.
② 온돌 마루판은 내수 합판 위에 무늬목을 입히고, 목재의 내마모성, 내긁힘성, 내오염성, 내수성이 우수하도록 제작되고 있다.

II. 시공순서

1) **바탕정리(평활도 유지)**
   ① 길이 1m 방향으로 최대 5mm 이내가 되도록 한다.
   ② 부분적인 함몰깊이는 1mm를 벗어나서는 안된다.
   ③ 부분 돌출 부위는 그라인더로 연마 및 평활도를 유지토록 한다.

2) **이물질 제거**
   ① 시공면의 이물질 제거 및 바닥면 청소
   ② 접착력을 저해하는 Oil류, 이물질을 반드시 제거
   ③ 바닥면 청소를 깨끗이 하여 하자요인 방지

3) **바탕건조**
   ① 시공면 함수율이 5% 이하 유지
   ② 습기로 인한 온돌마루판의 들뜸 방지

4) **시공**
   ① 기온이 5℃ 이하시 시공금지
   ② 작업장 온도는 15~20℃ 유지
   ③ 접착제 도포후 open time 준수
   ④ 타공종과 중복 금지
   ⑤ 천장공사, 도배공사, 전기공사, 주방공사 등이 선행된 후 마지막으로 시공

5) **양생**
   ① 온돌마루판과 시공면의 완전 밀착상태 확인
   ② 들뜸에 의한 하자발생에 유의

Ⅲ. 시공시 유의사항

1) 기준선의 선정
   마루배열이 일직선이 될 수 있도록 기준선을 설정
2) 접착제 도포
   ① 온돌마루 전용 접착제를 시방서에 맞게 배합하여 마루판 1~2열 분량씩 바닥도포
   ② 고무망치를 이용하여 틈새가 벌어지거나 밀리지 않도록 밀착시켜 설치하며 마루판은 엇갈리게 배열
   ③ 밀착시공을 기본으로 하면서 목재의 수축, 팽창으로 인한 공간확보를 위해 벽면에서 3~5mm의 공간을 둠
3) 접착제 가사시간 준수
   온돌마루 전용접착제가 접착력을 발휘할 수 있는 시간(60분 이내) 내에 마루판 배열설치가 이루어져야 함
4) 양생 및 보양
   ① 시공후 접착제가 완전경화(하절기 24시간, 동절기 48시간)되기전까지는 사람의 보행을 금지
   ② 완전 경화후 가구 등 중량물을 이동시 천이나 두꺼운 소재로 표면을 보호
5) 난방
   시공후 접착제가 완전 경화된 후 보일러를 점차적으로 가동하여 준다.

Ⅳ. 마루판의 유지보수

① 일상적인 청소는 진공청소기, 마른걸레나 물기를 꽉 짠 걸레를 사용한다.
② 급격한 온도 및 습도의 변화는 마루판의 변형을 초래하므로 온도 및 습도조절에 유의하여야 한다.
③ 피아노, 가구, 가전제품등 중량물을 이동시에는 마루판의 손상을 방지하기 위해 담요, 카펫트 등을 이용하여, 설치후에는 완충을 위한 바닥보호재로 하중전달을 방지한다.
④ 유지관리를 위해 왁스 사용이 필요한 경우에는 온돌마루 전용 왁스를 사용해야 한다.

Ⅴ. 결 론

① 온돌마루판은 시공후 들뜸의 하자가 많이 발생하므로 시공면과의 접착에 특히 유의하여야 하며, 마루판 표면 파손을 방지하기 위해 사용시 주의를 요한다.
② 온돌마루판은 습기에 취약하므로 물이 닿지 않도록 유의하며, 건조상태가 유지되도록 관리하여야 한다.

> **문 7-4** 천장재의 재질과 요구성능에 대하여 기술하시오. [01전(25)]
> **문 7-5** 건축물의 바닥, 벽, 천장 마감재에서 요구되는 성능에 대하여 구분하여 설명 하시오. [11전(25)]
> **문 7-6** 이중 천장공사에서의 고려사항 [00후(25)]

Ⅰ. 개 요

건축물은 내부공간에 의해 목적하는 기능을 수행하는데 내부공간에 요구되는 성능이 다양하므로, 이에 맞는 재료를 선정하여 시공하여야 한다.

Ⅱ. 마감재의 현황

1) 바닥 마감재
   ① 아스팔트 타일, 비닐 타일
   ② Carpet 깔기
   ③ 자연석 및 인조석 돌 깔기
   ④ Free Access Floor
   ⑤ 온돌 마루판

2) 벽 마감재
   ① 도배
   ② 도장(무늬코트)
   ③ 금속재 마감
   ④ 타일
   ⑤ 쿠션재(운동장소)

3) 천장 마감재
   ① 도배 및 도장
   ② 목재 마감
   ③ 경량 천장틀 위 기성재 마감

Ⅲ. 천장재의 재질

1) 섬유판류
   ① 식물섬유를 원료로 제작한 판
   ② 비중에 따른 분류
   - 경질 섬유판($0.8g/cm^2$ 이상)
   - 중질 섬유판($0.4 \sim 0.8g/cm^2$)
   - 연질 섬유판($0.4g/cm^2$ 미만)
   ③ 팽창·수축에 방향성이 없으나, 습기에 유의

2) 석면 슬레이트류
   ① 석면 시멘트판으로 방화성, 단열성, 차음성 우수
   ② 비중은 1.3~1.7 정도
   ③ 재료의 가공성 및 시공성 양호
   ④ 석면 시멘트 펄라이트는 비중이 0.4~1.0 정도로 가벼움

3) 석고 보드류
   ① 방화 및 차음 성능 우수
   ② 치수가 안정적이고 방충성 양호
   ③ 내충격성과 내수성이 약함

4) 무기질 섬유판
   ① 흡음, 단열, 방화 성능 우수
   ② 시공이 편리하나 흡수성이 큼
   ③ 주재료는 석면, 암면, 광재면 등이 있음

5) 내장용 플라스틱 보드류
   보드의 표면에 플라스틱 판을 붙인 것과 열경화성 수지를 가공한 것이 있음

6) 금속판류
   특수한 곳의 실내 장식용으로 사용

7) System 천장
   ① 천장재와 설비 기기를 일체화
   ② 공사가 단순하여 공기 단축 가능

8) 도배재
   ① 시공 및 양생이 간단
   ② 색채, 패턴, 질감의 선택 폭이 다양
   ③ 광섬유로 제작한 벽지는 내화성을 가짐

Ⅳ. 요구 성능(요구되는 성능)

1) 역학적 성능
   강도, 변형저항력, 탄성계수, creep, 인성, 피로강도 등이 요구

2) 물리적 성능
   비중, 경도 및 열·음·빛의 투과와 반사성능 요구

3) 내구성능
   ① 산화, 변질, 충해, 부패 등에 대한 저항 성능
   ② 구조체 및 배관의 은폐와 내구성 향상

4) 화학적 성능
   ① 산, 알칼리 등의 약품에 대한 저항 성능
   ② 부식, 변질 등에 대한 저항 성능

5) 방화·내화 성능
   연소성, 인화성, 융용성, 발연성, 유독성 가스 등에 대한 요구 성능

6) 감각적 성능
   색채, 명도, 감촉, 오염성에 대한 성능

7) 생산 성능
   생산성, 가공성, 공해, 시공성, 운반 및 재이용 등의 성능 요구

8) 차단 성능
   단열, 흡음, 차음, 방화에 대한 제어 성능

9) 기밀성
   상·하층에 대한 기밀 유지 성능

10) 기능적 성능
    단열, 차음 등과 같은 거주성에 요구되는 성능

V. 이중천장 공사의 고려사항

1) 천장높이

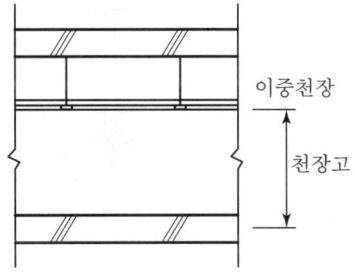

① 천장고는 법적 높이를 유지할 것
② 어느 부분이라도 법적 높이 이하가 되면 안됨

2) 수평유지
   상부 slab와의 평행 유지에 상관없이 이중천장 자체의 수평유지

3) Insert 매입

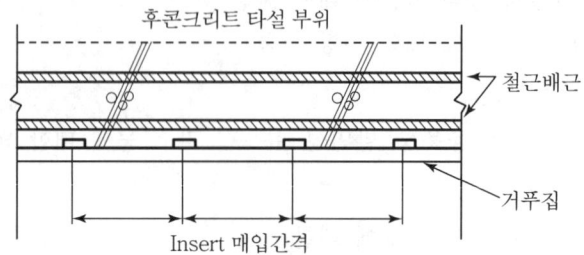

① 거푸집 시공 후 먹매김 실시
② 먹매김 간격에 따라 insert 매입
③ 콘크리트 타설시 insert 탈락에 유의

4) 천장틀 설치간격
① 천장틀 설치간격은 구조적 안전성 확보
② 천장틀의 천장부착 시공 철저
③ 등기구 설치 위치 등에는 조밀 시공
④ 달대 이어 붙이기 시공은 가급적 하지 않는 것이 원칙

5) 고정철물 녹 방지
① 천장틀과 천장판의 고정철물의 녹발생 방지
② 고정철물에 녹발생 방지 paint 시공 철저

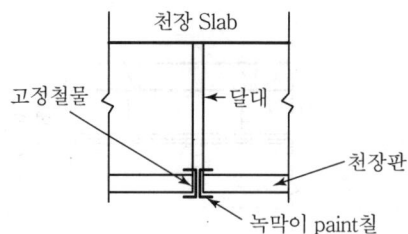

6) 모서리 몰딩 설치
① 벽체의 평탄성 확보
② 몰딩과 벽체사이의 공간이 없도록 밀착 시공
③ 몰딩의 수평 유지
④ 천장의 종류, 실내의 크기에 따라 적절한 몰딩의 시공으로 모서리 부분 시공 불량 cover
⑤ 천장 마감재와 몰딩 사이의 틈이 없도록 할 것

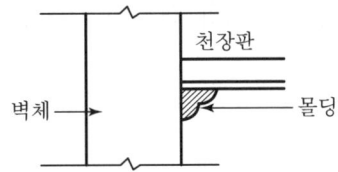

7) 천장 단열재 파손
   ① 달대 설치 부위의 단열재 파손 유의
   ② 파손된 단열재 주위는 뿜칠용 발포 단열재로 보강
8) 천장 이음부 처리
   천장마감재 이음부의 틈이 없도록 시공

VI. 결 론

이중천장의 효과로는 방음, 단열, 미적 기능 향상 등이 있으나, 이를 만족시키기 위해서는 콘크리트 타설 전부터 계획을 세워 시공에 임해야 한다.

문 7-7 사무실 건축의 천장공사에 대하여 시공도면 작성방법과 시공순서 및 유의사항을 기술하시오. 〔02후(25)〕

I. 개 요

사무실 건축의 천장 위에는 각종 배관과 전등의 설치가 많으므로 그 부분의 보강에 유념하여야 하며 칸막이 설치부를 사전에 파악하여 전체적 조화를 이루어야 한다.

II. 시공도면 작성방법

1) 시공법 결정
    M-bar, T-bar 등 천장공사의 시공법을 사전에 결정

2) 천정고 확보
    ① 바닥 마감의 정도 파악
    ② 바닥 마감과 천장까지의 법적 층고 확보
    ③ 시공 여유 공간을 사전에 준비

3) Hanger bolt의 간격
    ① 천장재료의 하중을 검토하여 hanger bolt의 간격을 결정
    ② Hanger bolt 설치 위치를 먹매김한 후 시공
    ③ 전등기기 설치부 등 보강 부위 파악

4) 마감재료의 나누기 실시
    미적 공간 확보를 위해 사전 실시

5) 전기, 소방 공사의 배선 공간 확보
    보(girder), 밑으로 10cm 이상의 공간 확보

Ⅲ. 시공순서 및 유의사항

1. 시공순서

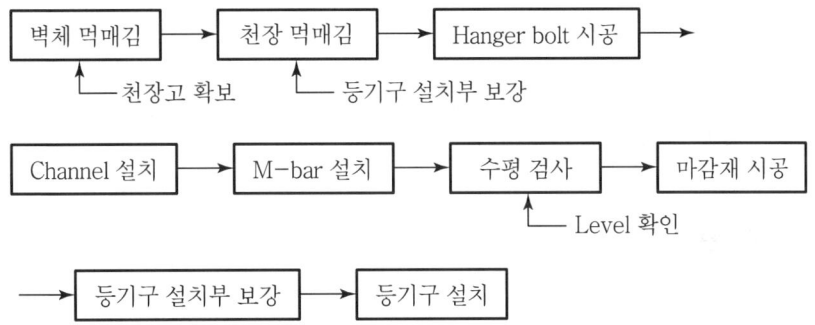

2. 유의사항

1) 법적 층고 확보

    여유 공간을 확보하여 법적 기준 이상이 되도록 할 것

2) 천장재 level 관리

    ① 천장재료의 설치전 level 확인
    ② 천장 마감공사 중 수시로 level을 확인할 것
    ③ 등기구 설치부의 처짐에 유의

3) 연결 bolt 처리

    ① 마감재료와 bar를 연결하는 연결 bolt의 시공 정도 확인
    ② 연결 bolt는 마감재의 끝 면보다 깊이 박히도록 시공할 것

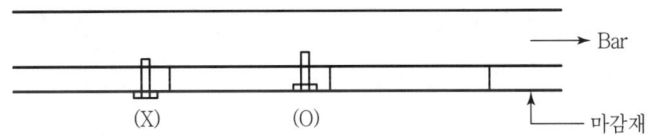

4) 용접부 방청 처리 철저
5) 등기구 및 개구부 주위 보강 철저

Ⅳ. 결 론

사무실 천장공사는 건식공사로 공사 기간이 매우 짧아 빠른 시공이 이루어지므로 현장 관리자는 시공기간 내 시공장소에 상주하여 품질관리에 유념하여야 한다.

문 7-8 목공사의 마감부분(수장) 공사에서의 유의할 점을 열거하여 설명하여라.

[90후(30)]

Ⅰ. 개 요

목재는 자연 재료로서 인간과의 친화성이 크며, 가공성이 좋고 비강도가 높아 많이 사용되고 있다.

Ⅱ. 유의할 점

1) 방부처리
   ① 목재는 부패균에 의해 부패하기 쉽다.
   ② 방부제는 유해한 냄새가 나지 않아야 한다.
   ③ 방부제는 인체에 피해가 없어야 한다.

2) 방수재 도포
   목재는 썩기 쉬우므로 방수 처리로 내구성을 확보한다.

3) 건조 상태 확인
   ① 섬유 포화점 이하 여부를 확인
   ② 건조 상태에 따라 휨, 갈라짐 등의 하자 발생

4) 부착
   ① 못, 나사에 의한 부착성 확인
   ② 접착제 사용시 적정 open time 준수

5) Creep 방지
   ① 장기간 하중으로 인한 목재의 변형 방지
   ② 상부 하중을 받지 않도록 설치

6) 내구성 향상
   ① 열화 방지를 위한 인위적 처리
   ② 목재 보존 기술의 확충

7) 화재 유의
   ① 피복에 의한 불연성 막 형성
   ② 산소차단용 방화페인트 도포
   ③ 인화 방지용 약제(인산 암모늄)의 주입

8) 치수, 형상의 정확성
   ① Shop drawing 작성후 가공
   ② 현장 시공 상태에 따라 정밀 가공
   ③ 덧붙이기 및 토막 잇기 금지
9) 의장 효과 고려
   나뭇결이 미려한 곳이 나타나도록 제작
10) 청결 유지
   ① 가공시의 목재 가루가 접착제에 붙지 않도록 유의
   ② 목재 모서리면의 가공 철저

Ⅲ. 결 론

마감 부분의 목재는 모양을 내기 위해 부재를 약하게 하거나 복잡하게 하면 부러지기 쉬우므로 이를 유의해야 한다.

문 7-9 Access Floor [00전(10)]

I. 정 의

Intelligent 빌딩에서 전화교환실, 통신실 등의 바닥에 전선 배관을 자유롭게 배치할 수 있도록 일정한 공간을 두고 떠 있게 한 이중바닥 system이다.

II. 분 류

1) 깔아두는 type

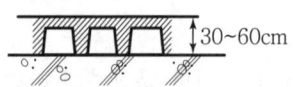

2) 지지각 분리 type

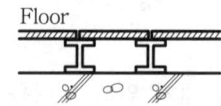

3) 배선·바닥 기능분리 type

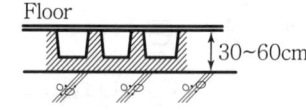

III. 필요성

① 사무 환경의 개선으로 업무 효율 향상
② 쾌적한 환경으로 근무 의욕 고취
③ 배선의 보호 및 유지관리 용이
④ 표준화, 규격화로 품질 향상

문 7-10 FRP(Fiber Reinforced Plastics)   [80(5)]

I. 정 의

① 직경 10^{-3}mm 정도의 유리섬유를 첨가하여 강도를 향상시킨 강화 플라스틱을 FRP라 한다.
② 일반 플라스틱은 충격에 파괴되는 취성의 성질이 있으나, FRP는 유리섬유가 보강되어 쉽게 파괴되지 않는 가요성을 가진다.

II. 특 징

① 색채가 풍부하고 내약품성이 우수하다.
② 내열성이 약하다.
③ 투광성이 우수하다.

III. 용 도

① 욕조
② 정화조
③ 옥상 물탱크

문 7-11 Joiner [92후(8)]

I. 정 의
Joiner란 줄눈대로서 크게 바닥용 joiner와 천장·벽용 joiner로 구분된다.

II. 종류별 특성

1) 바닥용 joiner
   ① 인조석갈기·테라조 현장갈기·carpet 깔기 등에 쓰인다.
   ② 주물제와 압연제품을 주로 쓴다.
   ③ 두께는 최소 2mm 이상(보통 3~5mm), 높이는 9~12mm 정도이며, 길이는 90~120cm 정도의 단면은 I자형으로 되어 있다.

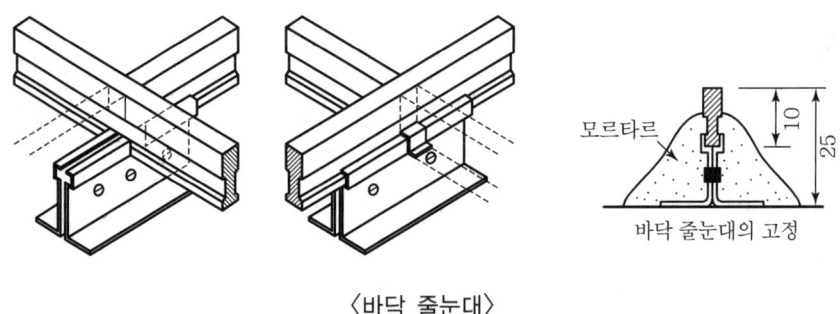

〈바닥 줄눈대〉

2) 천장·벽용 joiner
   ① Board·합판 등을 붙이고, 그 이음새를 누르는 데 사용
   ② 아연도금 철판제, 경금속제, 황동제의 얇은 판을 프레스한 것
   ③ 길이는 보통 1.8m
   ④ 합성수지제는 U형 개스킷 등으로 내부 치장 합판재에 사용

〈벽, 천장, 줄눈대(조이너)〉

문 7-12 드라이월 칸막이(Dry Wall Partition)의 구성요소 [09전(10)]

Ⅰ. 정 의
① Dry wall 칸막이란 metal stud골조에 석고보드를 마감하는 비내력벽 건식벽체 system 이다.
② 건식으로 시공하므로 시공속도가 빠르고 우수한 품질을 확보할 수 있으며, 단열, 내화, 차음성능을 겸비할 수 있다.

Ⅱ. Dry wall 칸막이의 구성요소

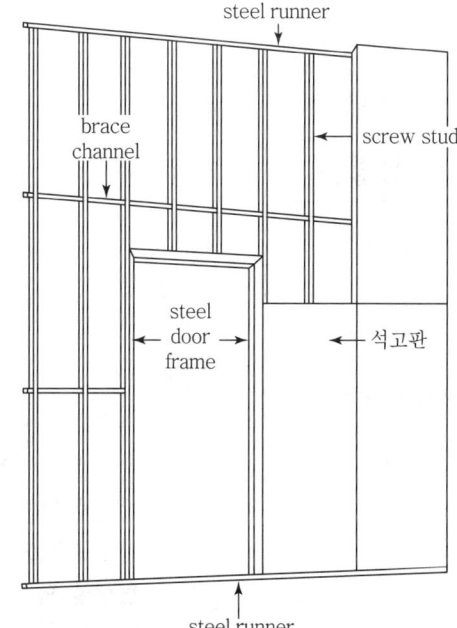

1) Steel runner
   벽면의 상부와 하부를 막는 재료
2) Screw stud
   ① 수직재로써 석고판을 고정시키는 역할
   ② 나사못으로 석고판을 벽면에 고정시킬 때 나사못이 정착하는 위치에 배치
3) Brace channel
   Screw stud의 좌굴을 방지하기 위한 가새 역할
4) Steel door frame
   문설치를 위한 frame
5) 석고판
   ① 벽면의 마감재료
   ② 석고판 위에 최종마감인 도장이나 벽지시공 가능

永生의 길잡이—여덟

■ 성경은 무슨 책입니까?

우리의 신앙과 생활의 유일한 법칙은 신구약 성경입니다.
성경은 하나님의 정확무오(正確無誤)한 말씀으로,
구약 39권, 신약 27권 합 66권으로 되어 있습니다.
구약은 선지자, 신약은 사도들이 성령의 감동을 받아서 기록하였습니다.
(디모데후서 3 : 16)

- 구약에 기록된 내용은
  ① **천지만물의 창조로부터**
  ② **인간창조와 타락**
  ③ **인류구속을 위한 메시야의 탄생을 예언하고 있습니다.**
  (이사야 7 : 14)

- 신약에 기록된 내용은
  ① **예수 그리스도의 탄생으로부터**
  ② **역사의 종말과**
  ③ **내세에 관한 일까지 기록하고 있습니다.** (요한계시록 22 : 18)

성경을 매일매일 읽고 묵상하되, 그대로 지키려고 힘써야 합니다.

8장

마감 및 기타공사

6절 단열·소음공사

8장 6절 단열·소음공사

1	건축물의 단열공법		
	1-1. 건축물의 방서시공법	[81후(30)]	8-268
	1-2. 외벽의 단열시공법	[82후(20)]	
	1-3. 건설공사시 단열공법의 유형과 시공방법	[98후(30)]	
	1-4. 벽돌 벽체의 외단열 시공시 단열효과를 높이기 위한 시공성	[84(25)]	
	1-5. 건축물 외벽 단열에 대한 시공방법과 효과	[98전(30)]	
	1-6. 건축물 벽체의 단열공법중 내단열벽 공법과 외단열벽 공법도시 문제점	[90전(20)]	
	1-7. 건축물의 단열구조를 위한 효율적인 시공방법(단, 지붕, 외벽, 바닥, 유리 및 창호에 대하여)	[80(20)]	
	1-8. 건축물 부위별 단열공법	[08전(25)]	
	1-9. 건축물의 열적 성능을 높이기 위한 각 부위별 단열공법	[94전(30)]	
	1-10. 에너지 절약을 위한 건축물의 부위별 단열공법	[98중전(30)]	
	1-11. 단열공법 적용시 고려사항과 각 부위(벽체, 바닥, 지붕)별 시공방법	[04전(25)]	
	1-12. 단열공사에서 고려사항과 단열공법의 종류	[11전(25)]	
	1-13. Heat bridge	[02중(10)]	8-275
2	건물 결로의 원인과 방지대책		
	2-1. 건물결로의 원인과 그 방지책	[85(25)]	8-276
	2-2. 건축물에서 발생되는 결로의 원인과 방지대책	[07중(25)]	
	2-3. 공동주택에서 결로 발생원인과 방지대책	[00중(25)]	
	2-4. 건축물의 표면결로 ㉮ 결로발생의 원인(8점)　　㉯ 결로부위(8점) ㉰ 결로방지대책(9점)	[88(25)]	
	2-5. 지하구조물에서 결로 발생원인과 예방대책	[96전(30)]	
	2-6. 공동주택의 부위별 결로 발생원인과 원인별 방지대책	[01전(25)]	
	2-7. 공동주택 지하주차장에 하절기에 발생하는 결로 원인과 대책	[04후(25)]	
	2-8. 건축물 결로 현상을 부위별, 계절별 요인으로 구분하여 원인 및 해결방안	[08후(25)]	
	2-9. 지하층 외벽과 바닥의 결로 방지방법과 시공상 유의사항	[01후(25)]	
	2-10. 내부 결로 방지대책	[82전(10)]	
	2-11. 건축물 벽체의 내부 결로	[90전(5)]	
	2-12. 표면 결로	[02전(10)]	
	2-13. 고층건물 커튼 월 결로발생의 원인 및 대책	[02중(25)]	8-281
	2-14. 커튼 월의 결로발생과 대책	[07후(25)]	
	2-15. 금속 커튼월로 시공한 고층 건물 외벽에 결로가 발생하는 원인과 방지대책	[96중(30)]	
	2-16. Aluminium Frame과 복층유리를 사용한 Curtain Wall의 결로 방지대책	[10후(25)]	

3	공동주택의 소음방지		
	3-1. 공동주택에서 각 실의 소음방지를 위한 재료의 품질 및 공법상의 개선책 [86(25)]		8-284
	3-2. 공동주택의 바닥충격음 방지를 위한 공법	[91전(30)]	
	3-3. 공동주택 바닥충격음 차단성능 향상방안	[07후(25)]	
	3-4. 공동주택에서 발생하는 소음의 종류와 저감대책	[00중(25)]	
	3-5. 공동주택의 층간 소음원인 및 그 소음 방지대책	[96중(40)]	
	3-6. 공동주택에서 발생하는 층간 소음의 원인 및 저감 대책	[10전(25)]	
	3-7. 건축물의 흡음공사와 차음공사를 비교	[08전(25)]	
	3-8. 공동주택의 층간 소음방지를 위한 시공상 고려할 사항	[00전(25)]	
	3-9. 소음전달방지에 대한 원리와 시공상 유의할 실제문제	[87(25)]	
	3-10. 공동주택 바닥 차음을 위한 제반 기술(技術)	[05후(25)]	
	3-11. 공동주택에 발생하는 충격소음에 대한 원인 및 대책	[05전(25)]	
	3-12. 층간 소음방지	[01후(10)]	
	3-13. 층간 소음 방지재	[08중(10)]	
	3-14. 토공사의 암반파쇄 공사시 소음 방지대책과 시공 유의사항	[03후(25)]	8-291
	3-15. 소음·진동을 저감하기 위한 방안을 사업 추진단계별로 구분	[07후(25)]	8-294
4	차음공법		
	4-1. 차음성능에 관한 이론으로 벽식 아파트의 고체 전파음	[08후(25)]	8-297
	4-2. 건축 차음 재료를 벽체와 바닥으로 구분 설명 및 시공방법	[04중(25)]	
	4-3. 벽체의 차음공법	[05중(25)]	
	4-4. 차음계수(STC)와 흡음률(NRC)	[98중후(20)]	8-301
5	건축의 방진 계획		
	5. 건축의 방진계획 ㉮ 방진원리 ㉯ 방진재료 ㉰ 방진계획	[90전(30)]	8-303
6	Trombe Wall		
	6. Trombe Wall	[90전(5)]	8-305

> **문 1-1** 건축물의 방서시공법에 관하여 설명하여라. [81후(30)]
> **문 1-2** 외벽의 단열시공법에 대하여 기술하여라. [82후(20)]
> **문 1-3** 건설공사시 단열공법의 유형과 시공방법에 대하여 기술하시오.
> [98후(30)]
> **문 1-4** 벽돌 벽체의 외단열 시공에 있어서 단열효과를 높이기 위한 시공성(단열재 취급 및 시공방법)에 대하여 설명하여라. [84(25)]
> **문 1-5** 건축물 외벽 단열에 대한 시공방법과 그 효과에 관하여 기술하시오.
> [98전(30)]
> **문 1-6** 건축물 벽체의 단열공법 중 내단열벽 공법과 외단열벽 공법에 대하여 도시하고, 특히 문제점에 대하여 논하여라. [90전(20)]
> **문 1-7** 건축물의 단열구조를 위한 효율적인 시공방법을 각 요소별로 설명하여라. (단, 지붕, 외벽, 바닥, 유리 및 창호에 대하여) [80(20)]
> **문 1-8** 건축물의 부위별 단열공법을 구분하여 기술하시오. [08전(25)]
> **문 1-9** 건축물의 열적 성능을 높이기 위한 각 부위별 단열공법에 대하여 기술하시오.
> [94전(30)]
> **문 1-10** 에너지 절약을 위한 건축물의 부위별 단열공법에 대하여 기술하시오.
> [98중전(30)]
> **문 1-11** 건축공사에 있어서 단열공법 적용시 고려사항과 각 부위(벽체, 바닥, 지붕)별 시공방법을 기술하시오. [04전(25)]
> **문 1-12** 건축물의 단열공사에서 고려하여야 할 사항과 단열공법의 종류에 대하여 설명하시오. [11전(25)]

I. 개 요

단열공법은 열을 전달하기 어려운 재료를 외벽, 지붕, 바닥 등에 넣어 건물 외부와 주위 환경과의 열교환을 차단하는 것이다.

Ⅱ. 단열재료

1) 재료
   ① 암면
   ② 유리면
   ③ 발포 폴리스티렌
   ④ 경질 우레탄폼
   ⑤ 단열모르타르

2) 재료의 취급
   ① 재료의 운반 및 취급시 손상 유의
   ② 직사광선이나 비, 바람 등 외기에 노출되지 않도록 관리
   ③ 습기가 적고 통풍이 잘되는 곳에 재료의 용도, 종류, 특성 및 형상 등을 구분하여 보관
   ④ 재료 위에 중량물 적재 금지
   ⑤ 유리면을 압축 포장한 경우에는 2개월 이내 사용
   ⑥ 판형 단열재의 적재 높이는 1.5m 이하로 할 것
   ⑦ 단열 mortar는 바닥과 벽에서 15cm 이상 이격시켜서 보관
   ⑧ 단열 mortar는 습기에 유의하며 방습포장을 함
   ⑨ 두루마리 제품은 지면과 직접 닿지 않도록 함
   ⑩ 두루마리 제품은 세워서 보관

Ⅲ. 효 과

1) 에너지 절약
   ① 단열재를 설치함으로써 내부의 열을 외부로 빼앗기지 않는 효과
   ② 내부의 열을 빼앗기지 않음으로써 에너지 절감효과의 이점이 있음

2) 내구성
   ① 건물 전체에 단열시설을 함으로써 결로 및 방습효과를 증대
   ② 방습 및 결로를 제거함으로써 건축물의 수명 연장

3) 쾌적 공간
   ① 단열재 시공으로 외기온의 차이를 극복함으로써 실내 쾌적성 확보
   ② 건물 내부에 온도 및 습도에 대해 갑작스런 변화를 생기지 않게 함으로써 쾌적공간 제공

4) 경제성
   에너지 절약이 가능하므로 건물유지 관리에 경제성 확보

5) 결로방지
① 실내 생활의 쾌적성 향상
② 실내 마감재료의 훼손 방지
③ 결로수로 인한 목재 부패 및 철부 녹 발생 방지

Ⅳ. 단열 공법의 유형

```
        ┌ 지붕 ┬ 지붕 윗면
        │      └ 지붕 밑면
        ├ 천장
        │      ┌ 내단열
        ├ 벽체 ┼ 중단열
        │      └ 외단열
        └ 최하층 바닥 ┬ 콘크리트 바닥
                      └ 마룻바닥
```

Ⅴ. 시공법(시공방법)

1. 내단열

구조체의 실내에 단열재를 설치하는 공법

1) 장점
① 시공이 간편
② 공사비 저렴
③ 짧은 시간에 난방효과가 양호

2) 단점(문제점)
① 내부 결로 발생
② 실내 다른 마감재의 시공 필요
③ 시공시 단열재 loss 과다 발생

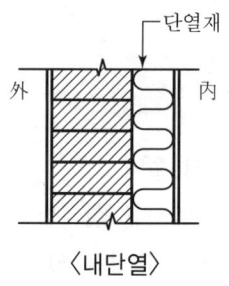
〈내단열〉

2. 중단열

구조체의 내부에 단열재를 설치하는 공법

1) 장점
① 내부 결로의 우려가 적음
② 화재 발생시 안전

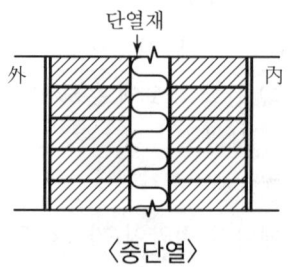
〈중단열〉

2) 단점(문제점)
① 시공비가 비싸고 시공이 난해
② 시공 후 검사가 곤란
③ 건물의 자중 증대

3. 외단열

구조체 외부에 단열재를 설치하는 공법

1) 장점
① 단열성능이 우수
② 내부 결로가 발생하지 않음
③ 건물의 열용량이 실내에 유지

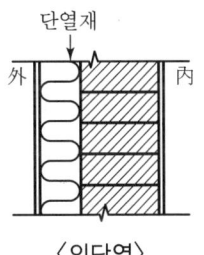

〈외단열〉

2) 단점(문제점)
① 시공이 곤란
② 외부로부터 파손의 위험이 많음
③ 내구성 부족
④ 다른 마감재의 부착이 곤란

Ⅵ. 부위별 단열시공방법(부위별 단열공법)

1. 지붕

1) 지붕 윗면
① 철근 콘크리트면
㉮ 방수층 위에 단열재를 밀실시공
㉯ 단열재 이음부는 내습성 tape로 시공
㉰ 단열재 위에 방습층 시공
㉱ 단열재의 강도는 상부의 누름 콘크리트나 보호 mortar의 하중을 충분히 견딜 수 있을 것
② 목조면
㉮ 지붕위에 방습층을 먼저 시공
㉯ 방습층 위에 단열재를 못으로 고정하며 밀실 시공
㉰ 단열재 위에 기와나 슬레이트 등 시공

2) 지붕 밑면
① 철근 콘크리트면
㉮ 콘크리트 타설시 단열재와 일체화 시공되도록 거푸집 위에 단열재 설치

㈐ 단열재 설치전에 마감재 부착을 위한 매입 철물우선 설치
㈑ 매입철물 설치시 단열재의 훼손에 유의
㈒ 거푸집 해체시 단열재의 손상에 유의
㈓ 손상이나 훼손된 단열재는 보수할 것
② 목조면
㈎ 중도리에 단열재를 시공할 수 있도록 받침판 시공
㈏ 접착제를 이용하여 받침판 사이에 단열재 설치

2. 천장
① 단열재가 천장과 마감재 사이에 정확히 맞도록 재단 및 시공
② 기성품 단열재의 경우 단열재 틈이 발생하지 않도록 유의
③ 분사형 단열재는 여러 번 시공하여 소정의 두께 확보
④ 천장재 시공으로 인한 단열재의 손상에 유의

3. 벽체
1) 내단열
① 구조체 실내에 단열재를 설치하는 공법이다.
② 시공이 간단하고, 공사비가 싸다.
③ 내부결로방지를 위한 보완이 필요하다.

2) 중단열
① 구조체 내부에 단열재를 설치하는 공법이다.
② PC판 단열에 사용되며, 원가가 비싸다.
③ 내부결로의 우려가 적다.

3) 외단열
① 구조체 외부에 단열재를 설치하는 공법이다.
② 건물 열용량을 실내측에서 유지한다.
③ 내부결로가 생기지 않는다.
④ 시공이 곤란하다.
⑤ 단열 성능이 우수하다.

4. 최하층 바닥
1) 콘크리트바닥
① 방수나 방습공사가 없을 경우 방습층 설치

② 방습층 위에 단열재 설치
③ 단열재 접합부는 내습성 tape로 고정 및 접착
④ 단열층 위에 누름 콘크리트나 보호 mortar 시공후 바닥 마감 시공

2) 마룻바닥
① 마루 하부 장선 사이에 단열재를 설치
② 멍에로 단열재를 지지하며, 못으로 고정
③ 단열층 상부에 방습층을 시공한 후 마루 시공

5. 유리 및 창호 단열
① 동절기 난방시 실내에서부터 실외로 통하는 열손실을 방지한다.
② 하절기 냉방시 밖으로부터의 열침입을 막는다.
③ 창면적을 필요 이상 크게 하지 않는다.
④ Pair glass 사용이나 이중창을 설치한다.

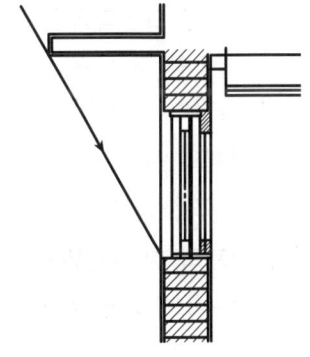

〈유리 및 창호 단열〉

Ⅶ. 단열공사시 고려사항

1. 재료

1) 성형재
① 탈락방지 및 다른 부재와 접합부에서 열교·냉교를 방지한다.
② 재료에는 발포수지 및 인슐레이션이 있다.

2) 현장발포단열재
① 발포단열재 시공시 방수층 시공을 확실히 한다.
② 재료에는 발포수지(우레아폼) 및 발포 Con'c가 있다.

3) 뿜칠재
① 복잡한 형상에 시공시 단열층 두께를 일정하게 유지시켜야 한다.
② 재료에는 암면, 석면, 질석이 있다.

2. 시공

1) 단열재의 두께 고려

   단열재가 너무 두꺼우면 성능은 좋으나 원가가 상승한다.

2) 단열재의 이음

   ① 겹친이음
   ② 반턱이음

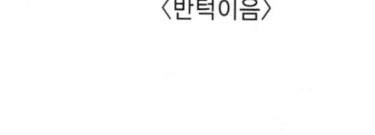
〈겹친이음〉

〈반턱이음〉

3) 단열재의 설치

   단열층은 저온부에 설치한다.

4) 방습층은 고온다습부에 설치한다.

   ① 천장인 경우 단열재 하부에 설치한다.
   ② 바닥인 경우 단열재 하부에 설치한다.

5) 단열재의 선정

   상시 고온 노출장소와 방화성능을 요구하는 장소에는 단열재 선정시 주의한다.

6) 단열재의 취급(운반저장)

   ① 특성, 용도별 분리저장
   ② 운반 및 취급시 파손주의
   ③ 화기 근처에서의 취급시 특히 주의
   ④ 합성수지 단열재는 일광에 노출 금지

Ⅷ. 결 론

단열 시공이 불량하면 열교 및 냉교 현상이 발생하고, 국부적인 열 손실로 인하여 결로가 발생하므로, 취약 부위의 단열시공을 완벽하게 해야 한다.

문 1-13 Heat bridge   [02중(10)]

Ⅰ. 개 요

① 열교는 건축물을 구성하는 부분 중에서 단면의 열관류저항이 국부적으로 작은 부분에서 발생하는 현상을 말한다.
② 열교 현상이 발생하면, 구조체 전체의 단열성이 저하된다.

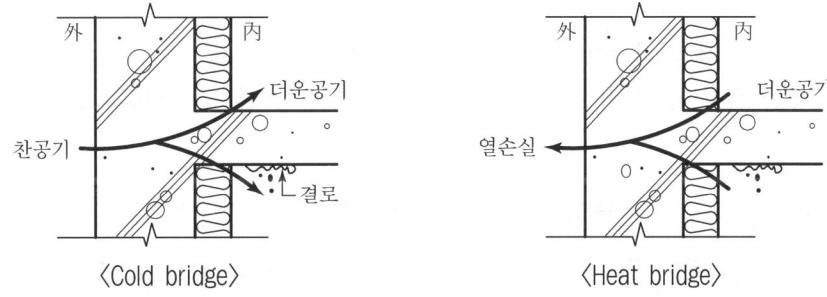

〈Cold bridge〉   〈Heat bridge〉

Ⅱ. 원 인

① 열관류저항이 국부적으로 작은 부분
② 열의 이동이 많은 곳
③ 내부의 더운 공기가 외부로 빠져 나갈 때

Ⅲ. 방지대책(도해)

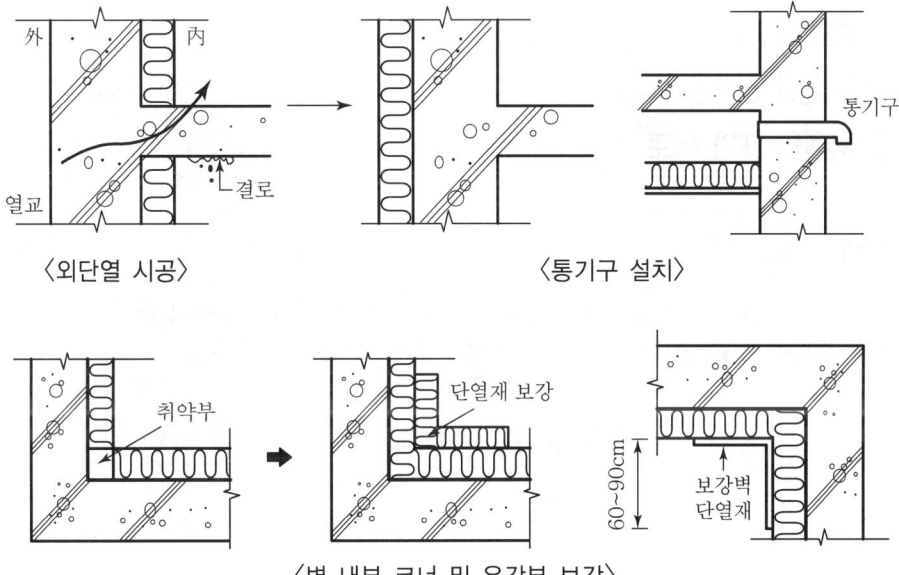

〈외단열 시공〉   〈통기구 설치〉

〈벽 내부 코너 및 우각부 보강〉

문 2-1 건물 결로의 원인과 그 방지책에 대하여 기술하여라. 〔85(25)〕

문 2-2 건축물에서 발생하는 결로의 원인과 방지대책에 대하여 기술하시오.
〔07중(25)〕

문 2-3 공동주택에서 결로 발생원인과 방지대책에 대해 설명하시오. 〔00중(25)〕

문 2-4 건축물의 표면 결로와 관련된 다음 문제에 대하여 설명하여라. 〔88(25)〕
㉮ 결로발생의 원인(8) ㉯ 결로부위(8)
㉰ 결로방지 대책(9)

문 2-5 지하 구조물에서 결로 발생원인과 예방대책에 대하여 기술하시오.
〔96전(30)〕

문 2-6 공동주택의 부위별 결로 발생원인을 기술하고, 각각의 원인별 방지대책을 설계, 공법 및 시공상 유의사항으로 구분하여 기술하시오. 〔01전(25)〕

문 2-7 공동주택 지하주차장에 하절기에 발생하는 결로 원인과 대책에 대하여 설명하시오. 〔04후(25)〕

문 2-8 건축물에 발생하는 결로현상을 부위별, 계절적 요인으로 구분하여 원인을 설명하고 그 해결방안을 제시하시오. 〔08후(25)〕

문 2-9 지하층 외벽과 바닥에 발생하는 결로 방지의 방법과 시공상 유의사항을 기술하시오. 〔01후(25)〕

문 2-10 내부 결로 방지대책 〔82전(10)〕

문 2-11 건축물 벽체의 내부 결로 〔90전(5)〕

문 2-12 표면 결로 〔02전(10)〕

I. 개 요

결로란 실내온도는 낮고 상대습도가 높을 때 발생하는바, 실내의 기온차가 클수록 많이 발생하며, 한 여름과 한 겨울이 가장 심하다.

Ⅱ. 결로 부위

1) 표면 결로

   실내공기 중의 수증기가 벽 등의 저온부분에 접촉하여 응결하는 현상

2) 내부 결로

   벽체 등의 구성재 내부의 수증기가 온도저하에 따라 응결하는 현상

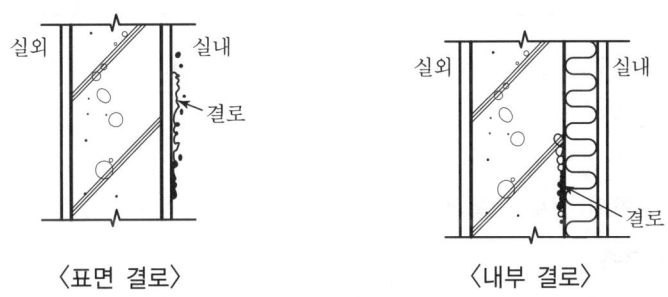

〈표면 결로〉　　　　　　〈내부 결로〉

Ⅲ. 결로 발생원인(결로현상 원인)

1. 부위별 결로현상 원인

1) 실내외 온도차

   ① 실내고온부에서 온도가 가장 낮은 표면에 발생
   ② 기밀성, 단열성능이 나쁜 곳에서 발생

2) 단열재 시공불량

   단열재 미시공 및 시공불량

3) 냉교(cold bridge)발생

   건물을 구성하는 부위에서 단면의 열관류저항이 국부적으로 작은 부분에 발생하는 현상

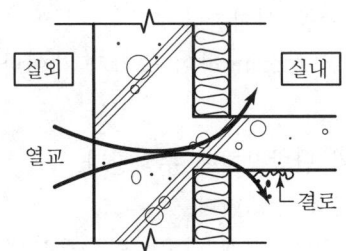

4) 재료불량

   ① 내장재의 방습 성능이 부족
   ② 건조불량의 내장재 사용

2. 계절별 결로현상 원인

1) 입지조건 불량

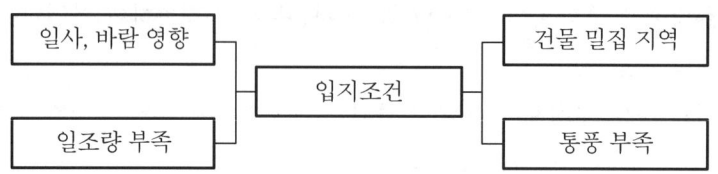

건물의 입지조건이 불량하여 통풍, 일조량 등이 부족한 경우

2) 기상조건
   ① 일조량, 통풍이 잘 안 되는 경우
   ② 외기의 습도가 높은 경우

3) 환기부족
   실내 환기는 2회/일 이상 실시하여야 함

Ⅳ. 방지대책(해결방안)

1. 설계

1) 단열보강
   ① 단열재, 이중창호, 건물기밀화 등에 의해 실내를 보온한다.
   ② 실내온도 변화를 작게 하고, 각 실의 온도차를 균일화한다.

2) 작은 온도차
   ① 실내외 온도차가 클 때 발생하므로 온도차를 작게 한다.
   ② 겨울에는 실내온도를 낮게, 여름에는 실내온도를 높게 한다.

3) 방습층 설치
   ① 고온측에 방습층을 설치한다.
   ② 방습층의 이음은 tapping하여 습기가 새어나오지 않게 시공한다.

4) 난방 실시
   ① 수증기 발생 및 난방장치에 주의한다.
   ② 북측 거실 난방에 주의한다.
   ③ 낮은 온도의 난방은 길게 하고, 높은 온도의 난방은 짧게 한다.

5) 환기 철저
   ① 수분발생과 과잉 수분배출을 억제한다.
   ② 자연환기 및 강제환기를 고려한다.
   ③ 북측 거실은 환기를 자주 한다.

2. 공법

1) 바닥단열

① 건물내 열을 땅속으로의 열손실을 줄이기 위한 공법이다.

② 냉동고의 경우 지중의 동결방지를 위한 것이다.

③ 방습층, 단열재를 외부에 설치하며 지면습기의 침투를 방지한다.

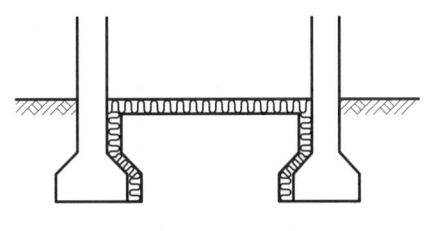

〈바닥단열〉

2) 벽단열

① 외단열이 가장 유리하다.

② 토대에서 보까지 취약부위가 없도록 단열 시공한다.

③ 성형 단열재 공법이나 현장 발포성 공법을 적용한다.

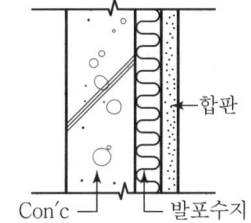

3) 지붕단열

① 겨울철에 실내로부터의 열손실을 방지한다.

② 여름철에 일사에 의한 열의 실내유입을 막는다.

③ 최상층은 가급적 천장을 설치한다.

④ 환기구멍을 설치한다.

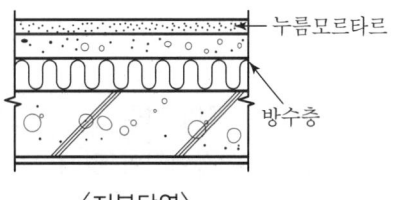

〈지붕단열〉

4) 창단열

① 동절기 난방시에 실내에서부터 실외로 통하는 열손실을 방지한다.

② 하절기 냉방시 밖으로부터의 열침입을 막는다.

③ 창면적을 필요 이상 크게 하지 않는다.

④ Pair glass 사용이나 이중창을 설치한다.

V. 시공상 유의사항

1) Cold bridge(냉교, 冷橋) 방지
   ① Heat bridge(열교, 熱橋)라고도 부르며, 건축물을 구성하는 부위에서 단면의 열관류 저항이 국부적으로 작은 부분에서 발생하는 현상을 말한다.
   ② 열교 발생부위에 단열 보강하여 단열 성능을 높인다.

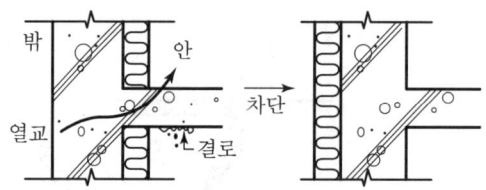

〈Cold bridge 방지〉

2) 단열재 관통부 주변 단열보강
   열교가 생기는 부분에 결로방지를 위한 목적으로 단열 성능을 높여준다.

3) 우각부 보강
   모서리, 구석 부분에 단열재를 보강한다.

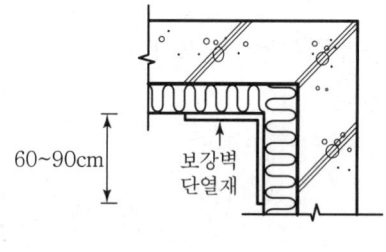

〈우각부 보강〉

4) 벽 내부 코너 보강
   단열재의 끊어짐이 없게 하고 보강한다.

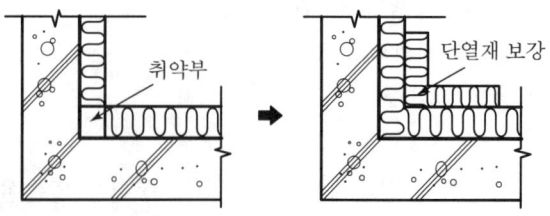

〈벽 내부 코너〉

VI. 결 론

결로가 발생하면 실내 오염과 불쾌감을 조성하고, 건축물의 노후화를 가속화하므로 단열 두께 및 방습층 등을 검토하여 결로를 방지해야 한다.

문 2-13	고층 건축물 커튼 월 결로 발생원인과 대책	[02중(25)]
문 2-14	커튼 월의 결로 발생원인과 대책	[07후(25)]
문 2-15	금속 커튼 월로 시공한 고층 건물 외벽에 결로가 발생하는 원인과 방지대책	[96중(30)]
문 2-16	알루미늄 프레임(Aluminum Frame)과 복층유리를 이용한 커튼 월 (Curtain Wall)의 결로 방지대책에 대하여 설명하시오.	[10후(25)]

I. 개요

결로는 실내외의 온도차가 클수록 많이 발생하며, 커튼 월의 결로를 방지하기 위해서는 단열 Frame과 복층유리 등을 시공하고 결로 발생시 결로수가 내부로 유입되지 않도록 하여야 한다.

II. 커튼 월 결로 발생원인

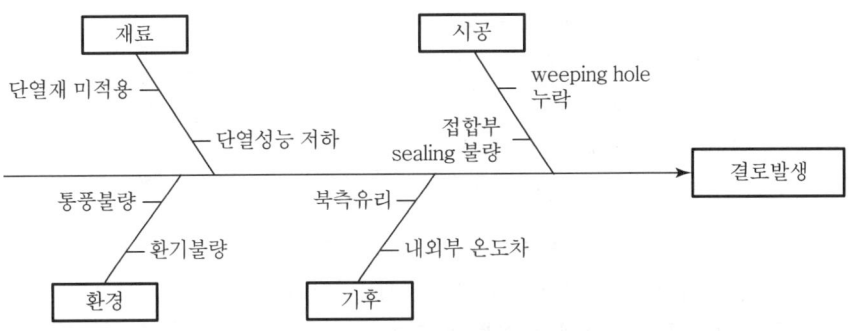

재료, 시공 및 환경적 요인에 의해 결로발생

1) 입지조건 불량
2) 환기부족
3) 실내외 온도차 과다
4) Cold Bridge 발생
5) 단열성능 부족
   ① 커튼 월의 단열성능 부족
   ② 단열 Frame, 복층유리 등의 미시공
   ③ 단열재의 미시공

6) 재료불량
   ① 단열성능, 방습성능이 부족한 재료로 시공
   ② 흡수율이 큰 재료의 사용
   ③ 건조율이 낮은 재료의 사용

Ⅲ. 결로 방지대책

1. 일반적인 대책
1) 단열보강
2) 온도차 적게
3) 방습층 설치
4) 난방 실시
5) 환기 철저

2. 알루미늄 Frame
1) 단열바의 적용
   ① Polyamid System
      ㉮ 이중 Bridge 단면 구성
      ㉯ 유럽지역에서 많이 사용
   ② Azon System
      ㉮ 단일 Bridge 단면 구성
      ㉯ 미주지역에서 많이 사용
2) 알루미늄 Frame 내부 결로수 배수 System 적용
   ① 알루미늄 Frame 내부에 Weep Hole 설치
   ② 내부 결로수 발생시 외부로 배출
3) 실내표면 결로수 처리 System 적용
   ① 트랜섬에 별도의 홈을 설치하여 결로수의 실내 유입방지
   ② 단열 및 외부 소음 문제 발생 우려
4) 실내 환기 System 적용
   실내의 환기를 자주 실행하여 결로 발생을 방지

3. 복층유리
1) 복층유리 공기층 여유 확보
   ① 복층유리 공기층을 12mm 이상 확보
   ② 결로수가 실내에 유입되지 않도록 조치

2) 로이 복층유리 사용
   ① 여름철에는 적외선 상태의 열에너지를 차단하여 유리의 표면 온도를 낮춤
   ② 겨울철에는 복사열의 방사율이 대폭 감소
   ③ 결로 발생 습도의 60%까지 억제 가능
3) 단열 복층유리의 사용
   열관류율을 50% 정도로 낮출 수 있음
4) 봉입가스의 사용
   ① 봉입가스로 아르곤 가스를 사용
   ② 열전달의 속도를 천천히 하여 결로 방지
   ③ 고급 복층유리에서 많이 활용
5) Warm Edge 기술의 적용
   ① 재료의 모서리 부분을 따뜻하게 하여 열손실을 최소화
   ② 실내의 온도차를 적게 하여 결로 방지

IV. 결 론

커튼 월에서 발생하는 주요 하자에는 누수와 결로발생 등이 있으므로 시공전에 결로발생 방지를 위한 대책을 마련한 후 시공에 임하여야 한다.

| 문 3-1 | 공동주택에서 각 실의 소음방지를 위한 재료의 품질 및 공법상의 개선책에 대하여 설명하시오. [86(25)]
| 문 3-2 | 공동주택의 바닥충격음 방지를 위한 공법에 대하여 설명하여라. [91전(30)]
| 문 3-3 | 공동주택의 바닥충격음 차단성능 향상 방안을 설명하시오. [07후(25)]
| 문 3-4 | 공동주택에서 발생하는 소음의 종류와 저감 대책을 설명하시오. [00중(25)]
| 문 3-5 | 공동주택의 층간 소음원인 및 그 소음방지대책에 대하여 설명하시오. [96중(40)]
| 문 3-6 | 공동주택에서 발생하는 층간소음의 원인 및 저감대책에 대하여 설명하시오. [10전(25)]
| 문 3-7 | 건축물의 흡음공사와 차음공사를 비교 설명하시오. [08전(25)]
| 문 3-8 | 공동주택의 층간 소음방지를 위해 시공상 고려할 사항을 기술하시오. [00전(25)]
| 문 3-9 | 소음 전달 방지에 대한 원리와 시공상 유의할 실제문제들을 기술하여라. [87(25)]
| 문 3-10 | 공동주택 바닥 차음을 위한 제반 기술(技術)에 대하여 설명하시오. [05후(25)]
| 문 3-11 | 공동주택에 발생하는 충격소음에 대한 원인 및 대책에 대하여 기술하시오. [05전(25)]
| 문 3-12 | 층간 소음방지 [01후(10)]
| 문 3-13 | 층간소음 방지재 [08중(10)]

I. 개 요

공동주택에서의 소음문제는 쾌적한 주거 환경의 조성을 방해하고 정서적인 생활을 해치므로, 양질의 설계 및 시공으로 이에 대비하여야 한다.

Ⅱ. 재료의 품질

1) 다공질 흡음재료
   ① 통기성 섬유나 연속 기포재료에 음파가 닿으면 공기의 점성마찰 또는 섬유진동에 의해 에너지가 열로 변하여 흡음한다.
   ② Glass wool, rock wool, 발포수지제, 목모 시멘트판, 뿜칠재 등이 있다.
   ③ 비교적 싸고 경량이며, 시공이 용이하다.

2) 공명 흡음재료
   ① 인위적으로 재료에 구멍을 내어 소리를 흡수한다.
   ② 구멍 후면에 다공질 재료를 넣어 흡음범위를 크게 할 수 있다.
   ③ 유공판, 단일공명기, slit rib, 흡음재 등이 있다.

3) 판진동 흡음재료
   ① 각종 판, 막으로 된 재료와 벽 사이에 공기층을 두고, 판이 진동하면서 음에너지를 소멸한다.
   ② 다른 재료에 비해 흡음률이 비교적 적다.
   ③ 얇은 합판, AL판, 석고 tex판 등의 재료가 있다.

Ⅲ. 소음전달 방지원리

1. 차음공법

1) 개구부 기밀성
   ① 개구부의 틈은 외부소음의 가장 큰 유입경로가 되므로 기밀을 요함
   ② 구조체와 문틀 틈은 가능한 sealant로 시공

2) 벽체중량
   ① 벽체중량을 크게 하여 음의 투과손실을 줄여서 차음성능을 발휘
   ② 가능한 벽두께는 두껍게 함

3) 방음벽
   ① 소음원이 있는 곳에 방음벽을 설치하여 외부소음을 차단
   ② 특히 도로 교통소음이 원인인 경우에 유효

〈방음벽〉

4) 차음재료
   ① 음원이 실내에 전파되지 않도록 외부의 차음재료에 의해서 차단
   ② 차음재료는 음을 흡음하지 않는 재료 사용

2. 흡음공법

1) 다공질 흡음
   ① 통기성 섬유나 연속 기포재료에 음파가 닿으면 공기의 점성마찰 또는 섬유진동에 의해 에너지가 열로 변하여 흡음한다.
   ② Glass wool, rock wool, 발포수지제, 목모 시멘트판, 뿜칠흡음재 등이 있다.
   ③ 비교적 싸고 경량이며, 시공이 용이하다.

2) 공명 흡음
   ① 인위적으로 재료에 구멍을 내어 소리를 흡수한다.
   ② 구멍 후면에 다공질 재료를 넣어 흡음범위를 크게 할 수 있다.
   ③ 유공판, 단일공명기, slit rib, 흡음재 등이 있다.

3) 판진동 흡음
   ① 각종 판, 막으로 된 재료와 벽 사이에 공기층을 두고, 판이 진동하면서 음 에너지를 소멸한다.
   ② 다른 재료에 비해 흡음률이 비교적 적다.
   ③ 얇은 합판, AL판, 석고 tex판 등의 재료가 있다.

3. 완충공법

소음이 발생하는 방과 소음이 격리되는 방 사이에 sound chamber(완충공간)를 만들어 음을 차단하는 방법

Ⅳ. 흡음공사와 차음공사의 비교

구 분	흡음공사	차음공사
원리	소음을 흡수	소음을 차단
시공방법	건물벽체에 흡음재료를 사용	건물 내외에 차음재료를 사용
시공정도	시공이 비교적 용이	시공이 난해
경제성	경제적	비경제적
효과	다소 낮음	정밀시공시 효과 큼
설계상 계획	용이	어려움
건물 배치	건물 배치와 상관	건물 배치와 긴밀한 관계
적용	일반 건물, 음악실, 공연장 등	일반 건물, 주거용 건물 등

V. 소음의 종류 및 원인

1) 구조체에 의한 원인
   ① 고강도 콘크리트 시공에 의한 slab 두께 저감
   ② 세대 칸막이가 밀실하지 못함
   ③ 보·기둥접합부의 시공불량

2) 상·하바닥의 충격음
   ① 생활도구 및 기타 수단에 의한 충격음 발생
   ② 진동, 생활소음 등이 틈새·개구부 등을 통해 전달

3) 급·배수의 설비소음
   ① 세대별 급수압력에 의한 소음발생
   ② 수격작용이나 pump의 진동에 의해 충격음 발생

4) 계단, 복도의 보행소음
   ① 상하 오르내림에 의한 충격음
   ② 생활수단인 도구 등의 운반과정에서 충격음 발생

5) 창호 개폐음
   ① 불량 시공 등으로 인한 억지 동작으로 소음 발생
   ② 부속 철물 등의 노후화에 따른 기밀성 상실

6) 엘리베이터 소음
   ① 엘리베이터의 벽체에 흡음재 미시공
   ② 방진고무, 방진스프링의 방진 구조 미확보

7) 틈의 영향
   ① 보·기둥접합부 시공 불량
   ② Panel의 접합부 및 문틀 주위 시공불량으로 인한 소음 발생

VI. 소음 방지대책(저감대책, 차음 제반기술, 층간소음방지)

1. 설계상 대책

1) 일반계획
   ① 소음원 거리를 멀리하고, 차폐물 이용
   ② 소음피해가 적은 대지에 평면계획
   ③ 도로변은 급경사의 언덕이나 커브 지점에서 소음이 크므로 피한다.

2) 배치계획
   ① 소음원으로부터 거리, 고저, 방위에 주의

② 침실과 서재는 소음원 반대쪽에 배치
③ 소음원보다 높은 택지의 경우 대지경계선에서 후퇴시킨다.
3) 평면계획
① 각실 개구부방향의 위치 선정 주의
② 동일 주거 내부평면계획시 소리의 성질을 고려하여 적절한 방 배치
③ APT 경계벽 중심 및 수직으로 같은 방 배치

2. **시공상 대책(공법상 개선책, 시공상 고려사항, 바닥충격음 차단 성능 향상방안)**
1) 바닥
① 바닥구조체의 중량화와 강성 향상으로 충격에 대한 전파음 저하
② 뜬 바닥층의 채택
③ 표면에 충격완충재 사용

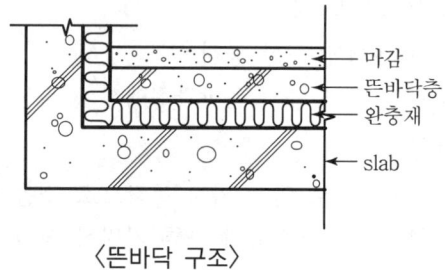

〈뜬바닥 구조〉

2) 벽의 차음
① 간벽 연결부가 음교(sound bridge)를 초래하지 않도록 독립시킨다.
② 공명투과현상을 방지하도록 간벽의 간격과 재료를 고려한다.
③ 벽체 내부에 충전재를 넣어 음의 투과를 줄인다.

3) 천장
이중천장 속에 공기층을 둔 후 glass wool, rock wool 등의 흡음재를 바닥 slab와 천장 사이에 충전

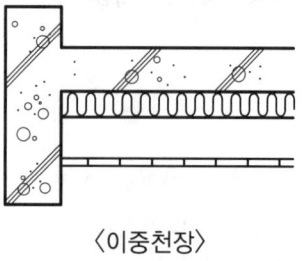

〈이중천장〉

4) 개구부
① 필요한 공간 이외에는 밀실하게 sealing 한다.
② 문 표면재는 흡음성 재질을 사용하고, 창문은 이중창이나 복층창(pair glass)으로 한다.

5) Elevator 소음
   ① 침실 또는 거실과 격리시킨다.
   ② 방진고무, 방진 스프링을 이용한다.
   ③ Elevator shaft 벽의 시공오차를 최소화한다.

6) 급배수 설비음
   ① 세대 내 급수압력을 $2kg/cm^2$ 이하 유지
   ② 매립배수관에 glass wool 커버 설치
   ③ 비중이 큰 주철재 배수관으로 시공
   ④ 변기 하부와 바닥 사이에 완충재 설치

7) 창호 개폐음
   ① 현관문에 door closer 설치
   ② 창틀부분에 고무패킹 같은 완충재 설치
   ③ 기밀성 있는 건구류 사용

8) Piano 소음
   ① Piano를 둘러싼 차음 덮개 설치
   ② 방 내부 전체에 방음시설

9) Roof drain pipe
   루프드레인 주위에 흡음재 시공

10) 현관방화문 밀폐
    ① 창호 주변 밀폐
    ② Door 주변 packing 정밀 시공

VII. 층간소음 방지재

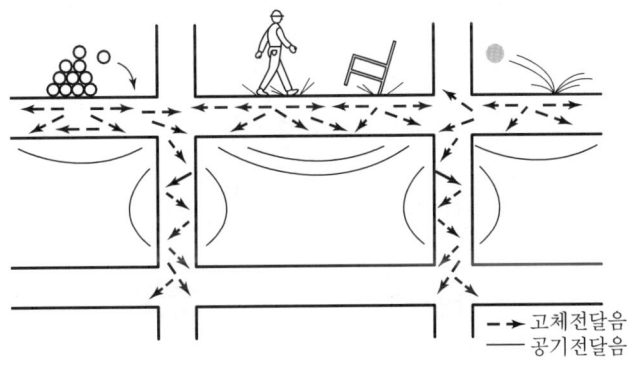

〈층간소음의 발생과 전달 경로〉

1) 기포 콘크리트
   ① Mortar에 기포제 또는 발포제를 혼합하여 mortar 속에 다량의 기포를 형성
   ② 흡음성, 단열성, 내화성 우수
   ③ 주거용 건축물 바닥에 주로 사용

2) 스티로폼
   ① 가볍고 비용이 경제적이므로 많이 사용
   ② 콘크리트 타설시 선설치하거나 콘크리트 타설후 후설치하여 활용
   ③ 제품의 두께가 다양한 기성품으로 시공 및 취급 편리
   ④ 흡음용 및 단열용으로 많이 사용
   ⑤ 바닥과 벽에 모두 사용 가능

3) Glass wool
   ① 유리섬유를 얇은 은박지로 감싼 기성제품
   ② 소음이 많이 발생하는 곳의 벽에 주로 시공
   ③ 기계실이나 음악실 등의 벽과 문에 시공하여 흡음 효과를 높임

4) 고무제품
   ① 바닥의 충격으로 인한 충격소음의 저감 효과 탁월
   ② 충격으로 인한 진동 저하에도 활용
   ③ 최근에 고무제품을 이용한 각종 소음방지재가 생산 및 시공됨

Ⅷ. 결 론

소음을 방지하기 위해서는 설계시부터 소음에 대한 검토가 있어야 하며, 아울러 진동과 소음의 완화대책을 위한 다양한 연구 개발이 지속적으로 이루어져야 한다.

문 3-14 토공사의 암반파쇄 공사시 소음방지대책과 시공 유의사항에 대하여 기술하시오.
[03후(25)]

Ⅰ. 개 요
암석의 경연 여부, 풍화의 정도, 균열의 상태 및 진동, 소음, 비산 등의 현장 조건을 고려하여 공법을 선정해야 한다.

Ⅱ. 소음방지대책

1. 공법에 의한 소음방지대책

1) 유압 jack 공법
   ① 암석을 천공하고 그 속에 파쇄기를 삽입하여 가로 방향으로 압력을 줌으로써 암석을 파쇄
   ② 비석이 적고 gas가 없다.
   ③ 공사비가 고가이다.
   ④ 무소음, 무진동 공법이다.

2) 팽창성 파쇄공법
   ① 특수 규산염을 주성분으로 하여 물과의 반응에 의해 발생하는 팽창압으로 물체를 파괴하는 공법을 말함
   ② 무공해성으로 법적 규제가 없다.
   ③ 소음이 적고 진동, 분진, 가스 발생이 없다.
   ④ 시공 순서
      천공작업 → 혼합 → 충전

2. 일반적인 소음방지대책

1) 기기의 방음
   ① 기존 기기에 소음기, 방음기, 방음커버 설치
   ② 기기를 설계하는 단계에서 방음 대책 고려

2) 방음 패널
   ① 건축물 주변부에 설치
   ② 공사현장 주변 인근도로에 방음벽 설치

3) 방음 하우스
　① 정치식 건설기계에 설치
　② 타공정에 지장을 주지 않도록 함
4) 차음박스 설치
5) 양생재 설치
　시트, 울타리 등
6) 주민 설명회 개최
　① 주변 거주자들에게 사전양해 및 보상
　② 공사 진행 단계별로 설명회 개최
7) 방진대책 마련
　① 직접타격 금지
　② 적절한 위치에서 절연
　③ 폐타이어 등을 쿠션재로 이용, 지반에 전파되는 것 저감

Ⅲ. 시공시 유의사항

1) 보호용구 착용
　① 암반 파편으로 인한 안전에 유의
　② 암반 발파시 주위 지반의 교란에 유의
2) 팽창재의 사용시
　① 팽창재의 대량 혼합 금지
　② 사용용수는 온수를 사용하지 말 것
　③ 팽창재의 혼합후 충전은 5분 이내 실시
3) 방진 마스크 착용
　밀폐공간에서 작업시 방진 마스크 착용
4) 기계 진동
　① 대형 breaker 사용시 기계의 진동에 유의하며 작업
　② 무리한 작업진행 금지
5) 장비점검 철저
　① Backhoe 등을 이용한 작업시 작업 및 파쇄공구 관리 철저
　② 파쇄공구의 신속한 교체 실시

6) 폭파 작업시
    ① 현장 주변의 통제 실시
    ② 신호수와 작업자의 통신 및 연락 신호 준수

IV. 결 론

지하토공사 암반 파쇄시에는 사고의 위험이 현장 도처에 산재해 있으므로 안전관리 부주의로 인한 각종 재해가 발생하고 있어 주의를 요하며 특히 소음은 방지공법의 선정과 선정된 공법을 적절히 운영하는 것이 최선이라 할 수 있다.

문 3-15 건설사업 추진시 예상되는 소음·진동을 저감하기 위한 방안을 사업 추진단계별로 구분, 설명하시오. [07후(25)]

I. 개 요

① 최근 건축공사시 가장 문제가 되고 있는 건설공해는 크게 소음과 진동이라 할 수 있으며, 이 문제에 대한 방안은 아직 미흡한 것이 사실이다.
② 기술적인 문제와 더불어 인근 주민들의 인식 부족 및 집단 이기주의가 팽배하여 적정한 합의점을 찾지 못하고 있으며, 정부측에서도 적극적인 대응책을 세우지 못하고 있는 실정이다.

II. 건설공해의 분류

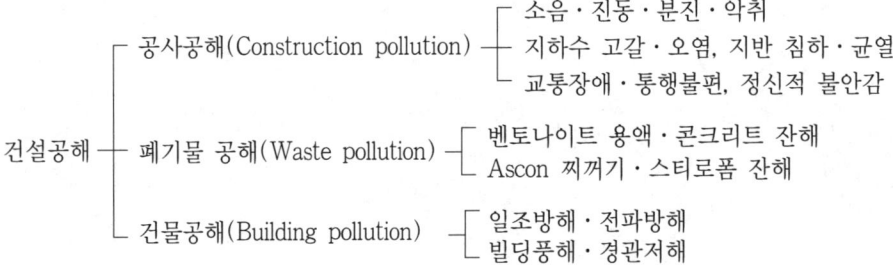

III. 소음·진동 저감방안

1. 계획단계

1) 저소음 장비의 개발
   ① 방음성이 우수한 장비의 개발
   ② 기존 기계에 방음커버 보강

2) Prefab 공법의 채택
   ① 현장에서는 조립에 의한 극소의 소음만 발생
   ② 소음 및 진동원의 감소 효과

3) 용접접합
   ① 용접접합은 리벳 접합이나 고력 bolt 접합에 비해 소음·진동이 적음
   ② 거의 공장제작하고, 현장은 부분제작하는 system으로 전환

4) PC
   ① Con'c pump 공사 등에 의한 소음·진동이 없음
   ② 작업에 의한 소음 및 진동기의 소음·진동이 없음

2. 설계단계

1) 무소음 해체공법 적용
   팽창 약액을 이용하여 무소음·무진동 해체공법 적용
2) 대형 거푸집 공사
   ① 대형 unit화된 form의 공장제작, 현장 조립하는 공사
   ② 망치 소리 등 작업소음 감소
3) 중굴 공법
   ① 강관 pile의 저부를 jet 공법과 병행하여 타입
   ② 타격에 의한 소음·진동 감소
4) Preboring 공법
   ① Earth drill을 사용하여 굴착시 precast pile을 넣고 선단은 cement paste로 고정
   ② 타격에 의한 소음·진동이 거의 없음
5) Benoto 공법
   ① 현장에서 Con'c pile을 시공하므로 말뚝 타격에 의한 소음·진동이 없음
   ② 대구경 굴삭기의 사용으로 소음·진동 감소
6) RCD(Reverse Circulation Drill) 공법
   특수 비트가 달린 drill을 사용하여 소음·진동이 적음
7) Earth drill 공법
   ① Drilling에 의한 굴착으로 소음·진동이 적음
   ② 기계가 소형으로 기계음이 비교적 적음

3. 시공단계

1) 작업 시간대 조정
   ① 새벽시간, 오전시간은 피하고, 일요일과 공휴일은 소음작업 금지
   ② 소음작업의 운용 시간대 조정
2) 방음커버의 설치
   ① 새로운 기계의 개발보다 기존 기계의 소음 억제대책이 필요
   ② 기존 기계에 방음커버 보강으로 소음 억제

3) 사전 양해
   ① 주민 설명회를 통한 양해
   ② 사전에 공사개요 설명으로 이해 및 설득을 구함
4) 소음·진동 방지시설
   소음·진동 방지시설로 흡음·차단

Ⅳ. 결 론

① 소음과 진동방지를 위해서는 시공기술의 개선, 제조업자, 건축주, 시공자 각각의 노력이 있어야 하며, 방지사례 및 실적을 기록화하여 Feed-back 관리해야 한다.
② 현장관리자는 피해 대상자(민원인)와 충분히 협의하여 이해를 구하고, 상대방의 입장에서 문제를 해결하려고 하는 신중한 자세가 필요하다.

> **문 4-1** 차음성능에 관한 이론으로 벽식아파트의 고체전파음에 대하여 설명하시오.
> [08후(25)]
>
> **문 4-2** 건축에 쓰이는 차음 재료를 벽체와 바닥으로 나누어 설명하고 시공방법에 대하여 기술하시오.
> [04중(25)]
>
> **문 4-3** 벽체와 차음공법에 대하여 기술하시오.
> [05중(25)]

I. 개 요

건축에 있어서의 차음은 공간을 나누는 천장, 벽, 바닥 등의 평면을 구성하는 단판요소의 차음성능에 따른다.

II. 벽식 아파트 고체전파음

1) 고체전파음 발생경로

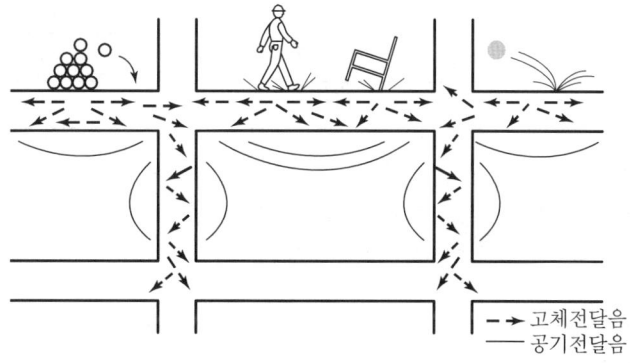

--→ 고체전달음
── 공기전달음

벽식아파트에서의 바닥 충격음의 발생 및 전달 경로 확인

2) 경량충격음(L)
   ① 가볍고 딱딱한 소리로 잔향이 없어 불쾌함이 적음
   ② 식탁을 끌어 미는 소리
   ③ 물건을 끌어 옮기거나 떨어지는 소리
   ④ 마늘 찧는 소리
   ⑤ 큰소리로 대화하는 소리
   ⑥ 문 여닫는 소리
   ⑦ 실내화 끄는 소리

등 급	기 준(dB)
1 급	L ≤ 43
2 급	43 < L ≤ 48
3 급	48 < L ≤ 53
4 급	53 < L ≤ 58

3) 중량 충격음 (L)
   ① 무겁고 부드러운 소리로 잔향이 남아 심한 불쾌감 유발
   ② 아이들이 뛰어다니는 소리
   ③ 중량의 어른이 쿵쿵거리는 소리
   ④ 물건 떨어지는 소리
   ⑤ 바람에 문 닫히는 소리

등 급	기 준(dB)
1 급	L ≤ 40
2 급	40 < L ≤ 43
3 급	43 < L ≤ 47
4 급	47 < L ≤ 50

Ⅲ. 차음재료

1. 벽체
   ① 콘크리트　　　　　② 샌드위치 판이나 적층판
   ③ 판유리　　　　　　④ 석고보드
   ⑤ 발포수지　　　　　⑥ 합판
   ⑦ 다공질 흡음재

2. 바닥
   ① 콘크리트　　　　　② 기포 콘크리트
   ③ 다공질 흡음재　　　④ 고무판
   ⑤ 완충재　　　　　　⑥ 기타 바닥마감재

Ⅳ. 시공방법

1. 벽체(벽체의 차음공법)

1) 이중벽 구조
   ① 벽 사이에 공기층을 두어 음 차단
   ② 기밀화된 벽체 시공

2) 이중벽 내에 다공질 흡음재 삽입
   벽체 내부에 충진재 넣어 음의 투과 저감

3) 샌드위치 판이나 적층판 사용

4) 개구부 기밀성
   구조체와 문틀 틈은 가능한 sealant로 시공

5) 벽체 중량화
   ① 벽체 중량을 크게 하여 투과손실 줄여 차단
   ② 가능한 벽 두께는 두껍게 함

6) 기밀성 있는 창호(이중창) 시공

7) 틈새에 코킹처리

8) 간벽 연결부에 음교가 생기지 않도록 독립

2. 바닥

1) 표면 완충공법
   표면에 충격완충재 사용

2) 뜬바닥 공법
   바닥구조체의 중량화와 강성 향상으로 충격에 대한 전파음 저하

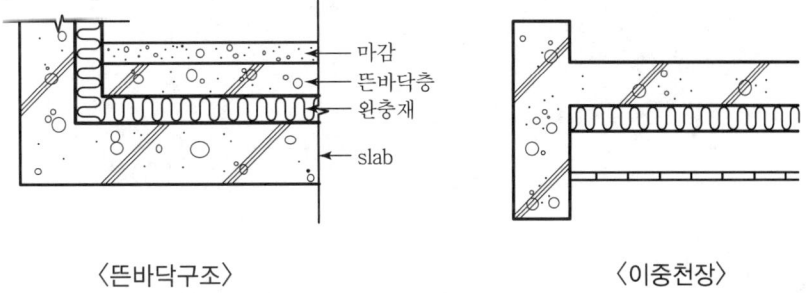

〈뜬바닥구조〉   〈이중천장〉

3) 차음 이중천장
   이중천장 속에 공기층을 둔 후 흡음재를 충진
4) 바닥 슬래브의 고강성화 또는 중량화
   ① 바닥 구조체의 고강도화
   ② 바닥 구조체의 중량화 시공
5) 틈새에 코킹 처리
   ① 개구부, 틈새 등은 밀실하게 sealing
   ② 기밀성 있는 재료로 틈새처리

V. 결 론

소음 방지를 위해서는 설계시부터 소음에 대한 검토가 있어야 하며 소음 완화를 위한 차음재료 개발이 시급하다.

문 4-4 차음 계수(STC)와 흡음률(NRC) [98중후(20)]

I. 차음계수(STC)

1) 정의

   차음계수란 Sound Transmission Class로서 차음등급 기준선이라는 표준곡선과 1/3 옥타브 대역의 16개 주파수의 실측 TL 곡선을 비교하여, 기준곡선 밑의 모든 주파수 대역별 투과손실과 기준곡선 값과의 차의 산술평균이 2dB 이내이며 8dB를 초과하지 않는 원칙하에서, 기준곡선상의 500Hz에서 음향투과손실을 STC값이라 한다.

2) 도해(개념도)

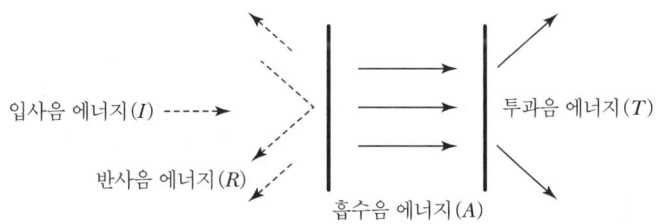

3) 투과율

   ① 입사음 에너지에 대한 투과음에너지 성분의 비

   ② 투과율(τ) = $\dfrac{T(투과음\ 에너지)}{I(입사음\ 에너지)}$

4) 투과손실

   ① 투과율의 역수를 dB로 나타낸 것
   ② 차음설계시 사용
   ③ 투과손실 (TL) = $10\ \log 10\ \dfrac{1}{\tau}$ = $10\ \log 10\ \dfrac{I}{T}$ = $L_i - L_t$

   L_i = 입사음 에너지레벨 (dB)
   L_t = 투과음 에너지레벨 (dB)

   ④ 투과손실값이 클수록 차음성능이 우수하다.

5) 차음성능 측정

   ① 실간 평균음벽 레벨차 등 측정
   ② 바닥 충격음 레벨 측정

Ⅱ. 흡음률(NRC)

1) 정의
   ① 흡음률은 Noise Rating Criteria로서 입사음에너지에 대하여 재료에 흡수되거나 투과된 음에너지 합의 비를 말한다.
   ② 재료 자체 성질 외에 공기층 조건, 재료의 시공조건, 입사음의 주파수와 입사각도 등의 조건에 관계된다.
   ③ 실내 경음 평가 척도로 사용된다.

2) 도해(개념도)

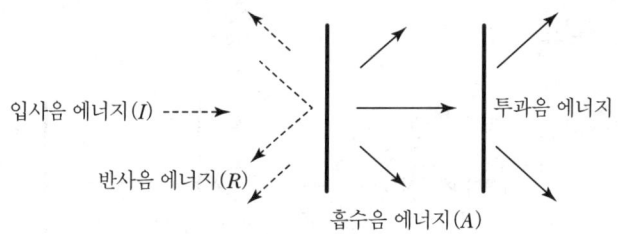

$$I = R + A + T$$

$$흡음률(a) = \frac{I}{A+T}$$

3) 흡음재료
   ① 다공질 흡음
      통기성 섬유나 연속기포 재료에 의해 음파가 닿으면 공기의 점성 마찰 또는 섬유 진동에 의해 에너지가 열로 변하여 흡음하며, glass wool, rock wool, 발포수지재, 뿜칠 흡음재 등이 사용된다.
   ② 공명 흡음
      ㉮ 인위적으로 재료에 구멍을 내어 소리를 흡수함
      ㉯ 유공판, 단일 공명기, slit rib, 흡음재 등 사용
   ③ 판진동 흡음
      ㉮ 각종 판·막으로 된 재료와 벽 사이에 공기층을 두고 판이 진동하면서 음에너지를 소멸함
      ㉯ 얇은 합판·AL판·석고 tex판 등 사용

문5 건축의 방진 계획에 대하여 논하여라. [90전(30)]

㉮ 방진 원리   ㉯ 방진 재료   ㉰ 방진 계획

Ⅰ. 개 요

건축물의 진동은 여러 가지 요인으로 발생되며, 진동으로 인하여 균열 발생과 불안감을 주므로 이를 방지하기 위해 설계시부터 방진 계획을 세워야 한다.

Ⅱ. 방진 원리

1) 진동 차단
   ① 진동원으로부터의 진동을 차단
   ② 외부에서 발생하는 진동원의 차단에 주로 이용
   ③ 건축물이 높은 강도를 가짐으로써 진동에 저항

2) 진동 흡수
   ① 진동을 흡수하여 진동을 소멸시키거나 경감시킴
   ② 진동에너지를 흡수할 수 있는 재료를 진동발생 예상지점에 배치

3) 진동 완충
   ① 진동을 경감시켜 유해한 진동의 전파 방지
   ② 건축물과 인체에 해가 되지 않을 정도의 진동을 통과

Ⅲ. 방진 재료

1) 금속 코일 스프링
   ① 탄성이 좋고, 온도변화에 강하다.
   ② 내유성이 있고, 설계가 비교적 용이하다.
   ③ 저항성분이 적어 음향 차단력이 낮다.

2) 방진고무
   ① 상하 진동을 감소하는데 효과가 크다.
   ② 압축 및 전단력에 유효하나 장기간 사용시 노화현상이 있다.
   ③ 내후, 내약품성, 내유성이 약하다.

3) 코르크(cork)
   ① 진동방지보다는 고체음 전파방지에 효과적이다.
   ② 재질이 균일하지 않아 정확한 설계가 곤란하다.

4) 펠트(felt)
   ① 재질이 다양하며 경미한 방진처리와 지지용으로 사용한다.
   ② 고체음 전파 절연용으로 사용한다.

5) 기타 재료
   ① 공기스프링   ② 스폰지 고무   ③ 우레탄폼

Ⅳ. 방진 계획

1) 바닥충격음 방지
   ① 뜬바닥구조가 가장 효과적이다.
   ② 바닥 slab의 중량화 및 고강성화한다.
   ③ 이중천장을 설치한다.

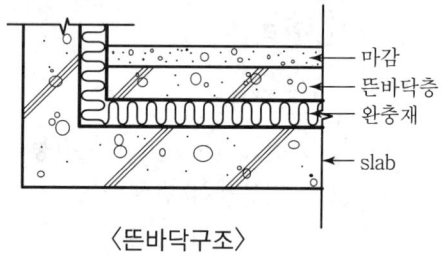

〈뜬바닥구조〉

2) 배관의 방진
   ① 설비기계의 접속부에 유연하고, 신축성이 있는 고무 pipe나 canvas duct를 설치한다.
   ② 관내의 유체 흐름에 의한 소음·진동의 전달을 방지한다.

3) 기계기초의 방진
   ① 지지대의 중량을 기계중량의 2~3배 이상으로 한다.
   ② 방진고무를 금속스프링과 직렬로 연결하여 사용한다.
   ③ 바닥 slab 두께를 증가시킨다.

Ⅴ. 결 론

효과적인 방진 계획을 위해서는 진동발생체에 대한 진동 요소를 최소화하여 안전성 및 쾌적성을 향상시켜야 한다.

문 6 Trombe wall [90전(5)]

I. 정 의

① 태양열을 주간에 모아 두었다가 야간에 이용하는 자연형 태양열 system의 일종이다.
② Trombe wall(축열벽)의 재질에 따라 조적조와 물벽형으로 구분한다.

II. 도 해

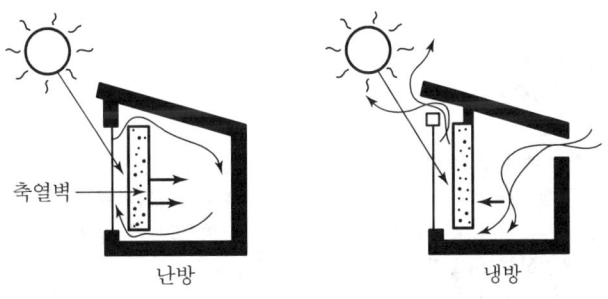

III. 태양열 system의 분류

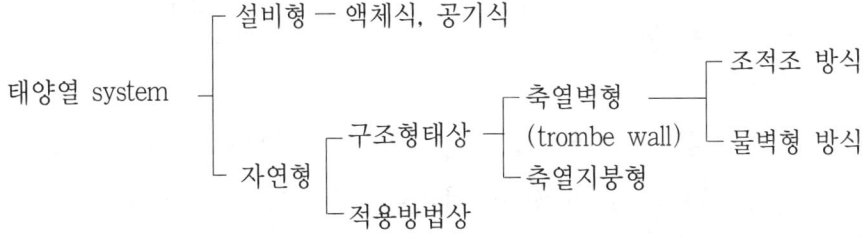

永生의 길잡이-아홉

■ 어느 사형수의 편지

어머님!

원수 악마도 저 같은 원수 악마가 없을 텐데 어머님이라 불러 끔찍하시겠지만 달리 부를 말이 없으니 용서해 주시기 바랍니다. 저는 지금 제가 지은 죄의 엄청남을 한 없이 뉘우치며 몸부림치고 있습니다. 제 목숨 하나 없어지는 것으로 속죄할 길이 없으니 어떻게 해야 합니까?
어머님께서 사랑하는 자식과 그 가족이 살해되었다는 소식을 듣자마자 졸도하셨다는 검사님의 말을 듣고 제 마음은 갈기갈기 찢어졌습니다.

차라리 제가 형장의 이슬로 사라지는 대신 어머님이 원하시는 방법으로 죽어 조금이라도 마음이 풀어지실 수 있다면 그렇게 하겠지만, 저는 갇힌 몸이 되어 그럴 수도 없습니다. 더우기 중령님의 아들이 살아 있다니 그에겐 어떻게 사죄해야 할는지 모르겠습니다…. 어머님의 믿음이 깊으시다기에 감히 말씀드립니다. 제발 짐승만도 못한 저를 용서하시고 속죄할 수 있도록 해주십시오. 무릎 꿇고 두 손 모아 빌겠습니다. 저도 집사님의 인도를 받아 하나님을 믿기로 했습니다.

저같이 끔찍한 죄인이 회개한다고 죄사함을 받을 수는 없을지라도 속죄의 길을 찾아보겠습니다. 제가 죽어서 천국에 가면 이 중령님을 꼭 만나뵙겠습니다. 제가 잘못을 빌어 용서를 받는다면 저는 그곳에서 중령님의 부하가 되어 뭐든 명령대로 복종하며 살겠습니다. 꼭 저를 용서해 주시기 바랍니다. 손자를 생각해서라도 건강하시고 오래 사시기를 빌겠습니다. 안녕히 계십시오.

자기의 죄를 숨기는 자는 형통하지 못하나 죄를 자복하고 버리는 자는 불쌍히 여김을 받으리라 (잠언 28 : 13)

• 사형수 고재봉(당시 27세)은 1963년 10월 19일 새벽 2시경 강원도 인제군 남면 어론리 195에서 병기 대대장이었던 이 중령 일가족 6명을 도끼와 칼로 살해하는 만행을 저질러 사형선고를 받고 복역 중. 그리스도를 영접하고 새 사람이 되어 사형 집행인에게 "예수 믿으십시오" 당부하고 찬송을 부르고 웃으면서 1964년 3월 10일 평안히 하나님의 앞으로 올라간 믿음의 형제이다.

예수 그리스도를 당신의 구세주로 영접하면 당신은 죄사함받고 구원받아 새로운 삶을 살게 됩니다.

8장

마감 및 기타공사

7절 공해·해체·폐기물·기타

8장 7절 공해·해체·폐기물·기타

1	환경공해의 종류와 대책		
	1-1. 환경공해를 유발하는 공종과 공해 종류 및 공해발생 방지대책	[98중후(30)]	8-311
	1-2. 건축공사 현장에서 발생하는 환경공해의 종류와 그 대책	[91전(30)]	
	1-3. 건설공해의 종류와 방지대책	[07중(25)]	
	1-4. 건설공해의 유형과 그 방지대책	[97중전(40)]	
	1-5. 건설공사에 의한 공해유발 및 대책	[94후(25)]	
	1-6. 도심밀집지에서 공사진행시 유의해야 할 환경공해	[00후(25)]	
	1-7. 도심지에서 대형 건축공사 시공시 발생하는 건설공해 대책	[91후(30)]	
	1-8. 건축 시공현장의 환경관리	[98전(30)]	
	1-9. 해체공사시 발생하는 공해종류 및 방지대안, 안전대책	[05중(25)]	
	1-10. 주변 민원으로 공정에 영향을 받는 작업 종류와 대책	[02후(25)]	
	1-11. 건설공해의 예방을 위한 현장환경관리의 요소별 대책 　　1) 소음, 진동　2) 대기오염　3) 수질오염　4) 폐기물	[02후(25)]	
2	소음과 진동의 원인과 대책		
	2-1. 건축 시공 공사시 발생되는 소음과 진동의 원인과 대책	[95후(40)]	8-316
	2-2. 밀집 시가지에 건축할 고층 건물의 무진동·무소음 공법단, 지표하 15m에 풍화암층이 있으며, 30층 이상의 건물임)	[76(10)]	
3	공동주택에서 발생하는 실내공기 오염물질		
	3-1. 공동주택에서 발생하는 실내공기 오염 물질 및 대책	[04전(25)]	8-319
	3-2. 실내공기질 권고기준 및 유해물질대상의 관리방안	[06전(25)]	
	3-3. 실내공기질 개선방안에 대하여 다음 각 시점에서의 조치사항 　　1) 시공시　2) 마감공사후　3) 입주전　4) 입주후	[07전(25)]	
	3-4. 새집증후군의 설명 및 실내 공기질 향상 방안	[08후(25)]	
	3-5. VOC (Volatile Organic Compounds)	[04후(10)]	
	3-6. 새집증후군 해소를 위한 베이크아웃(Bake Out)	[05전(10)]	
4	건축구조물 해체공법		
	4-1. 건축 구조물 해체공법	[93전(30)]	8-324
	4-2. 건축 구조물 해체공법	[05전(25)]	
	4-3. 건축물 해체공사 작업 계획	[02중(25)]	
	4-4. 건축물 해체공법의 종류와 그 내용	[98중전(30)]	
	4-5. 도심지 RC조 고층건물을 해체할 경우 고려할 사항	[00전(25)]	
	4-6. 비폭성 파쇄재	[94전(8)]	
	4-7. 해체공사시 고려해야 할 안전대책	[96전(10)]	
	4-8. 노후 공동주택 해체시 공해 방지 대책과 친환경적 철거방안	[09전(25)]	

5	건설 폐기물		
	5-1. 건설현장에서 발생되는 폐기물의 종류와 처리 및 재활용 방안	[99중(40)]	8-330
	5-2. 건설현장에서 발생되는 폐기물의 종류와 재활용방안	[07중(25)]	
	5-3. 건축공사에서 발생하는 폐기물의 종류와 활용방안	[95후(30)]	
	5-4. 재건축 현장에서 발생되는 폐기물의 종류와 활용방안	[98전(30)]	
	5-5. 건설 폐기물의 종류와 처리방법	[09후(25)]	
	5-6. 건설현장에서 발생되는 폐기물의 발생현황과 그 재활용의 필요성 및 대책	[96중(30)]	
	5-7. 현장에서 발생하는 건설폐기물의 저감방안	[00후(25)]	
	5-8. 고층건물 시공에서 건설폐기물 발생에 대한 저감대책	[04중(25)]	
	5-9. 건축물 해체 시 발생하는 폐기물 문제의 해결을 위한 분별 해체	[10중(25)]	
	5-10. 건축물 철거 현장에서 발생하는 폐석면의 문제점 및 처리 방안	[09중(25)]	
	5-11. 건설 산업의 제로에미션(Zero Emission)	[05전(10)]	8-338
6	콘크리트 폐기물		
	6-1. 콘크리트 기본 재료인 강모래, 강자갈의 고갈 및 부족현상과 콘크리트 폐기물의 적정처리 및 재활용 방안	[97후(30)]	8-339
	6-2. 콘크리트 재생골재의 특징과 사용상의 문제점	[01중(25)]	8-342
	6-3. 재생골재의 사용가능범위를 제시하고 시공시 조치사항	[06전(25)]	
7	건축공사용 재료의 저장과 관리		
	7. 건축공사용 재료의 저장과 관리	[83(25)]	8-346
8	건축물의 Remodeling		
	8-1. 건축물의 Remodeling 사업의 개요와 향후 발전전망	[00중(25)]	8-348
	8-2. 고층 사무실 건물의 리모델링시 검토사항 및 시공상의 유의점	[02중(25)]	
	8-3. 공동주택 리모델링(Remodeling) 공사의 시공계획	[02후(25)]	
	8-4. 리모델링 공사범위를 유형별로 분류하고 세부공사 대상 항목 및 개선 내용	[09중(25)]	
	8-5. 건축물 Remodelling 공사의 성능개선 종류와 파급효과	[04중(25)]	
	8-6. 리모델링 공사시 보수 및 보강공사	[08전(25)]	

9	현장 기술자로서 경험한 기술적 특기 사항		
	9-1. 현장 기술자로서 경험한바 건축시공 분야에서 기술적으로 특기할 사항	[81후(30)]	8-356
	9-2. 건축공사 현장관리 경험중 특기할 사항	[82후(50)]	
	9-3. 귀하의 특기할 만한 시공 기술경험	[83(25)]	
	9-4. 귀하의 특기할 만한 시공 관리경험	[87(25)]	
	9-5. 귀하의 시공 경험 ① 귀하가 시공한 현장 중 가장 큰 규모의 공사 개요 ② 특기할 만한 시공사항 ③ 타현장에 활용, 효용이 있고 신공법의 기술적 사항 및 문제점	[90전(30)]	
10	홈통공사		
	10. 홈통공사에 관한 재료, 시공, 검사	[83(25)]	8-358
11	옥내주차장 바닥 마감재		
	11. 옥내 주차장 바닥 마감재의 종류와 특징	[00중(25)]	8-360
12	공동주택의 온돌공사		
	12. 공동주택 온돌공사의 시공순서, 유의사항, 하자유형 및 개선사항	[98후(40)]	8-363
13	공동주택에서 기준층 화장실 공사		
	13. 공동주택공사에서 기준층 화장실공사의 시공순서와 유의사항	[00중(25)]	8-366
14	공동주택 현장에서 1개층 공사의 1Cycle 공정 순서(Flow Chart)		
	14. 공동주택 1개층 공사의 1Cycle 공정순서와 그 중점 관리사항	[01중(25)]	8-368
15	클린룸(Clean Room)		
	15. Clean Room의 종류 및 요구조건과 시공시 유의사항	[05후(25)]	8-371
16	방화재료(防火材料)		
	16-1. 방화재료 (防火材料) 16-2. 건축용 방화재료(防火材料)	[03후(10)] [09전(10)]	8-374

문 1-1 환경공해를 유발하는 주요 공종과 공해의 종류를 들고 공해발생 방지대책을 기술하시오. 〔98중후(30)〕

문 1-2 건축공사 현장에서 발생하는 환경 공해의 종류와 그 대책에 대하여 설명하여라. 〔91전(30)〕

문 1-3 도심지 건축공사에서 주변환경에 영향을 미치는 건설공해의 종류와 방지대책에 대하여 기술하시오. 〔07중(25)〕

문 1-4 건설공해 유형과 그 방지대책에 대하여 기술하시오. 〔97중전(40)〕

문 1-5 건설공사에 의한 공해유발 및 그 대책에 대하여 기술하시오. 〔94후(25)〕

문 1-6 도심 밀집지에서 공사 진행시 유의해야 할 환경공해 〔00후(25)〕

문 1-7 도심지에서 대형 건축공사 시공으로 인하여 발생하는 건설공해에 대하여 그 대책을 설명하여라. 〔91후(30)〕

문 1-8 건축시공현장의 환경관리에 대해서 기술하시오. 〔98전(30)〕

문 1-9 해체공사시 발생하는 공해종류 및 방지대안, 안전대책에 대하여 기술하시오. 〔05중(25)〕

문 1-10 현장 시공중에 주변 민원으로 공정에 영향을 받는 작업 종류와 대책에 대하여 기술하시오. 〔02후(25)〕

문 1-11 건설공해의 예방을 위해 다음과 같은 현장환경관리의 요소별 대책에 대하여 기술하시오. 〔02후(25)〕
  1) 소음, 진동   2) 대기오염   3) 수질오염   4) 폐기물

I. 개 요

건축공사의 환경공해는 공사의 착공에서 준공에 이르는 동안에 현장 시공으로 인하여 주민의 환경을 해치는 것으로 시공전 상세한 계획수립으로 이를 최소화하여야 한다.

II. 공해를 유발하는 주요 공종(민원의 영향을 받는 작업종류)

1) 해체공사
  ① 해체 장비 소음
  ② 폭파 공법시 소음, 진동, 분진

③ Steel ball, breaker 작업시의 소음, 진동
2) 토공사
　① 굴착 기계 소음　　　　　　② 지반 침하 균열
　③ Dump truck 운행시 소음, 분진　④ 경암 파쇄 굴착시 소음
3) 기초공사
　① 기성 콘크리트 pile의 항타 소음　② 다짐 장비의 소음
　③ 이수에 의한 토질 변화　　　　　④ 지하수의 오염 및 고갈
4) 철근공사
　① 철근을 바닥에 내릴 때 소음, 진동 발생
　② 양중 기계에 의한 소음, 진동
5) 거푸집 공사
　① 거푸집의 조립과 해체시 소음, 진동
　② 박리재에 의한 오염
6) 콘크리트 공사
　① 콘크리트 pump의 소음, 진동　② 콘크리트의 비산
　③ 콘크리트 관련 차량의 소음
7) PC공사
　① 운반시의 교통장애 및 불안감
　② 양중기계의 소음, 진동
　③ 불량제품, 파손품 등의 폐기물 처리
8) 철골공사
　① 세우기 작업시의 소음
　② 용접시 용접 slag의 비산
　③ Impact wrench 조임시 소음
9) 마감공사
　① 내화 뿜칠 작업시 비산, 분진
　② 내부천장 마감시 소음, 진동
　③ 스티로폼, 암면 등의 폐기물

Ⅲ. 건설 공해의 종류(건설공해의 유형, 유의해야 할 환경공해)

1) 소음
　① 말뚝공사시 타격장비에 의한 소음 발생
　② 타격공법 중 drop hammer, diesel hammer, steam hammer 등의 소음이 가장 큼

2) 진동
   ① 대형 굴삭기 사용으로 진동 공해 발생
   ② 토공사시 굴삭기, 불도저, 덤프 트럭의 운행
3) 분진
   ① 현장 내외의 차량 통행에 의한 흙 먼지
   ② 구체공사시 거푸집재의 먼지, 물의 비산, 철골의 용접불꽃, 콘크리트 비산
4) 악취
   ① 아스팔트 방수작업의 연기, 의장 뿜칠재의 비산
   ② 차량 주행·정지·발차시 배기가스 분출
5) 지하수 오염
   ① 지하수 개발을 위한 boring 굴착공의 방치
   ② 건설현장에서 발생하는 오물 등이 우천시 땅속으로 유입
6) 지하수 고갈
   ① 대단위의 공동주택 단지 조성시 지하수의 개발이 장기적인 면에서 수돗물보다 경제적이므로 일반적으로 선호하는 경향
   ② 현장의 지하수 이용 및 토공사시 배수로 인하여 주변의 우물 고갈
7) 지반침하
   ① 지하수의 과잉 양수로 압밀침하, 흙막이벽의 불량으로 주변 지반침하, 중량 차량의 주행 및 중량물 적치
   ② Underpinning을 고려하지 않은 흙파기 공사시 발생
8) 교통장애
   ① 콘크리트 타설시 레미콘 차량이 한꺼번에 도로에 진입하여 정체현상 야기
   ② 토공사시 흙의 반·출입 차량의 집중으로 교통장애 발생
9) 지반균열
   ① 대형 차량의 운행으로 도로 등에 과도한 진행하중으로 균열 발생
   ② 흙막이 공법의 미비로 boiling, heaving, piping 현상 발생
10) 정신적 불안감
    ① 대형 굴착 장비의 사용으로 소음 및 진동 등이 주변 건축물에 전달되어 불안감 조성
    ② 주택 내 소폭의 도로에 대형 차량 진입으로 불안감 조성
11) 벤토나이트 용액
    ① 토공사시 공벽 붕괴 방지용으로 이용
    ② 분리침전조를 설치하여 처리

12) 콘크리트 잔해
   ① 콘크리트 타설 후와 해체 공사시 발생
   ② 중량으로 취급 및 운반에 많은 경비 소요
13) Ascon 찌꺼기
   ① 부대 토목 공사중 도로 정비시 발생   ② 발생 즉시 즉각적인 처리 필요

Ⅳ. 공해 방지대책(환경관리 요소별 대책)

1. 소음 · 진동

1) 저소음 공법
   ① 말뚝 항타시 방음커버 설치
   ② 진동공법, 압입공법, preboring 공법 등 저소음 공법 채택
2) 공사장 소음기준 준수

시간별 대상지역	조 석	주 간	심 야
주거, 준주거	65 이하	70 이하	55 이하
상업, 준공업	70 이하	75 이하	55 이하

3) 작업 시간대 조정
   ① 새벽시간, 오전시간에 소음나는 작업금지
   ② 소음작업의 운용시간대 조정
4) 방음커버
   ① 새로운 기계의 개발보다 소음억제 대책이 유효
   ② 기존 기계에 방음 커버 보강으로 소음억제
5) 소음 · 진동 방지시설
6) 사전양해
   ① 주민설명회를 통한 양해
   ② 사전에 공사개요 설명으로 이해 및 설득을 구함

2. 대기오염

1) 대기오염원의 축소
   ① 공사장비 가동에 따른 배기가스 배출
   ② 장비이동에 따른 분진

2) 비산 분진방지망 설치
   개착구간 정거장 및 작업구
3) 세륜시설 설치
4) 고정 청소원 배치

3. 수질오염

1) 발생수량 최소화
   ① JSP, LW 등의 차수공법
   ② 하수처리장 설치
2) 발생수의 처리
   ① 침사조 설치 운영
   ② 방류수를 공사용수, 세륜수, 도로 살수용으로 재활용

4. 폐기물

1) 재생자재 활용
2) 건설폐기물의 발생억제
   ① 폐기물의 발생억제를 고려한 자재의 사용공법 선택
   ② 건설업자의 인식전환
3) 정책적 방안 확립

V. 안전대책

① 기계의 설치 및 사용에 대한 법규를 확인한다.
② 기계의 성능을 충분히 알아둔다.
③ 사용전 기계의 점검 및 정기검사를 실시하여 기계의 이상 유무를 확인한다.
④ 기계를 취급 책임자 및 운전자 이외의 사람에게 취급시키지 않는다.
⑤ 작업시 취급자 이외에 작업범위 내 출입을 통제한다.
⑥ 기계가 안전하게 작업할 수 있도록 유도자 배치 및 신호체계를 확립한다.

VI. 결 론

사회 전반에 걸친 이해와 신뢰를 바탕으로 관청, 발주자, 설계자, 시공업자, 주민 각자가 지혜를 모아 타당한 여론을 확립해 건설공해에 대처해 나가야 한다.

문 2-1 건축 시공 공사시 발생되는 소음과 진동의 원인과 그 대책에 대해 기술하시오.
[95후(40)]

문 2-2 밀집 시가지에 건축할 고층 건물의 무소음·무진동 공법을 설명하여라.
(단, 지표하 15m에 풍화암층이 있으며, 30층 이상의 건물임) [76(10)]

I. 개 요

건축공사시 발생되는 소음과 진동으로 인한 민원관계가 많이 발생하나, 이에 대한 기술적 방안은 미흡하므로 주변 주민과의 협조로 공사진행에 차질이 없도록 해야 한다.

II. 소음과 진동의 원인

1) 토공사
   ① 굴착기계에 의한 소음
   ② Truck에 의한 급경사 도로에서 운행시 소음
   ③ 경암 파쇄 및 굴착시 소음

2) 기초공사
   ① 기성 Con'c pile 항타 소음 → diesel hammer, drop hammer
   ② 다짐장비에 의한 소음 → compactor, roller 등

3) 철근공사
   ① 철근을 바닥에 부릴 때 발생하는 소음·진동
   ② 양중기계에 의한 소음·진동

4) 거푸집 공사
   ① 거푸집 조립시 발생하는 소음·진동
   ② 거푸집 해체시의 소음·진동

5) 콘크리트 공사
   ① Con'c pump 기계 작동에 의한 소음·진동
   ② 레미콘 운행에 의한 소음·진동
   ③ 진동기에 의한 소음·진동

6) PC 공사
   ① 양중기계에 의한 소음·진동
   ② PC 부재 접합시 impact wrench에 의한 소음·진동

7) 철골공사
   ① Erection 작업에 의한 소음·진동
   ② Impact wrench 조임에 의한 소음·진동
8) 마감공사
   ① 내부 천장 마감공사시 소음·진동
   ② 골조공사 후 골조 배부름을 chipping할 때의 소음·진동
9) 해체공사
   ① 해체 장비에 의한 소음
   ② Steel ball, breaker 작업시의 소음·진동
10) 발전기, compressor
    ① 비상 발전기의 발전시 나는 소음·진동
    ② 콤프레셔 가동시 발생하는 소음·진동

Ⅲ. 대책(무소음·무진동 공법)

1) 저소음 장비의 개발
   ① 방음성이 우수한 장비의 개발
   ② 기존 기계에 방음커버 보강
2) 작업 시간대 조정
   ① 새벽시간, 오전시간은 피하고, 일요일과 공휴일은 소음 나는 작업금지
   ② 소음작업의 운용 시간대 조정
3) 방음커버의 개발
   ① 새로운 기계의 개발보다 기존 기계의 소음 억제대책이 필요
   ② 기존 기계에 방음커버 보강으로 소음 억제
4) 사전 양해
   ① 주민 설명회를 통한 양해
   ② 사전에 공사개요 설명으로 이해 및 설득을 구함
5) 소음·진동 방지시설
   소음·진동 방지시설로 흡음 및 차단
6) 무소음 해체공법 적용
   팽창 약액을 이용하여 무소음·무진동 해체공법 적용
7) Prefab 공법의 채택
   ① 현장에서는 조립에 의한 극소의 소음만 발생
   ② 소음 및 진동원의 감소 효과

8) 용접접합
   ① 용접접합은 리벳 접합이나 고력 bolt 접합에 비해 소음·진동이 적음
   ② 거의 공장제작하고, 현장은 부분제작하는 system으로 전환

9) 대형 거푸집 공사
   ① 대형 unit화된 form은 공장제작으로 현장에서는 조립만 실시
   ② 망치 소리 등 작업소음 감소

10) PC
    ① Con'c pump 공사 등에 의한 소음·진동이 없음
    ② 작업에 의한 소음 및 진동기의 소음·진동이 없음

11) 중굴공법
    ① 강관 pile의 저부를 jet 공법과 병행하여 타입
    ② 타격에 의한 소음·진동 감소

12) Preboring 공법
    ① Earth drill 사용하여 굴착시 precast pile을 넣고 선단은 cement paste로 고정
    ② 타격에 의한 소음·진동이 거의 없음

Ⅳ. 결 론

소음과 진동방지를 위해서는 시공기술의 개선, 제조업자, 건축주, 시공자 각각의 노력이 있어야 하며, 방지사례 및 실적을 기록화하여 feed-back 관리해야 한다.

> **문 3-1** 공동주택에서 발생하는 실내공기 오염물질 및 그에 따른 대책을 기술하시오.
> [04전(25)]
>
> **문 3-2** 금년부터 시행중인 신축공동주택의 실내공기질 권고기준 및 유해물질대상의 관리방안에 대하여 기술하시오. [06전(25)]
>
> **문 3-3** 실내공기질 개선방안에 대하여 다음 각 시점에서의 조치사항을 설명하시오.
> 1) 시공시   2) 마감공사후   3) 입주전   4) 입주후   [07전(25)]
>
> **문 3-4** 신축 공동주택의 새집증후군을 설명하고, 실내공기질 향상 방안을 기술하시오.
> [08후(25)]
>
> **문 3-5** VOC(Volatile Organic Compounds) [04후(10)]
>
> **문 3-6** 새집증후군 해소를 위한 베이크아웃(Bake Out) [05전(10)]

I. 개 요

최근 환경에 대한 인식, 웰빙(well-being), 새집증후군(sick house syndrome) 등의 영향으로 공동주택의 실내공기질에 대한 관리방안 및 유해·오염물질에 대한 연구가 활발해지고 있다.

II. 공동주택의 실내공기 오염물질(VOC)

1) 오염물질 및 권고기준(새집증후군 유발물질 및 기준)

물질	기준($\mu g/m^3$)	유해성	발생원인
Formaldehyde	210 이하	0.1ppm 이상시 눈 등에 미세한 자극, 목의 염증유발	단열재, 가구, 접착제에서 다량발생
Benzene	30 이하	마취증상, 호흡곤란, 혼수상태유발	페인트, 접착제, 파티클보드
Toluene	1,000 이하	현기증, 두통, 메스꺼움, 식욕부진, 폐렴유발	페인트, 벽지, 코킹, 실런트 제품
Ethylbenzene	360 이하	눈, 코, 목 자극, 장기적으로 신장, 간에 영향	페인트, 가구광택제, 바닥왁스
Xylene	700 이하	중추신경계 억제작용, 호흡곤란, 심장이상	페인트, 접착제, 카펫, 코킹제
Styrene	300 이하	코, 인후 등을 자극하여 기침, 두통, 재채기 유발	발포형단열재, 섬유형보드

① VOC(Volatile Organic Compounds : 휘발성 유기화합물)는 대기중 상온에서 가스 형태로 존재하는 유기화합물의 총칭으로 그 종류는 수백종이 있으며, 대표적으로 포름알데히드(formaldehyde), 벤젠(benzene), 톨루엔(toluene) 등이 있다.
② VOC는 건물 신축후 6개월 이내에서 가장 많이 배출되어 인체에 현기증, 두통, 호흡곤란 등 많은 악영향을 미친다.

2) 주요자재의 오염부하 기여율

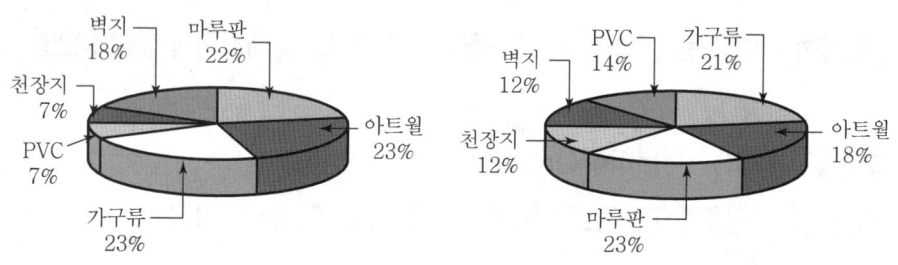

〈주요자재의 포름알데히드 오염 기여율〉   〈주요자재의 톨루엔 오염 기여율〉

3) 피해증상
① 새집증후군(sick house syndrome)
새집증후군(sick house syndrome)이란 새로 지은 건물 안에서 VOC(휘발성 유기화합물)에 의해 오염된 실내공기로 인해 거주자들이 건강상 문제 및 불쾌감을 일으키는 것이다.

② 빌딩증후군(building syndrome)

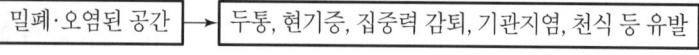

Ⅲ. 실내공기질 향상방안(개선방안, 관리방안, 오염물질 대책)

1. 시공시

1) 자재의 품질인증제 도입

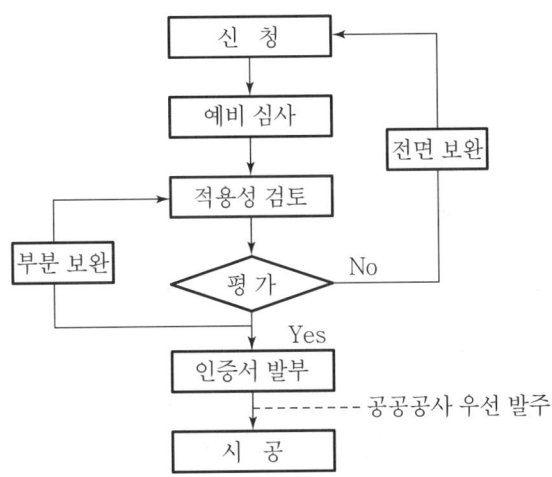

친환경건축자재의 개발과 인증제 시행으로 오염물질 저방출 자재의 시공 확립

2) 접착제 사용제한

마감재의 취부시 접착제의 사용을 줄이고 다른 공법을 적극 활용

3) 오염물질 및 기준 파악

2. 마감공사 후

1) 자연 환기 실시

① 주간에는 전 개구부를 open하여 환기 실시
② 습기가 많은 날과 야간에는 개구부를 닫을 것
③ 자연환기 방법

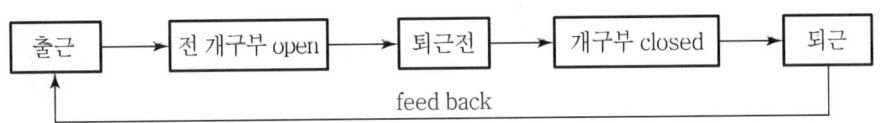

2) 주요자재의 오염부하 기여율 파악

3) 피해증상 확인
   ① 새집증후군(sick house syndrome)
   ② 빌딩증후군(building syndrome)

3. 입주전

1) 실내공기 측정

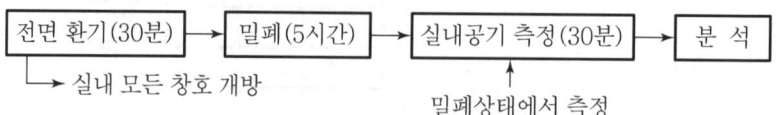

실내공기를 측정 및 분석하여 전체 환기시간 및 baking out 실시 여부 확정

2) Baking out 활용

입주전 실내난방의 가동으로 실내오염물질의 70~80% 정도 감소 가능

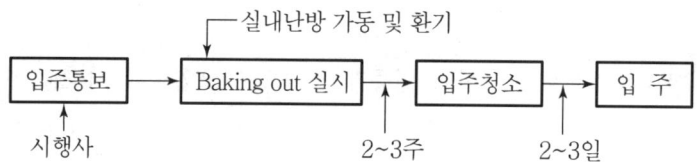

4. 입주후

1) 환기 system 적용

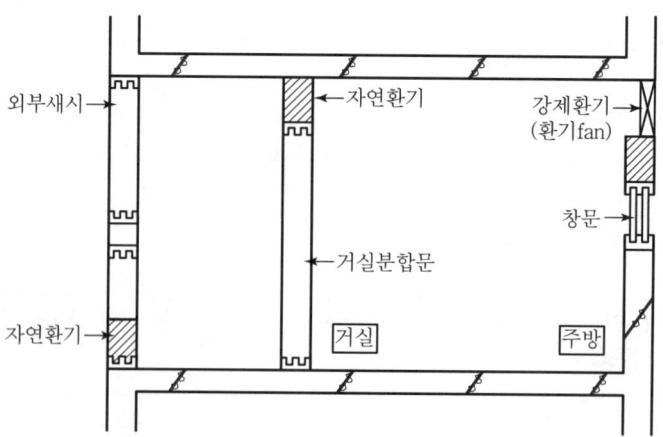

자연환기 그릴을 설치하여 강제환기 system과 함께 사용

2) 적정 온습도 유지

입주후 3~6개월 동안 적정온습도를 유지하면서 자연환기 실시

V. Baking out 실례

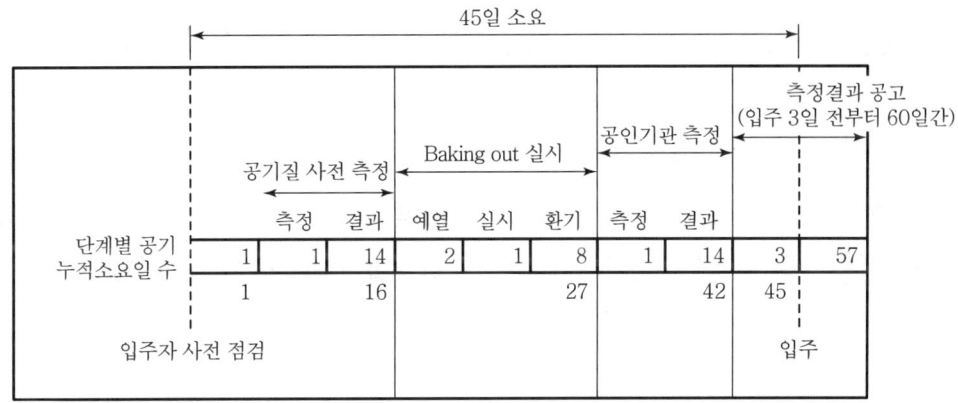

VI. 결 론

공동주택 실내공기 오염물질의 효과적인 저감을 위해서는 설계·시공단계는 물론 입주단계, 거주단계까지의 지속적인 관리가 필요하다.

| 문 4-1 건축구조물 해체공법에 대하여 기술하여라. [93전(30)]
| 문 4-2 건축구조물 해체공법에 대하여 기술하여라. [05전(25)]
| 문 4-3 건축물 해체공사 작업 계획 [02중(25)]
| 문 4-4 건축물 해체공법의 종류를 들고 그 내용을 기술하시오. [98중전(30)]
| 문 4-5 도심지 RC조 고층 건물을 해체할 경우 고려할 사항에 대하여 기술하시오. [00전(25)]
| 문 4-6 비폭성 파쇄재 [94전(8)]
| 문 4-7 해체 공사시 고려해야 할 안전대책 [96전(10)]
| 문 4-8 노후 공동주책 해체시 공해방지 대책과 친환경적 철거방안에 대하여 기술하시오. [09전(25)]

Ⅰ. 개 요

최근 들어 건축물의 생산기술과 더불어 노후된 건축물을 인근 피해를 최소화하면서 해체할 수 있는 방안이 중요한 기술적·사회적 문제로 대두되고 있다.

Ⅱ. 해체공법의 분류

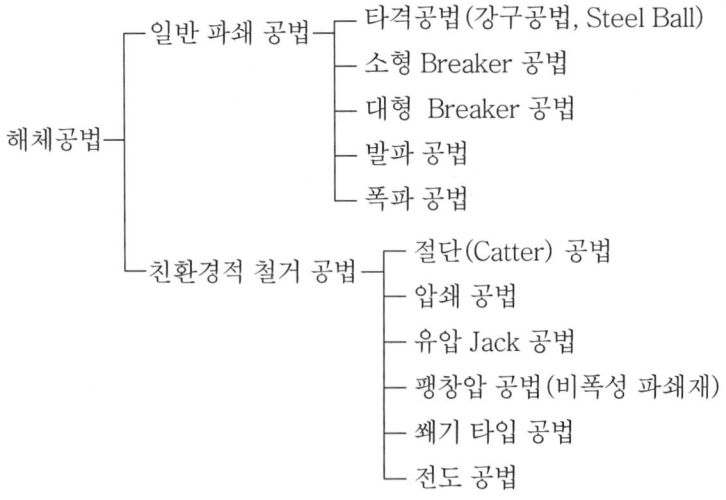

Ⅲ. 해체공법의 종류와 그 내용

1) 타격공법(강구공법, steel ball)
   ① 크레인 선단에 steel을 매달고 수직 또는 좌우로 흔들어 충격에 의해 구조물을 파괴하는 공법
   ② 기둥·보·바닥·벽의 해체에 적합
   ③ 소음과 진동이 큼

2) 소형 breaker 공법
   ① 압축공기를 이용한 breaker로 사람이 직접 해체하는 공법으로 hand breaker라고도 함
   ② 작은 부재의 파쇄가 용이하며, 광범위한 작업에도 용이함
   ③ 소음, 진동, 분진의 발생으로 보호구 착용
   ④ 작업 방향은 위에서 아래로 작업수행

3) 대형 breaker 공법
   ① 압축공기 압력으로 파쇄하는 공법
   ② 소음을 완화하기 위해 소음기 부착
   ③ 공기 및 유압 사용
   ④ 기둥, 보, 바닥, 벽의 해체에 적합하며, 능률은 좋으나 진동·소음이 심함

4) 발파공법
   ① 화약을 이용하여 발파하여 그 충격파나 가스압에 의해 파쇄
   ② 지하 구조물의 해체에 유리하나 주변 지하구조물의 영향에 유의
   ③ 소음·진동 공해 및 파편의 위험이 있음

5) 폭파공법
   ① 구조물의 지지점마다 폭약을 설치하고 정확한 시간차를 갖는 뇌관을 이용하여 구조물 자체 중량에 의해 해체됨
   ② 주변 시설물에 피해 및 진동·소음 발생
   ③ 시공순서 flow chart

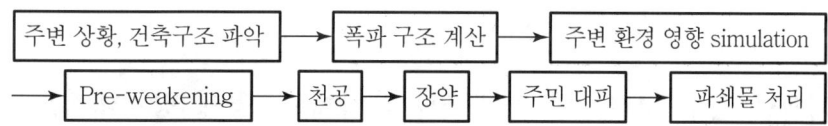

6) 절단(cutter) 공법
   ① Diamond cutter에 의해 절단, 인장 및 전단에 약한 Con'c의 성질을 이용
   ② 보, 바닥, 벽의 해체에 유리하며, 저진동 공법임
   ③ 안전하게 해체 가능, 부재의 재사용 가능

7) 압쇄 공법
   ① 'ㄷ'자형 프레임 내에 반력면과 jack을 서로 마주보게 설치하여 프레임 사이에 Con'c를 넣어 압쇄하는 공법
   ② 저소음·저진동·저공해의 공법으로 능률이 좋아 일반적으로 많이 사용
   ③ 취급 간편
8) 유압 jack 공법
   ① 상층보와 slab를 유압 jack으로 들어 올려 해체하는 공법
   ② 일반적으로 보나 slab는 밑에서 치켜 올리는 힘에 약함
   ③ 저진동·저소음의 공법으로 크롤러를 사용할 때 시공능률이 향상됨
9) 팽창압 공법(비폭성 파쇄재)
   ① 해체할 대상에 굴착공을 만들고 그 속에 비폭성 파쇄재(불활성 가스·생석회 등)를 넣어 팽창물질의 팽창력만으로 해체하는 공법
   ② 비폭성 파쇄재의 종류
      ㉮ 고압가스공법 : 불활성 가스의 압력 이용
      ㉯ 팽창가스 생성공법 : 화학반응에 의해 팽창가스 생성
      ㉰ 생석회 충전공법 : 생석회 수화시 팽창압력에 의해 파쇄
      ㉱ 얼음공법 : 얼음의 팽창압에 의해 파괴
   ③ 특수한 규산염을 주재로 한 무기질 화합물
   ④ 물과 수화반응으로 팽창압이 생성되어 암석 및 Con'c를 안전하게 파쇄
   ⑤ 저소음·저진동 공법으로 취급이 용이하고, 시공이 간단하여 작업의 효율성이 큼
10) 쐐기 타입 공법
    ① 부재에 구멍을 뚫고 그 구멍에 쐐기를 넣고 파쇄
    ② 천공기, 유압쐐기, 타입기, compressor 필요
    ③ 기초 및 무근 콘크리트의 파쇄에 적합
11) 전도공법
    ① 부재를 일정한 크기로 절단하여 전도시키는 공법
    ② 기둥, 벽 해체에 적합

Ⅳ. 해체할 경우 고려사항(해체공사 작업계획, 공해 방지대책)

1. 공해 방지대책
   1) 해체공법의 선정
      ① 해체 구조물의 구조·규모 등을 고려
      ② 주변 건물 및 여건 고려
      ③ 안전성·경제성·무공해성 공법

2) 소음방지 대책
   ① 소음이 적은 공법의 채택
   ② 소음방지를 위한 양생재(sheet, 울타리)의 설치
   ③ 주변 주민들에 대한 사전 양해
   ④ 해체 기계에 소음기·방음 cover 등 설치
3) 진동방지 대책
   ① 저진동 해체 기계의 사용
   ② 해체물 또는 지반에 진동 전달 방지를 위한 trench 설치
   ③ 진동 저감 장치의 설치
4) 분진방지 대책
   ① 분진 발생 장소의 밀폐
   ② 살수 및 분무의 시행
5) 파편의 비산에 유의
   ① 비산 낙하물에 대한 안전시설 완비
   ② 잔류폭약의 유무 조사 반드시 실시
   ③ 해체물 주변에 mat 또는 휀스 설치
6) 방음벽설치

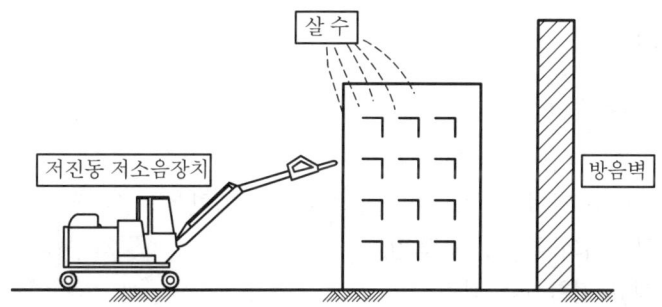

   ① 방음벽 설치로 소음 차단
   ② 저진동장비로 인접건물 균열방지

2. 민원 고려사항

1) 누출가스에 대비
   ① 가스관이나 호스에서의 누출가스에 유의
   ② 지하 배관의 파손으로 인한 가스누출에 대비
   ③ 구멍이나 균열 등을 통한 가스누출에 대비

2) 화재발생에 유의
   ① 고열의 화염을 이용할 경우 화재에 유의
   ② 인화성 물질을 주변에 두지 말 것
   ③ 폭파가 가능한 가스통 등은 미리 제거
   ④ 소방설비를 준비할 것

3) 해체장비(기계류)의 점검
   ① 하루의 계획량을 반드시 완수할 수 있도록 장비 점검
   ② 보조장비의 준비

4) 주변 건물의 보양
   주변 건물의 피해를 최소화

5) 인근 주민에 대한 동의
   ① 해체 공사전 인근 주민의 양해를 얻을 것
   ② 주민의 피난처 마련 및 안전대책 강구

6) 파쇄물의 처리
   ① 파쇄물은 1차 분리해서 처리하며, 재활용 검토
   ② 파쇄물은 종류별로 분류후 처리
   ③ 반출시에는 반드시 덮개 사용

V. 안전대책

1) 일반사항
   ① 안전, 위생관리계획서 작성
   ② 차량의 작업 전 점검 및 차량 유도원 배치
   ③ 구조재의 부식상태 점검
   ④ 재료 접합상태 점검
   ⑤ 재료별 특성을 검토하여 화재방지
   ⑥ 해체기계의 안전성 검토
   ⑦ 비산에 대한 방호
   ⑧ 낙하·탈락·박리가 우려되는 재료의 사전 철거
   ⑨ 해체가 시작된 골조에 과다한 하중부과 금지
   ⑩ 유사시를 대비한 임시 대피장소 설치

2) 기계 안전대책
   ① 기계의 설치 및 사용에 대한 법규 확인
   ② 기계의 성능을 충분히 검토

③ 사용전 기계의 점검 및 정기검사를 실시하여 기계의 이상 유무 확인
④ 기계를 취급 책임자 및 운전자 이외의 사람에게 취급시키지 않음
⑤ 작업시 취급자 이외에 작업범위 내 출입 통제
⑥ 기계가 안전하게 작업할 수 있도록 유도자 배치 및 신호체계 확립

Ⅵ. 결 론

건축물의 해체 요인으로는 경제적 수명의 한계, 주거 환경개선, 재개발 사업 등의 이유가 있으므로 해체공법에 대한 신기술 및 신공법의 연구개발에 노력해야 한다.

| 문 5-1 | 건설 현장에서 발생되는 폐기물의 종류와 그 처리 및 재활용 방안에 대하여 기술하시오. [99중(40)]
| 문 5-2 | 건설현장에서 발생하는 폐기물의 종류와 재활용 방안에 대하여 기술하시오. [07중(25)]
| 문 5-3 | 건축공사에서 발생하는 폐기물의 종류와 그 활용방안에 대하여 간략히 기술하시오. [95후(30)]
| 문 5-4 | 재건축 현장에서 발생되는 폐기물의 처리 및 활용방안에 대하여 논하시오. [98전(30)]
| 문 5-5 | 건설폐기물의 종류와 처리방법에 대하여 설명하시오. [09후(25)]
| 문 5-6 | 건축 생산에서 건설폐기물의 발생현황과 그 재활용 필요성 및 대책에 대하여 설명하시오. [96중(30)]
| 문 5-7 | 현장에서 발생하는 건설폐기물의 저감 방안 [00후(25)]
| 문 5-8 | 고층건물 시공에서 건설폐기물 발생에 대한 저감대책을 기술하시오. [04중(25)]
| 문 5-9 | 건축물해체 시 발생하는 폐기물 문제의 해결을 위한 분별해체에 대하여 설명하시오. [10중(25)]
| 문 5-10 | 건축물 철거현장에서 발생하는 폐석면의 문제점 및 처리방안에 대하여 기술하시오. [09중(25)]

I. 개 요

사회 전반에 걸쳐 공해에 대한 인식도가 높아지고, 특히 건축물의 폐기물에 대한 정부 및 기업체의 인식 전환으로 건설폐기물에 대한 다각적인 연구개발이 실시되고 있다.

II. 건설폐기물의 종류(발생 현황)

1) 해체공사
   ① 폐콘크리트 및 고철근
   ② 벽돌, 블록, 돌, 유리
   ③ 강재 창호
   ④ 목재
   ⑤ 산업폐기물

2) 토공사
   ① 절토 파쇄암　　　　　　　② 지하수, 벤토나이트 용액
3) 기초공사
   ① 말뚝두부　　　　　　　　② 말뚝잔재물
4) 철근콘크리트 공사
   ① 철근토막　　　　　　　　② 거푸집 목재류
   ③ 콘크리트 부스러기
5) 철골공사
   용접봉, 철골 가공시 부스러기
6) 마감공사
   ① 벽돌, 블록류, 석재, 타일류, PVC류　　② 모르타르, 목재, 유리류
   ③ 페인트류, 스티로폼, 단열재

Ⅲ. 폐기물의 처리(처리 방법)

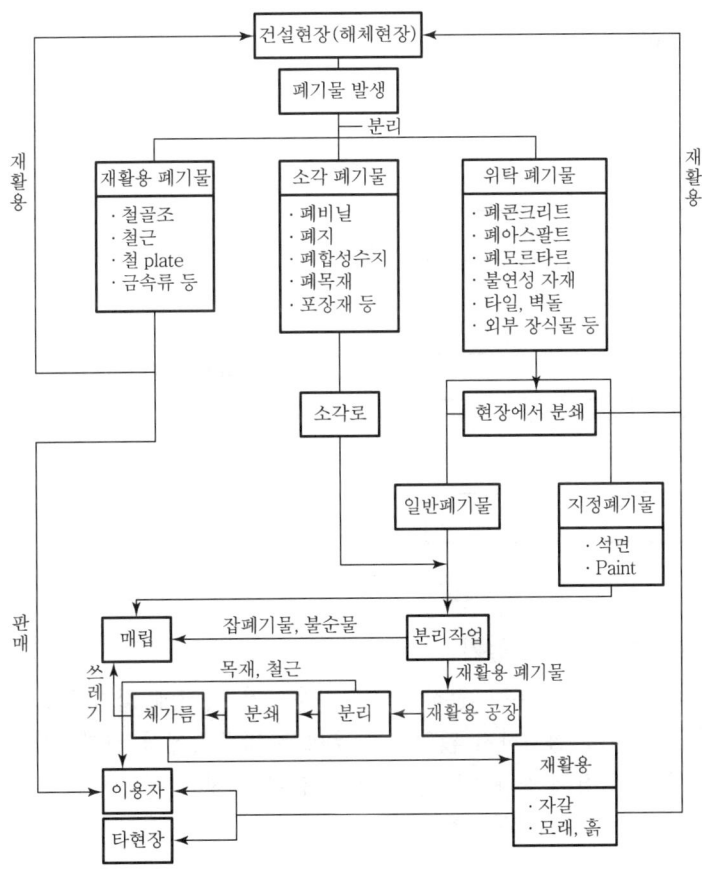

Ⅳ. 재활용 필요성

1) 자원고갈에 대처
   ① 건설 산업의 다각화로 각종 원자재의 품귀
   ② 환경 오염의 문제로 자재 개발의 어려움
   ③ 수입에 의존하는 원자재에 대한 대처

2) 환경오염에 대처
   ① 폐기물 처리 방안의 효율화
   ② 환경오염 방지에 일익
   ③ 재활용으로 인한 자원 재생 효과
   ④ 쓰레기 소각 및 처리장 건설 부진에 대처
   ⑤ 불연성 등의 생태계 파괴에 대처

3) 자원회수 및 절약
   ① 폐자재에 대한 재활용으로 원가 절감
   ② 절약효과 증진으로 기업의 경쟁력 증진

Ⅴ. 분별 해체

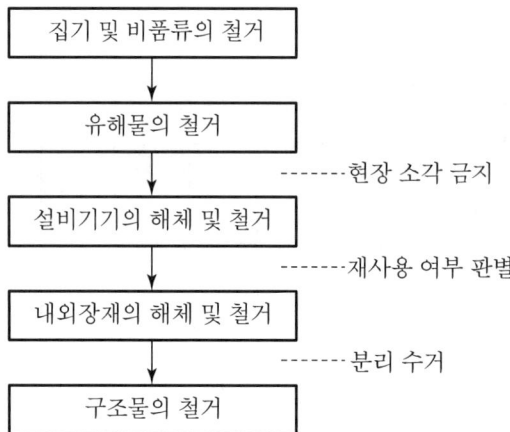

1) 집기 및 비품류의 철거
   ① 집기 및 비품류는 원칙적으로 사용자가 사전에 철거한다.
   ② 사용자가 철거하지 않았을 경우에는 발주처에서 철거한다.
   ③ 철거 현장에 잔재하는 집기 및 비품류를 철거 업체에서 철거한 경우에는 재사용을 원칙으로 철거하여 보관한다.

2) 유해물의 철거
   ① 유해물의 철거는 폐기물 처리법에 의해 처리한다.
   ② 기본적으로 인력에 의한 분별해체와 폐기물 관리법에 따른 적법한 배출을 실시한다.
   ③ 폐석면의 분별 해체

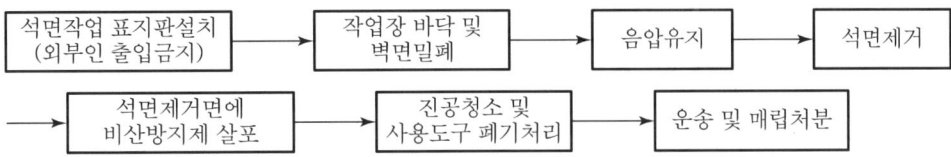

3) 설비기기의 해체 및 철거
   ① 재활용이 가능한 것을 분별한다.
   ② 처리 방법이 다른 것을 분별한다.
   ③ 재활용이 가능한 것과 처리 방법이 다른 것을 분별해체한 후 철거를 진행한다.

4) 내외장재의 해체 및 철거
   ① 내외장재와 창호, 문틀 등은 구조체 해체작업전에 분별해체한 후 반출 및 처리한다.
   ② 비구조재인 조명기구, 가구류, 배관 및 전선 등도 사전 분별해체후 반출 및 처리한다.
   ③ 이때 가연물은 현장에서 소각하지 않는다.

5) 구조체의 철거
   ① 구조체 철거시 타일, 목재, 유리, 금속 등은 분별해체 하여 콘크리트와 혼합된 혼합폐기물이 되지 않게 유의한다.
   ② 각 재료의 종류별로 분별해체 하여 선별 회수하여야 한다.
   ③ 각 재료의 종류별로 재활용이 가능하도록 하여야 한다.

Ⅵ. 대책

(1) 폐기물 재활용방안

1) 폐콘크리트
   ① 폐콘크리트 덩어리를 crusher로 분쇄하는 방법
   ② 매립재, 성토재, 기초 및 뒤채움재, 노반재, 아스팔트 혼합용 골재, 콘크리트 골재 등으로 이용

2) 철근
   재생산하여 제품화

3) 벽돌·블록
   분해하여 도로 포장용이나 지반개량에 사용

4) 강재 창호
   임시 건물에 사용
5) 목재류
   ① 난방용으로 사용
   ② 창고 등 임시건물에 사용
6) 잔토 · 파쇄암
   인근 매립지에 사용
7) 지하수
   청소나 잡용수로 사용
8) 벤토나이트 용액
   고결시켜 복토용으로 사용

(2) 폐기물의 저감 방안

1. 자원화 활용

1) 폐기물 발생량 감소대책
   ① 분류 해체 추진
   ② 건설시 폐기물 발생량 억제 방안 계획 수립
2) 해체시부터 재활용 고려
   설계단계에서부터 구조물의 설계변경이나, 해체공사에 있어 해체재료의 재활용 고려
3) 시범 실시
   공공공사에서 재활용품 적용의 시범 실시
4) 재활용 활성화 추진
   재활용이 활성화 되도록 incentive 부여
5) 대책연구회
   건설폐기물 처리 대책연구회를 설립하여 대책 강구

2. 정부활동

1) 건설폐기물의 발생 억제
   ① 폐기물 발생 억제를 고려한 자재의 사용법 및 공법 채택
   ② 건설업자의 인식전환을 위한 계몽 활동

2) 정책적 방안 확립
   ① 건설공사 발주자 및 폐기물 배출자의 책임강화
   ② 폐기물의 처리기준 강화
   ③ 위탁처리업자의 육성 및 재활용 처리시설의 확대
   ④ 재활용 자재를 이용한 시범단지 조성

3) 품질 성능기준 설정
   ① 재활용품의 적절한 품질 성능기준의 설정
   ② 주요 구조부 외에는 사용 권장

4) 재활용품 사용의 의무규정
   ① 시공업체에 재활용품 사용의 규정 마련
   ② 발주처에게도 폐기물 재활용 의무 부여

5) 투기억제 방안
   불법투기의 억제 및 강력한 행정조치 마련

6) 홍보 실시
   다각적으로 홍보하여 쾌적한 환경 유도

3. 기업활동

1) 재생이용 추진
   ① 공공사업 등에 있어서 재생이용 추진
   ② 폐콘크리트, 폐아스팔트 등 재생 가능한 폐기물의 재생 이용 적극 추진
   ③ 건설자재 재생 플랜트의 구체화

2) 기술개발의 추진
   ① 발생억제, 감량화 등을 목적으로 기술개발
   ② 폐기물의 재생산 체제의 기술개발

3) 재활용품의 경제성 강화
   엄격한 설비규제 강화로 재활용품의 경쟁력 및 경제성을 높임

4) 현장 소각로 운영
   소모품, 재활용이 안 되는 품목은 현장 소각

5) 분별 배출
   폐기물 중 재활용품과 소모품을 분별하여 배출

6) 설계시부터 명시화
   설계단계부터 재활용의 적정 처리 강구

Ⅶ. 폐석면 처리

1. 폐석면의 문제점

1) 석면의 불법 해체 및 제거
   석면 해체, 제거 허가 및 작업기준 준수로 인한 공사지연, 비용증가로 불법적 해체, 제거
2) 인체유해
   ① 석면이 발암물질로 분류
   ② 잠복기간이 18년으로 매우 길어서 피해 가중
3) 전문 철거업체 부족
   ① 석면 해체, 제거 작업을 수행할 전문업체 부족 및 전문성을 가진 근로자 부족
   ② 건축물 철거 업체에 비해 석면해체, 제거 전문업체 부족 및 전문교육기관 부족
4) 지정 폐기물처리의 한계
   석면 지정폐기물 중간처리업체 부족
5) 사전조사 인력 및 분석기관 부족
   ① 석면 사전조사 인력이 없어 석면함유 건축물에 대한 정확한 실태파악 난해
   ② 전국 석면분석 수요에 비해 석면분석기관 부족으로 석면해체, 제거 소요시간 지체 및 비용 증가
6) 폐석면의 방치
   ① 폐석면의 70%가 방치되고 있음
   ② 폐석면의 매립지 선정의 난해

2. 폐석면 처리방안

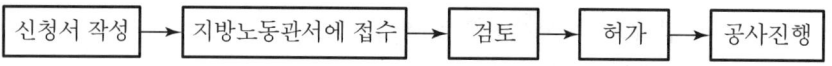

신청서 작성 → 지방노동관서에 접수 → 검토 → 허가 → 공사진행

1) 신청서
   ① 석면해체 제거작업 계획서
   ② 석면해체 제거설비 및 보호구에 관한 서류
   ③ 석면의 비산방지 및 폐기방법에 관한 서류
2) 지방노동관서에 접수
   지방노동관서의 산업안전담당부서에 접수
3) 검토
   ① 산업안전담당부서 및 한국산업안전공단
   ② 검토시 현장실사 포함

4) 허가

관할지방노동청장

5) 공사진행

석면해체 및 제거작업 절차

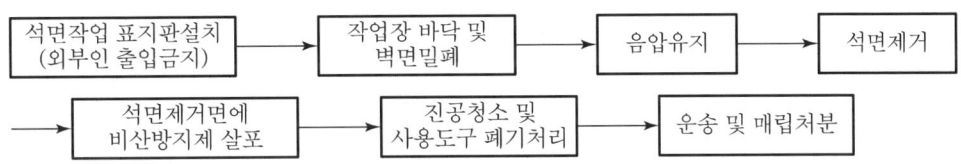

Ⅷ. 결 론

건설현장에서 폐기물량을 줄이고 또한 폐기물을 재활용하기 위해서는 초기 기획과 설계 단계에서부터 재처리 시설 및 저장 창고 등의 적극적인 계획이 필요하다.

문 5-11 건설 산업의 제로에미션(Zero Emission)   [05전(10)]

I. 정 의

제로에미션(zero emission)이란 폐기물 발생을 최소화하고, 궁극적으로는 폐기물이 나오지 않도록 하는 순환형 산업 system으로 무배출(無排出) system이라고도 한다.

II. 개념도

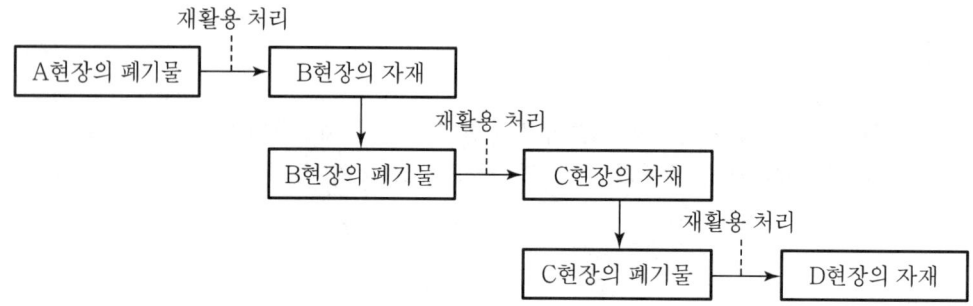

건설산업의 폐기물 총량을 최소화하고 궁극적으로 폐기물이 전무한 사업장 구현

III. 제로에미션의 추진방안(3R)

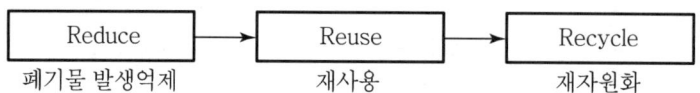

IV. 제로에미션 구축방안

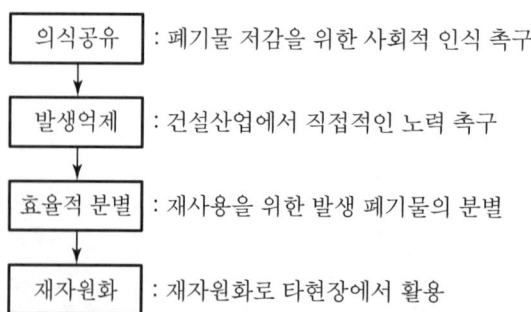

제로에미션 활동을 경험한 작업원들의 전파로 사회 전반적으로 확산

문 6-1 구조 재료의 주종을 이루고 있는 콘크리트 기본 재료인 강모래, 강자갈의 고갈 및 부족현상을 설명하고, 콘크리트 폐기물의 적정처리 및 재활용 방안에 대하여 논술하시오. [97후(30)]

I. 개 요

콘크리트 폐기물의 적정처리 및 재활용은 환경공해를 줄이고 자원을 보호하며, 건설 자재의 수급을 원활하게 하는 차원에서 매우 절실하다.

II. 강모래, 강자갈의 부족현상

1) 법규 및 체계복잡
   ① 관계법규가 20여개로 다양하고 복잡
   ② 복잡한 허가절차 및 1년 단위의 허가

2) 재원 통계 미비
   ① 골재 부족량 조사 미흡
   ② 골재 수요의 평균치 통계 미흡
   ③ 장기 공급 계획 수립 곤란

3) 품질 기준 미흡
   ① 품질 제도 장치 부재
   ② 해안 및 석산 골재의 불량골재 양산

4) 콘크리트 품질 저하
   ① 골재 중의 silica, 황산염 등으로 AAR 발생
   ② 콘크리트의 균열 야기

5) 수송거리 및 환경오염
   ① 골재운송시 소음, 진동, 분진, 교통장애 등 환경공해 유발
   ② 운반장비의 기술 지원 대책 강구

6) 수급 불균형
   ① 생산별 불균형
   ② 지역별 불균형
   ③ 골재 생산과 수요 시기의 불균형

Ⅲ. 적정 처리 및 재활용 방안

1) 재생골재
   ① 재생골재의 품질은 콘크리트의 품질, 모르타르, 부착량, 제조공정, 입도 제조법, 불순물의 양 등에 영향을 받음
   ② 흙, 나무조각, 쇠부스러기 등이 혼입된 불순물이 콘크리트에 섞이면 강도에 나쁜 영향을 줌

2) 재생 콘크리트
   ① 폐콘크리트 덩어리를 분쇄기로 분쇄하는 방법
   ② 매립재, 성토재, 기초 및 뒤채움재, 노반재, 아스팔트 혼합용 골재, 콘크리트골재 등으로 이용

3) 2차 제품
   ① 타설 시간이 경과한 레미콘은 재활용 기계로 들어가 골재, 모래, 시멘트가 분리되어 재활용
   ② 경화한 Con'c는 분쇄기로 분쇄하여 기초 및 뒤채움재, 노반재, 콘크리트 골재 등으로 재활용

4) 지반개량
   폐콘크리트 덩어리를 분쇄하여 지반 개량재로 재활용

5) 바닥다짐
   ① 폐콘크리트 수거·재생하여 대지 조성재로 이용
   ② 건설현장에서 분쇄하여 재사용하므로 경제적

6) 미장재료
   레미콘의 타설시간을 놓친 콘크리트는 재활용 기계에서 조골재, 세골재, cement paste로 분리하며 세골재는 미장재료로 사용

7) 단열재료
   재활용 기계에서 나온 cement paste는 혼화제(기포 형성)를 혼입하여 기포 Con'c를 제조

8) 대지 조성
   ① 흙, 모래 대신 이용하는 방법
   ② 재활용 양에 따라 경제성이 좌우됨

9) 기초 매립제
   ① 분쇄기를 사용하여 분쇄한 폐콘크리트를 기초 매립시 사용
   ② 기초의 뒤채움재로 사용

10) 성토재
　① Crusher를 현장에 반입하여 분쇄 후 성토재로 재활용
　② 입경이 비교적 큰 것을 사용

Ⅳ. 결 론

폐콘크리트(콘크리트 재생골재)의 재활용은 현장 내에 별도의 저장 장소가 필요하며, 아직 재활용 콘크리트에 대한 품질 기준이 정립되어 있지 않으므로 이에 대한 기준정립이 우선되어야 한다.

> **문 6-2** 콘크리트 재생골재의 특징과 사용상의 문제점에 대하여 설명하시오.
> [01중(25)]
>
> **문 6-3** 재생골재의 사용 가능범위를 제시하고 시공시 조치사항에 대하여 기술하시오.
> [06전(25)]

Ⅰ. 개 요

콘크리트 재생골재는 비중이 낮고 흡수율이 대단히 크므로 배합시 단위수량이 증가되어 콘크리트의 강도가 저하되므로 사용상 많은 제약 조건이 따른다.

Ⅱ. 재생 골재의 특징

1) 비중

〈재생골재와 천연골재의 비중 비교〉

구 분	재생골재	천연골재
잔 골재	2.2~2.3	2.6~2.65
굵은 골재	2.3~2.4	2.65~2.7

① 재생골재는 천연골재에 비하여 5~10% 정도 낮은 비중을 가지고 있음
② 기초 지반재의 용도 가능
③ 구조재로서의 이용은 곤란

2) 흡수율

〈재생골재와 천연골재의 흡수율 비교〉

구 분	재생골재	천연골재
잔 골재	7.5	1
굵은 골재	4.5	1

① 재생 잔골재는 천연 잔골재에 비해 흡수율이 약 70~80% 큼
② 재생 굵은 골재는 천연 굵은 골재에 비해 흡수율이 약 40~50% 큼
③ 재생골재의 흡수율은 골재 표면에 붙어 있는 시멘트와 mortar의 영향

3) 마모율

① 재생골재의 마모율은 22~41% 정도
② 마모율은 콘크리트 압축강도가 높으면 낮아짐

4) 불순물 함유

불순물 함유로 콘크리트 강도 저하 초래

5) 안정도

안정도 시험에서 재생골재는 기준치를 초과하여 불안정함

Ⅲ. 재생골재 사용 가능범위

사용 가능범위	사용방법
재생 콘크리트	• 폐콘크리트 덩어리를 분쇄기로 분쇄하는 방법 • 매립재, 성토재, 기초 및 뒤채움재, 노반재, 아스팔트 혼합용 골재, 콘크리트 골재 등으로 이용
2차 제품	• 타설 시간이 경과한 레미콘은 재활용 기계로 들어가 골재, 모래, 시멘트가 분리되어 재활용 • 경화된 Con'c는 분쇄기로 분쇄하여 기초 및 뒤채움재, 노반재, 콘크리트 골재 등으로 재활용
지반개량	• 폐콘크리트 덩어리를 분쇄하여 지반 개량재로 재활용
바닥다짐	• 폐콘크리트 수거·재생하여 대지 조성재로 이용 • 건설현장에서 분쇄하여 재사용하므로 경제적
미장재료	• 레미콘의 타설시간을 놓친 콘크리트는 재활용 기계에서 조골재, 세골재, cement paste로 분리, 세골재는 미장재료로 사용
단열재료	• 재활용 기계에서 나온 cement paste는 혼화제(기포형성)를 혼입기포 Con'c를 제조
대지조성	• 흙, 모래 대신 이용하는 방법 • 재활용 양에 따라 경제성이 좌우됨
기초 매립재	• 분쇄기를 사용하여 분쇄한 폐콘크리트를 기초 매립시 사용 • 기초의 뒤채움재로 사용
성토재	• Crusher를 현장에 반입하여 분쇄 후 성토재로 재활용 • 입경이 비교적 큰 것이 좋음
뒤채움재	• 입경이 큰 것이 좋음 • Crusher로 분쇄한 그대로를 사용
도로포장	• 적당한 입도 분포가 되도록 배합하여 노반재로 사용 • 도로의 노체·노상에 사용
아스팔트 혼합물용 골재	• Crusher로 분쇄한 그대로를 이용하며, 입도조정하여 쇄석으로 이용 • 25mm 이하는 쇄석으로 이용

Ⅳ. 사용상의 문제점

1) 단위수량 증가
   ① 흡수율이 높고 입형이 불리하여 단위수량 증가
   ② 보통 콘크리트와 동일 slump시 단위수량 증가

2) 공기량 증가
   ① 재생골재 자체에 포함 공기량이 많음
   ② 콘크리트 타설시 전체 공기량 증가
   ③ 재생골재 함유량이 높을수록 공기량 증가

3) Bleeding 감소
   단위 수량은 증가하나, bleeding 양은 감소

4) 콘크리트 강도 저하

재생 콘크리트 종류	흡수율	콘크리트 설계기준강도
1급	3 이하	18~21MPa
2급	5 이하	15~18MPa
3급	7 이하	15MPa 이하

5) Creep 변형 증대
   ① Creep 변형이 보통 콘크리트에 비해 1.5배 증가
   ② 원인은 mortar 함유량의 과다

6) 건조수축 과다
   ① 단위 수량의 증가로 건조수축 과다
   ② 건조 수축에 의한 균열 발생의 우려가 높음
   ③ 보통 콘크리트에 비해 1.5~3배 정도

Ⅴ. 시공시 조치사항

1) 단위수량 증가 방지
   ① 흡수율이 높고 입형이 불리하여 단위수량 증가
   ② 보통 콘크리트와 동일 slump시 단위수량 증가

2) 적정 공기량 유지
   ① 재생 골재 자체에 포함 공기량이 많음
   ② 콘크리트 타설시 전체 공기량 증가
   ③ 재생골재 함유량이 높을수록 공기량 증가

3) Bleeding 감소 조치

　　단위 수량은 증가하나, bleeding 양은 감소

4) 콘크리트 강도 확보

재생 콘크리트 종류	흡수율	콘크리트 설계기준강도
1급	3 이하	18~21MPa
2급	5 이하	15~18MPa
3급	7 이하	15MPa 이하

5) Creep 변형 증대 조치

　　① Creep 변형이 보통 콘크리트에 비해 1.5배 증가
　　② 원인은 mortar 함유량의 과다

6) 건조수축 조절

　　① 단위 수량의 증가로 건조수축 과다
　　② 건조 수축에 의한 균열 발생의 우려가 높음
　　③ 보통 콘크리트에 비해 1.5~3배 정도

VI. 결 론

재생골재의 사용은 골재 부족 현상에 대처하고, 골재 채취에 따른 환경 문제 저감에도 기여할 수 있으므로 제반 문제점 해결을 위한 부단한 연구·노력으로 그 사용을 앞당겨야 한다.

문 7 건축공사용 재료의 저장과 관리에 대하여 기술하여라. [83(25)]

I. 개 요

건축공사에서 재료의 저장 및 관리는 공사의 진행에 직접적인 영향을 주기 때문에 사전 가설 계획에서부터 위치, 규모 등이 결정되어야 한다.

II. 재료의 저장과 관리

1) Con'c pile
   ① 평탄한 곳에 적재
   ② 항타지역으로부터 최단거리에 적재
   ③ 적재시 단과 단 사이 각목 설치
   ④ 이동방지 위해 4면에 고임목 설치
   ⑤ 위험 표지판 설치

2) Cement
   ① 시멘트 창고는 기밀하고 통풍이 안되게 함
   ② 마루높이는 지면에서 30cm 이상, 지붕은 비가 새지 않게 함
   ③ 벽과 천장은 기밀한 #30함석 붙임, 바닥은 철판깔기 함
   ④ 채광창을 설치하고, 습윤 및 외기 등의 침입을 방지하기 위해 환기창은 설치하지 아니함
   ⑤ 시멘트 양이 600포 이내는 전량을 저장하는 창고를 설치하고, 600포 이상은 공기에 따라 전량의 1/3을 저장할 수 있는 기준으로 함
   ⑥ 시멘트 창고의 반입구와 반출구는 따로 두고, 내부 통로를 고려하여 넓이를 정함
   ⑦ 시멘트의 높이 쌓기는 13포대를 한도로 함

3) 철근·철강재
   ① 보관창고 주변에 배수시설을 하여 침수 방지
   ② 길이, 직경별로 구분하여 저장
   ③ 바닥에 방수포를 설치하고, 지면에는 받침목을 깔고 이동이 용이하도록 묶음 단위로 적재하고 천막을 덮음
   ④ 가공장 주변에 야적하되 재활용이 불가능한 고철은 취합하여 별도 관리
   ⑤ 우천시 부식 방지와 이동·운반을 용이하게 하기 위해 포장하고, 단과 단 사이에 각목 설치

4) ALC 블록 및 패널
   ① 지게차 운반이 가능하도록 팔레트에 적재 보관
   ② 야적시는 필히 방수포를 덮어 보호

5) 타일류
   ① 바닥에 방수포를 깐 다음 각목 위에 적재
   ② 도기질 타일은 비에 노출되지 않도록 보관
   ③ 가능한 낮고 넓게 저장하고, 사용순서별 관리가 중요

6) 페인트류
   ① 화기가 있는 곳은 피해야 함
   ② 장기간 보관시 2개월마다 상하로 뒤집어 보관
   ③ 직사광선은 피하고 18℃의 상온에서 보관
   ④ 수성 페인트는 5℃ 이상에서 보관

7) 유리 및 거울류
   ① 팔레트 위에 세워서 보관하되 밑은 보호용 쿠션 재료로 보호
   ② 햇빛이나 비를 피하기 위해 실내 보관을 원칙으로 하나 외부 보관시 방수포로 보호
   ③ 습기가 없고 통풍이 잘 되는 곳을 선정하여 보관

8) 석고보드
   ① 습기나 눈비가 직접 닿는 장소를 피함
   ② 각목을 놓고 그 위에 적재하되 하부에는 방수포를 깔고 수평을 유지한 후 보호용 쿠션 재료로 보호하여야 함
   ③ 운반시 모서리 훼손에 주의하고, 석고보드는 습기 없는 실내에 보관

9) 보온재
   ① 건조한 장소에 두께별로 적재
   ② 습기방지를 위해 방수포를 덮어 보호
   ③ 10단 이상의 적재를 금지하며, 다른 부재와 같이 적재하는 것은 금함

10) 흄관
    ① 평탄한 곳에 적재
    ② 굴러감 방지 위해 고임목으로 고정
    ③ 적재는 3단까지만 쌓음

Ⅲ. 결 론

재료는 공정별 선행 작업에 따른 관리와 품목별로 관리를 하여야 하며, 자재 운반시 파손과 변형에 유의해야 한다.

문 8-1	건축물의 Remodeling 사업의 개요와 향후 발전전망에 대하여 기술하시오. [00중(25)]
문 8-2	도심지 고층 사무실 건물의 리모델링시 검토사항 및 시공상의 유의점 [02중(25)]
문 8-3	공동주택 리모델링(Remodeling)공사의 시공계획에 대하여 기술하시오. [02후(25)]
문 8-4	주택 시설물의 노후부위에 따른 리모델링 공사범위를 유형별로 분류하고, 세부공사 대상항목 및 개선내용을 기술하시오. [09중(25)]
문 8-5	건축물 Remodeling 공사의 성능개선 종류와 파급효과에 대해 설명하시오. [04중(25)]
문 8-6	건축물 리모델링 공사시 보수 및 보강공사의 종류를 들고 각각에 대하여 기술하시오. [08전(25)]

I. 개 요

1. 정의

기존건물의 구조, 기능, 미관, 환경, 에너지 등의 성능개선을 통해 새로운 가치를 부여하여 자산가치를 향상시키고 건물의 수명을 연장시키는 것을 말한다.

2. 리모델링 구성요소(공사범위의 유형)

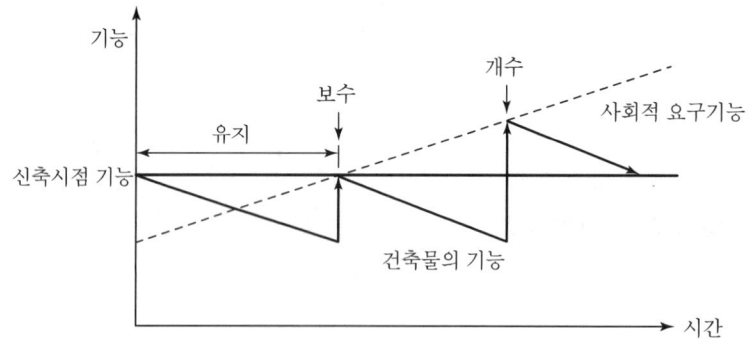

1) 유지
   ① 건축물의 기능수준 저하속도를 늦추는 활동
   ② 정기적 점검과 관리
2) 보수
   ① 진부화된 기능을 준공시점의 수준까지 향상
   ② 수리 및 수선
3) 개수
   ① 새로운 기능의 부가
   ② 준공시점보다 기능을 향상
   ③ 개축 및 대수선
4) 진단
   ① 경제성 분석과 계획수립 등을 통해 건물의 성능에 대한 객관적인 판단
   ② 건물의 현상태를 파악

Ⅱ. 시공계획(검토사항)

리모델링공사는 공사범위가 전체에 걸쳐서 행해지는 일이 적고, 실제 건물을 사용하고 있는 사람이 있으며, 업무를 하면서 시공하지 않으면 안 되는 등의 신축공사와는 전혀 다른 시공계획이 필요하다.

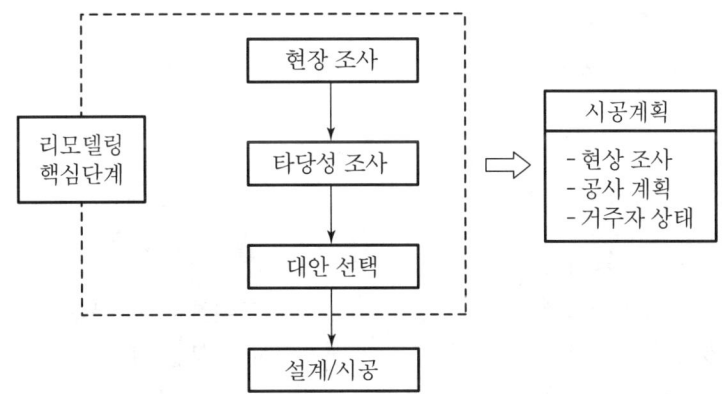

1) 환경영향 평가
   ① 소음, 분진에 따른 건설공해
   ② 자원절약 재활용 검토
2) 금융 및 자금 융통성
   ① 예비비 확보
   ② 임대소득과 수익률 검토

③ 조세지원 검토
3) 대상범위 결정
   외부만 변경할지, 증·개축, 대수선 여부 결정
4) 관계법령 검토
   ① 법적제약요소(건폐율, 용적률, 주차대수) 확인
   ② 증축, 개축, 대수선 등의 건축행위 적법성 검토
   ③ 리모델링의 영역 검토

구 분	내 용
유지	건축물의 기능저하를 늦추는 활동
보수	건축물의 기능을 준공시점의 수준까지 회복
개수	건축물의 기능을 고도화하는 것

5) 공사시기 결정
   가급적 장마철이나 동절기를 피하는 것이 바람직하다.
6) 업체 선정
   업체선정시 시공실적을 토대로 견적과 에프터서비스(after service) 정도로 비교해 결정
7) 자재 선택
   자재를 선택할 때, 예산범위와 마감재의 실용성을 검토한다.
8) 소음, 분진 등 공해 문제
   소음, 분진 등과 관련, 인접 주민에게 사전에 양해를 구하거나 무공해 공법으로 대책 수립

Ⅲ. 성능개선의 종류(개선 내용)

1) 구조적 성능개선
   ① 건물의 안전을 위해 가장 우선적으로 고려해야 할 부분
   ② 건물의 노후화에 따른 구조적 성능저하 부분을 개선
2) 기능적 성능개선
   ① 건축설비시스템의 노후화에 따른 성능 개선
   ② 정보통신기술의 발달에 따라 기능적 성능개선의 중요성 부각

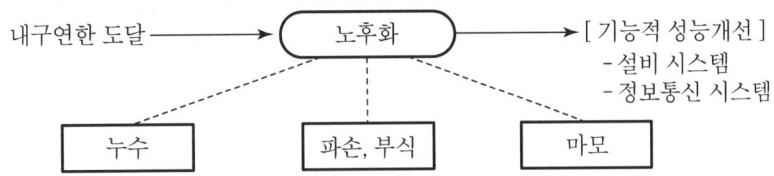

3) 미관적 성능개선

건물가치를 판단하는 일차적 요소로서 재료의 노후화에 따라 질적으로 저하

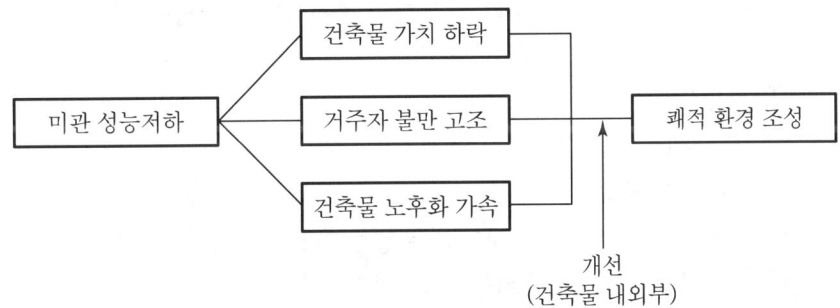

4) 환경적 성능개선

① 열환경, 음환경, 빛환경, 공기환경 등을 개선하여 쾌적성 증대
② 사용자의 생산성을 증대시키고 생활환경 개선에도 기여

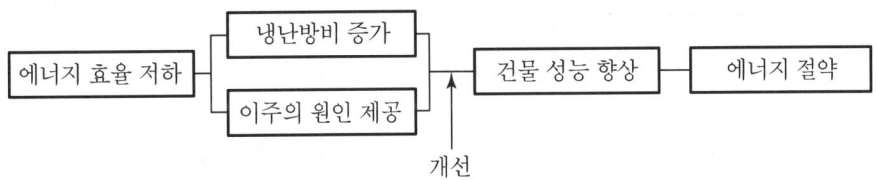

5) 에너지 성능개선

① 에너지 소비는 건물의 life cycle cost를 결정하는 중요한 요소
② 건물 성능개선 분야중에서 가장 중요하고 보편적인 분야

Ⅳ. 리모델링 공사시 보수 및 보강공사

품질을 원래 수준으로 유지하는 것이 보수이고, 더 좋게 하는 것이 보강이다.

1. 구조체 보수 및 보강공사

1) 표면처리공법

① 균열이 발생한 부위에 cement paste 등으로 도막을 형성하는 공법이다.
② 균열의 폭이 좁고 경미한 잔 균열 발생시 적용한다.

2) 충전공법(V-cut)
① 균열의 폭이 대단히 작고(약 0.3mm 이하) 주입 곤란한 경우 균열의 상태에 따라 폭, 깊이가 10mm 되게 V-cut, U-cut을 한다.
② 잘라낸 면을 청소한 후 팽창 모르타르 또는 epoxy 수지를 충전하는 공법이다.

3) 주입공법
① 에폭시 수지 그라우팅 공법이라고도 한다.
② 균열의 표면뿐만 아니라 내부까지 충전시키는 공법이다.
③ 두꺼운 콘크리트 벽체나 균열 폭이 넓은 곳에 적용한다.
④ 균열선에 따라 주입용 pipe를 10~30cm 간격으로 설치한다.
⑤ 주입 재료로는 저점성의 epoxy 수지를 사용한다.

4) 강재 anchor 공법
① 꺾쇠형의 anchor체로 보강하는 공법이다.
② 균열이 더 이상 진행되는 것을 방지한다.
③ 틈새는 시멘트 모르타르로 충전한다.

5) 강판부착공법
① 부재 치수가 작은 구조의 보강공법이다.
② 균열 부위에 강판을 대고 anchor로 고정한 후 접촉 부위를 epoxy 수지로 접착한다.

6) 탄소섬유 sheet 공법
① 강화섬유 sheet인 탄소섬유 sheet를 접착제로 콘크리트 표면에 접착시켜 보강하는 공법
② 시공이 편리, 복잡한 형상의 구조물에 적용 가능하다.
③ 초벌 및 정벌 epoxy 접착제의 충분한 접착효과가 필요하다.

2. 마감재 보수 및 보강공사(세부공사 대상 항목)

1) 방수공사
① 화장실, 옥상 등의 방수공사 보강
② 리모델링 공사로 인한 방수층 손상 부위에 대한 방수공사 실시
③ 특히 화장실 부위의 방수는 재시공을 원칙으로 함

2) 창호공사
① 기존 창호는 철거하고 이중 창호를 설치하는 경우가 많으므로 창틀 설치를 위한 벽체 변경에 유의
② 창틀 주위 사춤 철저

③ 창호를 통한 우수 침입에 유의하며 실리콘 공사 실시
④ System 창호 설치시 환기에 대한 대책 마련

3) 단열공사
① 기존 벽체 및 천장에 단열공사 실시
② 기존 벽체 및 천장에 전기 배선공사 완료후 단열공사 진행
③ 단열공사시 벽체 및 천장의 틈을 완전히 메우고 단열재를 설치할 것

4) 전기공사
① 리모델링 공사로 인한 전기용량이 초과되므로 건물내 수전량 확인
② 기존 배선의 교체 및 신설 배선이 많으므로 전기공사시 특히 화재에 유의하며 배선할 것
③ 공사완료후 전기배선을 추가할 수 있는 여유 공간 확보

5) 설비공사
① 수전설비 추가로 인한 배수 pipe의 용량 확인
② 배수설비의 구배, 각종 chute의 크기 등 확인

V. 시공상의 유의사항

1) 안전성 확보
① 건물의 구조적 성능개선
② 지진이나 화재 등 재해에 대비
③ 지속적인 위험예지 훈련의 실시

2) 민원예방 대책
① 해당지역 민원발생 가능성 파악 및 대책수립
② 지상 건축물 및 지하구조체의 균열, 기울기 등을 조사하여 관리대장 작성
③ 착공전 사진촬영
④ 낙하물 방지망 설치
⑤ 비계간격, 수직 및 수평유지

3) 공사기간 제약
공사기간 및 작업시간 제약

4) 방재대책
① 경비원, 감시원의 배치 등에 대하여 시공자와 협의
② 피난시설, 방재시설, 방화구획 대책

5) 작업장소 통행 구분
일반인 통로, 피난경로, 공사통로의 구획과 표시방법 등

6) 작업조건
    ① 공사상 필요한 가시설 관계
    ② 야간작업 등 작업원 안전관리 등
    ③ 화기사용, 가설건물 등 대책
7) 구조적 안전성
    구조부재의 건물 성능의 개선 또는 변경이 있는 경우의 시공방법이나 보강방법
8) 환경오염 최소화
    ① 소음발생 지역 → PE관 둘레에 부직포
    ② 산업폐기물 처리업체 선정 및 감독
    ③ 쓰레기 배출량 감소 → 쓰레기 소각로
9) 공해
    ① 소음, 진동, 분진, 악취, 매연, 배기, 누수, 정전, 전자파 대책 수립
    ② 소음, 진동에 대한 법적 규제치 확인
10) 유해폐기물 처리
    ① 산업폐기물 위탁처리 여부
    ② 폐기물 경감방법 강구

VI. 향후 발전 전망(파급효과)

1) 시장의 확산
    ① 연도별 시장규모

연 도	1994년	2000년	2005년	2010년
시장규모	1천5백억원	2조원	23조원(예상)	200조원(예상)

    ② Remodeling 시장의 증가 추세는 연간 60~70% 상승
    ③ 시장의 급팽창으로 전망 있는 사업으로 평가
2) 사회적 여건조성
    ① 70년대 이후 개발붐으로 대거 신축된 대형 건축물의 개보수 수요 급증
    ② 신축보다 공사금액, 공기면에서 유리하다는 인식 확산
    ③ 건설폐기물의 대폭적인 감소로 건설공해 방지
3) 건설시장에서의 위치 성장
    ① 건설시장에서의 비중 확대
      현행 10%에서 30% 이상으로 확대 전망
    ② 금액뿐만 아니라 사업참여 비중도 확대

4) 정부 지원
   ① 건축법 등 관련법규의 제정
   ② 개보수 자금의 저리 융자
   ③ 기존 건물의 용도 변경이 용이
5) 대형업체의 진출
   ① 국내 대형업체의 기술연구소 설립
      대우건설, LG건설, 삼성물산건설부분, 청구 등
   ② 대형업체들의 수주활동 활발
6) 향후 성장 가능성이 높은 사업으로 판명
   현재 선진국의 약 10%에 그치고 있는 사업인 만큼 그 성장 잠재력이 높게 평가되고 있음

Ⅶ. 결 론

향후 건설시장을 선도할 리모델링 사업의 발전과 경쟁력강화를 위해서는 종합적인 사업관리체계를 구축하고, 이를 토대로 특화된 다양한 리모델링 상품을 개발하여 시장을 선점해 나가야 할 것이다.

> **문 9-1** 현장 기술자로서 경험한바 건축 시공분야에서 기술적으로 특기할 만한 사항을 기술하여라. [81후(30)]
>
> **문 9-2** 건축공사 현장관리 경험 중 특기할 사항에 대하여 기술하여라.
> [82후(50)]
>
> **문 9-3** 귀하의 특기할 만한 시공 기술경험에 대하여 기술하여라. [83(25)]
>
> **문 9-4** 귀하의 특기할 만한 시공 관리경험에 대하여 기술하여라. [87(25)]
>
> **문 9-5** 귀하의 시공 경험에 대하여 다음의 사항을 기술하여라. [90전(30)]
> ① 귀하가 시공한 현장 중 가장 큰 규모의 공사 개요
> ② 특기할 만한 시공사항
> ③ 타현장에 활용·효용이 있고, 신공법의 기술적 사항 및 문제점

I. 개 요

1) 공사명 : ○○○ 신축공사

2) 위 치 : 서울시 ○○구 ○○동 ○○번지

3) 공사개요
   ① 구조종별 : 철골조, 철근콘크리트조
   ② 층 수 : 지하 5층, 지상 20층
   ③ 건축면적 : 1,000m²
   ④ 연 면 적 : 25,000m²
   ⑤ 공사기간 : 1995. 1. 1~1997. 12. 31

4) 자신의 직책
   ① 부 서 : 건설사업본부 건축부
   ② 업무내용 : 공사현장 시공관리
   ③ 직 책 : 현장 소장

Ⅱ. 특기 시공사항

　　① 개요
　　② 특징
　　③ 시공순서
　　④ 시공시 주의사항
　　⑤ 문제점
　　⑥ 개선점

Ⅲ. 타현장 활용

　　① 공법 선정
　　② 시공장비 선정
　　③ 작업인원 및 공사기간 등을 분석하여 자료 정리 활용

Ⅳ. 문제점

　　① 시공상 어려움
　　② 품질관리시 곤란한 점
　　③ 시공장소의 변경
　　④ 기능 인력의 기능도 차이
　　⑤ 자재공급의 불일치
　　⑥ 공법 선정시의 적용 불일치 등
　　⑦ 시공중 발생되는 문제점을 자료로 정리하며 활용

Ⅴ. 결 론

　　① 본문에 서술한 내용 중 가장 핵심적인 사항인 문제점 및 개선점 등을 기술한다.
　　② 이러한 자료들을 보관·관리하고 비슷한 공사 및 공정을 적용하며, 기술력을 향상시키는 꾸준한 연구 개발의 자세가 필요하다.

문 10 홈통공사에 관한 재료, 시공, 검사에 대하여 기술하여라. [83(25)]

I. 개 요

홈통공사는 지붕에 모이는 빗물을 처리하는 것으로, 골홈통·처마홈통·깔때기홈통·선홈통 등이 있다.

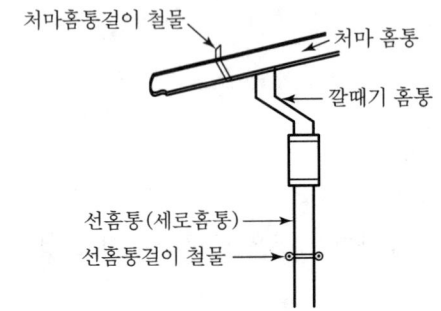

II. 재 료

① 아연 합금 철판 ② 합성수지계
③ 동판 ④ 부속 철물

III. 시 공

1) 골홈통
   ① 지붕의 골 부분에 만들어지는 홈통이다.
   ② 시공시 주의하지 않으면 누수의 원인이 된다.

2) 처마홈통
   ① 반원형 또는 상자형으로 되어 있다.
   ② 설치시 겹침 4cm 이상, 물매 1/100로 설치한다.

3) 깔때기 홈통
   처마홈통과 선홈통의 연결 홈통이다.

4) 선홈통(세로 홈통)
   ① 골홈통·처마홈통에 모인 물을 땅으로 흐르게 하는 홈통이다.
   ② 모양은 상자형 또는 원형이 있다.
   ③ 접합 겹침은 3cm 이상 꽂아 넣은 후 납땜한다.
   ④ 치수는 지붕면적과 개수에 따라 정한다.

Ⅳ. 검 사

1) 누수
   ① 홈통 이음부위에 대한 누수 검사
   ② 지붕 골 홈통에 대한 누수 검사
   ③ 처마홈통에 물이 고이는지 여부 검사

2) 시공 정밀도
   ① 이음부위에 대한 접착력 시험
   ② 처마홈통의 물매
   ③ 골홈통 이음에 대한 겹친 길이 및 나사 이음 간격

3) 선홈통 설치의 적정성
   ① 선홈통의 치수
   ② 선홈통의 개수와 위치
   ③ 최대 강수시 처리능력

Ⅴ. 결 론

홈통공사는 지역의 강수량에 따른 설계계획이 선행되어야 하며, 마무리 공사로의 미관도 고려하여 시공에 임해야 한다.

문 11 옥내주차장 바닥 마감재의 종류와 특징을 설명하시오. [00중(25)]

Ⅰ. 개 요
옥내주차장 바닥은 중량차량에 견딜 수 있는 강도를 가져야 하며, 파손시 일부 보수가 가능한 마감재의 선택이 필요하다.

Ⅱ. 종류와 특징

1. 바닥 강화재(하드너 마감)

   1) 의의

   금강사, 규사, 철분, 광물성 골재, 시멘트 등을 주성분으로 하여 콘크리트 등의 시멘트계 바탕의 내마모성, 내화학성 및 분진 방지성 증진을 위한 바름공법

   2) 종류

   ① 분말형 바닥 강화재
   ② 액상 바닥 강화재
   ③ 합성 고분자 바닥 강화재

   3) 분말형 바닥 강화재

   ① 콘크리트 타설후 bleeding이 멈추고 초기응결이 시작될 때 재료를 살포
   ② 사용량은 3~7.5kg/m^2, 두께는 3mm 이상 시공
   ③ 마무리 작업 24시간 후 타설 표면의 7일간 습윤양생 실시
   ④ 균열방지를 위해 4~5m 간격으로 줄눈설치

   4) 액상 바닥 강화재

   ① 물로 희석한 후 2회 이상 나누어 도포
   ② 1차 도포분이 완전히 흡수 건조된 후, 2차 도포 실시
   ③ 사용량은 0.3~1.0kg/m^2 정도

   5) 합성고분자 바닥 강화재

   ① 경화된 콘크리트나 시멘트 모르타르면에 시공
   ② 에폭시계, 폴리우레탄계 등의 합성 고분자계 재료에 잔모래, 부순돌, 안료 등을 혼합한 재료
   ③ 사용량 0.2~0.3kg/m^2, 두께 1.5~2.2mm 정도 시공

2. Ascon 마감

1) 의의

   차량의 하중을 넓게 분산시켜 최소의 하중을 지반에 전달시키는 마감

2) 특징

   ① 시공 즉시 차량운행 가능
   ② 바닥의 평탄성 확보에 유리
   ③ 수명이 10~20년으로 비교적 적음
   ④ 유지관리비가 많이 소요

3. 에폭시계 마감

1) 의의

   접착성이 우수한 에폭시 수지를 바닥에 도포하는 공법으로 수축이 적어 시공성이 양호하다.

2) 특징

   ① 강도 및 방수효과가 크다.
   ② 전기 절연성이 우수하다.
   ③ 마감재와의 접착성이 좋다.
   ④ 작업성과 경제성이 양호하다.
   ⑤ 다양한 색상을 얻을 수 있다.

4. 우레탄계 마감

① 분진 발생이 최소화된다.
② 경사진 곳에서도 미끄럼 방지 기능이 우수하다.
③ 방수효과 및 내마모성이 우수하다.
④ 유지관리가 용이하다.

5. 노출콘크리트

① 고강도 콘크리트의 시공 가능
② 구조체의 자중이 경감
③ 먼지 발생 가능성이 많음

6. **폴리머 콘크리트**
   ① 시공연도의 향상
   ② 바닥마감, 인장강도, 접착성 및 내마모성 우수
   ③ 건조수축 및 탄성계수 감소로 장기 강도 증가

Ⅲ. 결 론

각 공법의 특성을 이해하고 현장조건 및 시공정도를 감안하여 경제성 있는 공법을 선정하여 시공한다.

문 12 공동 주택의 온돌공사에 관하여 그 시공순서, 유의사항, 하자유형 및 개선사항에 대하여 기술하시오. [98후(40)]

I. 개 요

온돌은 바닥을 구성하는 건물의 구조체로서 방의 바닥이 균등하게 더워지며 보온이 잘 되고 습기가 차지 않게 시공해야 한다.

II. 시공순서

1) 시공순서 flow chart

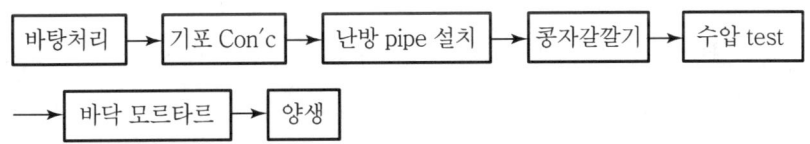

2) 바탕처리
   ① 바닥 이물질 및 먼지 등 청소 철저
   ② 바닥에 목심(박힌 나무)은 완전히 제거한다.

3) 기포 콘크리트
   ① 재래식 공법에서는 기포 대신에 성형판 단열재(스티로폼)를 설치
   ② 기포재의 비율을 정확히 계량

4) 난방 pipe 설치
   ① 수평과 간격유지 철저
   ② 난방 pipe 고정장치 철저

5) 콩자갈 깔기
   ① ϕ20mm 이하의 콩자갈을 사용하며 공극이 없이 밀실하게 할 것
   ② 이물질 등을 제거 후 사용

6) 수압 test
   ① 난방 pipe 설치 완료후 수압 test 실시
   ② 수압 test 완료후 바닥 미장을 시공할 것

7) 바닥 모르타르
   ① 수평으로 시공
   ② 벽체·문틀 등 마감부분 손상 방지

Ⅲ. 유의사항

1) 청소 철저
   바닥의 이물질·흙·먼지 등을 깨끗이 물로 청소하여야 한다.
2) 단열재 시공
   ① 성형 단열재 비중 0.25 이상으로 밀실 시공
   ② 기포 단열재 설치시 배합비 철저 준수
3) 난방 pipe 고정
   ① 난방 pipe를 움직이지 않게 고정한다.
   ② 시공시 수평유지를 철저히 관리한다.
4) 난방 pipe 파손 방지
   ① 난방 pipe 시공후 콩자갈을 채울 때 파손에 유의
   ② 난방 pipe 시공후 가급적 보행 및 출입 금지
5) 바닥 모르타르 시공
   ① 바닥 모르타르 두께 유지
   ② 균열방지를 위해 wire mesh 시공
   ③ 수평시공 및 제물미장 실시

Ⅳ. 하자 유형

1) 균열
   바닥 보강 미비에 따른 균열 발생
2) 누수
   ① 난방 pipe 시공불량 또는 파손에 따른 누수 발생
   ② 목심제거 불량에 따른 누수 발생
   ③ 누수발생시 아래층 천장 및 마감재 손상
3) 곰팡이 발생
   ① 외벽 석고보드에 물 침투로 인하여 곰팡이 발생
   ② 석고보드 오염
4) 바닥 들뜸
   ① 바탕처리 미비로 바닥 들뜸
   ② 서로 다른 재질로 접합 불량
   ③ 바닥 모르타르 사용전 접합재 사용 고려

5) 벽체 및 문틀 오염
   ① 바닥 모르타르 시공시 벽체 오염
   ② 문틀 및 sill 부위 오염

V. 개선사항

1) Wire mesh 시공
   ① 균열방지를 위한 바닥 wire mesh 깔기
   ② 코너 부분 보강

2) 비닐 보양
   ① 바닥 미장 시공전 벽체 석고보드 비닐로 보양
   ② 문틀 주위 보양

3) 방음 보드
   ① 바닥에 방음 보드를 설치하여 소음 방지
   ② 방음 보드 설치로 진동·충격 등을 완화

4) 후렉시블 joint 시공
   난방 pipe 누수현상을 방지하기 위하여 후렉시블 joint를 시공한다.

5) 문틀 보호덮개 시공
   기성용 보호덮개를 설치하여 오염 및 장비 이동시 파손에 유의

VI. 결 론

온돌 공사시에는 바닥이 균등하게 더워지도록 바닥 미장을 적절히 하여야 하며, 또한 평탄하고 균일하게 하여야 한다.

문 13 공동주택에서 기준층 화장실 공사의 시공순서와 유의사항을 설명하시오.

[00중(25)]

Ⅰ. 개 요

공동주택 공사에서의 화장실 시공은 slab 콘크리트 타설시부터 level 확보에 유념하며, 철저한 방수 시공으로 쾌적한 공간을 연출하여야 한다.

Ⅱ. 시공순서

1. 시공순서 flow chart

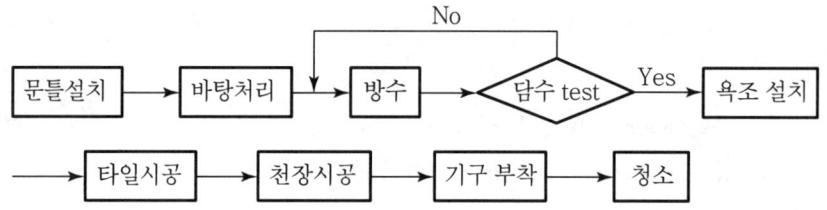

2. 시공순서

1) 문틀설치
   ① 화장실 바닥과의 일정한 level 유지
   ② 문틀 주위 철저한 사춤으로 물 흡수 방지

2) 바탕처리
   최소의 구배로 원활한 배수 유지

3) 방수
   ① 일반적으로 시멘트 액체 방수로 시공
   ② LCC 관점에서 다른 방수공법으로의 전환 필요

4) 담수 test
   ① 일반적으로 3~5일간 실시
   ② 담수 직후와 1일 이내 물이 새는 곳 발견이 많음
   ③ 누수부위의 즉각 보수후 재담수 test 실시

5) 욕조 설치
   ① Level 확보에 유리
   ② 타일 나누기를 고려하여 설치

6) 타일 및 천장시공
   방수층 파손 및 점검구 누락에 유의
7) 기구 부착 및 청소

Ⅲ. 유의사항

1) 문틀 하부
   ① 신발이 문에 걸리지 않도록 욕실바닥과 8cm 이상의 level 차이 확보
   ② 문틀 하부는 물과의 접촉이 잦으므로 내수재료 사용
   ③ 하부 사춤을 철저히 하여 방수시공이 유리하게 할 것

2) 방수 시공
   ① 벽체 방수를 상부까지 시공할 것
      (일반적으로 바닥에서 1~1.2m만 시공함)
   ② 시멘트 액체방수 시공시 2차까지 성실히 시공
   ③ 방수공법의 변경 검토
   ④ 바닥 배수구 주위의 시공 철저

3) 타일 시공
   ① 시공전 타일 나누기 실시   ② 벽과 바닥 타일의 줄눈을 일치시킬 것
   ③ 밀실한 줄눈 시공   ④ 떠붙임 공법을 지양하고 압착공법으로 전환
   ⑤ 시공후 파손 타일은 입주 전에 전량 교체

4) 바닥미끄럼 방지
   ① 지나친 구배는 시공전 수정   ② 미끄럼 방지용 타일 선정

5) 기구 부착
   ① 대형 유리 설치시 처짐 및 탈락 유의
   ② 유리주위의 sealing 처리 철저
   ③ 샤워기, 수전주위의 방수시공 철저

6) 배수구멍 막힘 방지를 위한 보호처리 실시
   입주전까지 배수구멍 보호장치 유지

7) 적정한 수압유지

Ⅳ. 결 론

화장실 공사의 시공중 가장 유의하여야 할 사항은 구배확보와 미끄럼방지로서, 이는 서로 상반된 관계에 있으므로 최소한의 구배로 물이 고이지 않게 해야 한다.

문 14 공동주택 현장에서 1개층 공사의 1cycle 공정 순서(flow chart)와 중점 관리 사항을 설명하시오. [01중(25)]

Ⅰ. 개 요

공동주택 현장에서는 합리적인 공정 관리 방안을 선정하여 시공 관리를 하여야 하며, 기준 층의 1개층 cycle을 바탕으로 시공 연구와 중점 관리 사항을 사전에 검토하여야 한다.

Ⅱ. 1cycle 공정 순서(flow chart)

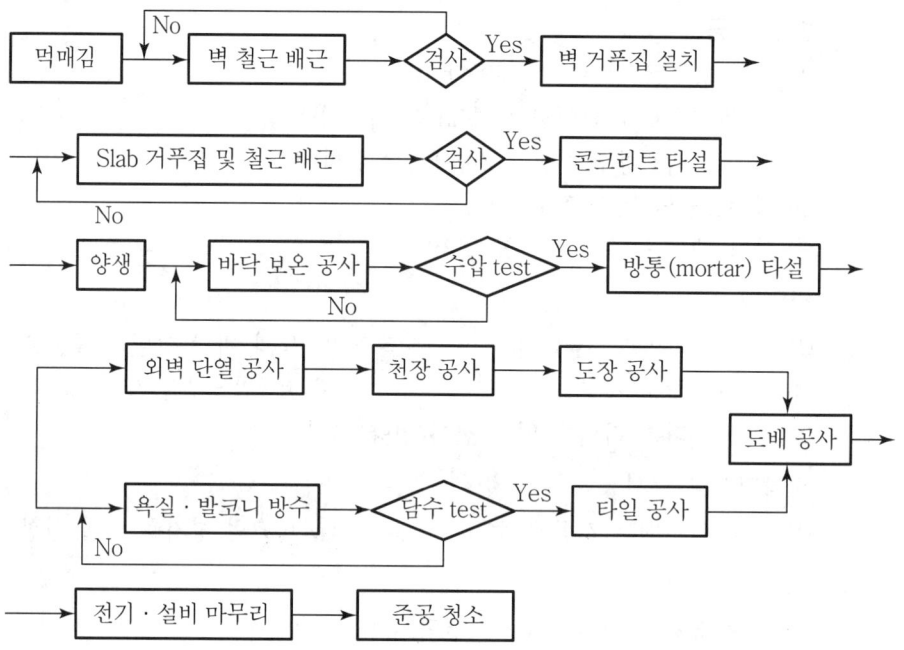

Ⅲ. 중점 관리사항

1. 구조체 공사

    1) 먹매김

    구조체의 기준이 되므로 치수 확인

    2) 철근의 이음 및 정착 길이

    ① 이음 및 정착 길이

압 축	25d(경량 30d)
인 장	40d(경량 30d)

② 이음위치

보	상부는 중앙, 하부는 단부
기 둥	바닥에서 50cm 이상 2/3H 이하

3) 거푸집 수직·수평

　　Transit을 이용하여 수직·수평 확인

4) 철근 피복 두께

부 위			피복두께(mm)	
			마감 있음	마감 없음
흙에 접하지 않는 부위	바닥 slab, 지붕 slab, 비내력벽	옥내	20 이상	20 이상
		옥외	20 이상	30 이상
	기둥, 보, 내력벽	옥내	30 이상	30 이상
		옥외	30 이상	40 이상
	옹벽		40 이상	40 이상
흙에 접하는 부위	기둥, 보, 바닥 slab, 내력벽		–	40 이상
	기초, 옹벽		–	60 이상

5) 콘크리트 공사

　　① 타설전 slump치, 공기량, 염화불량 check

　　② 운반 계획, 다짐, 양생 철저

　　③ 기온에 따른 cold joint 방지

2. 마감 공사

1) 방통(mortar) 타설

　　① 난방 pipe 위의 일정 두께 확보

　　② 균열 방지를 위한 조치 선행

2) 외벽 단열 공사

　　단열재 밀실 시공 확인 후 마감 공사 진행

3) 욕실·발코니 방수

　　① 방수전 구배 확보

　　② 시멘트 액체 방수 대신 도막 방수로 대처

4) 타일 공사
   ① 시공전 타일 나누기 실시
   ② 바닥 타일의 구배 확보 철저
5) 도배 공사
   들뜸 방지 및 모서리부 마무리 철저

IV. 결 론

공동 주택의 관리 부분은 크게 구조체 공사와 마감 공사로 나눌 수 있으며, 구조체 공사에서는 콘크리트 타설을 위한 준비 과정과 양생 관리가 중요하며, 마감 공사에서는 바탕처리, 구조체의 수직·수평의 확보가 중요한 관리 사항이다.

문 15 클린룸(Clean Room)의 종류 및 요구조건과 시공시 유의사항에 대하여 기술하시오. [05후(25)]

Ⅰ. 개 요

① 최근 전자공업과 정밀기계공업이 발달함에 따라 생산품의 정밀화·최소화·고품질화 및 신뢰성이 요구되고 있다.
② 따라서 미세한 분진·온도 및 습도 등으로 대표되는 환경인자를 제어하는 목적으로 만들어진 장소가 클린룸(clean room)이다.

Ⅱ. Clean room 청정원리

① HEPA(High Efficiency Particular Air) filter를 통한 청정공기의 제조공급
② 실내 발생먼지와 혼입
③ 흡입하여 공조기(AHU)에서 온·습도 및 풍압 조정
④ 실내로 다시 공급

Ⅲ. 종 류

1) Industrial Clean Room(ICR)
   ① 미립자를 대상으로 먼지 및 분진 제거
   ② 정밀기계·반도체·필름·인쇄 등의 정밀공업, 전자공업 분야에 적용
2) Bio Clean Room(BCR)
   ① 분진제거 및 미생물의 성장억제, 오염방지
   ② 식품가공 및 의약·제약 분야에 적용
3) Bio Hazard(BH)
   ① 미생물 감염, 미지의 유전자로부터 인류보호
   ② 미생물 안전검사실, 유전자 조작(DNA) 분야

Ⅳ. 요구조건

1) 항온·항습(抗溫·抗濕) 기능
   제조공정 중의 실내 온·습도를 일정하게 유지
2) 청정(淸淨)장치
   공기중의 미세한 부유분진을 제거하여 일정수준의 청정상태 유지

3) 방음 · 방진 장치

　　소음 및 진동 전달 차단

4) 전자기(電磁氣) 차폐장치

5) 무정전(無靜電)장치

V. 시공시 유의사항

1. 건축

1) 강도

　　미진동까지 관리대상으로 고려한 구조

2) 기밀성

　　① 콘크리트 자체에도 clean air leak 방지
　　② 천장의 전면적은 sealing 마감

3) 정도(精度)

　　치수규격은 m/m 단위로 요구

4) 창호

　　Air tight를 위한 air rock 설치

5) 내장재

　　① 표면에 갈라짐 · 구부러짐이 없으며, 먼지가 나지 않는 재질
　　② 내구성 · 내약품성 · 내수성이 우수하고, 불연성이 있을 것
　　③ 온도 · 습도차에 변화가 없을 것
　　④ 교체 · 수리 · 공급 등의 유지관리에 용이할 것

2. 설비

　　① Duct 계통의 air leak 최소화
　　② Duct 내부의 clean화
　　③ Clean room에 먼지 체류방지
　　④ 조명기구, 콘센트 등의 관통부 처리

VI. Clean room의 개발방향

　　① 첨단제품의 life cycle이 급속도로 줄기 때문에 중앙집중방식보다는 부분적으로 대체할 수 있는 설비로 호환성 있게 설계
　　② Packaged type clean unit의 활용

③ 저소음 고압 fan의 개발
④ 경제성 있는 고성능 filter의 개발

Ⅶ. 결 론

① 생명공학, 신소재, 정밀화학 등 clean room은 필수적인 환경제어기술로 각광받고 있으며, 크게 발전하여야 될 기술 분야이다.
② 특히 Hi-tech의 전부가 clean room을 요구하고 있는 만큼 이 분야의 고도화 및 기술개발에 관·학·산·연의 공동노력 및 과감한 투자가 필요하다.

문 16-1 방화재료(防火材料) 　　　　　　　　　　　　[03후(10)]
문 16-2 건축용 방화재료(防火材料) 　　　　　　　　　[09전(10)]

I. 정 의

방화재료란 화재 발생시 일정 구획에서 일정 시간 동안 화재열에 견디는 건축재료를 말한다.

II. 필요성

① 화재 위험 및 하중 저감
② 초기 화재 진압 시간 확보
③ 착화 및 발화 빈도 억제
④ 화재 성장 속도의 저감
⑤ 열 및 연기 발생 저감
⑥ 피난 시간의 확보 및 연장

III. 방화재료의 구분

불연재료
① 화재시의 가열에 대하여 연소되지 않는 재료
② 방화상 유해한 변형, 용융, 균열 기타 손상을 일으키지 않는 재료
③ 방화상 유해한 연기나 가스를 발생하지 않는 성능
④ 콘크리트, 석재, 철강, 유리, 알루미늄, 석면판, 기와벽돌, 모르타르 등

준불연재료
① 재료의 대부분이 무기질 재료
② 연소에 의해 화재를 확대시키지 않는 재료
③ 석고보드, 목모시멘트판, 펄프시멘트판 등

난연재료
① 화재 초기에 연소가 현저하지 않은 재료
② 피난상 지장을 주는 다량의 연기나 유해가스의 발생
　방화상 유해한 균열, 변형 등이 거의 생기지 않는 재료
③ 난연합판, 난연플라스틱판 등

8장

마감 및 기타공사

8절 친환경 건축

8장 8절 친환경 건축

1	환경친화적 건축물		
	1-1. 환경 친화적 건축물	[00중(25)]	9-377
	1-2. 지속가능건설(Sustainable Construction)	[11전(25)]	
	1-3. 친환경 건축물의 정의와 구성요소	[09후(25)]	
	1-4. 환경 친화적 주거환경을 조성하기 위한 대책(5가지 이상)	[02전(25)]	
	1-5. 친환경 건설(Green Construction)의 활성화 방안	[10후(25)]	
	1-6. 환경친화 건축	[01중(10)]	
	1-7. Green-building	[03후(10)]	
	1-8. 콘크리트 구조물에서 탄산가스(CO_2)발생 저감방안	[11전(25)]	9-383
	1-9. 건설사업 추진 시 환경보존계획 　　(1) 계획 및 설계시　　(2) 시공시	[04후(25)]	9-385
	1-10. 건설현장에서 공사중 환경관리업무의 종류와 내용	[06중(25)]	
	1-11. 환경영향평가제도	[05후(10)]	
	1-12. Passive House	[11전(10)]	9-388
	1-13. 생태면적	[04중(10)]	9-390
	1-14. 환경관리비	[02전(10)]	9-392
	1-15. 이중외피(Double skin)	[08전(10)]	8-393
2	주택성능표시제도		
	2-1. 공동주택 친환경 인증기준에 의한 부문별 평가 범주 및 인증등급　[10전(25)]		9-394
	2-2. 친환경 건축물 인증대상과 평가항목	[07전(10)]	
	2-3. 주택성능표시제도	[05전(10)]	
	2-4. 주택성능평가제도	[06전(10)]	
	2-5. 아파트 성능 등급	[09전(10)]	
3	신재생 에너지		
	3-1. 공동주택에서 신재생 에너지 적용 방안	[10전(25)]	9-397
	3-2. BIPV(Building Integrated Photovoltaic)	[10전(10)]	
4	옥상녹화방수		
	4-1. 옥상 녹화 시스템의 필요성 및 시공방안	[09중(25)]	8-401
	4-2. 옥상녹화방수의 개념 및 시공시 고려사항	[06전(25)]	
	4-3. 옥상 및 주차장 상부조경에 따른 시공시 검토사항	[08중(25)]	

문 1-1 환경친화적 건축물에 대하여 설명하시오. [00중(25)]

문 1-2 지속가능건설(Sustainable Construction)에 대하여 설명하시오. [11전(25)]

문 1-3 친환경 건축물(Green Building)의 정의와 구성요소에 대하여 설명하시오. [09후(25)]

문 1-4 환경친화적 주거환경을 조성하기 위한 대책을 5가지 이상 기술하시오. [02전(25)]

문 1-5 정부의 저탄소 녹색성장 정책에 따른 친환경 건설(Green Construction)의 활성화 방안에 대하여 설명하시오. [10후(25)]

문 1-6 환경친화 건축 [01중(10)]

문 1-7 Green-building [03후(10)]

I. 친환경 건축물의 정의

1) 개요
   ① 친환경건축이란 친환경적이며 친인간적이며 비용을 절감할 수 있는 개념을 건축의 대전제로 하여 건축물의 기획, 설계, 시공, 유지관리, 철거에 이르기까지 에너지 및 자원을 절약하고 주변환경과의 유기적 연계를 도모하여 자연환경을 보전하는 동시에 인간의 건강과 쾌적성을 추구하는 건축으로 지속가능건설(Sustainable Construction)과 같은 의미이다.
   ② 친환경건축물 인증제도 등을 도입하여 친환경건축의 활성화가 추진되고 있는 실정이며 건축물에 환경친화적 요소 및 기술을 적극 도입하고 있다.

2) 기본개념

기존 건물	Green building
• 에너지 과소비 • 자연생태계 파괴 • 실내환경 오염 • 폐기물 발생 • 지구의 온난화 　(지구환경 파괴)	• 자연에너지의 활용 • 친환경적 건물 • 환경친화적 설계 • 폐기물 발생 저감 및 적정 처리 • 건물 주변에 대한 환경부하 저감 　(CO_2 발생량 억제)

에너지 절약은 CO_2 발생량을 감소시켜 지구환경보전에 기여하는 가장 중요한 분야임

3) Green building의 대표기술

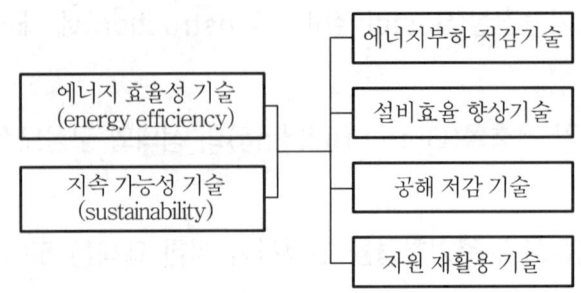

건물에 필요한 에너지 부하를 줄이는 기술과 에너지 소비를 줄이기 위한 설비효율향상이 필수적임

Ⅱ. 구성 요소

1) 평가항목

전문분야	심사분야	평가 내용
토지이용 및 교통	토지이용	생태적 가치, 토지이용, 인접대지 영향, 거주환경의 조성
	교통	교통부하 저감
에너지, 자원관리 및 환경부하	에너지	에너지소비, 에너지 절약
	재료 및 자원	자원절약, 폐기물 최소화, 생활폐기물 분리수거, 자원 재활용
	수자원	수 순환체계 구축, 수자원 절약
	환경오염	지구 온난화 방지
	유지관리	체계적인 현장관리, 효율적인 건물관리, 효율적인 세대관리
생태환경	생태환경	대지 내 녹지공원조성, 생물서식공간 조성, 자연자원의 활용
실내환경	실내환경	음 환경, 빛 환경, 노약자에 대한 배려

① 토지이용 : 토지가 갖고 있는 생태학적 기능 고려
② 교통 : 이동에 따른 교통부하를 줄일 수 있는 대안 검토
③ 에너지 : 건축물 운영을 위해 소비되는 에너지 절감 대책
④ 재료 및 자원 : 재생재료의 활용을 적극 유도
⑤ 수자원 : 수자원 절약 및 효율적인 물순환 도모
⑥ 환경오염 : 건물의 건설과정에서 발생하는 환경오염을 줄임
⑦ 유지관리 : 적절한 유지관리를 통해 환경적 영향의 최소화
⑧ 생태환경 : 대지 내의 생태계에 미치는 영향을 최소화
⑨ 실내환경 : 건물 재실자와 이웃에게 미치는 위해성의 최소화

2) 인증절차

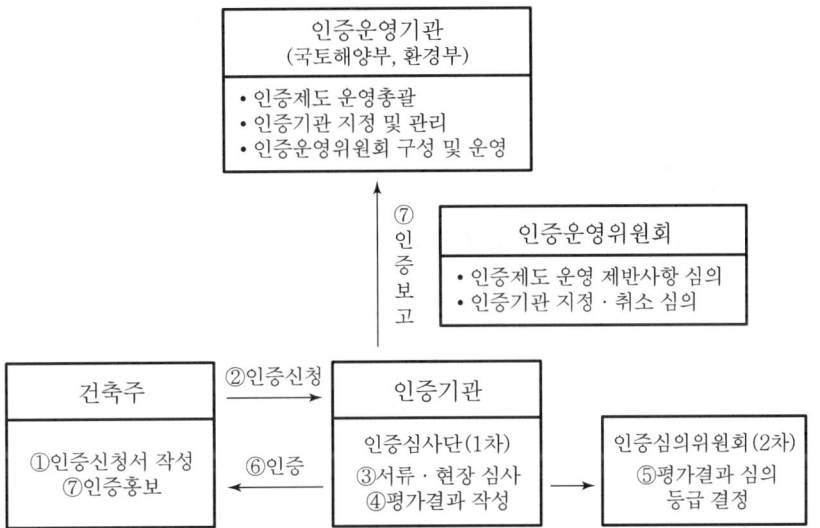

3) 인증심사 및 인증기준(인증 등급)

구분	심사기준 및 등급	
인증심사	• 토지이용 및 교통 • 생태환경	• 에너지, 자원 및 환경부하 • 실내환경
인증등급	• 최우수(80점 이상) • 우량(60점 이상)	• 우수(70점 이상) • 일반(50점 이상)
인증 유효기간	• 인증후 5년 • 인증연장 신청시 1회/5년에 한하여 심사후 연장 가능	

Ⅲ. 도입배경

1) 지구온난화
  ① 화석에너지 소비 → 온실가스(CO_2)발생 → 지구온난화 문제 발생
  ② 지구온난화의 문제점
    ㉮ 기후변화 유발
    ㉯ 열대지반 농작물 생산량 감소
    ㉰ 해수면상승
    ㉱ 주요 생물종의 멸종위기
    ㉲ 지구촌 식수부족
    ㉳ 각종 질병발생 증가
    ㉴ 기아현상 발생

2) 교토의정서
① 지구온난화 규제 및 방지의 국제협약인 기후 변화협약의 구체적 이행방안으로 선진국의 온실가스 감축목표치를 규정
② 감축대상가스 : 이산화탄소(CO_2), 메탄(CH_4), 아산화질소(N_2O), 불화탄소(HFC), 수소화불화탄소(HFC), 불화유황(SF_6)
③ 탄소배출권 획득방법
㉮ CDM(Clean Development Mechanism : 청정개발체제) : 의무감축국이 비의무감축국에게 기술과 자본을 제공후 감축실적을 획득하는 체제
㉯ JI(Joint Implementation : 공동이행방식) : 의무 감축국간 기술, 자본 등을 공유, 감축실적을 분할하는 체제
㉰ ET(Emission Trading : 탄소배출권 거래제) : 의무감축국이 감축실적을 거래할 수 있는 제도

Ⅳ. 환경친화적 주거환경을 조성하기 위한 대책

1) 생태주거 시스템
   마당형 발코니, 실내정원, 절약형 설비, 툇마루, 온실, 발코니 녹화, 벽면 녹화
2) 자원절약 및 재활용 시스템
   퇴비장, 생활쓰레기 분리수거, 쓰레기 재활용, 지열 이용, 중수시스템
3) 수순환 시스템
   실개천, 어류연못, 투수성 포장, 분수, 다공질 공간
4) 그린네트워크 및 생태녹화 시스템
   녹지공간연계, 공동체원, 생물이동통로, 오픈스페이스, 인공지반 녹화, 유실수원, 다층구조식재, 대기정화식재, 옥상녹화
5) 자연순응형 시스템
   자연림 보존, 생태계 보존, 기존지형 순응, 경사지 활용 주차장

Ⅴ. 친환경 건설의 활성화 방안

1. 정책 및 제도적 측면

1) 법령 및 지침의 정비
   ① 건설기술관리법, 하천법, 도시계획법 등의 건설관련 법령의 정비
   ② 종합적인 계획 추진과 장려책을 위한 특별법 제정
   ③ 각 분야별 환경친화적인 건설을 위한 기준 및 지침의 개정

2) 친환경 건설 계획의 수립 및 보완
　① 중장기적 친환경 건설 기본계획 수립
　② 선진 국토 개발 조성계획 수립
　　㉮ 사회간접자본시설의 환경적 정비
　　㉯ 수변공원의 확충
　　㉰ 도시 환경의 정비
　　㉱ 도로의 쾌적성 향상
　　㉲ 국토 환경의 복원 및 정비
　③ 사회 간접자본시설의 건설 계획 보완

3) 제도의 신설 및 보완
　① 공공사업의 입찰에서 친환경 건설 실적의 반영
　② 비용 및 환경친화성을 종합 평가하여 낙찰자를 선정
　③ 민간 건설 구조물에 대한 환경등급 인증제 도입
　④ 공사 현장의 환경 관리 책임 강화
　⑤ 정책 및 계획에 대한 전략적 환경 영향평가 제도의 도입

4) 친환경 건설 추진체계의 구축
　① 친환경 건설사업 및 기술의 심의 및 평가체계구축
　② 친환경 건설실적의 관리체계구축
　③ 타부처와의 업무 협조체계구축

5) 건설행정의 환경투명성 강화
　① 타당성 조사단계에서 정책에 대한 국민적 의견 수렴
　② 의사 결정 과정에서 환경 전문가, 환경 단체 및 주민의 참여 확대
　③ 건설 환경정보 System의 구축

2. 친환경 건설기술 측면

1) 친환경 건설기술 개발 계획
　① 친환경 건설기술 개발의 계획 수립
　② 친환경 건설기술 개발의 효율성에 따라 우선순위 결정

2) 친환경 건설기술의 보급 확대
　① 친환경 건설기술 시범 사업 실시
　② 환경성 및 품질성능 등의 기술 인증제 실시
　③ 권장 기술을 선정하며, 그 기술의 적용시 금융 및 세제 지원

3) 친환경 건설기술 지원센터의 지정
   ① 친환경 건설기술의 관리 및 보급
   ② 친환경 건설기술 개발의 주관 및 관리
   ③ 친환경 건설기술 인증
4) 친환경 건설기술 개발의 재원 확보
   ① 정부 주도하에 투자 재원 확보
   ② 친환경 건설기술 부문의 선정 및 재원 배정
5) 친환경 건설기술의 연구 및 개발
   ① 환경 친화적 요소 기술의 개발
   ② 녹화 기술 개발
   ③ 환경 친화적 재료 개발
   ④ 에너지 절감기술 개발
   ⑤ 환경 복원기술 개발

Ⅵ. 결 론

① 친환경 건설의 활성화를 위해서는 정책 및 제도적 측면의 지원과 친환경 건설기술의 개발 관리 및 보급이 필요하다.
② 국민의 환경의식에 대한 충족과 삶의 질을 향상시키기 위해서 환경과 건설과의 조화로운 개발이 가능할 수 있도록 하여야 한다.

문 1-8 콘크리트 구조물공사에서 탄산가스(CO_2) 발생저감방안에 대하여 설명하시오. [11전(25)]

I. 개 요

① 콘크리트 구조물은 건설 및 운용, 폐기단계에서 화석연료의 사용에 따른 지구온난화, 수자원 고갈, 고형폐기물 등 많은 악영향을 미치고 있다.
② 콘크리트 구조물 공사시 건설재료, 운송, 폐기, 재활용을 통해 탄산가스 저감이 가능하므로 이들에 대한 지속적인 연구·개발이 필요하다.

II. 도입배경(교토의정서)

① 지구온난화 규제 및 방지의 국제협약인 기후 변화협약의 구체적 이행방안으로 선진국의 온실가스 감축목표치를 규정
② 감축대상가스 : 이산화탄소(CO_2), 메탄(CH_4), 아산화질소(N_2O), 불화탄소(HFC), 수소화불화탄소(HFC), 불화유황(SF_6)
③ 탄소배출권 획득방법
  ㉮ CDM(Clean Development Mechanism : 청정개발체제) : 의무감축국이 비의무감축국에게 기술과 자본을 제공후 감축실적을 획득하는 체제
  ㉯ JI(Joint Implementation : 공동이행방식) : 의무 감축국간 기술, 자본 등을 공유, 감축실적을 분할하는 체제
  ㉰ ET(Emission Trading : 탄소배출권 거래제) : 의무감축국이 감축실적을 거래할 수 있는 제도

III. 콘크리트 구조물 공사시 탄산가스 발생 위치도

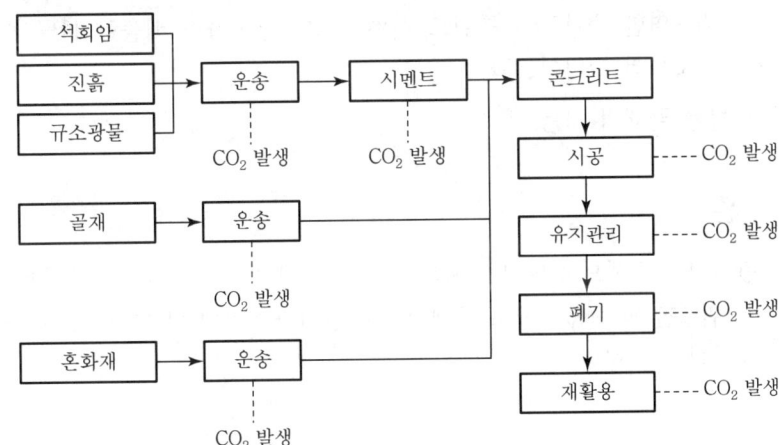

Ⅳ. 탄산가스 발생저감방안

1) 운송시 탄산가스 발생저감 방안
   ① 콘크리트 운송시에는 레미콘을 이용
   ② 자재의 운반시는 운행횟수를 줄일 수 있는 트럭을 이용

2) 시멘트 탄산가스 발생저감 방안
   ① 고로슬래그 시멘트 사용
      포틀랜드 시멘트의 탄산가스배출량 1/3저감
   ② 플라이애쉬 시멘트 사용
   ③ 저온반응로 시스템 개발
   ④ 시멘트 대체 물질의 개발

3) 천연골재의 사용
   부순골재의 탄산가스 배출량은 천연골재의 130%

4) 고장력 철근 사용
   일반 철근의 10% 탄산가스 저감

5) PC공법의 적용
   ① RC조 시공시 발생하는 폐기물 저감으로 인한 탄산가스 저감효과
   ② 일반 RC조 대비 25% 절감가능

6) 고강도 콘크리트 시공
   ① 고강도를 통한 단면감소로 사용물량의 저감
   ② 물량의 저감으로 인한 연계적 탄산가스 저감효과 발생

7) 폴리머 콘크리트 사용
   시멘트 미사용으로 인한 탄산가스 배출 저감

8) 고내구성 콘크리트 시공
   ① 내구연한 증가로 포틀랜드 시멘트보다 탄산가스 배출량 11% 감소
   ② 건축물의 수명이 증가

9) 재활용 골재의 사용

Ⅴ. 결 론

탄산가스 발생으로 인한 지구의 온난화 현상으로 이상기후가 발생하여, 전 인류의 생존에 위협을 받고 있으므로 국제적으로 탄산가스의 발생을 저감할 수 있도록 통제기능을 강화하여야 한다.

> **문 1-9** 건설사업 추진시 환경 보존계획에 대하여 [04후(25)]
>   (1) 계획 및 설계시   (2) 시공시로 구분하여 설명하시오.
>
> **문 1-10** 건설현장에서 공사중 환경관리업무의 종류와 내용에 대하여 기술하시오.
> [06중(25)]
>
> **문 1-11** 환경영향평가제도 [05후(10)]

Ⅰ. 개요

건설산업 추진시 계획 및 설계단계에서 생태계의 파괴 등 환경에 대한 악영향을 최소화시키기 위하여 환경영향평가를 실시하며, 건설현장에서는 공사중 주변환경에 대한 피해를 최소화하기 위하여 환경관리를 실시한다.

Ⅱ. 환경영향평가제도

1. 개념도

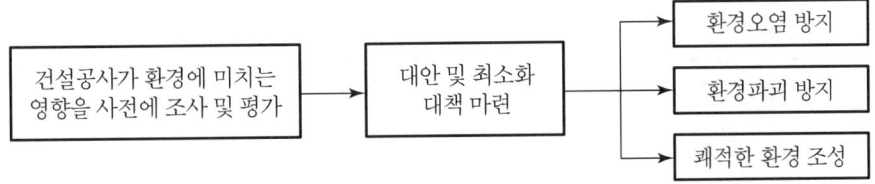

2. 도입배경

① 산업사회 발달로 인한 개발의 가속화
② 개발로 인한 민원발생 및 분쟁 야기
③ 인구증가로 인한 생활환경의 변화
④ 동식물의 파괴 및 환경파괴로 인한 생태계의 파괴

Ⅲ. 환경관리업무의 종류와 내용(환경보존계획)

1. 계획 및 설계시

1) 사전검토

환경영향 평가 실시

2) 대기오염

원인	• 현장 내외의 차량 통행에 의한 흙 먼지 • 구체공사시 거푸집재의 먼지, 물의 비산, 철골의 용접불꽃, 콘크리트 비산 • 아스팔트 방수작업의 연기, 의장 뿜칠재의 비산
대책	• 현장 주변에 살수차를 배치하여 도로 및 현장 주변의 살수·청소 • 현장 차량은 도로운행전에 반드시 세차 • 현장 오물 등은 정기적으로 청소차를 불러 수거 • 여름철에는 방역을 정기적으로 실시하고 음식물 쓰레기의 수거가 신속히 되도록 함

3) 수질오염

원인	• 지하수 개발을 위한 boring 굴착공의 방치 • 건설현장에서 발생하는 오물 등이 우천시 땅 속으로 유입 • 대단위 공동주택단지 조성시 지하수의 개발이 장기적인 면에서 수돗물보다 경제적이므로 일반적으로 선호하는 경향 • 현장의 지하수 이용 및 토공사시 배수로 인하여 주변의 우물고갈
대책	• 현장 내의 오물 등이 지하로 흘러가지 못하도록 간이배수로 계획 수립 • 집수정을 두어 자동 배수 pump를 사용하여 배수 • 과도한 배수방지 → 차수공법 병행 • 지하수 오염방지계획 수립

4) 교통장애

원인	• 콘크리트 타설시 레미콘 차량이 한꺼번에 도로에 진입하여 정체현상 야기 • 토공사시 흙의 반·출입 차량의 집중으로 교통장애 발생
대책	• 수급이 가능한 경우 교통량이 적은 시간대를 이용 • 사전 계획 수립시 레미콘 공장은 가까이 있는 곳을 선정

2. 시공시

1) 소음·진동

원인	• 말뚝공사시 타격장비에 의한 소음 발생 • 타격공법중 drop hammer, diesel hammer, steam hammer 등의 소음이 가장 큼
대책	• 말뚝항타시 방음커버 설치 • 진동공법, 압입공법, preboring 공법 등 저소음 공법 채택 • 치환공법 채택시 저진동의 굴착치환, 미끄럼 치환 채택 • Pile 공사시 중굴공법, jet 공법, benoto 공법 등 채택

2) 지반 침하

원인	• 지하수의 과잉 양수로 압밀침하, 흙막이벽의 불량으로 주변 지반침하, 중량 차량의 주행 및 중량물 적치 • Under pinning을 고려하지 않은 흙파기 공사시 발생 • 대형 차량의 운행으로 도로 등에 과도한 진행하중으로 균열 발생 • 흙막이 공법의 미비로 boiling, heaving, piping 현상 발생
대책	• 배수공사에 의해 급격한 지하수위 하강을 sand pile을 통한 주수로 수위 변동 방지 • 차수벽 배면의 지반 교란으로 하강된 수위를 담수하여 조정 • 차단벽 공법 및 well 공법을 적용 • 약액주입, 지반개량 공법의 적용

3) 폐기물 처리

원인	• 토공사시 벤토나이트 용액의 발생 • 콘크리트 타설후와 해체공사시 콘크리트 잔해 발생
대책	• 고결시켜 복토용으로 사용 • 폐콘크리트 덩어리를 crusher로 분쇄하는 방법 • 폐자재에 대한 재활용으로 원가 절감 • 건설시 폐기물 발생량 억제방안 계획 수립

Ⅳ. 결론

건설현장에서 환경문제로 인한 민원발생으로 공기에 막대한 영향을 주며, 또한 환경민원에 대한 보상비도 높아져 공사 원가가 상승하고 있으므로, 공사의 계획 및 설계시부터 현장과 주변에 대한 환경검토가 이루어져야 한다.

문 1-12 Passive House [11전(10)]

I. 정 의
① 외부의 에너지 도움이 없이 내부에서 발생한 열에너지를 외부로 방출하지 않고 내부에서 사용하는 주택을 말한다.
② 연간 에너지 요구량이 15kW/m² 이하이며, 고단열, 고기밀, 고성능 창호 등으로 설계하고 환기로 버려지는 폐열을 회수함으로써 가능하다.

II. Passive House 도입배경(지구온난화)
① 화석에너지 소비 → 온실가스(CO_2)발생 → 지구온난화 문제 발생
② 지구온난화의 문제점
　㉮ 기후변화 유발
　㉯ 열대지반 농작물 생산량 감소
　㉰ 해수면상승
　㉱ 주요 생물종의 멸종위기
　㉲ 지구촌 식수부족
　㉳ 각종 질병발생 증가
　㉴ 기아현상 발생

III. Passive House 요소
① 고단열 : 내외부 공간의 열적 차단성을 의미
② 고기밀 : 외부공기의 유입이나 실내공기의 유출 제거의 의미
③ 고성능창호 : 열적 취약부위인 창호의 열관류율을 개선
④ 외부차양 : 건물외부에 차양을 설치하여 여름 냉방에너지 절감
⑤ 건물의 배치 : 건물의 배치 방향을 조절하여 일사에너지량 증가

IV. 활성화 방안

정책 및 제도적 측면	건설기술 측면
• 법령 및 지침의 정비 • Passive House 계획의 수립 및 보완 • 제도의 신설 및 보완 • Passive House 추진체계의 구축 • 건설행정의 환경 투명성강화	• Passive House 개발계획 • Passive House의 보급 확대 • Passive House 지원센터의 지정 • Passive House 개발의 재원확보 • Passive House의 연구 및 개발

V. 적용시 유의사항

① Passive House 적용시 초기 비용 과다
② 친환경 공법 적용으로 인한 공기 증가
③ 추가 공정으로 인한 공사관리비 증가
④ 품질에 대한 대외신뢰도가 낮음
⑤ 시공업체 따라 기술편차가 큼

VI. Passive House와 Active House의 비교

	Passive House	Active House
정의	내부의 열에너지를 외부방출 없이 내부에서 사용하는 방식	외부의 에너지를 최소로 끌어들여 내부의 에너지로 사용하는 방식
요소	고단열, 고기밀, 고성능창호, 외부차양, 건물의 향배치	신재생에너지, 고효율 설비기기
적용	설계 및 계획시에 초기에 적용하여야 함	설계후에도 적용이 가능

문 1-13 생태면적 [04중(10)]

I. 정 의

① 생태면적이란 공간계획 대상면적중에서 자연순환기능을 가진 토양면적이다.
② 자연순환기능이란 토양기능, 미기후 조절기능, 대기의 질 개선기능, 물순환기능 및 동식물의 서식처로서의 기능이다.

II. 생태면적률

2006년 7월부터 서울특별시에서 적용

건축유형	생태면적율 기준
일반주택(개발면적 660m² 미만)	20% 이상
공동주택(개발면적 660m² 이상)	30% 이상
일반건축물(업무, 판매, 공장 등)	20% 이상
유통업무설비, 방송·통신시설, 종합의료시설 교통시설(주차장, 자동차정류장, 운전학원)	20% 이상
공공·문화체육시설 및 공공기관이 건설하는 시설 또는 건축물	30% 이상
녹지지역 내 시설 및 건축물	50% 이상

III. 필요성

① 우수 유입 토양 확충
② 지하수 유지
③ 녹지확보
④ 기후환경 개선
⑤ 공기질 향상

IV. 특 징

① 우수의 증발 및 냉각 작용으로 도시의 기후 조절
② 우수의 투수, 저장 및 지하수 저장
③ 대기중의 미세분진 및 오염물질 흡착
④ 유기토양층 생성 및 오염물질 분해
⑤ 식물이나 동물의 서식처 제공

V. 생태면적의 산정

$$생태면적률 = \frac{자연순환기능면적}{전체\ 대상\ 면적} = \frac{\Sigma(공간유형별\ 면적 \times 가중치)}{전체\ 대상\ 면적} \times 100(\%)$$

공간유형 및 가중치는 별도로 산정되어 있는 산정표에 의해 계산

문 1-14 환경관리비 [02전(10)]

I. 정 의

① 환경관리비란 공사 진행시 발생하는 공해 및 환경오염을 방지하기 위한 비용을 말한다.
② 환경관리비에는 환경 보전비·폐기물 처리비·폐기물 재활용비·현장 청소비 등이 포함되며, 시공계획 수립시 이러한 비용을 미리 검토해야 한다.

II. 환경오염 방지시설

1) 소음·진동 방지시설
   방음벽, 방음막, 건설 기계내 방음시설, 작업장 방음·방진 시설
2) 대기오염 방지시설
   세륜·살수 시설, 살수차량 운행, 분진망 시설
3) 폐기물 처리시설
   소각 시설, 슈트(쓰레기)시설, 오폐수 처리시설
4) 재활용 시설
   폐자재 수거 box, 건설 폐자재 재활용 시설

III. 문제점

① 환경관리비용의 미 계상
② 환경관리비용 부담률이 시공자에게 과다
③ 현장에서의 시설 미비
④ 환경관리비용에 대한 규정 미흡

IV. 개선방안

① 공사의 종류에 따른 환경관리비용을 견적시 첨가
② 환경관리비에 따른 적산기준 마련
③ 환경관리시설 운영후 실비정산방안 검토
④ 공사 허가전 환경영향평가를 통하여 환경관리비용 계상
⑤ 발주처의 일정 비율 이상으로 환경관리비용 지출의 의무화

문 1-15 이중외피(Double Skin) [08전(10)]

Ⅰ. 정 의

이중외피(Double Skin)란 기존의 단열외벽에 유리외벽을 붙여 건물의 외피를 이중으로 조성하여 그 사이로 공기가 순환하도록 한 것을 말한다.

Ⅱ. 이중외피의 개념 도해

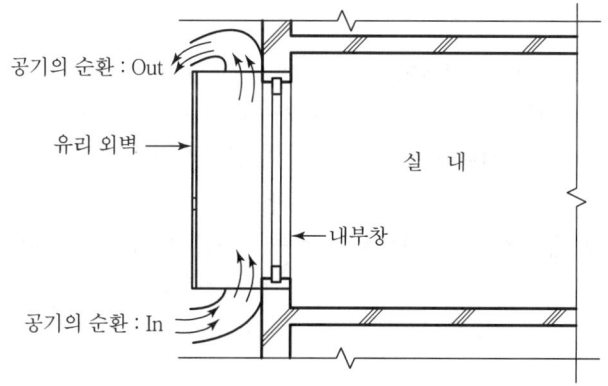

Ⅲ. 이중외피의 도입 효과

① 자연환기
② 차음성능 효과
③ 난방에너지 절감
④ 냉방에너지 절감
⑤ 태양에너지 이용 가능
⑥ 결로의 방지 효과
⑦ 기존 유리외벽의 오염방지 효과
⑧ 자연채광 가능

문 2-1	공동주택에서 친환경 인증기준에 의한 부문별 평가범주 및 인증등급에 대하여 설명하시오. [10전(25)]
문 2-2	친환경 건축물 인증대상과 평가항목 [07전(10)]
문 2-3	주택성능표시제도 [05전(10)]
문 2-4	주택성능표시제도 [06전(10)]
문 2-5	아파트 성능등급 [09전(10)]

I. 개 요

① 공동주택에서 친환경 인증기준은 주택성능등급표시제도로 평가하며, 기술사시험에서는 주택성능평가(표시)제도와 아파트성능등급으로도 출제되었다.
② 주택법에 의하여 1,000세대 이상의 공동주택을 공급하고 있는 사업 주체가 주택분양시 입주자 모집공고안(案)에 소음, 구조, 환경, 생활환경 및 화재·소방 등 18개 항목에 대하여 주택성능의 등급을 표시해야 하는 제도이다.

II. 법적 근거

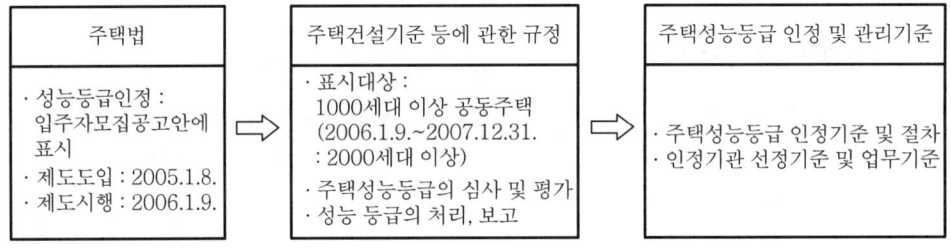

III. 도입배경(필요성)

① 주거환경의 질적수준 향상
② 주택의 품질기준 마련으로 신뢰성 향상
③ 소비자의 주택 선택기준 마련
④ LCC 측면에서의 유지관리비용 절감
⑤ 기업의 기술발전을 유도

Ⅳ. 인증대상

① 의무적 : 10,000m² 이상의 공공 건축물
② 자발적 : 민간 건축물(자발적 참여)

Ⅴ. 부문별 평가 범주(평가항목)

성능부문	성능범주	세부성능 항목
소음	경량 충격음	
	중량 충격음	
	화장실 소음	
	경계 소음	
	외부 소음	전 층을 실외소음도 기준 적용
구조	가변성	
	수리 용이성 (리모델링 및 유지관리)	전용부분, 공용부분
	내구성	
환경	조경(외부환경)	외부공간 및 건물외피의 생태적 기능, 자연토양 및 자연지반의 보전
	일조(빛환경)	
	실내공기질	실내공기오염물질 저방출 자재 적용, 단위세대의 환기성능 확보
	에너지 성능(열환경)	
생활환경	놀이터 등 주민 공동시설	
	고령자 등 사회적 약자 배려	전용부분, 공용부분
	홈네트워크	홈네트워크 종합시스템
	방범안전	방범안전 콘텐츠, 방범안전 관리시스템
화재·소방	화재·소방	화재감지 및 경보설비, 배연 및 피난설비, 내화성능
	피난안전	수평피난거리, 복도 및 계단 유효폭, 피난설비

Ⅵ. 인증등급

1) 인증심사 및 인증등급

구분	심사기준 및 등급	
인증심사	• 토지이용 및 교통 • 생태환경	• 에너지, 자원 및 환경부하 • 실내환경
인증등급	• 최우수(80점 이상) • 우량(60점 이상)	• 우수(70점 이상) • 일반(50점 이상)
인증 유효기간	• 인증후 5년 • 인증연장 신청시 1회/5년에 한하여 심사후 연장 가능	

2) 인증 명판

〈최우수〉　　〈우수〉　　〈우량〉　　〈일반〉

Ⅶ. 인증기관

① 한국토지주택공사(토지주택연구원)
② 한국에너지기술연구원
③ 한국교육환경연구원
④ 크레비즈 큐엠(구, 한국 능률협회 인증원)

Ⅷ. 결 론

공동주택에서의 친환경 인증을 위하여 도입된 주택성능평가제도는 2006년 1월부터 시행되고 있으며, 점차 제도적으로 세분화되고 발전되고 있으므로, 이 제도를 충족시키기 위한 주택건설업체에서의 분발이 촉구된다.

문 3-1 공동주택에서 신재생에너지 적용방안에 대하여 설명하시오. [10전(25)]
문 3-2 BIPV(Building Integrated Photovoltaic) [10전(10)]

I. 개 요

① 세계 각국에서 석유자원의 고갈과 심각한 환경오염의 대안으로 대체 에너지인 신재생에너지 개발이 활발히 연구개발되고 있다.
② 신재생에너지는 기존의 화석연료를 변환시켜 이용하거나 태양·물·지열·강수·생물유기체 등을 포함하는 재생 가능한 에너지를 변환시켜 이용하는 에너지이다.

II. 신재생에너지 분류

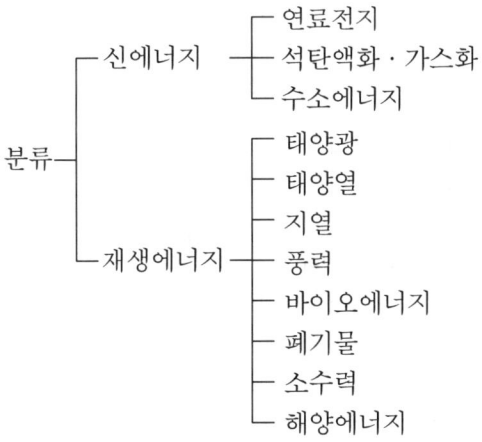

1) 신에너지(New Energy)
   기존의 화석연료를 변환시켜 이용하는 에너지
2) 재생에너지(Renewable Energy)
   태양, 물, 지열, 강수, 생물유기체 등을 포함하는 재생 가능한 에너지를 변환시켜 이용하는 에너지

III. 적용방안

1. 건물 일체형 태양광 발전(BIPV)

1) 정의
   ① BIPV란 태양광 발전(PV ; Photovoltaics)의 모듈을 건축물의 외부(옥상, 벽) 마감재로 대체하는 건물일체형 태양광발전(BIPV ; Building Integrated Photovoltaic)을 말한다.

② BIPV는 PV모듈을 건축자재화하여 건물의 외부에 적용하므로서 경제성은 물론이고 건물의 각종 부가가치를 높이려는 녹색 성장을 위한 에너지의 활용방법이다.

2) 장점
① 에너지원인 태양광의 수명이 반영구적이다.
② 화석연료와 같이 환경을 오염시키는 배기가스나 유해물질을 배출하지 않는다.
③ 소음이 전혀 발생하지 않는 깨끗한 에너지원이다.
④ 소비하고자 하는 장소에 바로 설치되어 건물의 에너지부하를 저감시킨다.
⑤ 설치 면적에 따라 다양한 규모의 발전 설비를 설치할 수 있다.

3) 단점
① 큰 전력을 얻기 위해서는 큰 설치면적이 필요하다.
② 기상조건에 따라 태양전지의 출력이 변한다.
③ 자체적인 축전 기능이 없다.

4) 적용
① 공동주택의 옥상
② 발코니 창호
③ Curtain wall system
④ 충분한 설치 면적 확보 용이
⑤ 건물자체 및 인접건물에 대한 음영문제 해결
⑥ 설치 및 시공 용이
⑦ 분양가격이 높아질 우려 발생
⑧ 현재 적용이 되고 있음

2. 지열에너지

1) 냉방시(여름)

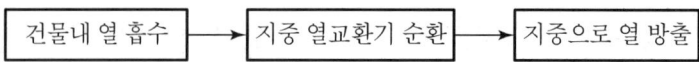

건물내 열을 지중으로 방출하여 실내의 온도저하로 냉방 효율을 높임

2) 난방시(겨울)

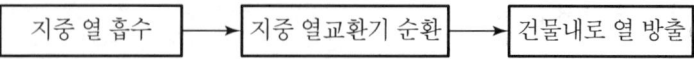

지중의 열을 건물내로 방출하여 온도를 높임으로써 난방 효율을 높임

3. 연료전지

① 보일러 기능의 내장으로 365일 내내 고효율의 전기와 열의 생산 가능
② 설치가 편리하며 보일러 대용 가능
③ 실내·실외 등 어디든지 설치가능
④ 설치 면적이 적음
⑤ 초기투자비용의 부담 경감 방안 필요

4. 소형 풍력 에너지

① 공동 주택 단지내 빌딩풍을 이용
② 공동 주택과 주변의 고층 건물 사이의 빌딩풍도 이용 가능
③ 풍속이 강한 지점을 선택
④ 불쾌감이나 공포심이 유발되지 않도록 유의
⑤ 미적 감각이 있는 System으로 개발 필요

5. 향후 적용 대책

공동 주택내에서 에너지 자급자족이 가능하도록 신재생에너지의 적용을 점차 늘려나 갈 계획

Ⅳ. 신재생에너지 개발방향

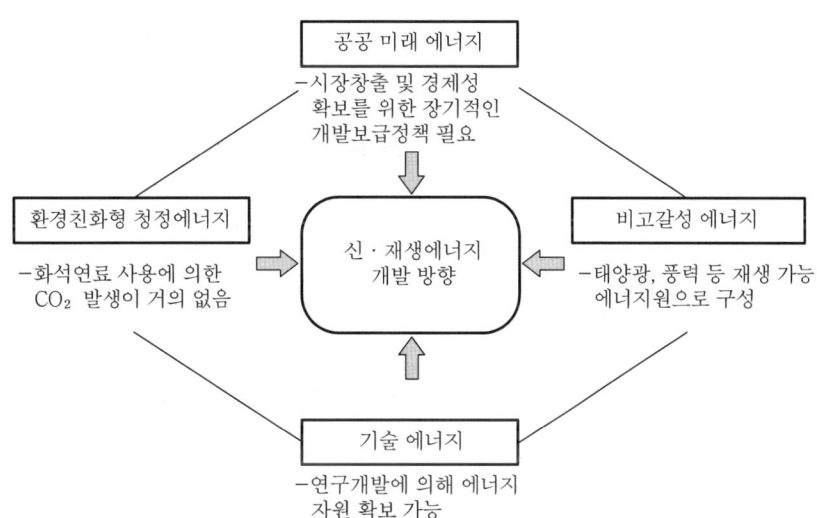

V. 결 론

① 기후변화협약에 의거 온실가스 배출량이 상대적으로 높은 우리나라의 경우 신재생에너지 개발 및 적용이 긴급하고 강력히 요구되고 있는 실정이다.

② 실질적인 이용단계까지 와있는 기술은 미흡한 상태이나 신재생에너지기술은 21C첨단산업으로 정부의 장기적인 투자와 더불어 실제 적용 가능한 이용기술로의 개발이 시급한 과제라고 판단된다.

문 4-1 도심지 건축물에서 옥상녹화 시스템의 필요성 및 시공방안에 대하여 기술하시오.
[09중(25)]

문 4-2 옥상녹화방수의 개념 및 시공시 고려사항에 대하여 기술하시오.
[06전(25)]

문 4-3 옥상 및 주차장 상부조경에 따른 시공시 검토사항에 대하여 설명하시오.
[08중(25)]

I. 개 요

옥상녹화방수는 방수층이 항상 습기가 있고 화학비료나 방제 등의 식재 관리가 이루어지므로 미생물이나 화학비료 등에 영향을 받지 않는 옥상녹화 특유의 안전한 방수 성능이 요구된다.

II. 옥상녹화방수의 개념

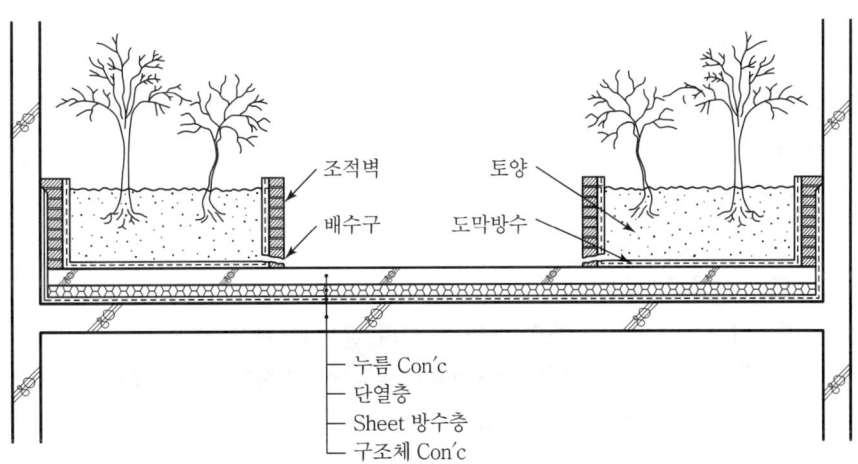

1) 의의
    ① 옥상에 자연상태에 근접한 환경을 만들어 생태계의 기능을 회복시키고 사람들의 휴식공간으로의 활용이 가능하도록 하는 것
    ② 도시의 열섬화(熱刼化) 현상을 완화하고 생물의 서식기반을 마련하는 것

2) 선결과제
    ① 배수나 누수 등을 해결할 수 있는 방수공법 시공
    ② 상부하중에 대한 구조적 안전 보장

3) 장점
    ① 환경오염문제의 해결
    ② 도시의 생태계 보호
    ③ 도시 기후의 조절 기능 수행
    ④ 도시의 열섬화(熱剡化) 현상 완화
    ⑤ 파괴된 자연 생태계의 복원
    ⑥ 생물들의 서식 기반 확충
    ⑦ 옥상공원 조성으로 근무의욕 증진

4) 단점
    ① 옥상에 내구연한이 우수한 방수 시공 필요
    ② 구조적인 강화로 건축 시공비 증가
    ③ 유지 관리비의 소요

Ⅲ. 필요성

1) 환경오염문제 해결
    ① 차량의 배기가스로 인한 도시의 공기오염 완화
    ② 식물의 왕성한 자정활동을 이용
    ③ 도시의 공기정화 작용

2) 도시 생태계 보존
    ① 생물의 서식기반 확충
    ② 파괴된 도시의 자연 생태계 복원

3) 도시 기후의 조절
    ① 이산화탄소의 증가로 인한 도시의 온난화 현상 조절
    ② 녹지공간 및 흙공간의 조성으로 야간에 도시기온의 저하유도
    ③ 도시의 열대야 현상 완화

4) 도시 열섬화 현상 완화
    ① 도시의 고립된 열섬화 현상 완화
    ② 도시온도가 주변 자연 환경과 조화

5) 쾌적한 환경조성
    ① 옥상의 식물공원 조성으로 근무의욕 증진
    ② 도심근로자의 쾌적한 근무환경 조성
    ③ 도심근로자의 불쾌지수 저하

Ⅳ. 시공방안(시공시 검토사항, 시공시 고려사항)

1) 완벽한 단열성 확보
   ① 옥상면에 대한 누수 및 콘크리트 면 보호
   ② 콘크리트 면의 온도 상승 차단
   ③ 겨울철에 크랙 발생 현상을 원천적으로 차단하는 보온효과
   ④ 단열성 있는 방수재 사용

2) 수축 팽창작용 등 온도변화에 대응
   ① 방수재료가 수축 팽창에 저항
   ② 독립기포 조직으로 된 방수재 선택
   ③ 정지된 공기층 형성

3) 도막두께 확보
   ① 10mm 이상의 두꺼운 막 형성
   ② 요철을 정리하여 평활도 확보
   ③ 완전 건조 상태에서 시공

4) 빗물 누수 차단
   ① 방수층 확실하게 시공
   ② Roof drain 주위 보호

5) 방수층의 경량화
   ① 경량 토양 사용
   ② 흙막이벽, 플랜트, 포장재, 배수층의 경량화
   ③ 경량화로 하중 및 안전성 확보

6) 배수층
   ① 유공관 등으로 배수
   ② 토양과 배수층 사이에 토목용 부직포 등으로 filter층 시공

7) 관수장치
   ① 자동관수장치 설치
   ② 고장 및 살수가 어려운 곳에 대비한 수전 설치

8) 옥상 방수층 파손
   ① 조경공사 옥상 방수층 파손에 유의
   ② 식물의 뿌리 성장에 대한 옥상의 방수층 보호

9) 구조적 안정성 확보
   ① 상부 추가 하중에 대한 구조적 안정성 검토
   ② 구조 도면을 검토하여 가능한 추가 하중 산출

③ 조경공사에 소요되는 각종 자재들의 중량 산출
④ 하부 건축물의 구조적 안정성 확보

V. 조경공사로 인한 이점

① 환경오염문제의 해결
② 도시의 생태계 보호
③ 도시 기후의 조절 기능 수행
④ 도시의 열섬화 현상 완화
⑤ 건물 거주자에 대한 휴식공간 제공

VI. 결 론

옥상 녹화 방수는 녹생 콘크리트라는 친환경 콘크리트를 사용하는 환경보호 및 생태계와의 조화를 도모하는 것으로 옥상녹화가 되기 위해서는 옥상 부분의 완벽한 방수 성능을 실현할 수 있는 좋은 재료들이 개발되어야 한다.

8장

마감 및 기타공사

9절 건설기계

8장 9절 건설기계

1	현장기계화 시공		
	1-1. 현장기계화 시공의 장단점	[86(25)]	8-408
	1-2. 건설기계화 시공의 현황과 전망	[93전(30)]	
	1-3. 시멘트 모르타르 공사 기계화 시공의 체크 포인트	[08중(25)]	8-412
	1-4. 건설기계의 경제적 수명	[04전(10)]	8-415
2	토공사용 건설장비 선정		
	2-1. 토공사용 건설장비 선정에서 고려할 사항	[98후(30)]	8-416
	2-2. 그라우트(grout)공법에 필요한 기계의 종류 및 용도와 특징	[88전(25)]	8-418
3	철골철근콘크리트조 건물에서 사용되는 중기		
	3-1. 도심지에 지하 2층, 지상 18층, 연건평 10,000평 규모의 SRC조 건물 ㉮ 공사비 내역서 작성시 고려해야 할 가설공사비의 항목 ㉯ 사용이 예상되는 각종 시공기계 및 장비의 종류를 용량, 규격별	[77전(25)]	8-420
	3-2. 다음 공사에 사용되는 건설중기 ㉮ 철근콘크리트조 공사(20점) ㉯ 철골 공사(20점) ㉰ Prefab apartment 건축공사(10점)	[83(50)]	8-423
4	양중기 장비의 종류		
	4-1. 양중기 장비의 종류와 시공 운용계획	[82후(50)]	8-426
	4-2. 건축현장의 수직 운반기 종류 및 특징	[94전(30)]	
5	Tower Crane 양중작업		
	5-1. SRC조 공사시 Tower crane 작업의 효율화를 위한 양중자재별 대책	[02전(25)]	8-430
	5-2. 대형 건축현장에서 고정식 타워크레인의 배치계획 및 기초시공	[86전(25)]	
	5-3. 초고층 건축물 공사시 Tower Crane의 설치계획	[06후(25)]	
	5-4. 고정식 타워 크레인(Tower Crane)의 배치방법 및 기초 시공상 고려할 사항	[00전(25)]	
	5-5. 공동주택 현장에서 Tower Crane 설치계획과 운영관리	[01중(25)]	
	5-6. 초고층 건축물에서 Tower Crane의 설치 및 해체시 유의사항	[03전(25)]	
	5-7. 현장 타워 크레인의 기종 선정시 고려사항과 운용시의 유의사항	[99후(40)]	
	5-8. 현장 Tower Crane 운용시 유의사항	[10중(25)]	
	5-9. 고층건축 철골 조립용 크레인 선정시 고려해야 할 요인	[02중(25)]	
	5-10. Tower Crane의 재해 유형과 설치, 운영, 해체시의 점검사항	[03후(25)]	
	5-11. 타워 크레인(tower crane)	[79(5)]	
	5-12. 타워 크레인(tower crane)	[85전(5)]	
	5-13. Tower Crane 상승 방식과 Bracing 방식	[09후(25)]	8-438
	5-14. Telescoping	[08후(10)]	
	5-15. Luffing Crane	[10후(10)]	8-441

6	건설 로봇의 활용 전망		
	6-1. 건설 로봇의 활용전망	[00후(25)]	8-442
	6-2. 건축시공에 있어 로봇(Robot)화	[05후(25)]	
	6-3. 건축공사에서 robot화 할 수 있는 작업분야	[96전(10)]	
	6-4. 로봇(robot) 시공	[98중후(20)]	
7	건설용 기계공구류		
	7. 다음 건설용 기계공구류를 간단히 기술 ㉮ 포크 리프트(fork lift) ㉯ 가솔린 래머(gasoline rammer) ㉰ 애지이터 트럭(agitator truck) ㉱ 배처 플랜트(batcher plant) ㉲ 타워 크레인(tower crane) ㉳ 수중 모터펌프 ㉴ 드래그 셔블(drag shovel) ㉵ 콘크리트 펌프(concrete pump) ㉶ 슈미트 해머(schumit hammer) ㉷ 가이 데릭(guy derrick)	[78후(30)]	8-445
8	MCC(Mast Climbing Construction)		
	8. MCC (Mast Climbing Construction)	[04중(10)]	8-447

문 1-1 현장기계화 시공의 장단점에 대하여 기술하여라.　　　　　　[86(25)]
문 1-2 건설기계화 시공의 현황과 전망에 대하여 기술하여라.　　　　[93전(30)]

Ⅰ. 개 요

기계화 시공으로 인하여 인력 의존에 의해 시공하던 과거의 비효율적 시공에서 탈피해 효율적이고 체계적인 시공이 가능하게 되었다.

Ⅱ. 장단점

1. 장 점

1) 성력화
   ① 건설기계 사용의 활성화로 노무절감 및 합리적인 노무관리계획 수립 가능
   ② 기계화 시공으로 경제성, 속도성, 안전성 확보

2) 공사비 절감
   ① 기계화 시공은 효율성이 증대되므로 공사비 절감 효과가 큼
   ② 공사기간이 짧아지므로 공사비 절감 효과가 있음

3) 공기의 단축
   ① 대형 양중기계의 사용으로 작업성이 향상되어 공기단축 가능
   ② 소도구의 기계화 시공으로 인력작업의 효율성이 좋아져 공기단축 가능

4) 시공품질의 확보 및 관리
   ① 시공성이 향상되므로 균질성이 높아짐
   ② 기계화 시공으로 인하여 현장관리가 용이

5) 안전성 확보
   ① 인력작업은 여러 사람을 관리해야 하나 기계화 시공시에는 관리대상이 대폭 축소됨
   ② 안전 관리비가 감소

6) 노동력 부족에 대처
   ① 3D 기피현상에 의한 인력감소에 대응
   ② 노령화로 인한 인력부족 및 기능도 저하에 대응

7) 고층화 및 speed화
   ① 건설장비의 발달로 초고층·대형 건축물의 시공 가능
   ② 고성능 장비를 사용하여 공기단축이 가능

2. 단점

   1) 건설 공해
      ① 건설장비의 기계음 및 작업음으로 인한 소음 발생
      ② 습식 공법은 건식 공법에 비하여 작업소음 큼

   2) 소음·진동·대기오염
      ① 대형 굴삭장비에 의한 소음·진동의 발생
      ② 대형 운반차량에 의한 대기오염 및 소음·진동 발생

   3) 도심지 내의 건설장비 사용
      ① 밀집한 도심지에서는 소음·진동의 차단이 어려움
      ② 토공사시 대형 장비의 유입으로 교통장애 발생

   4) 교통장애 발생
      ① 콘크리트 타설시 remicon 차량의 대량 진입으로 교통장애 발생
      ② 소폭의 도로에 대형 차량의 운행으로 불안감 및 통행 불편 초래

   5) 기계관리
      ① 기계성능 점검의 어려움
      ② 기계의 고장시 수리하는 시간이 길어짐

Ⅲ. 현 황

   1) 비효율성
      ① 건설현장의 가설계획시 작업성의 정도를 분석하여 장비 사용 결정
      ② 건축공사는 단순반복작업이 적어 효율성 감소

   2) 비연속성
      ① 건설작업은 작업공종이 많고 공정간에 연속성이 적음
      ② 고층 건축물에서 연속병행 시공시 작업의 집중현상 발생

   3) 초기 투자비의 증대
      ① 대형 기계의 도입으로 초기 투자비 증대
      ② 장비의 고장으로 인한 대책마련이 어려움

   4) 신공법 기피현상
      ① 신공법 적용시 손해를 염려하여 신공법 적용을 기피
      ② 신공법 개발에 대한 인식 부족

5) 원가 분석
   ① 기계화 시공에 의한 원가 타당성 분석이 어려움
   ② 기계화 시공과 인력시공 대비표 미비(공기 측면, 공사비 측면, 효율성 측면)
6) 과학적인 시공관리기법 미흡
   ① 기계화 시공의 과학적인 시공관리기법 개발 미흡
   ② 공정계획에 따른 효율적인 운용 미흡
7) 기계의 유지관리와 조직화
   ① 건설장비는 작업의 강약 구별이 정확하지 못해 작업량에 비해 과다장비 투입
   ② 건설장비의 운용은 소규모업자에 의한 경우가 많고, 조직이 미약하여 유지관리가 어려움
8) 기계의 선정 문제
   ① 작업량에 대비한 정확한 장비의 선택이 어려움
   ② 정확한 데이터에 의한 선정기준이 미흡하고, 경험에 의해 선정되는 경우가 많음

Ⅳ. 전 망

1) 도시형 건설장비 개발
   ① 대지의 협소로 소형화된 장비가 요구됨
   ② 저소음·저진동의 장비가 필요
2) 지하공사용 장비의 개발
   ① 지하공사 전문의 대형 굴삭기 개발이 필요(흙파기 전용 기계)
   ② 소형의 다기능 굴삭기 개발(운반, 소량 굴토, 상차, 소형 짐 운반 등)
3) 수중공사기계의 개발
   대형 잠수정에 의한 굴삭기 개발
4) 대형화
   ① 건설공사의 대형화·고층화 추세로 장비의 대형화가 요구됨
   ② 기계의 단위 부재 강성 요구
5) 고효율성
   ① 건축공사는 공종이 복잡하여 각 공종별로 효율성을 높이는 다기능의 장비 요구
   ② 소도구화된 장비로 성력화 필요
6) 장비의 강도 향상
   ① 건설장비는 대형화에 따른 양중능력 향상
   ② 고강도의 부재 개발이 중요

7) 운반 용이한 기계 개발
    ① 분해·조립이 간단한 기계 개발
    ② 작동이 간단하고 안전한 장비의 개발
8) 기계의 자동화·robot화·무인화
    ① 기계 작동시 발생할 수 있는 안전사고 예방
    ② 시공의 균질성 및 시공능력 향상
9) 기계 운전의 software 개발
    ① 무리한 운전 동작에 대한 자동제어장치의 개발
    ② 작업반경 내의 물체에 대한 안전반응장치의 개발
10) 에너지 절약형 기계
    ① 저연료비 및 고효율계의 기계 개발
    ② 작동시 무리한 에너지 소모 방지
11) 저공해성 기계 개발
    ① 저소음·저진동의 굴삭기 개발
    ② 환경보전대책에 부합한 기계 개발
12) 안전성 있는 기계 개발
    ① 기계동작반경 내의 움직이는 물체에 대하여 안전기능이 요구됨
    ② 무리한 동작에 대하여 자동으로 제어하는 기능 필요
13) 소음·진동
    ① 기계의 발생 소음·진동 방지책 마련
    ② 동력이 적정한 장비 개발

V. 결 론

건설 현장은 3D 기피 현상으로 노령화 및 기능인력부족 등이 표면화되어 있으므로 건설기계화 시공의 확대로 이를 극복해 나가야 한다.

문 1-3 시멘트모르타르 공사의 기계화 시공의 체크 포인트에 대하여 설명하시오.
[08중(25)]

I. 개 요

UR 개방과 건설 환경 변화로 과거 인력에만 의존하던 건설에서 효율적이고 체계적인 건설로 변화하게 되었으며, 이에 부합하는 것이 건설공사의 기계화 시공이다.

II. 기계화 시공 가능 분야

분야	내용	
토공사	• 정지작업 • Slurry wall 공사	• 지반조사 • 계측관리
기초공사	• Pile의 지지력 판단	• 현장타설 콘크리트 pile의 굴착상태
콘크리트공사	• 철근배근 • Concrete distributer	• 비파괴 검사 • 시멘트 모르타르공사
철골공사	• 철골용접 • 철골세우기 • 내화피복 뿜칠	• 비파괴 검사 • 양중
마감공사	• 건물미장 • 외벽도장	• 바닥마감 • 타일하자 감지
청소	• Duct 내부 • 창호유리	• 하수도

① 위험성이 높은 시공으로부터 작업자 보호가 필요한 공사
② 힘든 작업을 해소하기 위한 공사
③ 시공의 정밀도를 요하는 공사
④ 기계화 시공으로 인건비 절감효과가 큰 공사

III. 기계화 시공의 check point

1) 기계의 생산능력
   ① 대형공사시 1일 시공량을 조달할 수 있는 기계의 생산 능력 check
   ② 기능공의 대기 시간 최소화
   ③ 인력생산과 기계화 생산의 생산성 비교 우위 가능

2) 배합비 조정
    ① Mortar 용도에 따른 시멘트와 모래의 배합비 조정 가능
    ② 시멘트 : 모래 : 물의 배합 조정 가능으로 고층 건물의 수송능력 향상
    ③ 고층건물시공시 mortar 수송 물량의 자동화
3) 균열 발생
    ① Mortar의 수송시 높은 물시멘트비로 인한 시공후 발생 균열의 저감
    ② Mortar 배합시 모래의 불순물 제거
4) 성력화
    ① 건설기계 사용의 활성화로 노무절감 및 합리적인 노무관리계획 수립 가능
    ② 기계화 시공으로 경제성, 속도성, 안전성 확보
5) 공사비 절감
    ① 기계화 시공은 효율성이 증대되므로 공사비 절감 효과가 큼
    ② 공사기간이 짧아지므로 공사비 절감 효과가 있음
6) 공기의 단축
    ① 대형 양중 기계의 사용으로 작업성이 향상되어 공기단축 가능
    ② 소도구의 기계화 시공으로 인력작업의 효율성이 좋아져 공기단축 가능
7) 시공 품질의 확보 및 관리
    ① 시공성이 향상되므로 균질성이 높아짐
    ② 기계화 시공으로 인하여 현장관리가 용이
8) 안전성 확보
    ① 인력작업은 여러 사람을 관리해야 하나 기계화 시공시에는 관리대상이 대폭 축소됨
    ② 안전 관리비가 감소
9) 노동력 부족에 대처
    ① 3D 기피현상에 의한 인력 감소에 대응
    ② 노령화로 인한 인력 부족 및 기능도 저하에 대응
10) 고층화 및 speed화
    ① 건설 장비의 발달로 초고층·대형 건축물의 시공 가능
    ② 고성능 장비를 사용하여 공기단축이 가능

Ⅳ. 건설장비의 개발 방향

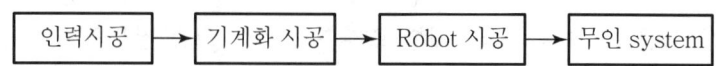

건설 현장의 품질시공과 공기단축 및 안정성 확보를 위하여 건설시공이 점차 robot화, 무인 system으로 발전하여야 한다.

Ⅴ. 결 론

건설업의 인력부족현상에 대응하기 위해서는 경량화된 효율성이 뛰어난 장비의 개발이 이루어져야 하며, 기술개발에 지속적인 노력이 필요하다.

문 1-4 건설기계의 경제적 수명　　　　　　　　　　〔04전(10)〕

I. 정 의

건설기계의 경제수명은 경제내용시간을 연간 표준가동시간으로 나눈 값을 말하며, 기계의 정비·관리·사용조건 등에 좌우된다.

II. 경제수명의 영향 요인

① 표준기계
② 특수기계
③ 기능도의 숙련
④ 작업의 난이도

III. 경제수명의 중대 요인

① 정기적인 점검 및 검사
② 작업 전 기계의 예방점검 실시
③ 기계·장비의 관리체계를 현대화
④ 기계·장비의 운전자 및 관리자의 교육
⑤ 작업에 맞는 적정 기종의 선택
⑥ 표준기계의 선정
⑦ 기계·장비 제작사의 신뢰도

IV. 경제수명 감소 원인

① 정기적인 점검 및 일상 정비의 불량
② 운전자의 조작 미숙
③ 특수 기계
④ 작업의 난이도가 어려운 작업을 많이 했을 경우
⑤ 기계·장비의 사용조건에 맞지 않는 무리한 작업을 시행할 경우

문 2-1 토공사용 건설장비 선정에서 고려할 사항에 대하여 기술하시오.

[98후(30)]

I. 개 요

토공사용 건설장비 선정은 공사의 조건과 기종 및 용량의 적합성, 적정한 조합의 기능성 등이 검토되어야 한다.

II. 고려할 사항

1) 공사 종류
   ① 토공사 종류에 따른 장비 선정
   ② 굴착·적재·운반·정지·다짐 등의 작업 종별을 고려하여 기계 선정

2) 공사 규모
   ① 대규모 공사에서는 대용량의 표준기계 사용
   ② 소규모 공사에서는 일대장비나 수동장비의 사용

3) 운반 거리
   운반기계 선정시에는 공사현장의 지형, 토공량, 토질을 감안하여 기계의 기종에 따른 경제적 운반 고려

4) 시공성
   현장 토질, 지형에 적합하며 작업량 처리에 충분한 용량을 갖추고 작업효율이 좋은 기계 선정

5) 기계 용량
   ① 기계의 용량이 커지면 시공능력이 증대되고 단가는 싸지만, 반면 기계경비가 증대
   ② 기계용량과 기계경비의 관계를 검토하여 선정

6) 범용성
   ① 보급도가 높고 사용범위가 넓은 장비를 선정
   ② 특수기계 사용시 작업현장의 지형, 조합기계의 조건, 타공사의 전용성을 고려

7) 경제성
   시공량에 비해 공사단가가 적고 운전경비가 적게 들며 유지 보수가 쉬우며 전매와 타공사에 전용이 용이한가를 고려

8) 안전성
   ① 결함이 적고 성능이 안정된 기계

② 충분히 정비가 이루어진 기계
③ 일상의 보수점검을 철저히 실시

9) 무공해성
① 소음, 진동이 적은 기계
② 주변 환경에 영향을 미치지 않는 기계
③ 저소음, 저진동 기계 선정

10) Trafficability
① 흙의 종류, 함수비에 따라 달라지는 장비의 주행 성능
② Cone지수로 나타낸다.

11) 각 기계의 시공속도
덤프트럭과 적재기계의 작업능력이 조화를 이루지 못하면 작업능력이 떨어지고 운반단가가 높아진다.

12) 기계능력 산정

$$Q = \frac{3,600 \cdot q \cdot K \cdot f \cdot E}{Cm}$$

- Q : 덤프트럭 1시간당 운반 토량(m³/h)
- q : bucket 용량
- K : bucket 계수
- Cm : 사이클 타임(sec)
- f : 토량 환산 계수
- E : 작업효율

13) Cycle time
① 왕복하는 작업 1순환에 요구되는 시간
② $Cm = t_1 + t_2 + t_3 + t_4$

- t_1 : 적재시간
- t_2 : 왕복시간
- t_3 : 적하시간
- t_4 : 적재대기시간

Ⅲ. 결 론

토공사용 장비의 경제적인 선정을 위해서는 취득 가격, 기계 경비, 시공량 등 공사단가에 영향을 미치는 제반사항을 검토하여야 한다.

문 2-2 그라우트(grout) 공법에 필요한 기계의 종류를 들고, 그 용도와 특징에 대해 설명하여라. [88전(25)]

I. 개 요

그라우트(grout) 공법은 cement paste 또는 mortar를 주입관을 통해 지반에 주입시켜 차수 또는 지반강도 증가에 사용되는 공법이다.

II. 기계의 종류

- 천공기계(유압식 회전 boring 기계, 천공 드릴+컴프레서)
- 재료혼합기계(grout mixer)
- 재료압송기계(grout pump)
- 압력계(계측기)

III. 용도와 특징

1. 천공기계

1) 유압식 회전 boring 기계
   ① 용도
      ㉮ 지반을 천공
      ㉯ 지반 내에 주입관 설치
   ② 특징
      ㉮ 가장 일반적으로 사용되는 기계
      ㉯ 단단한 지층에는 천공이 곤란

2) 천공 드릴+컴프레서
   ① 용도
      지반 천공 및 지반 내 주입관 설치
   ② 특징
      ㉮ 천공 능력이 뛰어나서 단단한 지층에 사용 가능
      ㉯ 암석에도 천공 가능

2. Grout mixer

1) 용도
   ① 재료의 혼합
   ② 재료의 분리침전방지

2) 특징
   ① 많은 양의 재료도 연속주입 가능
   ② 작업의 능률성 양호
   ③ 협소한 장소에도 설치 가능

3) 종류
   ① 저속식 : 100~150rpm
   ② 고속식 : 500~1,000rpm

3. Grout pump

1) 용도

   Grout 재료(cement paste, mortar)의 압송

2) 특징
   ① 장시간 일정 압력 유지
   ② 재료의 토출량 조절 가능

3) 종류별 특징

종 류	특 징
피스톤식	소형이며, 범용성이 있음
플랜저식	소모 부품이 적음
다이어프램식	가격이 염가이나 수동식
유압식	정압 및 압송량의 자동 조절 가능
스크류식	모든 재료를 압송할 수 있음

4. 압력계(계측기)

① 용도

   주입압을 check

② 특징

   ㉮ 주입목적에 맞는 압력 조정
   ㉯ 품질시공과 안전시공에 필수

Ⅳ. 결 론

그라우트 공법은 토공사와 기초공사에서 흔히 사용되는 공법으로 그 성능을 인정받고 있으나, 지중에서 시공되는 공사이므로 품질관리에 철저를 기하여야 한다.

> **문 3-1** 도심지에 위치한 지하 2층, 지상 18층, 연건평 10,000평 규모의 철골철근 콘크리트조 건물을 신축함에 있어 [77전(25)]
> ㉮ 공사비 내역서 작성시 고려해야 할 가설공사비의 항목을 열거하여 설명하라.
> ㉯ 사용이 예상되는 각종 시공기계 및 장비의 종류를 용량, 규격별로 기술하라.

Ⅰ. 개 요

가설공사는 공사목적물의 완성을 위한 임시설비로서 본 공사를 능률적으로 실시하기 위해 필요한 가설적인 제반시설 및 수단을 말하며, 공사가 완료되면 해체·철거·정리 되는 임시적으로 행하여지는 공사이다.

Ⅱ. 가설공사비의 항목

1. 공통 가설공사

공사 전반에 걸쳐 공통으로 사용되는 공사용 기계 및 공사관리에 필요한 시설

1) 대지조사
   부지측량 및 지반조사
2) 가설도로
   현장 진입로, 현장 내 가설도로, 가설교량
3) 가설울타리
   시방서에 정하는 바가 없을 때에는 지반에서 1.8m 이상의 가설울타리 설치
4) 가설건물
   가설 사무실·숙소·식당·세면장·화장실·경비실 등
5) 가설창고
   시멘트창고, 위험물 저장창고, 자재창고 등
6) 공사용 동력(가설전기)
   전력인입, 변전시설, 가설조명 설치
7) 용수설비(가설용수)
   수도인입 및 지하수 설치
8) 시험설비
   가설사무소와 근접한 위치에 시험실 설치
9) 공사용 장비
   토공사용 장비, 양중장비, 자재·인력 수송장비

10) 운반

　　재료의 반입·반출, 시공장비의 반입·반출, 현장 내 소운반

11) 인접건물 보상 및 보양

　　인접건축물 피해보상, 인접건축물 및 지하매설물 보양

12) 양수 및 배수설비

　　① 고소작업시 공사용수는 고압펌프로 양수

　　② 현장 내 오수와 배수 등은 여과시킨 후 배수

13) 위험방지설비

　　공사중 위험한 장소에는 울타리, 목책 또는 줄을 쳐서 위험 표시

14) 종말 정리청소

　　공사용 잔재, 콘크리트 찌꺼기, 벽돌 파손재, 합성수지재 등 불용잔재 처리

15) 기타

　　① 통신설비 : 가설전화, 작업용 무전기, 공중전화 등을 설치

　　② 냉난방설비 : 가설사무소 및 작업장의 안전한 곳에 설치

　　③ 환기설비 : 지하실, pit, 작업장 등에 환기 및 비산 먼지를 방지하기 위한 설비 설치

2. 직접 가설공사

본 공사의 직접적인 수행을 위한 보조적 시설

1) 규준틀 설치

　　규준틀을 건축물의 모서리 및 기타 요소에 설치

2) 비계공사

　　건물의 외벽과 내부 천장 등에 공사시 필요한 비계를 매고 비계다리 설치하여 사용

3) 안전시설

　　추락의 위험이 있는 곳이나 낙하물의 위험이 있는 곳에 안전시설 설치

4) 건축물 보양

　　공사중 또는 작업 후 재료의 강도 및 구조물의 보호를 위해 보양

5) 건축물 현장정리

　　현장 내의 여러 자재 및 작업 잔재물 등을 정리 청소

Ⅲ. 시공기계 및 장비의 종류

1) Shovel계 굴착기

　　① 용량 및 규격은 bucket의 용량에 따라 $0.2 \sim 1.0 m^3$로 다양

② Bucket으로 전방의 흙을 퍼올려 몸체를 회전하여 truck에 적재
③ 시공 능력이 뛰어나 작업의 효율성이 높음

2) Dump truck
① 적재 용량에 따라 10~15ton 정도가 주로 사용됨
② 적재함을 동력으로 경사시켜 적재물을 자동으로 부릴 수 있게 한 토사·골재 운반용의 특수 화물 차량

3) 지반천공기계(earth auger)
① 천공기의 직경에 따라 $\phi 300$~600으로 구분
② 용도에 따라 $\phi 50$의 소구경 기계도 사용
③ 제자리 말뚝이나 주열식 벽체를 형성

4) Tower crane
① 양중 능력에 따라 1~5ton형으로 구분하며, boom 끝부분에서 양중능력은 1ton 정도이다.
② 양중 능력은 boom의 길이에 따라 변화
③ 고층 건물 건축시 가장 일반적으로 사용하는 시공 기계

5) Hydraulic crane
① 최대 양중 능력에 따라 20ton~100ton으로 구분
② 20ton 이하의 소형 crane도 사용
③ Tower crane을 설치하지 않은 소형 현장이나 tower crane이 닿지 않는 곳에 사용

6) Lift
① 운반 능력에 따라 1~2ton으로 구분
② 화물전용, 인화물 겸용 등이 있으며, 구조체에 부착·설치하여 수직 운반됨

7) Concrete pump car
① Concrete 토출량에 따라 50~100m³/h의 용량을 주로 사용
② Concrete를 운반한 차량과 연계하여 시공장소에 concrete를 배출
③ 시공 능력이 뛰어나고 현재 대부분의 콘크리트 타설장소에서 사용됨

8) 발전기
① 100~150kW의 용량을 주로 사용
② 한전에서 전기를 유입하기 곤란한 현장에서 많이 사용
③ 전력 사용량이 많은 시공기계 및 장비의 사용시에는 필수

IV. 결 론

가설공사계획은 경제성, 안전성 등에 대한 사전 검토가 필요하며, 가설공사가 전체 공사에 미치는 영향을 고려하여 경제적이고 안전한 가설계획을 세워야 한다.

문 3-2 다음 공사에 사용되는 건설 중기에 대하여 기술하여라. [83(50)]

㉮ 철근콘크리트 공사(20)
㉯ 철골 공사(20)
㉰ Prefab apartment 건축공사(10)

I. 개 요

3D 기피현상과 기능인력감소, 임금인상 등에 의하여 건설현상에서의 중기 사용이 보편화 되었으며, 각 공사별로 필요한 중기가 발달하고 있다.

II. 공사별 건설중기

1. 철근콘크리트공사

1) Con'c mixer
   ① 소정배합의 골재, cement, 물 및 혼화재를 혼합하여 균질의 Con'c를 제조하는 기계
   ② Mixer의 종류에는 재료를 넣은 용기를 회전시켜 재료 낙하에 의한 중력을 이용한 중력식 mixer와 재료를 넣은 평탄한 원통형의 용기 내에서 휘젓는 날개에 의해 강제적으로 혼합되는 강제 mixer가 있음
   ③ 강제 믹서는 됨비빔 콘크리트에 사용하며 1분 이상 믹서한다.
   ④ 용량은 0.3~0.8m³/1회

2) Truck mixer
   ① 크기는 2~10ton 정도이며, drum 형식은 입형 및 경사형이 있음
   ② 경사형 구동방식은 chain 구동과 감속기 유압 motor로 되어 있음
   ③ Drum 내 생 Con'c의 부착을 방지하고, 생 Con'c의 균일한 배출, 유압 motor 고장시 긴급조치 기능이 요구됨

3) Con'c pump
   ① 주로 토목현장에서 트레일러형으로 사용되어 왔으나 차량탑재식의 Con'c pump car가 등장하면서 건축공사에 널리 활용
   ② Con'c pump는 Con'c tower에 비해 기동성이 풍부하고, Con'c를 연속하여 타설 가능하고, 가설비계 등 배관준비작업이 많이 줄어듦

4) Vibrator
   ① 타설된 Con'c의 품질을 좋게 하여 거푸집 구석까지 또는 철근 주위 등 Con'c가 밀실하게 흘러 들어가도록 하는 것
   ② 내진형 vibrator : 직접 진동기를 삽입하여 다짐함

③ 외진형 vibrator : form vibrator라고 하며, 거푸집을 진동시켜 간접 다짐함
④ 평면형 vibrator : 도로, 활주로, 제방, 댐의 상면에 vibrator를 사용
⑤ 노면마무리용 vibrator : 평면 vibrating한 위에 다시 진동시켜 평활하게 마무리함

2. 철골공사

1) Winch
   ① 자재의 인양, 콘크리트 버킷양중, 철골운반 등에 다양하게 활용
   ② 동력은 주로 모터 직결이지만 최근에는 유압식의 저소음으로 된 것도 있음
   ③ 권상능력은 0.75~40kW 정도
   ④ 종류로는 싱글 윈치, 더블 윈치, 모터 윈치, 브레이크 모터 윈치 등이 있음

2) Gin pole
   ① 소규모 공사에 사용하는 crane 계통의 기기
   ② 1개의 지주를 버팀줄(guy)로 거치하고 활차를 장비한 것
   ③ Pole derrick이라고도 함

3) Guy derrick
   ① 버팀줄(guy)로 지지하는 derrick
   ② 철골공사의 세우기용 주요 기계설비의 하나
   ③ 가장 많이 쓰이는 기중기로 능력이 크고, 중량물의 장내 운반 등 여러 공사에 널리 사용됨
   ④ Mast, boom, bull wheel로 구성되어 있고, 설치 15일, 해체 7일이 소요
   ⑤ 기초 당김줄 고정위치가 필요함

3. Prefab apartment 건축공사

1) Truck crane
   ① 셔블계의 크레인 본체를 타이어로 된 트럭에 탑재시킨 크레인
   ② 크롤러 크레인에 비해 용량이 크고 jib가 장대하며 능력이 큼
   ③ 도로상 이동이 신속하고, 달아올릴 때 안전도와 인장중량이 큼
   ④ Attachment의 교환으로 각종 작업이 가능

2) Crawler crane
   ① 무한궤도 위에 크레인 본체를 탑재시킨 크레인
   ② 셔블을 기본으로 crane attachment를 부착시킨 것으로 각종의 attachment의 교환이 쉽고, 굴착기, 말뚝박기 기계 등으로 사용 가능
   ③ 접지압이 낮아 정지되지 않은 지반에서도 작업 가능
   ④ 방향 전환이 쉬워 이동작업 가능

3) 유압(hydraulic) crane
    ① 크레인차 또는 레커차로 불리기도 함
    ② 도로상의 이동속도가 빠르고, 기동성이 매우 높음
    ③ 조작방식이 유압식으로 작업 안전성이 높음
    ④ Jib의 신축이 가능하며 조립이 용이함

Ⅲ. 결 론

건설현장에서의 중기 사용은 일반화되어, 사용자들에게 만족시킬 수 있는 효율성이 뛰어나고 다양한 중기의 개발이 지속되어야 한다.

문 4-1 양중기 장비의 종류를 열거하고 시공 운용계획을 기술하여라. [82후(50)]

문 4-2 건축현장의 수직 운반기 종류를 열거하고 각각 그 특징을 기술하시오.
[94전(30)]

I. 개 요

최근의 건축물이 고층화 및 부재의 대형화(prefab화)에 따라 양중기계 또한 대형화하게 되었고, 동시에 고능률적이고 안전성이 우수한 기계를 요구하게 되었다.

II. 양중기 종류(수직 운반기 종류)

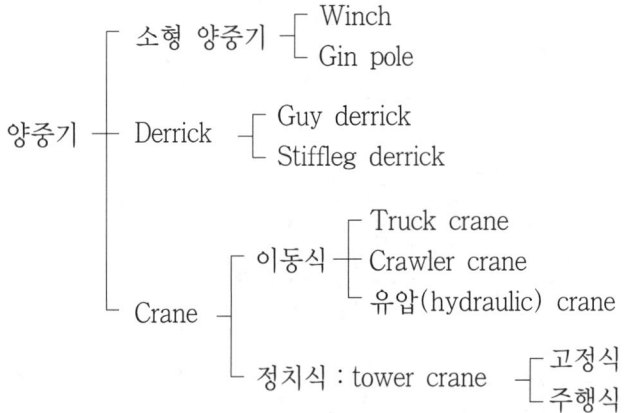

III. 종류별 특징

1. 소형 양중기

1) Winch
   ① 자재의 인양, 콘크리트 버켓양중, 말뚝박기 등에 다양하게 활용
   ② 동력은 주로 모터 직결이지만 최근에는 유압식의 저소음으로 된 것도 있음
   ③ 권상능력은 0.75~40kW 정도
   ④ 종류로는 싱글 윈치, 더블 윈치, 모터 윈치, 브레이크 모터 윈치 등이 있음

2) Gin pole
   ① 소규모 공사에 사용하는 crane 계통의 기기
   ② 1개의 지주를 버팀줄(guy)로 거치하고 활차를 장비한 것
   ③ Pole derrick이라고도 함

2. Derrick

   1) Guy derrick
      ① 버팀줄(guy)로 지지하는 derrick
      ② 철골공사의 세우기용 주요 기계설비의 하나
      ③ 가장 많이 쓰이는 기중기로 능력이 크고, 중량물의 장내 운반 등 여러 공사에 널리 사용됨
      ④ Mast, boom, bull wheel로 구성되어 있고, 설치 15일, 해체 7일이 소요됨
      ⑤ 기초 당김줄 고정 위치가 필요함

   2) Stiffleg derrick
      ① 수평 이동이 용이하고, 당김줄은 불필요
      ② 당김줄은 leg로 교체하고, roller 달린 base 장착

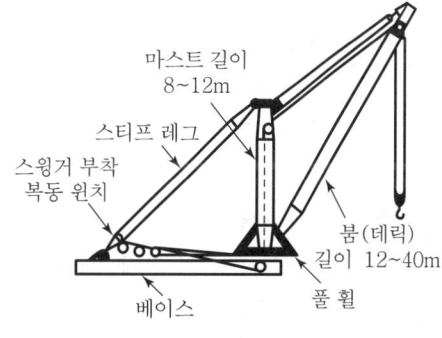

〈Stiffleg derrick〉

3. Crane

   1) Truck crane
      ① 셔블계의 크레인 본체를 타이어로 된 트럭에 탑재시킨 크레인
      ② 크롤러 크레인에 비해 용량이 크고 jib이 장대하며 능력이 큼
      ③ 도로상 이동이 신속하고, 달아올릴 때 안전도와 인장 중량이 큼
      ④ Attachment의 교환으로 각종 작업이 가능

   2) Crawler crane
      ① 무한궤도 위에 크레인 본체를 탑재시킨 크레인
      ② 셔블을 기본으로 crane attachment를 부착시킨 것으로 각종의 attachment의 교환이 쉽고, 굴착기, 말뚝박기 기계 등으로 사용 가능
      ③ 접지압이 낮아 정지되지 않은 지반에서도 작업 가능
      ④ 방향 전환이 쉬워 이동작업 가능

   3) 유압(hydraulic) crane
      ① 크레인차 또는 레커차로 불리기도 함
      ② 도로상의 이동속도가 빠르고, 기동성이 매우 높음
      ③ 조작방식이 유압식으로 작업 안전성이 높음
      ④ Jib의 신축이 가능하며 조립이 용이함

4) 고정식
   ① 콘크리트 또는 철골 등의 기초면에 좌대를 고정하는 방식 정치식이라도 레일을 부착시키면 주행할 수 있게 된다.
   ② 대형 tower crane에 많이 쓰는 형식이다.
5) 주행식
   ① 좌대 상부에 선회장치를 설치하여, 마스트가 선회하는 방식
   ② 차량이 붙은 좌대가 레일 위를 주행

Ⅳ. 시공운용계획

1) 설계도서 검토
   설계도면과 시방서에서 대지면적, 층수, 건물높이 등을 파악
2) 주변 교통 사정
   대형 차량의 도심지 운행 제약 및 교통 번잡 파악
3) 배치계획
   외부 반입로와 stock yard의 위치 및 내부 동선과의 관계를 고려하여 결정
4) 가설계획
   Tower crane 기초, 당김줄 기초, Con'c 타설 및 양생
5) 양중자재 구분
   기중할 자재를 대, 중, 소로 분류하여 각층별로 필요 기중량 산출
6) Stock yard
   각 직종이 취급하는 자재의 반입, 반출에서 혼란을 일으키기 쉬우므로 stock yard의 넓이 확보
7) 양중기계 종류
   ① 대형 양중기 : tower crane, jib crane, truck crane 등
   ② 중형 양중기 : hoist, 화물전용 lift 등
   ③ 소형 양중기 : 인·화물용 elevator, universal lift 등
8) 양중기계 선정
   양중내용 파악, 양중형식의 결정 및 안전성을 고려하여 선정

9) 양중기계 대수

   산적도에서 구한 최대양중횟수와 1일 양중
   가능횟수로부터 결정

10) 양중 cycle

    1일 양중가능횟수 산출

11) 양중횟수

    기본주기를 기본으로 하여 산적도 작성

12) 양중작업 조직도

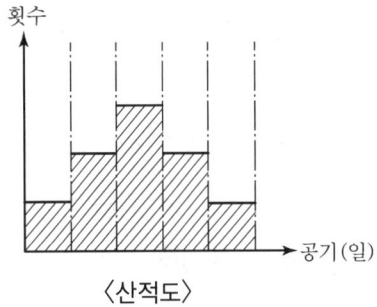
〈산적도〉

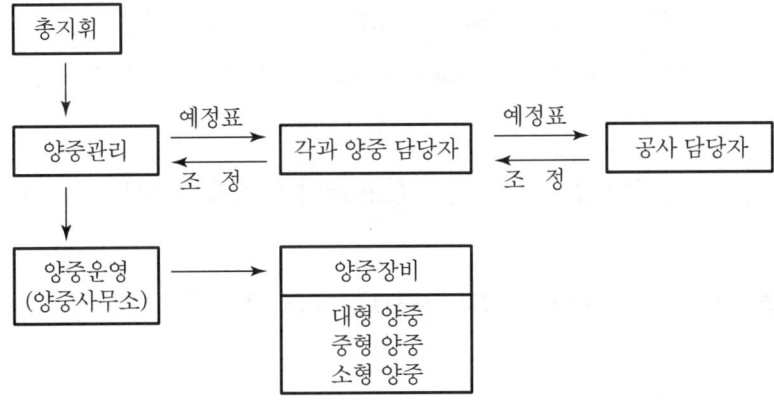

13) 양중부하 평준화

    양중량을 대·중·소로 구분하여 계획적으로 수송하기 위한 양중량의 평균화

14) 안전관리계획

    무리없는 공정계획과 안전관리 책임체제 확립

15) 운전자 교육

    장비의 1일 점검 및 과대중량 양중 배제로 안전예방

V. 결 론

양중기 운영시 고려되어야 할 사항은 먼저 설계도서를 검토하고 배치계획, 가설계획 및 stock yard 확보 등이 선행되어야 한다.

| 문 5-1 | SRC조 사무소 고층건물 골조공사에서 Tower crane 양중작업의 효율화를 위한 양중자재별 대책을 기술하시오. [02전(25)]
| 문 5-2 | 대형 건축현장에서 설치하는 고정식 타워 크레인의 배치계획 및 기초시공에 대하여 기술하여라. [86전(25)]
| 문 5-3 | 초고층 건축물 공사시 Tower Crane의 설치계획에 대하여 기술하시오. [06후(25)]
| 문 5-4 | 대형 건축물의 신축공사시 고정식 타워 크레인(Tower crane)의 배치방법 및 기초시공에서 시공상 고려할 사항을 기술하시오. [00전(25)]
| 문 5-5 | 공동주택현장에서 Tower Crane 설치계획과 운영관리에 대하여 설명하시오. [01중(25)]
| 문 5-6 | 초고층 건축물에서 Tower Crane의 설치 및 해체시 유의사항을 기술하시오. [03전(25)]
| 문 5-7 | 현장 타워 크레인의 기종 선정시 고려사항과 운용시의 유의사항을 설명하시오. [99후(40)]
| 문 5-8 | 현장의 Tower Crane(T/C) 운용시 유의사항에 대하여 설명하시오. [10중(25)]
| 문 5-9 | 고층건축 철골조립용 크레인 선정시 고려해야 할 요인 [02중(25)]
| 문 5-10 | Tower Crane의 재해 유형과 설치, 운영, 해체시의 점검사항을 기술하시오. [03후(25)]
| 문 5-11 | 타워 크레인(tower crane) [79(5)]
| 문 5-12 | 타워 크레인(tower crane) [85전(5)]

I. 개 요

현장에서 타워 크레인 사용시 현장조건에 적합한 기종선정과 운용계획을 철저히 수립하여 안전하고 경제적인 공사를 수행하여야 한다.

Ⅱ. 양중자재별 대책

1. 수직 운반

1) 대형 양중
   ① 크기 및 중량은 길이 4m 이상, 폭 1.8m 이상, 중량 2t 이상
   ② 철골부재, 철근, PC판, curtain wall 등을 양중
   ③ 종류
      Tower crane, jib crane, truck crane 등

2) 중형 양중
   ① 크기 및 중량은 길이 1.8~4m, 폭 1.8m 미만, 중량 2t 미만
   ② 창호, 유리, 석재, 천장재, ALC판 등을 양중
   ③ 종류
      Hoist, 화물전용 lift 등

3) 소형 양중
   ① 크기 및 중량은 길이 1.8m 미만, 폭 1.8m 미만, 중량 2t 미만
   ② 소형 마감재, 작업인원 등을 양중
   ③ 종류
      인화물용 elevator, universal lift 등

2. 수평 운반

① 양중기에 의한 반입시간 절약, 화물내리기 노력 절감을 위해 운반형식 통일
② 전용 컨테이너 또는 팔레트를 사용하면 효과적
③ 운반장비는 fork lift, hand lift, 손수레

Ⅲ. 기종선종(기종선정시 고려사항)

1) 안전성 검토
   ① 작업자와 운전자의 안전 확보
   ② 구조체의 큰 보강 없이 타워 크레인을 지지할 것
   ③ 다양한 안전조건의 검토

2) 경제성 검토
   ① 용량에 따른 경제성 검토
      공사의 규모를 고려하여 기계의 손료와 경비가 최소화될 수 있도록 한다.
   ② 공사규모에 따른 경제성 검토

③ 운용계획에 따른 경제성 검토
④ 사용시간에 따른 경제성 검토

$$\text{Tower crance 사용경비} \begin{cases} \text{손료} \begin{cases} \text{감가상각비} \\ \text{관리비} \end{cases} \\ \text{운전경비} \begin{cases} \text{전력비} \\ \text{운전기사 급료} \end{cases} \end{cases}$$

3) Climbing 능력
   ① 양중 능력 파악
   ② Boom의 속도 및 선회장치

4) 배치계획
   ① 평탄지 선정
   ② 설치가 용이한 장소
   ③ Tower crane 간의 충돌 방지
   ④ 작업반경 고려
   ⑤ 타공정과의 연계 고려

5) 범용성
   ① 피양중물의 길이·폭에 관계없이 수용 가능
   ② 피양중물의 부피·중량에 범용

6) 구조 및 시공의 용이성
   ① 지지 및 보강이 간단하고 용이한 구조
   ② 운행속도 및 시공의 용이성 고려

7) Tower crane 수량
   현장 크기와 조건을 검토하여 수량을 최소화함

Ⅳ. 배치계획(설치계획, 배치방법)

1) 평탄지 선정
   ① 가능한 평탄한 장소에 설치
   ② 평탄한 지형에 설치가 곤란할 때는 토공사용 장비로 지형을 정비한후 설치

2) 설치가 용이한 장소
   ① 조립과 해체가 용이한 장소 선정
   ② 시공중 보수 및 증축이 용이한 장소 선정
   ③ 현장 사무실에서 움직임을 관측할 수 있는 곳

3) Tower crane간의 충돌 방지
   ① 2대 이상의 crane 설치시 고려
   ② 상호간의 신호체계 정립으로 충돌 방지
4) 작업반경고려
   ① 작업장의 중심이 되는 장소
   ② 자재창고에서 시공장소로 직접 이동 가능
   ③ 작업장 각 요소에 미칠 수 있도록 계획
5) 신호수와 연락이 용이한 곳
   ① 작업 및 주행시 신호수와 연락이 용이한 곳
   ② 신호수와의 신호체계 확립
6) 타공정 고려
   ① 타공정의 진행에 지장을 주지 않는 곳
   ② 주공정 진행에 지장을 주어서는 안 됨

V. 기초시공(기초시공상 고려할 사항)

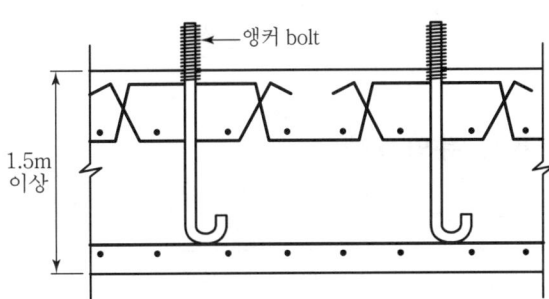

〈Tower crane 기초 철근배근도〉

1) 구조적으로 안전
   ① 지반의 지지력에 따라 상부하중에 견딜 수 있는 구조
   ② 기초의 부동침하 방지
   ③ 기초 Con'c와 지반의 접착력 확보
   ④ 연약지반일 경우에는 pile로 보강
2) 기초판의 크기
   ① 가로×세로는 2×2m 이상
   ② 기초의 두께(폭)는 1.5m 이상
   ③ 기초철근은 crane의 하중 모멘트(t·m)에 견딜수 있도록 구조계산후 시공

3) 매입 anchor
   ① Anchor bolt의 매입깊이는 1m 이상
   ② 기초 콘크리트 타설시 이동 금지
   ③ 기초 철근에 고정하지 말 것
   ④ 콘크리트 타설 직후부터 완료시까지 transit을 이용하여 이동 여부 확인
4) 기초상부의 수평유지
   ① 상부 콘크리트 타설면의 수평유지
   ② Anchor bolt 설치시 level 확보
   ③ Crane 운전수의 동선 확보
5) 기초판과 지면의 미끄럼 방지

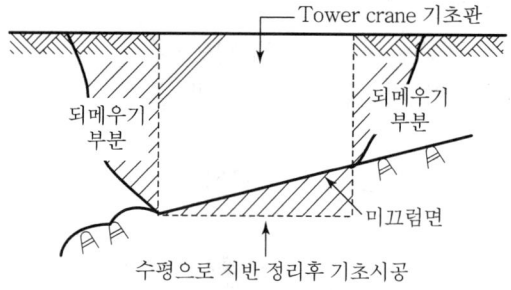

Ⅵ. 운영관리(운용시 유의사항)

1) 타워 크레인의 재해유형

전 도	• 안전장치 고장으로 인한 과하중 • Guide rope의 파손 및 기초의 강도 부족
Boom의 절손	• Tower crane 상호간의 충돌 또는 장애물과의 충돌 • 기복(起伏) wire의 절단
Crane 본체낙하	• 권상 및 승강용 wire rope 절단 • Rope 끝 손잡이 및 joint부 pin이 빠질 경우
기 타	• 폭풍시 자유선회장치 불량 • 낙뢰 및 항공기 접촉

2) 신호체계 정비
   ① 운전수와 신호수와의 신호체계 통일
   ② 신호수의 교육 철저
   ③ 신호수의 고정배치 및 이중신호 금지

3) 적격양중 중량 준수

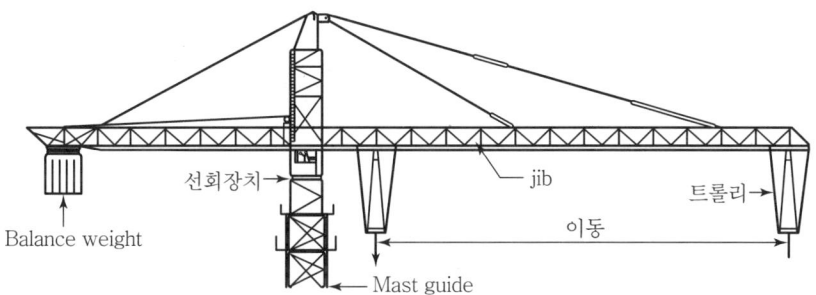

트롤리 위치에 따른 양중능력 고려
(트롤리가 운전자 가까운 위치에 있을수록 양중능력 우수)

4) 철저한 장비점검
   ① 정기적인 안전점검 실시
   ② 트롤리에 부착된 wire rope는 매일 점검

5) 운용계획
   ① 시간대 운용계획에 따른 작업 실시
   ② Tower crane 상호간 충돌 방지
   ③ 운용에 따른 안전대책 마련
   ④ 운용시 적정속도 준수

6) 기후 조건
   악천후시 작업금지

Ⅶ. 설치 및 해체시 유의사항(설치, 운영, 해체시 점검사항)

1. 설치시 유의사항(설치·운영시 점검사항)

1) 기초판과 지면의 미끄럼유의
   지반을 수평으로 정리한 다음 기초를 시공할 것

2) Mast의 수직도 유지
   수직도 1/1,000 이내로 관리

3) 지지용 wire rope의 각도 유지
   ① 지지용 wire rope의 각도는 60° 이내로 유지
   ② 지지용 wire rope는 3개 이상 설치하여 안전성 유지

4) Wire rope의 상태 확인

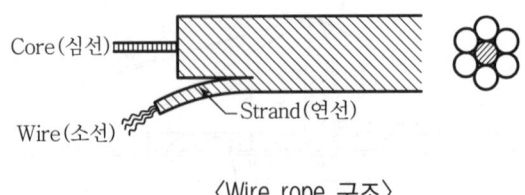

〈Wire rope 구조〉

① 인양시 wire rope 안전계수 확인
② 비틀림, 꼬임, 변형, 부식 등 확인

5) 트롤리 운행상태 확인
① 도르래마찰 등 작동 유연성 확인
② 도르래는 소모품이므로 수시확인 및 교체

2. 해체시 유의사항(해체시 점검사항)

1) 해체작업 flow chart

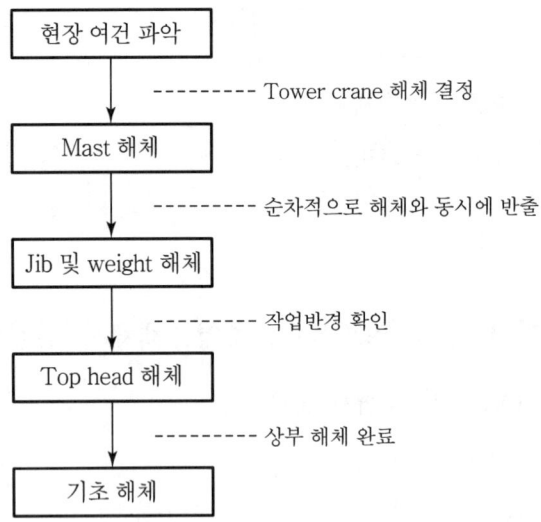

2) 기후조건 검토

풍속 10m/sec 이상시 해체작업 불가

3) 사전준비사항

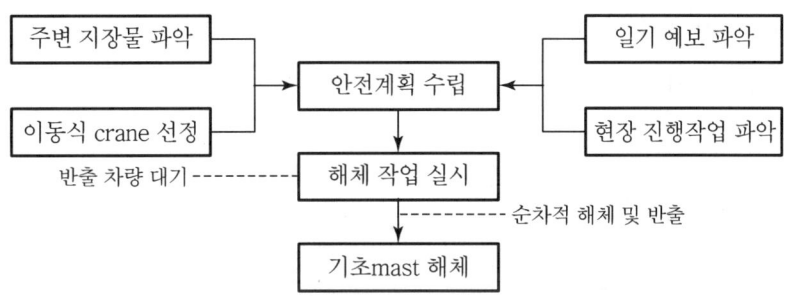

고소작업이므로 낙하물에 대한 안전조치가 필요하며, 해체당일 현장의 중대작업 금지

4) 해체작업순서 준수
5) 반출차량 운행통로 확보

   대형차량이므로 해체와 동시에 반출이 용이하도록 관리

6) 안전교육철저

Ⅷ. 결 론

타워크레인의 초기조립시 안전문제, climbing을 할 경우 안전문제, tower crane 해체시 안전문제 등이 아직 미비하여 시공중 안전사고의 원인이 되므로 이 부분에 대한 대책 마련이 시급한 실정이다.

문 5-13 건축공사에서 양중장비인 타워크레인(Tower Crane)의 상승방식과 브레이싱(Bracing) 방식에 대하여 설명하시오. [09후(25)]
문 5-14 Telescoping [08후(10)]

I. 개 요

Tower crane의 사용량 및 용도의 증가로 인한 설치 및 운영에 상당한 주의를 요하는 바, 지지방식에 의한 문제가 많이 대두되고 있다.

II. 종 류

```
                    ┌ Jib 형식 ──────┬ 수평 jib
                    │                └ 경사 jib
                    │
Tower crane ────────┼ Climbing 방식 ─┬ Crane climbing 방식(Climbing 방식)
                    │ (상승방식)     └ Mast climbing 방식(Telescoping 방식)
                    │
                    └ Bracing 방식 ──┬ Wall Bracing 방식
                                     └ Wire Bracing 방식
```

III. Climbing 방식(Tower Crane 상승방식)

1. Crane Climbing 방식

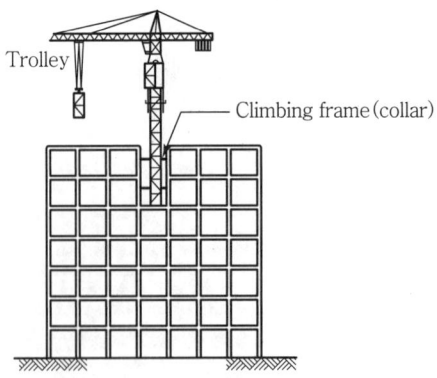

1) 의의

① 처음에는 지반에 기초를 두고 설치하며, 건축물의 상승에 따라 건축구조물 자체에 tower crane을 지지하며 상승

② 초고층건물 시공시나 tower crane을 설치할 장소가 없는 건축물에 채택
2) 특징
① 처음에는 지반에 기초를 두고 설치하여 먼저 사용
② 건축공정이 어느 정도 진행되면 climbing방식으로 전환
③ Climbing frame(collar)으로 tower crane을 지지하며 상승
④ 초고층 공사시 climbing방식이 비용이 적게 듦
⑤ 초고층 공사시 기초에 받는 힘과 mast 숫자를 줄여줌
⑥ Tower crane 해체가 어려움

2. Mast Climbing 방식(Telescoping 방식)

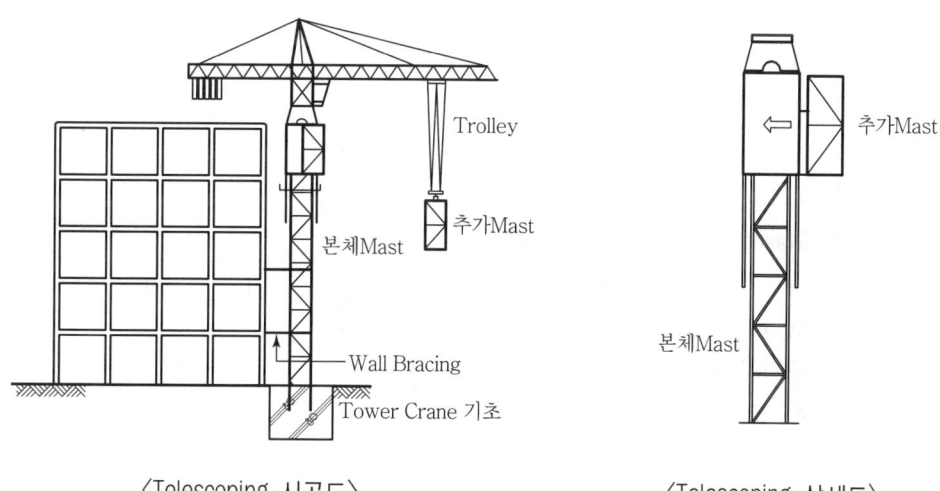

〈Telescoping 시공도〉   〈Telescoping 상세도〉

1) 의의

지반기초에 고정한 crane을 상승시키는 방법으로, 유압실린더의 작동으로 새로운 1단의 추가mast 높이만큼 상승시킨 후, 본체mast에 추가mast를 끼워 넣는 방식

2) 시공시 유의사항
① 풍속 10m/sec 이내에서 작업실시
② 작업전 tower crane의 균형을 유지
③ 작업중 선회, trolley 이동 및 권상작업 등 일체의 작동을 금지
④ Mast의 마지막 안착후 볼트 또는 핀으로 체결 완료할 때까지 선회 및 주행 금지

Ⅳ. Bracing 방식

1) Wall Bracing 방식
   ① Mast를 구조체의 벽에 고정시키는 방식
   ② 구조체 중앙에 설치하거나 외부에 설치하며 외부에 설치시는 mast의 두 군데만 고정

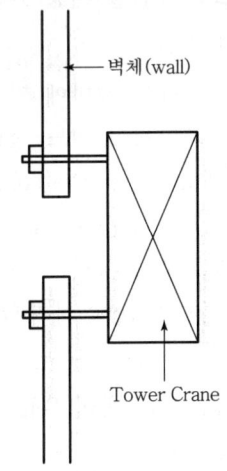

2) Wire Rope Bracing 방식
   ① Mast를 wire rope로 지면에 고정시키는 방식
   ② Wire rope는 mast의 상단부와 중간부에 고정하며 넓은 장소에서 간혹 사용

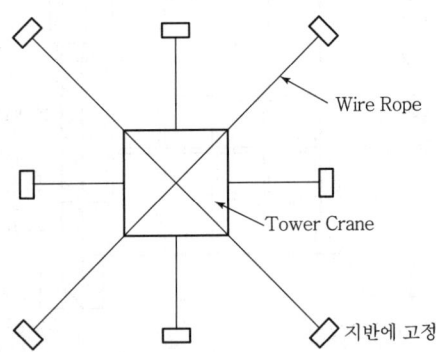

Ⅴ. 결 론

초기 조립시 안전 문제, climbing을 할 경우 안전문제, tower crane 해체시 안전 문제 등이 아직 미비하여 시공중 안전사고의 원인이 되므로 이 부분에 대한 대책 마련이 시급한 실정이다.

문 5-15 러핑 크레인(Luffing Crane) [10후(10)]

I. 정 의

① Crane으로 양중시 좌우로 선회운동만 할 수 있는 일반 T형 Crane에 비해 Luffing Crane은 좌우로 선회운동뿐 아니라 상하로 움직일 수 있는 Crane이다.
② 상하로 움직일 수 있으므로 고공권의 침해로부터 자유로울 수 있으며, Crane의 선회운동시에도 서로 충돌할 염려가 없다.

II. 특 징

① 작업능력이 우수
② 상하 기복(起伏)형으로 장애물이 있을 경우 효과적임
③ Jib의 회전 반경으로 발생하는 지상권 침해의 민원 예방
④ 도심지 협소한 공간에서 작업 용이
⑤ 초고층 건물에서 활용도가 높음
⑥ 양중능력이 우수하여 공기단축 가능
⑦ 장비가 희소하여 고가
⑧ 국내 보유대수가 적음
⑨ 50m(자립높이) 이상시 별도의 보강 필요
⑩ 일반 T형 Crane에 비해 양중 반경이 좁음
⑪ 기초에 걸리는 축력 및 모멘트가 큼

III. 적 용

① 도심지 공사
② 초고층 건물
③ 지상권 침해에 관한 민원이 예상되는 장소

> **문 6-1** 건설 로봇의 활용 전망 　　　　　　　　　　　〔00후(25)〕
> **문 6-2** 건축시공에 있어 로봇(Robot)화에 대하여 기술하시오. 〔05후(25)〕
> **문 6-3** 건축공사에서 robot화 할 수 있는 작업분야 　　　　〔96전(10)〕
> **문 6-4** 로봇(robot) 시공 　　　　　　　　　　　　　　　〔98중후(20)〕

Ⅰ. 개 요

건설공사의 자동화·robot화를 실현시키기 위해서는 robot화 도입에 필요한 요구조건에 순응할 수 있는 각종 공법의 개선 및 개발이 필요하다.

Ⅱ. 발생배경

① 3D 기피현상으로 기능공 절대 부족
② 생산성에 비하여 고임금시대 도래
③ 노사문제 급증

Ⅲ. Robot화 할 수 있는 작업분야

1) 토공사
   ① 정지작업　　　　　　　② 지반조사
   ③ Slurry wall 공사　　　 ④ 계측관리

2) 기초공사
   ① Pile의 지지력 판단　　 ② 현장타설 콘크리트 pile의 굴착상태

3) 콘크리트공사
   ① 철근배근　　　　　　　② 비파괴검사
   ③ Concrete distributer

4) 철골공사
   ① 철골용접　　　　　　　② 비파괴검사
   ③ 철골세우기　　　　　　④ 양중
   ⑤ 내화피복 뿜칠

5) 마감공사
   ① 건물미장　　　　　　　② 바닥마감
   ③ 외벽도장　　　　　　　④ 타일하자 감지

6) 청소
    ① Duct 내부
    ② 하수도
    ③ 창호유리

Ⅳ. 활용전망

1) 활용원리

   건설기계에 micro processor를 부착하여 단순한 작업의 control, 원격조정, 무인작업으로 인간과 동일한 판단하에 작업을 수행하도록 함

2) 토공사
   ① Boring공을 통한 지반조사
   ② 지반의 연경도 및 지지력 파악
   ③ Slurry wall 등 각종 흙막이벽 공사
   ④ 토공사 안전을 위한 계측관리
   ⑤ 정지작업용

3) 기초공사
   ① 기초 pile의 지지력 확인
   ② 현장타설 콘크리트 pile 시공시 지반의 굴착상태
   ③ 지반의 지지력 조사
   ④ 지반 저면의 slime 제거

4) 철근콘크리트공사
   ① 철근공사
      ㉮ 철근의 가공, 철근 이음
      ㉯ 철근의 절단 및 배근
   ② 거푸집공사
      ㉮ 거푸집의 가공 및 제작
      ㉯ 해체된 거푸집의 정리 정돈
   ③ 콘크리트공사
      ㉮ 콘크리트의 각종 품질시험 대행
      ㉯ 공기량, 염분함유량, 반죽질기 등 파악

5) 철골공사
   ① 공장에서의 로봇을 통한 자동 용접
   ② 양중장비의 조정
   ③ 철골세우기 작업에서의 고력볼트 조임

④ 로봇을 통한 볼트, 용접작업 등은 검사생략 가능
⑤ 품질시험의 각종 비파괴 검사 대행
⑥ 내화피복 공사중 뿜칠공사

6) 마감공사
① 건축 미장의 평활도 및 미장두께 확인
② 타일시공의 하자 감지
③ 타일 부착강도의 확인
④ 뿜칠(spray) 도장공사 진행
⑤ 바닥 모르타르 마감공사시 평활도 양호

7) 청소
① Duct 내부의 청소
② 하수도 등 인력 청소가 어려운 장소
③ 먼지, 악취 등 열악한 환경에서의 작업

V. 결 론

건설 로봇의 활용으로 인하여 기능공의 부족 및 노령화에 대처할 수 있으며, 건축시공품의 품질 향상에도 크게 기여할 수 있으므로 로봇의 활용시기를 앞당길 수 있도록 노력해야 한다.

> **문 7** 다음 건설용 기계공구류에 대해 아는 바를 간단히 기술하라. [78후(30)]
> ㉮ 포크 리프트(fork lift) ㉯ 가솔린 래머(gasoline rammer)
> ㉰ 애지테이터 트럭(agitator truck) ㉱ 배처 플랜트(batcher plant)
> ㉲ 타워 크레인(tower crane) ㉳ 수중 모터 펌프
> ㉴ 드래그 셔블(drag shovel) ㉵ 콘크리트 펌프(concrete pump)
> ㉶ 슈매트 해머(schumit hammer) ㉷ 가이 데릭(guy derrick)

I. 개 요

최근 건축물이 대형화, 고층화 되어감에 따라 각종 기계 공구류에 의한 시공의 의존도가 높아지고 있다.

II. 기계 공구류

1) 포크 리프트(fork lift)
   ① 고층건물 시공시 주로 자재를 수직 운반하기 위한 장치
   ② 건물의 중심부에 상자 모양의 lift를 설치함
   ③ 조정방식은 lift 내 운전과 lift 외에서 운전하는 방식이 있으며, 겸용도 사용됨
   ④ 자재와 사람의 수직이동에는 효율적이나 추락에 대한 안전장치가 필요함
   ⑤ Fork lift 하부에 모래 등을 두껍게 깔아 추락 사고에 대비

2) 가솔린 래머(gasoline rammer)
   ① 토공사시 기초하부에 땅을 다지기 위한 기계 공구
   ② 가솔린을 원료로 사용하며, 하부 철판의 피스톤 작용에 의해 땅을 다짐
   ③ 사람이 양쪽으로 운전하면서 다짐하므로 넓은 장소에는 비효율적임
   ④ 다짐 효과도 신뢰할 수 없음

3) 애지테이터 트럭(agitator truck)
   ① 비빔이 완료된 콘크리트를 운반하는 트럭
   ② 양질의 콘크리트 확보 가능
   ③ 콘크리트 공급을 원활하게 함
   ④ 현장 콘크리트 타설의 작업량 증가
   ⑤ 운반중 콘크리트의 품질이 변화될 우려가 있음

4) 배처 플랜트(batcher plant)
   ① 물, cement, 골재, 혼화재료 등 콘크리트에 필요한 재료를 mixing하여 콘크리트를 생산하는 기계 설비
   ② 구성은 재료를 계량하는 batching plant와 재료를 비빔하는 mixing plant로 구분

③ 운용방식에 따라 수동식, 반자동식, 자동식, 전자동식으로 분류

5) 타워 크레인(tower crane)
   ① 고층 건물 시공시 각종 자재를 직접 양중하기 위한 양중기
   ② 설치방식에 따라 고정식과 주행식으로 분류
   ③ 배치계획과 안전성이 선행되어야 함

6) 수중 모터 펌프
   ① 물이 많이 나는 지반의 기초 공사시 사용하는 펌프
   ② 수중에 직접 펌프를 투입하여 양수하는 양수기
   ③ 구조는 물의 주입구에 걸름망이 설치되어 이물질에 의한 막힘을 방지
   ④ 전기 스위치만 연결하면 작동되는 편리한 장치임

7) 드래그 셔블(drag shovel)
   ① 흙을 파내기 의한 토공사용 굴착기
   ② 지반 하부에 있는 흙을 파기에 적당한 기계
   ③ 드래그 끝 line에 bucket을 달아 굴착과 동시에 적재 가능

8) 콘크리트 펌프(concrete pump)
   ① 콘크리트 수송용 pump를 이용하여 콘크리트를 타설하는 기계
   ② 가설장치에 의해 정치식과 트럭 탑재식(pump car)이 있음
   ③ Slump 8cm 이상의 콘크리트의 수송 가능
   ④ 성능에 따라 시간당 100m^3 이상의 콘크리트 타설 가능
   ⑤ 수송관의 연결로 수직, 수평으로 콘크리트 이동 가능

9) 슈미트 해머(schumit hammer)
   ① 콘크리트 표면을 타격하여 반발계수를 측정하므로 콘크리트의 강도를 추정하는 공구
   ② 소형이고 경량으로 조작이 용이
   ③ 한 번에 20곳을 측정하여 평균치 산출
   ④ 부재 두께가 10cm 이하는 사용에서 제외
   ⑤ 강도 측정의 신뢰성 부족

10) 가이 데릭(guy derrict)
    ① 철골 공사에서 세우기용으로 사용되는 장비
    ② 버팀줄(guy)로 지지하는 derrick
    ③ 양중 능력이 크므로 중량물의 운반에 널리 사용됨
    ④ 기초 당김줄의 고정 위치가 필요함

Ⅲ. 결 론

건설현장에는 여러 가지 기계공구류가 사용되고 있으나, 각각의 작업에 알맞는 기계공구의 선택이 우선되어야 작업효율을 높일 수 있다.

문 8 MCC(Mast Climbing Construction) [04중(10)]

I. 정 의

MCC system이란 자동화에 의한 건물을 건립하는 시스템으로 건축공사 자체를 하나의 공장과 같이 완전한 자동 시스템으로 현장에서 건설하는 것을 말한다.

II. 조립공법 순서

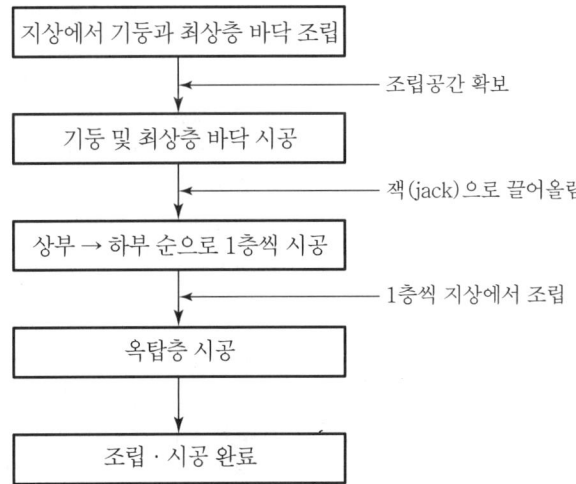

III. 특 징

① 자동 climbing system에 의해 상부 승강이 가능하다.
② 최상층부를 먼저 시공하여 기후의 영향을 받지 않는다.
③ 자동화 및 robot 시공으로 공기단축이 가능하다.
④ 소음·분진 등 공해 발생이 줄어든다.
⑤ 최상층부가 시공되어 있어 작업공간 확보가 용이하다.
⑥ 자동 이동 system에 의해 부재공급이 원활하다.
⑦ 생산장비의 전용이 가능하다.

IV. 세부조립방법

① 자동 climbing system   ② 자동 이동 system
③ 자동 조립 system   ④ 자동 계측 system
⑤ 자동 제어 system

永生의 길잡이-열

■ 엄연한 사실

사람이 행복하게 산다는 것은 쉬운 일이 아닌 듯합니다. 몸이 건강하면 물질적으로 어렵고, 물질의 형편이 좋아지면 건강이 나빠집니다. 건강도 물질도 다 좋으면 부부문제, 자녀문제로 아픔을 안고 살기도 합니다.

엊그제까지 건강했던 분이 갑자기 병상에 눕거나, 잠시 소식이 끊겼던 친지가 한 두 달 사이에 세상을 떠났다는 슬픈 소식도 가끔 듣습니다. 사람은 유일한 존재이기에 빠르고 늦은 차이가 있을 뿐 언젠가는 좋든 싫든 육신의 생명은 지상에서 사라지게 마련입니다.

그러나 사람의 영혼은 영원하다고 성경은 말씀하십니다. 평화와 사랑만이 있는 천국, 유황불이 이글거리는 지옥… 사람의 눈으로 볼 수 없다고 이 엄연한 사실을 부인하다가 임종이 가까워지면 그제야 후회하는 사람을 많이 보아왔습니다. 선생님은 어떻게 생각하십니까?

성경에는 이렇게 말씀하고 있습니다. "육은 본래의 흙으로 돌아가고, 영은 그것을 주신 하나님께로 돌아가기 전에 너의 창조자를 기억하라."

하나님의 귀하신 가정에 행복이 넘치시기를 기원합니다.

8장

마감 및 기타공사

10절 적산

8장 10절 적 산

1	공사비 예측방법		
	1-1. 설계단계에서 적정공사비 예측방법	[06후(25)]	8-452
	1-2. 기획 및 설계 단계별 공사비 예측방법	[08전(25)]	
2	개산 견적		
	2-1. 건축공사에 있어서 개산 견적방법(수량, 면적, 체적, 가격, 기타)	[81후(25)]	8-455
	2-2. 건설공사 개산 견적의 방법과 목적	[10전(25)]	
	2-3. 개산 견적방법	[85(25)]	
	2-4. 개산(概算) 견적	[99전(20)]	
3	부분별 적산 내역서		
	3-1. 건축물의 공사비 산출을 위한 부분별 적산방법	[93전(30)]	8-458
	3-2. 철골공사의 적산 항목을 분류하고 부위별 수량 산출방법	[99전(30)]	
	3-3. 부위별(부분별) 적산내역서	[78후(5)]	
4	실적공사비에 의한 적산방식		
	4-1. 표준품셈 개선에 추진방향으로 논의되고 있는 실적공사비에 의한 적산방식 ㉮ 실적 공사비에 의한 적산방식의 개념에 대하여 설명하시오. ㉯ 표준품셈 및 실적공사비에 의한 적산방식의 특징과 기대효과의 비교 ㉰ 실적공사비 도입에 대비하여 국내 건설업체가 준비할 대책	[97후(30)]	8-461
	4-2. 실적공사비 자료를 활용한 예정가격 산정방법 1) 실적공사비를 활용한 견적방법 정의 2) 도입의 필요성 3) 예정가격 산정방법 4) 도입시 예상되는 문제점	[03중(25)]	
	4-3. 실적공사비 적산제도 도입에 따른 문제점 및 대책	[04전(25)]	
	4-4. 현행 실적 공사비 적산제도 시행에 따른 문제점 및 대책	[10후(25)]	
	4-5. 실적공사비	[01후(10)]	
5	공사비 구성요소		
	5-1. 원가계산방식에 의한 공사비 구성요소	[88(15)]	8-466
	5-2. 간접공사비	[05전(10)]	
	5-3. 현장관리비의 구성항목과 운영상의 유의사항	[97전(40)]	8-468
6	현행 적산제도의 문제점 및 개선방향		
	6-1. 현행 적산방법에 개선방향을 제시하시오.	[94후(25)]	8-471
	6-2. 표준품셈제도의 존폐와 관련하여 다음 사항 ㉮ 표준품셈에 기초한 현행 적산제도의 문제점 ㉯ 현행 적산제도의 보완 및 개선방안	[95전(30)]	

7	현장실행예산서		
	7-1. 현장실행예산서(본사 관리비 제외)의 작성	[85(25)]	8-473
	7-2. 실행예산 작성시 검토할 사항	[01중(25)]	
	7-3. 실행예산	[90후(10)]	
8	고층건축과 저층건축의 공사비 동향		
	8. 고층 건축과 저층 건축의 공사비 동향을 비교	[94후(25)]	8-477
9	비계면적 산출방법		
	9. 건물 주위에 강관(鋼管)비계 설치시 비계면적 산출방법	[00중(10)]	8-479
10	판유리 수량 산출방법		
	10. 유리공사에서 판유리 수량 산출방법	[00중(10)]	8-480

문 1-1 설계단계에서 적정공사비 예측방법 [06후(25)]
문 1-2 건설 프로젝트의 기획 및 설계 단계별 공사비 예측 방법에 대하여 기술하시오.
[08전(25)]

I. 개 요
① 기획 및 설계단계에서 사업의 타당성을 조사하기 위하여 공사비를 예측하여야 한다.
② 전체공사비의 산정은 설계가 완료된후 공사에 소요되는 기타비용(예비비)까지 예상하며 산정하여야 하므로 기획 및 설계 단계에서의 공사비 예측은 정확성을 기하기 힘들다.

II. Project의 비용 산정방법
1) 개산 견적
   ① 설계가 완성되기 전에 공사비를 예측하는 방법
   ② 건축의 각종 기준에 의해 공사비 예측
   ③ 개략적인 공사비를 산정하는 방법
2) 상세 견적
   ① 상세 설계가 완료된후 공사비를 예측하는 방법
   ② 공사수량에 단위 비용을 산정하여 공사비 산출
   ③ 입찰전 검토를 위해 발주자측에서 설계실에 요구
3) 최종 견적
   ① 상세 견적을 토대로 최종적으로 결정되는 예측 공사비
   ② 최종 견적을 토대로 정확한 실행예산 수립

III. 기획 및 설계단계별 공사비 예측방법(설계단계에서 적정공사비 예측방법)
1) 개산견적

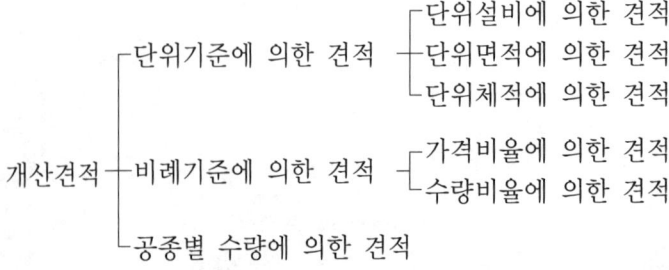

건물의 구조, 용도, 마무리의 정도를 검토하여 과거와 유사한 건물조건의 실적, 통계 data 등을 참고로 공사비를 개산하는 방법

2) 실적공사비 적산방법
   ① 신규공사의 예정가격산정을 위하여 과거에 이미 시공된 유사한 공사의 시공단계에서 feed back된 자재·노임 등의 각종 공사비에 관한 정보를 기초자료로 활용하는 적산방법
   ② 기본 개념도

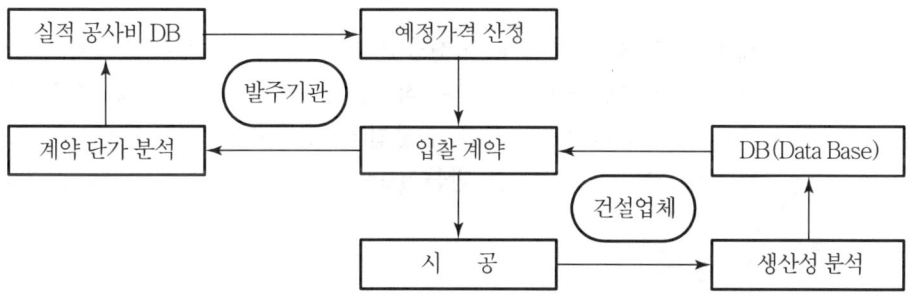

3) 부위별 적산방법
   ① 건축물의 요소와 부분을 기능별로 분류하고 집합된 것을 공사비로 나타내는 방법
   ② 실례

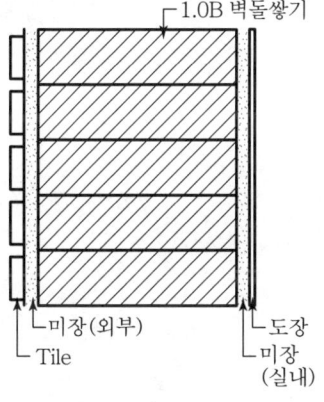

예) 조적(1.0B) 공사비 : 12,000원/m^2
    미장(외부) :   7,500원/m^2
    Tile :   3,000원/m^2
    미장(실내) :   6,500원/m^2
    도장 :   1,000원/m^2
    계)   30,000원/m^2

4) 원가계산방법
   ① 공사원가를 계산하여 공사비를 예측하는 방법
   ② 총공사비 구분
   공사비는 순공사비, 일반관리비, 이윤, 부가가치세로 각각 구분하고 순공사비는 다음과 같이 구분한다.

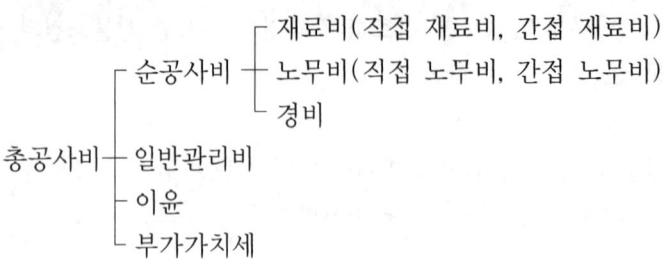

Ⅳ. 결 론

① 근래에 들어서는 건축자재 및 신공법의 발달로 과거 실적 자료와 상당한 차이를 보이므로 막연하게 동종 건축물로 적정공사비를 산출하는 것은 부정확할 때가 많다.
② 건축물의 규모, 마감재의 종류, 신공법의적용 등의 변화요소에 따라 오차가 크게 되므로, 부위별로 합성단가를 만들어 feed-back하게 되면 정확성을 기할 수 있다.

> **문 2-1** 건축공사에 있어서 개산 견적에 관하여 설명하여라.(수량, 면적, 체적, 가격, 기타) 〔81후(25)〕
> **문 2-2** 건설공사의 기획 및 설계 각 단계에서 사용되는 개산견적의 방법과 목적에 대하여 설명하시오. 〔10전(25)〕
> **문 2-3** 개산 견적방법에 관하여 기술하여라. 〔85(25)〕
> **문 2-4** 개산(概算) 견적 〔99전(20)〕

Ⅰ. 개 요

개산 견적이란 건물의 구조, 용도, 마무리 정도를 검토하여 유사한 건물의 실적, 통계 data를 참조로 공사비를 개산하는 방법이다.

Ⅱ. 개산 견적의 분류

```
                 ┌ 단위기준에 의한 견적 ┬ 단위설비에 의한 견적
                 │                      ├ 단위면적에 의한 견적
                 │                      └ 단위체적에 의한 견적
개산 견적 ───────┼ 비례기준에 의한 견적 ┬ 가격비율에 의한 견적
                 │                      └ 수량비율에 의한 견적
                 └ 공종별 수량에 의한 견적
```

Ⅲ. 개산 견적방법

1. 단위기준에 의한 견적

1) 단위설비에 의한 견적
   ① 학교 : 1인당 통계가격×학생수=총공사비
   ② 병원 : 1병상당 통계가격×bed수=총공사비
   ③ 호텔 : 1객실당 통계가격×객실수=총공사비
   ④ 공장 : 1마력당 통계가격×마력수=총공사비

2) 단위면적에 의한 견적
   m^2당 또는 평당으로 개산 견적하며, 비교적 정확도가 높고 편리해서 많이 사용한다.

3) 단위체적에 의한 견적
   전체건물에 용적 m^3당 개산 견적으로 공장이나 강당 같이 층고가 높을 때 많이 사용한다.

2. 비례기준에 의한 견적

1) 가격비율에 의한 견적
   각 공사부분에 통계상 공사비와 총공사비 비율을 기본으로 하여 결정
2) 수량비율에 의한 견적
   건축물의 면적당 공종별 일정수량 통계시 사용하여 공종별 공사비 개산

3. 공종별 수량에 의한 견적

1) 가설공사
   건축공사비의 5~10% 소요
2) 토공사
   ① 흙파기
      ㉮ 지하실 등 전체 흙파기 체적 산출
      ㉯ 줄기초 연길이 산출 : 평균 단면치수를 곱하여 총체적 산출
      ㉰ 구덩이 파기 : 평균치수와 개소를 곱하여 산출
      ㉱ 파내기 흙부피는 10~20% 증가
      ㉲ 잔토 처리량은 흙파기량의 20~80%
   ② 지정
      ㉮ 잡석다짐 : 면적×두께
      ㉯ 틈막이 자갈량 : 잡석의 30%
3) 철근 Con'c 공사
   ① Con'c
      ㉮ 철근 Con'c조 : 0.4~0.8m³/m²(면적당)
      ㉯ SRC조 : 0.6~0.8m³/m²
   ② 거푸집
      ㉮ 면적당 : 4~5m²/m²
      ㉯ Con'c량 : 5~8m²/m³
   ③ 철근
      ㉮ 철근 Con'c조 : 40~80kg/m²(면적당)
               80~120kg/m³(Con'c량)
      ㉯ SRC조 : 30~70kg/m²(면적당)
            70~110kg/m³(Con'c량)
   ④ 철골공사
      ㉮ 지붕틀 철골조 : 20~40kg/m²
      ㉯ S조 : 100~150kg/m²

㉰ SRC조 : 70~100kg/m²

㉱ Rivet : 300~400EA/t (철골수량)

Ⅳ. 개산 견적의 목적

1) 빠른 견적 산출

   유사한 건물조건의 실적, 통계 Data를 참고로 공사비를 견적하므로 견적속도가 빠르다.

2) 설계도서가 미비할 때의 견적 산출

   ① 설계 도면이 완성되지 않았을 경우의 견적 산출
   ② 정밀견적 산출전에 실시

3) 예상 공사비의 빠른 산출

   ① 대략적인 공사비의 산출
   ② Project에 대한 경제성 분석
   ③ 경제성 분석 여부에 따라 Project의 추진 여부 결정

4) 명세견적과의 비교

   ① 명세 견적으로 공사비 산출시 수량이나 계산착오로 인한 공사비의 잘못 산출을 방지
   ② 개산면적과 명세견적의 공사비 차이는 비교적 작음

5) 분양가격 예상

   ① 분양되는 건축물의 경우 분양가의 예상 가능
   ② 토지 매입 비용과 공사비의 산정으로 Project의 사업성 판단

6) 계획 단계에서 적용

   Project의 기획 및 계획 단계에서 적용하여 Project의 실행여부를 판단

Ⅴ. 결 론

개산 견적은 건축물의 규모, 마감재의 종류, 신공법의 적용 등 변화요소에 따라 오차가 크므로 부위별로 합성단가를 만들어 feed-back하게 되면 정확성을 기할 수 있다.

문 3-1 건축물의 공사비 산출을 위한 부분별 적산방법에 대하여 설명하여라.
[93전(30)]

문 3-2 철골공사의 적산 항목을 분류하고 부위별 수량 산출방법을 설명하시오.
[99전(30)]

문 3-3 부위별(부분별) 적산내역서 [78후(5)]

I. 개 요

부분별 적산방법은 건축물의 요소와 부분을 기능별로 분류하고 집합된 것을 cost로 나타낸 것이다.

II. 특 징

1) 수량 산출 용이
   부분마다의 표현이기 때문에 각 부분(평면, 입면, 단면)을 보기만 해도 수량을 산출할 수 있다.

2) 설계 변경 용이
   바탕과 마감 등이 같은 부분으로 계상되어 있기 때문에 설계변경 처리가 간단하고 착오도 적어 설계의 기능적인 전개가 가능함

3) Cost planning 유리
   부분별, 장소별로 공사비를 분석하기 때문에 기본설계 및 실시설계 단계에서 순조롭고 용이하게 대응할 수 있으므로 cost planning, cost balance에 유리

4) 공사내역 파악 용이
   내용이 전문적 표현이 아니기 때문에 건물 또는 설계 내용에 따른 cost를 알기 쉬움

III. 부분별(부위별) 내역 분류

1) 공사간접비
   ① 제경비
   ② 가설공사(temporary work)

2) 기초공사
   ① 토공(earth particle work)
   ② 지정
   ③ 기초 구체

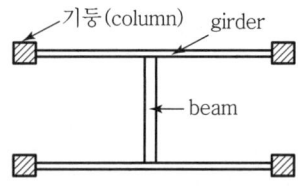

3) 골조공사
- ① 기둥(columm)
- ② 보(girder, beam)

4) 바닥(floor)
- ① 최하층 바닥(base floor)
- ② 중간 바닥(standard floor)
- ③ 최상층 바닥(roof floor)

5) 벽(wall)
- ① 외주벽
- ② 칸막이벽(curtain wall)

6) 설비공사
- ① 전기공사
- ② 기계설비공사
  - ㉮ 위생 : 급수, 급탕, 배관
  - ㉯ 냉난방
  - ㉰ 소화
  - ㉱ 공조
- ③ 승강기(elevator)
- ④ 기타 : 부대토목, 조경 등

Ⅳ. 철근공사 적산항목 분류

1) 자재비
- ① H형강, I형강 ㄷ형강 등을 규격별로 분류
- ② Plate 규격별, 고력볼트, 용접 등
- ③ 주각부 및 기초용 grouting 자재

2) 제작비
- ① 사용 장비비
- ② 인건비
- ③ 제작공장의 각종 경비
- ④ 제작을 위한 shop drawing비

3) 도장비
- ① 바탕처리비
- ② 하도처리비

4) 운반비
   ① 원자재의 공장에서 현장까지의 운반비
   ② 조립제품의 운반비
5) 설치비
   ① 소모자재비
   ② 인건비 및 공구손료
6) 마감공정에 소요되는 비용
   ① 도장비
   ② 내화피복재 시공 비용
   ③ 보양비
   ④ 기타 경비 등을 포함한다.

V. 부위별 수량 산출방법

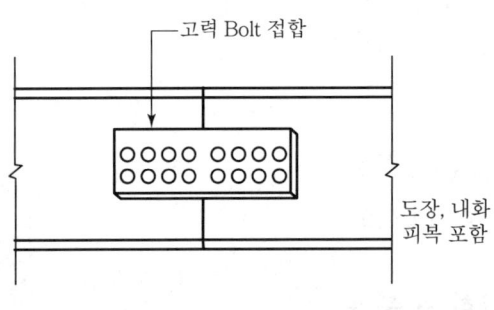

〈기둥+기둥 연결부〉

1) H-Beam   10,000원/m²
2) Plate   2,000원/m²
3) 고력 bolt   1,000원/m²   합계 16,500원/m² 소요
4) 도장   500원/m²
5) 내화피복   3,000원/m²
6) 각 항목당 재료비, 노무비, 경비 포함

VI. 결 론

부위별 수량 산출방법은 종래의 방식에 비해 종합 편집방식의 차이밖에 없으므로 전환이 쉽고, 현 적산방식에 비해 보다 정확하므로 적산시 활용범위를 넓혀가야 한다.

> **문 4-1** 표준품셈 개선에 추진방향으로 논의되고 있는 실적공사비에 의한 적산방식에
> 관하여 〔97후(30)〕
> ㉮ 실적공사비에 의한 적산방식의 개념에 대하여 설명하시오.
> ㉯ 표준품셈에 의한 적산방식과 실적공사비에 의한 적산제도방식에 대한 특징과
> 기대 효과에 대하여 비교 설명하시오.
> ㉰ 실적공사비 도입에 대비하여 국내 건설업체가 준비하여야 될 대책에 대하여
> 설명하시오
>
> **문 4-2** 실적공사비 자료를 활용한 예정가격 산정방법에 대하여 다음 사항을 기술하
> 시오. 〔03중(25)〕
> 1) 실적공사비를 활용한 견적방법의 정의   2) 도입의 필요성
> 3) 예정가격 산정방법   4) 도입시 예상되는 문제점
>
> **문 4-3** 실적공사비 적산제도 도입에 따른 문제점 및 대책에 대하여 기술하시오.
> 〔04전(25)〕
>
> **문 4-4** 현행 실적공사비 적산제도 시행에 따른 문제점 및 대책에 대하여 설명하시오.
> 〔10후(25)〕
>
> **문 4-5** 실적공사비 〔01후(10)〕

Ⅰ. 개 요

이미 시공된 공사의 실적을 근거로 유사공사의 공사비를 산출하는 방식을 실적공사비에 의한 적산방식이라 한다.

Ⅱ. 실적공사비 적산방식의 개념(정의)

1) 의의
① 실적공사비 적산방식이란 신규공사의 예정가격 산정을 위하여 이미 시공된 유사한 공사의 시공단계에서 feed-back된 자재·노임 등의 각종 공사비에 관한 정보를 기초자료로 활용하는 적산방식이다.
② 기 수행공사의 data base된 단가를 근거로 입찰자가 현장 여건에 적절한 입찰금액을 산정하고, 발주자는 이를 토대로 분석하므로 요구되는 품질과 성능을 확보할 수 있다.

2) 기본 개념도

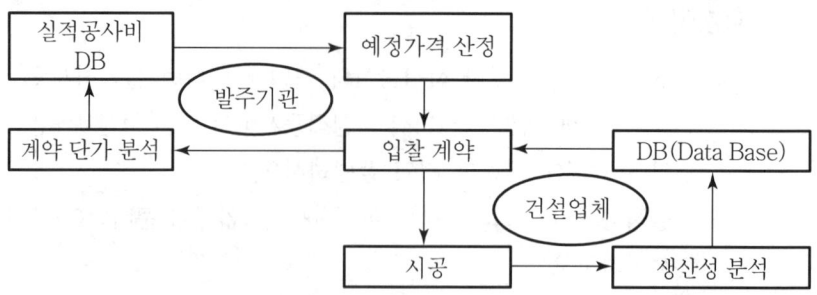

Ⅲ. 도입의 필요성

① 예정가격 산정에 있어서 원가계산방식의 한계성 극복
② 공사내용을 정확하게 전달
③ 시장 거래 가격의 적절한 반영
④ 시공 형태의 변화에 쉽게 대응
⑤ 적산업무의 간소화
⑥ 원·하도급간 거래가격의 투명성 확보
⑦ 신기술·신공법의 적용으로 시공기술이 발전

Ⅳ. 예정가격 산정방법

1) 본공사비 산정

① 수량 × 공종별 실적공사비

② 공종별 실적공사비 = 과거의 계약단가에 시간차, 공사특성차를 보정한 가격 × 도면, 시방서로부터 산출된 수량

2) 공통비용 산정

① 수량×단가, 비율계상 등
② 공통비용 : 경비, 이윤, 일반관리비
③ 비율계상 : 일반관리비, 이윤, 산재보험료, 안전관리비, 기타 경비

3) 예정가격 산정

본공사비+공통비용+VAT

V. 특징과 기대 효과 비교

1) 특징 비교

구 분	표준품셈 적산방식	실적공사비 적산방식
의 의	공사비를 형성하는 각각의 요소에 대해 적정가격을 조사하여 각 요소별로 계산하여 집계	이미 시공된 유사한 공사의 시공 단계에서 feed-back된 자재, 노임 등의 각종공사비를 기준으로 공사비산정
예산가격 산정	예정가격 = 일위대가표×설계도서에서의 산출수량	예정가격 = 유사공사의 과거계약 단가에 시간차, 공사특성차를 보정한 가격×설계도서 산출수량
작업조건 반영	미반영(일률적)	다양한 환경 및 작업조건 반영
신기술 적용	신기술, 신공법 적용 미흡	신기술, 신공법 적용 가능
노임 책정	노임 책정 미흡	실제 노임 반영
공사비 산정	공사비 산정 미흡	적정 공사비 산정 가능
품질관리	적정 노임이 책정되어 있지 않아 품질관리 불리	적정노임 및 공사비가 책정되어 품질관리 유리
적산업무	복잡	간편

2) 실적공사비에 대한 기대 효과

① 실제공사에 적용되는 자재 및 노임이 현실화된다.
② 특수조건 하에서의 공사 및 특수지역에서의 공사 특성이 반영된다.
③ 신기술·신공법의 적용으로 시공기술이 발전된다.
④ 적산 업무가 간소화된다.
⑤ 원·하도급간 거래 가격의 투명성이 확보된다.
⑥ 시공실태 및 현장여건이 반영된다.
⑦ 기술개발에 의한 경쟁력 확보를 유도한다.

VI. 문제점

1) 항목별 수량 산출기준 미정립

① 설계 및 공정의 미통합
② 견적, 시공 및 공정의 일체성 부족

2) 공종분류체계 표준화 부족

시방서 및 각 기업간의 공종분류방법의 상이로 표준화의 필요성 절실

3) 시방서 내용의 경질
    신기술, 신공법 등 시대적 요구에 따른 시방서의 변화 부족
4) 설계의 정도 부족

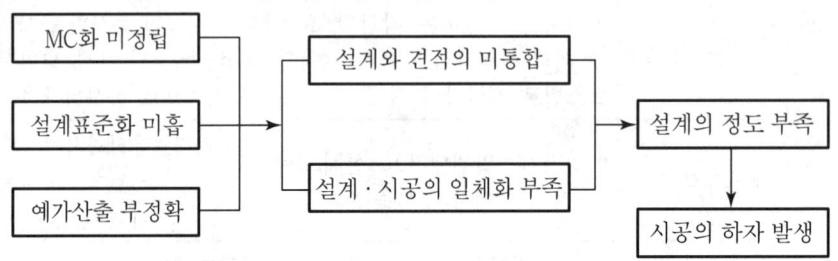

설계에 의한 하자발생률이 전체하자의 50%가 넘는 수준임

5) 작업조건 반영 미흡
    각 지역별로 다른 특수상황에 대한 반영 미흡
6) 적산제도의 합리화 부족

Ⅶ. 대책(준비할 대책)

1) 설계의 표준화 확립
    ① 설계의 치수조정을 통하여 공업화를 이룩함
    ② 합리적인 건축생산을 하는 MC화
2) 작업조건 반영
    다양한 작업조건의 반영
3) 시방서 내용개선
    신기술, 신공법에 대한 기능분석 및 test를 통하여 시방서내용의 지속적 보완 실시

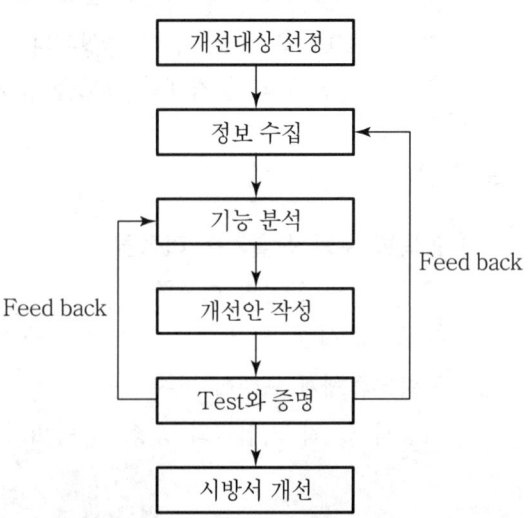

4) 신기술 적용

   신기술 도입시 현장적용성의 간편화 및 과감한 도입

5) 적산과 관련된 제도의 개선

   ① 건축법과 관련법의 통폐합 및 규제의 일원화

   ② 설계, 적산 및 공정의 일체화

6) 공종분류체계의 확립

   ① 각기 다른 분류체계를 사용하고 있는 건축관련법규를 통합

   ② 표준화를 마련하여 관리

7) 예가산정의 현실화

   예가산정시 실제 조건 반영

Ⅷ. 결 론

실적공사비 적산방식의 적용과 더불어 견적기준과 견적방법의 연구개발 등으로 전산화하여 과학적이고 실용적인 적산기법이 개발되어야 한다.

문 5-1 원가계산방식에 의한 공사비 구성요소를 기술하여라. [88(15)]
문 5-2 간접공사비 [05전(10)]

I. 개 요

원가계산에 의한 예정가격 작성 준칙에 따른 공사비는 순공사비, 일반관리비, 이윤 및 부가가치세 등으로 구성된다.

II. 공사비 구성

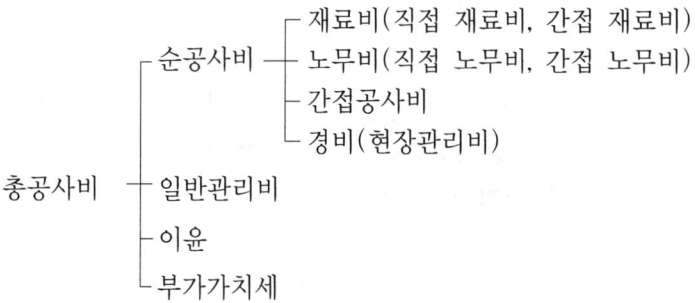

III. 공사비 구성요소

1) 재료비
   ① 직접재료비
      공사 목적물의 기본적 구성형태를 이루는 물품의 가치
   ② 간접재료비
      ㉮ 공사에 보조적으로 소비되는 물품의 가치
      ㉯ 재료구입시 소요되는 운임, 보험료, 보관비 등
      ㉰ 매각액 또는 이용가치를 추산하여 재료비에서 공제

2) 노무비
   노동의 대가로 노무자에게 지불되는 금액
   ① 직접 노무비
      ㉮ 작업(노무)만을 제공하는 하도급에 지불되는 금액
      ㉯ 노무량×단위당 가격(직접노무비, 간접노무비)
   ② 간접 노무비
      ㉮ 현장관리 인원의 노무비
      ㉯ 감독비, 감리비, 현장 직원 임금 등

3) 간접공사비
   ① 간접공사비는 공사의 시공을 위하여 공통적으로 소요되는 법정비용 및 기타 부수적인 비용
   ② 직접공사비 총액에 비용별로 일정요율을 곱하여 산정한다.
   ③ 공사원가는 직접공사비와 간접공사비로 구성된다.
   ④ 전계획사업에 관련되어 발생하는 비용
   ⑤ 간접공사비 항목
   - ㉮ 산재보험료
   - ㉯ 고용보험료
   - ㉰ 건강보험료
   - ㉱ 연금보험료
   - ㉲ 퇴직공제부금
   - ㉳ 산업안전보건관리비
   - ㉴ 공사이행보증수수료
   - ㉵ 하도급대금지급보증서수수료
   - ㉶ 환경보전비
   - ㉷ 기타 법정경비

4) 경비
   ① 공사현장에서 발생하는 순공사비 이외의 현장관리 비용
   ② 전력비, 운반비, 기계경비, 가설비, 특허권 사용료, 기술료, 시험검사비, 안전관리비 등
   ③ 외주가공비
      외주업체에 발주된 재료에서 가공비만 경비로 산정
   ④ 감가상각비
      건축물 기계설비 등의 고정자본의 감소분을 경비로 산정

5) 일반관리비
   ① 기업의 유지를 위한 관리활동부분에서 발생하는 제비용
   ② 임원급료, 직원급료, 제수당, 퇴직금, 충당금, 복리후생비
   ③ 여비, 교통통신비, 경상시험 연구개발비
   ④ 본사 수도광열비, 감가상각비, 운반비, 차량비
   ⑤ 지급임차료, 보험료, 세금공과금

6) 이윤
   ① 영업이윤을 지칭
   ② 공사규모, 공기, 공사의 난이에 따라 변동
   ③ 일반적으로 총공사비의 10% 정도

7) **부가가치세**
   ① 물건을 사다가 파는 과정에서 부가된 가치(이윤)에 대하여 부과되는 세금
   ② 국세, 보통세, 간접세
   ③ 6개월을 과세기간으로 하여 신고납부

문 5-3 현장관리비 구성항목과 운영상의 유의사항에 관하여 기술하시오.
[97전(40)]

I. 개 요
현장관리비는 현장운영상 소요되는 경비로서, 공사원가에서 차지하는 비율이 높으므로 현장에서는 이를 절감할 수 있도록 노력하여야 한다.

II. 공사비 구성

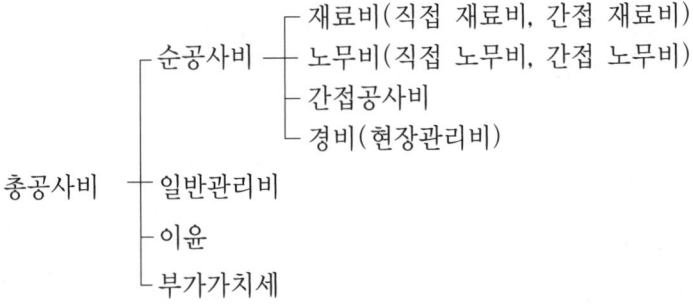

III. 현장관리비의 구성항목

1) 전력비
   계약 목적물을 시공하는 데 소요되는 전기비, 임시동력비

2) 운반비
   재료비에 포함되지 않은 운송비, 하역비, 상하차비 등

3) 기계경비
   표준품셈의 건설기계의 산정기준에 의한 비용

4) 기술비 및 특허 사용료
   Know-how비 및 타인 소유의 특허권을 사용한 경우 지급되는 수수료

5) 품질관리 및 연구개발비
   품질시험 및 시험시설 제작에 소요된 비용 및 기술개발 용역비

6) 가설 및 수도광열비
   가설 설치에 따른 비용과 현장용수를 제외한 각종 수도 사용료 및 난방연료비

7) 보험료
   법령 또는 계약조건에 의하여 가입이 요구되는 보험료

8) 보관 및 지급임차료
    외부에 지급되는 창고 사용료 및 목적물 시공시 사용되는 토지, 건물의 사용료
9) 복리후생비
    시공시 종사자의 약품대, 치료비, 피복비, 급식비 등
10) 소모품비
    문방구, 장부대, 복사비, 기타 사무용품의 구입비
11) 교통비, 통신비
    현장에 소요되는 여비, 차량유지비, 전신전화 사용료, 우편료 등
12) 세금, 공과금
    당해 공사에 관련한 재산세, 차량세, 공공단체 납부용 공과금
13) 폐기물 처리비
    시공중 발생한 공해유발물질 처리비
14) 도서 인쇄비
    참고서적 구입비, 각종 인쇄비, 사진책자, 시공기록 책자 등
15) 환경 보전비
    제반 환경오염방지시설 설치비
16) 보상비
    인접한 도로, 재산, 지장물 철거시 발생하는 보상·보수비

IV. 운영상의 유의사항

1) 현장관리비 개념 정립
    ① 자사의 특성 및 경영방침에 입각
    ② 직접비 부분과 간접비 부분의 기준 확정
2) 현장 상황이 고려된 적정 원가 구성
    ① 본사 주도의 행정적 편성 배제
    ② 현장의 정확한 실정이 반영된 적정예산 확보
3) 사전 운영계획서 작성
    ① 항목별, 월별로 지출예상금액을 산정
    ② 기 완료된 근접현장 자료를 근거로 전용
4) 계획 대 실적의 철저한 대비
    ① 주별, 월별, 분기별, 연별로 작성 대비
    ② 초과시는 원인분석 및 대책을 강구

5) 증빙 자료의 확보
   ① 세무증빙용으로 계약서, 영수증, 입금표 등을 보관
   ② 차후 현장의 원가계산 자료로 feed-back
6) 불요불급 경비 최대 억제
   ① 작업 독려비, 대관 업무비의 절대 삭감
   ② 2중 지출 낭비의 원인 제거
7) 현장 직원의 원가의식 전환
   ① 주인의식 고취
   ② 규정 준수하에 합리적인 운용
8) 원가관리기법의 활용
   ① VE, LCC기법 도입
   ② 과학적 공정관리(CPM)로 공기단축

V. 결 론

현장 관리비의 운영은 현장 책임자의 의지에 따라 차이가 많고, 현장 종사자들의 의식에 따라서도 많은 차이가 나므로 이를 절감할 수 있도록 노력해야 한다.

> **문 6-1** 현행 적산방법의 개선방향을 제시하시오. 〔94후(25)〕
> **문 6-2** 표준품셈제도의 존폐와 관련하여 다음 사항을 설명하시오. 〔95전(30)〕
> 　㉮ 표준 품셈에 기초한 현행 적산제도의 문제점
> 　㉯ 현행 적산제도의 보완 및 개선방안

Ⅰ. 개 요

현행 적산제도는 정부 노임단가의 비현실성, 적산 자료부족 등의 문제점이 있으므로, 이를 보완 및 개선하기 위해서는 전문 적산사 제도와 더불어 부위별 적산의 활성화가 필요하다.

Ⅱ. 현행 적산제도의 문제점

1) 정부 노임단가의 비현실
   ① 실제의 노동자 임금과 심한 격차
   ② 기능도에 따른 차등 적용이 미흡

2) 노력과 재원의 낭비
   ① 예정가격 작성시 표준품셈을 적용
   ② 표준품셈에 의존

3) 적산능력개발 미흡
   표준 품셈 적용의 타성에 기인

4) 표준품셈의 경직
   ① 공종 항목의 부족
   ② 신기술·신공법의 적용 곤란

5) 작업조건 반영의 미흡
   다양한 환경, 지역적 작업조건의 미흡

6) 기술발전의 추종성 미흡
   ① 품셈 개정·제정의 불합리
   ② 구습에 의한 기본틀 구사

7) 적산 전문인력의 부족
   ① 전문연구기관의 미비
   ② 전문교육실습 system이 없음

8) 수량산출기준의 미비
   수량산출 및 수량조서의 작성기준 미비

Ⅲ. 개선방향

1) 공법 선정의 자율성 부여
   ① 입찰시 수량조서 체계를 단순화
   ② 공법 선정 및 활용을 자율적으로 적용
2) 실적공사비 적산방식
   ① 시장 가격을 제대로 반영
   ② 실적에 의한 공사비를 견적에 반영
3) 전문적산사 제도의 시행
   ① 예산 견적, 공사비 적산, 입찰 계약서류 작성
   ② 입찰가 분석, 원가관리, 기성고 사정 등 역할
4) 민간 적산전문기관에 이양
   ① 표준품셈의 폐지
   ② 적산 기술 발전은 민간기업에게 이양
5) 민간 적산자료 발간기관 육성
   Cost data(美 MEANS 등) 등 발간을 유도
6) 수량산출기준 제정
   실적 공사비 등에 의한 과거의 시공 실적을 축적하여 수량산출기준을 제정
7) 적산의 전산 system 개발
   컴퓨터에 의한 수량산출과 일위대가 관리를 통한 전산시스템 개발
8) 개산 견적방법의 연구개발
   견적시간 및 노력 단축에 대한 지속적인 연구
9) 부위별 적산
   ① 수량산출이 용이하고 설계변경이 용이
   ② 공사관리가 편리하고 공사내역 파악이 용이

Ⅳ. 결 론

현행 적산제도는 정부 노임단가 및 표준품셈의 비현실성과 적산 전문인력, 적산방법, 자료부족 등의 문제가 많으므로 실적공사비를 적용하고 견적기준과 견적방법의 연구개발 등으로 전산 system화 하면 과학적인 적산기법이 개발될 것이다.

문 7-1 현장실행예산서(본사 관리비 제외) 작성에 대하여 기술하여라. [85(25)]
문 7-2 실행예산 작성시 검토할 사항에 대하여 설명하시오. [01중(25)]
문 7-3 실행예산 [90후(10)]

I. 개 요

실행예산이란 공사현장의 제반조건(자연조건, 공사장 내외 제조건, 측량결과 등)과 공사시공의 제반조건(계약내역서, 설계도, 시방서, 계약조건등) 등에 대한 조사 결과를 검토, 분석한 후 계약내역과 별도로 시공사의 경영방침에 입각하여 당해 공사의 완공까지 필요한 실제 소요공사비를 말한다.

II. 실행예산의 구성

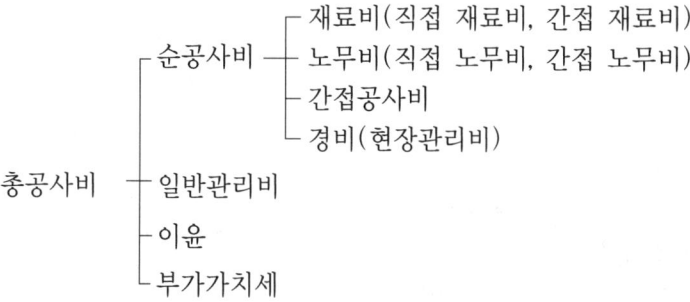

III. 실행예산서 작성

1. 실행예산의 분류

1) 당초 실행예산

   최초 계약내역서에 의거한 공사 시작부터 완공까지의 예측 실공사비

2) 일시적 예산

   여유 없을 시 공사활동에 지장이 없도록 본 예산 편성시까지의 공정에 대한 예측 실공사비(가예산)

3) 사전 공사예산
   ① 계약 전 상호 승인된 사전 공사분에 대한 본 예산편성시까지의 공정에 대한 예측 실공사비
   ② 계약체결 즉시 본 예산이 편성 및 승인되어야 함
4) 추가예산
   누락, 추가 항목 발생시 그 부분만을 묶어서 편성한 예측 실공사비
5) 미완성 공사예산
   경영관리상 필요 시점에서의 잔여공사 예산
6) 수정예산
   설계변경, 공법변경 등의 발생시 본 예산에서 수정한 공사비 예산
7) 정산 예산
   공사완성단계에서 추후 변동사항이 없을 것으로 판단하여 실제 집행한 금액에 대해 편성한 예산

2. 실행예산의 작성치침

① 회사의 경영방침에 입각
② 경영계획에 의한 목표이익계획에 부합
③ 제반경영 관리규정 준수
④ 공사업무 관리규정 및 예산 관리규정에 의거
⑤ 공사도급내역서의 공종에 준함
⑥ 실행내역은 공종별, 원가요소별(재료비, 노무비, 외주비, 경비, 현장관리비)로 구분

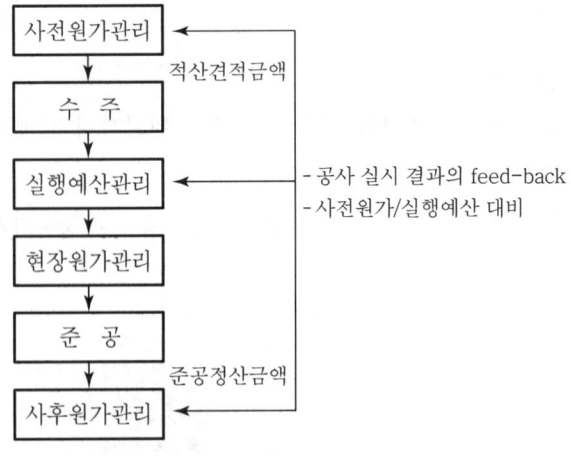

3. 실행예산 작성요령

① 조기 작성
② 달성가능 목표 설정
③ 대비 가능 작성
④ 지역 특성 고려
⑤ 물가변동, 환율고려
⑥ 공사의 성격고려
⑦ 품질정도 고려
⑧ 작업기간 고려
⑨ Feed-back 가능 작성

4. 작성시 유의사항

① 수입 지출을 대비할 수 있고, feed-back 가능한 system으로 한다.
② 하도급 계약 및 지불의 기초가 되므로 내역분류에 따라 정리되어야 한다.
③ 실시 투입원가와의 대비 분석이 용이토록 작성한다.
④ 차기 수주시의 견적 data로 활용할 수 있게 한다.

Ⅳ. 작성시 검토할 사항

1) 설계도서 검토
  ① 설계도, 시방서 등을 검토
  ② 현장설명서, 질의응답 등 검토
  ③ 기타 계약조건, 시공조건 등을 검토

2) 작업조건 고려
  ① 다양한 환경, 지역적 작업조건 고려
  ② 지역별 행정 system 차이에 대비
  ③ 작업인원의 유동성, 작업의 연속성 여부에 따른 현장인원 증가 및 감소 고려
  ④ 다설지역, 다우지역, 한중기간 및 기온
  ⑤ 오지지역, 민원다발지역 등
  ⑥ 동절기 및 하절기 공사기간 고려

3) 시장가격 반영
  ① 실제 시장거래가격의 조사
  ② 지역별 노무비 조사

4) 공사의 품질 및 성격 파악
   ① 공사의 품질 정도 파악
   ② 시공조건, 공사 성격, 발주처 특성 등 파악
   ③ 책임감리제 여부
5) 물가변동 및 환율 검토
   ① 물가변동에 따른 계약금액 조정 검토
   ② 수입 자재에 대한 환율변동 검토
6) 설계 변경 대비
   실행예산 작성시 설계변경에 미리 대비할 것
7) Feed back system
   ① 공사의 실시 결과를 feed back함
   ② 타현장에 활용이 가능하도록 data base화

V. 결 론

실행예산은 공사집행의 지표이므로 선진 관리기법의 도입과 현장의 정보화 시공의 조속한 정착으로 경영 전략 차원에서의 원가절감이 바람직하다.

문 8 고층 건축과 저층 건축의 공사비 동향을 비교하시오. [94후(25)]

I. 개 요

고층 건축은 저층 건축에 비해 특수 보강공법 및 양중높이가 커지며, 공기지연과 안전 대책에 따른 영향으로 공사비 증대가 초래된다.

II. 고층 건축의 공사비 증대 요소

① 공사 규모의 대형화 및 고층화
② 고소 작업으로 인한 안전설비 설치
③ 양중장비의 다소
④ 지하 굴착 깊이의 증가
⑤ 긴 공기로 인한 기상의 영향
⑥ 구조체의 내화 성능 및 안전성 증대

III. 공사비 동향 비교

1) 건축공사비
   ① 20층 이상 공사시 저층에 비해 60% 증가한다.
   ② 30층 이상 공사시 저층에 비해 42% 증가한다.

2) 주체공사비
   ① 지상 주체공사비는 고층이 2.29배 증가한다.
   ② 철골공사비는 4.8배로 현저히 증가한다.

3) 외주벽공사비
   ① 고층의 경우 바닥 면적당 외주벽 면적 증가
   ② 전체 마감공사비 중 외주벽공사비 비율이 크므로 전체적으로 공사비가 증대된다.

4) 설비공사비
   ① 용량 증가로 자재규격·치수 등이 증대된다.
   ② 특히 승강기공사비 증대가 많다.

5) 열부하 증대
   외주벽 증가에 따른 열부하 증대로 공조설비 비용이 증가한다.

6) 양중비용
   소운반의 증대 및 양중량의 증대로 양중설비의 고성능화가 필요하다.

7) 품질관리비

고층화에 따른 구조적 정밀시공을 위한 품질관리비가 증가된다.

IV. 결 론

고층 건축에 대한 공사비의 cost down 방법이 요구되므로 현장생산의 공업화 및 prefab 화를 통한 연구와 개발에 많은 투자가 있어야 한다.

문 9 건물 주위에 강관(鋼管)비계 설치시 비계면적 산출방법 [00중(10)]

I. 정 의

강관비계는 본 공사의 진행속도에 맞추어 적절한 시기에 건물의 외벽에 설치하는 것으로 본 공사에 지장이 없도록 사전계획 수립이 필요하다.

II. 면적 산출방법

1) 쌍줄비계
   ① 목조
      벽 중심선에서 90cm 거리의 지면에서 건물높이까지의 외주면적
   ② 철근콘크리트조 및 철골조
      ㉮ 벽외면에서 90cm 거리의 지면에서 건축높이까지의 외주면적
      ㉯ $A = (\Sigma l + 0.9 \times 8)H$

2) 겹비계, 외줄비계
   ① 목조
      벽중심선에서 45cm 거리의 지면에서 건물높이까지의 외주면적
   ② 철근콘크리트조 및 철골조
      ㉮ 벽외면에서 45cm 거리의 지면에서 건물높이까지의 외주면적
      ㉯ $A = (\Sigma l + 0.45 \times 8)H$

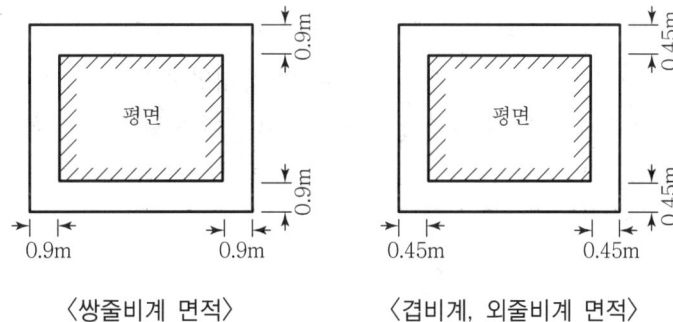

〈쌍줄비계 면적〉   〈겹비계, 외줄비계 면적〉

문 10 유리공사에서 판유리 수량 산출방법   [00중(10)]

I. 정 의

건축 유리공사에서는 주로 판유리가 사용되며, 그 종류에는 투명판유리, 무늬유리, 형판유리, 색유리, 유리블록 등이 있다.

II. 판유리의 특징

① 광선을 투과하는 불연재료임
② 반영구적인 내구성
③ 성형 및 대량생산 가능
④ 충격에 약하며 파손시 안전에 위험

III. 수량 산출방법

① 사용유리의 한 장의 면적에 장수를 곱하여 한계면적으로 산출하는데, 생산품 치수 중 정미면적에 가장 가까운 것 또는 그 배수가 되는 것으로 매수로 계산한 양을 소요량으로 한다.
② 유리 정미면적은 창호 종류별(목재창호, 강재창호, 알루미늄창호) 및 규격별 또는 유리종류별, 두께별로 구분하여 매수로 계산하며 유리끼우기 홈의 깊이를 고려한다.
③ 근사적으로 할 때는 유리의 표면면적에 자름토막, 파손 등의 손실량을 15~20% 가산한 것을 유리의 소요면적으로 한다.
④ Steel sash는 테두리 면적에 20% 가산한 것을 소요면적으로 한다.
⑤ 이중 유리끼우기일 때는 그 부분의 유리면적을 배로 계상한다.
⑥ 유리끼우기 홈의 깊이는 보통 7.5mm 정도이다.

9장

총론

1절 공사관리

9장 1절 공사관리

1	시공계획을 위한 사전조사		
	1. 건축공사 착공시 시공계획을 위한 시공관리자로서 사전조사 준비사항 [88(25)]		9-9
2	시공계획서		
	2-1. 도심지에 대규모 고층건물 설립시 시공 준비작업	[80(20)]	9-12
	2-2. 시공계획의 기본사항	[81(25)]	
	2-3. 현장 시공계획에 포함되는 내용	[85(25)]	
	2-4. 건축현장 시공계획에 포함되어야 할 내용	[09전(25)]	
	2-5. 현장에서 시공계획서 작성 항목(열거) 시공관리 측면에서 기술	[99중(30)]	
	2-6. 시공계획서 작성시 기본방향과 계획에 포함되는 내용	[04중(25)]	
	2-7. 시공계획서 작성의 목적, 내용 및 작성시 고려사항	[07후(25)]	
	2-8. 건축공사 착공전 현장 책임자로서 공사계획의 준비항목과 내용	[06후(25)]	
3	공사관리		
	3-1. 공사관리에 대하여 다음 각항을 설명 [87(25)] ㉮ 품질관리(10점) ㉯ 공정관리(10점) ㉰ 원가관리(5점)		9-18
	3-2. 건설업에서 공사관리의 중요성	[95중(30)]	
	3-3. 시공성(constructability)	[98중후(20)]	9-22
	3-4. 시공성 분석(constructability)	[01중(10)]	
	3-5. 시공성(constructability)	[02중(10)]	
	3-6. 시공 실명제	[98전(20)]	9-23
4	공사 관리자의 자질과 책임		
	4-1. 공사관리자의 자질과 책임	[89(25)]	9-24
	4-2. 건설 기술자의 현장 배치에 관한 규정을 설명하고, 공사책임 기술자의 역할	[90후(30)]	
	4-3. 공사 착수전 현장 대리인으로서 수행해야 할 인·허가 업무	[04중(25)]	
	4-4. 건축공사현장에서 공무담당자의 역할과 주요업무	[11전(25)]	
	4-5. 책임 감리자로서 기술적 지도검사의 역할 및 책임	[95전(40)]	9-29
	4-6. 공사감리자의 역할 및 책임과 시공자의 역할 및 책임을 비교	[91후(30)]	
	4-7. 관리적 감독 및 감리적 감독	[03후(10)]	9-33
5	감리제도의 문제점 및 대책		
	5-1. 감리제도의 문제점 및 대책	[92후(30)]	9-35
	5-2. 현행 감리제도의 방식을 논하고, 그 문제점과 개선방향	[96후(30)]	
	5-3. 책임 감리와 CM(건설 사업관리)의 유사점 및 차이점과 개선방안	[99후(40)]	9-38

6	CM 제도		
	6-1. CM제도의 단계별 업무 내용	[92후(30)]	9-41
	6-2. 건설프로젝트 단계별 CM 업무	[06후(25)]	
	6-3. 건설사업 관리(CM)의 주요업무	[00전(10)]	
	6-4. 우리나라 건설업의 CM 필요성, 현황 및 발전방안	[98중후(40)]	
	6-5. CM의 계약방식 및 향후 발전 방향	[09중(25)]	
	6-6. CM계약의 유형	[97후(20)]	
	6-7. 시공 책임형 사업관리(CM at Risk)의 특징과 국내 도입시 기대효과	[10전(25)]	
	6-8. XCM(eXtended Construction Management)	[10중(10)]	
	6-9. CM(Construction Management)	[88(5)]	
	6-10. Construction Management	[96중(10)]	
	6-11. 사업관리(project management)의 업무내용	[98중후(40)]	9-48
7	컴퓨터를 이용한 현장관리		
	7. 컴퓨터를 이용한 현장 관리	[85(25)]	9-50
8	부실시공의 원인 및 방지대책		
	8-1. 부실시공의 원인과 방지대책	[05전(25)]	9-52
	8-2. 최근 국내 건축물의 도괴사고에 대한 일반적인 원인과 방지대책	[93전(40)]	
	8-3. 설계 및 시공 측면에서 본 부실공사 방지대책	[94전(30)]	
	8-4. 근래 건축물의 시공의 질이 저하되고 있는데 그 개선대책	[79(25)]	
	8-5. 인력부족, 인건비 상승에 따른 품질저하, 공기문제에 대한 대책	[90전(40)]	
	8-6. 부실공사와 하자의 차이점	[06중(10)]	9-59
9	종합품질관리(TQC)		
	9. 종합품질관리(TQC)의 주안점과 품질관리에 쓰이는 기법(tool)	[86(25)]	9-61
10	건축시공에서 품질관리의 필요성		
	10-1. 품질관리를 단계적으로 설명 및 건축시공에서 품질관리 필요성	[85(25)]	9-63
	10-2. 건축공사의 품질관리방법(순서대로 기술)	[95중(40)]	
11	품질관리 7가지 도구		
	11-1. 건축공사 품질관리 1) 생산성에 미치는 효과 2) 품질관리 Tool	[03후(25)]	9-66
	11-2. 품질관리의 7가지 도구	[97중전(20)]	
	11-3. 건축 품질관리시에 사용되는 관리도 및 산포도	[94후(25)]	
	11-4. 관리도	[85(5)]	
	11-5. 히스토그램(Histogram)	[08전(10)]	
	11-6. Pareto	[00후(10)]	
	11-7. 특성 요인도	[85(5)]	
	11-8. 특성 요인도	[92전(8)]	
	11-9. 산포도(산점도 : Scatter Diagram)	[01전(10)]	

12	품질경영(Quality Management)			
	12-1. 품질경영(Quality Management)을 구성하는 3단계 활동	[99전(30)]	9-72
	12-2. 건설 프로젝트에 있어서 quality-management	[01후(25)]	

	12-3. 건설공사 품질보증
	    1) 도급계약서상의 품질보증
	    2) TQC에 의한 품질보증
	    3) ISO9000규격에 의한 품질보증
		[02후(25)]	

	12-4. 품질보증(Quality Assurance)	[01후(10)]	
	12-5. TQM(Total Quality Management)	[98중전(20)]	9-76
13	설계품질과 시공품질		
	13-1. 국내 공사현장에서 설계품질이 시공품질에 미치는 영향	[96전(30)]	9-77
	13-2. 설계품질과 시공품질	[01후(25)]	
	13-3. 공사현장 책임자로서 시공품질 보증을 하기 위한 운영계획	[96전(40)]	
14	품질시험		

	14-1. 건설기술관리법상 현장에서 하여야 할 품질시험 업무
	    ㉮ 종류와 각각의 내용
	    ㉯ 현장 수행 업무과정에서 문제점과 개선방안
		[97후(30)]	9-82

	14-2. 건축 현장에서 수행하는 품질시험과 시험 관리업무	[99후(30)]	
	14-3. 품질관리시 표준이 지켜지지 않는 원인과 대책	[95후(30)]	
15	품질관리적 평가를 위한 자료 분석		

	15. 다음 값은 10개의 콘크리트 압축강도시험을 한 결과이다.
	    (단위 : kgf/cm^2) 품질 관리적 평가를 하기 위한 자료를 분석
	    305, 400, 310, 350, 365, 325, 330, 360, 355, 320
		[88(30)]	9-87

16	공사관리		

	16. 공사관리에 있어서 다음 각 항에 대하여 설명
	    ㉮ 공사의 질적 향상(10점)
	    ㉯ 시공 정밀도(15점)
		[83(25)]	9-89

17	품질관리		
	17-1. 품질관리가 건축공사비에 미치는 영향	[98후(30)]	9-91
	17-2. 품질비용(Quality Cost)	[04전(10)]	9-93
	17-3. 품질비용	[07중(10)]	
	17-4. 품질 특성	[94전(8)]	9-94
	17-5. 품질 특성	[97중후(20)]	
	17-6. 6-시그마(Sigma)	[07후(10)]	9-95

18	건축공사에서 원가절감(Cost Down)		
	18-1. 건축공사에서 원가절감(cost down)을 할 수 있는 요소 및 방법	[91전(30)]	9-97
	18-2. 건축마감공사에서 노력, 재료, 공기를 절감할 수 있는 방안	[91전(30)]	
	18-3. 현장공사 경비절감방안	[98전(30)]	
	18-4. 공사원가 관리의 필요성 및 원가절감 방안	[06중(25)]	
	18-5. 건설공사 원가 구성요소 및 원가관리의 문제점 및 대책	[09중(25)]	
19	VE(Value Engineering)		
	19-1. 건설VE(Value Engineering)의 개념과 적용시기 및 효과	[01중(25)]	9-103
	19-2. 현장건설 활동에 있어서 VE(Value Engineering) 적용대상	[98중전(25)]	
	19-3. 건축공사의 설계 및 시공과정에서 VE 적용상 문제점 및 활성화 방안	[00전(25)]	
	19-4. VE의 개념과 시공상에 있어 건설 VE의 필요성과 효과	[04중(25)]	
	19-5. 공동주택 건축설계단계에서의 VE적용방법과 절차	[06전(25)]	
	19-6. LCC 측면에서 효과적인 VE 활동기법	[07전(25)]	
	19-7. VE(Value Engineering)	[88(5)]	
	19-8. Value Engineering	[94전(8)]	
	19-9. Value Engineering	[96중(10)]	
	19-10. VE(Value Engineering)	[11전(10)]	
	19-11. VECP(Value Engineering Change Proposal) 제도	[01전(10)]	
	19-12. FAST(Function Analysis System Technique)	[06중(10)]	9-110
20	Life Cycle Cost		
	20-1. Life Cycle Cost	[93전(30)]	9-112
	20-2. 건축의 Life Cycle Cost	[94후(25)]	
	20-3. 건축물 LCC를 설명하고 LCC분석 전(全)단계의 VE효과	[09후(25)]	
	20-4. 건설 프로젝트의 진행 단계별 LCC(Life Cycle Cost) 분석방안	[02중(25)]	
	20-5. Life Cycle 단계별 (설계, 시공, 사용단계) 설명	[10후(25)]	
	20-6. 건축생산의 라이프사이클	[95중(10)]	
	20-7. LCC(Life Cycle Cost)	[01중(10)]	
	20-8. 시멘트 액체방수공법의 문제점과 LCC 관점에서의 대책	[99중(30)]	9-118
21	원가관리의 MBO(Management By Objective) 기법		
	21-1. 원가관리의 이점과 MBO 기법의 필요성	[97중전(30)]	9-121
	21-2. 공사원가관리의 MBO 기법 적용상 유의사항	[00전(25)]	
	21-3. 공사원가관리의 MBO(Management By Objective) 기법	[05전(25)]	

22	건축공사의 안전관리		
	22-1. 건축공사에 있어 안전관리	[82전(30)]	9-124
	22-2. 건설현장에서 발생하는 안전사고의 발생유형과 예방대책	[02후(25)]	
	22-3. 건축공사 현장에서 발생하는 안전사고의 유형과 예방대책	[04전(25)]	
	22-4. 고층 사무실 건물을 건설함에 있어 시공상의 안전관리 조건 : ① 도심지, 대로변 ② 철골철근콘크리트 라멘구조 ③ 대지 2,000평, 건평 500평, 지하 3층, 지상 18층, 옥탑 2층	[79(25)]	
	22-5. 철골조 건축공사(사례 : 지하 5층, 지상 20층)의 사전안전계획 수립	[96전(30)]	
	22-6. 우기시 건설현장에서 점검해야 할 사항		9-129
23	산업안전 보건관리비		
	23-1. 일반 건설공사의 안전관리비 구성항목과 사용내역	[01전(25)]	9-132
	23-2. 현장안전관리비 사용계획서, 작성 및 집행시 문제점 및 개선방안	[06전(25)]	
	23-3. 건축공사 표준 안전관리비의 적정 사용방안	[08중(25)]	
	23-4. 건축현장의 유해 위험방지 계획서의 작성요령	[99후(30)]	9-136
	23-5. 유해 위험방지 계획서 제출서류 항목 및 세부내용(높이 31m 이상인 건축공사)	[01전(25)]	
	23-6. 재해율(災害率)	[97전(10)]	9-140
	23-7. Tool Box Meeting	[01전(10)]	9-141
	23-8. PL法(제조물 책임법)	[03중(10)]	9-143
	23-9. 품질관리, 공정관리, 원가관리 및 안전관리의 상호 연관관계	[05후(25)]	9-145
24	건설기능 인력난의 원인 및 대책		
	24. 최근 건설기능인력난의 원인 및 대책	[02중(25)]	9-147
25	현장 사무소의 조직도		
	25-1. 대규모 공사장에서 현장 사무소 조직도 작성 및 인원편성계획	[82전(30)]	9-149
	25-2. 초등학교 신축공사에 직종별 기능인력 투입계획 및 문제점	[01후(25)]	9-151
26	건축시공도의 종류		
	26-1. 철근콘크리트조 및 철골조에 있어서 건축시공도의 종류와 작성의 의의	[78전(25)]	9-153
	26-2. 현장 시공에 사용되는 시공도면(shop drawing) ㉮ 시공도면의 의의 및 역할 ㉯ 활용에 관한 문제점 및 대책	[95전(30)]	
	26-3. 시공도	[78후(5)]	
	26-4. 시공도와 제작도(Shop Drawing)	[99전(20)]	
27	시공계획도		
	27-1. 시공계획도	[78후(5)]	9-158
	27-2. 작업표준	[02전(10)]	9-160

28	건축공사 시방서		
	28-1. 건축공사 시방서에 기재되어야 할 사항	[79(25)]	9-162
	28-2. 건축공사 시방서에 관한 기재사항 및 작성절차	[00전(25)]	
	28-3. 현행 건축공사 표준시방서의 개선방안	[96후(40)]	
	28-4. 시방서의 종류 및 포함되어야 할 주요사항	[11전(10)]	
	28-5. 성능시방과 공법시방	[96중(10)]	
	28-6. 국내 건축공사 표준시방서와 미국 시방서(16 division) 체제의 차이점	[96전(30)]	9-167
	28-7. 건축표준시방서상의 현장관리항목	[06중(10)]	9-170
29	건설 리스크(Risk)		
	29-1. 건설사업 추진과정에서 예상되는 리스크(Risk) 인자(기획, 설계, 시공, 유지관리 단계별)	[01후(25)]	9-172
	29-2. 건설사업 단계별(기획, 입찰 및 계약, 시공) 위험관리 중점사항	[09전(25)]	
	29-3. 계약 및 시공단계에서의 리스크요인별 대응방안	[02중(25)]	
	29-4. 건축사업 시행시 예상되는 리스크의 요인별 대응방안	[03후(25)]	
	29-5. 초고층건축공사의 공정리스크(Risk) 관리방안	[06전(25)]	
	29-6. 위험 약화전략(Risk Mitigation Strategy)	[09전(10)]	
30	건설공사 클레임(Claim)		
	30-1. 건설공사 시 클레임(claim)의 유형 및 예방대책과 분쟁해결방안	[98후(30)]	9-178
	30-2. 국내건설 클레임 및 분쟁해결방법	[01중(25)]	
	30-3. 공기지연 유발원인의 유형 및 클레임 제기에 필요한 사전 조치 사항	[01전(25)]	
	30-4. 건설공사에 발생하는 클레임(Claim)의 발생유형과 사전대책	[04전(25)]	
	30-5. 건설 클레임(Claim)의 유형 및 해결방안과 예방대책	[05후(25)]	
	30-6. 클레임 발생의 직접 요인과 클레임 예방 및 최소화 방안	[09중(25)]	
	30-7. 공동주택 하자로 인한 분쟁 발생의 저감방안	[10중(25)]	
	30-8. 건설공사 공기지연 클레임(Claim)의 원인별 대응방안	[06전(25)]	
	30-9. 건축시공자의 입장에서 클레임(Claim) 추진절차 및 방법	[06후(25)]	
31	시설물을 발주자에게 인도할 때의 유의사항		
	31-1. 시설물을 발주자에게 인도할 때의 유의사항	[97전(30)]	9-183
	31-2. 공사완료 후 시설물을 발주자에게 인도시 준비사항과 제반사항	[03전(25)]	
32	아파트 분양가 자율화가 건설업체에 미치는 영향		
	32. 아파트 분양가 자율화가 건설업체에 미치는 영향	[97전(30)]	9-186
33	건축물의 유지관리		
	33-1. 건축물의 유지관리에 있어서 사후보전과 예방보전	[02중(25)]	9-188
	33-2. 철근콘크리트 구조물의 유지관리방법	[06중(25)]	
	33-3. 건물 시설물 통합관리시스템(FMS)의 개요 및 목적과 구성요소	[08전(25)]	9-192
	33-4. FM(facility management)	[02중(10)]	
34	RC조 아파트 현장에서 설계도서 검토시에 유의해야 할 요점		
	34. RC조 아파트 현장에서 자주 발생하는 문제점중 설계와 관련된 사항을 예방하기 위하여 설계도서 검토시에 유의해야 할 요점	[99전(40)]	9-195

35	공법 개선의 대상으로 우선시되는 공종의 특성		
	35. 공법 개선의 대상으로 우선시 되는 공종의 특성	[98중후(30)]	9-198
36	주5일 근무제 시행에 따른 현장관리의 문제점과 대책		
	36. 주5일 근무제 시행에 따른 현장관리 문제점과 대책 1) 생산성 2) 공정관리 구분	[04후(25)]	9-200
37	도심지 공사에서 현장 인근 민원문제의 대응방안		
	37. 도심지 공사에서 현장 인근 민원문제의 대응방안	[05전(25)]	9-203
38	재개발과 재건축		
	38. 재개발과 재건축의 구분	[08후(10)]	9-206
39	SCM(Supply Chain Management)		
	39. SCM(Supply Chain Management)	[05중(10)]	9-207

문1 건축공사 착공시 시공계획을 함에 있어 시공 관리자로서 사전조사 준비할 사항을 설명하여라. [88(25)]

Ⅰ. 개 요

시공계획을 위한 사전조사는 계약조건 및 설계도서 검토와 현장조사를 통하여 합리적인 시공이 될 수 있도록 계획을 세워야 한다.

Ⅱ. 사전조사시 준비할 사항

1. 계약조건 검토

1) 계약조건 파악
   ① 계약서를 검토하여 불가항력이나 공사 중지에 대한 손실 조치
   ② 자재, 노무비 변동에 따른 조치
   ③ 수량 증감 및 착오계산의 조치

2) 설계도서 파악
   ① 대지 면적, 건폐율, 용적률, 층수 및 건물 높이 등을 파악
   ② 구조 계산서에서 공사중 하중에 대한 안전성 확인

2. 현장 조사

1) 대지 주위 상황
   ① 대지 경계 확인, 인접 건물, 도로 및 교통 상황
   ② 인접 지역 주민들을 파악하여 민원 발생에 대비

2) 대지 내의 지상 및 지하
   ① 대지 내의 고저, 장애물
   ② 가설 건물 및 가설 작업장 용지 파악
   ③ 상하수도관, 전기·전화선, 가스관 매설

3) 지반조사
   ① 건축물 기초 및 토공사의 설계 및 시공한 data 구함
   ② 토질의 공학적 특성과 시료 채취 계획
   ③ 사전조사, 예비조사, 본조사 및 추가조사 계획

4) 건설공해
    ① 소음, 진동, 분진, 악취, 교통장애 등에 대한 민원문제 조사
    ② 토공사시 발생할 우물 고갈, 지하수 오염, 지반의 침하 및 균열에 대비한 조사 실시
5) 기상
    ① 기상 통계를 참고하여 강수기, 한냉기 등에 해당하는 공정 파악
    ② 엄동기인 12~2월의 3개월간 물 쓰는 공사는 중지
6) 관계법규
    ① 도로의 공공시설이 공사에 지장을 주는 경우에는 관계부처의 승인을 득한 후 이설
    ② 지중 매설물(상하수도, 가스, 전기, 전화선)을 조사하여 관계법규에 따라 처리

3. 시공조건 조사

1) 공기 파악
    공정계획시 면밀한 시공계획에 의하여 각 세부공사에 필요한 시간과 순서, 자재·노무 및 기계 설비 등을 적정하고 경제성 있게 공정표로 작성
2) 노무 조사
    인력배당계획에 의한 적정 인원 계산
3) 자재 수급
    ① 적기에 구입하여 적기에 공급
    ② 가공을 요하는 재료는 사전에 주문 제작하여 공사진행에 차질이 없도록 준비
4) 장비 적절성
    최적의 기종을 선택하여 적기에 사용하므로 장비의 효율을 극대화

4. 공사 내용 조사

1) 가설공사
    ① 가설공사의 양부에 따라 공사 전반에 걸쳐 영향을 미침
    ② 강재화, 경량화 및 표준화에 의한 가설
2) 토공사
    ① 토사의 굴착, 운반·흙막이 공법
    ② 배수공법, 지하수 대책, 침하·균열 및 계측관리
3) 기초공사
    충분한 지반조사의 시행 후 적정한 공법을 선택

4) 골조공사

배합설계를 통하여 경제적이고 안전한 배합치 결정

5) 마감공사

박리·박락·곰팡이 등의 환경적 결함은 철저한 사전조사로 배제

Ⅲ. 결 론

시공계획을 위한 사전조사는 경험을 바탕으로 한 실적자료를 충분히 활용하여 시행과정에서부터 착오가 없도록 구성원들의 중지를 모아 대처해야 한다.

> **문 2-1** 도심지에 대규모의 고층건물을 설립하고자 한다. 이에 대한 시공 준비작업에 관하여 설명하여라. [80(20)]
>
> **문 2-2** 시공계획의 기본사항에 대하여 설명하여라. [81(25)]
>
> **문 2-3** 현장 시공계획에 포함되는 내용을 기술하여라. [85(25)]
>
> **문 2-4** 건축현장 시공계획에 포함되어야할 내용에 대해 기술하시오. [09전(25)]
>
> **문 2-5** 건축 현장에서 시공계획서 작성항목을 열거하고 시공관리 측면에서 기술하시오. [99중(30)]
>
> **문 2-6** 시공계획서 작성시 기본방향과 계획에 포함되는 내용에 대하여 기술하시오. [04중(25)]
>
> **문 2-7** 건축공사의 시공계획서 작성의 목적, 내용 및 작성시 고려사항을 설명하시오. [07후(25)]
>
> **문 2-8** 건축공사 착공전 현장 책임자로서 공사계획의 준비항목과 내용에 대하여 기술하시오. [06후(25)]

I. 개 요

시공계획은 계약 공기 내에 우수한 시공과 최소의 비용으로 안전하게 건축물을 완성하는 것이므로 공사 착수에 앞서 시공계획을 철저히 수립해야 한다.

II. 시공계획의 필요성

① 시공관리의 목표를 달성　　② 환경변화에 대비한 기술능력 제고
③ 5M의 효율적 활용　　　　　④ 경제적 시공의 창출

III. 시공계획서 작성의 목적

1) 품질 향상
   ① 자재의 규격화, 표준화로 품질 확보 및 향상
   ② 공장 생산에 의한 공업화로 자재의 균등 품질 확보

2) 원가 절감
   ① 자재의 호환성으로 자재비 절감
   ② 대량 생산에 의한 원가 절감
   ③ 시공의 단순화, 기계화로 노무비 절감

3) 공기 단축
    ① 조립화 시공으로 공기단축
    ② 조립식 건식화, 기계화 시공으로 공기단축
4) 안전성 확보
    ① 기계화 시공을 통한 안전성 확보
    ② 기계화 시공으로 안전관리 용이
5) 성력화
    ① 공장 생산 현장 조립시공에 의한 노무절감
    ② 기계화 시공을 통한 노무절감
6) 공사관리 용이 및 경쟁력 향상
    ① 조립화, 기계화, 전산화를 통한 공사관리의 과학화
    ② 건축생산의 생산성 향상으로 대외경쟁력 향상

Ⅳ. 시공계획서작성 항목(시공계획의 기본사항)

1) 공사관리계획서
    ① 공정 계획   ② 품질 계획
    ③ 원가 계획   ④ 안전 계획
    ⑤ 건설 공해   ⑥ 기상
2) 조달계획서(6M)
    ① 노무 계획(Man)   ② 자재 계획(Material)
    ③ 장비 계획(Machine)   ④ 자금 계획(Money)
    ⑤ 공법 계획(Method)   ⑥ 기술 축적(Memory)
3) 가설계획서
    ① 동력   ② 용수
    ③ 수송 계획   ④ 양중 계획
4) 관리계획서
    ① 하도급업자 선정   ② 실행예산 편성
    ③ 현장원 편성   ④ 사무 관리
    ⑤ 대외 업무 관리
5) 공사내용계획서
    ① 가설공사   ② 토공사
    ③ 기초 공사   ④ 구조체 공사
    ⑤ 마감 공사

V. 시공계획 포함 내용
   (시공준비작업, 시공관리 측면, 공사계획 준비항목과 내용)

1. 공사관리계획서

1) 공정계획
   ① 지정된 공사기간 내에 공사예산에 맞추어 정밀도가 높은 좋은 질의 시공을 하기 위하여 세우는 계획
   ② 공정계획시 면밀한 시공계획에 의하여 각 세부 공사에 필요한 시간과 순서, 자재·노무 및 기계설비 등을 적정하고 경제성 있게 공정표로 작성

2) 품질계획
   ① 품질관리 시행(plan → do → check → action)
   ② 시험 및 검사의 조직적인 계획
   ③ 하자 발생 방지계획 수립

3) 원가계획
   ① 실행예산의 손익분기점 분석
   ② 1일공사비의 산정
   ③ VE, LCC 개념 도입

4) 안전계획
   ① 재해발생은 무리한 공기단축, 안전설비의 미비, 안전교육의 부실로 인하여 발생
   ② 안전교육을 철저히 시행하고 안전사고시 응급조치 등 계획

2. 조달계획서(6M)

1) 노무계획(Man)
   ① 인력배당계획에 의한 적정 인원을 계산
   ② 과학적이고 합리적인 노무관리계획 수립
   ③ 현장에 익숙한 근로자는 계속 취업시켜 안전에 도움이 되도록 함

2) 자재계획(Material)
   ① 적기에 구입하여 공급하도록 계획
   ② 가공을 요하는 재료는 사전에 주문 제작하여 공사진행에 차질이 없도록 준비
   ③ 자재의 수급계획은 주별·월별로 수집

3) 장비계획(Machine)
   ① 최적의 기종을 선택하여 적기에 사용하므로 장비효율을 극대화
   ② 경제성, 속도성, 안전성 확보

③ 가동률 및 실작업시간을 향상
④ 시공기계의 선정 및 조합

4) 자금계획(Money)
① 자금의 흐름 파악, 자금의 수입·지출 계획
② 어음, 전도금 및 기성금 계획

5) 공법계획(Method)
① 주어진 시공조건 중에서 공법을 최적화하기 위한 계획 수립
② 품질, 안전, 생산성 및 위험을 고려한 선택

6) 기술축적(Memory)
① System engineering에 의한 최적 시공에 대한 기술
② Value engineering 기법을 사용한 공사 실적
③ Simulation, VAN 및 robot 등의 high-tech를 적용한 신기술

3. 가설계획서

1) 동력
① 전압(110V, 220V, 380V)의 선택과 전기방식 검토
② 간선으로부터의 인입위치, 배선 등 파악

2) 용수
① 상수도와 지하수 사용에 대한 검토
② 수질의 적합성과 경제성 비교

3) 수송계획
① 수송장비, 운반로, 수송방법 및 시기 파악
② 차량대수, 기종, 보험 및 송장 관리계획
③ 화물 포장방법, 장척재 및 중량재의 수송계획 검토

4) 양중계획
① 수직 운반장비의 적정 용량 및 대수 파악
② 안전대비를 위한 가설 계획도 작성

4. 관리계획서

1) 하도급업자 선정
① 건축·생산 방식의 주류를 이루고 있는 것이 하도급 제도로 하도급업자의 선정은 공사 전체의 성과를 좌우
② 과거의 실적을 중심으로 신뢰성 있고 책임감 있는 하도급업자 선정

③ 하도급업자의 현재의 작업상황을 조사하여 능력 이상의 일이 부과되는지의 여부 파악
2) 실행예산 편성
① 공사수량을 정확히 계산하여 공사원가 산출
② 시공관리시 실행예산의 기준이 되도록 편성
3) 현장원 편성
① 관리부의 총무, 경리, 자재 및 안전관리 부서와 기술부의 건축, 토목, 설비, 전기 및 시험실로 편성
② 각 부서는 적정 인원으로 하되 책임분량의 계획을 수립
4) 사무관리
① 현장사무는 간소화하며 공무적 공사관리자와 협의
② 사무적 처리에 착오나 지체없이 수행하고 기록
5) 대외 업무관리
① 공사현장과 밀접한 관계부처와 긴밀 협조
② 관계법규에 따른 시청·구청·동사무소·노동부·병원·경찰서 등의 위치나 연락망 수립

5. 공사내용계획서

1) 가설공사
① 가설공사의 양부에 따라 공사 전반에 걸쳐 영향을 미침
② 가설물 배치계획
③ 강재화, 경량화 및 표준화에 의한 가설
2) 토공사
① 토사의 굴착, 운반, 흙막이의 계획
② 배수공법, 지하수 대책, 침하·균열 및 계측관리계획 수립
③ 사전조사를 철저히 하여 신중한 공사계획 수립
3) 기초공사
① 충분한 지반조사후, 직접기초나 말뚝기초 결정
② 기성 콘크리트 파일 타격시 소음·진동 고려
③ 현장 타설 콘크리트 파일의 경우 수직도·규격 등 품질관리 확보 계획
4) 구조체공사
① 소요 품질의 구조체가 될 수 있도록 합리적인 시공계획 수립
② 콘크리트의 타설계획·거푸집 조립계획 및 철근 조립계획
③ 재료 시험 : 시공중에 수반되는 각종 시험계획 수립

5) 마감공사
① 타일공사·미장공사의 박리나 들뜸의 방지계획
② 방수·수장재·창호 등 마감공사에서 취약 하자부분

Ⅵ. 작성시 고려사항

1) 설계도서 파악
① 설계도면과 시방서에서 대지면적, 건폐율, 용적률, 층수 및 건축물 높이 등을 파악
② 구조계산서에서 공사용 하중에 대한 안전성 확인

2) 계약조건 파악
① 계약서 서류의 검토를 통하여 불가항력이나 공사중지에 의한 손실 조치
② 자재, 노무비 변동에 따른 조치
③ 수량증감 및 계산착오의 조치

3) 현장조사
① 공사현장 내의 부지조건, 가설건물 용지 및 작업장 용지 파악
② 공사현장 주위의 대지나 인접 건물에 대한 조사
③ 지하의 매설물(상하수도, 전기, 전화선, gas 등)과 지하수 파악

4) 지반조사
① 건축물의 기초 및 토공사의 설계 시공한 data 구함
② 토질의 공학적 특성과 시료채취계획
③ 사전조사, 예비조사, 본조사 및 추가조사계획

5) 건설공해
① 소음, 진동, 분진, 악취, 교통장애 등에 대한 민원문제 조사 실시
② 토공사시 발생할 우물 고갈, 지하수 오염, 지반의 침하와 균열 등에 대비한 조사 실시

6) 기상
① 기상통계를 참고로 하여 강우기(降雨期)·한냉기(寒冷期) 등에 해당하는 공정을 파악
② 엄동기(嚴冬期)인 12~2월의 3개월간은 물 쓰는 공사를 중지

7) 관계법규
① 도로의 공공시설이 공사에 지장을 주는 경우에는 관계부처의 승인을 득한 후 이설
② 지중 매설물(상하수도, 가스, 전기·전화선)을 조사하여 관계법규에 따라 처리

Ⅶ. 결 론

시공계획 수립시 과거의 경험을 발휘하고 새로운 기술을 도입하여, 시공 과정에서 착오가 발생치 않도록 충분한 계획을 세운다.

> **문 3-1** 공사관리에 대하여 다음 각 항을 설명하여라. [87(25)]
> ㉮ 품질관리(10) ㉯ 공정관리(10) ㉰ 원가관리(5)
>
> **문 3-2** 건설업에서 공사관리의 중요성에 대하여 기술하시오. [95중(30)]

I. 개 요

건설업에서의 공사관리는 3요소인 품질관리, 공정관리, 원가관리를 통하여 소비자가 만족하는 시공품을 생산하는 것이다.

II. 공사관리 각 항별 설명

1. 품질관리

1) 정의

   품질관리란 설계도·시방서 등에 표시되어 있는 규격에 만족하는 공사의 목적물을 경제적으로 만들기 위해 실시하는 관리수단이다.

2) 필요성

   ① 품질확보 ② 품질개선
   ③ 품질균일 ④ 하자방지
   ⑤ 신뢰성 증가 ⑥ 원가절감

3) 품질관리 7가지 기법(tool)

   ① 관리도(control chart)
   ② 히스토그램(histogram)
   ③ 파레토도(pareto diagram)
   ④ 특성요인도(causes-and-effects diagram)
   ⑤ 산포도(산점도 ; scatter diagram)
   ⑥ 체크 시트(check sheet)
   ⑦ 층별(stratification)

2. 공정관리

1) 정의

   공정관리란 건축생산에 필요한 자원(5M)을 경제적으로 운영하여, 주어진 공기 내에 좋고·싸고·빠르고·안전하게 건축물을 완성하는 관리기법이다.

2) 공정관리의 목적
   ① 건축물을 지정된 공사기간 내에 완성
   ② 정밀도가 높은 양질 시공
   ③ 공사 예산범위 내에서 경제적으로 완료
   ④ 작업의 안전성 확보
   ⑤ 상세한 계획수립으로 변화 및 변경에 대처
   ⑥ 계획공정과 실시공정을 비교·분석하여 대책 강구
3) 대상(5M)
   ① Man(노무)   ② Material(자재)
   ③ Machine(장비)   ④ Money(자금)
   ⑤ Method(공법)

3. 원가관리

1) 정의
   건설공사에서 원가관리란 경제적인 시공계획 작성과 합리적인 실행예산을 편성하여 공사결산까지의 실소요 비용을 절감하기 위한 것이다.
2) 원가관리의 필요성
   ① 원가절감
   ② 원가관리체계 확립
   ③ 시공계획
   ④ 시공법
3) 원가관리 순서
   ① Plan(실행예산 편성)
      시공계획서를 참고로 하여 각 공정별·항목별로 실행예산 편성
   ② Do(원가통제)
      시공계획과 실제 시공을 대비하여 원가절감
   ③ Check(원가대비)
      공사 원가계산서를 작성하고 투자대비 및 분석
   ④ Action(조치)
      투자분석 결과에 의해 공법 변경, 시공계획 변경 여부 결정

Ⅲ. 공사관리의 중요성

1) 공정관리
   ① 지정된 공사기간 내에 공사예산에 맞추어 정밀도 높고 질좋은 시공을 하기 위한 관리
   ② 공정 계획시 면밀한 시공계획에 의하여 각 세부공사에 필요한 시간과 순서, 자재·노무 및 기계설비 등을 적정하고 경제성 있게 공정표로 작성하여 관리

2) 품질관리
   ① 품질관리의 시행(plan → do → check → action)
   ② 시험 및 검사의 조직적인 관리
   ③ 하자 발생 방지

3) 원가관리
   ① 실행예산의 손익분기점 분석
   ② 일일공사비의 산정
   ③ VE, LCC 개념 도입

4) 안전관리
   ① 재해발생은 무리한 공기단축, 안전설비 미비, 안전교육의 부실로 발생
   ② 안전교육을 철저히 시행하고 안전사고시 응급조치 요령을 관리

5) 건설공해
   ① 무소음·무진동 공법 채택
   ② 폐기물의 합법적인 처리와 재활용 대책
   ③ 습식 공법보다 건식 공법이나 PC화 공법 선정

6) 기상
   ① 공사현장에 영향을 주는 기상조건은 온도·습도 및 풍우설
   ② 현장 사무실에 온도와 습도의 천후표를 작성하여 공사의 통계치로 활용

7) 노무관리
   ① 인력배당계획에 의한 적정 인원을 계산
   ② 과학적이고 합리적인 노무관리

8) 자재관리
   ① 적기에 구입하여 공급할 수 있도록 관리
   ② 가공을 요하는 재료는 사전에 주문 제작하여 공사진행에 차질이 없도록 관리

9) 장비관리
   ① 최적의 기종을 선택하여, 적기에 사용하므로 장비 효율을 극대화
   ② 경제성·속도성·안전성 확보
   ③ 가동률 및 실제 작업시간을 향상

10) 자금관리
① 자금의 흐름 파악, 자금의 수입·지출 관리
② 어음·전도금 및 기성금 관리

Ⅳ. 결 론

현재의 건축공사는 인건비는 상승하고 주어지는 공기는 짧으며, 공사비는 불리하게 되어 공사관리의 중요성이 더욱 절실히 요구되고 있다.

> **문 3-3** 시공성(constructability) [98중후(20)]
> **문 3-4** 시공성 분석(constructability) [01중(10)]
> **문 3-5** 시공성(constructability) [02중(10)]

I. 정 의

시공성(constructability)은 프로젝트의 전체적인 목표를 달성하기 위하여 계획·설계·구매·현장운용에 시공지식과 경험을 최적으로 활용하는 것으로 정의된다.

II. 목 표

① 발주자·설계자·시공자 대표들 사이의 조화로 고객의 만족을 향상시킨다.
② 시공 생산성을 극대화하는 품질의 계획·설계에 있어 시공의 경험·지식을 제공한다.
③ 비용과 공기 절감을 위한 계속적인 향상을 추구한다.
④ 최저의 LCC(Life Cycle Cost)로 건설생산을 최적화한다.

III. 시공성 확보방안

1) 설계도서 파악
   ① 설계도면과 시방서 내용의 검토
   ② 구조계산서 및 구조설계의 적정성·안정성 확인

2) 현장조사
   ① 공사현장 내의 부지조건·가설건물용지 및 작업여건 파악
   ② 공사현장 주위의 대지·인접건물에 대한 조사
   ③ 지하 매설물·지하수 파악

3) 품질계획
   ① 품질관리 시행
      Plan → Do → Check → Action
   ② 시험 및 검사의 조직적인 계획

4) 공정관리
   ① 지정된 공사기간 내에 가능한 시공계획 설정
   ② 각 세부 공사에 대한 시간과 순서·자재·노무 및 기계 설비 등을 적정하고 경제성 있는 공정표로 작성

5) 원가계획
   ① 실행예산의 손익분기점 분석   ② 일일공사비의 산정
   ③ VE, LCC 개념의 도입

문 3-6 시공 실명제 〔98전(20)〕

I. 개 요

공사 시공시 투입되는 모든 업체(협력업체 포함) 및 현장 대리인에서 기능공까지 실명화하는 제도이다.

II. 도입배경

① 부실시공의 방지
② 성실한 시공자세 확립
③ 우수한 시공업체 발굴육성

III. 효과 및 대상

1) 효과
   ① 시공성 향상　　　　　② 안전성 향상
   ③ 품질향상　　　　　　 ④ 부실시공 방지

2) 대상
   ① 현장 대리인　　　　　② 감리 및 감독자
   ③ 시공회사　　　　　　 ④ 기타 직원, 하청업체, 기능공 등

IV. 문제점 및 대책

1) 문제점
   ① 하도급 업체의 의식 결여　② 기능공의 인식부족
   ③ 기업주의 인식부족　　　　④ 실제 참여자의 준수 여부가 불투명

2) 대책
   ① 분위기 쇄신 노력
   ② 홍보의 강화로 점진적으로 추진
   ③ 산·학·관·민의 협조체제 구축
   ④ 우수업체에 대한 정부의 지원(세제혜택 등) 필요

> **문 4-1** 공사 관리자의 자질과 책임에 대하여 설명하여라. [89(25)]
> **문 4-2** 건설 기술자의 현장 배치에 관한 건설업법상의 규정을 설명하고, 공사 책임 기술자(현장 대리인)의 역할에 대하여 기술하여라. [90후(30)]
> **문 4-3** 도심지 건축공사 착수전 현장 대리인으로서 수행해야 할 대관 인·허가 업무 (공통 및 건축, 안전, 환경관련)에 대하여 기술하시오. [04중(25)]
> **문 4-4** 건축공사현장에서 공무담당자의 역할과 주요업무에 대하여 설명하시오. [11전(25)]

Ⅰ. 개 요

건설업자는 건설업법상에 규정된 현장대리인(공사관리자)을 현장에 배치 및 상주하게 하여 성실한 시공과 현장의 전반적인 관리책임을 다하도록 해야 한다.

Ⅱ. 건설 기술자 현장배치 규정

건설산업기본법 시행령 제35조 제2항 사항(2008년 12월 31일)에 따라 다음과 같이 건설기술자를 현장에 배치하여야 한다.

공사예정금액	건설기술사 현장배치 규정
700억 이상	기술사
500억 이상	1. 기술사 또는 기능장 2. 특급 기술사로 해당 직무분야 근무 경력 5년 이상
300억 이상	1. 기술사 또는 기능장 2. 특급 기술자로 해당 직무분야 근무 경력 3년 이상 3. 기사 자격 취득 후 해당 직무분야 경력 10년 이상
100억 이상	1. 기술사 또는 기능장 2. 특급기술자 이상 3. 고급기술자로 해당직무분야 근무 경력 3년 이상 4. 기사 자격 취득 후 해당 직무분야 근무 경력 5년 이상 5. 산업기사 자격 취득 후 해당 직무분야 근무 경력 7년 이상
30억 이상	1. 고급기술자 이상 2. 중급기술자로 해당 직무분야 근무경력 3년 이상 3. 기사 자격 취득 후 해당 직무분야 근무경력 3년 이상 4. 산업기사 자격 취득 후 해당 직무분야 근무경력 5년 이상
30억 미만	1. 중급기술자 이상 2. 초급기술자로 해당 직무분야 근무경력 3년 이상 3. 산업기사 자격 취득 후 해당 직무분야 근무경력 3년 이상

Ⅲ. 공사 관리자의 자질

1) 공사 지식 겸비
   ① 공사에 대한 충분한 지식 겸비
   ② 도면, 시방서의 충분한 이해력 보유
   ③ 재료 판별, 노무, 기계류의 운용지식 보유
2) 관리자로서의 자세 필요
   ① 공기단축, 원가절감을 위한 자세 겸비
   ② 품질관리, 안전관리에 대한 관심 제고
   ③ 재무 관리의 건전
3) 합리적인 사고
   ① 신기술의 연구개발
   ② 합리적인 조직관리, 통솔력 보유
4) 건전한 도덕관, 윤리관 필요

Ⅳ. 역할 및 책임

1. 역할(역할과 주요업무)

1) 시공계획
   ① 최근 건축물의 고층화, 대형화, 복잡화 및 다양화에 따른 충분한 계획
   ② 계약공기 내에 우수한 시공을 최소의 비용으로 완성 가능한 시공계획 수립
2) 공사관리
   ① 시공계획의 공정에 따라 공사의 성공적인 완성을 위한 공사관리 수행
   ② 공사관리의 3요소와 생산수단 5M을 통하여 시공 목표 5R를 달성
3) 설계도서 검토
   ① 대지면적, 건폐율, 용적률, 층수 및 건축물 높이 등 파악
   ② 구조계산서에서 공사용 하중에 대한 안전성 확보
4) 계약조건 파악
   ① 계약서를 검토하여 불가항력이나 공사중지에 대한 손실 조치
   ② 수량 증감 및 착오계산의 조치
5) 지반조사
   ① 토질의 공학적 특성과 시료 채취
   ② 사전조사, 예비조사, 본조사 및 추가조사 실시

6) 건설공해
   ① 소음, 진동, 분진, 악취, 교통장애에 대한 민원문제 해결
   ② 토공사시 발생할 우물 고갈, 지하수 오염, 지반의 침하·균열에 대비한 조사
7) 관계법규
   ① 도로의 공공시설이 공사에 지장을 주는 경우에는 관계부처의 승인을 득한 후 이설
   ② 지중 매설물(상하수도, 전기·전화선, 가스관)을 조사하여 관계법규에 따라 처리
8) 공법선정
   ① 주어진 시공 조건 중에서 최적한 공법을 선정
   ② 품질, 안전, 생산성 및 위험을 고려한 선택
9) 공정관리
   ① 건축물을 지정된 공사기간 내에 공사예산에 맞추어 정밀도 높은, 질 좋은 시공을 하기 위한 관리
   ② 공정 계획시 면밀한 시공계획에 의하여 각 세부 공사에 필요한 시간과 순서, 자재, 노무 및 기계·설비 등을 적정하고 경제성 있게 공정표로 작성
10) 품질관리
    ① 품질관리의 시행(plan → do → check → action)
    ② 시험 및 검사의 조직적인 관리
    ③ 하자 발생 방지
11) 원가관리
    ① 실행 예산의 손익분기점 분석
    ② VE, LCC 개념 도입
12) 안전관리
    ① 재해 발생은 무리한 공기단축, 안전시설 미비, 안전교육의 부실로 발생
    ② 안전교육을 철저히 시행하고 안전사고시 응급처치
13) 노무관리
    ① 인력배당계획에 의한 적정 인원을 계산
    ② 과학적이고 합리적인 노무관리
14) 자재관리
    ① 적기에 구입하여 공급할 수 있도록 관리
    ② 가공을 요하는 재료는 사전 주문제작하여 공사진행에 차질이 없도록 관리
15) 장비관리
    ① 최적의 기종을 선택하여 적기에 사용하므로 장비 효율 극대화
    ② 경제성, 속도성, 안전성 확보

2. 책임

1) 계약서 이행
   ① 도급계약서 내용대로 정확한 이행
   ② 자재, 노무비의 변동에 따른 조속한 조치

2) 설계도서에 의한 시공
   ① 시공도면과 시방서를 검토하여 시공도면대로 실시되는지 여부 검토
   ② 구조물 규격, 사용자재의 적합성 검토

3) 민원 발생 제거
   ① 소음, 진동, 분진을 최소화한 공법 채택
   ② 인근 주민들과의 원만한 관계 유지

4) 부실시공 책임
   ① PDCA에 따른 모든 조치를 취하여 부실시공 방지
   ② 품질관리 7가지 tool의 적절한 사용과 전사적 품질관리 이행

5) 기술자 상주 배치
   ① 현장에 적합한 기술자 1인 이상 상주 배치
   ② 정당한 사유 없이는 교체되거나 현장이탈 금지

Ⅴ. 공사착수 전 대관 인허가 업무

1. 공통 및 건축

1) 착공신고
   공사 착공전 건축물 착공신고서를 해당 시·군·구에 신고를 하여야 한다.

2) 구비서류
   ① 건축물 착공신고서
   ② 건설기술관리법령 등 관련 법령의 규정에 의한 현장 기술자 지정 신고서
   ③ 건축물공사 계획신고
   ④ 건축주와 맺은 계약서 사본
   ⑤ 설계도서
   ⑥ 건축물의 설계감리계약서
   ⑦ 공사 공정 예정표
   ⑧ 안전, 환경 및 품질관리계획서
   ⑨ 공정별 인력 및 장비 투입계획서
   ⑩ 착공전 현장 사진
   ⑪ 기타 계약 담당 공무원이 지정한 사항

2. 안전(유해위험방지 계획서)

1) 유해위험방지계획서 대상 공사
   ① 지상높이가 31m 이상인 건축물 또는 건축물
   ② 연면적 30,000m² 이상인 건축물
   ③ 연면적 5,000m² 이상의 문화 및 집회시설(전시장 및 동물원·식물원을 제외)·판매 및 영업시설·의료시설 중 종합병원·숙박시설 중 관광숙박시설
   ④ 지하도 상가의 건설·개조 또는 해체
   ⑤ 최대지간 길이가 50m 이상인 교량건설공사
   ⑥ 터널건설공사
   ⑦ 다목적댐·발전용댐 및 저수용량 20,000,000t 이상의 용수전용댐·지방상수도 전용 댐 건설 공사
   ⑧ 깊이 10m 이상인 굴착공사

2) 제출서류
   ① 기본사항
   ② 공사현장 및 주변 안전관리계획
   ③ 작업공종별 안전관리계획
   ④ 작업환경 조성계획

3. 환경(환경영향평가)

① 토지이용계획
② 생태계 환경영향
③ 대기 환경영향
④ 수질 환경영향
⑤ 소음 및 진동 환경영향

Ⅵ. 결 론

공사 관리자(책임 기술자)는 시공품의 우수한 품질과 공기준수, 원가절감, 안전확보 등을 위하여 자신의 책임과 역할을 충실히 이행하여야 한다.

> **문 4-5** 책임 감리자로서 기술적 지도 검사의 역할 및 책임에 대하여 설명하시오.
> [95전(40)]
>
> **문 4-6** 철근콘크리트공사에서 공사 감리자의 역할 및 책임에 대하여 시공자의 역할 및 책임과 비교하여 설명하여라.
> [91후(30)]

Ⅰ. 개 요

건축공사의 계약이 이루어져 공사가 진행되어 완공되는 전단계에 걸쳐, 책임 감리자는 품질향상을 위해 기술적 지도검사의 역할 및 책임의 업무를 수행한다.

Ⅱ. 역할 및 책임

1. 착공전 준비

1) 현장 설명서 및 질의 응답 파악
   ① 현장의 실제 상황과 설계도서와의 일치 여부 확인
   ② 질의 응답에 대한 내용 파악
   ③ 현장의 실제 상황과 상이한 점은 참고자료로 정리

2) 계약서 확인
   계약과 현장 상황이 다른 점을 check하여 발주처와 확인

3) 설계도서 검토
   ① 마감재료와 특기사항 검토
   ② 시방서와 상세 도면과의 기술적 검토
   ③ 전기, 설비 작업과의 공정마찰 및 마감가능 여부 검토
   ④ 토공사의 적합성 여부

2. 착공시

1) 공정표의 검토
   ① 현장 상황과 연계하여 무리없이 작성되었는지 여부
   ② 기본계획과의 비교

2) 가설공사계획 검토
   ① 배수계획
      ㉠ 배수구의 위치 및 구조의 적정성 여부
      ㉡ 배수말단관의 처리능력

② 작업 용수
　　　　㉮ 상수도의 수압 및 갈수기의 예비 능력
　　　　㉯ 지하수의 수질, 용수량 및 pumping 능력
　　　　㉰ 총 용수량이 공사 진행에 적합한지 여부 파악
　　　③ 건설기계 배치계획
　　　　㉮ Tower crane 위치의 적합성
　　　　㉯ 사용 자재의 부피, 질량에 따른 양중 능력
　　　　㉰ 공사 진행에 주는 영향의 최소화 대책
　　　④ 가설 비계
　　　　㉮ 재료의 적정성
　　　　㉯ 비계공사의 안전성
　3) 시공계획의 검토
　　　① 시공계획서에 현장조건의 반영 여부 확인
　　　② 시공계획이 공통시방서와 특기시방서에 합치되는지 여부

3. 공사 진행중

　1) 공정확인
　　　세부 공정표와 현장 진행의 일치 여부 확인
　2) 사용 자재의 승인
　　　① 특기 시방서의 지정 재료 범위 내에서 시공자의 자재 선택을 승인
　　　② 발주처의 특별 요청인 경우 이를 확인하여 시공자에게 전달
　3) 시공검측
　　　① 시공 불량 개소는 즉시 시정조치
　　　② 시공 검측시 검사장비를 사용하여 객관성 유지
　　　③ 품질검사를 위한 필요한 시험기구의 확보
　　　④ 자체 검사가 불가능할 경우 외주검사 의뢰
　4) 안전관리
　　　① 시공사의 현장 대리인과 수시로 현장의 안전상태 점검
　　　② 낙하물 방지망 및 비계 결속상태 확인
　　　③ 추락방지를 위한 현장내 pit의 점검
　　　④ 위험물 저장, 화기 취급장소의 보안설비 점검
　　　⑤ 소화설비의 비치 및 작동 유무

5) 공종간의 작업조정
   ① 월별, 주간별 공정회의 진행
   ② 원활한 공사 진행 추구

4. 완공시
   1) 예비 준공검사 실시
      ① 건축물이 설계도서와의 일치성 검사
      ② 하자 부분에 대한 보수계획서 제출 요구
      ③ 검사시 현장 대리인과 함께 확인
   2) 발주처 준공검사시 보조역할 수행
      현장 대리인과 함께 준공검사 실시
   3) 주요 작성 서류
      ① 인계 가능일에 대한 조사표
      ② 시설물 인계 공사 목록
      ③ 공사현장에 대한 각종 기록 서류
      ④ 설계 변경시 이에 관련된 서류
      ⑤ 시설물 하자 보수에 대한 기록 서류 등

Ⅲ. 역할 및 책임의 비교

시공 단계	시공자	공사 감리자
착공전	현장조사	현장 설명서 및 질의 응답서 파악
	계약서와 현장과의 상이점 파악	계약서 확인
	설계도서 검토	설계도서 파악
착공시	공정표 작성	공정표 검토
	가설공사계획 수립	가설공사계획 검토
	시공계획 수립	시공계획 검토
	건설공해대책 수립	건설공해대책 검토

시공 단계	시공자	공사 감리자
공사 진행중	공정표에 의한 공사 진행	공정 확인
	자재 사용 승인 요청	자재 사용 승인
	시공 검측 요청	시공 검측
	안전관리계획서 작성	안전관리계획서 검토
	주간, 월간별 협력업체와 공정회의 진행	시공자와 공정 회의를 통한 공기 조정
	주요 서류 작성 (공사진척 월보, 안전점검 일지, 자재 입고 일지, 설계변경 서류 등)	주요 서류의 검토 및 보관
완공시	준공검사 요청	• 예비 준공검사 실시 • 발주처 준공검사시 보조역할 수행
	하자보수에 대한 책임과 의무	주요 서류 작성 • 시설물 인계공사 목록 • 공사현장의 각종 기록 서류 • 설계변경 서류 • 시설물 하자보수 기록 서류

Ⅳ. 결 론

시공자와 공사 감리자가 자신의 역할 및 책임을 성실히 수행함으로써 부실시공이 방지되고 나아가 전반적인 시공기술의 향상이 가능하다.

문 4-7 관리적 감독 및 감리적 감독 [03후(10)]

Ⅰ. 관리적 감독

1) 정의
   ① 관리란 목표 달성을 위해 필요한 자원인 6M(man, material, machine, money, method, memory)을 조화 있게 운영하는 것으로 발주처에서 이루어진다.
   ② 필요한 자원을 운영하는 노력인 의사결정기능, 의사전달기능, 통솔기능 등으로 계획, 지시, 조정 및 통제를 하는 것이 관리적 감독이다.

2) 개념도

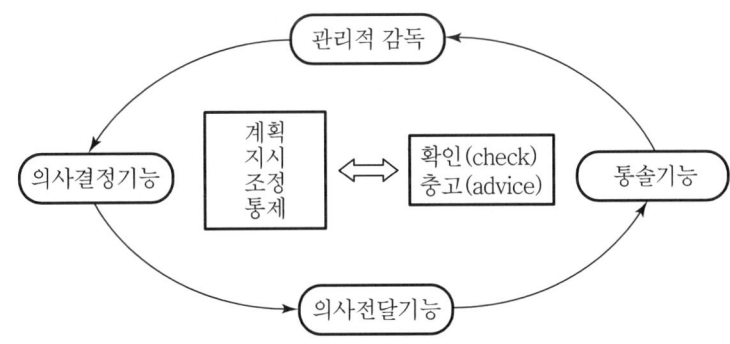

3) 특징
   ① 필요한 자원의 적절한 운영능력
   ② 의사결정의 최종 단계
   ③ 결정사항에 대한 책임과 권한

Ⅱ. 감리적 감독

1) 정의
   ① 전문지식과 기술 및 경험을 토대로 설계도서와 관계법규대로의 시공 여부를 점검·확인하며 공사관리 및 기술지도를 하는 감독이다.
   ② 발주처의 위탁을 받아 관계법령에 따라 발주처의 감독권한대행 역할을 한다.

2) 개념도

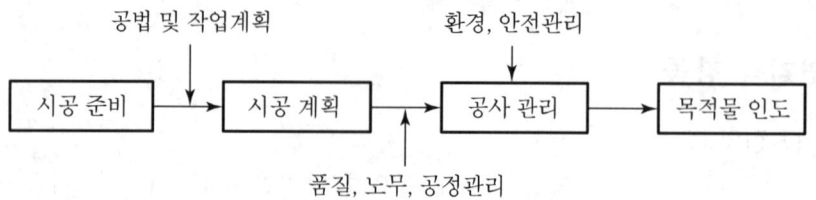

3) 역할
   ① 시공계획 및 지도
   ② 부실시공 방지
   ③ 시공자의 기술수준 향상

> **문 5-1** 감리제도의 문제점 및 대책을 논하여라. 〔92후(30)〕
> **문 5-2** 현행 감리제도의 방식을 논하고, 그 문제점과 개선방향에 대하여 논술하시오.
> 〔96후(30)〕

Ⅰ. 개 요

감리자는 전문지식과 기술 및 경험을 활용하여 공사관리 및 기술지도하는 기술자이나, 현행 감리제도는 감리자의 업무 및 책임 한계의 불분명 등 많은 문제점을 내포하고 있다.

Ⅱ. 현행 감리제도 방식

1) 공사감리
   허가 대상 건축(3층 이상 또는 200m² 이상)
2) 상주감리
   ① 연면적 5,000m² 이상, 5개층 이상으로 3,000m² 이상
   ② 300세대 미만의 공동주택
3) 책임감리
   ① 300세대 이상의 공동주택
   ② 국가·정부 투자기관이 발주하는 다음의 공사
      ㉮ 100억 이상으로서 PQ 대상인 18개 공종
      ㉯ 발주관서장이 인정하는 공사

Ⅲ. 감리제도의 문제점

1) 전문인력 부족
   감리를 전문으로 하는 경험이 풍부한 기술사 부족
2) 감리자의 기술 수준 저조
   감리 업무를 고급 기술자들이 기피하여 감리능력 저하
3) 감리지침서 결여
   감리 업무에 대한 세부지침서 결여 및 행동강령 미비
4) 감리비 비현실화
   지방주재비, 차량유지비, 교육비 등이 반영 안 됨

5) 감독자와 감리자의 책임한계
    감독자와의 업무관계 및 책임소재 불분명
6) 감리제도 미정착
    ① 감리개념의 미정립
    ② 감리 업무의 형식화
7) 감리회사의 능력 부족
    감리회사의 경험 및 기술력 부족과 영세성
8) 부실감리에 대한 제재방안 미흡
    ① 엄격한 법적 제재 미흡
    ② 부실감리의 책임한계 모호
9) 업무과다
    ① 중복 및 대관서류의 과다
    ② 적은 인원으로 막중업무 수행

Ⅳ. 개선방향(대책)

1) 감리체제 확립
    ① 감리회사 자체의 기술축적
    ② 감리요원의 자질향상
2) 감리제도 개선
    ① 실시 설계자에 공사 감리권 배당
    ② 감리기술자의 복지 개선
3) 감리권한 강화
    시정명령권, 공사중지권 등의 실질적인 권한 부여 및 강화
4) 감리보수 현실화
    ① 감리비의 현실수준에 맞는 책정
    ② 정부고시제도를 폐지하고 감리협회에서 조사한 노임 적용
5) 감리업체 육성
    ① 감리 전문업체 육성으로 감리수준 향상
    ② 지역별 감리업체를 배정하여 감리 부족에 대처
6) 감리자의 자질향상
    ① 감리 기술자의 기술수준 향상
    ② 감리교육제도의 개선으로 분야별, 등급별로 교육 실시

7) 부실감리 제재
   ① 부실감리회사에 대한 제재 강화
   ② 감리입찰 참여금지 등의 실질적인 법적 제재 강화
8) 감리장비 현대화
   ① 신장비 구입하여 현장배치
   ② 정보화 시공 실시 및 software적 기술 축적
9) CM 활성화
   ① 전문감리자의 감리로 질적 향상
   ② 감리업체의 전문성 극대화 및 총체적인 공사관리
10) 전문인력 양성
    ① 전문인력 양성 교육기관의 설립
    ② 감리전문 교육기관 이수제 실시
11) 감리회사 사전 선정
    건설공사 전 감리회사 선정으로 설계도서의 사전검토 및 확인
12) 감리교육 강화
    감리기술자의 정기적인 보수교육 강화

V. 결 론

감리제도의 정착과 감리자의 자질향상을 위한 신기술, 신공법 등의 연구 및 교육과 실질적인 감리제도의 개선을 통하여 감리 여건이 조성될 수 있도록 해야 한다.

> **문 5-3** 책임감리와 CM(건설사업관리)의 유사점 및 차이점과 개선방안에 대하여 기술하시오. [99후(40)]

Ⅰ. 개 요

책임감리와 CM은 부실시공을 방지하고, 품질향상을 위해 시행되는 제도이나, 그 업무와 역할에 대해서는 많은 차이점이 있다.

Ⅱ. 책임감리와 CM의 유사점

1) 부실시공의 방지
   ① 시공업체의 시공과정을 check
   ② 시공업체의 기술이 부족한 부분의 지원
   ③ 시공 전반에 걸쳐 사전검토 및 시공관리
   ④ 설계도서간의 상이한 부분에 대한 합리적 판단

2) 시공의 합리성 지향
   합리적 시공으로 공사의 질 향상

3) 시공 품질의 향상
   ① 시공자재에 대한 사전심사
   ② 시험실 운영으로 시공과정을 실험
   ③ 시공상태의 검측

4) 발주처의 방침 대변
   ① 발주처의 방침을 시공자에게 전달
   ② 시공자가 발주처의 의도에 부합하도록 지도

5) 기성 검토
   ① 공사 진행에 따른 시공자의 기성을 검토
   ② 시공자와 협의하여 발주처에 기성 청구서 송부

Ⅲ. 책임감리와 CM의 차이점

구 분	책임감리	CM
업무규정	• 건설관리법에 규정	• Project마다 별도의 계약에 의해 상세히 규정
구 성 원	• 책임감리와 보조감리원	• CMr(Construction Manager)
업무범위	• 설계단계에서부터 시공에까지	• 설계자와 시공자에 앞서 선정되어 project 전단계에 업무수행
역 할	• 발주자 의도의 설계도서대로 시행되는지 확인	• 중간자적 입장에서 기술적 조언 및 조정으로 공사의 최적화
조 직	• 건기법에 의한 인원구성	• Project에 따라 최적화된 조직구성

Ⅳ. 개선방안

1) 감리회사의 대형화·전문화 유도
   ① 감리회사의 전문화로 감리원의 능력 향상
   ② 책임감리원에 대한 교육 강화
   ③ 감리회사의 영세성 탈피
   ④ 전체 감리원의 자질향상을 위한 program 개발
   ⑤ 책임 감리에 대한 자격제도 도입
   ⑥ 설계·시공 등 분야별 경력심사를 통한 감리원 선발
   ⑦ 현장 경험이 없는 감리원 배재

2) 현장 검측원 제도의 도입
   감리원의 업무를 분업하여 고유의 감리 업무 강화

3) 설계 감리 도입
   설계시부터의 문제점 발견으로 부적합한 시공 방지

4) 제반서류의 간소화 추진

5) 관리방식으로서의 CM 실시
   ① CM 전문기관을 통한 전문인력 육성
   ② CM 능력의 평가기준 확립
   ③ CM 관련 연구개발 지속

6) 발주방식으로서의 CM 실시
   ① 책임감리와 CM의 관계 정립
   ② CM 표준 절차의 개발
   ③ 법적인 문제에 대한 사전 고려 및 대비

④ 민간공사에서의 CM사업 활성화 유도
　　⑤ CM 서비스의 전문성 확보
　　⑥ CM 발주 방식의 다각화 노력
　7) 대학에서의 CM 교육실시

Ⅴ. 결 론

본격적인 CM제도의 시행을 앞두고 있는 상황에서 현행 책임감리제도를 CM제도와 비교 분석한 후, 문제점을 개선하여 내실 있는 CM제도의 정착이 될 수 있도록 해야 한다.

> **문 6-1** CM 제도의 단계별 업무 내용을 기술하여라. [92후(30)]
> **문 6-2** 건설프로젝트 단계별 CM(Construction Management) 업무에 대하여 기술하시오. [06후(25)]
> **문 6-3** 건설사업관리(CM)의 주요 업무 [00전(10)]
> **문 6-4** 우리나라 건설업의 CM 필요성, 현황, 발전방향에 대하여 기술하시오. [98중후(40)]
> **문 6-5** 건설사업관리(Construction Management)의 계약방식을 설명하고 향후 발전방향에 대하여 기술하시오. [09중(25)]
> **문 6-6** CM 계약의 유형 [97후(20)]
> **문 6-7** 시공책임형 사업관리(CM at Risk) 계약방식의 특징과 국내 도입시 기대효과에 대하여 설명하시오. [10전(25)]
> **문 6-8** XCM(Extended Construction Management) 계약방식 [10중(10)]
> **문 6-9** CM(Construction Management) [88(5)]
> **문 6-10** Construction Management [96중(10)]

Ⅰ. 개 요

CM(Construction Management)은 건설업의 전과정인 기획에서부터 유지관리까지의 업무의 전부 또는 일부를 수행할 수 있는 건설사업관리제도이다.

Ⅱ. 계약의 유형(계약 방식)

1) ACM(Agency CM)
   ① CM의 기본형태이다.
   ② 공사의 설계단계에서부터 발주자에게 고용되어 본래의 CM업무를 수행

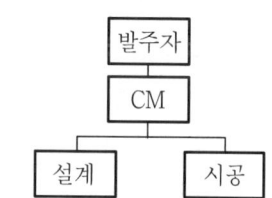

2) XCM(Extended CM)
   CM의 본래의 업무와 계획에서 설계·시공 및 유지관리까지의 건설산업 전 과정을 관리

3) OCM(Owner CM)
   ① 발주자 자체가 CM 업무를 수행하는 방식
   ② 전문적 수준의 자체 조직 보유

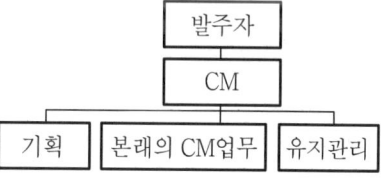

4) GMPCM(Guaranteed Maximum Price CM)
   ① 계약시 산정된 공사금액이 공사 완료 후 초과되지 않기 위한 조치
   ② 예상 금액의 절감 또는 초과시 CM이 일정 비율을 부담하는 형식
   ③ CM이 하도급 업체와 직접계약을 체결하며, 자신의 이익 추구

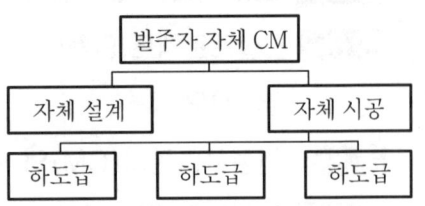

Ⅲ. CM의 기본형태

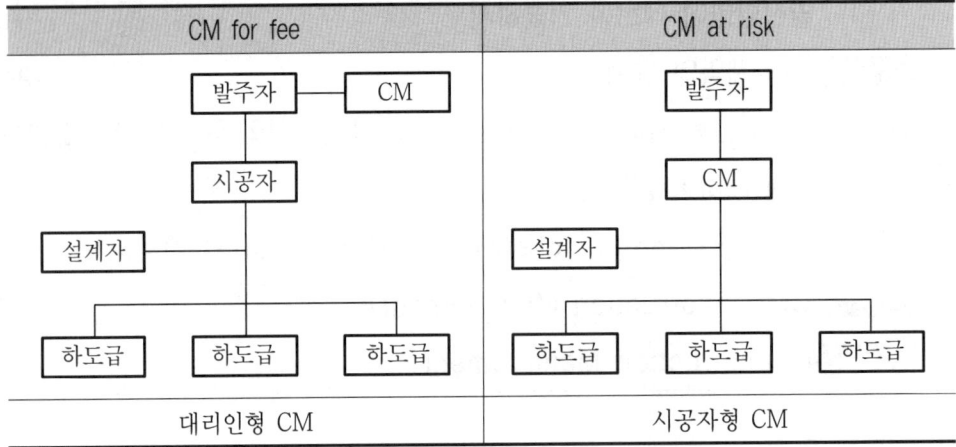

Ⅳ. CM의 필요성

1) 부실공사 방지
   ① 기획단계에서부터 설계 및 시공성 검토
   ② 체계적인 공사관리

2) 원가절감
   ① 설계단계 6~8%, 시공단계 5% 절감
   ② CM 용역비 4~5%를 지출하여도 총공사비의 7~8% 절감

3) 품질향상
   ① CM이 설계와 시공단계 참여
   ② 공사 전반에 걸쳐 상호 의견 조정

4) 공기단축
   ① 체계적인 관리를 통해 시공기간 단축
   ② 고속궤도방식에 의한 공기단축

5) 합리적인 시공
    ① VE(가치분석)의 기법 적용
    ② CM회사의 시공 참여
6) 국제경쟁력 제고
    ① 선진건설업체와 동등한 자격 유지
    ② CM제도 적용에 대한 신뢰도 확대

V. CM at Risk의 특징

1) 건설사업 각 참여자간의 Communication 우수
    ① 발주자·설계자·시공자 등 건설사업의 참여자들에 대한 의견수렴 및 조정
    ② 설계이전단계의 인허가 업무 및 금융조달 업무 수행
2) 낭비요소 최소화
    ① 사업 초기부터 CM을 적용함으로써 예상되는 문제점을 사전에 해결하여 낭비요소 최소화
    ② 사업 초기단계의 계획수립 미비로 인한 공기지연 및 사업비 증대요인 감소
    ③ 계약관리 부족으로 인한 Claim 발생우려 감소
3) 시공성 검토
    ① 설계단계에서부터 VE 적용 및 시공성 검토
    ② 전체 사업비의 절감 가능
4) 단계별 전문가 투입
    ① 단계별로 전문조직이 전 단계를 종합 관리하여 일관성 있는 사업진행 가능
    ② 단계별로 전문분야별 관리를 통한 부실방지 및 품질확보
    ③ 사업진행에 관한 정보를 발주자 및 참여자들에게 실시간 제공
5) 과학적 분석 및 평가
    ① 전문가들에 의한 과학적 분석 및 평가 가능
    ② 과학적 분석 및 평가로 최선의 결정안을 발주자에게 제공

VI. 단계별 업무내용(주요 업무)

1. 계획 단계

1) 프로젝트 관리
    ① 프로젝트 조직의 구성 및 수행절차서 작성
    ② 사업관리계획서의 작성

2) 원가관리
   프로젝트 및 공사비 예산 작성
3) 일정관리
   발주자에게 마스터 스케줄의 제출 및 승인
4) 품질관리
   품질관리의 목적 및 목표 설정
5) 프로젝트 및 계약 조정 업무
   CM은 공사과정 중에 발주자·설계자·CM이 의사교환할 수 있는 체계 및 절차를 수립한다.
6) 안전관리
   안전관리 주체의 결정 및 조직 구성

2. 설계 단계

1) 프로젝트 관리
   ① 주기적으로 설계도서를 검토한다.
   ② 계약서류를 작성한다.
2) 원가관리
   견적 및 원가관리 업무를 수행
3) 일정관리
   마스터 스케줄, 마일스톤 스케줄 관리
4) 품질관리
   ① 문서 및 설계도서 검토
   ② 품질관리계획서에 준해 공사견적 검토
5) 프로젝트 및 계약 조정 업무
   설계 진행의 관리
6) 안전관리
   입찰자가 작성·제출한 안전관리계획서를 검토한다.

3. 발주 단계

1) 프로젝트 관리
   입찰 및 계약 절차를 수립한다.

2) 원가관리

　　예정가격을 토대로 입찰심사 및 협상

3) 일정관리

　　입찰자들에게 일정관리 책임을 주지시킨다.

4) 품질관리

　　품질을 만족시킬 수 있는 능력을 갖춘 시공자를 선정한다.

5) 프로젝트 및 계약 조정 업무

　　① 입찰 홍보 및 공고
　　② 입찰 설명회의 및 입찰 심사

6) 안전관리

　　① 시공자들이 제출한 안전관리계획서를 검토한다.
　　② CM 자체 직원들과 안전관리계획을 수립한다.

4. 시공 단계

1) 프로젝트 관리

　　① 발주자가 제공해야 하는 현장 접근로, 현장 시설물 등을 확인한다.
　　② 설계자를 포함한 공사 참여자들의 조정 역할을 담당한다.

2) 원가관리

　　① 계약이 이루어지면 시공자와 협의하여 기성계획을 작성한다.
　　② 공사금액과 관련된 모든 기록을 관리하여 클레임, 감사 등에 대비한다.

3) 일정관리

　　① 계획공정과 공사진도를 정기적으로 비교·분석하여 공사일정에 차질이 없게 한다.
　　② 추후 클레임 제기가 예상되면 이에 대한 검토 및 분석을 수행한다.

4) 품질관리

　　시공자가 수행한 시험결과를 매일 확인·점검한다.

5) 프로젝트 및 계약 조정 업무

　　① CM은 계약조건, 지시사항, 변경조건 등 공사 참여자의 책임과 관련된 문서 및 정보를 관리한다.
　　② CM의 현장 직원은 프로젝트와 관련된 활동을 매일 기록하며 관리한다.

6) 안전관리

　　① 안전관리 측면에서 작업을 분석하여 문제점 발견시 서면 통지한다.
　　② 안전관련 업무의 시행 여부를 점검한다.

5. 완공후 단계

1) 프로젝트 관리
   준공금 지급, 유지관리 지침서 작성, 시공도면, 하자보수 등의 문서 준비
2) 원가관리
   총공사비 내역을 최종보고서로 작성하여 발주자에게 제출
3) 일정관리
   발주자가 완공된 공사물을 사용할 수 있도록 모든 절차와 사용계획서를 작성
4) 품질관리
   발주자가 유지관리 지침서를 사용할 수 있도록 지원
5) 프로젝트 및 계약 조정 업무
   ① 유지관리 지침과 장비 및 설비의 운용을 취합하여 문서화
   ② 예비부품의 품질보증을 점검
   ③ 최종 사용허가를 받기 위한 요건을 점검

Ⅶ. 현 황

1) 경영자의 인식부족
   ① 경영자의 CM에 대한 인식부족으로 필요성을 느끼지 못함
   ② 설계는 설계사무소, 시공은 건설회사의 영역이라는 인식
   ③ CM 용역비에 대한 인식 부족
2) 전문인력 부족
   ① 고급기술자의 부족
   ② CM요원 양성 교육의 부재
   ③ 교육기회의 상실
3) 자격제도의 미비
   ① 전문 CM제도의 미정착
   ② 정부의 제도적 장치 미흡
4) 감리제도의 미정착
   ① 현행 감리제도와의 분리
   ② 기술조직력의 미비
5) 정부의 역할 부족
   ① 정부의 CM제도에 대한 인식부족
   ② 정부의 규제

Ⅷ. 발전방향(기대효과)

1) 건축생산 system 개선
   ① 부재의 prefab화
   ② 작업의 system화

2) 건설산업의 통합전산화
   ① CALS의 운영
   ② 자료체계의 system화

3) CM전문가 연합(pool) 구성
   ① CM 요원의 교육
   ② 학계 및 업계의 연결

4) 책임감리제도와 CM제도의 정립
   ① 건설기술관리법의 정비
   ② 명확한 업무의 구분

5) CM의 활성화
   ① 대규모 project의 발굴로 기술력 축적
   ② 기술 연구과제 선정

6) 강력한 하청업체의 육성
   하청업체의 기술적인 지원

7) 설계·시공자간의 communication의 활성화

8) Engineering service의 극대화

9) 경영자 mind 제고
   ① 경영자의 CM에 대한 의식 전환
   ② 경영자의 적극적인 관심

10) 공공기관의 발주
    ① 공공기관 공사 발주시 적용
    ② 발주기준 설정

Ⅸ. 결 론

CM제도는 건설산업의 발전을 위해서는 필수적으로 도입, 시행되어야 할 제도이며, 국내 정착을 위해 제도의 정비, 법령의 개정 등 지속적인 노력이 필요하다.

문 6-11 사업 관리(project management)의 업무내용에 대하여 기술하시오.

[98중후(40)]

Ⅰ. 개 요

사업 관리(project management)란 project의 기획단계에서 시설물 인도에 이르는 모든 활동의 계획, 통제 및 관리에 필요한 제반 사항을 종합적으로 관리하는 기술이다.

Ⅱ. 업무 내용

1) 공사범위 관리(Scope Management)

   공사범위 관리 ─┬─ 프로젝트의 인가
   　　　　　　　├─ 공사범위의 계획
   　　　　　　　├─ 공사범위의 정의
   　　　　　　　├─ 공사범위의 변경관리
   　　　　　　　└─ 공사범위의 시행확인

2) 공기관리(Time Management)
   ① 표준공기제도의 도입에 따른 공기 초과를 철저히 관리
   ② 공정관리기법 도입에 따른 공기관리

3) 공사비 관리(Cost Management)
   ① 최소비용으로 최대의 효과를 얻을 수 있도록 할 것
   ② 원가관리체계 확립
   ③ Cost planning, VE 기법의 도입

4) 계약 구매관리(Contract Management)
   ① 적정 낙찰자의 선정에 주의
   ② 계약제도의 개선에 따른 우수낙찰자 선정
   ③ 선진 계약제도의 도입

5) 조달관리(Supply Management)
   ① 고객의 요청에 대해 검토
   ② 규격·용도에 맞는 자재 구매 및 공급
   ③ 시방서 및 도면 기준에 맞도록 관리

6) 위기관리(Risk Management)
   ① 획득과 손실의 가능성에 대해 관리

②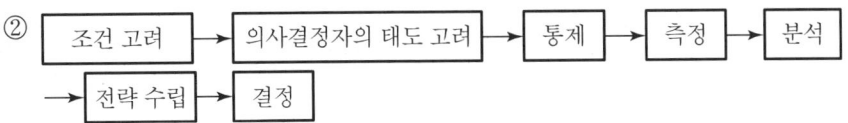

7) 행정관리(Communication Management)
    ① 상호 의사 교환 철저
    ② Computer 사용에 따른 VAN 활용

8) 조직관리(Human Resource Management)
    ① 관리능력에 대한 교육 철저
    ② 지령 계통의 통일
    ③ 통제의 한계 및 동질적인 직무 할당
    ④ 권한의 위임

9) 공사질 관리(Quality Management)
    ① 시공 능률의 향상
    ② 품질 및 신뢰성의 향상
    ③ 설계의 합리화
    ④ 작업의 표준화

10) 기획 단계
    ① 사업의 발굴
    ② 사업의 시행계획 수립
    ③ 타당성 조사

11) 설계 단계
    ① 사전조사 철저, 입지조건, 주변상황, 현장계측
    ② 건축물의 기획입안
    ③ 발주자 의향 반영
    ④ 전반적인 설계 검토, 계약방침 및 시방서 작성

Ⅲ. 결 론

사업(project)의 기획단계에서부터 시설물 인도에 이르기까지 효율적인 관리기술을 동원하여 최대의 효과를 얻을 수 있도록 해야 한다.

문 7 컴퓨터를 이용한 현장관리에 대하여 기술하시오. [85(25)]

I. 개 요

공사의 규모가 대형화·복잡화됨에 따라 수작업에 의한 현장 업무 관리로는 본사와 현장간의 신속한 업무 전달 및 정확도 면에서 한계가 있어, 컴퓨터를 이용한 현장관리가 일반화되고 있다.

II. 현장관리

1) 시공계획
   ① 계약조건 및 설계도서 파악
   ② 입지조건과 지반조사 실시
   ③ 건설공해 및 기상조건에 대비

2) 공정관리
   ① 지정된 공기 내에 공사예산에 맞추어 양질의 시공을 하기 위한 관리
   ② 공정계획시 세부공사에 필요한 시간과 순서, 자재, 노무 및 기계, 설비 등을 적정하고 경제성 있게 공정표로 작성하여 관리

3) 품질관리
   ① 품질관리의 시행(plan → do → check → action)
   ② 시험 및 검사의 조직적인 고려
   ③ 하자 발생 방지

4) 원가관리
   ① 실행예산의 손익분기점 분석
   ② 1일공사비의 산정
   ③ VE, LCC 개념 도입

5) 안전관리
   ① 안전관리계획 작성
   ② 안전관리 통계치 활용
   ③ 안전관리의 예산 분석 및 집행 대비
   ④ 안전점검의 기록 data 작성

6) 노무관리
   ① 인력배당계획에 의한 적정 인원을 계산
   ② 과학적이고 합리적인 노무관리

7) 자재관리
   ① 적기에 구입하여 공급할 수 있도록 관리
   ② 가공을 요하는 재료는 사전에 주문 제작하여 공사진행에 차질이 없도록 관리
8) 장비관리
   ① 최적의 기종을 선택하여 적기에 사용하므로 장비효율을 극대화
   ② 경제성, 속도성, 안전성 확보
   ③ 가동률 및 실제 작업시간을 향상
9) 자금관리
   ① 자금의 흐름 파악, 자금의 수입·지출 관리
   ② 어음·전도금 및 기성금 관리
10) 건설 정보 관리
   ① 경영 전반에 관한 정보
   ② 연구 개발에 관한 정보
   ③ 수주 및 발주에 관한 정보
   ④ 공사 및 시설물에 관한 정보

Ⅲ. 결 론

최근의 건설현장에서는 computer를 이용한 현장관리로 전산화에 의한 VAN(Value Added Network, 부가가치통신망) 및 on-line 통신의 범위 확대 등으로 현장과 본사간의 신속한 업무처리가 가능해지고 있으므로 이에 대한 대비가 필요하다.

> **문 8-1** 부실시공의 원인과 방지대책에 대하여 기술하시오. [05전(25)]
> **문 8-2** 최근 국내 건축물의 도괴 사고가 있었다. 이와 같은 사고의 일반적인 원인과 방지대책에 관하여 기술하여라. [93전(40)]
> **문 8-3** 설계 및 시공 측면에서 본 부실공사 방지대책에 대하여 기술하시오. [94전(30)]
> **문 8-4** 근래 건축물의 시공의 질이 저하되고 있는데 그 개선대책을 전반적으로 논하여라. [79(25)]
> **문 8-5** 건설업이 당면하고 있는 인력 부족, 인건비 상승에 따른 품질 저하, 공기 문제에 대한 대책을 논하여라. [90전(40)]

Ⅰ. 개 요

① 최근 국내 건설업계의 부실공사로 인하여 심각한 사회적 문제가 되고 있으며, 이러한 부실의 원인은 설계·시공·감리 등 건설공사의 전과정을 통하여 제도적·관행적으로 구조적 부실 원인이 내재되어 있다.
② 이러한 부실공사로 인한 대형사고의 발생과 사회적 지탄을 면하기 위해서는 공무원과 건설업계의 확고한 의지를 바탕으로 종합적이고 근원적인 대책을 수립하여 시행하여야 한다.

Ⅱ. 부실공사(부실시공)의 원인

1. 제도적 측면

1) 사전 조사 미비
 ① 사전조사에 투입되는 시간과 비용의 과부족
 ② 조사·분석의 기초자료 부실
 ③ 사업 시행의 합리화를 조작하기 위한 조사
 ④ 타당성 추정방법의 부실
 ⑤ 건축물의 안전성 조사 및 인접 건물에 대한 사전 조사 미비로 민원 야기
2) 입찰 부조리 만연
 ① 예정가 탐지를 위한 민·관의 부조리 성행
 ② 건설 업체간의 담합 만연
 ③ 기술력이 전제되지 않은 dumping 수주

3) 건설 면허 제도
    ① 등록업체의 자본금 보유 상태의 위조 만연
    ② 시공 능력, engineering 능력에 대한 검증 부족
    ③ 기술력 보유 상태의 확인 전무
4) 최저가 낙찰제
    저가 낙찰에 따른 부실 시공 우려
5) 부실 책임자에 대한 제재 미흡

2. 설계적 측면

1) 설계 내용 부실
    ① 현장 여건을 무시한 설계
    ② 설계 도면과 시방서의 관계 모호
    ③ 설계 조건 및 설계 기준 적용 부족
2) 시공성을 배제한 도면
    시공 경험이 부족한 자의 도면 작성
3) 설계·시공의 engineering 능력 부족

3. 시공적 측면

1) 무리한 공기
    ① 표준 공기에 크게 모자라는 공기 산정
    ② 공기 단축을 위한 야간작업 강행
    ③ 거푸집 존치기간 단축 및 콘크리트 양생 부족
2) 부실한 품질 관리
    ① 시험 및 검사에 의한 부실 방지대책 미흡
    ② 단계적 품질 관리(plan → do → check → action)의 미시행
3) 의식 부족
    ① 기술자 및 기능공의 의식 부족
    ② 품질보다 공기를 우선시하는 풍토
    ③ 일일 작업량의 과다 측정

4) 민원 야기
① 건설 공해로 인한 민원 발생
② 교통 장애, 불안감 등으로 인한 인근 주민의 불안

5) 부당한 설계 변경
① 저가 입찰로 인한 수주의 설계 변경 증액
② 감독자와 시공자의 담합 만연
③ 관급공사시 전형적인 부조리 형성
④ 특정 자재 및 공법 사용을 위한 설계 변경 발생

4. 감리·감독적 측면

1) 전문 인력 부족
① 부적격 감독의 현장 배치
② 시공경험이 전혀 없는 자들의 감리업무 수행
③ 전문교육 부족

2) 감독자의 횡포
① 감독자의 특정 업체 추천
② 감독자와 시공자간의 금품 수수 만연
③ 자재, 공법에 대한 감독자의 무리한 요구
④ 권한만 있고 책임이 없는 감독 제도

3) 감리원의 책임과 권한 부족

4) 부실 감리·감독에 대한 제재 미흡

Ⅲ. 방지대책(개선대책)

1. 제도적 측면

1) 입찰제도 개선
① 가격 위주의 입찰제도에서 기술 위주의 입찰방식으로 개선
② 적격 낙찰제의 도입
③ PQ제도의 강화
④ 기술개발 보상제도의 확대 시행
⑤ 신기술 지정 및 보호제도의 강화

2) Dumping 방지
저가 입찰 업체의 심사 강화

3) 건설 면허 제도
   ① 설계·시공의 일괄 도급 발주 확대
   ② 종합 건설업 제도의 시행
   ③ 건설 면허 체제의 일원화
4) 건설 행정의 투명성 제고
   ① 입찰과 허가 등 건설 행정의 투명성 제고
   ② 건설 공무원의 부조리 척결
   ③ 건설 행정의 소요 기간 단축
5) 건설사업관리제도의 확대 시행
   CM(Construction Management) 제도의 조기 확대 시행
6) 신용 평가제 도입
   ① 은행, 보험회사 등을 통한 보증제도 도입
   ② 연대 보증제도 폐지
7) 건설 CALS 조기 구축
   ① 건설업 전반에 걸쳐 투명성 제고
   ② 건설 비용의 격감
8) 건설 행정의 전문화
   ① 건설 공무원을 관련 학과 졸업자에 의해 선발
   ② 건설 행정의 전문성 부여
   ③ 정부 건설 행정 조직의 전문화

2. 설계적 측면

1) 설계자 인식 전환
   ① 설계자의 안일한 사고방식 탈피
   ② 전 도면의 CAD화
   ③ 시공성·경제성을 고려한 도면 작성
   ④ 현장 경험이 풍부한 자의 조언을 참조한 도면
   ⑤ 현장 기술자와 충분한 합의를 통한 도면 작성
2) 현장 여건을 감안한 도면
   설계전 사전 조사 철저
3) 설계 감리 도입
   ① 설계 도면 작성 전 감리 발주
   ② 부실 설계 방지를 위한 설계 감리 강화

4) 적정 자재 선정
   ① 자재의 시공성 여부 확인
   ② KS제품의 사용 권장
   ③ 임의의 자재에 대해서는 시험 후 사용
   ④ 자재 생산업체와의 담합 금지
5) 표준화 자재의 사용
   제품의 치수나 기능의 다양성을 정리하여 소수의 타입으로 정리한 자재의 사용
6) 신축 줄눈의 설치
   ① 신축 줄눈의 설치를 도면에 명기
   ② 구조적 검토 전제
7) 충분한 공기 산정
   ① 현장 여건을 감안한 시공기간 산정
   ② 현장에 따른 기후조건 감안
   ③ 지반조사를 통한 토공사 공기를 정확히 산정
   ④ 작업 불능 일수 고려
8) 설계 사무소의 영세성 탈피

3. 시공적 측면

1) 의식전환
   ① 기능공들에 대한 품질교육 시행
   ② 시공물에 대한 자부심 부여
2) 적정 공기 확보
   ① 설계시부터 적정 공기 확보
   ② 무리한 공기 단축 및 야간 작업 방지
   ③ 표준 공기 준수

구 분	표준공기
일반건축공사	165일 + (층수×15일)
PC공사	155일 + (층수×15일)
Turn key공사	일반 건축공사 공기 + 55일

3) 철저한 품질관리 시행

   ① 단계적 품질관리 시행

   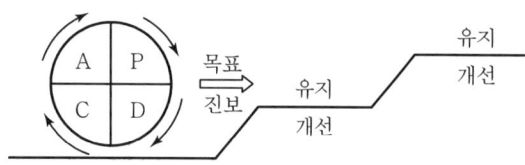

   Plan → Do → Check → Action

   ② 품질에 관한 사항을 토대로 단계적 관리 목표 설정

4) 정보화 시공

   ① 계측기기를 통한 시공의 이상 유무 조기 발견
   ② 계측 분석으로 현재 상태 파악

5) 전문 건설업체 육성

   ① 하도급 계열화 촉진
   ② 우수업체에 대한 지원
   ③ 하도업체 기능공의 정기적 교육 program 마련

6) 기술 연구소 운영

   ① 시공성, 경제성 연구
   ② 신기술, 신자재의 연구 개발

7) 건설업체의 체질 개선

   ① 기술 개발에 대한 투자 확대
   ② 전문 기술 능력자의 양성
   ③ 설계·시공 능력의 향상
   ④ 과학적 관리 기법의 도입 및 시행
   ⑤ 경영의 합리화

4. 감리 · 감독적 측면

1) 전문인력 확보

   ① 정기적 교육기관의 설치
   ② 감리·감독에 대한 교육 강화
   ③ 현장 경력이 풍부한 감리의 배출
   ④ 감독자의 전문성 강화

2) 책임 강화
   ① 권한에 따른 책임 강화
   ② 부실 감리·감독의 제재조치 강화
   ③ 금품 수수 감독에 대한 특별 조치 마련
3) 감리 전문업체의 정착
   ① 감리 대가의 현실화
   ② 감리의 지위 보장
   ③ 우수 감리업체에 대한 지원책 마련
4) 감리원 자질 향상
   ① 감리 직원의 일정 기간 현장경험 의무화
   ② 감리원 등급에 따른 교육 시행
   ③ 부실 감리·감독에 대한 제재 마련
   ④ CM과 감리의 병행

Ⅳ. 결 론

우수한 품질의 건축물을 시공하기 위해서는 건설 관련 제도의 개선, 건설업체의 의식 개혁, 강력한 감리제도의 정착 및 기술자들의 책임의식이 있어야 한다.

문 8-6 부실공사와 하자의 차이점 [06중(10)]

Ⅰ. 부실공사

1) 정의
   ① 부실공사란 적정한 재료나 시간 등을 지키지 아니하고 불성실하게 공사를 실시한 경우를 말한다.
   ② 설계도나 시방서에 따라 공사를 진행하지 않고 임의로 시공한 경우로써, 구조물의 안전에 막대한 지장을 초래하는 것이다.

2) 부실공사의 실례
   ① 철근 배근이 도면보다 적게 들어간 경우
   ② 콘크리트 두께가 도면보다 작을 경우
   ③ 철골의 크기 및 두께가 도면보다 작은 것을 사용한 경우
   ④ 콘크리트 타설 결과 균열이나 밀실성이 현저하게 불량할 경우
   ⑤ 철근의 피복두께가 규정치보다 작을 경우

Ⅱ. 하 자

1) 정의
   ① 공사상의 잘못으로 인한 처짐, 비틀림, 들뜸, 파손, 누수 또는 접지불량 등 건축물의 사용상에 지장을 초래하는 것을 말한다.
   ② 설계도나 시방서에 따라 시공하였으나 끝마무리가 제대로 이루어지지 않았거나 완공후 고장 또는 파손된 경우이다.

2) 하자의 실례
   ① 벽지, 장판지 등이 들뜸
   ② 방수공사에서 누수발생
   ③ 창호주위의 사춤불량 및 누수
   ④ 내부 문틀 및 문짝의 비틀림
   ⑤ 설비수전의 부착불량 및 파손

Ⅲ. 부실공사와 하자의 차이점

구 분	부실공사	하 자
의의	• 구조물의 안전에 지장을 초래하는 것	• 건축물의 사용상 지장을 초래하는 것
건물 내구성에 미치는 영향	• 내구성에 심각한 영향을 미침	• 내구성에 대한 영향은 거의 없음
주(主)평가자	• 전문가	• 사용자
보수비용	• 많이 소요	• 간단(적게 소요)
생활에 주는 영향	• 간접적 영향	• 직접적 영향
문제성	• 심각(대형사고 유발)	• 간단(생활에 불편한 정도)
발생 이유	• 고의 또는 무지	• 실수

문 9 종합품질관리(TQC)의 주안점을 열거하고, 그 품질관리에 쓰이는 기법(tool)을 설명하여라.   [86(25)]

Ⅰ. 개 요
종합품질관리(TQC)는 기업의 전 종업원(경영자·관리자·현장 근로자)이 참여하여 품질향상을 도모하는 것이다.

Ⅱ. 주안점
① Top manager로부터 모든 구성원이 혼연일체가 되어 실시
② 절차를 착실히 밟음
③ 더욱 실질적이고 효과적일 경우 상의하달의 관리형식을 취함
④ 기법(tool)을 효율적으로 사용
⑤ 새 기법의 도입에 과감
⑥ 현장의 특성에 맞는 기법 선택
⑦ 과학적으로 접근
⑧ 사용자 우선 원칙에 입각한 고객의 수용에 만족하는 품질확보에 전력
⑨ 원가절감 및 품질 확보
⑩ 연구활동의 강화 및 연구비(활동비) 지급 원칙

Ⅲ. 품질관리기법(tool)

1) 관리도
   ① 공정도의 상태를 나타내는 특정치에 관해서 그려진 graph로 공정을 관리상태(안전상태)로 유지하기 위하여 사용된다.
   ② 관리도의 종류
      ㉮ 계량치의 관리도
         $\bar{x}$-R 관리도, x 관리도, $\tilde{x}$-R 관리도
      ㉯ 계수치의 관리도
         Pn 관리도, P 관리도, C 관리도, U 관리도

2) 히스토그램(histogram)
   ① 계량치의 data가 어떠한 분포를 하고 있는지 알아보기 위하여 작성하는 그림으로 일종의 막대 graph
   ② 공사 또는 제품의 품질상태가 만족한 상태로 있는가의 여부를 판단

③ 형태
  낙도형, 이빠진형, 비뚤어진형, 낭떠러지(절벽)형 등
3) 파레토도(pareto diagram)
  ① 불량 등 발생건수를 분류 항목별로 나누어 크기 순서대로 나열해 놓은 그림으로 중점적으로 처리해야 할 대상 선정시 유효
  ② 현장에서 하자발생, 결함 등 문제점을 판단하여 개선을 위한 목적
4) 특성요인도(causes and effects diagram)
  ① 결과(특성)에 원인(요인)이 어떻게 관계하고 있는가를 한눈에 알 수 있도록 작성한 그림
  ② 하자 발생의 분석시 사용
5) 산포도(산점도, scatter diagram)
  ① 대응하는 두 개의 짝으로 된 data를 graph 용지 위에 점으로 나타낸 그림으로, 품질 특성과 이에 영향 미치는 두 종류의 상호관계 파악
  ② 종류
    정상관, 부상관, 무상관
6) 체크 시트(check sheet)
  ① 계수치의 data가 분류 항목의 어디에 집중되어 있는가를 알아보기 쉽게 나타낸 그림 또는 표
  ② 종류
    ㉮ 기록용 check sheet
      Data를 몇 개의 항목별로 분류하여 표시할 수 있도록 한 표 또는 그림
    ㉯ 점검용 check sheet
      확인해 두고 싶은 것을 나열한 표
7) 층별(stratification)
  ① 집단을 구성하고 있는 많은 data를 어떤 특징에 따라서 몇 개의 부분 집단으로 나누는 것
  ② 층별된 작은 그룹의 품질의 분포를 서로 비교하고, 또 전체의 품질 분포와 대비하여 전체 품질 분포의 산포가 작을수록 층별은 성공한 것으로 본다.

Ⅳ. 결 론

현장 특성에 맞는 기법(tool)을 선택하여 품질관리를 실시하면, 건축물의 품질향상과 아울러 상호 협력 관계도 이루어질 것이다.

> **문 10-1** 품질관리를 단계적으로 설명하고, 특히 건축시공에서 품질관리의 필요성에 대하여 기술하여라. [85(25)]
> **문 10-2** 건축공사의 품질관리방법을 순서대로 기술하시오. [95중(40)]

I. 개 요

건축공사에서의 품질관리방법은 P→D→C→A의 과정을 cycle화 하여 단계적으로 목표를 향해 진보, 개선, 유지해 나가는 것이다.

II. 필요성

1) 시공능률의 향상
   다음 공정의 작업에 지장없이 계속될 수 있게 함
2) 품질 및 신뢰성의 향상
   제품 사양에 일치시킴으로써 고객을 만족시킴
3) 설계의 합리화
   현재 능력에 대한 적정 품질을 결정하여 설계사양의 지침으로 함
4) 작업의 표준화
   ① 오작·불량 등이 발생되지 않도록 함
   ② 불량품을 감소함

III. 품질관리단계(방법)

1. Deming의 관리 cycle

품질에 대한 사항을 토대로 하여 단계적으로 관리 목표 설정

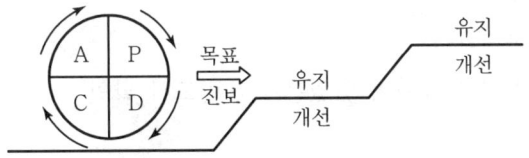

2. Plan(계획) 단계

1) 작업하는 목적을 명확히 결정
2) 목적달성을 위한 수단 결정

3) 목적 결정 및 표시

Check를 위한 항목을 고려하여 표준치, 목표치를 결정해 두면 check 단계가 용이

① 현상 유지작업 : 표준치로 표시

② 현상 탈피작업 : 목표치로 표시

3. Do(실시) 단계

1) 집합 교육훈련과 기회 교육훈련의 병행

2) 집합 교육훈련

여러 명이 한 곳에서 전반적인 지식 습득

3) 기회 교육훈련

① 일상작업 도중 적당한 기회에 실시

② 개별적 기능 습득에 유효하며, OJT(On the Job Training) 교육 실시

4. Check(검사) 단계

1) 결과와 실시방법을 대상으로 검사

2) 결과 검사

① 현상 유지작업

관리도 유효

② 현상 탈피작업

목표치나 예정선 등을 graph에 기입해 두고, 실시 결과를 표시하면서 검사가 용이한 방법을 연구

3) 실시방법 검사

① 현상 유지작업

작업 시행자가 자신의 작업에 책임지고 check sheet를 이용하며 문제 발생시에는 제3자의 검사 필요

② 현상 탈피작업

어떤 방법이 효력이 있었는가를 반드시 확인

5. Action(조치) 단계

1) 응급조치

① 검사에 의해 계획시의 기대 결과가 얻어지지 않을 경우에 필요에 따라 즉각 취해야 하는 조치

② 더 이상의 문제 발생이 없도록 방지

2) 항구조치
   ① 재발방지를 위한 근본적인 조치로 응급조치 이후 즉시 원인을 조사하여 재차 발생이 없도록 조치
   ② 원인분석 결과를 feed-back
3) 관련조치(유사조치)
   현장 내 또는 현장간 유사 공종 사례에 대해 전사적으로 검토, 분석하여 반영 조치

Ⅳ. 결 론

품질관리는 최적 시공 계획과 관리기준을 수립하여 시행하여야 하며, 품질관리시의 개량·수정·문제점 등은 feed-back하여 cycle화해야 한다.

문 11-1 건축공사 품질관리에 대하여	[03후(25)]
1) 생산성에 미치는 효과를 기술하고	
2) 품질관리 Tool을 항목별로 기술하시오.	
문 11-2 품질관리 7가지 도구	[97중전(20)]
문 11-3 건축 품질관리시에 사용되는 관리도 및 산포도에 관하여 설명하시오.	
	[94후(25)]
문 11-4 관리도	[85(5)]
문 11-5 히스토그램(Histogram)	[08전(10)]
문 11-6 Pareto도	[00후(10)]
문 11-7 특성 요인도	[85(5)]
문 11-8 특성 요인도	[92전(8)]
문 11-9 산포도(산점도 : Scatter Diagram)	[01전(10)]

I. 개 요

품질관리란 공사의 목적물을 경제적으로 만들기 위한 관리 수단으로 7가지 도구(tool) 중 적합한 것을 현장에 적용하여야 한다.

II. 품질관리가 생산성에 미치는 효과

1) 시공능률의 향상
   ① 다음 공정의 작업에 지장없이 계속될 수 있게 함
   ② 장비가동률을 향상
2) 품질 및 신뢰성의 향상
   ① 제품 사양에 일치시킴으로써 건설시장 신용도를 높임
   ② 시장 가치를 증대시킴
3) 설계의 합리화
   ① 현재 능력에 대한 적정 품질을 결정하여 설계사양지침으로 함
   ② 불량요인을 파악하여 적절한 설계변경을 할 수 있음
4) 작업의 표준화
   ① 작업표준을 설정하여 오작, 불량 등이 발생되지 않도록 함
   ② 작업표준을 개선할 수 있음

5) 원가 절감
   ① 품질관리를 통한 합리적인 시공으로 원가절감
   ② 하자처리 비용, 재시공 비용, 유리관리비 감소
6) Claim 억제
   ① 엄격한 품질관리를 통한 손해비용 발생 저감
   ② 신뢰도 증가
7) 공기 단축
   ① 재시공 및 하자기간 단축
   ② 체계적 관리에 의한 공정 단축
8) 건설 수요 변화에 대응
   ① 고품질화 추세에 대응
   ② 제조품질, 자재품질의 향상으로 인한 대량 생산 및 생산성 증대

Ⅲ. 7가지 도구

1. 관리도

1) 정의
   ① 공정의 상태를 나타내는 특정치에 관해서 그려진 graph로서 공정을 관리상태(안전상태)로 유지하기 위하여 사용된다.
   ② 관리도는 제조공정이 잘 관리된 상태에 있는지를 조사하기 위하여 사용하는 경우도 있다.

2) 관리도의 종류

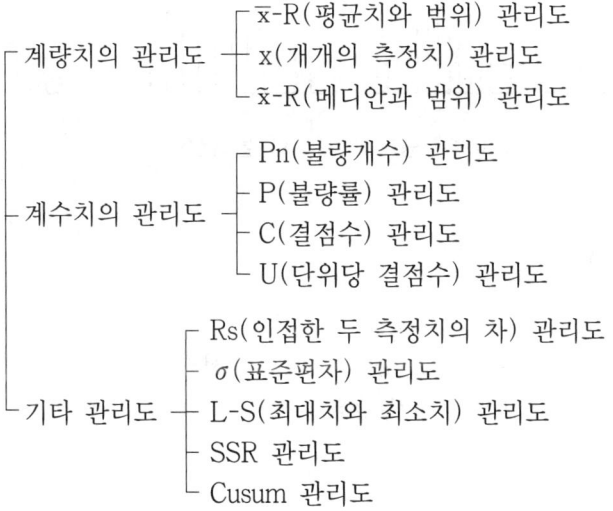

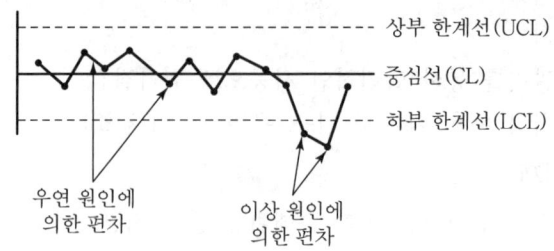

2. 히스토그램(histogram)

1) 정의
   ① 계량치의 data가 어떠한 분포를 하고 있는지 알아보기 위하여 작성하는 그림으로 일종의 막대 graph
   ② 공사 또는 제품의 품질상태가 만족한 상태에 있는가의 여부를 판단

2) Histogram의 여러 형태
   ① 낙도형
      Data의 이력을 조사하고 원인을 추구
   ② 이빠진형
      계급의 폭의 값, 측정 최소단위의 정배수 등을 조사
   ③ 비뚤어진형
      한쪽에 제한조건이 없는가 조사
   ④ 낭떠러지(절벽)형
      측정방법의 이상 유무 조사

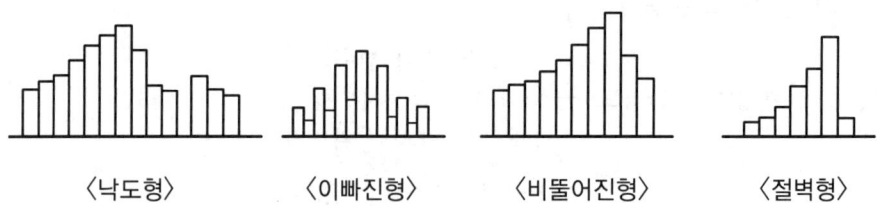

〈낙도형〉   〈이빠진형〉   〈비뚤어진형〉   〈절벽형〉

3. 파레토도(Pareto diagram)

1) 정의
   ① 불량 등 발생건수를 분류 항목별로 나누어 크기 순서대로 나열해 놓은 그림
   ② 중점적으로 처리해야 할 대상 선정시 유효

2) 작성순서
   ① Data(불량건수 또는 손실금액)의 분류항목을 정한다.
   ② 기간을 정해서 data를 수집
   ③ 분류 항목별로 data 집계
   ④ Data가 큰 순서대로 막대 graph를 그린다.
   ⑤ Data의 누적 돗수를 꺾은선으로 기입
   ⑥ Data의 기간, 기록자, 목적 등을 기입하여 완성

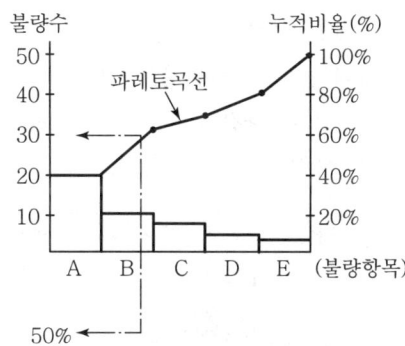

(전체 불량률 50% 기준시 A, B 항목의 집중관리 필요)

4. 특성요인도(Causes and effects diagram)

1) 정의

   품질 특성(결과)과 요인(원인)이 어떻게 관계하고 있는가를 한눈으로 알아보기 쉽게 작성한 그림이며, 그 모양이 생선뼈 모양을 닮았다는 점에서 생선뼈 그림(fish-bone diagram)이라고도 한다.

2) 작성방법
   ① 품질의 특성을 정한다.
   ② 왼편으로부터 비스듬하게 화살표로 큰 가지를 쓰고 요인을 기입
   ③ 요인의 그룹마다 더 적은 요인(소요인)을 기입

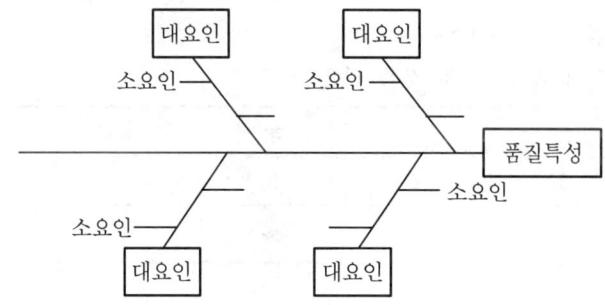

5. 산포도(산점도 : scatter diagram)

1) 정의
   ① 대응하는 두 개의 짝으로 된 data를 graph 용지 위에 점으로 나타낸 그림
   ② 품질특성과 이에 영향을 미치는 두 종류의 상호관계 파악

2) 작성방법
   ① 상관관계를 조사하는 것을 목적으로 대응되는 그 종류의 특성 혹은 원인의 data(x, y)를 모은다.
   ② Data의 x, y에 대하여 각각 최대치, 최소치를 구하고 세로축과 가로축의 간격이 거의 같도록 graph 용지에 눈금을 마련하고 위로 갈수록 큰 값이 되게 한다.
   ③ 측정치를 graph 위에 점찍어 나간다.
   ④ Data 수, 기간, 기록자, 목적 등을 기입한다.

3) 종류

〈정상관〉　　〈부상관〉　　〈무상관〉

6. 체크 시트(check sheet)

1) 정의
   계수치의 data가 분류 항목의 어디에 집중되어 있는가를 알아보기 쉽게 나타낸 그림 또는 표

2) 종류
   ① 기록용 check sheet
      Data를 몇 개의 항목별로 분류하여 표시할 수 있도록 한 표 또는 그림
   ② 점검용 check sheet
      확인해 두고 싶은 것을 나열한 표

月	火	水	木	…	날씨
1	2	3	4	…	맑음 ☀
☀	☂	☁	☀	…	흐림 ☁ 비 ☂

7. 층별(stratification)

1) 정의

   집단을 구성하고 있는 많은 data를 어떤 특징에 따라 몇 개의 부분 집단으로 나누는 것

2) 층별의 방법
   ① 층별할 대상을 분명히 규정한다.
   ② 전체의 품질의 분포를 파악한다.
   ③ 산포의 원인을 살핀다.
   ④ 품질(결과)을 나타내는 data를 산포의 원인이라고 생각되는 것에 따라 여러 개의 작은 그룹으로 층별(구분)한다.
   ⑤ 층별한 작은 그룹의 품질의 분포를 살핀다.
   ⑥ 층별된 작은 그룹의 품질의 분포를 서로 비교하고, 또 전체의 품질 분포와 대비하여 전체품질의 분포의 산포가 작을수록 층별은 성공한 것으로 본다.

Ⅳ. 결 론

현장에서의 품질관리는 과정을 중요시하는 합리적인 사고와 품질 확보가 곧 원가절감이라는 품질에 대한 인식전환이 필요하며, 현장조건에 맞는 적정한 기법(tool)을 선정하여 시행해야 한다.

> **문 12-1** 품질경영(Quality Management)을 구성하는 3단계 활동에 대하여 기술하시오. [99전(30)]
> **문 12-2** 건설 프로젝트에 있어서 품질 매니지먼트(quality-management)에 대하여 설명하시오. [01후(25)]
> **문 12-3** 건설공사 품질보증에 대하여 다음을 각각 설명하시오. [02후(25)]
>   1) 도급계약서상의 품질보증
>   2) TQC에 의한 품질보증
>   3) ISO9000규격에 의한 품질보증
> **문 12-4** 품질보증(Quality Assurance) [01후(10)]

Ⅰ. 개 요

품질경영은 경영자가 참여하여 원가절감과 공기단축 등을 통하여 경쟁력 확보와 고객만족을 위한 방안으로 품질관리, 품질보증, 품질인증의 3단계 활동으로 구성된다.

Ⅱ. 품질경영의 3단계 활동

① 품질관리
② 품질보증
③ 품질인증

Ⅲ. 품질관리(Quality Control)

1) 정의

품질관리란 설계도서 및 계약서에 명시되어 있는 규격에 만족하는 공사의 목적물을 경제적으로 만들기 위해 실시하는 관리수단을 말한다.

2) 특징

① 품질관리 부서를 조직 및 운영한다.
② 과정과 결과를 분석하여 규정된 품질을 확립한다.
③ 현장 특성에 맞는 기법(tool)을 선택 및 활용한다.
④ 사용자 우선원칙에 입각한 품질확보에 전력한다.

3) 업무

① 견본의 채취 및 실험하여 실험 성적표를 작성한다.
② 품질검사를 수행한다.

③ 간단한 실험이나 공정을 확인한다.
④ 시공품질을 확인할 수 있는 방법을 개발한다.

Ⅳ. 품질보증(Quality Assurance)

① 품질보증이란 품질관리의 결과와 관련규정과의 일치 여부를 확인하는 제반 행위로, 품질감리라고도 한다.
② 시공사에서 하도업체의 품질관리 결과를 확인할 때, 시공사나 하도업체 입장에서는 품질감리가 되고 감리자나 건축주의 관점에서는 품질관리가 된다.

1. 도급계약서상의 품질보증

1) 품질보증계획서의 작성 의무화
   ① 건설공사의 품질확보를 위하여 시공자가 품질보증계획을 수립
   ② 이에 따라 품질시험 및 검사를 포함한 품질관리를 자발적이고 체계적으로 실시하도록 계약서에 규정

2) 조정의 품질요건 기재
   ① 수급자가 설계도면, 시방서 등이 정하는 바에 따른 품질의 공사를 완성할 것을 규정
   ② Claim 발생에 대한 처리절차 기재
   ③ 관련공사 시방의 규정

3) 품질보증 시스템의 운용
   ① Partnering 방식의 도입
   ② 프로젝트 성공적 수행을 위한 공사관계자의 업무관계 규정

4) 하자보수보증
   ① 시공대상 건축물의 품질저하 및 하자발생시 하자보수를 위한 보증
   ② 시공자는 현금 또는 하자보수 이행보증증권을 준공후 공사대금 청구시 제출

5) 설치제품에 대한 보증
   건축물에 완제품을 구입 및 설치할 경우의 제조자 품실보승

2. TQC에 의한 품질보증

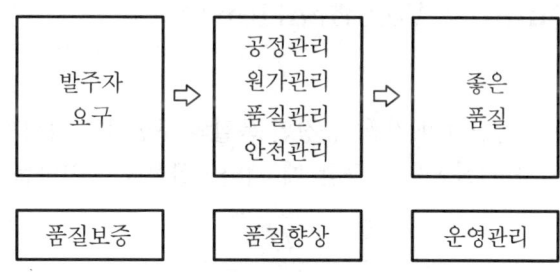

1) TQC의 목적
   ① 소정의 품질확보
   ② 품질을 개선·향상시켜 재시공·보수 등을 줄임
   ③ 품질에 대한 보증과 원가절감 작업방법 시행
2) TQC의 내용
   ① 품질관리항목 선정
   ② 품질 및 작업기준 설정
   ③ 품질 및 작업기준에 대한 교육 및 작업실시
   ④ 품질의 시험, 조사 및 기준에 대한 확인
   ⑤ 공정의 안전성 점검

3. ISO 9000 규격에 의한 품질보증

   ISO 9000 시리즈는 국제표준화 기구에서 발행한 품질보증규격에 따라 기업의 품질경영 활동상태를 제3의 인증기관이 적정성을 심사하여 품질을 보증하는 제도이다.

   1) 품질시스템
      ① 품질문서(매뉴얼, 절차서, 지침서)와 설계도서 활용
      ② Check list 작성
   2) 설계관리
      설계변경에 대한 요건을 상세히 기술
   3) 문서 및 자료관리
   4) 구매
      ① 업체에 대한 선정과 평가기준
      ② 구매된 제품의 검증
   5) 공정관리
      공정별 작업절차 및 제반요건 파악
   6) 검사 및 시험

V. 품질인증(Quality Verification)

1) 정의

   품질인증은 품질감리 결과, 규정된 품질의 구현이 의심되거나 품질관리 규정에서 특별한 품질검사나 실험을 요구할 때 검사·실험을 실시하는 것을 말한다.

2) 특징
① 특정한 품질검사나 실험을 요구할 때에 행하는 검사활동이나 실험이다.
② 공사의 품질뿐만 아니라, 사용재료의 품질이나 특수공법 또는 장비의 성능과 제원을 확인해야 한다.
③ 시공자와 감리자간에 품질에 관한 이견이 발생했을 때에 이를 객관적으로 증명해야 한다.
④ 과학적인 검사와 실험으로 재료·공법·장비 등의 성능을 확인하는 절차이다.

Ⅵ. 결 론

품질경영의 올바른 시행을 통해 기업의 생명이 미래로 나아가고, 기업의 문화 및 평가도 이어지게 되므로 각 업체마다 조화될 수 있는 품질기법을 연구개발하여야 한다.

문 12-5 TQM(Total Quality Management) [98중전(20)]

I. 정 의

TQM이란 전사적 품질경영으로, 품질활동을 통한 고객만족과 조직구성원 및 사회에 대한 이익 창출을 위해 실시하는 지속적인 개선과정을 말한다.

II. TQM의 개념도

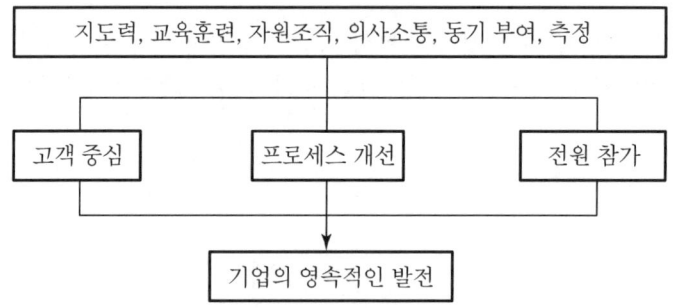

III. 효 과

① 재시공과 보수작업이 감소한다. ② 작업환경이 개선된다.
③ 현장안전에 기여한다. ④ 공사 발주처의 만족도가 높아진다.
⑤ 품질비용이 감소한다. ⑥ 기업의 이윤이 증대된다.

IV. 경영진의 책임과 역할

① 품질은 현장기능공에 의해서 결정되는 것이 아니라 경영진에 의해 결정된다.
② 사업의 선택과 자원배당은 경영진에서 이루어진다.
③ 경영방법의 선택과 실행은 경영진에서 이루어지며, 그에 대한 책임도 경영진에게 있다.
④ 경영진은 품질에 대한 명확한 의식을 갖추어야 한다.

V. TQM의 성공요건

① 최고경영진의 의지와 leadership
② 사내 전 조직구성원에 대한 교육 실시
③ 결함 방지를 위한 system 개발
④ 최고경영진에서 일선 작업자에 이르는 전 조직의 적극적이고 능동적인 참여

> **문 13-1** 국내 공사현장에서 설계품질이 시공품질에 미치는 영향에 대하여 현장관리자로서 논하라. 〔96전(30)〕
>
> **문 13-2** 설계품질과 시공품질에 대하여 설명하시오. 〔01후(25)〕
>
> **문 13-3** 공사현장 책임자로서 시공품질 보증을 하기 위한 운영계획을 기술하시오. 〔96전(40)〕

Ⅰ. 개 요

① 설계품질이란 기본 설계도서(설계도, 구조계산서, 시방서)와 특기시방서 및 부분별 상세도를 의미하며, 이를 완벽하게 구성하기 위한 노력이 필요하다.

② 설계품질이 시공품질 전체를 좌우하므로 설계는 건축 전반에 걸쳐 전문지식을 겸비하고 시공 경험이 풍부한 전문가에 의해서 작성되는 것이 이상적이다.

Ⅱ. 설계품질

1) 설계도
   ① 기본설계도서에 의해 실시설계도서를 작성
   ② 구조계산에 의해 구조도면 작성
   ③ 배치도, 평면도, 단면도, 입면도, 전기·설비 도면 등

2) 구조 계산서
   ① 탄성 설계법과 극한 설계법에 의거
   ② 구조도, 철근배근도 등

3) 시방서
   ① 도면이나 내역서 등에 기재하거나 표기할 수 없는 자재규격, 등급, 품질, 시공방법, 검사방법 등 표기
   ② 시방서는 표준시방서, 특기시방서 등이 있다.

4) 특기 시방서
   ① 일반시방서에 표기되어 있지 않은 특수공법이나 재료를 기재
   ② 그 외 건축주의 요구조건을 상세히 기재

5) 부분별 상세도
   ① 일반 도면에 상세히 표기할 수 없거나 공법지시를 하기 위한 shop drawing
   ② 작업 지시서라고도 한다.

Ⅲ. 시공품질

1) 공정표 작성
   ① 작업순서와 시간을 명시하여 공사 전체가 일목요연하게 나타나는 공정표를 작성·운영한다.
   ② Gantt식과 network식 공정표
2) 시공 계획도
   ① 현장 조건에 적합한 시공방법과 시공계획을 수립한다.
   ② 공종별로 각종 공사의 전반적인 시공법을 설명한다.
3) 현장시공 정도 확보
   Shop drawing, 시방서 등
4) 적정 배치
   근로자 개개인의 적정배치로 시공품질의 향상 기틀 마련
5) 표준공기제도 이행

구 분	공 기
일반건축공사	165일+(층수×15일)
PC공사	155일+(층수×15일)
Turn-key 공사	일반건축공사+55일

   표준공기를 성실히 이행하므로 시공품질의 질적 향상 도모

Ⅳ. 설계품질이 시공품질에 미치는 영향

1) 시공계획적인 측면
   ① 공정표 및 공정계획 작성시 영향
   ② 설계도서의 품질에 의해 시공계획 양부를 좌우
   ③ 도면 검토 작업시 공법계획 영향 받음
2) 품질관리적인 측면
   ① 설계자 의도와 시공자간의 의사소통 역할
   ② 설계품질이 품질관리에 영향을 미침
   ③ 도면 미비에 의해 구조 품질 악영향
3) 경제적 측면
   ① 외관적인 면에만 치우칠 경우 원가 상승
   ② 시공의 난이도에 의해 재료할증과 노무비 상승
   ③ 과도한 면적 산정으로 토공사비 증대

4) 안전관리적 측면
   ① 복잡한 평면구성으로 인한 안전관리 소홀
   ② 복잡한 외형 추구로 시공 난이에 의한 안전사고 우려

5) 환경, 공해적인 측면
   ① 복잡한 구조로 인한 재료 손실
   ② 재료의 폐자재 처리에 의한 공해
   ③ 재래공법의 설계지시로 인한 민원 초래

6) 노무관리적 측면
   ① 신공법에 맞지 않는 설계로 인한 기능공 혼란 야기
   ② 애매한 표현으로 인한 기계화 시공 불가

7) 기계장비 배치적 측면
   ① 건물 배치의 불균형으로 인한 기계 중복 배치
   ② 기계화 시공의 불가

8) 공법 적용상
   ① 표준화되지 않은 공법 적용
   ② 지하시설의 불연속으로 인한 토공사의 애로
   ③ 주변 여건을 고려하지 않은 설계로 공법 적용 애로

9) 자재관리적 측면
   ① 보편화되지 않은 자재 사용시 시공 곤란
   ② 자재 수급 고려하지 않을시 공기지연 우려
   ③ 자재 건식화의 외면

10) 기타
   ① 입찰시 도면과 시공상의 차이에 의한 견적 곤란
   ② 시공 불능적인 면 돌출시 설계변경의 기준 애매
   ③ 시공 정밀도에 관한 오차 관계 미비
   ④ 설계자와 시공자간의 불일치로 인한 해석상 문제
   ⑤ 잦은 설계변경에 의한 품질 저하

V. 시공품질 보증을 위한 운영계획

1. 사전조사

1) 계약조건 검토
   특기사항, 견적외 공사, 별도사항, 추가발생사항 확인

2) 설계도서 확인
    ① 허가도면과 현장과의 차이 분석   ② 시방서 및 공법 검토
3) 현장조사
    ① 지질조사, 지반조사, 민원사항   ② 지형 및 주변 사례 수집

2. 공법계획

1) 시공도 작성
    ① 시공도면 작성   ② 각부 상세도 작성 및 시공 허용오차 작성
2) 시공계획서 작성
    ① 전반적인 공사 개요 및 시공법 검토
    ② 공정별 연관공사 및 접속공사 검토
3) 공정계획
    ① 공정표 작성
    ② 공기산정, 공기단축
    ③ 자원배치

3. 품질관리계획

1) 품질관리항목 선정

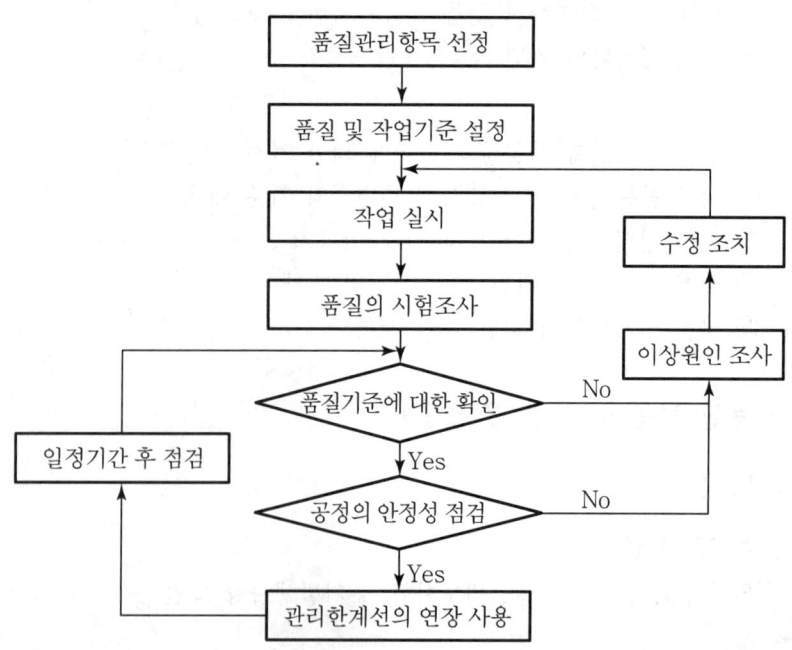

2) 품질 및 작업기준 설정
① 품질기준 설정
② 작업기준 설정
③ 품질 및 작업기준에 대한 교육 및 작업 실시
④ 품질의 시험, 조사 및 기준에 대한 확인
⑤ 공정의 안정성 점검

4. 자원배당

1) 숙련공 배치
   품질 요구에 충족될 기능공을 적재적소 배치
2) 자재 수급
   적정한 때 적정량 수급계획
3) 기계 배치
   공정상 마찰이 생기지 않게 배치
4) 자금조달
   기성고, 현장관리비 등 원가절감계획

Ⅵ. 결 론

설계품질이 시공품질에 영향을 미치는 것은 주지의 사실이며, 아무리 설계자와 시공자 간의 협의를 거쳐도 해석상의 차이가 있으므로, 제도개선을 통하여 설계자는 시공적인 면을, 시공자는 설계적인 측면을 상호 교류 및 연구 개발하여 상호 차이에서 오는 품질 영향을 최소화하여야 한다.

> **문 14-1** 건설기술관리법상 현장에서 하여야 할 품질시험 업무의
>
> ㉮ 종류와 각각의 내용을 설명하고　　　　　　　　　　　　　[97후(30)]
>
> ㉯ 현장 수행 업무 과정에서 문제점과 개선방안에 대하여 쓰시오.
>
> **문 14-2** 건축현장에서 수행하는 품질시험과 시험관리 업무에 대하여 기술하시오.
> 　　　　　　　　　　　　　　　　　　　　　　　　　　　　　[99후(30)]
>
> **문 14-3** 품질 관리시 표준이 지켜지지 않는 원인과 그 대책에 대해 기술하시오.
> 　　　　　　　　　　　　　　　　　　　　　　　　　　　　　[95후(30)]

Ⅰ. 개 요

건축현장에서의 합리적인 품질관리를 위해서는 각 공정별 품질시험의 정확한 기준치와 목표치를 설정하여 품질시험을 실시하여야 한다.

Ⅱ. 품질시험의 종류와 내용

1) 선정시험

① 건설공사의 설계 및 시공을 위해 필요한 토질조사, 유기물 함유량, 골재원 시험 등 기타 사전조사를 위해 필요한 재료의 선정을 위한 시험이다.

② KS제품은 시험을 생략할 수 있다.

③ 재료의 사용량이 적거나 소규모 공사에서는 시험을 하지 않을 수 있다.

2) 관리시험

① 설계도서나 품질확보를 위한 규정에 의하여 각종 재료 및 시공이 적절히 이루어지고 있는지를 판단하는 시험이다.

② KS제품의 자재는 시험을 생략한다.

③ 구조재는 따로 시험을 실시한다.

④ 기성 청구시 및 준공검사 서류에 시험 성과표를 첨부한다.

3) 검사시험

① 건설공사의 품질확보 여부를 확인하기 위한 선정 및 관리 시험이 적절히 실시되었는지를 판단하기 위한 시험이다.

② KS품 사용 여부, 시험실 규모, 시험실 시험기기, 시험일지, 시험실시 여부 등을 확인한다.

Ⅲ. 시험관리업무

1) 시험기기 정도 및 수량의 적정 여부 확인
    ① 공종별 시험기기 준비 및 수량상태
    ② 시험기기의 작동상태 및 용량
2) 재료 및 자재의 사전 선정 시험 실시 여부
    ① 반입전 품질시험 실시 여부
    ② 공급원 승인 여부(공인기관의 시험성적서 첨부)
3) 관리시험의 적시성 및 대응성
    ① 시공중 적시에 시험
    ② 시험방법의 적정성
    ③ 시험 결과에 따른 조치 및 결과의 활용 여부
4) 현장 관리시험의 실시상태 및 관리도 활용 여부
    ① 시험 횟수의 적합성
    ② 시험 성과표 및 시험대장 정리상태
    ③ 각종 시험 성과 및 주요 구조물 시공관리도 활용
    ④ 현장 시험의 실시상태 및 숙련도 점검
5) 시험 결과 불합격건의 조치 및 개선 노력
    불합격건의 원인분석 및 재시험·재시공 여부 확인
6) 시공관리자의 품질관리에 대한 인식도 제고
    ① 시험을 하는 이유에 대한 인식
    ② 시험에 대한 지식 및 시방기준 숙지 상태

Ⅳ. 문제점(원인)

1) QC system의 미정립
    ① 품질검사, 시험방법, 조직 미비
    ② 전문기술자의 부족으로 경험에 의존
2) 인식 부족
    ① 품질관리를 검사로 오인
    ② 품질관리는 해당 부서에서 하는 것으로 오해
    ③ 전 기능공의 품질관리에 대한 인식이 부족
3) 책임한계 불투명
    ① 전문화가 되어 있지 않아 책임한계가 불투명

② 품질관리 부서의 책임과 권한이 약화
4) 배타적 습관
① 과정보다 결과를 중시하는 풍조
② 새로운 요구에 대한 거부감이 팽배
5) 과학적 접근 미숙
① Data에 의한 과학적 관리가 미숙
② 경험에 의존하는 전근대적인 방식으로 진행
③ Tool의 이용도가 낮음
6) 무리한 원가절감
① 덤핑 수주에 의한 무리한 원가절감으로 인한 부실
② 원가절감으로 인해 품질관리비용을 원가 상승요인으로 생각

V. 개선방안(대책)

1) ISO 9000 품질관리 system 도입

설계/개발	제조/설치	시험/검사	service
		9003	
	9002		
9001			

① 과학적이고 체계적인 선진관리법 도입
② 체계화·문서화·기록화

2) 합리적인 현장 품질관리
① 경험과 직감에 의한 관리에서 탈피
② 과정을 중요시하는 합리적인 사고의 정착

3) 인식 전환
① 품질향상이 원가 절감이라는 품질에 대한 인식 전환
② 품질관리는 전사원이 실시하는 데 대한 공감

4) 지속적인 교육
① 품질관리의 중요성 및 방법의 지속적인 교육 실시
② 품질관리 tool 이용에 대한 교육 실시
③ 사례집을 통한 품질관리의 인식 교육

5) 표준 공기 이행
① 표준 공기를 확보하여 정밀도가 높은 양질의 시공으로 품질 확보

② 무리한 공기단축으로 인한 품질저하 방지
6) 과학적 관리기법 도입
① VE 기법, TQC 활동, 통계적 관리수법 등을 도입
② 관리수법을 이용할 수 있는 정기적 교육 실시
7) 도급제도 개선
① 가격 위주에서 품질관리에 의한 능력 위주로 개선
② 입찰방식을 기술능력에 의한 품질 위주로 전환
8) Tool의 사용
① 품질관리기법의 7가지 tool을 현장에 맞게 적용
② 새로운 기법의 과감한 도입을 시도
③ 품질관리에 대한 연구를 지원

VI. 현장 수행 품질시험

1) Slump test
① 비빈 콘크리트를 10cm 높이로 부어넣어 다짐막대로 25회 다진후 이를 반복하여 시험통을 채운 다음 시험통을 제거하여 slump치를 측정
② 미경화 콘크리트에서 시공연도를 측정하기 위해 실시
2) 공기량 측정
① 콘크리트 속의 공기량 측정
② AE 콘크리트의 공기량은 4~7%
3) 압축강도시험
① 공시체를 제작하여 콘크리트의 설계기준강도를 측정
② 구조체의 내용연한을 측정
4) 고력 bolt의 조임검사
① Torque control
② Nut 회전법
5) 용접시 비파괴 검사
① 방사선 투과법
② 초음파 탐상법
6) 벽돌 시험
치수 및 압축강도 측정

7) 단열재 시험
   비중, 열전도율, 강도, 흡수율 등 측정

Ⅶ. 결 론

건설 현장에서도 지속적인 품질 개선 활동을 통해 소비자의 만족도를 높이고, 나아가 기업의 이미지 제고로 경쟁력 있는 기업을 만들어야 한다.

> **문15** 다음 값은 10개의 콘크리트 압축강도시험을 한 결과이다.(단위 : kgf/cm²) 품질 관리적 평가를 하기 위한 자료의 분석(analysis of data)을 하여라.(central tendency dispersion 등) [88(30)]
> 305, 400, 310, 350, 365, 325, 330, 360, 355, 320

Ⅰ. 정 의

품질관리적 평가를 위한 자료의 분석(analysis of data)에는 중심적 경향(central tendency)과 흩어짐(dispersion)이 있다.

Ⅱ. 해 설

1. **중심적 경향(central tendency)**

    1) 평균치

    $$\overline{x} = \frac{x_1 + x_2 + \cdots + x_n}{n} = \frac{1}{n}\sum_{i=1}^{n} x_i = \frac{3,400}{10} = 340(kgf/cm^2)$$

    2) 중앙치

    305, 310, 320, 325, 330, 335, 350, 360, 365, 400

    $$\tilde{x} = \frac{330 + 335}{2} = 332.5(kgf/cm^2)$$

    3) 범위 중앙치

    $$M = \frac{x_{max} + x_{min}}{2} = \frac{305 + 400}{2} = 352.5(kgf/cm^2)$$

2. **흩어짐(dispersion)**

    1) 범 위

    $$R = x_{max} - x_{min} = 400 - 305 = 95$$

    2) 편차제곱합

    $$\begin{aligned} S &= (x_1 - \overline{x})^2 + (x_2 - \overline{x})^2 + \cdots + (x_n - \overline{x})^2 = \sum_{i=1}^{n}(x_i - \overline{x})^2 \\ &= (305-340)^2 + (400-340)^2 + (310-340)^2 + (350-340)^2 \\ &\quad + (365-340)^2 + (325-340)^2 + (330-340)^2 + (360-340)^2 \\ &\quad + (335-340)^2 + (320-340)^2 \\ &= 7,600 \end{aligned}$$

별해) $S = \sum x_i^2 - \dfrac{(\sum x_i)^2}{n}$

$\sum x_i = 305 + 400 + 310 + 350 + 365 + 325 + 330 + 360 + 335 + 320$
$= 3,400$

$(\sum x_i)^2 = (305)^2 + (400)^2 + (310)^2 + (350)^2 + (365)^2 + (325)^2$
$\quad + (330)^2 + (360)^2 + (335)^2 + (320)^2$
$= 1,163,600$

$\therefore S = 1,163,600 - \dfrac{(3,400)^2}{10} = 7,600$

3) 분 산

$s^2 = \dfrac{S}{n} = \dfrac{7,600}{10} = 760$

4) 표준편차

$s = \sqrt{\dfrac{S}{n}} = \sqrt{760} = 27.57$

5) 불편분산

$V = \dfrac{S}{n-1} = \dfrac{7,600}{9} = 844.44$

6) 변동계수

$CV = \dfrac{\sigma}{\bar{x}}$ 또는 $\dfrac{\sigma}{\bar{x}} \times 100(\%) = \dfrac{27.57}{340} = 0.08 = 8\%$

문 16 공사관리에 있어서 다음 각 항에 대하여 설명하여라. [83(25)]
㉮ 공사의 질적 향상(10점) ㉯ 시공 정밀도(15점)

I. 개 요

공사의 질적 향상을 위해서는 부재의 공업화, 재료의 건식화 등이 필요하며, 시공의 정밀도를 위해서는 시공 오차를 최소화하여야 한다.

II. 공사의 질적 향상

1) ISO 9000 품질관리 system 도입
    과학적이고 체계적인 선진 관리법 도입
2) 합리적인 현장 품질관리
    경험, 직감에서 탈피하여 과정을 중요시하는 합리적 사고 정착
3) 인식전환
    품질이 원가절감이라는 품질에 대한 인식전환
4) 업체의 의식개혁
    전문인력의 육성과 하도급계열화 추진
5) 지속적인 교육
    품질관리의 중요성 및 방법의 지속적인 교육 실시
6) 품질관리 system
    새로운 품질관리 system의 도입으로 환경변화에 대응
7) 규격화, unit화
    공장생산으로 품질확보 및 원가절감
8) 공법의 개발
    부재의 공업화, 재료의 건식화, 시공의 기계화
9) 표준공기 이행
    표준공기를 이행하여 정밀도가 높은 양질의 시공으로 품질확보
10) 과학적인 관리기법 도입

Ⅲ. 시공 정밀도

1) 목적
   ① 공업화 건축에서 품질 및 생산성 향상
   ② 건축생산의 효율성 증대
   ③ 기술의 개발과 적용 촉진
   ④ 건설환경 변화에 대응

2) 정도(精度)의 분류
   ① 부재의 제작단계 : 공장생산의 정도(제품의 정도)
   ② 건축물의 시공단계 : 설치 조립의 정도(시공의 정도)

3) 오차발생 원인
   ① 계통오차(systematic error)
      측정치에 일정한 편차를 주는 것
   ② 우연오차(accidental error)
      측정치에 편차를 주는 것으로 미세한 원인 때문에 불규칙하게 생기는 오차
   ③ 과오에 의한 오차(mistake)
      측정상의 오독(誤讀), 오기(誤記) 등 단지 인위적인 과오에 의한 것

4) 대책
   ① 건설산업 구조 변화에 대응하는 정도 관리
   ② 여러 가지 자료를 통계적으로 처리하여 문제점을 feed back
   ③ 생산환경 개선 및 사고방식 확립으로 철저한 품질관리
   ④ 불량제품을 미리 예측하여 예방관리
   ⑤ 종합적인 품질관리(TQC)로 관리운영의 합리화

Ⅳ. 결 론

생산품의 오차를 최소화하여 시공 정밀도를 확보하면, 공사의 질이 향상되므로 이를 위해 기준의 제정 및 준수가 필요하다.

문 17-1 품질관리가 건축공사비에 미치는 영향에 대하여 기술하시오. [98후(30)]

I. 개 요

건축의 품질관리 인식 부족과 무리한 공기단축과 원가절감 등으로 많은 문제가 발생하며, 이에 따라 건축 공사비에 미치는 영향은 지대하다.

II. 건축공사비에 미치는 영향

1) 원가절감
   ① 품질관리를 통한 합리적인 시공으로 원가절감
   ② 공사의 실소요비용 절감
   ③ Plan → Do → Check → Action을 통한 원가절감

2) 경제성
   ① 품질관리를 통하여 경제적 시공 가능
   ② 품질관리시 공기단축으로 경제 시공

3) 직접비, 간접비 관계
   ① 총 공사비는 직접비와 간접비로 구성
   ② 시공속도를 빠르게 하면 간접비는 감소되고 직접비는 증대된다.
   ③ 품질관리는 최적의 공사비 투입으로 할 것

4) SE(System Engineering)
   ① 설계 단계에서 시공에 대한 공법의 최적화를 설계하여 공사관리의 극대화를 꾀함
   ② 시공성, 경제성, 안전성, 무공해성 공법을 개발

5) VE(Value Engineering)
   ① 기능(function)을 향상 또는 유지하면서 비용(cost)을 최소화하여 가치를 극대화시킴
   ② 최소의 비용으로 최대의 효과(기능)를 유도하는 공학

   $$value = \frac{function}{cost}$$

6) 재시공 발생
   ① 부실시공 부분의 재시공 비용
   ② 하자 부분의 보수 비용 발생
   ③ 공사기간의 지연

7) 공기지연에 따른 추가공사 비용 발생
   야간작업 시행, over time의 노임, 장비의 과다 투입으로 추가비용 발생

8) 보수공사 시행

　보수공사의 발생 정도 및 중요부분 여부에 따라 원가상승을 좌우

9) Claim의 발생

　피해보상 요청에 따른 소송 비용과 손해배상 비용 발생

10) 기계비

　① 품질관리를 통한 건축공사비에 드는 기계비를 절감
　② 대형화, 신기계 개발

Ⅲ. 결 론

품질관리를 통하여 계획대로 수행되는지의 여부를 통제하고 공사비 절감 요소를 파악하여 건축공사비 절감에 만전을 기하여야 한다.

| 문 17-2 | 품질비용(Quality Cost) | [04전(10)] |
| 문 17-3 | 품질비용 | [07중(10)] |

Ⅰ. 정 의

품질비용이란 하자가 이미 발생함으로써 치르게 되는 비용과 공사중 하자의 발생을 미리 예방하기 위하여 소요되는 비용을 말하며, 그 실체가 막연하여 직접 금액으로 산정하기가 불가능한 무형의 비용도 품질비용에 속한다.

Ⅱ. 품질비용의 분류

1) 하자비용(nonconformance cost)
   ① 도면과 시방에 따라 정밀시공을 하지 못한 것이 원인이 되어 발생하는 비용
   ② 하자비용 종류
      ㉮ 공사지연 및 공기연장   ㉯ 시공실책 및 재시공
      ㉰ 작업누락   ㉱ 기능공의 기능저하
      ㉲ 안전사고   ㉳ 돌관작업
      ㉴ 소송비용과 손해배상   ㉵ 보험금의 증가

2) 예방비용(prevention cost)
   ① 하자방지를 위한 수단에 소요되는 비용
   ② 예방비용 종류
      ㉮ 직영, 하도급 공사에 대한 검사   ㉯ 자재, 운송에 대한 검사
      ㉰ Shop drawing에 대한 검토   ㉱ 안전을 포함한 제반 훈련비용
      ㉲ 품질경영 프로그램의 운영   ㉳ 포상체계

3) 무형비용(intangible cost)
   ① 실제로 그 크기를 금액으로 산정하기 불가능한 비용
   ② 무형비용 종류
      ㉮ 공사결과에 만족하지 못한 발주자와의 공사연결, 공사소개 등의 무산
      ㉯ 근무자의 품질의식 및 작업자세
      ㉰ Communication의 빈곤 때문에 발생하는 사업 수행상의 혼란
      ㉱ 리더십의 결핍이나 훈련부족

| 문 17-4 품질 특성 | [94전(8)] |
| 문 17-5 품질 특성 | [97중후(20)] |

I. 정 의

건축재료·제품의 품질을 구체적으로 나타내는 특성을 말하며, 재료나 제품의 가장 중요한 성질로서, 주로 강도를 규정하는 지표가 된다.

II. 품질특성의 실례(實例)

1) 콘크리트
   ① 콘크리트의 요구되는 성질에는 압축강도, 인장강도, 휨강도, 전단강도, 부착강도 등이 있으나, 가장 중요한 성질은 압축강도로서 콘크리트의 대표적인 품질특성이 된다.
   ② 압축강도(kgf/cm^2) = $\dfrac{최대의\ 하중(kgf)}{공시체의\ 단면적(cm^2)}$

2) 철근
   철근에서의 품질특성은 인장강도이다.

3) 벽돌
   ① 벽돌에서의 품질특성은 압축강도와 흡수율이다.
   ② 품질특성

등 급	강도(kgf/cm^2)	흡 수 율(%)
1 급	150 이상	20 이하
2 급	100 이상	23 이하

4) 아스팔트
   아스팔트에 요구되는 성질에는 침입도, 연화점, 신도 등이 있으나 침입도가 아스팔트에서 대표적인 품질특성이다.

III. 품질특성의 표시

① 품질특성의 표시방법에는 보통 특성요인도를 많이 사용한다.
② 품질특성(결과)과 요인(원인)이 어떻게 관계하고 있는가를 한눈에 알 수 있도록 작성한 그림으로 문제발생 하자분석시 사용하며, 생선뼈의 모양을 닮았다 하여 fish bone diagram이라고도 한다.

문 17-6 6-시그마(Sigma) [07후(10)]

I. 정 의

① Sigma란 그리스 문자이며 통계학적 용어로 표준편차를 의미하며,

$5\sigma = \dfrac{223}{1,000,000}$, $6\sigma = \dfrac{3.4}{1,000,000}$ 의 불량개수를 말한다.

② 고객의 관점에서 품질에 결정적 영향을 미치는 요소를 찾아내어 과학적인 기법을 활용해 1백만 개의 제품중 3.4개의 결함만을 허용하자는 일종의 무결점 운동이다.

③ 시그마 앞의 계수값이 클수록 높은 품질수준을 나타내는 것으로 6시그마 수준은 세계최고의 수준이다.

II. 활동추진방법(MAIC cycle)

4단계 개선과정을 반복수행하여 품질 및 업무 개선활동의 진행을 기본으로 함

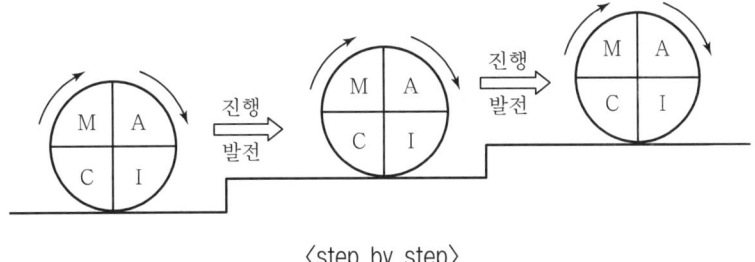

〈step by step〉

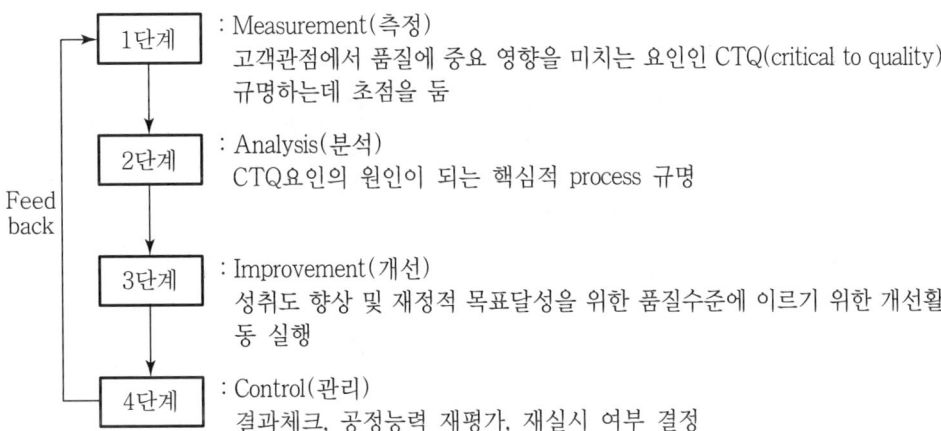

Ⅲ. 시그마 계수와 불량률

시그마 계수	불량개수(PPM : Parts Per Million, 100만분의 1)	시그마 표기
2	308,537개	2σ
3	66,807개	3σ
4	2,210개	4σ
5	223개	5σ
6	3.4개	6σ

> **문 18-1** 건축공사에서 원가절감(cost down)을 할 수 있는 요소를 열거하고 그 방법을 간략히 기술하여라. [91전(30)]
> **문 18-2** 건축마감공사에서 노력, 재료, 공기를 절감할 수 있는 방안을 설명하시오. [91전(30)]
> **문 18-3** 현장공사 경비절감방안에 대하여 기술하시오. [98전(30)]
> **문 18-4** 공사원가관리의 필요성 및 원가절감방안에 대하여 기술하시오. [06중(25)]
> **문 18-5** 건설공사에서 원가구성 요소를 설명하고 원가관리의 문제점 및 대책을 기술하시오. [09중(25)]

I. 개요

건축공사에서의 원가절감은 경제적인 시공계획의 작성과 합리적인 실행 예산을 편성하여 공사 결산까지의 실소요 비용을 절감하는 것이다.

II. 필요성

1) 원가절감

원가절감으로 인한 공사 이익의 증가 및 경쟁력 우위 확보

2) 기술력 향상
   ① 설계 의도 파악
   ② 최소 비용 할당
   ③ 단위 원가 파악
   ④ 기능 비용 파악
   ⑤ 업체 기술력 향상
   ⑥ Idea 창출
   ⑦ 대외경쟁력 강화

3) 가치개념의 정립
   전 사원이 가치로 인한 원가의식 제고
4) 업무수행의 지속적 향상

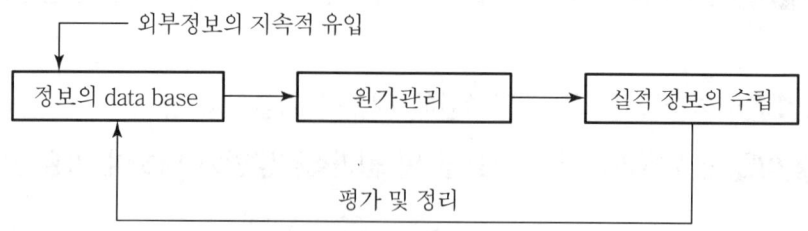

   지속적인 공사원가관리의 적용으로 업체의 경쟁력 지속적 향상
5) 경쟁력 우위 확보
   ① 가격경쟁의 우위 확보로 공사수주 기회 증대
   ② 나아가 국제경쟁력 제고

Ⅲ. 원가구성요소

1) 재료비
   ① 직접재료비
      공사 목적물의 기본적 구성형태를 이루는 물품의 가치
   ② 간접재료비
      ㉮ 공사에 보조적으로 소비되는 물품의 가치
      ㉯ 재료구입시 소요되는 운임, 보험료, 보관비 등
      ㉰ 매각액 또는 이용가치를 추산하여 재료비에서 공제
2) 노무비
   노동의 대가로 노무자에게 지불되는 금액
   ① 직접 노무비
      ㉮ 작업(노무)만을 제공하는 하도급에 지불되는 금액
      ㉯ 노무량×단위당 가격(직접노무비, 간접노무비)
   ② 간접노무비
      ㉮ 현장관리 인원의 노무비
      ㉯ 감독비, 감리비, 현장직원 임금 등
3) 간접공사비
   ① 간접공사비는 공사의 시공을 위하여 공통적으로 소요되는 법정비용 및 기타 부수적인 비용
   ② 직접공사비 총액에 비용별로 일정요율을 곱하여 산정한다.

③ 공사원가는 직접공사비와 간접공사비로 구성된다.
④ 전계획 사업에 관련되어 발생하는 비용

4) 경비
① 공사현장에서 발생하는 순공사비 이외의 현장관리 비용
② 전력비, 운반비, 기계경비, 가설비, 특허권 사용료, 기술료, 시험 검사비, 안전관리비 등
③ 외주가공비
　외주업체에 발주된 재료에서 가공비만 경비로 산정
④ 감가상각비
　건축물 기계설비 등의 고정자본의 감소분을 경비로 산정

5) 일반관리비
① 기업의 유지를 위한 관리활동 부분에서 발생하는 제비용
② 임원급료, 직원급료, 제수당, 퇴직금, 충당금, 복리후생비
③ 여비, 교통통신비, 경상시험 연구개발비
④ 본사 수도광열비, 감가상각비, 운반비, 차량비
⑤ 지급임차료, 보험료, 세금공과금

6) 이윤
① 영업이윤을 지칭
② 공사규모, 공기, 공사의 난이에 따라 변동
③ 일반적으로 총공사비의 10% 정도

7) 부가가치세
① 물건을 사다가 파는 과정에서 부가된 가치(이윤)에 대하여 부과되는 세금
② 국세, 보통세, 간접세
③ 6개월을 과세기간으로 하여 신고 납부

Ⅳ. 원가 절감방안(경비 절감방안)

1) SE(System Engineering, 시스템 공학)
① 설계 단계에서 시공에 대한 공법의 최적화로 설계하여 공사관리의 극대화를 꾀함
② 시공성, 경제성, 안전성 및 무공해 공법을 개발

2) VE(Value Engineering, 가치공학)
① 기능(function)을 향상 또는 유지하면서 비용(cost)을 최소화하여 가치(value)를 극대화시킴
② 최소의 비용으로 최대의 효과(기능)을 유도하는 공학

$$\text{Value} = \frac{\text{Function}}{\text{Cost}}$$

3) IE(Industrial Engineering, 산업공학)
   ① 시공 단계에서 성력화를 통하여 가장 적은 노무와 노력으로 원가절감을 하는 공학
   ② 작업원의 적정배치, 능률을 높일 수 있는 작업조건, 작업원의 수를 적절히 조정함으로써 경제적인 극대화를 꾀함
4) QC(Quality Control, 품질관리)
   ① 품질의 확보, 개선, 균일을 통하여 고부가가치성의 생산활동
   ② 하자방지를 하여 소비자의 신뢰성을 증대시킴은 물론 경제성 확보
5) LCC(Life Cycle Cost)
   ① 건축물의 초기 투자 단계를 거쳐 유지관리, 철거 단계로 이어지는 일련의 과정에 소요되는 비용
   ② 종합적인 관리 차원의 total cost로 경제성을 유도
6) PERT, CPM
   ① 건축물을 지정된 공사기간 내에 공사예산에 맞추어 정밀도가 높은, 좋은 질의 시공을 위하여 세우는 계획
   ② 면밀한 계획에 따라 각 세부 공사에 필요한 시간과 순서, 자재, 노무 및 기계설비 등을 경제성 있게 배열
7) ISO 9000
   ① ISO(International Organization for Standardization, 국제표준화기구)는 국제적인 공업표준화의 발전을 촉진시킬 목적으로 창립된 기구
   ② 품질에 대하여 발주자의 신뢰를 얻어 경제성을 확보
8) EC(Engineering Construction)화
   ① 건설산업의 업무기능 확대 및 영역 확대를 도모
   ② 건설사업의 일괄입찰방식에 의한 건설생산능력 확보
9) CM(Construction Management)제도
   ① 건설업의 전 과정인 기획·타당성조사·설계·계약·시공관리·유지관리 등에 관한 업무의 전부 또는 일부를 수행하는 건설사업관리제도
   ② 품질 확보, 공기단축은 물론 설계단계에서 6~8%, 시공단계에서 5%의 원가 절감
10) Computer화
    ① 건축물의 고층화, 대형화, 복잡화, 다양화 등으로 현장시공관리에서 수작업으로는 비능률적임
    ② 공정계획, 노무관리, 자재관리 등을 통하여 시공의 합리화 추구
11) 재료의 건식화
    ① 부재의 MC화가 가능하여 표준화, 단순화, 규격화를 도모
    ② 공기단축, 동해방지, 보수 유지관리 편리

12) PC(Precast Concrete)화
    ① 공업화에 의한 대량생산으로 공기단축, 품질향상, 안전관리, 경제성 확보
    ② 기계화, robot 시공 가능

13) 시공의 근대화
    ① 환경변화에 따라 도급제도의 개선, 자재의 건식화, 신기술 도입 등을 통하여 대외 경쟁력 강화
    ② 합리적이고 과학적인 계획수립, 시공관리, 유지관리 도모

14) 신공법
    ① 가설공사시 강재화, 경량화, 표준화
    ② 계측관리, 무소음·무진동 공법, PC화 등을 통한 안전 및 경제적 시공

15) 기술개발
    ① 새로운 기술을 개발하여 신기술에 의한 원가절감
    ② PERT·CPM, VAN, computer 관리, CIC, CAD 등을 통한 공사의 합리화

V. 원가관리의 문제점 및 대책

1. 문제점

1) 관리체계 분리
   원가관리와 공정관리가 분리되어 건설정보 통합관리가 어렵다.

2) 원가관리 미흡
   단지 투입원가를 집계하여 실행대비의 실적을 비교하는 데 그치고 있다.

3) 자료활용 미흡
   축적된 자료를 바탕으로 향후공사에 대한 정확한 예측이 어렵다.

4) 전산화 체계 곤란
   건설공사의 특성상 전산화가 곤란하여 CIC 및 CALS 적용이 난이하다.

5) 건설공정의 불확실

6) 실적대비 투입금액 비교 곤란
   투입된 금액대비 실적의 효율성을 측정할 수 없다.

2. 대책

1) 계획단계
   ① 표준 원가자료의 준비 및 활용
   ② Life Cycle Cost 개념의 도입

2) 설계단계
   ① 설계의 표준화
   ② CAD를 이용한 설계의 자동화 추진
3) 적산단계
   ① 시공계획에서 적산까지의 System화
   ② 자료의 정리, 실적의 Feed back의 추진으로 원가절감
4) 발주단계
   ① 재료의 집중 구매
   ② 공사의 조기발주 : Fast Track Method 적용
5) 시공단계
   ① 건축재료의 건식화
   ② 시공의 기계화
   ③ Prefab화 및 System화
   ④ 시공기술의 개발

Ⅵ. 결 론

건설공사에의 원가관리는 공사장소, 시공조건에 따라 가격이 유동적이며, 불확정 요소가 많기 때문에 체계적이고 계획적인 원가관리가 필요하다.

> **문 19-1** 건설VE(Value Engineering)의 개념과 적용시기 및 그 효과에 대하여 설명하시오. [01중(25)]
> **문 19-2** 현장건설활동에 있어서 VE(Value Engineering) 적용대상에 대하여 기술하시오. [98중전(25)]
> **문 19-3** 건축공사의 설계 및 시공과정에서 VE(Value Engineering) 적용상 문제점 및 활성화 방안에 관하여 기술하시오. [00전(25)]
> **문 19-4** VE(Value Engineering)의 개념과 시공상에 있어 건설 VE의 필요성과 효과에 대하여 기술하시오. [04중(25)]
> **문 19-5** 공동주택 건축설계단계에서의 VE 적용방법과 절차에 대하여 기술하시오. [06전(25)]
> **문 19-6** LCC(Life Cycle Cost) 측면에서 효과적인 VE(Value Engineering) 활동기법을 설명하시오. [07전(25)]
> **문 19-7** Value Engineering [88(5)]
> **문 19-8** Value Engineering [94전(8)]
> **문 19-9** Value Engineering [96중(10)]
> **문 19-10** VE(Value Engineering) [11전(10)]
> **문 19-11** VECP(Value Engineering Change Proposal) [01전(10)]

Ⅰ. 개 요

VE(가치공학 ; Value Engineering)란 전 작업과정에서 최저의 비용으로 필요한 기능을 달성하기 위하여 기능 분석과 개선에 쏟는 조직적인 노력이다.

Ⅱ. 기본원리(개념)

기능(function)을 향상 또는 유지하면서 비용(cost)을 최소화하여 가치(value)를 극대화시키는 것

$$V = \frac{F}{C}$$

V(value) : 가치, F(function) : 기능, C(cost) : 비용

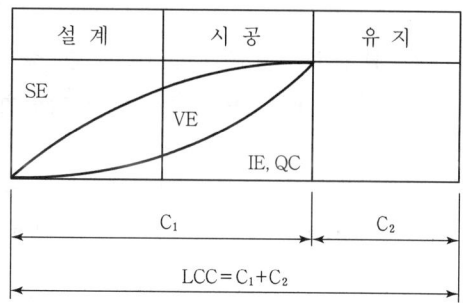

Ⅲ. VE 제안의 분류

1) VEP(Value Engineering Proposal)
   ① 기획 및 설계단계에서 제안된 VE 대체안
   ② 설계변경을 수반하지 않음
2) VECP(Value Engineering Change Proposal)
   ① 시공단계에서 제안된 VE 대체안
   ② 설계변경을 수반

Ⅳ. 필요성

① 원가절감
② 조직력 강화
③ 기술력 축적
④ 경쟁력 제고
⑤ 기업체질 개선

Ⅴ. 적용대상

1) 건설 업체에 직접 merit를 주는 것
   ① 가설공사가 대표적임
   ② 도면이나 시방서에 특기사항이 없이 자유재량으로 맡겨지는 부분
   ③ VE에 의해 얻은 절감액은 전부 현장의 이익으로 환원
   ④ 현장사무소, 창고, 현장숙소, 화장실, 가설울타리 등
   ⑤ 거푸집, 비계, 비계다리, 흙막이, 안전설비, 소모품, 경비 등
2) 동일 건물 중에 형태가 다수인 것
   ① 병원, 호텔, 공동주택, 학교 등 실의 동일한 형태가 많은 것
   ② VE 실시로 개선안이 채택되면 동일한 부분은 모두 개선되어 효과가 큼
   ③ 창호, 벽체 등 동일 형태가 많은 것
3) 1회의 실시로 메리트가 큰 것
   ① 대규모의 공사에서 굴착방법
   ② 초고층 건물의 양중계획
   ③ 대량의 콘크리트 타설
   ④ 원가 절감률은 적어도 원가절감 금액은 큰 것

4) 반복이 기대되는 방대한 프로젝트
   ① 현장내의 운반관리 시스템의 개선
   ② 안전관리의 시스템화
   ③ 거푸집 시스템의 개혁
   ④ 현장의 공사관리 시스템
   ⑤ VE 초기단계에서는 어려우나, 어느 정도의 실적을 쌓은 후 실행되는 것이 일반적인 통례

5) 누적 효과를 얻을 수 있는 것
   1회씩으로는 메리트가 적으나, 단기간에 수많은 테마로 VE를 실시하여 누적효과를 얻을 수 있는 것에 해당

VI. 적용시기

1) 설계시 적용

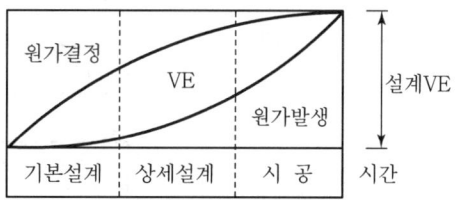

   ① 설계시 VE 적용이 원가절감에 많은 영향(약 80%)을 미침
   ② 가능한 기성재료의 module에 맞게 설계
   ③ 설계의 단순화 및 규격화
   ④ 불필요한 특수 시공 요소 최소화
   ⑤ 설계시 경험과 판단력이 풍부한 현장 기술자의 자문을 참고

2) **시공시 적용**
   ① VE 대상 선정
      ㉮ 공사기간이 길고 내용이 복잡한 것
      ㉯ 원가절감액이 큰 것
      ㉰ 반복 및 개선효과가 큰 것
      ㉱ 하자 발생이 빈번한 것
   ② 입찰전 현지 여건과 인력 공급 등의 사업 검토
   ③ 경제적인 공법 및 장비 활용

Ⅶ. VE 적용방법과 절차(효과적인 VE 활동기법)

1) 적용절차 확립

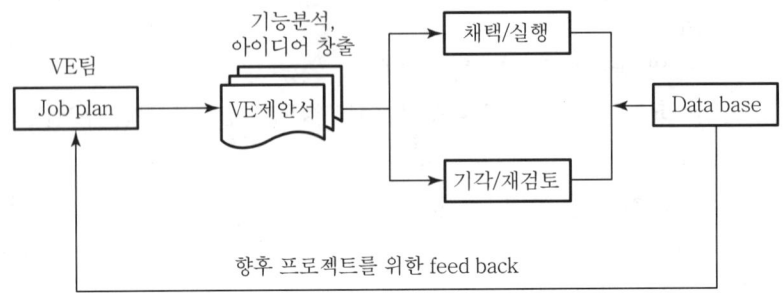

2) 세부 추진절차 정립

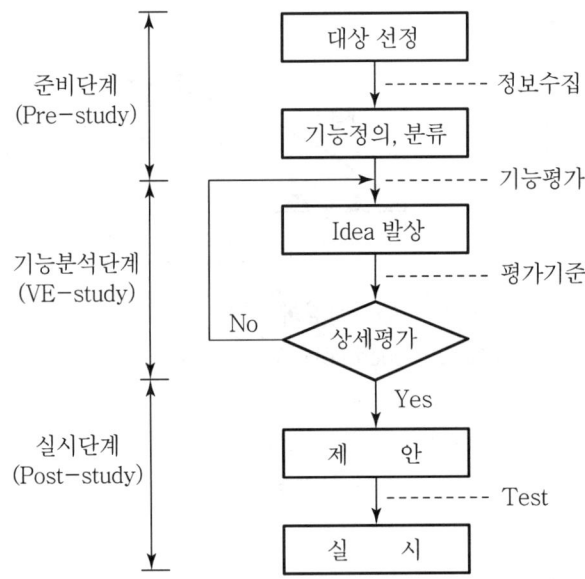

3) 기능 분석

   기능 분석은 VE활동의 핵심 업무이다.

4) 기술력 향상

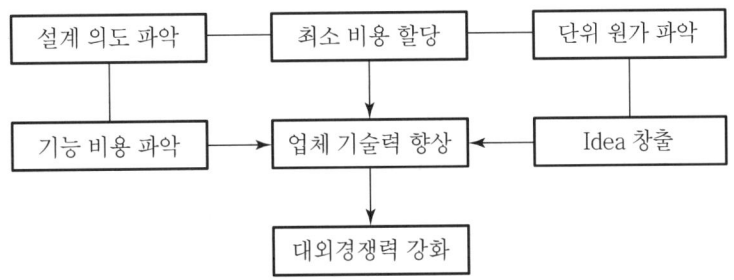

5) 가치개념의 정립

전사원이 가치로 인한 원가의식 제고

6) 업무수행의 지속적 향상

지속적인 VE기법 적용으로 업체의 경쟁력이 지속적 향상

7) 최대의 효과 확인

LCC가 최소일 때 최대의 효과 발휘

Ⅷ. 효 과

1) 원가 절감
   ① 자재비를 중심으로 cost 절감
   ② 효율적인 관리 system에 의한 cost 절감
   ③ 기능과 cost에 의한 가치가 높은 제품으로 개선

2) 업체 기술력 향상
   ① 설계 의도에 대한 기능 파악
   ② 기능 비용 및 최소 비용 할당

3) 업체 체질 개선
   ① 가치(value) 개념의 정립
   ② 기업의 전사원이 가치로 인한 원가의식 제고

4) 외부 환경 변화에 대응

5) 최대의 효과(LCC가 최소일 때)

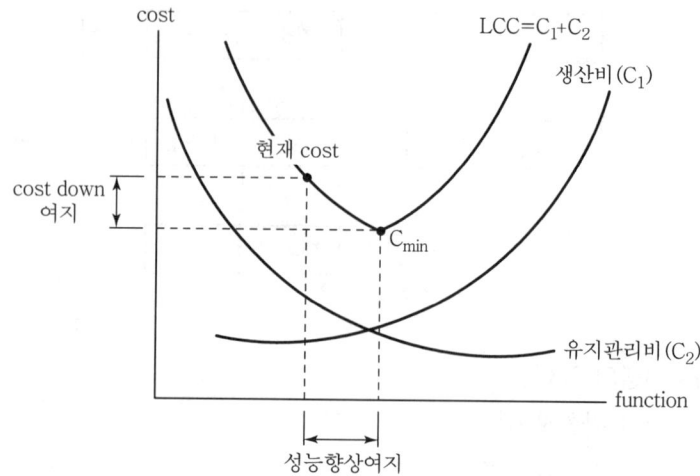

Ⅸ. 적용상 문제점

1) 인식 부족
   ① 발주자·설계자·시공자 등 기술자의 인식 부족
   ② 시간과 비용의 낭비 요소로 생각
   ③ 건설업에 대한 전반적인 인식 부족

2) VE에 대한 이해 부족
   ① VE 개념의 이해 부족
   ② VE 효과에 대한 기대 부족

3) 안이한 생각
   ① 원가절감에 대한 의식 부족
   ② 전체적인 효과를 국부적으로 취급
   ③ 건설업 전체 발전을 위한 노력 부족

4) VE 활동시간 부족
   ① 설계·시공시 VE 활동 시간에 대한 배려가 전무
   ② 표준 공기 산정시에도 이에 대한 배려 부족
   ③ 설계와 시공에 관여된 전직원이 모여서 회의할 수 있는 system의 부재

5) 성급한 기대
   ① 원가 절감에 대한 성급한 기대
   ② VE에 대한 시간과 노력에 비해 효과만 기대

6) VE 체득자 및 예산부족
   ① VE 기법의 홍보 및 교육 부족으로 체득자 부족
   ② VE 활동에 대한 예산 미책정 또는 부족

X. 활성화 방안

1) 교육실시
   ① 설계·시공에 종사하는 전직원에 대해 교육 실시
   ② VE에 대한 인식제고
   ③ VE 활동의 생활화 추진

2) VE 활동 시간 확보
   ① 설계시 VE 활동시간을 확보   ② 공정표상에 VE 활동시간 명시

3) 전조직 참여
   ① 전사적으로 참여
   ② Partnership 배양으로 발주자·설계자·시공자 모두 참여
   ③ 건설현장에서는 기능공까지 참여

4) 이익확보 수단으로 활용
   VE를 통한 원가절감

5) 최고 경영자의 인식전환
   ① 전직원의 원가관리 의식화   ② 사업계획의 일부로 추진

6) 설계·시공 및 전단계에서 적용
   ① 건설업의 특수성을 고려한 VE 수행방법 개발
   ② VE 사용자와 기능 중심의 방법을 체계화
   ③ 설계 VE, 시공 VE의 수행방법 표준화

7) VE의 성실한 수행
   ① 1단계 : 정보수집 및 기능분석   ② 2단계 : Idea 창출
   ③ 3단계 : 대체안의 개발 및 평가   ④ 4단계 : 제안 및 실시

8) 장기적으로 추진
   ① 체계적이고 과학적으로 접근   ② 중·장기적인 연구 개발 추진

XI. 결 론

최고 경영자, 건설 기술자들의 VE 참여로 공사현장에서의 원가절감을 생활화하여 업체의 경쟁력을 키워나가야 한다.

문 19-12 FAST(Function Analysis System Technique) [06중(10)]

I. 정 의

① FAST란 VE기법의 추진과정에서 가장 핵심적인 업무인 기능(function)을 조합 및 나열하는 diagram이다.

② FAST는 요구되는 기능을 조합 및 나열하는데 목적이 있는 것이 아니라, 그 과정에서 분석팀원들의 idea 창출에 근본 목적이 있다.

II. 기능 분석 과정

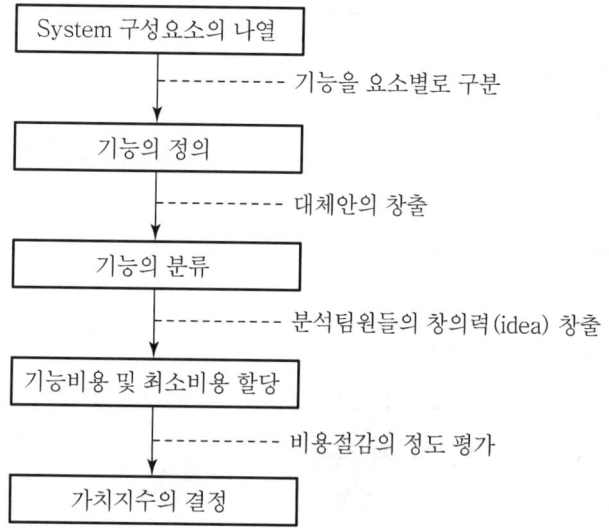

기능 분석은 VE활동의 핵심 업무이다.

Ⅲ. VE의 세부 추진 절차

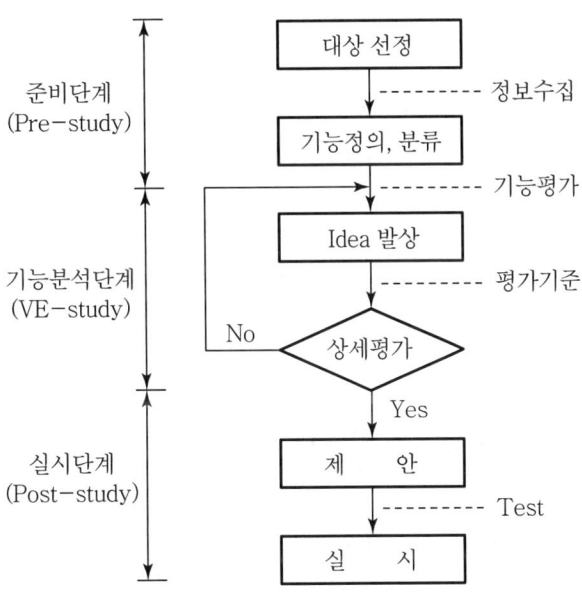

> **문 20-1** Life Cycle Cost를 설명하여라. [93전(30)]
> **문 20-2** 건축의 Life Cycle Cost에 관하여 설명하시오. [94후(25)]
> **문 20-3** 건축물 LCC(Life Cycle Cost)를 설명하고, LCC 분석 전(全)단계의 VE(Value Engineering)효과에 대하여 설명하시오. [09후(25)]
> **문 20-4** 건설 프로젝트의 진행 단계별 LCC(Life Cycle Cost) 분석 방안 [02중(25)]
> **문 20-5** 건축물의 효과적인 유지관리를 위한 방법을 Life Cycle 단계별(설계, 시공, 사용 단계)로 설명하시오. [10후(25)]
> **문 20-6** 건축생산의 라이프사이클 [95중(10)]
> **문 20-7** LCC(Life Cycle Cost) [01중(10)]

Ⅰ. LCC(Life Cycle Cost)

1) 정의
   ① 건축물의 초기 투자 단계를 거쳐 유지관리, 철거 단계로 이어지는 일련의 과정을 건축물의 Life Cycle이라 하며, 여기에 필요한 제비용을 합친 것을 LCC(Life Cycle Cost)라 한다.
   ② LCC(Life Cycle Cost) 기법이란 종합적인 관리 차원의 제비용의 합으로 경제성을 평가하는 기법을 말한다.

2) 목적
   ① 설계의 합리적 선택
   ② 건축주의 비용 절감
   ③ 설계자의 노동력 절감
   ④ 시공자의 시공 편리
   ⑤ 입주자의 유지관리비 절감
   ⑥ 건물의 효과적인 운영체계 수립

3) LCC 구성

기 획	타당성 조사	기본설계	본설계	시 공	유지관리
C_1(생산비)					C_2(유지관리비)
LCC(Life Cycle Cost) = 생산비(C_1) + 유지관리비(C_2)					

Ⅱ. VE(Value Engineering) 효과

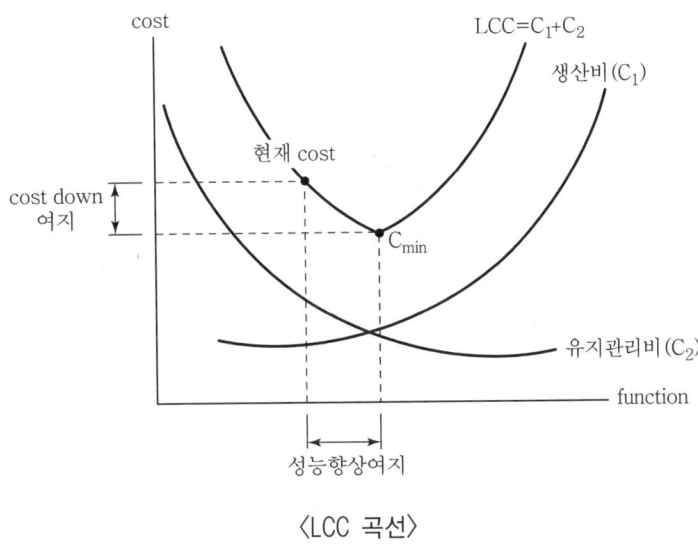

〈LCC 곡선〉

1) 원가 절감
    ① 자재비를 중심으로 cost 절감
    ② 효율적인 관리 system에 의한 cost 절감
    ③ 기능과 cost에 의한 가치가 높은 제품으로 개선

2) 업체 기술력 향상
    ① 설계 의도에 대한 기능 파악
    ② 기능 비용 및 최소 비용 할당

3) 업체 체질 개선
    ① 가치(value) 개념의 정립
    ② 기업의 전사원이 가치로 인한 원가 의식 제고

4) 외부 환경 변화에 대응

5) 최대의 효과(LCC가 최소일 때)

Ⅲ. 프로젝트 진행 단계별 LCC 분석 방안

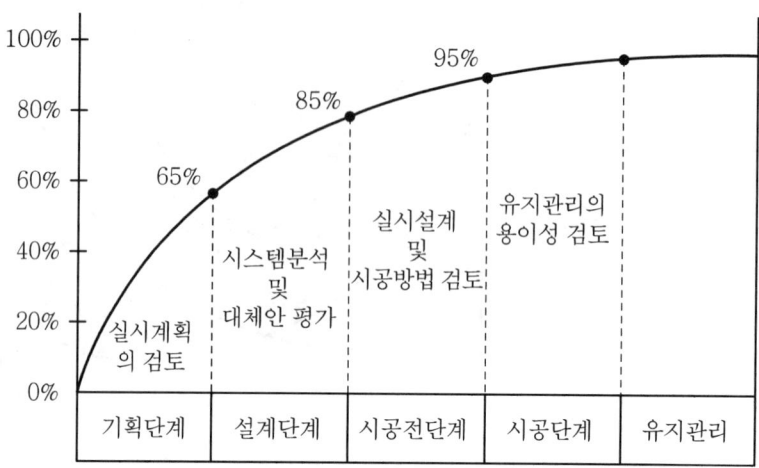

〈단계별 LCC 결정 요소〉

1) 기획 및 타당성 조사단계
   ① 대안의 비교시 LCC 적용
   ② 제안된 사업의 실행 여부 결정
2) 설계단계
   ① 설계단계에서 LCC 분석은 가장 많이 활용
   ② 설계 VE 도입시 여러 개의 설계대안 중 최적의 대안을 선정
3) 시공 전단계
   ① 장기적인 관점에서 검토하여 최저가격보다는 적정품질과 적정가격 비교
   ② 생애주기 전체를 고려한 구매 여부 결정
   ③ 현가분석과 연가분석법의 적용검토

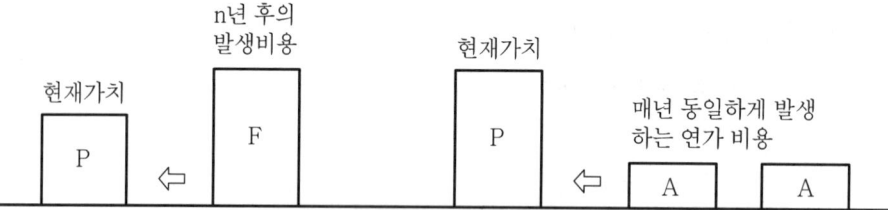

4) 시공단계
   ① 설계도면 시방서에 명시되지 않은 시공방법의 선택시 LCC 고려
   ② 장비의 구입 임대시 초기투자비와 유지관리비 검토
   ③ Constructability에 반영하여 경제성 제고

5) 사용 및 유지관리단계
   ① 시설물의 효과적 사용에 LCC 분석

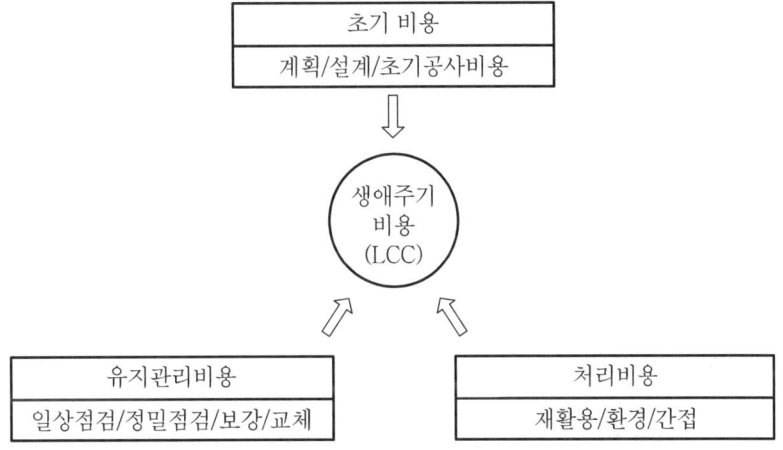

   ② 시설물 대체시 얻을 수 있는 추가적 손실과 이득
   ③ 경제적 유지관리에 기여

Ⅳ. LCC 단계별 유지관리 방법

1. 설계
설계시 건축물의 전반적인 조건을 파악하여 효과적인 유지관리가 될 수 있도록 한다.

1) 경과년수
   장기적인 건축물의 기능 저하

2) 지리적 요인
   ① 추운 지역에서의 동해
   ② 기상조건, 공기의 오염도에 의한 부식

3) 특수한 환경조건
   ① 유해물질을 배출하는 공장 주위
   ② 배기가스를 많이 발생시키는 도로 주위

4) 입주자 사용 조건
   반복 접촉으로 인한 오염 및 손상

5) 설계상의 잘못
   ① 구조계획의 부적합
   ② 구조계산의 착오로 인한 균열

③ 개구부, 주변부의 부분적 오염
④ 결로
6) 사용자재의 부적합
① 배관 및 도장재의 노후화
② 내구성이 높은 자재의 선정이 필요하다.

2. 시공

시공시 건축물의 예방 보전으로 LCC 관점에서 비용이 최소화되게 정밀 시공한다.
① 건축물의 효율성을 지속적으로 확보
② 효과적인 시공관리를 통한 정밀시공
③ LCC 관점에서 종합적 비용의 최소화

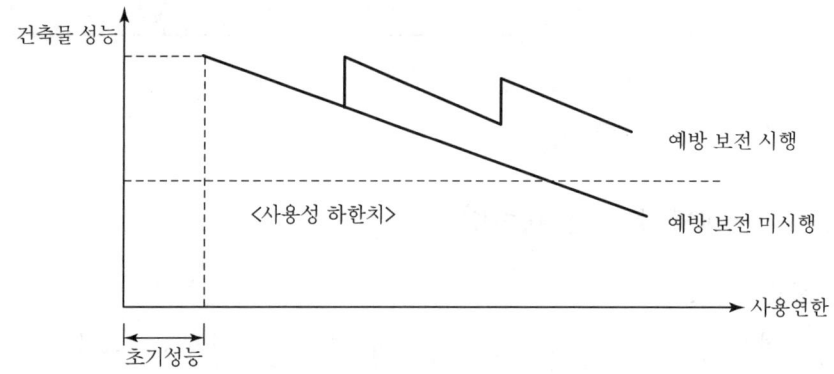

3. 사용

사용시 유지관리의 중장기계획 및 실시계획을 수립하여야 한다.

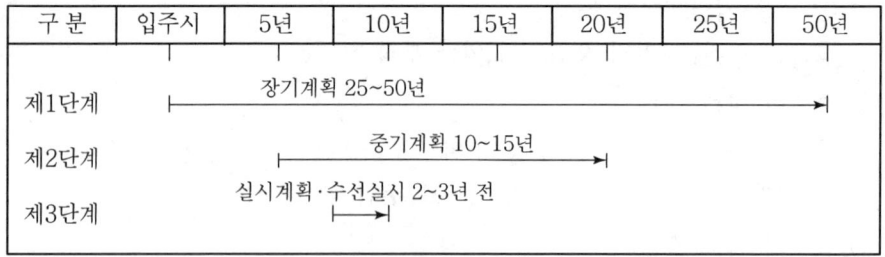

1) 장기계획(제1단계)
① 5~6년 후 보완을 전제하고 중기수선계획 작성시 자료로 이용될 수 있도록 정리 한다.
② 입주시 수선 적립금을 산정하여 적립해 둔다.

2) 중기계획(제2단계)
① 수선 검토기간을 5년으로 하여 수선비용을 포함한 구체적인 수선방법을 설정한다.
② 수선비용의 검토 결과로부터 연도별 지출계획을 책정한다.
③ 지출에 대한 누적 비용으로 적립금의 징수계획을 구체화한다.

3) 실시계획(제3단계)
① 전문위원회를 통해 개보수 공사의 실시시기와 범위를 검토한다.
② 실시설계 작성에 필요한 현장조사, 개수공사방법을 검토한 후, 실시시기 및 자금 계획을 검토한다.
③ 외부 전문가에게는 기술적 자문뿐 아니라 업자선정, 시공계획서, 개략 공사비 작성, 공사감리 등 공사의 전반적인 부분에 자문을 구한다.
④ 실시 2~3년 전에 계획을 수립한다.

Ⅴ. LCC 활용방안

① 사용자, 설계자, 이용자의 인식전환
② LCC 기법을 위한 조직 및 system 정비
③ 정보의 data화
④ LCC 평가기준의 개선 및 정립

Ⅵ. 결 론

LCC(Life Cycle Cost) 기법은 기획에서부터 건물의 유지관리에 이르기까지 종합적인 관점에서 비용절감을 기할 수 있는 기법으로 설계자, 건축주, 입주자의 노동력 절감, 비용 절감, 유지관리비 절감의 효과를 기대할 수 있다.

문 20-8 시멘트 액체 방수공법의 문제점과 LCC(Life Cycle Cost) 관점에서의 대책을 설명하시오. [99중(30)]

I. 개 요

시멘트 액체 방수는 방수층 자체 수축에 의해 균열이 발생하며, 신축성이 없고 기후의 영향을 많이 받으므로 외방수로는 적당하지 않으며, 유지관리 측면에서도 많은 비용이 소요되어 LCC 관점에서 불리한 방수공법이다.

II. 시멘트 액체 방수공법의 문제점

1) 방수층 균열
   ① 방수층 자체의 수축에 의한 균열
   ② 모체의 균열에 의한 균열 발생
   ③ 건조수축에 대한 추종성 미흡

2) 신축성 부족
   ① 구조체 변위에 대한 신축성 부족으로 하자 발생
   ② 기상 영향에 따른 신축성 부족
   ③ 신축의 영향으로 외부 시공 곤란

3) 과다한 하자 발생
   ① 하자의 발생 부위가 많고 발생률이 높음
   ② 빈번한 하자 발생으로 유지 관리비가 많이 소요

4) 시공 정도 확인 곤란
   ① 방수층 전체 부분의 균일한 두께 유지 곤란
   ② 두께 차에 의한 신축의 정도 차이 발생
   ③ 확실한 시공을 기대하기 어려움

5) 기상 영향에 민감
   ① 기온차에 의한 건조수축에 영향을 받음
   ② 강우, 강풍에 의한 영향
   ③ 수분 증발로 인한 영향

6) 재료 배합
   ① 시멘트와 방수제의 혼합 또는 방수제와 물의 혼합시 정밀도 유지 곤란
   ② 방수제의 희석액과 시멘트량에 대한 지정 배합비 불량

7) 유지관리비 과다 소요
    ① 잦은 하자 발생으로 인한 보수비 과다 소요
    ② 정기적인 점검 필요
    ③ 기온의 영향, 충격 등에 민감

Ⅲ. LCC 관점에서의 대책

1) 경제적 측면 분석
    ① 시공비와 유지관리비를 합한 비용을 타공법과 비교
    ② 방수공법의 신뢰도를 비용으로 환산하여 분석
    ③ 하자 보수에 따른 추가 비용 분석

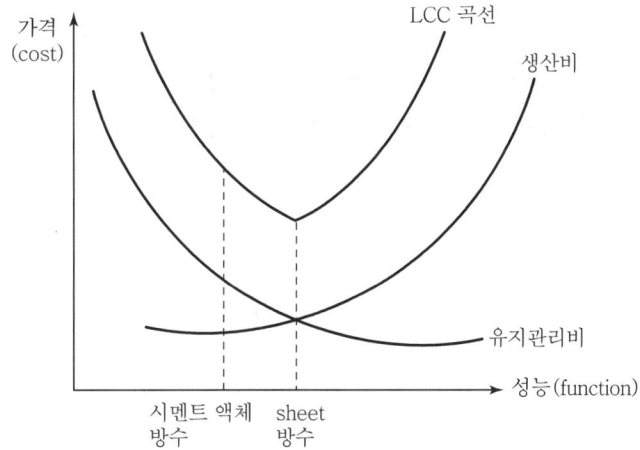

2) LCC 관점에서 sheet 공법과 비교

구 분	시멘트 액체 방수 공법	sheet 방수 공법
재료비	작게 소요	많이 소요
시공비(인건비)	시공 인력 多 투입	투입 인원 적음
공기	길다.(기후에 영향을 많이 받음)	짧다.
시공성	불리	유리
하자발생	많다.	적다.
하자 보수 비용	많이 소요	적게 소요
신뢰도	낮음	양호
Total Cost	높음	낮음
LCC 관점에서의 경제성	불리	유리

3) LCC 관점에서의 방수 공법 선정
   ① 재료비, 시공비(인건비), 유지관리비를 비교
   ② Total cost 측면에서 경제성 검토
   ③ 방수의 신뢰도, 하자 보수 비용 등을 경제적으로 산출

4) 대 책
   ① 시멘트 액체 방수의 LCC $>$ sheet 방수의 LCC
   ② 시멘트 액체 방수의 효과 $<$ sheet 방수의 효과
   ③ 공법 선택
      방수효과가 우수하고, LCC관점에서 유리한 sheet 방수공법 선택

IV. 결 론

시멘트 액체 방수공법은 시공비가 저렴하다는 이유로 많이 시공되고 있으나, 하자 보수 시의 번거로움과 과다한 유지관리비 등이 소요되므로, 타공법과의 LCC 관점에서의 비교·분석을 통해 적정공법을 선정하여야 한다.

> **문 21-1** 원가관리의 이점과 MBO(Management By Objective) 기법의 필요성을 기술하시오. [97중전(30)]
>
> **문 21-2** 공사원가관리의 MBO(Management By Objective) 기법 적용상 유의사항 대하여 기술하시오. [00전(25)]
>
> **문 21-3** 공사원가관리의 MBO(Management By Objective) 기법에 대하여 기술하시오. [05전(25)]

Ⅰ. 개 요

원가관리의 이점은 원가절감으로 인한 기업의 경쟁력 확보이며, MBO 기법의 필요성은 직원들에게 동기를 부여하여 스스로 원가관리를 할 수 있게 하는 것이다.

Ⅱ. 원가관리의 이점

1) 원가절감
   합리적·과학적 기법의 적용으로 원가 절감
2) 기술력 축적
   ① VE, LCC 등의 신공법 개발
   ② 사내 기술력 축적으로 대외경쟁력 배양
3) 경쟁력 제고
   ① 기업 이윤의 잉여 발생
   ② 직원들의 근무의욕 증진
   ③ 체계적인 관리기법의 활용
4) 기업 체질 개선
   품질 개선, 공정 관리 등에 의한 기업 체질 개선
5) 관리 system 배양
   ① 기업의 전반적인 관리 system 배양
   ② 기업 자체의 know-how 축적

Ⅲ. MBO 기법의 필요성

1) 경영의 계획성 부여
   ① 현대 경영에서 가장 중요한 기능은 계획과 관리이다.
   ② 계획을 통하여 목표를 설정하고 달성 여부를 결정한다.
   ③ 목표를 통해 경영의 표준이 설정되고 관리를 행한다.

2) 동기 부여 및 자기통제능력 부여
   ① 원가관리의 최종 목표는 원가의 절감이다.
   ② 직원들에게 업무 동기를 부여하여 업무능률을 향상시킨다.
   ③ 능률의 향상으로 원가절감방안을 강구한다.
   ④ 직원들이 스스로 자기의 목표를 설정하고 업무결과를 통제하는 방법이 고려되어야 한다.

3) 조직 및 사원 상호간의 협조 분위기 조성
   목표설정 과정과 업무 결과를 평가하는 과정에서 상호간의 협조 분위기는 필수적이다.

4) 원가관리목표의 효과적 달성
   ① 원가관리의 목표는 원가의 집계와 분석을 통하여 원가의 낭비를 사전에 방지하는 것이다.
   ② 적극적인 방법으로 원가를 절감하는 것이다.
   ③ 직원들로 하여금 지출원가를 사전에 점검하여 이를 절감하는 방법을 생각하게 하는 방법으로 MBO 기법이 활용되어야 한다.

Ⅳ. 적용상 유의사항

1) 적용시 전제 조건
   ① 연도별 목표가 구체적으로 계수화되어야 하며, 전체 목표를 명확히 해야 함
   ② 업무평가체계가 확립
   ③ 일정한 지적 판단력과 자기통제를 할 수 있는 직원이 존재
   ④ 목표관리에 대한 최고경영자의 의지와 이해가 필요

2) 목표의 본질파악
   ① 모든 관리자의 목표는 기업의 목표로부터 결정
   ② 기업이 목표를 성취하는데 대한 관리자의 공헌이 명확

3) 관리자의 목표설정 방법과 주체
   ① 관리자는 기업을 위해 공헌할 책임 인식
   ② 자기부서의 목표를 스스로 전개하고 설정

③ 기업의 목표를 이해하고 자신의 목표를 설정한 후 그 목표에 대한 책임을 지고 적극적으로 참여

4) 측정을 통한 자기통제 필요
① 측정은 명백하고 단순하며 합리적이어야 함
② 자기통제에는 강한 동기부여 필요
③ 관리자는 자기목표에 대한 이해가 있어서 통제 가능
④ MBO 기법은 자신이 목표를 설정하고 통제할 수 있어야 가능

5) 보고서와 절차의 적절한 이용
① 보고서와 절차는 가능한 최소화
② 보고서와 절차는 사용하는 사람의 도구가 되어야 함
③ 보고서와 절차에 의해 업적을 평가하면 안 됨
④ 업무를 성취하는데 필요한 것 이외의 기타 업무로부터 해방되어야 함

6) 조직 및 사원간의 협조분위기 조성
① 목표설정 과정과 업무결과를 평가하는 과정에서 상호간의 협조 분위기는 필수적
② 경영진은 분위기 조성을 위한 필요한 조치를 해야 하며, 이를 지속적으로 유지할 책임을 짐
③ 사원간의 상호 노력이 전제되어야 함

V. 결 론

체계적인 원가관리를 위해서는 각 개인과 부서의 목표치가 일치하고 나아가 회사의 목표치가 성취될 때 원가 절감의 결실이 된다.

> **문 22-1** 건축공사에 있어 안전관리에 대하여 설명하여라. [82전(30)]
> **문 22-2** 건설현장에서 발생하는 안전사고의 발생유형과 예방대책을 기술하시오.
> [02후(25)]
> **문 22-3** 건축공사 현장에서 발생하는 안전사고의 유형과 예방대책에 대하여 기술하시오. [04전(25)]
> **문 22-4** 다음과 같은 고층 사무실 건물을 건설함에 있어 시공상의 안전관리를 여하(如何)히 할 것인가 기술하라. [79(25)]
>   조건 : ① 도심지, 대로변
>   ② 철골철근콘크리트 라멘구조
>   ③ 대지 2,000평, 건평 500평, 지하 3층, 지상 18층, 옥탑 2층
> **문 22-5** 도심지에서 철골조 건축공사(사례 : 지하 5층, 지상 20층)의 사전안전계획 수립에 대하여 기술하시오. [96전(30)]

I. 개 요

건설공사의 건설업체는 공사시의 안전 확보를 위하여 사전 안전계획을 수립하고 이에 따라 성실하게 그 업무를 수행하여야 한다.

II. 안전관리(안전관리계획)

1. 총괄 안전관리계획서

1) 공사 개요
   ① 공사 개요서(공사명, 발주자, 설계자, 시공자, 감리자, 공사 개요 등)
   ② 위치도 및 지적도
   ③ 전체 공정표
   ④ 공사 설계도면 및 서류
   ⑤ 공사장 주변현황

2) 건설공사의 안전관리조직
   ① 안전관리조직 구성
   ② 안전관리 관계자 선임

3) 공정별 안전점검계획
   ① 자체안전점검
   ② 정기안전점검
   ③ 정밀안전점검
4) 공사장 및 주변 안전관리계획
   ① 지하매설물 보호조치계획
   ② 인접시설 보호조치계획
5) 통행안전시설 설치 및 교통소통계획
   ① 통행안전시설 설치계획
   ② 교통소통 대책
   ③ 교통사고 예방대책
6) 안전관리비 집행계획
   ① 안전관리비 산출
   ② 안전관리비 항목별 사용내역
7) 안전교육계획
   ① 정기 안전교육
   ② 일상 안전교육
   ③ 협력업체 안전관리교육
8) 비상시 긴급조치계획
   ① 비상연락망
   ② 비상경보체계
   ③ 긴급피난 및 피난유도

2. 공종별 안전관리계획서

1) 가설공사
   각종 가설구조물에 대한 도면, 자료 및 기술적 안전관리대책을 구체적으로 제시
2) 굴착공사 및 발파공사
   공법의 개요 및 굴착계획, 발파계획, 흙막이계획 등 기술적 안전관리대책을 구체적으로 제시
3) Con'c 공사
   Con'c 공사에 관련된 각종 공정에 대한 안전관리대책을 구체적으로 제시

4) 강구조물 공사
   강구조물에 관련된 각종 공정에 대한 안전관리대책을 구체적으로 제시
5) 성토 및 절토공사(흙 dam 공사 포함)
   자재·장비 등에 대한 자료, 도면 및 안전시공절차를 구체적으로 제시
6) 해체공사
   해체 대상 구조물, 해체기계, 공법, 안전시설 등에 대한 자료·도면 및 안전관리계획을 구체적으로 제시
7) 기타
   공사감독자 또는 감리원이 안전관리계획의 수립이 필요하다고 인정하는 공종

Ⅲ. 안전사고 발생유형

1) 안전사고 발생원인

   간접적 원인 ─┬─ Engineering(기술적 원인)
               ├─ Education(교육적 원인)
               └─ Enforcement(관리적 원인)

   직접적 원인 ─┬─ 불안전 행동(인적 원인)
               └─ 불안전 상태(물적 원인)

2) 사고발생 기구

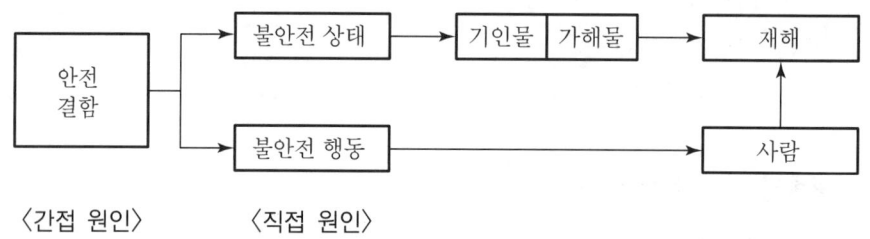

   〈간접 원인〉   〈직접 원인〉

3) 재해유형

구 분	재해 유형
사람에 의한 사고	추락, 충돌, 협착, 전도
물체에 의한 사고	붕괴, 전도, 낙하
기타 사고	감전, 폭발, 화재, 파열

Ⅳ. 예방대책

1) 철저한 안전관리 시행
   ① 3-5운동의 생활화

작업전 5분	안전교육
작업중 5분	검 사
작업후 5분	정리정돈

   ② 안전 당번제 실시
   ③ 개구부, EV출입구에 점검요원 지정
2) 위험예지 훈련실시

3) 적정배치
   적정배치의 활용으로 현장작업의 안전성 도모
4) 건축생산의 공업화
   ① 구조체의 PC화
   ② 마감의 건식화
   ③ 천장 unit화, 바닥 prefab화
5) 풍속별 안전작업 범위

풍 속(m/sec)	경 보	안전작업 범위
0~7	안전작업	전작업 실시
7~10	주의경보	외부용접 및 도장금지
10~14	경고경보	조립작업 중지
14 이상	위험경보	안전대피(고소자 하강)

6) 체계적인 위험도 측정 및 분석

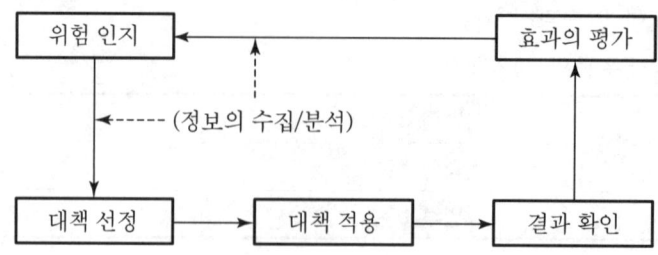

7) 안전시설물 설치 및 점검

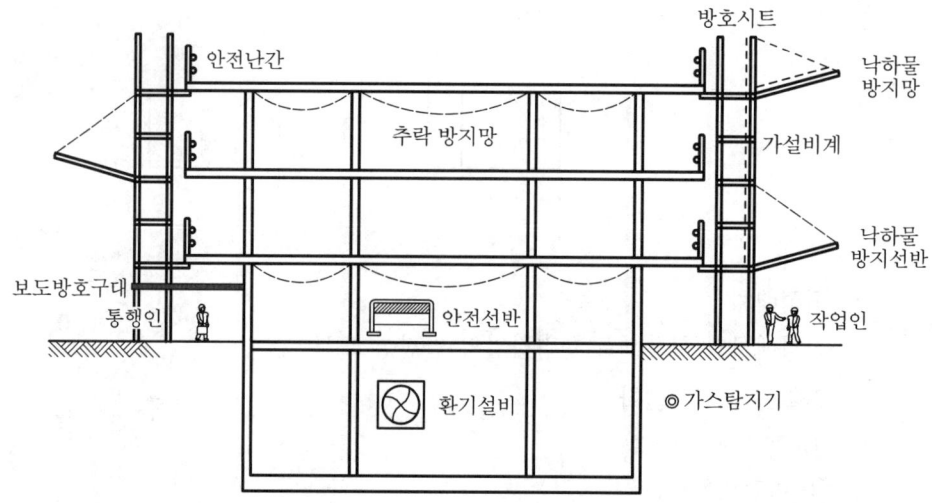

V. 결 론

공사의 계획, 설계, 시공의 전 작업과정에서 위험요소를 정확히 파악하여 재해 예상 부분에 대한 사전예방과 철저한 안전교육 및 점검으로 재해예방에 힘써야 한다.

문 22-6 우기(雨期)에 건설공사현장에서 점검해야 할 사항을 열거, 설명하시오.
[07후(25)]

Ⅰ. 개 요
① 건설공사가 다양화, 대형화, 복잡화되면서 재해 또한 대형화로 인적, 물적 피해가 점점 커지는 현상이다.
② 특히 집중호우로 인한 건설현장의 피해를 최소화시켜야 한다.

Ⅱ. 우기에 건설공사현장에서 점검해야 할 사항

1. 사전계획
① 예상 강우량 산정 및 배수계획 작성 여부
② 수방자재 확보 여부
③ 비상연락망 구축 여부
④ 비상대기반 편성 및 운영 여부
⑤ 비상사태 발생시 이에 대한 대책수립 여부

2. 현장 및 주변시설 점검
1) 수리시설 정비
　① 배수로 확보 여부
　② 집수정, 침사지, 하수관로 등 장마철 취약부위에 대한 준설 및 보수 여부
2) 양수기 작동상태 점검
　① 양수기의 작동 여부
　② 정전대비 유류용 양수기의 확보 여부
3) 공사용 도로의 정비
　① 절토 및 성토 구배의 적정성 여부
　② 빗물 침투방지조치 실시 여부
　③ 공사용 가설도로 상태의 적정성 여부
　④ 좌, 우 배수측구 설치 여부
　⑤ 노면의 폭 및 다짐 실시 여부
4) 굴착면 인접부 지반 침하 및 도로균열 여부

3. 붕괴재해 방지

1) 굴착사면
   ① 사면 상태 이상 유무
   ② 배수로 확보 및 정비 여부
   ③ 사면보호조치 실시 여부
   ④ 굴착 단부의 출입금지조치 여부
   ⑤ 높이 5m마다 최소 1m 이상의 소단설치 여부

2) 옹벽 및 석축
   ① 옹벽 및 석축상단 토사 및 낙석 제거 여부
   ② 배수구멍 설치 및 청소 여부
   ③ 벽체의 균열 및 변형 여부

3) 흙막이 지보공
   ① 조립도 작성 및 작업순서 준수 여부
   ② 조사 및 점검
   ③ 수평버팀대 좌축 방지 등의 조치 이상 유무
   ④ 배면토사 충진 및 토사유출 방지조치 실시 여부
   ⑤ 계측관리 실시 여부
   ⑥ 토류판 설치시 확인사항

4. 낙하, 비래 재해방지

1) 가설재 및 표지판의 설치상태의 적정성
   ① 비계의 설치기준 준수 여부(기초, 벽이음, 연결철물 설치상태)
   ② 외부에 설치한 비계 및 갱폼 등에 과대 중압이 발생하지 않도록 히트에 통풍구 설치 여부
   ③ 작업발판 결속 여부

2) 낙하물방지망 설치 상태의 적정성
   ① 망의 설치 여부
   ② 망의 각도 및 수평 돌출 상태 적정성(각도 : 20~30°, 돌출길이 2m 이상)
   ③ 비계 사이, 비계와 구조물 사이 방망 설치 여부

3) 각종 자재의 정리정돈 여부

5. 감전재해방지

1) 임시수전반 설치상태의 적정성
   ① 침수에 대한 안전성 여부
   ② 울타리 높이의 적정성 및 접지 여부

③ 출입통제를 위한 위험표지판 설치 여부
2) 임시분전반 설치상태의 적정성
① 외함접지(접지저항은 25Ω 이하 유지) 여부
② 분전반 시건장치 설치 및 잠김상태 유지 여부
③ 분전반 내부 회로도 표시 여부
④ 분기회로에 누전차단기 설치 여부
⑤ 내부 충전부에 보호커버 설치 여부
⑥ 전원 인출시 콘센트(접지형) 이용 여부
3) 임시전선 및 이동전선 설치상태의 적정성
① 도로 및 통로에 노출 설치 여부(지중 또는 가공 설치)
② 철골 및 철제에 부착 여부(전선 거치대를 사용하여 철골 등 철제에 직접 부착하지 않도록 조치하여야 함)
③ 옥외 연결 사용시 방수형 콘센트 및 플러그 사용 여부
④ 전선 절연피복의 파손 여부

6. 기타
① 타워크레인 상호 간섭에 따른 선회제한 스위치 부착 여부
② 강풍 등 악천후시 작업중지 및 안전조치 이행 여부
③ 침수피해가 우려되는 장비 및 자재의 안전지역으로 이동 여부
④ 환기불량 및 밀폐장소에서 작업시 안전조치 여부
⑤ 식당 및 식수대 주위 식염 비치 여부

Ⅲ. 우기시 유의사항
① 일기예보를 통한 예상 강우량 확인
② 사전계획 수립 및 보양재 준비
③ 집중 강우시 건축물 보양 철저
④ 안전관리 및 계획 철저로 안전사고 방지

Ⅳ. 결 론
① 우기시 건설공사현장에서 예기치 않은 기상변화로 비가 오게 되면 타설면 보양을 위해 비닐이나 덮개 등으로 보양하며 강우시에는 콘크리트 타설을 중지하여야 한다.
② 우기시 콘크리트 구조체의 강도저하에 유의하여야 하며, 콘크리트 구조물 전체가 약해지지 않도록 철저한 배수를 통하여 기초지반의 연약화를 방지하여야 한다.

> **문 23-1** 일반 건설공사의 안전관리비 구성항목과 사용내역에 대하여 기술하시오.
> [01전(25)]
>
> **문 23-2** 현장안전관리비 사용계획서, 작성 및 집행에 따른 문제점 및 개선방안에 대하여 기술하시오.
> [06전(25)]
>
> **문 24-3** 건축공사에서 표준안전관리비의 적정사용방안에 대하여 설명하시오.
> [08중(25)]

1. 개 요

건설공사현장의 안전사고 발생률은 타산업에 비해 높으며, 또한 대부분의 재해가 중·대형 재해로 연결되기 때문에 인적, 물적으로 많은 손실을 가져다 준다.

Ⅱ. 산업안전보건관리비 구성항목

1) 계상방법

① 대상액이 5억원 미만 또는 50억원 이상일 때

$$산업안전보건관리비 = 대상액 \times 법적\ 비율$$

② 5억원이상 50억원 미만일 때

$$산업안전보건관리비 = 대상액 \times 법적\ 비율 + 기초액$$

③ 발주자가 재료를 제공할 경우의 산업안전보건관리비는 재료비를 포함하지 않은 산업안전보건관리비의 1.2배를 초과할 수 없다.

$$산업안전보건관리비 = 산업안전보건관리비(재료비\ 포함) \leq 산업안전보건관리비(재료비\ 미포함) \times 1.2$$

④ 발주자 및 자체사업자는 설계변경 등으로 대상액의 변동이 있는 경우 산업안전보건관리비를 조정 계상

2) 구성항목

번 호	구성 항목
1	인건비 및 업무수당
2	안전시설비
3	개인보호구 및 안전장비 구입비
4	사업장 안전진단비
5	안전보건 교육비 및 행사비
6	근로자의 건강관리비
7	건설 재해예방 기술지도비
8	본사관리비

Ⅲ. 산업안전보건관리비 사용내역(적정 사용방안)

1) 인건비 및 업무수당
   ① 안전관리자 인건비 및 업무 수행 출장비
   ② 안전 유도 또는 신호자의 인건비
   ③ 안전 담당자의 업무 수당
   ④ 안전 보조원의 인건비

2) 안전 시설비
   ① 추락 방지용 안전 시설비
   ② 낙하, 비래물 보호용 시설비
   ③ 긴급 피난용 시설비
   ④ 안전 표지의 제작, 설치에 소요되는 비용
   ⑤ 개인 보호구 보관 시설
   ⑥ 소화기 등 화재 예방 시설

3) 개인 보호구 및 안전장비 구입비
   ① 개인 보호구의 구입, 수리 등에 소요되는 비용
   ② 절연 장화 및 장갑, 방전 고무 장갑의 구입비
   ③ 안전 관리자의 무전기, 카메라 등
   ④ 철골 또는 철탑용 고무바닥의 특수화 구입비
   ⑤ 기타 우의, 장화 등의 구입비

4) 사업장 안전 진단비
   ① 사업장의 안전 또는 보건 진단비
   ② 유해 위험 방지 계획서의 작성 및 심사비
   ③ 위험한 기계, 장비의 검사비
   ④ 사업장 자체 안전검사시 소요되는 비용
5) 안전보건 교육비 및 행사비
   ① 안전보건 관리책임자 교육
   ② 안전관리자의 교육(신규 또는 보수 교육)
   ③ 사업장 자체 안전보건 교육
   ④ 교육 교재, 시청각 기재(VTR), 기타 기자재와 초빙강사의 강사료
   ⑤ 안전보건 행사에 소요되는 비용
6) 근로자의 건강 관리비
   ① 구급 기재 구입에 소요되는 비용
   ② 근로자 건강 진단에 소요되는 비용
   ③ 근로자 신규 채용시 신체 검사비
   ④ 사업장(작업장)의 방역 및 소독비
7) 건설재해 예방 기술비
   건설재해 예방 전문기관에 지급하는 수수료
8) 본사 관리비
   본사 안전전담 직원의 인건비 및 업무 수행 출장비

Ⅳ. 문제점

1) 설계시
   ① 설계과정에 안전관리전문가의 참여 미흡
   ② 설계시 안전관리비 반영 미흡
2) 공사계약의 편무성
   ① 무리한 수주로 근로조건 열악
   ② 무리한 공기로 재해위험 요인 증가
3) 작업환경의 특수성
   ① 옥외 작업, 지형, 기후 등의 영향으로 사전재해 위험성 예측 어려움
   ② 공정 진행에 따라 작업환경이 수시로 변동
4) 작업체제의 위험성
   ① 작업의 복합성으로 인한 재해 위험성이 다양

② 고소작업으로 안전사고
5) 하도급 안전관리체계 미흡
① 하도급 계약에 따른 안전관리조직 미약
② 여러 차례의 재하도급에 따른 안전관리 소홀
6) 고용의 불안정과 유동성
① 근로자의 이동이 많고 고용관계가 불분명
② 정기적인 안전교육 실시의 어려움

V. 개선방안

1) **입찰시 조건명시**
   입찰시 관계법규 준수 및 안전시설 조건 명시
2) **항목 및 요율산정 차등화**
   항목설정 명시 및 공사제반 조건에 따라 요율산정 차등 명시
3) **사업주의 인식전환**
   산업안전보건관리비의 적정 사용으로 기업의 재산보호 및 image 향상
4) **실행예산 반영**
   실행예산 편성시 산업안전보건관리비 산정하여 반영
5) **산업안전보건관리비 집행**
   현장의 안전관리 조직에 의하여 시행
6) **하도업체 집행 확인**
   산업안전보건관리비 사용계획을 하도업자에게 제시하여 협의 후 결정
7) **제도적 장치**
   산업안전보건관리비 지출의무화 및 산업안전보건관리비 지출에 따른 제도적 감독 체계 확립

VI. 결 론

공사의 계획, 설계, 시공의 전작업과정에서 위험요소를 정확히 파악하여 재해예상 부분에 대한 사전예방과 철저한 안전교육 및 점검으로 재해예방에 힘써야 한다.

> **문 23-4** 건축현장의 유해위험방지계획서의 작성요령에 대하여 기술하시오.
> [99후(30)]
>
> **문 23-5** 유해위험방지계획서 제출서류 항목 및 세부내용을 대하여 기술하시오.
> (높이 31m 이상인 건축공사) [01전(25)]

Ⅰ. 개 요

유해위험방지계획서와 건설공사 안전관리계획서를 모두 제출해야 하는 건설공사에 대하여 동시에 작성할 수 있는 세부적 기준을 정함으로써, 계획서 작성에 대한 업체의 부담을 경감하여 안전관리업무를 원활히 수행토록 한다.

Ⅱ. 통합계획서 작성 대상 공사

1) 유해위험방지계획서 대상
   ① 지상높이가 31m 이상인 건축물 또는 공작물
   ② 연면적 30,000m^2 이상인 건축물
   ③ 연면적 5,000m^2 이상의 문화 및 집회시설(전시장 및 동물원·식물원을 제외)·판매 및 영업시설·의료시설 중 종합병원·숙박시설 중 관광숙박시설
   ④ 지하도상가의 건설·개조 또는 해체
   ⑤ 최대지간길이가 50m 이상인 교량건설공사
   ⑥ 터널건설공사
   ⑦ 다목적댐·발전용댐 및 저수용량 2천만ton 이상의 용수전용댐·지방상수도 전용댐 건설 공사
   ⑧ 깊이 10m 이상인 굴착공사

2) 안전관리계획서 대상 공사
   ① 1종 시설물 및 2종 시설물의 건설공사
   ② 지하 10m 이상 굴착공사 또는 폭발물을 사용하는 건설공사로서 20m 안에 시설물이 있거나 100m 안의 양육가축에 영향이 예상되는 건설공사
   ③ 10층 이상 16층 미만인 건축물의 건설공사 또는 10층인 건축물의 리모델링 또는 해체공사
   ④ 인·허가 행정기관의 장이 안전관리가 필요하다고 인정하는 건설공사
   ⑤ 제외 : 원자력 시설공사

Ⅲ. 통합계획서 작성

① 통합계획서는 기본사항, 공사현장 및 주변 안전관리계획, 작업공종별 안전관리계획, 작업환경 조성계획으로 구성한다.
② 당해 공사의 시공자가 직접 작성함을 원칙으로 한다.
③ 구조계산서 및 안전성 검토서 등을 작성할 경우 작성일과 책임자의 서명날인을 한다.
④ 당해 공사와 관련 없는 항목은 제외하고 관련 있는 항목만 작성한다.
⑤ 작업공종별 안전관리계획은 작업공종별 분리 작성하여 해당공종 착공 전까지 제출한다.

Ⅳ. 통합계획서 구성

1) 기본사항
    ① 공사개요
    ② 안전관리조직
    ③ 안전교육계획
    ④ 재해발생 등 비상시 긴급조치계획

2) 공사현장 및 주변 안전관리계획
    ① 안전보건관리계획
        ㉮ 산업안전보건관리비 사용계획(유해위험방지계획서)
        ㉯ 안전관리비 집행계획(안전관리계획서)
    ② 개인보호구 지급계획
    ③ 공종별 안전점검계획
    ④ 공사장 주변 안전관리계획
    ⑤ 통행안전시설 설치 및 교통소통계획

3) 작업공종별 안전관리계획
    ① 가설공사
    ② 굴착공사 및 발파공사(흙막이지보공 공사, 되메우기 공사 포함)
    ③ 성토 및 절토공사(흙댐공사 포함)
    ④ 구조물공사
        ㉮ 콘크리트 공사
        ㉯ 강구조물 공사
        ㉰ 하부공 공사(교량공사)
        ㉱ 상부공 공사(교량공사)
        ㉲ 댐 축조 공사(댐공사)

⑤ 마감공사
⑥ 전기 및 기계 설비공사(건축설비공사 포함)
⑦ 기타 공사(해체공사, 포장공사 등 포함)

4) 작업환경 조성계획
① 분진 및 소음발생공종에 대한 방호대책
② 위생시설물 설치 및 관리대책(식당, 화장실, 세면장 등)
③ 근로자 건강진단 실시계획
④ 조명시설물 설치계획
⑤ 환기설비 설치계획
⑥ 위험물질의 종류별 사용량과 저장·보관 및 사용시 안전작업계획

V. 통합계획서의 제출

1) 유해위험방지계획서
① 유해위험방지계획서 작성 대상공사를 착공하려고 하는 사업주는 일정한 자격을 갖춘 자의 의견을 들은후, 동 계획서를 작성하여, 공사착공 전일까지 한국산업안전공단 관할 지역본부 및 지도원에 2부를 제출한다.
② 일정한 자격을 갖춘 자
㉮ 건설안전분야 산업안전지도사
㉯ 건설안전기술사 또는 토목·건축분야 기술사
㉰ 건설안전산업기사 이상으로서 건설안전 관련 실무경력 7년(기사는 5년) 이상인 자
③ 자율안전관리업체로 지정된 업체는 자체심사를 거쳐 공사착공전일까지 자체 심사서류를 안전공단에 제출한다.

2) 안전관리계획서
① 시공자는 통합계획서를 2부 작성하여 공사감독자 또는 감리원의 확인을 받아 공사착공 전일까지 발주자에게 제출한다. 단, 안전관리계획을 제출받은 발주자 중 발주청이 아닌 자는 당해 건설공사를 인가·허가·승인 등을 한 행정기관의 장에게 제출한다.
② 공종별 안전관리계획서의 제출(확인신청) 기간은 당해 공종의 착공전일까지로 한다.

VI. 통합계획서의 심사 및 확인

1) 유해위험방지계획서
① 안전공단은 동 계획서 접수일로부터 15일 이내에 심사하여 결과를 사업주에게 통보한다.

② 심사결과 구분
　㉮ 적정 : 근로자의 안전과 보건상 필요한 조치가 구체적으로 확보되었다고 인정될 때
　㉯ 조건부 적정 : 근로자의 안전과 보건을 확보하기 위하여 일부 개선이 필요하다고 인정될 때
　㉰ 부적정 : 중대한 위험발생 우려가 있거나 계획에 근본적 결함이 있다고 인정될 때
③ 부적정 판정을 한 경우에는 지방노동관서에 통보하여 공사착공 중지 또는 계획 변경명령 등 필요한 조치를 취하도록 한다.
④ 확인검사는 3월에 1회 이상 실시한다.

2) 안전관리계획서
① 총괄 안전관리계획서 및 공종별 안전관리계획서의 확인은 당해 건설공사의 공사감독자 또는 감리원이 총괄하여 수행한다. 단, 공사감독자 또는 감리원이 없는 민간건설공사의 경우에는 당해 건설공사를 인·허가 또는 승인한 행정기관의 장이 확인업무를 수행한다.
② 확인결과의 구분
　㉮ 적정 : 안전에 필요한 조치가 구체적이고 명료하게 계획되어 건설공사의 시공상 안전성이 충분히 확보되어 있다고 인정될 때
　㉯ 조건부 적정 : 안전성 확보에 치명적인 영향을 미치지는 않지만 일부 보완이 필요하다고 인정될 때
　㉰ 부적정 : 시공시 안전사고 발생의 우려가 있거나 계획에 근본적인 결함이 있다고 인정될 때
③ 확인결과 "조건부 적정" 또는 "부적정"으로 평가된 항목에 대해서는 반드시 보완 또는 대안 등 확인자의 의견을 명시한다.

Ⅶ. 결 론

안전관리 통합계획서는 시공업체 서류작성의 비효율화를 방지하기 위한 고무적인 조치이므로 건설현장에 널리 시행되어야 한다.

문 23-6 재해율(災害率)　　　　　　　　　　　　　　　　　　[97전(10)]

I. 정 의
① 최근 건설현장에서의 재해율은 환산재해율을 사용한다.
② 환산재해율은 상시근로자수에 대한 환산재해자수의 백분율로 나타낸다.

II. 재해율
① 재해율이란 상시근로자수에 대한 연간재해자수의 백분율로 나타낸다.
② 외국에서 간혹 사용하기도 하나, 현재 우리나라에서는 사용하지 않는다.
③ 재해율 $= \dfrac{\text{연간재해자수}}{\text{상시근로자수}} \times 100(\%)$

III. 환산재해율
① 환산재해율이란 재해율 계산방법 중 재해자수의 경우 사망자에 대하여 가중치를 부여하여 재해율을 계산하는 것을 말한다.
② 환산재해율 $= \dfrac{\text{환산재해자수}}{\text{상시근로자수}} \times 100(\%)$
③ 상시근로자수 $= \dfrac{\text{연간 국내 공사실적액} \times \text{노무비율}}{\text{건설업 월평균임금} \times 12}$
④ 실례
연간 실적액 1,000억, 4일 이상 경상해자 10건, 사망재해 1건일 때 환산재해율은?
(단, 노무비율 28%, 월평균임금 1,500,000원, 사망 1명=환산재해자수 12명)

㉮ 상시근로자수 $= \dfrac{1,000억 \times 0.28}{1,500,000원 \times 12} = 1,555$명

㉯ 환산재해율 $= \dfrac{22}{1,555} \times 100 = 1.41\%$ (1.0% 미만이 선진국 수준)

문 23-7 Tool Box Meeting [01전(10)]

Ⅰ. 정 의

TBM(Tool Box Meeting)은 짧은 시간에 위험을 예측하고 중지를 모아 문제를 해결하기 위해, 전원 참가로 선취하는 meeting(5~15분)으로, 문제해결 4round 8단계의 과정을 거치며, 작업 종료시에도 짧은 meeting(3~5분)을 하여 그 날의 작업을 마감해야 하며, 보통 5~6명이 tool box(작업공구나 기계) 주위에서 실시한다.

Ⅱ. 특 징

① 감독자의 명령 지시의 실시방법에 대하여 의논
② 지시작업에 대하여 위험 예지
③ 지시사항에 대하여 학습
④ 직장의 문제점(위험)에 대한 문제 제기
⑤ 직장의 문제점에 대해 의논하여 해결

Ⅲ. TBM의 과정(문제해결 4round 8단계)

1) 1 round(위험요소 3~5개 항목 현상파악)
    ① 1단계 : 위험에 대한 문제제기 및 과제결정
    ② 2단계 : 위험과제 결정 및 의논
2) 2 round(위험의 요점 및 근원 발견)
    ① 3단계 : 위험의 문제점 발견
    ② 4단계 : 위험의 중요한 문제 결정
3) 3 round(2~3개 항목의 대책수립)
    ① 5단계 : 위험을 해결하기 위한 방침 구상
    ② 6단계 : 실행가능한 구체방안 수립
4) 4 round(행동 및 계획 결정)
    ① 7단계 : 위험에 대한 중점 실시사항 결정
    ② 8단계 : 중점사항에 대한 팀의 행동계획을 결정

Ⅳ. TBM의 방법

① 작업 시작전 5~15분, 중식 및 작업 종료후 3~5분 정도 실시
② 직장, 현장내 어느 장소에서든지 5~6명이 모여 작은 원을 만들어 안전에 관한 meeting 실시
③ Meeting 내용은 현장이나 작업에 잠재된 위험요소를 말하는 가운데 스스로 생각하고 납득하여 합의 돌출

문 23-8 PL法(제조물 책임법)   [03중(10)]

Ⅰ. 정 의

PL제도란 제조물의 결함으로 인하여 소비자의 생명·신체 또는 재산상 손해가 발생했을 경우, 제조업체·유통업체 등이 과실 여부와 관계없이 손해배상에 대해 책임을 지도록 하는 제도이다.

Ⅱ. PL의 필요성

1) 수입 개방에 대한 대비
   ① PL 제도의 부재로 결함이 있는 수입품으로 인한 피해 보상을 못 받음
   ② 수출품에 대해서는 국내 업체들이 보상
   ③ 위와 같은 차별 문제의 해소

2) 국제적 경쟁력 제고
   ① 안전 문제 미해결시 수출에 장애
   ② 안전에 안일한 업체의 존폐위기

3) 소비자의 권익보호
   제조물의 결함으로 인한 소비자의 보호

Ⅲ. PL 제도 도입시 책임주체

① 원재료 부품 또는 완성품 제조자
② 제조물을 수입한 자
③ 자신을 제조자로 표시하거나 오인시킬 수 있는 표시를 한 자
④ 제조자를 알 수 없는 때는 제조물의 공급자(유통업자)

Ⅳ. 손해배상의 청구

① 손해와 제조자 등을 확인하였을 때부터 3년 이내
② 제조물을 유통한 날부터 10년 이내

V. PL의 방향

1) 과실 책임
   ① 설계 및 제조상의 과실
   ② 경고 의무의 과실
2) 담보 책임
   ① 명시 보증
   ② 묵시 보증
3) 엄격 책임
   불합리, 위험한 상태의 제조물 판매에 대한 책임

문 23-9 품질관리, 공정관리, 원가관리 및 안전관리의 상호 연관관계에 대하여 설명하시오. [05후(25)]

Ⅰ. 개 요
건설업에서 공사관리는 생산수단 5M을 사용하여 공사관리의 4요소(좋게, 빠르게, 싸게, 안전하게)를 통하여 목표 5R을 달성하는데 있다.

Ⅱ. 공사관리의 4대 요소

공 사 관 리	목 적
공정관리	신속하게
품질관리	양호하게
원가관리	저렴하게
안전관리	인명 보호

Ⅲ. 품질, 공정, 원가 및 안전관리 상호 연관 관계

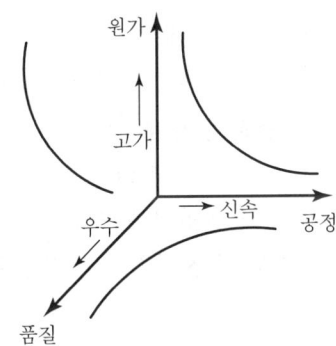

1) 공정관리
   ① 건축물을 지정된 공사기간 내에 공사예산에 맞추어 정밀도 높은 질 좋은 시공을 하기 위한 관리
   ② 공정계획시 면밀한 시공계획에 의하여 각 세부공사에 필요한 시간과 순서, 자재·노무 및 기계설비 등을 적정하고 경제성 있게 공정표로 작성하여 관리

2) 품질관리
   ① 품질관리의 시행(plan → do → check → action)
   ② 시험 및 검사의 조직적인 관리
   ③ 하자 발생 방지

3) 원가관리
   ① 실행예산의 손익분기점 분석
   ② 일일공사비의 산정
   ③ VE, LCC 개념 도입
4) 안전관리
   ① 재해발생은 무리한 공기단축, 안전설비 미비, 안전교육의 부실로 발생
   ② 안전교육을 철저히 시행하고 안전사고시 응급조치요령을 관리
5) 공정과 원가와의 관계
   ① 공기가 짧아지면, 직접공사비의 증가
   ② 공기가 길어지면, 간접공사비의 증가로 총공사비 증가
   ③ 최적공기와 최적비용을 꾀할 수 있는 경제속도로 공사계획을 수립
6) 품질과 공정의 관계
   ① 공기가 짧으면, 돌관공사 등에 의해 품질이 저하
   ② 공기가 길어진다 해도 품질이 비례적으로 증가하는 것은 아님
   ③ 최적품질을 유지할 수 있는 품질관리계획 수립
7) 품질과 원가의 관계
   ① 원가를 적게 투자하면, 품질이 저하
   ② 원가를 많이 투자하면, 비경제적
   ③ 적절한 품질을 확보하는 적정공사비를 산출하여 총비용 산정
8) 공정, 원가, 품질 및 안전과의 관계
   ① 시공속도가 빠르면, 안전사고 증대
   ② 공사비가 감소하면, 안전관리비가 감소되어 안전사고 발생위험 증대
   ③ 안전관리가 불완전하면, 공사품질이 저하될 확률이 높음

Ⅳ. 결 론

품질, 공정, 원가 및 안전관리를 과학적이고 효율적으로 운영하여 품질을 확보하면서 계약공기 내에 최소의 비용으로 기업의 근본목표인 적정이윤 확보와 발주자에게 만족을 제공해야 한다.

문 24 최근 건설기능 인력난의 원인 및 대책 〔02중(25)〕

Ⅰ. 개 요

기능인력난 해소를 위해서는 전문기능인력의 지속적인 양성 및 처우개선 등을 통하여 꾸준하게 작업할 수 있는 환경조성과 정부 차원에서의 병역혜택 실시 등 다각적인 대책방안이 필요하다.

Ⅱ. 기능인력난의 원인

1) 기능 인력의 이직
   ① 기업의 구조조정 심화
   ② 건설현장의 급격한 축소
   ③ 건설인력의 전반적 실업현상 초래
   ④ 실업의 장기화로 타직종으로 이직
   ⑤ 이직 직장에서의 정착
   ⑥ 타업종에서의 고착화 상태 유지

2) 사기 저하
   ① 임금, 복지부분에서 타업종에 비해 열악
   ② 작업장, 작업방식의 근대화 미흡

3) Service 산업으로 인력 유출
   ① 3차 산업인 service 산업의 확대
   ② 특별한 기술이나 기능없이도 취업 가능
   ③ 힘든 노동의 기피

4) 기능인력 양성 미흡
   ① 기업체나 정부 차원에서의 기능인력 미양생
   ② 사회 재교육 사업 부족
   ③ 기능 교육열 및 피교육자의 부족

5) 정부의 대책 미흡
   ① 수요 변화에 대응한 범정부적 정책 부족
   ② 기능인력의 적극적 양생 의지 부족

Ⅲ. 대책

1) 기능인력 양생 program 마련
   ① 건설업체에서 기능공 양성
   ② 사업자 단체에서 기능공 양성
   ③ 공공 직업 훈련의 확대
   ④ 공업계 고교 및 전문대 교육의 증설
   ⑤ 기능 자격자 제도의 강화

2) 유동인력의 유치
   ① 취업정보 center의 운영
   ② 건설현장의 근무 환경 개선
   ③ 현재의 일당제를 월급고용제로 전환
   ④ 능력에 따른 incentive제도 시행
   ⑤ 의료보험, 고용보험 등 각종 복지제도 시행

3) 정책적 대책
   ① 교육 혜택의 부여
   ② 공공주택 분양시 혜택 부여
   ③ 장기 근속자에 대한 병역 혜택
   ④ 군 복무자에게 기능 교육
   ⑤ 정기교육, 해외연수 등 program 마련

4) 관리적 대책
   ① 품질관리하여 하자 발생을 최소화
   ② 신공법 및 재료의 개발
   ③ 관리의 효율화를 위한 사무자동화

5) 시공적 대책
   ① 시공 부재의 단순화・규격화・표준화로 공장 제작
   ② 재료의 건식화 및 prefab화
   ③ 시공방법의 기계화
   ④ 시공의 system화 및 합리화

6) 신기술 도입
   ① 인력절감을 위한 기술개발 및 도입
   ② 과학적인 tool 기법 사용

Ⅳ. 결론

건설기능인력이 부족은 사회 구조적인 문제로 건설환경의 변화, 복지의 확대 등의 조건을 단계적으로 개선해 나가야 해결될 것이다.

문 25-1 대규모 공사장에서 현장 사무소의 조직도를 작성하고 인원편성계획에 대하여 기술하여라. [82전(30)]

I. 개 요

현장 사무소의 조직은 기술부서와 관리부서로 나누어지며, 인원 편성은 현장 소장과 기술직 직원 및 관리직 직원으로 구성된다.

II. 현장 사무소 조직도

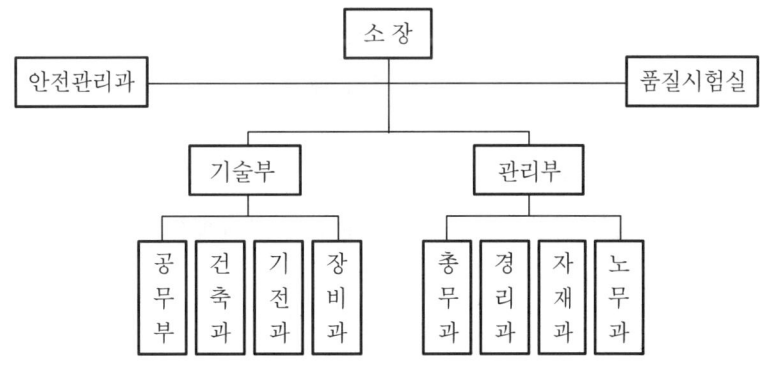

III. 인원 편성계획

1) 현장 소장 선정
   ① 공사 성격, 직급 및 경험에 비추어 적합한 사람을 소장으로 선정
   ② 현장 소장은 현장 대리인으로서 공정관리, 품질관리, 원가관리 및 안전관리 등에 충실해야 한다.

2) 현장원 구성
   ① 공사의 규모, 장소, 시공의 정도를 검토
   ② 공사 성격에 맞고 추진력 있는 사람
   ③ 조직간에 조화를 이룰 수 있도록 원만한 현장원으로 구성

3) 인원수 산정
   ① 공사의 종류나 특성에 따라 다름
   ② 1인당 1개월 공사소비량을 기준으로 산정

4) 적재·적소 배치
   ① 개인의 적성을 고려하여 업무 부여
   ② 경험자와 미숙련자를 동시에 배치하여 기술 지도
5) 업무처리방식
   ① 각자가 맡은 일은 스스로 처리
   ② 급하거나 과다한 업무는 현장 전직원이 합심하여 해결
6) 직무의 분담
   ① 부서별, 개인별로 업무 직능표에 의거하여 직무 분담
   ② 직무분담으로 책임범위가 명확
7) 직무의 책임한계 설정
   ① 중간 결재권자의 월권 행위나 임의적 결정 한계를 명확하게 설정
   ② 업무의 협조 한계를 벗어난 간섭 배제
8) 안전규칙
   ① 전직원이 안전요원이라는 의식의 고취
   ② 안전규칙의 실천은 인적·물적 손실의 방지책

Ⅳ. 결 론

현장 사무소의 조직도와 인원 편성 계획시는 업무를 원활하고 신속하게 처리할 수 있도록 직원을 적재 적소에 배치하여야 한다.

문 25-2 초등학교 신축공사(연면적 5000평, RC조)에 직종별 기능인력 투입계획 및 문제점에 대하여 설명하시오. 〔01후(25)〕

I. 개 요

초등학교 신축공사시 주요 직종은 구조체 공사에 투입되는 직종과 조적공, 미장공, 타일공 등이며 주요 문제점은 RC조와 조적조 사이에 발생하는 균열이다.

II. 주요 기능 인력

① 구조체 공사 : 철근공, 목수, 콘크리트공
② 마감 공사 : 조적공, 미장공, 방수공, 타일공, 도장공, 잡철공 등

III. 직종별 기능인력 투입계획

1) 공사개요
   ① 연면적 : 5,000평
   ② 층수 : 5층
   ③ 구조체 : RC조(라멘조)
   ④ 마감 : 조적+미장+도장 마감
       화장실 : 방수+타일 마감

2) 기준층 구조체 인력투입계획

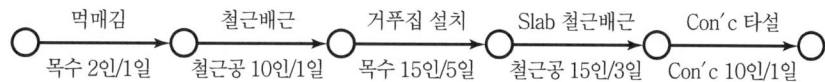

   ① 목수
      (2명×1일)+(15명×5일)=77명
   ② 철근공
      (10명×1일)+(15명×3일)=55명
   ③ 콘크리트공
      10명×1일=10명

3) 기준층 마감공사 인력 투입계획
   ① 조적공 1조(기능공 2명, 조공 1명)의 1일 벽돌 쌓기량은 3,000장 내외
   ② 미장공 1조(기능공 2명, 조공 1명)의 1일 시공면적은 약 20~30m²

③ 미장은 초벌과 정벌로 2회 기준
④ 도장공 1명의 1일 시공량은 60m^2 정도 도장은 2회 도장 기준
⑤ 타일공 1명의 1일 시공량은 4~5m^2 정도
⑥ 기타 계단실 hand rail 시공의 잡철공은 2명이 20일 정도 소요됨

Ⅳ. 문제점

1) 이질재 접합부 균열
   ① 콘크리트와 조적조의 접합 부위에 균열 발생
   ② 콘크리트에 flat anchor 설치후 조적 시공

2) 중국 교포 노무자의 시공
   ① 국내 기능공의 인건비 상승으로 기능도가 결여된 중국 교포들의 국내 불법 체류 및 현장 투입
   ② 이들에 의한 시공으로 심각한 품질저하문제 야기
   ③ 현장 안전사고 발생시 처리 미흡

3) 조적벽 사춤 불량
   ① 벽돌과 벽돌 사이에 사춤 불량   ② 조적공의 오랜 관습으로 시정에 어려움 발생
   ③ 벽체 강도 부족에 따른 균열 발생 우려 ④ 철저한 시공 관리로 이를 배제할 것

4) 문틀 주위 사춤
   ① 사춤 불량시 문틀의 수명 단축
   ② 사춤 속에 종이, 목재 등의 이물질 투입 금지
   ③ 사춤압에 의한 문틀 비틀림, 조적조 균열 등 유의

5) Slab 장기 처짐

6) 복도 소음
   복도 소음을 흡수할 수 있는 흡음재료의 시공

7) 단 차이
   계단 이외 부분에는 단 차이가 없도록 시공

8) 백화 발생
   ① Cement 중의 가용 성분인 CaO가 물에 녹아 발생 $Ca(OH)_2 + CO_2 \rightarrow CaCO_2 + H_2O \rightarrow$ 백화 발생
   ② 백화방지를 위한 혼화재료(백화억제제)의 사용

Ⅴ. 결 론

초등학교 신축공사는 조적공사가 주요 공사이므로 조적 시공시 발생하는 하자 사항을 연구 분석하여 이를 방지하는데 주안점을 두어야 한다.

> **문 26-1** 철근콘크리트조 및 철골조에 있어서 건축시공도의 종류와 작성의 의의를 기술하라. 〔78전(25)〕
> **문 26-2** 현장 시공에 사용되는 시공 도면(shop drawing)에 관하여 다음 사항을 설명하시오. 〔95전(30)〕
> ㉮ 시공 도면의 의의 및 역할
> ㉯ 활용에 관한 문제점 및 대책
> **문 26-3** 시공도 〔78후(5)〕
> **문 26-4** 시공도와 제작도(shop drawing)의 차이점 〔99전(20)〕

I. 개 요

건축 도면에는 설계도·시공도·제작도·시공계획도 등이 있으며, 공기·품질·경제성·시공성 및 안전성을 충족시키기 위해 작성한다.

II. 건축 도면의 분류

1) 설계도
    설계자가 작성한 공사 전반을 확정지어 놓은 본설계 도면
2) 시공도(shop drawing, working drawing)
    현장에서 작성한 시공 상세도
3) 제작도
    작업장에서 작성한 제품의 상세나 제작요령도
4) 시공 계획도
    각 공사별로 공법·순서·공정 등을 지시하는 시공계획도

III. 분류별 특성

1. 설계도

1) 의의
    ① 기본설계에 의한 본설계 도면으로 설계자가 작성한 공사 전반을 확정지어 놓은 도면
    ② 시공 구조물의 전반적인 사항을 표현하며, 공사발주·계약 및 허가에 사용된다.

2) 특징
① 시방서, 구조계산서와 함께 기본 도면으로 분류
② 구조체의 전반적인 방향 결정
③ 마감의 정도를 표기
④ 자재의 선택 및 시공 방향을 표기
⑤ 도면에 표기할 수 없는 자세한 사항은 시방서에 표기

2. **시공도**(shop drawing, working drawing)

1) 의의
① 설계도에 미비된 detail을 현장에서 실제로 시공이 가능하도록 시공자가 구조, 마감 등을 상세하게 나타낸 도면
② 설계도보다 정밀하고 현장 상황이 잘 고려된 도면으로 시공자가 작성

2) 특징
① 공사현장에서 직접 작성된 detail 도면
② 설계자의 의도를 작업자에게 정확히 전달
③ 재시공의 억제 및 부실시공 방지
④ 시공성과 품질 확보가 유리한 방향으로 작성
⑤ 결과에 대한 feed back으로 타현장 활용 가능

3) 작성 목적
① 정밀 시공 확보
② 정확한 communication 수단
③ 부실 시공 방지
④ 해외 공사경험의 활용
⑤ 건설 환경변화에 대응

3. **제작도**

1) 의의
① 설계도에 미비된 detail을 현장시공이 가능하도록 작업장에서 제작하기 위하여 부재의 길이·치수·모양 등을 나타낸 도면
② 제작도는 전문 기술에 의존하여 만드는 제품의 상세나 제작요령도로서 광의적인 해석으로는 shop drawing에 속함
③ 예를 들면, 창호공사 외주시 창호의 상세 단면도를 시공자가 창호제작자에게 제작도를 요구

2) 특징
① 시공이 용이하도록 부재를 제작 및 가공하기 위한 도면
② 현장에서 전문 기술자에게 의뢰하여 작성
③ 상당한 전문지식이 요구됨
④ 건축공사보다는 설비공사에서 많이 사용됨
⑤ 단위 현장에 국한되어 사용되면 범용성이 부족

4. 시공 계획도

각 공사별로 공사방식·공법순서·설비·공정 등을 명확하게 지시하는 도면

Ⅳ. 시공도와 제작도의 차이점

구 분	시 공 도	제 작 도
용 도	• 구조·마감 등의 상세도 • 건축공사에 주로 적용	• 제품의 상세나 제작 요령도 • 설비공사에 주로 적용
작 성 자	• 현장 관리자	• 전문 건설업체
목 적	• 설계자의 의도를 정확히 표현 • 품질 시공	• 현장 설치 및 시공 가능 • 시공 여건 반영
특 징	• 재시공 억제 • 정밀 시공 확보 • Feed back system으로 타현장 활용 가능	• 상당한 전문 지식 요구 • 제작자의 신뢰도 선행 • 범용성 부족
적용범위	• 공사 전반	• 공사 일부

Ⅴ. 시공도면의 의의 및 역할

1. 의의

1) 공기준수
① 결정된 공기가 최적 공기가 될 수 없으므로 면밀한 시공계획을 세워 공사지연이 발생하지 않도록 한다.
② 공기지연을 만회하기 위한 돌관작업시 다음과 같은 문제 발생
㉮ 경제성 무시
㉯ 안전관리의 소홀
㉰ 공사의 품질 저하

2) 품질 확보
① 사업주 및 설계자의 요구품질과 시공자 측의 품질 일치

② 서로 충분한 의사전달이 되도록 시공자 측에서 적극적 관여
3) 경제성
① 한 공사만으로는 경제성을 비교할 수 없으므로 타공사와 비교
② 안전성과 공기단축에 대해서는 경제성 비교가 어려우므로 어느 정도 경험에 의존하여 경제성 비교
4) 안전성과 공해
① 공사 진행중에 안전사고나 공해가 발생하면 공기지연, 보상 문제, 기업의 신용실추 등의 문제 발생
② 안전성과 공해는 시공계획에서 가장 중점을 두어야 할 사항임

2. 역할

1) 정밀시공 확보
① 작업자에게 정확하게 지시하여 누락 방지
② 시공관리체계의 확보 및 개선
2) 정확한 communication 수단
① 설계자의 의도를 정확히 전달
② 재시공을 최대한 억제
3) 부실시공 방지
① 정밀시공 확보
② 안정된 공사 수행
4) 해외공사 경험의 활용
① 해외에서 습득한 기술의 사장 방지
② 해외공사의 know-how를 활용하여 기술능력 향상
5) 건설 환경변화에 대응
① 정확한 shop drawing 작성
② 시공관리체제 개선으로 시공의 정밀도 확보

VI. 문제점 및 대책

1. 문제점

1) 수(手)작업
도면작성의 수작업으로 인한 능률 저하

2) 이해도 부족
   효용성에 대한 이해 부족
3) 인식 부족
   간접비의 상승요인으로 인식
4) 도면작성 능력 부족
   시공자의 설계도면 작성능력 부족
5) 표준화 미정착
   표준설계도서의 확보 부족

2. 대책

1) CAD화
   Computer에 의한 정밀 설계
2) 기술자 인식전환
   정밀시공의 확보가 원가절감이라는 인식의 전환
3) 전문인력 육성
   설계교육 실시로 전문인력 육성
4) 표준화 작업
   적합한 설계기준을 확립하여 표준화 및 단순화
5) 조직력 증대
   설계·시공의 조직력 강화
6) EC화
   Soft 기술 강화로 설계·시공의 종합화
7) Data base화
   체계적인 자료의 축적으로 기술력 확보
8) ISO 9000
   ISO 9000에 의한 설계로 세계 공통 표기법 준수 및 단순화

Ⅶ. 결 론

건축 시공도를 작성할 때는 건축물의 특징을 파악하여 공기, 품질 및 안전성을 확보할 수 있는 방안으로 작성해야 한다.

문 27-1 시공계획도 [78후(5)]

I. 정 의

시공계획을 세울 때는 공기, 품질, 경제성, 안전성, 시공성을 모두 충족시키면서 진행해야 하는데 어느 곳에 중점을 두어야 하는가를 결정해야 한다.

II. 필요성

1) 공기
   ① 결정된 공기가 최적 공기가 될 수 없으므로 면밀한 시공계획을 세워 공사지연이 발생하지 않도록 한다.
   ② 공기지연을 만회하기 위한 돌관작업시 다음과 같은 문제 발생
      ㉮ 경제성 무시
      ㉯ 안전관리의 소홀
      ㉰ 공사의 품질저하

2) 품질
   ① 사업주 및 설계자의 요구품질과 시공자 측의 품질 일치
   ② 서로 충분한 의사전달이 되도록 시공자 측에서 적극적 관여

3) 경제성
   ① 한 공사만으로는 경제성을 비교할 수 없으므로 타공사와 비교
   ② 안전성과 공기단축에 대해서는 경제성 비교가 어려우므로 어느 정도 경험에 의존하여 경제성 비교

4) 안전성과 공해
   ① 공사 진행중에 안전사고나 공해가 발생하면 공기지연, 보상 문제, 기업의 신용실추 등의 문제 발생
   ② 안전성과 공해는 시공계획에서 가장 중점을 두어야 할 사항임

5) 시공성
   주위 환경, 시공조건 등에 따라 계획이 달라질 수 있으므로 기술적인 문제에 대해 검토한다.

Ⅲ. 시공계획도의 분류

① 공정표
② 시공도(shop drawing)
③ 시공계획도

Ⅳ. 시공계획도 작성시 유의사항

① 각 계획마다 안전시공 최우선 선택
② 경제적이고 확실한 방법 선택
③ 특수공법 채용시 적법성 여부 사전검토
④ 지반의 고저, 인접 도로, 인접 구조물 등의 사전검토
⑤ 반입로, 지중장애물, 건물기초 등을 사전조사하여 검토

문 27-2 작업표준 [02전(10)]

Ⅰ. 정 의

작업표준이란 작업방법, 관리방법, 사용재료, 사용설비, 주의사항 등에 관한 기준을 정한 것을 말한다.

Ⅱ. 작업의 3원칙

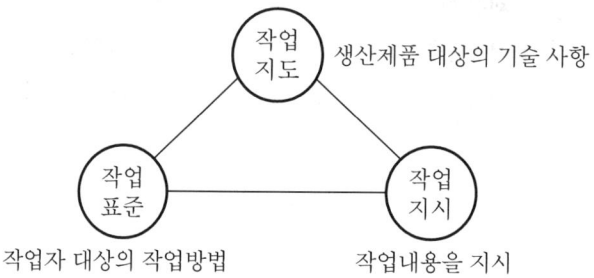

Ⅲ. 작업표준사항

① 설계 관련사항
② 시공에 관련된 기술적 사항
③ 자재 및 부품에 관한 사항
④ 기계설비 및 시험기기에 관한 사항
⑤ 관리에 관한 사항
⑥ 용어정의, code, 표시 등

Ⅳ. 작업표준화의 효과

1) 품질 향상
   ① 자재의 규격화, 표준화로 품질 확보 및 향상
   ② 공장 생산에 의한 공업화로 자재의 균등 품질 확보
2) 원가 절감
   ① 자재의 호환성으로 자재비 절감
   ② 대량 생산에 의한 원가 절감
   ③ 시공의 단순화, 기계화로 노무비 절감

3) 공기 단축
    ① 조립화 시공으로 공기 단축
    ② 조립식 건식화, 기계화시공으로 공기 단축
4) 안전성 확보
    ① 기계화 시공을 통한 안전성 확보
    ② 기계화 시공으로 안전관리 용이
5) 성력화
    ① 공장 생산 현장 조립시공에 의한 노무절감
    ② 기계화 시공을 통한 노무절감
6) 환경공해 저감
    ① 표준화 부재의 사용으로 잉여 자재의 재사용
    ② 현장작업의 최소화로 소음, 진동, 비산 등의 저감
7) 공사관리 용이 및 경쟁력 향상
    ① 조립화, 기계화, 전산화를 통한 공사관리의 과학화
    ② 건축생산의 생산성 향상으로 대외경쟁력 향상

> **문 28-1** 건축공사 시방서에 기재되어야 할 사항을 요점별로 기술하라. [79(25)]
> **문 28-2** 건축공사 시방서에 관한 기재사항 및 작성절차를 기술하시오.
> [00전(25)]
> **문 28-3** 현행 건축공사 표준시방서의 개선방안에 관하여 논술하시오. [96후(40)]
> **문 28-4** 시방서의 종류 및 포함되어야 할 주요사항 [11전(10)]
> **문 28-5** 성능시방과 공법시방 [96중(10)]

Ⅰ. 개 요

시방서는 공사 전반에 대한 지침을 주고 각 공사의 부분이 설계의 의도대로 표현될 수 있도록 기재하여야 한다.

Ⅱ. 시방서의 종류

1. 표준시방서(공통시방서)

1) 정의

   건축공사를 구성하는 모든 재료, 시공법, 부위 등을 집대성, 평균하여 모든 경우에 공통된 표준적인 것을 정리한 것

2) 특징

   ① 표준시방서는 아주 특수한 것을 제외한 통상의 건축공사에 대한 지도서로서 시공에 있어서 예상되는 모든 항목에 대하여 빠짐없이 기재
   ② 표준시방서의 사용을 통하여 설계자는 공사시마다 재료나 공법의 기본적인 조사 연구를 포함하여 모든 것을 지시하는 노력의 반복을 절약

2. 특기시방서

1) 정의

   ① 특정한 건축공사에만 적용되는 지시사항을 지시한 것으로 표준시방서에 기재하지 않은 특별한 시방을 기재
   ② 그 공사에 한하여 적용하는 재료, 시공법, 부위 등의 각종 지정 및 특수재료의 생산자, 특수공법의 전문업자의 지정 등을 기재

2) 특징

   ① 반드시 각 건축공사마다 작성

② 다른 공사에 유용할 수 있도록 해서는 안 됨
③ 통상 표준시방서 중에서 공사마다 특기해야 할 사항이 규정되어 있음

3. 성능시방서

1) 정의

   공사 목적물의 전체 또는 구성하는 각각의 부위에 관하여 필요한 구조내력이나 성능을 명시하여 놓은 것

2) 특징

   ① 도면에서 표시할 수 없었던 설계의도를 기술
   ② 주문자는 시공자의 기술을 신뢰한다는 전제하에 이루어짐
   ③ 완성 후의 각 부위 또는 전체에 관해서만 처음 지시한 대로의 형태, 구조, 마감, 성능, 품질로 되어 있는지의 여부를 검사한 후 인도받음
   ④ Turn-key base에서 활용될 수 있음

3) 성능시방이 곤란한 요소

   ① Con'c 강도
      완성 후의 검사에서 부적합부가 판명되어도 수정하거나 대체가 불가능
   ② 지정공사
      장기간의 지내력을 기대하는 것으로 성능 판정을 단기적으로는 불능
   ③ 방수공법
      과정을 미리 결정해 두지 않으면 소정의 성능을 실현시킬 수 없음
   ④ 벽면마감
      의장적 요소의 성능 판정이 다각적 요소가 많음

4. 공법시방서

1) 정의

   설계의도를 명확히 실현시켜 공사 목적물을 완성시키기 위한 지시로서 결과의 성능을 명시하는 것은 물론이고, 어떠한 방법으로 하면 될 수 있는가의 수단을 제시하여 의도하고 있는 성능이 얻어질 수 있다고 설명한 것

2) 문제점

   ① 시공자의 기술진보, 신재료개발, 부품공장생산 등의 경향으로 실정에 맞지 않다.
   ② 단순히 완성 결과를 지시하는 것만으로는 설계의도대로 정확한 실현을 기대하기 어렵다.

5. 공사별 시방서
　　① 도면에 제시된 공사 목적물 각 부위에 관해 그 성능을 지시하거나 또는 그 공법을 지정하는 것
　　② 현행 건축공사 시방서는 대부분이 공사별 시방형태를 취하고 있다.

6. 부위별 시방서
　　각 부위에 관해 그 성능을 지시하거나 또는 그 공법을 지정하는 것

Ⅲ. 시방서 기재사항(포함할 주요사항)

1) 공통사항
　　① 적용 범위 및 규정　　　　　　② 설계도서의 우선 순위
　　③ 사전조사 및 검토 사항　　　　④ 공법 등의 결정
　　⑤ 관련 법규의 준수　　　　　　⑥ 관련 및 별도 공사

2) 현장관리
　　① 건설 기술자의 배치　　　　　② 설계도서의 비치
　　③ 공사용 가설 시설물　　　　　④ 공사용 도로 및 가수로
　　⑤ 각종 발생재 및 지장물 처리　⑥ 문화재 및 주변 구조물 보호
　　⑦ 공사 현장의 출입 관리　　　 ⑧ 건물의 정리, 정비, 청소 및 보양
　　⑨ 공해 발생 및 민원 처리와 비용

3) 재료관리
　　① 재료의 반입　　　　　　　　② 재료의 시험 및 검사
　　③ 시험 또는 검사 후의 조치　　④ 지급재료 및 대여품

4) 시공관리
　　① 공사 기간　　　　　　　　　② 수량의 단위 및 계산
　　③ 공정표와 그 관리　　　　　　④ 시공 계획서
　　⑤ 시공 상세도　　　　　　　　⑥ 기계 기구
　　⑦ 폭발물의 취급

5) 품질 관리 및 검사
　　① 품질 관리 계획서　　　　　　② 시공검사 및 시공검사에 수반하는 시험
　　③ 기성 및 준공 검사

6) 안전, 보건 및 환경관리
　　① 안전관리 및 조치　　　　　　② 안전표지 및 안전보호구
　　③ 안전교육(사고보고 및 응급조치)　④ 환경관리(환경오염방지)

Ⅳ. 작성절차

1) 자료 수집
   ① 공사개요서 또는 초기에 작성된 개요 시방서
   ② 해당 법규 및 건축 규정

2) 단위시방서 초안작성
   ① 폭 넓은 조사를 통해 최대한 상세히 표현
   ② 인·허가 사항과 같은 기술 외적인 규제조항 확인

3) 시방서 양식
   ① 시방서 내용의 일관성 유지
   ② 폭 넓고 다양한 형태의 공사를 수용할 수 있는 융통성 확보
   ③ 시방서 내용의 상충이나 혼돈의 극소화

4) 시방서 용어
   ① 정확한 단어의 선택과 사용
   ② 올바른 문장구조와 문법의 사용
   ③ 명확하고, 정확하고, 완전하고, 간결한 표현법 사용

5) 관련시방의 인용
   ① 다른 단위시방 내용의 관련된 조항을 필요에 따라 인용
   ② 중복 및 누락의 오류를 사전에 방지

6) 재료 선정
   ① 제품 선정
      해당 공사에 관한 적합 여부 결정
   ② 제조업체 선정
      시공상 문제점에 대한 해결책을 제공할 수 있는 업체 선정

7) 공법 및 설치방법
   ① 설치에 관한 제조회사의 시방 검토
   ② 현장조건에 맞는 준비사항과 마무리 고려

8) 공사비 검토
   재료의 품질등급에 따른 재료비 이외에도 시공·설치 후에 소요되는 유지관리비용도 고려함

9) 시공 정밀도 기술
   ① 재료 또는 제품의 조립 및 제작
   ② 현장작업에 의한 재료의 설치, 타설 또는 바르기

Ⅴ. 개선방안

1) 시방서 정착
   정부 시방서의 적용 활성화 및 신기술 적용을 통한 시방서 정착
2) 현장감 도입
   현장에서의 문제점을 시방서에 반영 및 신공법 적용
3) 표준화 작업
   정부 시방서의 표준화 및 공법별·자재별 표현방법의 표준화
4) 설계도면과 일치
   설계도면에 적합한 시방서 및 공사항목에 적합한 내용 기재
5) 지역성 고려
   지역의 특성을 고려, 지역별 조사기구 설치 및 지역별 시방서 작성
6) 인식의 전환
   건설기술자 및 관계자의 정부 시방서에 대한 인식 전환
7) 내용의 정확성
   시방서 설명의 간결화 및 일괄된 내용 표현
8) 자료의 전산화 및 정보화 도입
   정보 수집 및 시방서 배포시 전산망을 이용
9) 작성요원 양성
   시방서 작성을 위한 전문인력 및 연구기관 설립
10) 신공법 시방서
    신공법 개발시 시방서 선 작성
11) 국제화
    시장개방에 따른 국내업체의 국제화 촉진
12) 입찰내용 포함
    입찰·계약서식·조건 등 비기술적인 공사의 전반에 대한 내용 포함
13) 자료의 공유 및 정부 발행책자
    각 연구기관의 연구자료 공유 및 업계에 시방서 비매품 보급
14) 개정주기 단축
    시방서 개정주기 단축 및 신속한 배포 노력

Ⅵ. 결 론

전산화를 이용하여 국내 표준시방서와 각종 국내 건설체계의 통일이 우선되어야 하며, 국제간의 수주와 계약에도 대응할 수 있도록 시방서를 현대화하여야 한다.

문 28-6 국내 건축공사 표준시방서와 미국 시방서(16 division) 체제의 차이점에 대하여 기술하시오. 〔96전(30)〕

Ⅰ. 개 요

국내 표준시방서는 재료, 시공법, 부위 등을 집대성하여 공통된 표준적인 것을 정리하였으며, 미국 시방서는 16개의 공종으로 분할하여 자재의 분류, 견적서, 시방서 작성 등에 표준으로 사용된다.

Ⅱ. 차이점

1. 국내 표준시방서

1) 의의
   ① 건축공사를 구성하는 모든 재료, 시공법, 부위 등을 집대성하여, 모든 경우에 공통된 표준적인 것을 정리하였다.
   ② 계약조건, 입찰유의서 등의 비기술 사항이 '예산 회계법' 및 관계규정으로 정하여 시방서와 별도로 취급한다.

2) 내용
   ① 건설부 제정 표준시방서는 미주지역, 일본과 유사하게 공정별로 분류
   ② 각 절별로 일반사항, 재료조건, 공사방법, 특기시방 작성 양식 등으로 되어 있다.
   ③ 총칙에서는 공사 전반에 걸친 일반사항으로서 공사담당자 자격, 제출용 공작도면, 제출방법, 자재관련 일반사항, 견본품, 검사 및 시험, 공사관리사항 등으로 구성

2. 미국 시방서(16 division)

1) 의의
   ① 건설공사를 16개의 공종으로 분할하여 자재 자료의 분류, 견적서·시방서 작성 등에 표준으로 사용된다.
   ② 시방서에 공사 전반에 관계되는 입찰, 계약서식, 조건 등이 포함되어 계약 체결시 활용할 수 있게 하고 있다.

2) 내용
   ① 대개 3개 부문 구성
      입찰 요구조건, 계약조건, 기술시방서

② 입찰요구조건
계약증명, 입찰초청서, 입찰지시서, 입찰서식 및 추가보강, 입찰보증서식, 계약서식, 이행보증서식, 입찰도서목록으로 분류
③ 계약조건
일반 계약조건, 특수 계약조건
④ 기술시방서
입찰과 하도급을 유연하게 조정할 수 있도록 되어 있고 수정·변경·삭제 등이 용이하게 되어 있다.

Ⅲ. 국내표준시방서와 미국시방서(16 division)의 비교

국내표준시방서		미국시방서(16 division)	
장		Division NO	
1	총칙	1	General
2 3 4 25	가설공사 토공사 지정 및 기초공사 조경공사	2	Site Work
5 7	철근콘크리트공사 프리캐스트 철근콘크리트공사	3	Concrete
6 9 10	ALC 블록 및 패널공사 벽돌공사 블록공사	4	Masonry
11	돌공사		
8 16	철골공사 금속공사	5	Metals
13	목공사	6	Wood and Plastics
14 15 26	방수공사 지붕 및 홈통공사 단열공사	7	Thermal and Moisture Protection
17 20 21 22	커튼월 공사 창호공사 유리공사 플라스틱공사	8	Doors and Windoors

국내표준시방서		미국시방서(16division)	
11	돌공사		
12	타일 및 테라코타 공사		
18	미장공사	9	Finishes
23	칠공사		
24	수장공사		
29	기타공사	10	Specialties
		11	Equipment
		12	Furnishings
		13	Special Constuction
		14	Conveying System
		15	Mechanical
		16	Electrical

Ⅳ. 결 론

국내표준시방서는 분류체계에서부터 건설업법에 의한 분류와 표준품셈에 의한 분류체계가 상이하므로 이에 대한 통일된 시방서 작성이 우선되어야 한다.

문 28-7 건축표준시방서상의 현장관리항목 [06중(10)]

Ⅰ. 정 의
현장관리는 원칙적으로 시공자가 자주적으로 한다.

Ⅱ. 현장관리항목

현장관리항목	관리 내용
건설기술자 등의 배치	• 시공자는 공사관리 기타 기술상의 관리를 담당하는 건설기술자를 배치하되 기술자격을 증명하는 자료를 제출하여 담당원의 승인을 받는다. • 건설기술자 배치기준은, 특기가 없으면 건설산업기본법에 따른다. • 배치된 현장대리인과 건설기술자는 담당원의 승인없이 현장을 이탈하지 못하며, 공사관리·기타 기술상의 관리에 있어 부적당하다고 인정될 경우에 담당원은 시공자에게 그 교체를 요구할 수 있다.
설계도서 등의 비치	• 공사현장에는 해당 공사에 관련된 "공사계약 일반조건"상의 계약문서, 관계법령, 한국산업규격, 중요가설물의 응력계산서, 공사예정공정표, 시공계획서, 기상표 및 기타 필요한 도서류 등을 비치하여야 한다.
공사용 가설시설물	• 가설울타리·비계 및 발판, 공사현장사무소·현장창고, 가설설비 등 기타 공사용 가설시설물의 설치는 특기에 의하되, 특기가 없으면 당해 공사를 원만히 시행할 수 있도록 설치계획서를 작성하여 담당원의 승인을 받아 설치한다. • 공사용 전기동력·조명·난방·냉방·상하수도 등 가설설비의 운용비는 시공자 부담으로 한다. • 가설시설물은 사용 종료후 철거하여 원상복구하되 그 철거시기는 미리 담당원의 승인을 받는다.
용지의 사용	• 시공자는 담당원의 승인을 받아 공사를 시행하기 위하여 직접 필요한 용지(用地)로서 발주자의 토지를 무상으로 일시 사용할 수 있다. • 공사를 위하여 발주자로부터 차용한 용지 이외의 토지를 사용하여야 할 때에는 그 토지의 차용, 보상 등은 시공자의 책임으로 한다.
공사용 도로 및 가수로	• 시공자가 공사용 도로로 사용하는 도로는 사용되는 동안 그것을 잘 유지하여야 한다. • 시공자는 공사용 도로 및 가수로의 신설, 개량 및 보수를 위하여 필요한 때에는 그 계획을 사전에 담당원에게 제출하여 승인을 받아 해당기관에 소정의 수속을 하고 표지(標識)의 설치, 기타 필요한 조치를 자기 부담으로 하여야 한다. • 시공자는 공사용 도로 및 가수로의 신설, 개량, 보수 및 유지에 있어서 될 수 있는 대로 일반에게 불편이 없도록하며 또 공공(公共)의 안전을 해치지 않도록 하여야 한다. • 공사용 도로의 공사 및 사용으로 인하여 제3자에게 끼친 손해 및 분쟁은 시공자가 지체없이 해결하여야 한다.

현장관리항목	관리 내용
각종 발생재 및 지장물처리	• 지중 매설물·토사 등 공사 중의 발생재의 처리는 특기에 의하되 특기가 없으면 담당원의 지시에 따라 정리하고 내용명세서를 첨부하여 담당원에게 인도하며 인도를 요하지 아니하는 것은 모두 공사현장 밖으로 반출하여 적절히 처분한다. • 공사 시공상 지장이 되는 장애물의 처리는 담당원과 협의한다. • 산업폐기물은 관계법규에 따라 적절히 처분한다.
문화재의 보호	• 시공자는 공사 시행중 문화재의 보호에 주의를 기울여야 하며, 공사중에 문화재를 발견한 때에는 곧 담당원에게 보고하고, 문화재보호법의 규정에 따라 처리한다.
주변 구조물의 보호	• 시공자는 공사장 및 그 부근에 있는 지상 및 지하의 기존시설에 대하여 지장을 주지 않도록 유의하여 시공하여야 한다. • 공사장이나 그 주변에 있는 지상, 지하의 영구 또는 가설구조물에 대하여 위해를 주지 않도록 필요한 조치를 하여야 한다.
표지설치	• 시공자는 각종 안내 표지판 등을 설치하되 그 표지판의 규격, 재료, 표기내용 및 설치장소 등은 담당원의 지시에 따른다.
공사현장의 출입관리 등	• 공사현장에서 일반인 및 근로자의 출입시간, 풍기와 보건위생의 단속, 화재, 도난, 기타의 사고방지에 대하여 특히 유의하여야 한다.
건물 등의 보양	• 기존부분·시공완료부분 및 미사용 재료 등으로서 오염 또는 손상의 우려가 있는 것은 적절한 방법으로 보양한다. • 손상을 받을 부분은 신속히 원형으로 복구한다.
정리·정비·청소	• 공사현장에서는 항상 현장 내의 여러 재료, 여러 기계기구, 기타의 정리정돈·점검정비·청소 등을 충분히 하고, 현장내를 청결히 유지하도록 한다.
공해발생 및 민원처리와 비용	• 시공자는 건설공사로 인하여 발생하는 공해 및 민원에 대하여는 신속히 대처하여 공사 완료전에 해결하여야 하며, 이에 소요되는 경비는 시공자가 부담한다.

> 문 29-1 건설사업 추진과정에서 예상되는 리스크(risk) 인자를 서술하시오.(기획, 설계, 시공, 유지관리 단계별) [01후(25)]
> 문 29-2 건설사업 단계별(기획, 입찰 및 계약, 시공) 위험관리 중점사항에 대하여 기술하시오. [09전(25)]
> 문 29-3 계약 및 시공단계에서의 리스크 요인별 대응방안 [02중(25)]
> 문 29-4 건축사업 시행(기획, 설계, 시공)시 예상되는 리스크의 요인별 대응방안을 기술하시오. [03후(25)]
> 문 29-5 초고층건축공사의 공정리스크(Risk) 관리방안에 대하여 기술하시오. [06전(25)]
> 문 29-6 건설위험관리에서 위험약화전략(Risk Mitigation Strategy) [09전(10)]

I. 개 요

건설 프로젝트 시공시 발생하는 불확실성을 체계적으로 규명하고 분석하는 일련의 과정을 건설 프로젝트 risk 관리라고 한다.

II. Risk의 변화

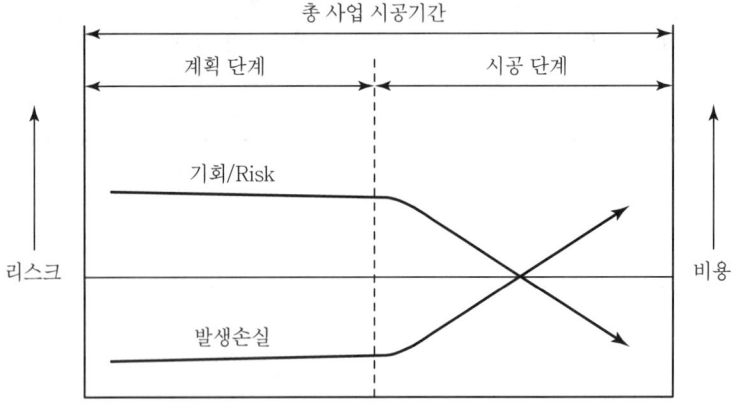

건설사업의 risk(불확실성)는 뒷단계로 갈수록 risk 발생으로 인한 손실이 크게 나타난다.

Ⅲ. Risk 인자

1) 사업단계별 주요 risk

건설단계	사업추진과정	주요 리스크
기획·타당성 분석		투자비 회수 (investment return)
계획·설계		기술 및 품질 (technic/quality)
입찰·계약		입찰/가격 (tendering/price)
시 공		비용/시간/품질 (cost/time/quality)
사용·유지관리	완공 →	유지운영비 (running cost)

2) 단계별 risk 인자 및 대응 방안

구 분	리스크 인자	대응 방안
기획/타당성 분석단계	• 타당성 분석 결함 • 자금조달능력 부족 • 지가상승, 금리인상 • 기대수익 예측 오류	• 치밀한 사업성 검토 • 적정규모 사업진행 • 부동산 시장의 흐름 파악 • 다양한 예측기법 적용
계획/설계 단계	• 설계누락/하자 • 설계기간 부족 • 공사비 예측 오류 • 설계범위 미확정	• 시공성 검토 • Fast track 적용 • 적산 및 견적 검토 • 분명한 업무영역 합의
입찰/계약단계	• 부적합한 설계도서 • 낙찰률 저조	• 공사전 도면검토 철저 • 적정 공사비 계약
시공단계	• 공사비/공기부족 • 설계변경/안전사고	• EVMS기법 도입 • 파트너링/안전경영 도입
사용/유지관리 단계	• 부적절한 관리방식 • 에너지비용 상승 • 각종 하자발생 • 용도 변경	• 합리적인 관리조직 운영 • LCC 관점에서 대안 선택 • 하자발생 최대한 억제 • 분야별 전문가 의견 청취

Ⅳ. 단계별 위험관리 중점사항

1. 기획단계

1) Risk 인자
   ① 타당성분석 결함
   ② 자금조달능력 부족
   ③ 지가상승, 금리인상
   ④ 기대수익 예측오류

2) 대응방안
   ① 치밀한 사업성검토
   ② 적정규모 사업진행
   ③ 부동산 시장의 흐름파악
   ④ 다양한 예측기법 적용

2. 입찰 및 계약단계

1) Risk 인자
   ① 부적합한 설계도서
   ② 낙찰률 저조

2) 대응방안
   ① 공사전 도면검토 철저
   ② 적정공사비 계약

3. 시공단계

1) Risk 인자
   ① 공사비 부족
   ② 공기 부족
   ③ 설계변경 발생
   ④ 안전사고 발생

2) 대응방안
   ① EVMS 도입
   ② 파트너링 제도 도입
   ③ 안전경영 도입

V. 공정 risk 관리방안

1) Risk 관리정책 수립
   ① Risk 관리시 준수해야 할 규칙을 담은 문서 또는 계획이나 절차이다.
   ② 분명한 정책수립은 risk 관리자가 의사결정전에 문제를 재검토하지 않아도 된다.

2) Risk 인지과정

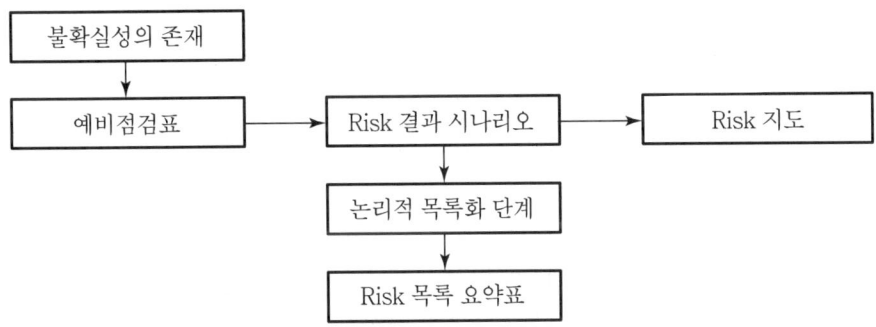

3) Risk 분석 및 평가과정

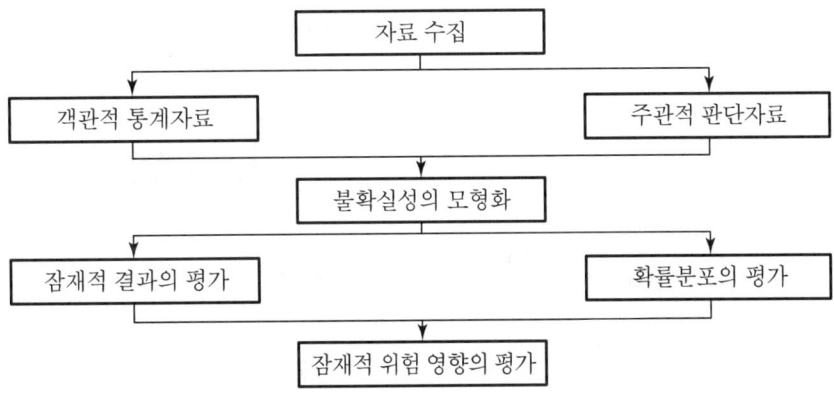

4) Risk 대응관리

구 분	Risk 대응관리
의의	인지되고 평가된 risk에 대한 제반 대책을 마련하는 것이다.
Risk 배분	• Risk를 발주자, 설계자, 시공자에게 할당하거나 분담한다. • 배분시 국제표준약관 및 보험 등을 고려하여 공평한 규율을 구한다. • 시공자에게 risk를 부담시키면 견적에 임시비로 추가하거나, 경우에 따라서는 그 위험에 의해 도산되거나 공사 중단의 가능성이 있다.

구 분	Risk 대응관리
Risk 배당	• 보증 　㉮ 프로젝트가 완성되기전 시공자의 도산이나 계약상 의무위반 등으로 발주자의 손해를 막기 위해 필요하다. 　㉯ 보증의 종류 : 입찰보증, 계약 이행보증, 하자보증, 보증보험 증권 등 • 보험 　Risk를 관리하기 위해 가장 많이 사용되는 중대한 대응전략이다. • Risk 회피 　계획 자체를 포기함으로써 risk를 피하는 것 • 손실감소와 risk 방지 　Risk의 발생 확률을 줄이고, 만약 발생시 재정적 손실을 줄이는 것

5) 공정 risk 관리과정의 재검토

① Risk의 인지, 분석과 평가, 대응관리의 절차 등을 향상시키기 위해 실시한다.
② 효과적인 risk 관리 프로그램은 동적이며 항상 진전하는 것이어야 한다.
③ 프로젝트 risk를 관리하기 위해 채택된 다양한 전략과 기술을 감시하고 변화에 부합시킨다.

Ⅵ. 위험약화전략(Risk Mitigation Strategy)

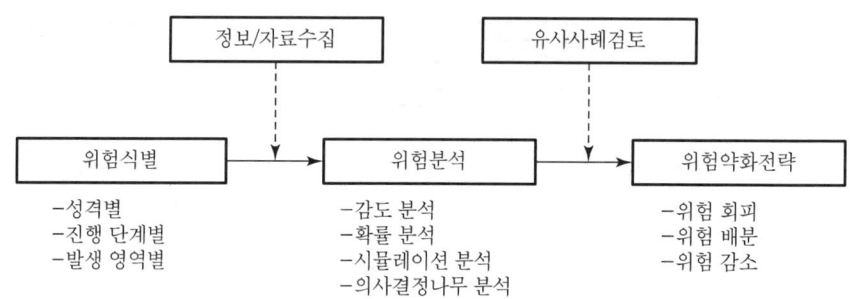

1) 위험회피

위험자체를 무시하거나 인정하지 않는 것

2) 위험배분

① 위험도를 발주자, 설계자, 시공자에게 할당하거나 분담한다.
② 배분시 국제표준 약관 및 보험 등을 고려하여 공평한 규율을 구한다.
③ 시공자에게 위험도를 부담시키면 견적에 임시비로 추가하거나, 경우에 따라서는 그 위험에 의해 도산되거나 공사중단의 가능성이 있다.

3) 위험감소
    ① 보증
        ㉮ 프로젝트가 완성되기 전 시공자의 도산이나 계약상 의무 위반 등으로 발주자의 손해를 막기 위해 필요하다.
        ㉯ 보증의 종류 : 입찰보증, 계약이행보증, 하자보증, 보증보험증권 등
    ② 보험
        위험도를 관리하기 위해 가장 많이 사용되는 중대한 대응전략이다.

Ⅶ. 결 론

건설사업의 효율적인 risk 관리를 위해서는 risk 인자를 체계적으로 분류하고 이에 대한 영향정도를 정확히 평가하여 부정적 risk는 제거하고, risk에 대한 통제력을 증가시켜야 한다.

> 문 30-1 건설공사 클레임(Claim)의 유형을 열거하고 그 예방대책과 분쟁해결방안에 대하여 기술하시오. [98후(30)]
>
> 문 30-2 국내 건설 클레임 및 분쟁해결방법을 설명하시오. [01중(25)]
>
> 문 30-3 공기지연 유발원인을 유형별로 열거하고, 클레임 제기에 필요한 사전 조치사항을 기술하시오. [01전(25)]
>
> 문 30-4 건설공사에 발생하는 클레임(Claim)의 발생유형과 사전대책에 대하여 기술하시오. [04전(25)]
>
> 문 30-5 건설 클레임(Claim)의 유형을 설명하고 그 해결방안과 예방대책을 설명하시오. [05후(25)]
>
> 문 30-6 현장시공시 클레임(Claim)발생의 직접요인들을 설명하고, 클레임 예방 및 최소화 방안에 대하여 기술하시오. [09중(25)]
>
> 문 30-7 공동주택 하자로 인한 분쟁발생의 저감방안에 대하여 설명하시오. [10중(25)]
>
> 문 30-8 건설공사 공기지연 클레임(Claim)의 원인별 대응방안에 대하여 기술하시오. [06전(25)]
>
> 문 30-9 건축시공자의 입장에서 클레임(Claim) 추진절차 및 방법에 대하여 기술하시오. [06후(25)]

Ⅰ. 개 요

클레임이란 시공자나 발주자가 자기의 권리를 주장하거나, 손해배상, 추가공사비 등을 청구하는 것으로서, 계약 당사자 중 어느 일방이 일종의 법률상의 권리로서 계약과 관련하여 발생하는 제반 분쟁에 대한 구체적인 조치를 요구하는 서면 청구 또는 주장을 말한다.

Ⅱ. 클레임 유형(발생 유형)

1) 공사지연 클레임
① 계획한 시간 내에 작업을 완료할 수 없을 경우
② 전체 클레임의 60% 정도를 차지한다.

2) 공사범위 클레임
   ① 발주자, 시공자간의 이견으로 기술적, 기능적 전문지식이 필요하다.
   ② Project 전반에 관계된다.
3) 공기 촉진 클레임
   ① 공기지연, 공사범위 클레임 결과로 발생한다.
   ② 생산성 클레임이라고도 한다.
   ③ 계획공기보다 단축할 것을 요구하거나, 생산체계를 촉진하기 위해 추가 혹은 다른 자원의 사용을 요구할 때 발생한다.
4) 현장 상이조건 클레임
   ① 공사범위 클레임과 유사하다.
   ② 주로 견적시와 다른 굴토조건에 의해 발생한다.

Ⅲ. 클레임 발생 직접요인(발생원인, 공기지연 유발원인)

1) 계약서상의 문제
   ① 계약에 사용된 언어가 모호
   ② 계약과 현장조건의 상이
   ③ 계약에 대한 변경 요구
2) 발주자의 부당한 권한 행사
   ① 설계도서와 다른 품질의 자재 요구
   ② 품질에 대한 기준을 발주자 개인 기준으로 시공 요구
   ③ 부당한 공사진행 방해
3) 불가항력 사항
   ① 혹독한 기상, 홍수, 화재 등
   ② 지진 등의 천재 지변
4) Project 특성
   ① 대규모의 복합적인 project 수행
   ② 오지지역, 밀집지역 등 특수한 지역
   ③ 특별한 기술을 요구하는 공사
5) 불안전한 계획
   ① 도면의 일부 누락으로 인한 미완성 도면
   ② 설계상의 오류
   ③ 부적절한 작업 수행에 의한 비용 추가
   ④ 부실한 공사 품질
   ⑤ 계획한 시간 내에 작업 미완성

Ⅳ. 예방대책(사전대책, 원인별 대응방안, 최소화 방안, 분쟁발생 저감방안)

1) 사전조사 철저

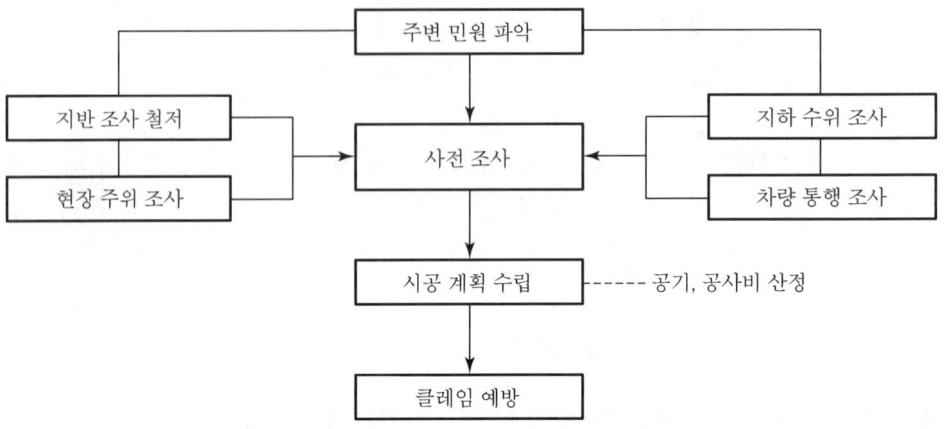

공사 착공전 철저한 사전조사로 공사 진행에 차질을 없애므로 분쟁 예방

2) 표준공기 확보
   ① 발주자 측에서 설계 및 시공에 필요한 공사기간을 표준화
   ② 일반건축 = 165 + (층수×15일)
   ③ 부실시공·품질저하를 사전에 예방

3) 적정 이윤 공사비 산정
   ① 시공자의 적정 이윤이 보장된 공사비 산정
   ② 정밀 시공 유도

4) 준비단계 철저
   ① 기획·조사·설계·공사 등 준비 철저
   ② 부실시공 사전예방

5) 설계자 책임체제 도입
   ① 설계시부터 납품 이후 준공에 이르기까지 철저한 책임체제 도입
   ② 설계의 data base화시킬 것

6) 자재의 질적 향상
   ① 국산 자재 질적 향상
   ② 합리적인 자재 사용

7) 자질 향상
   ① 기능인력의 자질 향상   ② 숙련공 양성을 위해 교육 실시
   ③ 품질관리에 대한 의식개혁

8) 책임한계
   ① 업무분담을 확실히 할 것
   ② 발주자, 설계자, 시공자의 책임한계 구분
9) 연말회계연도에 따른 제도적 문제 보완
10) 책임소재를 가릴 클레임 제도 정착 필요

Ⅴ. 클레임 추진 절차(claim 제기에 필요한 사전 조치사항)

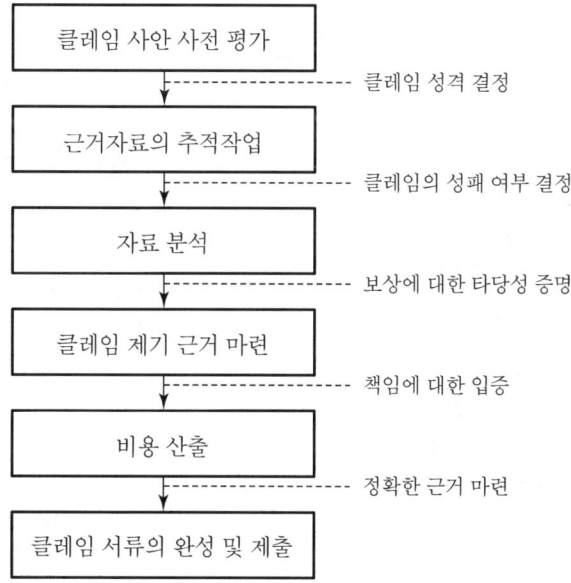

Ⅵ. 분쟁 해결방안

1) 협상(negotiation)
   ① 신속하고 가장 순조롭게 해결하는 방법이다.
   ② 시간과 경제적인 투자가 최소가 된다.
2) 조정(mediation)
   ① 독립적이고 중립적인 조정자를 임명한다.
   ② 대체로 신속하게 분쟁이 해결된다.
3) 조정 - 중재
   활용절차에 따라 분쟁 해결 속도가 결정된다.

4) 중재(arbitration)
   ① 중립적 제3자에게 의견서를 제출한다.
   ② 법적 구속력에 해당하며 시간과 비용의 투자가 많아진다.
5) 소송(litigation)
   ① 전문적인 consultants의 노력으로도 해결되지 않을 경우
   ② 시간과 비용의 손실이 막대하다.
6) 클레임 철회
   클레임 자체가 사라짐으로써 분쟁의 여지도 함께 없어진다.
7) 분쟁 해결방안 비교

구 분	분쟁 해결 기간	해결 비용	구속력
협 상	• 매우 신속하게 해결할 수 있다. • 협상자의 협상태도나 목적 등에 의해 좌우된다.	• 최소	• 구속력이 없다. • 협정으로 이끌 수가 있다.
조 정	• 대체로 신속하다. • 조정자의 능력에 따라 기간이 증감된다.	• 조정자의 수수료 (조정기관)	• 구속력이 없다. • 도덕적인 압력이 발생될 수 있다.
조정-중재	• 형식이 제거되면 빠른 결과가 가능하다. • 활용절차에 따라 좌우된다.	• 조정자(조정기관)의 수수료	• 미국의 경우 사전에 대부분 주(州)에서 협정될 수 있고 상대방은 그 결정에 따른다.
중 재	• 규칙들이 제한을 가한다. • 소송보다는 빠르다. • 중재인의 능력과 가용성에 따라 좌우된다.	• 중재인의 급료 • 서류 정리에 드는 비용 • 대리인 사용시 대리인의 급료	• 계약에 따라 구속될 수 있다.
소 송	• 준비시간이 많이 소요된다. • 5년 이상 소요될 수도 있다.	• 시간비용과 대리인 급료 등 많은 비용이 소요된다.	• 구속력이 있다.
클레임 철회	• 없다.	• 철회사정에 따라 다르다.	• 계약적 합의

Ⅶ. 결 론

건설분쟁을 예방하고 대처하기 위해서는 공사 관련 계약서류의 국제화 및 정형화, 분쟁 해결기구의 전문화 설계 및 엔지니어링 기술확보, 감리자 책임과 권한 부여 등의 분쟁 및 방지대책에 대한 연구가 선행되어야 할 것이다.

> **문 31-1** 시설물을 발주자에게 인도할 때의 유의사항을 기술하시오. [97전(30)]
> **문 31-2** 공사 완료 후 시설물을 발주자에게 인도할 때에 준비사항과 제반 구비되어야 할 사항을 기술하시오. [03전(25)]

Ⅰ. 개 요

시공자는 공사 완료 후 시설물을 인도할 때 책임한계를 명확히 할 수 있는 서류 및 물품을 인계하여야 한다.

Ⅱ. 시설물 인도시 준비사항

1) 완성 검사 필증
   ① EV 완성 검사 필증
   ② 소방 설비의 설치 및 작동에 관한 필증
   ③ 오폐수 정화조 완성 필증
   ④ 조경 및 건축물 외부 배수 시설 완비
   ⑤ 주차 설비 및 주차장 완성 사진

2) 시공 사진
   ① 시공 과정에 따른 사진 준비
   ② 구조적 검토가 가능한 구조체 시공 과정 사진
   ③ 방수, 단열재 설치 과정 사진

3) 승인·협의·지시된 제반 사항
   시공 과정에서 발주자·감리자·설계자 및 시공자의 상호 협의 및 지시된 사항

4) 시험 및 검사
   ① 각종 재료의 시험 성적서
   ② 시공 과정의 검측 결과서

5) 준공 도면
   실제 건축물이 형성된 도면

Ⅲ. 인도할 때의 유의사항(제반 구비되어야 할 사항)

1) 완성보고서
   ① 공사감리, 발주자 측 감독의 입회하에 현장 확인
   ② 감리자가 작성한 감리완료보고서 첨부

③ 건축주가 관련관청에 사용승인을 신청하도록 협조
2) 시설물인도서
① 공사계약서 및 특기시방서에 준한 인도서 작성
② 쌍방 대표자의 서명 날인
3) 열쇠인도서
① Key system의 설명서 첨부
② Master key의 특별관리
4) 열쇠함
층별, room별로 구분하여 열쇠함을 제작 인도
5) 공구인도서
사용법(instruction 또는 manual) 설명
6) 공구함
건축설비를 운용할 수 있는 각종 공구 및 특수 공구
7) 각종 공사사진
① 공사 시공과정을 공종별·월별로 작성
② 공정 check가 가능하도록 촬영일자를 반드시 기재
8) 건축물 사용설명서
① 시공된 자재의 제조원, 공급처, catalog 등
② 지하 유입수에 대한 배수공법
9) 설비시설물의 사용설명서
① 승강설비, 주차설비의 제조사, 시공사, 연락처 등 기재
② 기계, 전기설비 및 제품에 대한 설명서
10) 매설물 위치도
증설, 보수, 안전사고에 대비한 도면 및 시방서
11) 준공도서
① 설계변경의 반영 및 승인
② 완공상태의 도면 및 시방서 작성 및 제출
12) 시공도면
상세도를 포함한 현장 시공도 목록 및 원본 제출
13) 하자이행증권
① 공인된 기관에서 발급한 증권 제출
② 이행기간은 계약서에 준함

14) 정리정돈
   ① 공사시 파손된 인접시설물의 원상 복구
   ② 현장 주위 청소
15) 민원 관련사항
   ① 발생된 민원의 진행 및 해결과정을 기록 정리
   ② 미해결 민원에 대한 인수인계

Ⅳ. 결 론

시설물의 인도는 시공사와 발주자의 최종 단계로서, 공사 진행중에 각종 기록을 문서화하고 철저한 품질관리로 하자가 발생하지 않도록 노력해야 한다.

문 32 아파트 분양가 자율화가 건설업체에 미치는 영향에 대하여 논술하시오.

[97전(30)]

Ⅰ. 개 요

아파트 분양가의 통제로 인하여 자율경쟁에 의한 시장가격 형성 기능을 제한함으로써 많은 문제점이 야기되었으며, 분양가 자율화에 의해 업체의 기술개발, 아파트 품질향상 등의 영향을 미칠 것으로 본다.

Ⅱ. 건설업체에 미치는 영향

1) 기술개발
   ① 건설업체의 창의성 돌출 및 수요자의 다양한 욕구 충족
   ② 신기술・신공법의 과감한 도입

2) 생산성 제고
   ① 주택 공급의 탄력성 부여
   ② 장기적인 주택 공급의 확대 효과

3) 원가절감
   ① 정확한 시정 정보의 입수
   ② 소비자의 선호도 파악으로 불필요한 요소 제거

4) 품질향상
   ① 인건비의 안정으로 고기능 인력확보 가능
   ② 소비자 선택이 우선되는 고품질 확보

5) 대외경쟁력 향상
   ① 주택산업의 무한경쟁으로 건전한 발전 유도
   ② 국제경쟁력 강화

6) 안전사고의 감소
   ① 적정 안전관리비의 책정
   ② 원가보다는 안전성을 우선한 공법 채택

7) 금융비용의 절감
   ① 기업의 채산성 상승
   ② 건설회사의 자금난 해소

8) 건설산업의 활성화
    ① 신규 기업의 진출로 활성화
    ② 국내의 침체된 분위기 쇄신

Ⅲ. 결 론

아파트 분양가 자율화에 대비하여 정부의 신중한 검토와 함께 건설업체의 보다 적극적인 체질 개선이 요구된다.

문 33-1 건축물의 유지관리에 있어서 사후보전과 예방보전 [02중(25)]
문 33-2 철근콘크리트 구조물의 유지관리방법에 대하여 기술하시오. [06중(25)]

Ⅰ. 개 요

유지관리는 고정 자산인 건물의 경제성·생산성을 보존하고 이를 취득·운용·처분하는 것으로, 협의로는 건축물의 가치와 효율을 저하시키지 않게 하기 위해 수선·손질하는 관리적 작업이다.

Ⅱ. 유지관리의 원칙

① 효율 확보
② 효과적인 안전관리
③ 총합적 비용 최소부담

Ⅲ. 유지관리방법

1. 유지관리기준

1) 경영 관리면
   ① 조직의 표준 : 조직 및 조직규정
   ② 관리제도의 기준 : 관리규정(관리제도, 절차)

2) 기술면
   ① 준수해야 할 표준 : 규격, 시방서
   ② 권장되는 표준 : 기준, 지도서

2. 사후 보전

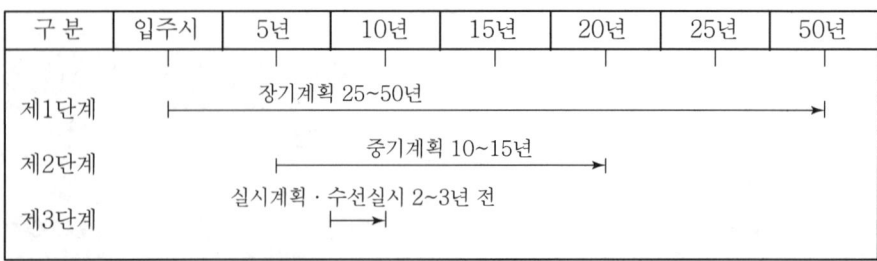

1) 장기계획(제1단계)
   ① 5~6년 후 보완을 전제하고 중기수선계획 작성시 자료로 이용될 수 있도록 정리 한다.
   ② 입주시 수선 적립금을 산정하여 적립해 둔다.
2) 중기계획(제2단계)
   ① 수선 검토기간을 5년으로 하여 수선비용을 포함한 구체적인 수선방법을 설정한다.
   ② 수선비용의 검토 결과로부터 연도별 지출계획을 책정한다.
   ③ 지출에 대한 누적 비용으로 적립금의 징수계획을 구체화한다.
3) 실시계획(제3단계)
   ① 전문위원회를 통해 개보수 공사의 실시시기와 범위를 검토한다.
   ② 실시설계 작성에 필요한 현장조사, 개수공사방법을 검토한 후, 실시시기 및 자금 계획을 검토한다.
   ③ 외부 전문가에게는 기술적 자문뿐 아니라 업자선정, 시공계획서, 개략 공사비 작성, 공사감리 등 공사의 전반적인 부분에 자문을 구한다.
   ④ 실시 2~3년 전에 계획을 수립한다.

3. 예방 보전

1) 예방 보전의 목적
   ① 건축물의 효율성을 지속적으로 확보
   ② 효과적인 안전 관리
   ③ LCC 관점에서 종합적 비용의 최소화

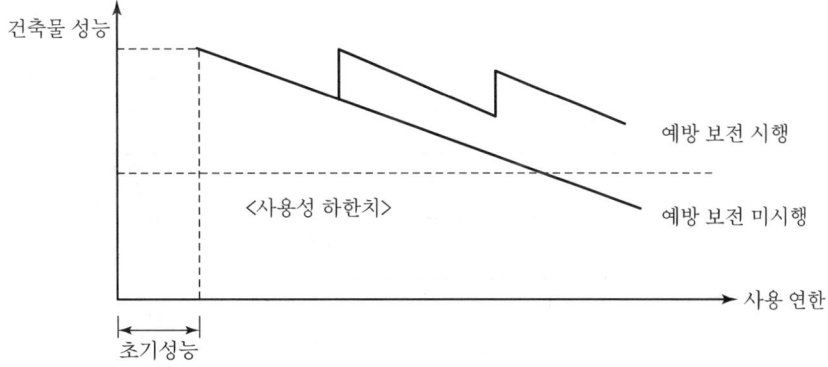

2) 예방 보전 점검사항
① 구조부

기초	균열, 변형, 지반 및 손상 점검	3년 이내 주기적 점검
기둥, 벽, 바닥	균열, 부식, 접합부 및 도장 열화 점검	

② 마감부

건축물 부분	점 검 내 용	점검 주기
바닥, 계단	• 마감재의 균열, 손상, 들뜸, 부식 및 마모 • 도장의 열화 및 결로의 유무 • 논슬립의 변형, 손상 및 설치 상태	1년 이내
벽	• 마감재 손상, 도장 열화, 우수의 침입 • 방수층의 방수 성능 • 철물류 및 sealing재의 파손	3년 이내 (외벽은 1년 이내)
천장	• 마감재의 손상 및 우수의 침입 여부 • 커튼box 및 천장 점검구 변형 • 철물류의 변형, 부식 및 설치 상태	3년이내

4. 안전진단 실시

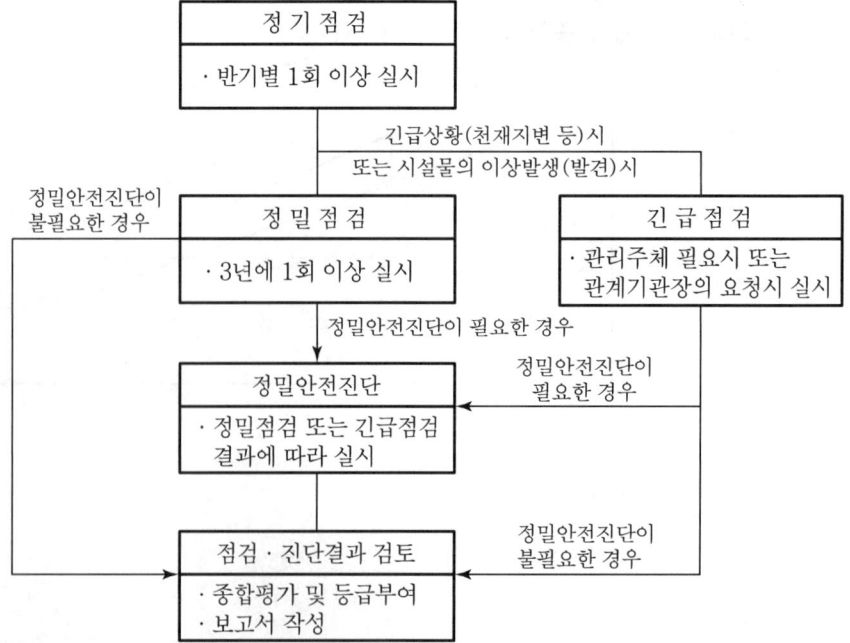

Ⅳ. 결 론

① 우리나라의 건설업은 설계·시공단계에만 관심을 국한시켜 건물의 보존과 관리를 잊고 지내왔다.

② 그러나 이제는 유지관리를 통하여 시설물의 이용과정에서 발생될 결합 부위를 사전에 발견하여 대처함으로써, 건축물의 사용수명을 연장시키고 또한 이용의 안전성을 높여야 한다.

> **문 33-3** 건물 시설물통합관리시스템(FMS ; Facility Management System)에 대해서 다음을 설명하시오. [08전(25)]
> 　　1) 개요 및 목적
> 　　2) 구성요소
>
> **문 33-4** FM(Facility Management) [02중(10)]

Ⅰ. 개요 및 목적

1. 개요

① 시설물통합관리시스템(FMS ; Facility Management System)이란 시설물을 체계적으로 관리(management)하여 원가를 절감하고 투자 재원의 효율성을 높이기 위한 관리system이다.

② 시설물 존속기간 동안 경제적 가치를 높이고 시설물의 상태를 최적으로 유지하기 위한 계획 및 관리활동이다.

③ 예컨대, 공동주택의 관리를 위해 행해지는 관리사무소의 업무가 대표적이다.

2. 목적

1) 시설물의 경제적 가치 상승
　① 지속적인 관리를 통한 시설물의 쾌적성 유지
　② 시설물내의 근무의욕 상승으로 생산성 향상
　③ 시설물에 대한 이미지 제고로 경제적 가치 상승

2) 투자 재원의 효율성 증대

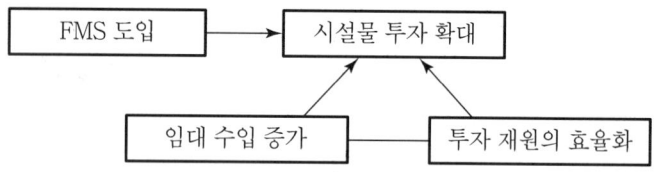

시설물의 임대 수입 및 가치 상승으로 투자 재원의 효율화 가능

3) 선전 관리체계 구축
　① 시설물 관리의 전산화 및 투명성 제고
　② 시설물 관리 비용의 점차적 감소

③ 시설물 관리의 선진화 이룩

4) 최적 상태 유지

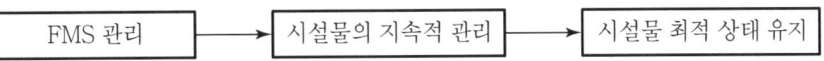

① 시설물의 관리를 최적 상태로 관리 가능
② 시설물의 경제적 가치의 지속적 향상

5) 시설물 유지보수 비용 절감

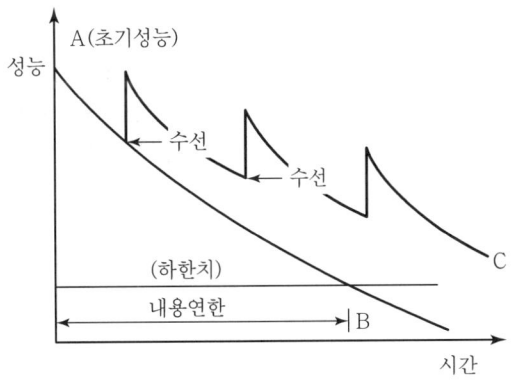

시설물은 준공시기부터 짧은 시간에 주기적으로 관리하는 것이 건축물의 기능 유지에 매우 유리

Ⅱ. 구성요소

시설물 통합관리의 구성요소를 시설관리, 운영관리, 유지보수로 구성된다.

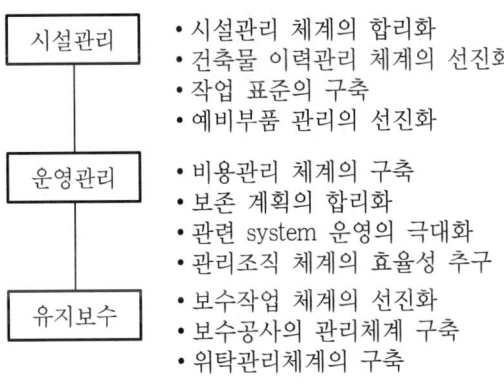

Ⅲ. 시설물 통합관리의 필요성

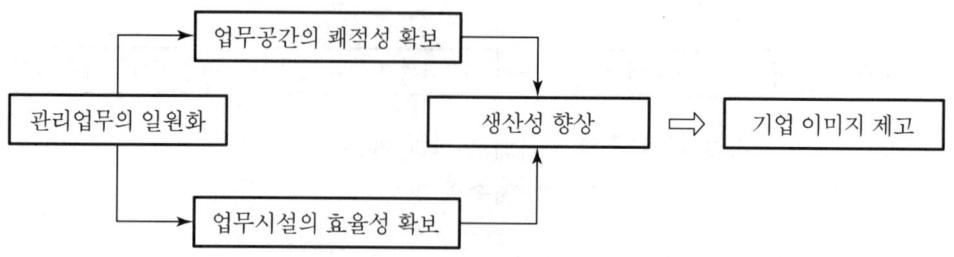

Ⅳ. 결 론

쾌적한 환경과 첨단 시설을 갖춘 시설물의 이용도가 증가하며, 시설물의 가치향상과 근무의욕, 생산성 증대 등의 효과가 발생하므로 FMS는 점차 확대되리라 본다.

문 34 RC조 아파트 현장에서 자주 발생하는 문제점 중 설계와 관련된 사항 등을 기술하고, 이를 예방하기 위하여 설계도서 검토시에 유의해야 할 요점을 설명하시오. [99전(40)]

I. 개 요

설계도서와 관련된 문제점들이 시공중이나, 시공 후에 많이 발생되고 있으며, 이를 예방하기 위해서는 상호작업간의 연관관계를 파악하여 시공성, 안전성 및 경제성을 확보하여야 한다.

II. 설계와 관련된 문제점

1) 도면과 현장의 불일치
   ① 벽두께가 얇은 곳(10cm 이하)에 철근 복근 배근
   ② 대지경계선과 건물 외벽과의 간격 부족
   ③ 경사지반이나 연약지반에서의 콘크리트 타설시 직접 동바리를 설치하지 못할 경우

2) 지하 주차장 slab 균열
   ① 설계하중이 1,200kgf/cm² 로 부족
   ② 지하주차장 상부 적재하중, 차량운행 하중을 설계시 미고려
   ③ 콘크리트 타설시 pump car의 압력에 의한 충격

3) 구조체 균열
   ① 발코니, 욕실바닥 보강철근 및 slab 두께 부족
   ② 철근 규격 선택의 잘못으로 인한 피복 미확보

4) 발코니 철근 배근
   ① 발코니 철근의 정착 부분이 설계도에 누락
   ② 실제 시공시 곤란

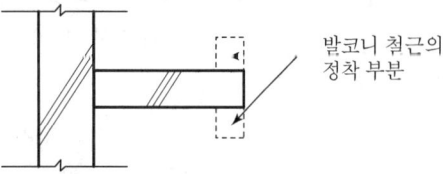

5) 누수
   ① 욕실 벽면의 방수길이 부족
   ② 발코니 바닥의 방수층 두께 미확보
   ③ 설비배관과 마감재와의 부조화

6) 단열재 설치 부분
   ① 단열재 설치부분 철근 피복두께 미확보
   ② 철근과 단열재 사이에 콘크리트 충전 난이

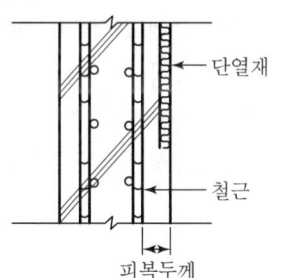

Ⅲ. 설계도서 검토시 유의사항

1) 지하주차장 상부하중 파악
   ① 지하주차장 상부 고정하중 파악
   ② 공사 진행시 대형 차량의 출입 고려
   ③ 중량의 마감 자재(벽돌, 시멘트 등)의 적재하중 고려

2) 기초 콘크리트 타설시 과도한 수화열 발생 억제
   ① Mat 콘크리트 타설시 적용
   ② 수화열 방지를 위한 block 나누기 타설 검토

3) Pile 기초의 경우 설계의 적합성 판단
   ① Pile 길이의 설계가 적합한지 여부 확인
   ② Pile 지내력 검사에 의한 설계 확인
   ③ Pile 두부 정리에 관한 설계 지침 확인

4) 구조체내 신축줄눈 설치 여부 파악
   ① 조적 벽체는 3m 이내 신축줄눈 설치
   ② 창호 주위에는 균열 유발줄눈 설치
   ③ 장 span의 경우 온도변화에 따른 수축작용 고려

5) 표준공기 준수 여부
   ① 공기에 영향을 주는 요소 검토
      자재, 공법, 민원, 교통여건, 기후 등
   ② MCX(최소비용계획)에 의한 공기단축 시도

6) 창호의 단열성 확보
   ① 창호에 의한 열손실이 40% 이상 발생
   ② 개구부 틈새에 기밀성 재료로 충전
   ③ 이중 창문, 커튼의 설치

7) 적정 방수공법 채택
   ① 발코니, 욕실, 지하주차장 등에서 적정 방수공법 채택
   ② 욕실 벽체 방수 길이의 확대

8) 시공 상세도(shop drawing)의 제작
   ① 시공상 어려움이 예상되는 부분에는 시공도 작성 운영
   ② 시공성이 확보되는 방향으로 작업순서, 자재변경 검토
   ③ 시공성 확보로 현장의 전반적인 안전성 향상

9) 공종간 마찰 방지
    ① 각 공종간의 선후관계 파악
    ② 공정마찰요소 사전 제거
    ③ 시공 전, 시공 중 각 공종별 책임자와 수시 검토
    ④ 원활한 공사 진행으로 공기단축 및 품질 확보
10) 구조체 균열대책
    ① 욕실과 slab 바닥 철근 배근 및 두께 확인
    ② 전기, 설비 배관 주위 보강근 검토
    ③ 단열재 삽입 부분 철근 피복두께 확보

IV. 결 론

RC조 아파트에서 발생하는 설계상의 문제점을 제거하기 위해서는 기존의 설계방식을 답습하는 과정에서 벗어나 설계 공모, 설계 연구기관의 설립 등 지속적인 연구개발로 이에 대처해야 한다.

문 35 공법 개선의 대상으로 우선시되는 공종의 특성에 대하여 기술하시오.

[98중후(30)]

I. 개 요

재래식 공법은 공사기간, 공사비의 증대, 안전성 등에 영향을 주므로 신기술, 신공법의 개발과 적용으로 시공방법을 개선함으로써 안전성과 cost down의 효과를 거둘 수 있도록 해야 한다.

II. 공법 개선의 우선 공종

① 복잡하고 부재수가 많은 것
② 원가절감의 여지가 크다고 생각되는 것
③ 인력이 많이 투입되는 것
④ 수량과 기능이 많은 것
⑤ 개선 작업이 쉬운 것

III. 공종의 특성

1) 토공사
   ① 대형사고의 위험이 크다.
   ② 기계화 시공이 많다.
   ③ 계절 및 기상의 영향이 크다.
   ④ 지중작업으로 정확한 예측이 어렵다.
   ⑤ 인접지역의 영향 및 민원발생 소지가 많다.
   ⑥ 환경공해를 유발한다.

2) 기초공사
   ① 기성 콘크리트 pile의 이음부 강성 및 내구성 확보
   ② Pile 이음부에 대한 시공성 개선
   ③ 현장 콘크리트 pile 시공시 벽체 붕괴에 대한 대책 마련

3) 철근콘크리트 공사
   ① 공기에 미치는 영향이 크다.
   ② 노동력의 의존도가 크다.
   ③ 계절 및 기상의 영향이 많다.
   ④ 공사금액이 많다.

⑤ 공사기간이 길다.
⑥ 공사가 반복적으로 진행된다.

4) 철골공사
① 원가절감의 효과가 많다.
② 계절 및 기상의 영향이 많다.
③ 공정에 미치는 영향이 크다.
④ 양중장비의 사용이 많다.
⑤ 위험성이 많다.
⑥ 자재비가 고가이다.

5) 마감 및 기타 공사
① 하자 발생 가능성이 크다.
② 계절 및 기후의 영향이 많다.
③ 수량이 많다.
④ 노동력의 의존도가 크다.
⑤ 반복효과가 크다.

Ⅳ. 결 론

공법 개선은 정보의 수집 및 개선을 위한 분야별 연구가 발주자, 설계자, 시공자 등이 일체화하여 지속적인 연구와 노력이 필요하다.

문 36 주5일 근무제 시행에 따른 현장관리 문제점과 대책에 대하여
1) 생산성   2) 공정관리를 구분하여 설명하시오.   [04후(25)]

I. 개 요

① 주5일제 시행이 점차 건설업계로 파급되어 현장관리 운영상에 많은 문제점이 예상되는 바,
② 이를 해결하기 위해 생산성 향상 및 공정관리 부분에 세심한 관심을 가져야 한다.

II. 현장관리의 문제점

1) 생산성
   ① 토, 일요일 휴무로 인한 생산성 저하
   ② 금요일이 주말로 인식되어 근로 의욕 저하
   ③ 임대장비료의 추가비용 발생
   ④ 기능인력공들의 수입 저하
   ⑤ 공기 연장으로 인한 간접비 증가

2) 공정관리
   ① 전체 공기에 미치는 영향 과다
   ② 공정마찰의 발생 증가
   ③ 급속 시공으로 품질 저하 우려

III. 대 책

1. 생산성

   1) 설계적 측면
      골조의 PC화, 마감의 건식화
   2) 재료적 측면
      MC화, 건식화
   3) 공법적 측면
      ① 가설공사
         강재화, 경량화, 표준화, 전문화, 단순화
      ② 토공사 및 기초공사
         무소음·무진동 공법 채택

③ 구조체 공사
   고강도 고성능 공법

4) 시공관리 측면

① 5요소
   공정 품질 원가 안전 환경관리 고려
② 6M
   Man, Material, Machine, Method, Memory, Money

5) 신기술공법 고려
   CM, EC, high tech 건축, simulation, robot

2. 공정관리

1) Fast track method 방식 도입

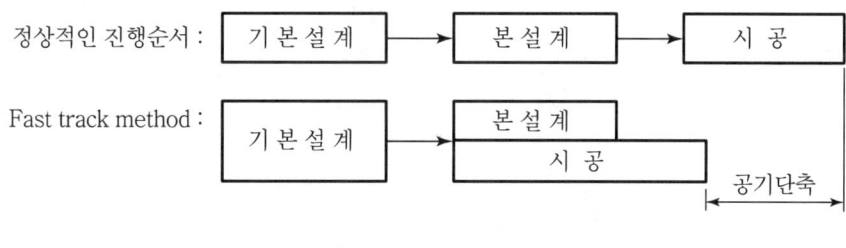

〈고속궤도방식〉

2) Milestone 기법 도입
   공사 전체에 영향을 미칠 수 있는 작업을 중심으로 적절한 수의 마일스톤을 지정하여, 이를 근거로 project를 관리 및 통제

3) EVMS 기법 도입
   비용과 시간의 통합 관리 방안인 EVMS 기법을 도입하여 주5일제 시헹 현징관리에 활용

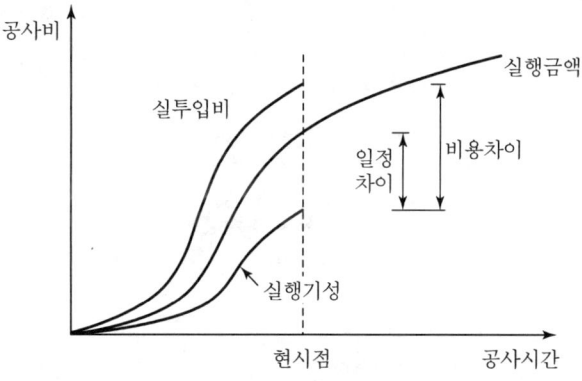

4) 진도관리 실시
   ① 계획공정표와 실시공정표 비교, 분석
   ② 현재 시점에서 공사지연대책 강구
   ③ 수정 조치
5) Lean construction 도입
   시공, 이동, 대기, 검사 과정에서의 자재, 정보, 장비를 대상으로 흐름(flow) 관리

IV. 결 론

주5일제로 인한 문제점을 해결하기 위해서는 현장여건에 고려한 PC화 및 건식화의 도입 및 선전공정관리기법의 적극 활용으로 이에 대처하여야 한다.

문 37 도심지 공사에서 현장 인근 민원문제의 대응방안에 대하여 기술하시오.

[05전(25)]

I. 개 요

① 최근 도심지의 대형공사로 인해 발생하는 건설공해는 인근주민에게 미치는 피해가 커지고 있으며, 그에 따른 민원이 사회문제화 되고 있다.
② 특히, 소음·진동·공해는 청력 감퇴, 작업능률 저하, 수면방해, 정신불안 등의 심리적, 정신적으로 악영향을 미치므로 무소음, 무진동 공법을 사용하여 소음, 진동에 대한 대책을 수립해야 한다.

II. 민원 야기되는 공해 종류

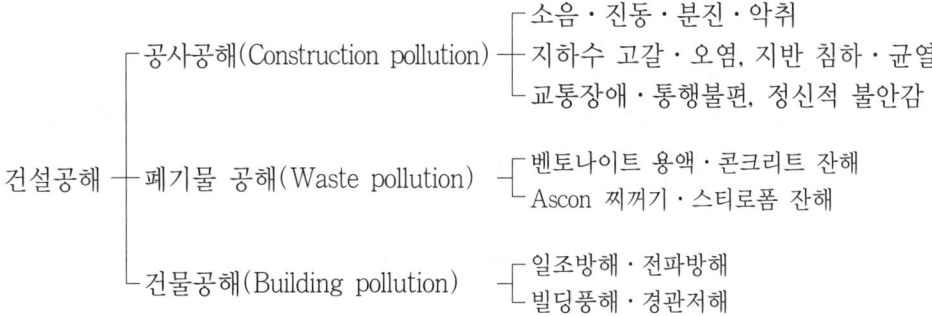

III. 민원 문제의 대응방안

1) 저소음 공법
   ① 말뚝 항타시 방음커버 설치
   ② 진동공법, 압입공법, preboring 공법 등 저소음 공법 채택
2) 저진동 공법
   ① 치환공법 채택시 저진동의 굴착치환, 미끄럼 치환 채택
   ② Pile 공사시 중굴공법, jet 공법, benoto 공법 등 채택
3) 분진요소 제거
   ① 현장 주변에 살수차 배치하여 도로 및 현장 주변 살수·청소
   ② 현장 차량은 도로운행 전에 반드시 세차
4) 악취물 수거
   ① 현장 오물 등은 정기적으로 청소차를 불러 수거
   ② 여름철에는 방역을 정기적으로 실시하고 음식물 쓰레기의 수거가 신속히 되도록 함

5) 지하 가설시설 점검
   ① 버팀대의 안전성 검토 → 계측관리
   ② 토압과 수압 판정을 정확하게 하고, 매설물에 대한 방호·철거·우회 등의 방법을 검토

6) 차수공법
   ① 과도한 배수방지 → 차수공법 병행
   ② 지하수 오염방지계획 수립

7) Underpinning 공법
   ① 차단벽 공법 및 well 공법을 적용
   ② 약액주입, 지반개량공법의 적용

8) 복수공법 계획
   ① 배수공사에 의해 급격한 지하수위 하강을 sand pile을 통한 주수로 수위 변동 방지
   ② 차수벽 배면의 지반 교란으로 수위 하강된 것을 담수하여 조정

9) Boring공 관리
   ① 지하수가 나오지 않는 boring 굴착공은 cap으로 덮어 오염물질의 유입방지
   ② Boring 굴착공 관리를 위한 기록부 작성

10) 레미콘 계획 수립
    ① 수급이 가능한 경우 교통량이 적은 시간대를 이용
    ② 사전 계획 수립시 레미콘 공장은 가까이 있는 곳을 선정

11) 현장내 배수계획
    ① 현장 내의 오물 등이 지하로 흘러가지 못하도록 간이 배수로 계획 수립
    ② 집수정을 두어 자동 배수 pump를 사용하여 배수

12) 팽창성 약액 발파공법
    ① 팽창성 물질을 주입하여 지반에 진동을 주지 않고 파쇄함
    ② 팽창 cement(alumina 분말)를 사용함

13) 터파기 공사계획
    ① 터파기 흙 반출시 차량의 운행이 적은 시간대를 이용함
    ② 현장 차량이 도로에 나갈 때는 세륜을 실시함

14) 소리의 차단
    ① 간이 소음차단벽 설치
    ② 현장 주변에 trench를 설치하여 진동전달 차단

15) 도시 미관 고려
   ① 도시 미관 및 주변 환경을 고려한 설계
   ② 빌딩 풍해를 방지하기 위해 풍동시험의 실시 유무 사전 결정

Ⅳ. 결 론

최근 건축물은 대지의 협소로 인하여 기존 건축물과 근접 시공되는 경우가 많으나, 저소음·저진동의 기계가 개발되고 있으므로 민원 해결에 대한 대책을 마련한 후 시공에 임해야 한다.

문 38 재개발과 재건축의 구분　　　　　　　　　　　　　　　　　　[08후(10)]

Ⅰ. 정 의

① 재개발은 토지의 고도 이용과 도시 기능의 회복을 위해, 건축물 및 그 부지의 정비와 대지의 조성 및 공공시설의 정비에 관한 사업과 이에 부대되는 사업을 말한다.
② 재건축이란 기존의 노후불량 주택을 철거한 후, 그 대지 위에 새로운 주택을 건설하는 것으로서, 사업절차가 비교적 간단하고 사업기간이 짧은 것이 보통이다.

Ⅱ. 재개발과 재건축의 구분

구 분	재개발	재건축
정의	토지의 고도 이용과 도시기능의 회복을 위해 건축물 및 그 부지의 정비와 대지의 조성 및 공공시설의 정비에 관한 사업과 이에 부대되는 사업	기존 노후 불량주택을 철거한 후 그 대지 위에 새로운 주택을 건립하는 것
근거법령	도시재개발법	주택건설 촉진법
사업주체	토지, 건물 소유자(관 주도의 도시계획사업) 조합	건물소유자로 구성된 기존 주택의 소유자가 설립한 조합이 사업주체가 되며 민간건설회사는 공동 사업자로 참여 가능
지구지정	필요	불필요
조합 구성원	건물, 토지 소유자 및 세입자 개인	건물 소유자
사업시행 절차	복잡	간소
세입자 문제	시(市) 지침에 의해 영구 임대 주택 건립이나 주거대책 중 택일	당사자간의 임대차 계약에 의하여 처리
관리 처분	인허가 필요 (절차 복잡)	인허가상 불필요 (업무상 필요하나 절차 간단)
안전진단	불필요	필수조건
주민동의	① 토지면적 2/3 이상, 토지 및 건축물 소유자 총수의 2/3 이상 동의 ② 공사 착수전까지 건물 소유자 총수의 80% 이상 동의	① 조합 설립 인가 : 공동주택 　(80% 이상 동의) ② 사업 승인시 : 공동주택 　(80% 이상, 입법예고)
건립규모	① 전용 면적 34.8평 이하 건립 ② 국민주택규모 이하를 80% 이상 건립하고 희망세입자 가구수 이상 임대주택 건립	① 전용면적 34.8평 이하 건립 ② 국민주택규모 이하를 75% 이상 건립하되 그 중 40% 이상은 전용 면적 18평 이하로 건립

문 39 SCM(Supply Chain Management) [05중(10)]

Ⅰ. 정 의

SCM(Supply Chain Management : 공급망 관리)은 제품, 자금, 정보 등이 공급자로부터 제조, 유통 및 판매를 통하여 고객에게 주어지는 진행과정을 관리하는 것이다.

Ⅱ. 개념도

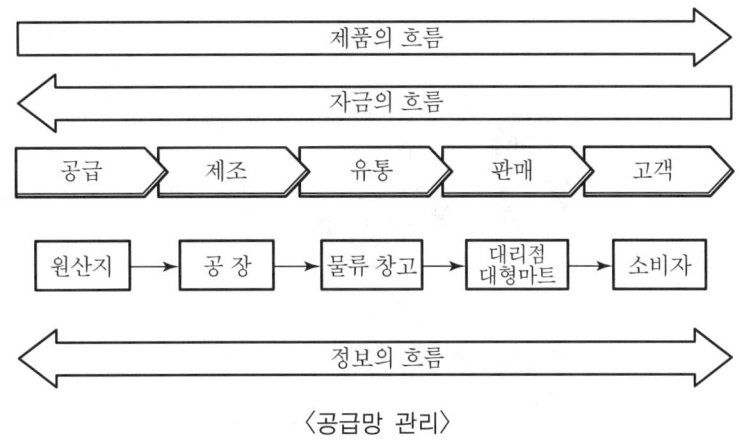

〈공급망 관리〉

Ⅲ. SCM의 3대 흐름

1) 제품 흐름
   ① 공급자로부터 고객으로의 제품 이동
   ② 고객의 제품 반환 요청이나 A/S의 요구 포함

2) 자금 흐름
   ① 신용조건, 지불 계획 및 위탁 판매   ② 권리 소유권 합의 등

3) 정보 흐름
   ① 주문 제품의 전달   ② 배송지의 갱신 등

Ⅳ. SCM의 도입 효과

① 생산의 효율성 및 고객만족 달성
② 사내 및 사외 협력업체와의 협력체계 강화
③ 신속하고 유동성 있는 생산 가능
④ 불필요한 자원의 낭비요소 제거
⑤ 시장 변화에 대한 대응책 강화

永生의 길잡이 – 열하나

■ 죽음 저편

아늑하고 부드러운 10개월의 생애. 행복하긴 했지만 너무 짧은 세월이었지요.
밖에는 다른 세계가 있다고들 하지만 내눈으로 보지 못했으니 믿을 수가 있나요?

↓

결혼도 하고 매우 행복했죠.
그러나 알 수 없는 미래와 피할 수 없는 죽음…….
100년도 못되는 인생을 생각하면 허무하기만 하군요.

↓

죽음 저편!
그곳에 과연 어떤 세계가 나를 기다리고 있는 것일까요?

하나님이 세상을 이토록 사랑하사 독생자를 주셨으니 이는 저를 믿는 자마다 멸망치 않고 영생을 얻게 하려 하심이라.

-요한복음 3장 16절-

9장

총론

2절 시공의 근대화

9장 2절 시공의 근대화

1	**시공법의 발전 추세**		
	1-1. 시공법의 발전 추세	[83(25)]	9-213
	1-2. 건축 생산의 금후 동향	[85(25)]	
	1-3. UR협상에서 건설업이 개방될 경우 건설업계의 문제점과 대응 방안	[90후(30)]	
	1-4. 건축 생산의 특수성과 건축 생산을 근대화하기 위한 방안	[96중(40)]	
	1-5. 건축산업의 특성과 관련하여 우리나라 건축산업의 총생산성 향상방안	[97중전(40)]	
	1-6. 현재와 같은 IMF 시점에서 건설산업의 위기극복을 위한 대처방안	[98중전(40)]	
	1-7. 우리나라 해외건설의 침체원인과 활성화 방안	[01전(25)]	
	1-8. 최근 건설업의 환경변화에 대한 건설업의 경쟁력 향상을 위한 방안	[04중(25)]	
	1-9. 건설업의 기술경쟁력 방안을 위한 전략의 방향	[99전(30)]	9-218
	1-10. 건축생산성 향상을 위한 다음 3과제 ① 계획설계의 합리화 ② 생산기술의 공업화 ③ 생산기술의 과학화	[99전(40)]	9-221
2	**복합화 공법**		
	2-1. 복합화 공법의 목적과 적용사례	[98중후(30)]	9-224
	2-2. 복합 공법적용현장의 효율적인 공정관리 System	[00중(25)]	
	2-3. 복합화 공법에서 최적 System 선정방법	[03전(25)]	
	2-4. 철근콘크리트 구체공사의 합리화를 위한 공법 및 Hard 요소 기술과 Soft 요소 기술	[99전(40)]	
	2-5. 복합화 공법	[07중(10)]	
3	**ISO 9000**		
	3-1. ISO 9000	[94전(8)]	9-229
	3-2. ISO 14000	[00후(10)]	9-230
4	**건설표준화**		
	4-1. 건설표준화 추진방법 및 그 예상 효과 ㉮ 기술표준의 정의, 목적 및 종류 ㉯ 표준화 방법 ㉰ 기술표준화 효과	[97중후(30)]	9-232
	4-2. 건설산업에서 건축물의 표준화 설계가 건축시공에 미치는 영향	[98전(40)]	
	4-3. 건설표준화의 설명과 시공에 미치는 영향	[01중(25)]	
5	**척도조정(MC ; Modular Coordination)**		
	5-1. 공업화 공법에서의 척도조정(Modular Coordination)	[04중(25)]	9-236
	5-2. MC(Modular Coordination)	[10전(10)]	

6	EC화		
	6-1. EC화의 설명 및 단계적 추진방향	[90전(40)]	9-239
	6-2. 종합건설업 제도	[93후(35)]	
7	적시 생산(just in time) 시스템		
	7-1. 현장 소운반 최소화 방안을 적시생산(just in time) 시스템	[97중전(30)]	9-242
	7-2. 현장 소운반을 최소화하기 위한 적시생산 방식(Just-In time)	[06중(25)]	
	7-3. 적시생산방식(just in time)	[98중후(20)]	
8	웹(Web)기반 공사 관리체계		
	8-1. Web기반 공사 관리체계를 도입시 1) 필요성 2) 초기도입시 예상되는 문제점 3) 변화가 예상되는 공사관리의 범위와 대상 4) 현장 준비사항	[03중(25)]	9-245
	8-2. High tech	[89(5)]	9-248
	8-3. 건축시공의 지식관리시스템 추진방안	[02중(25)]	9-249
9	BIM(Building Information Modeling)		
	9-1. 건축공사에서 BIM(Building Information Modeling)의 필요성과 활용방안	[08중(25)]	9-252
	9-2. BIM(Building Information Modeling)의 적용방안	[11전(25)]	
	9-3. BIM(Building Information Modeling)	[10전(10)]	
10	Intelligent Building		
	10-1. Intelligent building	[88(5)]	9-255
	10-2. IBS(Intelligent Building System)	[96전(10)]	
11	CIC(Computer Integrated Construction)		
	11-1. CIC(Computer Integrated Construction)	[96전(10)]	9-256
	11-2. 건축산업의 정보통합화 생산(computer integrated construction)	[98중후(20)]	
12	Work Breakdown Structure		
	12-1. Work breakdown structure	[94후(25)]	9-257
	12-2. 작업분류의 목적, 방법 및 그 활용방안과 범위	[02중(25)]	
	12-3. 건설공사의 통합관리를 위한 WBS와 CBS의 연계방안	[06전(25)]	
	12-4. WBS(Work Breakdown Structure)	[00전(10)]	
13	건설 CALS		
	13-1. 건설 CALS	[97중후(20)]	9-261
	13-2. 건설 CALS(Continuous Acquisition & Life Cycle Support)	[00전(10)]	
14	Business Reengineering		
	14-1. Business Reengineering에 의한 건설경영 혁신방안	[03전(25)]	9-263
	14-2. 경영혁신의 기법으로서의 벤처마킹	[97후(20)]	

15	Lean Construction(린 건설)		
	15-1. Lean Construction의 기본개념, 목표, 적용요건, 활용방안	[04전(25)]	9-266
	15-2. Lean Construction 생산방식의 개념 및 특징	[11전(25)]	
	15-3. 린 건설(Lean Construction)	[06후(10)]	
16	PMIS(Project Management Information System)		
	16-1. Web 기반 PMIS(Project Management Information System)의 내용, 장점 및 문제점	[07중(25)]	9-270
	16-2. PMIS(Project Management Information System)	[01중(10)]	
	16-3. PMDB(Project Management Data Base)	[00전(10)]	
17	UBC(Universal Building Code)		
	17-1. UBC(Universal Building Code)	[96전(10)]	9-274
	17-2. UBC(Universal Building Code)	[98중전(20)]	
18	Project Financing		
	18. Project Financing	[04후(10)]	9-275
19	유비쿼터스(Ubiquitous)		
	19-1. 유비쿼터스에 대응하기 위한 건설업계의 전략	[09전(25)]	9-277
	19-2. 무선인식기술(RFID)	[05전(10)]	
	19-3. RFID(Radio Frequency Identification)	[10중(10)]	
20	데이터 마이닝(Data Mining)		
	20. Data Mining	[07후(10)]	9-280

> **문 1-1** 시공법의 발전 추세에 대하여 논하여라. 〔83(25)〕
> **문 1-2** 건축생산의 금후 동향에 대하여 기술하여라. 〔85(25)〕
> **문 1-3** 앞으로 UR(우루과이 라운드) 협상에서 국내 건설업이 개방될 경우 우리 건설업체의 문제점과 대응방안에 대하여 기술하여라. 〔90후(30)〕
> **문 1-4** 건축생산의 특수성을 약술하고, 건축생산을 근대화하기 위한 방안에 대하여 설명하시오. 〔96중(40)〕
> **문 1-5** 일회적 현장 생산인 건축산업의 특성과 관련하여 우리나라 건축산업의 총생산성 향상방안을 논하시오. 〔97중전(40)〕
> **문 1-6** 현재와 같은 IMF 시점에 있어서 건설사업의 위기 극복을 위한 대처방안에 대하여 기술하시오. 〔98중전(40)〕
> **문 1-7** 우리나라 해외건설의 침체원인과 활성화 방안을 기술하시오. 〔01전(25)〕
> **문 1-8** 최근 건설업의 환경변화에 대한 건설업의 경쟁력 향상을 위한 방안에 대해 기술하시오. 〔04중(25)〕

Ⅰ. 개 요

시공법의 발전추세나 건축생산의 금후 방향으로는 입찰제도의 개선, 재료의 건식화, 시공의 근대화, 신기술 개발 등을 통하여 UR 개방에 대응하는 한편 국제화 건설시장에서의 경쟁력을 강화해야 한다.

Ⅱ. 건축 생산의 특수성

1) 수주에 의한 주문 생산
   ① 주문 생산으로서 단일 제품
   ② 지역적, 문화적, 법률적, 규범적 제약

2) 표준화 및 규격화 곤란
   ① 일치된 제품이 아님
   ② 단일제품으로 대량 생산이 아님

3) 자연환경과 지리적 제약
   ① 지역적, 환경적, 관습상의 차이
   ② 일조, 생활습관, 행동의 차이

4) 노무 위주 생산
   ① 생산에 있어서 동일한 규모, 크기가 아님
   ② 기계화, 공업화 곤란
5) 자본 동원 능력 위주
   ① 초기 투자비 과다
   ② 자금회전 및 회수율이 부정확
6) 대형공사와 공사기간이 장기
   ① 사회의 다변화, 복잡화, 고급화 추세
   ② 경제발전, 새로운 요구, 새로운 공법에 대처
7) 옥외 작업이 많고 현장이 일정치 않음

Ⅲ. 국내 건설업의 문제점(UR 개방시 문제점, 해외건설 침체원인)

1) 도급제도 미흡
   ① 제한 경쟁입찰이나 지명 경쟁입찰 등으로 경쟁 제한요소
   ② 정부의 노임단가 비현실화 등으로 예정가격 미비
   ③ 기술보상제도의 형식화로 인한 기술능력 향상방안 미흡
   ④ 하도급 계열화에 의한 전문화 시공 부족
2) 공사관리 부실
   ① 지정된 공사기간 내에 공사예산에 맞추어 시행하는 표준공기제 도입 미비
   ② 품질시험 및 검사의 조직적인 관리 부족
   ③ VE, LCC 개념 도입 미비
   ④ 재해발생 예방대책 미흡
3) 고임금
   ① 3D 현상으로 건설현장의 고령화와 여성화
   ② 인력배당계획에 의한 적정인원 계산 부족
   ③ 고임금으로 국제경쟁력 약화
   ④ 노무자의 잦은 교체로 기능도 및 숙지도 저하
4) 재료의 습식
   ① 재료의 습식으로 공기지연, 노무비 증가, 안전사고 증가, 품질저하 등 초래
   ② 3S(표준화·단순화·규격화) 부족
   ③ 재료의 습식 불균형 초래
   ④ 동절기 공사시 동해 우려

5) 신기술 부족
   ① PERT·CPM에 의한 공정관리 미흡
   ② ISO 9000 획득 부진
   ③ VE, LCC 개념
   ④ High tech 건축의 부진
6) 교육의 무관심
   ① 전문기술자 육성에 투자를 기피하고 기술자 데려오기에 급급
   ② 해외기술 연수를 통한 교육의 미흡
   ③ 신기술의 개념 및 현장활용에 대한 교육 외면
   ④ 산·학·연(産·學·研)계 교육 미비

Ⅳ. 시공의 근대화(경쟁력 향상방안, 시공법 발전추세, 건축생산의 금후 방향, UR 개방시 대응방안, 총생산성 향상방안, 위기 대처방안, 활성화방안)

1. **계약제도적 측면**

   1) 대안입찰제도
      ① 기술능력 향상 및 개발을 위하고 UR에 대비한 획기적인 입찰제도
      ② 기술개발 축적 및 체계화 유도로 미래의 시공법 발전추세에 대비한 제도
   2) PQ 제도
      ① 적격업체 선정으로 품질확보 및 건설업체의 의식개혁 추진
      ② 부실시공 방지를 위한 입찰참가자격 사전심사제도를 장려
   3) 기술개발 보상제도
      ① 시공중 시공자가 신기술이나 신공법을 개발하여 공사비를 절감하였을 때 절감액을 감하지 않고 시공자에게 보상하는 제도
      ② 공기단축, 품질관리, 안전관리, 공사비 절감면에서 건설회사의 기술개발연구 및 투자확대
   4) 신기술 지정 및 보호제도
      ① 건설회사가 새로운 신기술을 개발하였을 때 그 신기술을 일정기간 신기술로 지정하고 보호하는 제도
      ② 지정된 신기술을 사용한 자는 신기술로 지정받은 자에게 기술사용료 지급

2. 설계 측면

1) 골조의 PC화
   ① 공업화에 의한 대량생산으로 공기단축, 품질향상, 안전관리, 경제성 확보
   ② 기계화, 자동화, robot화에 의한 노무절감 기대
2) 마감의 건식화
   ① 부재의 표준화, 단순화, 규격화에 의한 경비 절감
   ② 공기단축, 동해방지, 기상변화 대응, 보수 유지관리 편리
3) 천장의 unit화
   ① 건축공사와 설비공사의 상호관계를 고려하여 module과 line을 일치시킴
   ② M-bar 또는 T-bar 등을 통하여 천장의 unit화

3. 재료 측면

1) MC화(Modular Coordination화)
   ① 기준치수를 사용하여 설계, 재료 및 시공의 건축생산 전반에 걸쳐 치수상의 상호조정을 하는 과정
   ② 공업화 system의 활성화, 공기단축 및 공비절감의 효과 기대
2) 건식화
   ① 부재의 표준화로 호환성 높이는 open system 개발
   ② 대량생산 가능하도록 재래의 습식공법에서 건식공법으로의 재료 개발
3) 고강도화
   ① 시멘트 paste와 골재강도 개선, W/C비, 시공연도를 고려한 배합설계
   ② 고성능 감수제, silica fume을 통한 혼화재 개발

4. 시공 측면

1) 가설공사 합리화
   ① 가설공사의 양부에 따라 공사 전반에 걸쳐 영향을 미침
   ② 강재화, 경량화, 표준화를 통한 합리적인 공사관리
2) 계측관리(정보화 시공)
   ① 현장 토공사의 제반 정보 입수와 향후 거동을 사전에 파악
   ② 응력과 변위 측정으로 굴착에 따른 인접 건물의 안전과 토류벽의 거동 파악

3) 무소음 · 무진동 공법
   ① 기초공사의 기성콘크리트 파일 타격시 소음과 진동 유발에 대비
   ② 방음 cover 또는 저소음 해머를 사용하거나 현장타설콘크리트 파일의 개발

5. **공사관리 측면**

   1) ISO 9000
      ① ISO(International Organization for Standardization)는 국제표준화기구로서 국제 공업 표준화를 위하여 설립된 기구
      ② 품질에 대하여 설계, 제조, 시험검사, 설치, 유지관리 등 전체 생산과정을 표준화하여 폭넓은 품질향상 유도
   2) VE(Value Engineering, 가치공학)
      ① 기능(function)이나 성능을 향상시키거나 또는 유지하면서 비용(cost)을 최소화하여 가치(value)를 극대화시킴
      ② 원가절감, 조직력 강화, 기술력 축적, 경쟁력 제고, 기업의 체질개선의 효과를 기대
   3) LCC(Life Cycle Cost)
      ① 건축물의 초기투자단계를 거쳐 유지관리, 철거단계로 이어지는 일련의 과정에서의 제비용의 합
      ② 종합적인 관리 차원의 total cost(총비용)로 경제성 유도

V. 결 론

국제화시대를 대비하기 위해서는 현 건설시장의 문제점을 파악하여 전반적인 개선방향을 국가, 기업, 연구기관, 학교 등에서 함께 연구해야 한다.

문 1-9 건설업의 기술경쟁력 방안을 위한 전략의 방향을 기술하시오. [99전(30)]

Ⅰ. 개 요

기술경쟁력 방안을 위한 전략방향으로는 기술경쟁방식으로의 전환, 각종 규제의 철폐, 기업 전문화 촉진 및 발주기관의 기술력 제고 등이 필요하다.

Ⅱ. 전략의 방향

1. **공공사업 입찰시 기술경쟁방식으로 전환**

    1) 설계·시공 일괄입찰방식의 확대 적용
        ① 대형공사 및 기술집약적 공사는 원칙적으로 일괄입찰을 적용
        ② 적격업체 선정시 기술평가 비중의 상향조정 추진(50%에서 60%로)
        ③ 기술제안서의 작성지침 개발 및 보급
    2) 설계·감리 등 기술 용역업체 선정방식의 개선
        ① 일정공사에 대해 기술·가격 분리입찰방식 적용의 의무화
        ② 기술제안서 평가방식의 공정성 및 투명성 제고
        ③ 기술 용역 공시제의 시행
    3) Pilot project의 실시
        ① 기술공모형 발주방식의 시범 실시
        ② 신기술 수용을 위한 수의계약방법에 의한 시범사업 실시
    4) 건설사업관리(CM)의 활성화
        ① 지자제 등의 대형사업의 CM 발주 시범 실시(2002년까지 10% 수준)
        ② CM 전문인력의 육성과 기술정보 보급 촉진

2. **경쟁을 제약하는 규제의 철폐**

    1) 설계기준 및 시방서 등 기술기준의 정비
        ① 공사 표준시방서(12종)의 국제수준화
        ② 설계기준(38종)의 체계적 정비
        ③ 건설기준 정비 및 홍보를 위한 전담기구의 설치
        ④ 기준 준수·교육·홍보의 강화

2) 건설기술 관련 법령의 정비
   ① 다원화되어 있는 건설기술관리법령의 전면 정비
   ② 공종별·주체별로 다원화되어 있는 감리제도의 일원화 추진
   ③ 국가를 당사자로 하는 계약에 관한 법률의 기술적 사항 강화
   ④ 부실 벌점제도의 실효성 제고를 위한 단계적 개선

3) 기술과 품질경쟁을 저해하는 가격제한제도 개선
   ① 아파트 분양가의 상한선 조기 폐지
   ② 택지 및 산업용지 분양가 상한선 제도의 폐지

4) 업체 선정시 과도한 기술자격제한의 철폐
   ① 기술 용역업체 입찰시 용역 특성을 감안하여 기술사 보유에 대한 과도한 요구 완화
   ② 학력·경력 인정 기술사 활용의 내실화를 위한 규정의 정비

5) 실적공사비 체제로 전환
   ① 2001년부터 건설교통부 산하기관에서는 실적공사비의 적용
   ② 2003년부터 타 부처 확대 시행

3. 특화된 기술에 의한 기업전문화 촉진

1) 특화기술개발의 지원
   ① 전문분야별 시공능력 공시제의 실시
   ② 선도업체의 총괄기술 책임자 제도의 도입 적극 유도
   ③ 기업주도형 산·학·연 공동 연구사업의 확대
   ④ 대형업체와 전문업체의 협동 기술개발 유도
   ⑤ 외국업체와의 합작투자 및 공동기술개발 지원 강화

2) 기술 용역업체의 육성 및 전문화 조기 유도
   ① 전문용역 및 컨설팅업체의 육성 및 활용 강화
   ② PQ 평가시 업체의 전문화 평가비중 제고
   ③ 소규모 업체간 또는 대규모 업체와 전문기술을 보유한 소규모 업체간 공동도급의 활성화
   ④ 분야별 용역능력 공시제 도입·추진 및 객관성 확보방안 마련

3) 신기술 지정 및 기술개발 보상제도의 활성화
   ① 신기술 활용 촉진을 위한 제도 개선
   ② 발주청 유인책 부여를 위한 기술개발 보상규모의 하향조정 등을 검토
   ③ 설계단계에서 기술개선제안의 도입 추진

4. 공정경쟁을 위한 발주기관의 기술력 제고

1) 발주기관의 기술부서 조직강화 및 인력확충
   ① 계약부서와의 균형을 위한 기술심사 부서의 설치 및 운영
   ② 주요 사업 타당성 검토시 전문가의 기술적 의사반영의 확대
   ③ 실무자의 자질향상을 위한 전문교육 강화

2) 발주기관 자체 설계자문 및 심의기능 강화
   ① 중앙 설계심의의 대폭 축소 및 설계감리 확대
   ② 발주기관의 용역업체 및 용역 성과의 관리 철저

3) 공사 감독 및 감리 강화
   ① 발주기관의 공사감독업무의 내실화
   ② 소규모 공사의 경우에도 책임감리제도 활용 유도
   ③ 장기적으로 감리방법을 다양화하여 각 발주기관 감리제도의 시행방법 자율권 부여

4) 발주능력 취약기관의 CM 실시 유도
   발주기관이 취약한 경우 주요 건설사업의 기회·평가·발주 등에 외부 CM조직 활용 권장

Ⅲ. 결 론

국내 건설업체가 세계적인 경쟁력을 갖추기 위해서는 업체의 기술경쟁력을 우선적으로 향상시켜야 한다.

> **문 1-10** 건축의 생산성 향상을 위한 다음의 3과제에 대하여 설명하시오.
> ① 계획설계의 합리화 [99전(40)]
> ② 생산기술의 공업화
> ③ 생산기술의 과학화

Ⅰ. 개 요

기술 개발을 통한 조립작업의 기계화로 시공 과정을 합리화하고, 이를 과학적으로 관리함으로써 건축 생산 system의 최적화를 통한 생산성 향상을 추진해야 한다.

Ⅱ. 생산성 향상을 위한 3과제

1. 계획설계의 합리화

1) VE(Value Engineering)
  ① 전작업 과정에서 최저의 비용으로 필요한 기능을 달성하기 위한 조직적인 노력

  $$V = \frac{F}{C}$$

  V(Value) : 가치
  F(Function) : 기능
  C(Cost) : 비용

  ② 건설 현장에서 최저의 비용으로 기능을 찾아내는 개선활동
  ③ 원가절감과 조직력 강화를 위해 필요

2) CAD(Computer Aided Design)
  ① 설계자의 직감력과 computer의 고속 정보처리능력을 서로 융합하여 고도의 설계활동을 위한 system
  ② CAD의 분류
    ㉮ 2차원 CAD
      정면도, 평면도, 측면도 등
    ㉯ 3차원 CAD
      곡면이 혼합된 복잡한 형상의 입면도를 입체적으로 설계
  ③ CAD의 이용분야
    ㉮ 시공계획을 위한 시공도 작성
    ㉯ 도면설계 및 구조계산
    ㉰ 적산

④ 도면 제작기간 단축 및 수정 용이
⑤ 도면의 품질향상
⑥ 설계도의 신뢰성 확보

3) 시공성 연구
① 계획과 설계 및 건축 생산의 전단계에서 시공지식과 경험을 최적으로 활용
② 최저의 LCC(Life Cycle Cost)로 건설생산을 최적화

2. 생산기술의 공업화

1) 공업화를 위한 전제사항
① 설계, 생산, 조립 기술의 표준화
② 부품화
③ 공장 생산화 및 시공의 기계화

2) 표준화
① MC(Modular Coordination)화로 치수의 표준화
② 성능의 표준화
③ 접합부의 표준화
④ 카탈로그 system

3) 공장의 생산화
① 표준화 설계에 대한 적응성 향상
② 부재의 대량생산에 의한 공사비 절감
③ 생산 품질 확보로 시공오차 발생 저감
④ 현장 인력감소 및 조립공정의 단순화

4) 시공의 자동화·Robot화
① 건축시공의 발전경로

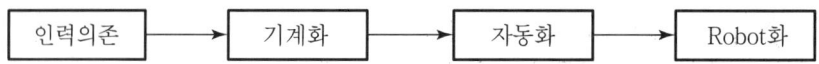

인력의존 → 기계화 → 자동화 → Robot화

② 건축산업의 생산성 향상
③ 기능공 부족 및 고령화에 대처
④ 작업환경 개선 및 안전성 증가
⑤ 품질 및 시공정도의 향상

3. 생산관리의 과학화

1) 과학적 관리기법

① 관리기법의 발전사

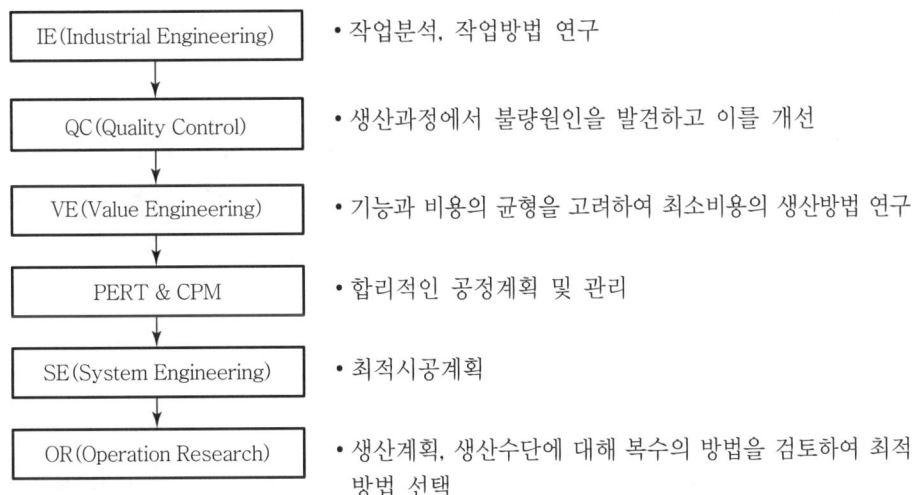

② 적은 시간과 노력으로 최적의 생산수단 발견
③ 건축생산 system의 총합적인 최적화를 위해 필요

2) 관리기술의 과학화

설계 → 시공 → 유지관리의 전단계를 유기적으로 관리할 수 있는 체계와 정보관리가 필요하다.
① 공정구성의 명확화
② 관리방법의 합리화
③ 통합 생산관리 system(CIC ; Computer Integrated Construction)
④ 정보 관리

Ⅲ. 결 론

향후 건설산업은 기술개발에 의한 고부가가치 사업의 발굴과 생산성 향상으로 국제경쟁력을 확보해야 한다.

> **문 2-1** 복합화 공법의 목적과 적용사례에 대하여 기술하시오. [98중후(30)]
>
> **문 2-2** 복합공법 적용현장의 효율적인 공정관리 system을 설명하시오.
> [00중(25)]
>
> **문 2-3** 복합화공법에서 최적 System 선정방법에 대하여 기술하시오.
> [03전(25)]
>
> **문 2-4** 철근콘크리트 구체공사의 합리화를 위한 공법을 설명하고 이 공법의 하드 (Hard) 요소 기술과 소프트(Soft) 요소 기술에 대하여 기술하시오.
> [99전(40)]
>
> **문 2-5** 복합화 공법 [07중(10)]

Ⅰ. 개 요

복합공법은 철근, 거푸집, 콘크리트공사 등에 대해 재래식 공법을 개선하여 현장의 노무량 감소, 공기단축과 고품질의 건축물을 얻기 위해 half PC 공법, 철근 prefab 공법, 대형거푸집 공법, VH분리타설 등의 hard 요소 기술들을 조합하여 건축물을 완성해 가는 공법을 말한다.

Ⅱ. 복합화 공법

1) 정의

   골조 공사시 현장 노동력 절감과 공기단축을 위해 합리적인 재래식 공법과 공업화 PC 공법의 장점을 취한 공법

2) 효과

   ① 현장작업의 노동 생산성 향상 ② 공기단축 및 안전성 증대
   ③ 설계의 자율성 확보   ④ 현장관리의 합리화
   ⑤ 자재, 부품의 호환성 확보

3) 복합공법의 유형

   ① System 거푸집, 철근 prefab 공법을 사용하는 복합공법
   ② 보를 PC 부재화한 복합공법
   ③ 기둥, 보에 PC부재를 사용하는 복합공법
   ④ 보를 철골조로 하는 혼합구조를 이용한 복합공법
   ⑤ 구체공사 외에 공사를 포함하는 복합공법

Ⅲ. 목 적

1) 현장작업의 성력화
    ① 제품의 prefab화를 통하여 인력 절감
    ② 기계화·prefab화를 통하여 현장인력 절감
    ③ 표준화·규격화를 이룩하여 성력화 도모

2) 공기단축
    ① 재래공법과 PC공법의 조합으로 공기 단축
    ② CAD·CAM화를 이룩하여 공기단축 실시
    ③ 시공의 system화로 공기단축

3) 품질향상
    ① 재료의 고강도화를 통하여 품질향상 도모
    ② MC화·unit화를 통하여 품질향상 및 부실시공 방지

4) 합리적인 현장관리
    ① 건식화로 합리적인 현장관리 도모
    ② 복합화 설계로 성력화에 따른 현장관리 철저

5) 생산성 향상
    ① 최적의 공법선택으로 생산성 향상
    ② 표준화·규격화로 생산성 향상 도모
    ③ 재료의 고강도화 및 prefab화로 생산성 향상

Ⅳ. Hard 요소 기술

1. Half PC 공법

1) Half slab
    ① PC 부재와 현장 타설 콘크리트의 장점을 절충
    ② 공기 단축과 시공성 향상이 목적

2) Half PC Beam
    ① 거푸집용과 구조체용으로 구분
    ② Half slab 공법의 효율을 최대화하기 위해 사용

3) Half PC 기둥
    ① 거푸집용과 구조체용으로 구분
    ② 거푸집용은 경량이고 제작 용이

2. System 거푸집

1) 의의

거푸집과 동바리를 일체화 또는 대형 panel로 unit화 하여 반복 사용이 가능하도록 한 공법

2) 채용시 유의사항

① 콘크리트 품질에 미치는 영향
② 경제성, 공사 안전성
③ 공기, 양중장비 등

3. 철근 prefab 공법

1) 의의

철근을 기둥, 보, 바닥, 벽 등의 부위별로 미리 조립해 두고 현장에서 양중 장비를 이용하여 조립하므로 철근공사를 합리화하는 공법

2) 선행 조건

① 철근 배근의 전산화로 배근과 부재의 표준화
② 해석 → 설계 → 도면작성 → 견적을 일괄되게 처리

V. Soft 요소 기술(효율적인 공정관리 system, 최적 system 선정방법)

1. MAC(Multi Activity Chart)

1) 정의

① 각 작업팀을 편성하여 일정한 시간 계획과 패턴에 따라 공사를 효율적으로 시공하기 위한 공정표
② 현장에서 공사별 일정을 계획할 때 일반적으로 사용하고 있는 방법

2) 특징

① 현장작업 순서에 중점을 둔 방식
② 단위작업에 필요한 적정 작업원의 투입으로 원활한 공정관리
③ 일정한 패턴에 의해 공사가 이루어질 때 유리
④ 부분적이고 세부적인 공정계획에 사용
⑤ 현장에서 주간, 월간 등의 짧은 기간의 공정계획시 활용
⑥ 단점으로는 진행중인 작업자 외의 작업자들의 대기시간 발생

2. DOC(one Day One Cycle)

1) 정의
   ① 작업의 항목수와 작업 공구수를 일치시켜 1일에 한 공구에서 한 가지 작업씩 완성해 가는 방법
   ② 각 항목별 작업팀은 1일에 한 공구에서 일을 마치도록 인원 구성
   ③ 매일 한 공구씩 이동하면서 동일 작업 반복

2) 특징
   ① 하루에 하나의 cycle을 완성해 나가는 system
   ② 현장 작업 인원의 대기시간을 최소화(MAC의 단점 보완)
   ③ 동일 작업 반복에 의한 숙련 효과
   ④ 각 항목별 팀이 1일에 작업을 미완성시 연쇄적으로 다른 팀에 영향을 미침

3. 4D - Cycle

1) 정의
   ① 작업의 항목수와 공구(district)수를 4개로 분할하여 1일에 한 공구에서 한 항목의 작업을 완성해가는 공법
   ② DOC의 형태 중 하나로 작업항목과 공구수를 4개로 고정 분할한 방식

2) 특징
   ① 공동주택 시공시 공기단축과 원가절감을 위한 공법
   ② 공사의 합리화 도모
   ③ 효율적인 공사 수행을 위한 양중계획 필요

Ⅵ. 적용 사례

1. 철근공사

1) Prefab 공법
   기둥, 보, 바닥, 벽 등을 부위별로 미리 공장에서 제작하여 운반 후 현장에서 부재를 접합시키는 공법

2) 철근이음
   압착이음, 용접이음

3) 자동화 및 robot화
   가공, 이음, 접합의 기계화 및 현장시공의 robot화

2. 거푸집공사

   1) 대형 거푸집의 사용으로 성력화, 장비화, 효율성 증대
   2) System form
      Tunnel form, gang form, flying shore, table form, sliding form 등

3. Con´c 공사

   1) 고성능 Con´c
      고강도, 고내구성, 고수밀성, 초경량화의 Con´c 개발
   2) 고성능 감수제 개발
      작업의 용이성, 고강도, 고수밀, 고내구성의 Con´c 시공 가능
   3) PC화
      ① 작업의 건식화, 기계화 시공, 안전성 확보
      ② Half PC, full PC

4. PC의 open system화

   ① 건축생산의 효율성을 높이고 표준화, 규격화가 가능
   ② 자재의 공급이 원활하며, 원가절감 및 건축물의 품질 향상

5. ALC

   ① 공장생산과 현장조립으로 시공 편리
   ② 건식 공법으로 인력절감 및 공기단축

6. GPC

   ① 공장제품으로 석재의 두께 조절이 가능하여 원가절감
   ② 석재면이 표면을 보호하므로 Con´c의 내구성 향상

Ⅶ. 결 론

복합공법의 각 요소 기술의 개발로 공법을 개선하고, 시공 현장을 system화 함으로써 가까운 시일내에 보다 고품질의 건축물 생산이 가능해질 전망이다.

문 3-1 ISO 9000 〔94전(8)〕

I. 정 의

ISO(International Organization for Standardization)는 국제표준의 보급과 제정·각국 표준의 조정과 통일·국제기관과 표준에 관한 협력 등을 취지로, 세계 각국의 표준화의 발전 촉진을 목적으로 설립된 국제표준화 기구를 말한다.

II. ISO 개념도

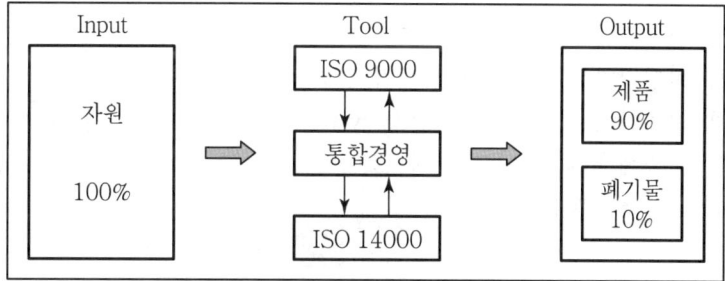

III. 특 징

① ISO 9000, ISO 9001, ISO 9004로 구성
② 다른 경영 system(환경경영 system, 안전경영 system)과 조화
③ 품질경영 방침 및 경영책임 강화
④ Process 중심의 접근
⑤ 품질 보증 중심에서 품질 경영적 요소 강화

IV. 품질경영 8대 원칙

① 고객 중심
② 리더십
③ 전원 참여
④ Precess 접근법
⑤ 경영에 대한 system 접근방법
⑥ 지속적인 개선
⑦ 의사 결정에 대한 사실적 접근방법
⑧ 상호 유익한 공급자 관계

문 3-2 ISO 14000　　　　　　　　[00후(10)]

Ⅰ. 개 요

ISO 14000이란 국제표준화 기구에서 제정하는 환경경영에 관한 국제규격으로, 기업이 환경보호 및 환경관리 개선을 위한 환경경영 system 기본요구사항(ISO 14000)을 갖추고, 규정된 절차에 따라 체계적으로 관리하고 있음을 제3자가 평가하여 인증하는 제도를 말한다.

Ⅱ. 추진목적

① 환경관리 system의 국제화
② 환경경영을 통한 대외경쟁력 강화
③ 국가간 환경경영 상호 인정 system
④ 환경에 미치는 영향을 최소화
⑤ 무배출·무오염·무결점

Ⅲ. 효 과

① 환경영향을 체계적으로 감시
② 원가절감 수단으로 활용
③ 환경에 관한 법적 책임 감소 및 잠재적 사고의 예방
④ 기업의 환경 image 제고
⑤ 기업의 기술 축적으로 이윤 확대
⑥ 조직 구성원의 일체감 증진

Ⅳ. ISO 14000의 구성

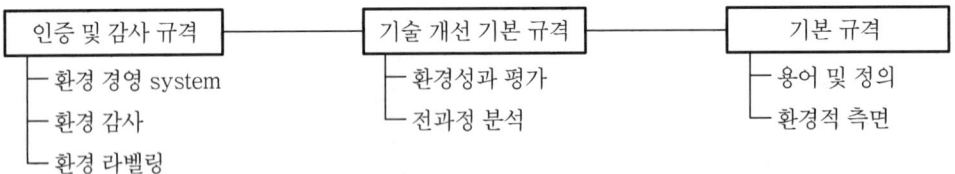

V. ISO 9000과 14000의 통합 system

ISO 9000(2000)과 ISO 14000의 통합 구축 및 공동 심사가 효율적으로 진행되기 위해 각 규격간의 모순 제거와 공동 심사 방안이 추진되고 있다.

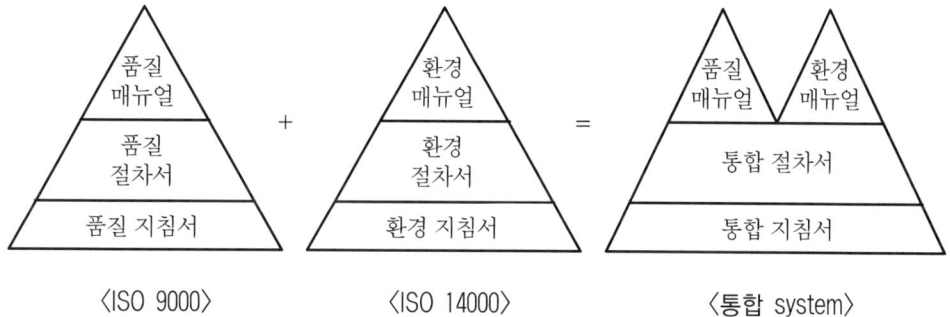

> **문 4-1** 건설표준화 추진방법 및 그 예상효과에 대하여 아래 항목에 의거 기술하시오.
>   ㉮ 기술표준의 정의, 목적 및 종류　　　　　　　　　　　　　[97중후(30)]
>   ㉯ 표준화 방법
>   ㉰ 기술 표준화 효과
>
> **문 4-2** 건설산업에서 건축물의 표준화 설계가 건축시공에 미치는 영향에 대하여 기술하시오.　　　　　　　　　　　　　　　　　　　　　　　　[98전(40)]
>
> **문 4-3** 건설표준화에 대하여 설명하고, 시공에 미치는 영향에 대하여 기술하시오.
>   　　　　　　　　　　　　　　　　　　　　　　　　　　　　　[01중(25)]

Ⅰ. 개 요

표준화는 건축 생산의 우수한 품질 확보를 위해 설계와 시공과정에서 규준, 규칙, 규격을 정하여 운영해 나가는 것이다.

Ⅱ. 표준화 추진방법 및 예상효과

1. 기술표준의 정의, 목적 및 종류

1) 정의
   ① 품질 확보를 위해 건축생산의 설계, 시공과정에서 규준, 규칙, 규격을 정하여 운영해 나가는 system
   ② 소비자를 보호하고 생산 품질 규준을 설정하는 공인기구로서 대표적인 것이 KS이다.

2) 목적
   ① 소비자 이익 보호
   ② 국제경쟁력 확보
   ③ 기업 이미지 제고
   ④ 안전·보건 및 생명 보호

3) 종류
   ① 국제표준화
      ㉮ ISO(International Organization for Standardization)
      ㉯ IEC(International Electrotechnical Commission)

② 국가표준화
　　㉮ KS(한국)　　　　　　㉯ JIS(일본)
　　㉰ BS(영국)　　　　　　㉱ DIN(독일)
　　㉲ ASTM(미국)
③ 단체표준화
　　㉮ 단체 및 학·협회에 의한 표준화 활동
　　㉯ 한국 공업 규격
④ 기업표준화
　　㉮ 기업의 표준화 활동
　　㉯ 비영리 조직체의 표준화 활동

2. 표준화 방법

1) 설계단계

① 설계의 치수조정을 통하여 부품화를 이룩
② 합리적인 건축물을 생산하는 MC화

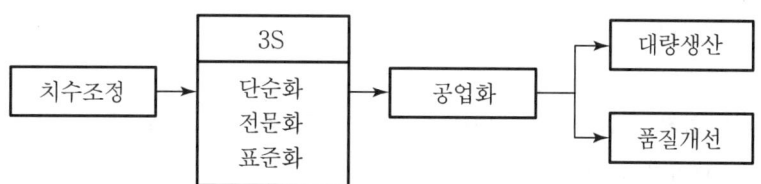

2) 재료단계

① 마감자재의 MC화
② 부품 및 재료의 open system화

3) 시공단계

① 가설재의 규격화
② 토공사의 정보화 시공관리 표준화
③ 철근공사의 prefab화 공업화
④ 거푸집공사의 합리화 규격화 시공
⑤ 골조의 PC화·자동용접

4) 시공관리단계

① CPM, ISO 9000, VE, LCC 기법도입
② 성력화, 자재건식화, 기계화

3. 기술표준화 효과

   1) 공기단축 효과
      재료의 대량 생산으로 인한 공장생산 효과
   2) 품질우수
      공장생산 효과로 인한 TQC 효과
   3) 안전관리 용이
      기계시공으로 인한 건설재해 예방
   4) 노무절감
      재료의 open system에 의한 구매

Ⅲ. 표준화 설계가 건축시공에 미치는 영향

   1) 공기단축 효과
      ① 재료의 대량생산으로 인한 공장생산 효과
      ② 공장생산으로 인한 현장작업 감소
   2) 품질향상
      ① 공장생산으로 인한 TQC 효과
      ② 현장조립의 기계화 시공으로 인한 질 우수
   3) 안전관리 용이
      ① 기계시공으로 인한 건설재해 예방
      ② 현장시공 감소로 인한 안전 효과
   4) 기계화 시공 가능
      ① 표준화에 의한 공장생산의 규격화 기능
      ② 규격화 재료에 의한 현장 기계화 시공
   5) 원가절감

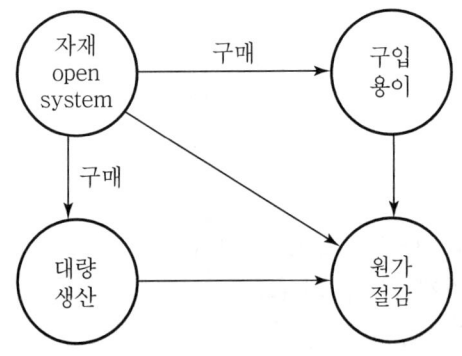

① 재료의 open system에 의한 구매
② 현장 자재시공 절감에 의한 노무 절감

6) 마감재의 다양성
① 부재의 표준화로 호환성 높이는 open system 개발
② 대량생산 가능하도록 하여 다종의 제품 및 마감자재의 다양화

7) 현장관리 용이
① 공칭 치수의 사용으로 전체 치수의 계산 가능
② 제품 치수의 시공으로 줄눈 치수 사전 파악

8) 안전성 확보
① 현장 제작의 감소로 인한 안전사고 격감
② 공장제품의 특성을 사전에 파악할 수 있고 적정한 장비 사용으로 인한 안전사고를 미연에 예방할 수 있다.

9) 작업의 단순화

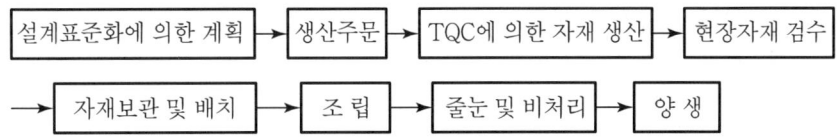

10) 시공기술의 발전
① 대량생산으로 인한 자재의 다양화로 다수의 공법에 적용 가능
② 다양한 공법 적용에 의한 신기술 개발 가능
③ 자재 특성의 단순화에 의한 기능 발휘 가능

11) 환경공해 감소
① 규격화·표준화 생산에 의한 현장 조립이 가능하므로 시공적 공해가 감소
② 현장 생산 감소로 자재 잔재물 감소

Ⅳ. 결 론

표준화 system 개발과 data에 의한 과학적·체계적 기술 확충을 위해 설계자, 시공자 및 자재 생산자의 연구, 개발에 대한 지속적인 투자가 필요하다.

문 5-1 공업화 공법에서의 척도조정(Modular Coordination)에 대하여 기술하시오.
[04중(25)]

문 5-2 MC(Modular Coordination) [10전(10)]

I. 개 요

MC는 재료의 치수, 설계 및 시공에 이르는 건축생산 전반에 걸쳐 기준치수를 사용하여 치수상의 상호조정을 하는 과정을 말한다.

II. 특 징

1) 장점
   ① 자재생산의 경제성 확보
   ② 현장에서 자재의 낭비 방지
   ③ 비규격 자재의 생산 감소
   ④ 빠르고 정확한 설계의 확보
   ⑤ 설계표준화에 의한 design으로 노동력 절감
   ⑥ 표준상세의 사용으로 상세도면 감소
   ⑦ 단순화된 system design
   ⑧ 조립식 부재의 사용으로 빠르고 정확한 시공
   ⑨ 시공의 균질성과 수준 보장
   ⑩ 건식 공법 사용으로 연중공사 가능
   ⑪ 다양한 가격으로 표준화된 부재 선택
   ⑫ 표준공정 line의 유도로 인건비 감소
   ⑬ 건물의 life cycle에 의한 자재의 호환성 확보

2) 단점
   ① 동일 형태가 집단으로 이루어지므로 시각적으로 단조로움
   ② 획일화에 의한 개성 상실
   ③ 건물의 배치 및 배색에 신경을 써야 함

Ⅲ. MC flow chart

Ⅳ. Module 사용방법

① 모든 치수는 10cm 또는 1M의 배수가 되게 한다.
② 건물의 높이(수직방향)는 20cm 또는 2M의 배수가 되게 한다.
③ 건축물의 평면치수는 30cm 또는 3M의 배수가 되게 한다.
④ 모든 module상의 치수는 공칭치수를 말한다. 따라서 제품치수는 공칭치수에서 줄눈 두께를 빼야 한다.
⑤ 창호의 치수는 문틀과 벽 사이의 줄눈 중심선간의 치수가 module 치수에 일치해야 한다.
⑥ 고층 rahmen 건물은 층 높이 및 기둥 중심거리가 module 치수이어야 하고, 장막벽 등은 module 제품 사용이 가능해야 한다.
⑦ 조립식 건물은 조립부재 줄눈 중심간 거리가 module 치수와 일치해야 한다.

Ⅴ. 문제점(MC가 정착하지 못하는 이유)

1) 설계자의 의식 부족
   설계자는 module을 이용함으로써 설계가 구속을 받는다고 생각하고, 모든 건축자재가 규격화되어야 MC의 설계가 가능하다고 생각

2) 생산자 손해주장
   생산자는 설계기 표준화되어 있지 않으므로 표준화된 제품의 생산에 투자된 만큼 이익이나 수요가 없다고 주장

3) 시공자 MC 미흡
   자재를 절단하지 않고 맞추는 작업이, 적당하게 잘라서 맞추는 작업보다 노동력이 더 들어간다고 생각

4) 관계자 공통언어 부재
   설계자, 자재생산업자, 시공기술자 사이의 공통이해의 언어로 MC가 존재하지 않는다.

5) 척도기준 혼용
   건축 부품들의 척관법, 미터법, 인치 사용 등으로 단위 사용의 불일치

6) MC 개념 미파악
   시공자 측에서 MC에 대한 개념을 제대로 파악하지 못하고 있다.
7) 부품 규격화 미진
   기본적인 치수체계가 통일되지 않아 건축부품의 규격화가 미진

VI. 활성화 대책

1) 인체치수 고려
   전통치수와 연계성을 가지면서 우리의 인체치수를 고려하여 제정
2) Sub-module 규격 제정
   Sub-module의 규격을 우리 실정에 맞게 제정
3) MC 추진위원회 발족
   전문가들로 구성된 MC 추진위원회 발족
4) 표준화
   효과적인 표준화를 추진하여 건축제품의 양산화 이룩
5) 국가규격 정비
   부품의 규격화 및 기본적인 치수체계 통일 등 기본적인 내용부터 국가 규격으로 정립
6) 언어 통일
   관계자들의 MC 개념에 대한 이해로 MC 기본이론 일원화
7) 척도 일원화
   설계 표준화를 통한 부재 및 부품의 척도기준 일원화
8) MC 개념 교육
   MC에 대한 지속적인 교육으로 개념을 이해시켜 MC의 활성화
9) PC화
   공업화에 의한 대량생산으로 공기단축, 품질향상, 안전관리, 경제성 확보
10) 정부 차원 지원
    정부 차원의 조직적인 추진과 초기 투자비의 금융지원 및 세제혜택

VII. 결 론

MC의 목적은 건축산업의 합리화와 원가절감에 있으며 치수표준을 조정함으로써 구성재의 호환성 및 안정된 수요와 생산의 연속성을 확보하여 공기단축과 시공의 품질 확보로 기술경쟁력을 향상시킬 수 있을 것이다.

문 6-1 EC화에 대하여 논하고 단계적 추진 방향에 대하여 논하여라. [90전(40)]
문 6-2 종합건설업제도에 대하여 설명하여라. [93후(35)]

Ⅰ. 개 요

① EC(Engineering Construction : 종합건설업제도)란 건설 project를 하나의 흐름으로 보아 사업발굴, 기획, 타당성 조사, 설계, 시공, 유지관리까지 업무영역을 확대하는 것을 말한다.
② EC화를 행정적으로 현실화, 구체화시킨 것이 종합건설업제도이다.

Ⅱ. EC(종합건설업제도)의 업무영역

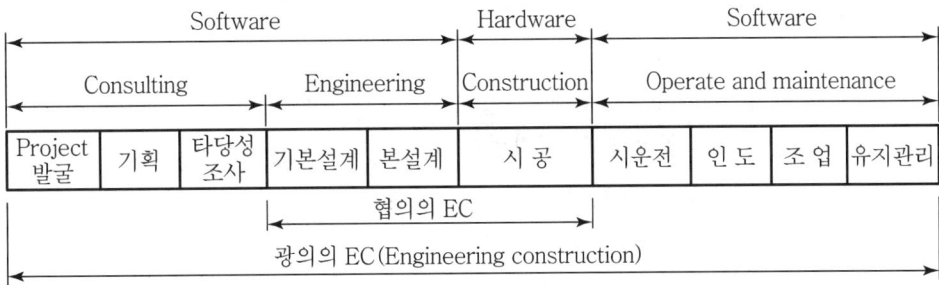

Ⅲ. 필요성

① 건설공사의 고층화, 대형화, 복잡화, 다양화
② Turn-key 발주방식 증가
③ 건설수요 및 기술력 요구
④ 해외공사의 단순 건설공사 감소
⑤ 국제 수주 경쟁력 강화
⑥ 기존 건설업계의 비효율적 운영 배제
⑦ 건설업의 환경변화
⑧ 건설사업의 package화

Ⅳ. 추진방향

1) 종합건설업체의 육성
   ① 설계, 시공, engineering 능력 향상
   ② Consulting 및 engineering 기능 확립

2) 하도급 계열화
   ① 부대입찰제도의 확대 실시
   ② 협력업체의 전문계열화 유도 및 육성
3) Turn-key 발주 활성화
   ① 신기술 개발 유도
   ② 공공공사의 turn-key 방식 발주 확대
4) 유능한 기술인력 양성
   ① Project manager 육성
   ② 전문 engineering 육성
5) Soft 기능의 강화
   ① 폭넓고 창의성 있는 기술개발
   ② 선진국의 EC project의 know-how를 국내에 feed-back
6) 기업간 협력체계
   ① Joint venture, consortium 등 공동 연구개발
   ② 타업종, 동업종 간의 협력형태 마련
7) 새로운 관·민 협력체계
   ① 발주방식, 관리체제에 EC 개념 도입
   ② 환경변화에 맞는 제도적 개선
8) 인재 육성
   ① 사원의 외국유학 및 견학
   ② 기업간의 인재교류
9) High-tech화
   ① 사업기능의 확대 및 신기술·신재료 활용
   ② Simulation, CAD, VAN, robot, IB 등을 통한 computer화
10) 기술개발 투자 확대
   ① 기술개발을 통한 원가절감
   ② 전문업종 개발
11) 탈도급화
   ① 자체 개발공사의 확대
   ② Software 분야 강화
12) 단계적 확대 및 특성화
   ① 자사의 전문 분야를 한정하여 단계적 특성화
   ② 전문분야를 단계적으로 확대

13) 제도의 개선
   ① 종합건설업제도 도입, PQ 제도 및 적격낙찰제의 확대 실시
   ② 기술개발 보상제도의 정착
14) 기타
   ① 부분적, 한계적, 단계적으로 EC화 확대
   ② 중소 건설업체의 전문화 유도
   ③ 고부가가치를 추구할 수 있는 산업 개발

V. 결 론

건설 환경 변화에 대비하여 국내 대형 건설업체의 육성을 위한 EC화(종합건설업제도)를 활성화하여 고부가가치를 창출해야 한다.

> **문 7-1** 현장 소운반 최소화 방안을 적시 생산(just in time) 시스템과 관련하여 기술하시오. [97중전(30)]
> **문 7-2** 현장에서 소운반을 최소화하기 위한 적시생산방식(Just-In time)에 대해서 기술하시오. [06중(25)]
> **문 7-3** 적시생산방식(just in time) [98중후(20)]

I. 개 요

적시생산방식이란 소운반을 최소화하기 위하여 경제성·안전성·능률성 등을 종합적으로 검토하고, 현장자재의 적재현상은 감소시켜 무재고 system이 가능하게 하는 방식이다.

II. 개념도

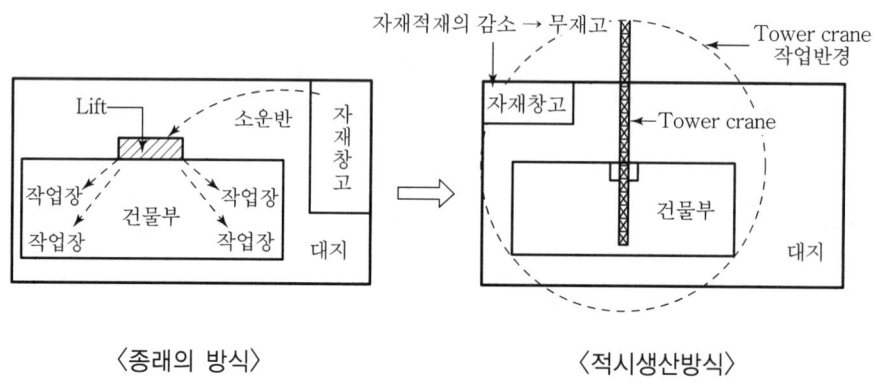

〈종래의 방식〉   〈적시생산방식〉

III. 효 과

① 자재반입과 동시에 시공이 가능하므로 공기 단축
② 현장 자재의 적재 감소 및 무재고 가능
③ 현장 정리정돈에 따른 안전성 증대
④ 품질향상
⑤ 공장과 현장의 연계작업 가능
⑥ 노동력 부족에 대처
⑦ 소운반 비용의 절감으로 공사비 절감
⑧ 건설시장 개방에 따른 경쟁력 향상

Ⅳ. 적시생산방식의 특성

1) 설계방안
   ① 골조의 MC화, 현장제작공정 축소
   ② 마감의 건식화로 현장 소운반 요소 배제

2) 재료방안
   경량화·고강도화·내화성·내구성

3) 공정계획방안
   자재반입계획과 공정진행계획을 비교 검토하여 운반동선 및 소운반의 최소화

4) 자재정리계획
   ① 자재 적재는 lift car 주위에 적재
   ② 자재 반입시 정리계획 마련

5) 가설공사시
   ① 표준화·경량화·강재화·기계화
   ② 반복사용 고려, 부속자재의 일체화

6) 골조 PC화
   ① 골조의 PC화로 현장작업 감소
   ② 골조에 사용되는 자재의 무재고 확립

7) 바닥·천장의 unit화
   ① 바닥의 unit화로 현장작업 감소
   ② 천장작업 unit화로 소운반 감소

8) 철근 prefab 공법
   ① 철근이음·가공·접합의 공정을 공장에서 제작
   ② 현장에서 적시생산방식에 따른 조립
   ③ 철근 조립 후 잉여 철근의 무재고 가능

9) 복합화 공법
   ① 골조와 마감재의 일체화
   ② 내외부 마감의 동시화

10) 동선 검토
    ① 자재 적재 장소에서 시공 위치까지 짧은 동선
    ② 운반 동선 위치 내의 장애물 제거 및 최단거리 확보

V. 무재고(Zero inventory)

1) 재고의 문제점

재고를 유지하기 위해서는 구입비용, 창고운영비, 관리비, 각종 세금, 보험료 등 많은 재고비용 발생

2) 재고와 생산효율성의 관계

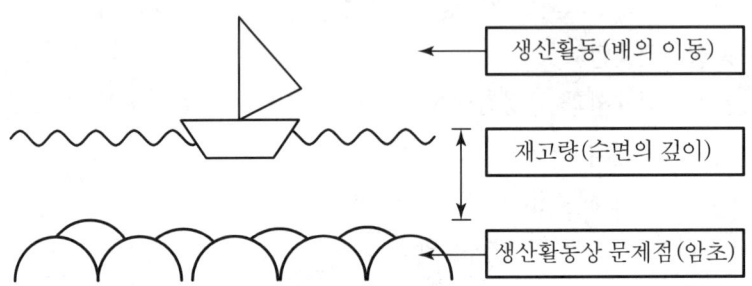

품질 저하, 산만한 작업환경, 운영 미숙, 자재운반 지연, 작업 중단, 장기 결근, 자재 반입 지연 … 등

① 재고량이 많은 경우에는 여유를 가지고 큰 문제없이 생산활동을 하는 것처럼 보이지만 생산 활동상의 문제점은 인식하지 못하게 되어 나중에 생산의 비효율성을 유발하게 된다.
② 재고량이 적으면 문제점을 바로 인식하여 이러한 문제점을 더욱 효과적으로 관리하고 궁극적으로 재고도 줄게 된다.

대량생산		주문량		재고량
100	−	10	=	90

주문량		주문생산		
10	−	10	=	가치창출

3) 원가의 낭비

과잉생산은 추가비용을 발생시키는 낭비요소이므로 억제

VI. 결 론

소운반을 최소화하기 위한 적시생산시스템의 활성화를 위해 공업화 건축의 지속적인 개발 노력을 해야 한다.

> **문 8-1** 효율적인 공사관리를 위하여 웹(Web)기반 공사 관리체계를 도입하려고 한다. 다음 사항을 기술하시오. [03중(25)]
> 1) 필요성
> 2) 초기 도입시 예상되는 문제점
> 3) 변화가 예상되는 공사관리의 범위와 대상
> 4) 현장 준비사항

Ⅰ. 개 요

Web 기반형 공사관리체계는 원가 및 공정 등 현장내 주요 공사관리를 건설공사 관리용 솔루션을 활용 web을 통하여 시행하는 것으로 건설 각 단계에서 발생하는 정보에 대한 네트워크 공유가 가능하고 공사 주요 정보에 대한 DB(Data Base)화가 가능하며, 현황 관리를 통해 비용이 절감되는 공사관리체계이다.

Ⅱ. 웹(web)기반 공사관리체계

1. 필요성

① 건설사업 특성상 관련조직 및 업무가 다양하고 복잡하여 체계적인 관리 필요
② 건설현황 데이터 등 사실에 의한 의사결정 지원
③ 프로젝트 관련자의 다면참여유도
④ 온라인을 통한 건물의 품질 증진
⑤ 단순 반복적인 업무 및 불필요한 소요시간 제거
⑥ 비용절감(전자상거래), 공사관리의 효율화(PMIS), 관리 성력화(웹카메라) 등 가능
⑦ 2005년 이후 국가적으로 시행 예정인 CALS 시행기반 구축

2. 초기 도입시 예상되는 문제점

1) 시스템 측면

① PMIS(Project Management Information System) 및 DB 등을 통한 공사관리는 단위현장차원보다 전사차원 추진 필요
② 솔루션 구매비용이 10억 이상 등으로 시스템 비용 구축이 매우 고가
③ 높은 수준의 현장관리 정보화 추진시 웹카메라 센서, DB등 구축비뿐만 아니라 유지관리비용 과다 소요

2) 컨텐츠 측면
   ① 건설부문 정보화는 후발 분야로서 국내뿐만 아니라 글로벌 스탠다드도 미구축 상태임
   ② 솔루션에 따라 수행가능한 업무가 천차만별이며 구입한 솔루션이 관리하고자 하는 회사의 방향과 다를 수 있음
   ③ 또한 초기의 DB 구축 등이 요구되므로 단기성과는 곤란하며 장기적 추진 필요

3) 사용자 측면
   ① 건설분야 사업참여자는 건설정보화에 대한 요구수준 및 숙련도가 업계 최저
   ② 이에 따라 초기에 많은 혼란이 예상되며 지속적으로 추진 곤란이 예측됨
   ③ 이를 방지하기 위해서는 지속적인 마인드 함양 및 교육, 성과 지표관리 필요

3. 변화가 예상되는 공사관리의 범위와 대상

1) 공사관리 분야
   ① 문서 결재, 문서접수 및 발송, DB관리 등 전산화
   ② 공사일지, 도급업체 관리, 공사 참여 인력 등의 관리
   ③ 프로젝트 관련자의 온라인 커뮤니케이션 참여 유도

2) 공정관리 분야
   ① 공정표, 공정사진 등의 DB화
   ② 부진공정, critical path 변화 등의 실시간 정보체계 및 문제점 자동통보

3) 예산관리 분야
   예산집행내역, 지출내역, 기성관리 등 현장 예산내역 및 본사와의 system 연계를 통한 전사적 예산관리

4) 품질관리 분야
   ① 품질시험내역, 검사내역, 시정내역 등 현장 품질관리 DB화
   ② 시방서 등 연계관리
   ③ 현장내 웹카메라를 통한 실시간 감시 관리체계 구축

5) 안전, 환경관리 분야
   ① 안전계획, 안전교육 실적관리, 점검내역, 안전관리비 집행내역, 환경관리내역 관리
   ② 현장내 안전을 위한 위험물 접근경고 센서 등 보조설비 설치

4. 현장준비사항

1) 전사적 차원의 준비사항
   ① PMIS, DB 등 구현시스템의 선정 및 구축범위 선정
   ② 현장관리를 위한 host 설치 및 전문인력, 유지관리 요원 배치
   ③ 각 현장 데이터의 통합방안 수립 및 사업 피드백 방안 수립

2) 현장 준비 사항
   ① Lan 및 ADSL(asymmetric digital subscriber line) 등 host와의 네트워크 체계구축
   ② 솔루션 및 컴퓨터 등 운용가능 시스템 설치
   ③ 웹카메라, 안전센서 등 보조시스템의 설치계획 수립 및 설치

Ⅲ. 결 론

① Web이란 computer 내에 여러 가지 공사관리의 정보인 콘텐츠(contents)를 솔루션(solution) 즉, program화하여 운영하는 일종의 공사관리용 network이다.
② 그러나 web에 대한 건설현장인들의 무관심으로 web 적용시 한계점이 들어나 소외받고 있는 현실이어서 많은 교육이 필요한 실정이다.

문 8-2 High-tech [89(5)]

I. 정의

High-tech 건축이란 기획·설계·재료·시공·유지관리에 이르기까지, 전 건축생산 활동을 computer 기술을 통하여 하는 것이다.

II. 특성

① 재료, 구조, 시공분야에 공학적 기술 이용
② 재료의 고강도 및 세라믹화
③ 구조설계 표현의 극대화
④ 고도의 기술 이미지 창조
⑤ 합리적인 디자인 개념 부여
⑥ 건축 생산기술 혁신

III. 표현 방법

① 내부의 내용을 외부로 노출
② 건축공법에서 과정을 중시
③ 건축의 투명성, 중첩성, 생동감의 표현
④ 건축 마감의 밝은 단색 처리
⑤ 건축 구조 부재의 경량·장식화
⑥ 과학 문화에 대한 낙관적인 확신

문 8-3 건축시공의 지식관리 시스템 추진방안 [02중(25)]

Ⅰ. 개 요

지식관리 시스템이란 조직 내의 인적자원들이 축적하고 있는 개별적인 지식을 체계화하여 공유함으로써 기업경쟁력을 향상시키기 위한 기업정보 시스템이다.

Ⅱ. 지식관리 시스템

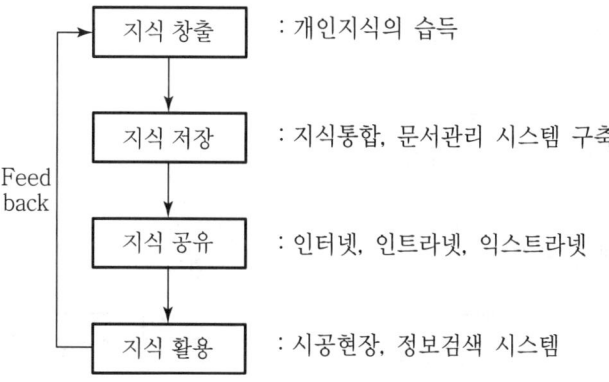

Ⅲ. 지식관리 시스템 추진방안

1) 건설산업의 정보 인프라 구축

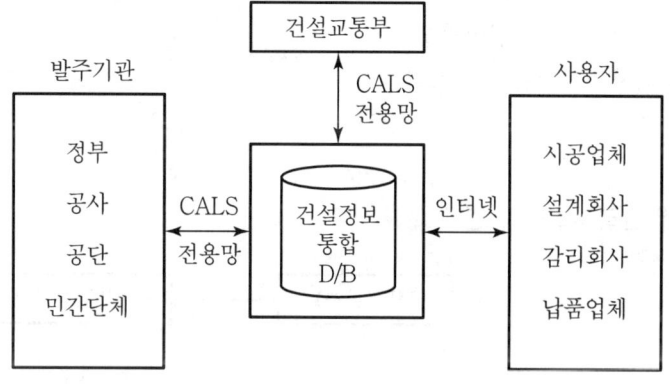

① 건설산업 지식 데이터베이스 구축
② 지식관리 전담조직 구축

2) 표준분류체계에 따른 지식창고 구축
   ① 건설 표준화 도입

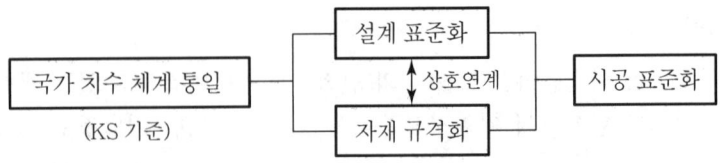

   ② 사용자가 쉽게 접근 가능

3) 인력 데이터베이스 구축
   ① 연구사업 성격에 따른 인력의 투입
   ② 프리랜서 연구인력 활용 가능
   ③ 전문교육기관을 활용하여 지식관리 구축

4) 건설통합정보 시스템의 도입

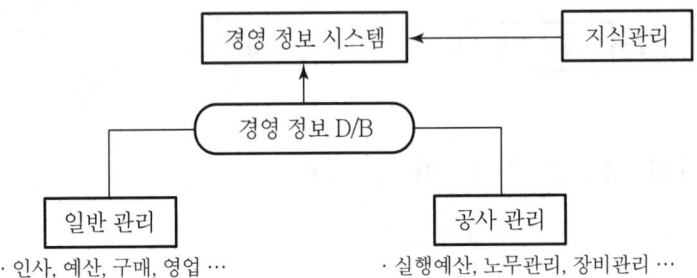

   ① 각종 업무의 신속정확
   ② 의사결정위험의 최소화
   ③ 조직 전체의 경쟁력 향상과 기업의 가치 제고

5) 사업관리시스템과 연계

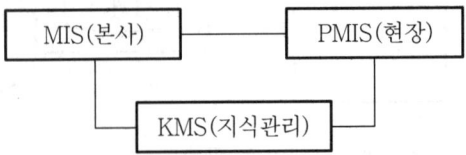

구성원 개인의 지적자원을 조직 내부의 보편적 지식으로 공유

Ⅳ. 건설산업 지식관리체계의 문제점

① 지식공유체계의 부재
② 폐쇄적인 정책입안과 결정
③ 지식 네트워크의 미비
④ 건설기술 거래 활성화를 위한 창구 미비
⑤ 지적소유권에 대한 제도적 보완장치 미비
⑥ 아웃소싱에 관한 지식정보의 부재
⑦ 지식관리체계에 대한 인식미흡
⑧ 표준화된 체계의 미비

Ⅴ. 결 론

이러한 추진방안을 바탕으로 건설산업지식 관리체계의 프로세스를 정립해 나간다면 건설산업이 고부가가치를 갖는 지식산업으로 탈바꿈할 수 있을 것으로 기대한다.

> **문 9-1** 건축공사에서 BIM(Building Information Modeling)의 필요성과 활용방안에 대하여 설명하시오. [08중(25)]
>
> **문 9-2** 건축 시공분야에서의 BIM(Building Information Modeling) 적용방안에 대하여 설명하시오. [11전(25)]
>
> **문 9-3** BIM(Building Information Modeling) [10전(10)]

I. 개 요

① BIM(Building Information Modeling)이란 건축정보모델링으로 2D캐드에서 구현되는 정보를 3D의 입체 설계로 전환하고 건축과 관련된 모든 정보를 Data Base화해서 연계하는 System이다.

② BIM은 3D의 가상 세계에서 미리 건물을 설계하고, 시공까지 해보는 개념으로, 설계과정과 시공과정에서 발생하는 문제점을 미리 예측할 수 있으며, 각 공정이 Data Base화 되어서 환경부하, 에너지소비량 분석, 탄소배출량 확인, 견적·공기·공정 등 알고 싶은 모든 정보를 제공하는 System이다.

II. 필요성(적용방안)

1) 환경부하 측정 및 에너지 분석
   ① 자재에 따른 환경부하량 계산 가능
   ② 건축물의 방위에 따른 에너지 소모량 분석
   ③ 건축물 준공 후 전체 에너지 소비량 측정 가능

2) 탄소배출량 확인
   ① 부가적인 Program과 결합하여 건축물의 탄소배출량 측정
   ② 신재생에너지의 적용으로 인한 탄소배출량 변동측정 가능
   ③ 건축물 준공 후 발생되는 전체 탄소배출량이 사전 확인으로 탄소배출량 저감에너지를 활용하여 건축물의 탄소배출량 저감설계 가능

3) 생산성과 투명성 향상
   ① 각 공정에 관여하는 사람이 3D 정보를 손쉽게 이해하고, 의사소통이 원활하고 신속한 의사결정이 가능하다.
   ② 공기 단축과 상호 이해 증진으로 신뢰성이 증대된다.
   ③ 생산성이 획기적으로 향상된다.

4) 정확한 사업성 보장
   ① BIM은 정확한 물량산출이 가능하고 공기상의 위험성이 사전에 check 되므로 사업에 필요한 정확한 견적이 가능하다.
   ② 발주자와 시공자가 서로 신뢰하며 합리적 금액으로 계약 가능하다.
   ③ 정확한 원가계산과 공기 산출로 안전성과 생산성이 향상되고 상호 신뢰성이 증진된다.

5) 설계 변경 용이
   ① 손쉬운 설계변경과 디자인을 개발할 수 있다.
   ② BIM은 해당 data를 변화하면 관련정보들이 연동되어 변동된다.
   ③ 설계변경이 손쉽고 3D 가상공간에 다양한 설계개발이 가능하다.
   ④ 디자인된 새로운 공간의 느낌과 효용성의 사전 검증이 가능하다.
   ⑤ 설계자에게 새로운 무한 상상 공간을 제공하는 것이다.

6) 설계와 시공 data base 누적
   ① 2D 되면 시공후 정보로서 역할이 거의 끝나지만 BIM은 모든 과정이 축적되기 때문에 지속적 정보축적의 효용성을 갖는다.
   ② BIM으로 작성된 정보는 그대로 축적되어 다른 건축물 건립시 기초자료로 쓰이고 그 자료를 변형하여 새로운 설계가 가능하게 된다.
   ③ 축적된 정보는 향후 다른 건물과 관련 건축분야에 적용하여 무한한 변화와 지속적 upgrade의 기본이 된다.
   ④ BIM은 비용절감, 공기단축, 독창적인 디자인과 효율적인 건물운영이 가능한 핵심기술이다.

7) 국제 경쟁력 제고
   ① BIM은 유럽, 각국, 싱가포르, 두바이 건설현장 등에서 설계되어 시공되고 이미 검증된 핵심기술이다.
   ② 앞으로 건설시장은 새로운 기술을 신속하게 도입하여 시장에서 경쟁력 우위를 정하는 최고의 기술이다.
   ③ 업계와 학계에서 변화를 수용하고 빠른 시일 안에 국제적 생산성과 경쟁력 확보가 필요하다.

Ⅲ. 활용방안

1) 친환경 건축물 축조
   ① 건축물 전체에 사용되는 에너지의 저감
   ② 건축물 준공후 발생되는 탄소배출량 저감
   ③ LCC관점에서 경제적이고 친환경적인 건축물 축조

2) 생산성 향상
   ① 공사금액과 공사일정의 투명화로 건설 생산성이 크게 향상된다.
   ② 발주자와 건설업체간에 발생되는 공사비 증감의 원인을 쉽게 파악하여 적용 가능하다.
3) 건설 claim 감소
   ① 건설 claim의 진행 방향

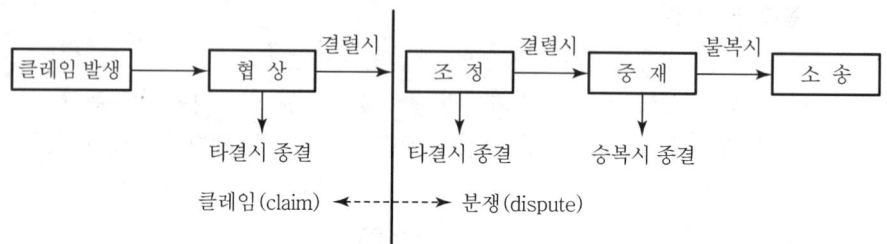

   해결되지 않은 클레임은 분쟁으로 발전하게 되며, 이런 분쟁의 해결에는 조정이나 소송 등의 여러 가지 방법들이 사용된다.
   ② 건설공사에서 BIM의 적용으로 건설 claim의 감소가 현저할 것으로 예상된다.
4) 설계의 선진화
   ① 기존 설계사무소의 전근대적인 설계방식에서 건물 디자인 능력향상에 기여한다.
   ② 설계 기술자의 설계 능력 향상 및 건물 디자인 능력 향상에 기여한다.
5) 산·학·연의 연계 강화
   ① 학계에서 연구하고 발표되는 신기술을 설계에서 쉽게 적용가능성을 확인할 수 있다.
   ② 설계 가능한 기술은 현장에서 적용하므로 학계와 실무와의 communication이 우수해진다.
   ③ 학계와 실무와의 교류 증진에 기여한다.
6) 신기술 적용 용이
   ① 신기술은 3D system으로 사전 검토가 가능하다.
   ② 신기술의 보완 및 향상작업이 3D system에서 가능하다.
   ③ 실용성이 확인된 신기술의 적용이 빨라진다.

IV. 결론

① 국내 최초로 공공건축 프로젝트에 BIM을 통한 기본 실시설계가 의무 적용된다.
② BIM의 적극적 도입으로 새로운 변화와 무한한 기회를 창출하는 것으로, 한국건축의 미래는 밝아 무한한 잠재력을 일깨우는 새로운 도전이다.

문 10-1 Intelligent building [88(5)]
문 10-2 IBS(Intelligent Building System) [96전(10)]

I. 정 의

Intelligent building이란 건축물이 인간의 개성을 존중하며, 쾌적한 실내환경 제공, 사무작업의 능률향상을 통하여 충분한 서비스를 제공하는 첨단기술이 집약되어 업무효율을 극대화시키는 종합건축물로써 지능형 건축물이라고도 한다.

II. IB 도입배경

① 전자정보 통신기술의 눈부신 발달
② 통신산업의 자동화에 따른 진보
③ 정보화시대 도래
④ 기업의 생산향상 의욕

III. 도입시 효과

① 사무생산성 향상
② 경제성 증대
③ 높은 유연성
④ 쾌적성 부여
⑤ 독창적인 building

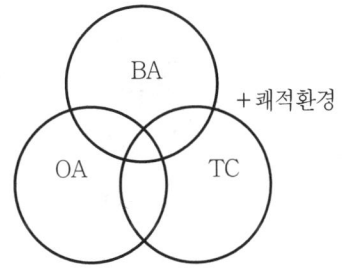

BA(Building Automation) : 건물자동화
OA(Office Automation) : 사무자동화
TC(Tele Communication) : 정보통신

문 11-1 CIC(Computer Integrated Construction) [96전(10)]

문 11-2 건축산업의 정보통합화 생산(Computer Integrated Construction) [98중후(20)]

I. 정 의

건설산업정보통합화생산(CIC)은 건설 생산과정에 참여하는 모든 참가자들로 하여금, 공사 진행시 모든 과정에 걸쳐 서로 협조하며 하나의 팀으로 구성하여 건설분야의 생산성 향상·품질확보·공기단축·원가절감 및 안전확보를 통한 대외경쟁력을 높이는 데 적절한 system이다.

II. CIC의 개념도

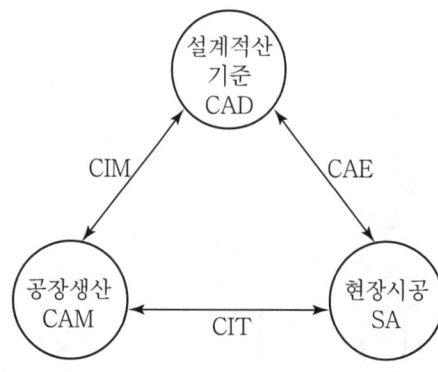

CIM : Computer Integrated Manufacture
CAE : Computer Aided Engineering
CIT : Computer Integrated Transportation
CAD : Computer Aided Design
CAM : Computer Aided Manufacture
SA : Site Automation

III. CIC의 용도(목적)

① 다양한 정보와 조직을 체계화하여 통합한다.
② 각 조직의 목적에 합당하게 정보화 처리한다.
③ 생산자동화를 통하여 생산성을 증대한다.
④ 건설현장의 생산을 공장화로 추진한다.

IV. 개발 방향

① 국제화 의식 고취   ② 고도의 정보화 활용
③ 자동화 system 구축   ④ 설계 자동화
⑤ 공장생산에서 부품의 공업화 ⑥ 현장시공의 VAN에 의한 정보화

> **문 12-1** Work breakdown structure에 대하여 설명하시오. [94후(25)]
> **문 12-2** 건설공사 관리에 있어 작업분류(Work Break Down)의 목적, 방법 및 그 활용방안과 범위 [02중(25)]
> **문 12-3** 건설공사의 통합관리를 위한 WBS(작업분류체계)와 CBS(원가분류체계)의 연계방안에 대하여 기술하시오. [06전(25)]
> **문 12-4** WBS(Work Breakdown Structure) [00전(10)]

Ⅰ. 개 요

① 공사를 효율적으로 계획하고 관리하고자 할 때, 그 공사내용을 조직적으로 분류하여, 목표를 달성하는데 이용해야 한다.
② WBS는 공사내용을 작업에 주안점을 둔 것으로, 공종별로 계속 세분화하면 공사내역의 항목별 구분까지 나타낼 수 있다.

Ⅱ. Breakdown structure 종류

Breakdown structure ┬ WBS(Work Breakdown Structure : 작업분류체계)
　　　　　　　　　　├ OBS(Organization Breakdown Structure : 조직분류체계)
　　　　　　　　　　└ CBS(Cost Breakdown Structure : 원가분류체계)

Ⅲ. 목 적

① 세부단위작업까지 명확히 분류
② 각 단계에서 단위작업과 전체공사와의 관계 파악
③ 각 요소작업의 중복이나 누락방지
④ 공사일정 및 공사비용별 구조 설정
⑤ 상위단계로 순차적 일정, 원가 요약

Ⅳ. WBS 방법

1) WBS(작업분류체계)

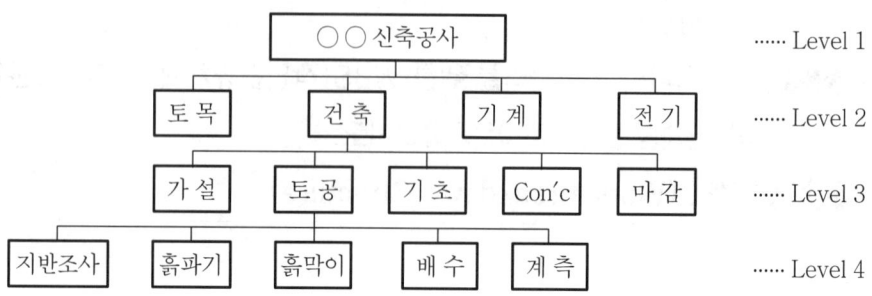

2) 분류
   ① 공종별로 분류할 수 있고, level(계층) 구조를 가진다.
   ② 하위계층 수준까지 계속 내려가면 공사내역의 항목별 구분까지 나타낼 수 있다.
   ③ 일반적으로 4단계까지의 분류를 많이 사용하며, 이는 원가분류체계와 밀접한 관계가 있으므로 서로의 자료연계와 공유가 용이하다.
   ④ 경영자, 관리자 및 담당자 등의 업무 범위나 내용에 따라 요구되는 계층수준이 다르고 관리목표에 따라 분류방법이 다를 수 있다.

3) 유의사항
   ① 공사내용의 중복이나 누락이 없어야 한다.
   ② 관리가 용이한 분류체계가 되어야 한다.
   ③ 합리적인 분류체계가 되어야 한다.
   ④ 분류체계의 최소단위에서는 물량과 인력이 각 단위 요소별로 명확히 분류되어야 한다.
   ⑤ 실작업의 물량과 투입인력을 관리할 수 있는 분류가 되어야 한다.

Ⅴ. WBS 활용방안

① 순차적인 일정 및 원가의 집계
② 작업단위별 비교 및 측정 가능
③ 신규프로젝트에 대한 사전정보 제공
④ 요약 및 보고의 체계 확립
⑤ 프로젝트 수행의 작업표준화를 통한 자료 누적
⑥ 프로젝트의 수직적 자료 제공

Ⅵ. WBS 범위

① 공종별 분류
② 관리분야별로 분류(직영, 하도 등)
③ 구조물별 분류
④ 지역(Area)별 분류(장소별 위치)
⑤ 시스템별 분류
⑥ 엘리베이션별 분류
⑦ 예산 항목별, 중기, 장비별
⑧ 책임부서 및 부문별

Ⅶ. WBS와 CBS의 연계방안

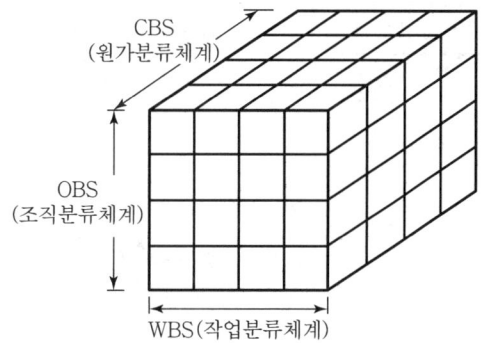

① WBS는 작업에 따라, OBS는 조직에 따라, CBS는 원가에 따라 분류한 것이다.
② 공사 전체를 어떤 시각으로 나누어 관리하느냐에 따라 하나의 단위작업의 의미는 달라진다.
③ 3차원 형식으로 표현하면 CBS의 직접공사부분이 WBS이고, 이를 수행하는 주체별로 나눈 것이 OBS라 할 수 있다.

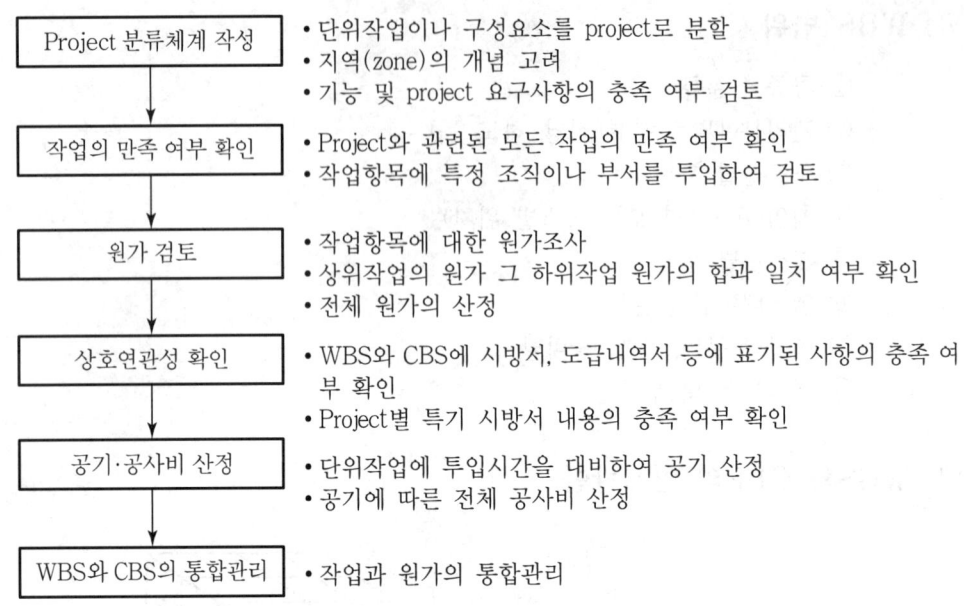

Ⅷ. 결 론

공사의 분류체계 및 자료로서 WBS의 중요성은 이를 근간으로 협의의 모든 공사관리 뿐만 아니라 모든 시방서, 도면, 작업계획, 기술문헌 등이 하나로 통일될 때 의미를 가지게 된다.

문 13-1 건설 CALS [97중후(20)]
문 13-2 건설 CALS(Continuous Acquisition & Life cycle Support)
[00전(10)]

Ⅰ. 정 의

CALS란 건설업의 기획·설계·계약·시공·유지관리 등 건설생산활동의 전 과정을 통하여, 발주기관·건설관련업체들이 computer 전산망을 통하여 정보를 신속하게 교환 및 공유하여, 건설사업을 지원하는 건설분야 통합정보시스템이다.

Ⅱ. CALS의 개념도

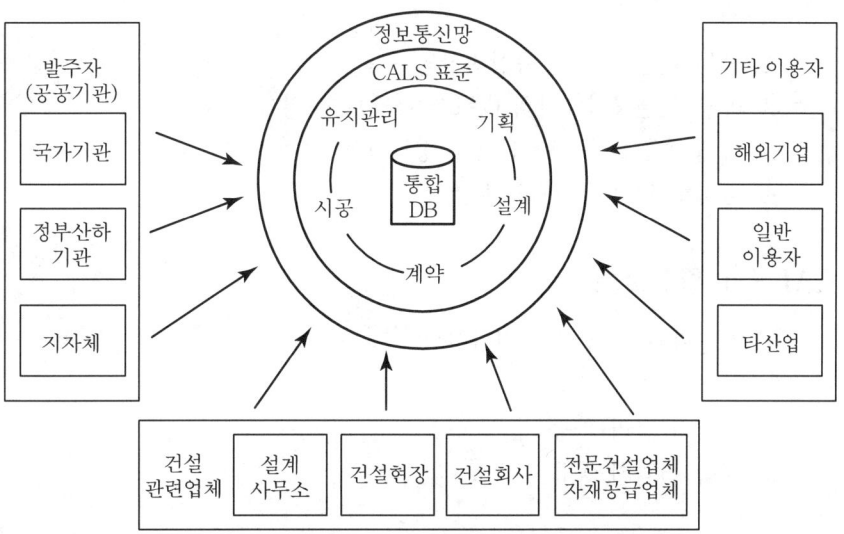

Ⅲ. CALS의 필요성

① 입찰 및 인·허가 업무의 투명성
② 업체의 경쟁우위 확보
③ 개방화, 국제화에 대응
④ 기술력 증대
⑤ 업무의 효율적 운영
⑥ 건설업의 생산성 향상
⑦ 업체의 수주능력 향상

Ⅳ. 건설 CALS의 구축 단계

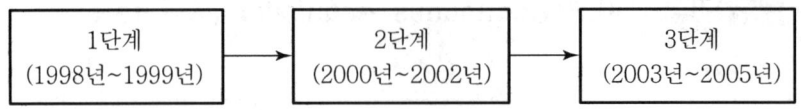

1) 1단계
   ① Data base의 표준화
   ② 조달청과 연계로 입찰 및 자재 조달의 시범 실시
2) 2단계
   ① 일정 금액의 공공공사에서 시범 실시
   ② 설계·시공·유지 관리 등 분야별 시범 실시
3) 3단계
   ① 모든 건설 정보의 통합전산망 구축
   ② 공공 건설공사에서의 CALS 체계로 운영
   ③ 국내 종합물류망과 선진국 정보망을 연계
   ④ 점차로 민간공사에도 파급

Ⅴ. CALS의 활용효과

① 시간단축(견적, 인·허가 등)
② 구매 system 구축
③ 원거리 감리 가능
④ 계측 결과치 공유

문 14-1 Business Reengineering에 의한 건설경영 혁신방안에 대하여 기술하시오.
[03전(25)]

문 14-2 경영혁신의 기법으로서의 벤처마킹
[97후(20)]

Ⅰ. 개 요

Business reengineering이란 기존의 업무방식을 근본적으로 재고려하여 기업의 제반 관리 및 운영체계를 급진적으로 재구축하는 건설경영 혁신 중 하나이다.

Ⅱ. 건설경영 혁신기법의 분류

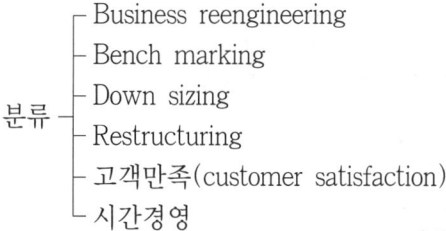

Ⅲ. Business reengineering의 목표

① 공기단축 및 비용감소
② 하도급업체 관리
③ 간접비의 감축
④ 문제점의 해결
⑤ 조정과 업무연계
⑥ 고객 서비스

Ⅳ. Business reengineering의 원칙

① 업무 위주가 아닌 결과 위주로 경영·관리하라.
② Process의 결과를 받는 사람에게 process를 수행하게 하라.
③ 정보처리업무를 정보를 제공하는 실제 업무로 만들어라.
④ 지역적으로 흩어진 자원을 중앙에 모여 있다고 간주하라.
⑤ 업무 결과의 단순통합이 아닌 업무를 연계시켜라.
⑥ 업무 수행 부서에 결정권을 부여하고 process 내에 통제를 유치하라.
⑦ 정보는 발생지역에서 한 번만 처리하라.

V. Business reengineering의 추진단계

다음과 같이 총 11단계로 구성된다.

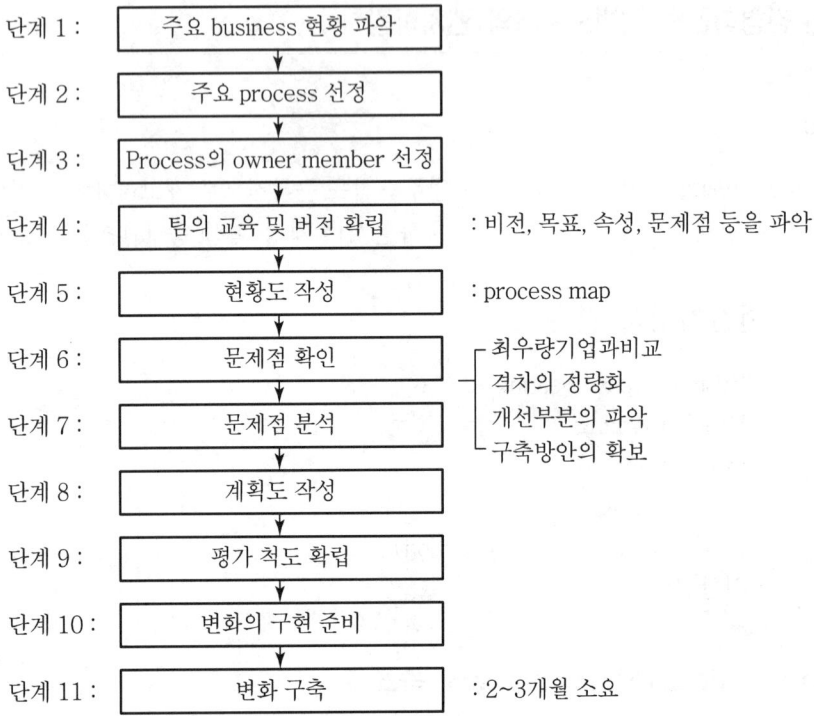

VI. Bench Marking(벤치마킹)

1) 의의

BM(Bench Marking)이란 지속적인 개선을 통하여 기업의 업무를 혁신하여, 우량기업으로 발전시키기 위한 건설경영 혁신기법이다.

2) BM의 방법

① 기업내 여러 가지 업무 중 개선 또는 혁신이 필요한 업무를 혁신하여 우량기업으로 발전시키기 위한 기법이다.
② 그 업무가 최고수준인 경쟁회사와 비교·분석한다.
③ 비교·분석한 업무를 창조적인 모방을 통하여 사내에 도입한다.
④ 업무의 격차를 점차 줄여 나중에 경쟁회사를 추월한다.

3) BM의 적용

① 경영의 변화　　　　　　　② 현행 업무에 대한 재검토
④ 작업 공정 개선　　　　　　⑥ 비용절감 및 예산수립

Ⅶ. Business reengineering과 bench marking의 비교

구 분	Business reengineering	Bench marking
변 화 정 도	급진적(fast)	지속적(slow)
시 작 점	무(無)에서	현재의 업무에서
변 화 횟 수	한 번	지속적(여러 번)
소 요 시 간	짧다.	길다.
참 여 도	위에서 밑으로	밑에서 위로
변 화 범 위	큰 범위(기능과 기능 사이)	좁은 범위(기능 내에서)
위 험 도	높다.	보통이다.
근 본 도 구	정보기술	통계
변 화 종 류	기업문화 및 구조	기업문화

Ⅷ. 결 론

건설경영에 business reengineering의 도입으로 기존 건설업의 잘못된 관행들을 과감하게 개선하고 건설업 생산성 향상과 비용절약에 일익을 담당하여야 한다.

> **문 15-1** Lean Construction(린 건설)의 기본개념, 목표, 적용요건, 활용방안 등에 대하여 기술하시오. [04전(25)]
> **문 15-2** 린 건설(Lean Construction) 생산방식의 개념 및 특징에 대하여 설명하시오. [11전(25)]
> **문 15-3** 린건설(Lean Construction) [06후(10)]

Ⅰ. 개 요

① 린 건설은 '기름기 또는 군살이 없는'이라는 뜻의 린(Lean)과 건설(Construction)의 합성어로서 낭비를 최소화 하는 가장 효율적인 생산시스템을 의미한다.
② 린 건설에서는 생산과정에서의 작업(activity)을 이동, 대기, 시공, 검사의 4단계로 구분한다.

Ⅱ. 개 념

1. 기본개념

작업구분	가치	
시공	부가가치	------→ 최대화
이동	낭비	------→ 최소화
대기		
검사		

2. 목표

1) 무낭비(Zero waste)
   ① 시간 낭비의 최소화
   ② 시공을 제외한 이동, 대기, 검사 작업은 비가치 창출작업이므로 최소화
2) 무재고(Zero inventory)
   ① 재고를 유지하기 위해서는 구입비용, 창고운영비, 관리비, 각종 세금, 보험료 등 많은 재고비용 발생

② 재고와 생산효율성의 관계

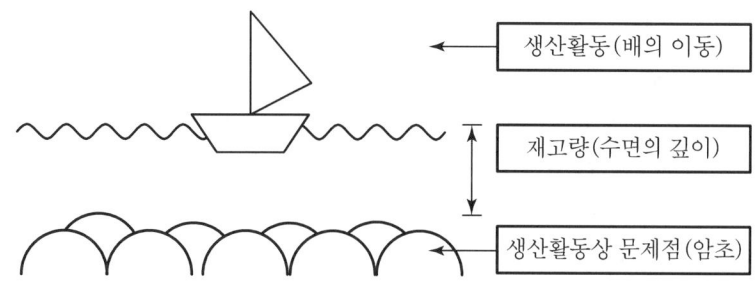

품질 저하, 산만한 작업환경, 운영 미숙, 자재운반 지연,
작업 중단, 장기 결근, 자재 반입 지연 … 등

재고량이 많은 경우에는 여유를 가지고 큰 문제 없이 생산활동을 하는 것처럼 보이지만 생산활동상의 문제점은 인식하지 못하게 되어 나중에 생산의 비효율성을 유발하게 된다. 하지만 재고량이 적으면 문제점을 바로 인식하여 이러한 문제점을 더욱 효과적으로 관리하고 궁극적으로 재고도 줄게 된다.

③ 원가의 낭비

대량생산		주문량		재고량
100	−	10	=	90

주문량		주문생산		
10	−	10	=	가치창출

과잉생산은 추가비용을 발생시키는 낭비요소이므로 억제

3) **무결점(Zero defect)**

지속적인 개선을 통한 고객만족을 위하여 완벽성 추구

4) **고객만족(Customer satisfaction)**

① 린 건설에서는 선행 프로세스를 갖는 후행 프로세스가 고객이 됨
② 고객인 후행 프로세스의 수행자가 만족하지 않으면 완료된 것으로 보지 않음

5) **품질의 낭비**

① 최종생산품이 고객의 요구를 만족시키지 못하는 것은 낭비 요소
② 후속공정을 만족시키지 못하는 선행공정의 결과물도 낭비 요소

Ⅲ. 적용요건(특징)

1) 변이 관리
   ① 변이는 시스템에 존재하는 불확실성에 의해 초래되는 것으로 목적물의 성과치가 일정한 값으로 나타나지 않고 불규칙적으로 변하는 현상
   ② 변이가 크면 클수록 계획에 대한 신뢰성이 저하되므로 이를 극복하기 위해서는 변위관리 필요

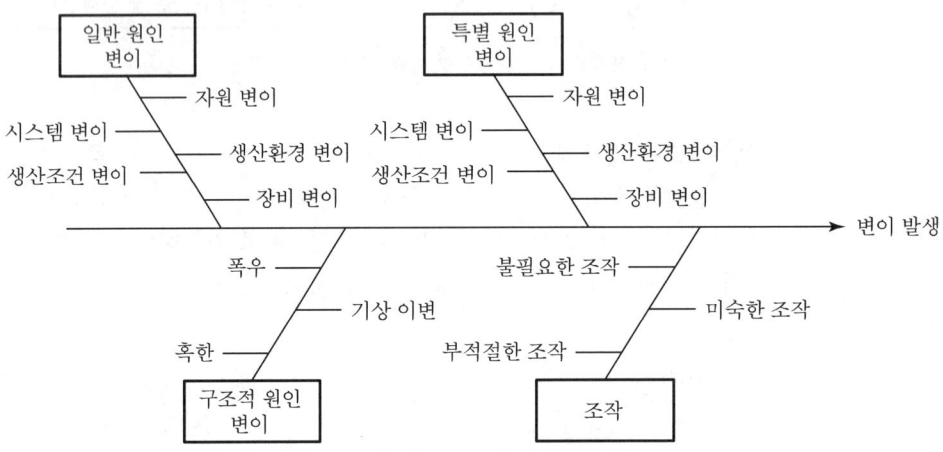

2) 소단위 생산
   ① 린 건설에서는 대량생산보다는 소단위 생산을 요구
   ② 소단위 생산은 신속한 시험시공에 의해 낭비요소의 조기 발견 및 조치가능

3) 당김 생산(Pull-type system)
   ① 기존의 건설생산은 후행 프로세스를 고려하지 않고 무조건 생산하여 제품을 밀어내는 밀어내기식 생산
   ② 린 건설은 후속작업의 상황을 고려하여 후속작업의 필요한 품질수준에 맞추어 필요로 하는 만큼만 생산하는 당김식 생산

4) 흐름 생산
   ① 전체적인 관점에서의 생산 프로세스의 개선이 중요
   ② 후속공정의 요구에 따른 생산 및 각 공정간의 의사소통 확립

Ⅳ. 활용방안

1) Just in time(적시생산시스템)
   ① 재고가 없는 것을 목표로 하는 생산시스템

② 자재의 운반 및 작업대기 과정에서의 효율성 극대화
2) 건설 CALS
　　① 모든 자료와 정보를 디지털화하여 자동화된 환경제공
　　② 신속한 정보 공유, 유통체계 확립, 비용절감 및 시간단축
3) **표준화 통한 개선**
　　① 낭비요소의 발견 및 분석
　　② 표준작업, 작업개선, 장비개선
4) Tact 공정관리
　　① 작업을 층별, 공종별로 세분화 → 다공구
　　② 각 액티비티 작업기간이 같아지게 인원, 장비배치 → 동기화
　　③ 같은 층내의 작업들의 선후행 단계를 조정한후 층별 작업이 순차적으로 진행될 수 있도록 계획
5) 데이터에 의한 공사관리
　　① 데이터의 디지털화
　　② 네트워크를 이용한 정보공유 및 의사소통
　　③ 디지털화된 정보의 통계분석을 통한 개선점 강구
6) 마감공기 30% 단축
　　① 린건설 기법 적용
　　　　㋑ 운반대기과정 단축
　　　　　　도면 검토회의 활동
　　　　㋺ 처리과정 합리화
　　　　　　Tact 관리기법에 의한 체계적 시공
　　　　㋩ 당김식 생산체계 확립
　　　　　　협력업체간 협의
　　② 마감공기 단축을 위한 적용기법
　　　　㋑ 도면검토회 운영
　　　　㋺ 커뮤니케이션 프로세스 확립
　　　　㋩ 린건설에 의한 Tact 관리기법 도입

V. 결 론

　　건축생산 프로세스의 개선을 위해서는 비가치 창출작업인 운반, 대기, 검사 과정을 최소화하고 가치 창출작업인 시공과정의 효율성을 극대화시킬 필요가 있으므로, 국내 건설환경에 적합한 맞춤형 린 건설 이론과 기법 그리고 도구들이 연구 개발되어야 한다.

> **문 16-1** Web기반 PMIS(Project Management Information System)의 내용, 장점 및 문제점에 대하여 기술하시오. [07중(25)]
> **문 16-2** PMIS(Project Management Information System) [01중(10)]
> **문 16-3** PMDB(Project Management Data Base) [00전(10)]

Ⅰ. 개 요

사업 전반에 있어서 수행 조직을 관리 운영하고 경영의 계획 및 전략을 수립하도록 관련 정보를 신속 정확하게 경영자에게 전해줌으로써, 합리적인 경영을 유도하는 porject 별 경영정보체계를 PMIS 또는 PMDB라고 한다.

Ⅱ. PMIS의 내용

1) PMIS의 구성

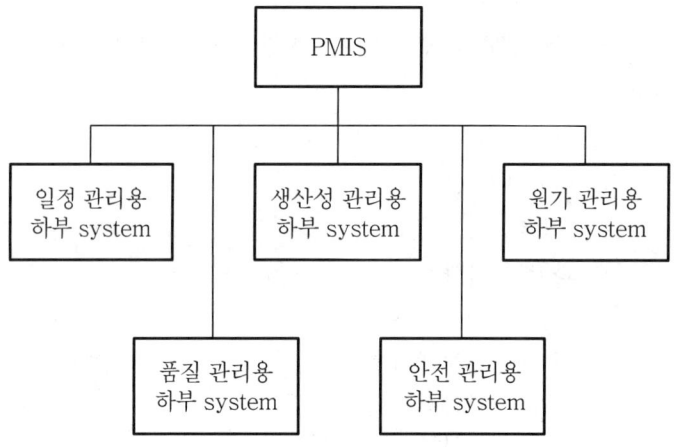

2) 필요성
   ① 현재의 공사수행 분석정보 필요
   ② 건설사업의 발주 및 규모가 다양
   ③ 건설산업의 환경변화
   ④ 기성청구와 관련된 정보의 분석
   ⑤ 투자자본 분석을 위한 정보 필요

Ⅲ. PMIS의 장점

1) 신속한 정보수집 및 교류
    ① 적정 정보의 신속 제공
    ② 수정이 가능한 정보를 제시간에 제공
    ③ 관리운영, 계획, 전략수립, 정보교류
2) 현장 및 본사의 정보 단계적 수집
    ① 공사현장 세부 정보의 수집
    ② 본사의 경영 전반에 걸친 정보의 수집
3) 각 정보별 체계적 분류
    ① 각각 정보에 대한 분류의 확실성
    ② 정보의 전체적인 분류체계 확립 가능
4) 모든 정보의 data base화
    ① 각 project의 운영 전반에 대한 data base화
    ② 현장의 세부 항목에 대한 data 체계화
    ③ 본사의 경영에 관한 정보의 수집 및 기록화
5) 운영에 대한 code화
    ① 각 project의 운영에 대한 지원 code화
    ② 본사 차원의 통제가 가능토록 정보의 code화

Ⅳ. PMIS의 문제점

1) 보안 유지 곤란
    ① 현장의 세부항목 노출로 인한 보안유지 곤란
    ② 본사 경영 전반에 관한 내용의 보안 노출 우려
2) 불필요한 정보 남발
    ① 방대한 양의 정보 남발 우려
    ② 적절치 못한 정보 수집시 혼란 우려
3) 정보처리 우수인력 확보 곤란
    ① 정보처리를 원활히 운영하는 우수인력 확보 곤란
    ② 전문인력의 교육 투자비 증대
    ③ 각종 교육 program을 활용한 우수인력 확보 곤란

4) 단위 현장에 국한
① 건설업체의 큰 규모가 아닌 단위현장에서의 DB 구축
② 사용자(user)는 본사단위 현장직원에 한정됨

V. 건설업에서의 PMIS 구축방안

① 신속한 자료수집 및 교류를 위한 data 통신망 설치
② 공사현장의 세부자료 및 본사의 경영 전반에 걸친 자료까지 단계적으로 수집
③ 각 자료별 체계적인 분류
④ 각 project의 운영 전반에 관한 모든 자료의 DB화
⑤ 각 project의 운영에 대한 본사 차원의 지원과 통제가 가능하도록 자료의 code화

VI. CALS, MIS, PMIS(PMDB)의 비교

1. 비교 도해

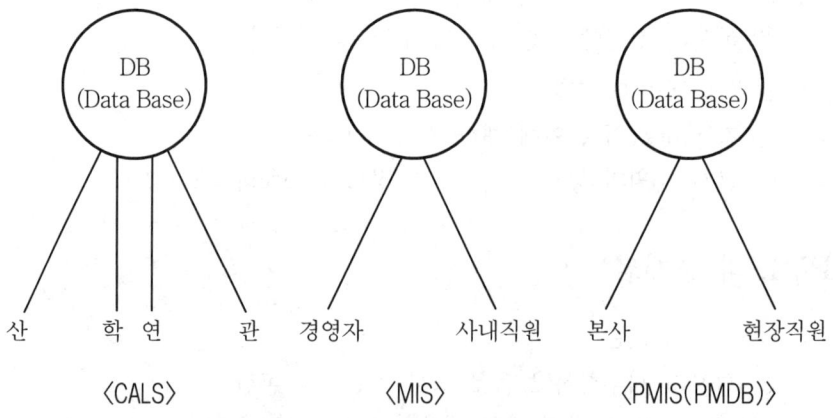

① CALS, MIS, PMIS(PMDB)는 data base를 구축하여 사용자들이 정보를 공유하는 동일한 system이다.
② 단, data base의 정보 내용과 사용자들이 다를 뿐이다.

2. 비교표

구 분		CALS (Continuous Acquisition and Life Cycle Support ; 건설분야 통합정보 시스템)	MIS (Management Information System ; 경영정보시스템)	PMIS (Project Management Information System ; project별 경영정보시스템, PMDB)
DB (data base) 구축	주관	건설 교통부	단위 건설업체	단위 현장
	내용	발주, 기획, 입찰, 설계, 시공, 유지관리 등 건설 전 부분	견적, 수주, 지사 및 현장 관리	공기, 원가, 품질, 안전, 자재, 생산성 등
사용자 (user)		• 건설업 종사자 • 자재업체 등 건설관련자 • 일반 이용자	• 경영자 • 사내직원	• 본사 • 단위 현장 직원
활용도		높다.(건설 관련자)	단위 건설업체에 국한	단위현장에 국한
구축기간		길다.(약 8년)	비교적 짧다.(1~3년)	짧다.(단위현장에 국한)

Ⅶ. 결 론

건설업에도 환경변화로 인한 효율적 정보관리에 대한 요구가 증가하고 있으며, 건설업은 경영의 많은 부분을 각 project별로 운영하므로, PMIS를 이용하면 경영 전반의 MIS(Management Information System : 정보관리 system) 구축이 용이하다.

문 17-1 UBC(Universal Building Code) 　　　　　　　　　　[96전(10)]
문 17-2 UBC(Universal Building Code) 　　　　　　　　　　[98중전(20)]

I. 정 의

① UBC란 universal building code의 약자로서 본래는 uniform building code를 의미한다.
② 우리나라에서는 설계자의 의도를 시공자에게 전달하는 목적으로 오직 시공에 관한 시방서를 작성하지만, UBC는 허가, 재료, 설계, 시공, 유지, 관리, 구조안전, 설비 등에 관한 내용을 총망라하여 세부 기준을 표준화하여 만든 규정집이다.

II. 제정 목적

① 공공의 안전성 도모　　　　② 인간의 생명, 건강 및 재산 보호
③ 신재료와 새로운 구조 system의 활용　④ 더 나은 건축물의 축조
⑤ 화재 발생시 건물 사용자의 안전 확보

III. 적 용

① 건축물의 축조와 교체　　　② 건축물의 이동과 파괴
③ 건축물의 수선과 사용

IV. 특 징

① 매 3년마다 한 번씩 개정하여 발전시킴
② 자재구입, 설계, 시공 및 검사 등에 적용
③ 시방서 작성의 기준
④ 견적, 자재 구매, 시공이 용이
⑤ 화재시 안전대책 마련

V. 관련 규정집

1) UMC(Uniform Mechanical Code)
   열과 환기, 냉방 및 냉동 system의 설치와 유지에 필요한 지침
2) UHC(Uniform Housing Code)
   주택의 관리와 재건설에 대한 지침
3) UFC(Uniform Fire Code)
   화재예방에 필요한 준비사항에 대한 지침

문 18 Project Financing [04후(10)]

I. 정 의
Project financing이란 자본집중적이며, 단일목적적인 경제적 단위(Project)에 대한 투자를 위한 금융을 말한다.

II. 개념도

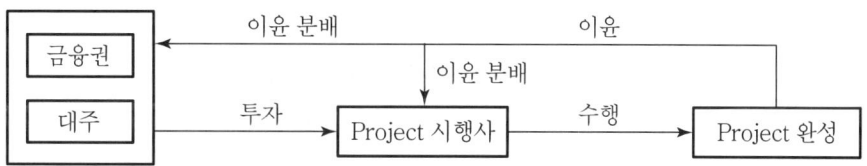

III. 특 징
① 지급보증은 프로젝트의 자산이나 현금흐름에 의존한다.
② 프로젝트에 대한 전문적인 경제·기술 평가가 수반된다.
③ '대주'는 철저한 프로젝트 모니터링이 된다.
④ 복잡하고 장황한 대출 및 담보 계약서가 수반된다.
⑤ 대주의 위험노출도에 따라 이자율과 수수료가 결정된다.

IV. 대 상

1) 플랜트 부분
   발전소·비료공장·화학공장·정유 관련 시설·시멘트공장·하수처리시설 등

2) 토목 부분
   항만·댐·수로공사, 도로·교량공사, 철도·지하철공사, 수원개발 등

3) 건축부분
   주택·교육시설, 사무실·공공시설, 호텔·병원 등

4) 환경부분
   에너지 관련 프로젝트 등

V. 프로젝트 자금조달

1) 자금의 흐름

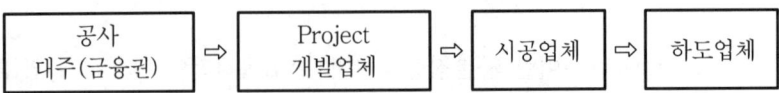

2) 공사 자금조달 형태
   ① 부동산 저당 차입
      장기 자금조달의 요소가 되며, 다른 자금조달을 상대적으로 쉽게 해준다.
   ② 단기 차입
      이자수입을 목적으로 하는 각종 대출기관이 제공한다.

> **문 19-1** 유비쿼터스(Ubiquitous)에 대응하기 위한 건설업계의 전략에 대하여 기술하시오. [09전(25)]
> **문 19-2** 무선인식기술(RFID) [05전(10)]
> **문 19-3** RFID(Radio Frequency Identification) [10중(10)]

Ⅰ. 개 요

① Ubiquitous란 라틴어에서 유래한 용어로 "어디에나 존재한다."의 뜻으로 모든 사물에 칩을 넣어 언제 어디서나 computer로 연결되는 IT환경을 뜻한다.
② Ubiquitous기술을 통해 Ubiquitous공간을 실용화하고 있으며, 나아가 Ubiquitous 건설의 U-home(ubiquitous home)과 U-city(ubiquitous city)의 건설이 정부의 계획에 의해 추진되고 있다.

Ⅱ. Ubiquitous 개념

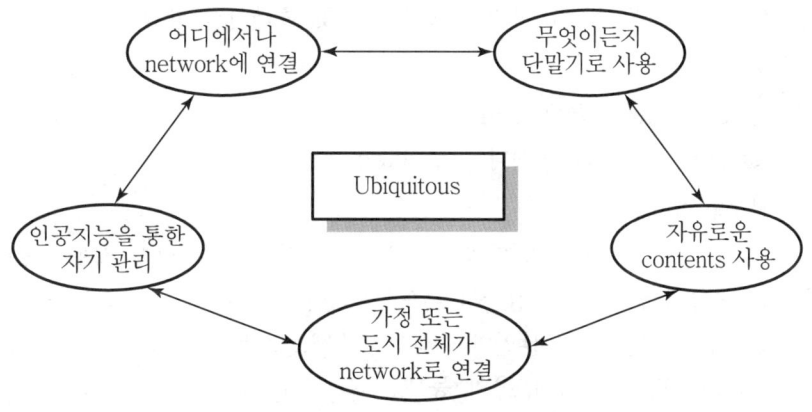

Ⅲ. 건설업체의 전략

유비쿼터스 환경에 대응하기 위해 현대건설, 삼성건설, GS건설 등 국내 대형 건설업체들은 공동주택을 통하여 실생활에 적용되는 안전한 유비쿼터스 주거환경을 구현하고 있다.

1) 홈 네트워크 포털 서비스
   ① 게임, 노래방, 날씨, 교통정보 등을 가정으로 송달
   ② IP전화를 통한 영상통화의 서비스 제공
   ③ 원격 의료상담 서비스 제공

2) 기상
   ① Computer에 입력된 기상시간에 맞추어 집안환경이 변화
   ② 욕실에서는 목욕물이 준비되고, 주방에서는 아침식사가 자동으로 준비됨
   ③ 집안의 커튼이나 환기가 자동으로 실시되고 필요한 곳에서는 불을 밝힘
   ④ 자신이 좋아하는 음악이 흘러나오고 움직임에 따라 조명이 변함

3) 건강
   ① 변기에 볼일을 보면 smart변기가 현재의 건강상태를 check
   ② 하루하루의 건강상태를 check한 data의 출력
   ③ 현재 건강상태에 맞추어 필요한 운동량 및 운동시간 제시
   ④ 샤워 또는 목욕을 하면서 목욕탕에 비치된 거울을 통해 하루의 스케쥴 check

4) 인공지능 전자제품
   ① 냉장고에는 미리 준비한 식단에 따라 스스로 자동 주문한 재료가 준비
   ② 재료의 첨가량을 정확히 check하고 요리시간을 측정해주는 주방기구로 조리

5) 교통관제 system
   ① 주변의 교통상황을 실시간으로 파악
   ② 식탁에서 식사를 하면서 출근도로 및 출근시간 확인

6) 자녀교육
   ① Computer를 통해 1 : 1의 수업 가능
   ② 모든 과제물의 출제나 제출, check 등 computer에서 관리

7) Home network
   ① 퇴근시간을 자신의 단말기에 입력하면서 집안이 다시 자동 system 작동
   ② 절전 system에서 집안의 온도, 필요한 목욕물 등이 자신이 원하는 온도로 조절
   ③ 집안에 들어오면 본인의 감정상태를 check한 main computer가 집안의 분위기를 조절(조명, 벽지컬러, 음악 등)

8) 휴대폰(U폰) system
   ① 신개념 양방향 멀티미디어
   ② 동영상재생 동시에 일정과 영상메세지 확인 가능
   ③ 집안출입시 보안관리 및 집안의 각종기기의 제어 가능

Ⅳ. Ubiquitous의 핵심기반 기술

1. RFID(Radio Frequency IDentification : 무선인식기술)

   1) 정의

① 무선인식기술(RFID ; Radio Frequency Identification)이란 각종 사물에 소형칩을 부착하여 사물의 정보와 주변환경 정보를 무선주파수로 전송 및 처리하는 비접촉식 인식 system으로 무선식별 system이라고도 한다.
② 판독과 해독기능이 있는 판독기와 고유정보를 내장한 RFID tag, 운용 software, network 등으로 구성된 전파식별 system은 사물에 부착된 얇은 평면 형태의 tag를 식별하므로 정보를 처리하며, ubiquitous 공간구성의 핵심기반기술이다.

2) 적용실례

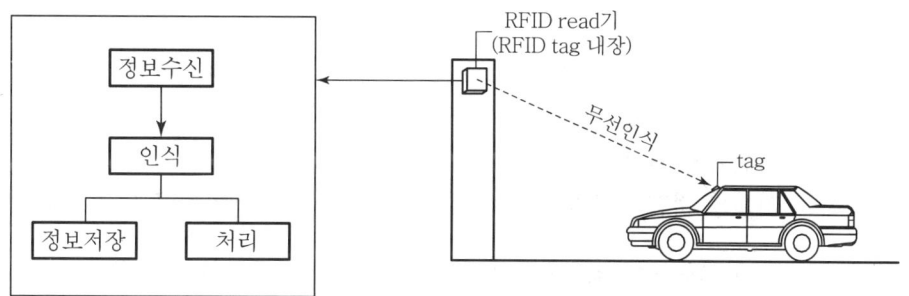

3) 분류
① 저주파 전자식별
   1.8m 이하의 짧은 거리에 사용
② 고주파 전자식별
   27m까지의 먼 거리도 인식 가능

2. USN(Ubiquitous Sensor Network)
① 각종 sensor를 통해 주변의 환경정보를 실시간 수집
② 수집한 정보를 관리 및 통제할 수 있도록 network 구성
③ 모든 사물에 computing 및 communication 기능을 부여하여 언제 어디서든지 통신이 가능한 환경 구현

V. 결 론

① 대형건설업체들은 첨단 유비쿼터스 주거공간을 선도하기 위해 여러 가지 선진 전략들을 마련하여 자사의 공동 주택에 적용하고 있다.
② 효율적이고 안정적인 유비쿼터스 환경은 정부가 주도하는 유비쿼터스 도시 건설의 기반을 더욱 앞당길 수 있을 것이다.

문 20 데이터 마이닝(Data Mining)   [07후(10)]

I. 정 의

Data mining이란 대량의 data로부터 쉽게 드러나지 않는 잠재적으로 활용가치가 있는 유용한 정보를 추출하는 과정으로 정보발견 또는 지식추출 등으로도 부른다.

II. Data mining의 특징

① 대용량의 수집된 자료를 근거로 한다.
② 이론보다는 실무 위주의 computer 중심적인 방법이다.
③ 경험을 기초로 하여 개발되었다.
④ 일반화된 결과를 도출하는데 초점을 두고 있다.
⑤ 기업의 경쟁력 확보와 의사결정을 지원하기 위해 활용된다.

III. Data mining의 수행과정

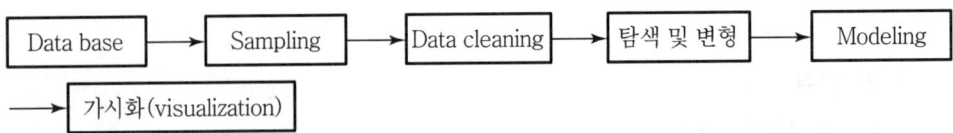

1) Data base
   보유하고 있는 각종 data

2) Sampling
   방대한 data로부터 모집단을 닮은 적은 양의 data(data 표본)을 추출

3) Data cleaning
   일관성이 없고 오류가 있는 data의 정제 과정

4) 탐색 및 변형
   ① 수치화하는 작업으로 data의 관계를 파악
   ② 각종 data를 분류
   ③ 기존의 분류체계에 편성 및 새로운 분류체계의 편성

5) Modeling
   ① Data mining의 가장 중요한 단계
   ② 다양한 모형(model)에 분류된 data를 적용
   ③ 예측력이 가장 뛰어난 모형을 선택

6) 가시화
   Data mining한 결과를 각종 차트형식으로 보여주는 것

10장

공정관리

10장 공정관리

1	공정관리기법		
	1-1. 새로운 공정관리기법 [81후(25)]		10-6
	1-2. PERT-CPM 공정표의 현장 활용 실태와 적용 활성화 방안 [99중(30)]		
	1-3. PERT/CPM의 차이 [95후(15)]		
	1-4. CPM과 PERT의 비교 [05전(25)]		
	1-5. PDM(Precedence Diagramming Method) [99중(20)]		
	1-6. 공정관리의 overlapping 기법 [05전(10)]		
	1-7. 공정관리에서 LOB(Line of Balance) [02전(10)]		
	1-8. LOB(Line of Balance) [06전(10)]		
	1-9. TACT 공정관리 [05중(25)]		10-13
	1-10. Tack 공정관리기법 [08중(10)]		
	1-11. TACK 기법 [10후(10)]		
	1-12. 공정관리기법 [76(25)]		10-16
	㉮ Gantt식 공정관리와 PERT/CPM식의 공정관리의 장단점 비교		
	㉯ 다음 공정망(network)의 소요일수 및 주공정선(Critical path)		
	1-13. 연 60평의 주택을 신축하기 위한 공정표를 Gantt식과 PERT식으로 작성하고 공정관리상의 장단점 비교 설명 [78전(25)]		
	단, 공기 : 10일 구조계획 : 임의 지반 : 견고		
	1-14. Network 공정표와 bar chart 공정표의 실례 및 그 장단점 [97중후(30)]		10-19
	1-15. CPM 공정표 작성기법 중 ADM 기법과 PDM 기법의 장단점 비교 [00중(25)]		10-22
	1-16. 네트워크 공정관리 기법 중 화살형 기법과 노드형 기법의 설명 및 특징 비교 [05중(25)]		
	1-17. ADM기법에서 Overlapping Relationships를 갖는 PDM기법으로 변화하는 원인과 건설 현장의 대책 [09전(25)]		

2	네트워크 공정표(network progress chart)의 작성요령		
	2-1. 네트워크 공정표(network progress chart)의 작성요령 [78전(25)]	10-27
	2-2. Network 공정표에서 사용되는 작업을 표시하는 화살선은? [94후(5)]	10-29
	2-3. 공정표에서 dummy [93후(8)]	10-30
	2-4. Network 공정표에서 시간의 요소가 없고 공사의 상호관계를 점선 화살표로 표시하는 것은? [94후(8)]	
	2-5. Critical path(주공정선) [02후(10)]	10-31
	2-6. Network 공정표에서 여유가 없는 경로는? [94후(5)]	
	2-7. 간섭여유(Dependent Float or Interfering Float) [11전(10)]	10-32
	2-8. Node time [83(5)]	10-33
	2-9. Lead time [99중(20)]	10-34
	2-10. Milestone [01후(10)]	10-35
	2-11. Milestone(중간관리시점) [06전(10)]	
3	Network 공정표의 공기조정기법		
	3-1. Network 공정표의 공기 단축을 위하여는 작업 순서의 변형과 작업소요시간 단축 등 사용기법의 현장 사례에 따른 구체적인 방법 [95전(40)]	10-36
	3-2. MCX나 SAM기법 등에 의한 공기 단축에 앞서 실시하는 Network 조정기법 [09후(25)]	
	3-3. MCX(Minimum Cost Expediting) 기법 [00후(10)]	10-40
	3-4. 비용 구배 [95중(10)]	
	3-5. Cost slope(비용 구배) [99중(20)]	
	3-6. Cost slope(비용 구배) [00중(10)]	
	3-7. Cost slope(비용 구배) [05후(10)]	
	3-8. 공기단축과 공사비와의 관계 [98전(20)]	
	3-9. 특급점(Crash Point) [92전(8)]	
	3-10. 특급점(Crash Point) [00후(10)]	
	3-11. 급속점(Crash Point) [09중(10)]	
	3-12. 총비용(total cost) [91전(8)]	
	3-13. 최적공기 [94전(8)]	
	3-14. 최적공기 [95중(10)]	

4	공정관리시 자원배당(Resource Allocation)		
	4-1. 공정관리시 자원배당의 정의와 방법 및 순서 [96후(40)]		10-43
	4-2. 인력부하도와 균배도 [99전(20)]		
	4-3. 자원분배(resource allocation) [01후(10)]		
	4-4. 자원량이 한정 되었을 때와 공사기간이 한정 되었을 때를 구분한 자원 관리 방법 [10전(25)]		10-46
	4-5. 일일 작업에 공급될 수 있는 최대 동원자원이 3명일 경우, 자원할당(Resource Allocation)에 의한 최소 공사기간 [04전(25)]		10-49
5	진도관리(Follow Up)		
	5-1. 네트워크(network) 기법에서 진도관리(follow up) [92전(30)]		10-52
	5-2. 건설공사의 진도관리 방법 [00전(10)]		
	5-3. 공정관리에서 바나나형(S-curve) 곡선을 이용한 진도관리 방안 [95전(10)]		
	5-4. 진도관리 [02중(10)]		
	5-5. 네트워크 공정표를 바탕으로 공사 진행시 공정표를 수정해야 하는 시기는? [94후(5)]		
6	EVMS(Earned Value Management System)		
	6-1. 건설공사의 공정관리에 밀접한 관계를 갖고 있는 시간(Time)과 비용(Cost)의 통합관리방안 [98후(40)]		10-55
	6-2. 공정-공사비 통합관리체계 기법인 EVM의 개념 및 적용 절차 [04전(25)]		
	6-3. 공정-원가 통합관리의 저해요인과 해결방안 [02전(25)]		
	6-4. 건설공사 원가 측정(Cost Measurement)방법 [08중(25)]		
	6-5. EVMS(Earned Value Management System) [01전(10)]		
	6-6. EVM(Earned Value Management)에서의 Cost Baseline [07중(10)]		
	6-7. CPI(Cost Performance Index) [08전(10)]		
	6-8. SPI(Schedule Performance Index) [10전(10)]		
7	시공속도		
	7-1. 시공속도 [95후(15)]		10-60
	7-2. 공기와 시공속도 관리 [89(25)]		
	7-3. 시공속도와 공사비와의 관계 [92후(30)]		
	7-4. 최적 시공속도 [96중(10)]		
	7-5. 최적 시공속도 [07전(10)]		
	7-6. 경제속도 [97중후(20)]		

8	공정마찰(공정간섭)		
	8-1. 공정마찰(또는 공정간섭)의 발생원인과, 사례, 공사에 미치는 영향과 그 해소방안 [97중전(30)]		10-64
	8-2. 초고층 건축공사에서 공정 마찰(공정간섭)이 공사에 미치는 영향과 해소기법 [00전(25)]		
	8-3. 공정마찰이 공사수행에 영향을 주는 요인과 개선방안	[07후(25)]	
	8-4. 건축공사에서 공정간섭과 해소방법	[01중(25)]	
9	공기지연		
	9-1. 공기지연의 유형별 발생원인과 대책	[02중(25)]	10-67
	9-2. 공기지연의 유형(발주, 설계, 시공)별 발생원인	[03후(25)]	
	9-3. 공기와 비용의 관점에서 공기지연 유형의 분류	[10중(25)]	
	9-4. 동시지연(Concurrent Delay)	[09전(10)]	
10	사이클타임(Cycle Time)		
	10-1. CT의 정의 및 단축 시 기대효과	[06중(25)]	10-73
	10-2. 고층 철근콘크리트 공사의 공정 사이클 및 공기단축방안	[06후(25)]	10-77
11	공정관리의 계획단계, 실시와 통제단계		
	11. 공정관리를 계획 단계, 실시와 통제 단계로 구분하여 예시 및 설명	[97중후(30)]	10-81
12	공정계획시 공사가동률 산정방법		
	12. 공정계획 시 공사가동률 산정방법	[08전(25)]	10-84

문 1-1 새로운 공정관리기법에 관하여 설명하여라. [81후(25)]
문 1-2 PERT-CPM 공정표의 현장 활용 실태를 설명하고 적용 활성화를 위한 방안을 기술하시오. [99중(30)]
문 1-3 CPM/PERT의 차이 [95후(15)]
문 1-4 CPM과 PERT에 대하여 비교 기술하시오. [05전(25)]
문 1-5 PDM(Precedence Diagramming Method) [99중(20)]
문 1-6 공정관리의 overlapping 기법 [05전(10)]
문 1-7 공정관리에서 LOB(Line Of Balance) [02전(10)]
문 1-8 LOB(Line Of Balance) [06전(10)]

I. 개 요

① 공정관리는 건축생산에 필요한 자원 5M을 경제적으로 운영하여 주어진 공기 내에 좋고, 싸고, 빠르고, 안전하게 건축물을 완성하는 관리기법을 말한다.
② 공정관리를 위해서는 작업의 순서와 시간이 명시되고, 공사 전체가 일목요연하게 나타나 있는 공정표를 작성하여 운영한다.

II. Network 공정표

1) PERT
  ① 1958년 미 해군의 핵 잠수함 건조계획시 개발과정에서 고안해냈다.
  ② 목표 기일에 작업을 완성하기 위한 시간, 자원, 기능을 조정하는 방법이다.
2) CPM
  ① 작업시간에 비용을 결부시켜 MCX(Minimum Cost Expediting) 공사의 비용곡선을 구하여 급속계획의 비용 증가를 최소화한 것이다.
  ② 공기 설정에 있어서 최소비용으로 최적의 공기를 얻는 것을 목표로 한다.

3) PERT와 CPM의 차이(비교)

구 분	PERT	CPM
① 개발배경	1958년 미 해군 핵잠수함 건조계획	1956년 미 Dupont사 개발
② 주 목 적	공기단축	공비절감
③ 사업대상	신규사업, 비반복 미경험 사업	반복사업, 경험사업
④ 일정계산	Event(단계) 중심의 일정계산 최조시간 : TE(ET ; Earliest Time) 최지시간 : TL(LT ; Latest Time)	Activity(활동) 중심의 일정계산 최조개시시간 : EST (Earliest Start Time) 최지개시시간 : LST (Latest Start Time) 최조완료시간 : EFT (Earliest Finish Time) 최지완료시간 : LFT (Latest Finish Time)
⑤ 여유시간	Slack(event에서 발생) 정여유 : PS(Positive Slack) 영여유 : ZS(Zero Slack) 부여유 : NS(Negative Slack)	Float(activity에서 발생) 총여유 : TF(Total Float) 자유여유 : FF(Free Float) 독립여유 : DF(Dependent Float)
⑥ M C X	이론이 없다.(×)	CPM의 핵심이론이다.
⑦ 공기추정	3점 시간추정(to, tm, tp) 가중평균치 $\left(t_e = \dfrac{t_o + 4t_m + t_p}{6}\right)$ 사용	1점 시간추정(t_m) t_m이 곧 t_e가 된다.
⑧ 주 공 정	TL - TE = 0 (굵은 선)	TF = FF = 0 (굵은 선)
⑨ 일정계획	• 일정계산이 복잡하다. • 단계중심의 이완도 산출	• 일정계산이 자세하고 작업간 조정이 가능 • 활동재개에 대한 이완도 산출

Ⅲ. 새로운 공정관리 기법

1. PDM(Precedence Diagramming Method)

1) 의의

1964년 스탠포드 대학에서 개발한 네트워크로서 반복적이고 많은 작업이 동시에 일어날 때 CPM보다 효율적이며 event(node) 안에 작업과 관련된 많은 사항들을 기입할 수 있어 event(node) type 네트워크라고도 한다.

2) 특징

① 더미(dummy)의 사용이 불필요하므로 간명하다.

② 한 작업이 하나의 숫자로 표기되므로 컴퓨터의 적용이 용이하다.
③ 반복적이고 많은 작업이 동시에 수행될 경우 효율적이다.

3) 선후작업의 연결관계

기존의 네트워크 기법에서는 선행작업이 끝나야 후속작업을 시작하는 FTS 관계만 허용되지만 PDM 기법에서는 다음과 같은 4가지의 다양한 연결관계 표시가 가능하다.

종 류	도 해
1. 개시-개시(STS ; Start To Start) 2. 종료-종료(FTF ; Finish To Finish) 3. 개시-종료(STF ; Start To Finish) 4. 종료-개시(FTS ; Finish To Start)	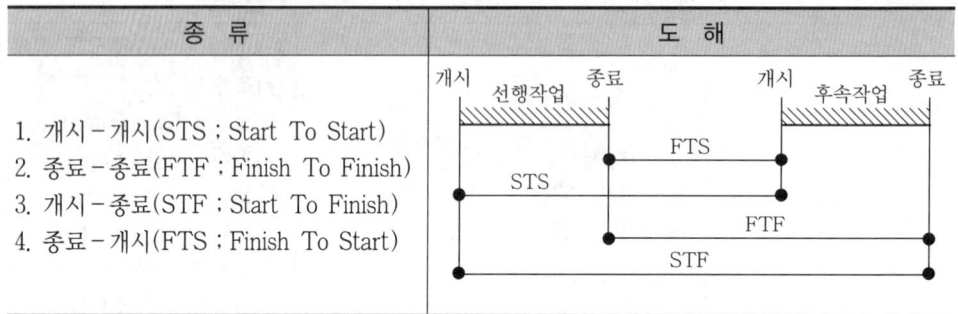

4) ADM(Arrow Diagramming Method) 방식과의 비교

구 분 \ 종 류	ADM(=CPM기법)	PDM
1. 형태	Activity Type Network (i) →activity→ (j)	Event Type Network [activity] → [activity]
2. 연결관계	FTS만 허용	STS, FTF, STF, FTS 가능
3. Dummy	발생	발생하지 않음
4. 네트워크 작성, 수정	어렵다.	쉽다.

2. Overlapping

1) 의의

① Overlapping 기법은 PDM 기법을 응용 발전시킨 것으로, 선후작업간의 Overlap 관계를 간단하게 표시하여 실제 공사의 흐름을 현실적으로 표현할 수 있다.
② 따라서 공정계획의 작성시간이 절약되고, 전체공사기간을 단축할 수 있는 기회를 제공한다.

2) 특징

① 시간절약이 가능하다.
② 실제 공사의 Overlap 관계를 현실적으로 표현할 수 있다.
③ 다양한 연결관계를 표현할 수 있다.

④ 네트워크 독해, 수정이 쉽다.
⑤ 더미가 발생하지 않으므로 간명하다.
⑥ 컴퓨터에의 적용이 CPM보다 더 용이하다.

3) 표기방법

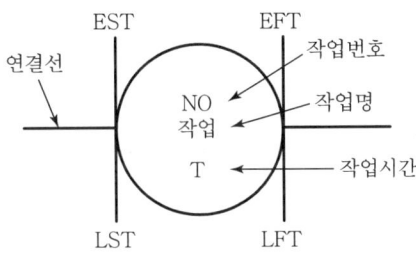

3. LOB(Line Of Balance)

1) 의의

LOB 기법은 반복되는 각 작업들의 상호관계를 명확하게 나타낼 수 있어 도로나 고층 빌딩골조와 같은 반복되는 공사에 주로 사용되며 LSM(Liner Scheduling Method) 기법이라고도 한다.

2) 특징

장 점	도 해
1. 네트워크 공정표에 비해 사용하기 쉬우며 작성하기 쉽다. 2. 바 차트에 비해 보다 많은 정보를 사용한다. 3. 네트워크 공정표나 바 차트가 나타낼 수 없는 진도율을 나타낼 수 있다. 4. 문제를 쉽게 전달하고 해결책을 제시하며 다른 기법을 사용하여 일정관리를 하더라도 일정이 의도하는 바를 나타낸다. 5. 간단하며 세부 작업일정을 나타낸다.	

3) 구성요소

발 산(diverge)	한 작업의 생산성 기울기가 선행작업의 기울기보다 작을 때
수 렴(converge)	한 작업의 생산성 기울기가 선행작업의 기울기보다 클 때
간 섭(interference)	공사 중 발생하는 각 공종간의 마찰현상
버 퍼(buffer)	간섭을 피하기 위한 연관된 선후작업간의 여유시간

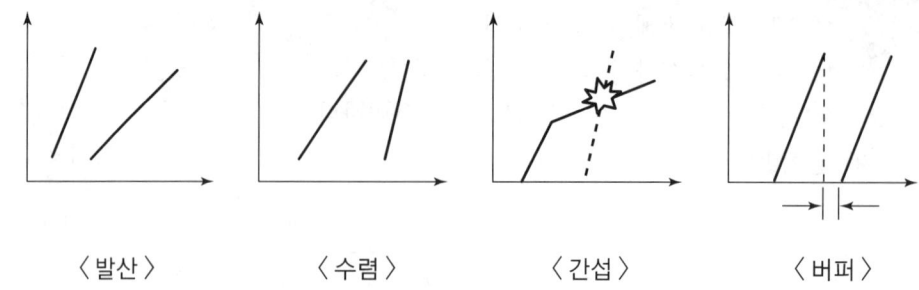

⟨발산⟩　　⟨수렴⟩　　⟨간섭⟩　　⟨버퍼⟩

Ⅳ. PERT-CPM 공정표의 현장 활용실태

1) 전문인력 부족
   ① 현장에서 공정표 작성의 어려움
   ② 형식적으로 작성하고 실제 공정관리는 bar chart를 활용
   ③ Network 공정표 작성에 특별한 기능 요구

2) 수작업에 의존
   ① 전산화에 의한 공정관리 이해 부족
   ② 전산 program의 개발 미흡
   ③ 시간과 비용의 비효율적

3) Milestone에만 의존
   ① 주요 작업의 시작과 종료를 의미하는 특정 시점(event)을 의미
   ② Milestone에만 의존하여 무리한 공기단축 강행
   ③ 전체 공기 조정이 미흡

4) 수정 작업이 곤란
   ① 공기 단축시 수정 곤란
   ② 수정 작업에 소요되는 시간 과다
   ③ 수정 작업에 전문성이 요구되므로 현장자체 수정이 난해

5) 공정간섭 발생
   ① 공정마찰 요소의 파악 미흡
   ② 공종 상호간의 이해 부족
   ③ 공정표의 검토 부족

6) 작업 세분화에 한계
   PERT-CPM 공정표상의 작업 세분화에 한계

7) 공정과 원가의 분리 운영
   공사 관리의 효율성 저하

V. 활성화 방안

1) 전산화 system 구축
   ① 공정표를 전산화에 의해 관리할 수 있도록 여러 전산 program 개발
   ② 공정표 작성 및 수정을 전산으로 처리

2) 선진기법 활용
   ① 작성이 쉽고, 전산화가 용이한 선진기법(PDM)의 활용
   ② PDM 기법은 공기 단축시 수정 용이

3) 국가적인 차원에서의 전문인력 양성

4) 건설정보분류체계 구성
   ① 건축, 토목, 플랜트 공사 등이 일관된 체계로 구성
   ② 유사 공종간의 식별 기능
   ③ 전산 정보 분류의 코드화

5) 버퍼(buffer) 유지

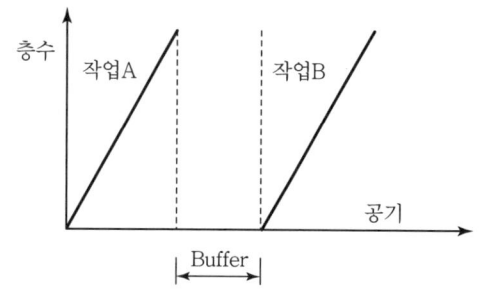

   ① Buffer란 간섭을 피하기 위한 연관된 선후 작업간의 여유시간
   ② 주공정선에는 최소한의 buffer를 두어 공기연장 방지

6) 공정과 공사의 분리
   ① 공정관리 담당자와 공사관리 담당자의 분리
   ② 공정 담당자는 공정만을 연구하여 공사 담당자와 협조
   ③ 공정 담당자의 작업순서 변경, 작업방법 연구 등으로 원활한 공정 진행 및 공기단축 추구

7) 세분화된 공정표의 활용
   ① 월(月)단위, 분기별로 공정표 작성
   ② 일(日)단위, 주단위로 공정표를 작성하여 취합

8) 진도관리 및 자원배당의 활용

9) 정보 및 관련자료의 적극 활용

10) 공정관리 활동의 체계화

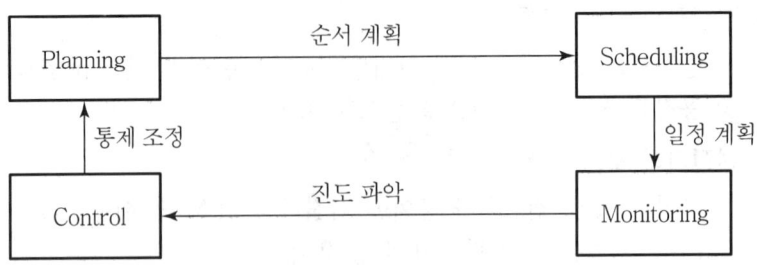

Ⅵ. 결 론

공정계획과 실적치 차이를 기록하고 명확하게 하여 검토 결과를 차후 공정계획관리에 활용하면 보다 정확한 공정관리가 될 것이다.

문 1-9 TACT 공정관리에 대하여 기술하시오. [05중(25)]
문 1-10 Tact 공정관리기법 [08중(10)]
문 1-11 TACT 기법 [10후(10)]

Ⅰ. 개 요

Tact 공정관리는 마감공사의 합리적 운용을 위해 각 작업을 일정하게 반복되도록 공정의 동기화(同期化)에 따라 생산을 평준화하여 작업의 낭비나 대기 시간을 줄이는 생산방식이다.

Ⅱ. 개념도

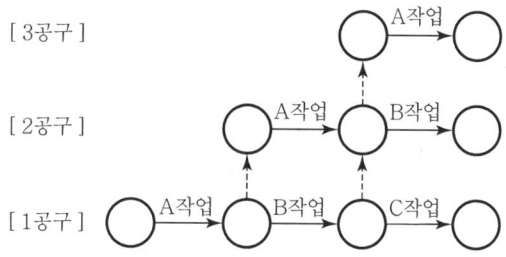

연속적인 작업을 위한 단위시간(tact time)을 정하고 흐름 생산이 되게 하는 방식

Ⅲ. 제반 활동체계

① 1개 흐름 생산체제 구축
② 공정순서에 따른 설비 배치
③ 전공정의 동기화(同期化) 생산체제 구축
④ 작업자의 다공정 담당
⑤ 작업자의 다기능공화
⑥ 서서하는 작업 배치
⑦ 설비의 소형화
⑧ U-turn line 배치

Ⅳ. 특 징

1) 장점
   ① 시간낭비의 최소화에 따른 공기단축
   ② 비용감축 및 관리의 편이성 향상
   ③ 평균화, 동기화 생산가능
   ④ 각 공정간 불필요한 재공정품 및 재고 감소
   ⑤ 작업라인의 이상발생을 즉시 파악
   ⑥ 공정간 불균형 개선으로 효율 향상
   ⑦ 수주에 따른 빠른 작업 대처능력 향상

2) 단점
   ① 반복 작업에 따른 인간미 저하
   ② 정해진 시간 내 작업을 완료해야 하므로 심리적 부담 증가
   ③ 작업인원 변동시 효율 저하
   ④ 공정마찰 발생시 전체공기계획 차질

Ⅴ. 추진항목 및 세부내용

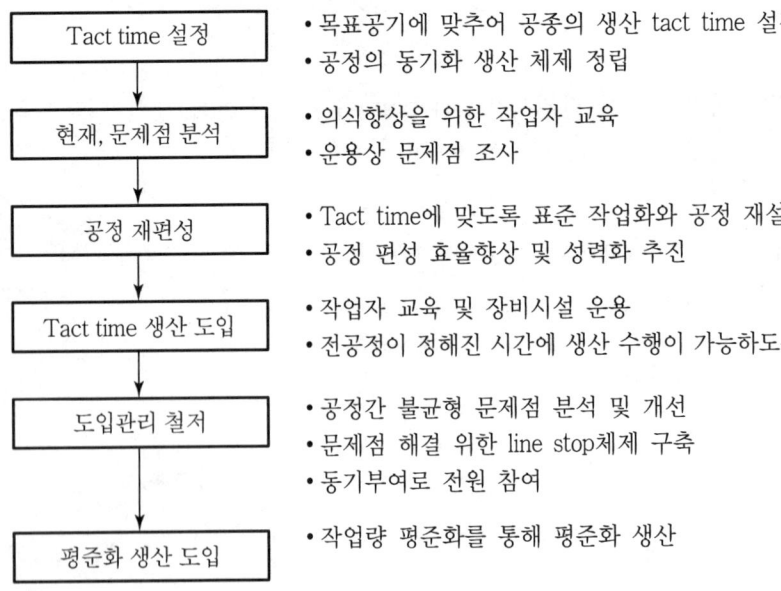

Ⅵ. Tact 생산방식 적용시 유의사항

① Tact time전 작업 완료시 그 상태로 대기 유지
② Tact time 내 작업 미완료시 line stop
③ 한 공정이라도 이상 발생시 tact time 내 조치되지 않으면 line stop
④ 각 공정의 소요시간과 소단위작업의 조합 편성
⑤ 공정간 이동이 용이하도록 부품과 공구 등을 set로 공급
⑥ 미숙련자를 후공정에 배치

Ⅶ. 결 론

작업 구역을 일정하게 통일시켜 선·후행 작업의 흐름을 연속작업으로 만들어 관리하므로 공기단축, 재고의 최소화, 시간낭비의 최소화, 비용 감축, 관리의 편이성 향상 등을 꾀하는 공정관리기법이다.

문 1-12 공정관리기법에 대하여 [76(25)]

㉮ Gantt식 공정관리와 PERT/CPM식에 의한 공정관리의 장단점을 비교하고,
㉯ 다음 공정망(network)의 소요일수 및 주공정선(critical path)을 구하라.

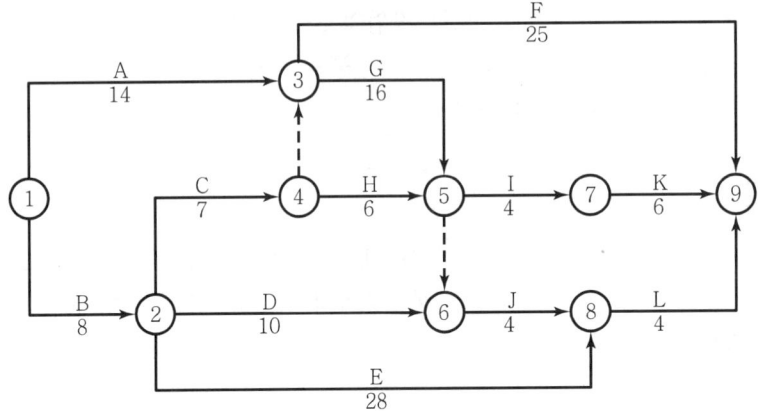

문 1-13 연 60평의 주택을 신축하기 위한 공정표를 gantt식과 PERT식으로 작성하고 공정관리상의 장단점에 대하여 비교 설명하라. [78전(25)]

(단, 공기 : 10일, 구조계획 : 임의, 지반 : 견고)

I. 개 요

Gantt식 공정표는 작성하기 쉽고 이해하기 쉬우나 작업관계가 표현되지 않으므로 이를 보안하여 작업 상호 관계를 알기 쉽게 연결한 것이 PERT/CPM식 공정표이나, 작성에 특별한 기능이 요구된다.

II. Gantt식과 PERT/CPM식 공정표의 장단점 비교

1) Gantt식의 장단점
   ① 장점
      ㉮ 각 공정별 및 전체공사 시기가 명확하게 표시
      ㉯ 진행 계획과 진척 상황의 표시가 용이
      ㉰ 모든 사람에게 즉시 이해시킬 수 있음
   ② 단점
      ㉮ 변화와 변경에 약함
      ㉯ 문제점이 불명확
      ㉰ 상호간의 유기적 관계가 불분명

2) PERT/CPM식의 장단점
   ① 장점
      ㉮ 상세한 계획수립이 쉽고, 변화나 변경에 바로 대처
      ㉯ 주공정(CP)과 여유공정이 구별되므로 총소요 기간의 정밀 산출
      ㉰ 각 단계의 순위와 조립관계를 유기적으로 파악하여 정확한 분석이 가능
   ② 단점
      ㉮ 공정표 작성 시간이 필요
      ㉯ 작성에 특별한 기능이 요구
      ㉰ 작업 세분화의 한계
3) 비교표

구 분	Gantt식 공정표	PERT/CPM식 공정표
① 형 태		
② 작성시간	짧다.	길다.
③ 작 성 자	일반경험자 가능	특별기능 요구
④ 선후관계	불분명	분명
⑤ 공정변경	어렵다.	용이
⑥ 통제기능	어렵다.	용이
⑦ 사전예측	어렵다.	가능

Ⅲ. 주공정선 및 소요일수

1) 주공정선(CP ; Critical Path)

주공정선(CP)는 작업 B→C→d_1→G→I→K이다.

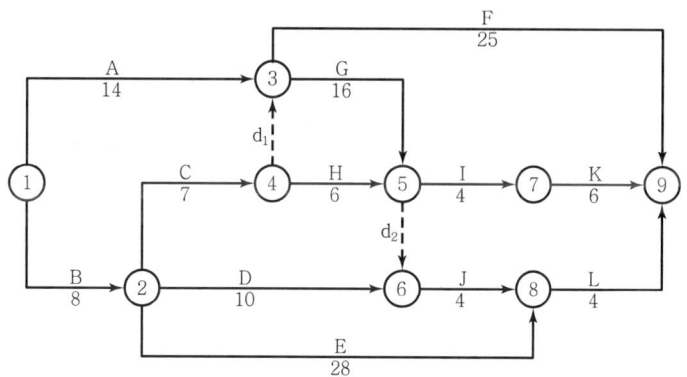

2) 소요일수

주공정선(CP)의 소요 일수는

B(8일) → C(7일) → d_1(0일) → G(16일) → I(4일) → K(4일) = 41일이다.

Ⅳ. 결 론

건설 project는 각 공사마다 작업조건 및 시공 방법이 다르므로 현장 상황에 알맞는 적절한 공정계획이 수립되어야 한다.

문 1-14 Network 공정표와 bar chart 공정표를 실례를 들어 그 장단점을 기술하시오. [97중후(30)]

Ⅰ. 개 요

Network 공정표는 상호관계가 명료하여 공정관리가 용이하며, bar chart 공정표는 전체 경향의 파악 및 작성이 쉽다.

Ⅱ. Network 공정표

1) 실례

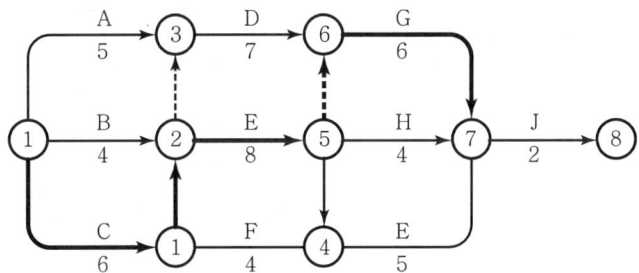

2) 장점
① 개개의 작업관계가 도시되어 있어 내용을 알기 쉽다.
② 전자계산기의 사용이 가능하다.
③ CP에 주의하면 다른 작업의 누락이 없는 한 공정을 원활하게 추진할 수 있다.
④ 상호 관계가 명료하여 CP 공정에 인원의 집중배치가 가능하다.

3) 단점
① 작성에 시간이 필요하다.
② 작성 및 검사에 특별한 기능이 요구된다.
③ 작업의 세분화 정도에 한계가 있다.
④ 수정하기가 대단히 어렵다.

Ⅲ. Bar chart 공정표

1) 실례

날짜\작업	1	2	3	4	5	6	7	8	9	10	11	12	13	14	15	16	17	18	19	20	21	22
A	▨	▨	▨	▨	▨	┄	┄															
B	▨	▨	▨	▨	▨	▨																
C	▨	▨	▨	▨	▨	▨																
D							▨	▨	▨	▨	▨	▨	▨	□								
E							▨	▨	▨	▨	▨	▨	▨	□								
F							▨	▨	▨	┄	┄	┄	┄	┄								
G															▨	▨	▨	▨	▨	▨		
H																▨	▨	▨	▨	□		
I											▨	▨	▨	▨	□	□	□	□	□	□		
J																					▨	▨

▨ 작업일수   □ FF   ┄ DF

2) 장점

① 작성하기 쉽다.
② 개략공정을 나타내는데 적합하다.
③ 즉각적으로 보고 이해하기 쉽다.
④ 전체 경향을 파악하기 쉽다.
⑤ 예정과 실적의 차이를 파악하기 쉽다.
⑥ 시공속도를 파악할 수 있다.

3) 단점
① 작업관계가 표현되지 않는다.
② 공기일이 나타나지 않는다.
③ 문제점이 명확하지 않다.
④ 세부사항을 알 수 없다.
⑤ 개개작업의 조정을 할 수 없다.
⑥ 보조적 수단에만 이용된다.

IV. 결 론

Network 공정표와 bar chart 공정표의 장단점을 숙지하여 서로의 장점을 살린 계획관리를 활용해야 한다.

> **문 1-15** CPM 공정표 작성 기법 중 ADM(Arrow Diagramming Method) 기법과 PDM(Precedence Diagramming Method)에 대하여 장단점을 비교 설명하시오. [00중(25)]
>
> **문 1-16** 네트워크 공정관리 기법중 화살형 기법(AOA ; Activity On Arrow)과 노드형 기법(AON ; Activity On Node)을 설명하고 특징을 비교 분석하시오. [05중(25)]
>
> **문 1-17** 공정관리기법이 전통적으로 ADM기법에서 Overlapping Relationships를 갖는 PDM기법으로 변화하는 원인과 이에 대한 건설현장의 대책에 대하여 기술하시오. [09전(25)]

I. 개 요

PDM 기법은 ADM 기법에 비해 한층 발전된 것으로 작업 상호간의 연결이 다양하고 node 안에 많은 정보를 표현할 수 있다.

II. Network 공정표의 분류

① PERT(Program Evaluation and Review Technique)
② ADM(Arrow Diagramming Method, CPM ; Critical Path Method)
③ PDM(Precedence Diagramming Method)
④ Overlapping

III. 특징(장단점) 비교

1. ADM(Arrow Diagramming Method : 화살형 기법)

1) 정의

작업 상호관계를 화살표와 event로 표시하며 화살표에는 작업명과 공기, event 안에는 event number를 기입하여 작업의 상호관계를 나타내는 공정표로서 CPM이라고도 한다.

2) 장점

① 상세한 계획 수립이 용이하다.
② 전체공기의 정밀산출이 가능하다.
③ 각 작업의 흐름 및 상호관계가 명확히 표시된다.
④ 공정표상의 문제점이 파악된다.

⑤ 경험이 있는 사업에 적용이 쉽다.
⑥ MCX 이론을 근거로 공사비 절감을 목표로 한다.

3) 단점
① 공정표 작성 시간이 필요하다.
② 공정표 작성에 특별한 기능이 요구된다.
③ 작업의 세분화에 한계가 있다.

4) 표기방법

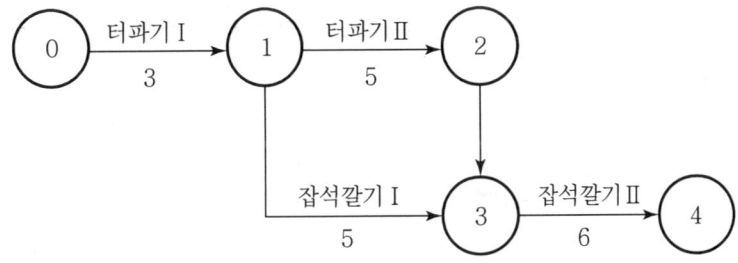

2. PDM(Precedence Diagramming Method, 노드형 기법)

1) 정의
① ADM 기법에 비해 dummy의 생략으로 activity 수가 감소되고, network 작성이 더욱 쉬운 기법으로 node 안에 작업과 소요일수가 표시된다.
② 반복적이고 많은 작업이 동시에 일어날 때 더욱 효율적이고, computer에의 적용이 ADM보다 용이하며 현재 대규모 건설업체에서 적용하고 있다.

2) 장점
① Node 안에 작업에 관련된 많은 사항을 표시할 수 있다.
② Dummy의 사용이 불필요하다.
③ Network 작성이 ADM보다 용이하다.
④ Computer 적용이 더욱 용이하다.
⑤ 선후작업의 연결관계를 다양하게 표현할 수 있다.
⑥ Network 독해 및 수정이 더욱 쉽다.

3) 단점
① 작성시 전문가가 필요하다.
② 반복작업이 적을 경우 비효율적이다.

4) 표기방법

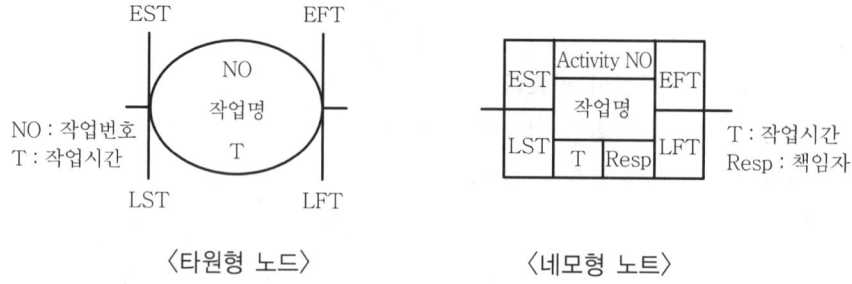

〈타원형 노드〉　　　　　〈네모형 노트〉

3. 비교표(특징 비교 분석)

내용 \ 유형	ADM 기법	PDM 기법
표기방법	(A, B, C, D 노드 다이어그램)	(Start-A,B-C,D-Finish 다이어그램)
목적	공사비 절감	반복공사의 효율적 관리
Dummy	필요	불필요
공정변경	어렵다.	용이하다.
내용파악	쉽다.	아주 쉽다.
Computer 적용	다소 어렵다.	전산화가 용이하다.
작업간의 연결관계	FS(Finish to Start)만 허용	SS(Start to Start) FS(Finish to Start) FF(Finish to Finish) SF(Start to Finish)
적용공사	경험이 있는 공사	반복적이고 많은 작업이 동시에 일어나는 공사

Ⅳ. PDM기법으로 변화하는 원인

1) 전산화 용이
　① ADM기법에 비해 전산화 용이
　② Computer의 적용 및 수정이 용이

2) 다양한 작업관계 표현 가능
   ① PDM기법을 4가지의 다양한 연결관계를 표시

연결 관계	도 해
1. 개시-개시(STS ; Start To Start) 2. 종료-종료(FTF ; Finish To Finish) 3. 개시-종료(STF ; Start To Finish) 4. 종료-개시(FTS ; Finish To Start)	(개시-종료 선행작업, 후속작업 관계 도해: STS, FTS, FTF, STF)

   ② ADM기법은 선행작업이 끝나야 후속작업을 시작하는 FTS(Finish to start)관계만 허용되지만 PDM기법은 4가지 작업관계 표현

3) Network의 작성 및 수정 용이
   ① Network의 작성에 PDM기법이 ADM기법보다 쉽다.
   ② ADM기법은 전산상에서 수정이 복잡하나, PDM기법은 전산상의 수정이 매우 쉽다.

4) 공사에 적용 용이
   ① 건축공사의 특성상 반복적인 많은 작업이 동시에 발생한다.
   ② 반복적이고 많은 작업이 동시에 발생시 PDM기법의 적용성이 높다.

5) Dummy 미발생으로 해석 간편
   PDM기법은 dummy가 발생하지 않아 network의 해석이 간단하다.

6) 다양한 작업정보 표현
   Node안에 작업에 관한 다양한 정보를 표기할 수 있다.

V. 건설 현장의 대책

1) 전산화 system 구축
   ① 공정표를 전산화에 의해 관리할 수 있도록 여러 전산 program 개발
   ② 공정표 작성 및 수정을 전산으로 처리

2) 선진기법 활용
   ① 작성이 쉽고, 전산화가 용이한 선진기법(PDM)의 활용
   ② PDM기법은 공기 단축시 수정 용이

3) 버퍼(buffer) 유지

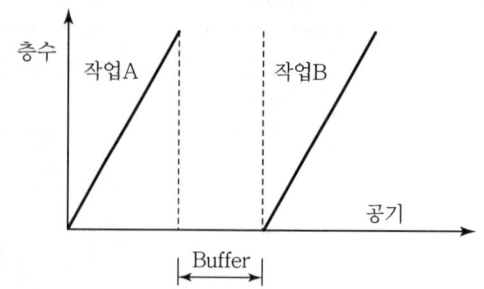

① Buffer란 간섭을 피하기 위한 연관된 선후 작업간의 여유시간
② 주공정선에는 최소한의 buffer를 두어 공기연장 방지

4) 공정과 공사의 분리
① 공정관리 담당자와 공사관리 담당자의 분리
② 공정 담당자는 공정만을 연구하여 공사 담당자와 협조
③ 공정 담당자의 작업순서 변경, 작업방법 연구 등으로 원활한 공정 진행 및 공기단축 추구

5) 세분화된 공정표의 활용
① 월(月)단위, 분기별로 공정표 작성
② 일(日)단위, 주단위로 공정표를 작성하여 취함

6) 공정관리 활용의 체계화

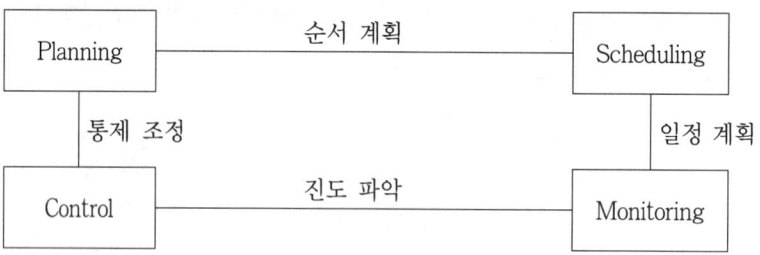

VI. 결 론

PDM 기법은 ADM 기법에 비해 computer 적용이 더 용이하며, 다양한 작업관계를 표현할 수 있으므로 현장으로의 적용성이 더욱 뛰어나다 할 수 있다.

문 2-1 네트워크 공정표(network progress chart)의 작성 요령을 상세히 설명하라.

[78전(25)]

Ⅰ. 개 요

네트워크 공정표는 작업상 상호관계를 event와 activity에 의하여 망상형으로 표시하고, 그 작업의 명칭, 작업량, 소요시간 등 공정상 계획 및 관리에 필요한 정보를 기입한다.

Ⅱ. 작성 요령

1. 작성 기본원칙

1) 공정원칙
   ① 모든 작업은 작업의 순서에 따라 배열되도록 작성
   ② 모든 공정은 반드시 수행·완료되어야 함

2) 단계 원칙
   ① 작업의 개시점과 종료점은 event로 연결되어야 함
   ② 작업이 완료되기 전에는 후속작업 개시 안됨

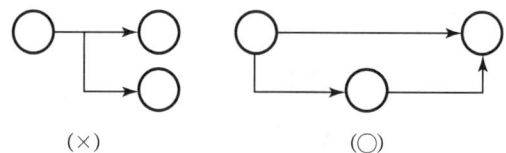

3) 활동 원칙
   ① Event와 event 사이에 반드시 1개 activity 존재
   ② 논리적 관계와 유기적 관계의 확보 위해 numbering dummy 도입

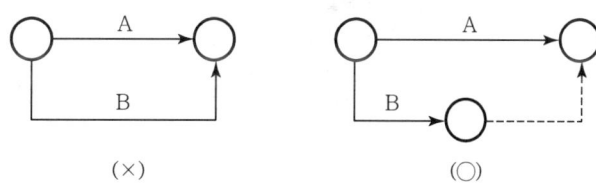

4) 연결 원칙
   ① 각 작업은 화살표를 한쪽 방향으로만 표시하며 되돌아갈 수 없다.
   ② 오른쪽으로 일방통행 원칙

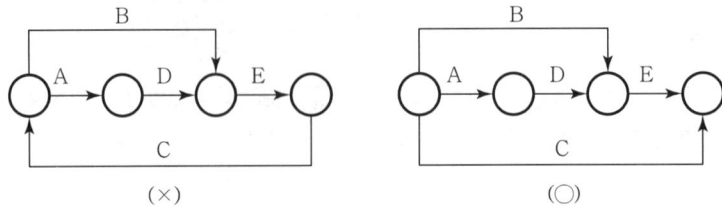

2. 작성시 주의사항
   ① 시공순서에 맞아야 한다.
   ② 기상조건을 고려해야 한다.
   ③ 주체공사에서 공기단축해야 한다.
   ④ 공장가공이 많은 공종에서 공기단축해야 한다.
   ⑤ 공기를 단축하기 위하여 공정을 적당히 중복되게 한다.
   ⑥ 마무리공사는 여러 공정이 동시 작업하므로 충분한 공기가 확보되어야 한다.
   ⑦ 비오는 날의 추정일수를 고려한다.

Ⅲ. 결 론

Network 공정표의 작성은 상세한 계획수립이 쉽고 변화에 바로 대처하며, 각 작업의 순서와 상호관계를 유기적으로 파악하여 정확한 분석이 가능한 장점이 있다.

문 2-2 Network 공정표에서 사용되는 작업을 표시하는 화살선을 무엇이라 하는가?

[94후(5)]

I. 정 의

전체공사를 구성하는 각각의 개별 단위작업으로, 활동의 원칙에 의하여 선행하는 모든 활동이 완료되어야 활동(activity)을 시작할 수 있다.

II. 특 징

① 시간 또는 자원을 필요로 한다.
② 화살표의 방향은 작업의 진행방향을 나타낸다.
③ 화살표의 길이는 시간과 관련이 없다.
④ 전체작업을 세분한 각각의 단위작업이다.

III. 표시법

① 각 작업은 화살표(→)로 표시한다.
② 화살표는 작업의 전진 방향으로만 표시한다.
③ 화살표 위에는 작업명과 물량을, 아래에는 소요공기를 기입한다.

IV. 표시방법

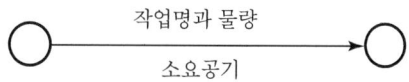

> **문 2-3** 공정표에서 dummy [93후(8)]
> **문 2-4** Network 공정표에서 시간의 요소가 없고 공사의 상호관계를 점선 화살표로 표시하는 것은? [94후(8)]

I. 정 의

Dummy란 작업의 중복을 피하거나, 작업의 선후 관계를 규정하기 위한 것으로 시간의 소요가 없는 명목상의 작업을 말한다.

II. 특 징

① 점선 화살표(┈┈→)로 표시
② 소요시간은 0(zero)
③ CP가 될 수 있음

III. Dummy의 종류

① Numbering dummy
   작업의 중복을 피하기 위한 dummy

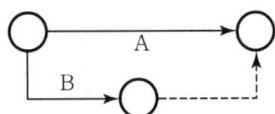

② Logical dummy
   작업의 선후 관계를 규정하기 위한 dummy

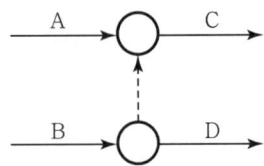

문 2-5 Critical path(주공정선) [02후(10)]

문 2-6 Network 공정표에서 여유가 없는 경로를 무엇이라 하는가? [94후(5)]

I. 정 의

① Network에서 최초 개시점에서 마지막 종료점까지 연결되어 있는 여러 개의 path 중 가장 긴 path의 공기를 말한다.
② 작업을 완성시키는 데 여유시간을 전혀 포함하지 않는 최장 경로로서, 공정계획 및 공정관리상 가장 중요한 것을 주공정선이라 한다.

II. 특 징

① 여유시간이 전혀 없다.(TF=0)
② 최초 개시에서 최종 종료에 이르는 여러 가지 path 중 가장 길다.
③ CP는 1개만 있는 것이 아니고 2개 이상 있을 수도 있다.
④ Dummy도 CP가 될 수 있다.
⑤ CP에 의하여 공기가 결정된다.
⑥ CP는 일정계획을 수립하는 기준이 된다.
⑦ CP상의 activity는 중점적 관리의 대상이 된다.

III. 표시법

① 공기가 가장 긴 것으로 TF=0인 작업을 찾는다.
② 굵은 선 또는 2줄로 표시한다.

IV. 실례(實例)

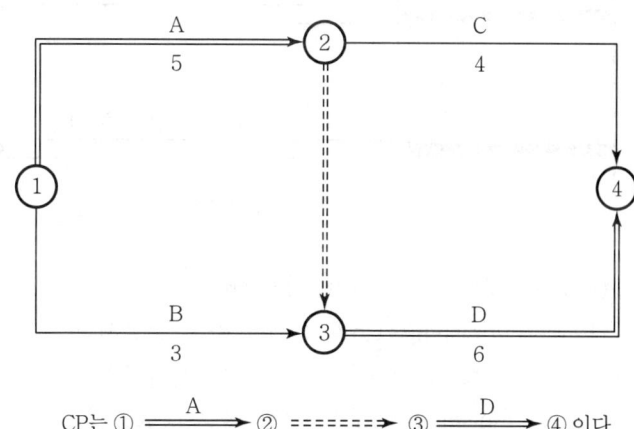

문 2-7 Network 공정표에서의 간섭여유(Dependent Float or Interfering Float)

[11전(10)]

I. 정 의

① CPM(Critical Path Method)기법에서 작업중의 여유시간을 플로트(Float)라고 하며, 이때 발생하는 여유시간 중 한 작업에서 후속작업의 전체여유(TF, Total Float)에 영향을 미치는 여유시간을 간섭여유라 한다.
② PERT기법에서의 간섭여유는 슬랙(Slack, 결합점 중심의 여유시간)으로 표현된다.

II. 여유시간의 종류

종 류	정 의
전체여유 (Total Float)	작업을 EST로 시작하고 LFT로 완료할 때에 생기는 여유시간
자유여유 (Free Float)	작업을 EST로 시작하고 후속작업도 EST로 시작할 때에 생기는 여유시간
간섭여유 (Dependent Float)	후속작업의 TF에 영향을 미치는 여유시간으로 종속여유라고도 한다.
독립여유 (Independent Float)	선행작업에 의해 영향을 받지 않으면서 후속작업의 EST에도 영향을 주지 않는 범위 내에서 한 작업이 가질 수 있는 여유시간

III. 간섭여유의 Mechanism

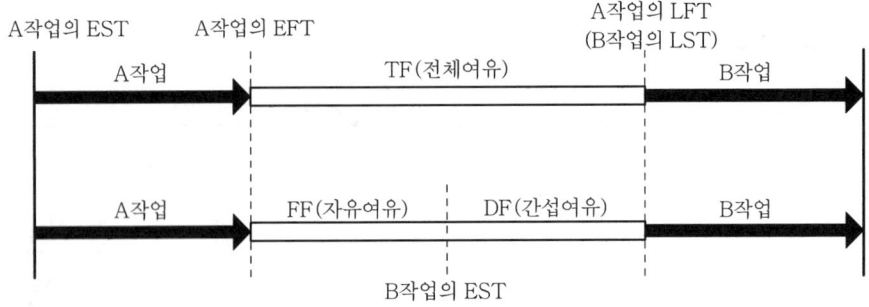

- EST(Earliest Starting Time) : 가장 빠른 개시시각
- EFT(Earliest Finishing Time) : 가장 빠른 종료시각
- LST(Latest Starting Time) : 가장 늦은 개시시각
- LFT(Latest Finishing Time) : 가장 늦은 종료시각

문 2-8 Node time [83(5)]

I. 정 의
① 시간 계산이 된 결합점 시각으로서, 일반적으로 말하는 공정표를 의미한다.
② PERT에서 사용되는 용어로서, PERT에 의한 일정계산 또는 event 중심의 일정계산을 의미한다.

II. 일정계산의 종류
① Node time
공정표를 의미하며 event 중심의 일정계산 또는 PERT에 의한 일정계산을 말한다.
② Activity time
일정계산을 의미하며 activity 중심의 일정계산 또는 CPM에 의한 일정계산을 말한다.

III. Node time 작성방법

1) 표시법

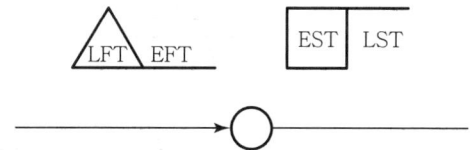

2) 계산방법
① EST(Earliest Starting Time : 가장 빠른 개시시각)
㉮ 작업을 시작하는 가장 빠른 시각
㉯ 전진 계산 → 최대값
② EFT(Earliest Finishing Time : 가장 빠른 종료시각)
㉮ 작업을 끝낼 수 있는 가장 빠른 시각
㉯ EST + D(duration : 소요공기)
③ LST(Latest Starting Time : 가장 늦은 개시시각)
㉮ 공기에 영향이 없는 범위에서 작업을 가장 늦게 개시하여도 좋은 시각
㉯ LFT - D
④ LFT(Latest Finishing Time : 가장 늦은 종료시각)
㉮ 공기에 영향이 없는 범위에서 작업을 가장 늦게 종료하여도 좋은 시각
㉯ 후진계산 → 최소값

문 2-9 Lead time [99중(20)]

I. 정 의

Lead time이란 실제의 작업을 시작하기 전에 필요한 사전 준비작업으로서, 선도시간이라고도 한다.

II. 특 징

① Lead time은 모든 작업에서 생겨날 수 있다.
② 공사 관리자가 단위공사의 준비를 위해 필요한 시간이다.
③ 공사에 대한 지식이나 경험이 풍부해야 lead time을 원활히 활용할 수 있다.
④ 준비시간이 lead time을 초과하게 되면 전체 공기가 늘어난다.
⑤ Lead time을 적절히 활용하면 공기단축 및 공정마찰을 방지할 수 있다.

III. Bar chart에서의 lead time 실례

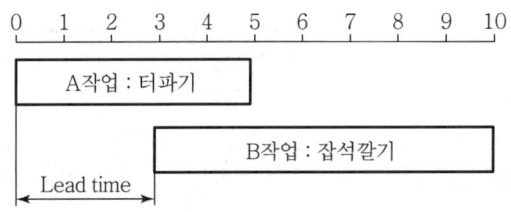

① B작업의 lead time은 3일이다.
② 잡석깔기를 하기 위해서는 터파기 공사 시작 후, 3일 동안 잡석깔기 준비(잡석구입, 잡석 차량운반로, 잡석깔기용 장비)를 하는 시간이 필요하다.

IV. Overlapping 기법에서의 lead time 실례

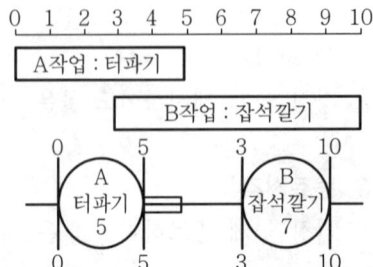

해설 : 터파기 공사 3일 후 잡석깔기가 시작된다.
Lead time = 한 작업의 EST(3) − 선행작업의 EST(0)
= 3 − 0 = 3일

문 2-10 Milestone [01후(10)]
문 2-11 Milestone(중간관리시점) [06전(10)]

Ⅰ. 정 의

마일스톤이란 사업을 계획기간 내에 완성하기 위하여, 사업추진과정에서 관리목적상 반드시 지켜야 하는 특히 중요한 몇몇 작업의 시작과 종료를 의미하는 특정시점(event)을 의미한다.

Ⅱ. 마일스톤의 종류

〈한계착수일〉 〈한계완료일〉 〈절대완료일〉

1) 한계착수일(Not earlier than date)
   지정된 날짜보다 일찍 작업에 착수할 수 없는 한계착수일
2) 한계완료일(Not later than date)
   지정된 날짜보다 늦게 완료되어서는 안 되는 한계완료일
3) 절대완료일(Not later & Not earlier than date)
   정확한 날짜에 완성되어야 하는 절대완료일

Ⅲ. 마일스톤 선정 대상

① 토목, 건축, 전기, 설비 등 직종별 교차점
② 건축공사에서 지하층 완료일, 골조공사 완료일 등
③ 전체 공사에 영향을 미치는 특정 작업의 착수시점
④ 전체 공사에 영향을 미치는 특정 작업의 완료시점

Ⅳ. 마일스톤 설정시 주의사항

① 마일스톤은 작업분류체계(WBS : Work Breakdown System)에 의하여 결정한다.
② 원활한 작업진행을 위해서는 적절한 수의 마일스톤이 결정되어야 한다.
③ 마일스톤 설정을 위해서는 사업주체와 건설업체의 충분한 협의가 있어야 한다.
④ 마일스톤의 일정은 네트워크에 기준을 두고 지정한다.

문 3-1 Network 공정표의 공기 단축을 위해서는 작업 순서의 변형과 소요시간의 단축 등의 기법이 사용된다. 이러한 Network 공정표의 공기 조정 기법에 대하여 현장 사례에 따른 구체적인 방법을 들고 설명하시오. [95전(40)]

문 3-2 네트워크 공정표의 공기단축에서, MCX(Minimum Cost Expediting)나 SAM(Siemens Approximation Method)기법 등에 의한 공기단축에 앞서 실시하는 네크워크 조정기법에 대하여 설명하시오. [09후(25)]

I. 개 요

Network 공정표의 공기 단축을 위해서는 작업 순서의 변형과 소요시간의 단축 등의 기법이 사용되므로, 이에 대하여 현장 사례에 따른 구체적인 방법과 설명을 하고자 한다.

II. 네트워크 조정기법

1) 작업순서에 대한 검토

   ① 직렬작업의 병렬 작업화 검토

   1차적인 직렬 종속관계에서 다차원적인 병렬상태로 종속관계의 변경으로 공기단축 검토

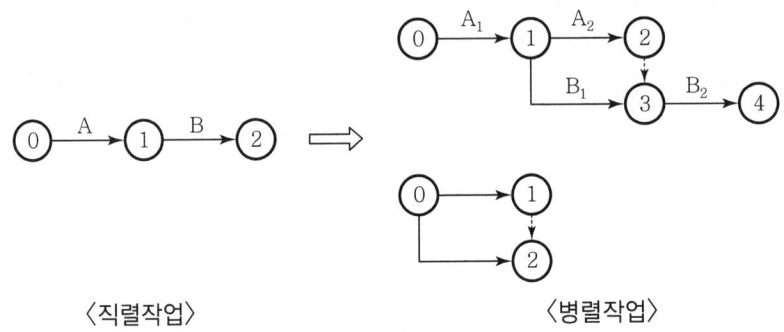

〈직렬작업〉　　　　　　〈병렬작업〉

   ② 역작업 순서화 검토

   작업순서를 역으로 하여 공기단축이 가능한지 검토

   ③ Dummy 절단의 검토

   Dummy를 절단하여 해당 작업의 병행 작업으로 처리하여 공기단축 검토

2) 소요시간에 대한 검토

   ① 시간 견적의 재검토
   ② 작업능률 및 투입자원의 변경검토
   ③ 작업의 신속에 대한 검토

3) 설계의 재검토
　① 작업순서와 소요시간에 대한 검토로 공기단축이 되지 않는 경우
　② 설계재검토의 실례

　　├ 계단의 Pre-fab화
　　├ 설비공사의 Unit화 및 Pre-fab화
　　├ 마감재료의 변경
　　├ 마감공사의 순서변경
　　└ 외벽공사의 변경

4) 유의사항
　① 공기단축에 의한 비용증대 억제
　② 공기단축에 의한 작업시간 연장 억제
　③ 공기단축에 의한 다른 작업과의 영향파악
　④ 공기단축에 의한 투입자원의 증가 검토
　⑤ 공기단축에 의한 안전성 검토

Ⅲ. 공기조정기법의 현장 사례

1) 현장 사례 공사의 개요
　① 공사명 : ○○○ 신축공사
　② 위치 : 서울시 ○○구 ○○동 ○번지
　③ 공사 개요
　　㉮ 구조종별 : 철골·철근 콘크리트조(SRC조)
　　㉯ 층수 : 지하 8층, 지상 20층
　　㉰ 건축 면적 : 3,000m²
　　㉱ 연면적 : 84,000m²
　　㉲ 공사기간 : 1995. 1. 5~1998. 2. 10
　④ 본인의 직책
　　㉮ 부서 : 건설 사업본부 건축부
　　㉯ 업무내용 : 공사현장 시공관리
　　㉰ 직책 : 현장소장
　⑤ 공사 상황
　　㉮ 본공사의 현장사례는 도심지 공장 부지를 재개발하여 주상복합 건물을 건축하기 위함이다.
　　㉯ 본공사의 기본 공정표를 대상으로 시공의 타당성과 공사의 경영면을 분석하여 공기단축을 실시하고자 한다.

㉰ 공기단축을 위한 방안으로는 작업순서의 변형과 작업 소요시간의 단축 등 2가지 방법으로 공기단축을 시도하였다.

⑥ 공정표(총공기 1,120일)

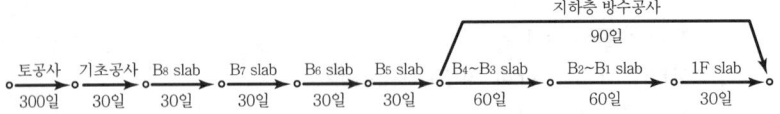

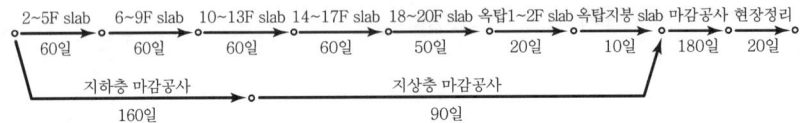

2) 작업순서 변형에 의한 공기 단축

① 시공성과 원가를 고려하여 top down 공법의 적용으로 작업순서를 변형하였다.
② 변경된 공정표

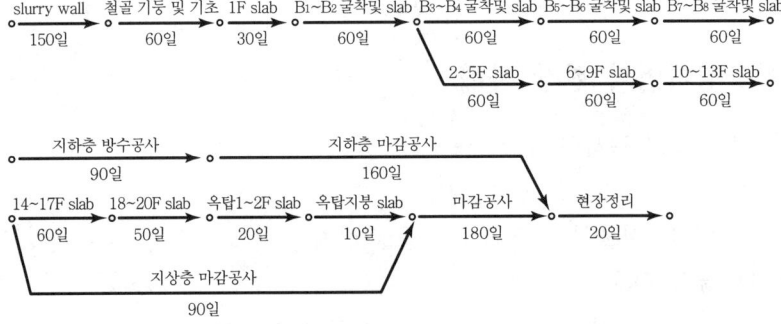

③ 총소요공기 930일
④ 공기단축 일수

1,120일 - 930일 = 190일 단축

⑤ Top down 공사의 적용에 의한 작업 순서의 변경으로 공기 190일 단축과 공사비 약 10%가 절감되는 것으로 분석되었다.

3) 작업 소요시간 단축에 의한 공기단축

① 기존 바닥 slab를 deck plate 공법으로 변경하여 작업하여 소요시간을 단축
② 기존 현장의 바닥 slab 시공순서
   (층당 소요일수 : 지하층 30일, 지상층 15일)
   거푸집 + support + 철근배근 + 콘크리트 타설
③ 공기단축에 의한 deck plate 공법의 시공순서
   (층당 소요일수 : 지하층 25일, 지상층 10일)
   Deck plate 설치 + 철근배근 + 콘크리트 타설

④ 변경된 공정표

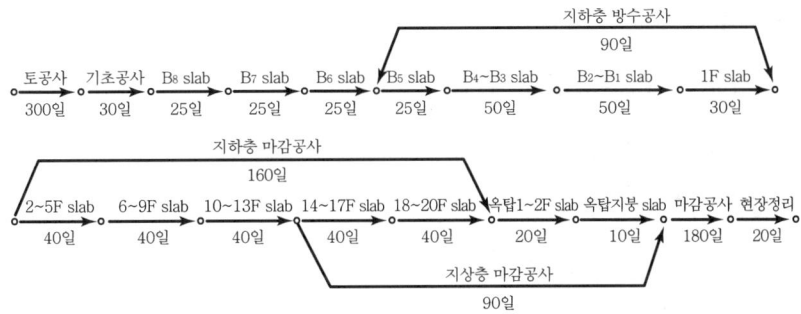

⑤ 총소요공기 990일
⑥ 공기단축 일수
   1,120일 - 990일 = 130일
⑦ Deck plate 공법 적용에 의한 작업소요시간 단축으로, 공기 130일 단축과 공사비 약 7%가 절감되는 것으로 분석되었다.

4) 적용된 공기단축 방안
① 작업 순서변형에 의한 공기단축기법으로 적용된 top down 공법의 결과, 공기단축일수 190일과 공사비 절감이 약 10%로 추정되었고
② 작업소요시간 단축에 의한 공기단축기법으로 적용된 바닥 거푸집 대용 deck plate 공법의 결과 공기단축일수 120일과 공사비 절감이 약 7%로 추정되었다.
③ 그러므로 본 공사현장에서는 작업순서 변형에 의한 공기단축 기법인 top down 공법을 적용하여 공사를 진행하였다.

Ⅳ. 결 론

공기단축은 공사비의 증가를 최소화하는 것을 목적으로 하므로 과학적인 방식에 의해 총공사비를 최소화하는데 중점을 두어야 한다.

문 3-3 MCX(Minimum Cost Expediting) 기법		[00후(10)]
문 3-4 비용구배		[95중(10)]
문 3-5 Cost slope(비용 구배)		[99중(20)]
문 3-6 Cost slope(비용 구배)		[00중(10)]
문 3-7 Cost slope(비용 구배)		[05후(10)]
문 3-8 공기 단축과 공사비와의 관계		[98전(20)]
문 3-9 특급점(Crash point)		[92전(8)]
문 3-10 특급점(Crash point)		[00후(10)]
문 3-11 공정관리의 급속점(Crash Point)		[09중(10)]
문 3-12 총비용(total cost)		[91전(8)]
문 3-13 최적 공기		[94전(8)]
문 3-14 최적 공기		[95중(10)]

I. 정 의

① 각 요소작업의 공기와 직접비용의 관계를 조사하여, 최소비용으로 공기를 단축하기 위한 기법으로 CPM의 핵심이론이다.
② 계산공기가 지정공기보다 길 때, 주공정상의 비용구배(cost slope)가 적은 작업부터 공기를 단축하여, 지정공기 내에 작업달성을 하기 위한 지정공기에 의한 공기단축 기법이다.

II. 목 적

① 공기 만회
② 공사비 증가 최소화

III. MCX 순서 flow chart

공정표 작성 → CP 표시 → 비용구배 계산 → 공기단축 → 추가 공사비 산출

Ⅳ. 공기단축 방법

1) 제1단계
   ① CP(critical path)에서 비용구배(cost slope)가 가장 적은 작업에서 단축
   ② 비용구배(cost slope)
      ㉮ 공기를 1일 단축하는데 추가되는 비용
      ㉯ $\text{Cost slope} = \dfrac{\text{급속비용} - \text{정상비용}}{\text{정상공기} - \text{급속공기}}$

2) 제2단계
   ① Sub path가 CP가 되면 CP 표시
   ② CP는 sub path가 되어서는 안 됨

3) 제3단계
   공기단축이 불가능한 작업은 × 표시

Ⅴ. Cost slope(비용 구배)

1) 의의
   공기 단축시 직접비는 공사기간에 반비례하며, cost slope는 공기 1일을 단축하는데 추가되는 비용으로 MCX 기법에서 정상점과 급속점을 연결한 기울기(구배)를 말한다.

2) Cost slope(비용구배) 산정식
   $$\text{Cost slope} = \dfrac{\text{급속비용}(\text{crash cost}) - \text{정상비용}(\text{normal cost})}{\text{정상공기}(\text{normal time}) - \text{급속공기}(\text{crash time})} = \dfrac{\Delta \text{Cost}}{\Delta \text{Time}}$$

3) 공기와 비용의 관계(공기단축과 공사비와의 관계)

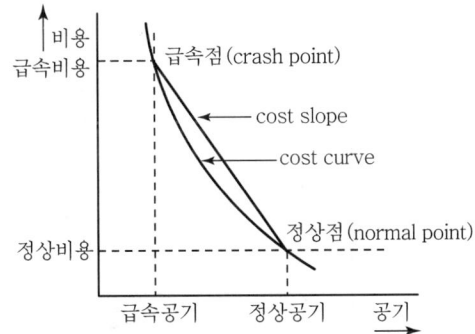

정상공기(표준공기) : normal time
급속공기(특급공기) : crash time
정상비용(표준비용) : normal cost
급속비용(특급비용) : crash cost
정상점(표준점) : normal point
급속점(특급점) : crash point

4) Cost slope의 영향
   ① 급속계획에 의해 노무비(직접비) 증가
   ② 공기단축 일수와 비례하여 비용 증가
   ③ Cost slope가 클수록 공사비 증가

5) Extra cost(추가 공사비)
   ① 공기 단축시 발생하는 비용증가액의 합계
   ② Extra cost = 각 작업 단축일수 × cost slope
6) 특급점(Crash point, 급속점)
   ① MCX 기법에서 급속 공기와 급속 비용이 만나는 점(point)
   ② 소요 공기를 더 이상 단축할 수 없는 단축 한계점
   ③ 급속 계획(crash plan)시 비용증가 요인
      ㉮ 야간 작업 수당
      ㉯ 시간외 근무 수당
      ㉰ 기타 경비

VI. 최적공기

1) 총비용(total cost)
   ① 총비용은 직접비와 간접비로 구성

   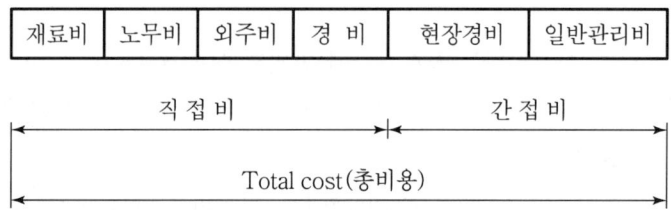

   ② 공기단축시 추가되는 추가비용(extra cost) 포함
   ③ 시공속도를 빠르게 하면 간접비는 감소되나 직접비는 증가
2) 최적공기
   ① 직접비와 간접비의 합한 총비용(total cost)가 최소가 되는 가장 경제적인 공기
   ② 공기를 단축함에 따라 직접비는 증가하고 간접비는 감소되는데, 총비용이 최소일 때를 최적 공기라 함
   ③ 총비용(total cost)이 최소가 되는 가장 경제적인 공기에 따른 시공속도를 최적 시공속도(경제속도)라 함

   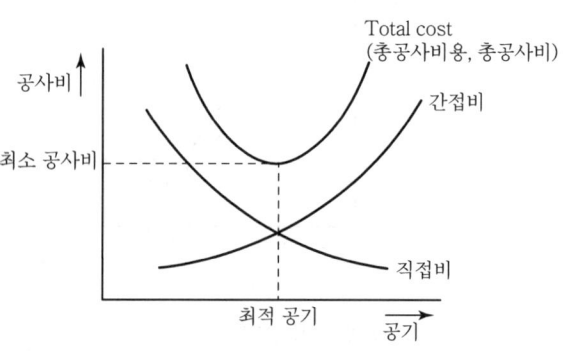

   〈 최적 시공속도, 경제속도 〉

문 4-1	공정 관리시 자원 배당(resoure allocation)의 정의와 방법 및 순서에 대하여 설명하시오.	[96후(40)]
문 4-2	인력 부하도와 균배도	[99전(20)]
문 4-3	자원분배(resource allocation)	[01후(10)]

Ⅰ. 개 요

여유시간을 이용하여 논리적 순서에 따라 작업을 조절하여 자원배당함으로써 자원의 loss를 줄이고 자원 수요를 평준화하는 것이다.

Ⅱ. 정 의

1) 의의

자원 배당은 노무, 자재, 장비, 자금 등 자원의 소요량과 투입 가능량을 상호조정하여 자원의 비효율성을 제거하고 비용의 증가를 최소화하기 위한 것이다.

2) 목적
   ① 자원 변동의 최소화
   ② 자원의 시간낭비 제거
   ③ 자원의 효율화
   ④ 공사비 절감

3) 대상
   ① 인력(man)
   ② 자재(material)
   ③ 장비(machine)
   ④ 자금(money)

Ⅲ. 자원배당(자원배분) 방법 및 순서

1. Flow chart

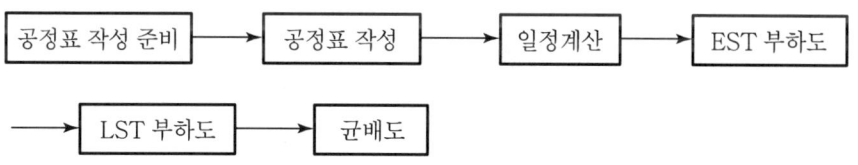

2. 공정표 작성

1) 작성 원칙 : 공정 원칙·단계 원칙·활동 원칙·연결 원칙 등
2) 단계(event)
3) 작업(activity)
4) 경로(path)
5) CP(critical path)

3. 일정계산

EST, EFT, LST, LFT, TF, FF, DF

4. 인력 부하도와 균배도 작성

1) 정의
   ① 인력부하도란 공정표상의 인력(man)이 어느 한쪽으로 치중되어 부하가 걸리는 것을 말하며, 종류로는 EST에 의한 부하도와 LST에 의한 부하도가 있다.
   ② 균배도는 부하가 걸리는 작업들을 공정표상의 여유 시간을 이용하여 논리적 순서에 따라 작업을 조절하므로, 인력을 균배하여 인력 이용의 loss를 줄이고 인력 수요를 평준화하는 것이다.
2) 인력부하도에 의한 균배도를 작성하는 목적
   ① 인력 변동의 최소화
   ② 인력의 시간 낭비 제거
   ③ 인력 활용의 효율화
   ④ 공사비 절감 및 품질확보
3) 인력부하도 및 균배도 작성 flow chart

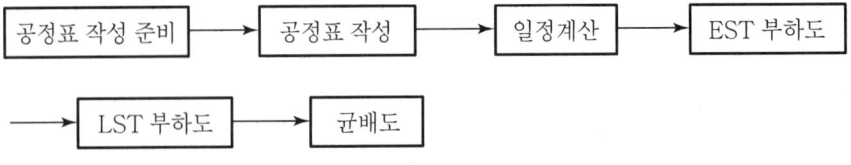

5. 인력부하도

1) EST에 의한 부하도
   ① 공정표상의 EST에 의해 인력을 배당할 때 발생되는 부하도
   ② 일정계산에서 EST에서 시작하여 작성
   ③ 인력 배당시 CP 작업에 우선 배당

2) LST에 의한 부하도
   ① 공정표상의 LST에 의해 인력을 배당할 때 발생되는 부하도
   ② 일정계산에서 LST에 의해 작성

6. 균배도

① 산붕도라고도 하며 자원배당의 효율화 유도
② CP 작업 우선 배당
③ 작업순서 유지
④ 작업분리 불가능

7. 자원배당 실례

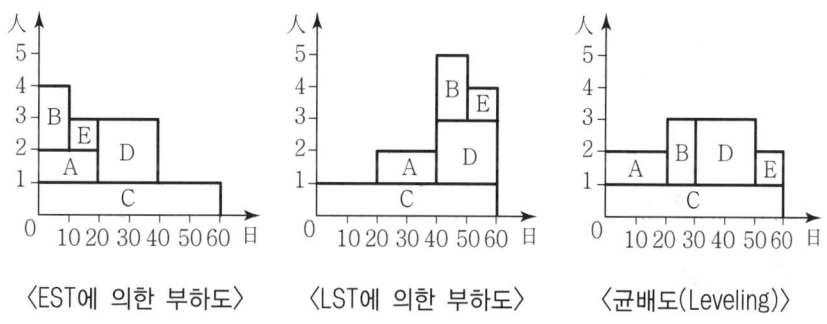

〈EST에 의한 부하도〉　〈LST에 의한 부하도〉　〈균배도(Leveling)〉

Ⅳ. 결 론

자원배당은 자원의 변동을 최소화하여 고정자원의 확보 및 한정된 자원을 최대한 활용토록 자원의 균배가 이루어져야 한다.

문 4-4 공정관리에서 자원량이 한정되었을 때와 공사기간이 한정되었을 때를 구분하여 자원관리 방법을 설명하시오. [10전(25)]

I. 개 요

공사를 수행하는데 있어 제자원을 충분히 투입할수록 공사는 신속하게 이루어질 수 있으며, 가장 효과적인 제자원의 투입량은 공사를 주어진 공기내 수행할 수 있는 장비와 인력이라 할 수 있다.

II. 자원관리의 목적 및 대상

1) 목적
   ① 자원 변동의 최소화
   ② 자원의 시간낭비 제거
   ③ 자원의 효율화
   ④ 공사비 절감

2) 대상
   ① 인력(Man)
   ② 자금(Material)
   ③ 장비(Machine)
   ④ 자금(Money)

III. 자원관리 방법

1. 자원의 평준화

   1) Flow chart

   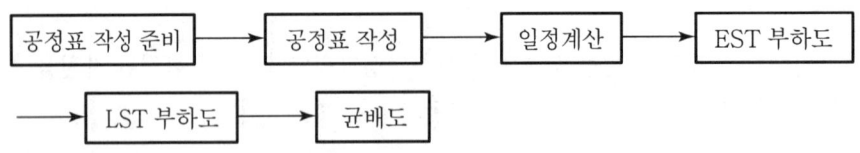

   2) 공정표 작성
      ① 작성원칙 : 공정원칙, 단계원칙, 활동원칙, 연결원칙 등
      ② 단계(event)
      ③ 작업(activity)

④ Path(경로)
⑤ CP(Critical Path)

3) 일정계산

EST, EFT, LST, TF, FF, DF

4) EST에 의한 부하도

5) LST에 의한 부하도

6) 균배도(leveling)
① 산붕도라고도 하며, 자원배당의 효율화를 유도
② CP 작업 우선 배당
③ 작업순서 유지
④ 작업분리 불가능

2. 자원량이 한정되었을 때

① 자원의 투입량(resource availability)이 극히 제한된 경우는 자원부족이 발생했을 때 여유가 없는 CP상의 activity라 하더라도 지연시킬 수밖에 없다.
② 전체 공기가 어느 정도 지연될 수 있는가를 고려하여 허용지연기간(allowed delay) 내에서 일정을 조정한다.
③ 자원이 한정되었을 경우 원활한 공사진행을 위해서는 야간에 돌관공사의 진행 및 공기의 연장이 필요하다.
④ 돌관공사의 진행 및 공기의 연장이 발생할 경우 공사비가 증가되므로 이를 고려하여야 한다.

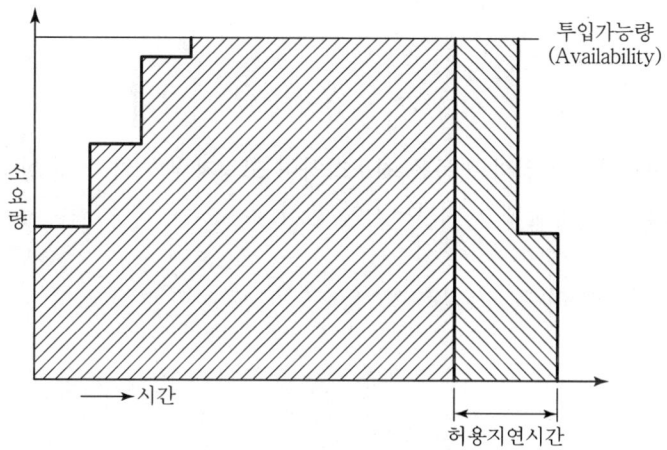

3. 공사기간이 한정되었을 때

① 전체 공기를 고정하는 경우 CP상의 작업들은 여유를 전혀 갖지 않으므로 일정을 재조정할 수 없다.
② 여유를 갖는 Non-CP activity에 대해서만 일정 조정 가능
③ 자원의 전체 소요량이 투입가능량(resource availability)을 초과하거나 투입수중의 불균형이 심할 때 activity별로 자원배당의 우선순위(priority)를 주어 자원배당이 될수 없는 activity에 대해서는 여유(float) 범위내에서 뒤로 지연시키게 된다.
④ 어느 activity부터 먼저 배당할 것인가에 대한 우선순위(priority)는
　㉮ 여유가 가장 적은 activity
　㉯ 기간이 짧은 activity부터 우선적으로 해주는 것이 보통이다.
⑤ 공기가 한정되었을 경우 원활한 공사진행을 위해서는 인력을 충분히 투입하거나 야간의 돌관공사가 필요하다.
⑥ 돌관공사의 진행 및 인력의 추가 투입시 공사비가 증가되므로 이를 고려하여야 한다.

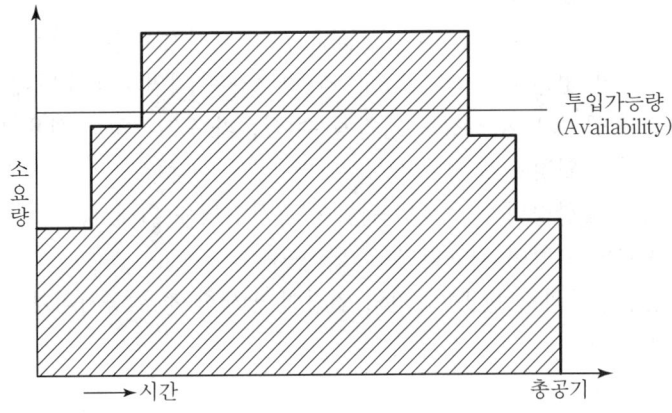

Ⅳ. 결 론

자원관리는 자원의 변동을 최소화하여 고정자원의 확보 및 한정된 자원을 최대한 활용토록 자원의 균배가 이루어져야 한다.

문 4-5 다음공정표에서 일일 작업에 공급될 수 있는 최대 동원자원(인력)이 **3명**일 경우, 자원할당(Resource allocation)에 의한 최소 공사기간을 산출하시오.

[04전(25)]

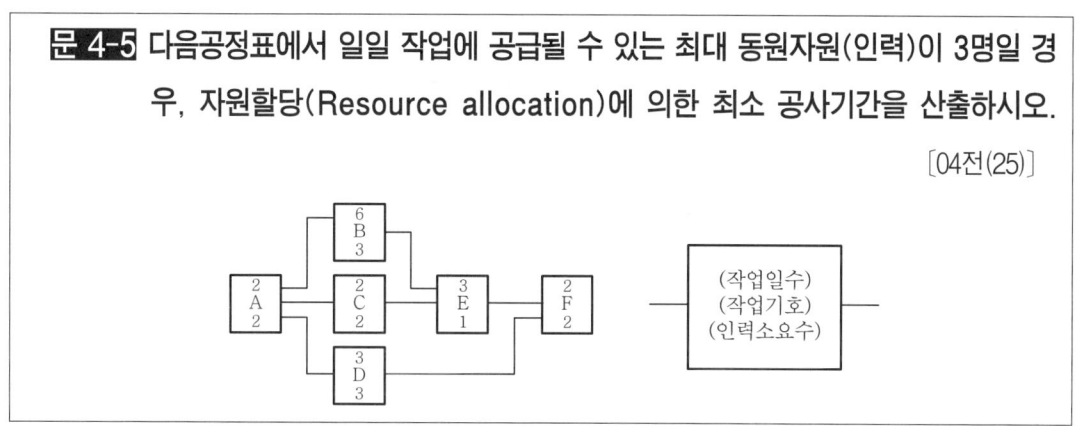

I. 정 의

자원할당은 자원(노무, 자재, 장비, 자금) 소요량과 투입 가능량을 상호조정하며 자원의 비효율성을 제거하여 비용의 증가를 최소화하는 것이다.

II. 자원 평준화 방법

1) 공기제약형(Fixed-time) 자원배당
   ① 지정공기 준수를 중시하는 방법
   ② 공기를 고정시키되 인력자원의 제한은 없다.
   ③ CP상의 작업들은 여유가 없으므로 일정조정 불가능
   ④ Non-CP상의 작업들만 일정조정이 가능

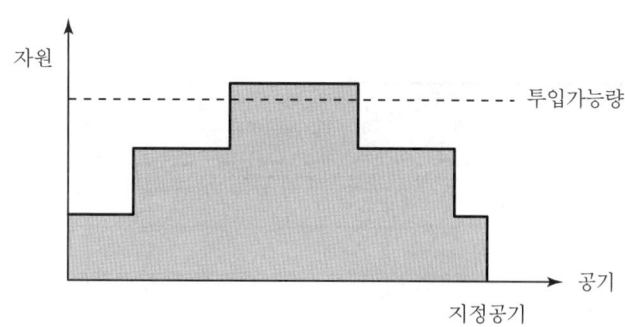

2) 자원제한형(Fixed-resource) 자원배당
   ① 공기보다 인력자원을 중시하는 경우
   ② 자원 부족이 발생하면 CP상의 작업도 지연 가능
   ③ 허용기간 내에서 일정을 조정

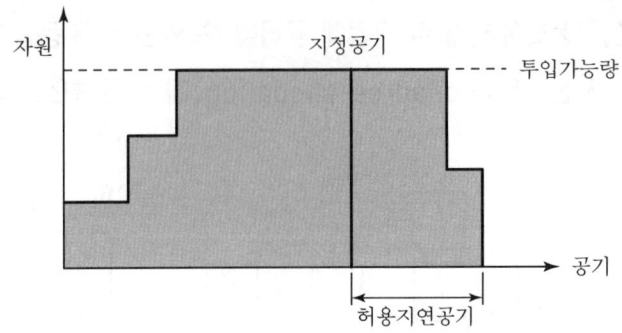

Ⅲ. 자원할당 순서

1) 공정표 작성

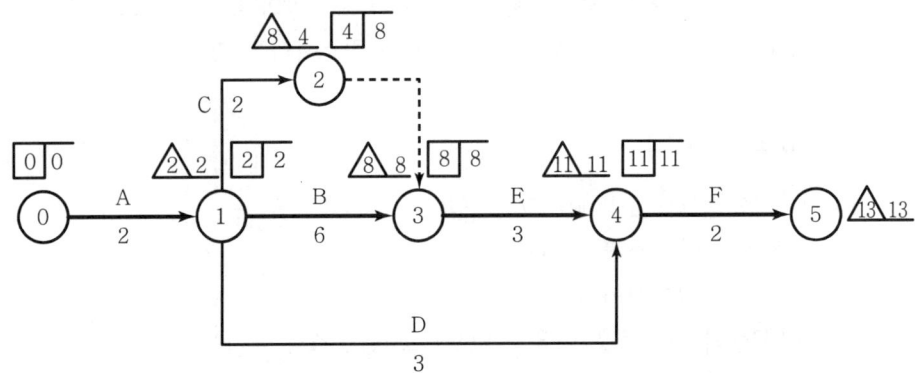

2) 일정계산

작업	소요 일수	소요 인력	ET		LT		CP
			EST	LST	EFT	LFT	
A	2	2	0	2	0	2	*
B	6	3	2	8	2	8	*
C	2	2	2	4	2	8	
D	3	3	2	11	2	11	*
E	3	1	8	11	8	11	*
F	2	2	11	13	11	13	*

3) 자원할당

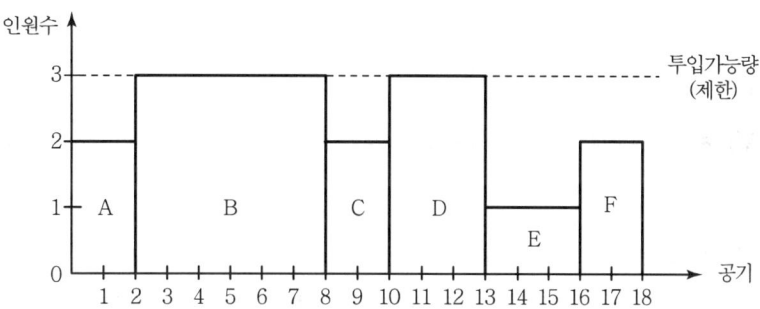

Ⅳ. 최소공사기간 산정

① 네트워크상의 계산공기는 13일이나 최대동원 인원을 3명으로 한정할 경우의 최소공사기간은 18일이다.
② 따라서 상기 공정에서는 5일간의 공기지연이 발생한다.

문 5-1 네트워크(network)기법에서 진도관리(follow up)에 대하여 설명하여라.
[92전(30)]
문 5-2 건설공사의 진도관리방법
[00전(10)]
문 5-3 공정관리에서 바나나형(S-curve) 곡선을 이용한 진도관리방안을 설명하시오.
[95전(10)]
문 5-4 진도관리
[02중(10)]
문 5-5 네트워크 공정표를 바탕으로 공사를 진행할 때 공정표를 수정해야 하는 시기를 말하시오.
[94후(5)]

I. 개 요

① 진도관리는 각 공정이 계획공정표와 공사 실적이 나타난 실적공정표를 비교하여 전체공기를 준수할 수 있도록 공사지연 대책을 강구하고 수정 조치하는 것이다.
② 네트워크 공정표를 바탕으로 공사를 진행할 때 바나나형(S-curve) 곡선의 상하 허용한계선을 벗어난 시기에는 공정표를 수정해야 한다.

II. 진도관리(follow up)

1. 진도관리 주기

① 공사의 종류, 난이도, 공기의 장단에 따라 다르다.
② 통상 2주(15일), 4주(30일) 기준으로 실시공정표를 작성하여 관리한다.
③ 최대 30일을 초과하지 않도록 한다.

2. 진도관리 순서

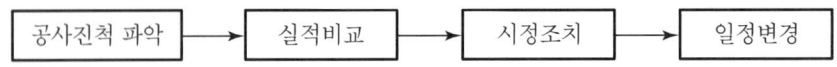

① 횡선식·사선식 공정표 파악
② 공사진척 check
③ 완료작업 : 굵은 선 표시
④ 지연작업 : 원인 파악, 공사 촉진
⑤ 과속작업 : 내용 파악, 적합성 여부

3. 진도관리 곡선

1) 바나나형(S-curve) 곡선

① 공정계획선의 상하에 허용한계선을 설치하여 그 한계 내에 들어가게 공정을 조정하는 방법
② 통상적으로 예정진도곡선은 한 줄로 표시되나 실시진도곡선이 예정진도곡선에 대하여 안전한 구역 내에 있도록 진도를 관리하는 수단으로 상하 허용한계선이 바나나처럼 둘러싸여 있다고 해서 banana 곡선이라고도 한다.

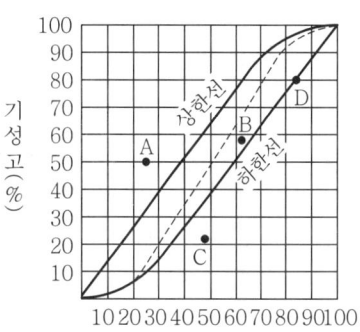

2) EVMS(Earned Value Management System) 곡선

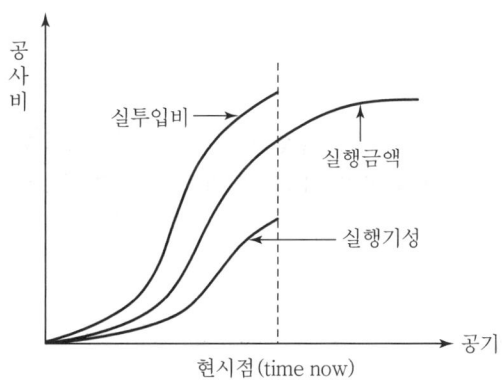

① 현시점(time now)을 기준으로 자료(실행금액, 실행 기성, 실투입비)를 분석하여 공사의 진도를 파악하여 진도관리함
② 자료 분석
  ㉮ 실행금액 = 실행물량 × 실행단가
  ㉯ 실행기성 = 실제물량 × 실행단가
  ㉰ 실투입비 = 실제물량 × 실투입단가

3) 공기와 시공속도 곡선

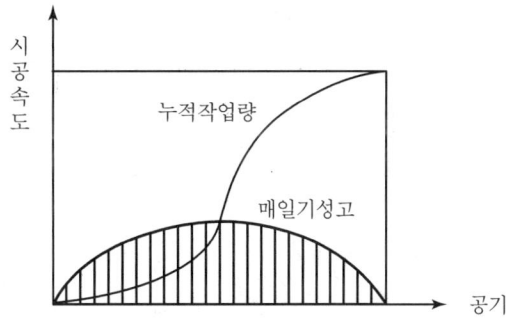

① 작업량의 적절한 분배로 전기, 중기, 후기로 나누어 진도관리
② 계획된 기성고를 통한 누적 작업량의 관리

4. 주의사항
① 공정회의를 정기 또는 수시로 개최
② 부분 공정마다 부분 상세공정표 작성
③ Network의 각종 정보 활용
④ 공정계획과 실적의 차이를 명확히 검토
⑤ 작업의 실적치(소요일수, 인원, 자재수량) 기록 및 공정관리에 활용
⑥ 각종 노무, 자재, 외주공사 등의 수급시기 검토
⑦ 담당자의 창의적인 연구 노력 필요

Ⅲ. 결 론

예정공정표와 정확한 실시공정표를 비교·분석함으로써 엄밀한 진도관리를 할 수 있으며, 담당자의 창의적인 연구·노력과 data의 Feed-back이 필요하다.

> **문 6-1** 건설공사 공정관리에 밀접한 관계를 갖고 있는 시간(time)과 비용(cost)의 통합관리방안에 대하여 기술하시오. [98후(40)]
>
> **문 6-2** 정부에서 추진하고 있는 공정-공사비 통합관리체계 구축의 구체적 기법인 EVM(Earned Value Management)의 개념 및 적용 절차에 대하여 기술하시오. [04전(25)]
>
> **문 6-3** 국내건설공사에서 공정-원가 통합관리의 저해요인과 해결방안을 기술하시오. [02전(25)]
>
> **문 6-4** 건설공사의 원가측정(Cost Measurement)방법에 대하여 설명하시오. [08중(25)]
>
> **문 6-5** EVMS(Earned Value Management System) [01전(10)]
>
> **문 6-6** EVM(Earned Value Management)에서의 Cost Baseline [07중(10)]
>
> **문 6-7** CPI(Cost Performance Index) [08전(10)]
>
> **문 6-8** SPI(Schedule Performance Index) [10전(10)]

I. EVMS system의 개념

1) 개요
   ① 현행 원가관리 체계는 계획 대비 실적의 단순한 공사관리로 시간과 비용이 분리되어 있어 향후 공사에 대한 정확한 예측이 불가능하다.
   ② EVMS(시간과 비용의 통합관리방안)는 시간과 비용을 통합한 종합적인 원가관리 체계로서 각종 지수를 활용하여 공사의 진척 현황 및 향후 공사에 대한 정확한 예측이 가능하다.
   ② EVMS는 실행기성과 CPM을 근간으로 하여 자료분석·분산·지수 등으로 구성되며, 씨스팩(C/SCSC ; Cost and Schedule Control System Criteria)이라고도 한다.

2) 기대효과
   ① 향후 공사비에 대한 예측 가능
   ② 공사 진척의 현황 파악 용이
   ③ 원가관리·견적·공정관리 등을 유기적으로 연결
   ④ 종합적 원가관리 체계를 구축

3) 발전단계

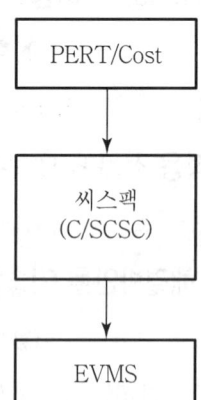

PERT/Cost : 1961년 시간과 비용을 함께 계획하고 관리하기 위하여 소개되었으나 건설 산업에 널리 활용되지 못하였다.

씨스팩(C/SCSC) : 1967년 미국방성에서 조달물자에 대한 공정진척도를 효과적으로 측정하기 위하여 개발되었으며 Cost and Schedule Control System Criteria를 약어로 C-SPEC(씨스팩)이라고도 한다.

EVMS : 최근에는 씨스팩을 근간으로 한 EVMS 기법이 프로젝트 성과특정 기법으로 광범위하게 채용되고 있다.

Ⅱ. 현행 원가관리 체계의 문제점(통합관리 저해요인)

① 시간과 비용 즉, 공정관리와 원가관리의 분리 운영
② 실행과 실적 비교의 한계성
③ 향후 공사비의 예측 난이
④ 원가관리의 전산화 곤란
⑤ CIC 및 CALS 적용 난이

Ⅲ. 통합관리방안(EVMS)(공정 · 원가 통합관리 해결방안, 원가측정방법)

1) 구성

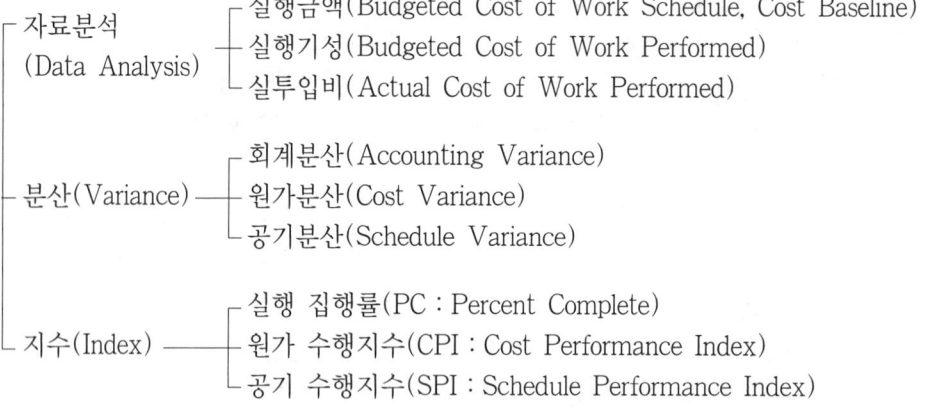

EVMS에서의 Cost baseline은 실행금액인 BCWS(Budgeted Cost of Work Schedule)를 의미한다.

2) 자료분석(data analysis)

종 류	공 식	예 제
실행금액	실행물량 × 실행단가	500만원 = 100unit × 5만원/unit
실행기성	실제물량 × 실행단가	450만원 = 90unit × 5만원/unit
실투입비	실제물량 × 실투입단가	540만원 = 90unit × 6만원/unit

실행물량 : 현재시점(time now)까지의 계획된 실행예산 편성시의 물량 → 100unit
실제물량 : 현재시점(time now)까지의 기성된 실제로 완료된 물량 → 90unit
실행단가 : 실행예산편성시 계획된 단가 → 5만원/unit
실투입단가 : 현장 사정상 기성된 실제투입단가 → 6만원/unit

① 공사 착수전 예정된 현재시점(time now)까지의 계획된 실행 물량이 100unit이나, 현재시점(time now)까지의 기성된 실제물량은 90unit이고, 실행예산편성시 계획된 실행단가는 unit당 5만원이지만, 현장 사정상 기성된 실제투입단가는 unit당 6만원일 때
② 현재시점(time now)까지의 계획된 실행 금액은 500만원, 달성 가치(earned value)인 실행기성은 450만원, 실투입비는 540만원이 된다.

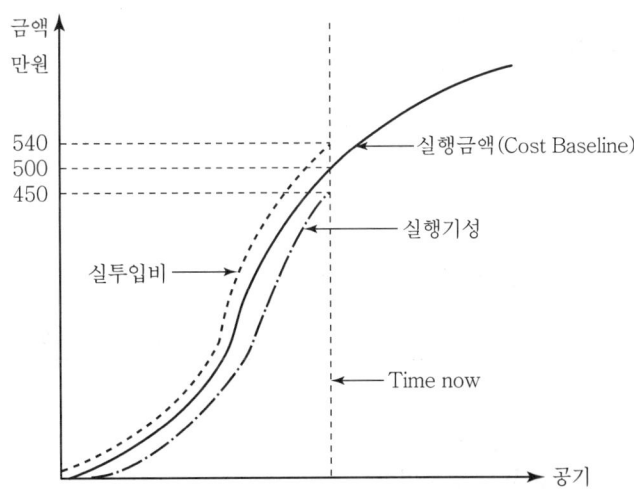

③ 결국 작업량은 10unit 적게 달성되었고, 공사비는 1만원/unit씩 증가하였다.

3) 분산(variance)

종 류	공 식	예 제
회계분산	실행금액 – 실투입비	500만원 – 540만원 = –40만원 해석 – : 실행초과, 0 : 실행일치, + : 실행미달
원가분산	실행기성 – 실투입비	450만원 – 540만원 = –90만원 해석 – : 원가초과, 0 : 원가일치, + : 원가미달
공기분산	실행기성 – 실행금액	450만원 – 500만원 = –50만원 해석 – : 계획보다 처짐, 0 : 계획일치, + : 계획보다 빠름

① 회계분산은 time now 시점에서 실행금액과 실투입비의 차이로 실투입비가 실행범위 내에 있는지 여부를 구분하는 척도이다.
② 원가분단은 time now 시점에서 실행기성과 실투입비의 차이로 실행기성을 근거로 실투입비가 원가범위 내에 있는지 여부를 구분하는 척도이다.
③ 공기분산은 time now 시점에서 실행기성과 실행금액의 차이로 공사가 계획공정보다 늦고, 빠름을 평가하는 척도로 공정 진척도를 원가 측면에서 판단하는 것이다.

4) 지수(Index)

종 류	공 식	예 제
원가수행지수 (CPI)	실행기성 / 실투입비	450만원/540만원 = 0.833 해석 : 1 미만 : 원가초과, 1과 같음 : 원가일치, 1 초과 : 원가 미달
공기수행지수 (SPI)	실행기성 / 실행금액	450만원/500만원 = 0.9 해석 : 1 미만 : 계획보다 처짐, 1과 같음 : 계획과 동일, 1 초과 : 계획보다 빠름

① 원가수행지수(CPI ; Cost Performance Index)

$$CPI = \frac{BCWP(실행기성)}{ACWP(실투입비)}$$

- BCWP(Budgeted Cost for Work Performed, 실행기성)
- ACWP(Actual Cost for Work Performed, 실투입비)

㉮ 완료된 공사에 대한 투입원가의 효율성을 나타낸다.
㉯ 예제에서 원가수행지수가 0.833(83.3%)의 가치로 100원을 투입하여 83.3원의 효율을 나타낸 것이다.

② 공기수행지수(SPI ; Schedule Performance Index)

$$SPI = \frac{BCWP(실행기성)}{BCWS(실행금액)}$$

- BCWP(Budgeted Cost for Work Performed, 실행기성)
- BCWS(Budgeted Cost for Work Schedule, 실행금액)

㉮ 완료된 공사에 대한 공정관리의 효율성을 나타낸다.
㉯ 예제에서 공기수행지수가 0.9(90%)는 100원을 투입하여 90원의 효율을 나타낸 것이다.

Ⅳ. EVMS의 수행 절차(적용 절차)

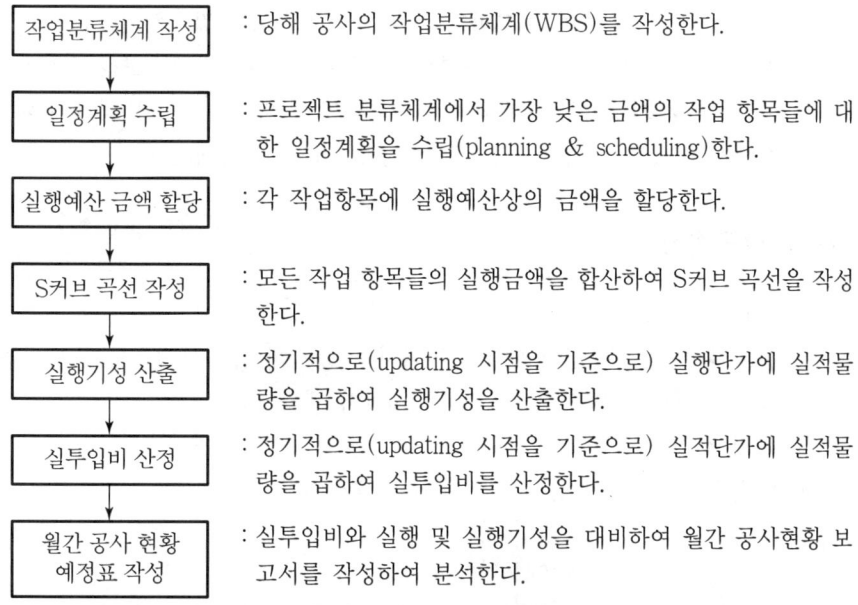

Ⅴ. 결 론

EVMS를 적용하면 원가관리·견적·공정관리 등을 유기적으로 원활하게 연결하여 종합적인 원가관리체계를 구축할 수 있다.

문 7-1 시공속도	[95후(15)]
문 7-2 공기와 시공속도 관리에 대하여 논술하여라.	[89(25)]
문 7-3 시공속도와 공사비와의 관계에 대하여 논하여라.	[92후(30)]
문 7-4 최적 시공속도	[96중(10)]
문 7-5 최적 시공속도	[07전(10)]
문 7-6 경제속도	[97중후(20)]

Ⅰ. 개 요

① 시공속도가 빨라지면 직접비는 증가하고, 간접비는 감소하게 되나 직접비와 간접비의 합이 최소가 되는 시점을 최적 시공속도 또는 경제속도라 한다.

② 시공속도는 기성고와 관계되며 시공속도에 따라 기성고도 변하게 되나, 이익과는 일치하지 않으므로 적정시공속도인 경제속도를 유지해야 한다.

Ⅱ. 공기와 시공속도

1) 공기와 시공속도

① 공사가 초기, 중기, 후기로 나누어지며 중기에 공사진행속도가 활발하다.
② 시공속도(매일 기성고)가 산형(山形)이 된다.
③ 누적 작업량 곡선은 S 커브 곡선이 된다.
④ 일반적으로 공사현장에서 진행되는 형태이다.

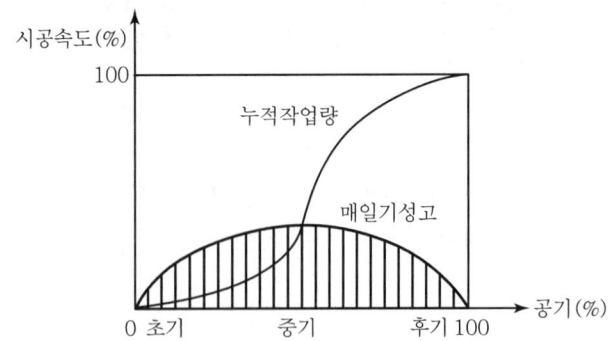

2) 이상(理想)적인 공기와 시공속도

① 작업량의 적절한 분배로 매일 같은 양의 시공량을 시공하므로 공사진행속도가 일정하다.

② 시공속도(매일 기성고)가 일정하다.
③ 누적 작업량 곡선은 직선으로 나타난다.
④ 실제적으로는 불가능한 이상(理想)적인 공정계획이다.

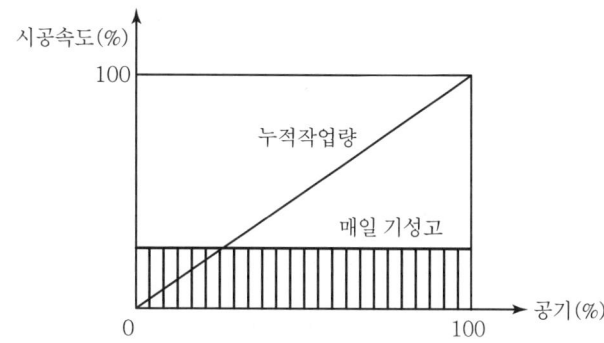

Ⅲ. 시공속도와 공사비(채산 시공속도)

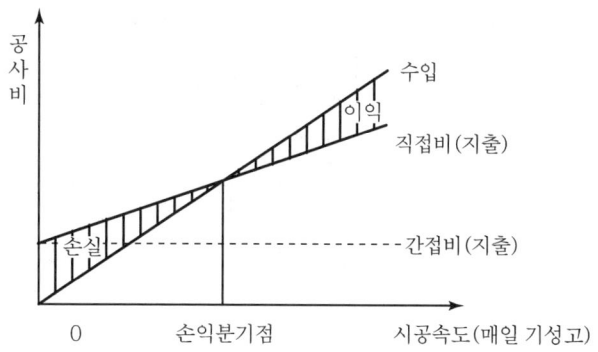

① 손익분기점은 수입과 직접비가 일치하는 곳
② 시공속도(매일 기성고)를 손익분기점 이상이 되게 하여 채산성이 있을 경우를 채산 시공속도라 함
③ 시공속도를 너무 크게 하면 직접비 지출이 2차 곡선이 되어 이익의 발생이 비례하지 않음

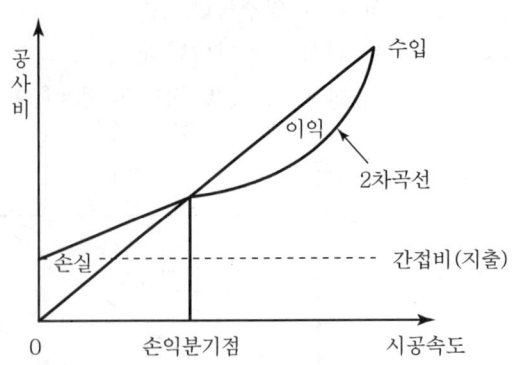

④ 채산 시공속도의 실례(1일 벽돌쌓기)

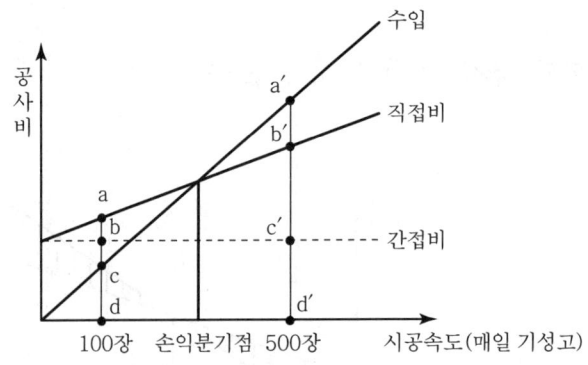

㉮ 벽돌 100장 쌓기시

수입은 $\overline{cd}$, 지출은($\overline{ab}+\overline{bd}$: 직접비+간접비) $\overline{ad}$, 그러므로 $\overline{ac}$만큼의 손실 발생

㉯ 벽돌 500장 쌓기시

수입은 $\overline{a'd}$, 지출은($\overline{b'c'}+\overline{c'd'}$: 직접비+간접비) $\overline{b'd}$, 그러므로 $\overline{a'b}$의 이익 발생

Ⅳ. 최적 시공속도(경제속도)

1) 의의
   ① 총공사비(total cost)는 간접비와 직접비의 합으로 구성된다.
   ② 시공속도를 빠르게 하면 간접비는 감소되고, 직접비는 증대한다.
   ③ 공기를 단축함으로써 직접비는 증대하고 간접비는 감소하는데, 직접비와 간접비 합을 총공사비라 하고, 그 총공사비가 최소일 때를 최적 시공속도 또는 경제적 시공속도라고 한다.

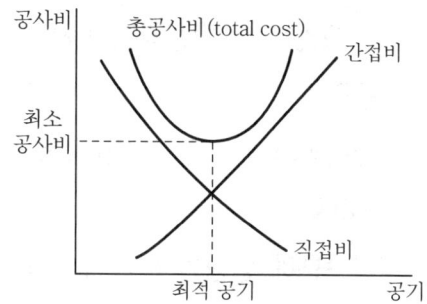

2) 실례
   ① (B)에서 공사량이 같다고 하면 100일 공사를 50일에 완료하기 위해 1일 시공량은 2배가 되어 시공속도는 2배가 된다.
   ② (A)에서 50일에 완료하려면 간접비는 절감되지만, 직접비는 증대되어 100일(①)에 하는 것보다 총공사비(③)가 증가된다.
   ③ 따라서 (A)의 ②와 같이 총공사비 곡선이 최하점에 위치할 때 가장 경제적 시공속도로서 최적 시공속도가 된다.

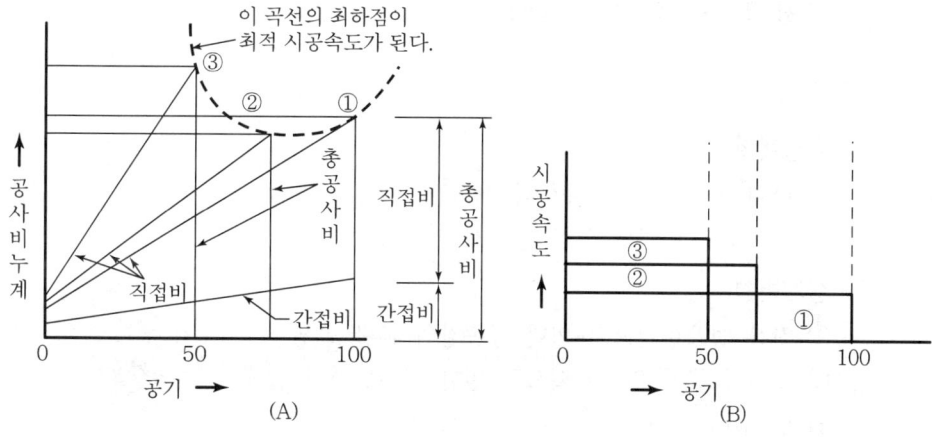

〈최적 시공속도〉

V. 결 론

시공속도를 빠르게 하여 공기를 무작정 단축한다고 공사비가 줄어드는 것이 아니므로, 적정 시공속도를 유지하여 총비용(total cost)이 최소가 되도록 하여야 한다.

> **문 8-1** 공정마찰(또는 공정간섭)의 발생원인과 사례, 공사에 미치는 영향과 그 해소 방안을 기술하시오. [97중전(30)]
>
> **문 8-2** 초고층 건축물 신축공사에서 공정마찰(공정간섭)이 공사에 미치는 영향과 그 해소기법을 기술하시오. [00전(25)]
>
> **문 8-3** 공정마찰이 공사수행에 영향을 주는 요인과 개선방안을 설명하시오. [07후(25)]
>
> **문 8-4** 건축공사에서 공정간섭과 그 해소방법에 대하여 설명하시오. [01중(25)]

Ⅰ. 개 요

공정마찰은 당초 공정계획의 착오, 설계변경, 민원 등 예기치 않은 상황에 의해 발생하므로 사전에 철저한 공정계획과 작업중 수시로 공정회의를 실시하여 미연에 방지해야 한다.

Ⅱ. 공정간섭의 발생원인과 사례

1. 발생원인

1) 공정계획의 착오
   ① 단위 공종의 일정 계산의 착오
   ② 설계도서 미비로 인한 공정계획의 미비

2) 설계변경
   ① 잦은 설계변경으로 인한 공종간의 혼란 발생
   ② 무리한 공사 일정계획으로 인한 설계변경의 발생

3) 자재구매의 지연
   ① 자재구매를 즉시에 행하지 못함으로 인한 후속공정과의 마찰 발생
   ② 주공정일 경우 전체 공기에 영향을 준다.

4) 민원 발생
   ① 소음·분진 등으로 인한 민원 발생 야기
   ② 민원 발생시 주로 주공정에 대한 공기지연으로 후속공정에 마찰 발생

5) 현장사고
   ① 안전조치의 미흡 및 형식적인 안전 교육
   ② 중대 재해 발생시 공기에 막대한 지장을 초래하여 마감 공종의 마찰 발생

6) 천후조건
   ① 토공사・기초공사시 천후에 의한 영향이 절대적이다.
   ② 토사유실 및 붕괴시에는 공기에 막대한 차질을 준다.

2. 사례

1) 계약 변경시
   ① 계약이 변경됨에 따른 단위공종의 작업 범위가 축소 또는 확대됨에 따라 타공종과의 마찰이 발생
   ② 공사 전체의 변경시 공기에 따른 마찰 발생
2) 방수공사와 기초공사
   ① 외방수 시공시 방수공사 하자 및 지연에 따라 철근공사와 마찰
   ② 특히 기상조건에 따라 방수공사의 지연이 심각
3) 철근공사와 전기배관공사
   ① 철근공사가 구조체 공사로서 주공정인 관계로 여유가 없다.
   ② 전기 및 통신공사는 공사 일정이 따로 주어지지 않아 상호마찰 발생
4) 거푸집과 sleeve 시공
   거푸집 공사시 설비・전기・소방 등의 sleeve 시공관계로 마찰 발생
5) 조적공사와 문틀세우기
   ① 각 공종의 선후 시공관계로 공정 마찰
   ② 조적공정에 따른 미장공정으로 인한 마찰
6) 천장공사와 배관공사
   ① 천장공사중 경량철골 설치시 전기배관 공사와의 마찰
   ② 설비 duct 공사지연으로 인한 천장공사와의 마찰

Ⅲ. 공사에 미치는 영향(공사수행에 영향을 주는 요인)

1) 공기지연
   ① 공정마찰로 인한 각 공종간의 조정작업으로 인한 공기지연
   ② 공정간의 작업 혼란으로 인한 능률저하로 공기지연
2) 품질저하
   ① 공정마찰을 피하기 위해 임기응변식 시공
   ② 돌관작업 등 무리한 공기단축의 시행시 품질저하 우려
3) 원가상승
   ① 공정마찰로 인한 비능률적 작업으로 원가상승

② 야간작업 등으로 인한 노무비의 증대
4) 안전미비
① 공정마찰에 의한 안전관리의 소홀
② 돌관작업, 야간작업으로 인한 안전사고 우려
5) 관리의 미비
① 공정마찰로 인한 공사관리상의 허점 발생
② 공사관리의 미비로 부실시공이 우려

Ⅳ. 해소방안(개선방안)

1) 적정 공정계획 수립
① 공사 및 공정에 관계되는 기초자료의 수립 및 활용한다.
② 작업간의 선후관계 및 일정을 정확히 파악한다.
③ 선행작업과 후속작업을 고려하여 각 공종의 착수시기를 결정한다.
④ 중간 관리일을 지정하여 수시로 공정을 점검한다.

2) 단위공종의 공기엄수
① 각 단위공종의 공기를 준수하여 선·후 작업의 영향을 최소화한다.
② 특히 공사 초기 진행시부터 공정을 일정에 맞추어 관리한다.

3) 자원배당
① 공사일정과 시공정도에 따라 적절한 자원을 배당한다.
② 주공정의 관리시 공정에 지장이 없도록 자원배당을 배려한다.

4) 진도관리
① 공사 진척상황에 대한 정확한 정보를 수집하여 계획공정과의 차이를 파악한다.
② 공사의 규모, 특성, 난이도에 따라 적정한 진도를 관리한다.

5) 중간 관리일(Milestone)
① 공사 전체에 영향을 미치는 작업을 관리한다.
② 직종간의 교차부분 또는 후속작업의 착수에 크게 영향을 미치는 작업의 완료 및 개시시점을 관리한다.

6) 하도급 계열화
① 시공능력 및 기술능력을 겸비한 하도급을 선정한다.
② 건실한 하도업체를 계열화하여 전체 공정에 지장이 없도록 한다.

Ⅴ. 결 론

공정마찰은 현장관리의 어려움, 공기지연, 품질저하 등 공사 진행상 막대한 지장을 초래하므로 공정계획단계에서부터 적절한 계획이 필요하다.

문 9-1 공기지연의 유형별 발생원인과 대책 [02중(25)]
문 9-2 공기지연의 유형을 발생원인(발주, 설계, 시공)별로 구분하여 설명하시오.
　　　　　　　　　　　　　　　　　　　　　　　　　　　　　　　　　[03후(25)]
문 9-3 공기와 비용의 관점에서 공사지연의 유형을 분류하여 설명하시오. [10중(25)]
문 9-4 동시지연(Concurrent Delay) [09전(10)]

Ⅰ. 개 요

① 공기지연이란 건설 Claim에서 예기치 못한 환경으로 인해 전체 Project의 일부분이 지연되거나 실행되지 않아 공기가 지연되는 것이다.

② 공기지연 Claim은 시공자가 계획한 기간동안 작업할 수 없는 경우에 필연적으로 발생하며 시공자와 발주자 모두에게 심각한 손실이 야기된다.

Ⅱ. 공기지연의 유형

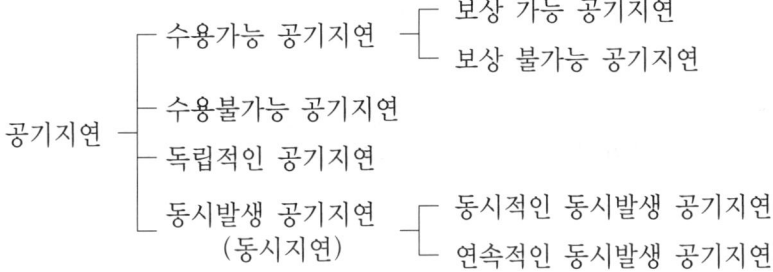

1. 수용가능 공기지연

발주자가 수용 가능한 공기지연으로 시공자 등에 의해 야기되지 않는 공기지연

1) 보상가능 공기지연
   ① 발주자의 태만이나 잘못으로 인해 발생
   ② 시공자는 배상을 청구할 수 있음
   ③ 일반적으로 공기 연장과 부대비용을 청구

2) 보상 불가능 공기지연
   ① 예측 불가한 사항으로 발생된 공기지연
   ② 시공자나 발주자 모두에게 책임이 없는 경우
   ③ 계약서상 불가항력의 조항에 규정된 경우
   ④ 일반적으로 공기 연장은 가능

2. 수용 불가능 공기지연
발주자가 수용 불가능한 공기지연으로 시공자 등에 의해 야기된 공기지연
① 시공자나 하도업체 또는 자재 공급업체 등에 의해 발생
② 발주자가 시공자에게 지체보상금 청구
③ 발주자가 공기를 만회하기 위한 조치 가능

3. 독립적인 공기지연
① Project상 다른 지연 원인과 관련없이 발생한 공기지연
② 시공자가 공기를 단축하여야 함
③ 예를 들면 자재를 구할 수 없는 경우가 이에 속한다.

4. 동시발생 공기지연(동시지연 ; Concurrent Delay)
2가지 이상의 지연이 동시에 발생할 경우의 공기지연

1) 동시적인 동시발생 공기지연
   ① 2가지 이상의 지연들이 동일한 시점이나 비슷한 시점에 발생한 지연 상황
   ② 수직적 동시발생 공기지연

2) 연속적인 동시발생 공기지연
   ① 같은 시점이 아니고 순차적으로 발생한 지연 상황
   ② 선행지연의 발생이 후속지연에 영향을 주지 않고 발생한 공기지연
   ③ 수평적 동시발생 공기지연

3) 동시지연 분석방법
   ① 계획대비 실적비교방법
      ㉮ 예정공정과 실적공정을 비료하여 지연을 분석하는 방법
      ㉯ 책임일수 산정이 간단
      ㉰ 예정공정이 부정확할 경우 채택곤란
   ② What-if 방법
      ㉮ 예정공정에 발주자만의 지연이나 시공자만의 지연을 반영하여 전체공사에 미치는 영향을 분석하는 방법
      ㉯ 분석의 절차나 최종값이 명확
      ㉰ 실제공사 내용의 반영 미흡
   ③ But-for 방법
      ㉮ 실적공정을 분석의 baseline으로 하여 발주자 지연을 제거한후 시공자의 책임일수를 산정하는 방식

㈏ 실제 발생한 지연을 사실적으로 분석 가능
㈐ 분석철차가 간단
㈑ 시공자의 책임일수가 실제와 다르게 나타남
④ CPA(Contemporaneous Period Analysis) 방법
㈎ 예정공정에 지연과 실적을 반영하여 순차적으로 분석하여 결국에 실적공정과 동일한 상태까지 분석하는 방법
㈏ 지연 발생시 그 책임일수를 분석하는데 가장 효과적인 분석방법
㈐ 분석철차가 복잡

Ⅲ. 공기지연의 유형별 발생원인

1. 발주시

1) 기본계획변경

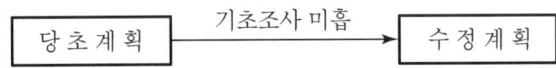

사전조사 및 타당성 분석상의 결함으로 인한 계획변경

2) 각종 민원발생

발주시 각종 민원의 미해결로 공사 착공의 지연

3) 착수시기의 조정
   ① 정부정책 및 제도의 급격한 변화
   ② 여름의 장마철, 겨울의 동절기 영향

4) 입찰지연

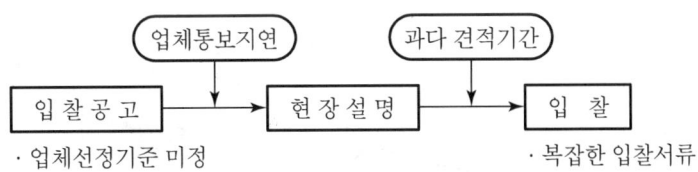

5) 자금 조달능력 부족
   ① 지가상승에 의한 추가비용 발생
   ② 투자기간 변동으로 인한 자금 부족

2. 설계시

1) 설계도서 수정보완
   ① 설계누락 및 하자에 따른 보완
   ② 신기술, 신공법 적용에 따른 타당성 검토 미흡
2) 설계변경
   ① 잦은 설계변경에 따른 지연
   ② 공사비 예측의 오류
3) 의사소통 부족

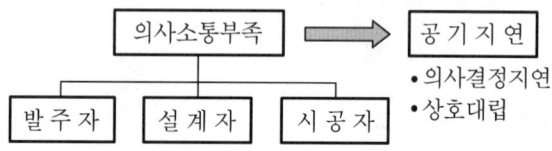

4) 시방서 누락 및 보완

3. 시공시

1) 기상악화
   ① 폭우, 폭설 등 기상여건 악화
   ② 지진, 홍수, 태풍 등의 천재지변 발생
2) 조달지연
   자재, 인력, 장비의 반입지연과 손실 및 고장
3) 공정마찰

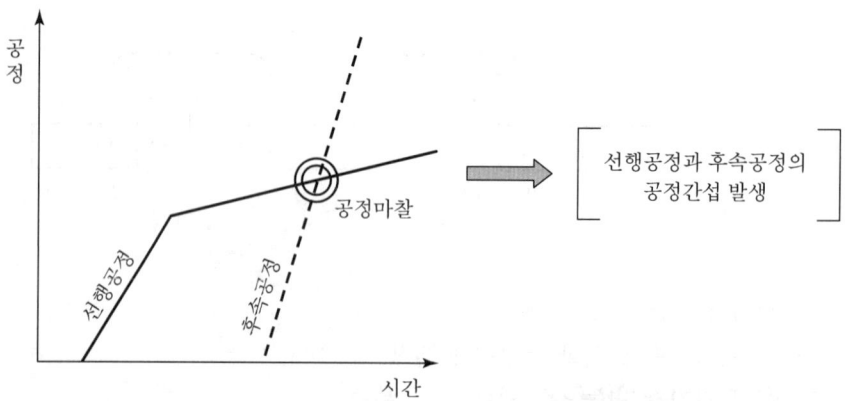

4) 현장여건 상이
    ① 지질보고서와 실제 지반조건의 상이
    ② 현장주위의 교통 및 입지조건의 상이
5) Claim 발생

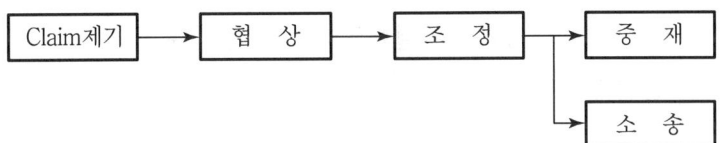

Claim 발생으로 인한 공사기간의 지연
6) 업체의 부도 및 노사분규

Ⅳ. 대 책

1) 적정 공정계획 수립

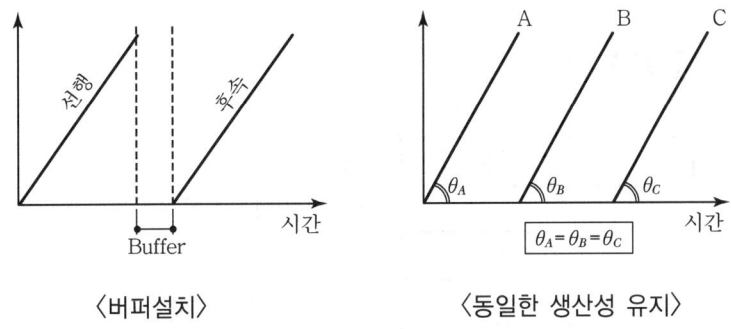

〈버퍼설치〉　　　　　　〈동일한 생산성 유지〉

① 작업간의 선후관계 및 일정을 정확히 파악
② 선행작업과 후속작업을 고려하여 각 공종의 착수시기 결정

2) 단위공종의 공기엄수
① 각 단위공종의 공기를 준수하여 선·후 작업의 영향 최소화
② 특히 공사초기 진행시부터 공정을 일정에 맞추어 관리

3) 자원배당
주공정의 관리시 공정에 지장이 없도록 자원배당 배려

4) 진도관리
공사의 규모, 특성, 난이도에 따라 적정한 진도관리

5) 중간관리일(milestone)
① 공사 전체에 영향을 미치는 작업의 관리

② 직종간의 교차부분 또는 후속 작업의 착수에 크게 영향을 미치는 작업의 완료 및 개시시점

6) 하도급의 계열화
① 시공능력 및 기술력을 보유한 하도급업체 선정
② 건실한 하도급업체를 계열화하여 전체 공정 유지

7) Tact 공정관리

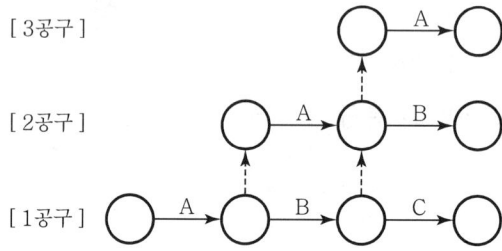

연속적인 작업을 위한 단위시간(tact time)을 정하고 흐름 생산이 되게 하는 방식

V. 공기지연 분석 절차

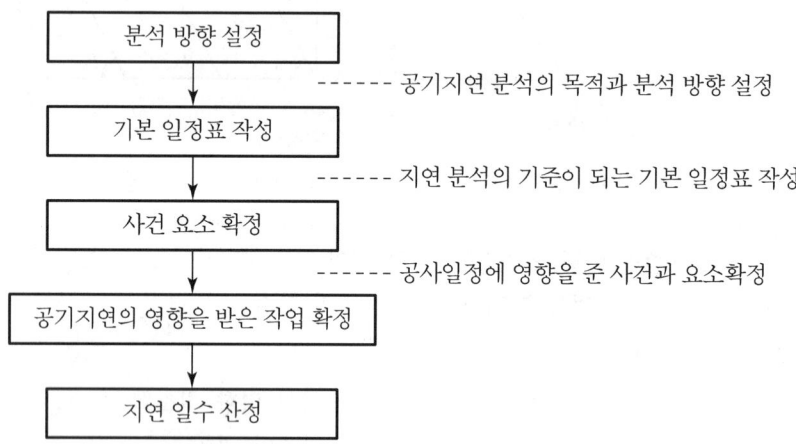

VI. 결 론

최근 공기지연과 관련된 분쟁이 빈번하게 발생하고 있으며, 특히 도심지 공사의 경우 교통난과 민원 발생 등 복합적인 요소로 발전하므로 공기지연의 조속한 분석 및 보상으로 원활한 공사 진행이 되도록 하여야 한다.

문 10-1 사이클타임(CT)을 정의하고, 이를 단축함으로써 얻을 수 있는 기대효과를 기술하시오. [06중(25)]

Ⅰ. 개 요

CT(Cycle Time)란 단위공종을 완료하는데 소요되는 시간으로 CT의 여부에 따라 공사 일정이 정해진다.

Ⅱ. CT(Cycle Time)의 정의

1) 의의
   ① 건축 프로젝트에서 cycle time은 한 개층 또는 단위공종을 완료하는데 수행되는 일련의 작업군(work package)에 소요되는 시간을 의미한다
   ② Cycle time은 공사난이도, 장비의 활용도, 노무자 숙련도, 기후조건, 현장여건, 관리능력, 기술수준 등에 의해 결정된다.

2) 개념도

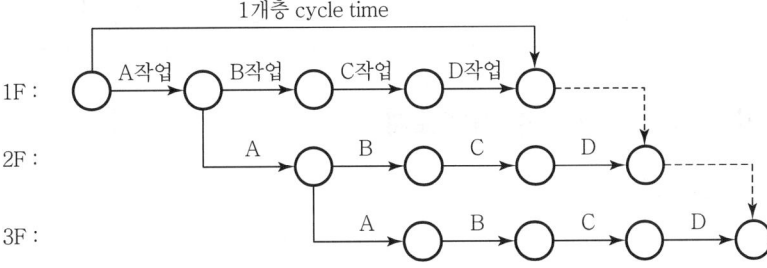

3) 실례(2day cycle)
   ① 2day cycle은 RC 구조체 공사를 층당 2일의 공기로 시공하는 방법

② 2day cycle 일정표

day / 층수	D	D+1	D+2
F+1층		철근 선조립(stock yard)	현장 기둥(벽) 철근 조립
			기둥(벽) 거푸집 조립
			먹매김
F층	철근 선조립(stock yard)	기둥(벽) 및 slab 현장 철근 조립	slab 콘크리트 타설
	기둥(벽) 및 slab 현장 거푸집 조립		
		기둥(벽) 콘크리트 타설	기둥(벽) 거푸집 해체
F-1층	slab 콘크리트 타설	거푸집 해체 및 정리	
	기둥(벽) 거푸집 해체	철근 선조립(stock yard)	

Ⅲ. Cycle time 단축시 기대효과

1) 비용절감

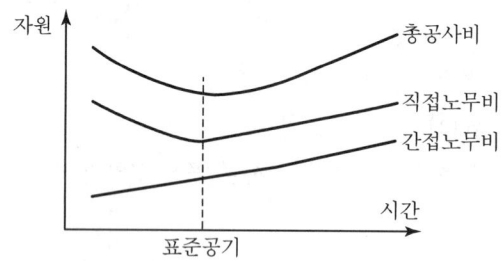

① 표준공기일 때 공사비가 가장 적음
② 표준공기보다 짧을 때는 단축으로 인한 직접노무비가 증가되어 총공사비 증가

2) 낭비제거

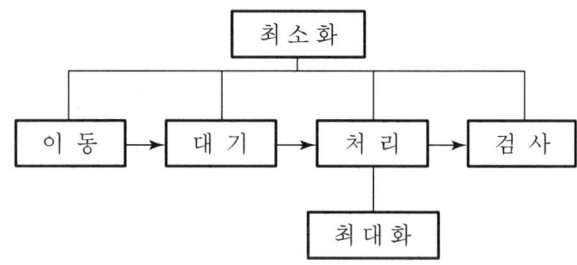

비가치요소에 대한 낭비요소를 제거하여 효율적인 생산시스템 구축 가능

3) 생산성 증가

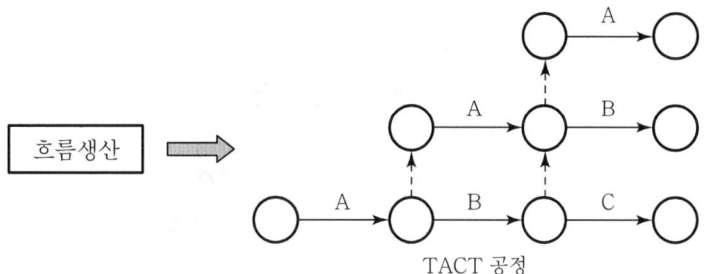

연속적인 작업이 가능하므로 흐름생산으로 생산성 증가

4) 작업대기 시간 최소화

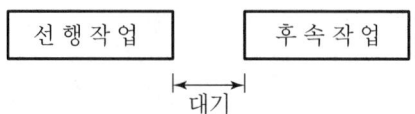

Cycle time 단축시 선후 작업간 대기시간 감소

5) 생산시스템 개선

설계 표준화	CAD, CAM
자재 규격화	Pre-fab, MC화
시공 합리화	자동화, Robot화

6) Just in time 정착

　　필요한 것을 필요한 때에 필요한 만큼만 생산하는 적시생산방식 정착

7) 공정마찰 예방

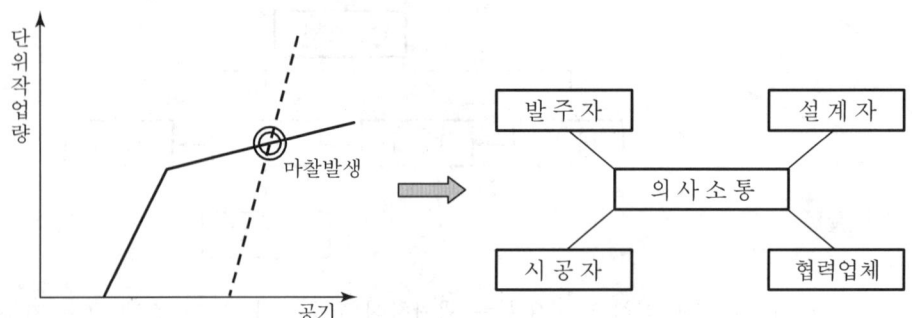

8) 공사관리 기법 향상

Ⅳ. 결 론

① Cycle time의 단축을 위해서는 공기를 단축시키는 요소기술의 이해와 구성원들의 상호협력이 요구된다.

② 선진국에서는 2day cycle이 보편화되어 있으므로 공기단축이 부실로 여겨지는 잘못된 사고방식을 불식하고, 공기단축이 경쟁력의 원천이며, 건설 기술의 선진화에 첩경이라는 인식을 인지하여야 한다.

문 10-2 고층 건축물 철근콘크리트공사의 공정사이클을 제시하고 공기단축방안에 대하여 기술하시오. [06후(25)]

I. 개요

① 고층건축물의 철근콘크리트공사는 고강도 콘크리트의 발달 및 공정 cycle의 단축으로 선진국에서 활발하게 진행되고 있다.
② 국내에서는 공정단축의 실정이 미비한 상태이므로 철근콘크리트조의 고층 건축물의 시공이 저조한 편이나 세계적 추세가 곧 편입되리라 본다.

II. 공정사이클

고층 건축물 철근콘크리트공사는 1개층 공정 cycle이 최소가 되도록 단축하여야 한다.

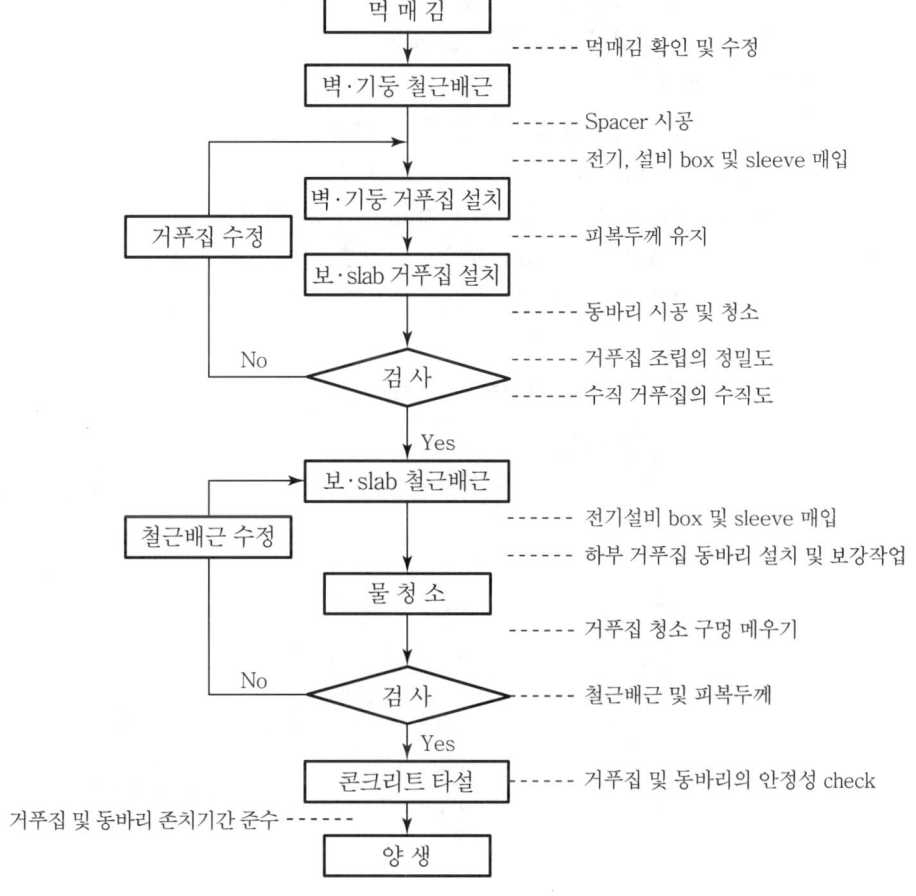

Ⅲ. 공기단축 방안

1. 2day cycle

1) 의의
   ① 2day cycle은 철근콘크리트공사를 층 당 2일의 공기로 건축하는 방법으로 고층건축은 철근콘크리트공사에서 채용되어야할 공기단축 방안이다
   ② 국내 건설공사의 공기는 구조체 공사의 경우 건물의 구조형태와 관계없이 층당 10~15일 정도 소요되나, 선진국에서는 층당 2~4일의 공기를 실현하고 있다.

2) 도입 방안
   ① 설계도의 단순화
      ㉮ 시공성이 우수한 설계도면
      ㉯ 보가 없는 flat slab로 설계
   ② 기능공의 숙련도
      ㉮ 단순 반복작업으로 기능공의 숙련도 우수
      ㉯ 기능 인력의 투입 인원수를 집약
   ③ Stock yard
      철근과 거푸집을 선조립할 수 있는 야적장 확보
   ④ 고강도 콘크리트 타설
      ㉮ 저slump 콘크리트를 tower crane을 이용하여 타설
      ㉯ 압축강도 400~500kgf/cm²의 고강도 콘크리트 타설
      ㉰ 콘크리트 타설 3시간 이후는 발자국이 생기지 않음
   ⑤ 사전에 치밀한 계획 필요
      장비, 인력, 자재 등 사전준비 철저

3) 일정표

day / 층수	D	D+1	D+2
F+1층		철근 선조립(stock yard)	현장 기둥(벽) 철근 조립
			기둥(벽) 거푸집 조립
			먹매김
F층	철근 선조립(stock yard)	기둥(벽) 및 slab 현장 철근 조립	slab 콘크리트 타설
	기둥(벽) 및 slab 현장 거푸집 조립		
		기둥(벽) 콘크리트 타설	기둥(벽) 거푸집 해체
F-1층	slab 콘크리트 타설	거푸집 해체 및 정리	
	기둥(벽) 거푸집 해체	철근 선조립(stock yard)	

2. MCX(Minimum Cost Expediting)에 의한 공기단축

1) 의의

   각 요소작업의 공기와 비용의 관계를 조사하여 최소비용으로 공기를 단축하기 위한 기법

2) 공기단축 요령

   ① 1단계

   Critical path에서 cost slope가 가장 적은 작업에서 단축

   ② 2단계

   ㉮ Sub path는 CP가 되면 CP 표시

   ㉯ CP는 sub path가 되어서는 안 됨

   ③ 3단계

   ㉮ 공기단축이 불가능한 작업은 ×표시

   ㉯ CP가 복수가 되면 cost slope가 적은 것부터 단축

3. 진도관리

계획공정과 공사실적이 나타난 실적공정표를 비교하여 전체공기를 관리하는 기법

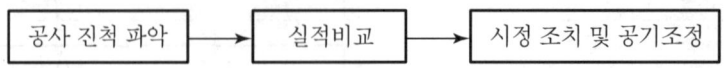

Ⅳ. 결 론

① 고층건축물 철근콘크리트공사의 공기가 층당 3~4day cycle을 충분히 적용가능하며, 이는 경쟁력 우위에 설 수 있는 중요한 계기가 될 수 있을 것이다.
② 공기단축이 부실로 여겨지는 잘못된 사고방식이 불식되고 공기단축이 경쟁력의 원천이며, 건설기술의 선진화에 첩경이라는 새로운 인식을 가져야 한다.

문11 공정관리를 계획단계, 실시와 통제단계로 구분하여 예시하고 각각에 대하여 간단히 설명하시오. [97중후(30)]

I. 개 요

공정관리란 건축생산에 필요한 자원 5M을 경제적으로 운영하여 주어진 공기 내에 싸고, 빠르고, 안전하게 건축물을 완성케 하는 관리기법이다.

II. 계획단계

1) 예시

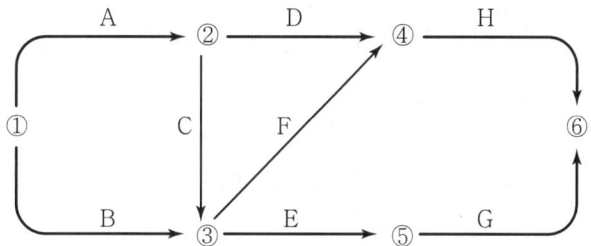

2) 공정계획

  기본적인 작업의 순서와 작업의 방법, 기계의 사용 및 사용공구 등을 결정한다.

3) 일정계획

  작업의 순서와 공정별 부하를 고려하여 개개 작업의 착수시기와 완성시기를 결정하고 납기유지를 적극적으로 도모한다.

4) 자재계획

  도면 등으로부터 제품 또는 자재별 기준소요량을 산출하기 위한 기준재료표 작성

5) 장비계획

  월별 생산량에 대응하는 인원 및 장비의 월별 소요량을 산정, 부하와 능력의 조정을 도모한다.

6) 노무계획

  작업의 할당 및 인원의 보충방법을 계획한다.

Ⅲ. 실시단계

1) 예시

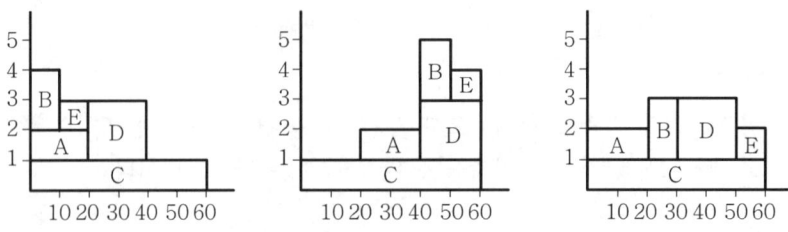

2) 자원배당
   ① 자원(노무, 자재, 장비, 자금) 소요량과 투입가능량을 상호조정하며, 자원의 비효율성을 제거하여 비용의 증가를 최소화
   ② 여유시간을 이용하여 논리적 순서에 따라 작업을 조절하여 자원배당함으로써 loss를 줄이고 자원수요를 평준화

3) 공기단축
   ① 계산공기가 지정공기보다 길거나 공사수행중 작업이 지연되었을 때 공기를 만회하기 위해 필요
   ② 최소의 공사비로 최적의 공기를 단축할 수 있도록 공비증가를 최소화

Ⅳ. 통제단계

1) 예시

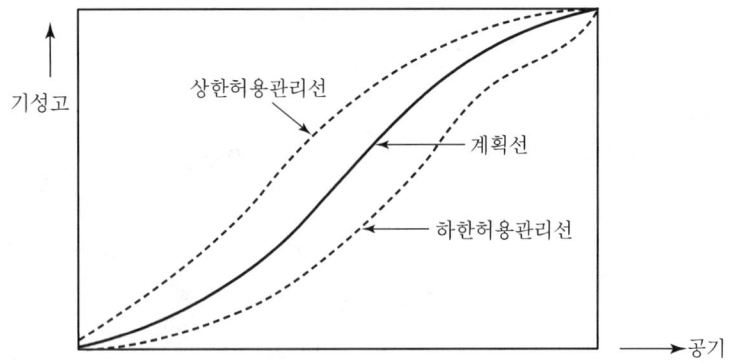

① 공사누계 기성고 곡선을 공사진척의 예정 기성고 곡선으로 작성
② 실제의 기성고와 비교하면 공사가 촉진 또는 지연되는지를 판단

2) 진도관리

각 공정이 계획공정표와 공사실적이 나타난 실적공정표를 비교하여 전체 공기를 준수할 수 있도록 대책을 강구하는 것

3) 진도관리주기

① 공사의 종류, 난이도, 공기의 장단에 따라 다르다.
② 통상 2주, 4주 기준
③ 최대 30일을 초과하지 않는다.

V. 결 론

공정관리는 공정계획의 입안과 계획에 따른 자재, 노무, 장비 등의 배치와 작업을 실시하고 결과의 검토 및 통제를 해야 한다.

문 12 공정계획시 공사가동률 산정 방법에 대해서 설명하시오. 〔08전(25)〕

Ⅰ. 개 요

① 공사가동률이란 1년 365일중 실제 공사가능일을 계산하여 구한다.

$$공사가동률 = \frac{공사가능일}{365일}$$

② 공사가동률은 천후 조건에 따라 차이가 발생하므로 지역별, 공종별, 계절별로 구분하여 적용한다.

Ⅱ. 공사가동률 구분

```
        ┌ 지역별 ┬ 중부지방(서울) 기준
        │        └ 남부지방(부산) 기준
        │        ┌ 토공사
구 분 ─┼ 공종별 ┼ 구조체공사
        │        └ 마감공사
        │        ┌ 동절기(12~2월)
        └ 계절별 ┼ 우기(7~8월)
                 └ 일반기(3~6월, 9~11월)
```

Ⅲ. 공사가동률 산정방법

1. **작업불가능일**

   1) 산정식

   ① $\boxed{공사가능일 = 365일 - 공사불가능일}$

   ② 공사불가능일을 계산하여 공사가능일 산정

   ③ 최근 3년간의 기상 data를 평균하여 산출

   2) 공사불가 요인

   ① 토공사

   ㉮ 일평균 기온 -10℃ 이하일 때

   ㉯ 1일 강우량 10mm 이상일 때

   ㉰ 1일 적설량 10mm 이상일 때

   ㉱ 법정 휴무일(명절)일 때

② 구조체공사
- ㉮ 일평균 풍속 7m/s 이상일 때
- ㉯ 일평균 기온 -4℃ 이하일 때
- ㉰ 1일 강우량 10m 이상일 때
- ㉱ 1일 적설량 10m 이상일 때
- ㉲ 법정 휴무일(명절)과 격주 일요일일 때

③ 마감공사
- ㉮ 일평균 기온 -5℃ 이하일 때
- ㉯ 법정 휴무일(명절)과 매주 일요일일 때

2. 공사가동률

1) 산정식

$$공사가동률 = 공사가능일 \div 365일$$

2) 공사가동률

지역	중부지방(서울)			남부지방(부산)		
공종	토공사	구조체공사	마감공사	토공사	구조체공사	마감공사
동절기	83.8%	61.6%	68.3%	90.8%	81.5%	80.4%
우기	73.7%	68.3%	86.0%	78.0%	71.5%	86.0%
일반기	93.6%	87.2%	84.4%	89.7%	82.8%	84.4%

Ⅳ. 결 론

① 공사가동률은 지역별, 공종별, 계절별로 구분되며, 매년 최근 3년간의 기후 통계로 산정하므로 매년 조금씩 차이가 난다.
② 그러나 대략적인 공사가동률을 미리 알 수 있으므로 공정계획 수립시 참고하여 전체 공기를 산정한다.

建築施工技術士의 필독서 !!

金宇植 院長의
현장감 넘치는 講義를 직접 경험할 수 있는 교재

길잡이 : 주관식(2, 3, 4교시)을 위한 기본서 길잡이

다음과 같은 점에 중점을 두었다.
1. 건축공사 표준시방서 기준
2. 관리공단의 출제경향에 맞추어 내용 구성
3. 기출문제를 중심으로 각 공종의 흐름 파악에 중점
4. 공종 관리를 순서별로 체계화
5. 각 공종별로 요약, 정리
6. Item화에 치중하여 개념을 파악하며 문제를 풀어나가는 데 중점

저자 : 金宇植
판형 : 4×6배판
면수 : 1,830면
정가 : 80,000원

용어설명 : 단답형(1교시)을 위한 기본서 용어설명

다음과 같은 점에 중점을 두었다.
1. 최근 출제경향에 맞춘 내용 구성
2. 시간 배분에 따른 모범답안 유형
3. 기출문제를 중심으로 각 공종의 흐름 파악
4. 간략화·단순화·도식화
5. 난이성을 배제한 개념파악 위주
6. 개정된 건축 표준시방서 기준

저자 : 金宇植
판형 : 4×6배판
면수 : 1,744면
정가 : 70,000원

장판지랑암기법 : 간추린 공종별 요약 및 암기법

다음과 같은 점에 중점을 두었다.
1. 문제의 핵심에 대한 정리 방법
2. 각 공종별로 요약·정리
3. 각 공종의 흐름파악에 중점
4. 최단 시간에 암기가 가능하도록 요점정리

저자 : 金宇植
판형 : 4×6배판
면수 : 226면
정가 : 20,000원

그림·도해 : 고득점을 위한 차별화된 그림·도해

다음과 같은 점에 중점을 두었다.
1. 최단기간에 합격할 수 있는 길잡이
2. 차별화된 답안지 변화의 지침서
3. 출제빈도가 높은 문제 수록
4. 새로운 item과 활용방안
5. 문장의 간략화, 단순화, 도식화

저자 : 金宇植
판형 : 4×6배판
면수 : 896면
정가 : 50,000원

핵심 · 120문제 : 시험 출제 빈도가 높은 핵심 120문제

다음과 같은 점에 중점을 두었다.
1. 최근 출제 빈도가 높은 문제 수록
2. 시험 날짜가 임박한 상태에서의 마무리
3. 다양한 답안지 작성 방법의 습득
4. 새로운 item과 활용방안
5. 핵심 요점의 집중적 공부

저자 : 金宇植
판형 : 4×6배판
면수 : 568면
정가 : 30,000원

공종별 · 기출문제 : 고득점을 위한 기출문제 완전 분석 공종별 기출문제

다음과 같은 점에 중점을 두었다.
1. 기출문제의 공종별 정리
2. 문제의 핵심 요구사항을 정확히 파악
3. 기출문제를 중심으로 각 공종의 흐름파악에 중점
4. 각 공종별로 요약, 정리
5. 최단 시간에 정리가 가능하도록 요점정리

저자 : 金宇植
판형 : 4×6배판
면수 : 1,024면(上)
정가 : 40,000원
면수 : 1,136면(下)
정가 : 40,000원

회수별 · 모범답안 (최근 5회 : 87회~91회) : 최단기간 합격을 위한 회수별 모범답안

다음과 같은 점에 중점을 두었다.
1. 회수별 기출문제를 모범답안으로 작성
2. 모범답안으로 기출문제 유형, 문제경향을 요약, 분석정리
3. 차별화된 답안지로 모범답안 작성
4. 합격을 위한모범답안 풀이
5. 기출된 문제를 회수별 모범답안으로 편의제공

저자 : 金宇植
판형 : 4×6변형판
면수 : 474면
정가 : 28,000원

건설시공 실무사례 : 현장 시공경험에 의한 건설시공 실무사례

다음과 같은 점에 중점을 두었다.
1. 현장실무에서 시공중인 공법을 사진과 설명으로 구성
2. 시공순서에 따른 설명으로 쉽게 이해할 수 있다.
3. 시공실무경험이 부족한 분들을 위한 현장 사례로 구성
4. 건설현장의 흐름에 대한 이해를 높여준다.

저자 : 金宇植
판형 : 4×6배판
면수 : 208면
정가 : 22,000원

면접분석 : 2차(면접)합격을 위한 필독서 공종별 면접분석

다음과 같은 점에 중점을 두었다.
1. 면접 기출문제 내용을 공종별로 분석
2. 면접관이 질문하는 공종에 대한 대비책으로 정리
3. 각 공종 면접내용으로 요점정리

저자 : 金宇植
판형 : 4×6배판
면수 : 1,134면
정가 : 50,000원

Memo...

□ 著者 略歷 □
- 金 宇 植
    한양대학교 공과대학 졸업
    부경대학교 대학원(공학석사)
    부경대학교 대학원 박사과정
    기술고등고시합격
    국가직 건축기좌(시설과장)
    국가공무원 7급, 9급 시험출제위원
    건설교통부 주택관리사보 시험출제위원
    산업인력공단 검정사고예방협의회 위원
    브니엘고, 브니엘여고, 브니엘예술중·고등학교 이사장
    한나라당 중앙위원(교육분과 부위원장)
    건축시공기술사 / 건축구조기술사 / 건설안전기술사
    토목시공기술사 / 토질기초기술사 / 품질시험기술사

建築施工技術士

공종별 기출문제 (下)

발행일 / 2008년 3월 3일 초판 발행
　　　　2011년 4월 25일 1차 개정

저　자 / 김 우 식
발행인 / 정 용 수
발행처 /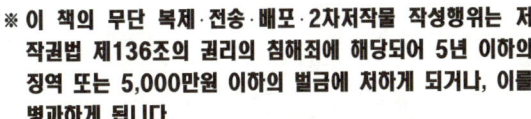

주　소 / 경기도 파주시 교하읍 문발리 498-1(파주출판도시 내)
T E L / 031)955-0550
F A X / 031)955-0660

등록번호 / 11-76호

정가 : 40,000원

※ 이 책의 무단 복제·전송·배포·2차저작물 작성행위는 저작권법 제136조의 권리의 침해죄에 해당되어 5년 이하의 징역 또는 5,000만원 이하의 벌금에 처하게 되거나, 이를 병과하게 됩니다.

- 파본 및 낙장은 구입하신 서점에서 교환하여 드립니다.
- 예문사 홈페이지 http://www.yeamoonsa.com

ISBN 978-89-273-0354-1　94540
ISBN 978-89-273-0352-7　94540(set)

본 서적에 대한 의문사항이나 난해한 부분에 대해 아래와 같이 저자가 직접 성심성의껏 답변해 드립니다.

- 서울지역 ➔ 매주 토요일 오후 4:00~5:00
    　　　　　　　　전화 : (02)749-0010(종로기술사학원)
    　　　　　　　　팩스 : (02)749-0076
- 부산지역 ➔ 매주 수요일 오후 6:00~7:00
    　　　　　　　　전화 : (051)644-0010(부산건축·토목학원)
    　　　　　　　　팩스 : (051)643-1074
- 대구지역 ➔ 매주 수요일 오후 6:00~7:00
    　　　　　　　　전화 : (053)956-8282(대구건축·토목학원)
    　　　　　　　　팩스 : (053)943-6336
- 대전지역 ➔ 매주 토요일 오후 5:00~6:00
    　　　　　　　　전화 : (042)254-2535(현대건축·토목학원)
    　　　　　　　　팩스 : (042)252-2249
- 광주지역 ➔ 매주 토요일 오후 6:00~7:00
    　　　　　　　　전화 : (062)512-5400(광주건축·토목학원)
    　　　　　　　　팩스 : (062)512-5547

특히, 팩스로 문의하시는 경우에는 독자의 성명, 전화번호 및 팩스번호를 꼭 기록해 주시기 바랍니다.

- 홈페이지 http://www.yspass.co.kr
- 카　　페 http://cafe.naver.com/archpass
    （카페명 : 김우식 건축시공기술사 공부방）
- E - mail : acpass@hanmail.net